백점 맞는
핵심노하우가
들어있는

백점의 신

백신과학

중등 2-2

초판 3쇄	2023년 8월 14일
초판 1쇄	2023년 4월 20일
펴낸곳	메가스터디(주)
펴낸이	손은진
개발 책임	배경윤
개발	이지애, 김윤희
디자인	이정숙, 윤인아
제작	이성재, 장병미
주소	서울시 서초구 효령로 304(서초동) 국제전자센터 24층
대표전화	1661.5431 (내용 문의 02-6984-6915 / 구입 문의 02-6984-6868,9)
홈페이지	http://www.megastudybooks.com
출판사 신고 번호	제 2015-000159호
출간제안/원고투고	writer@megastudy.net

메가스터디BOOKS

'메가스터디북스'는 메가스터디㈜의 출판 전문 브랜드입니다.
유아/초등 학습서, 중고등 수능/내신 참고서는 물론, 지식, 교양, 인문 분야에서 다양한 도서를 출간하고 있습니다.

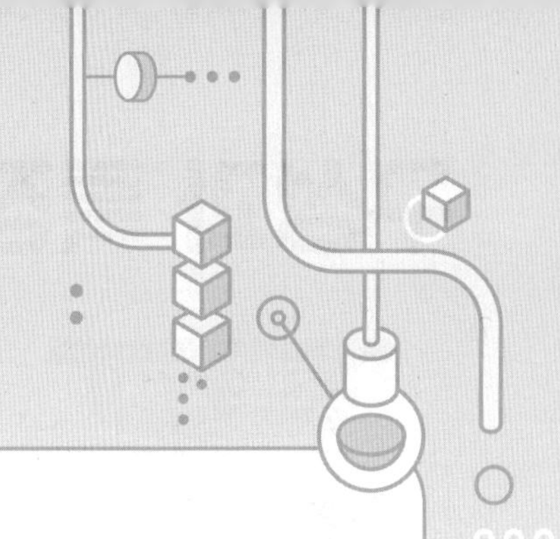

머리말

과학을 준비하는 중학생 여러분, 반갑습니다!
언제나 즐거운 과학 장풍입니다!

개정 교육과정에 따라 바뀐 새로운 교과서에 우리 학생들과 학부모님은 무엇을, 어떻게, 어디서부터 공부해야 할지 파악하기가 매우 어려워졌을 것입니다. 이러한 혼란한 시기에 중등 과학만큼은 제가 기준이 되어야겠다고 다짐하며 **"백신 과학"** 교재 작업을 시작하였습니다.

15년 이상 강의를 하면서 많은 학생들이 과학을 단순 암기 과목이라 생각하고 넘어가는 것을 봐왔습니다. 과학은 암기는 기본!!! 이해를 바탕!!! 으로 해야 하는 과목입니다. 암기와 이해를 같이 한다는 것은 정말 어려운 일입니다. 그래서 저희 ZP COMPANY(장풍과학연구소)에서는 과학을 흥미롭게 접근해야 한다는 것에 초점을 맞추어 교재를 만들었습니다.

이번 **"백신 과학"** 교재는 새 교육과정에 기초하여 체계적인 내용으로 구성되어 있습니다. 교과서에 나오는 핵심 내용들이 모두 녹아 있으며, 강의를 하면서 학생들이 궁금해 했던 내용을 바탕으로 저의 비법을 모두 넣었습니다.

중등 과학과 고등 과학은 매우 밀접하게 연계되어 있습니다. **중등 과학의 내용을 잘 정리해 두어야 고등 과학을 쉽게 공부할 수 있다는 점을 꼭 강조하고 싶습니다.** 고등 과학의 밑거름이 될 수 있는 중등 과학을 체계적으로 공부할 수 있도록 정말 열심히 만들었습니다. 교재를 잘 활용하여 과학이라는 과목이 내 인생 최고의 과목이 될 수 있기를 희망합니다.

감사합니다.

구성과 특징

진도 교재

1 이해 쏙쏙 개념 학습

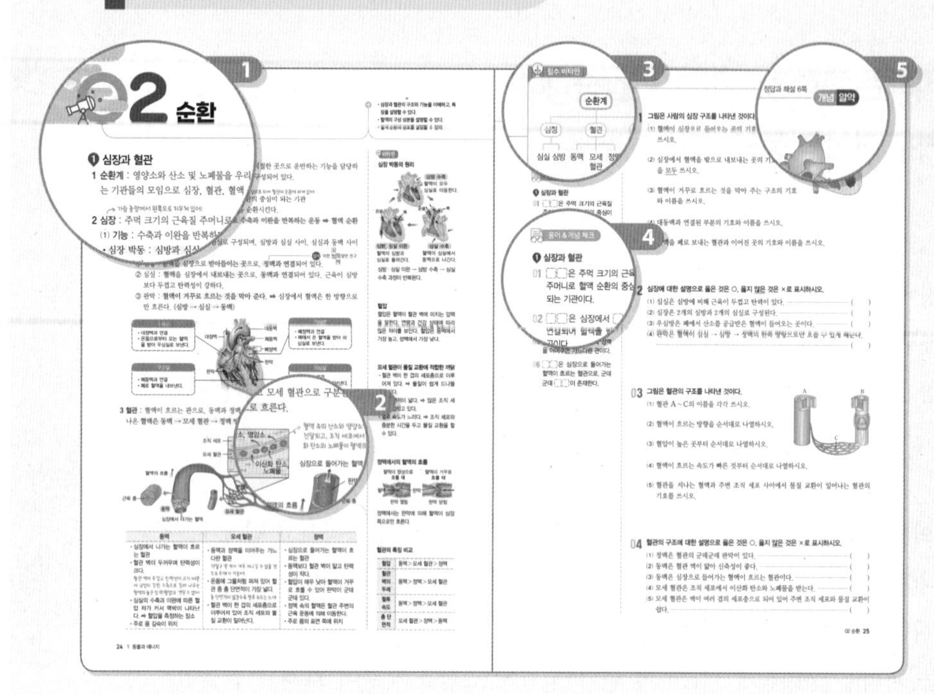

❶ 교과서 개념 학습
5종 교과서를 철저히 분석하여 중요한 개념을 꼭꼭 챙겨서 이해하기 쉽게 정리하였습니다.

❷ 강의를 듣는 듯 친절한 첨삭 설명
어려운 용어와 보충 설명 : 자주색 첨삭
꼭 암기해야 할 내용 : 빨간색 첨삭

❸ 필수 비타민
핵심 개념을 한눈에 볼 수 있도록 정리하였습니다.

❹ 용어&개념 체크
핵심 용어와 개념을 정리하고 갈 수 있도록 하였습니다.

❺ 개념 알약
학습한 개념을 문제로 바로 확인할 수 있도록 하였습니다.

2 탐구·자료 정복!

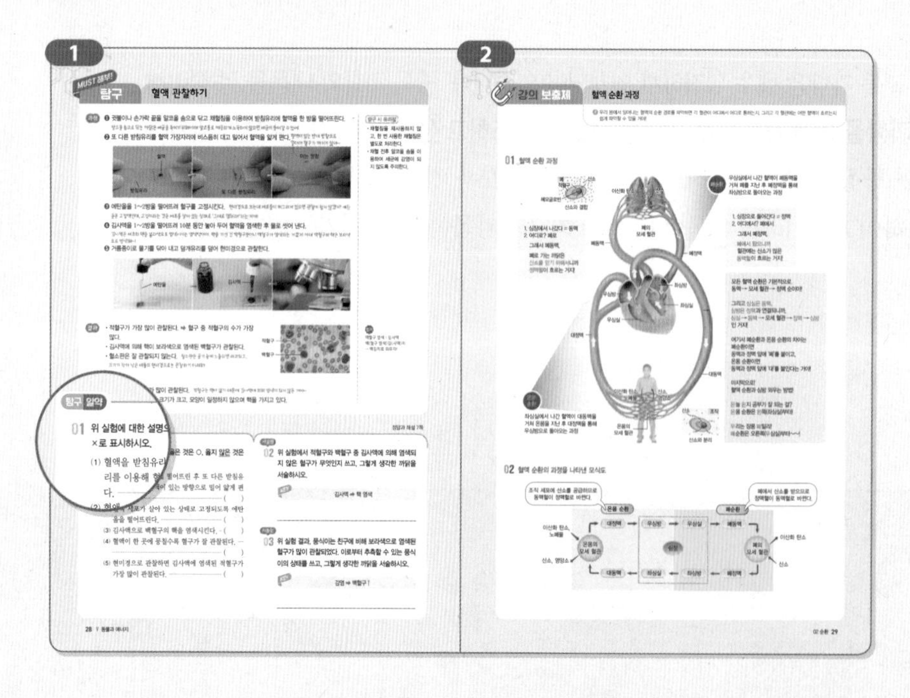

❶ MUST 해부 탐구 & 탐구 알약
교과서에서 중요하게 다루는 탐구를 자세히 설명해 주고, 관련된 탐구 문제를 제시하여 어떤 형태의 탐구 문제가 출제되어도 자신 있게 해결할 수 있도록 하였습니다.

❷ 강의 보충제
이해하기 어려운 개념이나 본문에서 설명이 부족했던 부분을 추가적으로 더 설명해 주었습니다.

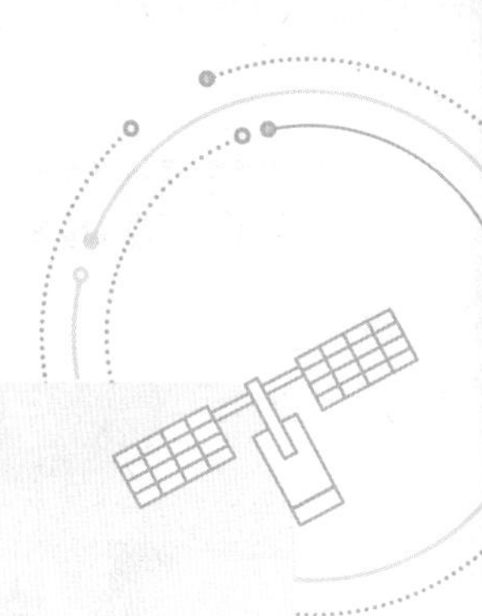

3 유형 잡고, 실전 문제로 실력 UP!

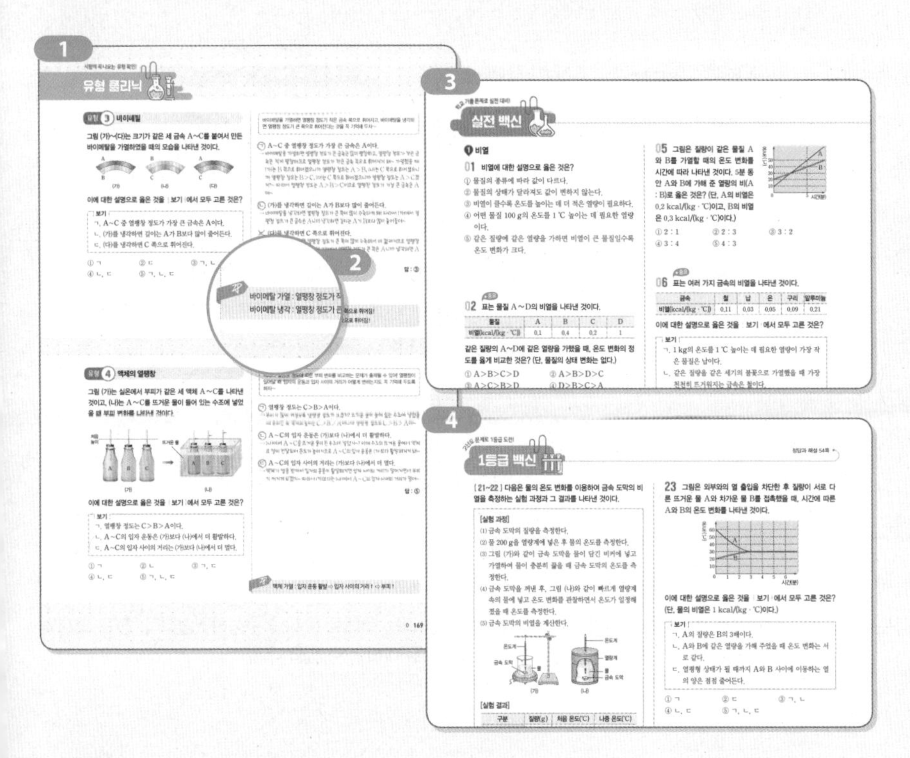

❶ 유형 클리닉

학교 시험 문제를 분석하여 자주 출제되는 대표 유형 문제를 선별하였으며, 문제 접근 방식과 문제와 개념을 연결시키는 방법 등을 자세히 설명해 주었습니다.

❷ 장풍샘의 비법 전수

문제 풀 때 필요한 비법을 정리해 주었습니다.

❸ 실전 백신

학교 시험 실전 문제로 실력을 다질 수 있도록 하였습니다. 중요는 시험에 꼭 나오는 문제이므로 꼼꼼히 체크하도록 합니다.

❹ 1등급 백신

고난도 문제를 통해 실력을 한 단계 더 높일 수 있습니다.

4 1등급 도전 단원 마무~리

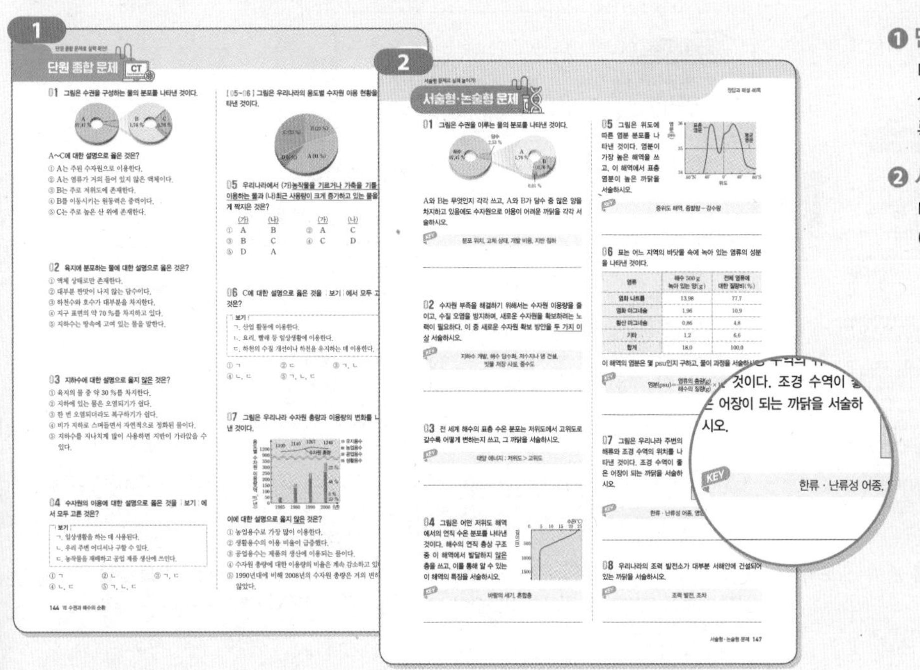

❶ 단원 종합 문제

다양한 실전 문제로 지금까지 쌓아온 실력을 점검하고 부족한 부분을 채우도록 합니다.

❷ 서술형 · 논술형 문제

다양한 서술형 문제를 완벽하게 소화하여 과학 100점에 도전해 봅시다.

구성과 특징

부록

1 수행평가 대비

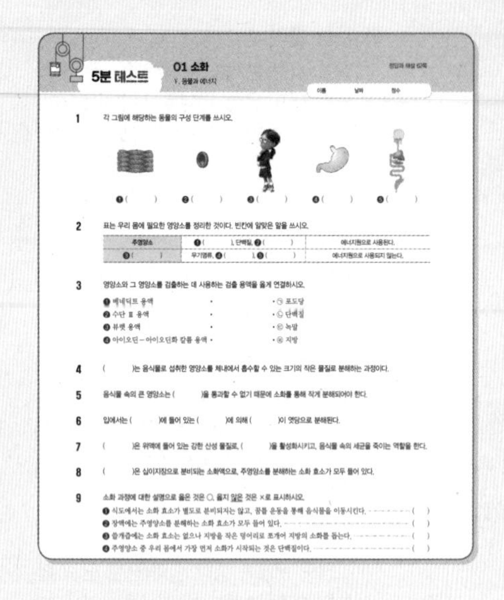

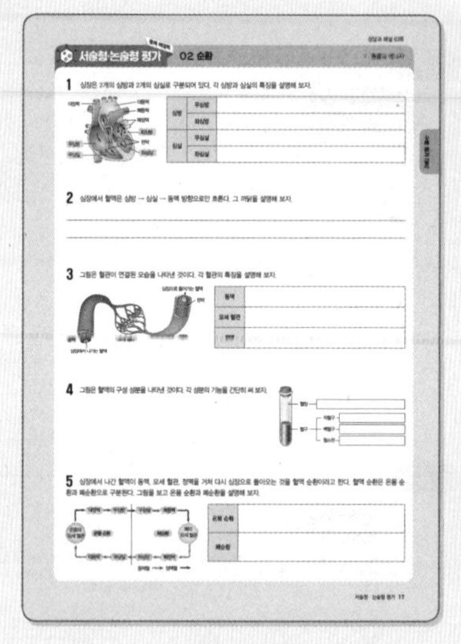

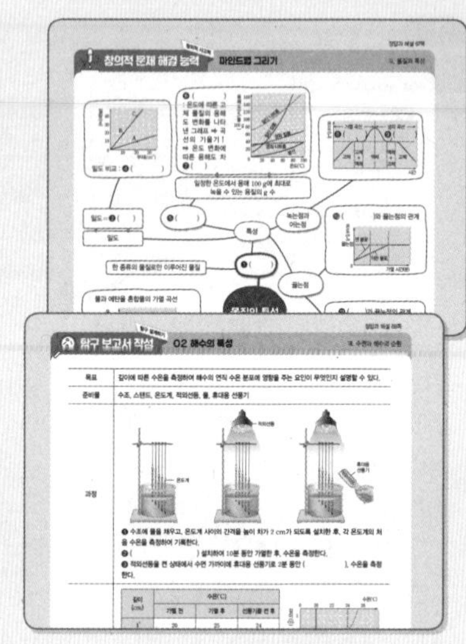

5분 테스트

다음 단원을 학습하기 전, 지난 시간에 배운 기본 개념을 간단히 복습해 볼 수 있도록 하였습니다.

서술형 · 논술형 평가, 창의적 문제 해결 능력, 탐구 보고서 작성

학교에서 실시되는 수행평가 중 가장 많이 실시되는 형태로 문제를 구성하였습니다. 진도 교재와 함께 학습해 나가면 어떤 형태의 수행평가도 모두 대비할 수 있습니다.

2 중간 · 기말고사 대비

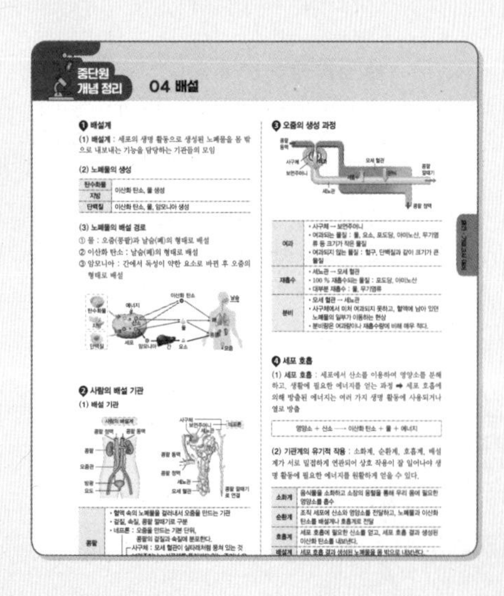

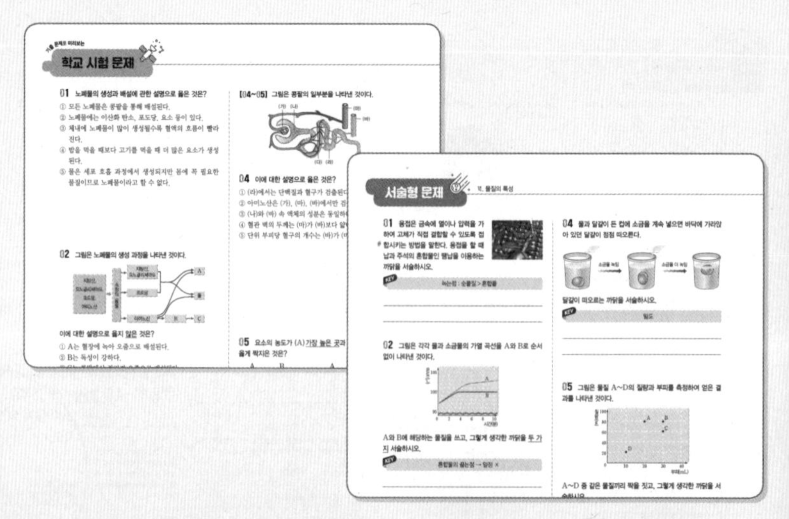

중단원 개념 정리

시험 직전 중단원 핵심 개념을 정리해 볼 수 있도록 하였습니다.

학교 시험 문제

학교 시험에 출제되었던 문제로 구성하여 실제 시험에 대비할 수 있도록 하였습니다.

서술형 문제

대단원별 주요 서술형 문제를 집중 연습할 수 있도록 KEY와 함께 수록해 주었습니다.

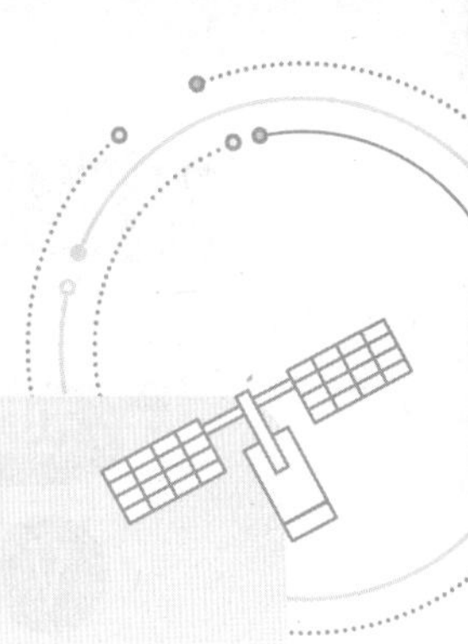

3 시험 직전 최종 점검

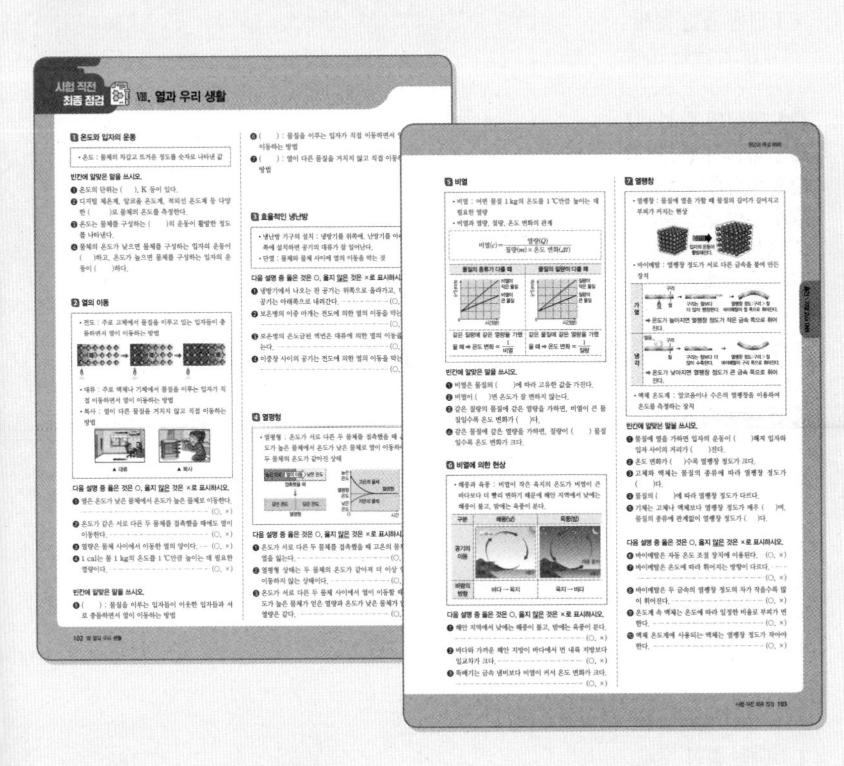

시험 직전 최종 점검

시험 직전에 대단원별 핵심 개념을 O× 문제나 빈칸 채우기 문제로 빠르게 확인해 볼 수 있도록 하였습니다.

정답과 해설

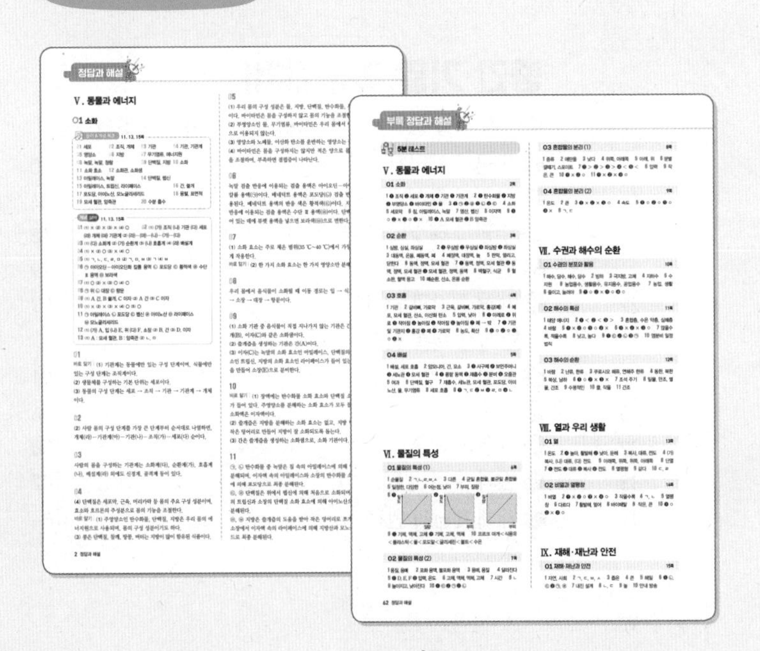

정답과 해설

모든 문제의 각 보기에 대한 해설과 바로 알기를 통해 틀린 내용을 콕콕 짚어주었습니다.

차례

진도 교재

Ⅴ 동물과 에너지

Ⅵ 물질의 특성

Ⅶ 수권과 해수의 순환

Ⅷ 열과 우리 생활

Ⅸ 재해·재난과 안전

부록

수행평가 대비

중간·기말고사 대비

백신 과학과 내 교과서 연결하기

교과서 출판사 이름과 시험 범위를 확인한 후 백신 페이지를 확인하세요.

Ⅴ 동물과 에너지	백신 과학	비상교육	미래엔	천재교육	동아출판	YBM
01 소화	10~23	152~161	158~167	155~167	151~159	158~168
02 순환	24~35	166~171	168~172	168~173	160~165	170~175
03 호흡	36~47	176~179	174~177	177~181	169~173	178~181
04 배설	48~57	180~182 188~191	178~185	182~188	174~179	182~189

Ⅵ 물질의 특성	백신 과학	비상교육	미래엔	천재교육	동아출판	YBM
01 물질의 특성 (1)	66~75	200~205	196~199 204~207	197~200 204~207	189~194	202~207
02 물질의 특성 (2)	76~87	206~213	200~203 208~212	201~203 208~212	195~200	208~211
03 혼합물의 분리 (1)	88~97	218~222	214~219	215~219	205~209	214~219
04 혼합물의 분리 (2)	98~105	224~229	220~227	220~225	210~213	220~225

Ⅶ 수권과 해수의 순환	백신 과학	비상교육	미래엔	천재교육	동아출판	YBM
01 수권의 분포와 활용	114~121	238~243	238~242	235~239	225~227	238~243
02 해수의 특성	122~133	248~253	244~249	243~248	228~231	246~249
03 해수의 순환	134~143	254~257	250~254	249~253	235~239	250~253

Ⅷ 열과 우리 생활	백신 과학	비상교육	미래엔	천재교육	동아출판	YBM
01 열	150~161	246~277	264~275	262~273	250~261	266~278
02 비열과 열팽창	162~173	278~287	276~282	274~283	262~271	280~288

Ⅸ 재해·재난과 안전	백신 과학	비상교육	미래엔	천재교육	동아출판	YBM
01 재해·재난과 안전	180~187	294~301	294~305	290~298	280~291	298~307

동물과 에너지

A-ra?

Q. 소화, 순환, 호흡, 배설을 하는 목적은 무엇일까?

1 소화

- 생물의 유기적 구성 단계를 설명할 수 있다.
- 영양소의 종류와 기능을 설명할 수 있고, 음식물의 소화 과정을 소화 효소의 작용과 관련지어 설명할 수 있다.
- 소화계의 구조와 기능을 설명할 수 있다.

❶ 생물의 몸

1 생물의 구성 단계 : 생물은 다양한 세포가 체계적으로 모여 조직을 이루고, 여러 조직이 기관을 형성하며, 기관들이 모여 완전한 개체를 이룬다.

단계	세포	조직	기관	개체
정의	생물의 몸을 구성하는 기본 단위	모양과 기능이 유사한 세포들의 모임	여러 조직이 모여 일정한 형태와 기능을 나타내는 단계	여러 기관이 모여 이루어진 생명 활동이 가능한 독립적인 하나의 생물체
예	근육 세포, 상피 세포, 신경 세포, 혈구 등	근육 조직, 상피 조직, 신경 조직, 결합 조직	위, 폐, 간, 심장, 콩팥, 소장, 방광	사람, 개, 나무

2 동물의 구성 단계 : 세포, 조직, 기관, 기관계의 단계를 거쳐 하나의 개체가 된다.

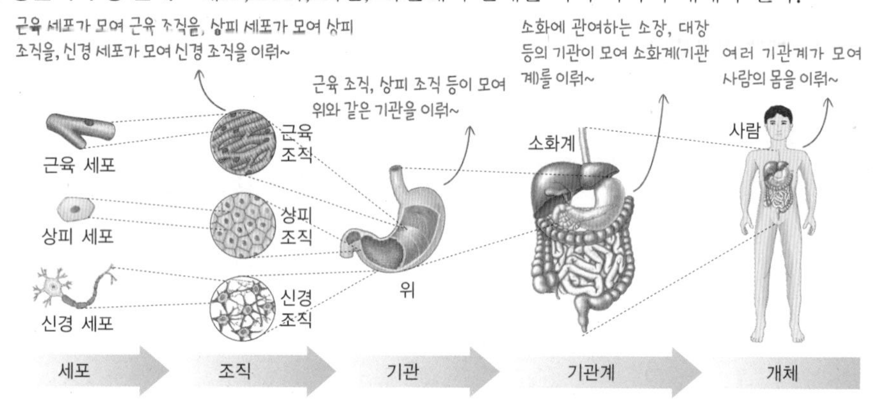

3 기관계 : 관련된 기능을 하는 몇 개의 기관이 모여 유기적 기능을 수행하는 단계로, 식물에는 없고 동물에만 있다.
전체를 구성하고 있는 각 부분이 서로 밀접하게 연관되어 있어 떼어 낼 수 없는 것을 말해~

소화계	순환계	호흡계	배설계
입, 식도, 간, 쓸개, 소장, 위, 이자, 대장, 항문	심장, 혈관	코, 기관, 폐	콩팥, 방광
음식물 속의 영양소를 소화하여 흡수한다.	영양소, 산소, 노폐물 등을 온몸으로 운반한다.	산소와 이산화 탄소의 교환을 담당한다.	노폐물을 걸러 몸 밖으로 내보낸다.

❷ 영양소

1 영양소 : 우리 몸을 구성하거나 생명 활동에 필요한 에너지원이 되는 등 생물이 살아가는 데 필요한 물질 ➡ 음식물에 들어 있다.
에너지를 내는 물질이야~

2 주영양소(3대 영양소) : 탄수화물, 단백질, 지방 ➡ 에너지원으로 이용되는 영양소

구분	탄수화물	단백질	지방
기능과 특징	• 주로 에너지원으로 이용된다(1 g당 4 kcal). → 섭취량에 비해 몸을 구성하는 비율이 작아~ • 남은 것은 지방으로 바뀌어 몸속에 저장된다. • 녹말, 엿당, 설탕, 포도당 등	• 몸의 주요 구성 성분이다. • 탄수화물이나 지방이 부족한 경우 에너지원으로 이용된다(1 g당 4 kcal). • 효소와 호르몬의 주성분으로 몸의 기능을 조절한다.	• 에너지원으로 이용된다(1 g당 9 kcal). • 몸의 구성 성분이다. • 남은 것은 피부 아래나 내장에 저장된다. → 지나치게 많이 축적되면 비만이 돼~
함유 식품	밥, 국수, 빵, 감자, 고구마 등	살코기, 생선, 두부, 콩, 달걀 등	깨, 땅콩, 버터, 참기름, 식용유 등

단백질은 세포의 주요 구성 성분이기 때문에 세포의 수가 크게 증가하는 성장기에 특히 많이 섭취해야 해~

비타민

기관계의 유기적 작용
생명 활동이 원활하게 일어나기 위해서는 각 기관계가 서로 밀접하게 연관되어 조화를 이루어 작용해야 한다.

식물의 구성 단계

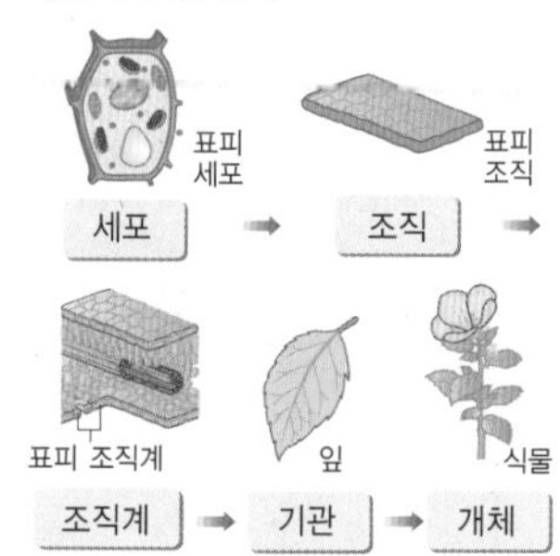

세포 → 조직 → 조직계 → 기관 → 개체로 구성된다. 조직계는 식물에만 있는 구성 단계로, 공통의 기능을 수행하는 여러 조직들이 모인 단계이다.

기타 사람의 기관계
- 근육계 : 몸의 움직임, 심장 박동, 소화관의 운동 등에 관여한다.
- 골격계 : 몸을 지탱하고 뇌, 심장, 폐 등을 보호한다.
- 신경계 : 자극을 전달하고 반응을 일으킨다.
- 면역계 : 병원체로부터 몸을 보호한다.
- 내분비계 : 호르몬을 분비한다.
- 생식계 : 생식을 담당한다.

영양소의 기능
- 우리 몸을 생장시키는 데 필요한 영양 공급
- 생명 활동에 필요한 에너지 공급
- 생리 작용 조절

우리 몸의 구성 성분

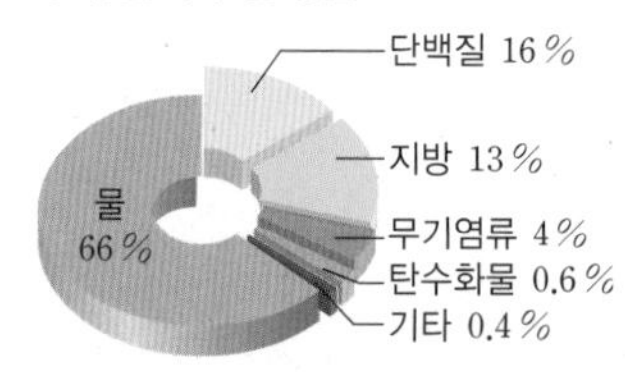

필수 비타민

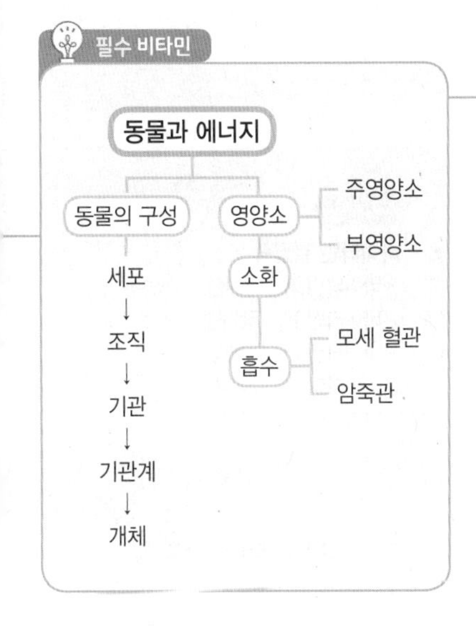

용어 & 개념 체크

❶ 생물의 몸

01 생물의 몸을 구성하는 기본 단위는 □□이다.

02 모양과 기능이 유사한 세포들의 모임을 □□이라고 하며, 생명 활동이 가능한 독립적인 생물체를 □□라고 한다.

03 동물과 식물에 모두 존재하며, 여러 조직이나 조직계가 모여 고유한 형태와 기능을 나타내는 단계는 □□이다.

04 동물의 구성 단계는 세포 → 조직 → □□ → □□□ → 개체 순이다.

❷ 영양소

05 몸을 구성하거나 에너지원 등으로 이용되는 물질을 □□□라고 한다.

06 에너지원으로 이용되고 우리 몸을 구성하는 3대 영양소에는 탄수화물, 단백질, □□이 있다.

01 생물의 몸에 대한 설명으로 옳은 것은 ○, 옳지 않은 것은 ×로 표시하시오.

(1) 식물에만 있는 구성 단계는 기관계이다. ( )
(2) 조직은 생물체를 구성하는 기본 단위이다. ( )
(3) 동물의 구성 단계는 세포 → 조직 → 기관 → 개체이다. ( )
(4) 서로 관련된 기능을 담당하는 기관들의 모임을 기관계라고 한다. ( )

02 그림 (가)~(마)는 사람 몸의 구성 단계를 순서 없이 나타낸 것이다.

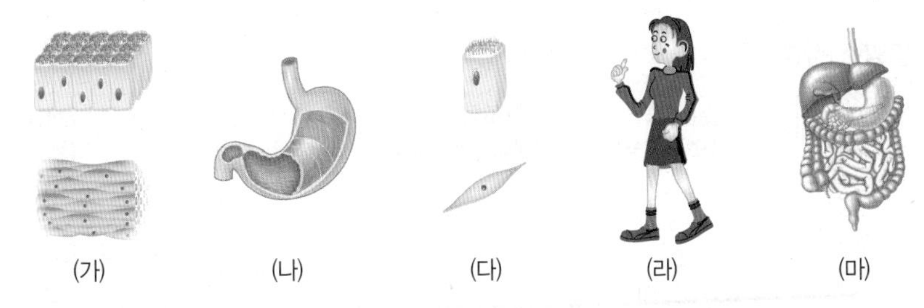

(1) (가)~(마)에 해당하는 몸의 구성 단계를 각각 쓰시오.

(2) (가)~(마)를 가장 큰 단계부터 순서대로 나열하시오.

03 그림 (가)~(라)는 사람의 몸을 구성하는 기관계를 나타낸 것이다.

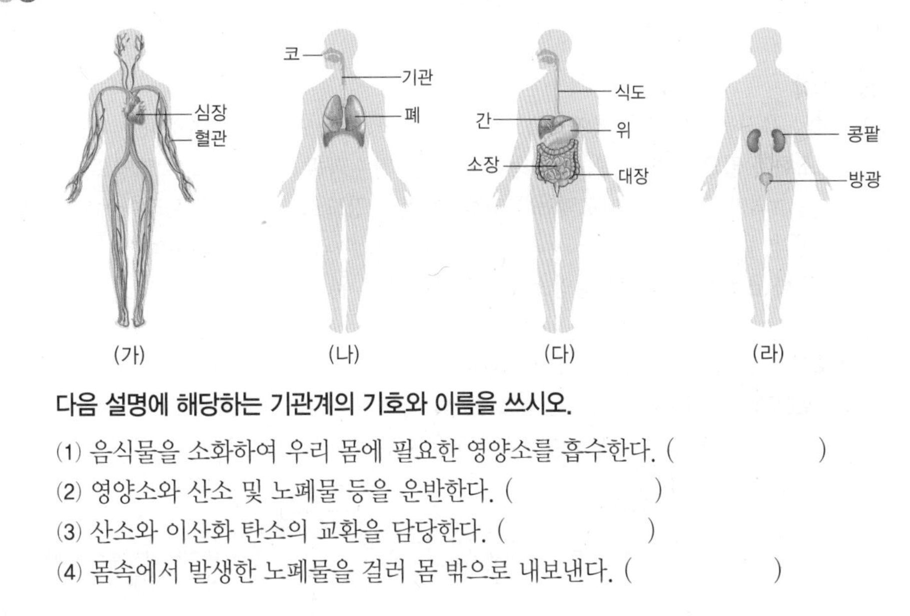

다음 설명에 해당하는 기관계의 기호와 이름을 쓰시오.

(1) 음식물을 소화하여 우리 몸에 필요한 영양소를 흡수한다. ( )
(2) 영양소와 산소 및 노폐물 등을 운반한다. ( )
(3) 산소와 이산화 탄소의 교환을 담당한다. ( )
(4) 몸속에서 발생한 노폐물을 걸러 몸 밖으로 내보낸다. ( )

04 3대 영양소에 대한 설명으로 옳은 것은 ○, 옳지 않은 것은 ×로 표시하시오.

(1) 에너지원으로 사용되며, 몸의 구성 성분은 아니다. ( )
(2) 탄수화물은 주로 에너지원으로 사용되므로, 섭취량에 비해 몸의 구성 비율이 작다. ( )
(3) 콩, 참깨, 땅콩, 버터에는 탄수화물이 가장 많이 함유되어 있다. ( )
(4) 단백질은 우리 몸의 기능을 조절한다. ( )

1 소화

3 부영양소 : 무기염류, 바이타민, 물 ➡ 에너지원으로 이용되지 않는 영양소

구분	무기염류	바이타민	물
기능 및 특징	• 뼈, 이, 혈액 등을 구성한다. • 몸의 기능을 조절한다. • 종류 : 나트륨, 칼륨, 철, 칼슘, 인, 아이오딘 등	• 적은 양으로 몸의 기능을 조절한다. • 결핍증과 과다증이 나타날 수 있다. • 종류 : 바이타민 A, B, C, D 등	• 몸의 구성 성분 중 가장 많다. ➡ 약 60 %~70 % • 영양소와 노폐물 등 여러 가지 물질을 운반한다. • 체온을 일정하게 유지하는 데 도움을 준다.
함유 식품	멸치, 버섯, 다시마, 우유, 견과류 등	과일, 녹황색 채소 등	

무기염류와 바이타민은 체내에서 합성되지 않아서 음식물을 통해 섭취해야 해~

4 영양소 검출 방법

베네딕트 반응은 이당류인 엿당, 젖당을 검출할 때도 이용할 수 있어. 단, 설탕은 예외적으로 베네딕트 반응이 나타나지 않아!

구분	녹말 검출 (아이오딘 반응)	포도당 검출 (베네딕트 반응)	지방 검출 (수단 Ⅲ 반응)	단백질 검출 (뷰렛 반응)
검출 용액	아이오딘 – 아이오딘화 칼륨 용액 (연한 갈색)	베네딕트 용액 (청색)	수단 Ⅲ 용액 (붉은색)	뷰렛 용액 (5 % 수산화 나트륨 수용액+1 % 황산 구리 수용액) (연한 푸른색)
반응 색	청람색	황적색	선홍색	보라색
색 변화	반응 전 반응 후	반응 전 반응 후	반응 전 반응 후	반응 전 반응 후

베네딕트 반응은 반응 속도가 느려서 가열을 하거나, 80 ℃~90 ℃의 물에 담근 다음 색깔 변화를 관찰해야 해.

❸ 소화

1 소화 : 음식물로 섭취한 영양소를 체내로 흡수할 수 있도록 잘게 분해하는 과정이다.

(1) **소화가 필요한 까닭** : 음식물 속의 단백질, 탄수화물, 지방과 같은 영양소가 세포에 흡수되기 위해서는 세포막을 통과할 수 있을 정도로 크기가 매우 작아야 하기 때문이다. → 무기염류, 바이타민, 물과 같이 크기가 작은 영양소는 그대로 흡수되므로 소화를 거칠 필요가 없어~

(2) **소화 효소** : 크기가 큰 영양소를 작은 영양소로 분해하는 물질

2 소화계 : 소화관과 소화샘으로 이루어져 있다.

(1) **소화관** : 음식물이 지나가는 통로 예 입 – 식도 – 위 – 소장 – 대장 – 항문 (입에서 항문까지 연결되어 있어~)

(2) **소화샘** : 소화액을 생성하거나 분비하는 기관 예 간, 쓸개, 이자, 침샘 등

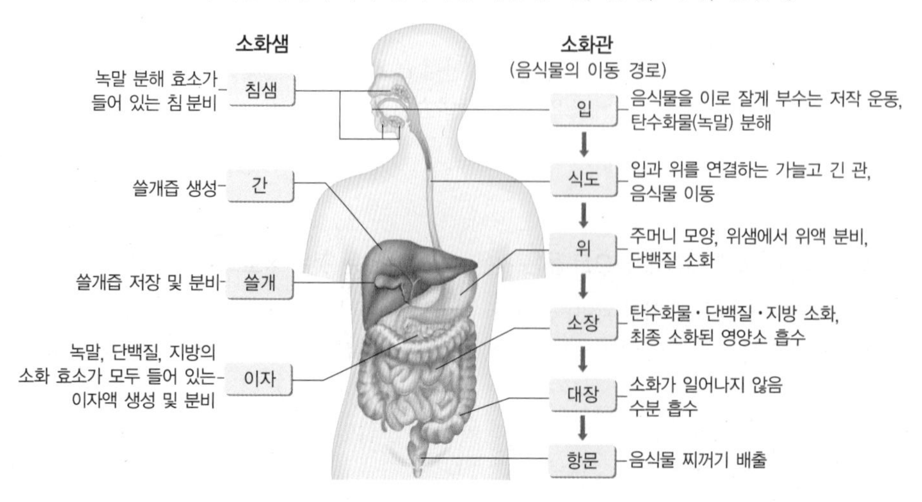

비타민

바이타민 결핍증
- 바이타민 A : 야맹증
- 바이타민 B_1 : 각기병
- 바이타민 C : 괴혈병
- 바이타민 D : 구루병
- 바이타민 E : 불임증

기계적 소화와 화학적 소화

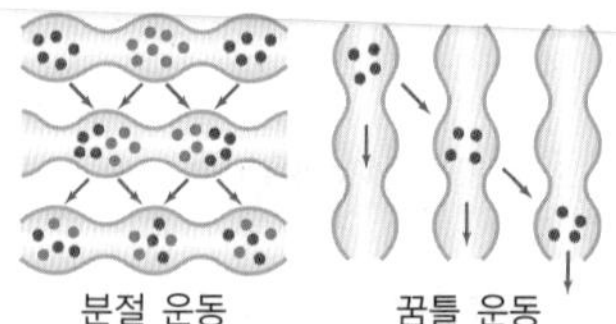

- 기계적 소화 : 음식물의 크기를 작게 하거나 음식물과 소화액이 잘 섞이도록 도와주는 작용이다. 이로 음식물을 잘게 부수는 저작 운동, 음식물과 소화액을 섞어주는 분절 운동, 음식물을 이동시키는 꿈틀 운동 등이 있다.
- 화학적 소화 : 소화 효소에 의해 영양소가 화학적으로 분해되는 작용이다.

소화가 필요한 까닭

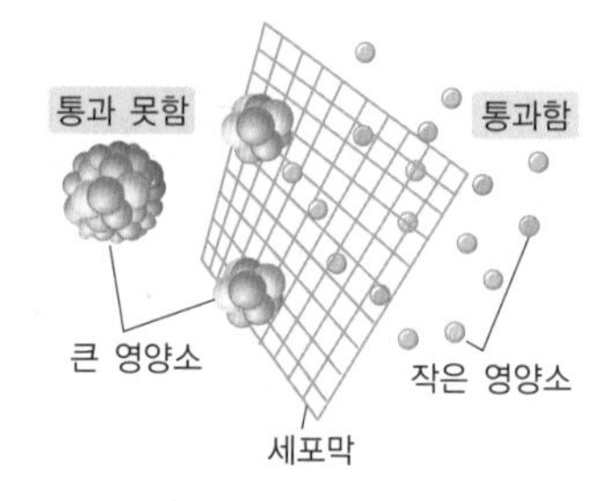

소화액과 소화 효소

소화액은 음식물의 소화를 돕는 액체를 말한다. 소화액에는 소화 효소 이외에도 염산이나 탄산수소 나트륨과 같이 소화 효소의 활성을 도와주는 물질도 포함된다.

소화 효소의 특징
- 각각의 소화 효소는 한 종류의 영양소만 분해할 수 있다. 예 녹말을 분해하는 소화 효소는 단백질이나 지방을 분해하지 못한다.
- 주로 단백질로 이루어져 있으며, 체온 범위(35 ℃~40 ℃)에서 가장 활발하게 작용한다.

용어 & 개념 체크

❷ 영양소

07 □□□□, 바이타민, 물은 몸을 구성하거나 몸의 기능을 조절하지만, □□□□으로 이용되지 않는 영양소이다.

08 아이오딘 – 아이오딘화 칼륨 용액은 □□을 검출하는 용액으로, □□과 반응하면 □□색으로 변한다.

09 뷰렛 반응은 □□□ 검출 반응이고, 수단 Ⅲ 반응은 □□ 검출 반응이다.

❸ 소화

10 음식물 속의 크기가 큰 영양소를 크기가 작은 영양소로 분해하는 과정을 □□라고 한다.

11 □□ □□는 크기가 큰 영양소를 크기가 작은 영양소로 분해하는 물질이다.

12 음식물이 지나가는 통로를 □□□, 소화액을 생성하거나 분비하는 기관을 □□□이라고 한다.

05 | 보기 | 는 영양소의 종류를 나타낸 것이다.

| 보기 |
ㄱ. 물　ㄴ. 지방　ㄷ. 단백질　ㄹ. 탄수화물　ㅁ. 무기염류　ㅂ. 바이타민

다음 설명에 해당하는 영양소를 | 보기 | 에서 모두 고르시오.

(1) 우리 몸의 구성 성분이다. (　　　　)
(2) 우리 몸에서 에너지원으로 이용되지 않는다. (　　　　)
(3) 영양소와 노폐물, 이산화 탄소를 운반한다. (　　　　)
(4) 적은 양으로 몸의 기능을 조절하며, 부족하면 결핍증이 나타난다. (　　　　)

06 표는 여러 가지 영양소의 검출 반응 결과를 나타낸 것이다. 빈칸에 알맞은 말을 쓰시오.

영양소	녹말	(㉡　　　)	지방	단백질
검출 용액	(㉠　　　)	베네딕트 용액 (+가열)	(㉣　　　)	뷰렛 용액
반응 색	청람색	(㉢　　　)	선홍색	(㉤　　　)

07 소화와 소화 효소에 대한 설명으로 옳은 것은 ○, 옳지 않은 것은 ×로 표시하시오.

(1) 소화 효소는 체온 범위에서 가장 활발하게 작용한다. …… (　　)
(2) 한 가지 소화 효소는 여러 가지 영양소를 분해한다. …… (　　)
(3) 소화액을 생성하거나 분비하는 기관을 소화샘이라고 한다. …… (　　)
(4) 녹말과 단백질은 세포막을 통과하지 못하므로 소화가 필요하다. …… (　　)

08 다음은 음식물이 이동하는 경로를 나타낸 것이다. 빈칸에 알맞은 말을 쓰시오.

입 → 식도 → (㉠　　　　) → 소장 → (㉡　　　　) → (㉢　　　　)

09 그림은 사람의 소화계를 나타낸 것이다.

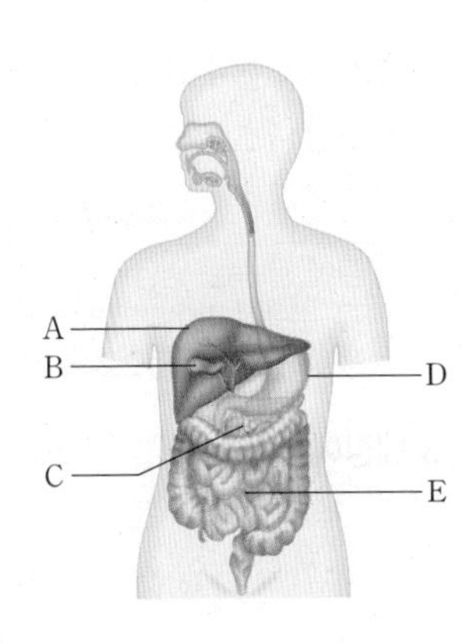

(1) 소화 기관 중 음식물이 직접 지나가지 않는 기관의 기호와 이름을 모두 쓰시오.

(2) 쓸개즙을 생성하는 기관의 기호와 이름을 쓰시오.

(3) 녹말, 단백질, 지방의 소화 효소가 모두 들어 있는 소화액을 분비하는 기관의 기호와 이름을 쓰시오.

1 소화

3 소화 기관에서의 소화 과정

(1) **입** : 침 속에 들어 있는 소화 효소인 아밀레이스에 의해 녹말이 엿당으로 분해된다.

(2) **위** : 위액 속에 들어 있는 소화 효소인 펩신에 의해 단백질이 분해된다. 펩신은 위액 속에 함께 들어 있는 염산의 도움을 받아 작용한다.

(3) **소장** : 이자액, 쓸개즙, 소장의 소화 효소에 의해 녹말, 단백질, 지방이 최종 분해된다.

쓸개즙	소화 효소는 없으나 지방을 작은 덩어리로 쪼개어 지방의 소화를 돕는다. ➡ 유화 작용
이자액	녹말, 단백질, 지방을 분해하는 소화 효소가 모두 들어 있다. • 아밀레이스 : 녹말 → 엿당 • 트립신 : 단백질 → 중간 단계 단백질(폴리펩타이드) • 라이페이스 : 지방 → 지방산, 모노글리세리드
소장의 소화 효소	장액에는 탄수화물 소화 효소와 단백질 소화 효소가 들어 있다.

(4) **영양소의 소화 과정** : 소화 과정 결과 녹말(탄수화물)은 포도당으로, 단백질은 아미노산으로, 지방은 지방산과 모노글리세리드로 분해된다.

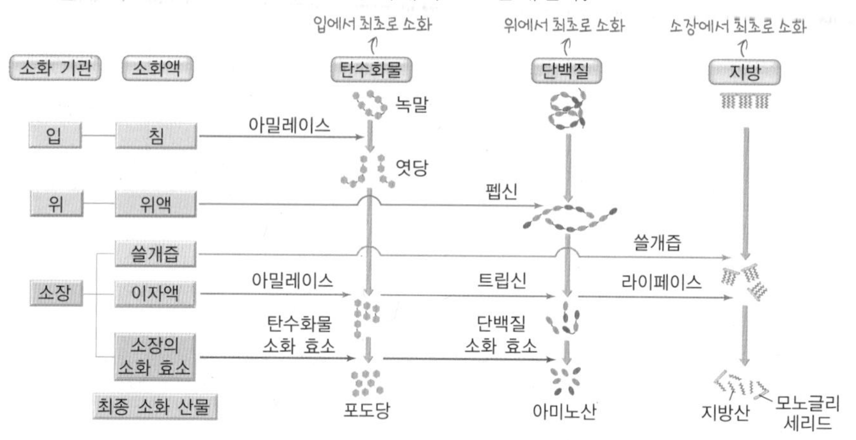

4 영양소의 흡수

1 영양소의 흡수 장소 : 최종 소화 산물은 소장에서 흡수된다.

• 소장 안쪽 벽의 구조 : 소장의 안쪽 주름 표면에 수많은 융털이 나 있다. ➡ 영양소와 닿는 표면적을 넓혀 주어 영양소를 효율적으로 흡수한다.

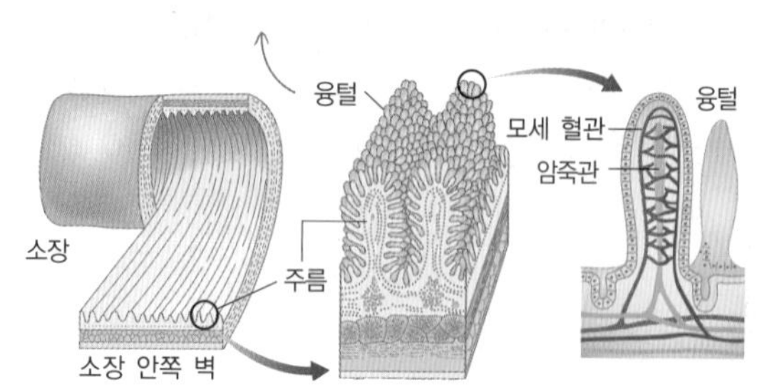

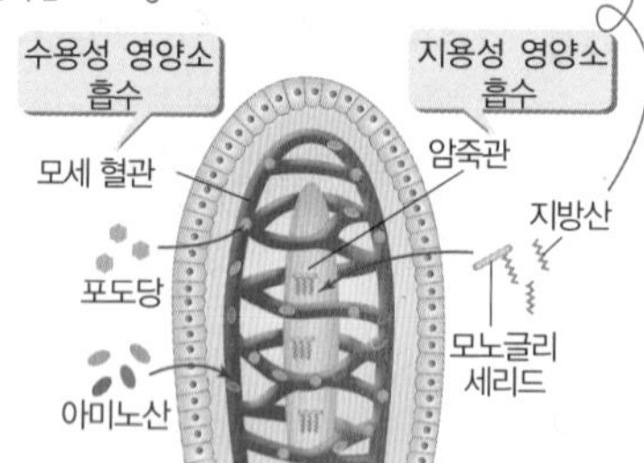

2 영양소의 흡수와 이동 : 영양소는 융털 상피 세포의 세포막을 통과하여 융털 안쪽으로 흡수된 후, 모세 혈관과 암죽관으로 흡수되어 심장을 거쳐 온몸으로 운반된다.

수용성 영양소	지용성 영양소
• 물에 잘 녹는 영양소 : 포도당, 아미노산, 무기염류, 수용성 바이타민(바이타민 B, C) • 융털의 모세 혈관으로 흡수된다.	• 물에 잘 녹지 않는 영양소 : 지방산, 모노글리세리드, 지용성 바이타민(바이타민 A, D, E, K) • 융털의 암죽관으로 흡수된다.

3 대장에서의 변화 : 소장에서 영양소가 흡수되고 남은 물질은 대장으로 이동한다.

(1) 소화 효소가 분비되지 않아 소화 작용은 거의 일어나지 않고, 주로 물이 흡수된다.

(2) 소화되지 않은 나머지 음식 찌꺼기는 대변이 되어 항문을 통해 배출된다.

비타민

밥을 오래 씹으면 단맛이 나는 까닭
밥의 주성분인 녹말이 침 속의 아밀레이스에 의해 단맛이 나는 엿당으로 분해되기 때문이다.

쓸개즙의 작용

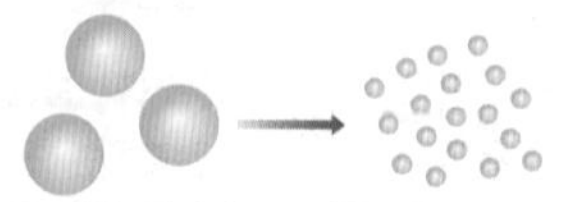

쓸개즙은 지방을 작은 크기로 만들어 물과 고르게 섞이게 하는데, 이러한 현상을 지방의 유화라고 한다. 크기가 작아진 지방은 라이페이스와의 접촉 면적이 증가하여 소화가 더 빨리 일어나게 된다.

쓸개즙과 이자액의 분비

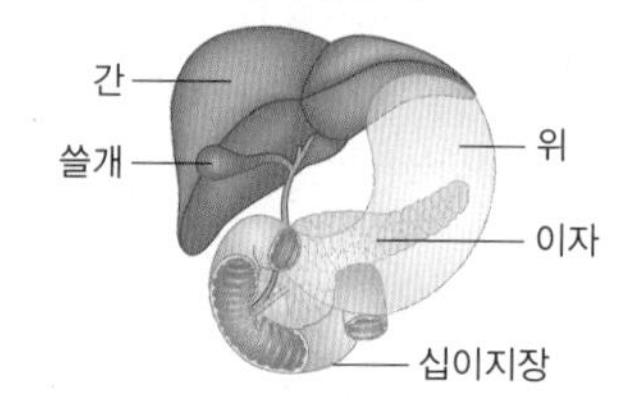

• 쓸개즙은 간에서 만들어져 쓸개에 저장되었다가 소장의 앞부분인 십이지장으로 분비된다.
• 이자액은 이자에서 만들어져 십이지장으로 분비된다.

암죽관
암죽관은 림프관의 일종으로, 소장의 융털에 있는 림프관을 암죽관이라고 한다.

흡수한 영양소의 이동

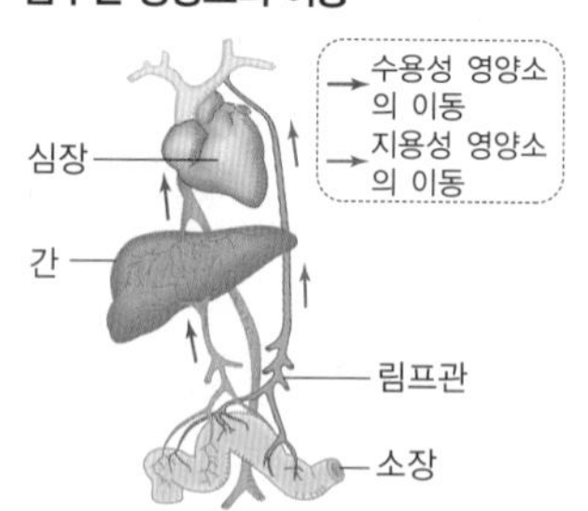

모세 혈관으로 흡수된 수용성 영양소는 간을 거쳐 심장으로 이동하고, 암죽관으로 흡수된 지용성 영양소는 간을 거치지 않고 심장으로 바로 이동한다.

물의 흡수
음식물이 소화관을 지나는 동안 분비되는 소화액의 물과 음식물 속의 물은 대부분 소장에서 흡수되며, 소장에서 흡수되지 않은 물의 일부가 대장에서 흡수된다.

용어 & 개념 체크

❸ 소화

13 입에서는 침 속의 □□□ □□에 의해 □□이 엿당으로 분해된다.

14 위에서는 □□□이 위액 속의 □□에 의해 분해된다.

15 이자액 속에는 탄수화물을 분해하는 소화 효소 □□□ □□, 단백질을 분해하는 소화 효소 □□□, 지방을 분해하는 소화 효소 □□□□ □가 모두 들어 있다.

16 쓸개즙은 □에서 생성되어 □□에 저장되었다가 소장으로 분비된다.

17 녹말(탄수화물)의 최종 분해 산물은 □□□, 단백질의 최종 분해 산물은 □□□ □, 지방의 최종 분해 산물은 지방산과 □□□□□□ □이다.

❹ 영양소의 흡수

18 소장의 안쪽 주름 표면에는 수많은 □□이 있어, 영양소를 흡수할 수 있는 □□□을 넓혀 준다.

19 수용성 영양소는 소장 융털의 □□ □□으로, 지용성 영양소는 소장 융털의 □□ □으로 흡수된다.

20 대장의 주된 기능은 □□ □□이다.

10 **소화 과정에 대한 설명으로 옳은 것은 ○, 옳지 않은 것은 ×로 표시하시오.**

(1) 장액에는 주영양소를 분해하는 소화 효소가 모두 들어 있다. ( )

(2) 쓸개즙에는 지방을 분해하는 소화 효소가 들어 있어 지방을 분해한다. ( )

(3) 간은 소화 효소가 포함된 소화액을 분비하지 않으므로 소화 기관이라고 할 수 없다. ( )

(4) 주영양소 중 우리 몸에서 가장 먼저 소화가 시작되는 것은 탄수화물이다. ( )

(5) 위액 속 염산은 음식물에 섞여 있는 세균을 죽여 음식물의 부패를 막는다. ( )

11 **그림은 탄수화물, 단백질, 지방의 소화 과정을 나타낸 것이다.**

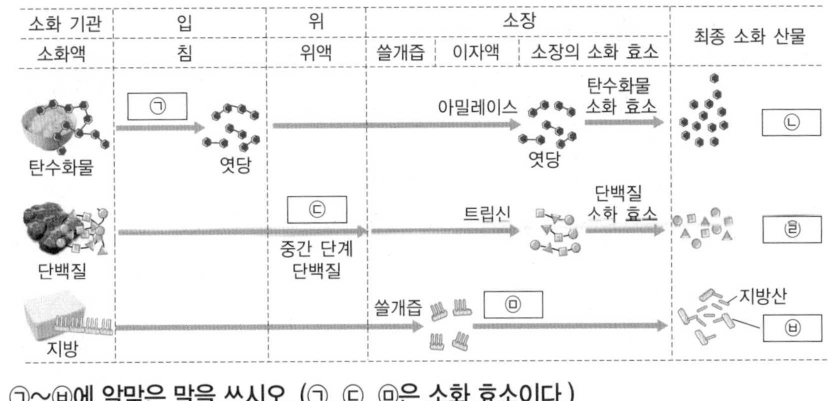

㉠~㉥에 알맞은 말을 쓰시오. (㉠, ㉢, ㉤은 소화 효소이다.)

㉠ ( ) ㉡ ( ) ㉢ ( )

㉣ ( ) ㉤ ( ) ㉥ ( )

12 **그림은 사람의 소화계를 나타낸 것이다.**

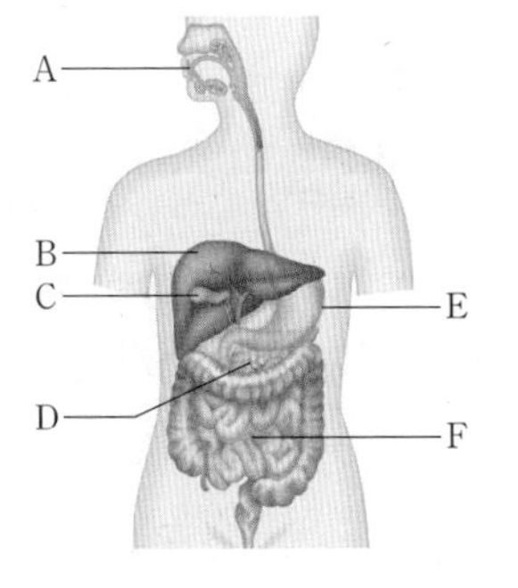

(1) 식품 (가)~(다)에 주로 포함된 영양소가 처음으로 소화되는 장소의 기호와 이름을 각각 쓰시오.

(가)	(나)	(다)
밥	살코기	땅콩

(2) 쓸개즙이 만들어지는 장소의 기호와 이름을 쓰시오.

(3) 3대 영양소의 소화 효소가 모두 만들어지는 기관의 기호와 이름을 쓰시오.

13 **그림은 소장 융털의 구조를 나타낸 것이다.**

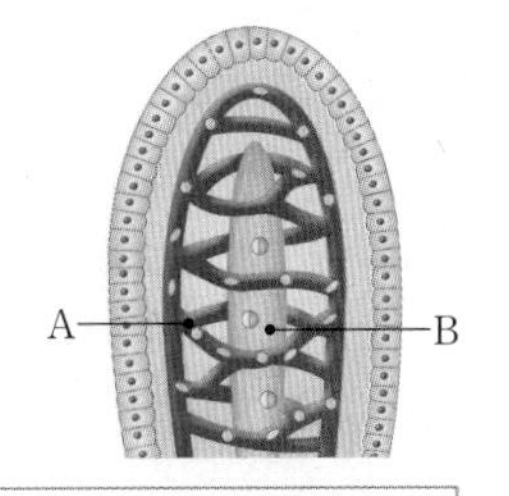

(1) A와 B의 이름을 각각 쓰시오.

(2) B로 흡수되는 영양소를 | **보기** |에서 모두 고르시오.

보기

ㄱ. 포도당 ㄴ. 지방산 ㄷ. 무기염류 ㄹ. 아미노산 ㅁ. 모노글리세리드

MUST 해부!

탐구 침의 소화 작용

과정 ❶ 혀 밑에 거즈를 넣어 침을 충분히 적시고, 침에 적신 거즈를 증류수 10 mL에 헹구어 침 용액을 만든다.

❷ 시험관 A에는 묽은 녹말 용액과 증류수를, 시험관 B에는 묽은 녹말 용액과 침 용액을 넣고 35 ℃~40 ℃의 물에 담가 둔다.

소화 효소는 체온 범위에서 가장 활발하게 작용하기 때문에 시험관 A와 B를 35 ℃~40 ℃에 담가 두는 거야~!

❸ 10분 후 유리판에 시험관 A, B의 용액을 떨어뜨리고, 아이오딘-아이오딘화 칼륨 용액을 각각 1방울씩 떨어뜨린 다음 색깔 변화를 관찰한다.

❹ 시험관 A, B의 용액에 베네딕트 용액을 넣고 80 ℃~90 ℃의 물에 담근 다음 색깔 변화를 관찰한다.

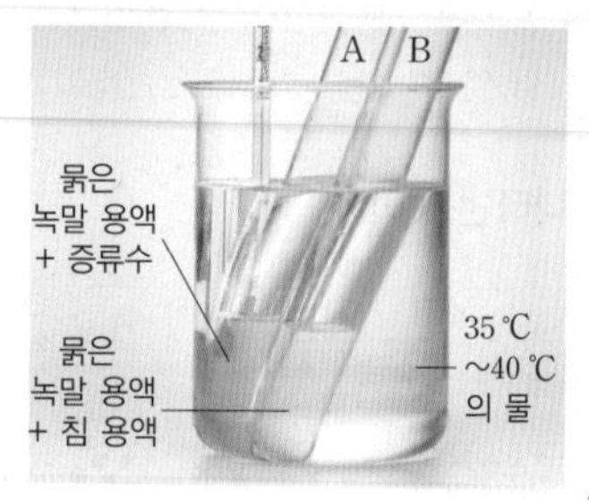

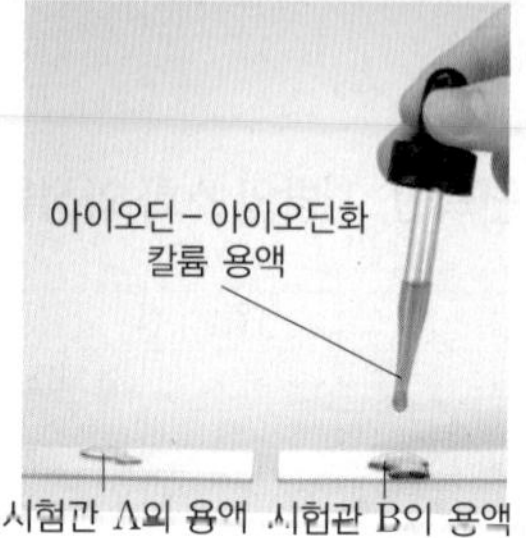

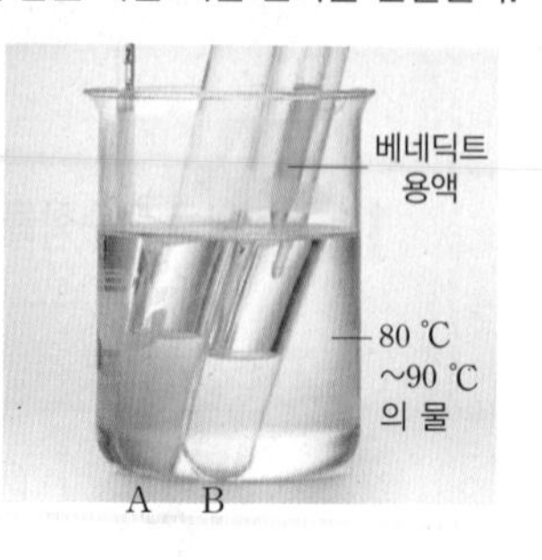

탐구 시 유의점

- 뜨거운 물을 다룰 때에는 반드시 면장갑을 착용하고, 뜨거운 물이 피부에 직접 닿지 않도록 주의한다.
- 시험관을 35 ℃~40 ℃의 물이 담긴 비커에 넣는 대신 항온기에 넣어서 실험할 수 있다.

과정	색깔 변화		색깔이 변한 까닭
	시험관 A (녹말 용액 + 증류수)	시험관 B (녹말 용액 + 침 용액)	
과정 ❸ (아이오딘 반응)	청람색	변화 없음	시험관 A에는 녹말이 있고, 시험관 B에는 녹말이 없기 때문이다.
과정 ❹ (베네딕트 반응)	변화 없음	황적색	시험관 A에는 당분이 없고, 시험관 B에는 당분이 있기 때문이다.

실험 결과 녹말 용액에 침 용액을 넣으면 녹말이 당분으로 분해됨을 알 수 있다.

정리 • 침 속에 들어 있는 소화 효소인 아밀레이스는 녹말을 당분(엿당)으로 분해한다.

탐구 알약

정답과 해설 3쪽

01 위 실험에 대한 설명으로 옳은 것은 ○, 옳지 않은 것은 ×로 표시하시오.

(1) 시험관 A에서 아이오딘 반응 결과 청람색이 나타난 것은 녹말이 당분으로 분해되었기 때문이다. ( )

(2) 시험관 B에 침 대신 끓인 침을 넣으면 아이오딘 반응에서 청람색으로 변한다. ( )

(3) 시험관 B에서 베네딕트 반응 결과 황적색으로 변한 것은 침 속의 아밀레이스의 작용 때문이다. ( )

서술형

02 위 실험에서 녹말의 소화가 일어난 시험관이 무엇인지 쓰고, 그렇게 생각한 까닭을 서술하시오.

베네딕트 반응, 황적색, 엿당

서술형

03 위 실험에서 그림과 같이 시험관 B에 녹말 대신 묽은 달걀흰자 용액을 넣고, 뷰렛 반응을 시켰다.

묽은 달걀흰자 용액 10 mL
+
침 용액 10 mL
뷰렛 용액
35 ℃~40 ℃ 물

이때 뷰렛 반응의 결과와 그렇게 생각한 까닭을 소화 효소의 특징과 관련지어 서술하시오.

소화 효소, 한 가지 영양소

영양소의 소화와 흡수

소화관에서 일어나는 영양소의 소화 과정을 소화 효소와 관련지어 확실하게 정리하고 가도록 하자!

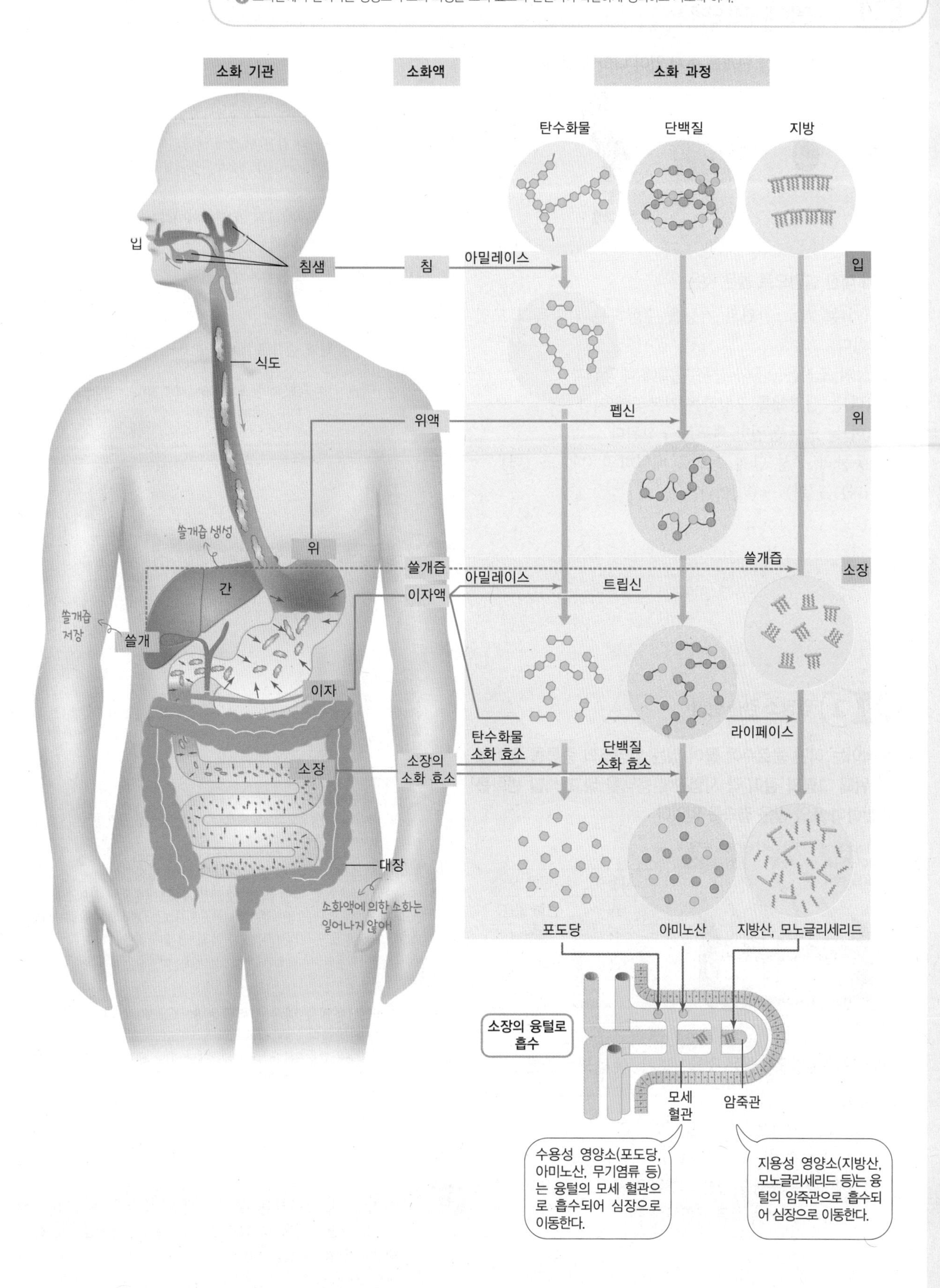

유형 클리닉

유형 1 동물의 구성 단계

그림은 동물의 구성 단계를 순서 없이 나타낸 것이다.

이에 대한 설명으로 옳은 것은?

① (가)는 서로 관련된 기능을 수행하는 기관들의 모임이다.
② 상피 조직은 (나)와 같은 단계에 해당된다.
③ (다)는 생명체를 구성하는 기본 단위이다.
④ (마)는 모두 동일한 세포로 구성된다.
⑤ 동물의 구성 단계 순으로 배열하면 (나) → (마) → (다) → (가) → (라)이다.

우리 몸의 구성 단계를 묻는 문제가 자주 출제돼~! 동물 몸의 구성 단계를 순서대로 잘 기억해 두자~!

① (가)는 서로 관련된 기능을 수행하는 기관들의 모임이다.
→ (가)는 기관계로 서로 관련된 기능을 담당하는 기관들의 모임이야!

② 상피 조직은 (나)와 같은 단계에 해당된다.
→ (나)는 세포로 생명체를 구성하는 기본 단위이고, 상피 세포나 혈구 등이 세포에 해당하셔!

③ (다)는 생명체를 구성하는 기본 단위이다.
→ (다)는 조직으로 모양과 기능이 유사한 여러 개의 세포가 모여서 이루어져.

④ (마)는 모두 동일한 세포로 구성된다.
→ (마)는 기관으로 여러 가지 조직이 모여 형성돼! 따라서 다양한 종류의 세포로 구성되어 있지.

⑤ 동물의 구성 단계 순으로 배열하면 (나) → (마) → (다) → (가) → (라)이다.
→ (가)는 기관계, (나)는 세포, (다)는 조직, (라)는 개체, (마)는 기관이므로 올바른 순서는 (나) → (다) → (마) → (가) → (라)가 되겠지~

답 : ①

동물의 구성 단계 : 세포 → 조직 → 기관 → 기관계 → 개체!!

유형 2 영양소 검출 실험

풍식이는 어떤 음료수에 들어 있는 영양소의 종류를 알아보기 위해 그림과 같이 각 시험관에 용액을 넣고 색깔 변화를 관찰하여 표와 같은 결과를 얻었다.

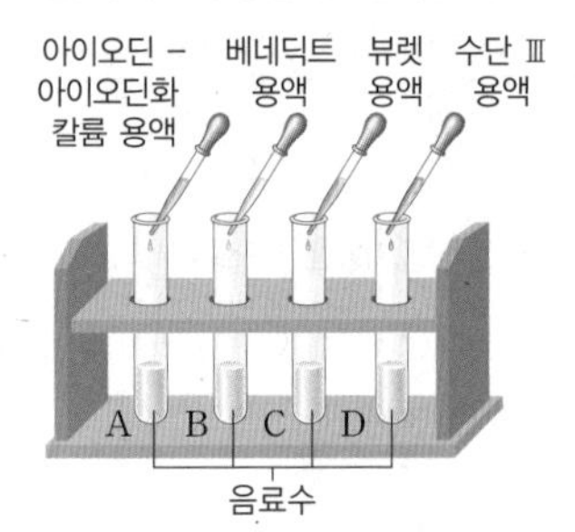

시험관	반응 색
A	변화 없음
B	황적색
C	보라색
D	선홍색

이에 대한 설명으로 옳은 것을 보기 에서 모두 고른 것은?

보기
ㄱ. 이 음료수에는 당분이 들어 있지 않다.
ㄴ. 이 음료수에는 3대 영양소가 모두 들어 있다.
ㄷ. 베네딕트 용액을 넣은 시험관은 80 ℃~90 ℃의 물에 담그고 색 변화를 관찰한다.

① ㄱ　② ㄷ　③ ㄱ, ㄴ
④ ㄴ, ㄷ　⑤ ㄱ, ㄴ, ㄷ

3대 영양소의 검출 실험을 통해 음식물 속에 들어 있는 영양소를 알아내는 문제가 출제돼! 그러므로 각 영양소를 검출하는 검출 용액과 그에 따른 색 변화를 꼭 기억해 두자!

ㄱ. 이 음료수에는 당분이 들어 있지 않다.
→ 당분은 베네딕트 반응으로 확인할 수 있어. 베네딕트 반응 결과 황적색으로 변했으므로 이 음료수에는 당분이 들어 있어~

ㄴ. 이 음료수에는 3대 영양소가 모두 들어 있다.
→ 아이오딘 반응은 녹말, 베네딕트 반응은 당분, 뷰렛 반응은 단백질, 수단 Ⅲ 반응은 지방의 검출 반응이야~ 반응이 일어난 시험관은 B, C, D이므로 이 음료수에는 녹말은 들어 있지 않고, 당분, 단백질, 지방이 들어 있음을 알 수 있어~
당분은 탄수화물이므로 이 음료수에는 탄수화물, 단백질, 지방의 3대 영양소가 모두 들어 있음을 알 수 있지.

ㄷ. 베네딕트 용액을 넣은 시험관은 80 ℃~90 ℃의 물에 담그고 색 변화를 관찰한다.
→ 베네딕트 반응은 반응 속도가 느려서 가열을 하거나, 80 ℃~90 ℃의 물에 담근 다음 색깔 변화를 관찰해야 해.

답 : ④

아녹청에 베포가 큰 황제가 수지에게 선물을 줘~ 뷰단 보자기!
→ 아이오딘-아이오딘화 칼륨 용액이 녹말과 반응하면 청람색, 베네딕트 용액이 포도당과 반응하면 황적색, 수단 Ⅲ 용액이 지방과 반응하면 선홍색, 뷰렛 용액이 단백질과 반응하면 보라색~!

유형 3 사람의 소화 기관

그림은 사람의 소화 기관을 나타낸 것이다.

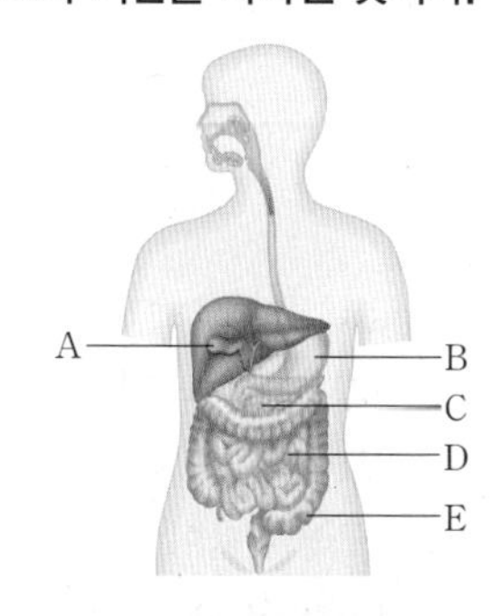

각 소화 기관에 대한 설명으로 옳은 것은?

① A에서 만들어진 쓸개즙이 소장으로 분비된다.
② B에서는 지방이 최초로 분해된다.
③ C에서 분비되는 녹말을 분해하는 소화 효소와 침샘에서 분비되는 소화 효소는 종류가 같다.
④ D에는 융털이 있어 표면적을 작게 해 효과적으로 영양소를 흡수한다.
⑤ E에서는 소화 및 흡수를 한다.

사람의 소화 기관을 그림으로 나타낸 뒤 특징을 묻는 문제가 출제돼! 각 소화 기관에서 분비되는 소화 효소가 무엇인지 잘 분류해서 기억해야 해~!

A는 쓸개, B는 위, C는 이자, D는 소장, E는 대장이다.

~~①~~ A에서 만들어진 쓸개즙이 소장으로 분비된다.
→ 쓸개즙은 간에서 만들어지는 소화액이야! 간에서 생성된 후 쓸개(A)에 저장되었다가 소장으로 분비돼!

~~②~~ B에서는 지방이 최초로 분해된다.
→ 위(B)에서는 단백질이 펩신에 의해 최초로 분해되지! 지방은 소장(D)에서 이자액의 라이페이스에 의해 최초로 분해돼!

③ C에서 분비되는 녹말을 분해하는 소화 효소와 침샘에서 분비되는 소화 효소는 종류가 같다.
→ 이자(C)에서 분비되는 녹말 분해 효소는 아밀레이스지? 침샘에서 분비되는 소화 효소도 아밀레이스야~! 이자액 속 아밀레이스와 침샘에서 분비되는 소화 효소의 종류는 같아!

~~④~~ D에는 융털이 있어 표면적을 작게 해 효과적으로 영양소를 흡수한다.
→ 소장(D)의 융털은 영양소와 닿는 표면적을 크게 해 효과적으로 영양소를 흡수해!

~~⑤~~ E에서는 소화 및 흡수를 한다.
→ 대장(E)에서는 소화가 일어나지 않아!! 대장(E)은 소장에서 흡수되지 못한 물의 대부분을 흡수하고, 소화되지 못한 음식 찌꺼기를 대변으로 배출하지~!

답 : ③

이자액 : 탄 - 아밀레이스
단 - 트립신
지 - 라이페이스
(탄단지 - 아들아~)

유형 4 영양소의 흡수

그림은 소장의 융털 구조를 나타낸 것이다. 이에 대한 설명으로 옳은 것을 | 보기 | 에서 모두 고른 것은?

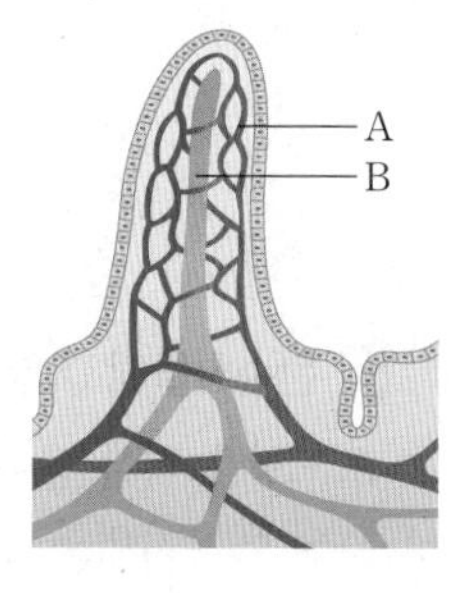

| 보기 |
ㄱ. A에는 혈액이 흐르지 않는다.
ㄴ. 수용성 바이타민은 A를 통해 흡수된다.
ㄷ. A를 통해 흡수된 영양소는 간을 거쳐 심장으로 이동한다.
ㄹ. 모노글리세리드는 B를 통해 흡수된다.

① ㄱ, ㄴ ② ㄱ, ㄷ ③ ㄷ, ㄹ
④ ㄱ, ㄴ, ㄹ ⑤ ㄴ, ㄷ, ㄹ

소장에서 영양소가 흡수되는 경로를 묻는 문제가 출제돼!

~~ㄱ~~. A에는 혈액이 흐르지 않는다.
→ A는 혈액이 흐르는 모세 혈관이야! 혈액이 흐르지 않는 관 B는 암죽관이야! 암죽관(B)은 림프관의 일종으로 혈액 대신 림프액이 흐르지!

ㄴ. 수용성 바이타민은 A를 통해 흡수된다.
→ 모세 혈관(A)으로는 수용성 영양소가 흡수돼! 수용성 바이타민은 수용성 영양소니까 모세 혈관(A)으로 흡수되지!

ㄷ. A를 통해 흡수된 영양소는 간을 거쳐 심장으로 이동한다.
→ 모세 혈관(A)으로 흡수된 수용성 영양소는 간을 거쳐 심장으로 이동해~! 반면 암죽관(B)으로 흡수된 지용성 영양소는 간을 거치지 않고 바로 심장으로 이동하지!

ㄹ. 모노글리세리드는 B를 통해 흡수된다.
→ 모노글리세리드는 지방의 최종 소화 산물로 지용성 영양소야! 지용성 영양소는 암죽관(B)으로 흡수돼!

답 : ⑤

모세 혈관 : 수용성 영양소 흡수
암죽관 : 지용성 영양소 흡수

❶ 생물의 몸

01 그림은 동물의 구성 단계를 순서 없이 나타낸 것이다.

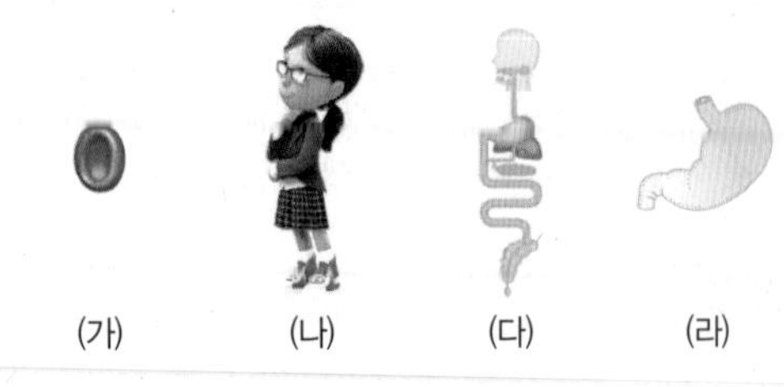

각 단계의 이름을 옳게 짝지은 것은?

	(가)	(나)	(다)	(라)
①	조직	기관	개체	세포
②	조직	개체	기관계	세포
③	세포	개체	기관계	기관
④	세포	개체	조직계	기관
⑤	세포	기관	기관계	조직

02 (중요) 다음은 동물의 구성 단계를 나타낸 것이다.

세포 → A → B → C → 개체

이에 대한 설명으로 옳지 않은 것은?

① 백혈구는 세포 단계의 예이다.
② B는 모두 동일한 세포로 구성된다.
③ 혈액은 A, 위와 이자는 B 단계이다.
④ 신경계, 면역계, 호흡계 등은 C 단계이다.
⑤ 연관된 기능을 수행하는 B가 모여 C를 구성한다.

03 (중요) 기관계에 대한 설명으로 옳지 않은 것은?

① 식물에는 존재하지 않는 구성 단계이다.
② 서로 관련된 기능을 담당하는 기관들의 모임이다.
③ 심장과 혈관은 순환계를 구성하는 기관이다.
④ 배설계는 체내에서 발생한 노폐물을 걸러 몸 밖으로 내보낸다.
⑤ 영양소와 산소를 우리 몸의 적절한 곳으로 운반하는 것은 소화계이다.

❷ 영양소

04 (중요) 영양소에 대한 설명으로 옳은 것을 | 보기 |에서 모두 고른 것은?

보기
ㄱ. 무기염류는 우리 몸의 구성 성분은 아니지만 몸의 기능을 조절한다.
ㄴ. 무기염류와 바이타민은 체내에서 합성되지 않기 때문에 반드시 식품으로 섭취해야 한다.
ㄷ. 탄수화물은 대부분 에너지원으로 이용되기 때문에 섭취량에 비해 몸의 구성 비율이 매우 낮다.
ㄹ. 뷰렛 용액으로 검출할 수 있는 영양소는 벼, 보리, 밀 등에 많이 함유되어 있다.

① ㄱ, ㄴ　② ㄱ, ㄷ　③ ㄴ, ㄷ
④ ㄱ, ㄴ, ㄹ　⑤ ㄴ, ㄷ, ㄹ

05 다음에서 설명하는 영양소가 많이 포함된 음식물을 옳게 짝지은 것은?

- 에너지원으로 이용되며, 1 g당 4 kcal의 에너지를 낸다.
- 호르몬과 효소의 구성 성분으로 몸의 생명 활동을 조절한다.
- 성장기에 많이 필요한 영양소이다.

① 빵, 감자　② 야채, 과일　③ 땅콩, 참깨
④ 콩, 소고기　⑤ 우유, 멸치, 버섯

06 탄수화물에 대한 설명으로 옳지 않은 것은?

① 포도당을 기본 단위로 한다.
② 주된 에너지원으로 이용된다.
③ 생리 작용의 조절에는 관여하지 않는다.
④ 쌀밥, 빵, 감자, 고구마 등에 많이 함유되어 있다.
⑤ 에너지원으로 이용하고 남은 것은 모두 배출되기 때문에 매일매일 섭취해야 한다.

07 물, 무기염류, 바이타민의 공통적인 특징으로 옳은 것은?

① 소량으로도 충분하다.
② 에너지원으로 이용된다.
③ 세포를 구성하는 성분이다.
④ 우리 몸의 기능을 조절한다.
⑤ 주영양소가 아니기 때문에 며칠 정도는 섭취하지 않아도 문제가 없다.

08 표는 영양소 용액 A~C를 다음과 같이 혼합하여 영양소 검출 실험을 한 결과를 나타낸 것이다.

혼합 용액	아이오딘 반응	뷰렛 반응	베네딕트 반응
A+B	−	+	+
A+C	+	+	−
B+C	+	−	+

(+ : 반응이 일어남, − : 반응이 일어나지 않음)

A~C에 들어 있는 영양소를 순서대로 옳게 나열한 것은?

① 단백질, 녹말, 포도당 ② 단백질, 포도당, 녹말
③ 단백질, 지방, 녹말 ④ 녹말, 단백질, 포도당
⑤ 포도당, 녹말, 단백질

❸ 소화

09 그림은 사람의 소화 기관을 나타낸 것이다. 녹말, 단백질, 지방이 최종 산물로 분해되는 장소의 기호와 이름을 옳게 짝지은 것은?

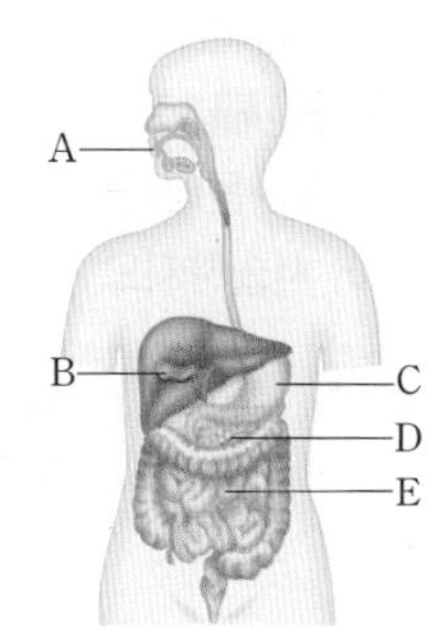

① A, 위 ② B, 식도 ③ C, 이자
④ D, 쓸개 ⑤ E, 소장

10 위에서 일어나는 소화 과정에 대한 설명으로 옳지 않은 것을 모두 고르면?

① 펩신에 의해 단백질이 분해된다.
② 위에서 지방이 처음으로 분해된다.
③ 위에서 단백질의 최종 소화가 완료된다.
④ 염산은 세균을 죽여 음식물의 부패를 방지한다.
⑤ 위액에는 염산이 들어 있어 펩신의 작용을 돕는다.

11 그림은 사람의 소화 기관을 나타낸 것이다. 이에 대한 설명으로 옳지 않은 것은?

A B
E
D
C

① A에서 생성되는 소화액에 의해 단백질이 처음으로 분해된다.
② B에 이상이 생겨 소화액의 분비가 원활하게 이루어지지 않으면 지방의 소화에 문제가 생긴다.
③ 단백질은 C의 단백질 분해 효소에 의해 아미노산으로 최종 분해된다.
④ 3대 영양소를 모두 소화시킬 수 있는 소화액이 만들어지는 곳은 D이다.
⑤ E에서는 단백질만 분해된다.

중요
12 그림은 사람의 소화 기관을 나타낸 것이다.

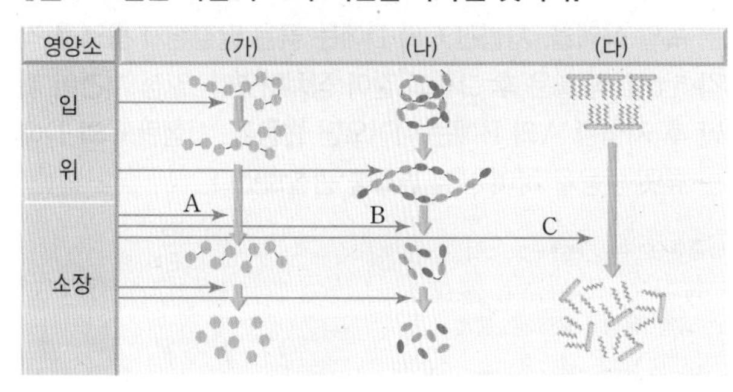

이에 대한 설명으로 옳지 않은 것은?

① (가)는 입에서, (나)는 위에서, (다)는 소장에서 최초로 소화가 일어난다.
② (나)의 소화가 위에서 일어날 때 염산이 관여한다.
③ (다)는 쓸개즙의 도움을 받아 소화되는 영양소이다.
④ A는 아밀레이스, B는 펩신, C는 라이페이스이다.
⑤ 각 영양소의 최종 분해 산물은 (가)는 포도당, (나)는 아미노산, (다)는 지방산과 모노글리세리드이다.

중요
13 다음은 소화 작용에 대한 실험을 나타낸 것이다.

(가) 그림과 같이 각각 녹말 용액과 포도당 용액이 들어 있는 2개의 셀로판 튜브를 물이 든 비커 A와 B에 담갔다.

(나) 충분한 시간이 지난 후 비커 A와 B의 물을 덜어 내어 비커 A의 물에는 아이오딘 반응을, 비커 B의 물에는 베네딕트 반응을 하였더니, 그 결과가 표와 같았다.

구분	검출 반응	실험 결과
비커 A의 물	아이오딘 반응	옅은 갈색
비커 B의 물	베네딕트 반응	황적색

이 실험에 대한 설명으로 옳은 것을 보기 에서 모두 고른 것은?

보기
ㄱ. 비커 A의 물에는 녹말이 존재한다.
ㄴ. 포도당은 셀로판 튜브를 통과하지 못한다.
ㄷ. 영양소가 몸에 흡수되기 위해서는 소화가 일어나야 한다는 것을 알 수 있다.

① ㄱ ② ㄷ ③ ㄱ, ㄴ
④ ㄴ, ㄷ ⑤ ㄱ, ㄴ, ㄷ

14 침의 소화 작용을 알아보기 위해 시험관 A와 B에는 묽은 녹말 용액을, 시험관 C와 D에는 묽은 달걀흰자 용액을 각각 5 mL씩 넣은 후 그림과 같이 장치하였다. 일정 시간이 지난 후 시험관 A와 B에는 아이오딘 반응을, 시험관 C와 D에는 뷰렛 반응을 하여 색깔 변화를 관찰하였다.

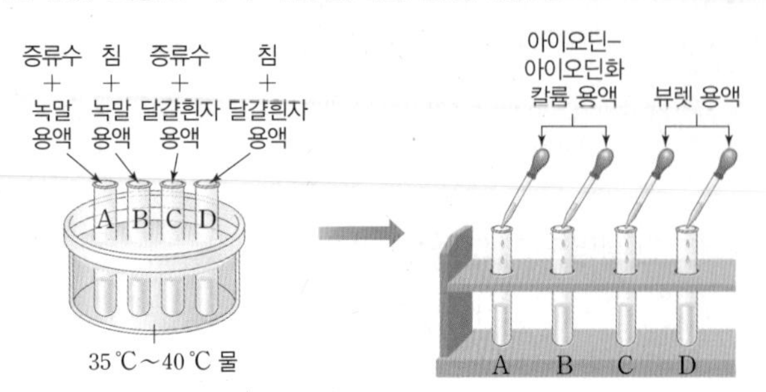

이에 대한 설명으로 옳지 않은 것은?

① 아이오딘 반응 결과 청람색으로 변하는 시험관은 A이다.
② B에 베네딕트 용액을 떨어뜨리고 가열하면 황적색으로 변한다.
③ D는 뷰렛 반응 결과 보라색으로 변한다.
④ 침 속 소화 효소는 녹말을 아미노산으로 분해한다.
⑤ 침에는 녹말을 분해하는 소화 효소가 들어 있다.

15 같은 양의 녹말 용액이 들어 있는 시험관 A~C에 침, 끓인 침, 증류수를 넣고 그림과 같이 장치하였다. 일정 시간 후 베네딕트 반응을 하였을 때 황적색으로 변하는 시험관으로 옳은 것은?

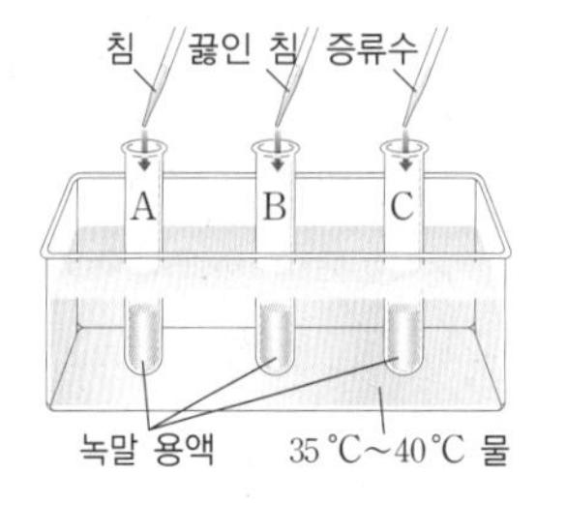

① A ② B ③ C ④ A, B ⑤ A, C

4 영양소의 흡수

16 그림은 소장의 융털을 나타낸 것이다. A의 이름과 A에서 흡수되는 영양소를 옳게 짝지은 것은?

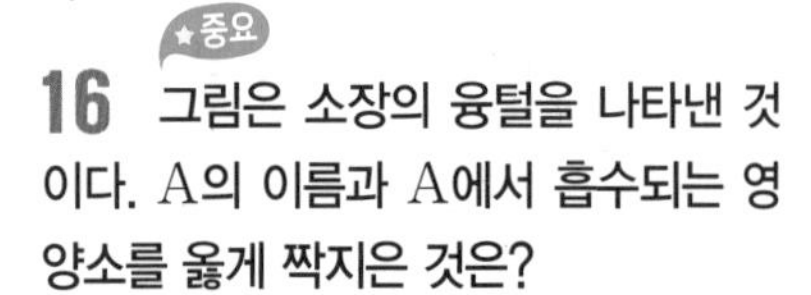

① 암죽관 – 지방산, 모노글리세리드
② 암죽관 – 포도당, 아미노산, 무기염류
③ 모세 혈관 – 지방산, 모노글리세리드
④ 모세 혈관 – 포도당, 아미노산, 무기염류
⑤ 모세 혈관 – 바이타민 C, 모노글리세리드

서술형 문제

17 표는 어떤 음식 100 g에 들어 있는 여러 가지 영양소를 나타낸 것이다.

영양소	물	탄수화물	단백질	지방	나트륨
질량(g)	30	60	5	5	1

이 음식을 200 g 먹었을 때 얻을 수 있는 에너지양은 몇 kcal인지 쓰고, 풀이 과정을 서술하시오.

KEY 탄수화물과 단백질 : 4 kcal/g, 지방 : 9 kcal/g

18 음식물에 들어 있는 단백질, 탄수화물, 지방과 같은 영양소를 체내로 흡수하기 위해서는 소화가 일어나야 한다. 이때 우리 몸에서 소화가 필요한 까닭을 영양소의 크기와 관련지어 서술하시오.

KEY 크기가 큰 영양소 : 세포막 통과 ×
크기가 작은 영양소 : 세포막 통과 ○

19 쌀밥을 처음 입에 넣으면 단맛이 나지 않지만 계속 씹다보면 단맛이 난다. 그 까닭을 침 속의 효소 이름과 소화 산물의 이름을 포함하여 서술하시오.

KEY 침, 아밀레이스, 녹말, 엿당, 단맛

20 그림은 소장의 구조를 나타낸 것이다.

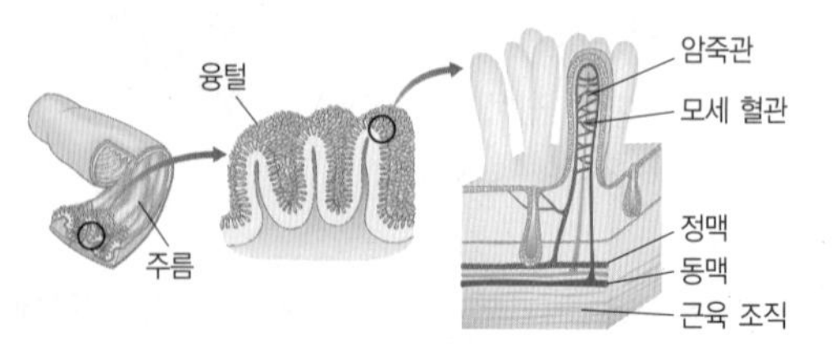

소장 내벽의 구조를 설명하고, 이러한 구조가 갖는 기능을 서술하시오.

KEY 주름, 융털, 표면적

21 다음은 사람 몸의 구성 단계를 나타낸 것이다.

(㉠) → (㉡) → (㉢) → (㉣) → 개체

㉠~㉣에 알맞은 예를 옳게 짝지은 것은?

	㉠	㉡	㉢	㉣
①	백혈구	혈액	폐	소화계
②	연골	이자	혈관	소화계
③	눈	뼈	척추	호흡계
④	적혈구	위	방광	호흡계
⑤	뉴런	근육 조직	적혈구	표피 조직계

22 그림은 여러 가지 영양소의 기능을 나타낸 것이다.

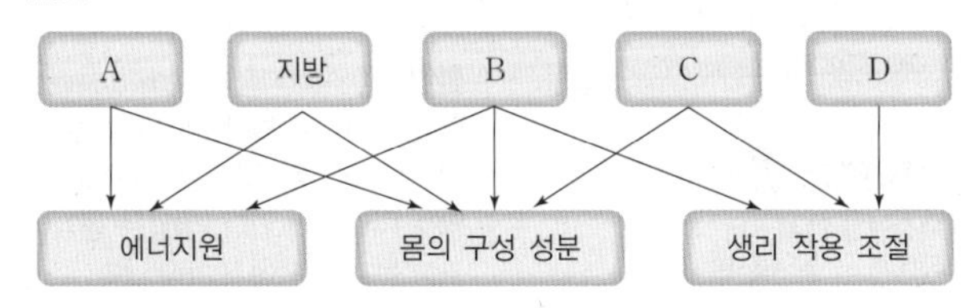

A~D에 해당하는 영양소를 옳게 짝지은 것은?

	A	B	C	D
①	탄수화물	단백질	바이타민	무기염류
②	탄수화물	단백질	무기염류	바이타민
③	무기염류	단백질	바이타민	탄수화물
④	무기염류	탄수화물	단백질	바이타민
⑤	단백질	탄수화물	무기염류	바이타민

23 그림은 소화 과정에 따른 영양소의 구분을 나타낸 것이다.

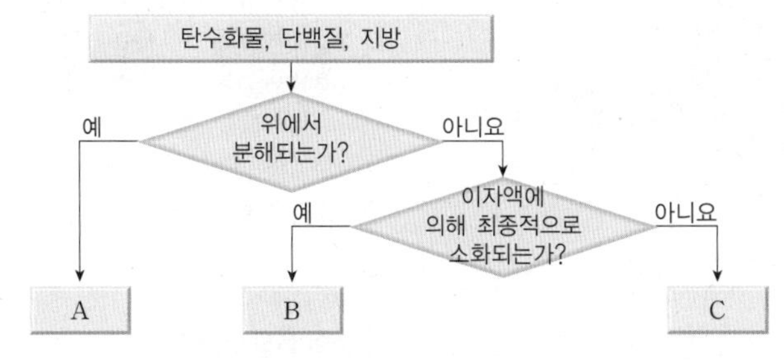

A~C에 들어갈 말을 옳게 짝지은 것은?

	A	B	C
①	탄수화물	단백질	지방
②	탄수화물	지방	단백질
③	단백질	탄수화물	지방
④	단백질	지방	탄수화물
⑤	지방	탄수화물	단백질

24 그림은 3대 영양소 A~C가 각각의 소화관을 지나는 동안 분해된 후 남아 있는 양을 나타낸 것이다.

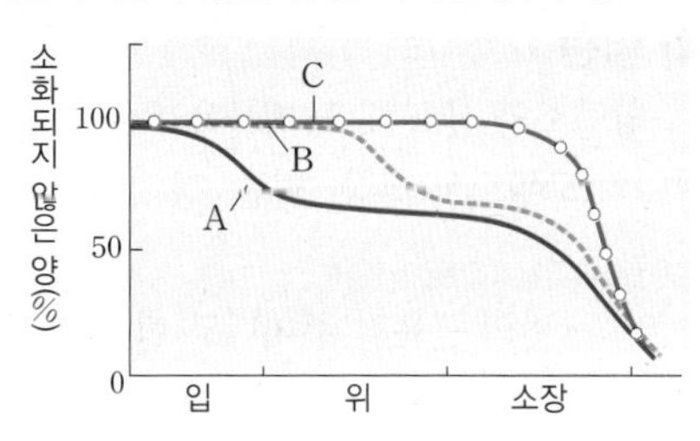

이에 대한 설명으로 옳은 것을 모두 고르면?

① A는 녹말로 입, 위, 소장에서 모두 분해된다.
② B는 위에서 트립신에 의해 분해된다.
③ B는 뷰렛 용액을 이용하여 검출할 수 있다.
④ C의 소화 작용은 소장에서만 일어난다.
⑤ C는 쓸개즙에 의해 최종 산물로 분해된다.

25 그림 (가)는 소화 기관의 일부를 나타낸 것이고, (나)는 소장의 융털 구조를 나타낸 것이다.

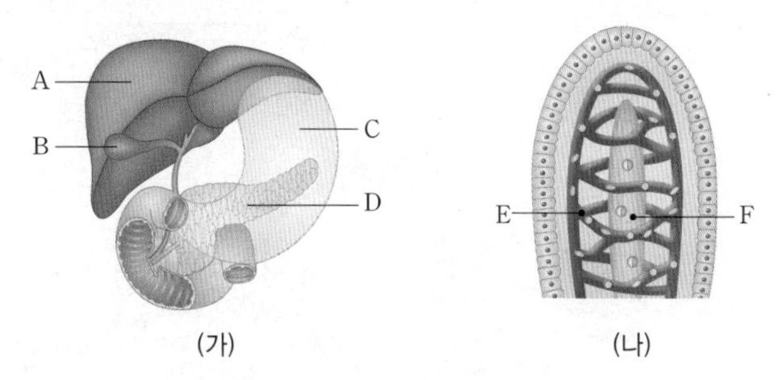

(가) (나)

이에 대한 설명으로 옳은 것을 보기에서 모두 고른 것은?

보기
ㄱ. A 부분에 이상이 생겨 소화액이 분비되지 않으면 단백질의 소화가 잘 일어나지 못한다.
ㄴ. B와 D에서 분비되는 소화액은 같은 곳으로 분비된다.
ㄷ. C에서 소화되는 영양소의 최종 산물은 E로 흡수된다.
ㄹ. D에서 생성된 소화 효소에 의해 분해된 영양소는 모두 E로 흡수된다.

① ㄱ, ㄴ ② ㄱ, ㄷ ③ ㄴ, ㄷ
④ ㄴ, ㄹ ⑤ ㄷ, ㄹ

02 순환

- 심장과 혈관의 구조와 기능을 이해하고, 특징을 설명할 수 있다.
- 혈액의 구성 성분을 설명할 수 있다.
- 혈액 순환의 경로를 설명할 수 있다.

❶ 심장과 혈관

1 순환계 : 영양소와 산소 및 노폐물을 우리 몸의 적절한 곳으로 운반하는 기능을 담당하는 기관들의 모임으로 심장, 혈관, 혈액 등으로 구성되어 있다.

2 심장 : 주먹 크기의 근육질 주머니로 혈액 순환의 중심이 되는 기관
(→ 가슴 중앙에서 왼쪽으로 치우쳐 있어! / → 심장을 중심으로 하여 혈관이 온몸에 퍼져 있어!)

(1) **기능** : 수축과 이완을 반복하면서 혈액을 순환시킨다.
- 심장 박동 : 심방과 심실이 주기적으로 수축과 이완을 반복하는 운동 ➡ 혈액 순환의 원동력

(2) **구조** : 2개의 심방과 2개의 심실로 구성되며, 심방과 심실 사이, 심실과 동맥 사이에 판막이 있다.
(암기 이런 심방정맥 맞은 친구)

① 심방 : 혈액을 심장으로 받아들이는 곳으로, 정맥과 연결되어 있다.
② 심실 : 혈액을 심장에서 내보내는 곳으로, 동맥과 연결되어 있다. 근육이 심방보다 두껍고 탄력성이 강하다.
③ 판막 : 혈액이 거꾸로 흐르는 것을 막아 준다. ➡ 심장에서 혈액은 한 방향으로만 흐른다. (심방 → 심실 → 동맥)

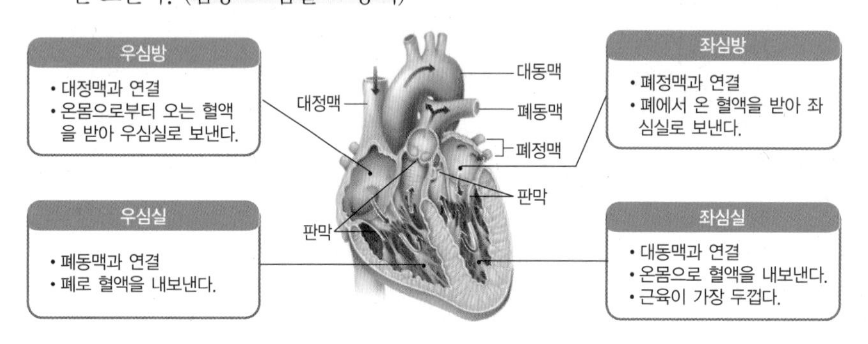

3 혈관 : 혈액이 흐르는 관으로, 동맥과 정맥 그리고 모세 혈관으로 구분된다. 심장에서 나온 혈액은 동맥 → 모세 혈관 → 정맥 방향으로 흐른다.

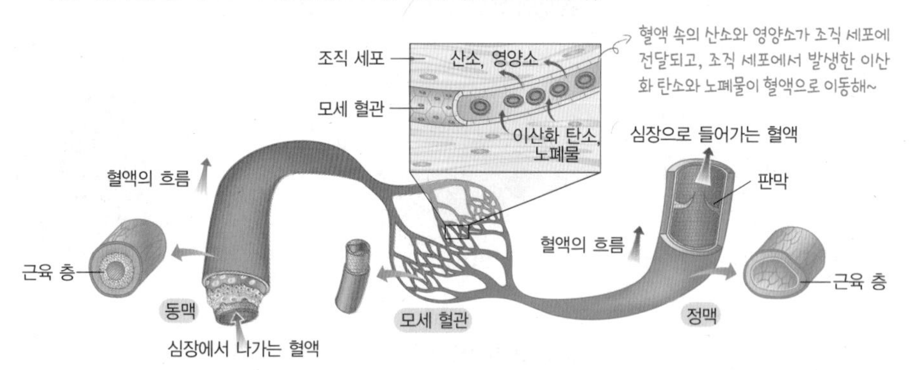

동맥	모세 혈관	정맥
• 심장에서 나가는 혈액이 흐르는 혈관 • 혈관 벽이 두꺼우며 탄력성이 크다. 혈관 벽이 두껍고 탄력성이 크기 때문에 심실의 강한 수축으로 밀려 나오는 혈액의 높은 압력(혈압)도 견딜 수 있어! • 심실의 수축과 이완에 따른 혈압 차가 커서 맥박이 나타난다. ➡ 혈압을 측정하는 장소 • 주로 몸 깊숙이 위치	• 동맥과 정맥을 이어주는 가느다란 혈관 적혈구 몇 개가 겨우 지나갈 수 있을 정도로 두께가 가늘어! • 온몸에 그물처럼 퍼져 있어 혈관 중 총 단면적이 가장 넓다. 총 단면적이 넓을수록 혈류 속도는 느려! • 혈관 벽이 한 겹의 세포층으로 이루어져 있어 조직 세포와 물질 교환이 일어난다.	• 심장으로 들어가는 혈액이 흐르는 혈관 • 동맥보다 혈관 벽이 얇고 탄력성이 작다. • 혈압이 매우 낮아 혈액이 거꾸로 흐를 수 있어 판막이 군데군데 있다. • 정맥 속의 혈액은 혈관 주변의 근육 운동에 의해 이동한다. • 주로 몸의 표면 쪽에 위치

비타민

심장 박동의 원리

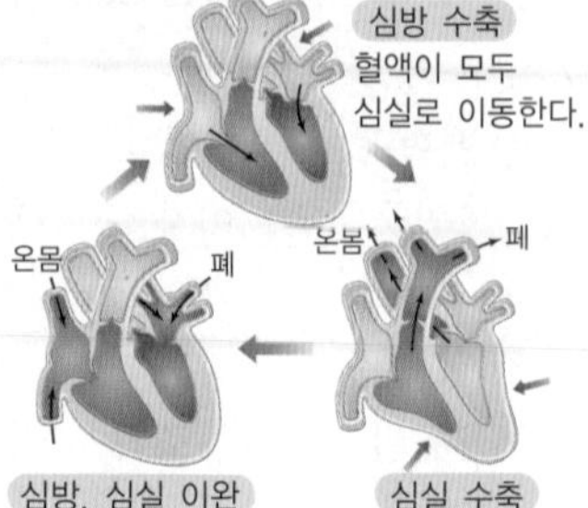

심방·심실 이완 → 심방 수축 → 심실 수축 과정이 반복된다.

혈압
혈압은 혈액이 혈관 벽에 미치는 압력을 말한다. 연령과 건강 상태에 따라 많은 차이를 보인다. 혈압은 동맥에서 가장 높고, 정맥에서 가장 낮다.

모세 혈관이 물질 교환에 적합한 까닭
- 혈관 벽이 한 겹의 세포층으로 이루어져 있다. ➡ 물질이 쉽게 드나들 수 있다.
- 총 단면적이 넓다. ➡ 많은 조직 세포와 접하고 있다.
- 혈류 속도가 느리다. ➡ 조직 세포와 충분한 시간을 두고 물질 교환을 할 수 있다.

정맥에서의 혈액의 흐름

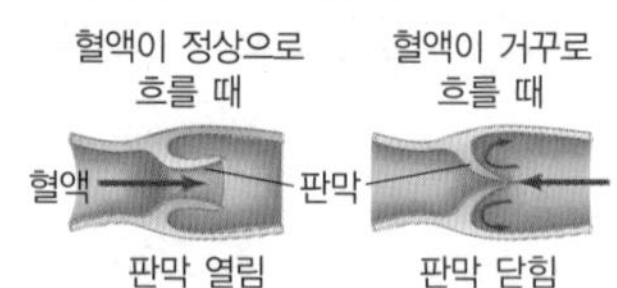

정맥에서는 판막에 의해 혈액이 심장 쪽으로만 흐른다.

혈관의 특징 비교

혈압	동맥 > 모세 혈관 > 정맥
혈관 벽의 두께	동맥 > 정맥 > 모세 혈관
혈류 속도	동맥 > 정맥 > 모세 혈관
총 단면적	모세 혈관 > 정맥 > 동맥

필수 비타민

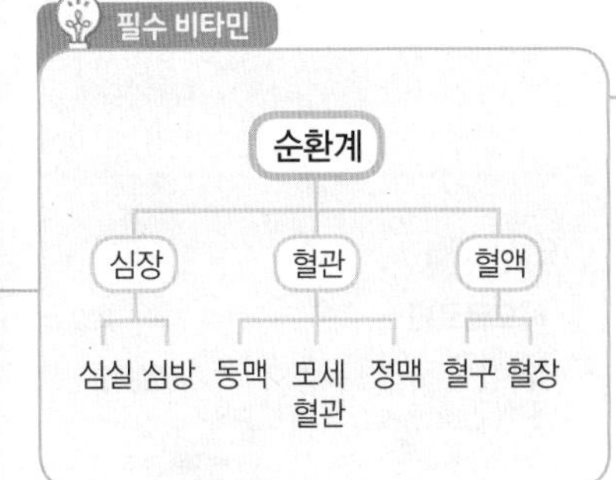

용어 & 개념 체크

1 심장과 혈관

01 ☐☐은 주먹 크기의 근육질 주머니로 혈액 순환의 중심이 되는 기관이다.

02 ☐☐은 심장에서 ☐☐과 연결되어 혈액을 받아들이는 곳이다.

03 ☐☐은 심방과 심실 사이, 심실과 동맥 사이에 존재하며 혈액이 거꾸로 흐르는 것을 막아 준다.

04 ☐☐☐은 혈액을 온몸으로 내보내는 곳으로 심장의 구조 중 근육이 가장 두껍다.

05 ☐☐ ☐☐은 동맥과 정맥을 이어주는 가느다란 관이다.

06 ☐☐은 심장으로 들어가는 혈액이 흐르는 혈관으로, 군데군데 ☐☐이 존재한다.

01 그림은 사람의 심장 구조를 나타낸 것이다.

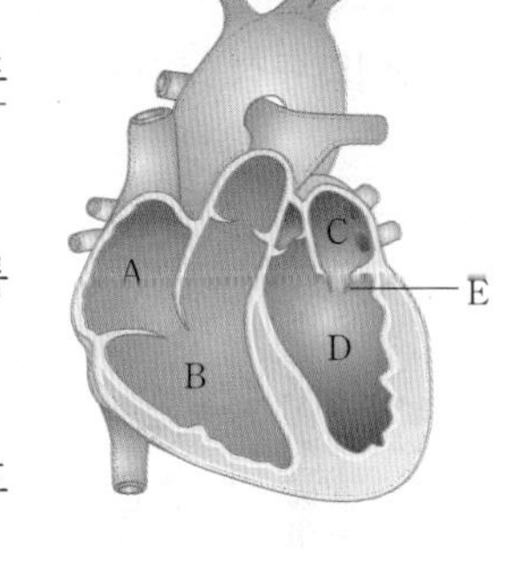

(1) 혈액이 심장으로 들어오는 곳의 기호와 이름을 모두 쓰시오.

(2) 심장에서 혈액을 밖으로 내보내는 곳의 기호와 이름을 모두 쓰시오.

(3) 혈액이 거꾸로 흐르는 것을 막아 주는 구조의 기호와 이름을 쓰시오.

(4) 대동맥과 연결된 부분의 기호와 이름을 쓰시오.

(5) 혈액을 폐로 보내는 혈관과 이어진 곳의 기호와 이름을 쓰시오.

02 심장에 대한 설명으로 옳은 것은 ○, 옳지 않은 것은 ×로 표시하시오.

(1) 심실은 심방에 비해 근육이 두껍고 탄력이 있다. ( )
(2) 심장은 2개의 심방과 2개의 심실로 구성된다. ( )
(3) 우심방은 폐에서 산소를 공급받은 혈액이 들어오는 곳이다. ( )
(4) 판막은 혈액이 심실 → 심방 → 정맥의 한쪽 방향으로만 흐를 수 있게 해준다. ( )

03 그림은 혈관의 구조를 나타낸 것이다.

A B C

(1) 혈관 A ~ C의 이름을 각각 쓰시오.

(2) 혈액이 흐르는 방향을 순서대로 나열하시오.

(3) 혈압이 높은 곳부터 순서대로 나열하시오.

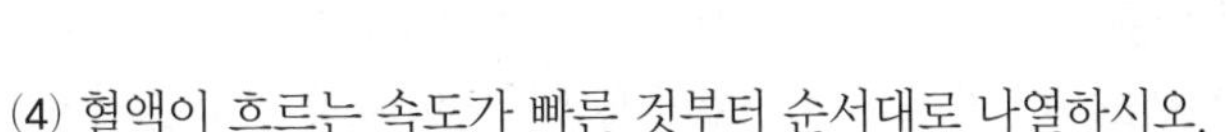

(4) 혈액이 흐르는 속도가 빠른 것부터 순서대로 나열하시오.

(5) 혈관을 지나는 혈액과 주변 조직 세포 사이에서 물질 교환이 일어나는 혈관의 기호를 쓰시오.

04 혈관의 구조에 대한 설명으로 옳은 것은 ○, 옳지 않은 것은 ×로 표시하시오.

(1) 정맥은 혈관의 군데군데 판막이 있다. ( )
(2) 동맥은 혈관 벽이 얇아 신축성이 좋다. ( )
(3) 동맥은 심장으로 들어가는 혈액이 흐르는 혈관이다. ( )
(4) 모세 혈관은 조직 세포에서 이산화 탄소와 노폐물을 받는다. ( )
(5) 모세 혈관은 벽이 여러 겹의 세포층으로 되어 있어 주변 조직 세포와 물질 교환이 쉽다. ( )

02 순환

② 혈액

1 혈액의 구성 : 혈액=55 %의 혈장(액체 성분)+45 %의 혈구(세포 성분)

혈관 속을 흐르는 체액

혈액을 분리하면 윗부분은 옅은 황색의 혈장, 아랫부분은 붉은색의 혈구로 나뉘어~

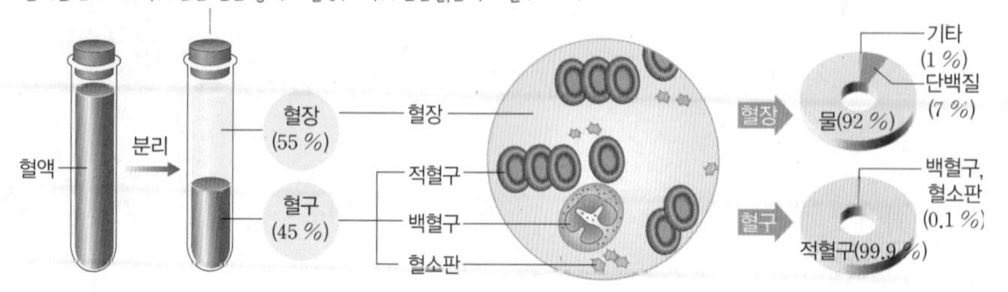

2 혈장 : 혈액에서 혈구를 제외한 나머지 성분으로 물이 90 % 이상을 차지한다.

- 기능 : 영양소, 이산화 탄소, 노폐물 등을 운반한다. 이외에도 온몸으로 열을 운반하여 체온이 일정하게 유지되도록 하지!

3 혈구 : 혈액의 세포 성분으로 적혈구, 백혈구, 혈소판이 있다.

구분	적혈구	백혈구	혈소판
모양	가운데가 오목한 원반 모양이며 핵이 없다.	백혈구 모양이 일정하지 않으며 핵이 있다.	혈소판 모양이 일정하지 않고 핵이 없다.
특징	헤모글로빈이라는 색소가 있어 붉은색을 띠며, 혈구 중 가장 많은 수를 차지한다.	혈구 중 크기가 가장 크며, 수가 가장 적다.	혈구 중 크기가 가장 작다.
기능	산소 운반 : 헤모글로빈이 산소와 결합하거나 분리될 수 있어 산소를 운반한다. ➡ 부족하면 빈혈이 일어난다.	식균 작용 : 세균과 같은 병원체를 잡아먹는다. ➡ 세균에 감염되면 혈구 수가 증가한다.	혈액 응고 작용 : 상처 부위의 혈액을 응고시켜 딱지를 만든다. ➡ 상처 부위의 출혈과 병원체의 감염을 막는다.

③ 혈액 순환

1 혈액 순환 : 심장에서 나간 혈액이 동맥, 모세 혈관, 정맥을 거쳐 다시 심장으로 돌아오는 것

2 온몸 순환(체순환) : 좌심실에서 나온 혈액이 온몸의 조직 세포에 산소와 영양소를 공급해 주고, 조직 세포에서 이산화 탄소와 노폐물을 받아 우심방으로 돌아오는 순환 ➡ 동맥혈이 정맥혈로 바뀐다.

- 좌심실 → 대동맥 → 온몸의 모세 혈관 → 대정맥 → 우심방

3 폐순환 : 우심실에서 나온 혈액이 폐에서 이산화 탄소를 내보내고 산소를 받아 좌심방으로 돌아오는 순환 ➡ 정맥혈이 동맥혈로 바뀐다.

- 우심실 → 폐동맥 → 폐의 모세 혈관 → 폐정맥 → 좌심방

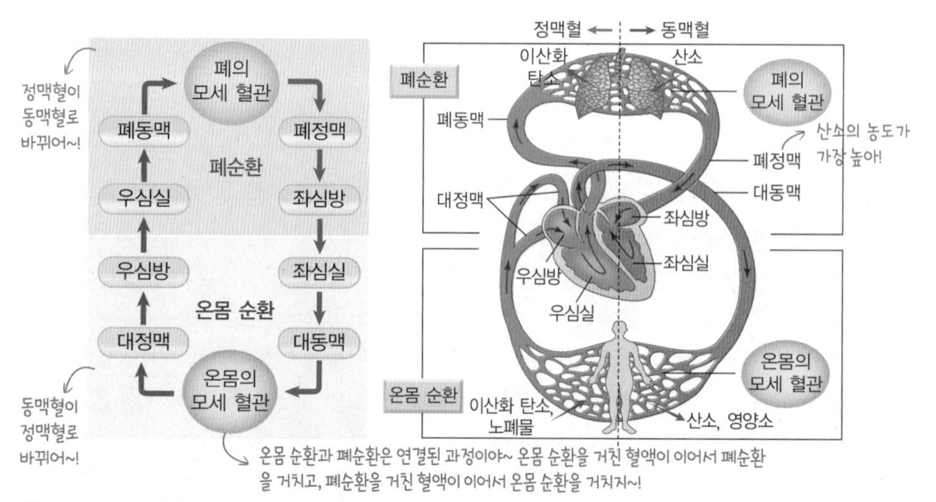

비타민

헤모글로빈

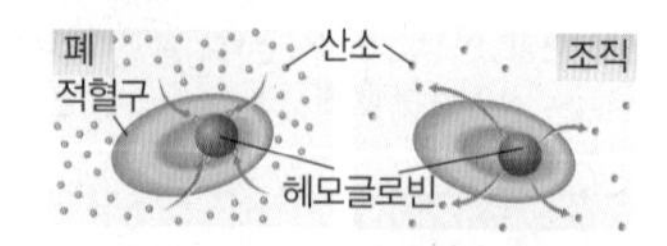

헤모글로빈은 철(Fe)을 함유하고 있는 붉은색 단백질로 산소를 운반하는 역할을 한다. 헤모글로빈은 산소가 많은 곳(폐)에서는 산소와 쉽게 결합하고, 산소가 적은 곳(조직 세포)에서는 산소와 쉽게 분리된다.

고산 지대에 사는 사람들

고도가 높아질수록 공기를 이루고 있는 물질의 비율은 일정하지만, 고도가 5000 m에 이르면 그 밀도는 지극히 낮아지게 된다. 이런 환경 때문에 고산 지대에 사는 사람들은 낮은 지대에 사는 사람보다 적혈구의 수가 많다. 적혈구가 많아지면, 헤모글로빈의 양이 늘어나고, 헤모글로빈과 결합하는 산소의 양이 늘어나기 때문에 더 원활하게 산소를 공급받을 수 있는 것이다.

혈액의 기능

- 운반 작용 : 영양소와 산소, 이산화 탄소와 노폐물 운반
- 방어 작용 : 혈액 응고 작용, 식균 작용
- 체온 유지 작용

동맥에 있는 혈액이라고 해서 꼭 동맥혈이 아니라는 사실! 꼭 기억하자!

동맥혈과 정맥혈

- 동맥혈 : 폐순환을 거쳐 산소를 많이 포함하고 있는 혈액으로, 선홍색을 띠며 대동맥과 폐정맥에 흐른다.
- 정맥혈 : 온몸 순환을 거쳐 산소를 적게 포함하고 있는 혈액으로, 암적색을 띠며 대정맥과 폐동맥에 흐른다.

용어 & 개념 체크

❷ 혈액

07 혈액은 액체 성분인 □□과 세포 성분인 □□로 이루어져 있다.

08 □□은 물이 주성분이며, 영양소, 이산화 탄소, 노폐물 등을 운반한다.

09 □□□는 산소 운반 작용, □□□는 식균 작용, □□□은 혈액 응고 작용을 한다.

❸ 혈액 순환

10 온몸 순환은 □□□에서 나간 혈액이 □□□으로 돌아오는 경로이다.

11 □□□은 동맥이지만 암적색의 정맥혈이 흐르는 혈관이다.

05 그림은 혈액의 구성 성분을 나타낸 것이다. 각 설명에 해당하는 것을 찾아 기호와 이름을 쓰시오.

A, B, C, D

(1) 몸에 상처가 났을 때 상처 부위의 혈액을 굳게 한다.

(2) 노폐물, 영양소, 이산화 탄소 등을 운반한다.

(3) 혈액이 붉은색을 띠는 것과 관련이 깊다.

(4) 세균과 같은 병원체를 잡아먹어 외부 물질에 대항한다.

06 혈액에 대한 설명으로 옳은 것은 ○, 옳지 않은 것은 ×로 표시하시오.

(1) 혈구는 혈액의 50 % 이상을 차지한다. ( )
(2) 세균에 감염되면 백혈구의 수가 증가한다. ( )
(3) 적혈구는 오목한 원반 모양이며 핵이 없다. ( )
(4) 혈구 중 가장 많은 수를 차지하는 것은 혈소판이다. ( )
(5) 백혈구는 일정한 모양을 가지고 있으며, 핵을 가지고 있다. ( )
(6) 혈액을 분리하면 윗부분은 혈구, 아랫부분은 혈장으로 나뉜다. ( )

07 다음은 적혈구에 대한 설명을 나타낸 것이다. 빈칸에 알맞은 말을 쓰거나 고르시오.

> 적혈구는 (㉠)이라는 단백질이 있어 붉은색을 띠며, 이 단백질은 산소가 많은 곳에서는 산소와 (㉡ 결합, 분리)되고, 산소가 적은 곳에서는 산소와 (㉢ 결합, 분리)된다.

08 다음은 혈액 순환에 대한 설명을 나타낸 것이다. 빈칸에 알맞은 말을 고르시오.

(1) 온몸 순환은 (㉠ 좌심실, 우심실)에서 시작하여 (㉡ 우심방, 좌심방)에서 끝나는 순환이며, 폐순환은 (㉢ 폐동맥, 대동맥)을 통해 심장에서 나와 (㉣ 폐정맥, 대정맥)을 통해 심장으로 들어가는 순환이다.

(2) 혈액은 폐를 지날 때 혈액 속의 (㉠ 산소, 이산화 탄소)를 내보내고, (㉡ 산소, 이산화 탄소)를 받아들인 후 폐정맥을 거쳐 (㉢ 좌심방, 우심방)으로 들어간다.

(3) 폐동맥에는 (㉠ 동맥혈, 정맥혈)이 흐르고, 폐정맥에는 (㉡ 동맥혈, 정맥혈)이 흐른다.

09 혈액 순환에 대한 설명으로 옳은 것은 ○, 옳지 않은 것은 ×로 표시하시오.

(1) 정맥혈이 동맥혈로 바뀌는 순환은 온몸 순환이다. ( )
(2) 동맥혈은 산소가 풍부하며, 선홍색을 띠는 혈액을 말한다. ( )
(3) 대동맥과 폐동맥에는 동맥혈이 흐른다. ( )
(4) 온몸 순환은 조직 세포에 산소와 영양소를 공급해 주고, 이산화 탄소와 노폐물을 받아오는 순환이다. ( )

MUST 해부!

탐구 혈액 관찰하기

과정 ❶ 귓불이나 손가락 끝을 알코올 솜으로 닦고 채혈침을 이용하여 받침유리에 혈액을 한 방울 떨어뜨린다.
알코올 솜으로 닦는 까닭은 세균을 죽이기 위해서야! 알코올로 깨끗하게 소독하지 않으면 세균이 들어갈 수 있어!

❷ 또 다른 받침유리를 혈액 가장자리에 비스듬히 대고 밀어서 혈액을 얇게 편다. 혈액이 있는 반대 방향으로 밀어야 혈구가 깨지지 않아~

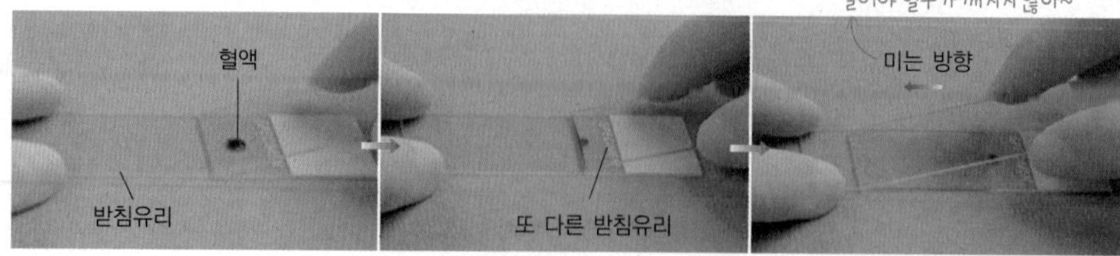

❸ 에탄올을 1~2방울 떨어뜨려 혈구를 고정시킨다. 현미경으로 보는데 세포들이 찌그러져 있으면 관찰이 쉽지 않겠지? 에탄올은 고정액인데, 고정이라는 것은 세포를 살아 있는 상태로 '그대로 멈춰라!'하는 거야!

❹ 김사액을 1~2방울 떨어뜨려 10분 동안 놓아 두어 혈액을 염색한 후 물로 씻어 낸다.
김사액은 세포의 핵을 보라색으로 염색시키는 염색약이야. 핵을 가진 건 백혈구뿐이니 백혈구가 염색되는 거겠지! 이때 백혈구의 핵은 보라색으로 염색돼~!

❺ 거름종이로 물기를 닦아 내고 덮개유리를 덮어 현미경으로 관찰한다.

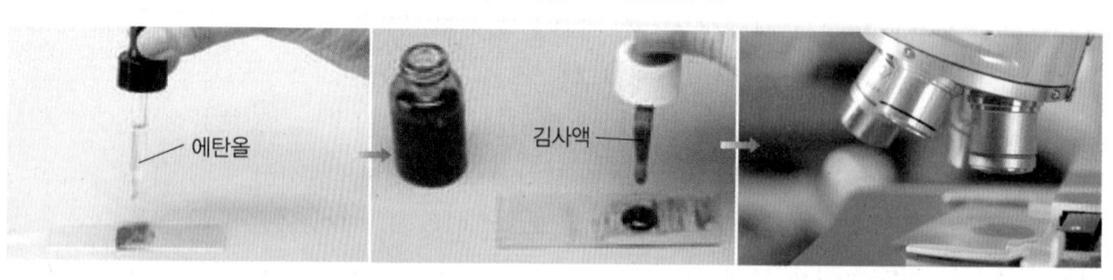

> **탐구 시 유의점**
> • 채혈침을 재사용하지 않고, 한 번 사용한 채혈침은 별도로 처리한다.
> • 채혈 전후 알코올 솜을 이용하여 세균에 감염이 되지 않도록 주의한다.

결과 • 적혈구가 가장 많이 관찰된다. ➡ 혈구 중 적혈구의 수가 가장 많다.
• 김사액에 의해 핵이 보라색으로 염색된 백혈구가 관찰된다.
• 혈소판은 잘 관찰되지 않는다. 혈소판은 공기 중에 노출되면 파괴되고, 크기가 작아 낮은 배율의 현미경으로는 관찰하기 어려워!

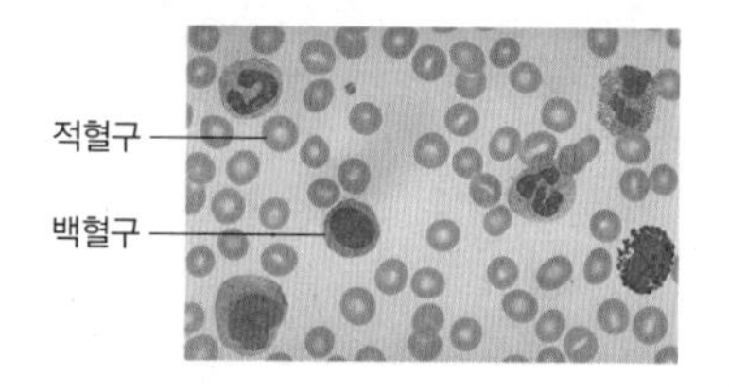
적혈구
백혈구

> **암기** 백혈구 염색 : 김사액
> 백(혈구 염색)김(사액)치
> → 백김치로 외우자!

정리 • 핵이 없는 적혈구가 많이 관찰된다. 적혈구는 핵이 없기 때문에 김사액에 의해 염색이 되지 않은 거야~
• 백혈구는 적혈구보다 크기가 크고, 모양이 일정하지 않으며 핵을 가지고 있다.

탐구 알약

정답과 해설 7쪽

01 위 실험에 대한 설명으로 옳은 것은 ○, 옳지 않은 것은 ×로 표시하시오.

(1) 혈액을 받침유리에 떨어뜨린 후 또 다른 받침유리를 이용해 혈액이 있는 방향으로 밀어 얇게 편다. ( )

(2) 혈액 세포가 살아 있는 상태로 고정되도록 에탄올을 떨어뜨린다. ( )

(3) 김사액으로 백혈구의 핵을 염색시킨다. ( )

(4) 혈액이 한 곳에 뭉칠수록 혈구가 잘 관찰된다. ( )

(5) 현미경으로 관찰하면 김사액에 염색된 적혈구가 가장 많이 관찰된다. ( )

서술형

02 위 실험에서 적혈구와 백혈구 중 김사액에 의해 염색되지 않은 혈구가 무엇인지 쓰고, 그렇게 생각한 까닭을 서술하시오.

KEY 김사액 ➡ 핵 염색

서술형

03 위 실험 결과, 풍식이는 친구에 비해 보라색으로 염색된 혈구가 많이 관찰되었다. 이로부터 추측할 수 있는 풍식이의 상태를 쓰고, 그렇게 생각한 까닭을 서술하시오.

KEY 감염 ➡ 백혈구 ↑

혈액 순환 과정

우리 몸에서 일어나는 혈액의 순환 경로를 파악하면 각 혈관이 어디에서 어디로 통하는지, 그리고 각 혈관에는 어떤 혈액이 흐르는지 쉽게 파악할 수 있을 거야!

01 혈액 순환 과정

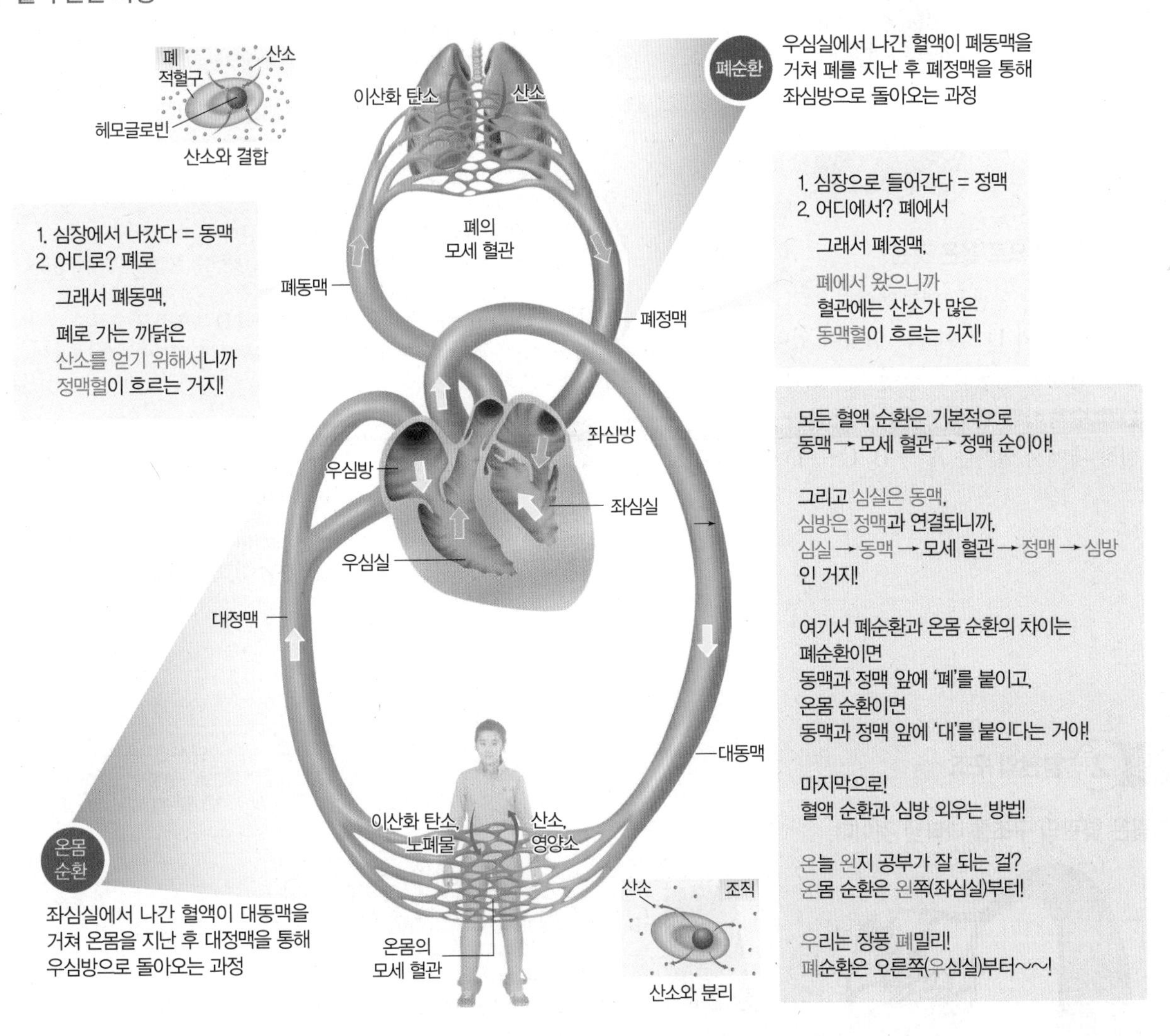

02 혈액 순환의 과정을 나타낸 모식도

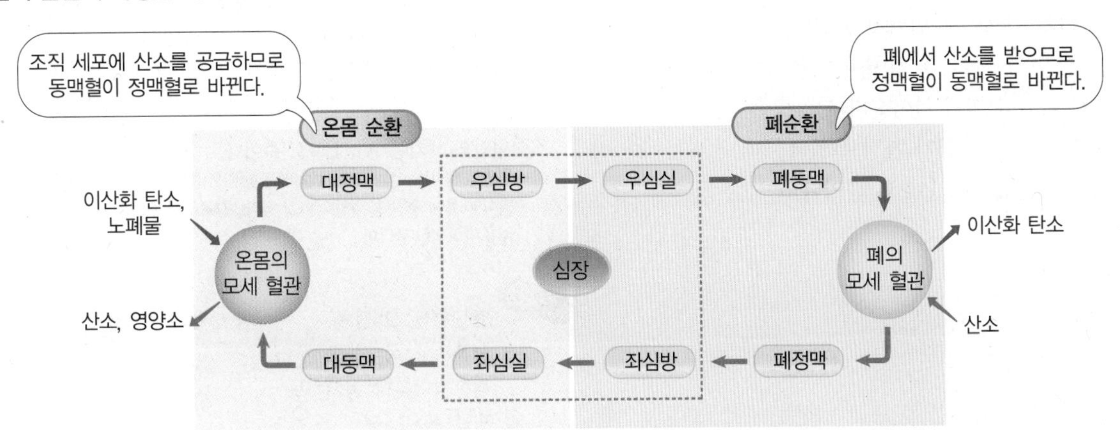

유형 클리닉

유형 1 심장

그림은 사람의 심장 구조를 나타낸 것이다.

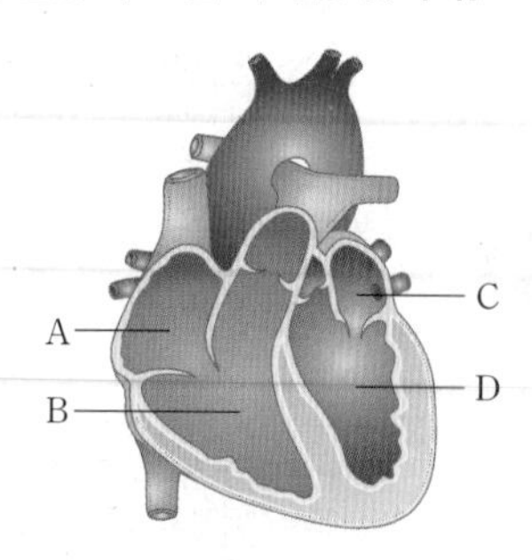

이에 대한 설명으로 옳은 것은?

① A에 연결된 혈관은 대동맥이다.
② A와 C, B와 D 사이에는 판막이 있다.
③ D는 혈액이 심장으로 들어오는 곳이다.
④ D가 수축하면 혈액은 폐로 이동한다.
⑤ 심장 내에서 혈액은 A → B, C → D 방향으로 흐른다.

심장의 그림을 주고 명칭과 그 특징을 묻는 문제가 출제돼! 심장의 구조와 각각의 명칭을 꼭 외워두자!

A는 우심방, B는 우심실, C는 좌심방, D는 좌심실이야!

~~①~~ A에 연결된 혈관은 대동맥이다.
→ 우심방(A)에 연결된 혈관은 대정맥이야! 심방에는 정맥이 연결된다는 거 꼭 기억해!

~~②~~ A와 C, B와 D 사이에는 판막이 있다.
→ 판막은 혈액이 역류하는 것을 막아주지! 판막은 우심방(A)과 우심실(B) 사이, 좌심방(C)과 좌심실(D) 사이에 위치해 있어 혈액이 한 방향으로, 심방에서 심실로 흐르게 해줘!

~~③~~ D는 혈액이 심장으로 들어오는 곳이다.
→ 좌심실(D)은 혈액을 심장 밖으로 내보내는 곳이지! 심실은 심장에서 혈액을 내보내는 곳이야!

~~④~~ D가 수축하면 혈액은 폐로 이동한다.
→ 좌심실(D)에 연결된 혈관은 대동맥이야. 대동맥은 혈액이 심장에서 온몸으로 나가는 혈관이므로 좌심실(D)이 수축하면 혈액은 온몸으로 이동하겠지!

⑤ 심장 내에서 혈액은 A → B, C → D 방향으로 흐른다.
→ 맞아! 혈액은 우심방(A)에서 우심실(B)로, 좌심방(C)에서 좌심실(D)로 흘러!

답 : ⑤

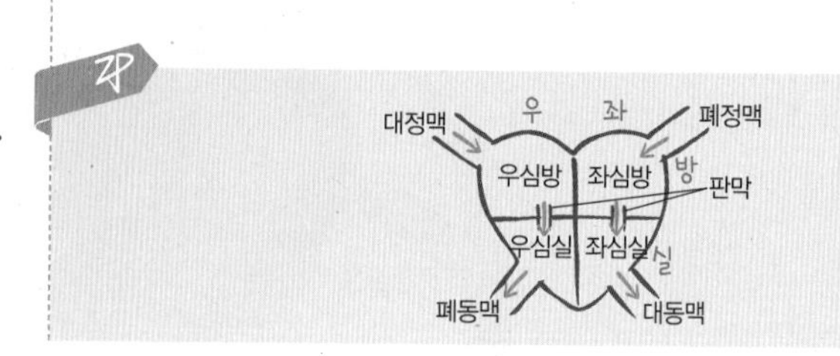

유형 2 혈관의 구조

그림은 혈관의 구조를 나타낸 것이다.

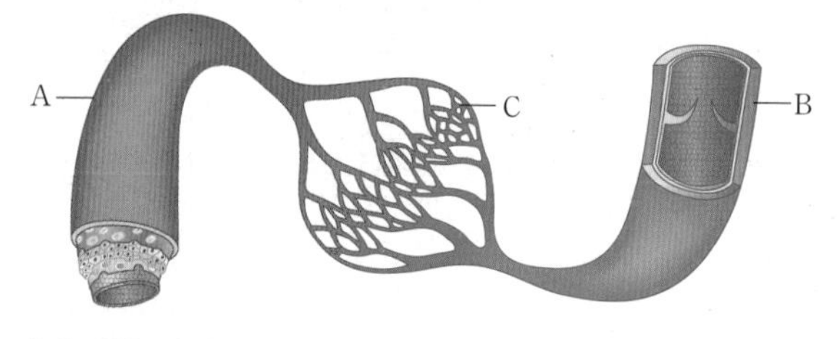

이에 대한 설명으로 옳은 것은?

① A는 피부 가까이에 위치하고 있다.
② A는 심장에서 나가는 혈액이 흐르는 혈관이다.
③ B에서 물질 교환이 일어난다.
④ 혈관 벽의 두께는 B가 가장 두껍다.
⑤ 혈압의 세기는 A>B>C 순이다.

그림에서 각 혈관이 갖고 있는 특징을 이용해 혈관을 구별할 수 있어야 해~! 동맥은 가장 두껍다! 모세 혈관은 가늘고 그물 구조! 정맥은 판막이 있다! 라는 주요 특징들은 꼭 기억하자~!

A는 동맥, B는 정맥, C는 모세 혈관이야~!

~~①~~ A는 피부 가까이에 위치하고 있다.
→ 동맥(A)은 우리 몸속 깊은 곳에 위치해 있어! 피부 가까이에 위치해 있는 혈관은 정맥(B)이야~!

② A는 심장에서 나가는 혈액이 흐르는 혈관이다.
→ 동맥(A)은 심장에서 나가는 혈액이 흐르는 혈관을 말하지!

~~③~~ B에서 물질 교환이 일어난다.
→ 물질 교환이 일어나는 곳은 모세 혈관(C)이야! 모세 혈관(C)은 벽이 한 겹으로 얇고, 단면적이 넓어 혈류 속도가 느리기 때문에 물질 교환이 효율적으로 일어나!

~~④~~ 혈관 벽의 두께는 B가 가장 두껍다.
→ 이 문제는 그림을 통해서도 알 수 있어! A~C 중 A의 혈관 벽이 가장 두껍지! 즉, A가 동맥이야! 동맥(A)은 심장 박동에 의한 압력을 가장 많이 받는 혈관으로 벽의 두께가 가장 두껍고 탄력성이 좋아!

~~⑤~~ 혈압의 세기는 A>B>C 순이다.
→ 혈압의 세기는 A>C>B 순이야! 정맥(B)은 심장 박동에 의한 압력을 거의 받지 않기 때문에 혈관 중 혈압이 가장 낮아! 그래서 정맥(B)에는 혈액이 거꾸로 흐르는 것을 막기 위한 판막이 있어~!

답 : ②

총 단면적 : 모>정>동
혈류 속도 : 동>정>모
혈관 벽의 두께 : 동>정>모
혈압 : 동>모>정

유형 클리닉

유형 3 혈액의 구성 성분

그림은 혈액의 구성 성분을 나타낸 것이다.

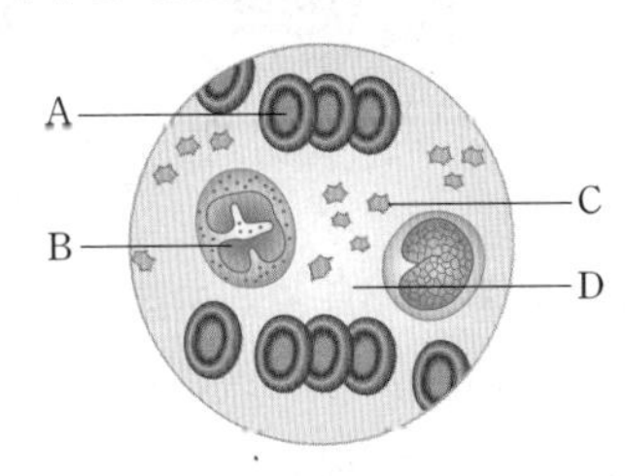

이에 대한 설명으로 옳은 것을 | 보기 | 에서 모두 고른 것은?

| 보기 |
ㄱ. A는 혈구 중 가장 많은 수를 차지한다.
ㄴ. B는 병원체를 잡아먹는 식균 작용을 한다.
ㄷ. C는 영양소, 호르몬, 노폐물 등을 운반한다.
ㄹ. D에 의해 피가 붉은색으로 보인다.

① ㄱ, ㄴ ② ㄱ, ㄷ ③ ㄴ, ㄷ
④ ㄴ, ㄹ ⑤ ㄷ, ㄹ

혈액의 구성 성분들의 특징을 묻는 문제가 출제돼! 먼저 각 구성 성분이 무엇인지 찾은 후에 그 특징에 해당되는 것을 고르면 되겠지? 각 구성 성분의 특징을 꼭 외워두자!

ㄱ. A는 혈구 중 가장 많은 수를 차지한다.
→ 가운데가 오목한 원반 모양을 하고 있는 것으로 보아 A는 적혈구야! 적혈구(A)는 혈구 중 가장 많은 수를 차지하지!

ㄴ. B는 병원체를 잡아먹는 식균 작용을 한다.
→ B는 그림에서 크기가 가장 크고, 핵을 가지고 있지? B는 바로 백혈구야! 백혈구(B)는 혈구 중 유일하게 핵을 가지고 있지!! 백혈구(B)는 우리 몸에 들어온 병원체를 잡아먹어 균으로부터 우리 몸을 방어하는 기능을 해!

~~ㄷ~~. C는 영양소, 호르몬, 노폐물 등을 운반한다.
→ C는 혈구 중 크기가 가장 작고 핵이 없지? 즉 C는 혈소판이라는 걸 알 수 있어~! 혈소판(C)은 상처 부위에 혈액을 응고시켜! 영양소, 호르몬, 노폐물 등을 운반하는 건 혈장(D)의 특징이야~!

~~ㄹ~~. D에 의해 피가 붉은색으로 보인다.
→ 혈액을 분리했을 때 혈구를 제외한 나머지 부분인 혈장(D)의 색은 옅은 황색이지! 우리 눈에 피가 붉은색으로 보이는 까닭은 바로 적혈구의 헤모글로빈 때문이야~!

답 : ①

적혈구 : 가장 수가 많고, 핵이 없음, 산소 운반
백혈구 : 가장 크고, 핵이 있음, 식균 작용
혈소판 : 핵이 없음, 혈액 응고

유형 4 혈액의 순환

그림은 혈액의 순환을 나타낸 것이다.

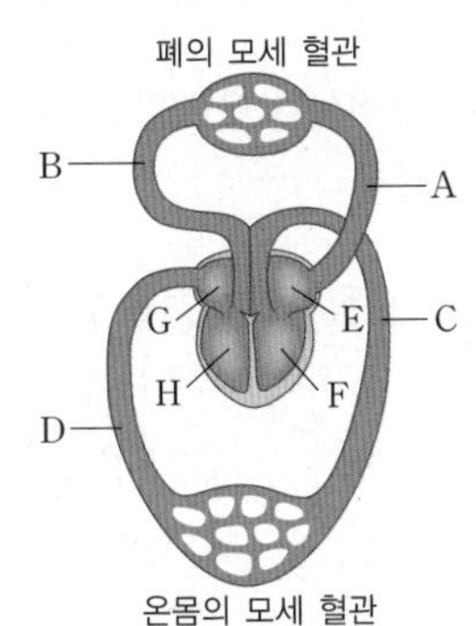

이에 대한 설명으로 옳은 것을 | 보기 | 에서 모두 고른 것은?

| 보기 |
ㄱ. A는 폐동맥, B는 폐정맥이다.
ㄴ. G, H에는 정맥혈이, E, F에는 동맥혈이 흐른다.
ㄷ. 동맥혈이 정맥혈로 바뀌는 경로는 F → C → D → G이다.
ㄹ. 폐순환의 경로는 F → A → B → H이다.

① ㄱ, ㄷ ② ㄱ, ㄹ ③ ㄴ, ㄷ
④ ㄱ, ㄴ, ㄹ ⑤ ㄴ, ㄷ, ㄹ

혈액 순환에는 온몸 순환과 폐순환이 있지! 각각의 순환 경로를 구분해서 알아두는 것이 좋아! 또한, 각 혈관을 흐르는 혈액이 동맥혈인지 정맥혈인지 구분해서 꼭 알아두자!

~~ㄱ~~. A는 폐동맥, B는 폐정맥이다.
→ A는 폐에서 나와 심장으로 들어가는 혈액이 흐르는 혈관으로 폐정맥이야! 반대로 B는 심장에서 나와 폐로 들어가는 혈액이 흐르는 혈관이므로 폐동맥이지! 심장을 중심으로 혈액이 들어가는 혈관은 무조건 정맥! 혈액이 나가는 혈관은 무조건 동맥이야!

ㄴ. G, H에는 정맥혈이, E, F에는 동맥혈이 흐른다.
→ 우심방(G)과 우심실(H)은 온몸의 조직 세포에 산소를 주고 이산화 탄소를 받은 정맥혈이 흐르고, 좌심방(E)과 좌심실(F)은 폐에서 이산화 탄소를 내보내고 산소를 받은 동맥혈이 흐르지!

ㄷ. 동맥혈이 정맥혈로 바뀌는 경로는 F → C → D → G이다.
→ 동맥혈이 정맥혈로 바뀌는 경로는 온몸 순환이야. 온몸 순환은 좌심실(F)에서 대동맥(C)을 지나 온몸의 모세 혈관에서 조직 세포와 물질을 교환하지! 이때 산소와 영양소를 주고, 이산화 탄소와 노폐물을 받아~! 물질 교환 결과 혈액은 정맥혈로 바뀌고~ 대정맥(D)을 지나 우심방(G)으로 들어가게 돼~!

~~ㄹ~~. 폐순환의 경로는 F → A → B → H이다.
→ 폐순환의 경로는 우심실(H) → 폐동맥(B) → 폐의 모세 혈관 → 폐정맥(A) → 좌심방(E)이야.

답 : ③

온몸 순환 : 좌심실 → 대동맥 → 온몸의 모세 혈관 → 대정맥 → 우심방
폐순환 : 우심실 → 폐동맥 → 폐의 모세 혈관 → 폐정맥 → 좌심방

❶ 심장과 혈관

01 사람의 심장에 대한 설명으로 옳은 것은?

① 심장 박동을 통해 혈액을 순환시킨다.
② 심방과 심실은 동시에 수축하고 이완한다.
③ 심방의 근육이 심실의 근육보다 더 두껍다.
④ 심방에는 동맥이, 심실에는 정맥이 연결되어 있다.
⑤ 심장으로 들어오는 혈액을 받아들이는 곳을 심실, 심장에서 혈액을 내보내는 곳을 심방이라고 한다.

[02~03] 그림은 사람의 심장 구조를 나타낸 것이다.

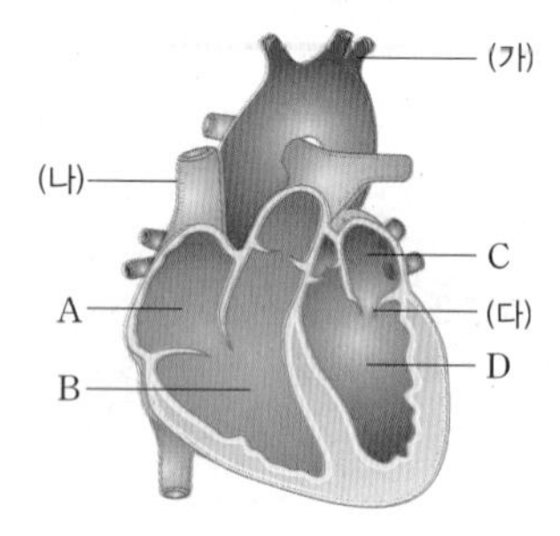

02 (★중요) 각 부분에 대한 설명으로 옳은 것은?

① (가)는 동맥이고, (나)는 정맥이다.
② A는 혈액을 온몸으로 내보내는 곳이다.
③ B는 폐에서 혈액이 들어온다.
④ C의 혈액은 폐에서 나온 이산화 탄소가 많은 혈액이다.
⑤ D는 심장에서 근육이 가장 얇다.

03 (다)에 대한 설명으로 옳은 것은?

① 혈액을 폐로 보내준다.
② 혈액에 산소를 공급한다.
③ 혈액에 영양분을 공급한다.
④ 혈액 속의 노폐물을 걸러낸다.
⑤ 혈액을 일정한 방향으로 흐르게 한다.

04 (★중요) 사람의 심장 구조에 대한 설명으로 옳지 않은 것은?

① 우심방과 좌심방은 연결되어 있다.
② 좌심방은 폐정맥과 연결되어 있다.
③ 대정맥과 우심방은 연결되어 있다.
④ 심실과 심방 사이에는 판막이 있다.
⑤ 혈액은 폐정맥 → 좌심방 → 좌심실 → 대동맥으로 흐른다.

05 (★중요) 그림은 혈관의 구조를 나타낸 것이다.

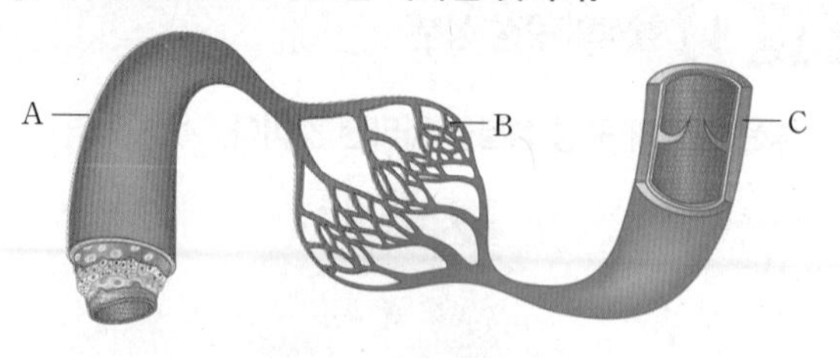

이에 대한 설명으로 옳은 것을 모두 고르면?

① A는 동맥으로, 맥박이 나타난다.
② B의 총 단면적이 가장 크다.
③ C에는 정맥혈만 흐른다.
④ C의 혈관 벽이 가장 두껍고, 탄력성이 높다.
⑤ 혈액은 A → C → B 방향으로 흐른다.

06 정맥에 대한 설명으로 옳지 않은 것은?

① 몸의 표면 쪽에 분포한다.
② 혈관 중 혈압이 가장 낮다.
③ 심방에 연결되는 혈관이다.
④ 혈관 중 혈류 속도가 가장 빠르다.
⑤ 판막이 있어 혈액의 역류를 막아 준다.

07 (★중요) 다음은 어떤 혈관에 대한 설명을 나타낸 것이다.

> (가) 조직 세포로부터 이산화 탄소를 받아 심장으로 들어가는 혈액이 흐른다.
> (나) 산소가 적은 암적색의 혈액이 흐르며, 심장에서 나가는 혈액이 흐른다.

(가)와 (나)에 해당하는 혈관의 이름을 옳게 짝지은 것은?

	(가)	(나)		(가)	(나)
①	대정맥	대동맥	②	대정맥	폐동맥
③	대동맥	폐정맥	④	폐동맥	대정맥
⑤	폐정맥	폐동맥			

❷ 혈액

08 그림은 혈액을 채취하여 두 층으로 분리한 모습을 나타낸 것이다. 이에 대한 설명으로 옳지 않은 것은?

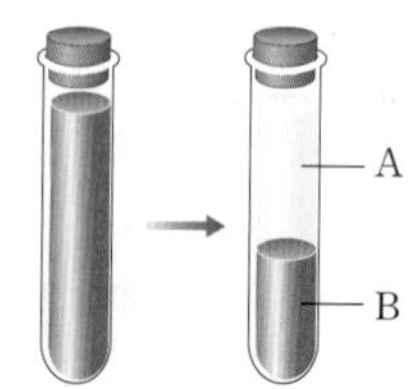

① A는 대부분 물로 이루어져 있다.
② A가 혈액의 절반 이상을 차지한다.
③ A는 영양소, 노폐물 등을 운반한다.
④ B에는 세포 성분이 들어 있다.
⑤ B는 외부 기온 변화에 대해 체온을 조절하는 기능을 한다.

[09~10] 그림은 혈액의 구성 성분을 나타낸 것이다.

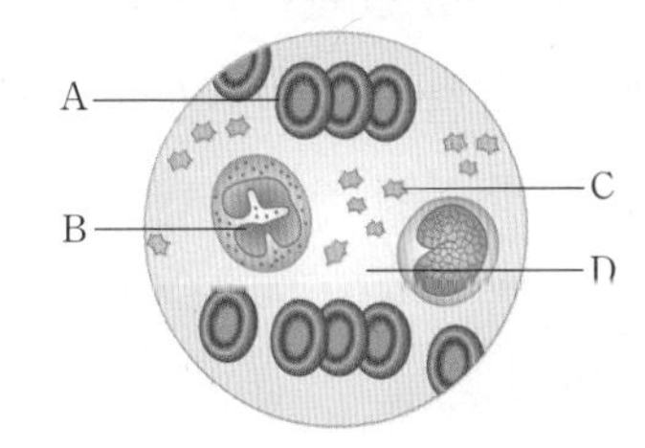

09 다음에서 설명하는 것의 기호와 이름을 옳게 짝지은 것은?

> • 일정한 형태를 가지고 있지 않다.
> • 상처가 났을 때 상처 부위에 딱지를 만들어 준다.

① A, 백혈구　② A, 적혈구　③ B, 백혈구
④ B, 적혈구　⑤ C, 혈소판

10 B에 대한 설명으로 옳은 것은?

① 영양소를 조직에 운반해 준다.
② 노폐물과 이산화 탄소를 운반한다.
③ 상처가 났을 때 혈액을 응고시킨다.
④ 헤모글로빈이라는 색소를 가지고 있다.
⑤ 몸속으로 침입한 세균 등을 잡아먹는다.

11 그림은 어떤 혈구를 나타낸 것이다. 이 혈구에 대한 설명으로 옳은 것은?

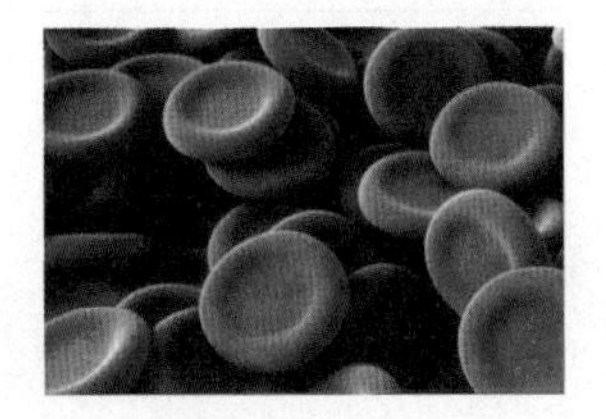

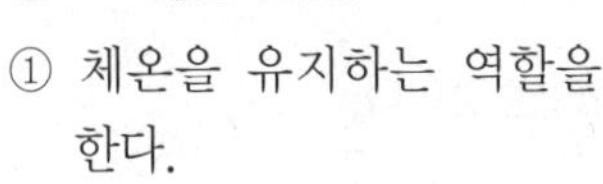

① 체온을 유지하는 역할을 한다.
② 영양소, 호르몬, 노폐물 등을 운반한다.
③ 모양이 일정하지 않으며 크기가 가장 작다.
④ 이 혈구의 수가 부족할 경우 빈혈이 일어날 수 있다.
⑤ 김사액으로 염색 시 핵이 염색되어 관찰하기 용이하다.

중요
12 그림은 혈액 성분 중 하나의 기능을 나타낸 것이다.

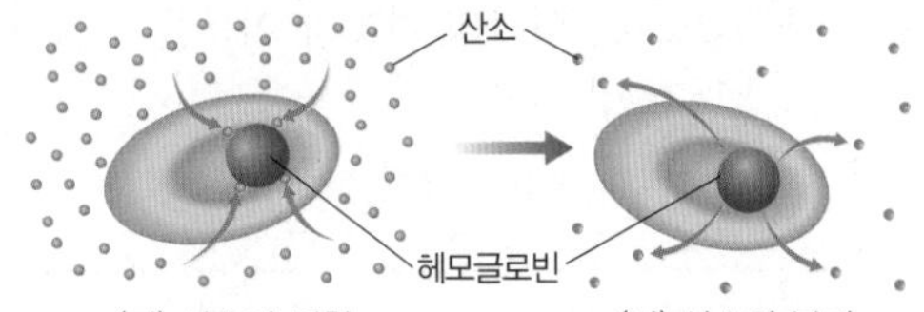

(가)와 (나)의 작용이 일어나는 곳을 옳게 짝지은 것은?

	(가)	(나)		(가)	(나)
①	조직 세포	폐	②	조직 세포	근육
③	근육	조직 세포	④	근육	폐
⑤	폐	조직 세포			

[13~14] 다음은 혈액의 구성 성분을 관찰하기 위한 실험 과정의 일부이다.

> (가) 손가락 끝과 바늘을 소독용 알코올로 소독한 후 바늘로 손가락을 찔러 받침유리 위에 혈액을 한 방울 떨어뜨린다.
> (나) 덮개유리로 혈액을 밀어 얇게 편다.
> (다) 혈액 위에 에탄올을 떨어뜨리고 3분간 말린다.
> (라) 혈액 위에 김사액을 한 방울 떨어뜨리고 5분간 말린 뒤, 증류수에 담갔다 뺀다.
> (마) 덮개유리를 덮고 현미경으로 관찰한다.

13 (라) 과정은 혈액 속의 어느 성분을 잘 관찰하기 위한 것인가?

① 혈장　② 혈소판　③ 적혈구
④ 백혈구　⑤ 헤모글로빈

14 위 실험에 대한 설명으로 옳은 것을 보기 에서 모두 고른 것은?

> **보기**
> ㄱ. 가장 많이 관찰되는 것은 백혈구이다.
> ㄴ. 덮개유리를 혈액이 있는 반대 방향으로 밀어 주어야 한다.
> ㄷ. 에탄올을 떨어뜨리는 까닭은 세포들을 살아 있는 것과 같은 상태로 고정하기 위해서이다.

① ㄱ　② ㄷ　③ ㄱ, ㄴ
④ ㄴ, ㄷ　⑤ ㄱ, ㄴ, ㄷ

15 표는 풍식이와 풍순이의 혈액 1 mm^3 당 혈구 수를 조사하여 정상인과 비교하여 나타낸 것이다.

분류	정상인	풍식	풍순
적혈구	남자 : 약 500만 개 여자 : 약 450만 개	800만 개	450만 개
백혈구	약 6000~8000 개	7500 개	15000 개
혈소판	약 20만~30만 개	6만 개	25만 개

이에 대한 설명으로 옳은 것을 보기 에서 모두 고른 것은?

> **보기**
> ㄱ. 풍순이는 현재 염증이 있을 것이다.
> ㄴ. 풍식이는 고산 지대에 살고 있을 것이다.
> ㄷ. 풍식이는 상처가 나면 출혈이 잘 멈추지 않을 것이다.

① ㄱ　② ㄴ　③ ㄱ, ㄴ
④ ㄴ, ㄷ　⑤ ㄱ, ㄴ, ㄷ

❸ 혈액 순환

16 다음은 사람의 폐순환이 일어나는 경로를 나타낸 것이다.

우심실 → (㉠) → 폐 → (㉡) → (㉢)

㉠~㉢에 알맞은 말을 옳게 짝지은 것은?

	㉠	㉡	㉢
①	폐동맥	폐정맥	좌심실
②	폐동맥	폐정맥	좌심방
③	폐정맥	폐동맥	좌심실
④	폐정맥	폐동맥	좌심방
⑤	대동맥	대정맥	좌심방

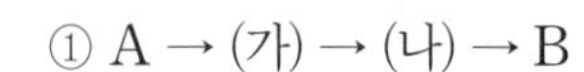

17 그림은 혈액의 순환 경로를 나타낸 것이다. 온몸 순환의 경로를 나열한 것으로 옳은 것은?

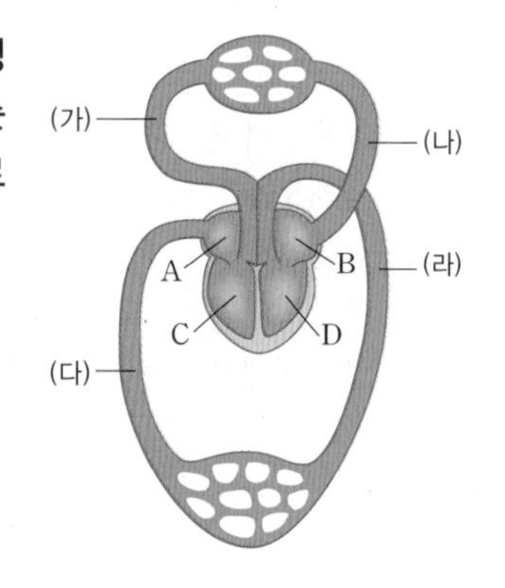

① A → (가) → (나) → B
② A → (다) → (라) → D
③ B → (나) → (가) → A
④ C → (가) → (나) → B
⑤ D → (라) → (다) → A

18 동맥혈과 정맥혈에 대한 설명으로 옳은 것만을 | 보기 | 에서 모두 고른 것은?

보기
ㄱ. 동맥혈은 선홍색이다.
ㄴ. 대정맥과 폐동맥에는 정맥혈이 흐른다.
ㄷ. 좌심방과 좌심실에는 동맥혈이 흐른다.
ㄹ. 정맥혈은 조직 세포에서 산소를 잃은 혈액이다.

① ㄱ, ㄷ ② ㄴ, ㄷ ③ ㄴ, ㄹ
④ ㄱ, ㄷ, ㄹ ⑤ ㄱ, ㄴ, ㄷ, ㄹ

서술형 문제

19 그림은 정맥에서 혈액이 흐르는 모습을 나타낸 것이다.

혈액이 정상적으로 흐를 때 / 혈액이 거꾸로 흐를 때
혈액 — A

A의 이름을 쓰고, 정맥에서 A의 역할에 대해 서술하시오.

혈액의 흐름, 심장 쪽

20 그림은 사람의 심장 구조를 나타낸 것이다. 심장에서 가장 두꺼운 근육으로 이루어진 곳의 기호를 쓰고, 그렇게 생각한 까닭을 서술하시오.

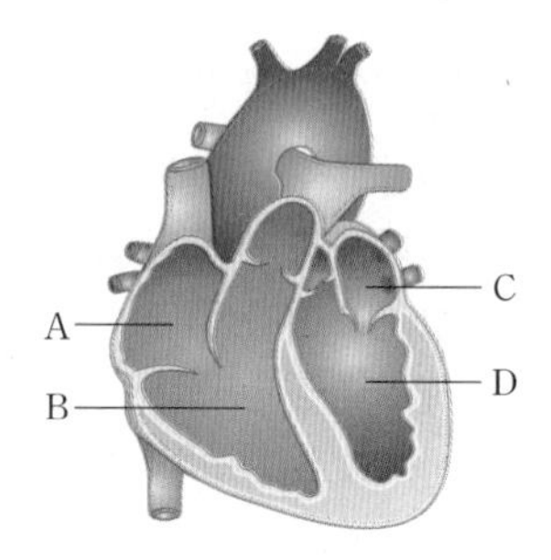

온몸, 압력

21 그림은 혈관의 구조를 나타낸 것이다.

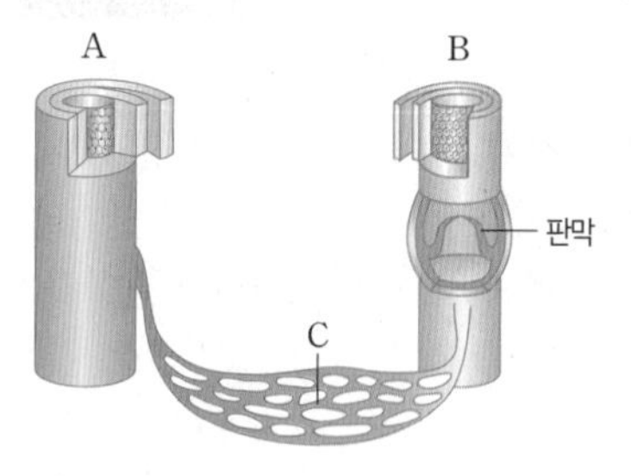

(1) 심장에서 나가는 혈액이 흐르는 혈관과 심장으로 들어가는 혈액이 흐르는 혈관의 기호와 이름을 순서대로 쓰시오.

(2) C의 이름을 쓰고, C가 주변 조직 세포와 물질 교환을 하기에 유리한 특징 세 가지를 서술하시오.

혈관 벽의 두께, 혈관 분포, 혈류 속도

[22~23] 그림은 우리 몸에 분포하는 혈관 (가)~(다)의 특징을 나타낸 것이다.

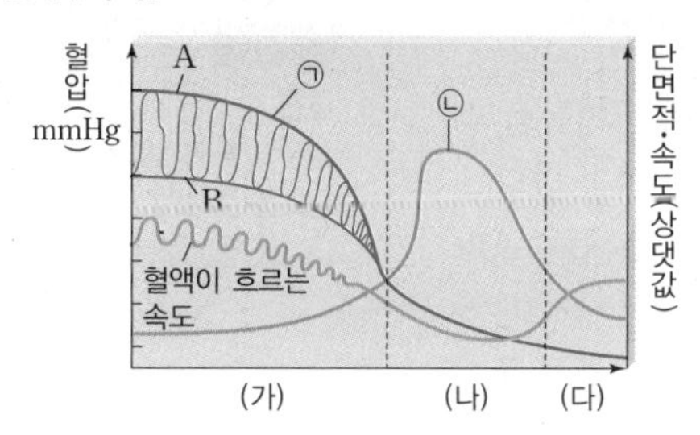

22 (가)~(다)의 이름을 옳게 짝지은 것은?

	(가)	(나)	(다)
①	동맥	정맥	모세 혈관
②	동맥	정맥	폐동맥
③	동맥	모세 혈관	정맥
④	폐동맥	정맥	모세 혈관
⑤	정맥	모세 혈관	세포

23 위 그래프에 대한 설명으로 옳지 않은 것은?

① 혈관 벽의 두께는 (가)>(다)>(나) 순이다.
② ㉠은 혈압, ㉡은 총 단면적에 대한 그래프이다.
③ 심실의 수축으로부터 멀어질수록 혈압이 낮아진다.
④ A는 심실이 수축할 때, B는 심방이 이완할 때의 혈압이다.
⑤ 혈관 (다)의 ㉠이 매우 낮음에도 불구하고 혈액이 이동할 수 있는 까닭은 혈관 주변의 근육 운동 덕분이다.

24 그림은 혈액이 흐를 때 판막에 이상이 생긴 환자의 혈관 상태를 정상 혈관과 비교하여 나타낸 것이다.

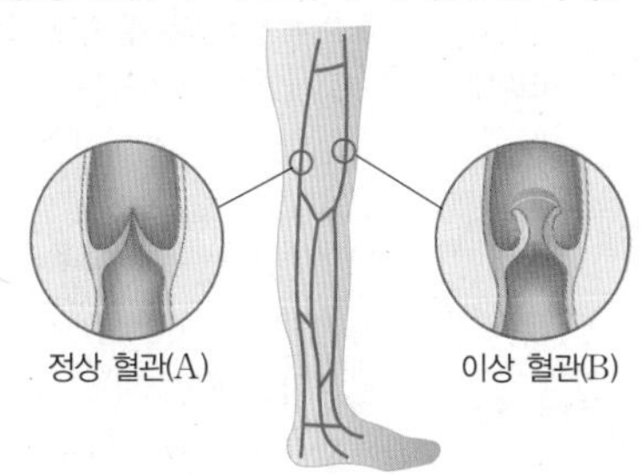

이에 대한 설명으로 옳은 것을 | 보기 | 에서 모두 고른 것은?

| 보기 |
ㄱ. 맥박을 느낄 수 있는 혈관은 A이다.
ㄴ. B에서 판막 아래쪽 부위가 팽창할 수 있다.
ㄷ. 혈액이 흐르는 속도는 A가 B보다 빠르다.

① ㄱ ② ㄴ ③ ㄷ
④ ㄱ, ㄴ ⑤ ㄴ, ㄷ

25 그림은 우리 몸에서의 혈액 순환 과정을 나타낸 것이다.

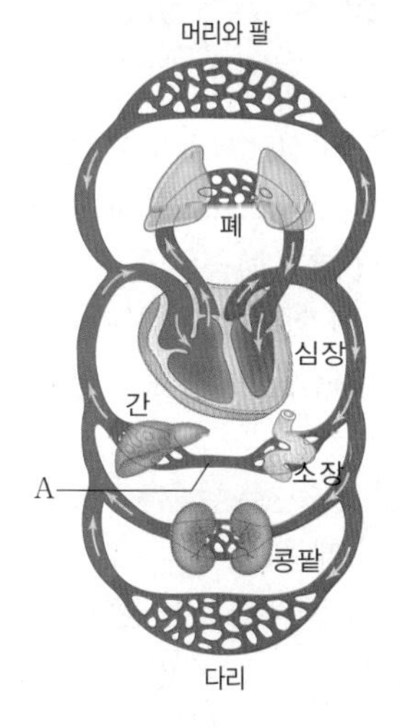

이에 대한 설명으로 옳은 것을 | 보기 | 에서 모두 고른 것은?

| 보기 |
ㄱ. 좌심실 수축 시의 압력이 우심실 수축 시의 압력보다 높다.
ㄴ. 소장에서 흡수된 모든 영양소는 A를 통해 심장으로 이동한다.
ㄷ. 폐를 제외한 몸의 다른 부분을 흐르는 순환은 온몸 순환에 속한다.
ㄹ. 정맥은 심실의 수축으로부터 가장 멀기 때문에 혈류의 속도가 가장 느리다.

① ㄱ, ㄴ ② ㄱ, ㄷ ③ ㄴ, ㄷ
④ ㄴ, ㄹ ⑤ ㄷ, ㄹ

26 그림 (가)와 (나)는 혈액의 순환에 따른 혈액 속의 산소의 양을 나타낸 것이다.

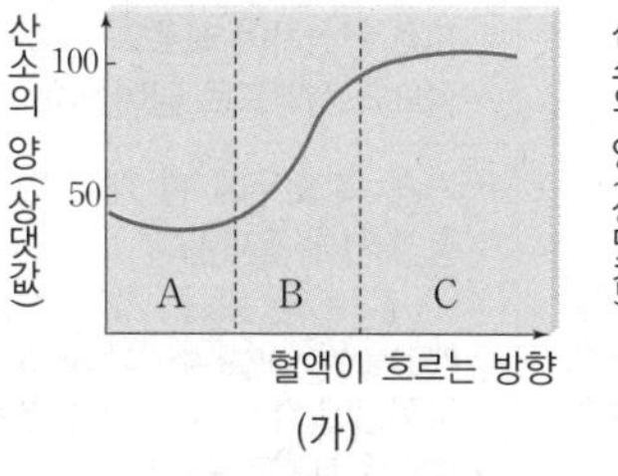

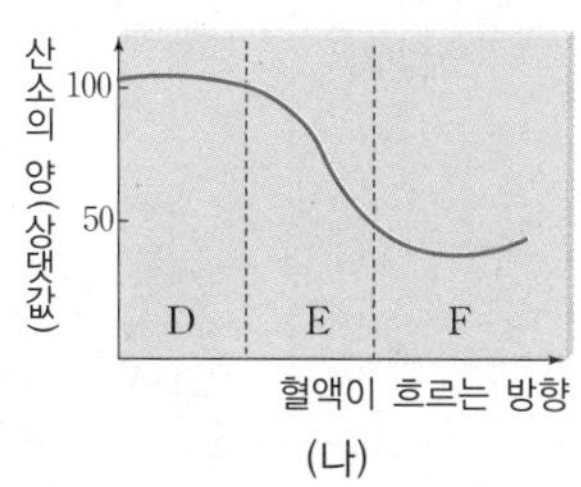

이에 대한 설명으로 옳은 것을 | 보기 | 에서 모두 고른 것은?

| 보기 |
ㄱ. (가)는 폐순환, (나)는 온몸 순환이다.
ㄴ. A와 F는 정맥이고, C와 D는 동맥이다.
ㄷ. B와 E는 혈관의 총 단면적이 가장 넓고, 혈압이 가장 낮다.
ㄹ. C는 좌심방에 연결되어 있다.

① ㄱ, ㄷ ② ㄱ, ㄹ ③ ㄴ, ㄷ
④ ㄱ, ㄴ, ㄹ ⑤ ㄴ, ㄷ, ㄹ

03 호흡

- 호흡 기관의 구조와 기능을 설명할 수 있다.
- 호흡 운동의 원리를 설명할 수 있다.
- 기체 교환의 원리를 이해하고, 기체의 이동을 설명할 수 있다.

❶ 호흡계

1 호흡계 : 숨을 들이쉬고 내쉬면서 산소를 흡수하고, 이산화 탄소를 배출하는 기능을 담당하는 기관들의 모임으로, 코, 기관, 기관지, 폐 등의 호흡 기관으로 이루어져 있다.

2 들숨과 날숨의 성분 : 들숨은 들이쉬는 숨, 날숨은 내쉬는 숨으로, 날숨에는 들숨보다 산소가 적게 들어 있고, 이산화 탄소는 많이 들어 있다.

(1) **산소** : 들숨＞날숨 ➡ 폐에서 산소를 받은 혈액이 조직 세포로 산소를 공급해 주기 때문

(2) **이산화 탄소** : 들숨＜날숨 ➡ 호흡으로 생성된 이산화 탄소가 날숨을 통해 몸 밖으로 배출되기 때문

3 호흡 기관 : 공기 중의 산소를 받아들이고 체내에서 생성된 이산화 탄소를 내보내는 역할을 하는 기관

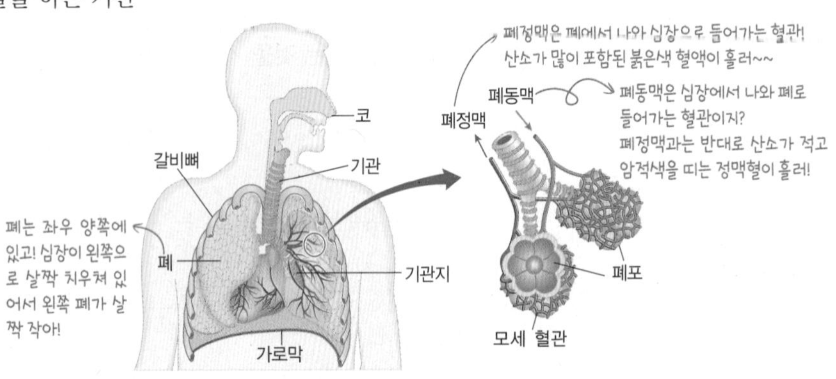

구분		특징
코		• 공기를 들이마시고 내보내는 통로 • 점액과 털이 있어 들이마신 공기의 먼지와 세균을 걸러낸다. • 공기의 온도를 알맞게 조절한다. 차갑고 건조한 공기를 따뜻하고 습한 공기로 Change! 이 과정에서 코딱지가 생기지~ 재채기는 코의 점막이 먼지와 세균에 의해 자극돼서 나오는 거야!
기관		• 목구멍에서 폐까지 이어지는 긴 관 • 기관 안쪽 벽에 있는 섬모와 점액이 콧속에서 걸러지지 않은 세균 등의 이물질을 걸러낸다. 따라서 먼지가 많이 들어오면 가래가 생기거나 기침이 나는 거야~
기관지		• 기관에서 갈라져 양쪽 폐로 들어가고, 이는 다시 여러 갈래의 가지를 형성하여 폐포와 연결된다. • 섬모와 점액으로 덮여 있어서 이물질을 걸러낸다.
폐		• 가슴 속 좌우에 한 개씩 있으며, 갈비뼈와 가로막으로 둘러싸인 흉강 안에 존재한다. └ 흉강은 호흡 운동을 조절하고 폐를 보호해 줘! • 폐는 근육이 없어 스스로 운동할 수 없다. ➡ 갈비뼈와 가로막의 움직임에 따라 그 크기가 변한다. • 수많은 폐포로 구성되어 있다.
폐포	폐정맥 폐동맥	• 폐의 기능적 단위이며, 폐를 구성하는 포도알 모양의 작은 공기 주머니로 폐 전체에 약 3억 개가 있다. • 벽이 한 겹의 세포층으로 되어 있으며, 세포의 겉을 모세 혈관이 둘러싸고 있다. • 폐포와 모세 혈관 속 혈액 사이에 산소와 이산화 탄소의 교환이 일어난다. → 세포층이 얇으니까 기체 교환이 더 잘 되겠지! • 수많은 폐포는 폐와 공기가 접촉하는 표면적을 넓힘으로써 효율적인 기체 교환이 이루어지게 한다. 폐포와 모세 혈관 모두 표면적이 넓기 때문에 둘이 만나면 기체 교환이 굉장히 효율적으로 일어날 수 있어!
공기의 이동	외부 ⇄ 코 ⇄ 기관 ⇄ 기관지 ⇄ 폐 ⇄ 폐포 $\underset{CO_2}{\overset{O_2}{\rightleftarrows}}$ 모세 혈관	

비타민

호흡
생물이 숨쉬기를 통해 산소를 얻고 영양소를 분해하여 물과 이산화 탄소, 에너지를 생성하는 과정

들숨과 날숨의 성분

산소 21 %, 이산화 탄소 0.03 %, 질소 78 %, 기타 0.97 %
▲ 들숨

산소 16 %, 이산화 탄소 4 %, 질소 78 %, 기타 2 %
▲ 날숨

들숨과 날숨의 성분 구분

푸른색의 BTB 용액이 담긴 비커 (가)에는 빨대로 입김(날숨)을 불어 넣고, (나)에는 공기 펌프로 공기(들숨)를 넣으며 색 변화를 관찰한다.

(가) BTB 용액의 색이 노란색으로 변한다.
(나) 거의 변화 없다.
➡ 날숨에는 들숨에 비해 이산화 탄소의 함량이 많다.

가로막(횡격막)
가슴과 배를 나누는 근육으로 된 막으로, 가로막의 위쪽은 가슴(흉강)이고, 아래쪽은 배(복강)이다. 횡격막이라고도 한다.

표면적을 넓혀 효율을 높인 예
소장의 융털, 식물의 뿌리털, 어류의 아가미, 이의 저작 운동 등

필수 비타민

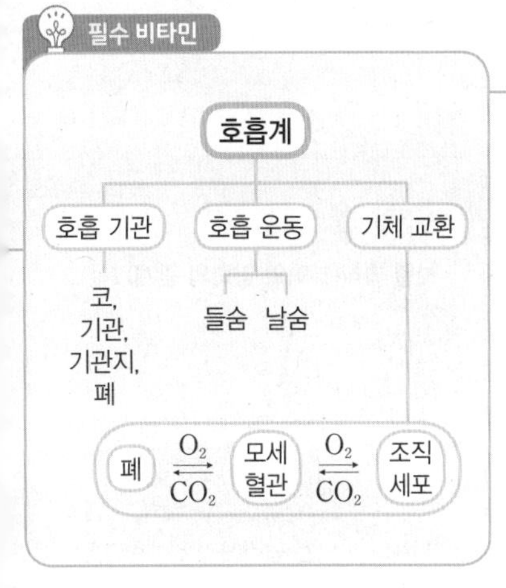

용어 & 개념 체크

1 호흡계

01 호흡계는 □□를 흡수하고, □□□ □□를 배출하는 기능을 담당하는 기관들의 모임이다.

02 폐는 수많은 □□로 구성되어 있으며 공기와 접촉하는 □□□이 넓어 효율적인 기체 교환이 일어난다.

03 이산화 탄소는 □□보다 □□에 더 많다.

01 그림은 사람의 호흡 기관을 나타낸 것이다.

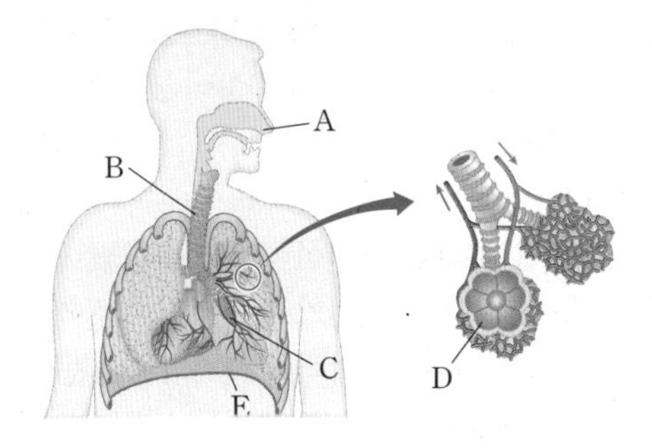

(1) 호흡 기관 A~E의 이름을 각각 쓰시오.

(2) A~E 중 다음의 예시들과 비슷한 원리로 효율을 높이는 구조의 기호와 이름을 쓰시오.

• 소장의 융털 • 식물의 뿌리털 • 이의 저작 운동

02 호흡 기관에 대한 설명으로 옳은 것은 ○, 옳지 않은 것은 ×로 표시하시오.

(1) 폐는 스스로 운동할 수 없다. ( )
(2) 코와 기관은 세균 등의 이물질을 걸러준다. ( )
(3) 코는 차고 촉촉한 공기를 따뜻하고 건조하게 만들어 준다. ( )
(4) 폐는 갈비뼈와 가로막으로 둘러싸인 흉강 안에 존재한다. ( )
(5) 사람의 폐는 좌우 한쌍이며, 수많은 폐포로 구성되어 있다. ( )
(6) 폐포는 벽이 여러 겹의 세포층으로 되어 있으며, 폐포의 겉을 모세 혈관이 둘러싸고 있다. ( )

03 다음은 들숨과 날숨에 대한 설명을 나타낸 것이다. 빈칸에 알맞은 말을 쓰시오.

이산화 탄소는 (㉠)에 많이 들어 있다. 호흡을 통해 생성된 이산화 탄소가 (㉡)을 통해 몸 밖으로 배출되기 때문이다. 산소는 (㉢)에 많이 들어 있다. 폐에서 산소를 받은 혈액은 조직 세포로 산소를 공급해 준다.

04 그림과 같이 초록색 BTB 용액이 담긴 비커 A에는 공기를 넣고, B에는 날숨을 불어 넣었다.

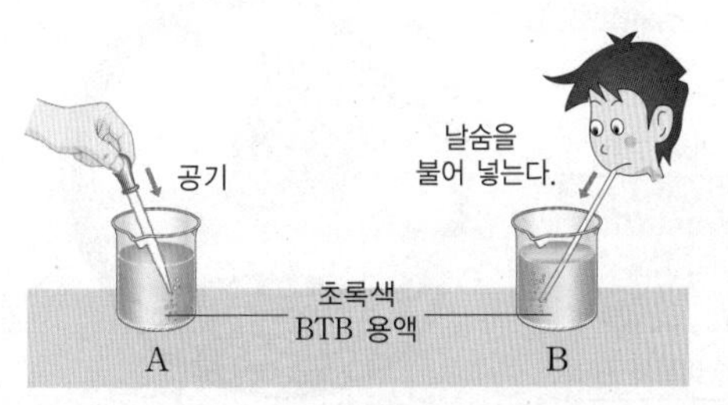

A와 B 중 BTB 용액의 색깔이 변하는 비커의 기호와 BTB 용액의 색 변화를 각각 쓰시오.

03 호흡

❷ 사람의 호흡 운동

1 호흡 운동의 원리 : 폐는 스스로 운동하지 못하므로 갈비뼈(늑골)와 가로막의 상하 운동을 통해 흉강(가슴 속 공간)의 부피를 조절하여 호흡 운동을 한다.

2 호흡 운동이 일어나는 과정

(1) **들숨(숨을 들이쉴 때)** : 갈비뼈가 올라가고 가로막이 내려가 흉강의 부피가 커지면 폐의 부피도 커지면서 **폐 내부 압력이 대기압보다 낮아져 공기가 폐로 들어온다.**

(2) **날숨(숨을 내쉴 때)** : 갈비뼈가 내려가고 가로막이 올라가 흉강의 부피가 작아지면 폐의 부피도 작아지면서 **폐 내부 압력이 대기압보다 높아져 공기가 밖으로 나간다.**

(3) **들숨과 날숨 시 몸의 상태 비교**

가로막이 잘 움직이지 않는 환자들은 갈비뼈를 움직이기 위해 어깨를 들썩거리기도 해!

들숨(흡!)	구분	날숨(호~~)
위로	갈비뼈	아래로
아래로	가로막	위로
커짐	흉강(가슴 속)의 부피	작아짐
낮아짐	흉강(가슴 속)의 압력	높아짐
커짐	폐의 부피	작아짐
낮아짐	폐 내부의 압력	높아짐
밖 → 폐	공기의 이동	폐 → 밖

들숨: 공기가 들어온다. 갈비뼈가 올라간다. 폐 팽창 가로막이 내려간다.

날숨: 공기가 나간다. 갈비뼈가 내려간다. 폐 수축 가로막이 올라간다.

❸ 기체 교환

1 기체 교환의 원리 : 기체의 농도 차이에 따른 확산에 의해 일어난다.

2 폐에서의 기체 교환 : 폐포와 폐포를 둘러싸고 있는 모세 혈관 사이에서 일어난다.

➡ 폐포는 모세 혈관보다 산소 농도가 높고, 이산화 탄소 농도가 낮으므로 산소는 폐포에서 모세 혈관으로, 이산화 탄소는 모세 혈관에서 폐포로 이동한다.

3 조직 세포에서의 기체 교환 : 온몸의 모세 혈관과 조직 세포 사이에서 일어난다.

➡ 모세 혈관은 조직 세포보다 산소 농도가 높고, 이산화 탄소 농도가 낮으므로 산소는 모세 혈관에서 조직 세포로, 이산화 탄소는 조직 세포에서 모세 혈관으로 이동한다.

구분	폐에서의 기체 교환	조직 세포에서의 기체 교환
산소의 농도	폐포 > 모세 혈관	모세 혈관 > 조직 세포
이산화 탄소의 농도	폐포 < 모세 혈관	모세 혈관 < 조직 세포
기체 교환	폐포 ⇄ 모세 혈관 (산소 →, 이산화 탄소 ←)	모세 혈관 ⇄ 조직 세포 (산소 →, 이산화 탄소 ←)

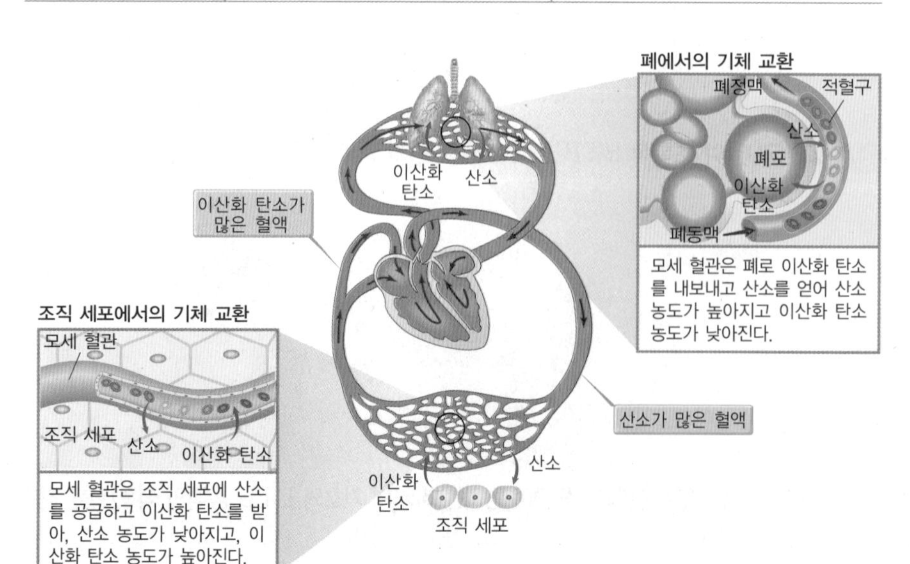

비타민

보일 법칙(부피와 압력의 관계)

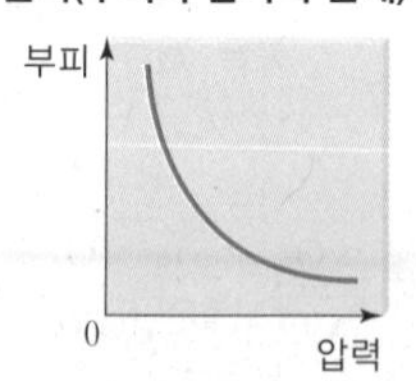

'기체의 부피는 압력에 반비례한다.'는 법칙이다. 들숨이 일어날 때, 흉강의 부피가 커지면 흉강의 압력이 낮아지고, 그 결과 폐의 부피가 커져 폐 내부 압력이 낮아진다.

공기의 이동과 압력

공기는 압력이 높은 곳에서 낮은 곳으로 이동한다. 호흡 운동이 일어날 때 폐 내부 압력이 대기압보다 낮으면 공기가 밖에서 폐 속으로 들어오고, 폐 내부 압력이 대기압보다 높아지면 폐 속의 공기가 밖으로 나간다.

확산

농도가 높은 곳에서 농도가 낮은 곳으로 물질이 이동하는 현상 예 향수 냄새가 방안에 가득 퍼진다. 꽃 향기가 난다. 등

호흡계와 순환계의 작용

호흡계와 순환계의 작용에 의해 산소가 조직 세포로 공급되어 에너지를 얻는 데 쓰이고, 에너지를 얻는 과정에서 발생한 이산화 탄소가 몸 밖으로 나간다.

기체의 농도 비교

- 산소의 농도
  : 폐포 > 모세 혈관 > 조직 세포
- 이산화 탄소의 농도
  : 폐포 < 모세 혈관 < 조직 세포

산소의 이동 방향

폐포 → 모세 혈관 → 조직 세포

용어 & 개념 체크

② 사람의 호흡 운동

04 폐는 □□이 없어 스스로 운동할 수 없다.

05 호흡 운동은 □□□과 갈비뼈의 상하 운동을 통한 □□의 부피 변화로 이루어진다.

06 들숨은 흉강의 부피는 □지고, 압력은 □□져서 공기가 외부에서 폐로 들어오는 과정이다.

③ 기체 교환

07 폐와 조직에서의 기체 교환은 □□ 차이에 의한 □□에 의해 일어난다.

08 □에서의 기체 교환에서 산소는 폐포에서 모세 혈관으로 이동하고, 이산화 탄소는 □□ □□에서 □□로 이동한다.

09 조직 세포에서의 기체 교환에서 산소는 □□ □□에서 □□ □□ 이동하고, 이산화 탄소는 □□ □□에서 □□ □□으로 이동한다.

05 그림 (가)와 (나)는 호흡 운동의 과정을 나타낸 것이다.

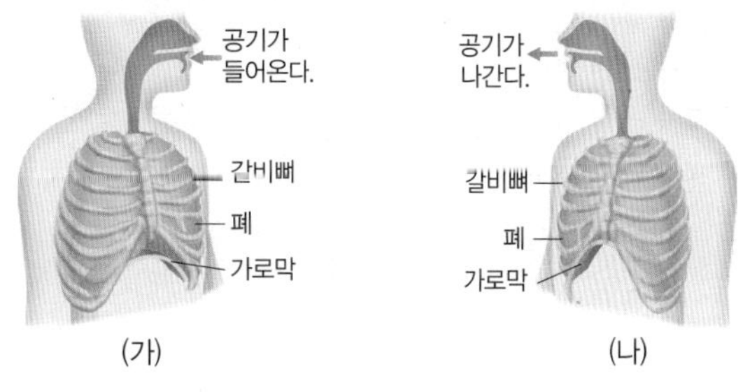

(1) (가)와 (나)는 각각 들숨과 날숨 중 무엇에 해당하는지 쓰시오.

(2) 다음은 (가)일 때 호흡 기관의 변화를 나타낸 것이다. 빈칸에 알맞은 말을 쓰시오.

갈비뼈가 (㉠   ), 가로막이 (㉡   ). → 폐의 부피가 (㉢   ). → 폐 내부 압력이 (㉣   ). → 공기가 몸 안으로 들어온다.

06 호흡 운동에 대한 설명으로 옳은 것은 ○, 옳지 않은 것은 ×로 표시하시오.

(1) 갈비뼈가 내려가면 들숨이 일어난다. ( )
(2) 갈비뼈가 위로 올라가면 흉강의 압력은 높아진다. ( )
(3) 가로막이 올라가면 흉강의 압력이 높아져 폐가 수축한다. ( )
(4) 기체 교환은 기체의 농도 차이에 의한 확산을 통해 이루어진다. ( )

07 다음은 폐와 조직 세포에서 각 기체의 농도에 대한 설명을 나타낸 것이다. 빈칸에 알맞은 말을 고르시오.

(1) 폐포는 모세 혈관보다 산소의 농도는 (㉠ 높고, 낮고), 이산화 탄소의 농도는 (㉡ 높, 낮)으므로 (㉢ 산소, 이산화 탄소)는 폐포에서 모세 혈관으로 이동하고, (㉣ 산소, 이산화 탄소)는 모세 혈관에서 폐포로 이동한다.
(2) 조직 세포는 모세 혈관보다 산소의 농도가 (㉠ 높고, 낮고), 이산화 탄소의 농도는 (㉡ 높, 낮)으므로 (㉢ 산소, 이산화 탄소)는 모세 혈관에서 조직 세포로 이동하고, (㉣ 산소, 이산화 탄소)는 조직 세포에서 모세 혈관으로 이동한다.

08 그림은 폐포, 모세 혈관, 조직 세포 사이의 기체 교환을 나타낸 것이다.

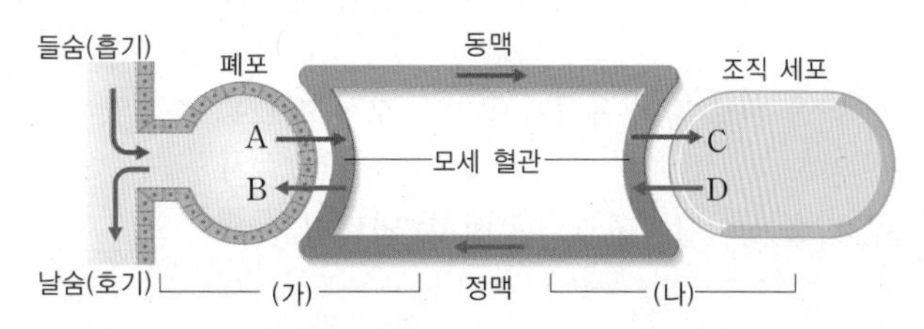

(1) 기체 A~D는 무엇인지 각각 쓰시오.

(2) (가)와 (나) 중 기체 교환 결과 모세 혈관 속 이산화 탄소의 농도가 더 높아지는 기체 교환을 쓰시오.

MUST 해부!

탐구 호흡 운동의 원리

과정 ❶ 밑이 없는 유리병에 Y자 유리관을 거꾸로 끼우고, Y자 유리관 끝에 각각 고무풍선을 매단다.
❷ 유리병 밑바닥에 끈이 달린 고무 막을 씌운다.
❸ 고무 막에 달린 끈을 아래로 당기면서 고무풍선의 변화를 관찰한다.
❹ 고무 막을 밀어 올리면서 고무풍선의 변화를 관찰한다.

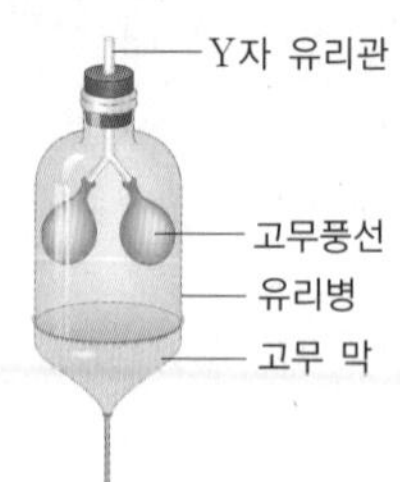

탐구 시 유의점
밑이 없는 유리병 대신 페트병을 잘라서 만들 때는 공기가 새지 않도록 밀폐해야 한다.

결과 • 고무 막을 아래로 당기면 고무풍선이 부풀고, 고무 막을 밀어 올리면 고무풍선이 수축한다.

정리

고무 막을 아래로 당길 때 [들숨]	구분	고무 막을 위로 밀어 올렸을 때 [날숨]
커진다.	**병 속의 부피**	작아진다.
낮아진다.	**병 속의 압력**	높아진다.
팽창한다.	**고무풍선의 모양**	수축한다.
병 밖 → 고무풍선	**공기의 이동 방향**	고무풍선 → 병 밖

• 실험 장치와 호흡 기관 갈비뼈와 관련된 기관은 없어~ 여기서 중요한 것은 흉강의 부피 변화!

실험 장치	고무 막	고무풍선	Y자 유리관	유리병 속
호흡 기관	가로막	폐	기관(지)	흉강(가슴 속)

• 고무 막을 아래로 당기는 것은 들숨에 해당하며, 고무 막을 위로 밀어 올리는 것은 날숨에 해당한다.

호흡 운동 모형과 사람 몸의 차이점
호흡 운동 모형에서는 가로막에 해당하는 고무 막의 움직임만으로 공기가 드나들지만, 사람의 몸에서는 가로막과 갈비뼈가 함께 움직여 공기가 드나든다.

탐구 알약

정답과 해설 10쪽

01 위 실험에 대한 설명으로 옳은 것은 ○, 옳지 않은 것은 ×로 표시하시오.

(1) 고무 막을 잡아당기면 유리병 속의 압력이 높아진다. ( )
(2) 고무 막을 위로 밀어 올리면 고무풍선은 팽창한다. ( )
(3) 고무 막을 위로 밀어 올렸을 때는 날숨에 해당한다. ( )
(4) 고무 막을 위로 밀어 올리면 공기가 모형 안으로 들어온다. ( )
(5) 고무 막을 잡아당기면 고무풍선 속 압력이 높아진다. ( )
(6) 고무풍선은 폐와 같이 스스로 팽창하거나 수축하지 못한다. ( )

02 그림은 호흡 운동 실험 장치를 나타낸 것이다.

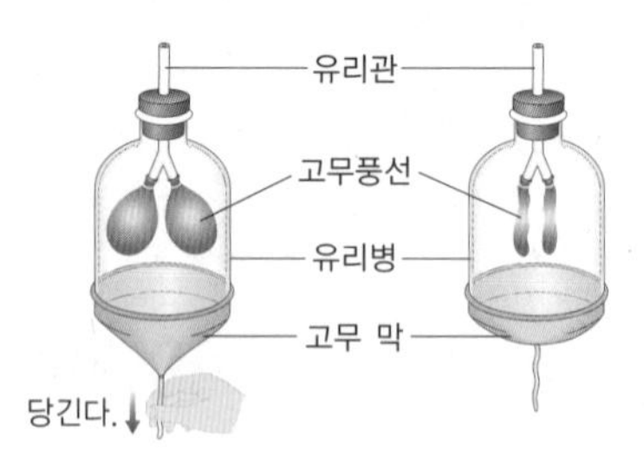

이 장치의 각 부분과 사람의 호흡 기관을 옳게 짝지은 것은?

	장치	호흡 기관
①	Y자 유리관	입
②	유리병 속	갈비뼈
③	유리병 속	가로막
④	고무풍선	폐
⑤	고무 막	흉강

한눈에 보는 호흡!

지금까지 호흡을 단계별로 생각해서 보았지? 하지만 호흡은 모두 연결된 과정이야. 공기는 코나 입을 통해 우리 몸속으로 들어온 후 기관과 기관지를 거쳐 폐포로 들어가. 여기서 폐에서의 기체 교환이 일어나지~ 동맥혈이 된 혈액은 심장을 거쳐 온몸으로 이동해. 그러면 다시 온몸에 뻗은 모세 혈관과 조직 세포 사이에서 기체 교환이 일어나지~

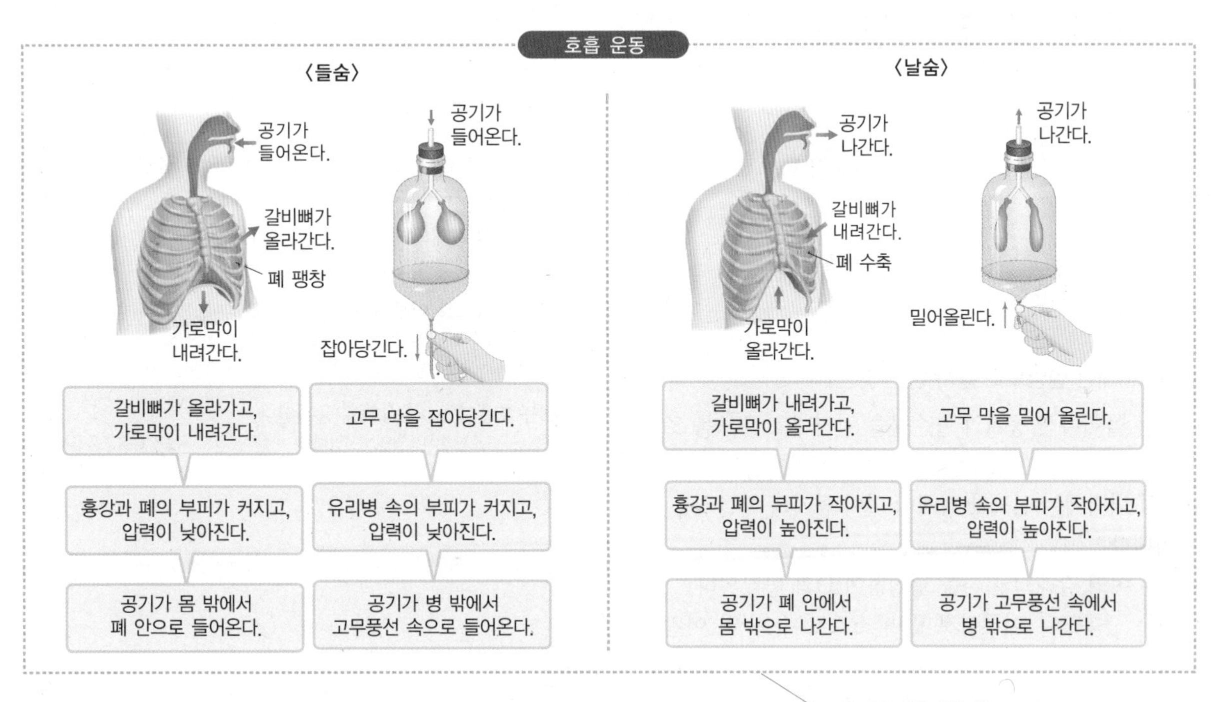

Q. 호흡 운동의 원리?

A. 갈비뼈와 가로막의 상하 운동

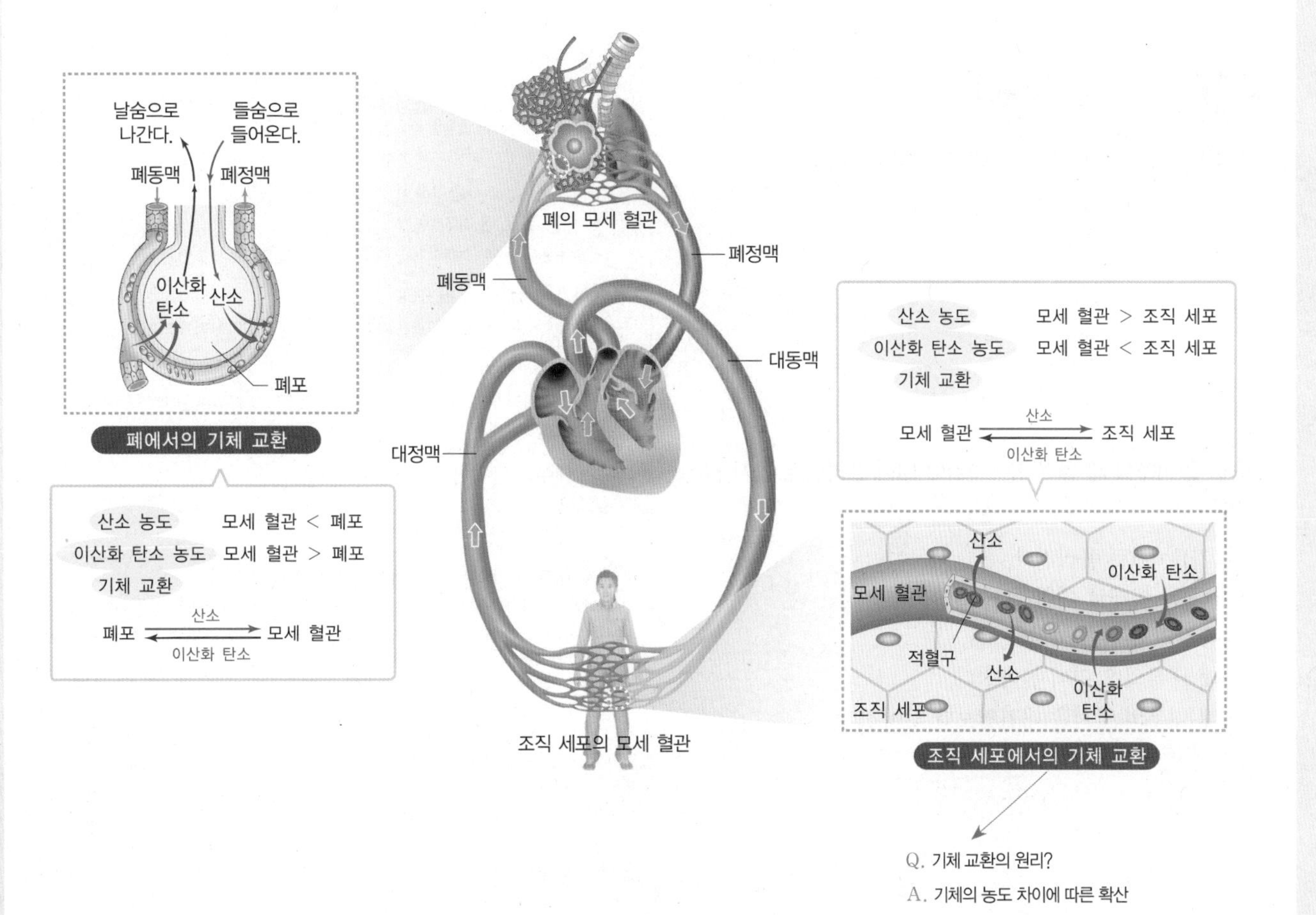

Q. 기체 교환의 원리?

A. 기체의 농도 차이에 따른 확산

시험에 꼭 나오는 유형 확인!

유형 클리닉

유형 1 호흡 기관

그림은 사람의 호흡 기관을 나타낸 것이다.

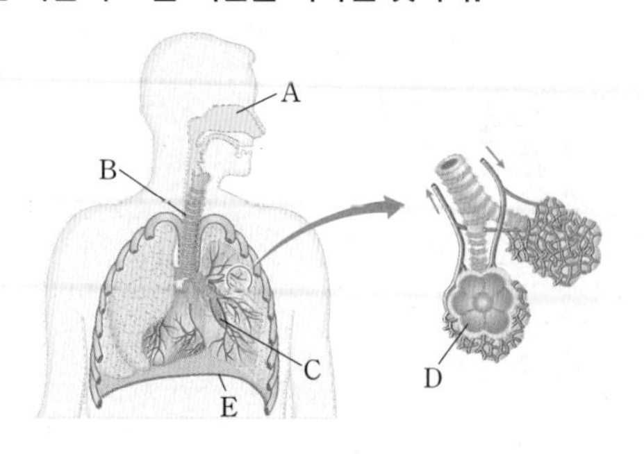

A~E에 대한 설명으로 옳지 않은 것은?

① A는 들이마신 공기의 불순물을 걸러내고 온도를 조절한다.
② B의 내벽에는 섬모와 점액이 있어 공기의 이물질을 걸러낸다.
③ C는 여러 갈래의 가지를 형성하여 D와 연결된다.
④ D는 근육으로 이루어져 있어 스스로 수축 및 이완한다.
⑤ E는 호흡 운동 시 상하로 움직인다.

그림을 통해 호흡 기관이 어디에 있는지 각 호흡 기관의 이름과 함께 외우고, 각 호흡 기관의 특징에 대해 꼭 암기하자!

① A는 들이마신 공기의 불순물을 걸러내고 온도를 조절한다.
→ A는 코야. 콧속에는 점액과 털이 있어서 공기의 불순물을 걸러내고, 차고 건조한 공기를 따뜻하고 습한 공기로 알맞게 조절해!

② B의 내벽에는 섬모와 점액이 있어 공기의 이물질을 걸러낸다.
→ B는 기관! 기관도 역시 섬모와 점액이 있어 콧속에서 걸러지지 않은 이물질을 걸러줘~

③ C는 여러 갈래의 가지를 형성하여 D와 연결된다.
→ C는 기관지야~ 여러 갈래로 나뉜 기관지는 폐포(D)와 연결되어 있어!

④ D는 근육으로 이루어져 있어 스스로 수축 및 이완한다.
→ D는 폐포! 폐포는 벽이 한 겹의 세포층으로 되어 있고, 수많은 폐포가 폐를 이루지! 폐포 혹은 폐는 근육이 없기 때문에 스스로 운동할 수 없어~

⑤ E는 호흡 운동 시 상하로 움직인다.
→ E는 근육으로 이루어진 막인 가로막이야! 가로막은 상하 운동을 통해 호흡 운동을 조절해!

답 : ④

폐는 근육 x ⇨ 스스로 운동 x

유형 2 호흡 운동의 원리

그림은 사람의 가슴 구조 모형을 나타낸 것이다.

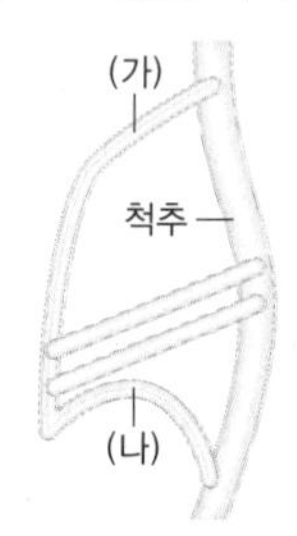

숨을 들이마실 때 일어나는 변화에 대한 설명으로 옳지 않은 것은?

① (가)는 위로 올라간다.
② (나)는 아래로 내려간다.
③ 흉강의 부피가 커진다.
④ 폐 내부의 압력이 높아진다.
⑤ 폐 내부의 압력은 대기압보다 낮아진다.

들숨 혹은 날숨일 때 일어나는 변화에 대해 묻는 문제가 출제돼! 앞에서 표로 정리해 둔 내용을 이용하여 들숨일 때와 날숨일 때를 비교하여 알아두자!

(가)는 갈비뼈, (나)는 가로막이야!

① (가)는 위로 올라간다.
→ 숨을 들이마실 때 갈비뼈(가)는 위로 올라가서 흉강의 부피가 커져!

② (나)는 아래로 내려간다.
→ 숨을 들이마실 때 가로막(나)은 아래로 내려가서 흉강의 부피가 커지지!

③ 흉강의 부피가 커진다.
→ 숨을 들이마실 때는 갈비뼈(가)가 위로 올라가고, 가로막(나)은 아래로 내려가기 때문에 흉강의 부피는 커져~!

④ 폐 내부의 압력이 높아진다.
→ 흉강의 부피가 커지면 흉강의 압력이 낮아져! 그에 따라 폐의 부피는 커지고, 폐 내부의 압력은 낮아지지!

⑤ 폐 내부의 압력은 대기압보다 낮아진다.
→ 폐의 부피가 커지면 폐 내부의 압력은 낮아지는데, 이때 폐의 압력은 대기압보다 낮아지게 되고 상대적으로 압력이 높은 밖에서 안으로 공기가 들어오게 되는 거야~!

답 : ④

들숨!! 갈 up, 가 down ⇨ 부피↑ ⇨ 압력↓

유형 클리닉

유형 3 폐에서의 기체 교환

그림은 폐에서의 기체 교환을 나타낸 것이다.

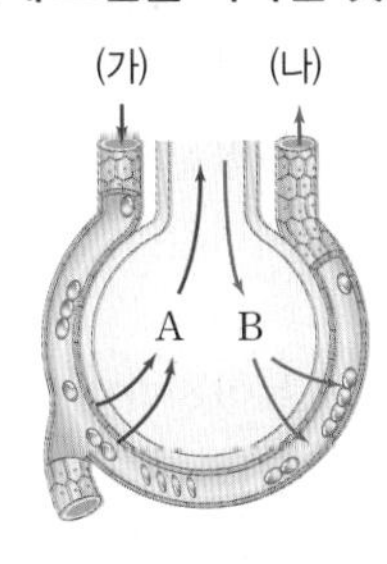

이에 대한 설명으로 옳지 않은 것은?

① (가)는 심장에서 나온 혈관으로 동맥혈이 흐른다.
② (가)에서 (나)로 갈수록 산소 농도가 높아진다.
③ 기체가 이동하는 원리는 농도 차이에 따른 확산이다.
④ 기체 A는 우리 몸 밖으로 나가는 기체인 이산화 탄소이다.
⑤ 기체 B는 혈관을 타고 조직 세포까지 전달된다.

폐에서의 기체 교환과 조직 세포에서의 기체 교환에서 어떤 기체가 교환이 되는지 잘 비교해서 알아두자!

① (가)는 심장에서 나온 혈관으로 동맥혈이 흐른다.
→ (가)는 심장에서 폐로 들어가는 폐동맥이야~ 하지만 동맥이라고 다 산소가 많은 혈액이 흐르는 것은 아니야! 우리는 산소를 많이 포함하는 혈액은 동맥혈, 산소가 적은 혈액은 정맥혈이라고 불러~ 폐동맥에 흐르는 혈액은 온몸을 돌면서 산소를 주고 이산화 탄소를 받아온 혈액이기 때문에 정맥혈이야.

② (가)에서 (나)로 갈수록 산소 농도가 높아진다.
→ 폐포에서 산소를 받으니까 (가)에서 (나)로 갈수록 산소 농도가 높아져. 정맥혈이 동맥혈로 되는 거지!!

③ 기체가 이동하는 원리는 농도 차이에 따른 확산이다.
→ 기체는 농도가 높은 곳에서 낮은 곳으로 이동해! 여기서 기체 A(이산화 탄소)는 폐포보다 모세 혈관에서 농도가 높기 때문에 폐포 쪽으로 이동하고, 기체 B(산소)는 모세 혈관보다 폐포에서 농도가 더 높기 때문에 모세 혈관 쪽으로 이동하는 거야.

④ 기체 A는 우리 몸 밖으로 나가는 기체인 이산화 탄소이다.
→ 기체 A는 모세 혈관에서 폐포로 이동하지? 따라서 조직 세포로부터 받은 이산화 탄소라는 걸 알 수 있어.

⑤ 기체 B는 혈관을 타고 조직 세포까지 전달된다.
→ 기체 B는 폐포에서 모세 혈관으로 이동하는 기체인 산소! 산소는 혈액을 타고 온몸의 조직 세포로 이동해.

답 : ①

산소 많으면 동맥혈! 산소 적으면 정맥혈!

유형 4 폐와 조직 세포에서의 기체 교환

그림은 폐포, 모세 혈관, 조직 세포 사이의 기체 교환을 나타낸 것이다.

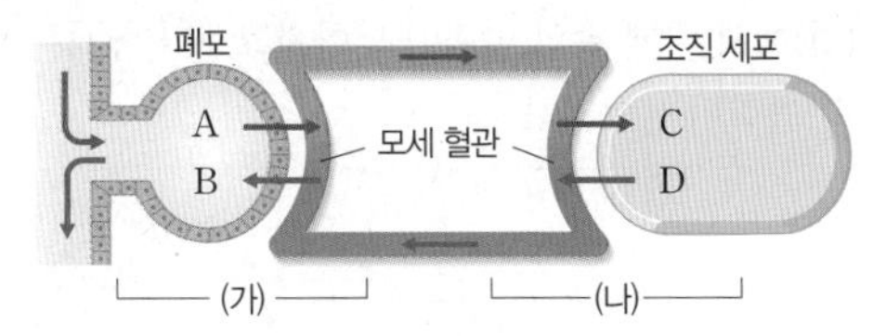

이에 대한 설명으로 옳은 것을 모두 고르면?

① A와 C는 적혈구에 의해 운반된다.
② B와 D는 산소이다.
③ (가)에서의 기체 교환은 정맥혈을 동맥혈로 만든다.
④ (나)에서의 기체 교환 결과 혈액 속에 이산화 탄소의 농도는 낮아진다.
⑤ 호흡계는 (가)와 (나)에서의 기체 교환을 통해 산소는 내보내고, 이산화 탄소는 흡수한다.

폐와 조직 세포 사이의 기체 교환에서 어떤 기체가 흡수되고, 내보내지는지 명확히 구분해서 알아두자! 이때 그림을 이용하여 기체의 흐름을 공부하면 외우기가 더 쉬울 거야!

① A와 C는 적혈구에 의해 운반된다.
→ 적혈구의 주요 기능 중 하나가 산소 운반인 거 기억하지~? A와 C는 산소로, 적혈구의 헤모글로빈과 결합하여 운반돼~!

② B와 D는 산소이다.
→ B와 D는 각각 조직 세포에서 모세 혈관으로, 모세 혈관에서 폐포로 이동하기 때문에 모두 이산화 탄소임을 알 수 있어!

③ (가)에서의 기체 교환은 정맥혈을 동맥혈로 만든다.
→ 정맥혈은 산소가 적고 동맥혈은 산소가 많은 혈액이야. 폐에서의 기체 교환인 (가)는 폐포의 산소가 모세 혈관으로 이동하여 정맥혈을 산소가 많은 동맥혈로 만들어주지!

④ (나)에서의 기체 교환 결과 혈액 속에 이산화 탄소의 농도는 낮아진다.
→ (나)에서의 기체 교환에서 혈액은 조직 세포로부터 이산화 탄소를 받고! 산소는 내보내! 이런 기체 교환의 결과 혈액 속에 이산화 탄소의 농도는 더 높아져!

⑤ 호흡계는 (가)와 (나)에서의 기체 교환을 통해 산소는 내보내고, 이산화 탄소는 흡수한다.
→ 호흡계는 (가)와 (나)에서의 기체 교환을 통해 산소는 흡수하고, 이산화 탄소는 내보내! 들숨을 통해 흡수된 산소는 조직 세포로 전달되고, 조직 세포에서 받은 이산화 탄소는 날숨을 통해 밖으로 내보내져!

답 : ①, ③

폐에서의 기체 교환 : 모세 혈관에 산소를 주는 과정!
조직 세포에서의 기체 교환 : 모세 혈관에 이산화 탄소를 주는 과정!

❶ 호흡

01 **호흡계에 대한 설명으로 옳지 않은 것은?**

① 기관은 목구멍에서 폐까지 이어진다.
② 산소를 흡수하고, 이산화 탄소를 배출한다.
③ 식도와 기관은 모두 호흡계에 속하는 기관이다.
④ 기관지는 기관에서 갈라져 양쪽 폐로 들어간다.
⑤ 폐는 갈비뼈와 가로막으로 둘러싸인 흉강 안에 존재한다.

중요
02 **그림은 사람의 호흡 기관을 나타낸 것이다.**

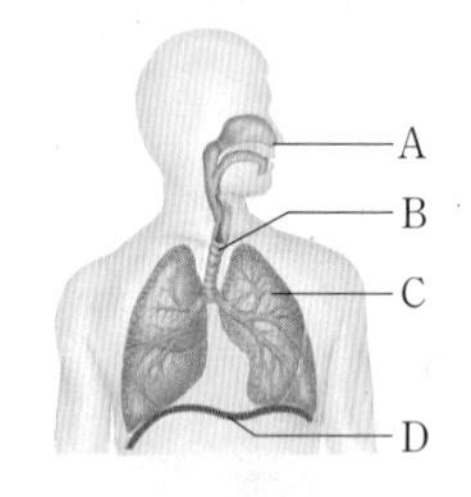

A~D에 대한 설명으로 옳지 않은 것을 모두 고르면?

① A는 공기를 습하게 하고 온도를 조절한다.
② B 속에는 섬모가 있어 먼지와 세균 등을 걸러낸다.
③ C는 근육으로 이루어져 있어 스스로 운동할 수 있다.
④ 갈비뼈와 D의 움직임에 따라 C의 크기가 변한다.
⑤ 들숨일 때 공기의 이동 경로는 A → B → C → D이다.

03 **그림은 폐를 구성하는 폐포의 구조를 나타낸 것이다. 이에 대한 설명으로 옳지 않은 것은?**

① 한 겹의 세포층으로 이루어져 있다.
② 혈액의 이동 속도를 낮추는 구조이다.
③ 폐의 기본 단위이며, 포도알 모양이다.
④ 수많은 폐포는 폐와 공기가 접하는 면적을 넓혀 준다.
⑤ 주위를 둘러싸고 있는 모세 혈관과 기체 교환을 한다.

❷ 사람의 호흡 운동

04 **들숨과 날숨일 때를 비교한 것으로 옳게 짝지어지지 않은 것은?**

	구분	들숨	날숨
①	갈비뼈	올라간다.	내려간다.
②	가로막	내려간다.	올라간다.
③	흉강의 부피	커진다.	작아진다.
④	흉강의 압력	높아진다.	낮아진다.
⑤	공기의 이동	몸 밖 → 폐	폐 → 몸 밖

중요
05 **그림은 들숨과 날숨이 일어날 때 호흡 기관의 모습을 순서 없이 나타낸 것이다.**

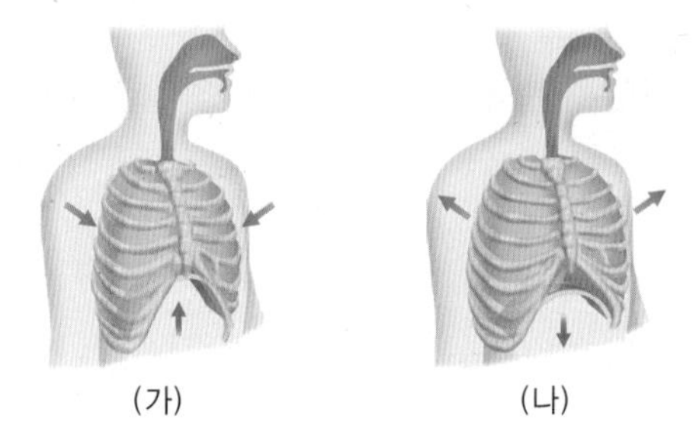
(가) (나)

이에 대한 설명으로 옳은 것을 | 보기 | 에서 모두 고른 것은?

> **보기**
> ㄱ. (가)는 들숨, (나)는 날숨이다.
> ㄴ. (가)일 때 이동하는 기체는 (나)일 때 이동하는 기체보다 이산화 탄소가 더 많다.
> ㄷ. (가)에서는 폐 속의 압력이 낮아지고, (나)에서는 폐 속의 압력이 높아진다.

① ㄱ ② ㄴ ③ ㄱ, ㄷ
④ ㄴ, ㄷ ⑤ ㄱ, ㄴ, ㄷ

06 **그림은 사람의 호흡 운동에 관여하는 기관을 나타낸 것이다. 숨을 내쉴 때 A와 B의 움직임과 흉강의 압력의 변화를 옳게 짝지은 것은?**

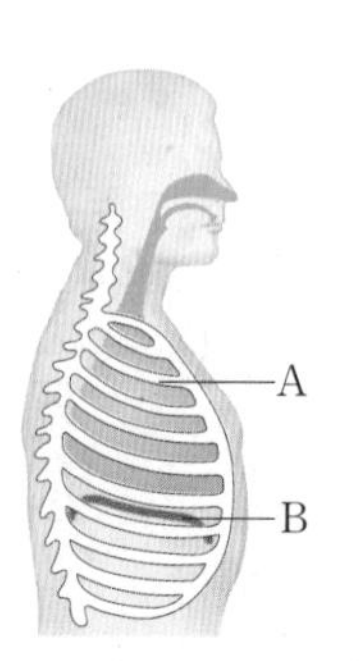

	A	B	압력
①	위로	아래로	높아진다.
②	위로	아래로	낮아진다.
③	아래로	위로	높아진다.
④	아래로	위로	낮아진다.
⑤	아래로	아래로	낮아진다.

[07~09] 그림은 호흡 운동의 원리를 알아보기 위한 호흡 운동 모형을 나타낸 것이다.

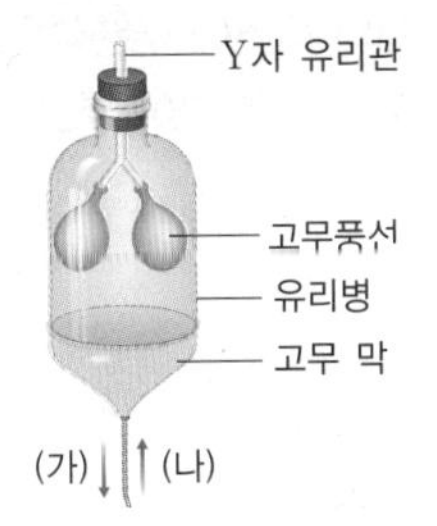

07 장치의 각 부분이 나타내는 기관을 옳게 짝지은 것은?

	Y자 유리관	고무풍선	고무 막
①	폐	흉강	기관(지)
②	흉강	가로막	기관(지)
③	흉강	폐	가로막
④	기관(지)	가로막	흉강
⑤	기관(지)	폐	가로막

08 ★중요 (가)와 같이 고무 막을 아래로 잡아당겼을 때 나타나는 변화를 옳게 짝지은 것은?

	병 속의 압력	공기의 이동	고무풍선
①	높아진다.	밖 → 안	부풀어 오른다.
②	높아진다.	밖 → 안	오므라든다.
③	높아진다.	안 → 밖	부풀어 오른다.
④	낮아진다.	안 → 밖	오므라든다.
⑤	낮아진다.	밖 → 안	부풀어 오른다.

09 ★중요 (나)와 같이 고무 막을 위로 밀어 올릴 때에 해당하는 우리 몸의 변화를 옳게 짝지은 것은?

	갈비뼈	가로막	공기의 이동
①	올라간다.	내려간다.	몸 밖 → 폐
②	올라간다.	올라간다.	몸 밖 → 폐
③	내려간다.	올라간다.	폐 → 몸 밖
④	내려간다.	올라간다.	몸 밖 → 폐
⑤	내려간다.	내려간다.	폐 → 몸 밖

❸ 기체 교환

[10~11] 그림은 폐포에서 일어나는 기체 교환을 나타낸 것이다.

10 ★중요 (가)와 (나)에 흐르는 혈액과 기체 A, B의 종류를 옳게 짝지은 것은?

	(가)	(나)	A	B
①	동맥혈	정맥혈	이산화 탄소	산소
②	동맥혈	정맥혈	산소	이산화탄소
③	정맥혈	동맥혈	산소	이산화 탄소
④	정맥혈	동맥혈	이산화 탄소	산소
⑤	정맥혈	정맥혈	산소	이산화 탄소

11 이에 대한 설명으로 옳지 않은 것은?

① 산소 농도는 (가)보다 (나)에서 더 높다.
② (가)의 혈액은 폐동맥을 지나온 혈액이다.
③ (나)의 혈액은 심장을 지난 후 온몸을 순환한다.
④ A와 B는 모두 확산에 의해 이동한다.
⑤ A는 정맥을 통해, B는 동맥을 통해 심장으로 운반된다.

12 그림은 건강한 사람의 폐포와 폐기종 환자의 폐포를 나타낸 것이다. 폐기종은 폐포가 손상되어 여러 개의 폐포가 하나로 합쳐지는 질병이다.

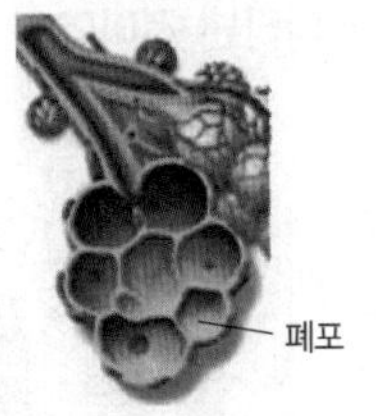

(가) 건강한 사람의 폐포

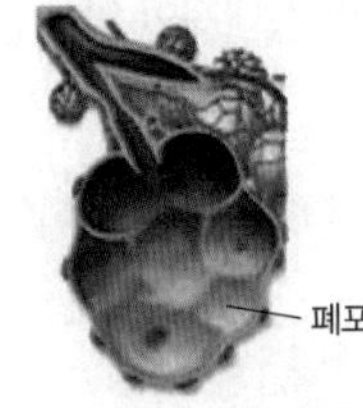

(나) 폐기종 환자의 폐포

이에 대한 설명으로 옳은 것을 보기에서 모두 고른 것은?

보기
ㄱ. (가)는 (나)보다 폐포와 모세 혈관이 닿는 표면적이 더 넓다.
ㄴ. 같은 양의 공기를 마시면 혈액에 전달되는 산소의 양은 (나)가 더 많다.
ㄷ. (가)와 (나)의 기체 교환 효율성은 같다.

① ㄱ ② ㄷ ③ ㄱ, ㄴ
④ ㄴ, ㄷ ⑤ ㄱ, ㄴ, ㄷ

[13~14] 그림은 사람의 폐와 조직 세포에서 일어나는 기체 교환 과정을 나타낸 것이다.

13 이에 대한 설명으로 옳지 않은 것은?

① A는 날숨을 통해 몸 밖으로 배출된다.
② B는 적혈구에 의해 운반된다.
③ (가)에서의 기체 교환은 폐포의 근육 운동으로 일어난다.
④ (가)에서의 기체 교환은 폐순환, (나)에서의 기체 교환은 온몸 순환 경로에서 일어난다.
⑤ 기체는 농도가 높은 쪽에서 낮은 쪽으로 이동한다.

14 폐포, 모세 혈관, 조직 세포에서 기체 A와 B의 농도를 비교한 것으로 옳은 것을 | 보기 | 에서 모두 고른 것은?

보기
ㄱ. A : 폐포 > 모세 혈관 > 조직 세포
ㄴ. A : 폐포 < 모세 혈관 < 조직 세포
ㄷ. B : 폐포 > 모세 혈관 > 조직 세포
ㄹ. B : 폐포 < 모세 혈관 < 조직 세포

① ㄱ, ㄴ ② ㄱ, ㄹ ③ ㄴ, ㄷ
④ ㄴ, ㄹ ⑤ ㄷ, ㄹ

15 그림 (가)는 조직 세포와 모세 혈관 사이의 기체 교환 과정을 나타낸 것이고, (나)는 ㉠과 ㉡ 지점에서 산소와 이산화 탄소의 상대적인 양을 순서 없이 나타낸 것이다.

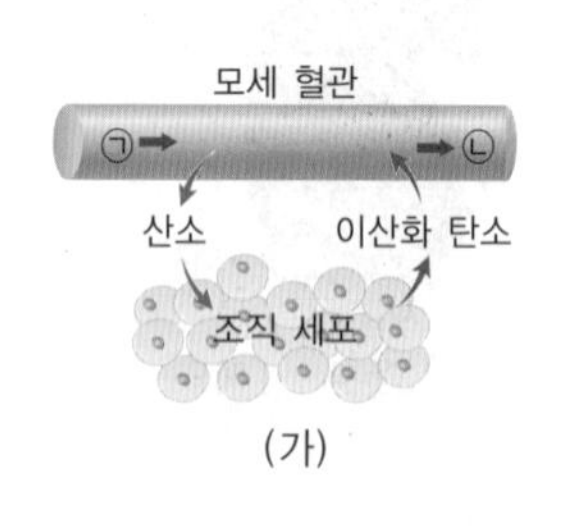

(가)

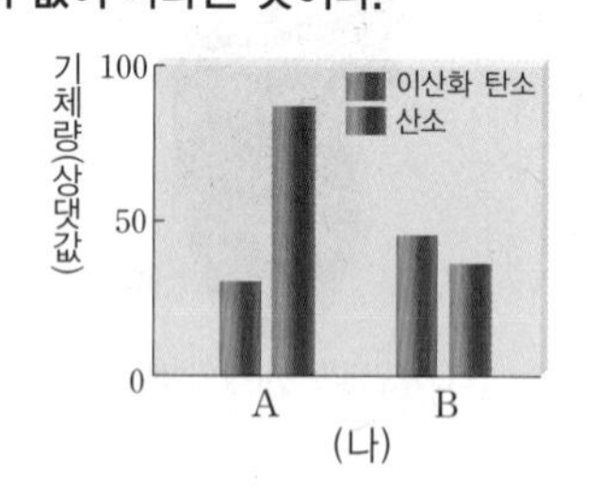

(나)

이에 대한 설명으로 옳은 것을 | 보기 | 에서 모두 고른 것은? (단, A와 B는 ㉠과 ㉡ 중 하나이다.)

보기
ㄱ. A는 ㉡, B는 ㉠에 해당한다.
ㄴ. (가)에서 혈액은 동맥혈에서 정맥혈로 바뀐다.
ㄷ. 조직 세포는 모세 혈관보다 이산화 탄소의 농도가 높다.

① ㄱ ② ㄷ ③ ㄱ, ㄴ
④ ㄴ, ㄷ ⑤ ㄱ, ㄴ, ㄷ

서술형 문제

16 그림과 같이 2개의 비커에 푸른색의 BTB 용액을 넣은 후 A에는 스포이트로 공기를 불어 넣고, B에는 빨대를 이용하여 날숨을 불어 넣었다.

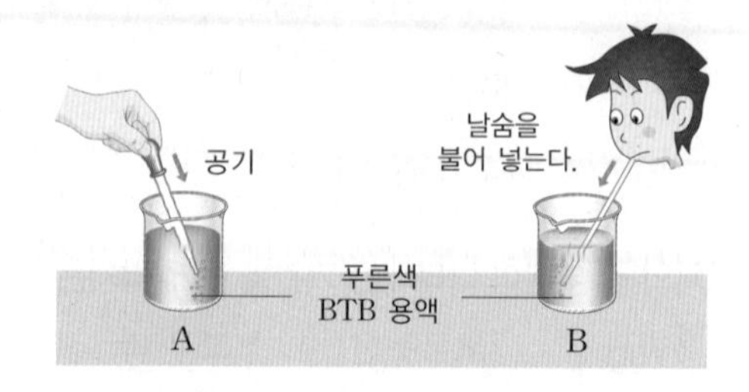

A와 B의 용액의 색이 어떻게 변할지 각각 쓰고, 그 결과를 바탕으로 알 수 있는 들숨과 날숨의 성분에 대해 서술하시오.

이산화 탄소의 양 : 들숨 < 날숨

17 그림은 폐포와 폐포를 감싸고 있는 모세 혈관을 나타낸 것이다. A 혈액과 B 혈액의 차이점을 산소와 이산화 탄소 그리고 혈액의 색과 관련지어 서술하시오.

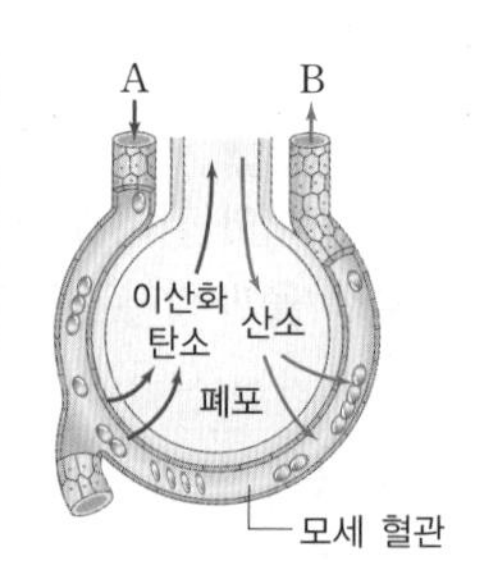

산소와 이산화 탄소의 농도, 혈액의 색

18 그림은 폐에 구멍이 생긴 기흉 환자의 폐를 나타낸 것이다. 기흉이 발병할 때 호흡 곤란이 나타나는 까닭을 호흡 운동의 원리와 관련지어 서술하시오.

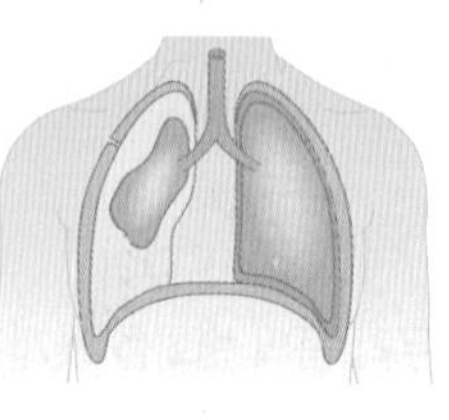

폐의 공기가 샘, 흉강과 폐의 압력

19 그림은 호흡 운동이 일어나는 동안 폐포 내부 압력의 변화를 나타낸 것이다.

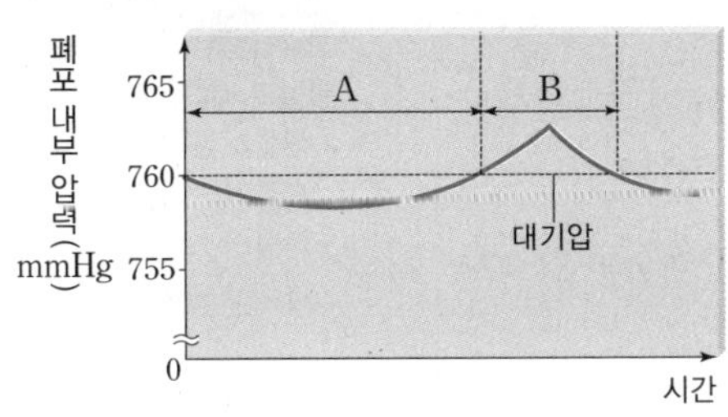

이에 대한 설명으로 옳은 것을 보기 에서 모두 고른 것은?

보기
ㄱ. A일 때 갈비뼈가 위로 올라간다.
ㄴ. B일 때 흉강의 부피는 작아진다.
ㄷ. 이산화 탄소는 A보다 B에 더 많이 들어 있다.

① ㄱ ② ㄴ ③ ㄱ, ㄷ
④ ㄴ, ㄷ ⑤ ㄱ, ㄴ, ㄷ

20 그림은 사람이 1회 호흡하는 동안 폐의 부피 변화량을 나타낸 것이다.

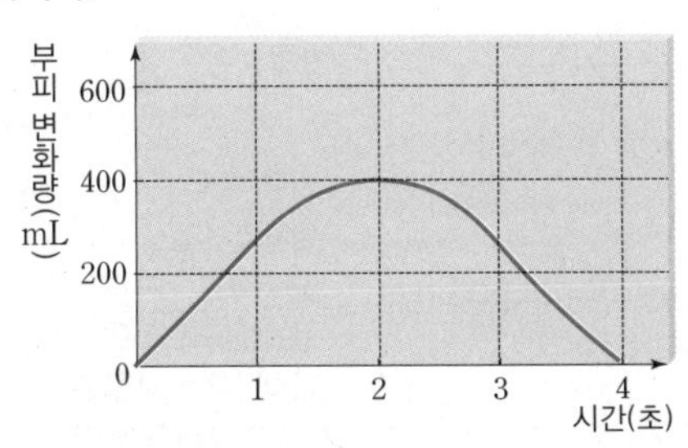

이에 대한 설명으로 옳은 것을 보기 에서 모두 고른 것은?

보기
ㄱ. 2초일 때 가로막은 최대로 올라가 있다.
ㄴ. 4초일 때 폐 속의 공기는 모두 몸 밖으로 나간다.
ㄷ. 0~2초일 때 폐 내부의 압력은 대기압보다 낮다.

① ㄱ ② ㄴ ③ ㄷ
④ ㄱ, ㄴ ⑤ ㄴ, ㄷ

21 그림은 폐와 조직 세포 사이에서 기체 교환의 원리를 나타낸 것이다.

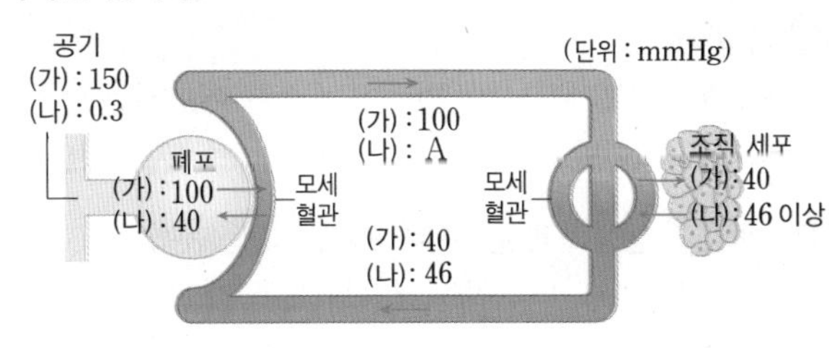

이에 대한 설명으로 옳은 것을 보기 에서 모두 고른 것은? (단, 기체의 압력이 높을수록 기체의 농도가 높다.)

보기
ㄱ. (가)는 산소, (나)는 이산화 탄소이다.
ㄴ. A는 46 mmHg보다 압력이 높다.
ㄷ. 기체 교환의 원리는 물에 떨어뜨린 물감이 퍼지는 것과 같은 원리이다.

① ㄱ ② ㄴ ③ ㄱ, ㄷ
④ ㄴ, ㄷ ⑤ ㄱ, ㄴ, ㄷ

22 그림은 혈액이 흐르는 동안 혈관 A~C에서 산소와 이산화 탄소가 차지하고 있는 압력을 나타낸 것이다.

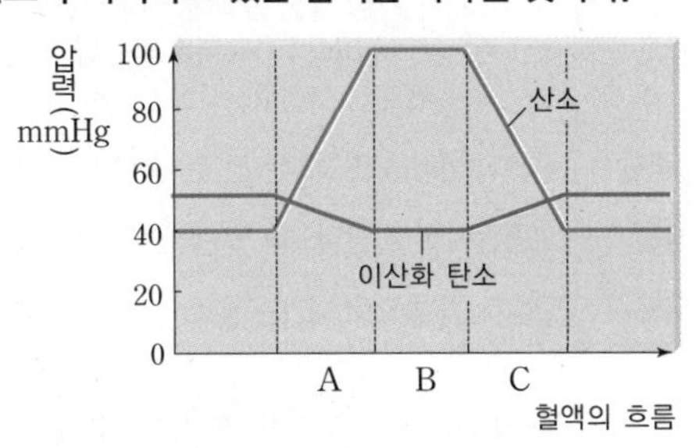

이에 대한 설명으로 옳은 것을 보기 에서 모두 고른 것은? (단, 기체의 압력이 높을수록 기체의 농도가 높다.)

보기
ㄱ. A는 폐의 모세 혈관이다.
ㄴ. A를 거친 혈액은 좌심실로 들어간다.
ㄷ. B에는 정맥혈이 흐른다.
ㄹ. C는 조직 세포의 모세 혈관이다.

① ㄱ, ㄴ ② ㄱ, ㄹ ③ ㄴ, ㄷ
④ ㄴ, ㄹ ⑤ ㄷ, ㄹ

• 배설 기관의 구조와 기능, 노폐물이 배설되는 과정을 설명할 수 있다.
• 세포 호흡으로 에너지를 얻는 과정을 설명할 수 있다.

04 배설

❶ 배설계

1 배설계 : 세포에서 생명 활동에 필요한 에너지를 얻기 위해 영양소를 분해할 때 생성된 노폐물을 몸 밖으로 내보내는 데 관여하는 기관들의 모임을 배설계라고 한다.

2 노폐물의 생성과 배설 : 탄수화물, 지방, 단백질이 분해되면 공통적으로 이산화 탄소와 물이 생성되고, 단백질이 분해될 때는 암모니아도 생성된다.

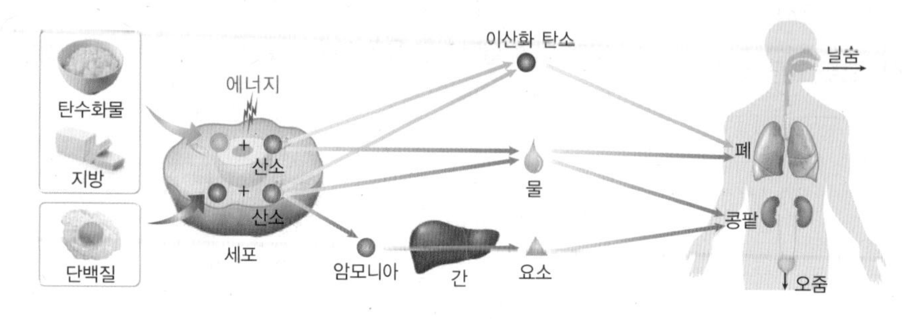

영양소	노폐물	배설 경로
탄수화물, 지방, 단백질	이산화 탄소	폐를 통해 날숨으로 몸 밖으로 나간다.
	물	몸속에서 이용되기도 하지만, 여분의 물은 폐에서 날숨 속의 수증기로 몸 밖으로 나가거나 콩팥에서 걸러져 오줌으로 몸 밖으로 나간다.
단백질	암모니아	암모니아는 독성이 강해 간에서 독성이 약한 요소로 바뀐 다음, 콩팥에서 물과 함께 오줌으로 나간다.

3 배설계의 구조 : 콩팥, 오줌관, 방광, 요도 등의 배설 기관으로 이루어져 있다.

콩팥	• 주먹만 한 크기의 강낭콩 모양으로, 허리 부분에서 등 쪽 좌우 양옆에 한 개씩 있다. • 혈액 속의 노폐물을 걸러 오줌을 만든다. • 혈액은 콩팥 동맥을 통해 들어왔다가 콩팥 정맥으로 나간다. • 콩팥 겉질, 콩팥 속질, 콩팥 깔때기로 구분된다. 콩팥 1개에는 약 100만 개의 네프론이 있어~! • 콩팥의 겉질과 속질에는 오줌을 만드는 기본 단위인 네프론이 분포한다. • **네프론** : 오줌을 만드는 기본 단위, **사구체+보먼주머니+세뇨관**으로 구성된다. 　- 사구체 : 콩팥 동맥에서 나온 모세 혈관이 실타래처럼 뭉쳐 있는 것 　- 보먼주머니 : 사구체를 둘러싸고 있는 주머니 모양의 구조 　- 세뇨관 : 보먼주머니에 연결된 가는 관
오줌관	콩팥과 방광을 연결하는 긴 관, 콩팥에서 만들어진 오줌이 방광으로 이동하는 관
방광	오줌관의 끝에 연결되어 있으며, 오줌을 저장하는 장소
요도	오줌이 몸 밖으로 나가는 통로

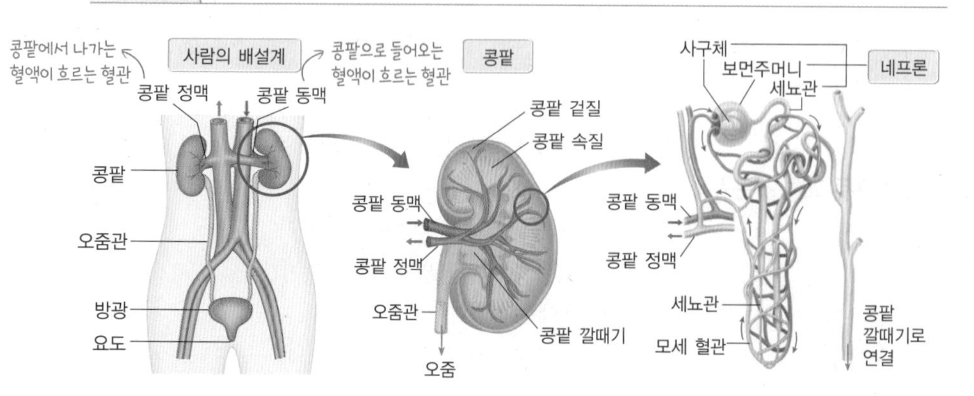

4 오줌의 배설 경로 : 콩팥의 네프론에서 생성된 오줌은 콩팥 깔때기에 모이고, 콩팥 깔때기 속 오줌은 오줌관을 지나 방광에 저장되었다가 요도를 통해 몸 밖으로 나간다.

비타민

배설과 배출
• 배설 : 혈액 속 노폐물을 걸러 오줌으로 내보내는 것
• 배출 : 소화·흡수되지 않은 찌꺼기를 대변으로 내보내는 것

간의 기능

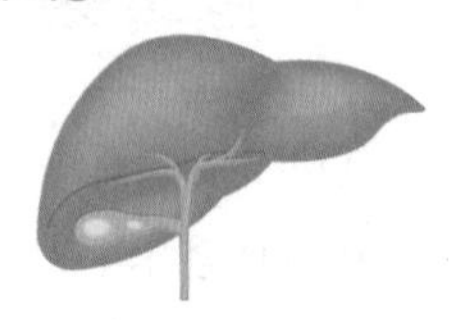

간은 우리 몸에서 매우 중요한 기능을 하는 기관으로, 암모니아, 알코올, 니코틴 등의 해로운 물질을 해독하는 것은 물론 영양소의 저장, 쓸개즙 생성, 혈장 단백질 합성 등의 역할을 한다.

콩팥의 구조
• 겉질 : 콩팥의 겉부분, 사구체와 보먼주머니, 그리고 세뇨관의 일부가 존재한다.
• 속질 : 주로 세뇨관이 분포한다.
• 콩팥 깔때기 : 콩팥의 가장 안쪽 빈 공간으로 깔때기 모양이다. 네프론에서 만들어진 오줌이 모인다.

인공 콩팥의 원리

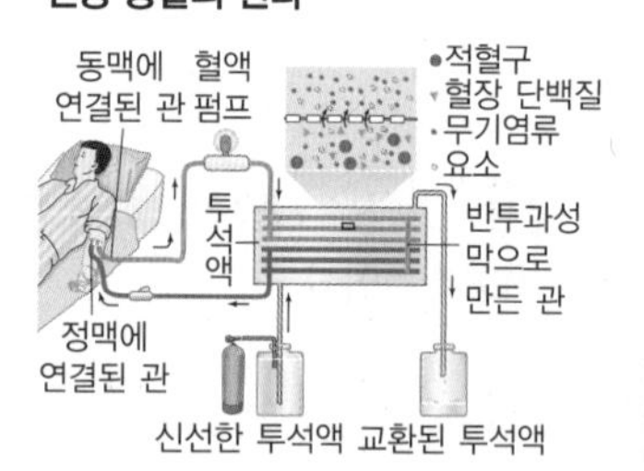

인공 투석기는 말기 콩팥 기능 상실증 환자의 콩팥을 대신해 혈액 속 노폐물을 거르는 기계이다. 투석은 동맥에 연결된 관으로 나온 혈액이 인공 콩팥을 거치면서 노폐물과 물, 무기염류가 제거되어 정맥에 연결된 관으로 다시 들어가는 과정이다. 투석이 이루어지는 원리는 농도 차에 따른 확산인데, 인공 투석기는 실제 콩팥의 10 % 정도 밖에 기능을 하지 못한다.

오줌의 배설 경로
콩팥 동맥 → 사구체 → 보먼주머니 → 세뇨관 → 콩팥 깔때기 → 오줌관 → 방광 → 요도 → 몸 밖

필수 비타민

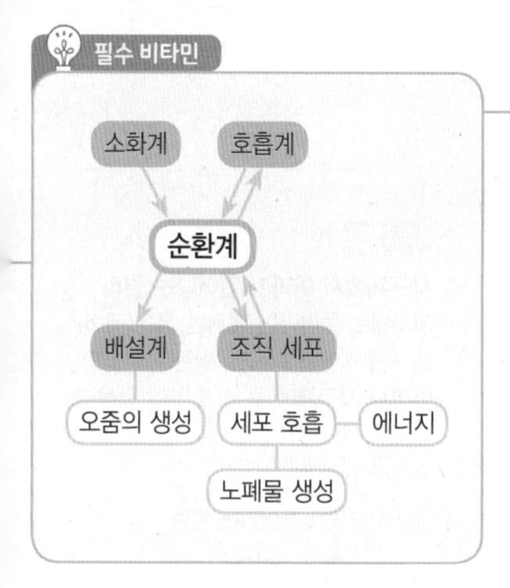

용어 & 개념 체크

1 배설계

01 배설계는 호흡 과정에서 영양소를 분해하여 생긴 □□□을 오줌과 날숨 등의 형태로 몸 밖으로 내보내는 데 관여하는 기관들의 모임이다.

02 단백질이 분해될 때 생성되는 □□□□는 독성이 강해 □에서 독성이 약한 □□로 바뀐다.

03 □□은 오줌을 만들어 내는 강낭콩 모양의 기관으로 척추 좌우에 한 개씩 존재한다.

04 콩팥에서 □□□와 보먼주머니, □□□을 합쳐 네프론이라고 한다.

05 네프론에서 만들어진 오줌은 □□ □□□에 모인 다음 오줌관을 통해 □□으로 이동한다.

01 다음은 영양분이 분해되어 노폐물이 생성되는 과정을 나타낸 것이다. 빈칸에 알맞은 말을 쓰시오.

- 탄수화물, 지방 → (㉠)+물
- 단백질 → (㉡)+물+(㉢)

02 그림은 노폐물의 배설 경로를 나타낸 것이다.

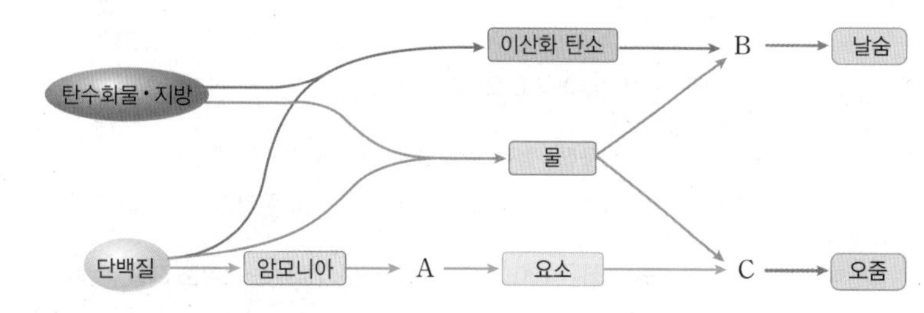

A~C에 해당하는 기관을 각각 쓰시오.

[03~04] 그림은 사람의 배설계를 나타낸 것이다.

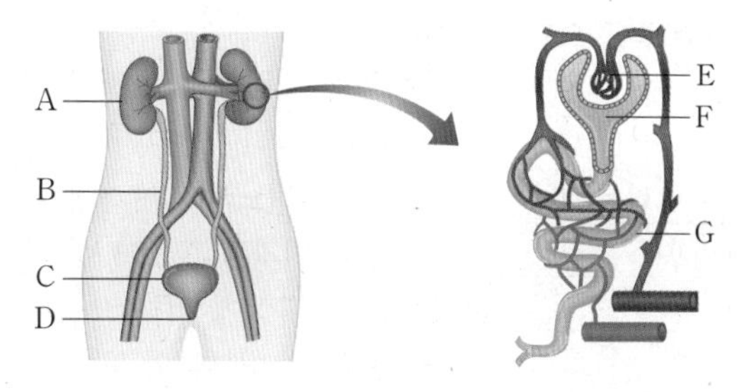

03 A~G의 이름을 각각 쓰시오.

04 위 그림에 대한 설명으로 옳은 것은 ○, 옳지 않은 것은 ×로 표시하시오.

(1) A는 오줌을 임시 저장하는 장소이다. ( )
(2) B는 콩팥에서 만들어진 오줌을 방광으로 보내는 관이다. ( )
(3) C는 오줌을 생성하는 장소이다. ( )
(4) D는 오줌이 몸 밖으로 나가는 통로이다. ( )
(5) E와 F는 콩팥 깔때기에 위치한다. ( )
(6) E, F, G는 네프론으로 오줌을 생성하는 기능적 단위이다. ( )

05 다음은 오줌의 배설 경로를 나타낸 것이다.

콩팥 동맥 → (가) → (나) → (다) → (라) → 오줌관 → 방광 → 요도 → 몸 밖

(가)~(라)에 들어갈 기관을 | 보기 | 에서 찾아 쓰시오.

보기

사구체, 세뇨관, 콩팥 깔때기, 보먼주머니

04 배설

❷ 오줌의 생성 과정

1 오줌의 생성 과정 : 오줌은 네프론에서 여과, 재흡수, 분비 과정을 거쳐 만들어진다.

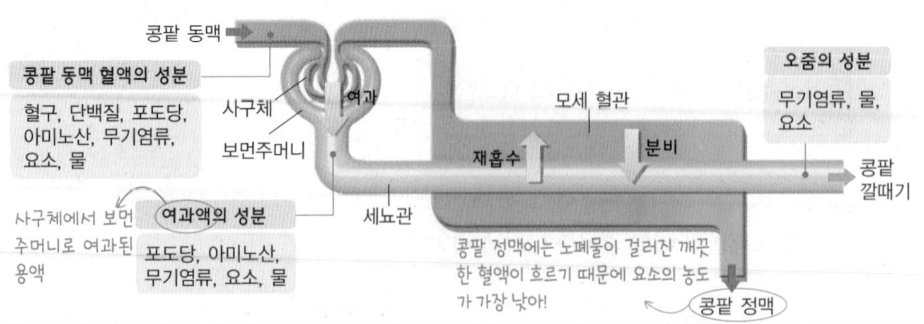

여과 사 → 보	• 사구체 → 보먼주머니로 물, 요소, 포도당, 아미노산, 무기염류 등 크기가 작은 물질이 이동하는 현상 • 여과되지 않는 물질 : 혈구, 단백질과 같이 크기가 큰 물질
재흡수 세 → 모	• 세뇨관 → 모세 혈관으로 포도당, 아미노산, 물, 무기염류 등 몸에 필요한 물질이 이동하는 현상 • 포도당, 아미노산은 100 % 재흡수, 물, 무기염류는 대부분 재흡수된다. → 따라서 정상인의 오줌 속에는 포도당과 아미노산이 들어 있지 않아~
분비 모 → 세	• 모세 혈관 → 세뇨관으로 사구체에서 미처 여과되지 못하고 혈액에 남아 있던 노폐물의 일부가 이동하는 현상 분비량은 여과량이나 재흡수량에 비해 매우 적어~

2 혈장, 여과액, 오줌의 성분 비교

성분	혈장	여과액	오줌
물	90	90	95
단백질	8	0	0
포도당	0.1	0.1	0
아미노산	0.05	0.05	0
요소	0.03	0.03	2

(단위 : %)

(1) **물** : 혈장, 여과액, 오줌에서 가장 많은 성분이다.
(2) **단백질** : 혈장에는 있지만 여과액에는 없다. ➡ 여과되지 않기 때문이다.
(3) **포도당, 아미노산** : 여과액에는 있지만 오줌에는 없다. ➡ 여과된 후 100 % 재흡수되기 때문이다.
(4) **요소** : 여과액에 비해 오줌에서 60배 정도 농도가 높다. ➡ 대부분의 물이 재흡수되기 때문이다.

❸ 세포 호흡

1 세포 호흡 : 산소를 이용하여 영양소를 분해하고, 생활에 필요한 에너지를 얻는 과정 ➡ 세포 호흡에 의해 방출된 에너지는 여러 가지 생명 활동에 사용되거나 열로 방출된다.

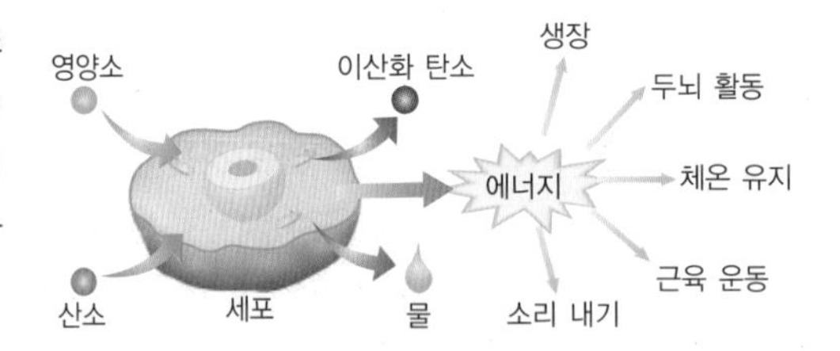

2 기관계의 상호 작용 : 소화계, 순환계, 호흡계, 배설계는 서로 밀접하게 연관되어 상호 작용한다.

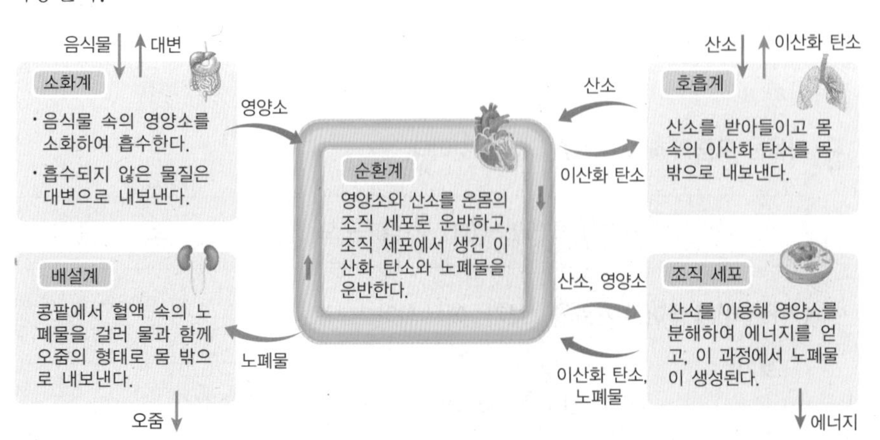

비타민

사구체에서 여과가 일어나는 원리
사구체로 들어가는 혈관은 굵은 데 비해 사구체에서 나오는 혈관은 가늘다. 따라서 사구체에 높은 혈압이 형성되어 혈압 차에 의해 보먼주머니로 여과가 일어나게 된다.

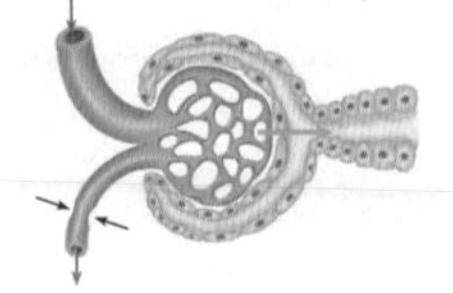

콩팥의 기능
콩팥은 노폐물의 배설 외에 오줌으로 배출되는 물의 양을 조절하여 몸속 물의 양(체액의 농도)을 일정하게 유지하는 기능도 한다. 예 물을 많이 마셔 체액의 농도가 낮아지면 재흡수되는 물의 양을 줄여 체액의 농도를 높이고, 그 결과 오줌의 양이 늘어난다.

세포 호흡에 필요한 물질의 공급
• 영양소 : 소화계로 흡수되어 순환계를 통해 조직 세포로 전달
• 산소 : 호흡계를 통해 흡수되어 순환계에 의해 온몸의 조직 세포로 전달

세포 호흡 노폐물의 배설
• 물 : 대부분 순환계에 의해 배설계로 운반되어 오줌을 통해 몸 밖으로 배설, 일부는 폐에서 수증기로 배출
• 이산화 탄소 : 순환계에 의해 호흡계로 운반된 후 날숨을 통해 배출

세포 호흡과 연소의 비교

세포 호흡
• 영양소+산소 → 물+이산화 탄소+에너지 • 비교적 낮은 온도에서 반응이 단계적으로 일어나며 에너지가 소량씩 방출됨
연소
• 연료+산소 → 물+이산화 탄소+에너지 • 고온에서 격렬하게 반응이 일어나 한꺼번에 에너지가 방출됨

용어 & 개념 체크

❷ 오줌의 생성 과정

06 콩팥은 여과, □□□와 □□의 과정을 거쳐 오줌을 만든다.

07 □□란 사구체의 높은 압력에 의해 물질이 혈액에서 □□□□□로 빠져나가는 현상이다.

❸ 세포 호흡

08 □□ □□은 조직 세포가 산소를 이용하여 영양소를 분해하고, 생활에 필요한 에너지를 얻는 과정이다.

09 세포 호흡과 연소 반응의 공통점은 □□를 이용하여 물질을 분해하여 물과 이산화 탄소, □□□를 생성한다는 것이다.

10 세포 호흡에 의해 방출된 에너지는 대부분 □□ □□에 사용된다.

암기 재흡수와 분비

재흡수는 세모, 분비는 모세!
(세모: 세뇨관 → 모세 혈관, 모세: 모세 혈관 → 세뇨관)

[06~07] 그림은 오줌이 생성되는 과정을 나타낸 것이다.

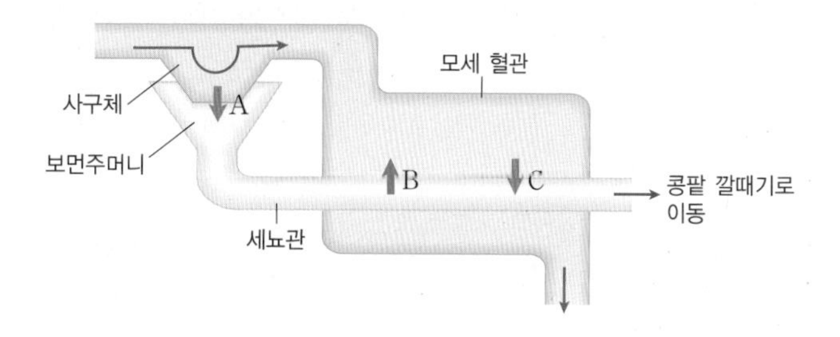

06 A~C에서 일어나는 과정의 이름을 각각 쓰시오.

07 위 그림에 대한 설명으로 옳은 것은 ○, 옳지 않은 것은 ×로 표시하시오.

(1) A에서 포도당과 단백질이 보먼주머니로 이동한다. ( )
(2) B에서 물과 무기염류는 100 % 재흡수된다. ( )
(3) B에서 포도당과 아미노산은 모세 혈관으로 이동한다. ( )
(4) 건강한 사람의 오줌에 포도당과 아미노산은 존재하지 않는다. ( )

08 표는 정상인의 혈장, 여과액, 오줌에 들어 있는 세 가지 성분 A~C의 농도를 나타낸 것이다. A~C는 무엇인지 각각 쓰시오. (단, A~C는 요소, 단백질, 포도당 중 하나이다.)

성분	혈장	여과액	오줌
A	0.10	0.10	0.00
B	8.00	0.00	0.00
C	0.03	0.03	2.00

(단위 : %)

09 다음은 세포 호흡의 반응식을 나타낸 것이다.

영양소+A ⟶ 물+B+에너지

이에 대한 설명으로 옳은 것은 ○, 옳지 않은 것은 ×로 표시하시오.

(1) A는 날숨보다 들숨에서의 비율이 더 높다. ( )
(2) B는 이산화 탄소로 호흡계를 통해 몸 밖으로 나간다. ( )
(3) 호흡에 쓰이는 영양소로는 탄수화물, 단백질, 지방이 있다. ( )
(4) 세포 호흡에 필요한 영양소는 호흡계의 작용으로 흡수된다. ( )

10 그림은 기관계의 상호 작용을 나타낸 것이다.

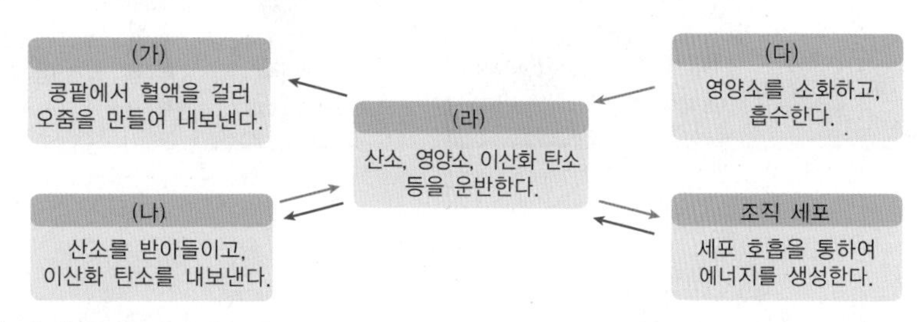

(가)~(라)에 알맞은 기관계를 각각 쓰시오.

기관계의 유기적 작용

우리 몸을 이루는 기관계들은 각각 맡은 기능은 다르지만 서로 도우면서 일을 수행해!
즉, 생명 유지를 위해 복잡한 활동들이 필요하지만 각 기관계들이 특정 기능을 수행하도록 분업화되어 서로 상호 작용하므로 우리는 효율적으로 생명 활동을 해낼 수 있는 거야~ 이 전체 과정을 잘 알아두자!

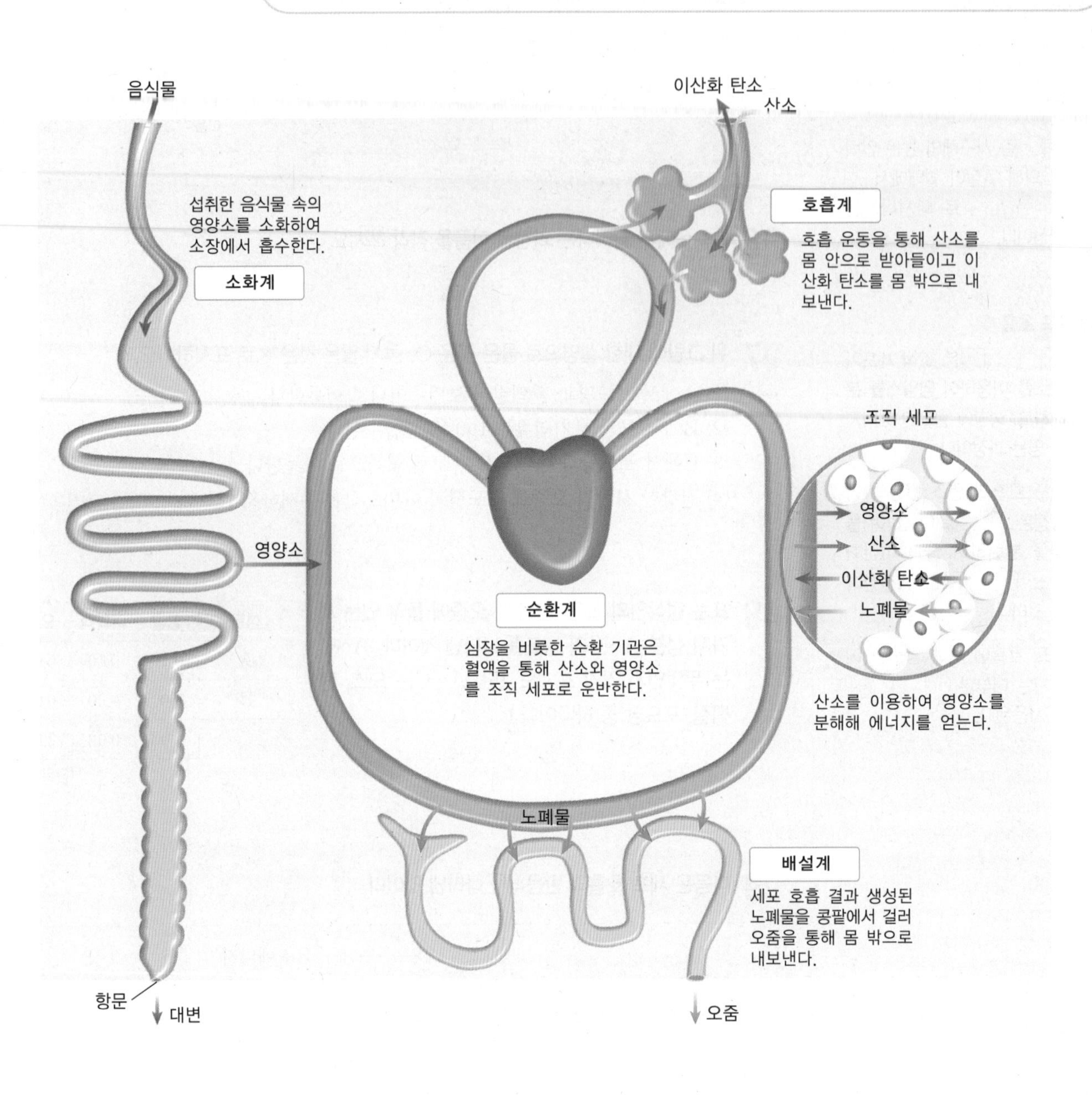

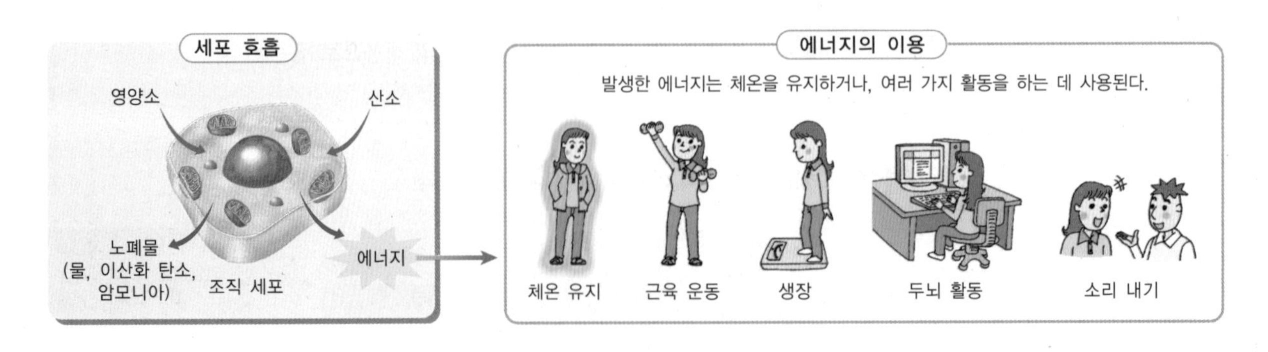

유형 1 배설 기관

그림은 사람의 배설 기관을 나타낸 것이다.

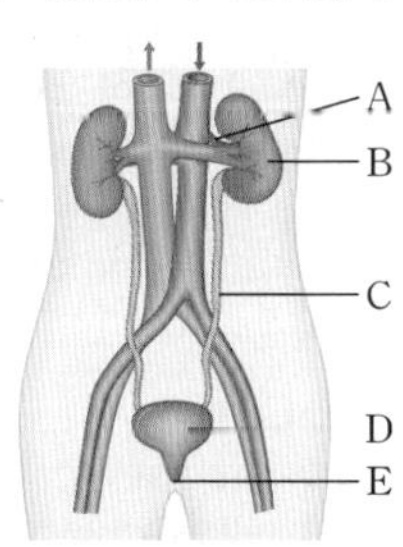

A~E에 대한 설명으로 옳지 않은 것은?

① A는 콩팥과 연결된 혈관으로 사구체와 연결되어 있다.
② B에서 여과 및 분비, 재흡수 과정에 의해 오줌이 만들어진다.
③ C는 세뇨관이다.
④ D는 오줌을 저장하는 곳이다.
⑤ E는 오줌을 몸 밖으로 이동시키는 통로이다.

사람의 배설 기관의 특징을 묻는 문제가 출제돼! 각 기관의 특징뿐만 아니라 오줌이 이동하는 순서까지 그림과 함께 익혀두자!

① A는 콩팥과 연결된 혈관으로 사구체와 연결되어 있다.
→ A는 콩팥으로 들어오는 혈액이 흐르는 콩팥 동맥이야! 콩팥으로 들어가는 혈관은 사구체와 연결되어 있어~! 사구체는 모세 혈관 덩어리라고 그랬었지!?

② B에서 여과 및 분비, 재흡수 과정에 의해 오줌이 만들어진다.
→ B는 콩팥으로, 오줌이 생성되는 곳이지! 오줌은 네프론에서 여과, 재흡수, 분비의 과정을 거쳐서 생성돼~

~~③~~ C는 세뇨관이다.
→ C는 콩팥에서 만들어진 오줌이 방광으로 이동하는 오줌관이야~ 세뇨관은 콩팥에 위치하여 보먼주머니와 연결된 가늘고 긴 관을 말해~!

④ D는 오줌을 저장하는 곳이다.
→ D는 방광으로 콩팥에서 생성된 오줌을 저장하는 곳이야! 방광(D)에 오줌이 어느 정도 차게 되면 우리는 화장실에 가고 싶어지지.

⑤ E는 오줌을 몸 밖으로 이동시키는 통로이다.
→ E는 요도야~ 요도(E)를 통해 오줌을 몸 밖으로 내보내는 거야~

답 : ③

오줌은 세뇨관 → 오줌관 → 방광 → 요도 순으로!!

유형 2 오줌의 생성 과정

그림은 오줌이 생성되는 과정을 나타낸 것이다.

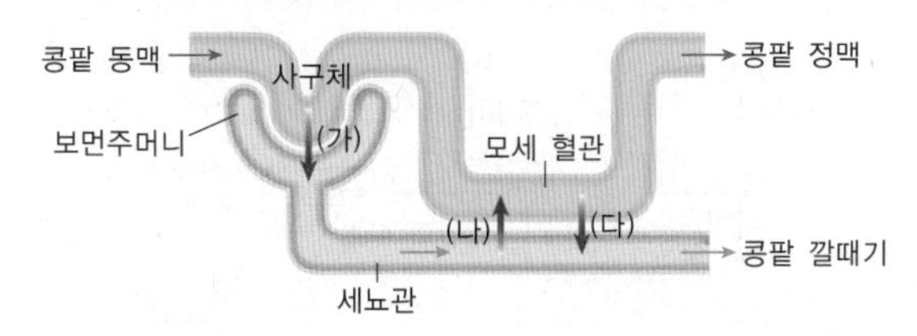

(가)~(다)에 해당하는 과정과 각 과정에서 이동하는 물질을 옳게 짝지은 것은?

	구분	과정	이동하는 물질
①	(가)	분비	적혈구
②	(가)	여과	포도당
③	(나)	재흡수	단백질
④	(나)	분비	백혈구
⑤	(다)	분비	아미노산

오줌은 여과, 분비, 재흡수를 통해 생성되지?! 이때 이동하는 영양소와 이동하지 못하는 영양소가 무엇인지 꼭! 기억해두자!!

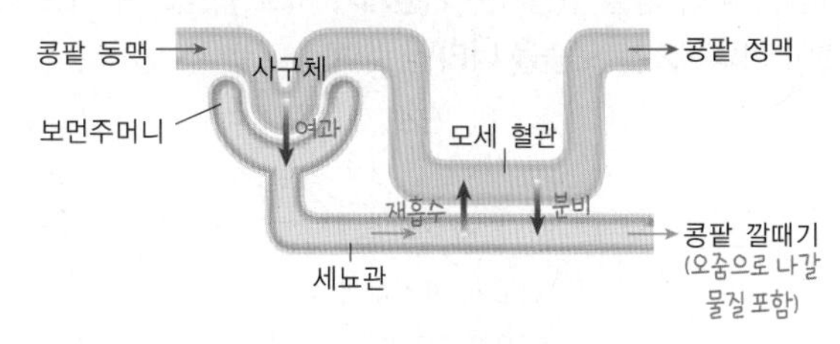

구분	과정	이동 물질
(가)	여과	• 여과되는 물질 : 크기가 작은 포도당, 아미노산, 무기염류 등 • 여과되지 않는 물질 : 크기가 큰 단백질, 혈구 등
(나)	재흡수	• 100 % 재흡수되는 물질 : 포도당, 아미노산 • 대부분 재흡수되는 물질 : 물, 무기염류
(다)	분비	• 분비되는 물질 : 노폐물

답 : ②

여과의 원리 : 사구체의 높은 압력!

유형 3 혈장과 여과액, 오줌의 성분

표는 혈장과 여과액, 오줌의 성분을 비교하여 나타낸 것이다.

물질	혈장	여과액	오줌
A	90	90	95
B	8	0	0
포도당	0.1	0.1	0
C	0.03	0.03	2

(단위 : %)

이에 대한 설명으로 옳은 것을 보기 에서 모두 고른 것은?

보기
ㄱ. A는 분비가 일어나 오줌에서 비율이 높아진다.
ㄴ. B는 사구체를 빠져나오지 못한다.
ㄷ. C는 여과는 일어나지 않고, 분비만 일어난다.

① ㄱ ② ㄴ ③ ㄱ, ㄷ
④ ㄴ, ㄷ ⑤ ㄱ, ㄴ, ㄷ

혈장과 여과액, 오줌에서 해당 성분의 농도를 보고 어떤 물질인지 맞히는 문제가 출제돼! 혹은 물질의 농도 변화를 보고 그 까닭을 묻기도 하지! '포도당은 100 % 재흡수, 단백질은 여과 X, 요소는 물의 재흡수로 인해 농도↑'을 꼭 외워두자!!

~~ㄱ.~~ A는 분비가 일어나 오줌에서 비율이 높아진다.
→ A는 혈장, 여과액, 오줌에서 가장 높은 비율을 차지하는 물이야~ 물은 대부분 재흡수가 되지만 다른 물질에 비해 오줌을 구성하는 비율이 워낙 높기 때문에 많은 양이 재흡수되더라도 계속해서 높은 비율을 유지하는 거지. 그리고 포도당과 아미노산도 재흡수되니까 오줌 속 물의 비율은 오히려 올라간다는 것도 기억하자!

ⓛ B는 사구체를 빠져나오지 못한다.
→ B는 혈장에만 존재하고 여과액에는 존재하지 않아! 이것을 통해 B는 여과되지 못했다는 걸 알 수 있지!! B는 크기가 커서 사구체에서 여과되지 못한 단백질, 혈구 등에 해당해!

~~ㄷ.~~ C는 여과는 일어나지 않고, 분비만 일어난다.
→ C는 오줌에서 농도가 아주 높아진 것으로 보아 요소라는 것을 알 수 있어! 요소는 여과가 일어나! 또한 오줌에서 농도가 높게 올라간 것은 물의 재흡수 때문이라는 것도 꼭 알아두자!

답 : ②

물은 혈장, 여과액, 오줌 모두에서 가장 높은 비율을 차지!

유형 4 세포 호흡과 기관계의 상호 작용

그림은 우리 몸을 구성하는 기관계가 서로 협동하여 세포 호흡이 이루어지는 모습을 나타낸 것이다.

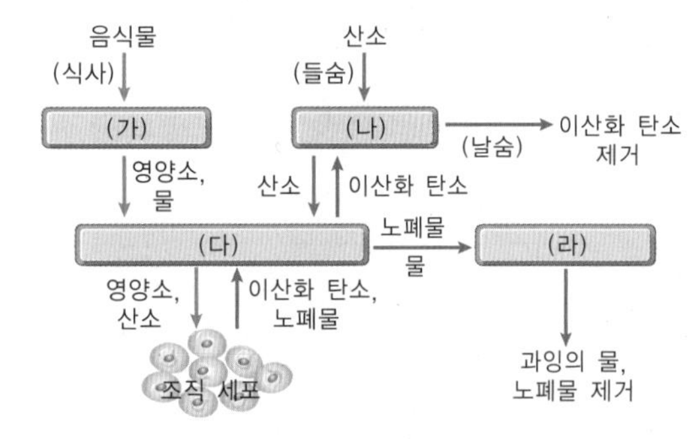

(가)~(라)에 해당하는 기관계의 이름을 옳게 짝지은 것은?

	(가)	(나)	(다)	(라)
①	순환계	소화계	호흡계	배설계
②	순환계	배설계	소화계	호흡계
③	소화계	순환계	배설계	호흡계
④	소화계	호흡계	배설계	순환계
⑤	소화계	호흡계	순환계	배설계

세포 호흡이 잘 일어나기 위한 각 기관과의 유기적인 관계를 묻는 문제가 출제돼!! 앞에서 배웠던 각 기관들의 특징을 기억하고, 각 기관들끼리 무엇을 주고받는지 확인하여 전체적인 흐름을 알아두자!

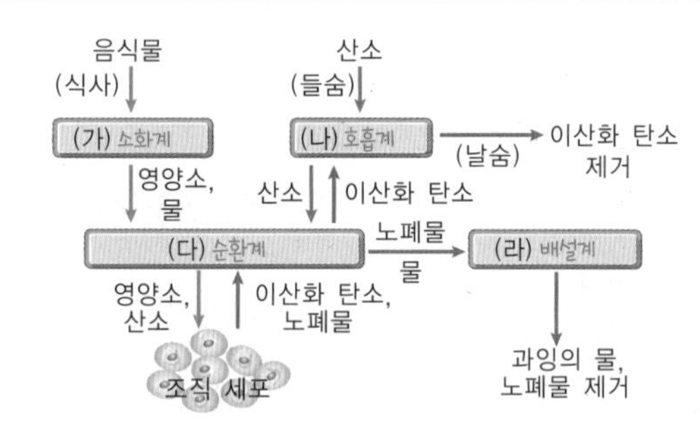

음식물을 분해하여 영양소를 체내로 흡수하는 (가)는 소화계이고, 들숨과 날숨을 통해 기체 교환이 이루어지는 (나)는 호흡계야!! 영양소와 노폐물을 각 기관으로 운반하는 (다)는 순환계이며, 세포 호흡 결과 생성된 노폐물이나 과잉의 물을 제거하는 (라)는 배설계에 해당해~!

답 : ⑤

소화계 : 영양소 분해 및 흡수
호흡계 : 산소 흡수 및 이산화 탄소 배출
순환계 : 산소, 영양소 전달 및 노폐물 운반
배설계 : 세포 호흡 결과 생성된 노폐물 배설

❶ 배설계

01 배설의 정의로 가장 적절한 것은?

① 배설은 산소와 이산화 탄소를 교환하는 과정이다.
② 배설은 우리 몸에서 필요한 에너지를 만들어 내는 과정이다.
③ 배설은 콩팥에서 오줌을 생성하여 내보내는 것만을 말한다.
④ 배설은 세포 호흡 결과 생긴 노폐물들을 몸 밖으로 내보내는 것이다.
⑤ 배설은 우리 몸에서 흡수하지 못한 것들을 몸 밖으로 내보내는 것이다.

02 (★중요) 그림은 노폐물의 배설 경로를 나타낸 것이다.

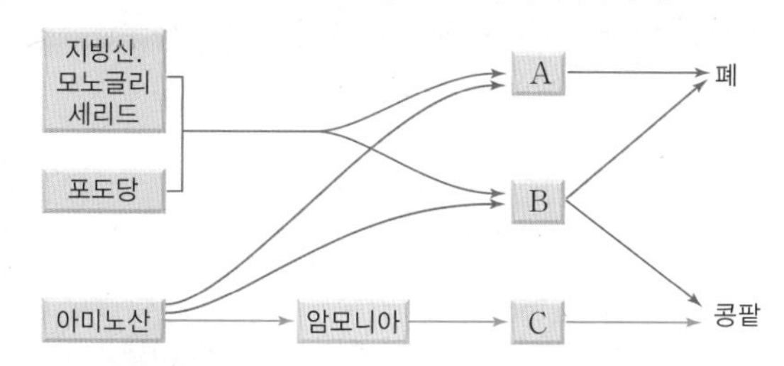

이에 대한 설명으로 옳지 않은 것은?

① 세포 호흡을 하면 노폐물이 생성된다.
② 암모니아는 단백질을 분해할 때만 생성된다.
③ A는 조직 세포에서 확산에 의해 폐로 이동한다.
④ B는 폐, 콩팥 모두를 통해 배설된다.
⑤ 암모니아는 콩팥에서 C로 전환되어 배설된다.

03 (★중요) 그림은 사람의 배설 기관을 나타낸 것이다.

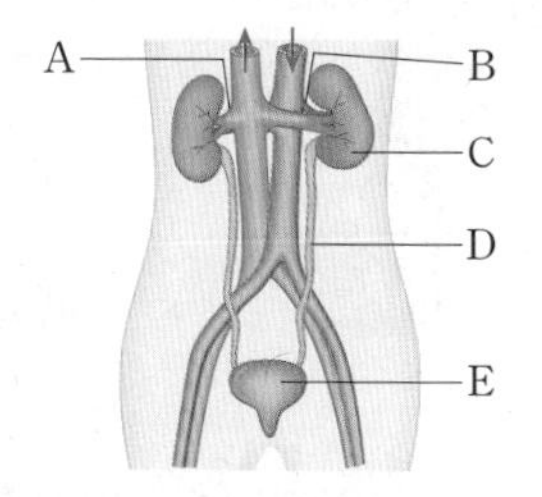

A~E에 대한 설명으로 옳은 것은? (단, A는 콩팥에서 나오는 혈관이다.)

① A에는 B보다 요소가 많다.
② B에 있는 포도당은 D로 이동한다.
③ C에서 나온 오줌은 세뇨관으로 들어간다.
④ D에서 콩팥 깔때기로 오줌을 내보낸다.
⑤ E에서는 오줌이 저장되어 있다가 배설된다.

04 그림은 콩팥의 단면을 나타낸 것이다.

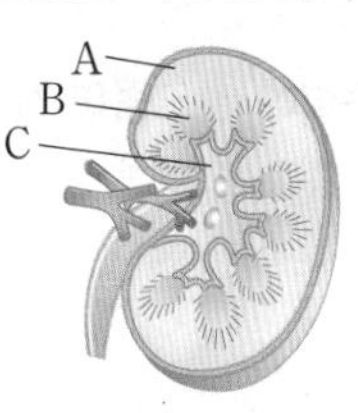

A~C에 대한 설명으로 옳은 것을 보기에서 모두 고른 것은?

보기
ㄱ. 네프론은 A와 B에 분포한다.
ㄴ. 세뇨관은 주로 B에 분포한다.
ㄷ. 네프론에서 만들어진 오줌은 C에 모인다.

① ㄱ ② ㄷ ③ ㄱ, ㄴ
④ ㄴ, ㄷ ⑤ ㄱ, ㄴ, ㄷ

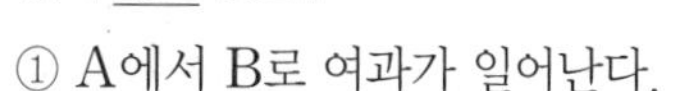

05 (★중요) 그림은 콩팥의 일부를 나타낸 것이다. A~E에 대한 설명으로 옳지 않은 것은?

① A에서 B로 여과가 일어난다.
② A+B+C는 오줌을 만드는 기본 단위이다.
③ 오줌의 생성 순서는 A → B → C이다.
④ A보다 D에서 요소 농도가 높다.
⑤ C와 E 사이에서 물질 이동이 일어난다.

06 그림은 콩팥의 구조 일부분을 나타낸 것이다.

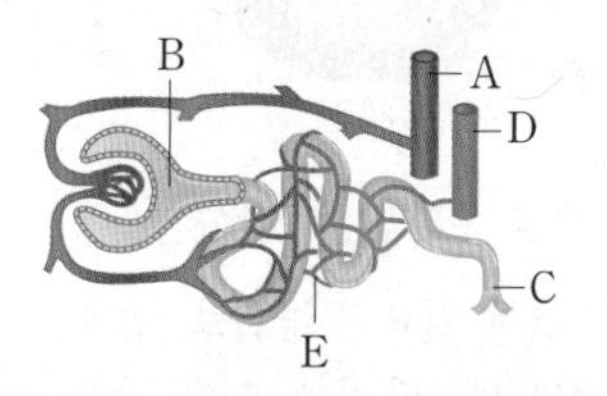

건강한 사람의 A~E 부분에서 액체를 채취하여 뷰렛 반응을 실시하였을 때, 용액의 색을 보라색으로 변하게 하는 곳을 옳게 짝지은 것은?

① A, B, C ② A, B, D ③ A, D, E
④ B, C, E ⑤ B, D, E

❷ 오줌의 생성 과정

[07~08] 그림은 콩팥에서 오줌이 생성되는 과정을 나타낸 것이다.

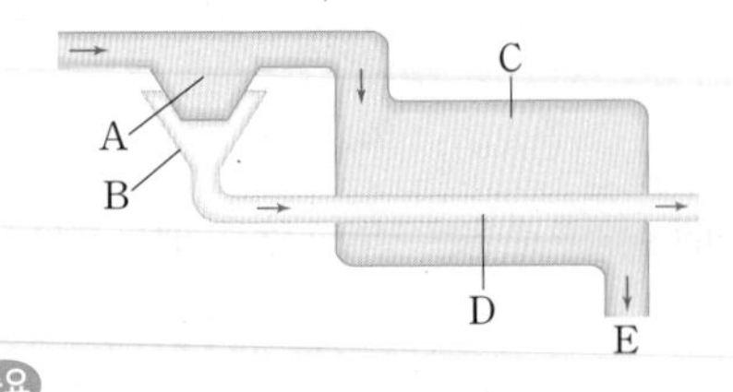

07 중요 **이에 대한 설명으로 옳은 것은?**

① A는 모세 혈관이 실타래처럼 뭉쳐져 있는 것이다.
② 농도 차에 의한 확산으로 A에서 B로 노폐물이 이동한다.
③ B에서 A로 물질이 이동하면서 여과액이 만들어진다.
④ C와 D 사이에서 물질은 한 방향으로만 이동한다.
⑤ 포도당의 양은 E에 포함된 양이 A에 포함된 양보다 적다.

08 이동하는 물질과 이동 방향을 옳게 짝지은 것은?

① 단백질 : A → B
② 포도당 : B → A
③ 노폐물 : C → D
④ 지방 : D → C
⑤ 아미노산 : E → C

09 정상인의 오줌에서 검출되지 <u>않는</u> 물질로만 옳게 짝지은 것은?

① 단백질, 물
② 단백질, 요소
③ 포도당, 요소
④ 포도당, 아미노산
⑤ 아미노산, 물

❸ 세포 호흡

10 그림은 조직 세포에서의 세포 호흡을 나타낸 것이다.

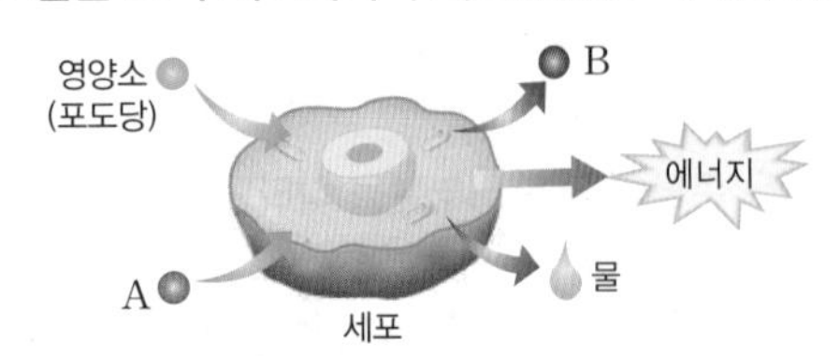

이에 대한 설명으로 옳지 <u>않은</u> 것은?

① A는 세포 호흡에 필요한 물질로, 혈액을 통해 운반된다.
② 세포 호흡 결과 생성된 물은 오줌, 날숨 등으로 배설된다.
③ 푸른색 BTB 용액은 B와 만나면 노란색으로 변한다.
④ 세포 호흡에 쓰이는 영양소는 소장의 융털에서 흡수되어 조직 세포로 운반된다.
⑤ 세포 호흡을 통해 생성된 에너지는 생장에는 이용되지 않는다.

11 중요 **그림은 순환계에 의한 호흡계, 소화계, 조직 세포 사이의 물질 이동을 나타낸 것이다.**

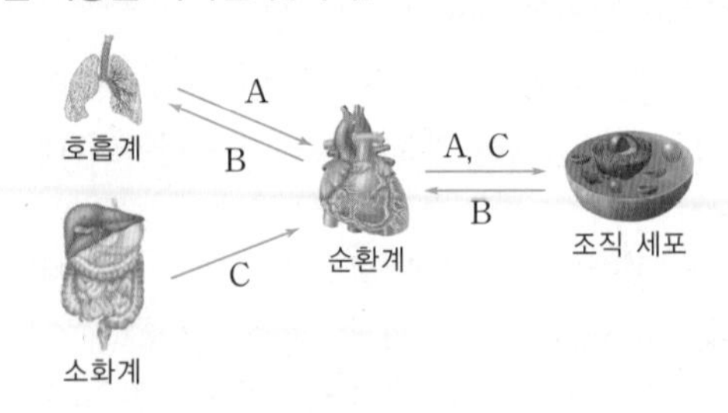

A~C에 해당하는 물질을 옳게 짝지은 것은? (단, A~C는 각각 영양소, 산소, 이산화 탄소 중 하나이다.)

	A	B	C
①	산소	이산화 탄소	영양소
②	산소	영양소	이산화 탄소
③	영양소	이산화 탄소	산소
④	이산화 탄소	산소	영양소
⑤	이산화 탄소	영양소	산소

서술형 문제

12 그림은 콩팥 속에 있는 어떤 구조를 나타낸 것이다. A, B의 이름을 쓰고, 물질의 이동 방향과 이동 원리에 대해 서술하시오.

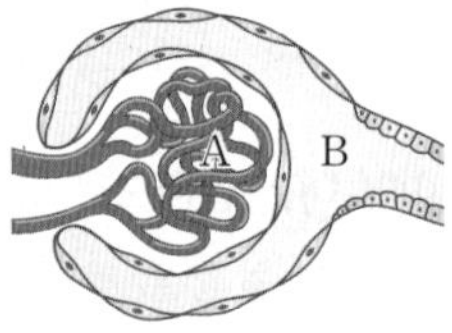

사구체, 혈압, 보먼주머니, 여과

13 그림은 콩팥에서 오줌이 생성되는 과정을 나타낸 것이다.

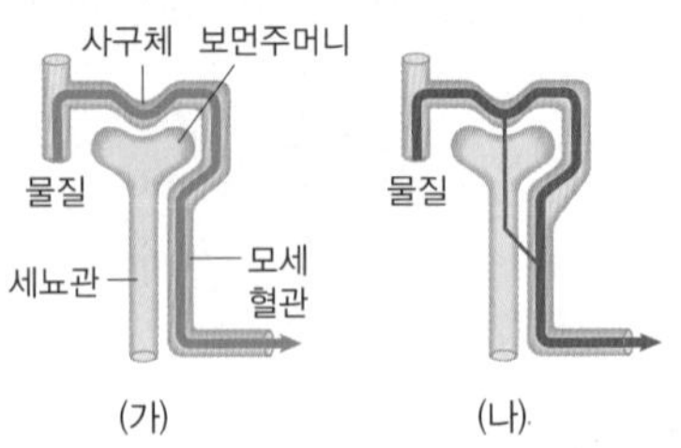

(가)와 (나) 같은 경로로 이동하는 물질의 예와 그 물질의 이동 방식에 대해 각각 서술하시오.

물질의 크기, 여과, 단백질, 포도당

14 그림은 사람의 몸속에서 음식물 속의 영양소 A가 소화되어 에너지원으로 사용되고 난 후, 그 결과로 생성된 노폐물이 배설되는 과정을 나타낸 것이다.

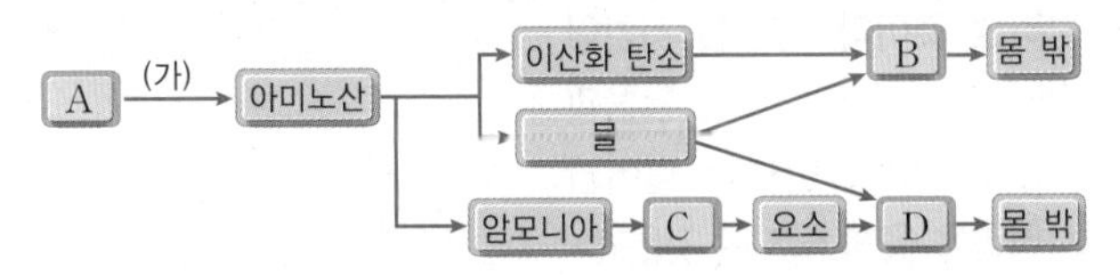

이에 대한 설명으로 옳은 것을 보기 에서 모두 고른 것은? (단, B~D는 기관이다.)

보기
ㄱ. (가)는 입과 소장에서 일어난다.
ㄴ. A는 뷰렛 반응을 통해 검출되는 영양소이다.
ㄷ. B는 물과 이산화 탄소를 몸 밖으로 내보내는 배설 기관이다.
ㄹ. C는 소화계, D는 배설계이다.

① ㄱ, ㄴ ② ㄱ, ㄹ ③ ㄴ, ㄷ
④ ㄴ, ㄹ ⑤ ㄷ, ㄹ

15 표는 (가)~(다)의 성분 비교를 나타낸 것이고, 그림은 콩팥에서 오줌이 생성되는 과정을 나타낸 것이다. (가)~(다)는 각각 혈장, 여과액, 오줌 중 하나이다.

물질	포도당	단백질	요소
(가)	0.1	8.0	0.03
(나)	0.1	0.0	0.03
(다)	0.0	0.0	2.0

(단위 : %)

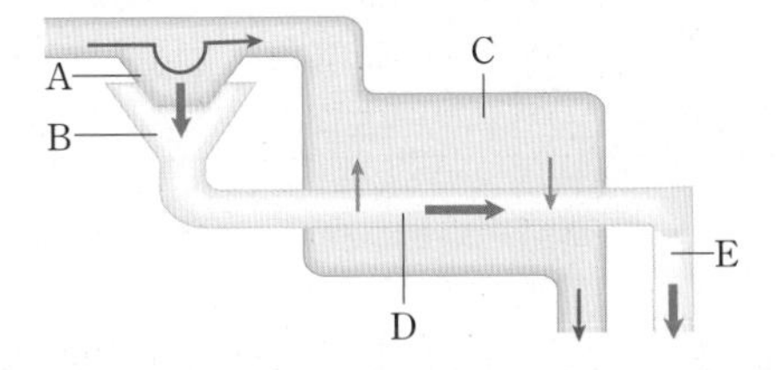

이에 대한 설명으로 옳은 것을 보기 에서 모두 고른 것은?

보기
ㄱ. (가)는 A에서 채취한 것이다.
ㄴ. (나)는 C, (다)는 E에서 채취한 것이다.
ㄷ. B와 E에서 채취한 용액에 베네딕트 반응을 하면 황적색으로 변한다.
ㄹ. D에서 채취한 용액은 아이오딘 반응이 일어나지 않는다.

① ㄱ, ㄴ ② ㄱ, ㄹ ③ ㄴ, ㄷ
④ ㄴ, ㄹ ⑤ ㄷ, ㄹ

16 그림은 콩팥 구조의 일부를 나타낸 것이고, 표는 세 사람을 대상으로 A~C에서 채취한 물질을 검사한 결과를 나타낸 것이다.

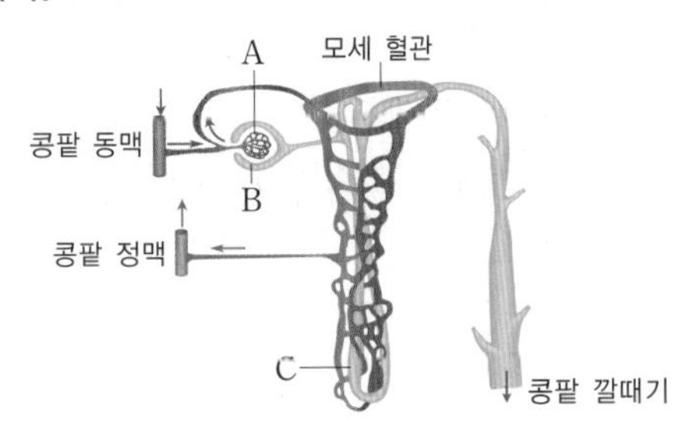

사람	결과
(가)	A에서 단백질, 포도당, 아미노산, 지방이 모두 검출되었다.
(나)	B에서 단백질과 지방이 검출되었다.
(다)	C에서 다량의 요소와 단백질이 검출되었다.

이에 대한 설명으로 옳은 것을 보기 에서 모두 고른 것은?

보기
ㄱ. 콩팥 정맥에는 노폐물이 없다.
ㄴ. A에서 발견된 물질은 혈장 속에 들어 있는 물질과 동일하다.
ㄷ. (나)와 (다)는 콩팥에 이상이 있다.

① ㄱ ② ㄴ ③ ㄷ
④ ㄱ, ㄴ ⑤ ㄴ, ㄷ

17 그림은 기관계의 유기적 작용을 나타낸 것이다.

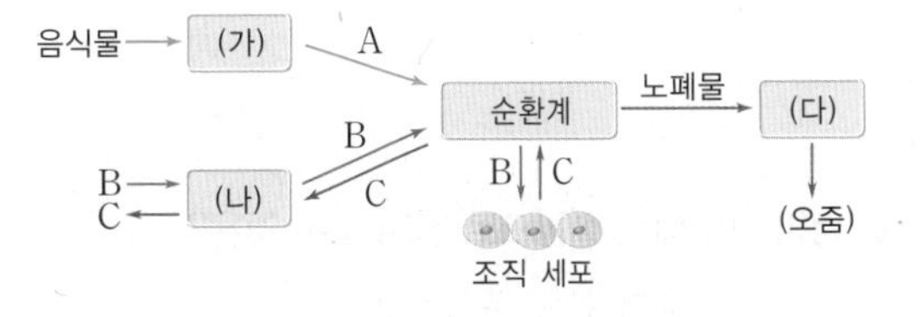

이에 대한 설명으로 옳은 것을 모두 고르면?

① (가)는 호흡계, (나)는 소화계, (다)는 배설계이다.
② A가 세포 호흡에 의해 분해되면 C가 생성된다.
③ B는 주로 혈장에 녹아 운반된다.
④ C의 양이 많아질수록 BTB 용액의 색은 노란색으로 변한다.
⑤ 노폐물 중 요소는 간에서 걸러져 오줌으로 배출된다.

단원 종합 문제

01 동물의 구성 단계에 대한 설명으로 옳지 <u>않은</u> 것은?

① 심장과 혈관은 순환계를 이루는 기관이다.
② 세포 → 조직 → 기관 → 기관계 → 개체로 구성된다.
③ 기관은 동일한 기능을 하는 한 가지 조직으로 이루어진다.
④ 호흡계는 우리 몸에 필요한 산소를 흡수하는 기관계이다.
⑤ 생명 활동이 가능한 독립적인 하나의 생물체를 개체라고 한다.

02 사람의 기관계에 대한 설명으로 옳은 것을 | 보기 | 에서 모두 고른 것은?

| 보기 |

ㄱ. 식물에는 존재하지 않는 구성 단계이다.
ㄴ. 배설계는 간, 콩팥, 방광, 요도 등으로 구성된다.
ㄷ. 순환계에 이상이 생기면 우리 몸의 적절한 곳에 영양소와 산소가 전달되지 않는다.
ㄹ. 기관계는 서로 독립적으로 기능하므로 한 기관계에 이상이 생겨도 다른 기관계에 영향을 주지 않는다.

① ㄱ, ㄴ ② ㄱ, ㄷ ③ ㄴ, ㄷ ④ ㄴ, ㄹ ⑤ ㄷ, ㄹ

03 표는 어떤 과자 1회분에 들어 있는 영양소의 함량을 나타낸 것이다.

영양소	물	녹말	지방	나트륨
함량	150 g	40 g	30 g	5 mg

이에 대한 설명으로 옳은 것은?

① 뷰렛 반응에서 보라색으로 변한다.
② 수단 Ⅲ 반응에서 선홍색으로 변한다.
③ 베네딕트 반응에서 청람색으로 변한다.
④ 1회분에서 얻을 수 있는 열량은 450 kcal이다.
⑤ 1회분에 들어 있는 지방에서 얻을 수 있는 열량은 160 kcal이다.

04 영양소에 대한 설명으로 옳지 <u>않은</u> 것은?

① 무기염류는 우리 몸을 구성한다.
② 탄수화물, 단백질, 지방은 에너지원으로 이용된다.
③ 음식물마다 포함되는 영양소가 달라 골고루 섭취해야 한다.
④ 3대 영양소 중에서 1 g당 가장 많은 열량을 내는 것은 지방이다.
⑤ 우리 몸의 구성 성분 중 가장 높은 비율을 차지하는 것은 단백질이다.

05 그림은 시험관 A~C에 녹말 용액을 넣고 증류수, 침, 끓인 침을 각각 넣은 모습을 나타낸 것이다. 충분한 시간이 지난 후, (가) 아이오딘 반응과 (나) 베네딕트 반응이 일어난 시험관을 옳게 짝지은 것은?

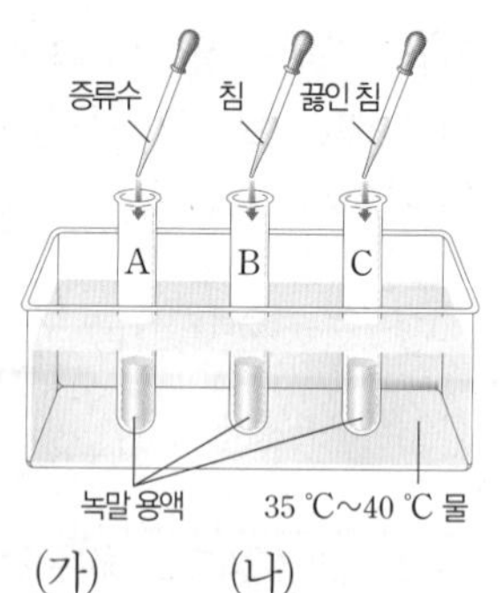

	(가)	(나)
①	A	B, C
②	A, B	C
③	A, C	B
④	B	A, C
⑤	C	A, B

06 그림은 영양소의 소화 과정을 간단하게 나타낸 것이다.

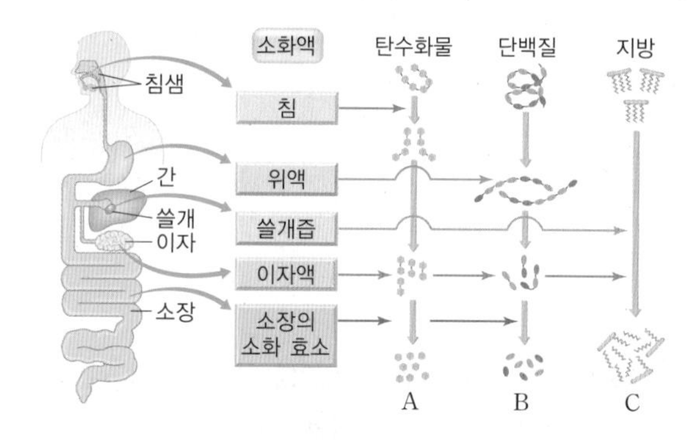

A~C에 해당하는 최종 소화 산물을 옳게 짝지은 것은?

	A	B	C
①	아미노산	포도당	지방산, 모노글리세리드
②	모노글리세리드	아미노산	엿당
③	포도당	아미노산	지방산, 모노글리세리드
④	엿당	지방산, 모노글리세리드	포도당
⑤	지방산	포도당	아미노산

07 그림은 사람의 소화 기관을 나타낸 것이다. A~E에 대한 설명으로 옳은 것은?

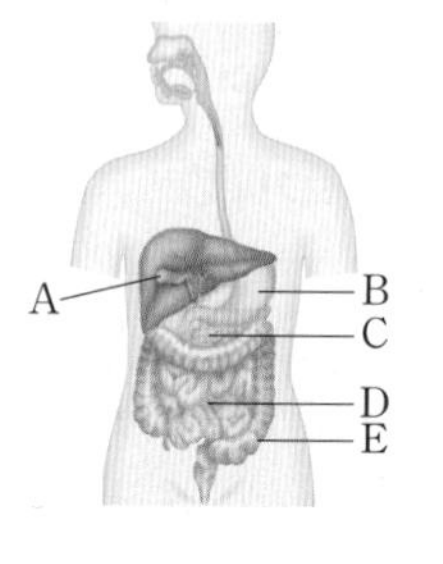

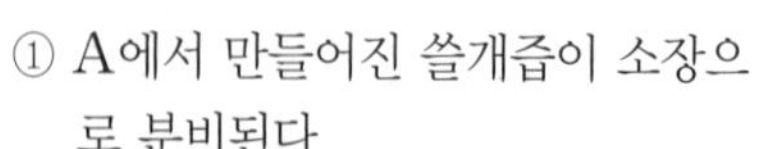
① A에서 만들어진 쓸개즙이 소장으로 분비된다.
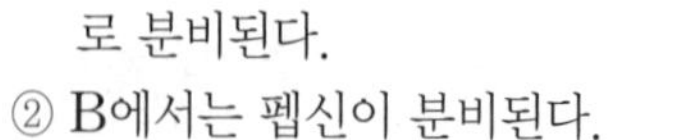
② B에서는 펩신이 분비된다.
③ C에서 탄수화물이 분해된다.
④ D에는 표면적을 작게 하는 융털이 있어 효과적으로 영양소를 흡수한다.
⑤ E에서는 소화 및 흡수를 한다.

[08~09] 그림은 융털의 구조를 나타낸 것이다. (단, (가)와 (나)는 각각 암죽관과 모세 혈관 중 하나이다.)

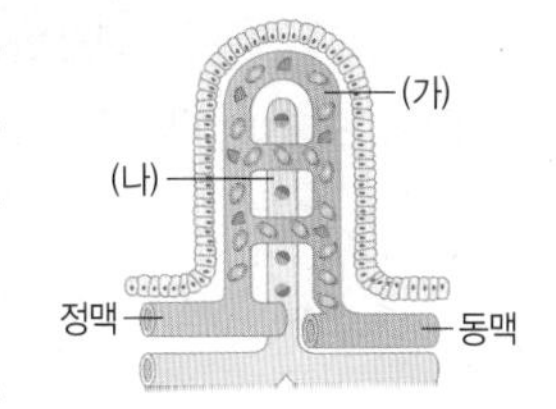

08 (가)를 통해 흡수되는 영양소를 옳게 짝지은 것은?

① 포도당, 아미노산 ② 무기염류, 지방산
③ 모노글리세리드, 포도당 ④ 바이타민 C, 지방산
⑤ 지방산, 모노글리세리드

09 (가)와 (나)를 통해 흡수된 영양소의 이동 경로로 옳은 것은?

① 콩팥에 이른 후 오줌을 통해 배출된다.
② 폐에 도달한 후 분해되어 외부로 배출된다.
③ 이자에 도달한 후 저장 물질로 변화되어 저장된다.
④ 심장에 도달한 후 혈액을 통해 조직 세포에 전달된다.
⑤ 간에 도달한 후 모두 글리코젠으로 변화되어 저장된다.

10 그림은 사람의 심장 구조를 나타낸 것이다. 이에 대한 설명으로 옳지 않은 것은?

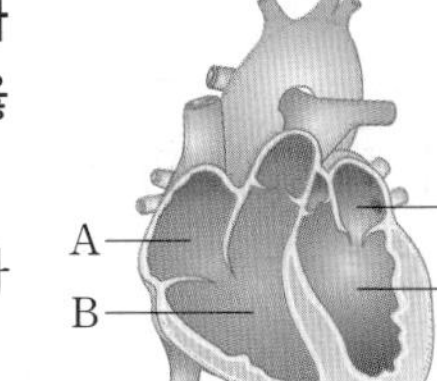

① B가 수축할 때 B와 폐동맥 사이의 판막이 닫힌다.
② D는 대동맥을 통해 온몸으로 혈액을 내보낸다.
③ 폐를 거친 혈액은 폐정맥을 통해 C로 들어온다.
④ 수축 시 가장 높은 혈압을 나타내는 곳은 D이다.
⑤ C에는 A보다 산소를 더 많이 포함한 혈액이 흐른다.

11 그림은 혈관의 여러 가지 특징을 비교한 것이다.

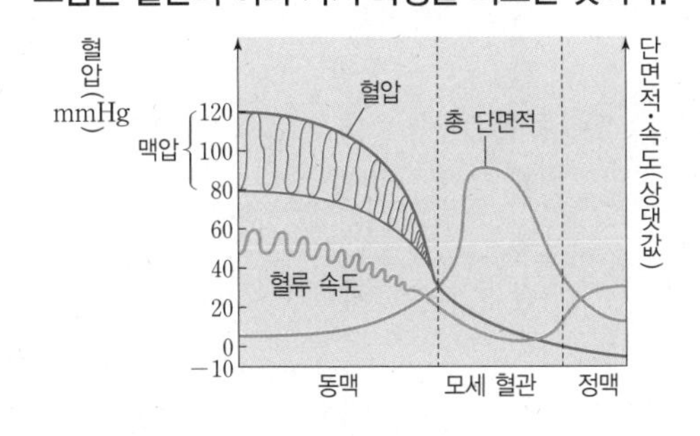

이에 대한 설명으로 옳지 않은 것은?

① 심실이 수축할 때 혈압이 올라간다.
② 가장 가는 혈관의 총 단면적이 가장 넓다.
③ 혈관의 굵기가 굵을수록 혈류의 속도가 빠르다.
④ 혈관 벽이 가장 두꺼운 혈관의 혈류 속도가 가장 빠르다.
⑤ 동맥에서 혈류 속도가 일정하지 않은 까닭은 심장 박동 때문이다.

12 사람의 혈관 A~C에 대한 설명으로 옳지 않은 것은?

① A는 혈관 내부가 가장 좁다.
② B는 몸의 표면 쪽에 분포한다.
③ B를 흐르는 혈액은 주변 근육의 운동에 의해 이동한다.
④ 혈류 속도는 C가 가장 느리다.
⑤ 혈액은 A → C → B 방향으로 흐른다.

13 그림 (가)는 사람에게서 채취한 혈액을 충분한 시간 동안 가만히 둔 모습을 나타낸 것이고, (나)는 혈액의 구성 성분을 나타낸 것이다.

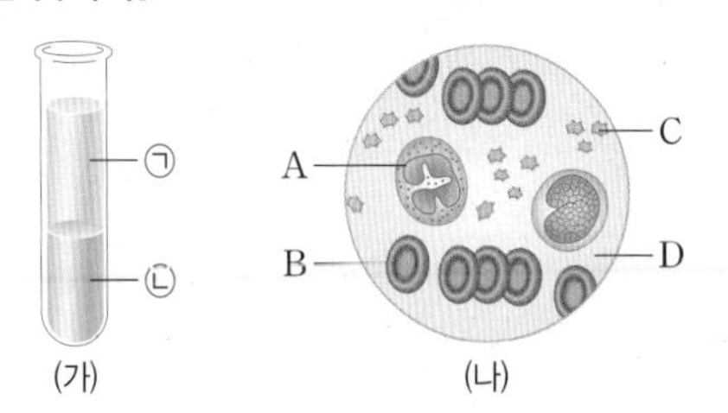

(가)와 (나)에 대한 설명으로 옳은 것은?

① 혈액을 김사액으로 염색하면 A가 보라색으로 염색된다.
② B는 혈액에서 가장 많이 관찰되며 하나의 핵을 가지고 있다.
③ C는 핵이 있고, 출혈 시 혈액을 응고시킨다.
④ A, B, C는 혈액을 분리했을 때 ㉠에 속한다.
⑤ ㉠은 혈액의 액체 성분이며, C와 D의 혼합물이다.

[14~15] 그림은 사람의 혈액 순환 과정을 (가)와 (나)로 나타낸 것이다.

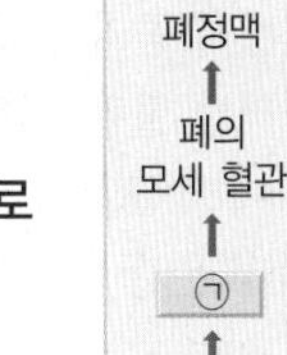

14 (가)에서 일어나는 현상으로 옳은 것은?

① 노폐물의 배출
② 혈액 속 세균 제거
③ 소화된 영양소의 흡수
④ 영양소와 노폐물의 물질 교환
⑤ 산소와 이산화 탄소의 기체 교환

15 ㉠~㉢에 해당하는 혈관을 옳게 짝지은 것은?

	㉠	㉡	㉢
①	대동맥	대정맥	폐동맥
②	폐동맥	모세 혈관	대정맥
③	대정맥	대동맥	폐동맥
④	폐동맥	대동맥	대정맥
⑤	모세 혈관	폐동맥	폐정맥

16 그림은 사람의 호흡 기관을 나타낸 것이다.

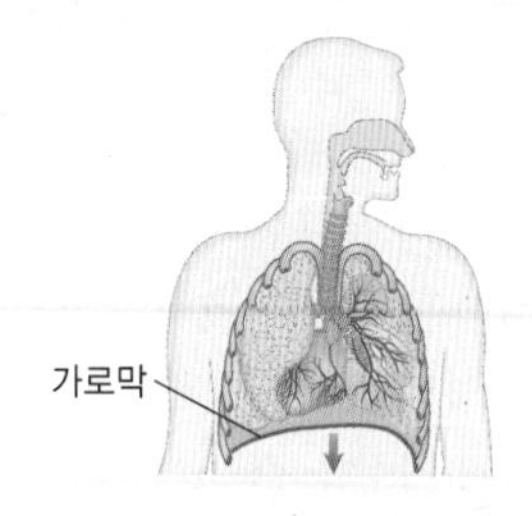

가로막이 화살표 방향으로 움직일 경우 나타나는 현상으로 옳은 것은?

① 흉강이 축소된다.
② 기관지가 확장된다.
③ 공기가 폐로 들어온다.
④ 노폐물이 많이 생성된다.
⑤ 갈비뼈가 아래로 움직인다.

17 그림은 폐포에서 일어나는 기체 교환을 나타낸 것이다.

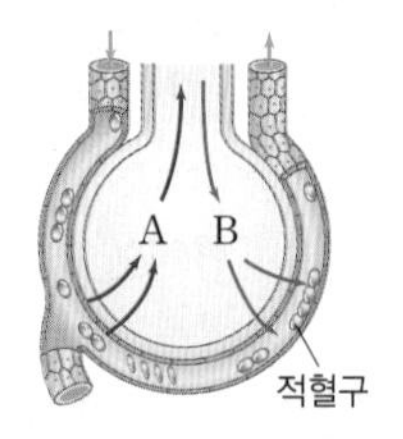

이에 대한 설명으로 옳지 않은 것은?

① A는 BTB 용액을 노랗게 변화시킨다.
② B는 폐정맥을 통해 심장으로 들어간다.
③ 폐포는 폐에서 공기와 닿는 표면적을 넓혀 준다.
④ 폐포를 둘러싼 혈관은 총 단면적이 동맥에 비해 넓다.
⑤ 물질 교환이 정교하게 이루어져야 하므로 폐포를 둘러싼 혈관의 벽은 두껍고 단단하다.

18 호흡 운동에 대한 설명으로 옳은 것은?

① 들숨일 때는 폐 내부 압력과 대기압이 같다.
② 숨을 최대로 내쉬어도 폐에는 공기의 일부가 남아 있다.
③ 폐의 부피가 커지면 폐 내부 압력이 대기압보다 높아진다.
④ 폐 내부 압력이 대기압보다 낮으면 공기가 밖으로 나간다.
⑤ 가로막이 내려가고 갈비뼈가 올라가면 폐에서 공기가 나간다.

[19~20] 그림은 폐포와 모세 혈관, 조직 세포에서의 기체 교환을 나타낸 것이다.

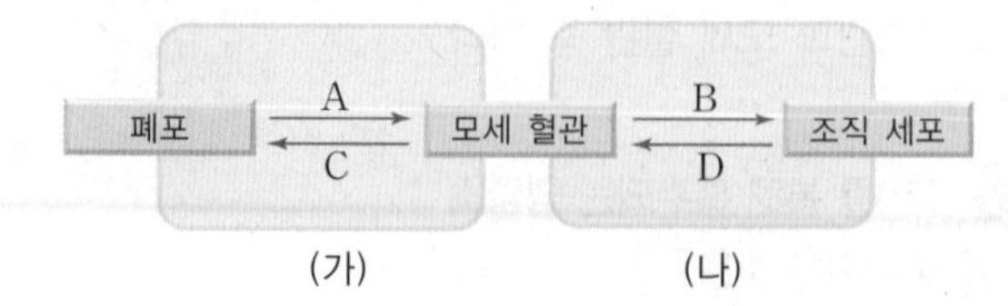

19 A~D 중 산소의 이동을 옳게 짝지은 것은?

① A, B ② A, C ③ A, D
④ B, D ⑤ C, D

20 이에 대한 설명으로 옳지 않은 것은?

① (가)와 (나)에서 기체가 교환되는 원리는 같다.
② A를 받은 혈액은 폐동맥을 거쳐 심장으로 들어간다.
③ 조직 세포는 모세 혈관으로부터 B 외에 영양소도 함께 받는다.
④ C와 D는 대부분 혈액의 혈장이 운반한다.
⑤ D의 농도는 조직 세포가 모세 혈관보다 높다.

21 그림은 영양소의 분해 과정과 생성된 노폐물이 배설되는 경로를 나타낸 것이다.

탄수화물 지방 + 산소 ⟶ 물 + 이산화 탄소 + 에너지
단백질 + 산소 ⟶ 물 + 이산화 탄소 + 암모니아 + 에너지
물 ↓ A, B / 이산화 탄소 ↓ B / 암모니아 ↓ C ↓ A

각 노폐물이 체외로 배설되는 데 관련된 인체의 기관 A~C를 옳게 짝지은 것은?

	A	B	C
①	폐	간	콩팥
②	폐	콩팥	간
③	간	폐	콩팥
④	콩팥	폐	간
⑤	콩팥	간	폐

22 그림은 콩팥을 나타낸 것이다. 이에 대한 설명으로 옳지 않은 것은?

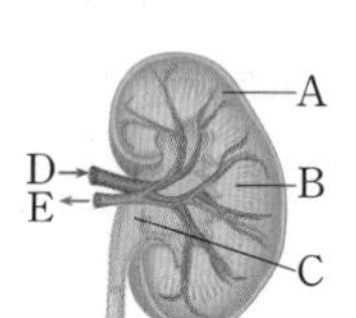

① A는 콩팥 겉질, B는 콩팥 속질이다.
② A와 B에 네프론이 분포한다.
③ C에 네프론에서 만들어진 오줌이 모인다.
④ D는 콩팥 동맥, E는 콩팥 정맥이다.
⑤ D보다 E에 요소가 더 많이 들어 있다.

23 그림은 콩팥의 일부분을 나타낸 것이다.

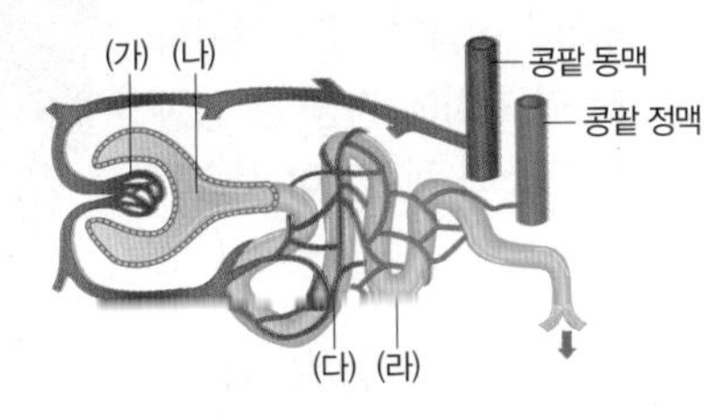

이에 대한 설명으로 옳은 것을 보기 에서 모두 고른 것은?

보기
ㄱ. (가)에서 (나)로 물질이 이동하는 원리는 농도 차이에 의한 확산이다.
ㄴ. (나)와 (다) 속 액체의 성분은 동일하다.
ㄷ. (라)에서 (다)로 포도당이 이동한다.

① ㄱ ② ㄴ ③ ㄷ
④ ㄱ, ㄴ ⑤ ㄴ, ㄷ

24 그림은 네프론에서의 물질 이동을 종류별로 나타낸 것이다. 정상인의 네프론에서 아미노산의 이동 방향을 나타낸 것으로 옳은 것은?

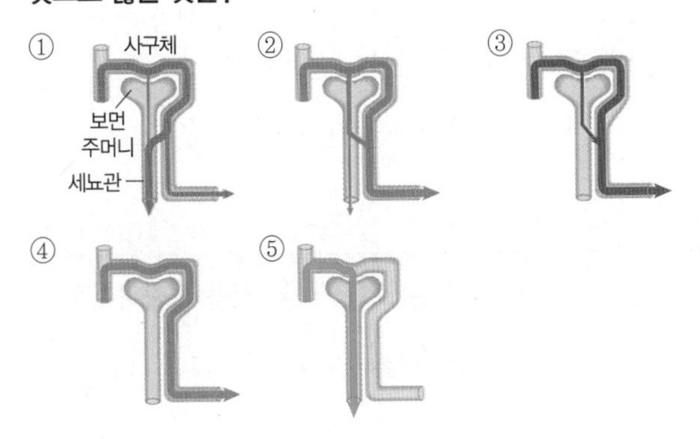

25 혈장과 여과액, 오줌의 성분을 조사했더니 혈장과 여과액에서는 검출되었지만, 오줌에서는 검출되지 않은 물질이 있었다. 이 물질로 추측할 수 있는 것과 이 물질이 검출되지 않은 까닭을 옳게 짝지은 것은?

	물질	까닭
①	포도당	모두 재흡수되기 때문
②	아미노산	여과되지 않기 때문
③	단백질	분비되지 않기 때문
④	지방	혈액에 존재하지 않기 때문
⑤	요소	다른 성분으로 변하기 때문

26 그림 (가)와 (나)는 건강한 사람의 사구체 벽과 콩팥에 이상이 있는 사람의 사구체 벽을 순서없이 나타낸 것이다.

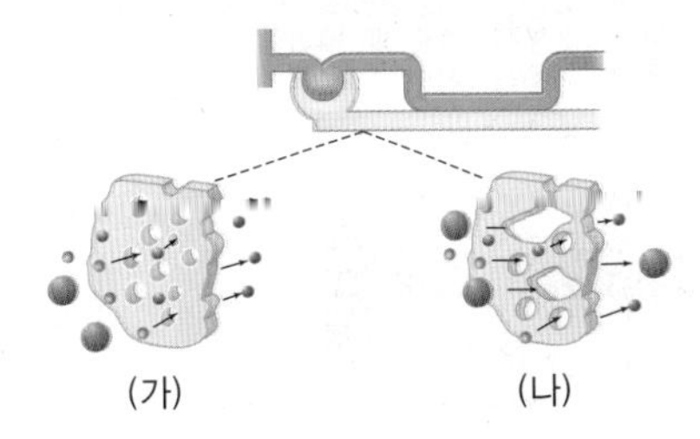

이에 대한 설명으로 옳은 것은? (단, 다른 기관은 정상이다.)

① (가)의 오줌에서만 포도당이 발견된다.
② (가)는 거품이 나는 오줌이 주로 나온다.
③ (나)의 오줌에서만 아미노산이 발견된다.
④ (나)의 여과액에서 단백질과 적혈구 같은 것들이 발견될 수 있다.
⑤ (가)와 (나)의 오줌 성분은 차이가 없다.

27 그림은 세포 호흡 과정을 나타낸 것이다.

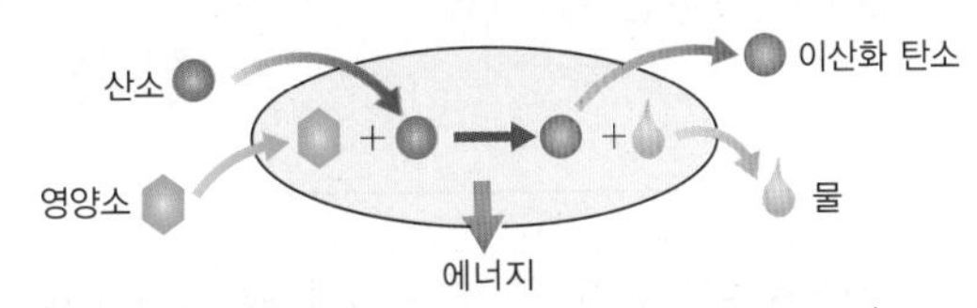

이에 대한 설명으로 옳은 것은?

① 매우 높은 온도에서 이루어진다.
② 생성된 이산화 탄소는 체내에 저장된다.
③ 산소를 이용하여 영양소를 합성하는 과정이다.
④ 에너지 이외에 물과 이산화 탄소가 생성된다.
⑤ 세포 호흡을 통해 얻은 에너지는 체온 유지에만 쓰인다.

28 그림은 단백질이 우리 몸에 들어오고 난 뒤 몸 밖으로 배설될 때까지의 과정을 나타낸 것이다.

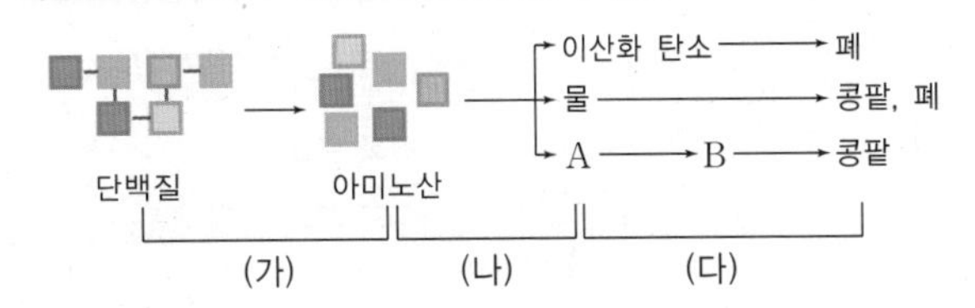

이에 대한 설명으로 옳지 않은 것은?

① A는 탄수화물과 지방이 분해될 때도 생성된다.
② B는 요소로, A가 간에서 독성이 적게 바뀐 것이다.
③ (가)는 단백질이 아미노산으로 소화되는 과정이다.
④ (나)는 세포 호흡으로, 산소가 필요하며 에너지를 낸다.
⑤ (다)는 세포 호흡 결과 생긴 노폐물의 배설 과정이다.

서술형·논술형 문제

01 그림과 같이 식용유와 사과 주스를 섞은 용액을 5 mL씩 시험관 A~D에 넣고 영양소 검출 실험을 하였다.

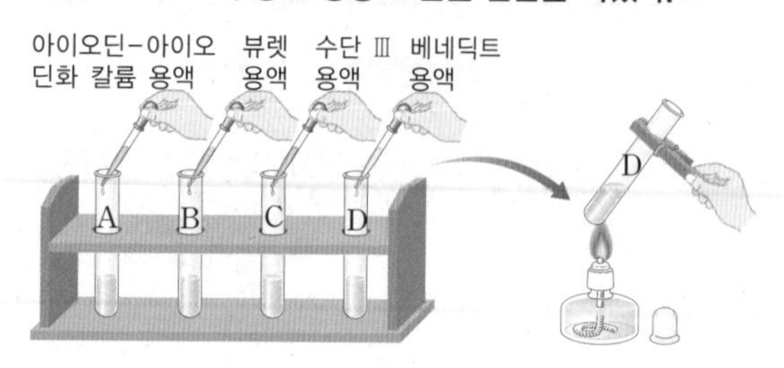

실험 결과 색깔 변화 반응이 나타나는 시험관을 모두 쓰고, 그렇게 생각한 까닭을 서술하시오.

지방 : 수단 Ⅲ 용액, 포도당 : 베네딕트 용액

02 그림은 혈액 순환을 나타낸 것이다. A~H의 이름을 쓰고, 폐순환과 온몸 순환의 과정을 서술하시오.

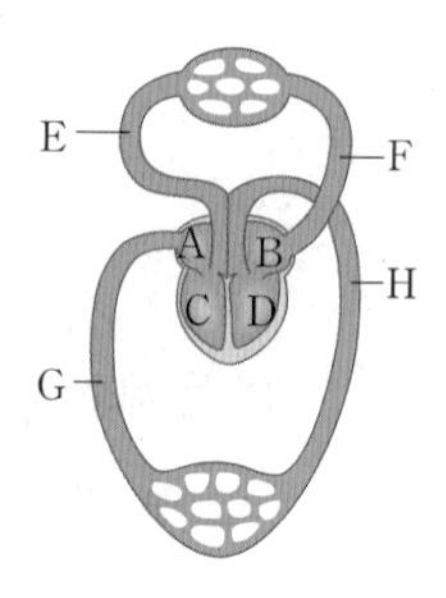

폐순환 : C → E → F → B
온몸 순환 : D → H → G → A

03 그림은 사람의 배설 기관의 일부를 나타낸 것이다. 정상인의 경우 (가)에는 있으나 (나)에는 포함되지 않는 것을 보기 에서 모두 고르시오.

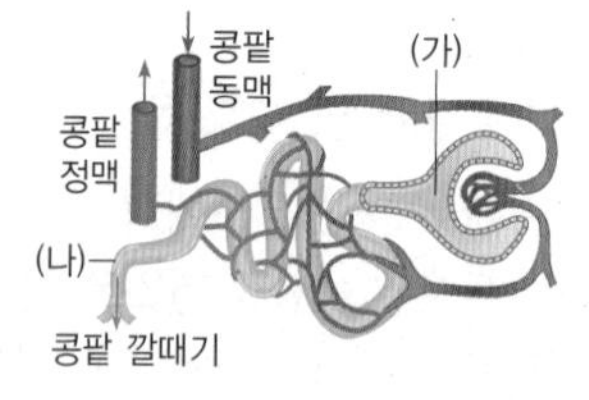

보기

요소, 단백질, 포도당, 아미노산, 무기염류

04 그림은 여러 기관계의 상호 작용을 나타낸 것이다.

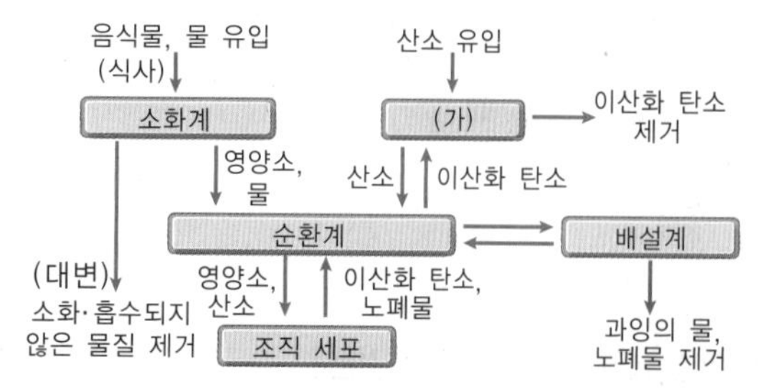

(가)에 들어갈 기관계의 이름을 쓰고, 그 역할을 서술하시오.

산소와 이산화 탄소의 교환을 담당하는 기관계

05 그림은 사람의 소화 기관을 나타낸 것이다. A 부분에 이상이 생겨 막혔다면, 어느 영양소의 소화에 가장 큰 영향을 미칠지 소화 효소와 관련지어 서술하시오.

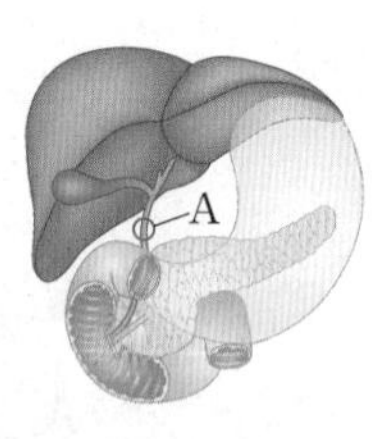

쓸개즙, 지방

06 그림과 같이 녹말 용액과 포도당 용액이 담긴 셀로판 튜브를 물이 담겨 있는 비커에 장치하고, 시간이 지난 후 각 비커에 담겨 있던 물에 각각 아이오딘 반응과 베네딕트 반응을 실시하였다.

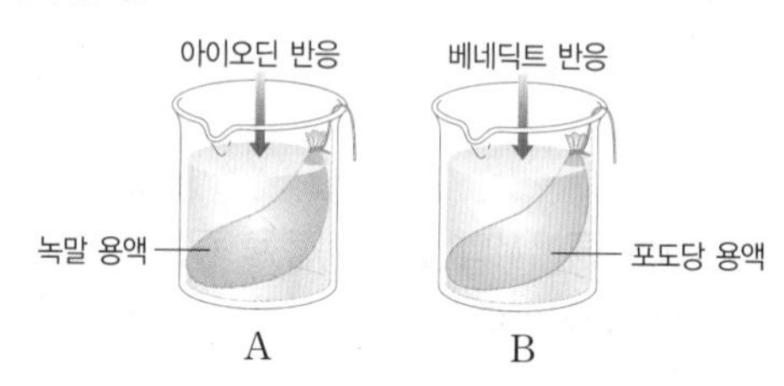

(1) 색깔이 변하는 비커를 고르고, 그렇게 생각한 까닭을 영양소의 크기와 관련지어 서술하시오.

영양소 크기, 셀로판 튜브 막 통과

(2) 이 실험으로 알 수 있는 소화의 필요성을 서술하시오.

흡수, 분해

07 고산 지대는 평지보다 산소의 양이 부족하다. 이러한 환경에 적응한 사람들은 평지에 사는 사람들과 혈액 구성 성분의 비율이 다른데, 고산 지대에 사는 사람들이 정상적으로 산소를 공급받을 수 있는 까닭을 혈액의 성분과 관련지어 서술하시오.

적혈구, 헤모글로빈, 산소

08 다음 세 학생 중 설명이 틀린 학생의 이름을 쓰고, 그 학생의 설명을 옳게 바꾸고 그렇게 생각한 까닭을 서술하시오.

- 풍식 : 우심실과 우심방에는 무조건 정맥혈이 흘러!
- 풍만 : 맞아! 그 혈액이 폐동맥을 타고 폐로 가서 동맥혈로 바뀌는 거지~!
- 풍돌 : 심장의 근육은 혈액을 폐로 보내는 우심실이 좌심실보다 더 두껍지!

온몸 순환, 수축

09 그림은 우리 몸에 분포하는 혈관의 특징을 나타낸 것이다.

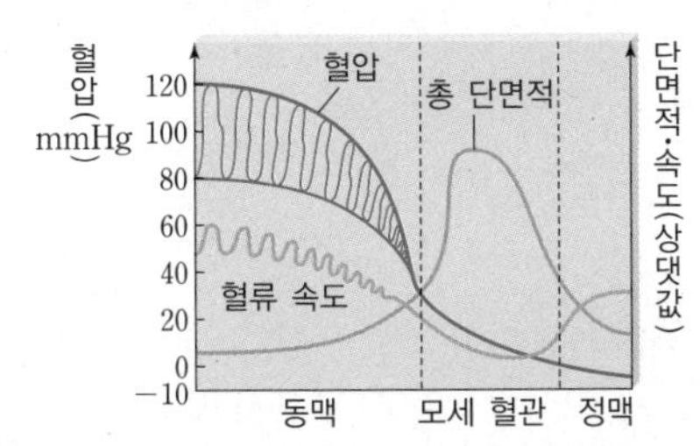

모세 혈관의 총 단면적과 혈류 속도가 물질 교환에 이로운 점을 서술하시오.

총 단면적↑, 혈류 속도↓

10 그림은 사람의 가슴 구조 모형을 나타낸 것이다. 숨을 내쉴 때 (가)와 (나)가 어떻게 움직이는지 쓰고, 공기가 어떻게 몸 밖으로 나가는지 폐의 부피 변화를 이용하여 서술하시오.

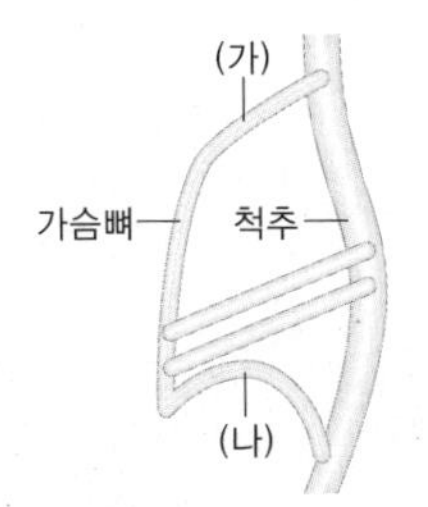

부피↓⇨ 압력↑

11 그림은 혈액의 흐름에 따라 혈관 A와 B에서의 산소와 이산화 탄소의 상대적 농도를 나타낸 것이다.

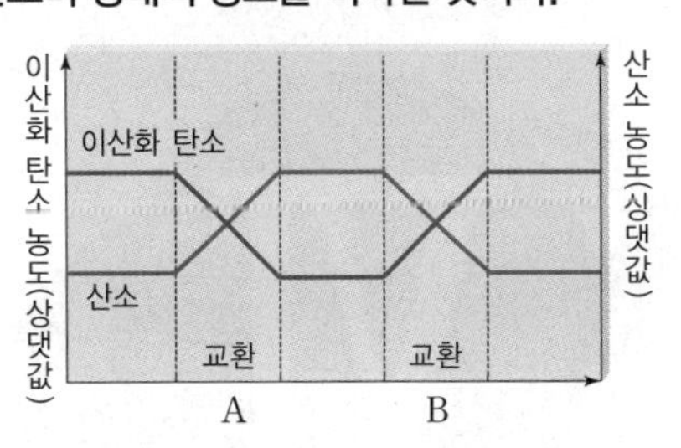

A와 B가 어디인지 각각 쓰고, 이때 각 기체의 이동 방향과 기체 교환이 일어나는 원리에 대해 서술하시오. (단, A와 B는 각각 폐와 조직 세포의 모세 혈관 중 하나이다.)

폐, 조직 세포, 확산

12 그림은 사람의 배설 기관의 일부를 나타낸 것이다. (가)와 (나) 중 요소의 농도가 더 높은 곳을 쓰고, 그렇게 생각한 까닭을 서술하시오.

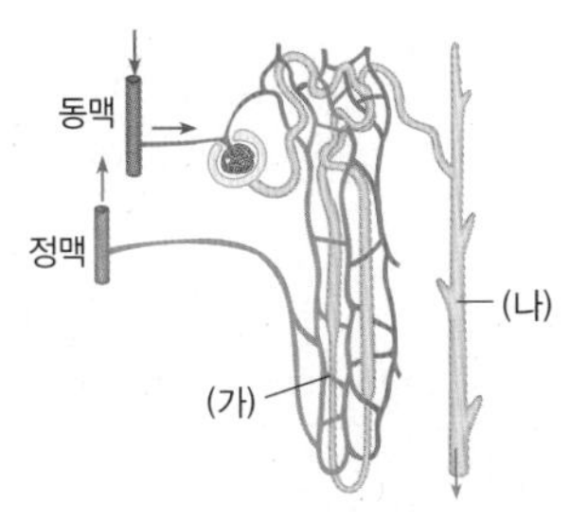

물, 재흡수

13 다음은 오줌 검사 종이를 이용한 검사 결과를 나타낸 것이다.

오줌 검사 종이의 네 번째 부분은 오줌에 일정량 이상의 단백질이 있으면 색깔이 청록색으로 변해 단백뇨로 판정한다.

오줌에서 단백질이 검출되는 것은 오줌의 생성 과정 중 어떤 과정에 문제가 생긴 것인지 쓰고, 그렇게 생각한 까닭을 서술하시오.

여과, 물질의 크기

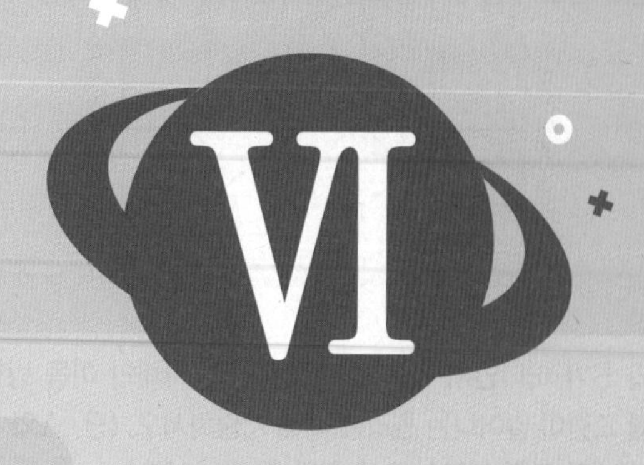

물질의 특성

A-ra?

Q. 물질을 구별하는 물질의 특성에는 어떤 것들이 있을까?

1 물질의 특성 (1)

- 우리 주변에서 볼 수 있는 여러 물질들을 순물질과 혼합물로 분류할 수 있다.
- 밀도, 용해도, 녹는점, 어는점, 끓는점이 물질의 특성이 될 수 있음을 설명할 수 있다.

❶ 순물질과 혼합물

1 물질의 분류

(1) **순물질** : 한 종류의 물질로만 이루어져, 일정한 조성을 가지고 고유한 성질을 나타내는 물질

구분	한 종류의 원소로 이루어진 순물질	두 종류 이상의 원소로 이루어진 순물질
모형	산소	물
예	산소, 수소, 금, 구리, 철, 다이아몬드 등	물, 에탄올, 염화 나트륨, 이산화 탄소 등
특징	끓는점, 어는점, 밀도 등 물질의 특성이 일정하다.	

(2) **혼합물** : 두 종류 이상의 순물질이 섞여 있는 물질 ‑ 두 물질이 화학적 반응을 일으키지 않고 단순히 섞여 있는 상태

구분	균일 혼합물	불균일 혼합물
모형	설탕물	우유
정의	성분 물질이 고르게 섞여 있는 혼합물	성분 물질이 고르지 않게 섞여 있는 혼합물
예	공기, 합금, 식초, 설탕물, 소금물, 탄산음료 등	과일주스, 흙탕물, 우유, 암석 등
특징	• 끓는점, 어는점, 밀도 등 물질의 특성이 일정하지 않다. • 성분 물질의 혼합 비율에 따라 끓는점, 어는점 등이 다양하게 나타난다.	

→ 우유에는 단백질이나 지방, 무기염류 등이 각각의 성질을 지닌 채로 불균일하게 섞여 있어!

2 순물질과 혼합물의 구분 : 순물질은 끓는점과 어는점이 일정하지만 혼합물은 일정하지 않으므로 이러한 성질을 이용하여 순물질과 혼합물을 구분한다.

구분	물과 소금물의 끓는점	물과 소금물의 어는점
특징	온도(℃) 104, 100, 96, 92, 0 / 가열 시간(분) / 소금물 혼합물 / 물 순물질	온도(℃) 0 / 냉각 시간(분) / 물 순물질 / 소금물 혼합물
	• 소금물(혼합물)은 물(순물질)보다 끓기 시작하는 온도가 높다. 소금물 속의 고체 입자(소금)가 물의 기화를 방해하기 때문이야! • 소금물(혼합물)은 끓는 동안 온도가 계속 높아진다. 소금물에서 물이 기화되어 날아가면서 소금물의 농도가 점점 진해지기 때문이야!	• 소금물(혼합물)은 물(순물질)보다 얼기 시작하는 온도가 낮다. 소금물 속의 고체 입자(소금)가 물의 응고를 방해하기 때문이야! • 소금물(혼합물)은 어는 동안 온도가 계속 낮아진다. 소금물에서 물이 응고되어 소금물의 농도가 점점 진해지기 때문이야!
이용	• 라면을 끓일 때 라면 스프를 먼저 넣으면 면이 더 빨리 익는다. • 달걀을 삶을 때 물에 소금을 조금 넣어 주면 달걀이 더 빨리 익는다.	• 도로가 어는 것을 방지하기 위해 눈이 내린 길에 염화 칼슘을 뿌린다. • 겨울철 자동차의 냉각수가 어는 것을 방지하기 위해 부동액을 넣는다.

3 물질의 특성 : 물질의 여러 가지 성질 중 그 물질만이 갖는 고유한 성질

➡ 물질의 종류를 구분하는 데 이용할 수 있고, 혼합물로부터 순물질을 분리할 수 있다.

구분	물질의 특성	물질의 특성이 아닌 것
특성	• 물질의 양에 관계없이 일정하다. • 물질의 종류에 따라 다르다.	물질의 양에 따라 변한다.
예	색깔, 냄새, 맛, 녹는점, 어는점, 끓는점, 밀도, 용해도 등	부피, 질량, 무게, 온도, 길이, 넓이, 농도, 상태 등

비타민

물질의 분류

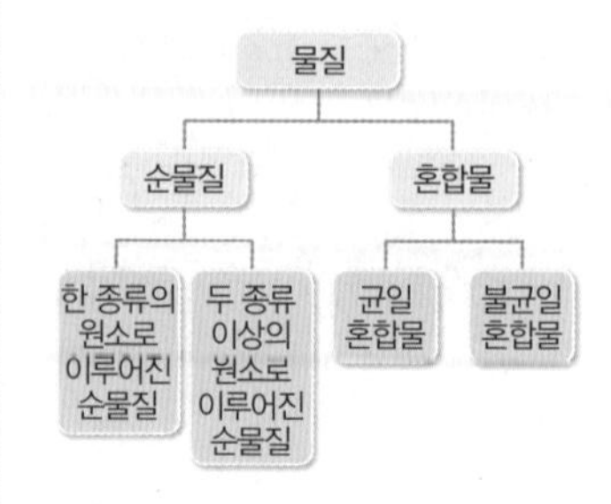

순물질과 혼합물의 분리
두 종류 이상의 원소로 이루어진 순물질은 물리적인 방법으로는 성분 물질을 분리할 수 없지만 혼합물은 분리할 수 있다.

합금
한 가지 금속에 다른 금속이나 비금속을 섞어 개선된 성질을 가지는 금속

고체 순물질과 고체 혼합물의 가열 곡선

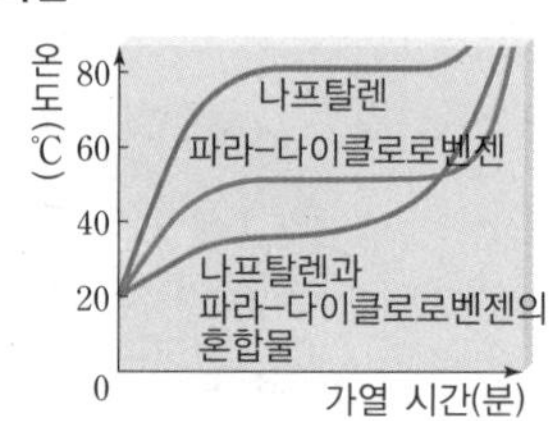

성분 물질의 혼합 비율에 따라 녹기 시작하는 온도가 달라지며, 녹는 동안 온도가 계속 높아진다.

예 • 땜납은 납보다 쉽게 녹아서 다루기 쉬우므로 용접할 때 사용한다.
• 퓨즈는 센 전류가 흐를 때 쉽게 녹아서 전류를 차단할 때 사용한다.

부동액

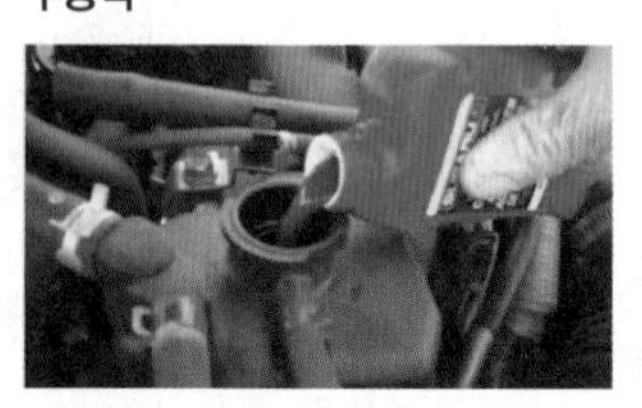

자동차에 사용되는 냉각수가 어는 것을 방지하기 위해 물에 염류를 혼합하여 만든 액체

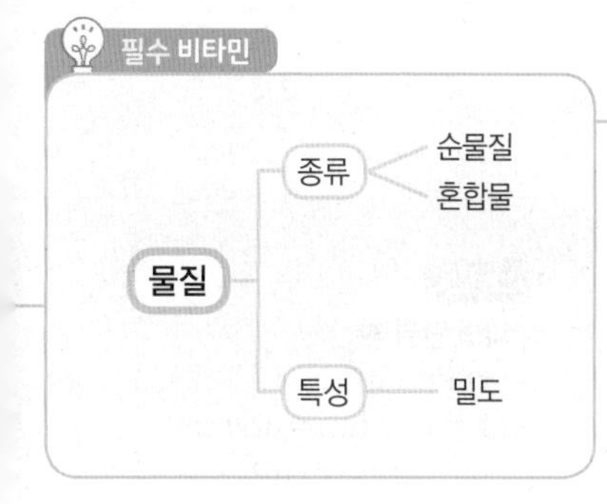

용어 & 개념 체크

1 순물질과 혼합물

01 한 종류의 물질로만 이루어진 물질을 □□□이라고 하고, 두 종류 이상의 물질로 이루어진 물질을 □□□이라고 한다.

02 혼합물 중에서 성분 물질이 고르게 섞여 있는 것을 □□ 혼합물이라고 하고, 고르게 섞여 있지 않은 것을 □□□ 혼합물이라고 한다.

03 □□□은 끓는점과 어는점이 일정하지만, □□□은 끓는점과 어는점이 일정하지 않다.

04 물질의 여러 가지 성질 중 그 물질만이 갖는 고유한 성질을 □□□ □□이라고 한다.

01 그림 (가)~(라)는 순물질과 혼합물을 모형으로 나타낸 것이다.

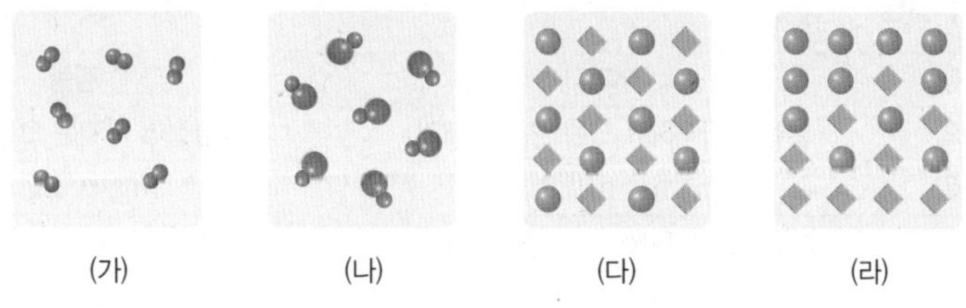

(가) (나) (다) (라)

(1) (가)~(라) 중 물리적인 방법으로 성분 물질을 분리할 수 없는 물질을 모두 쓰시오.

(2) (가)~(라) 중 끓는점과 어는점이 일정하게 나타나지 않는 물질을 모두 쓰시오.

02 다음은 혼합물의 예를 나타낸 것이다.

합금, 소금물, 공기, 우유, 식초, 과일주스, 흙탕물, 탄산음료

각 혼합물을 균일 혼합물과 불균일 혼합물로 분류하시오.

(1) 균일 혼합물 :

(2) 불균일 혼합물 :

03 그림은 물과 소금물의 냉각 곡선을 A와 B로 순서없이 나타낸 것이다. A와 B는 각각 물과 소금물의 냉각 곡선 중 무엇을 나타내는지 쓰시오.

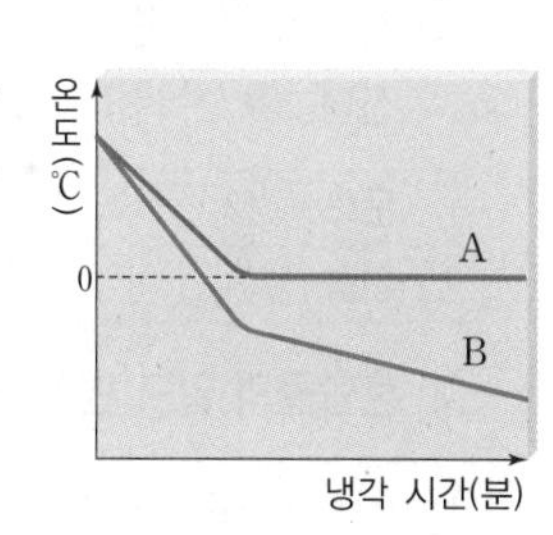

04 다음은 혼합물의 성질을 이용한 예에 대한 설명을 나타낸 것이다. 빈칸에 알맞은 말을 고르시오.

- 눈이 내린 길에 염화 칼슘을 뿌리면 물과 염화 칼슘이 혼합되어 순수한 물보다 (㉠ 끓는점, 어는점)이 (㉡ 높아져, 낮아져) 도로가 어는 것을 방지해 준다.
- 달걀을 삶을 때 물에 소금을 조금 넣어 주면 물의 (㉢ 끓는점, 어는점)이 (㉣ 높아져, 낮아져) 달걀이 더 빨리 익는다.

05 물질의 특성에 해당하는 것을 | 보기 | 에서 모두 고르시오.

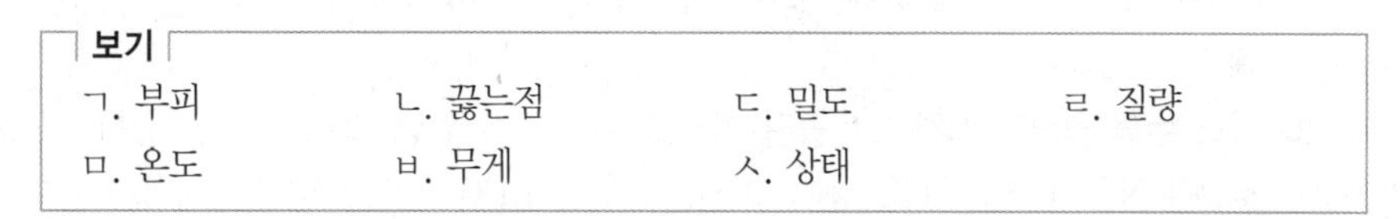

보기

ㄱ. 부피 ㄴ. 끓는점 ㄷ. 밀도 ㄹ. 질량
ㅁ. 온도 ㅂ. 무게 ㅅ. 상태

1 물질의 특성 (1)

❷ 밀도

1 부피와 질량

구분	부피	질량 (장소와 관계없이 일정해!)
정의	물질이 차지하고 있는 공간의 크기	물질이 가지는 고유한 양
단위	cm^3, m^3, mL, L 등	mg, g, kg 등
측정 기구	눈금실린더, 피펫, 부피 플라스크 등	윗접시저울, 양팔 저울 등

2 밀도 : 단위 부피당 물질의 질량

$$\text{밀도} = \frac{\text{질량}}{\text{부피}} \ [g/mL, g/cm^3, kg/m^3]$$

(1) 온도와 압력이 일정할 때 물질에 따라 고유한 값을 가지므로 같은 물질인 경우 물질의 밀도는 물질의 양에 관계없이 일정하다. (물질의 특성)

(2) 밀도가 큰 물질은 밀도가 작은 물질 아래로 가라앉고, 밀도가 작은 물질은 밀도가 큰 물질 위로 뜬다.

① 부피가 같을 때 : 질량이 클수록 밀도가 크다.

② 질량이 같을 때 : 부피가 작을수록 밀도가 크다.

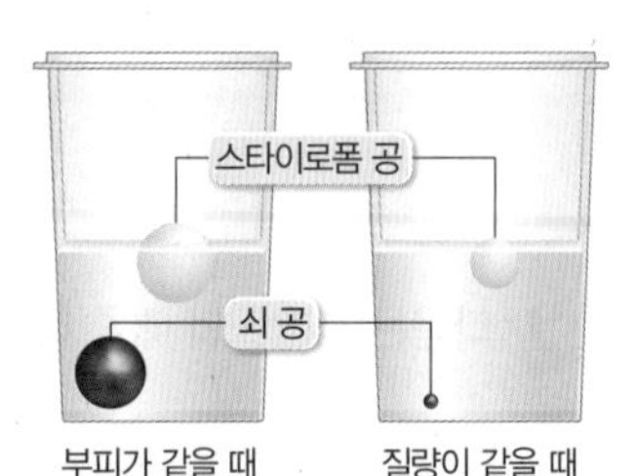

3 밀도의 변화

(1) **물질의 상태에 따른 밀도 변화**

구분	대부분의 물질	물
밀도 변화	기체≪액체<고체	기체≪고체<액체

물은 얼음이 되면서 부피가 커지기 때문에 밀도가 작아져~

기체에서 액체가 될 때는 밀도가 크게 증가해~!

(2) **기체의 밀도 변화** : 기체는 온도와 압력에 따라 부피 변화가 커서 밀도가 크게 달라진다. ➡ 기체의 밀도를 나타낼 때는 온도와 압력을 함께 표시한다.

온도	온도 증가 → 부피 크게 증가 → 밀도 크게 감소
압력	압력 증가 → 부피 크게 감소 → 밀도 크게 증가

(3) **혼합물의 밀도 변화** : 섞여 있는 성분 물질의 비율(농도)에 따라 달라진다.

달걀을 물에 넣으면 달걀이 가라앉지만, 물에 소금을 조금씩 넣어서 녹이면 어느 순간 달걀이 위로 떠오른다. ➡ 물에 녹인 소금의 양이 많아질수록 소금물의 밀도가 달걀보다 커지기 때문이다.

4 밀도의 이용

밀도를 작게 하여 이용

(1) **구명조끼** : 구명조끼를 입으면 구명조끼와 몸 전체의 밀도가 물보다 작아지면서 물에 뜨게 된다.

(2) **애드벌룬** : 공기보다 밀도가 작은 헬륨으로 채워진 애드벌룬은 공중으로 떠오른다.

존재하는 기체 중에 가장 가벼운 기체는 수소이지만, 수소는 폭발성이 있는 위험한 기체이기 때문에 안전을 고려해 비활성 기체인 헬륨을 이용하여 풍선을 채우는 거야!

밀도를 크게 하여 이용

(3) **잠수부의 납 벨트** : 잠수부는 깊은 물속으로 들어가기 위해 납으로 된 허리 벨트를 찬다.

(4) **이산화 탄소 소화기** : 화재가 발생했을 때 공기보다 무거운 이산화 탄소가 들어 있는 소화기를 사용하여 연소에 필요한 산소 공급을 차단한다.

(5) **사해** : 사해는 다른 호수나 바다에 비해 염분이 높아 밀도가 크기 때문에 사람이 쉽게 뜰 수 있다.

(6) **가스 누출 경보기 설치** : 누출된 가스를 감지하기 위한 경보기는 공기보다 밀도가 작은 LNG의 경우 위쪽, 공기보다 밀도가 큰 LPG의 경우 아래쪽에 설치한다.

비타민

부피의 단위 환산

- $1 cm^3 = 1 mL$
- $1 L = 1000 mL = 1000 cm^3$
- $1 m^3 = 1000000 cm^3 = 1000000 mL = 1000 L$

밀도 관계 그래프

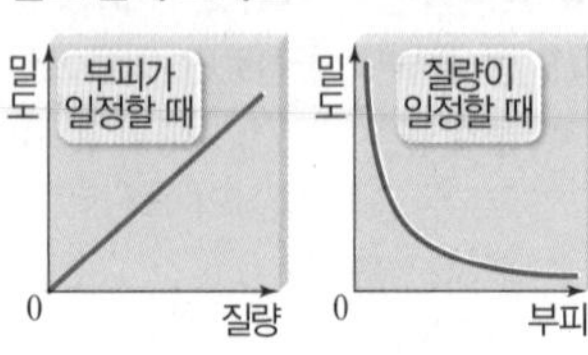

- 부피가 일정할 때 밀도는 질량에 비례한다.
- 질량이 일정할 때 밀도는 부피에 반비례한다.

질량 – 부피 그래프

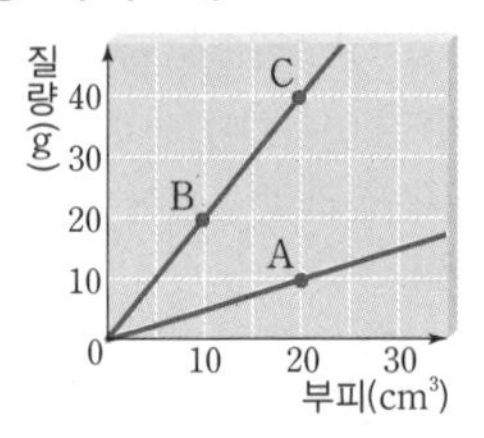

밀도$=\frac{\text{질량}}{\text{부피}}$이므로 질량–부피 그래프에서 기울기는 밀도이다. 따라서 기울기를 비교하면 밀도를 비교할 수 있다.

➡ 기울기(밀도) : A<B=C, B와 C는 같은 물질

밀도 탑 만들기

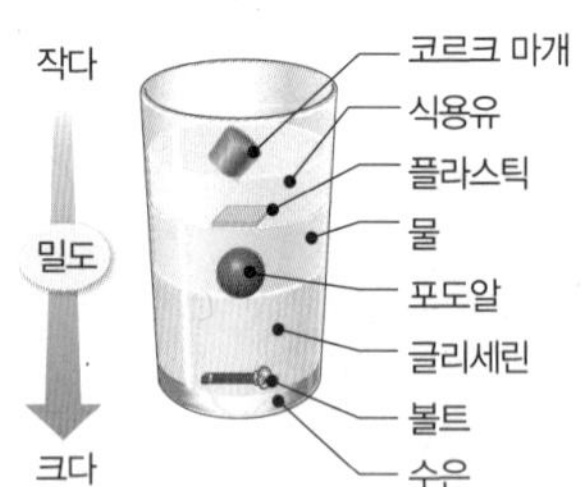

밀도 비교 : 수은>볼트>글리세린>포도알>물>플라스틱>식용유>코르크 마개

여러 가지 물질의 밀도(25 ℃, 1기압)

물질	밀도(g/cm^3)
이산화 탄소	0.00179
에탄올	0.79
물	1(4 ℃)
알루미늄	2.7
구리	8.96
금	19.3

용어 & 개념 체크

❷ 밀도

05 물질이 차지하고 있는 공간의 크기를 ☐☐라고 하며, 물질이 가지는 고유한 양을 ☐☐이라고 한다.

06 온도와 압력이 일정할 때 밀도는 물질마다 고유한 값을 가지고 물질의 밀도는 물질의 양에 관계없이 ☐☐하므로 이는 ☐☐☐ ☐☐에 해당한다.

07 밀도가 ☐ 물질은 밀도가 ☐☐ 물질 아래로 가라앉고 밀도가 ☐☐ 물질은 밀도가 ☐ 물질 위로 뜬다.

08 LPG(액화 석유 가스)는 공기보다 밀도가 ☐☐ 때문에 LPG 가스 누출 경보기는 아래쪽에 설치해야 한다.

06 부피와 질량에 대한 설명 중 질량에 해당하는 것은 '질량', 부피에 해당하는 것은 '부피'라고 쓰시오.

(1) 장소와 관계없이 변하지 않는 물질의 고유한 양이다. ( )
(2) 물질이 차지하고 있는 공간의 크기이다. ( )
(3) 단위로는 mg, g, kg 등을 사용한다. ( )
(4) 눈금실린더, 피펫, 부피 플라스크 등을 이용하여 측정한다. ( )

07 밀도에 대한 설명으로 옳은 것은 ○, 옳지 않은 것은 ×로 표시하시오.

(1) 기체의 밀도는 압력의 영향을 받지 않는다. ( )
(2) 부피가 일정할 때 밀도와 질량은 비례한다. ( )
(3) 밀도의 단위로는 mL/g, cm^3/g 등을 사용한다. ( )
(4) 같은 부피일 때 물의 밀도가 얼음의 밀도보다 크다. ( )

08 그림은 고체 물질 A~C의 질량과 부피를 나타낸 것이다.

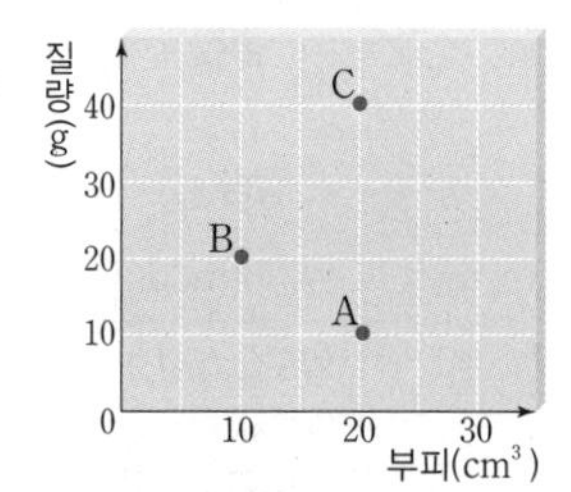

(1) A~C의 밀도는 몇 g/cm^3인지 각각 구하시오.

(2) A~C 중 같은 물질을 모두 쓰시오.

09 그림은 글리세린과 물이 담긴 용기에 플라스틱과 나무 도막을 넣었을 때의 모습을 나타낸 것이다. 글리세린, 물, 플라스틱, 나무 도막의 밀도를 부등호를 이용하여 비교하시오.

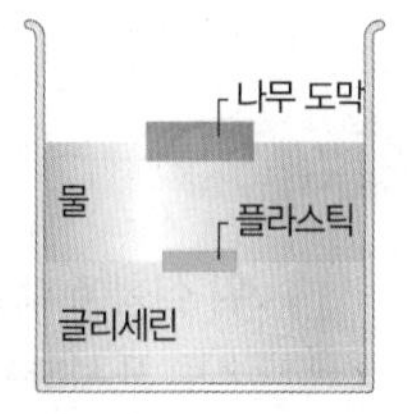

10 밀도를 크게 하여 이용하는 경우의 예로 옳은 것을 보기 에서 모두 고르시오.

보기
ㄱ. 헬륨으로 채워진 애드벌룬이 공중으로 떠오른다.
ㄴ. 잠수부는 깊은 물속으로 들어가기 위해 납으로 된 허리 벨트를 찬다.
ㄷ. 사해는 다른 호수나 바다에 비해 사람이 쉽게 뜰 수 있다.

MUST 해부!

탐구 여러 가지 물질의 밀도 측정

[탐구 1] 알루미늄과 구리의 밀도 측정

과정 ❶ 전자저울을 이용하여 크기가 다른 알루미늄 조각 2개의 질량을 각각 측정한다.

❷ 눈금실린더에 물을 넣은 후 알루미늄 조각을 실에 매달아 물속에 넣고 늘어난 부피를 측정한다.

❸ 크기가 다른 구리 조각 2개를 가지고 ❶과 ❷의 과정을 수행한다.

↳ 늘어난 물의 부피는 금속 조각의 부피야~!

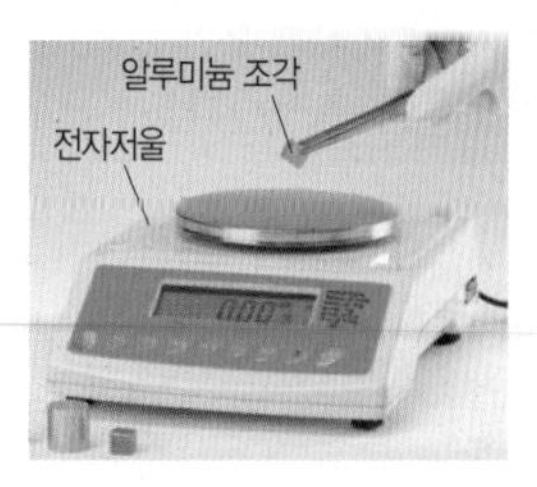

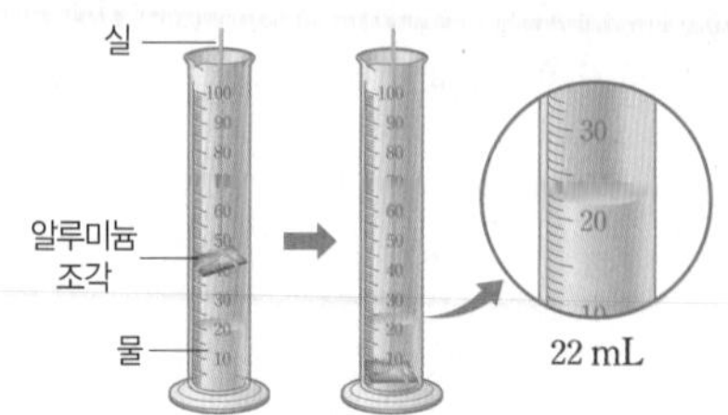

22 mL

눈의 높이가 눈금실린더 액면과 수평이 되도록 한 다음 눈금을 최소 눈금의 $\frac{1}{10}$까지 어림하여 읽으면 돼~

[탐구 2] 물과 에탄올의 밀도 측정

과정 ❶ 전자저울을 이용하여 빈 비커의 질량을 측정한다.

❷ 빈 비커에 물 10 mL, 20 mL를 각각 넣었을 때의 질량을 측정한다.

❸ 에탄올 10 mL, 20 mL를 가지고 ❶과 ❷의 과정을 수행한다.

결과 [탐구 1]과 [탐구 2]에서 측정한 질량과 부피를 이용하여 물질의 밀도를 계산하면 다음과 같다.

물질	알루미늄		구리		물		에탄올	
	큰 조각	작은 조각	큰 조각	작은 조각				
질량(g)	27	5.4	89.6	17.92	10	20	7.9	15.8
부피(mL)	10	2	10	2	10	20	10	20
밀도(g/mL)	2.7		8.96		1		0.79	

- 알루미늄의 밀도는 2.7 g/mL, 구리의 밀도는 8.96 g/mL로, 물질의 양에 관계없이 일정하다.
- 물의 밀도는 1 g/mL, 에탄올의 밀도는 0.79 g/mL로, 물질의 양에 관계없이 일정하다.

정리 온도와 압력이 일정할 때 밀도는 물질마다 고유한 값을 가지며, 같은 물질인 경우 물질의 질량이나 부피에 관계없이 일정하다.

탐구 시 유의점

- 눈금실린더에 물을 넣을 때 눈금실린더 벽면에 물이 묻지 않도록 주의한다.
- 눈금실린더가 깨지지 않도록 알루미늄 조각을 가는 실로 묶어 조심스럽게 넣는다.

고체의 부피 구하기

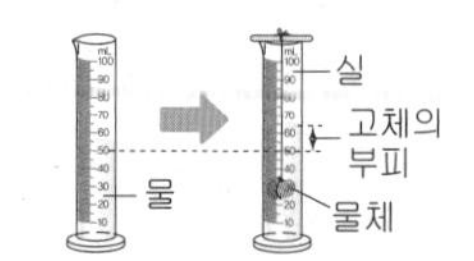

눈금실린더에 물을 넣고 물체를 실에 매달아 잠기게 했을 때 증가한 물의 부피를 측정한다.

고체의 부피＝고체를 넣어 늘어난 물의 전체 부피－물의 처음 부피

액체의 질량 구하기

액체의 질량＝액체를 넣어 측정한 비커의 질량－빈 비커의 질량

정답과 해설 20쪽

탐구 알약

01 위 실험에 대한 설명으로 옳은 것은 ○, 옳지 않은 것은 ×로 표시하시오.

(1) 고체는 물에 녹지 않아야 한다. ( )

(2) 물이 담긴 눈금실린더에 알루미늄 조각을 넣은 후 알루미늄 조각이 담긴 물의 부피에서 처음 물의 부피를 빼면 알루미늄 조각의 부피를 구할 수 있다. ( )

(3) 부피가 일정할 때 구리가 알루미늄보다 질량이 크다. ( )

(4) 물이 담긴 비커의 질량에 빈 비커의 질량을 더하면 물의 질량을 구할 수 있다. ( )

[02~03] 그림은 12 mL의 물에 질량이 50 g인 고체를 넣어 고체의 부피를 측정하는 모습을 나타낸 것이다.

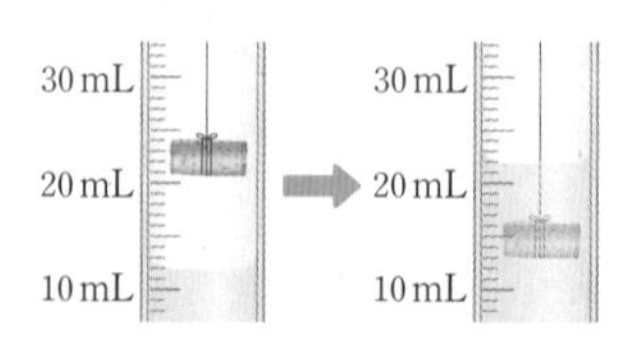

02 이 고체의 부피는 몇 mL인지 구하시오.

03 이 고체의 밀도는 몇 g/mL인지 구하시오.

시험에 꼭 나오는 유형 확인!

유형 클리닉

유형 1 순물질과 혼합물의 가열 곡선과 냉각 곡선

그림은 물과 소금물의 가열 곡선과 냉각 곡선을 나타낸 것이다.

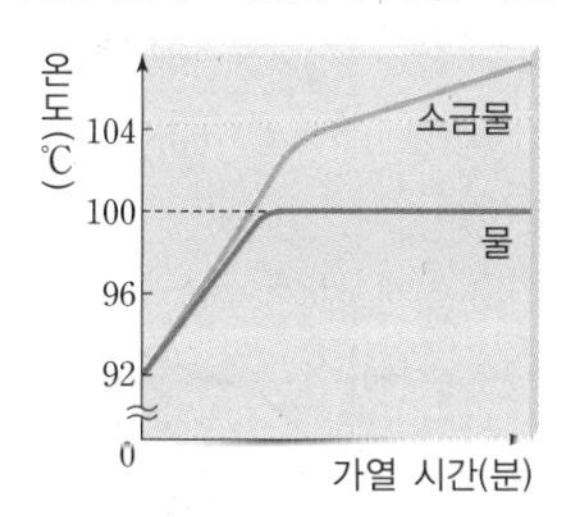

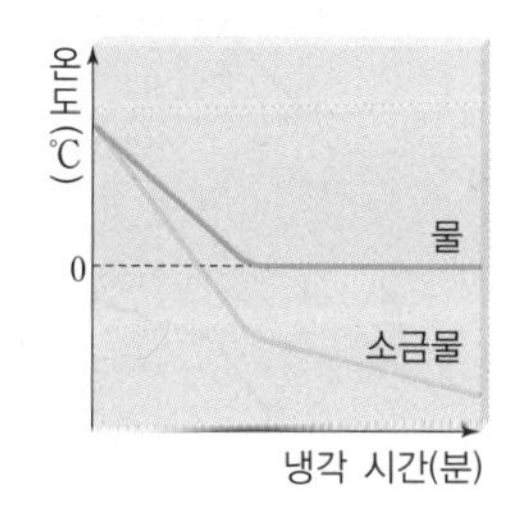

이에 대한 설명으로 옳지 않은 것은?

① 물은 순물질, 소금물은 혼합물이다.
② 물은 소금물보다 높은 온도에서 얼기 시작한다.
③ 소금물의 가열 곡선에서 수평한 구간이 나타나지 않는다.
④ 물과 소금물이 냉각될 때 모두 수평한 구간이 나타난다.
⑤ 물은 소금물과 달리 상태 변화를 방해하는 물질이 없어 상대적으로 낮은 온도에서 끓기 시작한다.

혼합물의 가열 곡선 및 냉각 곡선의 특징을 물어보는 문제가 출제될 수 있어~!! 그림을 통해 순물질과 혼합물을 구별하는 법을 잘 익혀둬야 해~!!

① 물은 순물질, 소금물은 혼합물이다.
→ 물은 두 종류의 원소로 이루어진 한 종류의 물질이니까 순물질! 소금물은 소금과 물이 균일하게 섞여 있는 균일 혼합물이지!

② 물은 소금물보다 높은 온도에서 얼기 시작한다.
→ 물은 응고하는 데 방해되는 물질이 없는 순수한 상태이니까 소금물에 비해 더 높은 온도에서도 얼기 시작해!

③ 소금물의 가열 곡선에서 수평한 구간이 나타나지 않는다.
→ 소금물을 가열하면 물은 계속 기화해서 농도가 진해져! 그러니까 온도가 계속 높아지면서 수평한 구간이 나타나지 않는 거야~

④ 물과 소금물이 냉각될 때 모두 수평한 구간이 나타난다.
→ 소금물이 냉각될 때는 소금물 안의 물만 응고해! 물만 응고되니까 남아 있는 소금물의 농도는 점점 진해지지! 그러니까 소금물은 온도가 계속 낮아지면서 수평한 구간이 나타나지 않는 거야~

⑤ 물은 소금물과 달리 상태 변화를 방해하는 물질이 없어 상대적으로 낮은 온도에서 끓기 시작한다.
→ 순물질인 물은 정확히 100 ℃에서 끓기 시작하지만, 혼합물인 소금물은 소금 입자가 물의 기화를 방해하기 때문에 100 ℃보다 더 높은 온도에서 끓기 시작해!

답 : ④

가열 · 냉각 곡선에서 순물질은 수평한 구간 O, 혼합물은 수평한 구간 ×

유형 2 여러 가지 물질의 밀도 비교

그림은 물에 녹지 않는 고체 A~E의 부피와 질량을 나타낸 것이다.

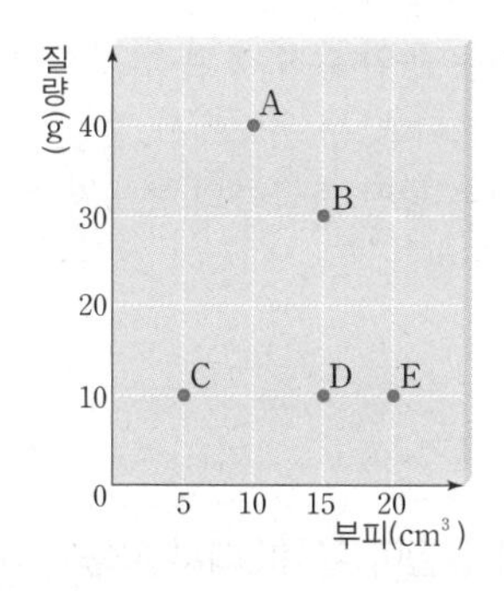

이에 대한 설명으로 옳은 것은? (단, 물의 밀도는 $1\ g/cm^3$이다.)

① 밀도가 가장 큰 물질은 A이다.
② 밀도가 가장 작은 물질은 C이다.
③ A, B, C는 물에 넣으면 위로 뜬다.
④ C, D, E는 같은 물질이다.
⑤ 밀도는 A>B>C>D>E 순이다.

여러 가지 물질의 부피와 질량 값을 나타낸 그래프에서 밀도를 구해서 서로 비교하는 문제가 출제될 수 있어~

밀도$=\frac{질량}{부피}$임을 이용해서 A~E의 밀도를 각각 구해 보면

A의 밀도는 $\frac{40\ g}{10\ cm^3}=4\ g/cm^3$, B의 밀도는 $\frac{30\ g}{15\ cm^3}=2\ g/cm^3$,

C의 밀도는 $\frac{10\ g}{5\ cm^3}=2\ g/cm^3$, D의 밀도는 $\frac{10\ g}{15\ cm^3}\fallingdotseq 0.67\ g/cm^3$,

E의 밀도는 $\frac{10\ g}{20\ cm^3}=0.5\ g/cm^3$가 되겠지~!!

① 밀도가 가장 큰 물질은 A이다.
→ A~E 중 A가 밀도 $4\ g/cm^3$로 가장 커~!!

② 밀도가 가장 작은 물질은 C이다.
→ A~E 중 E가 밀도 $0.5\ g/cm^3$로 가장 작아~!!

③ A, B, C는 물에 넣으면 위로 뜬다.
→ 물의 밀도는 $1\ g/cm^3$이니까 그보다 밀도가 큰 A, B, C는 아래로 가라앉겠지~

④ C, D, E는 같은 물질이다.
→ 같은 물질의 밀도는 물질의 양과는 관계없이 일정해~ 따라서 밀도가 같은 B와 C가 같은 물질이겠지~!

⑤ 밀도는 A>B>C>D>E 순이다.
→ 밀도는 A>B=C>D>E 순이야!

답 : ①

밀도가 크면 가라앉고 밀도가 작으면 떠요~~

❶ 순물질과 혼합물

01 물질에 대한 설명으로 옳은 것은?

① 우유는 불균일 혼합물에 속한다.
② 혼합물은 순물질을 가열해야만 만들 수 있다.
③ 혼합물은 성분 물질과는 다른 성질을 갖는다.
④ 균일 혼합물은 물리적인 방법으로 분리할 수 없다.
⑤ 순물질은 한 종류의 원소로만 이루어진 물질을 말한다.

02 순물질과 혼합물을 분류하는 기준으로 옳은 것은?

① 성분 물질이 유기물인지 여부
② 물질들이 섞여 있는 비율에 따라 구별
③ 성분 물질들이 고르게 섞여 있는지 여부
④ 세 가지 이상의 물질이 섞여 있는지 여부
⑤ 한 가지 종류의 물질로만 이루어져 있는지 여부

03 균일 혼합물에 대한 설명으로 옳지 않은 것은?

① 물리적으로 분리할 수 있다.
② 성분 물질의 성질을 그대로 지니고 있다.
③ 과일주스, 흙탕물, 탄산음료 등이 해당한다.
④ 성분 물질들이 고르게 섞여 있는 물질을 말한다.
⑤ 혼합 비율에 따라 녹는점, 끓는점, 밀도 등이 변한다.

04 | 보기 |의 물질을 분류한 것으로 옳지 않은 것은?

보기			
ㄱ. 산소	ㄴ. 식초	ㄷ. 탄산음료	ㄹ. 물
ㅁ. 철	ㅂ. 우유	ㅅ. 설탕물	ㅇ. 에탄올

① 순물질 : ㄱ, ㄹ, ㅁ, ㅇ
② 한 종류의 원소로 이루어진 순물질 : ㄱ, ㄹ, ㅁ
③ 두 종류 이상의 원소로 이루어진 순물질 : ㄹ, ㅇ
④ 혼합물 : ㄴ, ㄷ, ㅂ, ㅅ
⑤ 불균일 혼합물 : ㅂ

05 그래프 (가)~(라) 중 설탕물을 가열한 결과를 나타낸 것으로 가장 적절한 것은?

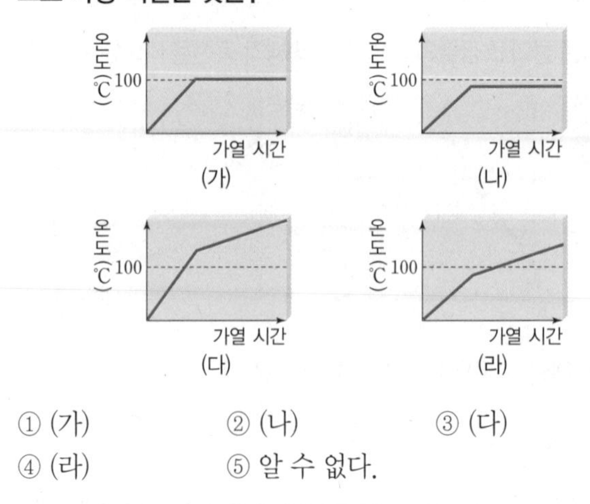

① (가)　② (나)　③ (다)
④ (라)　⑤ 알 수 없다.

중요
06 그림은 물과 소금물을 냉각하면서 온도 변화를 측정하여 나타낸 것이다.

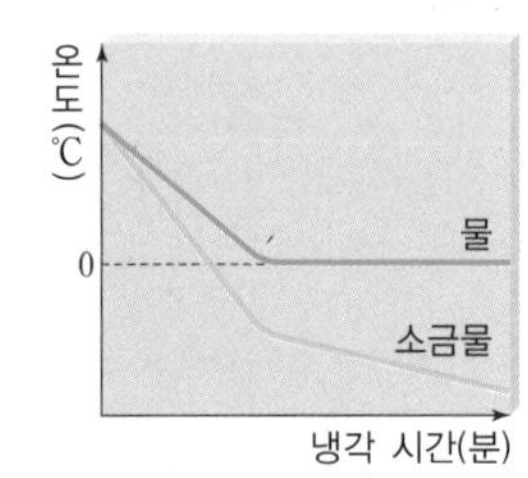

이에 대한 설명으로 옳지 않은 것은?

① 물은 순물질이다.
② 소금이 물의 응고를 방해한다.
③ 소금물은 어는 동안 온도가 계속 낮아진다.
④ 소금물은 물보다 낮은 온도에서 얼기 시작한다.
⑤ 소금물이 어는 동안 소금물의 농도가 점점 연해진다.

중요
07 혼합물의 성질이 실생활에서 사용된 예에 대한 설명으로 옳지 않은 것은?

① 자동차 냉각수에 부동액을 넣으면 잘 얼지 않는다.
② 순금은 무르기 때문에 금에 구리를 섞어 강도가 높은 18 K 반지를 만든다.
③ 철에 크로뮴과 니켈을 섞으면 개선된 성질을 가지는 합금을 만들 수 있다.
④ 눈이 쌓인 도로에 염화 칼슘을 뿌리면 염화 칼슘이 물과 혼합되어 어는점이 높아진다.
⑤ 달걀을 삶을 때 물에 소금을 넣어 주면 소금물의 끓는점이 물보다 높아져 달걀이 더 빨리 익는다.

08 혼합물의 어는점이 낮아지는 성질을 이용한 예에 대해 잘못 설명하고 있는 학생은?

① 풍식 : 강은 얼어도 바다는 얼지 않아.
② 풍돌 : 그러니까 바다의 물고기는 겨울에도 살 수 있어.
③ 풍순 : 달걀을 삶을 때 소금을 넣는 것도 마찬가지야.
④ 장풍 : 겨울에 장독의 간장이 얼지 않는 것도 포함되지.
⑤ 풍미 : 자동차 냉각수에 부동액을 넣어 주는 것도 같은 원리야.

09 추운 겨울철 눈이 내린 도로에 염화 칼슘을 뿌리는 까닭으로 옳은 것은?

① 눈을 잘 얼게 만든다.
② 눈의 승화 작용을 돕는다.
③ 어는점을 낮추어 물을 얼지 않게 한다.
④ 마찰력을 높여 차가 미끄러지지 않게 한다.
⑤ 햇빛을 받는 면적을 넓혀 눈이 빨리 녹게 만든다.

❷ 밀도

10 밀도에 대한 설명으로 옳지 않은 것은?

① 물질의 양에 관계없이 일정한 값을 나타낸다.
② 질량이 일정할 때 밀도와 부피는 반비례한다.
③ 밀도의 단위로는 g/mL, g/cm³ 등을 사용한다.
④ 밀도는 물질이 차지하는 단위 질량당 부피를 말한다.
⑤ 밀도가 큰 물질은 밀도가 작은 물질 아래로 가라앉는다.

11 그림은 질량이 490 g인 물체 A를 B와 C로 나눈 것을 나타낸 것이다.

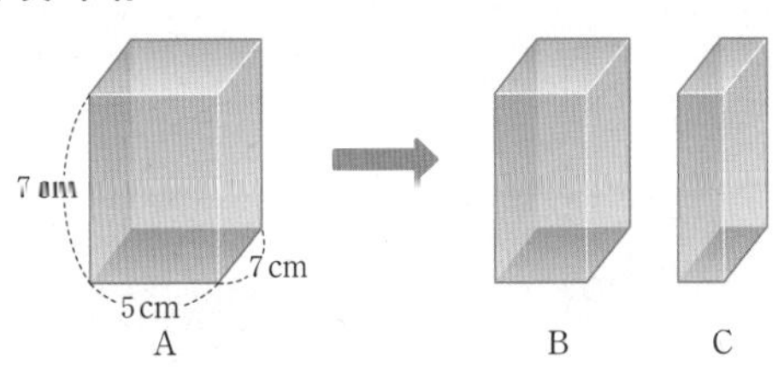

B의 질량이 300 g일 때, B, C의 부피와 밀도를 옳게 짝지은 것은?

	B의 부피 (cm³)	B의 밀도 (g/cm³)	C의 부피 (cm³)	C의 밀도 (g/cm³)
①	100	2	45	2
②	100	4	95	4
③	145	2	150	4
④	150	2	95	2
⑤	150	4	145	4

12 ★중요 그림은 물에 녹지 않는 고체 A~D의 부피와 질량을 나타낸 것이다. 이에 대한 설명으로 옳지 않은 것은? (단, 물의 밀도는 1 g/cm³이다.)

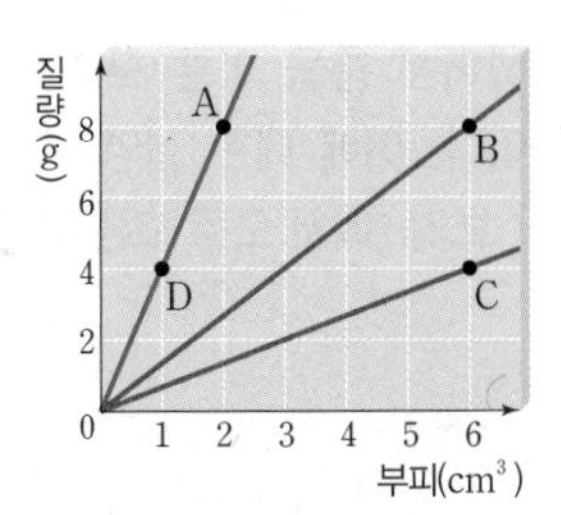

① A의 밀도는 4 g/cm³이다.
② B와 C는 물 아래로 가라앉는다.
③ 직선의 기울기는 밀도를 나타낸다.
④ 같은 직선 상에 있는 물질은 밀도가 같다.
⑤ 각 밀도를 비교하여 부등호로 나타내면 A=D>B>C이다.

13 표는 고체 A~E의 질량과 부피를 나타낸 것이다.

물질	A	B	C	D	E
질량(g)	10	15	20	20	30
부피(cm³)	10	5	10	40	15

A~E 중 같은 물질끼리 옳게 짝지은 것은?

① A와 B　② A와 C　③ B와 E
④ C와 D　⑤ C와 E

14 ★중요 그림은 60 mL의 물이 들어 있는 눈금실린더에 질량이 75 g인 어떤 고체를 넣은 모습을 나타낸 것이다.

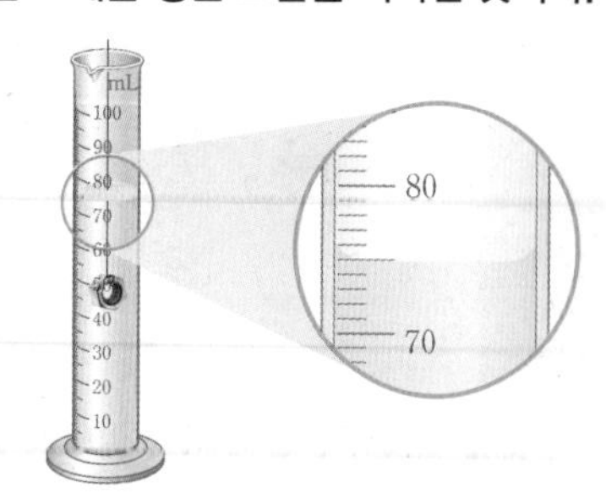

이 고체의 부피와 밀도를 옳게 짝지은 것은? (단, 고체는 물에 녹지 않는다.)

	부피	밀도		부피	밀도
①	10 mL	5 g/mL	②	10 mL	10 g/mL
③	15 mL	5 g/mL	④	15 mL	10 g/mL
⑤	20 mL	15 g/mL			

15 ★중요 그림은 여러 가지 물질을 컵에 넣어서 층을 이룬 모습을 나타낸 것이다. 이에 대한 설명으로 옳은 것을 | 보기 |에서 모두 고른 것은?

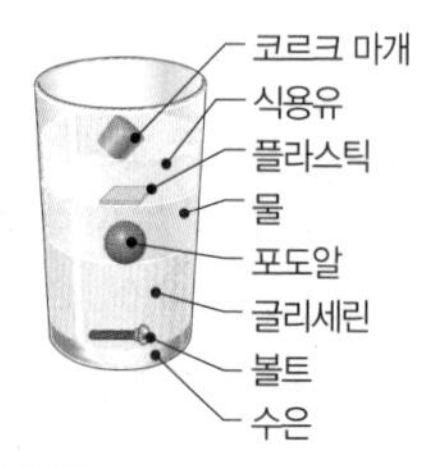

| 보기 |
ㄱ. 밀도가 클수록 컵의 위쪽에 위치한다.
ㄴ. 밀도가 가장 작은 액체 물질은 식용유이다.
ㄷ. 물의 질량이 2배가 되면 밀도도 2배가 될 것이다.

① ㄱ ② ㄴ ③ ㄱ, ㄷ
④ ㄴ, ㄷ ⑤ ㄱ, ㄴ, ㄷ

16 다음 중 밀도를 이용한 원리가 다른 하나는?

① 구명조끼를 입으면 물에 뜬다.
② LNG 누출 경보기는 천장에 설치한다.
③ 풍선 속에 헬륨 기체를 채워 공중에 띄운다.
④ 열기구 안의 공기를 가열하여 열기구를 공중에 띄운다.
⑤ 사해는 다른 지역보다 염분이 높아 사람이 쉽게 뜰 수 있다.

서술형 문제

17 그림 (가)와 (나)는 순물질과 혼합물의 입자 모형을 순서 없이 나타낸 것이다.

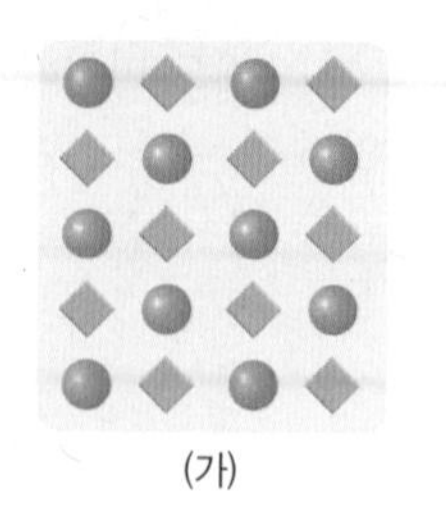

(가)

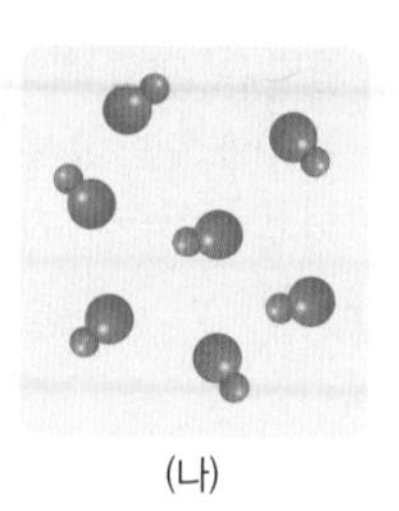

(나)

순물질과 혼합물의 입자 모형을 각각 고르고, 그렇게 생각한 까닭을 서술하시오.

물질을 이루는 종류의 개수

18 그림 A와 B는 달걀을 물과 소금물에 각각 넣었을 때의 모습을 순서 없이 나타낸 것이다. A와 B 중 달걀을 소금물에 넣었을 때의 모습은 무엇인지 고르고, 그렇게 생각한 까닭을 서술하시오.

A

B

KEY 소금물의 밀도 > 달걀의 밀도

19 그림 (가)와 (나)는 각각 물과 소금물을 순서없이 나타낸 것이다.

(가)

(나)

두 물질을 맛을 보지 않고 구별할 수 있는 방법을 두 가지 이상 서술하시오.

끓는점, 어는점, 밀도

20 그림은 고체인 나프탈렌과 파라－다이클로로벤젠, 두 고체의 혼합물의 가열 곡선을 나타낸 것이다.

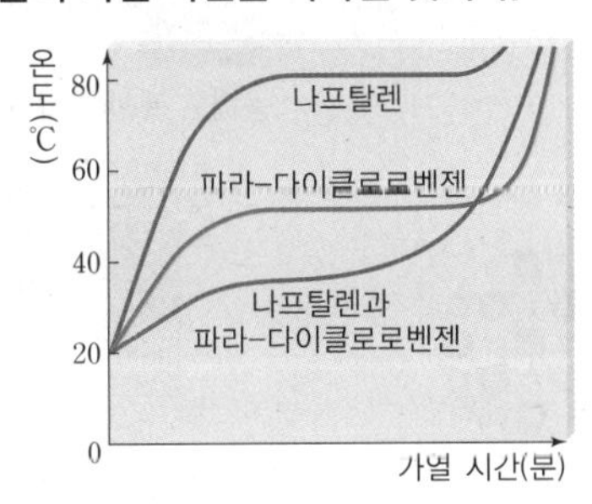

이에 대한 설명으로 옳은 것을 보기 에서 모두 고른 것은?

보기
ㄱ. 나프탈렌과 파라－다이클로로벤젠은 순물질이다.
ㄴ. 나프탈렌과 파라－다이클로로벤젠의 혼합물의 가열 곡선은 성분 물질의 비율에 따라 다르게 나타날 것이다.
ㄷ. 이 그림을 통해 용접할 때 땜납을 사용하는 까닭을 설명할 수 있다.

① ㄱ ② ㄴ ③ ㄱ, ㄷ
④ ㄴ, ㄷ ⑤ ㄱ, ㄴ, ㄷ

21 그림은 물이 든 컵에 방울토마토를 넣은 후 설탕을 계속 녹여가면서 방울토마토를 관찰한 실험을 나타낸 것이다.

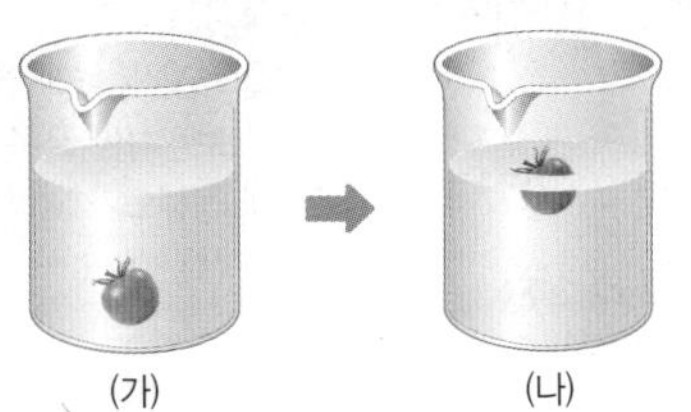

이에 대한 설명으로 옳은 것을 보기 에서 모두 고른 것은?

보기
ㄱ. 설탕 대신 소금을 사용해도 비슷한 결과가 나타난다.
ㄴ. (나)에서 방울토마토의 밀도는 설탕물의 밀도보다 크다.
ㄷ. 물에 녹인 설탕의 양이 많아질수록 설탕물의 밀도는 작아진다.

① ㄱ ② ㄴ ③ ㄷ
④ ㄱ, ㄴ ⑤ ㄱ, ㄴ, ㄷ

22 다음은 아르키메데스의 실험에 대한 설명을 나타낸 것이다.

고대 그리스의 과학자 아르키메데스는 왕으로부터 왕관이 순금으로 만들어져 있는지를 밝혀내라는 명령을 받았다. 그는 뜻밖에도 물이 가득찬 목욕탕에서 해결 방법을 찾게 되었는데, 자신이 들어간 목욕탕의 물이 넘치는 것을 보며, "Eureka!(찾았다!)"라고 외쳤다. 집으로 간 아르키메데스는 왕관과 같은 질량의 순금을 물에 담그니 왕관보다 훨씬 적은 양의 물이 넘치는 것을 확인할 수 있었다.

이 실험에 대한 설명으로 옳은 것을 모두 고르면?

① 왕관은 순금으로 만들어져 있다.
② 왕관의 부피는 순금의 부피보다 크다.
③ 왕관의 밀도는 순금의 밀도보다 크다.
④ 왕관에는 순금보다 밀도가 큰 물질이 섞여 있다.
⑤ 넘친 물의 부피는 아르키메데스 몸의 부피와 같다.

23 표는 가정에서 사용하는 LPG(액화 석유 가스)와 LNG(액화 천연 가스), 공기의 25 ℃, 1기압에서의 밀도를 나타낸 것이고, 그림은 가스 누출 경보기를 설치할 위치를 A와 B로 나타낸 것이다.

구분	밀도(g/mL)
LPG	0.00186
LNG	0.00075
공기	0.00121

A와 B 중 집 안에 LPG와 LNG의 가스 누출 경보기를 설치하기에 적절한 위치와 그 까닭을 옳게 짝지은 것은?

① LPG－A, LPG의 밀도는 공기보다 커서 가스가 유출되면 위쪽으로 퍼진다.
② LPG－B, LPG의 부피는 공기보다 커서 가스가 유출되면 아래쪽으로 퍼진다.
③ LNG－A, LNG의 밀도는 공기보다 작아서 가스가 유출되면 위쪽으로 퍼진다.
④ LNG－B, LNG의 밀도는 공기보다 작아서 가스가 유출되면 아래쪽으로 퍼진다.
⑤ LNG－B, LNG의 부피는 공기보다 작아서 가스가 유출되면 아래쪽으로 퍼진다.

02 물질의 특성 (2)

- 고체의 용해도를 측정하고 용해도가 물질의 특성임을 설명할 수 있으며 온도와 압력에 따른 기체의 용해도를 설명할 수 있다.
- 끓는점, 녹는점, 어는점이 물질의 특성임을 알고 이용되는 생활 속의 예를 설명할 수 있다.

❶ 용해도

1 용해와 용액

(1) **용해** : 한 물질이 다른 물질에 녹아 골고루 섞이는 현상

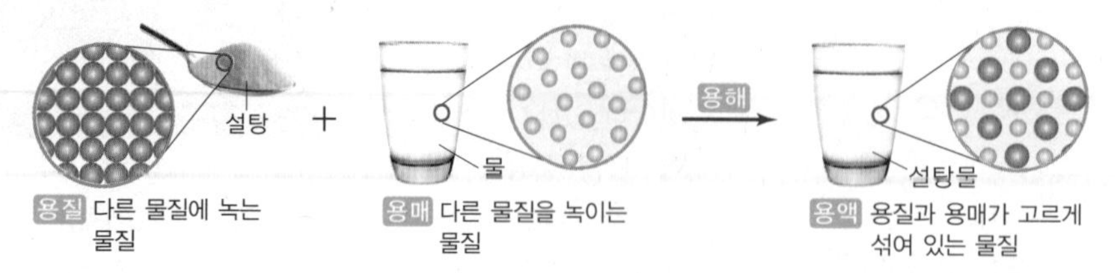

(2) **용액의 특징**

① 용질 입자가 보이지 않아 투명하며 가만히 두어도 가라앉는 물질이 없다.

② 거름종이로 걸러지지 않는다.

③ 용액의 어느 부분을 취하더라도 맛, 색깔 등 용액의 성질이 같다.

(3) **용액의 종류**

① 포화 용액 : 어떤 온도에서 일정량의 용매에 용질이 최대로 녹아 있는 용액

② 불포화 용액 : 포화 용액보다 적은 양의 용질이 녹아 있는 용액

↳ 불포화 용액을 포화 용액으로 만들려면 온도를 낮추거나 용질을 더 넣으면 돼~

2 용해도 : 일정한 온도에서 용매 100 g에 최대로 녹을 수 있는 용질의 g 수

(1) 용해도는 물질의 고유한 값을 나타내는 물질의 특성으로 용매와 용질의 종류, 온도에 따라 달라진다. ➡ 물질의 용해도를 나타낼 때에는 온도를 함께 표시해야 한다.

(2) 온도가 일정할 때 같은 용매에 대한 용해도는 물질의 종류에 따라 달라진다.

3 고체의 용해도 : 대부분 온도가 높을수록 증가하고 압력의 영향은 거의 받지 않는다.

(1) **용해도 곡선** : 온도에 따른 고체 물질의 용해도 변화를 나타낸 그래프

① 곡선의 기울기가 클수록 온도 변화에 따른 용해도 차가 크다.

② 용액을 냉각할 때 석출되는 용질의 질량을 알 수 있다.

(2) **용질의 석출** : 용액을 냉각하면 용해도가 감소하므로 냉각한 온도에서의 용해도보다 많이 녹아 있던 용질이 석출된다.

용액 속에 녹아 있던 용질이 결정 형태로 나오는 현상이야!

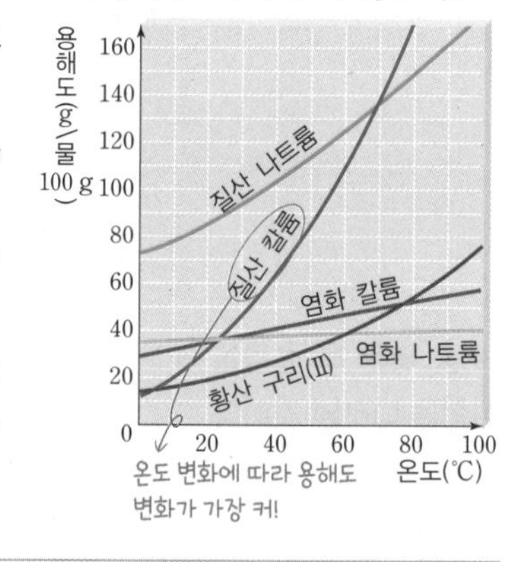

> 석출되는 용질의 질량
> =처음 온도에서 녹아 있던 용질의 질량−냉각한 온도에서 최대로 녹을 수 있는 용질의 질량

4 기체의 용해도 : 온도와 압력의 영향을 크게 받는다.

구분	온도	압력
용해도	온도가 높을수록 용해도가 감소한다.	압력이 낮을수록 용해도가 감소한다.
예	기포가 적게 발생함 / 기포가 많이 발생함 5 ℃ A / 20 ℃ B • 온도 : A<B • 기체 용해도 : A>B • 기포 발생량 : A<B 온도가 높을수록 이산화 탄소의 용해도가 감소하므로 따뜻한 곳에 보관한 탄산음료에서 더 많은 기포가 발생한다.	뚜껑 / 기포가 밖으로 빠져나옴 A / B • 압력 : A>B • 기체 용해도 : A>B • 기포 발생량 : A<B 탄산음료의 뚜껑을 열면 용기 안의 압력이 낮아지면서 이산화 탄소의 용해도가 감소하므로 기포가 많이 발생한다.

비타민

용해도 곡선에 나타난 용액의 종류

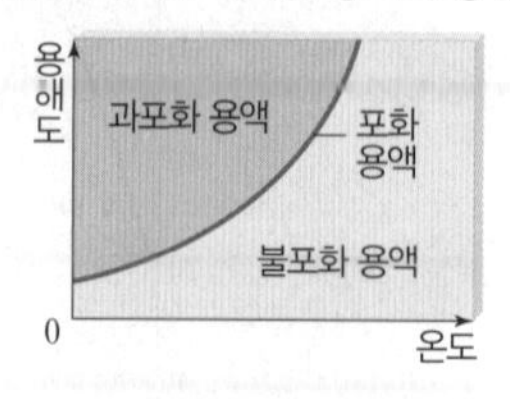

- 포화 용액 : 용해도 곡선 상
- 불포화 용액 : 용해도 곡선 아래
- 과포화 용액 : 용해도 곡선 위

포화 용액을 만드는 방법

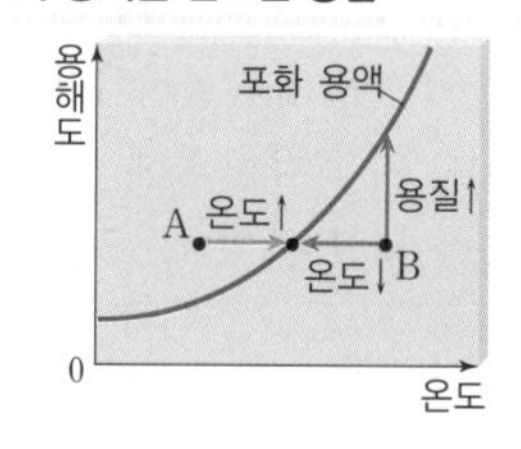

- A : 온도를 높인다.
- B : 온도를 낮추거나 용질을 더 녹인다.

온도와 압력에 따른 기체의 용해도 곡선

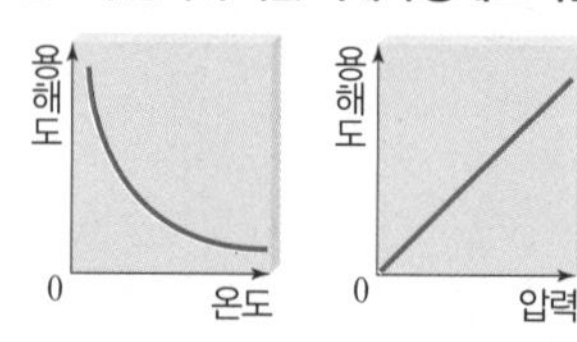

기체의 용해도는 온도가 높아질수록 감소하고, 압력이 높아질수록 증가한다.

온도에 따른 고체의 용해도와 관련된 현상

꿀을 추운 겨울에 실외에 두거나 냉장고에 보관하면 꿀 속에 들어 있는 포도당의 용해도가 낮아져 흰색 포도당 결정이 생긴다.

온도에 따른 기체의 용해도와 관련된 현상

여름철 수온이 높아지면 물고기가 수면 위로 입을 내밀고 뻐끔거린다.

압력에 따른 기체의 용해도와 관련된 현상

깊은 바닷속에 있던 잠수부가 갑자기 수면으로 올라오면 수압이 급격히 낮아져 잠수부의 혈액 속에 녹아 있던 기체가 기포를 형성하여 혈관을 막아 잠수병에 걸릴 수 있다.

필수 비타민

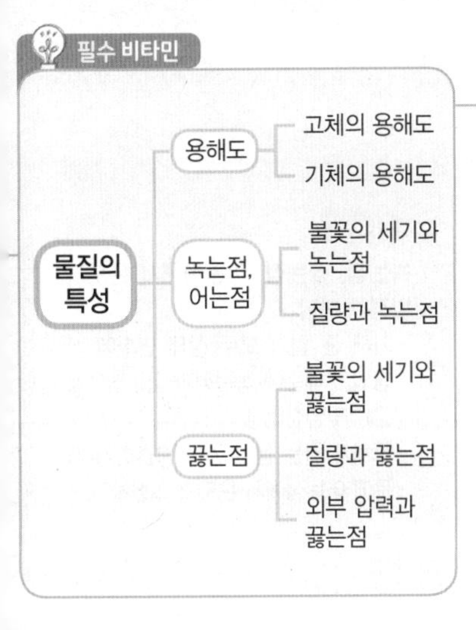

용어 & 개념 체크

❶ 용해도

01 다른 물질을 녹이는 물질을 ☐☐, 다른 물질에 녹는 물질을 ☐☐이라고 한다.

02 어떤 온도에서 일정량의 용매에 용질이 최대로 녹아 있는 용액을 ☐☐ 용액이라고 한다.

03 용해도는 일정한 온도에서 용매 ☐☐☐ g에 최대로 녹을 수 있는 용질의 ☐ ☐를 나타낸 것이다.

04 고체의 용해도를 표시할 때에는 용매의 종류와 ☐☐를 함께 표시한다.

05 기체의 용해도는 온도가 높아질수록 ☐☐하고, 압력이 높아질수록 ☐☐한다.

01 그림은 설탕을 물에 녹이는 과정을 나타낸 것이다. A~D에 알맞은 말을 각각 쓰시오. (단, A~D는 각각 용해, 용질, 용매, 용액 중 하나이다.)

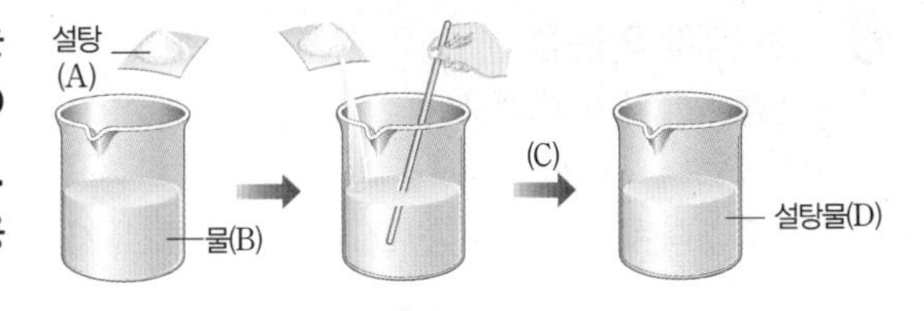

02 용해도에 대한 설명으로 옳은 것은 ○, 옳지 <u>않은</u> 것은 ×로 표시하시오.

(1) 일정한 온도에서 용액 100 g에 포함된 용질의 질량을 말한다. ( )

(2) 고체의 용해도는 대부분 온도가 높을수록 증가하고, 압력이 높을수록 감소한다. ( )

(3) 온도와 용매가 일정한 조건에서는 용질에 따라 용해도가 다르므로 물질의 특성이 된다. ( )

03 그림은 어떤 고체의 물에 대한 용해도 곡선을 나타낸 것이다.

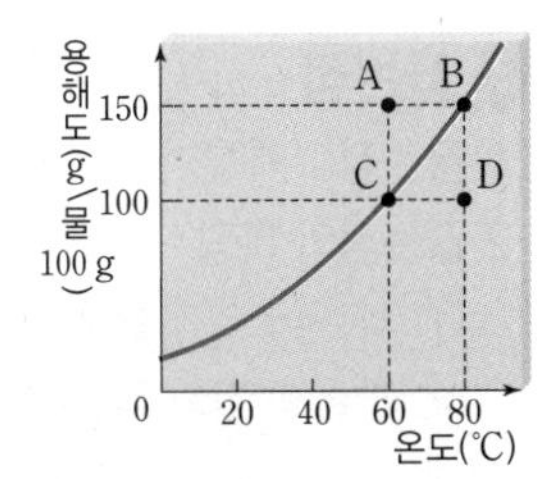

(1) A~C 중 포화 용액의 기호를 <u>모두</u> 쓰시오.

(2) D 용액을 포화 용액으로 만들기 위한 용액의 온도는 몇 ℃인지 쓰시오.

04 그림은 여러 가지 고체 물질의 용해도 곡선을 나타낸 것이다. 70 ℃의 물 100 g에 각 고체 물질을 녹여 포화 용액으로 만든 후 30 ℃로 냉각했다.

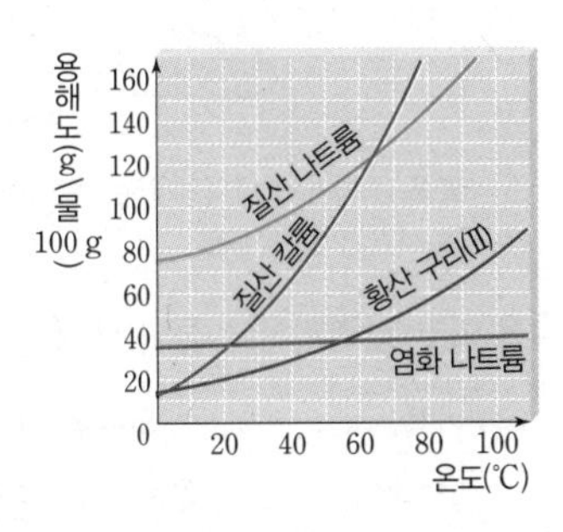

(1) 석출량이 가장 많은 물질은 무엇인지 쓰시오.

(2) 질산 나트륨의 경우 석출되는 질량은 몇 g인지 구하시오. (단, 30 ℃와 70 ℃에서 질산 나트륨의 용해도는 각각 90과 130이다.)

05 기체의 용해도와 관련된 현상으로 옳은 것은 ○, 옳지 <u>않은</u> 것은 ×로 표시하시오.

(1) 더운 여름날에 물고기들이 수면으로 떠올라 입을 뻐끔거린다. ( )

(2) 미지근한 사이다의 병마개를 따면 거품이 많이 생긴다. ( )

(3) 겨울철 꿀을 실외에 두면 흰색 결정이 생긴다 ( )

(4) 수돗물을 가열하여 염소 냄새를 제거한다. ( )

② 녹는점과 어는점

가열하거나 냉각하는 물질이 순물질이면 이 구간이 수평한 직선으로 나타나!

1 녹는점 : 고체가 액체로 변할 때 일정하게 유지되는 온도 - 고체와 액체가 함께 존재해!

2 어는점 : 액체가 고체로 변할 때 일정하게 유지되는 온도 - 액체와 고체가 함께 존재해!

3 녹는점과 어는점의 특징

(1) 물질의 녹는점과 어는점은 같다.

(2) 물질의 종류에 따라 녹는점과 어는점이 다르다.

(3) 같은 물질의 녹는점과 어는점은 불꽃의 세기나 양에 관계없이 일정하다.

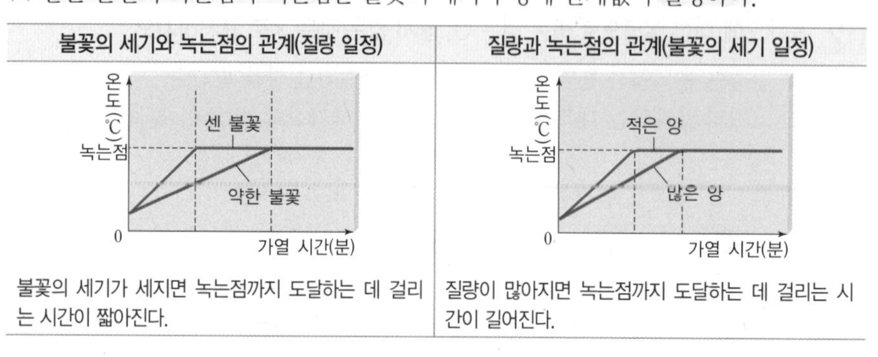

불꽃의 세기와 녹는점의 관계(질량 일정)	질량과 녹는점의 관계(불꽃의 세기 일정)
불꽃의 세기가 세지면 녹는점까지 도달하는 데 걸리는 시간이 짧아진다.	질량이 많아지면 녹는점까지 도달하는 데 걸리는 시간이 길어진다.

③ 끓는점 - 외부 압력이 1기압(=대기압)일 때의 끓는점을 기준 끓는점이라고 해!

1 끓는점 : 액체가 기체로 변할 때 일정하게 유지되는 온도

2 끓는점의 특징

(1) 압력이 일정할 때 끓는점은 물질의 종류에 따라 다르다.

(2) 같은 물질의 끓는점은 불꽃의 세기나 양에 관계없이 일정하다. - 끓는점에 도달하는 시간만 달라져~

불꽃의 세기와 끓는점의 관계(질량 일정)	질량과 끓는점의 관계(불꽃의 세기 일정)
불꽃의 세기가 세지면 끓는점까지 도달하는 데 걸리는 시간이 짧아진다.	질량이 많아지면 끓는점까지 도달하는 데 걸리는 시간이 길어진다.

3 외부 압력과 끓는점의 관계 - 끓는점은 외부 압력의 영향을 많이 받아~

구분	외부 압력이 높을 때	외부 압력이 낮을 때
관계	물질의 끓는점이 높아진다.	물질의 끓는점이 낮아진다.
예	압력솥에 밥을 지으면 일반 밥솥이나 냄비보다 쌀이 빨리 익는다. 물의 끓는점보다 높은 온도에서 쌀이 가열되기 때문에 쌀이 빨리 익게 되지~	높은 산에서 밥을 지으면 쌀이 설익는다. 높은 산 위가 지면보다 대기압이 낮기 때문에 물이 낮은 온도에서 끓기 시작해서 쌀이 설익는 거야~

4 녹는점, 끓는점과 물질의 상태 : 어떤 온도에서 물질의 상태는 녹는점과 끓는점에 따라 결정된다.

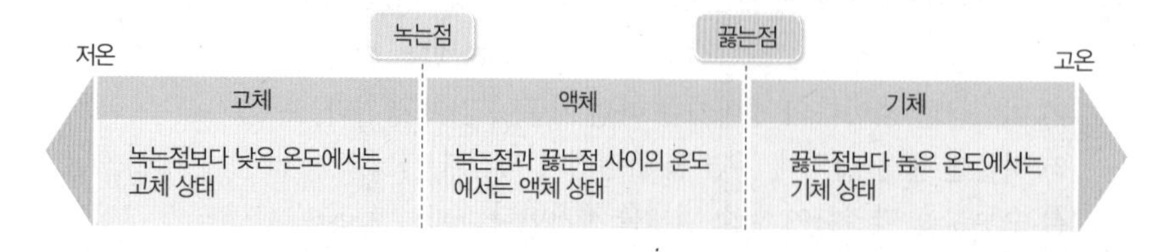

비타민

녹는점, 끓는점, 어는점에서 온도가 일정한 까닭

- 가해 준 열이 모두 상태 변화에 사용되기 때문에 녹는점과 끓는점에서 온도가 일정하다.
- 액체가 어는 동안 열을 방출하기 때문에 어는점에서 온도가 일정하다.

녹는점을 이용한 예

- 녹는점이 낮은 성질을 이용 : 땜납, 퓨즈 등
- 녹는점이 높은 성질을 이용 : 전구의 필라멘트, 우주선의 본체, 전자레인지용 그릇, 소방관의 방화복, 거푸집 등

여러 가지 액체의 가열 곡선
(단, 외부 압력과 불꽃의 세기는 모두 같다.)

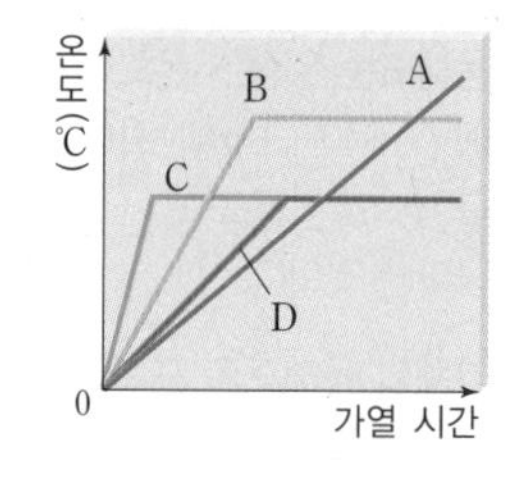

- 끓는점 : A > B > C = D
- 끓는점이 같은 C와 D는 같은 물질이고, C가 D보다 질량이 작다.
- 가장 빨리 끓기 시작하는 것은 C이다.

외부 압력에 따른 끓는점의 변화

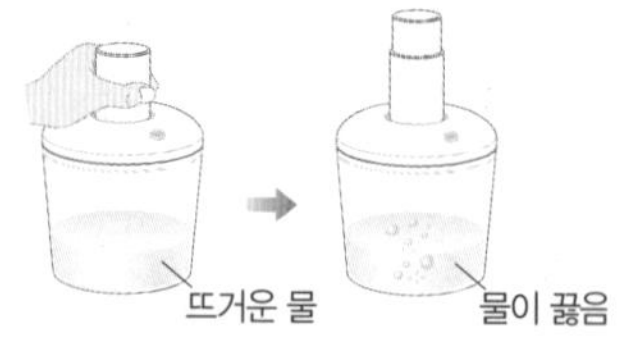

감압 용기에 80 ℃~90 ℃ 정도의 물을 넣고 펌프로 공기를 빼내면 압력이 낮아지면서 물의 끓는점이 낮아지기 때문에 물이 끓는다.

녹는점, 어는점, 끓는점과 물질 입자 사이의 인력

녹는점, 어는점, 끓는점이 물질의 종류에 따라 다른 까닭은 물질을 구성하는 입자들 사이의 인력이 약한 물질은 녹는점, 어는점, 끓는점이 낮고, 입자 사이의 인력이 강한 물질은 녹는점, 어는점, 끓는점이 높기 때문이다.

용어 & 개념 체크

❷ 녹는점과 어는점

06 고체가 액체로 변할 때 일정하게 유지되는 온도를 □□□이라고 하고, 액체가 고체로 변할 때 일정하게 유지되는 온도를 □□□이라고 한다.

07 녹는점과 어는점은 물질마다 고유한 값을 갖기 때문에 □□□ □□에 해당한다.

❸ 끓는점

08 액체가 기체로 변할 때 일정하게 유지되는 온도를 □□□이라고 한다.

09 외부 압력이 □□□□ 물질의 끓는점이 높아진다.

10 녹는점과 끓는점 사이의 온도에서 물질은 □□ 상태이다.

06 녹는점과 어는점에 대한 설명으로 옳은 것은 ○, 옳지 않은 것은 ×로 표시하시오.

(1) 같은 물질의 녹는점과 어는점은 같다. ( )

(2) 녹는점과 어는점에서는 고체와 액체가 함께 존재한다. ( )

(3) 같은 물질이라도 질량이 증가하면 녹는점이 올라간다. ( )

(4) 액체의 냉각 곡선에서 수평한 부분의 온도가 어는점이다. ( )

(5) 녹는점이 높은 물질은 입자 사이의 인력이 약한 물질이다. ( )

07 그림은 어떤 고체의 가열·냉각 곡선을 나타낸 것이다.

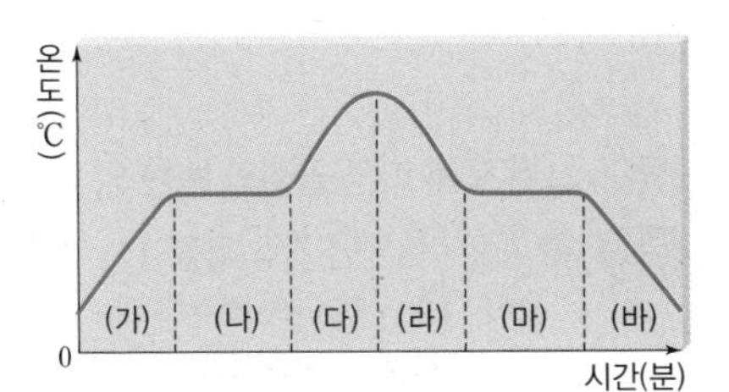

(1) (나) 구간의 온도를 무엇이라고 하는지 쓰시오.

(2) 액체 상태로만 존재하는 구간을 모두 쓰시오.

08 그림은 고체 A~E를 가열했을 때의 온도 변화를 나타낸 것이다. (단, 외부 압력과 불꽃의 세기는 모두 같다.)

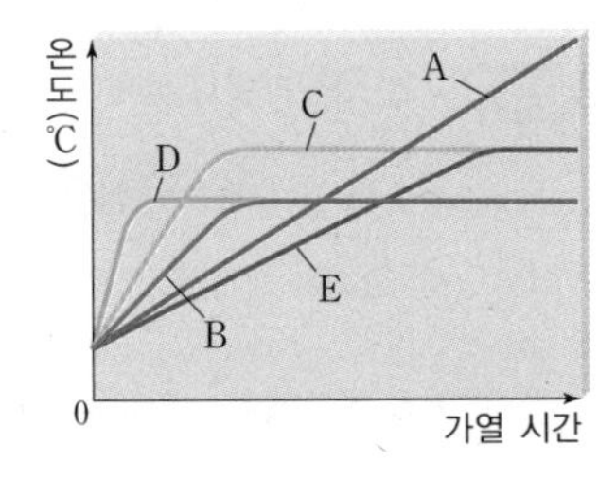

(1) A~E 중 같은 물질끼리 옳게 짝지은 것을 |보기|에서 모두 고르시오.

| 보기 |
ㄱ. A와 B　　ㄴ. B와 D　　ㄷ. C와 D
ㄹ. C와 E　　ㅁ. D와 E

(2) A~E 중 물질을 이루고 있는 입자 사이의 인력이 가장 강한 물질을 고르시오.

09 다음은 외부 압력에 따라 끓는점이 변화하는 예에 대한 설명을 나타낸 것이다. 빈칸에 알맞은 말을 고르시오.

> 압력솥은 솥 내부 압력을 (㉠ 높여서, 낮춰서) 물의 끓는점을 (㉡ 높이므로, 낮추므로) 100 ℃보다 높은 온도로 단시간에 가열할 수 있어 감자가 빨리 익는다.

10 표는 물질 A~C의 녹는점과 끓는점을 나타낸 것이다.

물질	A	B	C
녹는점(℃)	97.8	−114	−219
끓는점(℃)	889	78.2	−183

상온(25 ℃)에서 물질 A~C는 각각 어떤 상태로 존재하는지 쓰시오.

MUST 해부!

탐구 고체의 용해도 측정

[탐구 1] 물질의 종류에 따른 물질의 녹는 양 비교

과정 ❶ 빈 비커 2개에 상온의 물 10 g을 각각 넣는다.
❷ 물을 넣은 비커에 염화 나트륨과 질산 나트륨을 더 이상 녹지 않을 때까지 각각 1 g씩 넣어 녹인다.

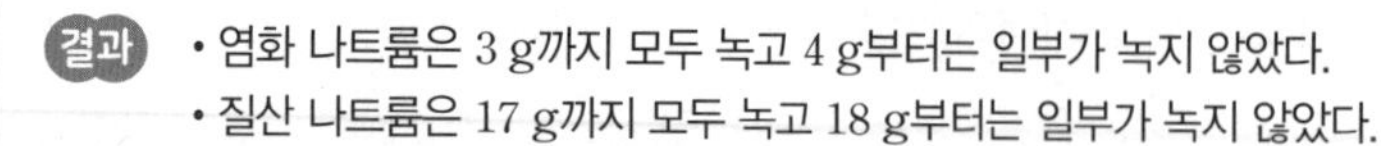

결과 • 염화 나트륨은 3 g까지 모두 녹고 4 g부터는 일부가 녹지 않았다.
• 질산 나트륨은 17 g까지 모두 녹고 18 g부터는 일부가 녹지 않았다.

정리 온도가 일정할 때 같은 용매에 대한 용해도는 용질의 종류에 따라 다르다.

탐구 시 유의점
• 유리로 된 기구가 깨지지 않도록 주의한다.
• 시약병에 들어 있는 질산 칼륨이 피부에 직접 닿지 않도록 주의한다.

[탐구 2] 온도에 따른 물질의 녹는 양 비교

과정 ❶ 시험관 4개에 각각 물을 10 g씩 넣은 다음, 질산 칼륨을 6 g, 9 g, 12 g, 15 g씩 넣는다.
❷ 스타이로폼 판지에 ❶의 시험관 4개와 온도계를 고정하고 물이 들어 있는 비커에 넣는다.
❸ 질산 칼륨이 모두 녹을 때까지 물 중탕으로 가열한다.
❹ 질산 칼륨이 모두 녹으면 비커를 가열 장치에서 내려놓고, 그대로 두어 식히면서 각 시험관에서 흰색 고체가 생기기 시작하는 온도를 측정한다.

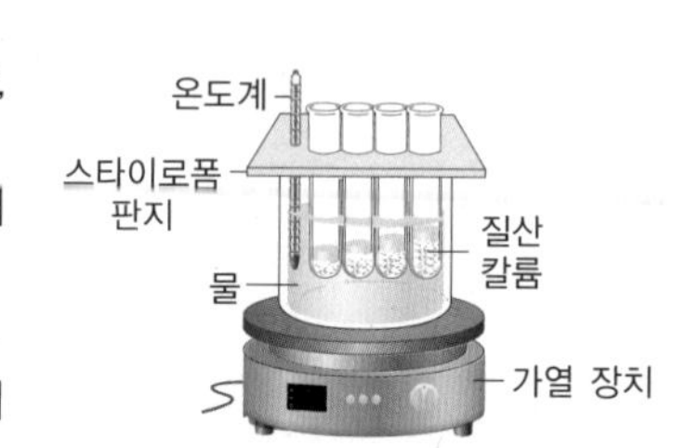

결과 • 각 시험관에서 흰색 고체가 생기기 시작할 때의 물의 온도

고체가 생기기 시작할 때 용액은 포화 상태야~!!

물 10 g에 녹인 질산 칼륨의 질량(g)	6	9	12	15
고체가 생기기 시작하는 물의 온도(℃)	38	53	65	75

질산 칼륨의 질량이 많은 시험관부터 고체가 생기기 시작한다는 것을 알 수 있지~

• 각 온도에서 나타나는 질산 칼륨의 용해도

고체가 생기기 시작하는 물의 온도(℃)	38	53	65	75
용해도(g/물 100 g)	60	90	120	150

① 38 ℃ 물 10 g에 최대로 녹을 수 있는 질산 칼륨의 질량 : 6 g
② 38 ℃ 물 100 g에 최대로 녹을 수 있는 질산 칼륨의 질량 : 60 g
③ 38 ℃에서 질산 칼륨의 용해도 : 60

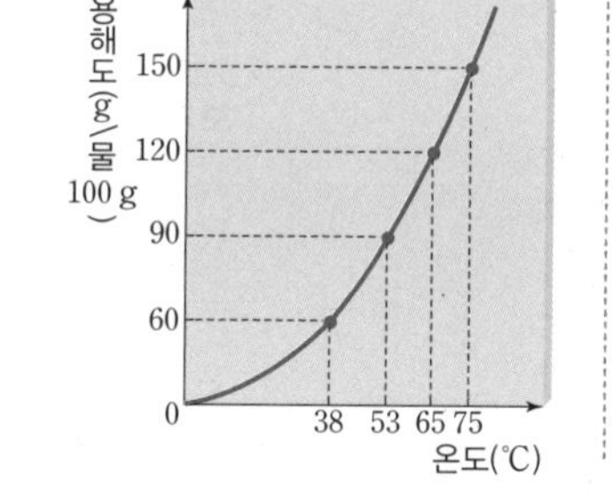

정리 온도가 높아질수록 고체의 용해도는 증가한다.

탐구 알약

정답과 해설 23쪽

01 위 실험에 대한 설명으로 옳은 것은 ○, 옳지 않은 것은 ×로 표시하시오.

(1) 물질의 종류가 달라져도 용해도는 일정하다. ( )
(2) 온도가 높을수록 질산 칼륨의 용해도는 증가한다. ( )
(3) 53 ℃ 물 100 g에 질산 칼륨 90 g을 녹이면 포화 용액이 된다. ( )
(4) 75 ℃ 물 10 g에 질산 칼륨 15 g을 넣고 65 ℃로 냉각하면 질산 칼륨 3 g이 석출된다. ( )

서술형

02 그림은 어느 고체의 물에 대한 용해도 곡선을 나타낸 것이다. A 용액을 포화 용액으로 만드는 방법을 온도와 관련지어 서술하시오.

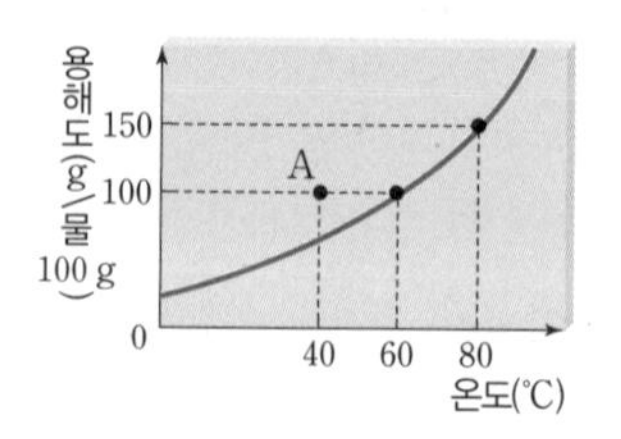

과포화 용액 ⇨ 온도↑ ⇨ 포화 용액

MUST 해부!

탐구 액체의 끓는점 측정

과정

❶ 가지 달린 시험관에 메탄올 10 mL와 끓임쪽 2~3개를 넣는다. 끓임쪽은 액체가 갑자기 끓어오르는 것을 방지하기 위해서 넣어! 아주 작은 구멍이 있는 유리나 사기, 돌 조각 등을 주로 사용하지!

❷ 온도계의 끝부분이 시험관의 가지 끝에 오도록 고무마개를 시험관에 설치한다. 온도계의 끝부분이 가지 달린 부분에 오도록 설치하면 기화된 물질의 온도를 조금 더 정확하게 측정할 수 있어!

❸ 시험관의 가지 끝에는 고무관을 연결하고, 그 끝에는 또 다른 시험관을 연결하여 찬물에 담가 놓는다.
증발된 메탄올 기체는 온도가 낮은 시험관 벽에서 다시 액화될 거야!

❹ 비커에 물을 반쯤 넣고 시험관을 담근 후에 가열한다.
시험관을 물중탕하는 까닭은 메탄올이 폭발할 가능성이 있기 때문이야! 밑에서 추가로 진행할 에탄올의 경우에도 불이 붙기 쉬운 물질이기 때문에 물중탕으로 간접적으로 열을 전달하는 거지!

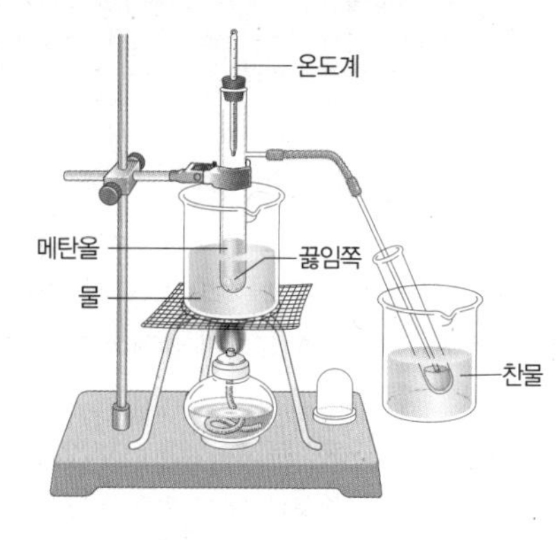

❺ 가열이 시작되면 30초 간격으로 시험관 속의 온도를 측정한다.

❻ 메탄올이 끓기 시작하는 온도를 기록하고, 그 이후로 1분 정도 더 가열한 후 불을 끈다.

❼ ❶~❻의 과정을 메탄올 20 mL, 에탄올 10 mL, 에탄올 20 mL에 대해서도 반복적으로 수행한다.

탐구 시 유의점

- 가열하는 불꽃의 세기는 일정하다고 가정한다.
- 온도계는 가지 달린 곳에 설치하고 가지 달린 시험관이 비커 바닥에 닿지 않도록 설치한다.

결과

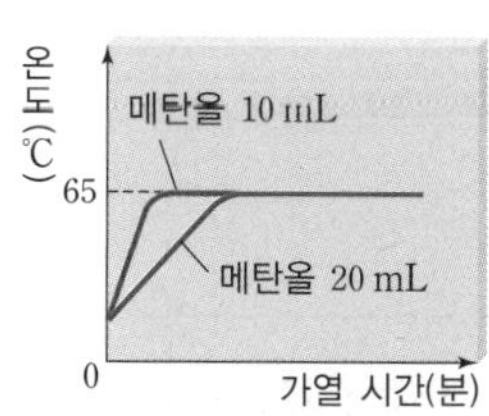

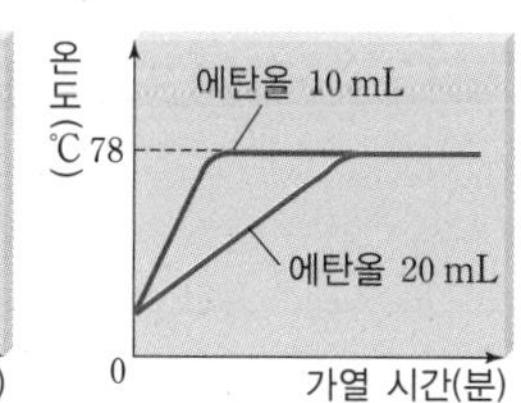

물질	끓는점	끓기 시작한 시간
메탄올 10 mL	65 ℃	50초
메탄올 20 mL	65 ℃	1분 30초
에탄올 10 mL	78 ℃	55초
에탄올 20 mL	78 ℃	1분 40초

정리

- 끓는점은 물질의 양에 관계없이 일정하다.
  ➡ 같은 물질인 경우 물질의 양이 달라지면 끓을 때까지 걸리는 시간은 달라지지만 끓는점은 변하지 않는다.
- 메탄올은 65 ℃에서 끓었고, 에탄올은 78 ℃에서 끓었다.
  ➡ 끓는점이 다르므로 두 물질을 구별할 수 있다.

탐구 알약

정답과 해설 23쪽

03 위 실험에 대한 설명으로 옳은 것은 ○, 옳지 않은 것은 ×로 표시하시오.

(1) 끓는점은 물질의 특성이다. ( )

(2) 끓는점은 물질의 종류에 관계없이 일정하다. ( )

(3) 에탄올 5 mL를 가열하면 약 39 ℃에서 끓을 것이다. ( )

(4) 물질의 양이 적을수록 끓는점에 도달하는 시간이 짧다. ( )

(5) 끓임쪽을 넣는 것은 물질에 열을 빨리 전달하기 위함이다. ( )

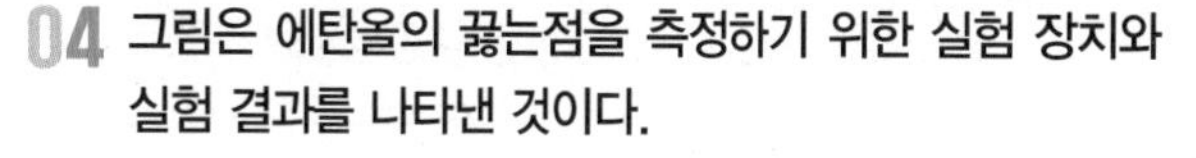

04 그림은 에탄올의 끓는점을 측정하기 위한 실험 장치와 실험 결과를 나타낸 것이다.

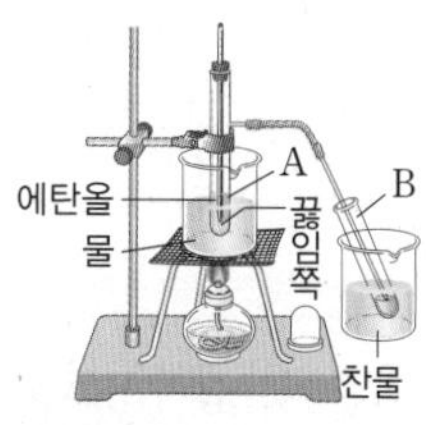

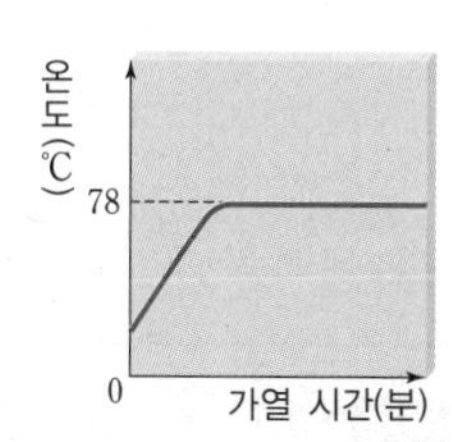

이 실험에 대한 설명으로 옳은 것을 | 보기 | 에서 모두 고르시오.

보기

ㄱ. 그래프의 수평한 부분에는 기체 상태만 존재한다.
ㄴ. 에탄올의 부피를 2배로 늘리면 끓는점이 높아진다.
ㄷ. A 시험관에서는 기화가, B 시험관에서는 액화가 일어난다.

고체의 용해도

고체의 용해도와 관련된 문제는 시험 문제에 자주 출제돼!! 정말 많이 헷갈리는 부분이니까 이 부분에서는 기본 개념을 확실하게 짚고 넘어가야 해~!! 일단 용해도는 용매 100 g을 기준으로 한다는 것!! 하지만 응용이 많이 될 수 있는 부분이니까 다양한 유형을 통해 연습해 보도록 하자~!!

01 용매의 질량이 100 g인 포화 용액을 냉각하는 경우

예제 80 ℃의 질산 칼륨 포화 용액 269 g을 20 ℃로 냉각할 때 석출되는 질산 칼륨은 몇 g인가? (단, 20 ℃와 80 ℃에서 질산 칼륨의 용해도는 각각 32와 169이다.)

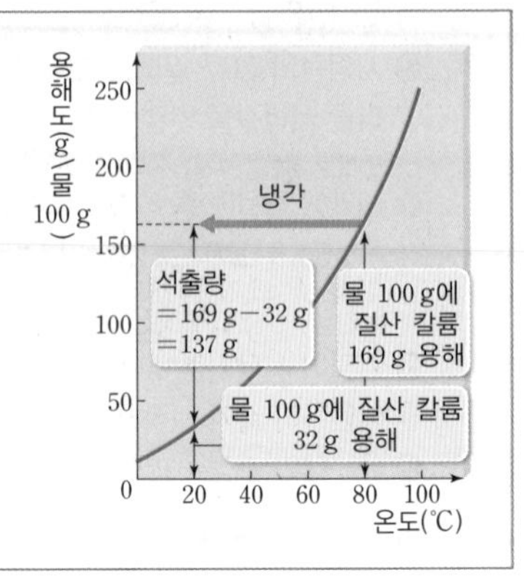

[풀이]

① 80 ℃의 질산 칼륨 포화 용액 269 g에는 물 100 g에 질산 칼륨이 169 g 녹아 있어~

② 이 용액을 20 ℃로 냉각했을 때 질산 칼륨은 32 g 녹을 수 있지?

③ 석출량은 처음 녹아 있던 질량에서 냉각했을 때 최대로 녹을 수 있는 질량을 빼주면 구할 수 있겠지?
따라서 169 g − 32 g이므로 137 g의 질산 칼륨이 석출된다는 걸 확인할 수 있어!

02 용매의 질량이 100 g이 아닌 포화 용액을 냉각하는 경우

예제 80 ℃의 질산 나트륨 포화 용액 124 g이 있다. 이 용액을 20 ℃로 냉각할 때 석출되는 질산 나트륨은 몇 g인가? (단, 20 ℃와 80 ℃에서 질산 나트륨의 용해도는 각각 88과 148이다.)

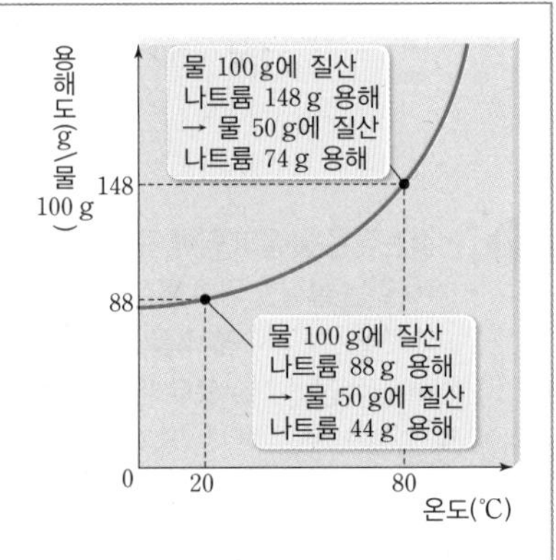

[풀이]

① 80 ℃에서는 물 100 g에 질산 나트륨이 148 g 녹아 포화 용액 248 g이 돼~

② 포화 용액 124 g에 녹아 있는 질산 나트륨의 질량을 비례식으로 구해 보자!
포화 용액 248 g : 질산 나트륨 148 g = 포화 용액 124 g : 질산 나트륨 x ∴ $x = 74$ g
따라서 포화 용액 124 g에는 질산 나트륨 74 g, 물 50 g이 들어 있다는 것을 알 수 있지!

③ 20 ℃에서 물 100 g에 최대로 녹을 수 있는 질산 나트륨의 질량은 88 g이니까 물 50 g에 최대로 녹을 수 있는 질산 나트륨의 질량을 비례식으로 구할 수 있겠지?
물 100 g : 질산 나트륨 88 g = 물 50 g : 질산 나트륨 y ∴ $y = 44$ g

④ 석출되는 질산 나트륨의 질량은 (처음 녹아 있던 질산 나트륨의 질량 − 냉각한 온도에서 최대로 녹을 수 있는 질산 나트륨의 질량)이니까 74 g − 44 g = 30 g인 것을 알 수 있어!

03 불포화 용액을 냉각하는 경우

예제 80 ℃의 물 100 g에 질산 나트륨이 130 g 녹아 있다. 이 용액을 20 ℃로 냉각할 때 석출되는 질산 나트륨은 몇 g인가? (단, 20 ℃와 80 ℃에서 질산 나트륨의 용해도는 각각 88과 148이다.)

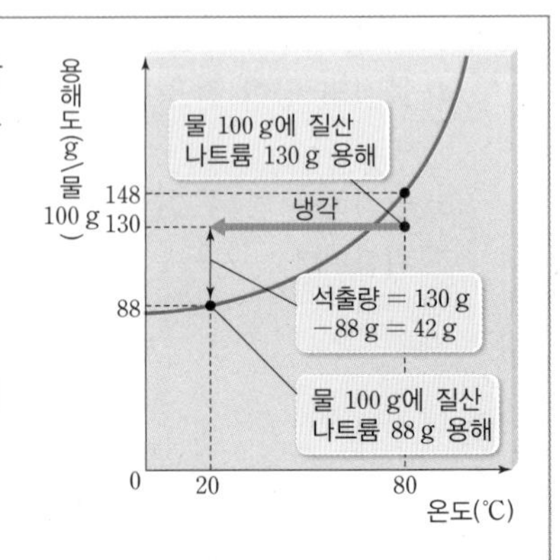

[풀이]

① 80 ℃에서 물 100 g에 녹아 있는 질산 나트륨의 질량은 130 g이야~

② 20 ℃에서 물 100 g에 최대로 녹을 수 있는 질산 나트륨의 질량은 88 g이야!

③ 석출량은 (처음 녹아 있던 질산 나트륨의 질량 − 냉각한 온도에서 최대로 녹을 수 있는 질산 나트륨의 질량)이니까 130 g − 88 g = 42 g이 석출된다는 것을 확인할 수 있어!

유형 클리닉

유형 1 용해도 곡선

그림은 어떤 고체의 용해도 곡선을 나타낸 것이다.

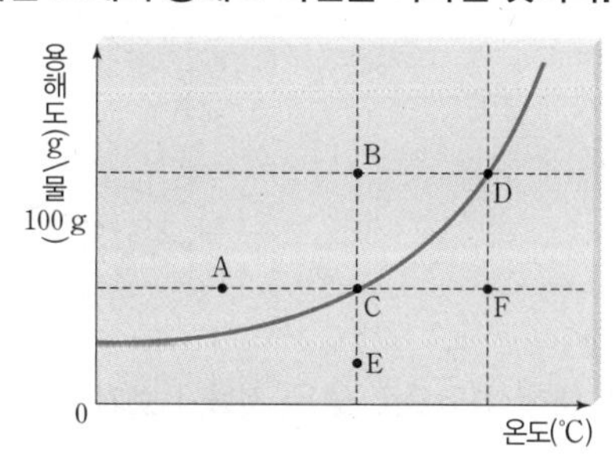

이에 대한 설명으로 옳지 않은 것은?

① 용매나 용질의 종류에 따라 곡선의 형태는 달라질 수 있다.
② A와 B 용액에는 용해도보다 많은 양의 용질이 녹아 있다.
③ C와 D는 포화 용액이며, 온도를 높이면 불포화 용액이 된다.
④ E와 F는 용질이 더 녹을 수 있는 불포화 상태이다.
⑤ 용해도는 용매의 양에 따라 변하기 때문에 물질의 특성이 아니다.

용해도 곡선을 해석하는 것은 아주 잘 이해해 두어야 해~ 용해도 곡선에서 각 지점의 용액들이 어떤 상태에 해당하는지 잘 알아두자~!!

① 용매나 용질의 종류에 따라 곡선의 형태는 달라질 수 있다.
→ 용해도 곡선은 기준이 되는 용매나 용질의 종류에 따라 얼마든지 다양한 형태로 나타날 수 있어!

② A와 B 용액에는 용해도보다 많은 양의 용질이 녹아 있다.
→ 용해도 곡선의 위쪽에 위치한 점은 과포화 용액을 나타내~ 과포화 용액에는 용해도보다 많은 양의 용질이 들어 있다는 것! 꼭 기억해~

③ C와 D는 포화 용액이며, 온도를 높이면 불포화 용액이 된다.
→ 용해도 곡선 상에 위치한 점은 포화 용액이야! 고체이므로 온도를 높이면 불포화 용액이 되겠지~

④ E와 F는 용질이 더 녹을 수 있는 불포화 상태이다.
→ 용해도 곡선 아래에 위치한 점은 불포화 용액이야~ 용질이 더 녹을 수 있겠지!

⑤ 용해도는 용매의 양에 따라 변하기 때문에 물질의 특성이 아니다.
→ 용해도는 용매 100 g을 기준으로 한 값이기 때문에 물질의 특성이 되지!

답 : ⑤

온도↑ ⇨ 고체의 용해도↑

유형 2 압력과 끓는점의 관계

끓는점과 압력에 대한 설명으로 옳은 것을 모두 고르면?

① 압력솥을 이용하면 전기밥솥을 이용하는 것보다 빨리 밥을 지을 수 있다.
② 액체가 끓으려면 외부 압력을 이길 수 있을 만큼 분자의 운동이 활발해져야 한다.
③ 높은 산에서 밥을 지을 경우 산 아래에서 밥을 지을 때보다 쌀이 더 잘 익는다.
④ 외부 압력이 높아져도 물질을 끓이기 위해 가해 주어야 하는 열의 양은 달라지지 않는다.
⑤ 끓기 직전의 물이 들어 있는 둥근바닥 플라스크의 입구를 막고 뒤집어 찬물을 부으면 물이 끓지 않는다.

압력과 끓는점의 관계에 대해 잘 알아두어야 해! 이와 관련된 실생활의 여러 가지 예를 꼭 함께 익혀두자~

① 압력솥을 이용하면 전기밥솥을 이용하는 것보다 빨리 밥을 지을 수 있다.
→ 압력솥으로 밥을 지으면 밥솥 내부의 압력이 높아져 물이 높은 온도에서 끓어~ 그래서 전기밥솥을 이용하는 것보다 빨리 밥을 지을 수 있지!

② 액체가 끓으려면 외부 압력을 이길 수 있을 만큼 분자의 운동이 활발해져야 한다.
→ 액체가 끓으려면 기화되는 기체가 외부의 압력을 이겨내고 밖으로 나가야 하기 때문에 압력을 이길 수 있을 만큼 분자 운동이 활발해져야 해!

③ 높은 산에서 밥을 지을 경우 산 아래에서 밥을 지을 때보다 쌀이 더 잘 익는다.
→ 고도가 높은 곳으로 갈수록 공기의 양이 적어지기 때문에 기압이 낮아져! 그래서 산 아래보다 압력이 낮게 작용하는 높은 산에서 밥을 짓게 되면 물의 끓는점이 낮아져서 쌀이 설익게 되겠지~

④ 외부 압력이 높아져도 물질을 끓이기 위해 가해 주어야 하는 열의 양은 달라지지 않는다.
→ 끓는점은 외부 압력의 영향을 많이 받아! 외부 압력이 높아지면 끓는점이 높아지기 때문에 물질에 가해 주어야 하는 열의 양이 증가해!

⑤ 끓기 직전의 물이 들어 있는 둥근바닥 플라스크의 입구를 막고 뒤집어 찬물을 부으면 물이 끓지 않는다.
→ 끓기 직전의 물이 들어 있는 둥근바닥 플라스크의 입구를 막고 뒤집어 찬물을 부으면 뜨거운 수증기가 액화되어 기압이 낮아지기 때문에 물의 끓는점이 낮아져서 물이 다시 끓게 돼~

답 : ①, ②

압력↑ ⇨ 끓는점↑, 압력↓ ⇨ 끓는점↓

❶ 용해도

01 용액에 대한 설명으로 옳지 않은 것은?

① 용액은 부분적으로 성질이 다르다.
② 공기, 탄산음료, 합금은 용액에 속한다.
③ 용액은 용질이 용매에 용해되어 형성된다.
④ 용액을 오랫동안 놓아두어도 가라앉는 것이 없다.
⑤ 불포화 용액에 용질을 좀 더 첨가하면 포화 용액을 만들 수 있다.

02 (중요) 용해도에 대한 설명으로 옳지 않은 것은?

① 용해도는 물질의 특성이다.
② 용매의 질량에 따라 용해도가 달라진다.
③ 기체의 용해도는 온도가 낮을수록, 압력이 높을수록 크다.
④ 용해도는 어떤 온도에서 용매 100 g에 최대로 녹을 수 있는 용질의 g 수이다.
⑤ 고체의 용해도는 대부분 온도가 높을수록 증가하고, 압력의 영향은 거의 받지 않는다.

03 그림은 설탕이 물에 녹아 설탕물이 되는 과정을 나타낸 것이다.

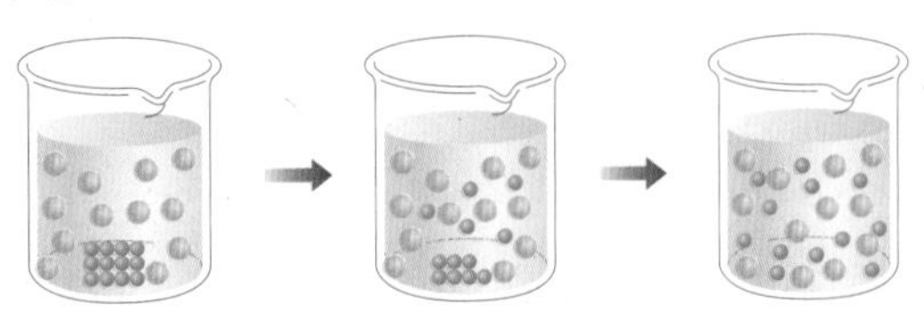

이에 대한 설명으로 옳은 것을 | 보기 |에서 모두 고른 것은?

| 보기 |
ㄱ. 용해 과정을 나타낸 것이다.
ㄴ. 설탕물은 균일 혼합물에 해당한다.
ㄷ. 설탕은 용질, 물은 용매, 설탕물은 용액이다.

① ㄱ ② ㄴ ③ ㄱ, ㄷ
④ ㄴ, ㄷ ⑤ ㄱ, ㄴ, ㄷ

[04~05] 그림은 여러 가지 고체의 용해도 곡선을 나타낸 것이다.

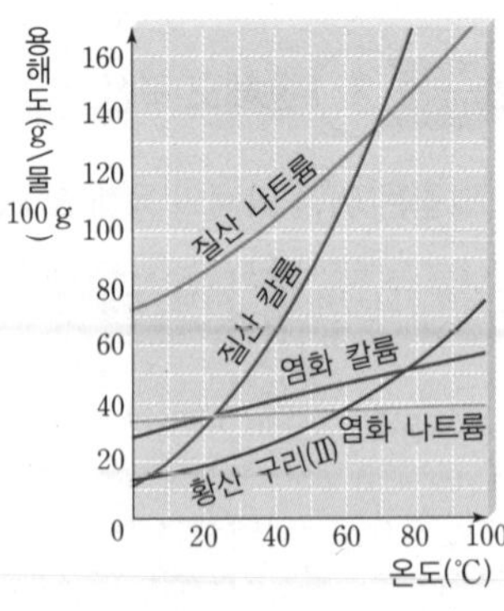

04 (중요) 이에 대한 설명으로 옳은 것을 | 보기 |에서 모두 고른 것은?

| 보기 |
ㄱ. 온도가 높아질수록 고체의 용해도가 증가한다.
ㄴ. 온도에 따른 용해도 차가 가장 작은 것은 염화 칼륨이다.
ㄷ. 60 ℃ 물 100 g에 질산 칼륨이 90 g 녹아 있는 용액은 불포화 용액이다.

① ㄱ ② ㄴ ③ ㄱ, ㄷ
④ ㄴ, ㄷ ⑤ ㄱ, ㄴ, ㄷ

05 80 ℃ 물 200 g에 각 고체를 녹여 만든 포화 용액을 20 ℃로 냉각할 때, 가장 많이 석출되는 물질로 옳은 것은?

① 질산 나트륨 ② 질산 칼륨 ③ 염화 칼륨
④ 염화 나트륨 ⑤ 황산 구리(Ⅱ)

06 그림은 어떤 고체의 용해도 곡선을 나타낸 것이다.

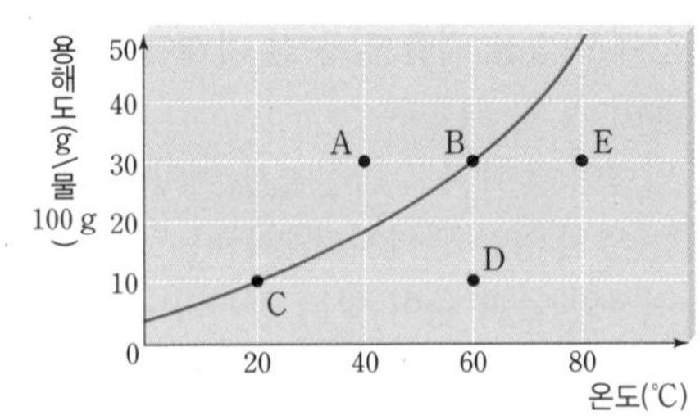

이에 대한 설명으로 옳은 것을 | 보기 |에서 모두 고른 것은?

| 보기 |
ㄱ. A 용액의 온도를 60 ℃까지 높이면 포화 용액이 된다.
ㄴ. D 용액의 온도를 40 ℃까지 낮추면 포화 용액이 된다.
ㄷ. E 용액은 불포화 용액이며, 물 100 g에 고체 20 g이 더 녹을 수 있다.

① ㄱ ② ㄴ ③ ㄱ, ㄷ
④ ㄴ, ㄷ ⑤ ㄱ, ㄴ, ㄷ

07 ★중요 **그림은 6개의 시험관에 같은 온도의 탄산음료를 같은 양만큼씩 넣은 모습을 나타낸 것이다.**

얼음물

25 ℃의 물

50 ℃의 물

이에 대한 설명으로 옳은 것은?

① 기포의 발생량이 많을수록 기체의 용해도가 크다.
② 이 실험으로 온도와 압력에 따른 기체의 용해도를 알 수 있다.
③ 기체의 용해도와 압력의 관계는 시험관 B, E를 비교하면 알 수 있다.
④ 기체의 용해도와 온도의 관계는 시험관 B, C, E를 비교하면 알 수 있다.
⑤ 기포가 가장 적게 발생하는 시험관은 D이고, 가장 많이 발생하는 시험관은 C이다.

08 **(가)와 (나)는 일상생활 속 현상을 나타낸 것이다.**

(가) 콜라병의 마개를 따면 콜라에서 기포가 발생한다.
(나) 더운 여름에 물고기가 수면으로 올라와 입을 뻐끔거린다.

각 현상이 일어나는 원인을 | 보기 |에서 골라 옳게 짝지은 것은?

보기
ㄱ. 온도가 높을수록 기체의 용해도가 감소한다.
ㄴ. 온도가 높을수록 기체의 용해도가 증가한다.
ㄷ. 압력이 낮을수록 기체의 용해도가 증가한다.
ㄹ. 압력이 낮을수록 기체의 용해도가 감소한다.

	(가)	(나)		(가)	(나)
①	ㄱ	ㄹ	②	ㄷ	ㄱ
③	ㄷ	ㄴ	④	ㄹ	ㄱ
⑤	ㄹ	ㄴ			

❷ 녹는점과 어는점

09 **녹는점과 어는점에 대한 설명으로 옳은 것은?**

① 녹는점과 어는점은 물질의 특성이다.
② 녹는점은 물질의 질량에 따라 달라진다.
③ 같은 물질이라도 녹는점과 어는점은 다르다.
④ 어는점은 고체에서 액체로 변할 때의 온도이다.
⑤ 녹는점은 액체에서 고체로 변할 때의 온도이다.

10 **질량과 종류가 같은 고체 A와 B를 불꽃의 세기를 다르게 하여 가열했다. A를 B보다 센 불꽃으로 가열했을 때 가열 시간에 따른 온도 변화로 옳은 것은?**

①
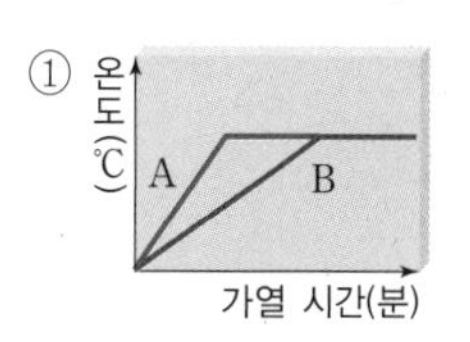

②
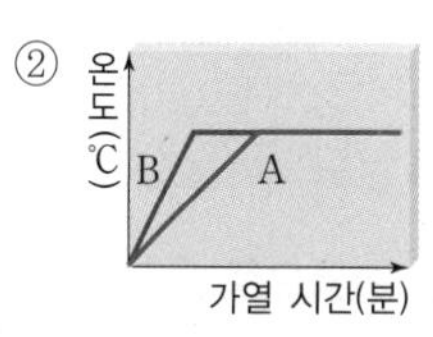

③
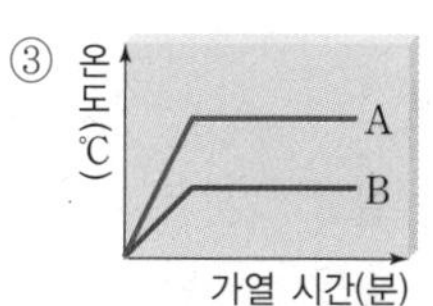

④
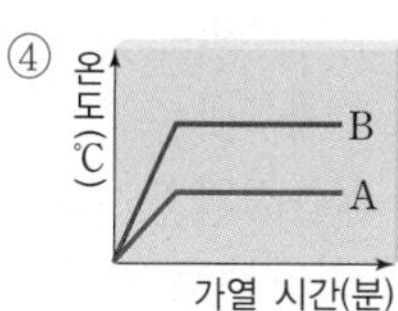

⑤
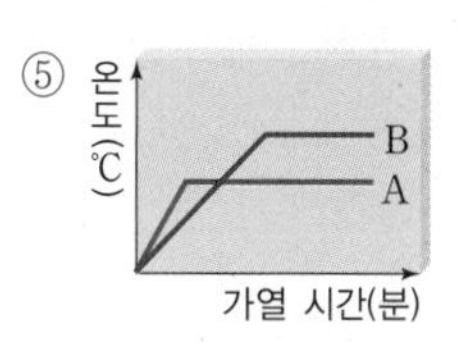

11 ★중요 **그림은 고체 A~D의 가열 곡선을 나타낸 것이다. 이에 대한 설명으로 옳은 것은? (단, 불꽃의 세기는 일정하다.)**

① A와 B는 같은 물질이다.
② C와 D는 다른 물질이다.
③ C는 순물질이다.
④ 질량은 C가 D보다 크다.
⑤ 녹는점에 도달하는 시간이 가장 빠른 것은 A이다.

❸ 끓는점

12 그림은 압력이 일정할 때 액체 A~D를 가열하면서 시간에 따른 온도 변화를 나타낸 것이다. A~D 중 같은 물질을 옳게 짝지은 것은?

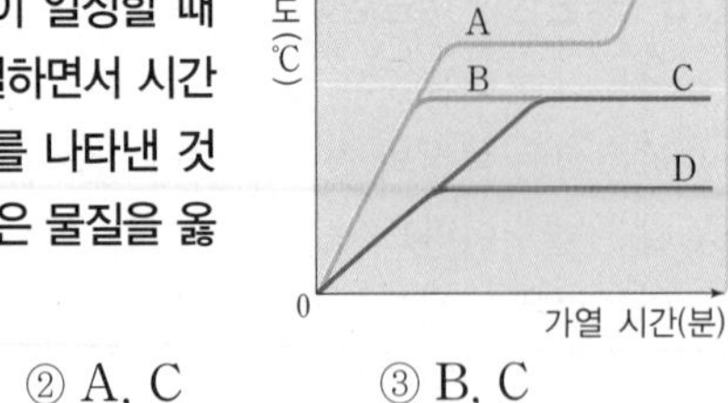

① A, B　② A, C　③ B, C
④ B, D　⑤ C, D

13 ★중요 그림과 같이 둥근바닥 플라스크에 물을 반쯤 넣고 물이 끓기 직전까지 가열한 후, 마개를 막고 거꾸로 세워 플라스크에 찬물을 부었다.

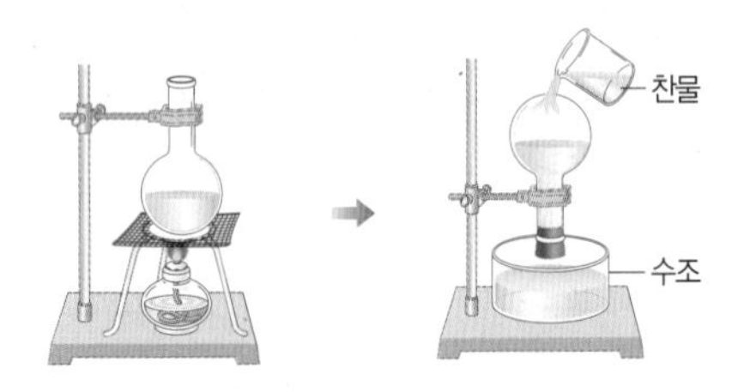

이에 대한 설명으로 옳지 않은 것은?

① 플라스크 내부의 압력이 높아진다.
② 플라스크 내부의 수증기가 액화된다.
③ 압력과 끓는점의 관계를 알 수 있는 실험이다.
④ 높은 산 위에서 쌀이 설익는 까닭을 설명해 준다.
⑤ 플라스크 내부의 물은 100 ℃보다 낮은 온도에서 끓는다.

14 그림은 질량과 종류가 같은 물질 A~C를 압력을 다르게 하여 가열했을 때 시간에 따른 온도 변화를 나타낸 것이다. 이에 대한 설명으로 옳은 것은? (단, 불꽃의 세기는 일정하다.)

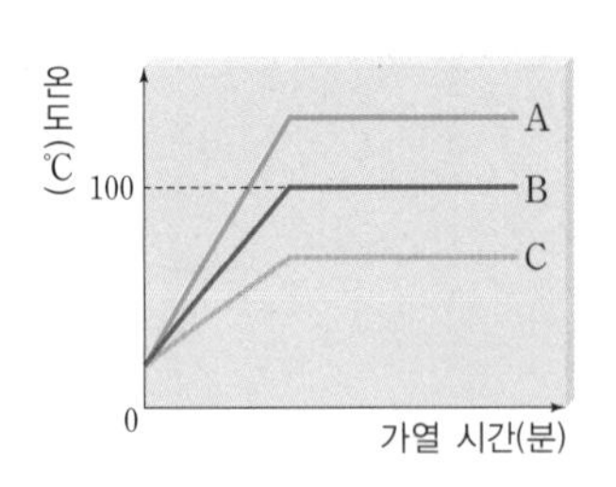

① 압력에 따라 끓는점이 달라질 수 있다.
② 산 아래에서의 가열 곡선이 B라면, 산 위에서의 가열 곡선은 A로 나타낼 수 있다.
③ 압력솥의 원리는 C로 설명할 수 있다.
④ 물질의 질량을 다르게 했을 때에도 위와 같은 그래프의 결과를 얻을 수 있다.
⑤ 같은 물질이라도 가열하는 불꽃의 세기가 다르다면 위와 같은 그래프의 결과를 얻을 수 있다.

서술형 문제

15 표는 질산 나트륨과 황산 구리(Ⅱ)의 온도에 따른 용해도(g/물 100 g)를 나타낸 것이다.

물질 \ 온도(℃)	0	20	40	60	80
질산 나트륨	73	88	104	124	148
황산 구리(Ⅱ)	15	20	29	40	57

(1) 60 ℃에서 질산 나트륨 62 g을 모두 사용하여 질산 나트륨 포화 수용액을 만들 때 필요한 물은 몇 g인지 쓰고, 그 과정을 서술하시오.

60 ℃ 질산 나트륨의 용해도=124

(2) 80 ℃ 황산 구리(Ⅱ) 포화 수용액 314 g을 20 ℃로 냉각할 때 석출되는 황산 구리(Ⅱ)는 몇 g인지 쓰고, 그 과정을 서술하시오.

80 ℃ 황산 구리(Ⅱ)의 용해도=57
20 ℃ 황산 구리(Ⅱ)의 용해도=20

16 정수장에서는 수돗물을 소독하기 위해 염소 기체를 사용하기 때문에 수돗물에는 소량의 염소 기체가 남아 있다. 수돗물에 남아 있는 염소 기체를 제거하는 방법을 기체의 용해도와 관련지어 서술하시오.

온도↑ ⇨ 기체의 용해도↓

17 오른쪽과 같이 가열한 기름에 감자를 넣으면 기름이 갑자기 끓어오르는 것처럼 보인다. 이러한 현상이 나타나는 까닭을 끓는점과 관련지어 서술하시오.

기름의 끓는점>물의 끓는점

18 그림은 어떤 고체와 기체의 용해도 곡선을 나타낸 것이다.

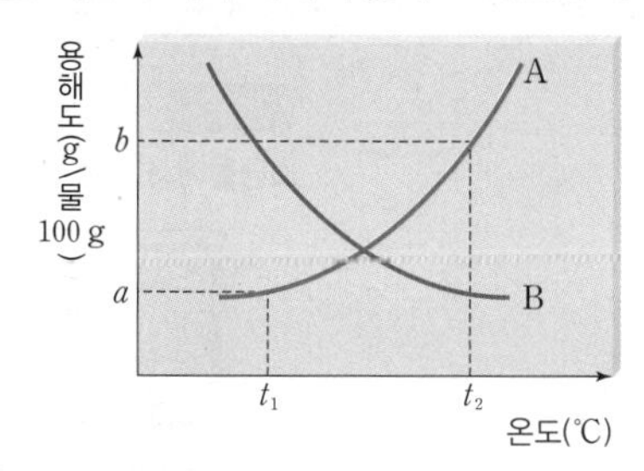

이에 대한 설명으로 옳은 것을 | 보기 | 에서 모두 고른 것은?

| 보기 |
ㄱ. A는 고체 물질, B는 기체 물질의 용해도 곡선이다.
ㄴ. t_1 ℃에서 100 g의 A 포화 용액 속에는 a g의 용질이 녹아 있다.
ㄷ. t_2 ℃에서 용질이 b g 녹아 있는 A 포화 용액을 t_1 ℃로 냉각하면 용질 a g이 석출된다.

① ㄱ ② ㄴ ③ ㄱ, ㄷ
④ ㄴ, ㄷ ⑤ ㄱ, ㄴ, ㄷ

19 그림은 여러 가지 고체의 용해도 곡선을 나타낸 것이다.

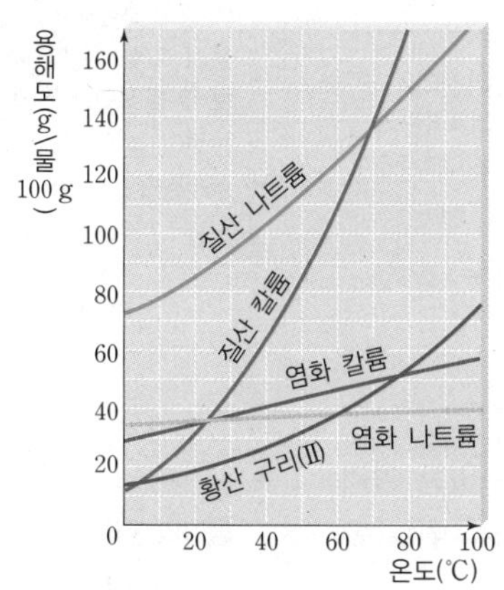

이에 대한 설명으로 옳지 않은 것은?

① 대부분의 고체는 온도가 높을수록 용해도가 증가한다.
② 온도에 따른 용해도 차가 가장 큰 물질은 질산 칼륨이다.
③ 50 ℃ 물 100 g에 가장 많이 녹을 수 있는 고체는 질산 나트륨이다.
④ 80 ℃ 물 100 g에 가장 많이 녹을 수 있는 고체의 질량은 약 148 g이다.
⑤ 40 ℃ 물 100 g에 녹여 만든 포화 용액을 20 ℃로 냉각할 때 석출량이 가장 많은 고체는 질산 칼륨이다.

20 그림은 고체 팔미트산 10 g의 가열 · 냉각 곡선을 나타낸 것이다.

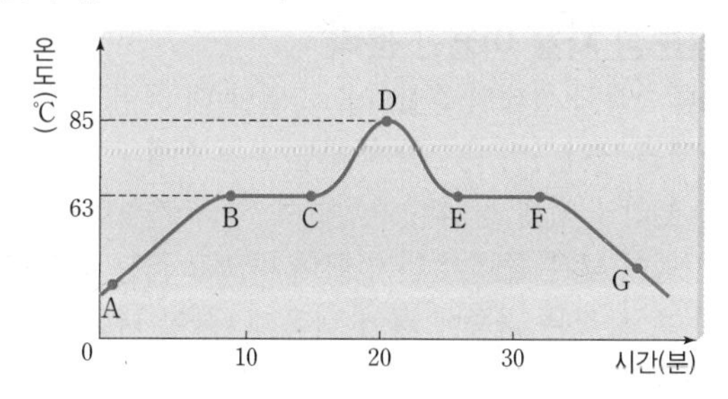

이에 대한 설명으로 옳은 것은?

① 팔미트산의 녹는점은 85 ℃이다.
② AB 구간과 FG 구간에서 팔미트산의 상태는 같다.
③ BC 구간에서 기화열을 흡수한다.
④ 가열하는 불꽃의 세기를 세게하면 AB 구간의 길이가 길어진다.
⑤ 팔미트산 20 g로 같은 실험을 하면 EF 구간의 온도가 높아진다.

21 표는 여러 가지 물질의 녹는점과 끓는점을 나타낸 것이다.

구분	금	염화 나트륨	에탄올	메탄올	질소	산소
녹는점 (℃)	1064	801	−117	−148	−210	−219
끓는점 (℃)	2807	1413	78	65	−196	−183

이에 대한 설명으로 옳지 않은 것은? (단, 상온은 25 ℃이다.)

① 상온에서 산소는 기체 상태이다.
② −198 ℃에서는 질소는 액체 상태로 존재한다.
③ 염화 나트륨 2 g은 금 1 g보다 높은 온도에서 녹는다.
④ 에탄올과 메탄올은 상온에서 모두 액체 상태로 존재한다.
⑤ 상온에 있는 금과 염화 나트륨을 액체 상태로 만들 때 더 많은 열을 가해 주어야 하는 고체는 금이다.

03 혼합물의 분리 (1)

- 끓는점 차를 이용한 증류의 방법을 이해하고, 활용 예를 찾아 설명할 수 있다.
- 밀도 차를 이용하여 고체 혼합물 또는 섞이지 않는 액체 혼합물을 분리하는 방법을 이해하고, 활용 예를 찾아 설명할 수 있다.

❶ 끓는점 차를 이용한 분리

1 증류 : 액체 상태의 혼합물을 가열할 때 끓어 나오는 기체를 냉각하여 순수한 액체를 얻는 방법

(1) **원리** : 액체 상태의 혼합물에 열을 가하면 끓는점이 낮은 물질이 먼저 끓어 나오고 끓는점이 높은 물질은 나중에 끓어 나온다. 끓어 나온 기체 물질을 냉각하면 액화되어 순수한 액체를 얻을 수 있다.

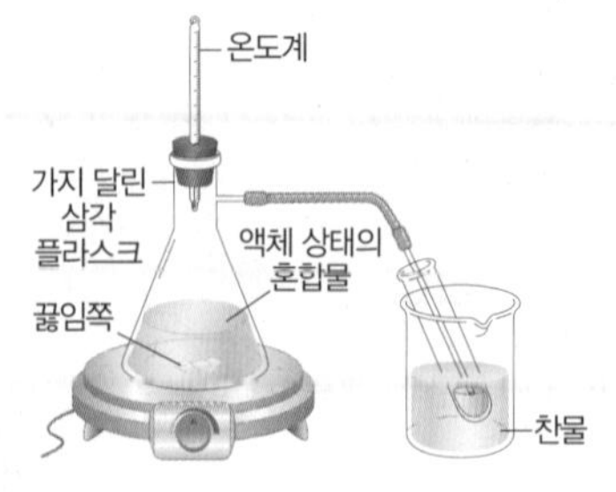

(2) **특징** : 성분 물질의 끓는점 차가 클수록 분리가 잘 된다.

2 끓는점 차를 이용한 분리의 예

(1) **바닷물에서 식수 얻기** : 바닷물이 태양열에 의해 가열되면 증발된 수증기가 지붕에 닿아 물로 액화되고, 지붕을 타고 내려와 모인 물을 식수로 사용할 수 있다.

그림과 같은 장치를 이용하면 물을 끓이지 않아도 바닷물을 증류하여 식수를 얻을 수 있어~!!

(2) **탁주에서 소주 얻기** : 탁주를 소줏고리에 넣고 가열하면 끓는점이 낮은 에탄올이 먼저 끓어 나온다. 끓어 나온 에탄올은 찬물이 담긴 그릇에 닿아 액화되어 소줏고리의 입구로 흘러나와 맑은 소주를 얻을 수 있다.

찬물
에탄올 액화
에탄올 기화
탁주
소주

(3) **물과 에탄올 혼합물의 분리** : 물과 에탄올 혼합물을 가열하면 끓는점이 낮은 에탄올이 먼저 끓어 나오고, 끓는점이 높은 물은 나중에 끓어 나온다.

에탄올이 먼저 끓어 나올 때 소량의 물도 함께 기화되어 나오기 때문에 한 번의 증류로 순수한 물질을 얻기 어려워! 따라서 여러 번 반복하여 순도가 높은 물질을 얻어내야 해~!!

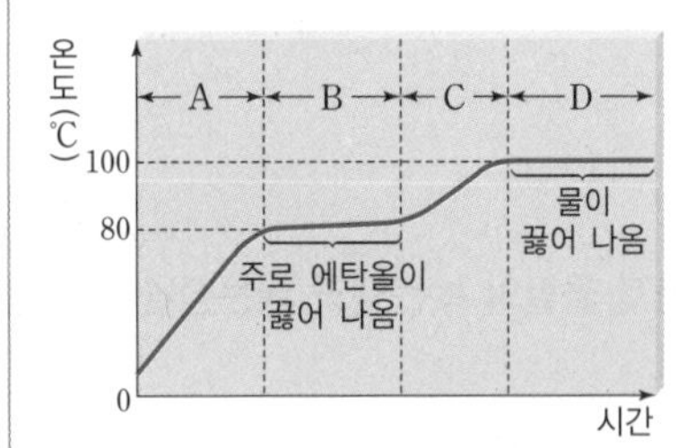

- A 구간 : 물과 에탄올 혼합물의 온도가 높아진다.
- B 구간 : 끓는점이 낮은 에탄올이 먼저 끓어 나온다.
  → 물이 에탄올의 기화를 방해해서 에탄올의 끓는점(78 ℃)보다 약간 높은 온도에서 끓어~
- C 구간 : 물의 온도가 높아진다.
  → 미처 끓어 나오지 못한 소량의 에탄올이 물과 함께 기화되어 나와~
- D 구간 : 물이 끓어 나온다.

(4) **원유의 분리** : 원유(정제하지 않은 석유야!)를 높은 온도로 가열하여 증류탑으로 보내면, 각 층에 있는 여러 개의 통로를 지나 위층으로 올라간다. ➡ 끓는점이 낮은 물질은 계속해서 위로 올라가지만, 끓는점이 높은 물질은 아래쪽에서 액화된다.

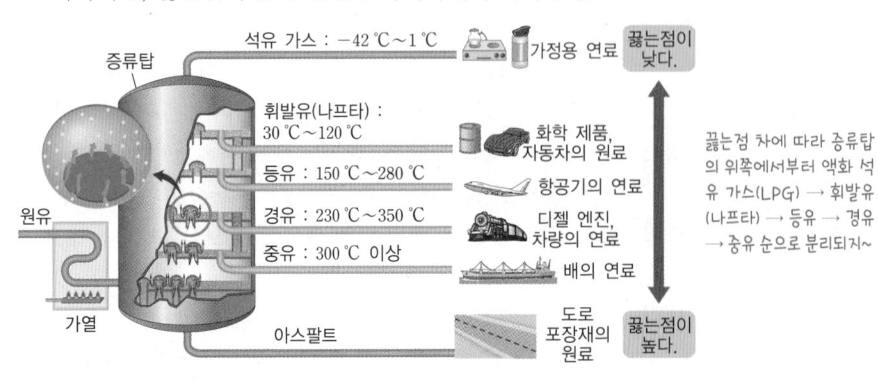

끓는점 차에 따라 증류탑의 위쪽에서부터 액화 석유 가스(LPG) → 휘발유(나프타) → 등유 → 경유 → 중유 순으로 분리되지~

비타민

소금물에서 식수 얻기

소금물을 가열하면 끓는점이 매우 높은 소금은 끓지 않고 물만 끓어 기화한다. ➡ 이 수증기를 냉각하면 순수한 물을 얻을 수 있다.

뷰테인과 프로페인 기체 혼합물의 분리

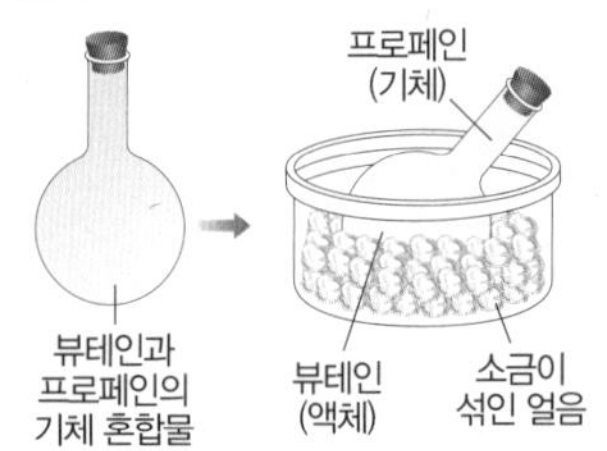

뷰테인과 프로페인이 주성분인 액화 석유 가스(LPG)를 둥근바닥 플라스크에 넣고 소금이 섞인 얼음이 들어 있는 용기 속에 넣는다. ➡ 플라스크의 온도를 두 물질의 끓는점 사이로 맞추면 끓는점이 높은 뷰테인이 먼저 액화되어 분리된다.

공기의 분리

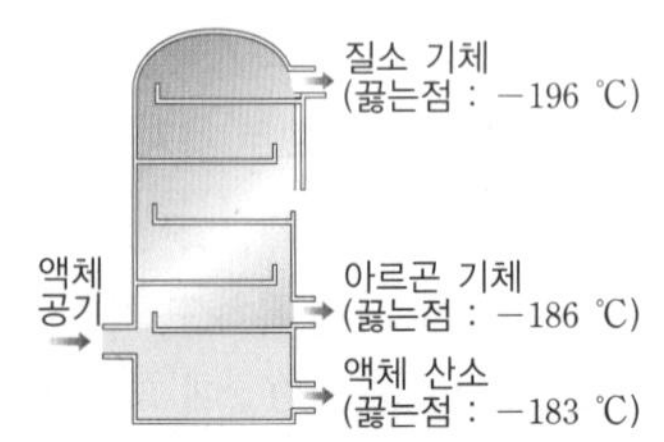

건조한 공기를 저온으로 냉각하여 만든 액체 공기를 증류탑으로 보낸다. ➡ 끓는점이 높은 산소는 증류탑의 낮은 곳에서 액화되어 분리되고, 끓는점이 낮은 질소는 증류탑의 가장 높은 곳까지 기체 상태로 올라가 분리된다.

필수 비타민

혼합물의 분리
- 끓는점 차를 이용한 분리 — 증류
- 밀도 차를 이용한 분리 — 고체 혼합물의 분리 / 액체 혼합물의 분리

용어 & 개념 체크

❶ 끓는점 차를 이용한 분리

01 끓는점 차가 큰 물질이 섞여 있는 혼합물을 가열했을 때 끓어 나오는 기체를 냉각하여 순수한 액체를 얻는 방법을 □□라고 한다.

02 증류는 끓는점이 □□ 물질부터 끓어 나오며, 끓는점이 □□ 물질은 나중에 끓어 나온다.

03 물과 에탄올 혼합물은 □□를 이용하여 물과 에탄올로 분리할 수 있다.

04 원유를 가열하여 증류탑으로 보내면 끓는점이 □□ 물질일수록 위쪽에서 분리된다.

01 그림은 바닷물에서 식수를 얻기 위한 장치를 나타낸 것이다. 이는 어떤 분리 방법을 이용한 것인지 쓰시오.

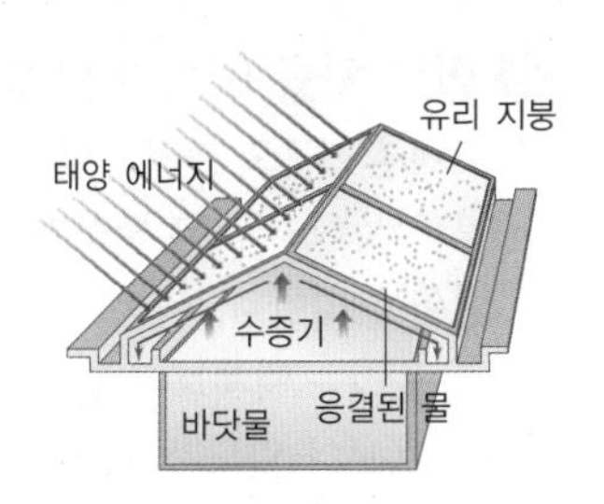

02 증류에 대한 설명으로 옳은 것은 ○, 옳지 않은 것은 ×로 표시하시오.

(1) 끓는점 차를 이용한 분리 방법이다. ( )
(2) 원유를 분리할 때 이용하는 방법이다. ( )
(3) 끓는점이 다른 액체 혼합물의 분리 방법이다. ( )
(4) 끓는점이 높은 성분 물질부터 차례대로 분리된다. ( )

[03~04] 그림 (가)는 물과 에탄올 혼합물을 분리할 때 이용하는 장치를 나타낸 것이고, (나)는 물과 에탄올 혼합물의 가열 곡선을 나타낸 것이다.

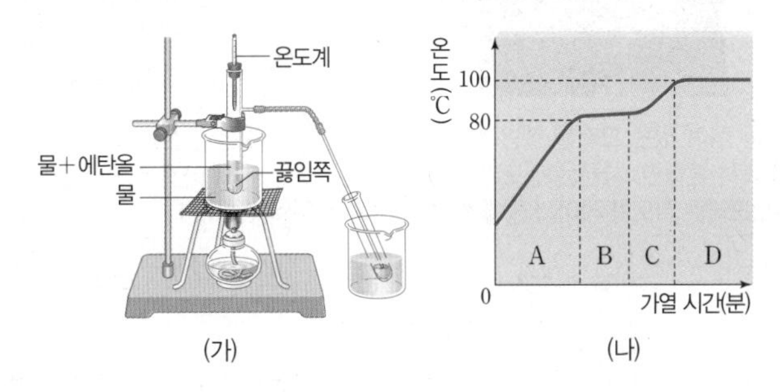

(가) (나)

03 이에 대한 설명으로 옳은 것을 | 보기 | 에서 모두 고르시오.

| 보기 |
ㄱ. A와 C 구간에서는 물과 에탄올이 분리되지 않는다.
ㄴ. B 구간의 온도는 에탄올의 끓는점보다 약간 높다.
ㄷ. D 구간에서는 끓는점이 높은 물질이 주로 분리된다.

04 B 구간과 D 구간에서 주로 끓어 나오는 물질은 무엇인지 각각 쓰시오.

(1) B 구간 : ( ) (2) D 구간 : ( )

05 그림은 증류탑에서 액체 혼합물인 원유를 증류하는 과정을 나타낸 것이다. A~D에서 증류되어 나오는 물질의 끓는점을 부등호를 이용하여 비교하시오.

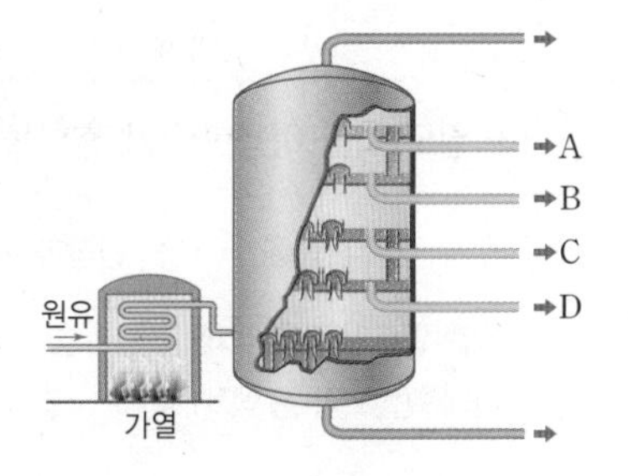

❷ 밀도 차를 이용한 분리

1 고체 혼합물의 분리 : 밀도가 다른 고체 혼합물은 두 물질을 모두 녹이지 않고 밀도가 두 물질의 중간 정도인 액체 속에 넣어 분리한다.

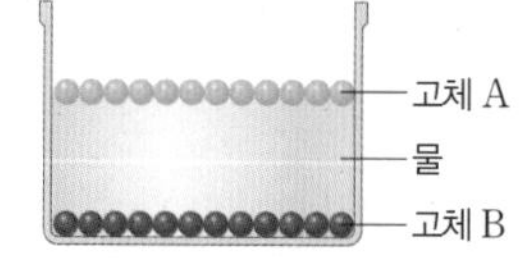

밀도 : 고체 A<물<고체 B

(1) **원리** : 액체보다 밀도가 작은 물질은 위로 떠오르고 액체보다 밀도가 큰 물질은 아래로 가라앉기 때문에 물질을 분리할 수 있다.

(2) **밀도 차를 이용한 고체 혼합물의 분리의 예**

구분	좋은 볍씨 고르기	신선한 달걀 고르기
원리	(쭉정이, 소금물, 좋은 볍씨) 소금물에 볍씨를 넣으면, 속이 찬 좋은 볍씨는 밀도가 커서 아래로 가라앉고, 속이 차지 않은 쭉정이는 밀도가 작아서 위로 뜬다.	(소금물, 오래된 달걀, 신선한 달걀) 소금물에 달걀을 넣으면, 신선한 달걀은 밀도가 커서 아래로 가라앉고, 오래된 달걀은 밀도가 작아서 위로 뜬다.
밀도 비교	좋은 볍씨>쭉정이	신선한 달걀>오래된 달걀
구분	사금 채취하기	모래와 톱밥 분리하기
원리	(사금, 모래) 사금이 섞여 있는 모래를 쟁반에 담아 흐르는 물속에서 흔들면, 사금은 밀도가 커서 쟁반에 남고, 모래는 밀도가 작아서 물에 씻겨 나간다.	(톱밥, 물, 모래) 모래와 톱밥 혼합물을 물에 넣으면, 모래는 밀도가 커서 아래로 가라앉고, 톱밥은 밀도가 작아서 위로 뜬다.
밀도 비교	사금>모래	모래>톱밥

2 액체 혼합물의 분리 : 서로 섞이지 않고 밀도가 다른 액체 혼합물은 분별 깔때기나 스포이트를 이용하여 분리한다.

(1) **원리** : 서로 섞이지 않고 밀도가 다른 액체 혼합물을 가만히 놓아두면 밀도가 작은 액체는 위로 뜨고 밀도가 큰 액체는 아래로 가라앉아 층을 이루기 때문에 분리할 수 있다.

(2) **분리 방법**

분별 깔때기를 이용하는 방법	(분별 깔때기, 밀도가 작은 액체, 밀도가 큰 액체)	서로 섞이지 않고 밀도가 다른 액체 혼합물을 분별 깔때기에 넣은 후 일정 시간이 지나면 액체가 층을 이룬다. ➡ 마개를 연 후 꼭지를 열어 밀도가 큰 아래층의 액체를 먼저 분리하고, 밀도가 작은 위층의 액체는 나중에 분리한다. ↳ 마개를 열어야 대기압에 의해 액체가 내려가게 돼~
스포이트를 이용하는 방법	(밀도가 작은 액체, 스포이트, 밀도가 큰 액체)	서로 섞이지 않고 밀도가 다른 액체 혼합물의 양이 적을 경우 시험관에 혼합물을 넣고 스포이트로 위층에 떠 있는 액체를 덜어 내어 분리한다. ↳ 밀도가 작은 액체를 먼저 분리하는 거지~!

(3) **밀도 차를 이용한 액체 혼합물 분리의 예**

액체 혼합물	간장과 참기름	물과 에테르	물과 사염화 탄소	물과 수은
위층(밀도가 작은 액체)	참기름	에테르	물	물
아래층(밀도가 큰 액체)	간장	물	사염화 탄소	수은

비타민

플라스틱 혼합물의 분리

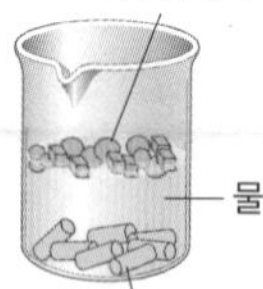

플라스틱 혼합물을 물에 넣으면 물보다 밀도가 큰 플라스틱은 아래로 가라앉고 밀도가 작은 플라스틱은 위로 뜬다.

키질

키에 곡식을 담은 후 키질을 하면 밀도가 작은 쭉정이는 날아가고, 밀도가 큰 흙이나 모래는 키 안쪽에 남아 키 가운데에 있는 곡식을 분리할 수 있다.
⇨ 밀도 : 흙, 모래>곡식>쭉정이

혈액의 원심 분리

혈액을 원심 분리기에 넣고 회전시키면 혈구는 밀도가 커서 시험관 아래로 가라앉고, 혈장은 밀도가 작아서 시험관 위로 뜬다.

바다에 유출된 기름 분리

바다에 유출된 기름은 바닷물과 섞이지 않고 바닷물보다 밀도가 작아 바닷물 위에 뜬다. 따라서 기름이 퍼지지 않게 기름막이(오일펜스)를 설치하고 흡착포나 뜰채로 기름을 제거한다.

용어 &개념 체크

❷ 밀도 차를 이용한 분리

05 밀도가 서로 다른 고체 혼합물은 두 물질을 녹이지 않고 ☐☐가 두 물질의 중간 정도인 액체 속에 넣어 분리할 수 있다.

06 서로 섞이지 않고 밀도가 다른 액체 혼합물을 가만히 놓아두면 밀도가 ☐☐ 액체는 위로 뜨고 밀도가 ☐ 액체는 아래로 가라앉아 층을 이룬다.

07 바다에 기름이 유출되었을 때 바닷물에 기름이 뜨는 까닭은 기름의 밀도가 바닷물의 밀도보다 ☐☐ 때문이다.

06 그림은 밀도 차를 이용하여 고체 혼합물을 분리하는 예를 나타낸 것이다. A, B에 알맞은 분리 결과를 쓰시오.

(1) 쭉정이+좋은 볍씨

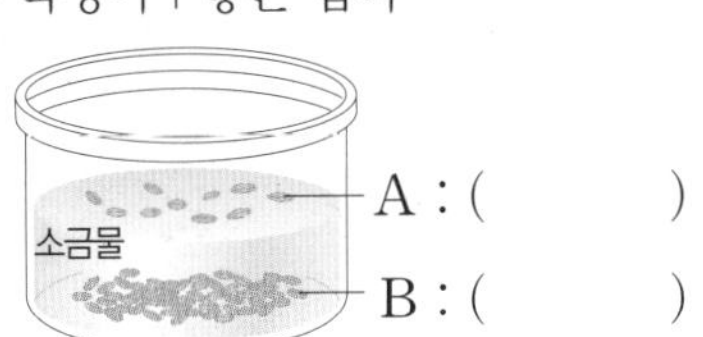

(2) 사금+모래

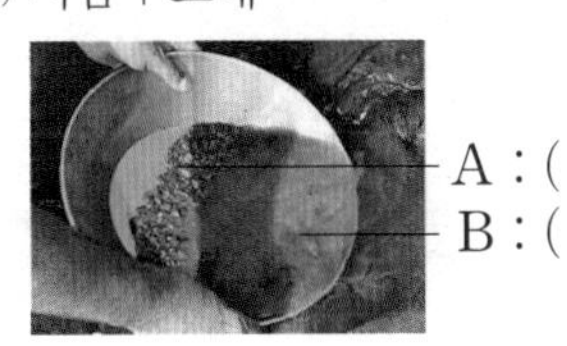

07 그림은 소금물이 담긴 수조에 여러 개의 달걀을 넣은 모습을 나타낸 것이다. 신선한 달걀, 오래된 달걀, 소금물의 밀도를 부등호를 이용하여 비교하시오.

08 그림과 같이 재활용 쓰레기에서 유리와 플라스틱을 분리할 때는 컨베이어벨트 위를 통과하면서 떨어지는 지점이 다른 것을 이용한다. 이때 이용되는 물질의 특성은 무엇인지 쓰시오.

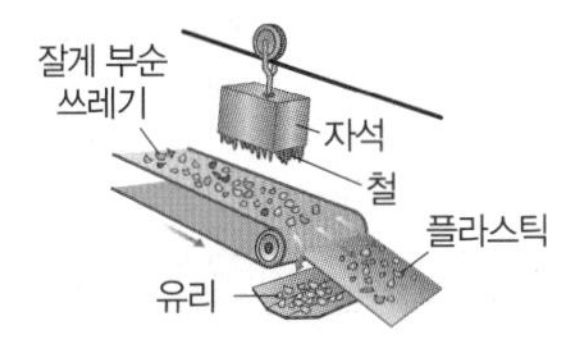

[09~10] 그림은 분별 깔때기를 이용하여 혼합물을 분리하는 실험 장치를 나타낸 것이다.

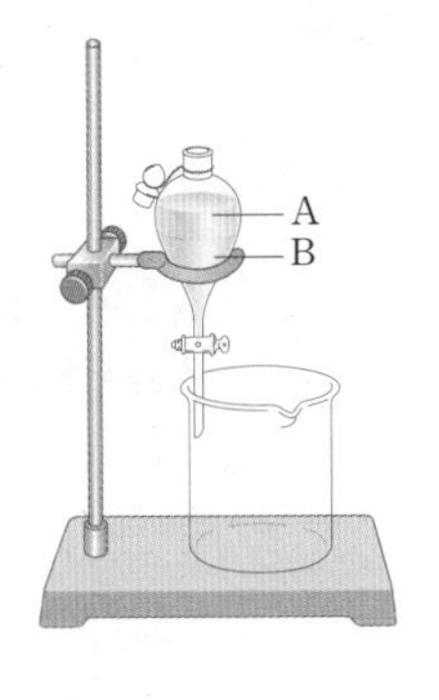

09 다음은 이와 같은 장치로 분리할 수 있는 혼합물의 특징에 대한 설명을 나타낸 것이다. 빈칸에 알맞은 말을 고르시오.

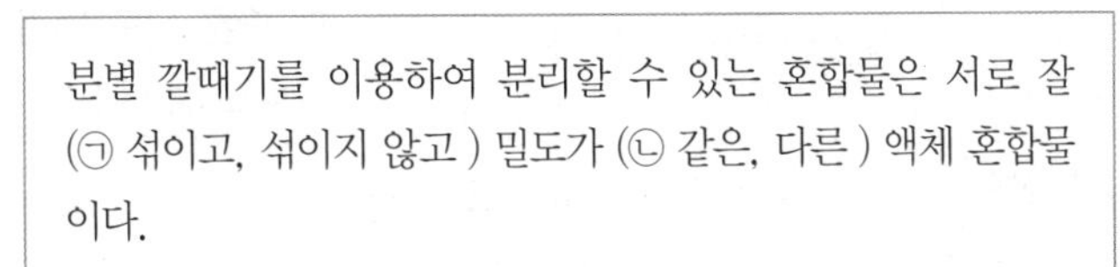
분별 깔때기를 이용하여 분리할 수 있는 혼합물은 서로 잘 (㉠ 섞이고, 섞이지 않고) 밀도가 (㉡ 같은, 다른) 액체 혼합물이다.

10 액체 혼합물을 위 장치로 분리할 때, A 위치에 분리되는 물질은 무엇인지 각각 쓰시오.

(1) 물+사염화 탄소 : (   )
(2) 물+에테르 : (   )
(3) 물+수은 : (   )
(4) 물+식용유 : (   )

MUST 해부!

탐구 물과 에탄올의 혼합물 분리

과정 ❶ 가지 달린 시험관에 물과 에탄올 혼합물 20 mL와 끓임쪽 2~3개를 넣어 그림과 같이 장치한다.

끓임쪽을 넣는 까닭은 액체가 갑자기 끓어오르는 것을 방지하기 위해서야! 끓임쪽으로는 아주 작은 구멍이 나 있는 유리, 사기, 돌 조각 등을 사용해~!

물중탕은 물의 끓는점인 100 ℃보다 끓는점이 낮은 물질에서만 가능해!

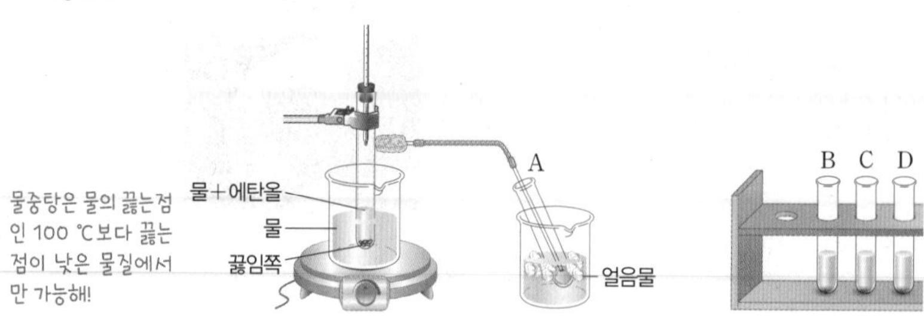

❷ 가열 장치로 가열하면서 1분 간격으로 온도를 측정한다.

에탄올은 끓는점이 낮고, 불이 붙기 쉬운 물질(가연성)이므로 물중탕으로 서서히 가열해야 해~

❸ 혼합 용액을 가열하면서 끓어 나오는 물질을 4개의 시험관 A, B, C, D에 차례로 모은다.

각 시험관에 물질을 따로 모으는 까닭은 순수한 에탄올과 물을 얻기 위해서야~!

❹ 1분 간격으로 측정한 혼합 용액의 온도를 시간에 따른 온도 변화 그래프로 나타낸다.

그래프는 시간을 x축, 측정한 온도를 y축으로 작성하면 돼~!

결과

A	액체의 온도가 올라간다. ➡ 끓어 나오는 물질이 거의 없다.
B	에탄올의 끓는점보다 약간 높은 온도에서 끓기 시작하고, 액체의 온도가 거의 일정하다. ➡ 알코올 냄새가 나는 물질이 모인다.(에탄올의 분리)
C	액체의 온도가 올라간다. ➡ 미처 끓어 나오지 못한 소량의 에탄올이 끓어 나온다.
D	액체의 온도가 일정하다. ➡ 냄새가 없는 물질이 모인다.(물의 분리)

에탄올은 상태 변화하지만 물의 온도가 올라가기 때문에 온도 변화가 일어나는 거야~!

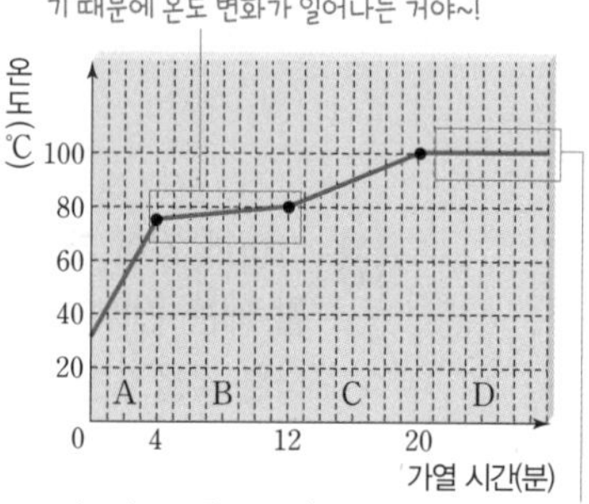

에탄올은 모두 기화되어서 날아갔기 때문에 일정한 온도가 유지되는 거야~!

정리 서로 잘 섞이는 액체 혼합물을 가열하면 끓는점이 낮은 물질이 먼저 끓어 나오고 끓는점이 높은 물질은 나중에 끓어 나온다.

탐구 시 유의점

- 보안경을 착용하고, 가열 중에 실험 기기를 만지지 않도록 주의한다.
- 에탄올은 쉽게 불이 붙는 물질이므로 불이 붙지 않게 조심한다.
- 혼합 용액의 온도를 정확히 측정하기 위해서는 온도계를 용액 속에 넣지 않고, 시험관의 가지 부분에 위치시킨다.

탐구 알약

정답과 해설 27쪽

01 위 실험에 대한 설명으로 옳은 것은 ○, 옳지 않은 것은 ×로 표시하시오.

(1) 이 실험과 같은 원리로 원유를 분리할 수 있다. ( )

(2) 에탄올의 끓는점이 물보다 높으므로 물중탕을 할 수 있다. ( )

(3) 이 실험에서 에탄올은 기체 → 액체 → 기체의 순으로 상태가 변한다. ( )

(4) 이 실험을 여러 번 반복하면 더욱 순수한 물과 에탄올을 얻을 수 있다. ( )

(5) 혼합 용액의 온도를 정확히 측정하기 위해 온도계를 시험관의 가지 부근에 위치시켜야 한다. ( )

(6) 액체가 끓어 넘치는 것을 방지하기 위해 끓임쪽을 넣는다. ( )

[02~03] 그림은 물과 에탄올의 혼합물을 가열할 때 시간에 따른 온도 변화를 측정하여 나타낸 것이다.

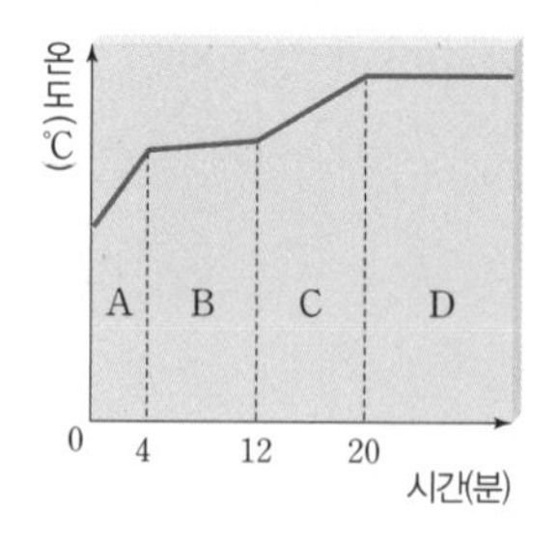

02 A~D 중 에탄올이 주로 분리되는 구간과 물이 주로 분리되는 구간을 각각 고르시오.

서술형

03 위와 같이 생각한 까닭에 대해 서술하시오.

KEY 에탄올의 끓는점 < 물의 끓는점

MUST 해부!

탐구 물과 식용유의 혼합물 분리

과정

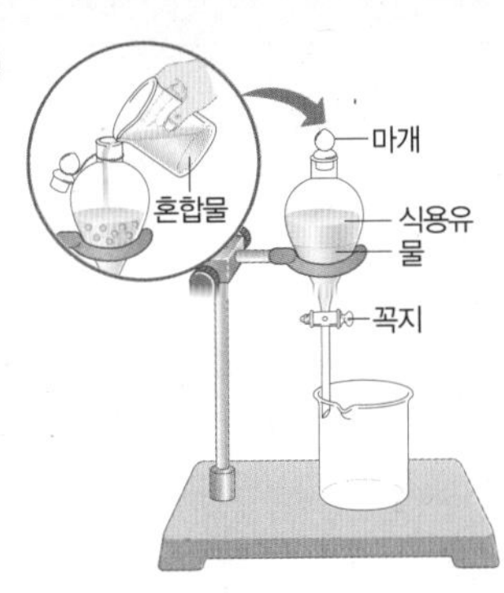

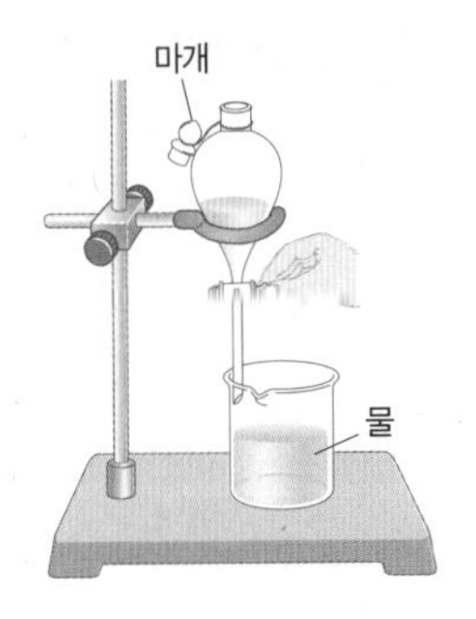

❶ 분별 깔때기에 물과 식용유의 혼합물을 넣은 후 분별 깔때기의 마개를 막고 혼합물이 두 층으로 분리될 때까지 기다린다.

물과 식용유는 섞이지 않기 때문에 두 층으로 분리돼!

❷ 층이 나누어지면 마개를 연 다음 꼭지를 돌려 아래층의 액체를 받는다. 이때 경계면의 액체는 따로 받는다.

경계면에는 두 액체가 조금 섞여 있을 수도 있어~!

❸ 분별 깔때기의 위쪽 입구로 위층의 액체를 다른 비커에 받는다.

탐구 시 유의점

- 꼭지 주변에 바셀린을 발라 액체가 새지 않도록 한다. 꼭지의 구멍은 막히지 않도록 바셀린을 바르지 않는다.
- 액체를 받아낼 때에는 몸 쪽으로 튀지 않도록 액체가 비커의 벽면을 따라 흐르게 한다.
- 아래층의 액체를 받아낼 때는 분별 깔때기의 마개를 먼저 연다.

결과

- 물과 식용유의 혼합물을 가만히 두면, 물과 식용유가 서로 섞이지 않으면서 밀도 차에 의해 두 층으로 나뉜다.
- 밀도가 큰 물은 분별 깔때기의 아래층으로, 밀도가 작은 식용유는 분별 깔때기의 위층으로 분리된다.

정리 서로 섞이지 않고 밀도가 다른 액체 혼합물은 분별 깔때기로 분리할 수 있다.

정답과 해설 27쪽

탐구 알약

04 위 실험에 대한 설명으로 옳은 것은 ○, 옳지 않은 것은 ×로 표시하시오.

(1) 서로 섞이지 않는 액체 혼합물을 분리할 때 사용한다. ( )

(2) 밀도 차를 이용하여 액체 혼합물을 분리한다. ( )

(3) 꼭지를 열어 액체를 받을 때에는 위쪽 마개를 닫아야 한다. ( )

(4) 밀도가 작은 액체는 아래로 받아내고 밀도가 큰 액체는 위로 따라낸다. ( )

(5) 두 물질의 경계 부분은 두 물질이 조금 섞여 있으므로 따로 받아둔다. ( )

[05~06] 그림은 액체 혼합물을 분리할 때 사용하는 실험 기구를 나타낸 것이다.

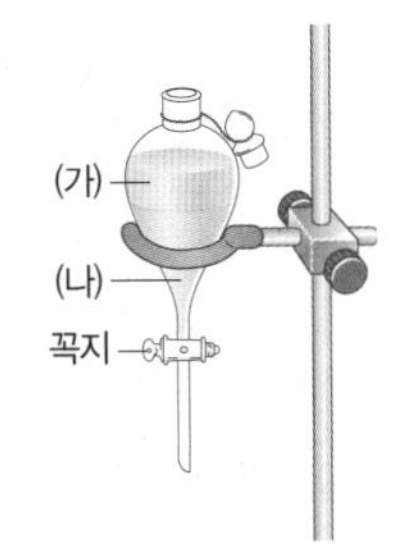

05 이 기구를 이용하여 분리할 수 있는 혼합물을 | 보기 |에서 모두 고르시오.

| 보기 |

ㄱ. 물과 에탄올 ㄴ. 물과 수은
ㄷ. 소금물과 설탕물 ㄹ. 물과 사염화 탄소

06 05에서 고른 혼합물을 분리했을 때 (가), (나)에 위치하는 물질을 각각 쓰시오.

유형 클리닉

유형 1 원유의 분리

증류의 원리를 통해 원유를 분리하는 과정에 대한 설명으로 옳지 않은 것은?

① 여러 층으로 되어 있는 증류탑을 이용한다.
② 증류탑의 온도는 아래쪽으로 갈수록 낮다.
③ 원유를 고온으로 가열하여 기체 상태로 만든 후에 증류탑으로 보내 분리한다.
④ 끓는점이 낮은 물질은 증류탑의 위쪽, 끓는점이 높은 물질은 아래쪽에서 분리된다.
⑤ 끓는점이 낮은 물질은 기체 상태로 계속 위로 올라가고 끓는점이 높은 물질은 아래쪽에서 액화된다.

원유를 분리하는 방법을 물어보는 문제가 출제될 수 있어~

① 여러 층으로 되어 있는 증류탑을 이용한다.
→ 증류탑은 다양한 물질을 분리하기 위해서 여러 층의 구조로 되어 있어!

② 증류탑의 온도는 아래쪽으로 갈수록 낮다.
→ 원유의 증류탑은 위쪽으로 갈수록 온도가 낮고 아래쪽으로 갈수록 온도가 높아~

③ 원유를 고온으로 가열하여 기체 상태로 만든 후에 증류탑으로 보내 분리한다.
→ 액체 상태인 원유를 가열해서 기체 상태로 만든 후에 증류탑으로 보내서 끓는점 차에 따라 분리하는 거야~

④ 끓는점이 낮은 물질은 증류탑의 위쪽, 끓는점이 높은 물질은 아래쪽에서 분리된다.
→ 끓는점이 낮은 물질은 온도가 낮은 위쪽으로 올라가서 분리되고 끓는점이 높은 물질은 온도가 높은 아래쪽에서 분리가 돼!

⑤ 끓는점이 낮은 물질은 기체 상태로 계속 위로 올라가고 끓는점이 높은 물질은 아래쪽에서 액화된다.
→ 끓는점이 낮은 물질은 기체 상태로 계속 위로 올라가다가 끓는점 온도에 도달하는 곳에서 액화되어 분리돼! 끓는점이 높은 물질은 위쪽으로 올라가지 못하고 아래쪽에서 액화되는 거지~

답 : ②

증류탑 : 끓는점↑ ⇨ 아래, 끓는점↓ ⇨ 위

유형 2 분별 깔때기를 이용한 액체 혼합물의 분리

그림은 물과 식용유의 혼합물을 분리하는 실험을 나타낸 것이다.

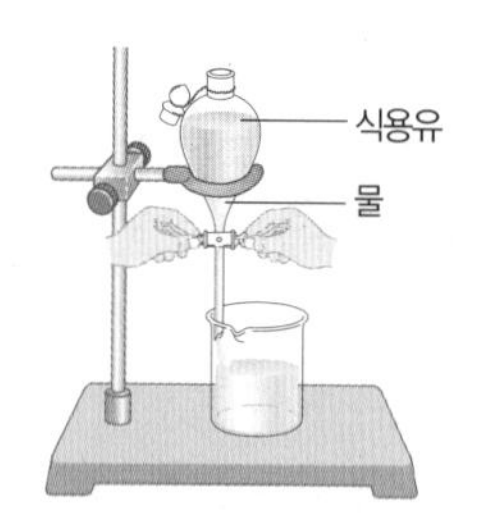

이에 대한 설명으로 옳은 것은?

① 물과 식용유는 서로 섞이지 않는다.
② 물의 밀도는 식용유의 밀도보다 작다.
③ 물과 식용유의 녹는점이 다름을 알고 있어야 한다.
④ 밀도가 다른 두 물질의 양이 많은 경우 스포이트를 사용하는 것이 효과적이다.
⑤ 분별 깔때기의 콕을 열어 분리할 때에는 액체가 증발하지 않도록 위쪽 마개를 닫아야 한다.

서로 섞이지 않는 액체 혼합물을 분별 깔때기를 이용하여 분리하는 방법을 물어보는 문제가 출제될 수 있어~

① 물과 식용유는 서로 섞이지 않는다.
→ 분별 깔때기는 밀도 차가 있으면서 서로 섞이지 않는 액체 혼합물을 분리할 때 쓰는 실험 기구야! 서로 섞이는 액체라면 분별 깔때기를 이용할 수 없겠지?

② 물의 밀도는 식용유의 밀도보다 작다.
→ 물의 밀도는 식용유의 밀도보다 크니까 아래쪽에 위치하는 거야~

③ 물과 식용유의 녹는점이 다름을 알고 있어야 한다.
→ 이 실험은 녹는점 차가 아닌 밀도 차를 이용한 혼합물의 분리 과정이야!

④ 밀도가 다른 두 물질의 양이 많은 경우 스포이트를 사용하는 것이 효과적이다.
→ 분리하고자 하는 혼합물의 양이 많으면 스포이트보다 분별 깔때기를 사용하는 것이 좀 더 효과적이야!

⑤ 분별 깔때기의 콕을 열어 분리할 때에는 액체가 증발하지 않도록 위쪽 마개를 닫아야 한다.
→ 분별 깔때기의 마개를 열지 않으면 대기압이 작용하지 않아서 액체가 나오지 않아~ 액체를 따라낼 땐 분별 깔때기의 마개를 꼭! 열어야 해!

답 : ①

분별 깔때기에서는 밀도가 큰 물질을 먼저 분리!

❶ 끓는점 차를 이용한 분리

중요

01 그림은 바닷물에서 식수를 얻기 위한 장치를 나타낸 것이다.

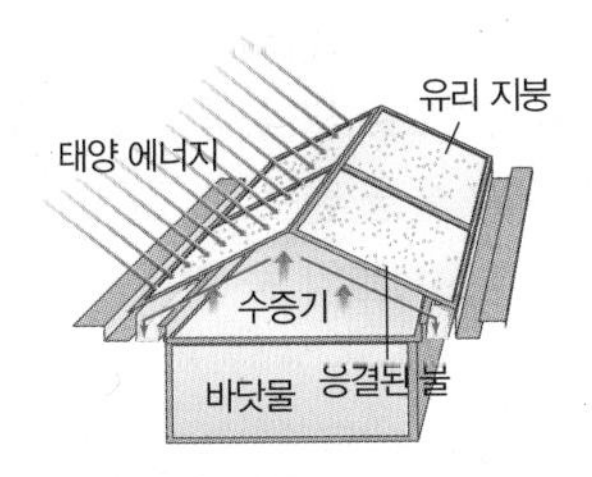

이에 대한 설명으로 옳은 것을 | 보기 | 에서 모두 고른 것은?

| 보기 |
ㄱ. 유리 지붕은 냉각 장치이다.
ㄴ. 끓는점 차가 큰 물질이 섞여 있는 혼합물을 분리하는 방법이다.
ㄷ. 소줏고리를 이용하여 소주를 얻는 것도 같은 원리를 이용한 것이다.

① ㄱ ② ㄴ ③ ㄱ, ㄷ
④ ㄴ, ㄷ ⑤ ㄱ, ㄴ, ㄷ

02 그림은 물과 에탄올의 혼합물을 분리하는 장치를 나타낸 것이다.

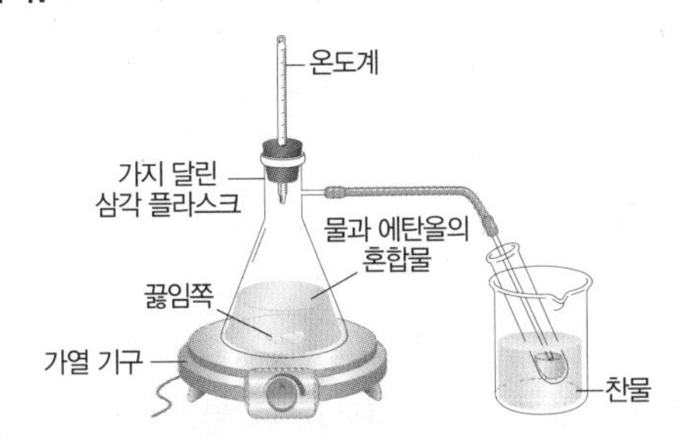

이에 대해 옳게 설명하고 있는 학생은?

① 풍돌 : 온도계의 끝부분은 가지 부근에 있어야 기화된 기체의 정확한 온도를 측정할 수 있어.
② 풍순 : 비커 속의 찬물은 끓어 나온 물질을 다시 플라스크로 보내기 위한 거야.
③ 풍숙 : 끓임쪽은 물질에 열을 더 잘 전달해 주기 위해서 넣는 거야.
④ 풍미 : 끓는점이 높은 물이 먼저 끓어 나와.
⑤ 풍식 : 밀도 차를 이용하여 혼합물을 분리할 때 사용하는 장치야.

[03~04] 그림은 소금과 물의 혼합물을 분리하기 위한 실험 장치를 나타낸 것이다.

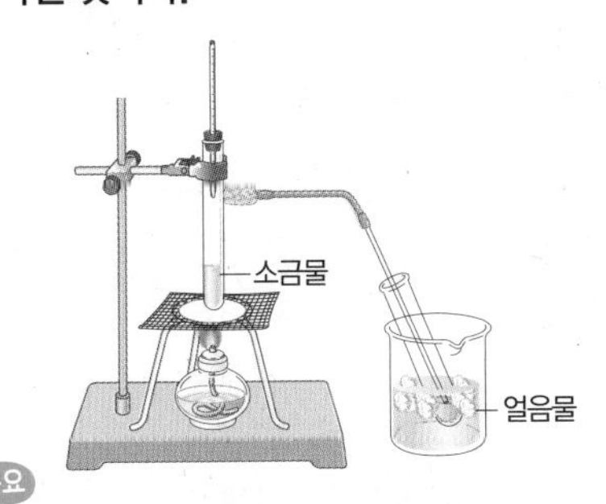

중요

03 이 실험에 대한 설명으로 옳은 것을 | 보기 | 에서 모두 고른 것은?

| 보기 |
ㄱ. 먼저 기화되는 성분은 물이다.
ㄴ. 이 실험에서는 물이 모두 기화해도 소금을 분리할 수 없다.
ㄷ. 혼합물의 양이 많아지면 순수한 물을 분리하는 데 긴 시간이 걸릴 것이다.
ㄹ. 용질인 소금의 양이 늘어나도 처음 물질이 끓어 나오는 온도는 동일할 것이다.

① ㄱ, ㄴ ② ㄱ, ㄷ ③ ㄴ, ㄷ
④ ㄴ, ㄹ ⑤ ㄷ, ㄹ

중요

04 혼합물 중에서 위 실험과 같은 원리로 분리하기에 가장 적절한 것은?

① 물과 수은 ② 물과 에테르
③ 물과 사염화 탄소 ④ 황산 구리(Ⅱ) 수용액
⑤ 붕산과 염화 나트륨

❷ 밀도 차를 이용한 분리

중요

05 혼합물을 분리하는 방법으로 옳은 것은?

① 밀도가 서로 다른 고체 혼합물은 바람을 이용해서 분리할 수 없다.
② 서로 섞이지 않으면서 밀도가 다른 두 액체는 밀도 차를 이용하여 분리할 수 있다.
③ 액체 혼합물의 양이 적은 경우는 스포이트를 사용하여 밀도가 큰 액체부터 분리한다.
④ 액체 혼합물의 양이 많은 경우는 분별 깔때기를 사용하여 밀도가 작은 액체부터 분리한다.
⑤ 밀도가 서로 다른 고체 혼합물은 두 고체 물질을 모두 녹이는 액체 속에 넣어 분리할 수 있다.

06 그림과 같이 좋은 볍씨와 쭉정이를 분리할 때는 볍씨를 소금물에 넣어서 분리한다. 쭉정이의 일부가 뜨지 않고 가라앉아 잘 분리되지 않을 때 소금을 더 넣어 주는 까닭으로 옳은 것은?

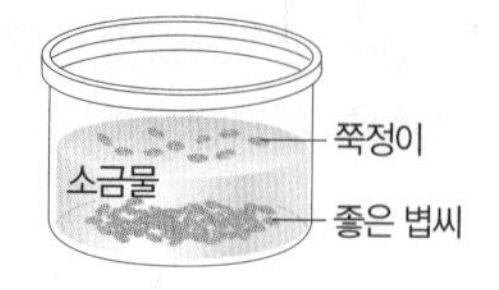

① 소금물의 끓는점을 높이기 위해서
② 소금물의 어는점을 낮추기 위해서
③ 소금물의 질량을 크게 하기 위해서
④ 소금물의 밀도를 크게 하기 위해서
⑤ 소금물의 부피를 크게 하기 위해서

07 다음은 서로 섞이지 않는 액체 혼합물을 나열한 것이다.

물 □ 석유, 물 □ 수은, 간장 □ 참기름

빈칸에 들어갈 밀도를 비교하는 부등호를 순서대로 옳게 짝지은 것은?

① <, <, >　② <, >, <　③ <, >, >
④ >, <, >　⑤ >, >, <

08 고체 혼합물을 분리할 때 주로 이용하는 물질의 상태가 다른 것은?

① 사금 채취하기　② 좋은 볍씨 고르기
③ 신선한 달걀 고르기　④ 모래와 톱밥 분리하기
⑤ 키를 이용한 곡식 분리

09 표는 액체 A~E의 밀도를 나타낸 것이다.

액체	A	B	C	D	E
밀도(g/cm^3)	0.79	0.88	1.00	1.26	13.55

밀도가 $0.91\ g/cm^3$인 고체와 $2.65\ g/cm^3$인 고체 두 종류가 가루 상태로 섞여 있는 혼합물이 있다. 이 혼합물을 밀도 차를 이용하여 분리하려고 할 때 A~E 중 이용할 수 있는 액체를 모두 고른 것은? (단, 두 고체는 A~E에 모두 녹지 않는다.)

① A, B　② A, E　③ B, C
④ C, D　⑤ D, E

서술형 문제

10 그림은 사막에서 물을 얻는 방법을 나타낸 것이다. 사막의 땅속에는 모래와 함께 수분이 포함되어 있어서 이와 같은 방법으로 물을 얻을 수 있다. 사막에서 물을 얻는 과정을 물질의 특성과 혼합물의 분리 방법을 포함하여 서술하시오.

KEY 모래, 물, 끓는점

11 표는 원유를 이루는 물질의 끓는점을 나타낸 것이다.

물질	석유 가스	휘발유 (나프타)	등유	경유	중유
끓는점 (℃)	−42~1	30~120	150~280	230~350	300 이상

증류탑의 가장 위쪽에서 분리되어 나오는 물질을 쓰고, 그렇게 생각한 까닭을 서술하시오.

KEY 끓는점↓ ⇨ 증류탑의 위쪽에서 분리

12 그림은 물과 기름의 혼합물을 분리하기 위해 분별 깔때기에 넣어둔 모습을 나타낸 것이다. 분별 깔때기 속의 물과 기름이 층을 이룬 까닭을 두 가지 서술하시오.

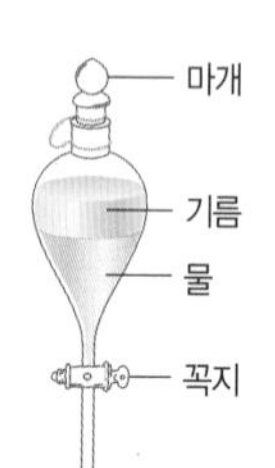

KEY 서로 섞이지 않음, 밀도 차

13 그림은 질소, 산소, 아르곤, 이산화 탄소, 수증기가 포함되어 있는 공기를 각각의 성분으로 분리하는 장치를 나타낸 것이고, 표는 1기압에서 각 기체의 끓는점과 어는점을 나타낸 것이다.

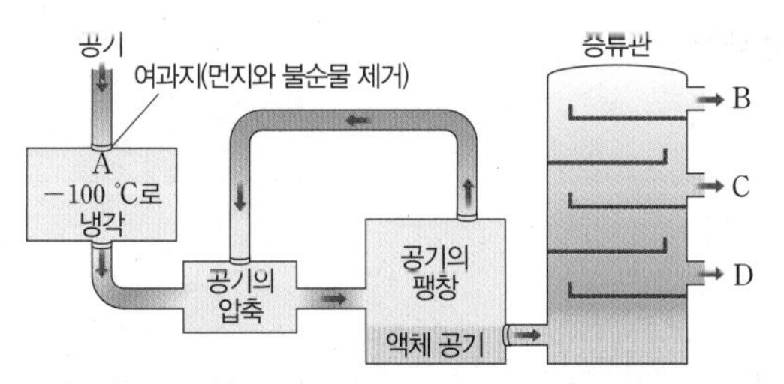

구분	질소	산소	아르곤	수증기
끓는점(℃)	−196	−183	−186	100
어는점(℃)	−210	−218	−189	0

각 과정에서 분리되는 기체를 옳게 짝지은 것은? (단, 이산화 탄소는 1기압에서 승화점이 −78.5 ℃이다.)

	A	B	C	D
①	수증기, 이산화 탄소	질소	아르곤	산소
②	수증기, 이산화 탄소	질소	산소	아르곤
③	수증기, 이산화 탄소	산소	아르곤	질소
④	이산화 탄소	질소	산소, 아르곤	수증기
⑤	수증기	이산화 탄소	산소, 아르곤	질소

14 그림은 증류탑에서 원유를 분리할 때 여러 가지 물질이 분리되는 과정을 나타낸 것이다. A~D는 증류탑에서 분리되어 나오는 물질이다. 이에 대한 설명으로 옳은 것을 | 보기 |에서 모두 고른 것은?

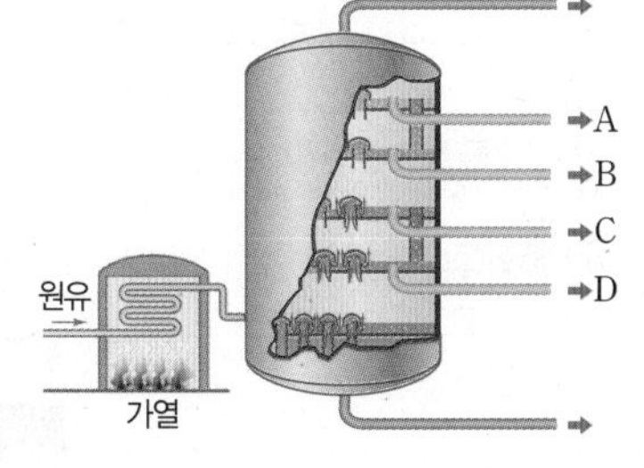

| 보기 |
ㄱ. A~D 중 가장 먼저 분리되는 물질은 D이다.
ㄴ. 증류탑 안에서 증류가 계속 일어난다.
ㄷ. 증류탑 내부의 온도는 위쪽으로 갈수록 낮아진다.

① ㄱ ② ㄴ ③ ㄱ, ㄷ
④ ㄴ, ㄷ ⑤ ㄱ, ㄴ, ㄷ

15 그림 (가)~(다)는 혼합물의 분리 장치를 나타낸 것이다.

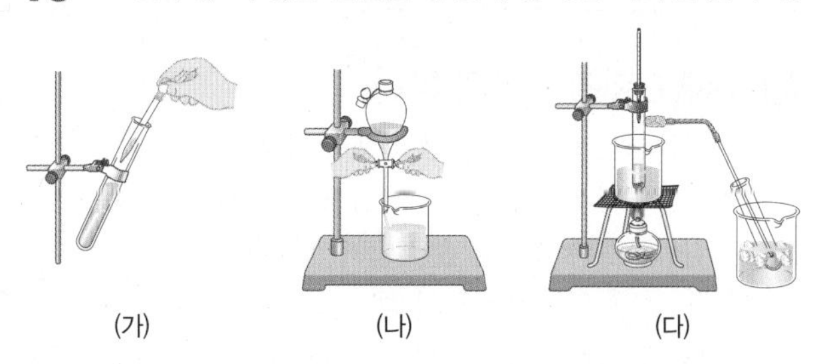

이에 대한 설명으로 옳은 것을 | 보기 |에서 모두 고른 것은?

| 보기 |
ㄱ. (가)는 위층 물질을 먼저 분리하고 (나)는 아래층 물질을 먼저 분리한다.
ㄴ. 물과 사염화 탄소의 혼합물은 주로 (다)의 방법으로 분리한다.
ㄷ. (가)~(다)는 서로 섞이지 않는 액체 혼합물을 분리할 때 이용한다.

① ㄱ ② ㄴ ③ ㄱ, ㄷ
④ ㄴ, ㄷ ⑤ ㄱ, ㄴ, ㄷ

16 표는 25 ℃에서 여러 가지 액체 물질의 질량과 부피, 물과의 용해성을 측정한 결과를 나타낸 것이다.

물질	에탄올	A	B	C
질량(g)	7.9	10	8	68
부피(cm^3)	10	10	5	5
물과의 용해성	잘 섞임	잘 섞임	섞이지 않음	섞이지 않음

이에 대한 설명으로 옳은 것을 | 보기 |에서 모두 고른 것은? (단, 물의 밀도는 1 g/cm^3이다.)

| 보기 |
ㄱ. 에탄올과 A의 혼합물은 증류를 통해 분리할 수 있다.
ㄴ. A와 B의 혼합물은 분별 깔때기로 분리할 수 있다.
ㄷ. A~C에 녹지 않으며 밀도가 1.2 g/cm^3와 1.8 g/cm^3인 두 고체 물질의 혼합물을 분리할 때 가장 적합한 액체는 C이다.

① ㄱ ② ㄷ ③ ㄱ, ㄴ
④ ㄴ, ㄷ ⑤ ㄱ, ㄴ, ㄷ

04 혼합물의 분리 (2)

- 재결정을 이용하여 혼합물을 분리하는 방법과 이를 활용하는 예를 찾아 설명할 수 있다.
- 크로마토그래피를 이용한 혼합물의 분리 방법을 설명할 수 있고, 주변에서 이를 활용하는 예를 찾아 설명할 수 있다.

❶ 용해도 차를 이용한 분리

1 재결정 : 불순물이 포함된 고체를 용매에 녹인 후 용액의 온도를 낮추거나 용매를 증발시켜 순수한 고체를 얻는 방법 ➡ 혼합물을 이루는 성분 물질의 용해도 차로 인해 석출되는 순수한 결정을 분리할 수 있다.

2 용해도 차를 이용한 분리의 예

(1) **순수한 질산 칼륨 분리** : 불순물이 소량 섞여 있는 질산 칼륨을 높은 온도의 물에 모두 녹인 후 용액을 서서히 냉각하면 온도에 따른 용해도 차가 큰 질산 칼륨은 석출되지만 소량의 불순물은 석출되지 않고 그대로 물에 녹아 있다. 온도에 따른 용해도 차가 클수록 분리하기가 쉬워~!

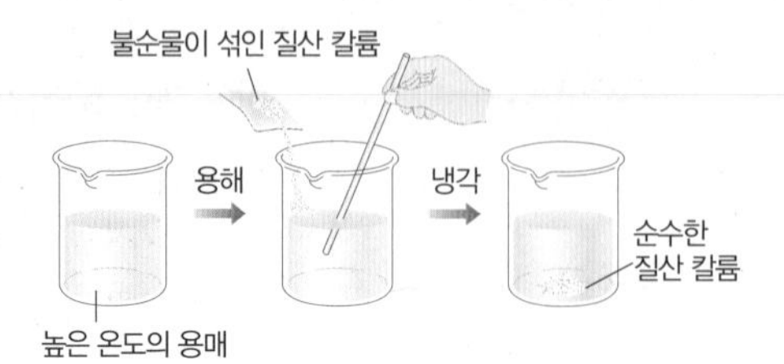

(2) **천일염에서 깨끗한 소금 얻기** : 염전에서 얻은 천일염에는 흙, 티끌과 같은 불순물이 섞여 있으므로 천일염을 물에 녹이고 물에 녹지 않은 불순물을 거름 장치로 제거한 후 거른 용액에서 용매를 증발시키면 깨끗한 소금을 얻을 수 있다.

(3) **합성한 의약품 정제하기** : 해열제나 진통제 등으로 쓰이는 아스피린은 버드나무 껍질에서 얻은 물질을 가공한 후 재결정을 이용해 순수한 물질을 얻어 의약품으로 만든 것이다.

❷ 크로마토그래피를 이용한 분리

1 크로마토그래피 : 혼합물을 이루고 있는 성분 물질이 용매를 따라 이동하는 속도 차를 이용하여 혼합물을 분리하는 방법 같은 물질이라도 사용하는 용매에 따라 결과가 달라~

➡ 혼합된 성분 물질의 수는 크로마토그래피에서 분리되어 나타나는 물질의 수와 같거나 그 이상이다.

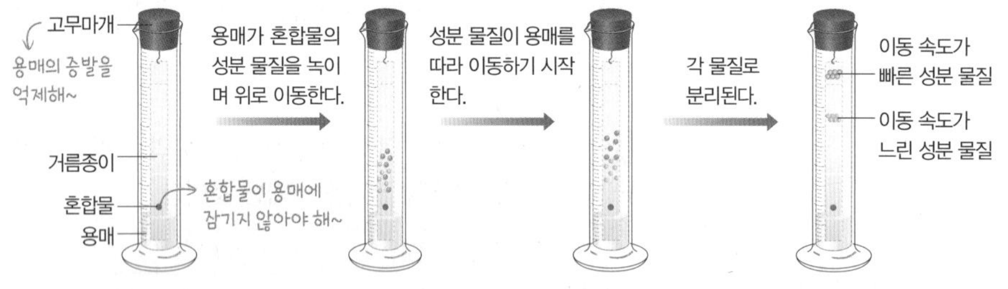

크로마토그래피의 결과 분석

거리(cm) 0~4 / A B C D E
올라간 높이가 같으면 같은 성분이야~!!

- A, C, D : 성분 물질이 한 가지만 나타나므로 순물질로 추측할 수 있다.
- B, E : 성분 물질이 두 가지 이상 나타나므로 혼합물이다.
- B : A와 C의 혼합물이다.
- E : C와 D의 혼합물이다.
- 용매를 따라 이동한 속도 : D<A<C

용매를 따라 이동하는 속도가 빠를수록 위쪽에 나타나게 돼~

2 크로마토그래피의 장점

(1) 실험 방법이 간단하고 짧은 시간에 분리할 수 있다.

(2) 성분 물질의 성질이 비슷하거나 양이 매우 적은 혼합물도 분리할 수 있다.

(3) 혼합물을 이루는 성분 물질이 많아도 한번에 분리할 수 있다.

끓는점, 녹는점, 밀도 등의 성질이 유사한 물질의 혼합물을 분리할 수 있겠지?

3 크로마토그래피를 이용한 분리의 예 : 사인펜의 색소 분리, 꽃잎의 색소 분리, 운동 선수의 도핑 테스트, 식품의 농약 검사, 혈액이나 소변의 성분 분리, 단백질의 성분 분석 등

비타민

크로마토그래피 분석

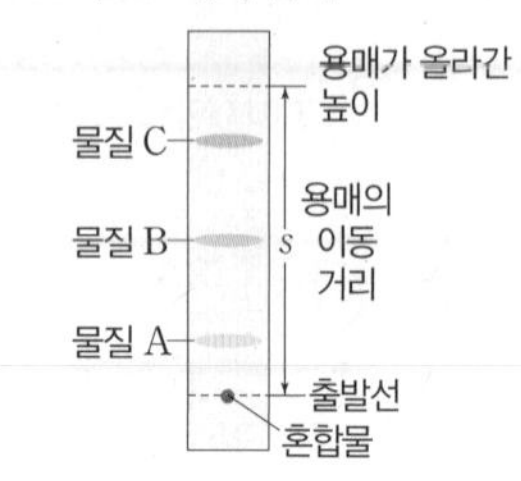

용매가 이동한 거리에 따라 혼합물의 성분 물질이 이동한 거리의 비율은 물질마다 다르다.

크로마토그래피에 사용하는 용매

크로마토그래피로 혼합물을 분리할 때는 성분 물질이 잘 녹는 용매를 사용해야 한다. 수성 사인펜의 잉크는 물에 잘 녹으므로 물을 용매로 사용하면 물에 녹아 이동하면서 분리되고, 유성 사인펜은 에테르에 잘 녹으므로 에테르를 용매로 사용하면 에테르에 녹아 이동하면서 분리된다. 따라서 같은 사인펜이라도 용매의 종류에 따라 크로마토그래피의 결과가 다르게 나타난다.

운동 선수의 도핑 테스트

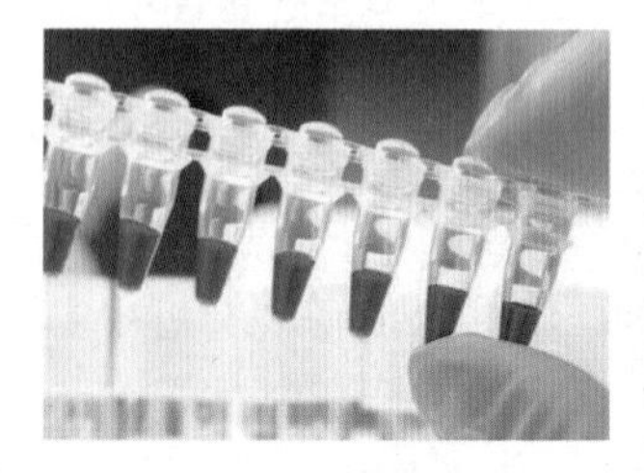

운동 선수가 금지된 약물을 사용했는지 여부를 알아내기 위해 혈액이나 소변을 채취하여 크로마토그래피로 분석하는 방법

필수 비타민

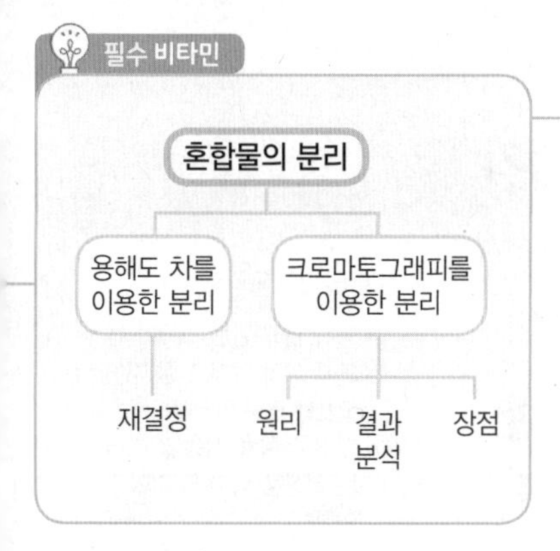

용어 & 개념 체크

❶ 용해도 차를 이용한 분리

01 불순물이 포함된 고체를 높은 온도의 용매에 녹인 후 서서히 냉각하여 순수한 고체를 얻는 방법을 ☐☐☐이라고 한다.

02 질산 칼륨과 염화 나트륨을 재결정으로 분리하면 온도에 따른 용해도 차가 ☐ 질산 칼륨이 석출된다.

❷ 크로마토그래피를 이용한 분리

03 크로마토그래피는 ☐☐를 따라 이동하는 성분 물질의 ☐☐ 차를 이용하여 혼합물을 이루고 있는 여러 가지 성분 물질을 분리하는 방법이다.

04 크로마토그래피에서 용매를 따라 이동하는 속도가 빠를수록 ☐☐에 나타나게 된다.

01 다음은 순수한 소금을 얻는 과정에 대한 설명을 나타낸 것이다.

> 여러 가지 염류와 흙먼지 등이 섞여 있는 천일염을 물에 녹인 후 거른다. 거른 용액을 냉각하면 포화 상태에 이르게 된 용액에서 소금 결정이 석출된다. 이 결정을 거름종이에 거르면 소금을 얻을 수 있다. 이와 같은 과정을 여러 번 되풀이하면 순도가 높은 소금을 얻을 수 있다.

이 과정에 사용된 혼합물의 분리 방법은 무엇인지 쓰시오.

02 용해도 차를 이용한 분리 방법이 가장 유용하게 사용될 수 있는 경우를 보기 에서 모두 고르시오.

> **보기**
> ㄱ. 모래에 섞인 사금을 분리할 때
> ㄴ. 합성 약품을 정제할 때
> ㄷ. 메탄올 수용액에서 메탄올을 분리할 때
> ㄹ. 꽃잎에 포함된 여러 가지 색소를 분리할 때
> ㅁ. 불순물이 섞인 질산 칼륨에서 순수한 질산 칼륨을 얻을 때

03 크로마토그래피에 대한 설명으로 옳은 것은 ○, 옳지 않은 것은 ×로 표시하시오.

(1) 복잡한 혼합물은 분리하기 힘들다. ( )
(2) 분리할 혼합물은 많은 양이 필요하다. ( )
(3) 분리 방법이 복잡하고 여러 번 반복해야 한다. ( )
(4) 성분이 비슷한 물질의 혼합물을 분리할 때 유용하다. ( )
(5) 혼합물을 이루고 있는 성분 물질의 수는 분리되어 나타나는 물질의 수와 항상 같다. ( )

[04~06] 그림은 물질 A~E를 크로마토그래피로 분리한 결과를 나타낸 것이다.

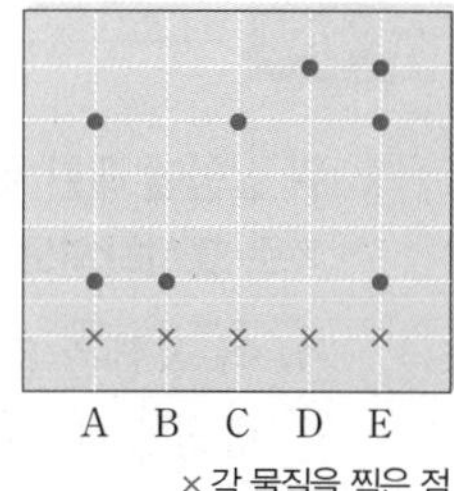

04 A~E 중 순물질로 추측할 수 있는 것을 모두 쓰시오.

05 A~E 중 용매를 따라 이동하는 속도가 가장 빠른 물질이 들어 있는 혼합물은 무엇인지 쓰시오.

06 이와 같은 방법으로 분리할 수 있는 예를 두 가지만 쓰시오.

MUST 해부!

탐구 용해도 차를 이용하여 순수한 질산 칼륨 분리하기

과정

❶ 물 100 g이 들어 있는 비커에 질산 칼륨 50 g과 황산 구리(Ⅱ) 5 g을 넣고 모두 녹을 때까지 가열한다.

❷ 얼음물이 들어 있는 수조에 ❶의 비커를 넣고, 20 ℃까지 냉각한다.

이 과정에서 흰색 결정(질산 칼륨)이 석출돼~

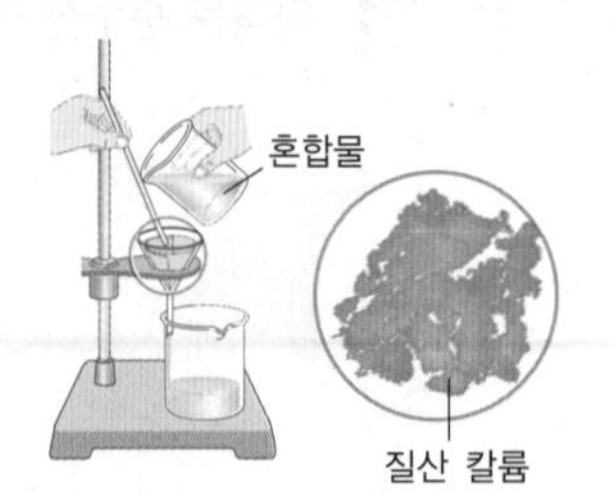

❸ ❷의 비커에 담긴 혼합물을 거름 장치로 걸러 석출된 고체를 분리한다.

거름종이 위에는 질산 칼륨이 남겠지?

탐구 시 유의점

- 녹지 않고 남는 고체가 없도록 유리 막대로 잘 저어 고체를 모두 녹인다.
- 뜨거운 물을 사용할 때에는 화상을 입지 않도록 주의한다.
- 혼합물을 거를 때 액체가 거름종이 위로 넘치지 않도록 천천히 붓는다.

결과

- 질산 칼륨과 황산 구리(Ⅱ) 용해도 곡선에서 20 ℃ 물 100 g에 최대로 녹을 수 있는 질산 칼륨과 황산 구리(Ⅱ)의 양은 각각 31.9 g, 20 g이다.
- 처음 용액에 질산 칼륨이 50 g 녹아 있으므로 용액을 20 ℃까지 냉각하면 이 중에서 31.9 g만 녹아 있고, 나머지 18.1 g은 석출되어 거름 장치에 걸러진다. (50 g−31.9 g=18.1 g)
- 20 ℃에서 물 100 g에 최대로 녹을 수 있는 황산 구리(Ⅱ)의 질량은 20 g이므로, 용액을 20 ℃까지 냉각하더라도 석출되지 않는다.

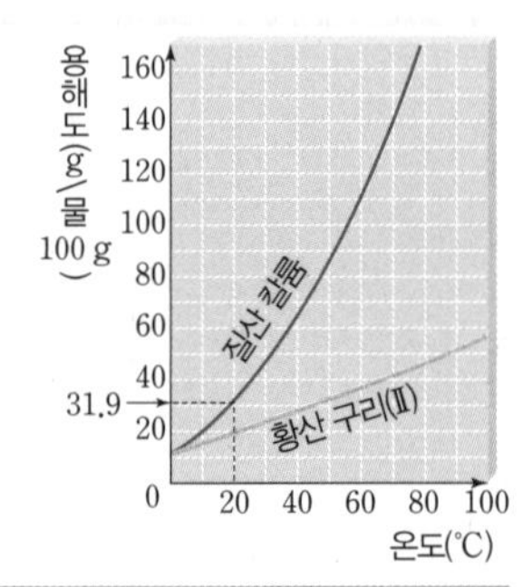

구분	물 100 g에 녹아 있는 양	20 ℃ 물 100 g에 녹을 수 있는 양	석출량
질산 칼륨	50 g	31.9 g	18.1 g
황산 구리(Ⅱ)	5 g	20 g	없음

정리 불순물이 포함된 고체를 높은 온도의 용매에 녹인 후 용액의 온도를 낮추면 온도에 따른 용해도 차가 큰 물질이 결정으로 석출된다.

탐구 알약

정답과 해설 29쪽

01 위 실험에 대한 설명으로 옳은 것은 ○, 옳지 않은 것은 ×로 표시하시오.

(1) 이 실험은 온도에 따른 용해도 차를 이용한 분리 방법에 해당한다. .... ( )

(2) 20 ℃ 물 100 g에는 질산 칼륨이 최대 31.9 g 녹을 수 있다. .... ( )

(3) 온도에 따른 용해도 차는 질산 칼륨이 황산 구리(Ⅱ)보다 크다. .... ( )

(4) 과정 ❸에서 거름종이에 걸러지는 물질은 황산 구리(Ⅱ)이다. .... ( )

(5) 이와 같은 방법은 운동 선수의 도핑 테스트에 이용된다. .... ( )

02 그림은 온도에 따른 고체 A~D의 용해도 곡선을 나타낸 것이다.

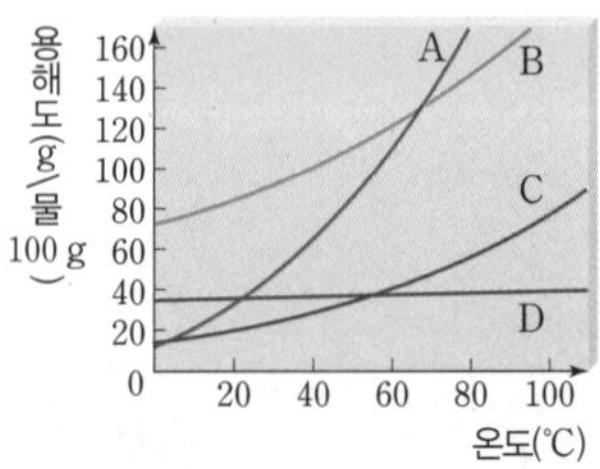

용해도 차를 이용하여 분리할 때, 가장 효과적으로 분리할 수 있는 혼합물로 옳은 것은?

① A+B ② A+D ③ B+C
④ B+D ⑤ C+D

여러 가지 혼합물의 분리

여러 가지 물질이 섞여 있는 혼합물을 분리할 때는 각 성분 물질의 특성을 파악한 후에 분리 순서를 정해야 해~!! 여러 가지 혼합물의 예시들을 통해 함께 연습해 보면서 실력을 키워 보자!!

01 철가루, 톱밥, 소금, 모래의 분리

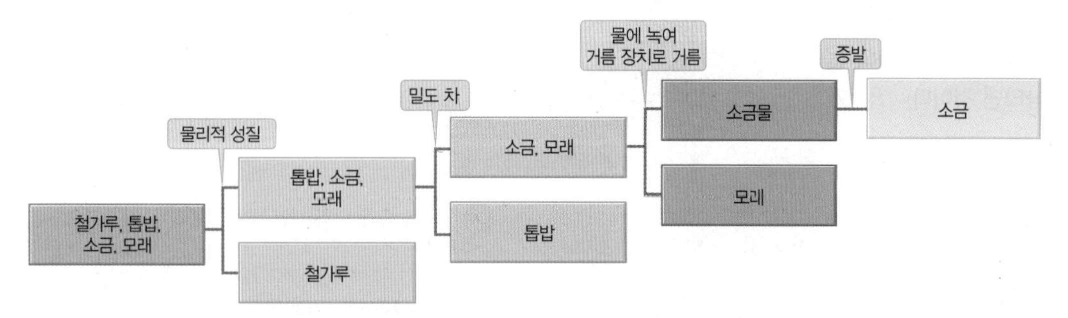

① 물리적 성질 : 철가루는 자성을 가지므로 자석을 가까이 하면 끌려온다.
톱밥이나 소금, 모래는 자성이 없으니까 자석을 이용하면 철가루만 분리할 수 있어!

② 밀도 차 : 톱밥은 소금과 모래에 비해 밀도가 작다.
톱밥은 소금과 모래에 비해 밀도가 작기 때문에 바람을 이용하면 톱밥만 분리할 수 있겠지!

③ 거름 : 소금은 물에 녹지만 모래는 물에 녹지 않고 거름 장치에 걸러진다.
소금과 모래 혼합물을 물에 녹인 후 거름 장치에 거르면 모래를 분리할 수 있지!

④ 증발 : 소금물을 가열하면 소금만 남는다.
끓는점이 낮은 물은 수증기가 되고 끓는점이 높은 소금만 남는거야!

02 물, 에탄올, 소금, 식용유의 분리

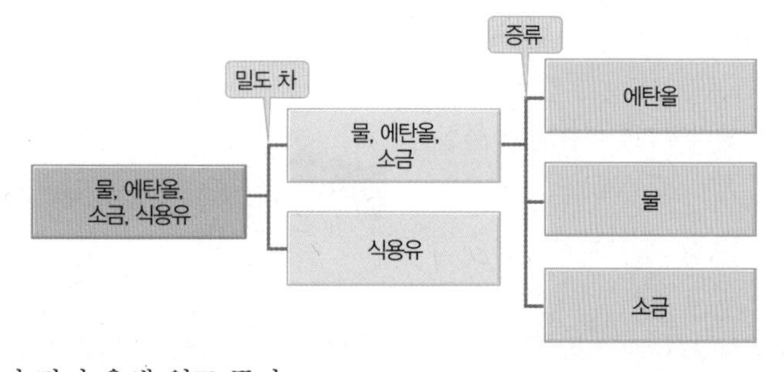

① 밀도 차 : 식용유는 밀도가 작아 용액 위로 뜬다.
소금은 물에 녹고 식용유는 물과 섞이지 않고 소금물과 에탄올보다 밀도가 작기 때문에 밀도 차를 이용해 분리할 수 있어!

② 증류 : 소금과 물, 에탄올은 모두 끓는점이 다르다.
소금과 물보다 에탄올의 끓는점이 낮기 때문에 가장 먼저 기화될 거야!
혼합물을 가열하면서 에탄올의 끓는점 부근에서 나오는 기체를 액화하면 분리 가능!
소금은 물에 녹을 테니까 혼합물에서 소금과 물은 소금물로 존재할 거야! 소금물은 증류를 통해 물과 소금으로 따로따로 분리할 수 있겠지?

03 물, 스타이로폼, 소금, 질산 칼륨의 분리

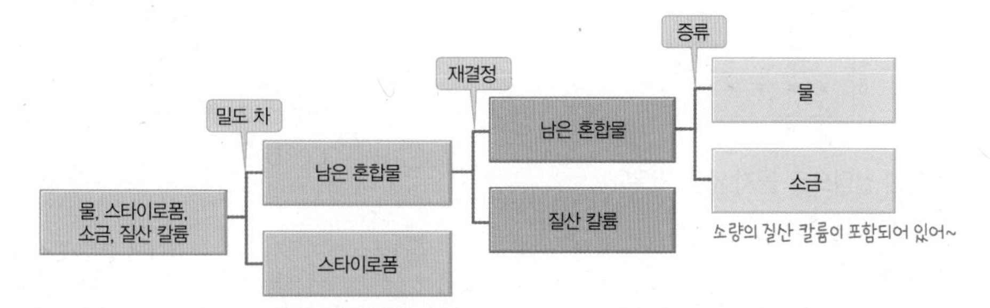

① 밀도 차 : 스타이로폼은 밀도가 작아 용액 위로 뜬다.
소금과 질산 칼륨은 물에 녹고 스타이로폼은 용액보다 밀도가 작기 때문에 밀도 차를 이용해 분리할 수 있겠지?

② 재결정 : 소금과 질산 칼륨은 용해도 차가 크므로 재결정으로 분리할 수 있다.
용액을 냉각하면 온도에 따른 용해도 차가 큰 질산 칼륨이 결정으로 석출되어 분리되지!

③ 증류 : 소금과 물 중 물의 끓는점이 더 낮다.
소금물은 증류를 통해 물과 소금으로 분리할 수 있어~

시험에 꼭 나오는 유형 확인!

유형 클리닉

유형 1 용해도 차를 이용한 분리

그림은 몇 가지 고체의 용해도 곡선을 나타낸 것이고, 표는 염화 나트륨과 질산 나트륨의 용해도를 나타낸 것이다.

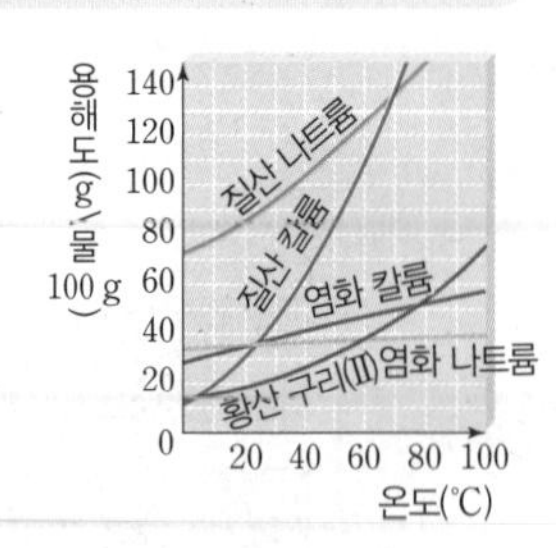

물질 \ 온도(℃)	0	20	40	60
염화 나트륨	35.7	36	36.6	37.3
질산 나트륨	73	88	104	124

이에 대한 설명으로 옳지 않은 것을 모두 고르면?

① 80 ℃ 물 100 g에 가장 많이 녹는 것은 질산 칼륨이다.
② 재결정에 사용하는 용매는 석출하고자 하는 용질을 녹여서는 안 된다.
③ 질산 칼륨과 염화 나트륨의 혼합물은 재결정으로 분리하기에 가장 적당하다.
④ 80 ℃ 물 100 g에 녹여 만든 포화 수용액을 20 ℃로 냉각할 때 석출량이 가장 많은 것은 질산 나트륨이다.
⑤ 60 ℃ 물 50 g에 염화 나트륨 15 g과 질산 나트륨 50 g을 녹인 후, 20 ℃로 냉각할 때 석출되는 물질은 질산 나트륨이다.

온도에 따른 용해도 차를 이용한 재결정을 통해 혼합물을 분리하는 것을 물어보는 문제가 출제될 수 있어~

① 80 ℃ 물 100 g에 가장 많이 녹는 것은 질산 칼륨이다.
→ 80 ℃에서 용해도가 가장 큰 물질이 질산 칼륨이니까 물 100 g에 가장 많이 녹는 물질은 질산 칼륨이야!

② 재결정에 사용하는 용매는 석출하고자 하는 용질을 녹여서는 안 된다.
→ 재결정에서는 혼합물을 모두 녹일 수 있는 용매를 사용해야 해~

③ 질산 칼륨과 염화 나트륨의 혼합물은 재결정으로 분리하기에 가장 적당하다.
→ 한 가지는 온도에 따른 용해도 차가 작고 다른 한 가지는 온도에 따른 용해도 차가 큰 혼합물을 분리하기가 가장 적당해!

④ 80 ℃ 물 100 g에 녹여 만든 포화 수용액을 20 ℃로 냉각할 때 석출량이 가장 많은 것은 질산 나트륨이다.
→ 온도 변화 구간에서 용해도 차가 가장 큰 질산 칼륨의 석출량이 가장 많아~

⑤ 60 ℃ 물 50 g에 염화 나트륨 15 g과 질산 나트륨 50 g을 녹인 후, 20 ℃로 냉각할 때 석출되는 물질은 질산 나트륨이다.
→ 온도 변화 구간에서 질산 나트륨은 용해도 차가 크고 염화 나트륨은 용해도 차가 작아~ 그러니까 질산 나트륨 50 g − 44 g = 6 g이 석출되는 거야!

답 : ②, ④

재결정은 고체 혼합물에서 용해도가 다른 고체를 분리하는 방법!

유형 2 크로마토그래피를 이용한 분리

그림은 거름종이에 다섯 종류의 수성 사인펜으로 점을 찍어 종이 크로마토그래피로 분리한 결과를 나타낸 것이다.

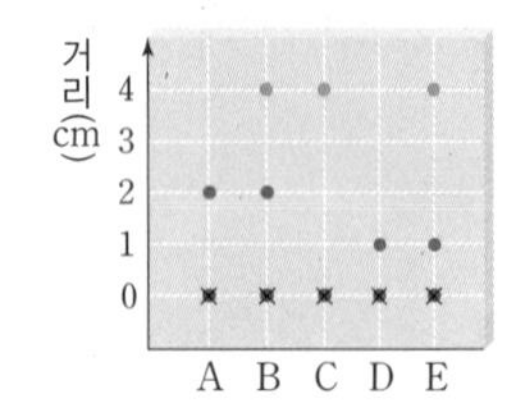

이 실험 결과에 대한 설명으로 옳지 않은 것은?

① A, C, D는 순물질로 추측할 수 있다.
② B와 E는 혼합물이다.
③ C는 A보다 용매를 따라 이동하는 속도가 느리다.
④ E에는 C와 D가 포함되어 있다.
⑤ 색소가 이동한 높이가 같다면 같은 물질로 볼 수 있다.

성분 물질이 용매를 따라 이동하는 속도 차를 이용하여 혼합물을 분리하는 크로마토그래피를 물어보는 문제가 출제될 수 있어~

① A, C, D는 순물질로 추측할 수 있다.
→ 색소가 더 이상 분리되지 않기 때문에 순물질이라고 말할 수 있어!

② B와 E는 혼합물이다.
→ B와 E는 색소가 여러 개로 분리되기 때문에 혼합물로 볼 수 있어!

③ C는 A보다 용매를 따라 이동하는 속도가 느리다.
→ 용매를 따라 이동하는 속도가 빠를수록 위쪽에 나타나! C는 A보다 위쪽에 있기 때문에 C는 A보다 용매를 따라 이동하는 속도가 빠르다는 걸 알 수 있겠지?

④ E에는 C와 D가 포함되어 있다.
→ E는 C와 D의 같은 높이로 분리되었으니까 E에는 C와 D가 포함되어 있다는 걸 알 수 있지~

⑤ 색소가 이동한 높이가 같다면 같은 물질로 볼 수 있다.
→ 물질에 따라 이동하는 값이 일정하게 나타나기 때문에 올라간 높이가 같다면 같은 물질로 볼 수 있어~

답 : ③

크로마토그래피에서 위쪽에 있으면 이동 속도가 빠름! 아래쪽에 있으면 이동 속도가 느림!

❶ 용해도 차를 이용한 분리

01 다음에서 설명하는 혼합물의 분리 방법으로 옳은 것은?

> 불순물이 포함된 고체를 높은 온도의 용매에 녹인 후 서서히 냉각하여 순수한 고체를 얻는 방법

① 증류 ② 증발 ③ 재결정
④ 원심 분리 ⑤ 크로마토그래피

[02~03] 그림은 붕산과 염화 나트륨의 용해도 곡선을 나타낸 것이다.

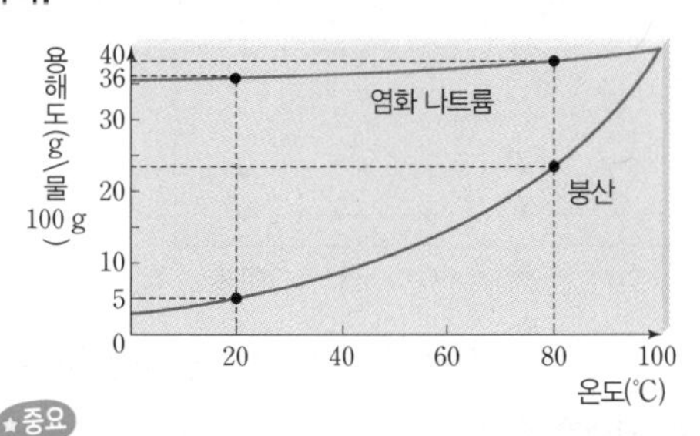

02 (중요) 붕산 15 g과 염화 나트륨 30 g이 섞인 혼합물을 80 ℃ 물 100 g에 모두 녹였을 때에 대한 설명으로 옳은 것을 | 보기 |에서 모두 고른 것은?

| 보기 |
ㄱ. 온도에 따른 용해도 차를 이용하여 혼합물을 분리할 수 있다.
ㄴ. 붕산은 염화 나트륨보다 온도에 따른 용해도 차가 크다.
ㄷ. 80 ℃의 혼합 용액을 20 ℃로 냉각하면 붕산만 석출된다.

① ㄱ ② ㄴ ③ ㄱ, ㄷ
④ ㄴ, ㄷ ⑤ ㄱ, ㄴ, ㄷ

03 물 200 g에 붕산 40 g과 염화 나트륨 40 g을 넣고 가열하여 모두 녹인 다음 20 ℃로 냉각했다. 이때 석출되는 물질의 종류와 질량을 옳게 짝지은 것은?

① 붕산, 4 g ② 붕산, 30 g
③ 붕산, 35 g ④ 염화 나트륨, 30 g
⑤ 염화 나트륨, 35 g

04 용해도 차를 이용한 혼합물의 분리의 예로 옳은 것은?

① 식물의 엽록소를 분리한다.
② 합성 아스피린을 정제한다.
③ 원유에서 휘발유를 분리한다.
④ 바다에 유출된 기름을 제거한다.
⑤ 에탄올 수용액에서 에탄올을 분리한다.

❷ 크로마토그래피를 이용한 분리

05 크로마토그래피에 대한 설명으로 옳지 않은 것은?

① 혼합물의 양이 적어도 분리할 수 있다.
② 복잡한 혼합물도 한번에 분리할 수 있다.
③ 용해도 차를 이용하여 혼합물을 분리한다.
④ 운동 선수의 약물 복용 여부를 검사할 때 이용된다.
⑤ 같은 물질이라도 용매에 따라 다른 결과가 나타난다.

06 (중요) 그림과 같이 수성 사인펜으로 거름종이에 점을 찍은 다음, 거름종이 끝이 물에 약간 잠기게 놓아두었다. 이에 대한 설명으로 옳지 않은 것은?

① 사인펜 잉크는 물에 녹는다.
② 고무마개는 용매의 증발을 막아 준다.
③ 사인펜 잉크로 찍은 점은 물에 잠겨 있어야 한다.
④ 사인펜 색소가 올라가는 높이는 색소마다 다르다.
⑤ 사인펜 잉크는 여러 번 찍어야 실험 결과가 잘 나온다.

07 크로마토그래피를 이용한 분리의 예로 옳지 않은 것은?

① 식품의 농약 검사
② 꽃잎의 색소 분리
③ 소변의 성분 분리
④ 운동 선수의 도핑 테스트
⑤ 소주의 물과 에탄올 분리

[08~09] 그림은 크로마토그래피를 이용하여 물질 A~E를 분리한 결과를 나타낸 것이다.

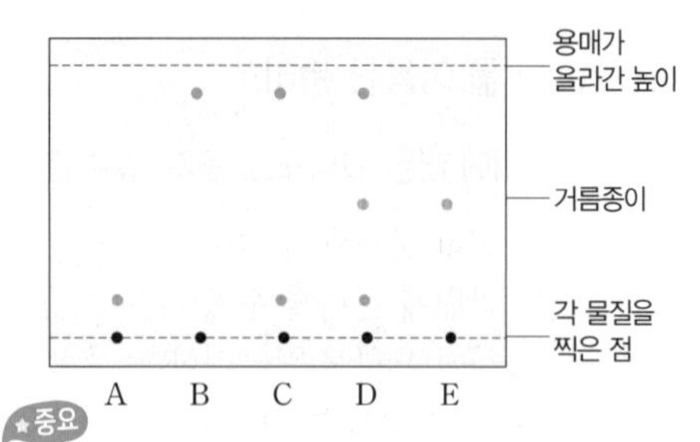

중요

08 A~E 중에서 순물질로 추측할 수 있는 물질을 모두 고른 것은?

① A, B ② A, E ③ C, D
④ A, B, E ⑤ B, C, D

중요

09 이에 대한 설명으로 옳은 것을 보기 에서 모두 고른 것은?

보기
ㄱ. A는 용매를 따라 이동하는 속도가 B보다 빠르다.
ㄴ. C는 A와 B의 혼합물이다.
ㄷ. D는 최소 3가지 성분으로 이루어져 있다.

① ㄱ ② ㄴ ③ ㄷ
④ ㄱ, ㄴ ⑤ ㄴ, ㄷ

서술형 문제

10 염전에서 얻은 천일염으로부터 순수한 소금을 얻을 때 이용하는 혼합물의 분리 방법과 그 과정을 서술하시오.

물, 걸러진 용액, 증발

11 그림은 크로마토그래피로 몇 가지 물질을 분리한 결과를 나타낸 것이다.

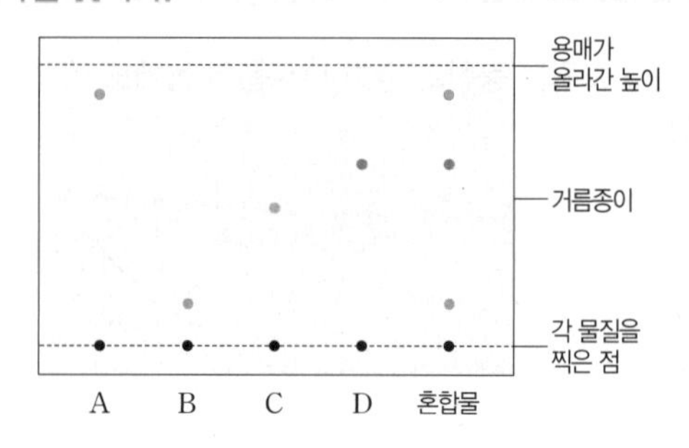

A~D 중 혼합물에 포함되어 있는 물질을 모두 고르고, 그렇게 생각한 까닭을 서술하시오.

같은 높이=같은 성분

12 그림은 종이 크로마토그래피를 이용하여 시금치 잎의 색소를 분리한 결과를 나타낸 것이다.

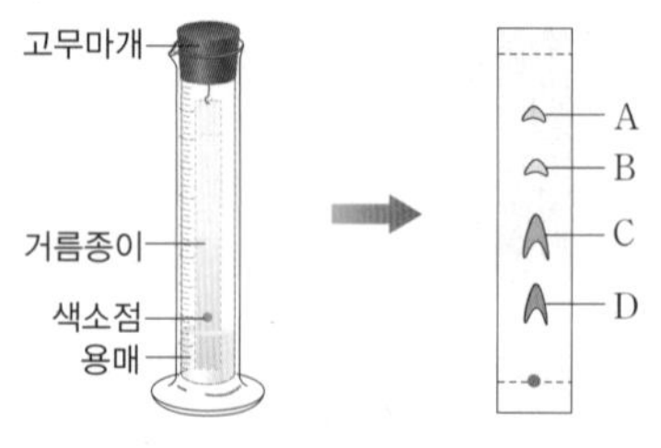

각 성분 물질의 이동 속도를 부등호로 비교하고 이와 같은 분리 방법의 원리를 서술하시오.

성분 물질, 속도

[13~14] 표는 염화 나트륨과 질산 칼륨의 온도에 따른 물에 대한 용해도(g/물 100 g)를 나타낸 것이다.

물질 \ 온도(℃)	0	20	40	60	80	100
염화 나트륨	35.7	36	36.6	37.3	38.4	39.8
질산 칼륨	13.3	31.6	63.9	110	169	246

13 염화 나트륨 50 g과 질산 칼륨 220 g이 섞인 혼합물을 물 200 g에 모두 녹인 후 서서히 냉각할 때 결정이 생기기 시작하는 온도는 몇 ℃인가?

① 20 ℃ ② 40 ℃ ③ 60 ℃
④ 80 ℃ ⑤ 100 ℃

14 13의 혼합 용액을 20 ℃로 냉각할 때 석출되는 물질의 종류와 질량을 옳게 짝지은 것은?

① 염화 나트륨, 14 g ② 염화 나트륨, 36 g
③ 질산 칼륨, 78.4 g ④ 질산 칼륨, 156.8 g
⑤ 질산 칼륨, 188.4 g

15 그림은 질산 칼륨과 염화 나트륨의 용해도 곡선을 나타낸 것이다.

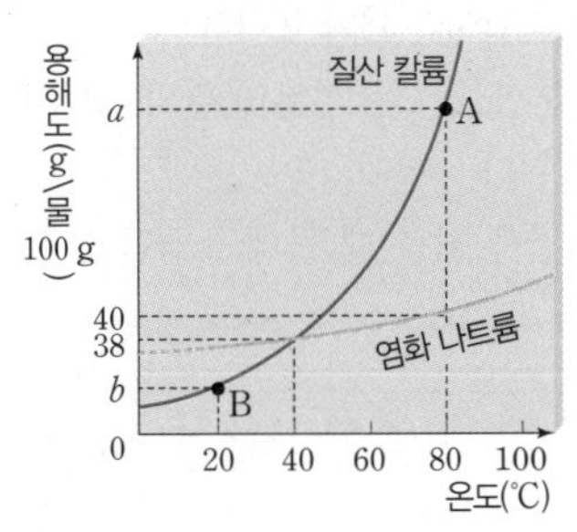

이에 대한 설명으로 옳은 것을 |보기|에서 모두 고른 것은? (단, 곡선 상에 있는 수용액의 물의 양은 100 g이다.)

보기
ㄱ. 질산 칼륨의 용해도는 항상 염화 나트륨보다 크다.
ㄴ. 40 ℃에서 질산 칼륨과 염화 나트륨의 용해도는 같다.
ㄷ. A와 B 수용액의 질량비는 $a : b$이다.

① ㄱ ② ㄴ ③ ㄱ, ㄷ
④ ㄴ, ㄷ ⑤ ㄱ, ㄴ, ㄷ

16 다음은 관 크로마토그래피를 이용하여 사인펜 색소를 분리하는 실험을 나타낸 것이다.

[실험 과정]
1. 유리관에 실리카 겔을 채워 넣는다.
2. 그 위에 사인펜 색소 A, B, C의 혼합물을 넣는다.
3. 에테르를 천천히 위쪽에서 흘려준다.

[실험 결과]
A가 가장 빠르게 이동하고, C가 가장 느리게 이동한다.

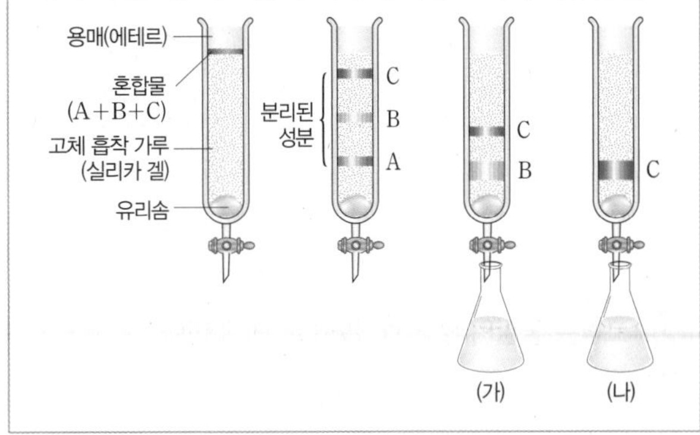

이에 대한 설명으로 옳은 것을 |보기|에서 모두 고른 것은?

보기
ㄱ. 삼각 플라스크 (가)에는 A만 들어 있다.
ㄴ. 에테르에 대한 용해도는 A>B>C이다.
ㄷ. 용매를 따라 이동하려는 성질보다 실리카 겔에 붙어 있으려는 성질이 큰 것은 C>B>A이다.

① ㄱ ② ㄴ ③ ㄷ
④ ㄱ, ㄴ ⑤ ㄴ, ㄷ

17 그림은 물, 식용유, 소금, 질산 칼륨이 섞여 있는 혼합물을 분리하는 과정을 나타낸 것이다.

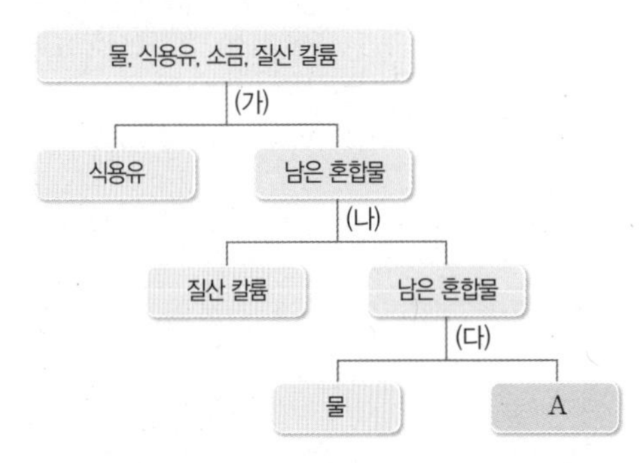

이에 대한 설명으로 옳은 것을 |보기|에서 모두 고른 것은?

보기
ㄱ. (가)에서는 밀도 차, (나)에서는 용해도 차를 이용한다.
ㄴ. (다)에서 끓는점은 물이 가장 낮다.
ㄷ. A는 순수한 소금이다.

① ㄱ ② ㄷ ③ ㄱ, ㄴ
④ ㄴ, ㄷ ⑤ ㄱ, ㄴ, ㄷ

01 순물질과 혼합물에 대한 설명으로 옳지 않은 것은?

① 순물질은 끓는점, 밀도 등이 일정하다.
② 순물질은 한 종류의 물질로 이루어져 있다.
③ 혼합물은 성분 물질의 성질을 나타내지 않는다.
④ 혼합물의 가열 곡선에서는 수평한 부분이 나타나지 않는다.
⑤ 혼합물은 물질의 혼합 비율에 따라 끓는점, 밀도 등이 변한다.

02 그림은 물질의 분류 과정을 나타낸 것이다.

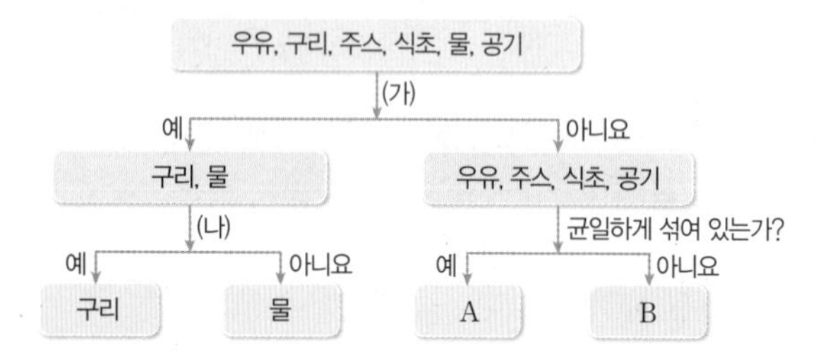

이에 대한 설명으로 옳은 것을 | 보기 | 에서 모두 고른 것은?

보기
ㄱ. (가)는 '순물질인가?' 이다.
ㄴ. (나)는 '한 종류의 원소로 이루어졌는가?'이다.
ㄷ. A에 해당하는 물질은 주스, 식초, 공기이고 B에 해당하는 물질은 우유이다.

① ㄱ ② ㄷ ③ ㄱ, ㄴ
④ ㄴ, ㄷ ⑤ ㄱ, ㄴ, ㄷ

03 물질의 특성에 대한 설명으로 옳은 것은?

① 물질의 특성으로 물질을 구별할 수 있다.
② 질량, 색깔, 냄새는 물질의 특성에 해당한다.
③ 같은 물질이라도 물질의 양에 따라 값이 달라진다.
④ 혼합물은 성분 물질의 종류가 같으면 물질의 특성이 같다.
⑤ 부피, 길이, 온도, 끓는점은 물질의 특성에 해당하지 않는다.

04 그림은 물과 소금물의 가열 곡선과 냉각 곡선을 나타낸 것이다.

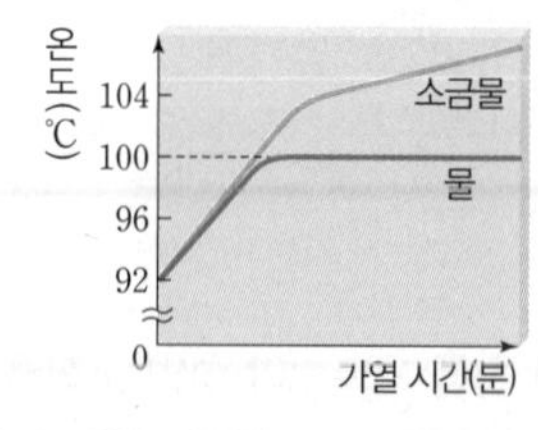

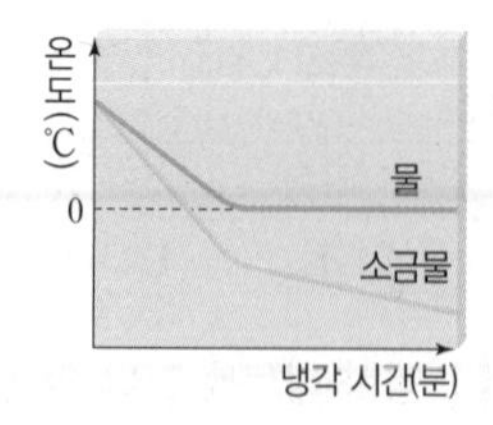

이에 대한 설명으로 옳은 것은?

① 물은 얼음이 된 이후에 온도 변화가 없을 것이다.
② 소금물의 어는점이 더 낮으므로 쉽게 얼 수 있다.
③ 순물질의 수평 구간에서는 상태 변화가 일어나지 않는다.
④ 소금물의 가열 곡선에서 온도가 점점 높아지는 것은 소금물의 농도가 연해지기 때문이다.
⑤ 소금물의 어는점이 물보다 낮은 것은 혼합물 속의 고체 입자가 액체의 응고를 방해하기 때문이다.

05 그림 (가)는 고체 나프탈렌, 고체 파라-다이클로로벤젠, 고체 나프탈렌과 고체 파라-다이클로로벤젠의 혼합물의 가열 곡선을 A~C로 순서 없이 나타낸 것이고, (나)는 물, 에탄올, 물과 에탄올의 혼합물의 가열 곡선을 D~F로 순서 없이 나타낸 것이다.

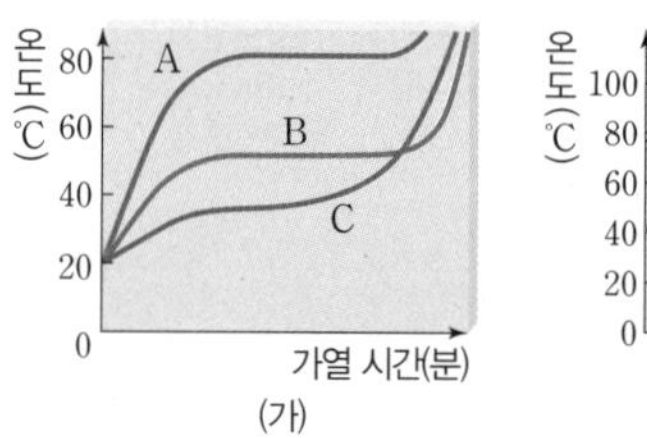

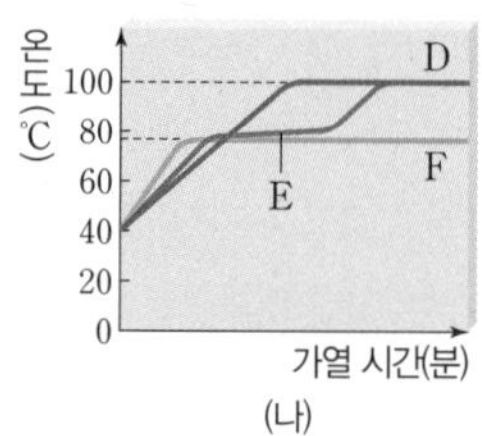

이에 대한 설명으로 옳은 것을 | 보기 | 에서 모두 고른 것은?

보기
ㄱ. A~F 중 혼합물은 B와 E이다.
ㄴ. (가)에서 혼합물은 두 성분 물질의 녹는점보다 낮은 온도에서 녹는다.
ㄷ. (나)는 달걀을 삶을 때 물에 소금을 넣는 것과 원리가 같다.

① ㄱ ② ㄴ ③ ㄱ, ㄷ ④ ㄴ, ㄷ ⑤ ㄱ, ㄴ, ㄷ

06 그림과 같은 두 비커의 액체를 섞었을 때, 밀도는 몇 g/mL인가? (단, 열의 출입은 없다고 가정한다.)

① 1 g/mL ② 2 g/mL ③ 3 g/mL
④ 4 g/mL ⑤ 6 g/mL

07 그림은 물질 A~E의 부피와 질량을 나타낸 것이다.

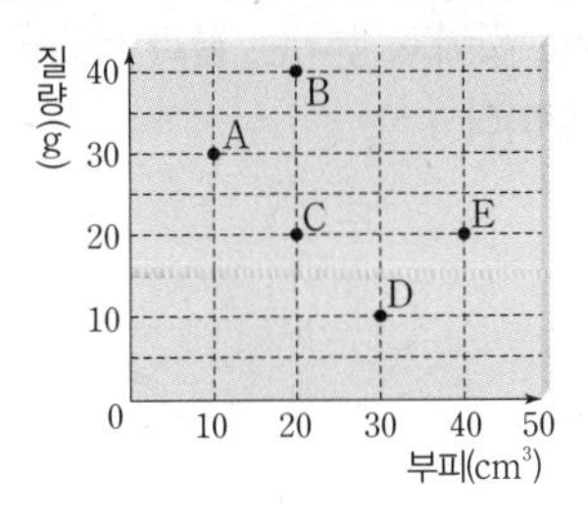

A~E의 밀도를 옳게 비교한 것은?

① A>B>C>D>E
② A>B>C>E>D
③ B>A>C>D>E
④ B>A>C>E>D
⑤ D>E>C>B>A

08 밀도 변화에 대한 설명으로 옳은 것은?

① 기체의 밀도는 압력의 영향을 거의 받지 않는다.
② 고체와 액체의 밀도는 압력의 영향을 많이 받는다.
③ 모든 물질은 기체<액체<고체 순으로 밀도가 증가한다.
④ 압력이 일정할 때 기체의 밀도는 온도가 높아짐에 따라 크게 감소한다.
⑤ 압력이 일정할 때 고체와 액체의 밀도는 온도가 높아짐에 따라 크게 감소한다.

09 밀도의 이용에 대한 실생활의 예 중에서 원리가 다른 것은?

① 열기구를 가열하면 하늘 위로 뜬다.
② 구명조끼를 입으면 물에 뜨게 된다.
③ LNG 누출 경보기는 위쪽에 설치해야 한다.
④ 풍선 속에 헬륨 기체를 넣어 하늘 위로 뜬다.
⑤ 잠수부는 납 벨트를 이용하여 깊은 물속으로 들어간다.

10 끓는점에 대한 설명으로 옳지 않은 것은?

① 액체에서 기체로 변할 때의 온도를 말한다.
② 녹는점, 어는점과 마찬가지로 압력의 영향을 거의 받지 않는다.
③ 우리가 사용하는 끓는점은 대기압을 기준으로 한 기준 끓는점이다.
④ 끓는점은 물질마다 고유한 값을 갖기 때문에 물질의 특성에 해당한다.
⑤ 압력이 일정할 때 물질의 양이 변하더라도 끓는점은 변하지 않기 때문에 물질의 특성에 해당한다.

11 (가)는 끓기 직전의 물을 감압 용기에 넣고 공기를 빼내는 모습을 나타낸 것이고, (나)는 물의 끓는점과 압력의 관계를 나타낸 것이다.

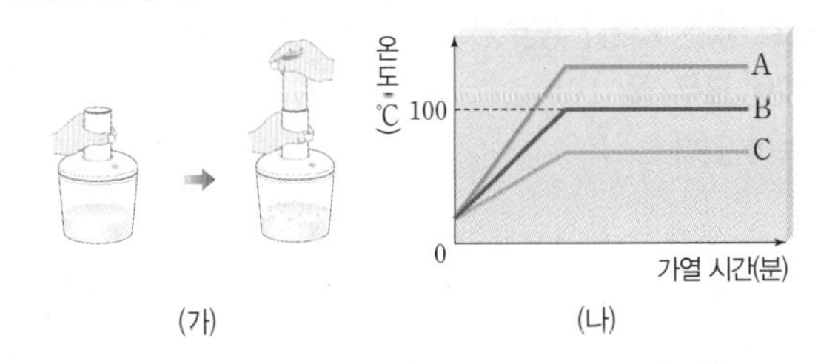

(나)의 A~C 중에서 (가)의 실험 결과를 가장 적절하게 설명할 수 있는 것은?

① A
② B
③ C
④ A, B
⑤ A, B, C

12 그림은 설탕을 물에 녹이는 모습을 나타낸 것이다.

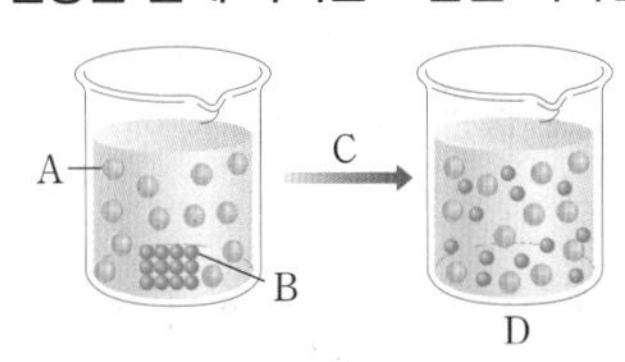

A~D를 나타내는 용어를 옳게 짝지은 것은?

	A	B	C	D
①	용액	용매	용질	용해
②	용질	용매	용해	용액
③	용질	용해	용액	용매
④	용매	용액	용질	용해
⑤	용매	용질	용해	용액

13 용해도에 대한 설명으로 옳지 않은 것은?

① 용매 100 g에 녹는 용질의 g 수를 용해도라고 한다.
② 용해도 곡선보다 위쪽에 있는 용액은 과포화 용액이다.
③ 용해도는 용매와 용질의 종류에 관계없이 같은 값을 가진다.
④ 용해도 곡선은 온도에 따른 용해도의 변화를 나타낸 것이다.
⑤ 용해도는 온도에 따라 달라지므로 용해도를 나타낼 때 온도를 함께 표시한다.

14 그림은 어떤 고체의 용해도 곡선을 나타낸 것이다. 이에 대한 설명으로 옳은 것은? (단, 고체는 모두 물 100 g에 녹아 있다.)

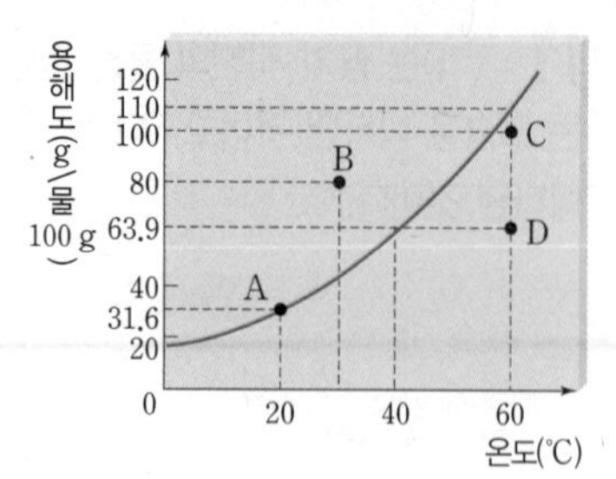

① A를 불포화 용액으로 만들 수 있는 방법은 없다.
② A~D 중에서 고체가 가장 많이 녹아 있는 것은 B이다.
③ B의 온도를 낮추면 포화 용액이 될 수 있다.
④ C는 과포화 용액이다.
⑤ D에 고체 46.1 g을 더 넣으면 포화 용액이 된다.

15 4개의 시험관에 탄산음료를 넣고 그림과 같이 장치하여 각각의 시험관에서 기포 발생량을 관찰하였다.

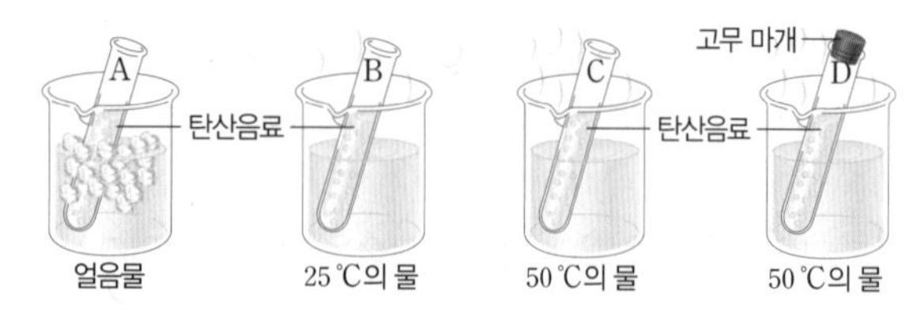

이에 대한 설명으로 옳은 것을 | 보기 | 에서 모두 고른 것은?

| 보기 |
ㄱ. 기체의 용해도는 A가 B보다 작다.
ㄴ. 기포 발생량은 C가 D보다 많다.
ㄷ. 깊은 바다에서 갑자기 물 위로 올라오면 잠수병에 걸리는 원인은 B와 C를 비교하여 알 수 있다.

① ㄱ ② ㄴ ③ ㄱ, ㄷ
④ ㄴ, ㄷ ⑤ ㄱ, ㄴ, ㄷ

16 그림은 원유를 분리하는 증류탑을 나타낸 것이다.

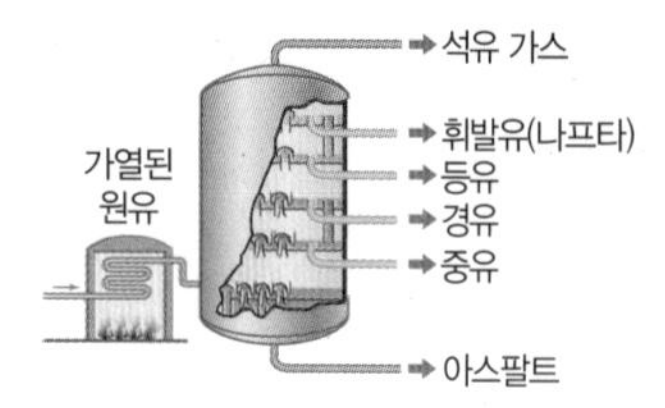

이에 대한 설명으로 옳은 것을 | 보기 | 에서 모두 고른 것은?

| 보기 |
ㄱ. 끓는점이 낮은 물질이 먼저 분리된다.
ㄴ. 다량의 원유를 계속해서 분리할 수 있다.
ㄷ. 탑 내부에서 여러 번의 증류가 일어난다.
ㄹ. 각 층에서 분리되는 물질은 순물질이다.

① ㄱ, ㄴ ② ㄴ, ㄷ ③ ㄷ, ㄹ
④ ㄱ, ㄴ, ㄷ ⑤ ㄴ, ㄷ, ㄹ

17 그림 (가)는 물과 에탄올의 혼합물을 분리하기 위한 실험 장치를 나타낸 것이고, (나)는 물과 에탄올 혼합물의 가열 곡선을 나타낸 것이다.

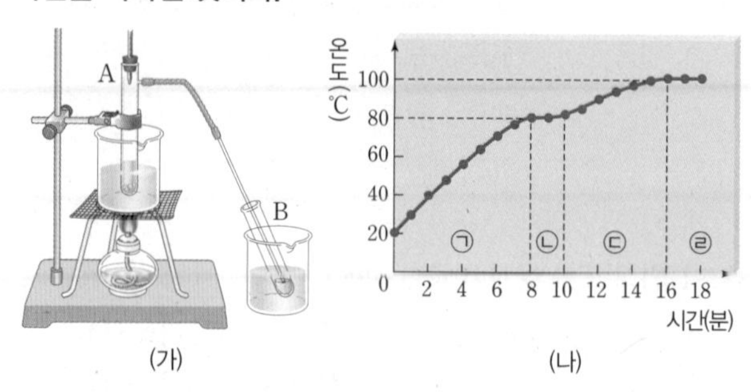

이에 대한 설명으로 옳은 것을 | 보기 | 에서 모두 고른 것은?

| 보기 |
ㄱ. A에서는 기화가 일어나고 B에서는 액화가 일어난다.
ㄴ. 순수한 에탄올을 가열하면 ㉡ 구간의 온도보다 약간 높은 온도에서 끓는다.
ㄷ. ㉣ 구간에서 에탄올이 분리되어 나온다.

① ㄱ ② ㄷ ③ ㄱ, ㄴ
④ ㄴ, ㄷ ⑤ ㄱ, ㄴ, ㄷ

18 그림과 같은 장치로 분리할 수 있는 혼합물은?

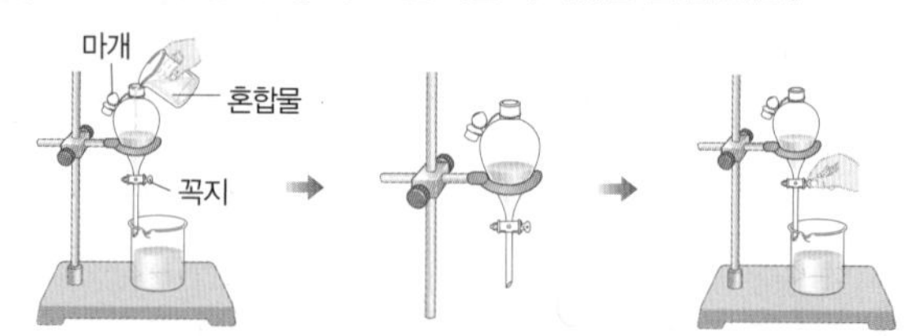

① 모래와 소금 ② 물과 에탄올
③ 물과 에테르 ④ 수성펜의 색소
⑤ 질산 칼륨과 염화 나트륨

[19~20] 표는 질산 나트륨과 염화 칼륨의 온도에 따른 용해도를 나타낸 것이다.

물질 \ 온도(℃)	0	20	40	60	80	100
염화 칼륨	28	34.2	40.1	45.8	51.3	56.3
질산 나트륨	73	88	104	124	148	180

19 60 ℃ 물 200 g에 염화 칼륨 80 g이 녹아 있는 용액을 20 ℃로 냉각할 때 석출되는 염화 칼륨의 질량은 몇 g인가?

① 5.8 g ② 11.6 g ③ 34.2 g ④ 45.8 g ⑤ 80 g

20 60 ℃ 질산 나트륨 포화 수용액 224 g을 40 ℃로 냉각할 때 석출되는 질산 나트륨의 질량는 몇 g인가?

① 15 g ② 20 g ③ 52 g ④ 62 g ⑤ 104 g

21 그림은 염화 나트륨과 붕산의 용해도 곡선을 나타낸 것이다.

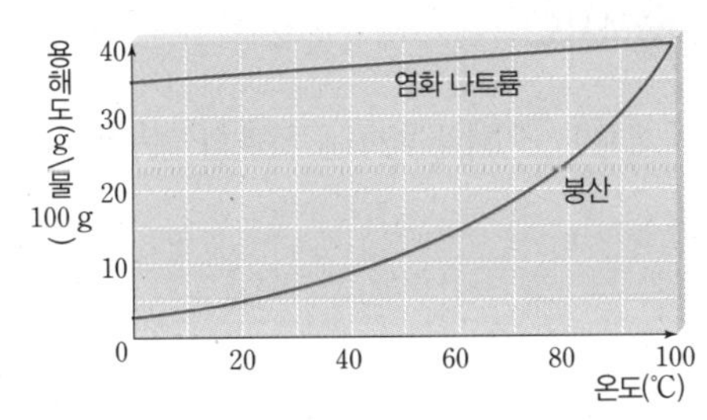

80 ℃ 물 100 g에 염화 나트륨 20 g과 붕산 20 g을 녹인 후 20 ℃로 냉각하여 고체를 석출했을 때에 대한 설명으로 옳지 않은 것은?

① 80 ℃에서는 넣어 준 용질이 모두 녹는다.
② 20 ℃에서 염화 나트륨은 모두 녹아 있다.
③ 석출되는 고체는 붕산이고 석출량은 15 g이다.
④ 이러한 혼합물의 분리 방법을 재결정이라고 한다.
⑤ 20 ℃에서 석출되는 용질은 온도에 따른 용해도의 차가 작은 물질이다.

22 그림은 여러 가지 고체의 온도에 따른 용해도 곡선을 나타낸 것이다.

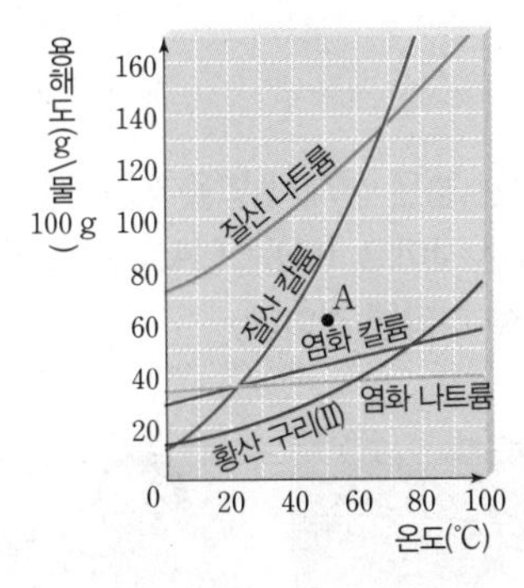

이에 대한 설명으로 옳은 것을 | 보기 | 에서 모두 고른 것은?

| 보기 |
ㄱ. A점의 염화 칼륨 수용액은 불포화 용액이다.
ㄴ. A점의 염화 나트륨 수용액은 과포화 용액이다.
ㄷ. 80 ℃ 물 100 g에 녹여 만든 포화 수용액을 20 ℃로 냉각할 때 석출량이 가장 많은 것은 질산 칼륨이다.

① ㄱ ② ㄴ ③ ㄱ, ㄷ
④ ㄴ, ㄷ ⑤ ㄱ, ㄴ, ㄷ

23 그림은 크로마토그래피의 장치와 혼합물의 분리 결과를 나타낸 것이다.

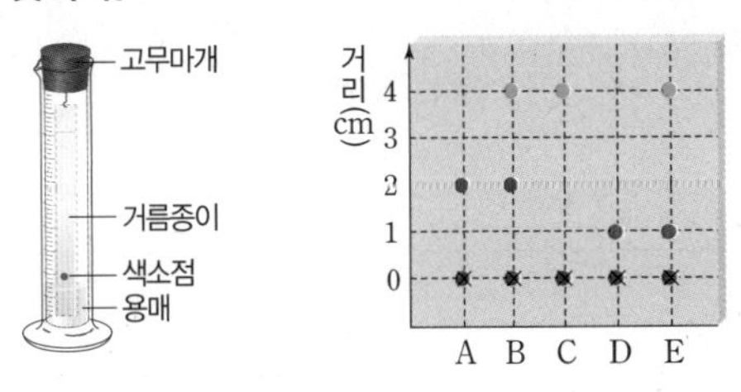

이에 대한 설명으로 옳은 것을 | 보기 | 에서 모두 고른 것은?

| 보기 |
ㄱ. 색소점은 용매에 충분히 잠겨야 한다.
ㄴ. 실내에서 하는 실험이라면 마개를 닫지 않아도 된다.
ㄷ. 분리 결과에서 B와 E의 성분 물질을 추측할 수 있다.
ㄹ. A, C, D는 순물질로 추측할 수 있고, B와 E는 혼합물이다.

① ㄱ, ㄴ ② ㄴ, ㄷ ③ ㄷ, ㄹ
④ ㄱ, ㄴ, ㄹ ⑤ ㄴ, ㄷ, ㄹ

24 그림은 톱밥, 소금, 철가루, 모래가 섞여 있는 혼합물을 분리하는 과정을 나타낸 것이다.

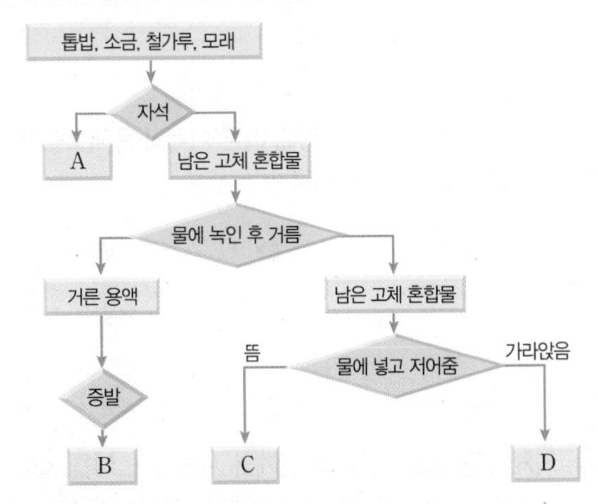

A~D에 해당하는 물질을 옳게 짝지은 것은?

	A	B	C	D
①	톱밥	철가루	모래	소금
②	소금	철가루	톱밥	모래
③	소금	톱밥	철가루	모래
④	철가루	소금	모래	톱밥
⑤	철가루	소금	톱밥	모래

서술형·논술형 문제

01 순수한 물과 소금물의 맛을 보지 않고 구별할 수 있는 방법을 두 가지 이상 서술하시오.

끓는점, 어는점, 밀도

---

02 강물이 어는 추운 날씨에도 바닷물은 쉽게 얼지 않는 까닭을 서술하시오.

어는점이 낮아짐

---

03 공기와 LNG, LPG의 밀도를 이용하여 각각의 가스 누출 경보기를 설치하는 위치를 서술하시오.

LNG의 밀도 < 공기의 밀도 < LPG의 밀도

[04~05] 그림은 온도와 압력에 따른 기체의 용해도를 알아보기 위한 실험을 나타낸 것이다.

얼음물

25 ℃의 물

50 ℃의 물

04 기체의 용해도와 온도의 관계를 서술하고, 이를 알아보기 위해서 비교해야 할 시험관의 기호와 그렇게 생각한 까닭을 함께 서술하시오.

온도↓ ⇨ 기체의 용해도↑, 온도 이외 모든 조건 일정

---

05 기체의 용해도와 압력의 관계를 서술하고, 이를 알아보기 위해서 비교해야 할 시험관의 기호와 그렇게 생각한 까닭을 함께 서술하시오.

압력↑ ⇨ 기체의 용해도↑, 압력 외 모든 조건 일정

---

06 그림은 압력과 끓는점 사이의 관계를 알아보기 위한 장치를 나타낸 것이다.

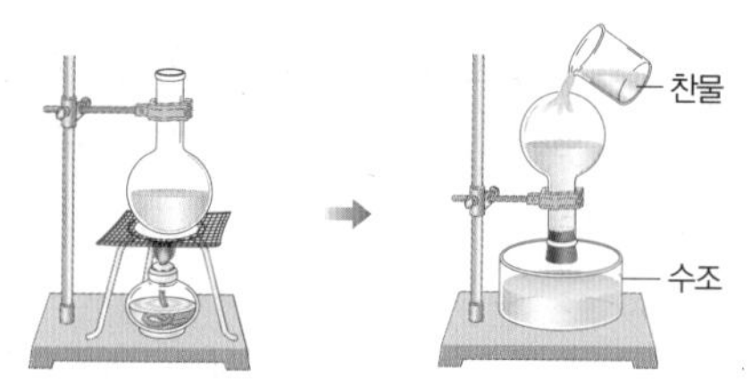

그림과 같이 끓기 직전의 물이 들어 있는 둥근바닥 플라스크를 거꾸로 한 후 찬물을 부으면 물이 끓는 까닭을 서술하시오.

내부 압력↓ ⇨ 끓는점↓

---

07 그림 (가)는 높은 산에서 밥을 지을 때 밥이 잘되지 않는 상황을 나타낸 것이고, (나)는 압력솥으로 밥을 지을 때 밥이 잘되는 상황을 나타낸 것이다.

(가)

(나)

(가)와 (나)의 경우를 압력과 끓는점에 관련지어 서술하시오.

대기압(외부 압력)∝끓는점

---

08 서로 섞이지 않고 밀도 차가 있는 액체 혼합물을 분별 깔때기로 분리할 때 분별 깔때기의 마개를 열어 주는 까닭을 서술하시오.

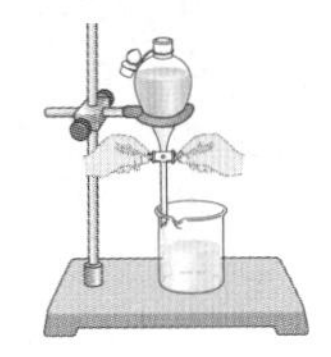

KEY 분별 깔때기의 구조와 사용 방법

09 표는 두 물질의 온도에 따른 용해도를 나타낸 것이다.

물질	물에 대한 용해도(g/물 100 g)	
	20 ℃의 물	80 ℃의 물
㉠	8.3	78.2
㉡	36.0	38.4

㉠과 ㉡의 혼합물을 분리하는 방법을 쓰고, 그렇게 생각한 까닭을 서술하시오.

용해도 차에 의한 혼합물의 분리

10 그림은 크로마토그래피를 이용하여 물질 A~F를 분리한 결과를 나타낸 것이다.

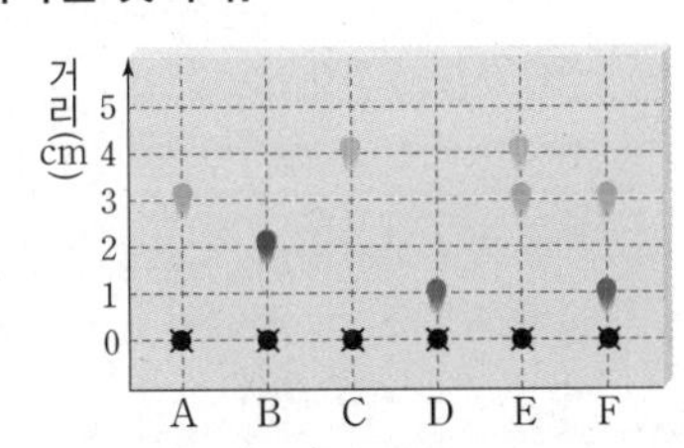

크로마토그래피 결과를 통해 순물질로 추측할 수 있는 물질의 기호를 모두 쓰고, 그렇게 생각한 까닭을 함께 서술하시오.

크로마토그래피의 결과 해석

11 물질 A는 순물질 C와 E로, 물질 B는 순물질 C, D, E로 이루어진 혼합물이다.

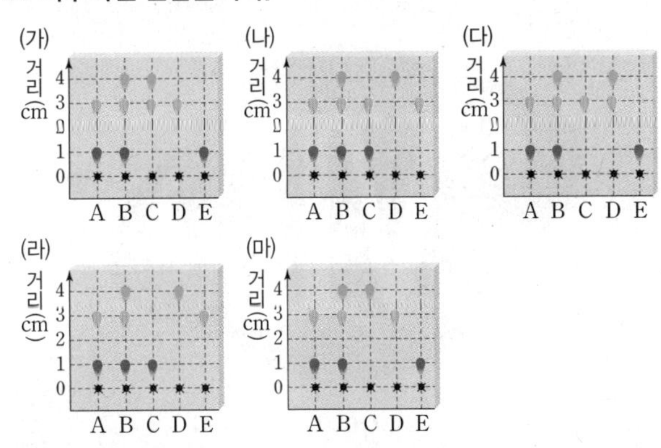

물질 A~E를 크로마토그래피로 분리했을 때의 실험 결과로 가장 적절한 것을 고르고, 그렇게 생각한 까닭을 서술하시오.

크로마토그래피의 결과 해석

12 표는 물과 물질 A~C의 특징을 나타낸 것이고, 그림은 물과 물질 A~C가 섞여 있는 혼합물을 분리하는 과정을 나타낸 것이다.

물질	녹는점 (℃)	끓는점 (℃)	밀도 (g/mL)	용해성
물	0	100	1	—
A	−116	34.6	0.7	물과 잘 섞이지 않는 액체
B	1538	2862	7.9	물과 A에 녹지 않는 고체
C	801	1400	2.16	물에 잘 녹는 고체

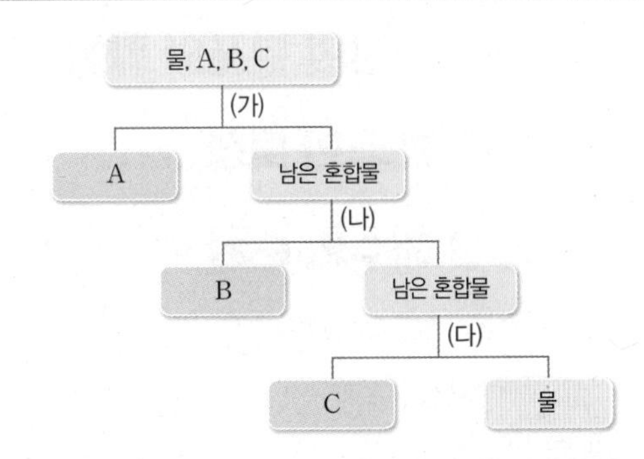

(가)~(다)에 해당하는 혼합물의 분리 방법을 서술하시오.

밀도, 용해도, 끓는점

수권과 해수의 순환

A-ra?

Q. 바닷물의 염류에는 어떤 종류가 있을까?

01 수권의 분포와 활용

- 수권에서 해수, 담수, 빙하의 분포와 활용 사례를 설명할 수 있다.
- 자원으로서 물의 가치에 대해 설명할 수 있다.

① 지구에 분포하는 물

1 수권 : 지구에 존재하는 모든 물 해양, 호수, 하천, 얼음 등 다양한 형태로 존재해!

2 수권의 구성 : 해수와 담수로 구분 ➡ 해수(약 97 %) > 담수(약 3 %)

빙하 > 지하수 > 하천수와 호수

구분		특징
해수(바닷물)		• 지구상의 물 중 가장 많다. 지구 표면의 70 % 이상 차지! • 짠맛이 나는 염수
담수 짠맛이 나지 않는 물	빙하	• 눈이 오랫동안 쌓이고 굳어진 고체 상태 담수의 대부분을 차지! • 극지방이나 고산 지대에 분포한다. • 중력에 의해 아래쪽으로 이동하며 지표면을 침식한다.
	지하수	• 비나 눈이 지하로 스며들어 형성된 물 땅속이나 암석 사이에 존재하는 물 • 흐름이 느리고 산소가 부족하여 자정 작용이 어렵다.
	하천수와 호수	• 주된 수자원으로 활용한다. 담수이고 접근이 쉬워서 수자원으로 활용되지! • 수권 전체에서 치지히는 비율이 매우 낮다.

비타민

수권의 분포 부피비(%)

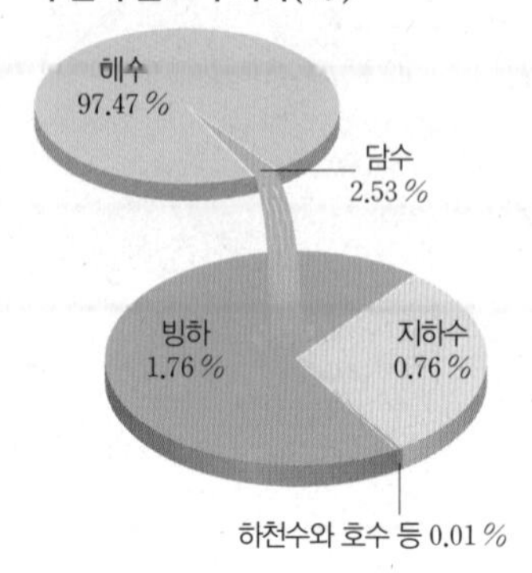

② 자원으로 활용하는 물

빙하는 담수 중 가장 많지만 극지방이나 높은 산 위에 고체 상태로 존재하여 자원으로 바로 활용하기 어려워~

1 수자원 : 지구상의 물 중에서 자원으로 이용 가능한 물

(1) **수자원에 주로 이용하는 물** : 주로 하천수와 호수를 이용하고, 부족하면 지하수를 개발하여 이용한다.

지하수까지 다 합쳐도 전체 물의 약 0.77 % 밖에 안 돼! / 강수량에 직접적으로 영향을 받아! / 땅속에 있기 때문에 개발에 많은 비용이 들고, 개발 후 지반 침하 등 위험이 있어~

(2) **수자원의 이용** : 생명 활동, 요리, 세면, 샤워, 식수 등 일상생활, 공업 제품을 생산, 작물 재배 등의 산업 활동, 수송, 어업, 휴양 등에 이용한다.

생명체를 이루는 기본 물질이기도 한 물은 생명체가 살아가는 데 꼭 필요하지~

(3) **수자원의 이용에 따른 분류**

구분	내용
농업용수	농작물을 기르거나 가축을 기를 때 이용하는 물
생활용수	식수를 포함하여 요리, 빨래, 목욕, 청소 등의 일상생활에 이용하는 물
유지용수	하천의 수질 개선이나 가뭄에 하천을 유지하는 데 이용하는 물
공업용수	산업 활동(제품의 생산, 생산 시설 관리 등)에 이용하는 물

(4) **우리나라의 수자원 이용 현황** : 우리나라에서는 수자원을 농업용수로 가장 많이 이용하고 있으며, 유지용수와 생활용수로도 많이 이용한다. 삶의 질이 높아지면서 생활용수의 이용 비율이 빠르게 증가하고 있다.

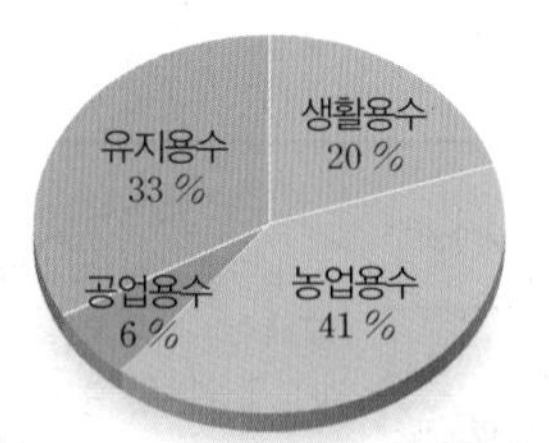

▲ 우리나라의 수자원 이용

2 수자원의 가치

(1) 인구 증가와 산업의 발달로 수자원 사용량은 증가하고, 가뭄이나 홍수 등이 자주 발생하면서 물을 효율적으로 관리하는 것이 어려워지고 있다.

(2) 지하수는 하천에 비해 양이 풍부하고, 간단한 정수 과정을 거치면 바로 사용할 수 있어 수자원으로서 가치가 높다.

오염 방지와 수자원 확보! 두 가지로 구분할 수 있지!

3 수자원 관리 방안 : 수자원 이용량 줄이기, 이용 가능한 수자원 늘리기

(1) **오염 방지** : 지속적인 수질 관리, 생활하수 줄이기, 폐수 정화 시설 강화, 농약이나 화학 비료 사용 줄이기 등

물을 오염시키는 가장 큰 원인이야!

(2) **수자원 확보** : 중수도 이용, 지하수 개발, 해수의 담수화, 댐 건설, 빗물 저장 시설 이용

바닷물에 있는 염분을 제거해서 담수로 만드는 방법 / 화장실이나 식물을 가꾸는 데 이용할 수 있다.

지하수
땅속의 지층이나 암석 사이의 빈틈을 채우고 있거나 그 사이를 흐르는 물

자정 작용
하천수나 호수가 시간이 경과함에 따라 자연적으로 정화되는 현상

지하수 개발 시 유의점
무분별한 개발로 지반이 무너지거나 지하수 고갈 또는 오염이 일어나지 않도록 주의한다.

중수도 이용
한번 쓴 수돗물을 재사용할 수 있도록 처리하는 시설

생활 속에서 물 절약하기
- 절수형 수도꼭지, 샤워기 사용하기
- 빨래 모아서 하기
- 세수나 양치질할 때 물 받아서 하기
- 정기적인 점검으로 누수 방지

필수 비타민

- 수권
  - 해수
  - 담수
    - 빙하
    - 지하수 - 수자원에 이용
    - 하천수와 호수 - 수자원에 이용

용어 & 개념 체크

❶ 지구에 분포하는 물

01 수권은 짠맛이 나는 □□와 그렇지 않은 □□로 구분된다.

02 지구상의 물 중 가장 많은 양을 차지하는 것은 □□이다.

03 담수 중 가장 많은 양을 차지하는 것은 □□이다.

❷ 자원으로 활용하는 물

04 □□□은 사람이 살아가는 데 자원으로 이용 가능한 물이다.

05 수권의 물 중 수자원으로 이용 가능한 물은 주로 □□□와 □□이다.

06 수자원은 사용 용도에 따라 □□□□, □□□□, □□□□, □□□□ 등으로 나눌 수 있다.

07 □□□는 하천수에 비해 양이 풍부하고 간단한 정수 과정을 거치면 바로 사용할 수 있어 수자원으로서 가치가 높다.

08 인구의 증가, 산업화의 진행 등으로 이용 가능한 수자원은 □□하고 수자원 사용량은 □□하였다.

01 그림은 수권의 구성을 나타낸 것이다.

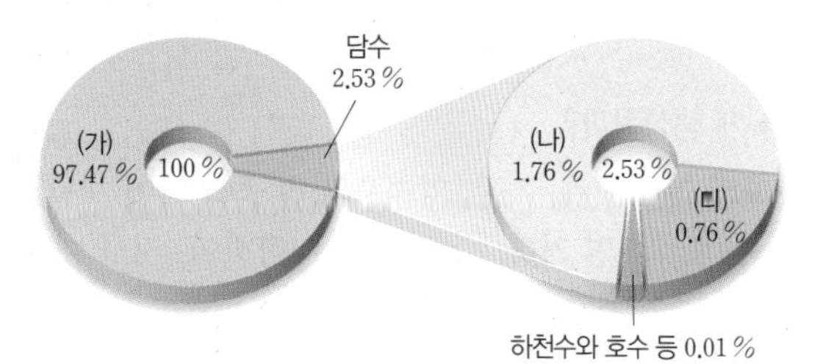

(가)~(다)에 들어갈 알맞은 말을 쓰시오.

02 수권의 구성에 대한 설명으로 옳은 것은 ○, 옳지 않은 것은 ×로 표시하시오.

(1) 담수는 대부분 대륙 빙하의 형태로 극지방이나 고산 지대에 존재한다. ( )

(2) 해수는 지구상의 물 중 가장 많기 때문에 주된 수자원으로 이용된다. ( )

(3) 지표 위로 드러나 있는 하천수와 호수보다 암석과 토양 사이에 있는 지하수의 양이 더 많다. ( )

03 | 보기 |는 지구에 분포하는 물의 다양한 형태를 나타낸 것이다.

| 보기 |
ㄱ. 빙하　ㄴ. 해수　ㄷ. 지하수　ㄹ. 하천수와 호수

(1) 지구에서 가장 많은 부피를 차지하는 것부터 순서대로 나열하시오.

(2) 우리가 비교적 쉽게 이용할 수 있는 물을 두 가지 고르시오.

04 수자원에 대한 설명으로 옳은 것을 | 보기 |에서 모두 고르시오.

| 보기 |
ㄱ. 수자원으로 이용 가능한 물은 짠맛이 나지 않는 담수로 지구상의 물 중 대부분을 차지한다.
ㄴ. 우리나라의 수자원 이용 비율은 생활용수가 가장 높다.
ㄷ. 하천수나 호수가 부족하면 지하수를 개발하여 이용한다.

05 수자원의 이용에 대한 설명이다. 빈칸에 알맞은 말을 쓰시오.

(1) (　　　) : 식수를 포함하여 빨래, 목욕 등의 일상생활에 이용하는 물

(2) (　　　) : 하천의 수질 개선이나 가뭄에 하천을 유지하기 위해 이용하는 물

(3) (　　　) : 가축을 기를 때 이용하는 물

(4) (　　　) : 제품의 생산이나 생산 시설 관리 등에 이용하는 물

06 수자원 부족을 해결할 수 있는 대책에 대한 설명으로 옳은 것은 ○, 옳지 않은 것은 ×로 표시하시오.

(1) 농약이나 화학 비료의 사용을 줄인다. ( )

(2) 빨래를 미루지 않고 세탁기를 이용하여 자주 빨래한다. ( )

(3) 빗물 저장 시설을 이용하여 화장실이나 식물을 가꾸는 데 이용한다. ( )

강의 보충제 수자원으로서 가치가 높은 지하수의 생성 경로와 활용 방안

담수 중 수자원으로 활용할 수 있는 지하수! 지하수는 하천에 비해 양이 풍부하고, 간단한 정수 과정을 거치면 바로 사용할 수 있어서 수자원으로서 가치가 높지~ 지하수의 생성 경로와 활용 방안에 대해 알아보자!

01 지하수는 어떻게 생성될까?

물이 스며들지 못하는 암반층을 불투수층이라고 해!

지하수는 지표면 아래 모래, 자갈, 암석층의 빈 공간 안에 채워져 있는 물이 불투수층 위에 고여 있거나 흐르는 것을 말해. 빗물이 지표 위에 내리면 지하로 스며들기 시작하여, 지구 내부 중력의 힘으로 아래로 향하게 되지!

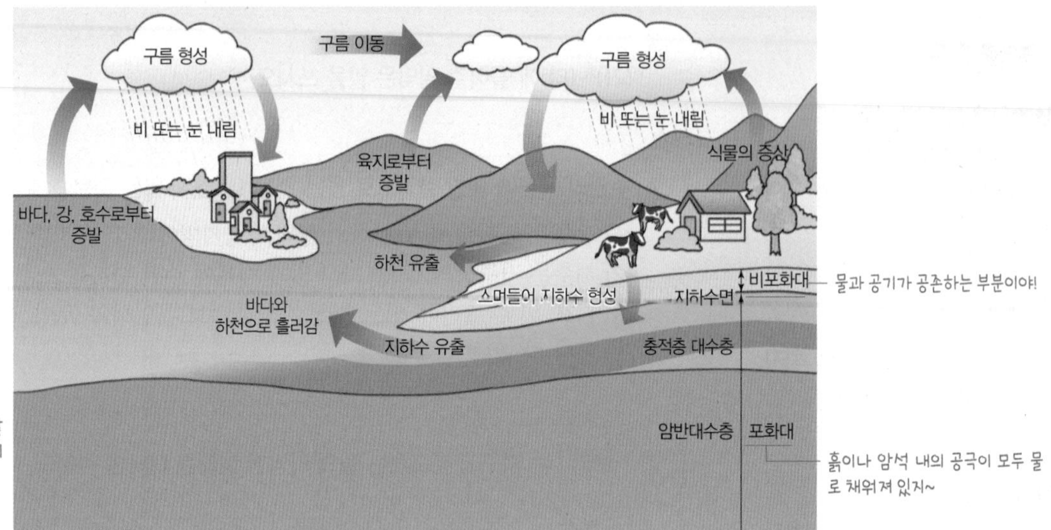

물과 공기가 공존하는 부분이야!

지하에는 태양 빛이 도달하지 않아! 따라서 지하수는 증발에 의한 손실이 거의 없지~!

흙이나 암석 내의 공극이 모두 물로 채워져 있지~

지하수는 땅을 통과하면서 자연적으로 불순물이 걸러져 정화가 돼! 그래서 지하수는 표층의 물보다 깨끗하지만 토양이 오염되면 같이 오염되니까 주의해야 해~

02 지하수를 활용하기 위해 어떻게 해야 될까?

높은 건물, 지하철, 터널 등을 지하수면 아래에 지으면, 지하수가 계속해서 솟아나므로 이를 모아 활용할 수 있어! 섬이나 가뭄이 자주 드는 지역에서는 지하수 댐을 설치하여 지하수의 흐름을 막아 활용하기도 해~

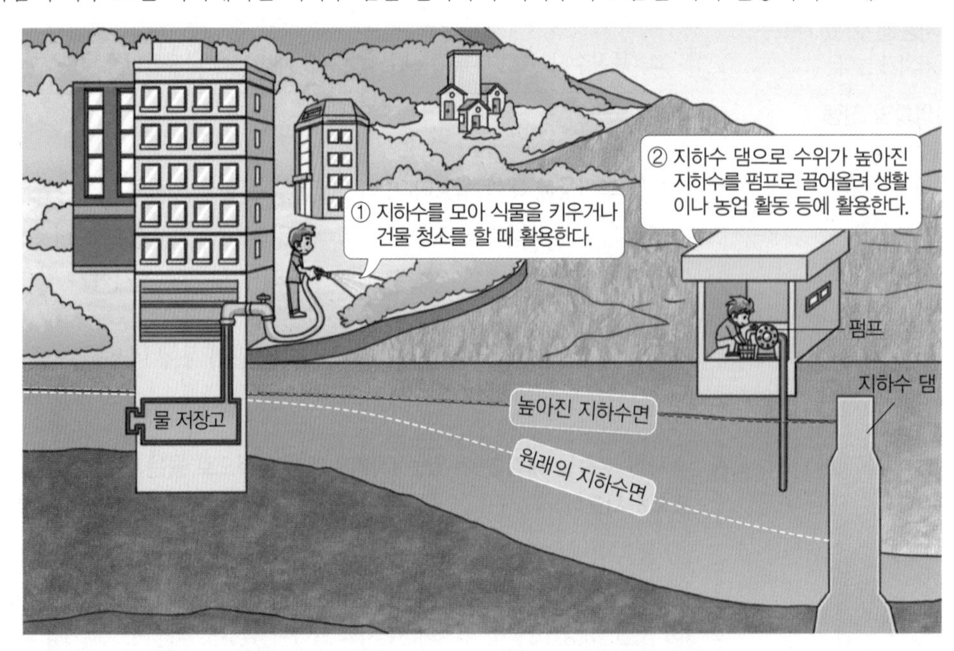

시험에 꼭 나오는 유형 확인!

유형 클리닉

유형 1 수권의 구성

수권의 구성에 대한 설명으로 옳은 것은?

① 수권은 해수와 빙하로 구성되어 있다.
② 짠맛이 나지 않는 물을 해수라고 한다.
③ 해수는 수권 전체에서 차지하는 비율이 가장 낮다.
④ 담수는 대부분 지하수의 형태로 존재한다.
⑤ 육지의 물은 대부분 고체 상태로 존재한다.

수권의 구성을 묻는 문제가 자주 출제돼~! 지구상의 물의 분포에 대해 잘 기억해 두자!

① 수권은 해수와 빙하로 구성되어 있다.
→ 수권은 해수와 담수로 구성되어 있어~! 해수는 바닷물로, 짠맛을 내기 때문에 '염수'라고도 해. 담수는 짠맛이 나지 않는 물이지!

② 짠맛이 나지 않는 물을 해수라고 한다.
→ 수권은 짠맛이 나는 해수와 짠맛이 나지 않는 담수로 구성되어 있어!

③ 해수는 수권 전체에서 차지하는 비율이 가장 낮다.
→ 해수는 수권 전체에서 차지하는 비율이 약 97 %로 가장 높아!

④ 담수는 대부분 지하수의 형태로 존재한다.
→ 담수의 대부분은 대륙 빙하의 형태로 존재해~

⑤ 육지의 물은 대부분 고체 상태로 존재한다.
→ 육지의 물은 담수이고, 담수 중 가장 많은 양을 차지하는 빙하는 고체 상태야~!

답 : ⑤

지구상의 물의 분포
'해수>>담수(빙하>>지하수>하천수와 호수)'

유형 2 수자원

수자원에 대한 설명으로 옳은 것은?

① 수자원은 강수량의 영향을 받지 않는다.
② 우리가 마시는 식수도 생활용수에 포함된다.
③ 공장 폐수는 물을 오염시키는 가장 큰 원인이다.
④ 우리나라의 수자원 이용 비율은 유지용수의 비율이 가장 높다.
⑤ 수자원으로는 주로 지하수를 이용한다.

자원으로 활용하는 물에 대해 묻는 문제가 출제돼~! 수자원의 이용에 대해 기억해 두자!

① 수자원은 강수량의 영향을 받지 않는다.
→ 수자원에 이용되는 하천수와 호수, 지하수는 모두 비나 눈이 모여 형성되는 것이지. 그러니까 수자원은 강수량의 영향을 많~이 받을 수밖에 없어!

② 우리가 마시는 식수도 생활용수에 포함된다.
→ 생활용수는 우리가 마시는 식수, 씻을 때 쓰는 물, 빨래할 때 쓰는 물, 청소할 때 쓰는 물 등 일상생활에 쓰이는 모든 물을 말해!

③ 공장 폐수는 물을 오염시키는 가장 큰 원인이다.
→ 물을 오염시키는 가장 큰 원인은 생활하수야! 오염 물질의 농도는 공장 폐수가 높지만, 생활하수의 양이 훨~~씬 많기 때문이지.

④ 우리나라의 수자원 이용 비율은 유지용수의 비율이 가장 높다.
→ 우리나라의 수자원 이용 비율은 농업용수 > 유지용수 > 생활용수 > 공업용수 순이야!

⑤ 수자원으로는 주로 지하수를 이용한다.
→ 수자원으로는 주로 하천수와 호수를 이용하고, 부족하면 지하수를 개발하여 이용한다.

답 : ②

물을 오염시키는 원인은 '생활하수>공장 폐수'

1 지구에 분포하는 물

[01~02] 그림은 지구에 있는 물의 분포를 나타낸 것이다.

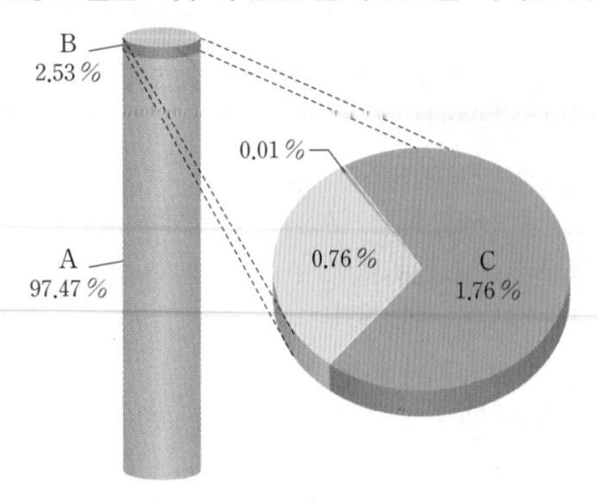

01 A～C에 해당하는 것을 옳게 짝지은 것은?

	A	B	C		A	B	C
①	해수	담수	빙하	②	해수	담수	지하수
③	해수	빙하	담수	④	해수	빙하	지하수
⑤	해수	지하수	빙하				

02 중요 A～C에 대한 설명으로 옳지 않은 것을 모두 고르면?

① A는 바다에 있는 물이다.
② A의 대부분은 빙하로 존재한다.
③ B는 짠맛이 나지 않는 담수이다.
④ B는 대부분 고체 상태로 존재한다.
⑤ C는 이용이 편하기 때문에 수자원으로 주로 이용된다.

03 수권에 대한 설명으로 옳은 것을 | 보기 |에서 모두 고른 것은?

| 보기 |
ㄱ. 지구상의 물은 대부분 바다에 있다.
ㄴ. 담수에서 차지하는 비율은 지하수가 빙하보다 높다.
ㄷ. 우리가 쉽게 이용할 수 있는 물은 수권에서 매우 적은 양이다.

① ㄱ ② ㄴ ③ ㄷ
④ ㄱ, ㄷ ⑤ ㄴ, ㄷ

[04~05] 표는 지구에 존재하는 물의 분포를 나타낸 것이다.

구분		비율(%)
(가)		97.47
(나)	(다)	1.76
	(라)	0.76
	(마)	0.01

04 (가)～(마) 중 우리가 비교적 쉽게 수자원으로 이용할 수 있는 것을 모두 고르면?

① (가) ② (나) ③ (다)
④ (라) ⑤ (마)

05 (가)～(마) 중 다음 설명에 해당하는 것으로 옳은 것은?

• 담수에 속한다.
• 대부분 고체 상태로 존재한다.
• 주로 극지방이나 고산 지대에 분포한다.

① (가) ② (나) ③ (다)
④ (라) ⑤ (마)

06 중요 지구에 분포하는 물에 대한 설명으로 옳은 것은?

① 바닷물이 약 60 %를 차지한다.
② 담수는 짠맛이 나지 않는 물이다.
③ 대부분 인간이 그대로 마실 수 있는 물이다.
④ 빙하와 지하수를 합하면 해수의 양과 비슷하다.
⑤ 식수나 생활용수로 가장 많이 사용하는 것은 지하수이다.

❷ 자원으로 활용하는 물

07 지하수에 대한 설명으로 옳은 것을 | 보기 |에서 모두 고른 것은?

| 보기 |
ㄱ. 일상생활이나 농업 활동에 이용할 수 있다.
ㄴ. 해수나 빙하에 비해 양이 매우 적어 수자원으로서 가치가 낮다.
ㄷ. 하천수와 호수에 비해 양이 풍부하고, 간단한 정수 과정을 거치면 바로 사용할 수 있다.

① ㄱ ② ㄴ ③ ㄱ, ㄷ
④ ㄴ, ㄷ ⑤ ㄱ, ㄴ, ㄷ

08 수자원에 대한 설명으로 옳지 않은 것은?

① 강수량의 영향을 많이 받는다.
② 주로 하천수와 호수를 이용한다.
③ 오염되어도 쉽게 복구가 가능하다.
④ 짠맛이 나지 않는 담수를 이용한다.
⑤ 수자원의 양은 지역이나 계절에 따라 다르다.

09 수자원을 이용하는 사례에 대한 설명으로 옳지 않은 것은?

① 하천수는 바로 이용할 수 있다.
② 해수는 짠맛을 제거하면 이용할 수 있다.
③ 지하수는 온천 등 관광 자원으로 이용할 수 있다.
④ 강이나 바다는 배가 지나는 통로로 이용할 수 있다.
⑤ 빙하가 녹은 물에는 염류가 포함되어 있어 바로 이용하기 어렵다.

10 우리나라의 용도별 수자원 이용 현황에서 가장 높은 비율을 차지하는 것은?

① 농업용수 ② 생활용수 ③ 유지용수
④ 공업용수 ⑤ 모두 같다.

11 중요 그림은 우리나라의 수자원 이용 현황을 나타낸 것이다.

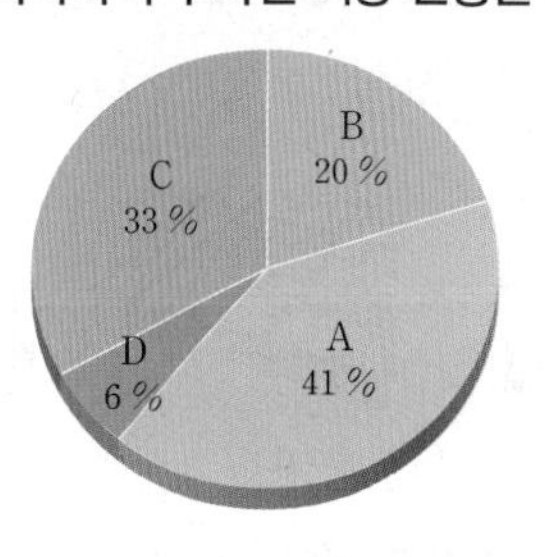

이에 대한 설명으로 옳은 것을 | 보기 |에서 모두 고른 것은?

| 보기 |
ㄱ. A는 농작물 등을 재배하는 데 이용한다.
ㄴ. B의 사용량은 점점 감소하고 있다.
ㄷ. C는 먹거나 씻는 데 이용한다.
ㄹ. D는 공장에서 물건을 만드는 데 이용한다.

① ㄱ, ㄴ ② ㄱ, ㄷ ③ ㄱ, ㄹ
④ ㄴ, ㄹ ⑤ ㄷ, ㄹ

12 그림은 우리나라의 용도별 수자원 이용량의 변화를 나타낸 것이다.

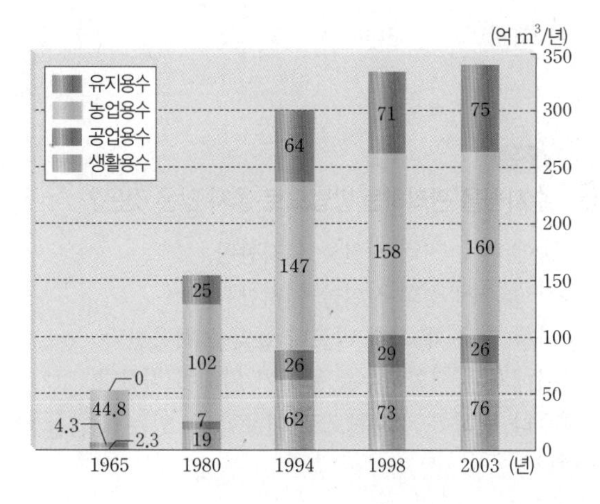

이에 대한 설명으로 옳은 것을 | 보기 |에서 모두 고른 것은?

| 보기 |
ㄱ. 수자원의 총 이용량은 점점 증가하고 있다.
ㄴ. 공업용수의 이용량은 계속 증가하였다.
ㄷ. 수자원의 이용량이 증가하면 수자원은 부족해질 것이다.
ㄹ. 우리나라의 수자원 이용 비율은 생활용수가 가장 높다.

① ㄱ, ㄴ ② ㄱ, ㄷ ③ ㄱ, ㄹ
④ ㄴ, ㄹ ⑤ ㄷ, ㄹ

13 그림 (가)~(다)는 다양한 물의 이용 사례를 나타낸 것이다.

이에 대한 설명으로 옳은 것을 보기에서 모두 고른 것은?

보기
ㄱ. (가)의 이용량은 점점 감소하고 있다. ㄴ. (나)는 하천의 수질 개선에 이용하는 물이다. ㄷ. (다)와 같은 용도를 공업용수라고 한다.

① ㄱ ② ㄷ ③ ㄱ, ㄴ
④ ㄴ, ㄷ ⑤ ㄱ, ㄴ, ㄷ

14 수자원의 가치에 대한 설명으로 옳은 것을 보기에서 모두 고른 것은?

보기
ㄱ. 삶의 질이 높아지면서 물의 이용량이 감소하고 있다. ㄴ. 우리가 이용할 수 있는 물의 양은 매우 적고 한정적이다. ㄷ. 기후 변화가 자주 발생하면서 물을 효율적으로 관리할 수 있게 되었다.

① ㄱ ② ㄴ ③ ㄱ, ㄷ
④ ㄴ, ㄷ ⑤ ㄱ, ㄴ, ㄷ

15 수자원을 관리하는 방법으로 옳지 않은 것은?

① 공장에 폐수 처리 시설을 설치한다.
② 축산 농가에 정화 시설을 설치한다.
③ 농사를 지을 때 화학 비료나 농약을 사용한다.
④ 가정에서는 생활하수를 줄이기 위해 노력한다.
⑤ 해수나 빙하를 수자원으로 이용할 수 있는 방법을 연구한다.

16 생활 속에서 물을 절약하는 방법으로 옳지 않은 것은?

① 빗물을 모아서 이용한다.
② 절수형 수도꼭지를 사용한다.
③ 정기적인 점검으로 누수를 방지한다.
④ 세수나 양치질할 때 물을 틀어 놓고 한다.
⑤ 빨래는 모아 두었다가 한꺼번에 세탁한다.

서술형 문제

17 담수는 적도와 극지방 중 어느 곳에 더 많이 분포하는지 쓰고, 그 까닭을 서술하시오.

담수, 빙하

18 지하수를 과도하게 개발하여 이용할 때 나타날 수 있는 문제점을 한 가지 이상 서술하시오.

지반, 지하수 고갈, 오염

19 농업용수로 수자원을 이용하는 사례를 한 가지 이상 서술하시오.

농사, 가축

20 수자원 이용량이 증가하는 원인을 두 가지 이상 서술하시오.

KEY 인구 증가, 산업 발달, 문명 발달

21 수자원 부족을 해결하기 위해 수질 오염을 방지하는 방법을 두 가지 이상 서술하시오.

생활하수, 폐수 정화 시설

22 그림은 지구에 있는 물의 분포를 나타낸 것이다.

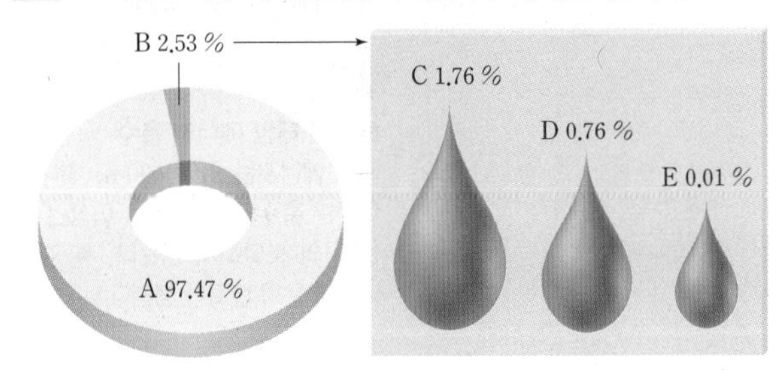

A～E에 대한 설명으로 옳은 것은?

① 지구 온난화가 진행되면 A의 양은 감소할 것이다.
② 수자원은 대부분 B에서 얻는다.
③ C는 수자원으로서의 가치가 높다.
④ D는 대부분 지표 위에 있다.
⑤ E는 주로 고위도나 고산 지대에 분포한다.

23 그림 (가)는 수권 중 담수의 분포를 나타낸 것이고, (나)는 어느 해 육지에 내린 강수량을 수자원 총량으로 환산한 우리나라의 수자원 이용 현황을 나타낸 것이다.

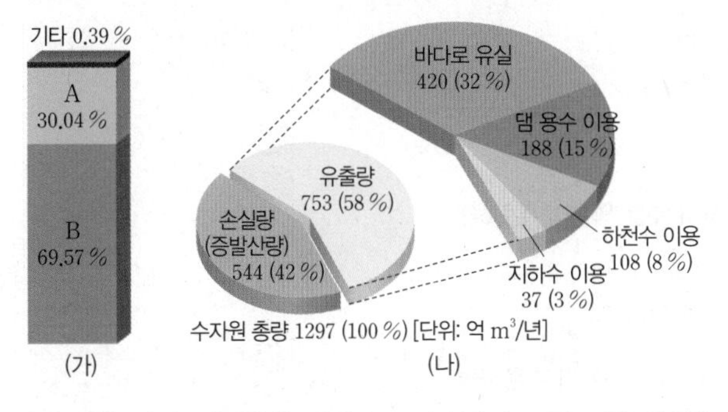

이에 대한 설명으로 옳은 것을 | 보기 | 에서 모두 고른 것은?

| 보기 |
ㄱ. (가)에서 A는 땅속이나 암석 사이에 존재한다.
ㄴ. (나)에서 바다로 유실되는 양은 수자원으로 이용할 수 있는 양보다 적다.
ㄷ. 우리나라는 계절별 강수량 편차가 커서 수자원 관리가 어렵다.

① ㄱ ② ㄴ ③ ㄷ
④ ㄱ, ㄴ ⑤ ㄱ, ㄷ

24 그림은 1900년대부터 2000년까지 전 세계의 용도별 수자원 이용량의 변화를 나타낸 것이다.

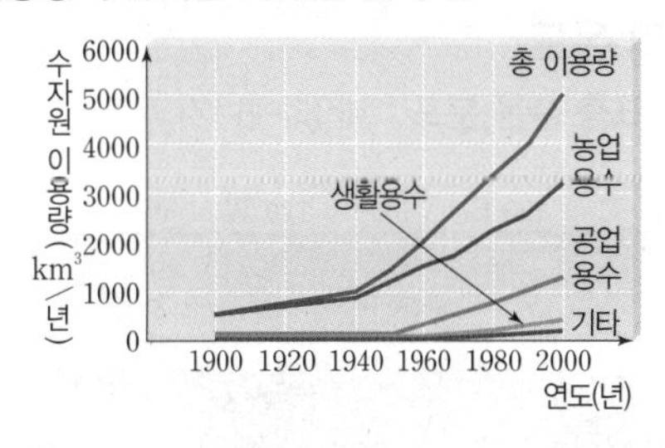

수자원의 이용량이 증가한 원인에 대한 설명으로 옳은 것을 | 보기 | 에서 모두 고른 것은?

| 보기 |
ㄱ. 기후 변화로 인해 수자원 이용량이 증가하였다.
ㄴ. 생활 수준이 향상되어 생활용수의 이용량이 증가하였다.
ㄷ. 산업화가 진행되면서 공업용수의 이용량이 증가하였다.

① ㄱ ② ㄴ ③ ㄷ
④ ㄱ, ㄷ ⑤ ㄴ, ㄷ

25 수자원으로서의 지하수의 가치와 활용 방안에 대한 설명으로 옳은 것을 | 보기 | 에서 모두 고른 것은?

| 보기 |
ㄱ. 요리, 빨래, 청소 등의 일상생활에 많이 이용된다.
ㄴ. 가뭄이 자주 드는 지역에서 지하수 댐을 설치하여 활용한다.
ㄷ. 빗물이 지층의 빈틈으로 스며들어 채워지기 때문에 지속적으로 활용할 수 있다.

① ㄱ ② ㄷ ③ ㄱ, ㄴ
④ ㄴ, ㄷ ⑤ ㄱ, ㄴ, ㄷ

26 수자원을 확보하는 방법으로 옳은 것을 | 보기 | 에서 모두 고른 것은?

| 보기 |
ㄱ. 저수지나 댐을 건설한다.
ㄴ. 산림 면적을 축소시킨다.
ㄷ. 해수의 담수화 장치를 설치한다.
ㄹ. 버려지는 물을 한 곳에 모아 바다로 흘려보낸다.

① ㄱ, ㄴ ② ㄱ, ㄷ ③ ㄴ, ㄷ
④ ㄴ, ㄹ ⑤ ㄷ, ㄹ

02 해수의 특성

• 해수의 연직 수온 분포와 염분비 일정 법칙을 통해 해수의 특성을 설명할 수 있다.

❶ 해수의 온도

1 해수의 표층 수온 분포 : 태양 에너지의 영향을 가장 크게 받는다. ┌ 태양 에너지를 흡수하여 해수의 수온이 높아져~!

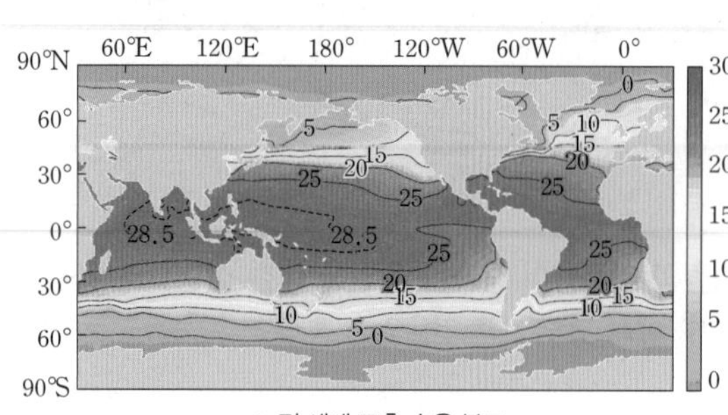

▲ 전 세계 표층 수온 분포

적도 지역에서 가장 많고, 극지방으로 갈수록 줄어드는 걸 확인할 수 있지?

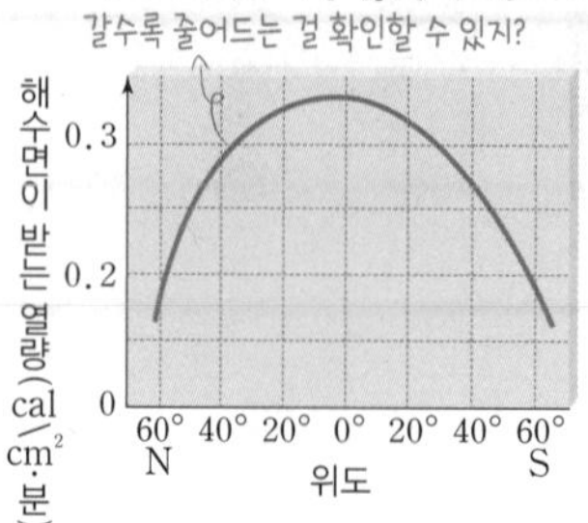

▲ 위도별 태양 에너지양

(1) **위도에 따른 해수의 표층 수온 분포** : 저위도에서 고위도로 갈수록 표층 수온이 낮아진다. ➡ 고위도로 갈수록 같은 면적에 도달하는 태양 에너지의 양이 적기 때문

(2) **계절에 따른 해수의 표층 수온 분포** : 여름철에는 겨울철보다 표층 수온이 높게 나타난다. ➡ 겨울철보다 여름철에 들어오는 태양 에너지의 양이 많기 때문

2 해수의 연직 수온 분포 : 위도와 계절에 따라 다르게 나타난다.

(1) **해수의 층상 구조** : 깊이에 따른 수온 분포를 기준으로 3개의 층으로 구분한다.

혼합층	• 바람의 혼합 작용으로 수온이 일정하게 나타나는 층 바람 때문에 해수가 섞여! • 태양 에너지를 흡수하여 수온이 비교적 높게 나타난다. • 혼합층의 두께는 바람이 강할수록 두껍게 나타난다.
수온 약층	• 깊이가 깊어질수록 수온이 급격히 낮아지는 층 • 아래로 갈수록 수온이 낮아지기 때문에 매우 안정하다. ➡ 대류가 일어나지 않는다. • 혼합층과 심해층 간의 물질이나 에너지 교환을 차단한다.
심해층	• 수온이 매우 낮고 일정한 층 • 위도나 계절에 따른 수온 변화가 거의 없다. └ 태양 에너지는 수심 100 m 내에서 대부분이 흡수돼! 깊은 곳은 태양 에너지가 도달하지 않지!

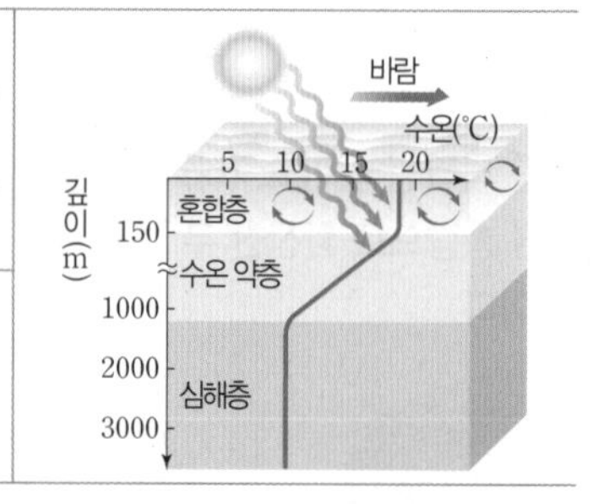

(2) **위도별 해수의 연직 수온 분포**

저위도 해역 (0°~30°)	도달하는 태양 에너지양이 많기 때문에 표층 수온이 높아 수온 약층이 뚜렷하게 나타나고, 바람이 약해 혼합층의 두께가 얇다.
중위도 해역 (30°~60°)	바람이 강해 혼합층의 두께가 두껍고, 해수의 층상 구조가 뚜렷하다.
고위도 해역 (60°~90°)	도달하는 태양 에너지양이 적기 때문에 표층 수온이 낮아 심층까지의 수온 변화가 거의 없어 층상 구조가 발달하지 않는다.

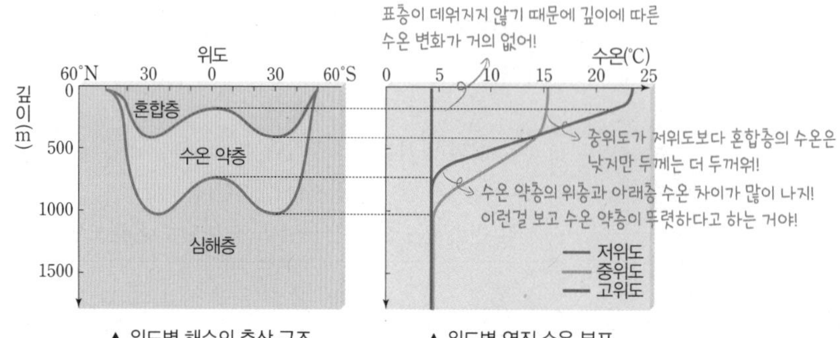

▲ 위도별 해수의 층상 구조 ▲ 위도별 연직 수온 분포

비타민

해수의 태양 에너지 흡수

태양 에너지는 깊이 100 m 이내에서 대부분 흡수되고, 300 m 이상인 곳에는 거의 도달하지 않는다. ➡ 깊이에 따라 수온의 변화가 생긴다.

위도에 따른 태양 에너지양

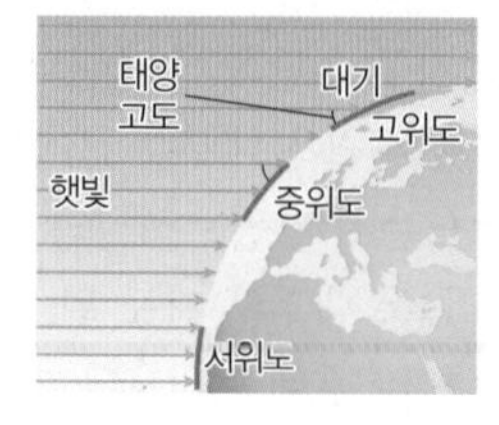

저위도 지역에서는 태양 고도가 높고, 고위도 지역에서는 태양 고도가 낮다. ➡ 일정한 면적의 지표면에 도달하는 태양 에너지양은 고위도 지역보다 저위도 지역에서 많다.

해수의 연직 수온 분포에 영향을 주는 요인

• 태양 에너지 : 해수는 태양 에너지를 흡수하여 수온이 높아진다.
• 바람 : 바람에 의해 해수가 섞여 수온이 일정한 구간이 나타난다.
➡ 깊이가 깊어질수록 태양 에너지가 적게 도달하고, 바람의 영향이 감소하여 수온 분포가 달라진다.

우리나라 주변 바다의 표층 수온 분포

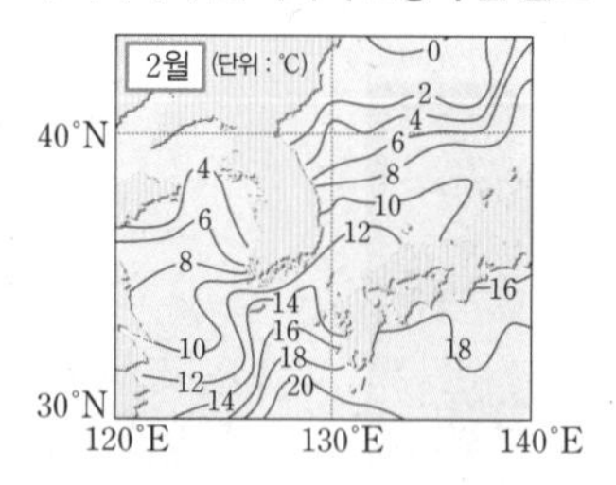

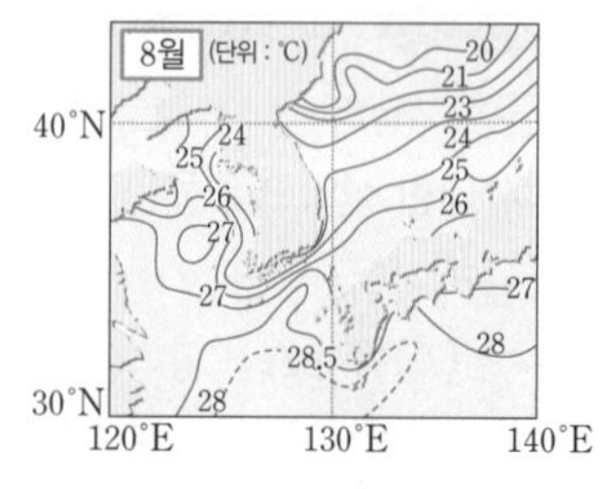

• 고위도는 낮고, 저위도는 높다.
• 겨울철에는 낮고, 여름철에는 높다.
• 육지의 영향을 많이 받는 황해가 동해보다 수온의 연교차가 크다.
• 같은 위도의 지역이라도 바다의 영향을 받는 해안 지방이 여름에 시원하고 겨울에 따뜻하다.

필수 비타민

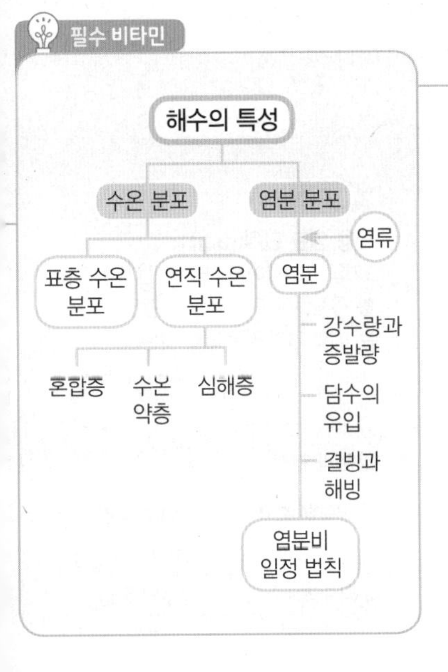

용어 & 개념 체크

❶ 해수의 온도

01 위도에 따른 표층 해수의 온도는 □□□에서 □□□로 갈수록 낮아진다.

02 혼합층 두께는 □□□ □□에 따라 달라진다.

03 해수의 깊이가 깊어질수록 수온이 급격하게 낮아지는 층을 □□ □□이라고 한다.

04 저위도, 중위도, 고위도 해역 중 표층에서 심층까지의 수온 변화가 거의 없어 해수의 층상 구조가 발달하지 않는 곳은 □□□ 해역이다.

01 해수의 표층 수온 분포에 대한 설명으로 옳은 것은 ○, 옳지 않은 것은 ×로 표시하시오.

(1) 태양 에너지의 영향을 크게 받는다. ( )
(2) 저위도에서 고위도로 갈수록 표층 수온이 높아진다. ( )
(3) 겨울철보다 여름철에 표층 수온이 높다. ( )
(4) 위도가 같은 지역은 대체로 표층 수온이 비슷하다. ( )

02 그림은 해수의 층상 구조를 나타낸 것이다.

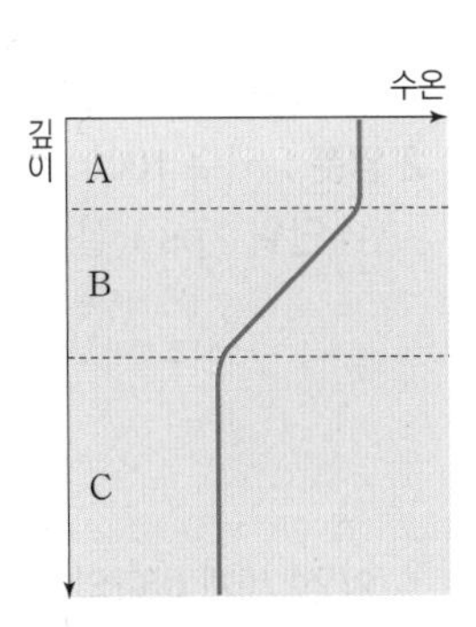

(1) A~C 층의 이름을 각각 쓰시오.

(2) A~C 중 바람의 영향으로 수온이 일정하게 나타나는 층의 기호를 쓰시오.

(3) A~C 중 매우 안정하여 대류가 일어나지 않는 층의 기호를 쓰시오.

03 혼합층의 형성에 영향을 미치는 요인을 보기 에서 모두 고르시오.

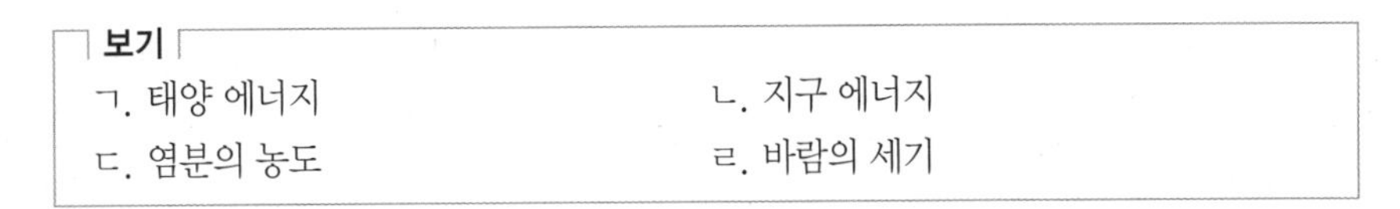
보기
ㄱ. 태양 에너지　　ㄴ. 지구 에너지
ㄷ. 염분의 농도　　ㄹ. 바람의 세기

04 위도별 해수의 연직 수온 분포에서 각 해역의 특징을 옳게 연결하시오.

(1) 저위도 • 　　• ㉠ 혼합층의 두께가 두껍고, 해수의 층상 구조가 뚜렷하다.
(2) 중위도 • 　　• ㉡ 도달하는 태양 에너지양이 많아 표층 수온이 높고, 수온 약층이 뚜렷하다.
(3) 고위도 • 　　• ㉢ 도달하는 태양 에너지양이 적어 표층 수온이 낮고, 층상 구조가 발달하지 않는다.

05 그림은 위도별 해수의 층상 구조와 연직 수온 분포를 나타낸 것이다.

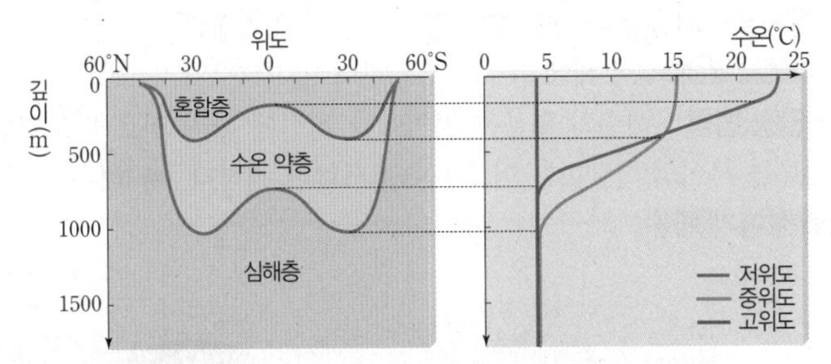

이에 대한 설명으로 옳은 것은 ○, 옳지 않은 것은 ×로 표시하시오.

(1) 적도 해역에서 바람이 가장 강하게 분다. ( )
(2) 수온 약층이 가장 잘 발달하는 해역은 중위도 해역이다. ( )
(3) 중위도는 저위도보다 혼합층의 수온이 높고, 두께가 두껍다. ( )
(4) 고위도 해역은 해수의 층상 구조가 발달하지 않는다. ( )

02 해수의 특성

❷ 해수의 염분

염류의 대부분은 지각의 물질이 강물이나 지하수에 녹아 바다로 흘러 들어간 거야~!

1 염류 : 해수에 녹아 있는 여러 가지 물질

(1) **염류의 종류** : 염화 나트륨($NaCl$), 염화 마그네슘($MgCl_2$) 등

전체 염류 중 가장 많으며, 짠맛을 낸다.

전체 염류 중 두 번째로 많으며, 쓴맛을 낸다.

(2) **염류를 구성하는 원소의 비율** : 염소 > 나트륨 > 황 > 마그네슘 > 칼슘 > 칼륨 > 기타

물 965 g
염류 35 g
염화 나트륨 27.2 g
염류 35 g
소금의 주성분
염화 마그네슘 3.8 g
두부 만들 때 간수로 사용
황산 마그네슘 1.7 g
황산 칼슘 1.3 g
황산 칼륨 0.9 g
기타 0.1 g

▲ 해수 1 kg 속에 녹아 있는 염류의 종류와 질량

2 염분 : 해수 1000 g(=1 kg)에 녹아 있는 염류의 총량을 g 수로 나타낸 것

(1) **단위** : psu(실용 염분 단위), ‰(퍼밀)

%(퍼센트)는 백분율, ‰(퍼밀)은 천분율! ppm(피피엠)은 백만분율을 나타내는 기호야!

퍼밀은 바닷물을 증발시켜 염류의 양을 추정했을 때 이용하는 단위이고, psu는 전기 전도도를 이용하여 추정했을 때 이용하는 단위야!

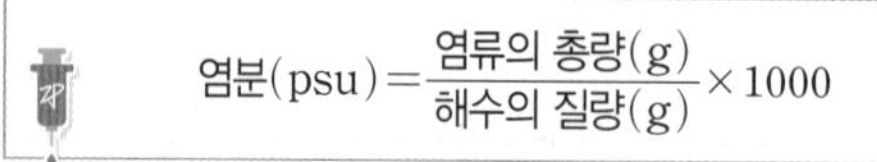

$$\text{염분(psu)} = \frac{\text{염류의 총량(g)}}{\text{해수의 질량(g)}} \times 1000$$

(2) **전 세계 바다의 평균 염분** : 약 35 psu(=35 ‰) ➡ 전 세계 해수의 표층 염분은 해역에 따라 다르게 나타난다.

35 ‰의 해수에서 측정한 전기 전도도를 35 psu로 맞췄기 때문에 1 ‰=1 psu로 보면 돼~

(3) **염분 변화에 영향을 주는 요인**

① 강수량과 증발량 : 증발량이 많을수록, 강수량이 적을수록 염분이 높다.

② 담수의 유입 : 담수가 유입되는 곳은 염분이 낮다.

③ 결빙과 해빙 : 해수가 얼면 염분이 높아지고, 빙하가 녹으면 염분이 낮아진다.

얼음이 녹아 물로 변하는 현상

물의 온도가 영하로 떨어져 어는 현상

3 해수의 표층 염분 분포

(1) **전 세계 해수의 표층 염분 분포**

① 대양의 중앙부는 연안보다 염분이 높다. ➡ 담수의 유입 때문

② 대서양이 태평양보다 염분이 높다. ➡ 해저 화산이 많이 분포하기 때문

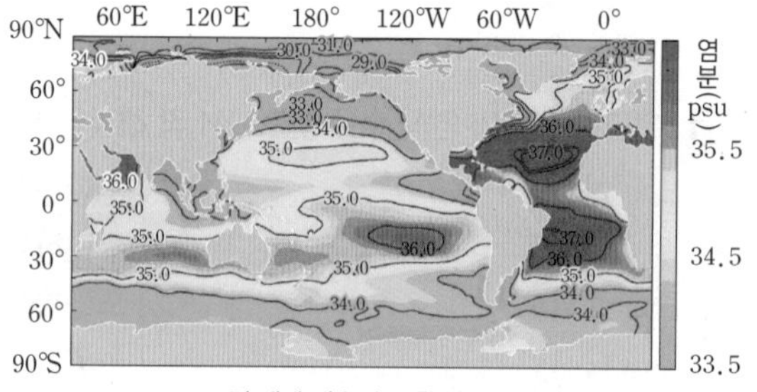

▲ 전 세계 해수의 표층 염분 분포

적도 해역은 강수량이 증발량보다 많기 때문에 중위도 해역보다 염분이 낮아~

(2) **우리나라 주변 바다의 표층 염분 분포**

구분	겨울철	여름철
황해	약 32.0 psu	약 31.0 psu
동해	약 34.3 psu	약 33.0 psu

① 여름철 < 겨울철 ➡ 여름철에 강수량이 더 많기 때문

② 황해 < 동해 ➡ 황해에 담수의 유입량이 많기 때문

4 염분비 일정 법칙 : 해수의 염분은 지역이나 계절에 따라 서로 다르지만 해수에 녹아 있는 염류들 사이의 질량비는 어느 바다에서나 일정하다. ➡ 해수는 끊임없이 움직이며 서로 섞이기 때문

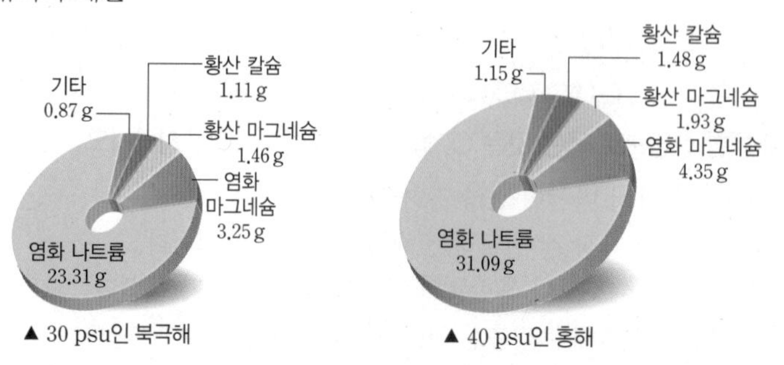

▲ 30 psu인 북극해 ▲ 40 psu인 홍해

비타민

실용 염분 단위(psu)
1기압, 15 ℃에서 해수의 전기 전도도를 측정하여 구한 염분의 단위로, psu는 ‰과 거의 같은 값을 갖는다.

염분의 변화

염분 증가	염분 감소
증발량 > 강수량	증발량 < 강수량
담수의 유입↓	담수의 유입↑
결빙	해빙

위도에 따른 증발량과 강수량

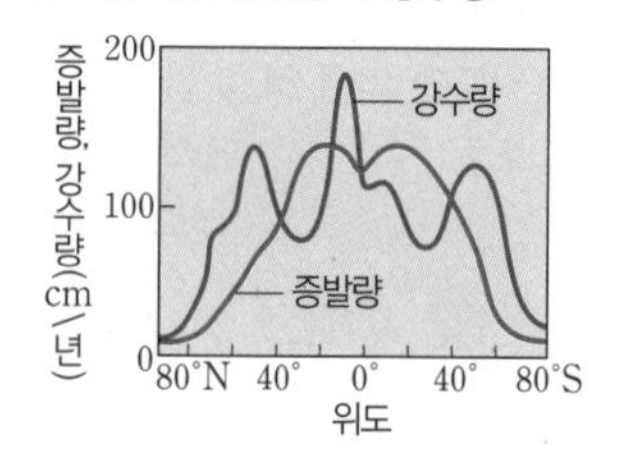

위도별 표층 염분 분포

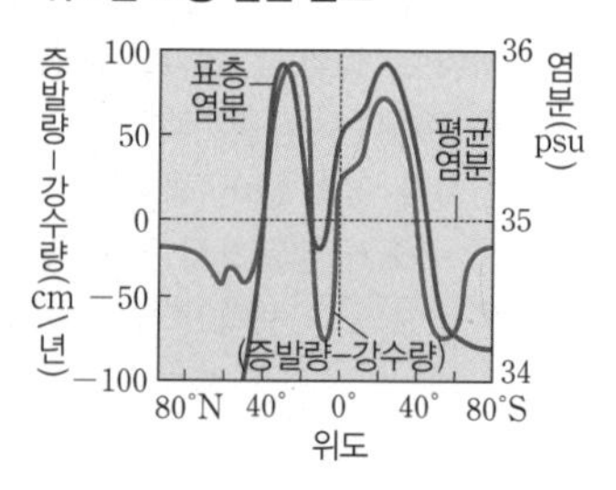

- 적도 해역 : 비가 많이 내려 강수량이 증발량보다 많아 염분이 낮다.
- 중위도 해역 : 강수량이 적고, 증발량이 많아 염분이 높다.
- 극 해역 : 빙하가 녹는 지역은 염분이 낮고, 해수가 어는 지역은 염분이 높다.

표층 염분이 변해도 염분비는 변하지 않는 까닭

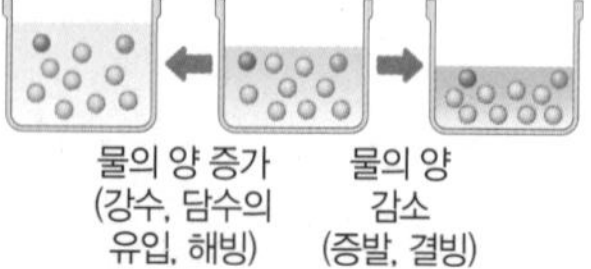

물의 양 증가 (강수, 담수의 유입, 해빙)
물의 양 감소 (증발, 결빙)

● 염화 나트륨 ● 염화 마그네슘 ● 기타

표층 염분의 변화와 무관하게 염분비는 일정하게 유지된다. 그림에서도 확인할 수 있듯이 물의 양이 변하더라도 그 속에 녹아 있는 염류들의 질량비는 일정하게 유지되기 때문이다.

용어 & 개념 체크

2 해수의 염분

05 □□은 해수 1 kg에 녹아 있는 염류의 총량을 g 수로 나타낸 것으로, 단위는 □□□, □을 사용한다.

06 해수의 염분 변화에 영향을 주는 요인에는 증발량과 강수량, □□의 유입, 결빙과 □□이 있다.

07 증발량이 강수량보다 많은 해역은 염분이 □고, 증발량이 강수량보다 적은 해역은 염분이 □다.

08 대양의 연안은 담수의 유입으로 인해 대양의 중앙부보다 염분이 □다.

09 각 염류 사이의 질량비는 어느 바다에서나 일정하다는 법칙을 □□□ □□ □ □이라고 한다.

06 그림은 총 35 g의 염류 중 각 염류가 차지하는 질량을 나타낸 것이다.

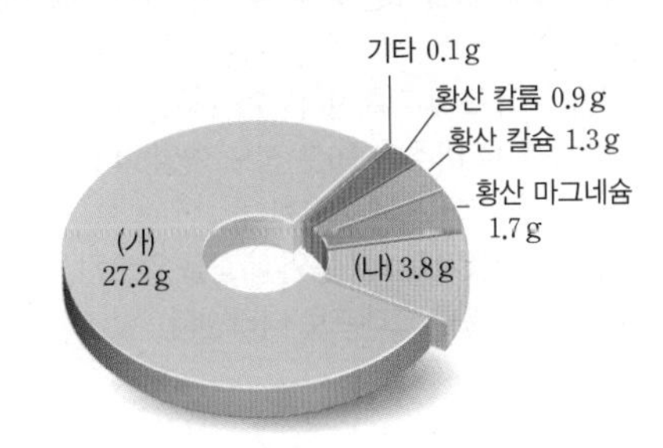

(가), (나)에 해당하는 염류의 이름을 각각 쓰시오.

07 빈칸에 알맞은 말을 쓰시오.

> 바닷물 100 g을 증발 접시에 넣고 가열하였더니 2.7 g의 찌꺼기가 남았다. 증발 접시에 남은 찌꺼기를 (㉠   )(이)라고 하며, 이 바닷물의 염분은 (㉡   )이다.

08 해수의 염분이 감소하는 요인을 | 보기 | 에서 모두 고르시오.

> **보기**
> ㄱ. 빙하가 녹는다.
> ㄴ. 해수의 온도가 낮다.
> ㄷ. 증발량이 강수량보다 많다.
> ㄹ. 많은 양의 강물이 유입된다.

09 다음은 우리나라 주변 바다의 표층 염분 분포에 대한 설명이다. 빈칸에 알맞은 말을 쓰시오.

(1) 여름철은 겨울철에 비해 강수량이 많아 염분이 (   )다.
(2) 황해는 동해보다 (㉠   )의 유입량이 (㉡   )기 때문에 염분이 (㉢   )다.
(3) 육지에서 가까운 바다일수록 담수의 유입량이 (㉠   )기 때문에 염분이 (㉡   )다.

10 염분이 35 psu인 해수 200 g에 들어 있는 염류의 총량은 몇 g인지 구하시오.

탐구 해수의 연직 수온 분포

과정 ❶ 수조에 물을 채우고 온도계 A를 표면에서 깊이가 1 cm 되도록 설치한 후, 온도계 B~E는 깊이 2 cm 간격으로 설치한다.
❷ 각각의 온도계 눈금을 읽어 표에 기록한다. 온도계의 눈금이 모두 같아진 후 실험을 시작해야 해!
❸ 수조의 위쪽에서 적외선등을 비추어 10분 정도 가열하다가, 모든 온도계의 온도가 더 이상 변하지 않고 일정하게 유지되면 눈금을 읽어 표에 기록한다.
❹ 적외선등을 켠 채 휴대용 선풍기로 3분 동안 바람을 일으킨 후, 각 온도계의 눈금을 읽어 표에 기록한다.
❺ 각각의 깊이에 따른 수온 분포를 그래프로 나타낸다.

탐구 시 유의점
적외선등은 수조의 중앙에서 물 표면을 고르게 비추도록 설치한다.

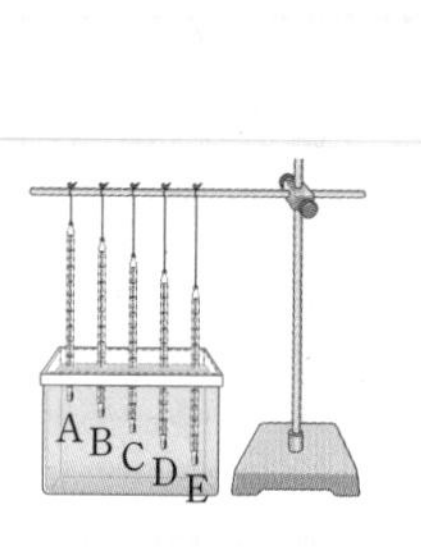

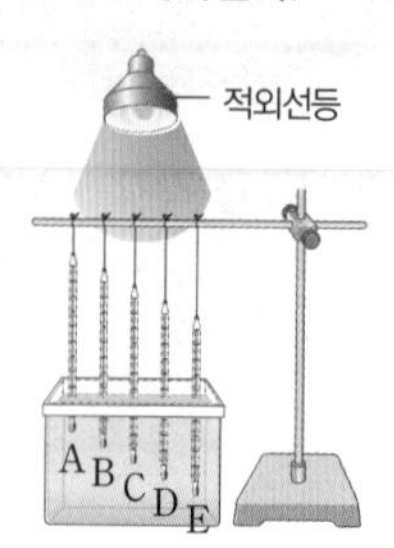

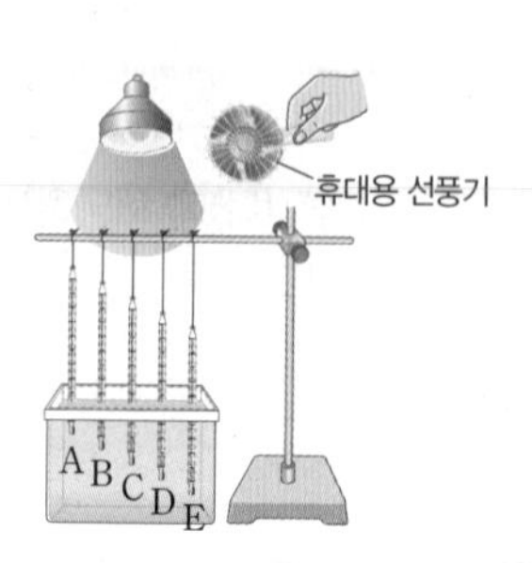

온도계	깊이(cm)	수온(℃) 가열 전	가열 후	선풍기를 켠 후
A	1	20	25	24
B	3	20	24	24
C	5	20	22	22
D	7	20	20	20
E	9	20	20	20

(가열 후: A~D 수온 약층 / 선풍기를 켠 후: A~B 혼합층, B~D 수온 약층)

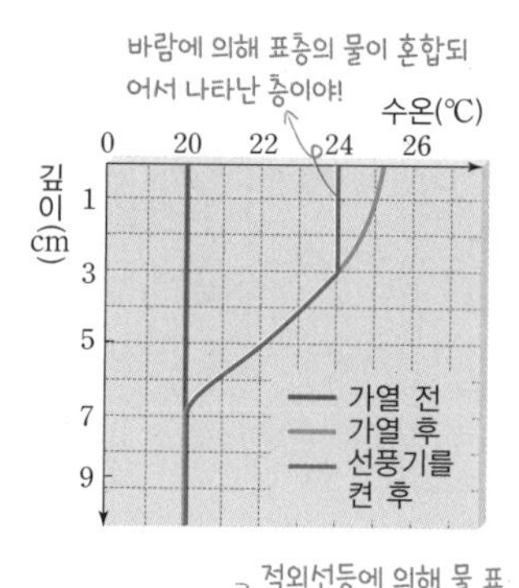

• 가열 전 : 깊이에 관계없이 수온이 일정하다.
• 가열 후 : 수조의 물 표면 수온이 높아진다. ➡ 깊이가 깊어짐에 따라 수온이 낮아진다.
• 선풍기를 켠 후 : 온도계 A와 B의 온도 동일 ➡ 표층에 수온이 일정한 구간이 나타난다.

적외선등에 의해 물 표면부터 가열되기 때문에 이러한 온도 분포가 나타나는 거야!

정리 • 태양 에너지에 의해 해수의 표면이 가열되며, 깊이가 깊어짐에 따라 태양 에너지가 적게 도달한다. ➡ 깊이가 깊어질수록 수온이 낮아지는 수온 약층이 형성된다. (태양 에너지: 적외선등에 해당)
• 바람에 의한 혼합 작용으로 표층의 수온이 일정한 혼합층이 형성된다. (바람: 휴대용 선풍기의 바람에 해당)

탐구 알약

정답과 해설 39쪽

01 위 실험에 대한 설명으로 옳은 것은 ○, 옳지 않은 것은 ×로 표시하시오.

(1) 바람을 일으킨 후 혼합층이 나타났다. ······ (　　)
(2) 적외선등을 비추지 않았을 때는 깊이에 따른 수온 변화가 없다. ······ (　　)
(3) 태양 에너지를 많이 받는 해역에서 혼합층이 두껍게 형성된다. ······ (　　)
(4) 가열 후에는 수조의 물 표면으로부터 깊이 내려갈수록 수온이 높아진다. ······ (　　)

서술형
02 해수의 연직 수온 분포에 영향을 미치는 요인을 두 가지 쓰고, 그렇게 생각한 까닭을 서술하시오.

해수 가열, 혼합 작용

서술형
03 위 실험에서 휴대용 선풍기의 바람을 더 강하게 5분 동안 일으킬 경우 결과가 어떻게 달라지는지 서술하시오.

바람, 혼합층

염분비 일정 법칙을 이용하여 염분을 구해 보자!

해수에 녹아 있는 염류들 사이의 질량비는 어느 바다에서나 일정하다는 법칙을 염분비 일정 법칙이라고 해~ 이 법칙을 이용하여 계산하는 문제는 자주 출제되지! 염류의 양을 구하거나 염분을 구하는 등 자주 출제되는 문제 유형을 연습해 보자!

01 염분이 주어졌을 때, 염류의 양 구하기

예제 염분이 30 psu인 해수 1 kg 속에 염화 나트륨이 21 g 녹아 있다면, 염분이 50 psu인 해수 3 kg 속에 녹아 있는 염화 나트륨의 양을 구해 보자!

염분비 일정 법칙에 따라 염분을 기준으로 비례식을 세워 해수 1 kg 속에 녹아 있는 염화 나트륨의 양을 구하는 거야.

염분이 30 psu인 해수 1 kg 속에 녹아 있는 염화 나트륨 비율
=염분이 50 psu인 해수 1 kg 속에 녹아 있는 염화 나트륨의 비율

➡

30 psu : 21 g=50 psu : x g

$$x=\frac{21\text{ g}\times 50\text{ psu}}{30\text{ psu}}$$

x=35 g

염분이 50 psu인 해수 1 kg 속에 녹아 있는 염화 나트륨의 양은 35 g이므로, 해수 3 kg 속에 녹아 있는 염화 나트륨의 양은 35 g×3=105 g이다.

답 105 g

02 염류의 양이 주어졌을 때, 염분 구하기

예제 염분이 35 psu인 해수 1 kg 속에 염화 나트륨이 25 g 녹아 있다. 어떤 해수 1 kg 속에 염화 나트륨이 15 g 녹아 있다면, 이 해수의 염분을 구해 보자!

염분비 일정 법칙에 따라 염화 나트륨을 기준으로 비례식을 세워 해수의 염분을 구하면 돼~ 1 kg 속에 녹아 있는 염화 나트륨의 양을 구하는 거야.

염분이 35 psu인 해수 1 kg 속에 녹아 있는 염화 나트륨의 비율
=염분이 x psu인 해수 1 kg 속에 녹아 있는 염화 나트륨의 비율

➡

35 psu : 25 g=x : 15 g

$$x=\frac{35\text{ psu}\times 15\text{ g}}{25\text{ g}}$$

x=21 psu

답 21 psu

03 두 해역의 염류비를 이용하여 염류의 양 구하기

예제 표는 (가)와 (나) 두 해역의 해수 1kg 속에 녹아 있는 주요 염류의 양을 나타낸 것이다. A와 B의 값을 각각 구해 보자! (단, 소수 둘째 자리에서 반올림한다.)

구분	염화 나트륨(g)	염화 마그네슘(g)	황산 마그네슘(g)
(가) 해역	32.3	3.5	B
(나) 해역	25.8	A	1.8

(가)와 (나) 해역에서 공통으로 주어진 염화 나트륨을 기준으로 비례식을 세워 구하면 되지~

(가) 해역에서 염화 나트륨과 염화 마그네슘의 비율
=(나) 해역에서 염화 나트륨과 염화 마그네슘의 비율

32.3 g : 3.5 g=25.8 g : A g

$$A=\frac{3.5\text{ g}\times 25.8\text{ g}}{32.3\text{ g}}$$

A≒2.8 g

답 A : 2.8 g

(가) 해역에서 염화 나트륨과 황산 마그네슘의 비율
=(나) 해역에서 염화 나트륨과 황산 마그네슘의 비율

32.3 g : B g=25.8 g : 1.8 g

$$B=\frac{32.3\text{ g}\times 1.8\text{ g}}{25.8\text{ g}}$$

B≒2.3 g

답 B : 2.3 g

시험에 꼭 나오는 유형 확인!

유형 클리닉

유형 1 해수의 층상 구조

그림은 해수의 연직 수온 분포를 나타낸 것이다. A~C에 대한 설명으로 옳은 것은?

① A층의 수온은 연간 변화가 거의 없다.
② B층은 대류가 활발한 층이다.
③ B층은 A층과 C층의 물질 교환을 차단한다.
④ C층의 두께는 바람이 강할수록 두껍게 나타난다.
⑤ C층은 혼합층으로 혼합이 잘 일어나 수온이 일정하다.

해수는 깊이에 따른 수온 분포를 기준으로 3개의 층으로 구분돼~! 3개 층의 특징에 대해 반드시 기억해 두자!

~~①~~ A층의 수온은 연간 변화가 거의 없다.
→ 혼합층(A)의 수온은 태양 에너지의 영향을 많이 받아! 에너지를 많이 받는 여름철이 겨울철보다 수온이 더 높지!

~~②~~ B층은 대류가 활발한 층이다.
→ 수온 약층(B)은 따뜻한 물이 위에 있고 차가운 물이 아래에 있어 대류가 일어나기 않는 층이야!

③ B층은 A층과 C층의 물질 교환을 차단한다.
→ 수온 약층(B)은 대류가 일어나지 않는다고 했지? 해수 중간에 이런 안정한 층이 있으면 위층과 아래층의 물질 교환이 차단될 수밖에 없지!

~~④~~ C층의 두께는 바람이 강할수록 두껍게 나타난다.
→ 심해층(C)은 바람의 세기와 관련이 없어! 혼합층(A)은 바람의 혼합 작용에 의해 만들어지는 층이니까 바람이 강할수록 두꺼워지지!

~~⑤~~ C층은 혼합층으로 혼합이 잘 일어나 수온이 일정하다.
→ A는 혼합층, B는 수온 약층, C는 심해층이지! 심해층(C)은 태양 에너지가 도달하지 않아서 수온이 매우 낮고, 일정하게 유지돼!

답 : ③

해수의 연직 층상 구조
바람의 영향을 받는 혼합층, 안정한 수온 약층, 수온 변화 없는 심해층

유형 2 위도별 해수의 연직 수온 분포

그림은 위도가 다른 세 해역의 연직 수온 분포를 나타낸 것이다.

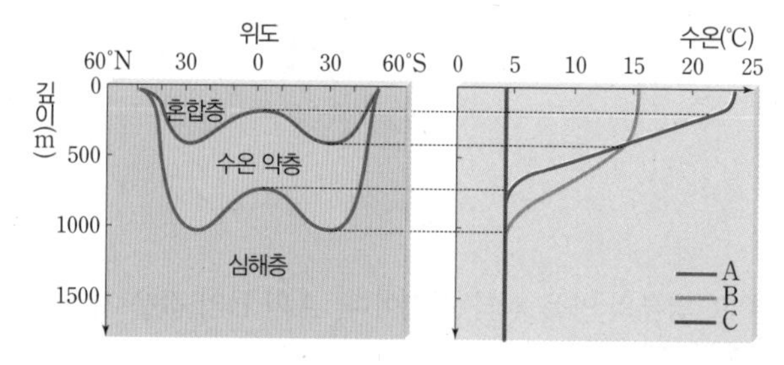

이에 대한 설명으로 옳은 것을 | 보기 | 에서 모두 고른 것은?

| 보기 |
ㄱ. A 해역의 위도가 가장 낮다.
ㄴ. A 해역은 B 해역보다 혼합층의 두께가 두껍고 표층 수온이 높다.
ㄷ. C 해역은 수면의 가열이 거의 없기 때문에 수온 약층이 발달하지 않는다.

① ㄱ ② ㄴ ③ ㄱ, ㄷ
④ ㄴ, ㄷ ⑤ ㄱ, ㄴ, ㄷ

위도별 해수의 연직 수온 분포의 차이를 비교하는 문제가 출제돼~! 각 해역의 특징에 대해 잘 알아두자!

ㄱ. A 해역의 위도가 가장 낮다.
→ 고위도로 갈수록 표층 수온이 낮아지므로, A 해역은 저위도, B 해역은 중위도, C 해역은 고위도야~ 따라서 A 해역의 위도가 가장 낮아~!

~~ㄴ~~. A 해역은 B 해역보다 혼합층의 두께가 두껍고 표층 수온이 높다.
→ 표층 수온은 저위도(A) 해역에서 더 높게 나타나지만, 혼합층의 두께는 중위도(B) 해역에서 더 두껍게 나타나.

ㄷ. C 해역은 수면의 가열이 거의 없기 때문에 수온 약층이 발달하지 않는다.
→ 수온 약층은 해수 표면이 가열되어서 만들어지는 층이야! 고위도(C) 해역은 해수 표면에 도달하는 태양 에너지양이 적어서 수면의 가열이 거의 없기 때문에 수온 약층이 발달하지 않아.

답 : ③

위도별 해수의 연직 수온 분포
저위도는 수온 약층 뚜렷, 중위도는 혼합층 뚜렷

유형 3 염류와 염분

염분에 대한 설명으로 옳은 것은?

① 염분은 강수량이 많을수록 높다.
② 전 세계 해수의 평균 염분은 약 45 psu이다.
③ 하천수가 유입되는 곳의 해수는 염분이 높다.
④ 염류들 간의 구성 비율은 일정하다.
⑤ 염분은 해수 100 g에 녹아 있는 염류의 양을 g수로 나타낸 것이다.

염분에 대해 묻는 문제는 자주 출제돼~! 염류와 염분을 구분하고, 그 특징에 대해 알아 두자!

① 염분은 강수량이 많을수록 높다.
→ 염분은 강수량이 적을수록, 증발량이 많을수록 높지~!

② 전 세계 해수의 평균 염분은 약 45 psu이다.
→ 전 세계 해수의 평균 염분은 약 35 psu(35 ‰)야! 평균적으로 해수 1000 g에 35 g의 염류가 들어 있다는 얘기지!

③ 하천수가 유입되는 곳의 해수는 염분이 높다.
→ 하천수는 담수이므로 하천수가 유입되는 지역은 해수의 염분이 낮아!

④ 염류들 간의 구성 비율은 일정하다.
→ 해수 1000 g에 녹아 있는 염류의 양인 염분은 지역이나 계절에 따라 다르지만, 염류들 사이의 비율은 어느 바다에서나 일정해~!

⑤ 염분은 해수 100 g에 녹아 있는 염류의 양을 g수로 나타낸 것이다.
→ 염분은 해수 1000 g에 녹아 있는 염류의 양을 g수로 나타낸 거야! 구하는 공식은 염분(psu) $= \dfrac{\text{염분의 질량(g)}}{\text{해수의 질량(g)}} \times 1000$이지!

답 : ④

해수에 녹아 있는 염류들 사이의 질량비는 어느 바다에서나 일정
⇨ 염분비 일정 법칙

유형 4 우리나라 주변 바다의 표층 염분 분포

우리나라 주변 바다의 염분을 비교한 것과 그 원인을 옳게 짝지은 것은?

	염분 비교	원인
①	황해 > 동해	많은 양의 염류가 유입되기 때문
②	황해 < 동해	중국과 한국의 큰 강이 황해로 흐르기 때문
③	겨울철 < 여름철	겨울철에는 결빙이 많이 일어나기 때문
④	겨울철 > 여름철	여름철에는 강수량보다 증발량이 많기 때문
⑤	겨울철 > 여름철	겨울철 눈의 양이 여름철 비의 양보다 많기 때문

우리나라 주변 바다의 표층 염분 분포에 대해 묻는 문제가 출제돼! 염분이 다르게 나타나는 원인에 대해 잘 알아 두자~!

①, ② 동해는 황해보다 염분이 높다.
→ 우리나라는 큰 강들이 대부분 황해로 흐르기 때문에 담수의 유입이 많은 황해는 그렇지 않은 동해보다 염분이 낮지!

③, ④, ⑤ 겨울철에는 여름철보다 염분이 높게 나타난다.
→ 우리나라는 강수량이 여름철에 집중되기 때문에 단순하게 '여름은 덥다. ➡ 해수의 증발량이 많다. ➡ 염분이 높다.'라고 생각하면 틀리게 돼! 여름철에 증발량이 증가하긴 하지만 강수량이 훨~씬 더 많이 증가하거든. 염분은 '증발량 − 강수량'과 거의 비례해. 그래서 우리나라는 여름철 해수의 염분이 겨울철보다 낮아!

답 : ②

우리나라 주변 바다의 염분 비교
황해<동해, 여름철<겨울철

❶ 해수의 온도

01 그림은 전 세계 해수의 표층 수온 분포를 나타낸 것이다.

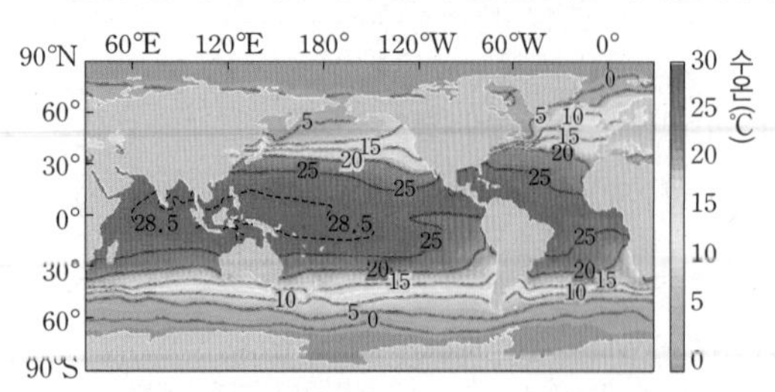

이에 대한 설명으로 옳은 것을 | 보기 |에서 모두 고른 것은?

> **보기**
> ㄱ. 표층 수온 분포는 계절에 따라 달라질 수 있다.
> ㄴ. 표층 수온은 태양 에너지의 영향을 많이 받는다.
> ㄷ. 저위도에서 고위도로 갈수록 표층 수온이 높아진다.

① ㄱ ② ㄷ ③ ㄱ, ㄴ
④ ㄴ, ㄷ ⑤ ㄱ, ㄴ, ㄷ

[02~03] 그림은 해수의 연직 수온 분포를 나타낸 것이다.

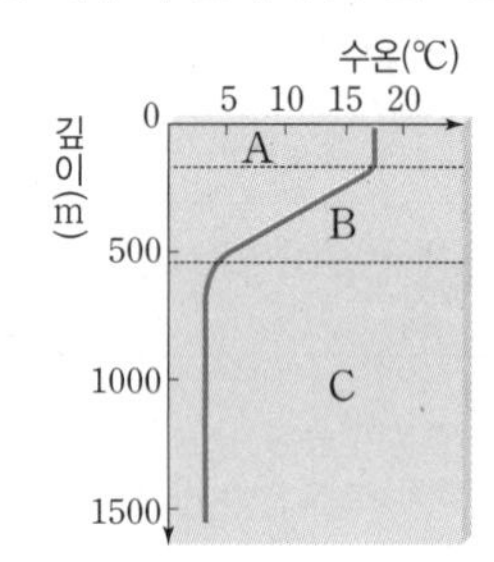

02 (중요) A~C에 대한 설명으로 옳은 것은?

① A층의 두께는 태양 에너지의 양에 따라 달라진다.
② B층은 수온 차로 인한 대류가 활발하다.
③ B층은 저위도 해역에서 가장 뚜렷하게 나타난다.
④ C층은 수온의 일교차와 연교차가 크다.
⑤ C층은 태양 에너지를 많이 받아 수온이 높다.

03 A~C 중 다음 설명에 해당하는 층의 기호와 이름을 옳게 짝지은 것은?

> • 태양 에너지가 거의 도달하지 않는다.
> • 위도나 계절에 관계없이 수온이 거의 일정하다.

① A, 혼합층 ② A, 심해층 ③ B, 수온 약층
④ C, 혼합층 ⑤ C, 심해층

04 혼합층의 두께가 두꺼울 것으로 예상되는 바다는?

① 수심이 깊은 바다
② 수온이 높은 바다
③ 염분이 높은 바다
④ 바람이 강하게 부는 바다
⑤ 강수량이 증발량보다 많은 바다

05 그림은 위도가 다른 A와 B 해역의 연직 수온 분포를 나타낸 것이다. 이에 대한 설명으로 옳은 것을 | 보기 |에서 모두 고른 것은?

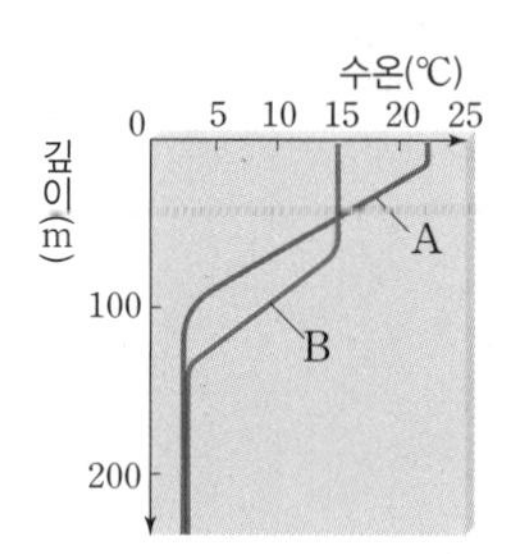

> **보기**
> ㄱ. A 해역은 B 해역보다 바람의 세기가 강하다.
> ㄴ. A 해역은 B 해역보다 태양 에너지를 더 많이 받는다.
> ㄷ. 심해층의 수온은 A 해역과 B 해역에서 비슷하게 나타난다.

① ㄱ ② ㄴ ③ ㄱ, ㄷ
④ ㄴ, ㄷ ⑤ ㄱ, ㄴ, ㄷ

06 (중요) 그림 (가)와 같이 실험 장치를 설치한 후 (나)에서 적외선등을 켜고 10분 정도 가열하다가 (다)에서 적외선등을 켠 채 부채로 바람을 일으켰다.

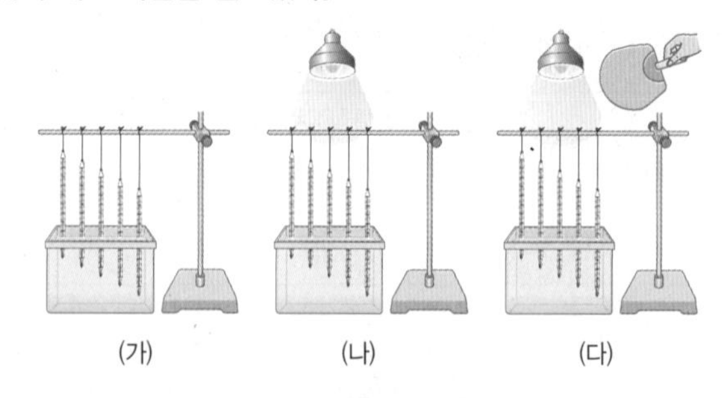
(가) (나) (다)

이 실험에 대한 설명으로 옳지 않은 것은?

① (가)에서 수온은 깊이에 관계없이 일정하다.
② (나)의 적외선등은 태양에 해당한다.
③ (나)에서 수온은 깊이 내려갈수록 높아진다.
④ (다)의 표면에는 수온 변화가 없는 층이 나타난다.
⑤ (다)의 부채 바람은 수면 위에 부는 바람에 해당한다.

07 그림은 2월과 8월 우리나라 주변 바다의 표층 수온 분포를 각각 나타낸 것이다.

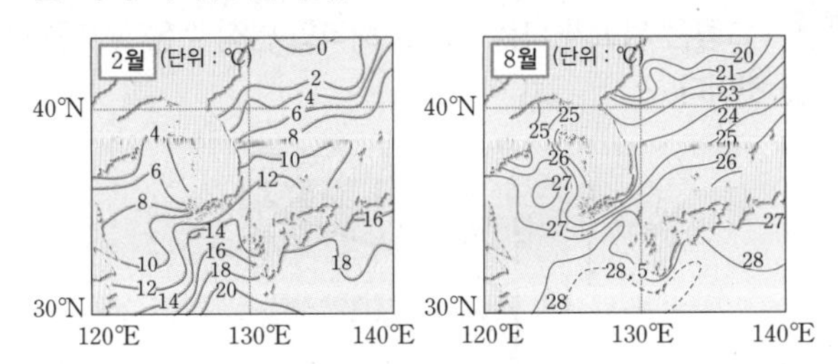

이에 대한 설명으로 옳은 것을 | 보기 |에서 모두 고른 것은?

| 보기 |
ㄱ. 고위도로 갈수록 표층 수온이 낮아진다.
ㄴ. 겨울철이 여름철보다 표층 수온이 낮다.
ㄷ. 겨울철 동해가 황해보다 표층 수온이 높다.

① ㄱ ② ㄷ ③ ㄱ, ㄴ
④ ㄴ, ㄷ ⑤ ㄱ, ㄴ, ㄷ

2 해수의 염분

08 그림은 어느 해수 1 kg에 녹아 있는 염류의 질량을 나타낸 것이다. 이에 대한 설명으로 옳지 않은 것은?

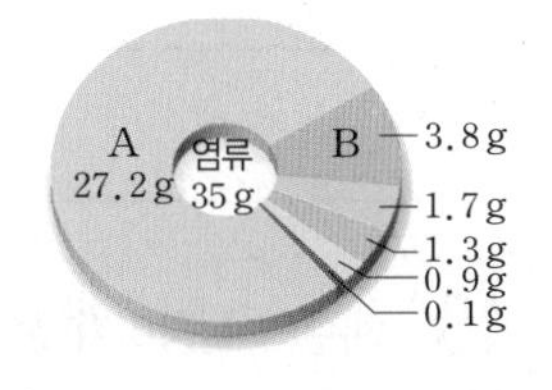

① A는 염화 나트륨이다.
② A는 짠맛을 내는 성분이다.
③ B는 황산 마그네슘이다.
④ B는 쓴맛을 내는 성분이다.
⑤ B는 두부를 만들 때 간수로 사용한다.

09 중요 염분에 관한 설명으로 옳은 것을 모두 고르면?

① 염분의 단위는 psu나 ‰을 사용한다.
② 바다마다 염분비가 다르게 나타난다.
③ 해수의 염분은 전 세계 어디에서나 일정하다.
④ 염류 중 가장 많은 양을 차지하는 것은 염화 마그네슘이다.
⑤ 해수 1 kg에 녹아 있는 염류의 질량을 g 수로 나타낸 것이다.

10 어느 해역의 해수 200 g을 증발시켰더니 7 g의 염류를 얻었을 때, 이 해수의 염분은 몇 psu인가?

① 3.5 psu ② 7 psu ③ 35 psu
④ 42 psu ⑤ 193 psu

11 염분이 40 psu인 해수 2 kg에 들어 있는 총 염류의 양은 몇 g인가?

① 2 g ② 10 g ③ 20 g
④ 40 g ⑤ 80 g

12 그림은 A~E 해역을 증발량과 강수량에 따라 구분하여 나타낸 것이다.

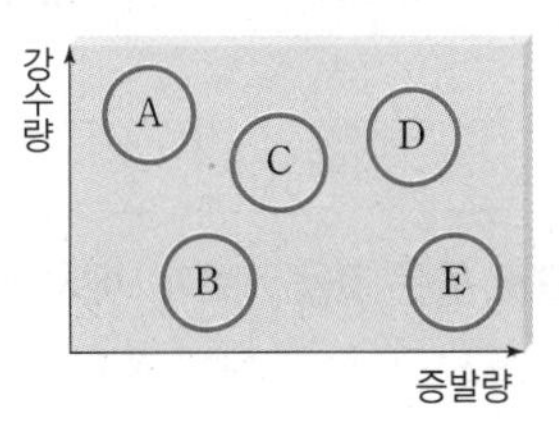

A~E 중 염분이 가장 높은 해역과 가장 낮은 해역을 순서대로 옳게 짝지은 것은?

① A－E ② B－E ③ C－B
④ E－A ⑤ E－D

13 중요 해수의 평균 염분이 가장 낮은 지역은?

① 건조한 사막 지대 부근의 바다
② 강수량이 증발량보다 적은 지역의 바다
③ 햇빛이 강하고 건조한 적도 지역의 바다
④ 강물이 흘러 들어오는 대륙 주변의 바다
⑤ 모든 바다의 염분값은 일정하다.

14 그림은 2월과 8월 우리나라 주변 바다의 표층 염분 분포를 각각 나타낸 것이다.

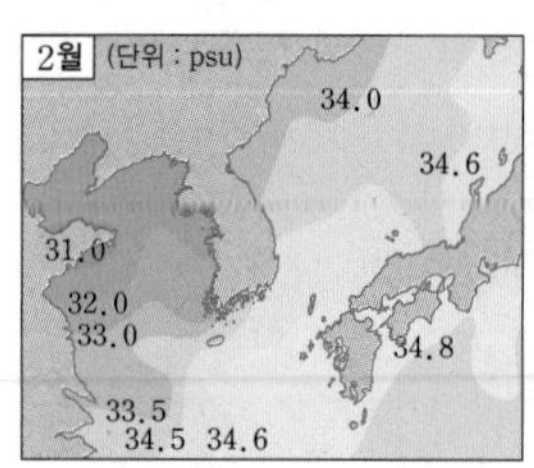

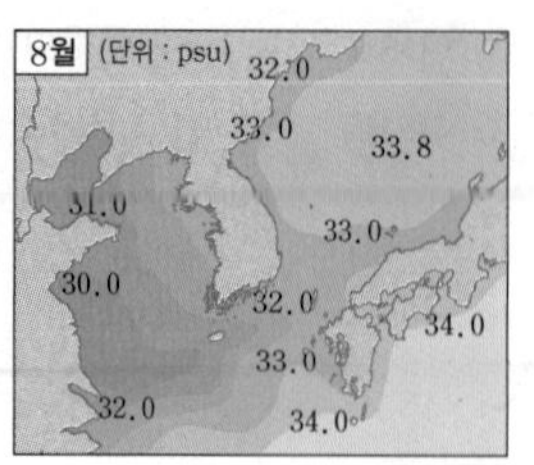

여름철보다 겨울철의 표층 염분이 더 높게 나타나는 까닭으로 가장 적절한 것은?

① 겨울철에 결빙이 일어나기 때문이다.
② 여름철에 강수량이 더 많기 때문이다.
③ 겨울철에 증발량이 더 많기 때문이다.
④ 겨울철에 바람이 더 강하게 불기 때문이다.
⑤ 여름철에 해수의 온도가 더 높기 때문이다.

중요

15 표는 A와 B 해역에서 측정한 염분과 해수 1 kg에 포함된 염화 나트륨의 양을 나타낸 것이다.

해역	염분(psu)	염화 나트륨의 양(g)
A 해역	35	27
B 해역	40	x

이에 대한 설명으로 옳은 것을 | 보기 | 에서 모두 고른 것은?

보기
ㄱ. x는 약 31이다.
ㄴ. 해수 1 kg을 증발시키고 남은 염류의 양은 A 해역이 B 해역보다 많다.
ㄷ. 염분비 일정 법칙에 따르면 A와 B 해역의 해수 1 kg에는 같은 양의 염화 나트륨이 포함되어 있다.

① ㄱ ② ㄴ ③ ㄱ, ㄷ
④ ㄴ, ㄷ ⑤ ㄱ, ㄴ, ㄷ

16 염분이 30 psu인 해수에 두 염류 A와 B가 3 : 1의 비율로 녹아 있을 때 염분이 35 psu인 해수에 녹아 있는 염류 A와 B의 비율로 옳은 것은?

① 1 : 1 ② 1 : 3 ③ 2 : 1
④ 3 : 1 ⑤ 4 : 3

서술형 문제

17 그림은 위도가 다른 A~C 해역의 연직 수온 분포를 나타낸 것이다.

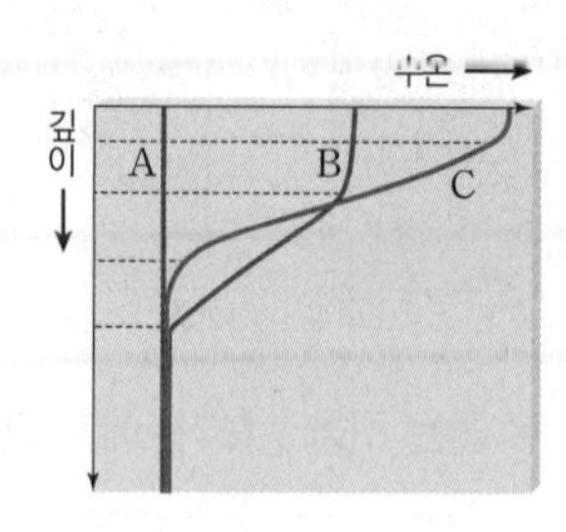

(1) A~C 중 바람의 세기가 가장 강한 해역을 고르고, 그렇게 생각한 까닭을 서술하시오.

KEY 혼합층의 두께

(2) A~C 중 태양 에너지가 가장 적게 도달하는 해역을 고르고, 그렇게 생각한 까닭을 서술하시오.

KEY 표층 수온

18 해수의 질량비가 전 세계 어느 바다에서나 일정한 까닭을 서술하시오.

KEY 염분비 일정 법칙

19 어떤 염전에서 바닷물 10 kg을 증발시키면 340 g의 소금을 얻을 수 있다. 이 염전에서 1.7 kg의 소금을 얻기 위해 증발시켜야 하는 바닷물의 양은 몇 kg인지 구하고, 풀이 과정을 서술하시오. (단, 염전에서 이용하는 바닷물의 염분비는 일정하다.)

KEY 염분비 일정 법칙

20 그림은 위도가 다른 A와 B 해역에서의 연직 수온 분포를 나타낸 것이다. A 해역보다 B 해역에서 더 큰 값을 갖는 것을 보기 에서 모두 고른 것은? (단, 두 해역에서 표층 염분은 같다.)

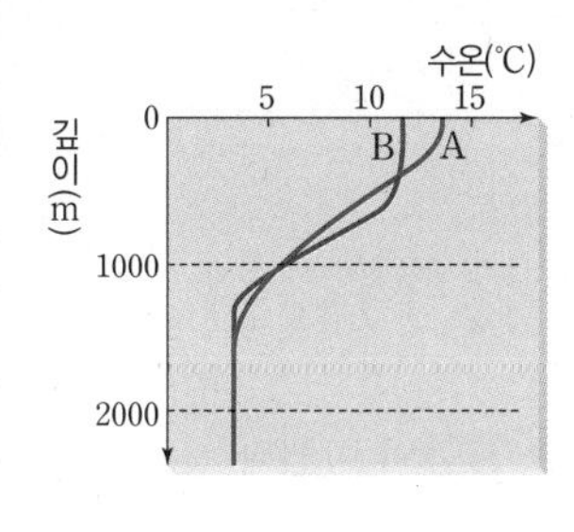

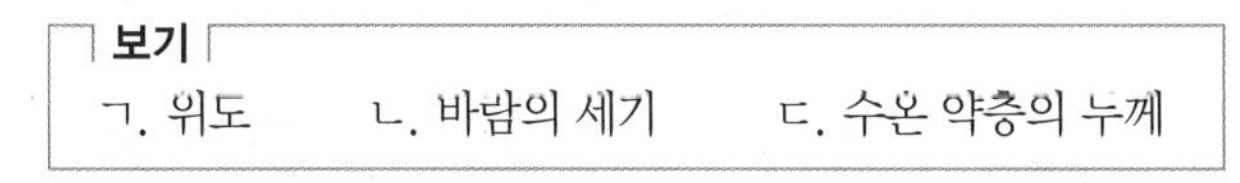

보기
ㄱ. 위도　　ㄴ. 바람의 세기　　ㄷ. 수온 약층의 두께

① ㄱ　② ㄴ　③ ㄷ　④ ㄱ, ㄴ　⑤ ㄴ, ㄷ

21 그림은 우리나라 동해에서 연직 수온 분포 변화를 월별로 나타낸 것이다.

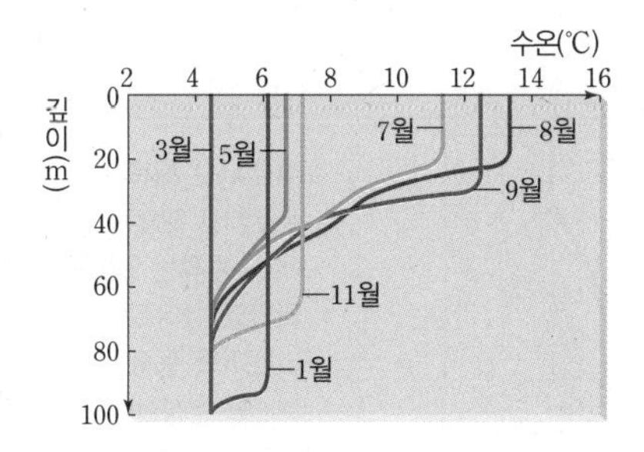

이에 대한 설명으로 옳은 것을 보기 에서 모두 고른 것은?

보기
ㄱ. 해수의 연직 혼합은 여름철보다 겨울철에 더욱 깊은 곳까지 일어난다.
ㄴ. 혼합층의 두께는 7월이 9월보다 얇다.
ㄷ. 수온 약층은 11월에 가장 뚜렷하게 나타난다.

① ㄱ　② ㄷ　③ ㄱ, ㄴ　④ ㄴ, ㄷ　⑤ ㄱ, ㄴ, ㄷ

22 그림은 전 세계 해수의 표층 염분 분포와 위도에 따른 증발량과 강수량의 분포를 나타낸 것이다.

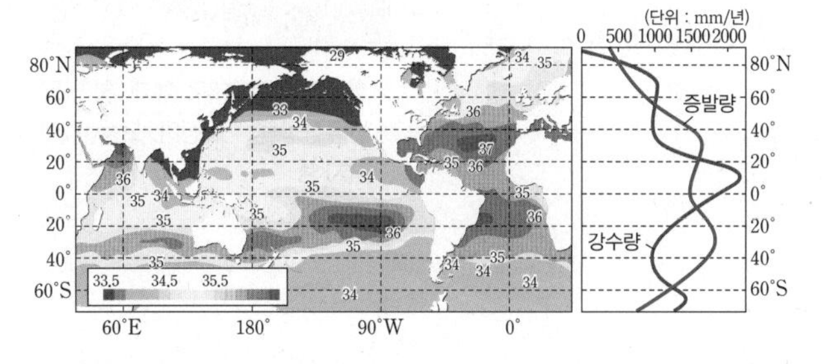

이에 대한 설명으로 옳은 것을 모두 고르면?

① 염분은 적도 부근 해역에서 가장 높다.
② 대양에서 염분은 육지에 가까울수록 높다.
③ 기온이 낮은 지역은 염분이 높게 나타난다.
④ (증발량－강수량) 값이 클수록 염분이 높다.
⑤ 중위도 해역은 기후가 건조하여 대체로 염분이 가장 높다.

23 그림은 태평양과 대서양의 위도에 따른 표층 염분 분포를 나타낸 것이다.

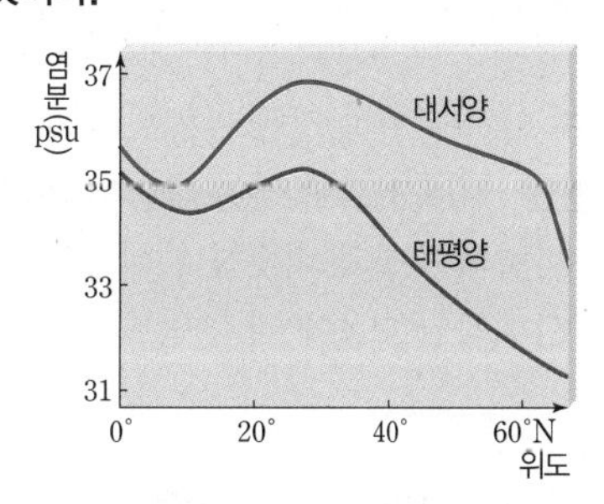

이에 대한 설명으로 옳은 것을 보기 에서 모두 고른 것은?

보기
ㄱ. 동일 위도에서 표층 염분은 대서양이 태평양보다 높다.
ㄴ. 염분이 적도보다 약 30°에서 최대인 까닭은 증발량이 강수량보다 많기 때문이다.
ㄷ. 전체 염류 중 염화 마그네슘의 비율은 대서양에서 더 높다.

① ㄱ　② ㄷ　③ ㄱ, ㄴ
④ ㄴ, ㄷ　⑤ ㄱ, ㄴ, ㄷ

24 표는 동해와 황해의 해수 1 kg 속에 포함된 염류의 양을 나타낸 것이다.

염류	해수 1 kg 속에 포함된 염류의 양(g)	
	동해	황해
염화 나트륨	25.6	A
염화 마그네슘	3.2	2.4
황산 마그네슘	2.0	1.5
기타	2.4	1.8
합계	33.2	B

이에 대한 설명으로 옳은 것은?

① A는 33.2이다.
② B는 48.6이다.
③ 동해의 염분은 25.6 psu이다.
④ 황해보다 동해의 염분이 높다.
⑤ 전체 염류 중 염화 나트륨이 차지하는 비율은 동해가 황해보다 크다.

03 해수의 순환

• 우리나라 주변 해류의 종류와 특성을 알고 조석 현상에 대한 자료를 해석할 수 있다.

❶ 해류

1 해류 : 오랜 기간 동안 일정한 방향으로 흐르는 해수의 흐름

(1) **발생 원인** : 지속적으로 부는 바람에 의해 발생한다.

(2) **방향** : 바람의 방향과 비슷하나 대륙을 만나면 남북 방향으로 흐름이 바뀐다.

(3) **구분** : 상대적인 수온에 따라 난류와 한류로 구분한다. 여름에는 난류, 겨울에는 한류가 흐르는 것이 아니라는 사실!!

둘이 직접적인 관련이 있다고 생각하면 틀리니까 조심! / 수온과 염분은 각각 다른 원인에 의해 결정되는 값이야! / 물속에 사는 아주 작은 생명체야!

구분	이동 방향	수온	염분	용존 산소량	영양 염류	플랑크톤의 밀도
난류	저위도 → 고위도	높다	높다	적다	적다	낮다
한류	고위도 → 저위도	낮다	낮다	많다	많다	높다

물에 녹아 있는 산소의 양 / 생명을 유지하기 위해 필요한 염류로, 규산염, 인산염, 질산염 등

2 우리나라 주변의 해류

(1) **우리나라 주변의 해류** — 세계에서 멕시코 만류 다음으로 큰 해류야!

난류	쿠로시오 해류	• 북태평양의 서쪽 해역에서 북상하는 해류 • 우리나라 난류의 근원
	황해 난류	쿠로시오 해류로부터 갈라져 나와 황해로 흐르는 해류
	동한 난류	쿠로시오 해류의 일부가 동해안을 따라 북상하는 해류
한류	연해주 한류	• 오호츠크해에서 해안을 따라 남하하는 해류 • 우리나라 한류의 근원
	북한 한류	연해주 한류의 일부가 동해안을 따라 남하하는 해류

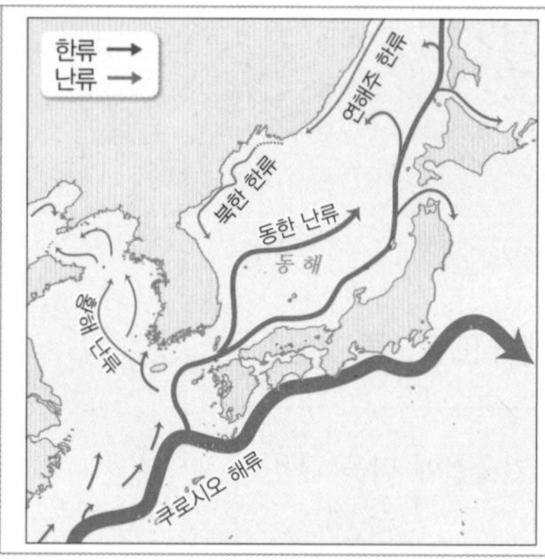

(2) **조경 수역** : 한류와 난류가 만나는 영역

① 우리나라 동해의 울릉도 근처에서 동한 난류와 북한 한류가 만나 조경 수역을 이룬다.

② 영양 염류와 용존 산소량이 많아서 플랑크톤이 풍부하고, 한류성 어종과 난류성 어종이 모두 모여들어 좋은 어장을 형성한다.

③ 여름에는 동한 난류의 세력이 강해 조경 수역의 위치가 북상하고, 겨울에는 북한 한류의 세력이 강해 조경 수역의 위치가 남하한다.

④ 황해의 경우 난류가 약하고, 고위도에서 형성된 한류가 없기 때문에 조경 수역이 나타나지 않는다.

(3) **우리나라 주변 해류의 영향**

① 기후 : 겨울철 해안 지방이 내륙 지방보다 따뜻하고(난류의 영향), 같은 위도의 동해안이 서해안보다 따뜻하다. 동한 난류가 황해 난류보다 세력이 크다.

② 어종 : 수온과 플랑크톤의 종류 등에 따라 물고기의 서식지가 달라지기 때문에 난류와 한류에서 각각 잡히는 어종이 다르다.

비타민

해류의 발생 원인 실험

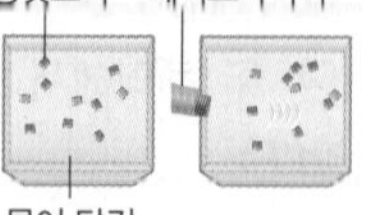

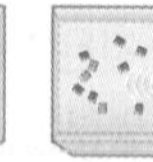

수조에 물을 채우고 종잇조각을 띄운 후 헤어드라이어로 물의 표면에 바람이 불도록 하면 바람의 방향으로 일정한 흐름이 생긴다. ➡ 해류는 물의 표면에 부는 바람에 의해 발생한다.

쿠로시오 해류

쿠로시오 해류는 동중국해에서 갈라져서 그 주류는 일본의 동해안을 따라 흘러가고 나머지는 우리나라 쪽으로 흘러들어와 동해, 남해, 황해를 흐르는 해류를 형성한다. 폭이 좁고 유속이 빠르며, 투명하고 짙은 청남색을 띤다.

우리나라 주변 어장 분포

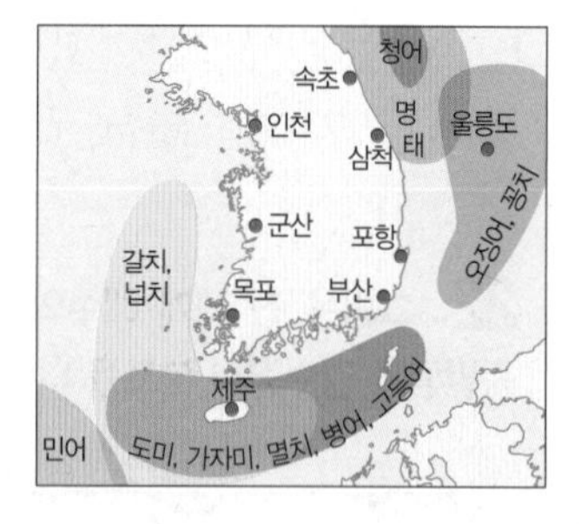

• 한류성 어종 : 대구, 명태, 청어 등
• 난류성 어종 : 오징어, 고등어, 멸치, 갈치 등

계절별 조경 수역의 위치 변화

난류의 세력이 강해지는 여름에는 난류가 더 위쪽으로 밀고 올라가기 때문에 조경 수역의 위치가 북상하고, 한류의 세력이 강해지는 겨울에는 한류가 더 아래까지 밀고 내려오기 때문에 조경 수역의 위치가 남하한다.

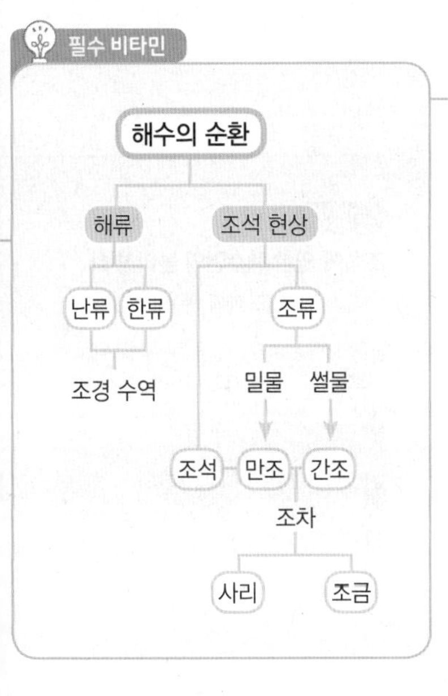

용어 & 개념 체크

❶ 해류

01 저위도에서 고위도로 흐르는 비교적 따뜻한 해류를 □□, 고위도에서 저위도로 흐르는 비교적 차가운 해류를 □□라고 한다.

02 우리나라 난류의 근원이 되는 해류는 □□□□ □□이다.

03 오호츠크해에서 해안을 따라 남하하는 해류로 우리나라 한류의 근원이 되는 해류는 □□□ □□이다.

04 한류와 난류가 만나는 곳으로 좋은 어장이 만들어지는 곳을 □□ □□이라고 한다.

01 해류에 대한 설명으로 옳은 것은 ○, 옳지 않은 것은 ×로 표시하시오.

(1) 해류는 지속적으로 부는 바람에 의해 발생한다. ( )

(2) 난류가 흐르는 해안은 같은 위도의 다른 지역보다 기온이 높다. ( )

(3) 한류와 난류가 만나는 곳은 영양 염류와 용존 산소량이 적다. ( )

(4) 우리나라 동해에서는 북한 한류와 황해 난류가 만나 조경 수역이 형성된다. ( )

(5) 우리나라 동해에 형성된 조경 수역의 위치가 여름에는 남하하며, 겨울에는 북상한다. ( )

02 다음은 난류와 한류를 비교한 것이다. 빈칸에 알맞은 말을 고르시오.

(1) 난류는 염분이 (㉠ 높, 낮)으며, 용존 산소량과 영양 염류는 (㉡ 많, 적)다.

(2) 한류는 염분이 (㉠ 높, 낮)으며, 용존 산소량과 영양 염류는 (㉡ 많, 적)다.

[03~04] 그림은 우리나라 주변을 흐르는 해류를 나타낸 것이다.

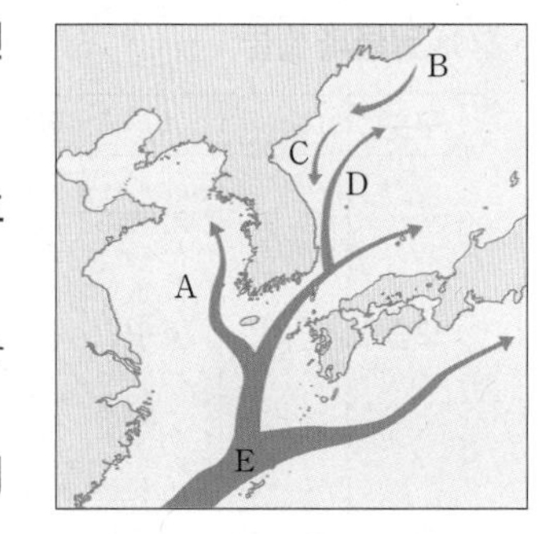

03 해류 A~E 중 다음 물음에 알맞은 해류를 찾아 기호를 쓰시오.

(1) 우리나라 주변을 흐르는 난류의 근원이 되는 해류는 무엇인지 쓰시오.

(2) 우리나라 주변에 조경 수역을 형성하는 두 해류는 무엇인지 쓰시오.

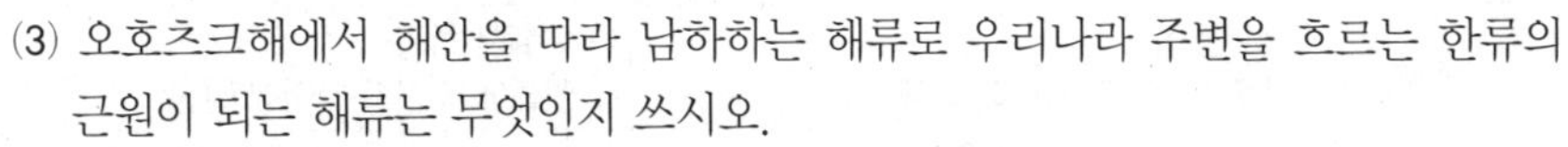

(3) 오호츠크해에서 해안을 따라 남하하는 해류로 우리나라 주변을 흐르는 한류의 근원이 되는 해류는 무엇인지 쓰시오.

(4) 쿠로시오 해류의 일부가 황해로 흐르는 난류는 무엇인지 쓰시오.

04 A~E에 대한 설명으로 옳은 것을 | 보기 |에서 모두 고르시오.

보기

ㄱ. A는 수온과 염분이 낮은 해류이다.

ㄴ. B는 오호츠크해에서 해안을 따라 남하한다.

ㄷ. E는 C에 비해 수온이 높다.

05 다음은 조경 수역에 대한 설명을 나타낸 것이다. 빈칸에 알맞은 말을 쓰시오.

조경 수역은 영양 염류와 용존 산소량이 (㉠)기 때문에 플랑크톤이 (㉡)고, 좋은 어장을 형성한다. 우리나라의 경우, 여름에는 (㉢)의 세력이 강해 조경 수역의 위치가 (㉣)하고, 겨울에는 (㉤)의 세력이 강해 조경 수역의 위치가 (㉥)한다.

03 해수의 순환

❷ 조석 현상

1 조석 : 밀물과 썰물에 의해 해수면이 하루에 두 번씩 주기적으로 높아졌다 낮아졌다 하는 현상 - 수직적인 바닷물의 변화를 말해!

(1) **만조와 간조** : 각각 하루에 약 두 번씩 발생

구분	만조	간조
모습		
정의	바닷물이 밀려 들어와 해수면이 가장 높아졌을 때	바닷물이 빠져나가 해수면이 가장 낮아졌을 때

(2) **조석 주기** : 만조에서 다음 만조 또는 간조에서 다음 간조까지 걸리는 시간으로, 약 12시간 25분이 걸린다. ➡ 조석 현상은 매일 약 50분씩 늦어진다.

2 조류 : 조석 현상에 의해 생기는 수평적인 바닷물의 흐름

조류의 방향은 대체로 하루에 네 번 바뀌지!

(1) **밀물과 썰물**

구분	밀물	썰물
모습	2018년 11월 8일 9시 20분 영종도, 인천, 용유도, 무의도 바닷물이 바다에서 육지 쪽으로 밀려 들어와~	2018년 11월 8일 16시 10분 영종도, 인천, 용유도, 무의도 바닷물이 육지에서 바다 쪽으로 빠져나가~
정의	육지 쪽으로 밀려오는 바닷물의 흐름	바다 쪽으로 빠져나가는 바닷물의 흐름
특징	• 해수면 상승 • 간조에서 만조 사이에 발생	• 해수면 하강 • 만조에서 간조 사이에 발생

(2) **조류의 세기** : 얕은 바다, 좁은 해협, 만의 입구, 섬과 섬 사이의 수로에서 빠르고 강하다. 예 울돌목

3 조차 : 만조와 간조 때 해수면의 높이 차이

(1) **사리** : 한 달 중 조차가 가장 클 때

(2) **조금** : 한 달 중 조차가 가장 작을 때

사리와 조금은 한 달에 약 두 번씩 발생해~!

해수면의 높이(m) 0, 5, 10
조차 : 조금(약 3m), 사리(약 8m), 조금(약 2m), 사리(약 8m)
조차가 가장 작을 때 / 조차가 가장 클 때
음력(일) 1, 5, 10, 15, 20, 25, 30
만조 - 해수면의 높이가 가장 높을 때
간조 - 해수면의 높이가 가장 낮을 때
조차

▲ 한 달 동안 해수면의 높이 변화

4 조석 현상의 이용

우리나라의 동해안은 조차가 작고, 서해안과 남해안은 조차가 커~!

(1) 간조 때 넓게 펼쳐진 갯벌에서 조개를 캔다.

갯벌은 해양 생태계를 유지하는 데 중요한 역할을 하지!

(2) 해안가에 돌담이나 그물을 세워 두고 조류를 이용하여 물고기를 잡는다.

(3) 사리일 때 간조가 되면 바닷길이 열려 관광지로 활용한다.

(4) 조력 발전(조차 이용) 또는 조류 발전(조류 이용)을 이용하여 전기를 생산한다.

비타민

조석에 의한 해수면의 높이 변화

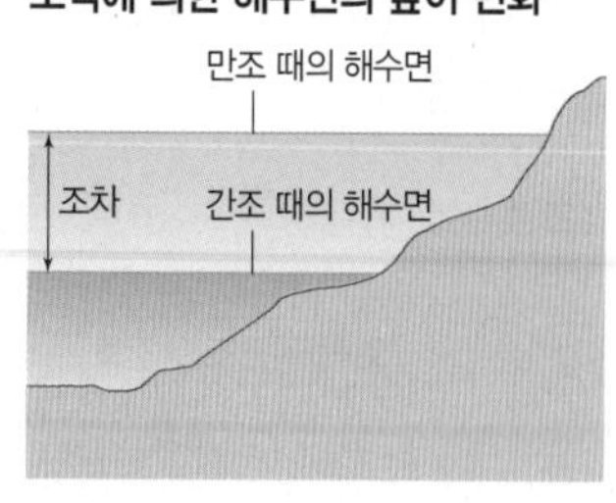

하루 중 해수면의 높이 변화

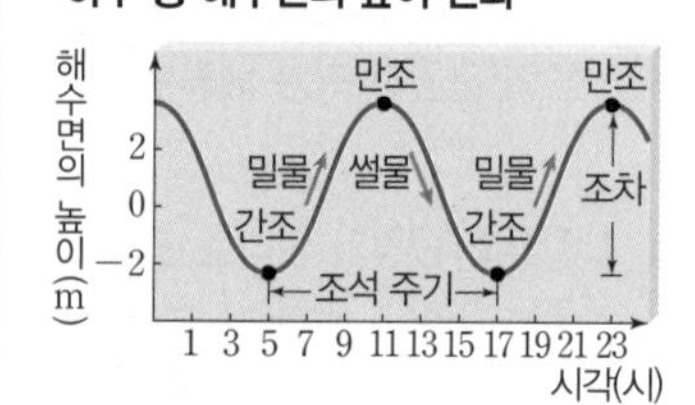

바다 갈라짐 현상

간조 때 해수면이 낮아져 해저 지형이 바다 위로 노출되어 바다가 갈라진 것처럼 보이는 현상

용어 & 개념 체크

❷ 조석 현상

05 밀물과 썰물에 의해 해수면의 높이가 주기적으로 높아졌다 낮아지는 현상을 ☐☐이라고 한다.

06 육지 쪽으로 밀려오는 바닷물의 흐름을 ☐☐, 바다 쪽으로 빠져나가는 바닷물의 흐름을 ☐☐이라고 한다.

07 밀물로 인해 해수면이 가장 높아졌을 때를 ☐☐, 썰물로 인해 해수면이 가장 낮아졌을 때를 ☐☐라고 한다.

08 만조와 간조 때 해수면의 높이 차이를 ☐☐라고 한다.

09 한 달 중 조차가 가장 클 때를 ☐☐, 조차가 가장 작을 때를 ☐☐이라고 한다.

06 그림은 우리나라 어느 해안의 만조 때 모습을 나타낸 것이다. 만조가 일어난 시각이 오전 9시경이었다면, 다음 만조가 되는 시각은 몇 시경인지 쓰시오.

07 조류에 대한 설명으로 옳은 것은 ○, 옳지 않은 것은 ×로 표시하시오.

(1) 조류는 수직적인 바닷물의 흐름이다. ( )
(2) 밀물이 일어나면 해수면의 높이가 높아진다. ( )
(3) 썰물은 간조에서 만조 사이에 발생한다. ( )
(4) 조류는 항상 일정한 방향으로 흐른다. ( )

[08~09] 그림은 어느 해안 지방에서 하루 동안 해수면의 높이 변화를 나타낸 것이다.

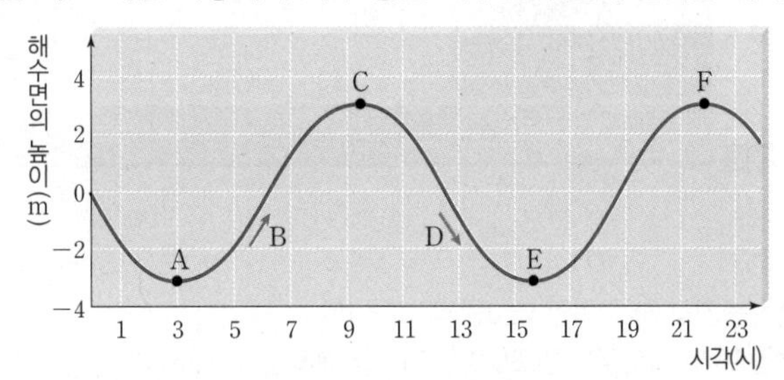

08 빈칸에 알맞은 기호를 모두 쓰시오.

(1) 만조 : ( ) (2) 간조 : ( ) (3) 밀물 : ( ) (4) 썰물 : ( )

09 갯벌이 가장 넓게 나타나는 시각은 언제인지 모두 쓰시오.

10 다음은 조석 현상에 대한 설명을 나타낸 것이다. 빈칸에 알맞은 말을 고르시오.

(1) 밀물과 썰물에 의해 해수면이 높아졌다 낮아졌다 하는 현상을 (조류, 조석)(이)라고 한다.
(2) 만조에서 간조 사이에 발생하는 것은 (밀물, 썰물)이다.
(3) 바닷물이 밀려 들어와 해수면이 높아졌을 때를 (만조, 간조)라고 한다.
(4) 조석 현상에 의해 생기는 바닷물의 흐름을 (조차, 조류)라고 한다.
(5) 한 달 중 조차가 가장 작을 때를 (사리, 조금)이라고 한다.

MUST 해부!

탐구 우리나라 해안의 조석 현상에 대한 실시간 자료 해석

과정 ❶ 국립해양조사원 누리집(http://www.khoa.go.kr)에 접속하여 '해양정보포털 – 스마트 조석 예보'에서 조사하고 싶은 지역과 날짜를 선택한다.

❷ 선택한 지역의 실시간 자료를 확인한다.

결과

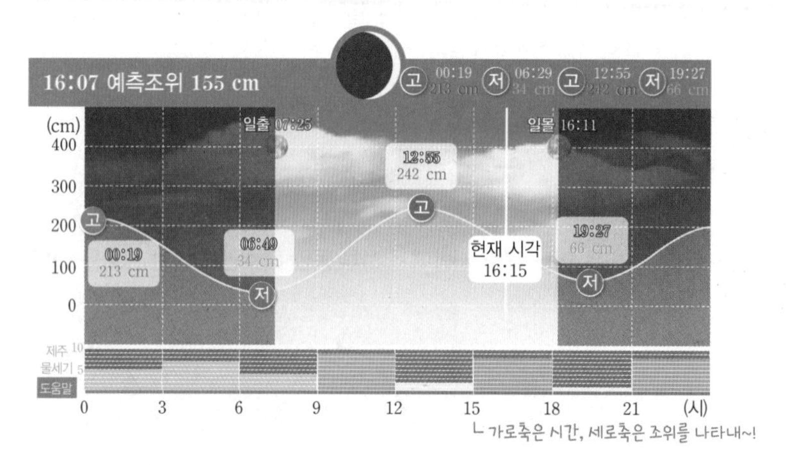

정리
- 만조와 간조는 각각 하루 동안 약 2번씩 나타난다.
- 현재 시각인 16시 15분경은 만조(12시 55분경)에서 간조(19시 27분경) 사이이므로 썰물 때이다.

탐구 시 유의점

실시간으로 측정한 실측 조위와 예보에 의한 예측 조위는 바람과 기압 등에 의해 차이가 날 수 있다.

정답과 해설 42쪽

탐구 알약

01 위 실험에 대한 설명으로 옳은 것은 ○, 옳지 않은 것은 ×로 표시하시오.

(1) 6시 50분경은 간조 때이다. ( )

(2) 3시경은 밀물 때이다. ( )

(3) 13시경은 18시경보다 해수면이 낮다. ( )

(4) 조석 주기는 약 6시간이다. ( )

02 위 실험 결과로 보아 바다 갈라짐 현상이 나타나는 때로 옳은 것은?

① 1시경 ② 6시 49분경 ③ 12시 55분경
④ 16시 15분경 ⑤ 21시경

서술형

03 그림은 어느 지역에서 하루 동안 해수면의 높이 변화를 나타낸 것이다.

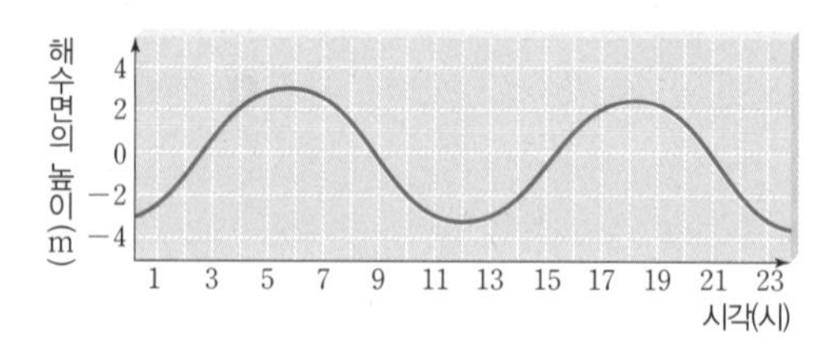

갯벌 체험을 할 수 있는 시각은 언제인지 쓰고, 그렇게 생각한 까닭을 서술하시오.

KEY 해수면, 간조

유형 클리닉

유형 1 우리나라 주변의 해류

그림은 우리나라 주변을 흐르는 해류를 나타낸 것이다. 해류 A~D에 대한 설명으로 옳은 것은?

① A는 우리나라 주변을 흐르는 모든 해류의 근원이 된다.
② C는 겨울철보다 여름철에 더 강하다.
③ B와 D의 영향으로 겨울철 해안 지방이 내륙 지방보다 더 따뜻하다.
④ D보다 B의 세력이 더 강하다.
⑤ C와 D가 만나는 곳은 물고기들이 살기 어려운 환경이 만들어진다.

우리나라 주변 바다의 해류에 대해 묻는 문제가 자주 출제돼~! 해류의 특징에 대해 알아두자!

① A는 우리나라 주변을 흐르는 모든 해류의 근원이 된다.
→ 쿠로시오 해류(A)는 우리나라 주변 난류의 근원이 되지! 우리나라 주변 한류의 근원은 러시아를 따라 내려오는 연해주 한류야!

② C는 겨울철보다 여름철에 더 강하다.
→ 북한 한류(C)는 찬물이잖아 겨울철이 되면 더 강해지지!

③ B와 D의 영향으로 겨울철 해안 지방이 내륙 지방보다 더 따뜻하다.
→ 황해 난류(B)와 동한 난류(D)처럼 따뜻한 해류가 흐르면 아무래도 주변 지역의 날씨가 비교적 따뜻하게 유지되겠지!

④ D보다 B의 세력이 더 강하다.
→ 황해 난류(B)보다 동한 난류(D)의 세력이 더 강해! 그렇기 때문에 같은 시기에 동해가 황해보다 더 따뜻하지!

⑤ C와 D가 만나는 곳은 물고기들이 살기 어려운 환경이 만들어진다.
→ 북한 한류(C)와 동한 난류(D)가 만나는 곳에서는 연직 혼합이 잘 일어나서 영양 염류와 플랑크톤이 많기 때문에 많은 물고기들이 모여 들어! 또, 난류성 어종과 한류성 어종이 모두 존재하지. 이러한 해역을 조경 수역이라고 해!

답 : ③

난류 : 쿠로시오 해류, 황해 난류, 동한 난류
한류 : 연해주 한류, 북한 한류

유형 2 조석 현상

그림은 한 달 동안 인천 앞바다에서 측정한 해수면의 높이 변화를 나타낸 것이다.

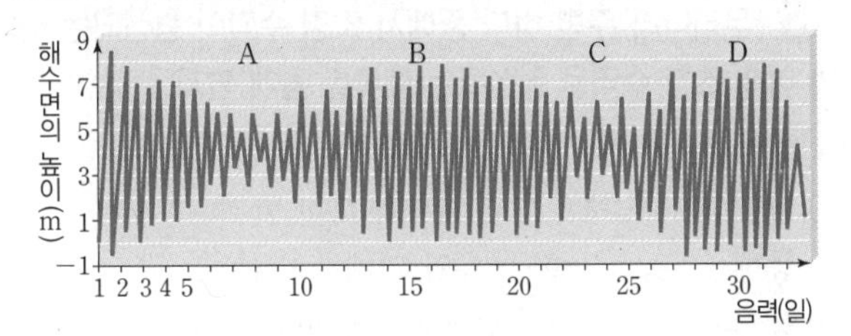

이에 대한 설명으로 옳은 것을 | 보기 | 에서 모두 고른 것은?

| 보기 |
ㄱ. A와 C는 조차가 작을 때이다.
ㄴ. B 시기에 조차는 약 2 m이다.
ㄷ. D는 사리일 때이다.
ㄹ. 사리와 조금은 한 달에 한 번씩 일어난다.

① ㄱ, ㄴ ② ㄱ, ㄷ ③ ㄴ, ㄷ
④ ㄴ, ㄹ ⑤ ㄷ, ㄹ

조석과 관련한 현상을 묻는 문제가 자주 출제돼! 특히 조석, 조류, 조차에 대해 기억해 두자~!

ㄱ. A와 C는 조차가 작을 때이다.
→ 조차는 만조와 간조 때 해수면의 높이 차이를 말하지~! 사리는 한 달 중 조차가 가장 클 때이고, 조금은 한 달 중 조차가 가장 작을 때야! A와 C는 조금, B와 D는 사리이므로 A와 C일 때는 조차가 작아~

ㄴ. B 시기에 조차는 약 2 m이다.
→ B 시기에 조차는 해수면이 가장 높을 때인 약 8 m에서 가장 낮을 때인 약 0 m를 빼면 돼. 따라서 B 시기에 조차는 약 8 m야~!

ㄷ. D는 사리일 때이다.
→ B와 D는 한 달 중 조차가 가장 클 때인 사리이고, A와 C는 한 달 중 조차가 가장 작을 때인 조금이야~

ㄹ. 사리와 조금은 한 달에 한 번씩 일어난다.
→ 사리(B와 D)와 조금(A와 C)은 한 달에 약 두 번씩 일어나~!

답 : ②

사리 : 한 달 중 조차가 가장 클 때
조금 : 한 달 중 조차가 가장 작을 때

❶ 해류

01 바다의 표면에서 해류가 발생하는 가장 중요한 요인으로 옳은 것은?

① 지구의 자전
② 해수의 밀도 차
③ 달과 태양의 인력
④ 지속적으로 부는 바람
⑤ 지형에 따른 해수면 경사

★중요

02 해류에 대한 설명으로 옳지 않은 것을 모두 고르면?

① 계절에 따라 방향이 계속 달라진다.
② 수온에 따라 난류와 한류로 구분한다.
③ 난류는 저위도에서 고위도로 흐른다.
④ 한류는 주변 해수에 비해 비교적 수온이 낮다.
⑤ 여름에는 난류, 겨울에는 한류가 흐른다.

03 그림은 수조에 물을 채우고 종잇조각을 띄운 후, 헤어드라이어로 바람을 일으켜 종잇조각의 움직임을 관찰하는 실험을 나타낸 것이다.

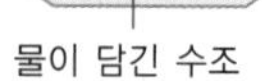
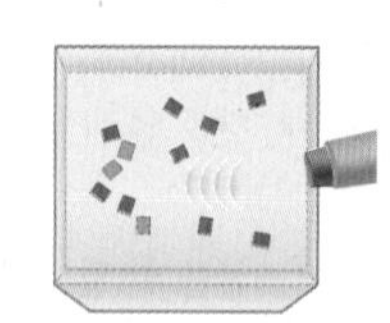

이에 대한 설명으로 옳은 것을 | 보기 | 에서 모두 고른 것은?

| 보기 |
ㄱ. 해류의 발생 원인을 알아보기 위한 실험이다.
ㄴ. 종잇조각은 바람과 같은 방향으로 움직인다.
ㄷ. 바람이 계속 불면 종잇조각은 위아래로 일정하게 움직인다.

① ㄱ ② ㄷ ③ ㄱ, ㄴ
④ ㄴ, ㄷ ⑤ ㄱ, ㄴ, ㄷ

[04~05] 그림은 우리나라 주변을 흐르는 해류를 나타낸 것이다.

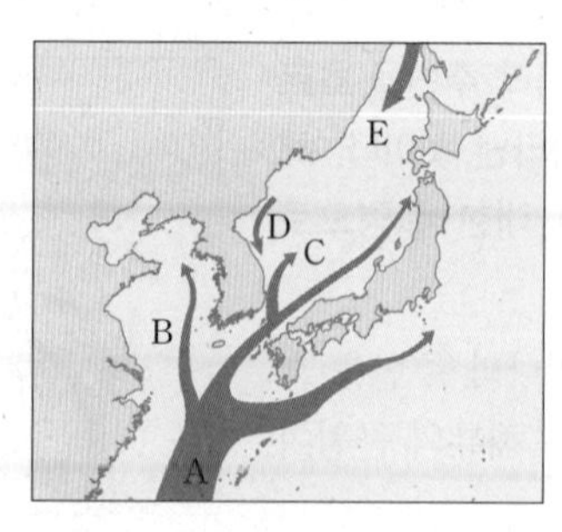

★중요

04 해류 A~E에 대한 설명으로 옳은 것은?

① A는 고위도에서 시작된 해류이다.
② B보다 C의 세력이 더 강하다.
③ B와 C는 A로 모여 든다.
④ C와 D가 만나는 위치는 겨울에 북상한다.
⑤ A~D는 난류, E는 한류이다.

05 해류 A~E 중 우리나라의 동한 난류나 황해 난류의 근원이 되는 해류로 옳은 것은?

① A ② B ③ C ④ D ⑤ E

06 우리나라 주변 바다 중에서 조경 수역이 형성되는 바다와 이때 조경 수역을 형성하는 해류를 옳게 짝지은 것은?

	바다	해류
①	남해	쿠로시오 해류와 북한 한류
②	동해	동한 난류와 연해주 한류
③	동해	동한 난류와 북한 한류
④	황해	황해 난류와 북한 한류
⑤	황해	쿠로시오 해류와 연해주 한류

★중요

07 조경 수역에 대한 설명으로 옳지 않은 것은?

① 한류성 어종이 주로 잡힌다.
② 어획량이 많은 좋은 어장이다.
③ 한류와 난류가 만나서 형성된다.
④ 영양 염류와 플랑크톤이 풍부하다.
⑤ 계절에 따라 위치가 조금씩 달라진다.

08 우리나라의 겨울철보다 여름철에 더 북상하는 것을 | 보기 | 에서 모두 고른 것은?

| 보기 |

ㄱ. 북한 한류　　ㄴ. 조경 수역
ㄷ. 동한 난류　　ㄹ. 연해주 한류

① ㄱ, ㄴ　② ㄴ, ㄷ　③ ㄷ, ㄹ
④ ㄱ, ㄴ, ㄷ　⑤ ㄴ, ㄷ, ㄹ

조석 현상

중요

09 조석 현상에 대한 설명으로 옳은 것을 | 보기 | 에서 모두 고른 것은?

| 보기 |

ㄱ. 바닷물이 육지에서 바다 쪽으로 흐르는 것을 밀물이라고 한다.
ㄴ. 우리나라 해안 지방에서 만조와 간조는 각각 하루에 약 2번씩 나타난다.
ㄷ. 조석에 의해 해수가 흐르는 현상을 조류라고 한다.
ㄹ. 사리와 조금은 한 달에 한 번씩 나타난다.

① ㄱ, ㄴ　② ㄱ, ㄷ　③ ㄴ, ㄷ
④ ㄴ, ㄹ　⑤ ㄷ, ㄹ

10 그림은 어느 지역의 해수면 높이를 나타낸 것이다. B와 C는 만조 때의 해수면 높이와 간조 때의 해수면 높이를 순서 없이 나타낸 것이다.

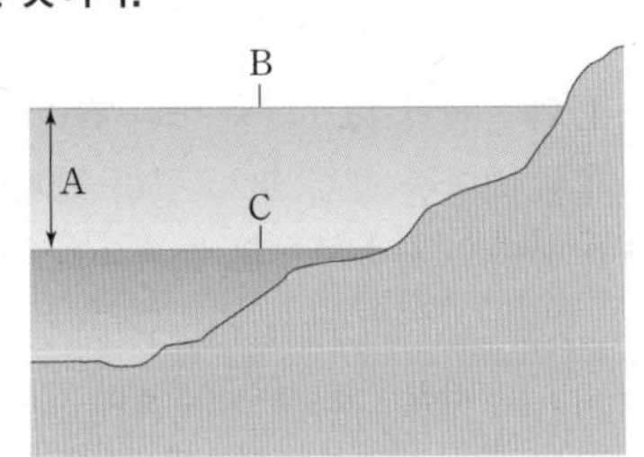

이에 대한 설명으로 옳은 것을 | 보기 | 에서 모두 고른 것은?

| 보기 |

ㄱ. A의 크기는 매일 다르다.
ㄴ. B는 간조 때의 해수면 높이이다.
ㄷ. C는 썰물에 의해 해수면 높이가 낮아졌을 때의 해수면 높이이다.

① ㄱ　② ㄴ　③ ㄱ, ㄷ
④ ㄴ, ㄷ　⑤ ㄱ, ㄴ, ㄷ

중요

11 A~C에 들어갈 말을 옳게 짝지은 것은?

만조와 간조 때의 해수면의 높이 차를 (A)라고 하며, (A)가 가장 작게 나타나는 때를 (B), 가장 크게 나타나는 때를 (C)라고 한다.

	A	B	C
①	조류	밀물	썰물
②	조차	조금	사리
③	조차	사리	조금
④	조석	만조	간조
⑤	조석	간조	만조

12 조류와 해류에 대한 설명으로 옳은 것은?

① 해류는 하루에 네 번씩 방향이 바뀐다.
② 해류는 달과 태양의 인력의 영향으로 생긴다.
③ 조류에 의한 해수면의 높이 차이를 조차라고 한다.
④ 표층 해류는 주로 해수의 밀도 차이에 의해 생긴다.
⑤ 방향이 바뀌지 않고 일정하게 흐르는 것을 조류라고 한다.

13 그림은 만조와 간조 때 우리나라 어느 해안의 모습을 순서 없이 나타낸 것이다.

(가)

(나)

이에 대한 설명으로 옳은 것을 | 보기 | 에서 모두 고른 것은?

| 보기 |

ㄱ. (가)는 만조, (나)는 간조 때의 모습이다.
ㄴ. (가)일 때 바닷길이 열리는 현상을 관측할 수 있다.
ㄷ. (가)와 (나) 사이의 시간 간격은 약 6시간이다.

① ㄱ　② ㄷ　③ ㄱ, ㄴ
④ ㄴ, ㄷ　⑤ ㄱ, ㄴ, ㄷ

[14~15] 그림은 어느 해안 지역에서 하루 동안 측정한 해수면의 높이 변화를 나타낸 것이다.

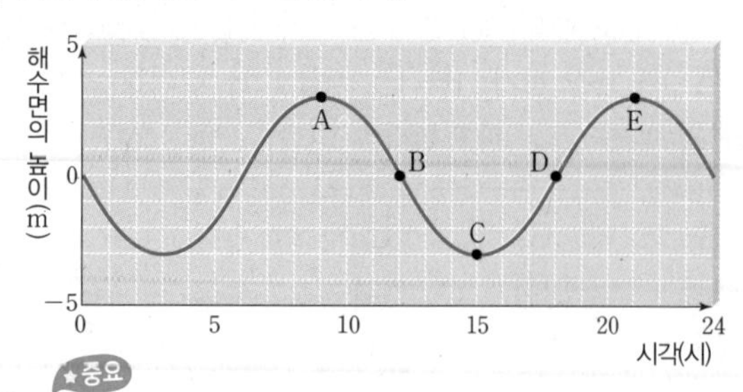

중요

14 A~E 중 갯벌이 넓게 드러나 조개를 줍기에 적합한 때로 옳은 것은?

① A ② B ③ C ④ D ⑤ E

15 이 지역의 조차는 약 몇 m인가?

① 2 m ② 3 m ③ 4 m ④ 5 m ⑤ 6 m

[16~17] 그림은 인천 앞바다 바닷물의 흐름을 나타낸 것이다.

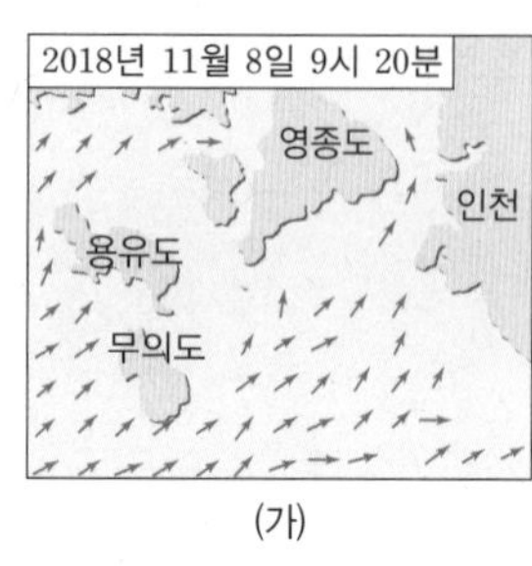

(가)

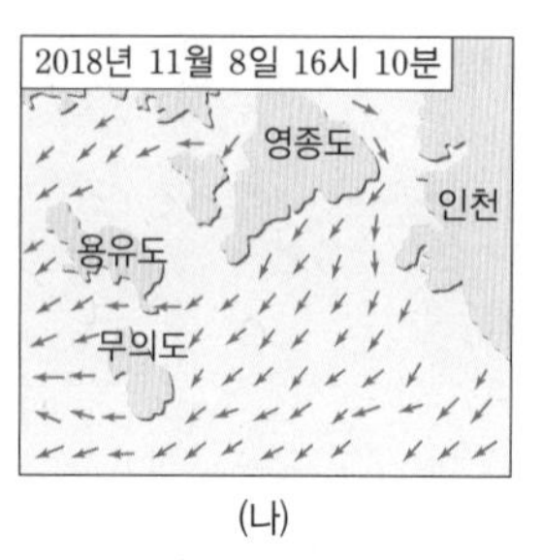

(나)

16 화살표가 나타내는 것으로 옳은 것은?

① 조금 ② 한류 ③ 해류
④ 조차 ⑤ 조류

17 이에 대한 설명으로 옳은 것을 | 보기 |에서 모두 고른 것은?

| 보기 |
ㄱ. (가)와 같은 때에 갯벌이 넓게 드러난다.
ㄴ. (가)와 (나)는 주기적으로 반복된다.
ㄷ. (가)와 같은 흐름이 시작된 후 약 12시간 후에 (나)와 같은 흐름이 나타난다.

① ㄱ ② ㄴ ③ ㄱ, ㄷ
④ ㄴ, ㄷ ⑤ ㄱ, ㄴ, ㄷ

서술형 문제

18 그림은 우리나라 동해에서 형성되는 조경 수역의 계절별 위치 변화를 나타낸 것이다.

조경 수역의 위치가 계절에 따라 달라지는 까닭을 서술하시오.

난류, 한류, 북상, 남하

19 그림 (가)는 어느 바다에서 한 달 동안 측정한 해수면의 높이 변화를 나타낸 것이고, (나)는 하루 동안 측정한 해수면의 높이 변화를 나타낸 것이다.

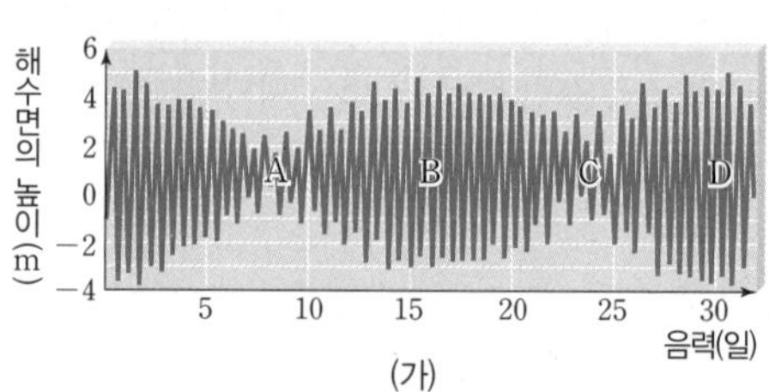

(가)

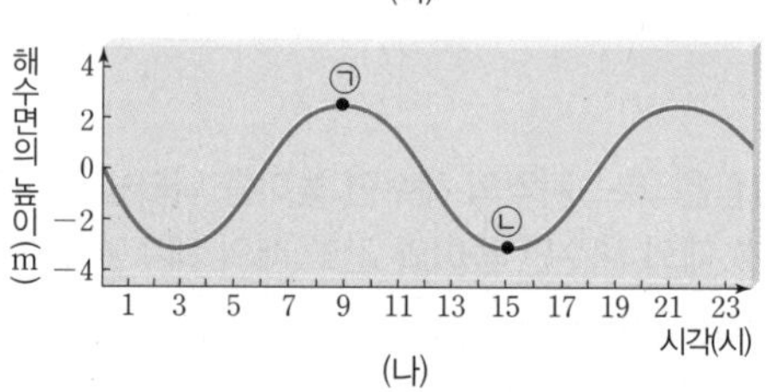

(나)

(1) (가)의 A~D와 (나)의 ㉠, ㉡ 중 바다 갈라짐 현상을 체험하기에 가장 적당한 때를 모두 골라 짝지어 쓰고, 그렇게 생각한 까닭을 서술하시오.

사리, 간조, 해수면의 높이

(2) (나)에서 ㉠과 ㉡을 각각 무엇이라고 하는지 쓰고, 이러한 현상을 실생활에서 활용하는 예를 한 가지만 서술하시오.

만조, 간조

20 그림은 해류를 수온과 염분에 따라 구분하여 나타낸 것이다.

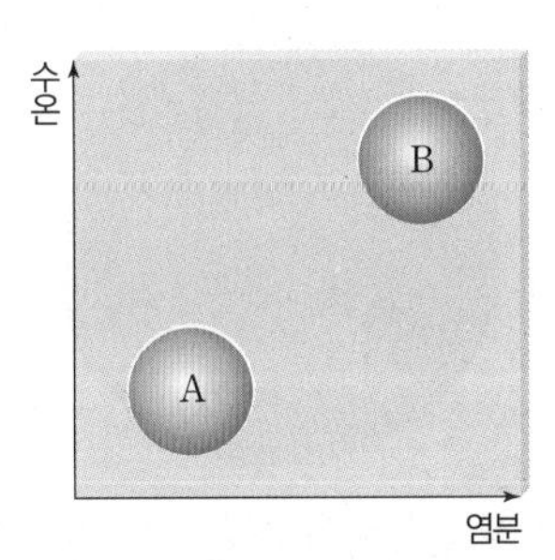

우리나라 주변을 흐르는 해류 중 A와 B에 해당하는 해류를 옳게 짝지은 것은?

	A	B
①	동한 난류	연해주 한류
②	황해 난류	쿠로시오 해류
③	북한 한류	동한 난류
④	연해주 한류	북한 한류
⑤	쿠로시오 해류	황해 난류

21 그림은 겨울철 우리나라 주변 바다의 수온 분포를 나타낸 것이다.

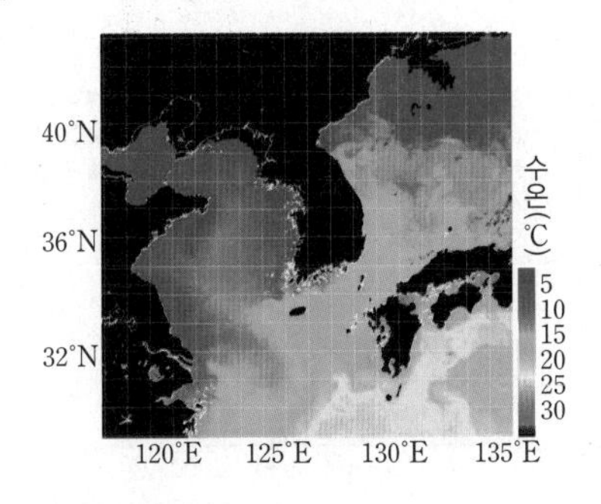

이에 대한 설명으로 옳지 않은 것은?

① 남해가 황해보다 수온이 높다.
② 저위도가 고위도보다 수온이 높다.
③ 저위도 지역에서 동해 쪽으로 난류가 흐른다.
④ 동해는 북쪽 해역보다 남쪽 해역의 수온이 높다.
⑤ 황해 난류가 동한 난류보다 세력이 크기 때문에 같은 위도에서 황해가 동해보다 수온이 높다.

22 다음은 풍마니가 서해안 갯벌 탐사 현장 체험을 한 내용을 나타낸 것이다.

> 일요일 새벽 12시. 서해안 갯벌 탐사 현장 체험을 위해 고속버스를 타고 설레는 마음으로 친구와 함께 대구를 출발했다. 나는 미리 인터넷을 통해 이날의 간조 시간을 알아보았는데 오전 11시였다. 미리 도착하여 해안을 거닐고 있었는데 드디어 바닷물이 빠져나가고 갯벌이 모습을 드러냈다. 친구와 나는 신나게 조개를 잡으면서 물이 밀려 들어오면 낚시를 해보기로 했다.

낚시를 시작할 수 있는 가장 알맞은 시각으로 옳은 것은?

① 오후 1시경　② 오후 2시 13분경　③ 오후 3시경　④ 오후 5시 13분경　⑤ 오후 11시 25분경

23 표는 8월 15일 인천 앞바다에서 측정한 해수면의 높이를 나타낸 것이고, 그림은 8월 한 달 동안 해수면의 높이 변화를 나타낸 것이다. (단, 날짜는 음력이다.)

시각	09 : 00	15 : 12	21 : 25	03 : 37
해수면의 높이 (cm)	850	190	770	100

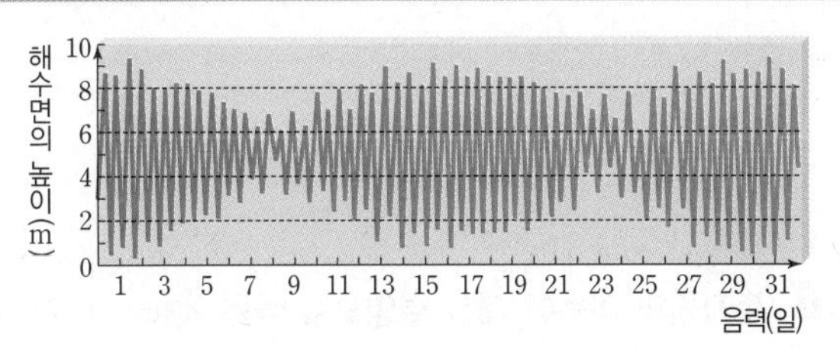

이에 대한 설명으로 옳은 것은?

① 15일 오전 9시경은 간조이다.
② 15일 오전 9시부터 오후 3시경까지는 밀물이다.
③ 15일에 갯벌에 조개를 잡으러 나가려면 오전 9시경에 나가야 한다.
④ 23일경은 조차가 670 cm보다 작을 것이다.
⑤ 15일보다 23일에 갯벌이 더 넓게 드러날 것이다.

단원 종합 문제 CT

01 그림은 수권을 구성하는 물의 분포를 나타낸 것이다.

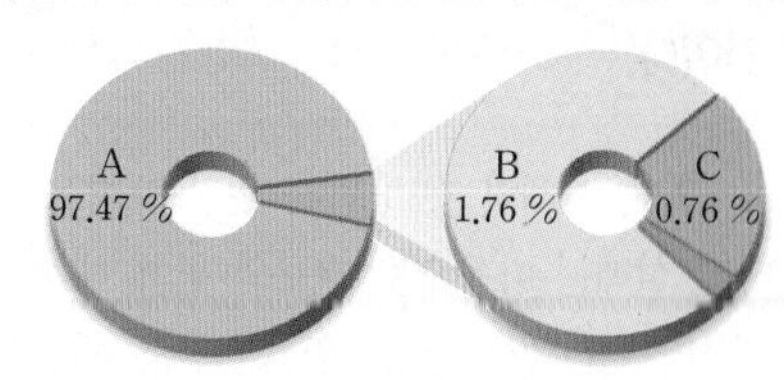

A~C에 대한 설명으로 옳은 것은?

① A는 주된 수자원으로 이용한다.
② A는 염류가 거의 들어 있지 않은 액체이다.
③ B는 주로 저위도에 존재한다.
④ B를 이동시키는 원동력은 중력이다.
⑤ C는 주로 높은 산 위에 존재한다.

02 육지에 분포하는 물에 대한 설명으로 옳은 것은?

① 액체 상태로만 존재한다.
② 대부분 짠맛이 나지 않는 담수이다.
③ 하천수와 호수가 대부분을 차지한다.
④ 지구 표면의 약 70 %를 차지하고 있다.
⑤ 지하수는 땅속에 고여 있는 물을 말한다.

03 지하수에 대한 설명으로 옳지 않은 것은?

① 육지의 물 중 약 30 %를 차지한다.
② 지하에 있는 물은 오염되기가 쉽다.
③ 한 번 오염되더라도 복구하기가 쉽다.
④ 비가 지하로 스며들면서 자연적으로 정화된 물이다.
⑤ 지하수를 지나치게 많이 사용하면 지반이 가라앉을 수 있다.

04 수자원의 이용에 대한 설명으로 옳은 것을 | 보기 |에서 모두 고른 것은?

| 보기 |
ㄱ. 일상생활을 하는 데 사용된다.
ㄴ. 해수는 수자원으로 이용할 수 없다.
ㄷ. 농작물을 재배하고 공업 제품 생산에 쓰인다.

① ㄱ ② ㄴ ③ ㄱ, ㄷ
④ ㄴ, ㄷ ⑤ ㄱ, ㄴ, ㄷ

[05~06] 그림은 우리나라의 용도별 수자원 이용 현황을 나타낸 것이다.

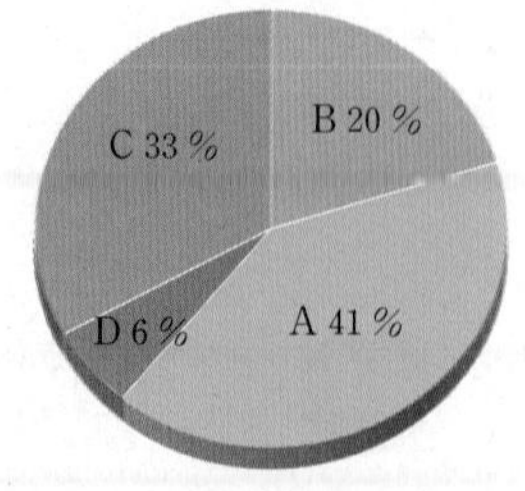

05 우리나라에서 (가)농작물을 기르거나 가축을 기를 때 이용하는 물과 (나)최근 사용량이 크게 증가하고 있는 물을 옳게 짝지은 것은?

	(가)	(나)		(가)	(나)
①	A	B	②	A	C
③	B	C	④	C	D
⑤	D	A			

06 C에 대한 설명으로 옳은 것을 | 보기 |에서 모두 고른 것은?

| 보기 |
ㄱ. 산업 활동에 이용한다.
ㄴ. 요리, 빨래 등 일상생활에 이용한다.
ㄷ. 하천의 수질 개선이나 하천을 유지하는 데 이용한다.

① ㄱ ② ㄷ ③ ㄱ, ㄴ
④ ㄴ, ㄷ ⑤ ㄱ, ㄴ, ㄷ

07 그림은 우리나라 수자원 총량과 이용량의 변화를 나타낸 것이다.

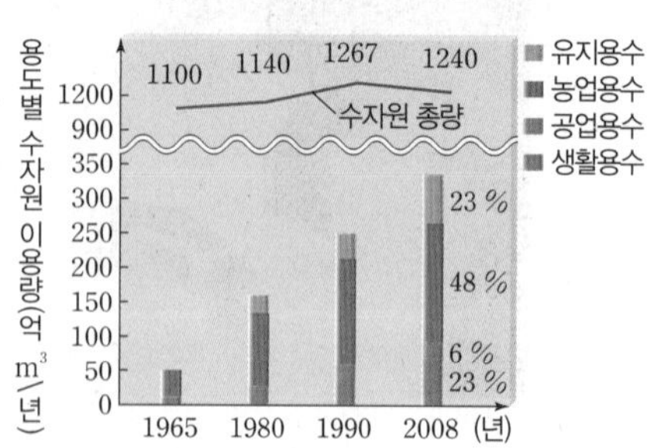

이에 대한 설명으로 옳지 않은 것은?

① 농업용수로 가장 많이 이용한다.
② 생활용수의 이용 비율이 급증했다.
③ 공업용수는 제품의 생산에 이용되는 물이다.
④ 수자원 총량에 대한 이용량의 비율은 계속 감소하고 있다.
⑤ 1990년대에 비해 2008년의 수자원 총량은 거의 변하지 않았다.

08 **해수의 온도에 대한 설명으로 옳지 않은 것은?**

① 해수의 표층 수온은 위도에 따라 다르다.
② 표층 해수의 등수온선은 대체로 위도선과 나란하다.
③ 해수의 표층 수온에 가장 큰 영향을 미치는 것은 바람이다.
④ 깊이에 따른 수온 변화에 따라 3개의 층으로 구분할 수 있다.
⑤ 고위도 해역에서는 연직 수온 분포에 따른 층상 구조가 잘 나타나지 않는다.

09 **그림은 위도에 따른 해수의 층상 구조를 나타낸 것이다.**

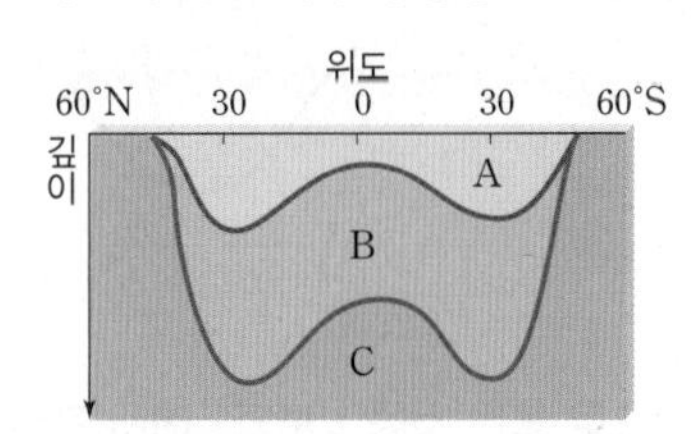

이에 대한 설명으로 옳은 것을 모두 고르면?

① 수온은 $A<B<C$이다.
② A와 B가 없는 해역도 있다.
③ B는 바람의 혼합 작용에 의해 만들어진다.
④ C에서는 어떤 생물도 살지 못한다.
⑤ A, B, C의 깊이는 계절에 따라 달라질 수 있다.

10 **그림과 같이 설치된 실험 장치에 전등을 켜고 충분히 가열하였다. 이때 수조의 온도 분포를 나타낸 그래프로 옳은 것은?**

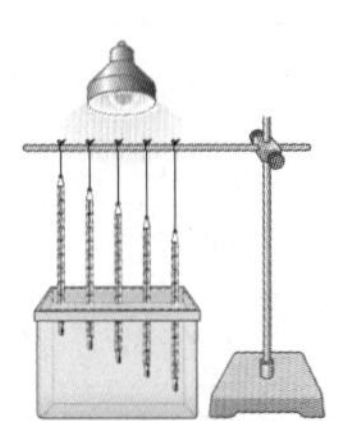

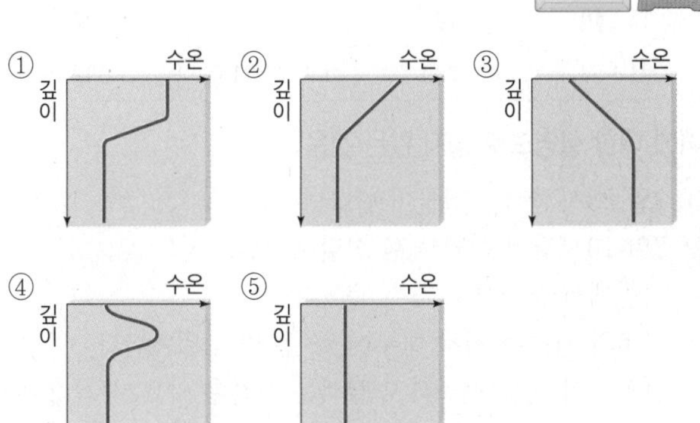

11 **그림 (가)와 (나)는 2월과 8월 우리나라 주변 바다의 표층 수온 분포를 순서없이 나타낸 것이다.**

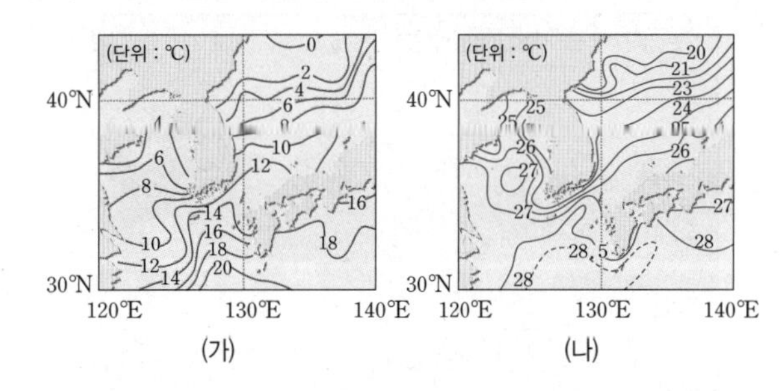

이에 대한 설명으로 옳은 것을 | 보기 | 에서 모두 고른 것은?

| 보기 |
ㄱ. (가)는 8월, (나)는 2월의 표층 수온 분포이다.
ㄴ. 겨울철에는 같은 위도의 내륙 지방이 해안 지방보다 더 춥다.
ㄷ. (가) 시기에 동해가 황해보다 수온이 높은 것은 동한 난류의 영향이다.

① ㄱ ② ㄷ ③ ㄱ, ㄴ
④ ㄴ, ㄷ ⑤ ㄱ, ㄴ, ㄷ

12 **그림 (가)와 (나)는 각각 태평양과 대서양의 해수 1 kg을 나타낸 것이다.**

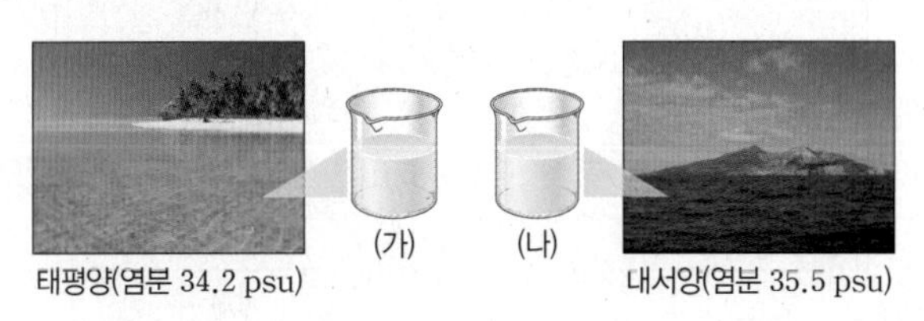

이에 대한 설명으로 옳은 것을 모두 고르면?

① (가)와 (나)의 염분은 같다.
② (나)는 (가)보다 소금의 농도가 진하다.
③ (가)에 물을 넣으면 (나)의 농도로 만들 수 있다.
④ (가)와 (나)에서 염류를 이루는 염화 마그네슘의 비율은 같다.
⑤ (가)와 (나)를 동시에 열을 가해 가열하면 같은 양의 염류가 남는다.

13 그림은 전 세계 해수의 표층 염분 분포를 나타낸 것이다.

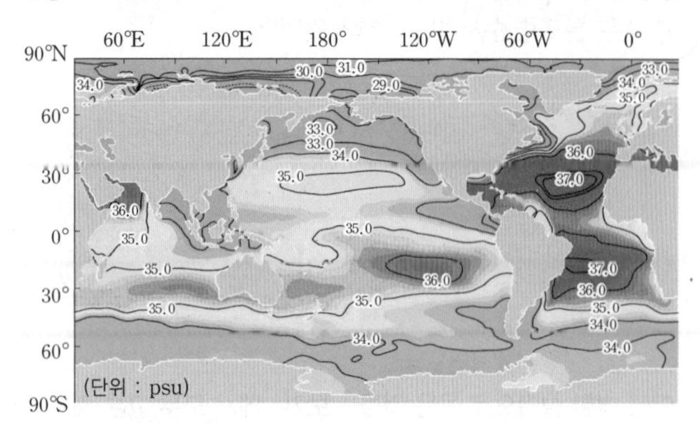

이에 대한 설명으로 옳지 않은 것은?

① 연안보다는 대양의 중앙부의 염분이 높다.
② 염분은 대체로 '증발량－강수량'에 비례한다.
③ 고위도 해역은 기온이 낮아 염분이 높은 편이다.
④ 적도 해역은 중위도 해역보다 강수량이 많고, 증발량이 적다.
⑤ 해저 화산 활동이 활발한 대서양이 태평양보다 염분이 높다.

14 동해, 홍해, 지중해에서 같은 값을 갖는 것은?

① 강수량과 증발량의 차이
② $\frac{\text{염화 나트륨의 양(g)}}{\text{염화 마그네슘의 양(g)}}$의 값
③ 해수에 유입되는 강물의 양
④ 해수 1 kg에 녹아 있는 염류의 총량
⑤ 해수 1 kg에 녹아 있는 염화 마그네슘의 양

15 그림 (가)와 (나)는 여름철과 겨울철에 우리나라 주변 해류의 분포를 순서 없이 나타낸 것이다.

(가)

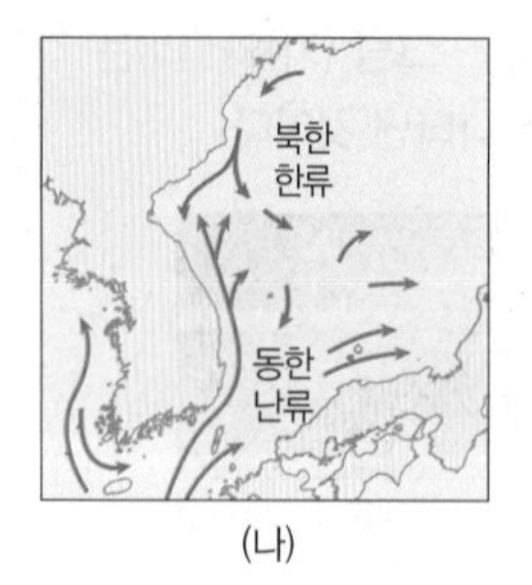

(나)

이에 대한 설명으로 옳은 것을 | 보기 | 에서 모두 고른 것은?

| 보기 |
ㄱ. (가)는 겨울철, (나)는 여름철 해류의 분포이다.
ㄴ. (가)는 (나)보다 조경 수역이 남쪽에 형성된다.
ㄷ. (나)는 한류의 세력이 더 강하다.

① ㄱ　② ㄷ　③ ㄱ, ㄴ　④ ㄴ, ㄷ　⑤ ㄱ, ㄴ, ㄷ

16 그림은 우리나라 주변에 흐르는 해류를 나타낸 것이다. 해류 A~E에 대한 설명으로 옳지 않은 것은?

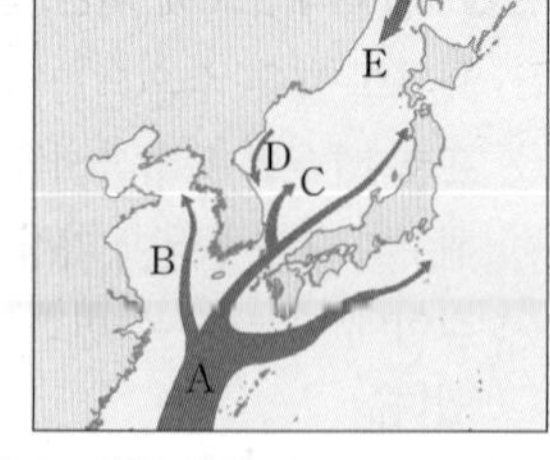

① 동해에는 한류와 난류가 모두 존재한다.
② B와 C는 A로부터 갈라져 나온 해류이다.
③ D는 북한 한류이다.
④ C는 D보다 수온이 높다.
⑤ A, B, C에는 D, E보다 산소와 영양 염류가 많다.

17 그림은 어느 바닷가에서 하루 동안 관측된 해수면의 높이 변화를 나타낸 것이다.

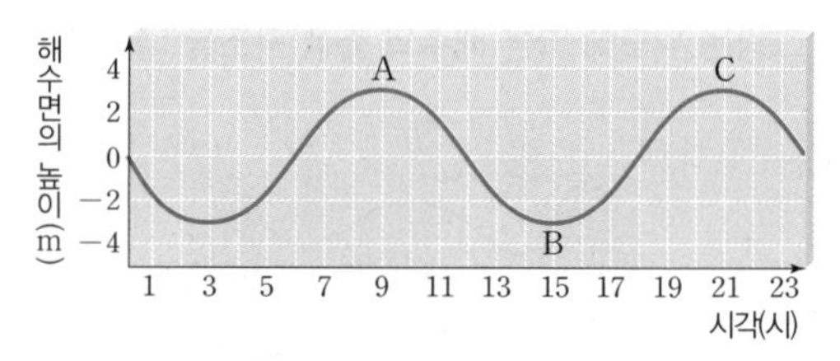

이에 대한 설명으로 옳은 것을 | 보기 | 에서 모두 고른 것은?

| 보기 |
ㄱ. 조차는 약 6 m이다.
ㄴ. 오전 9시경에는 만조가 된다.
ㄷ. B에서 C 사이에는 썰물이 나타난다.
ㄹ. A~C 중 조개를 캐기에 가장 적당한 시기는 B이다.

① ㄱ, ㄴ　② ㄱ, ㄷ　③ ㄴ, ㄹ　④ ㄱ, ㄴ, ㄹ　⑤ ㄴ, ㄷ, ㄹ

18 표는 우리나라 서해안에서 하루 간격으로 만조와 간조 때 해수면의 높이를 나타낸 것이다.

1일		2일	
시간	높이(cm)	시간	높이(cm)
03 : 15	160	04 : 04	205
09 : 27	760	10 : 16	716
15 : 40	182	16 : 29	227
21 : 53	730	22 : 41	692

이에 대한 설명으로 옳지 않은 것은?

① 1일 23시경에는 썰물이 나타난다.
② 2일 10시경에 갯벌 체험을 할 수 있다.
③ 사리에서 조금으로 가는 중이다.
④ 만조와 간조는 각각 하루에 약 두 번씩 일어난다.
⑤ 간조에서 다음 간조까지 걸리는 시간은 약 12시간 25분이다.

서술형·논술형 문제

01 그림은 수권을 이루는 물의 분포를 나타낸 것이다.

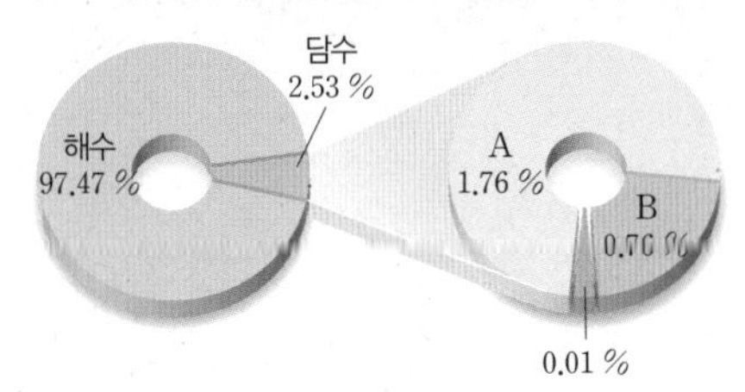

A와 B는 무엇인지 각각 쓰고, A와 B가 담수 중 많은 양을 차지하고 있음에도 수자원으로 이용이 어려운 까닭을 각각 서술하시오.

분포 위치, 고체 상태, 개발 비용, 지반 침하

02 수자원 부족을 해결하기 위해서는 수자원 이용량을 줄이고, 수질 오염을 방지하며, 새로운 수자원을 확보하려는 노력이 필요하다. 이 중 새로운 수자원 확보 방안을 두 가지 이상 서술하시오.

지하수 개발, 해수 담수화, 저수지나 댐 건설,
빗물 저장 시설, 중수도

03 전 세계 해수의 표층 수온 분포는 저위도에서 고위도로 갈수록 어떻게 변하는지 쓰고, 그 까닭을 서술하시오.

태양 에너지 : 저위도 > 고위도

04 그림은 어떤 저위도 해역에서의 연직 수온 분포를 나타낸 것이다. 해수의 연직 층상 구조 중 이 해역에서 발달하지 않은 층을 쓰고, 이를 통해 알 수 있는 이 해역의 특징을 서술하시오.

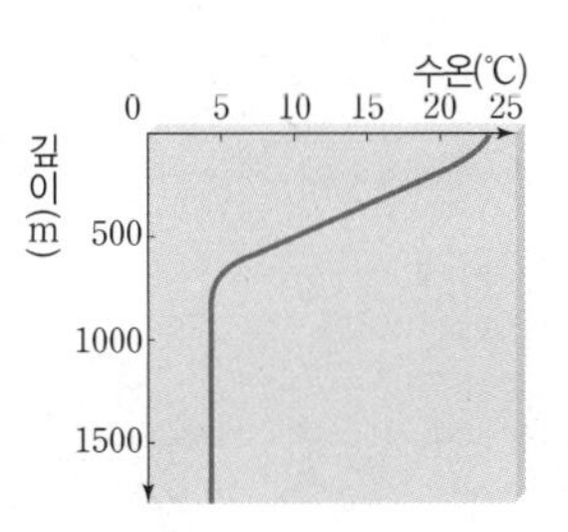

바람의 세기, 혼합층

05 그림은 위도에 따른 염분 분포를 나타낸 것이다. 염분이 가장 높은 해역을 쓰고, 이 해역에서 표층 염분이 높은 까닭을 서술하시오.

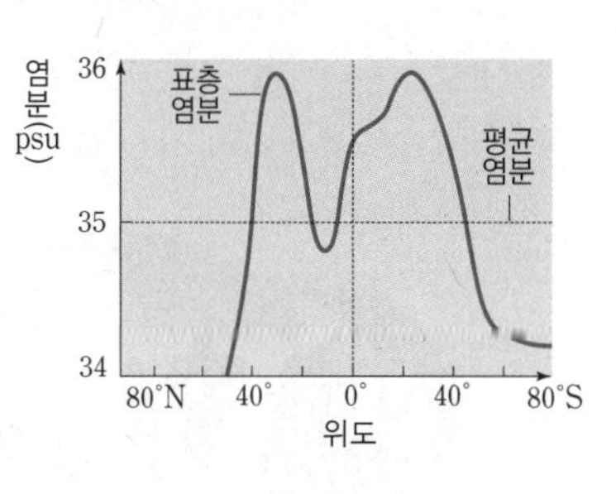

중위도 해역, 증발량 − 강수량

06 표는 어느 지역의 바닷물 속에 녹아 있는 염류의 성분을 나타낸 것이다.

염류	해수 500 g 녹아 있는 양(g)	전체 염류에 대한 질량비(%)
염화 나트륨	13.98	77.7
염화 마그네슘	1.96	10.9
황산 마그네슘	0.86	4.8
기타	1.2	6.6
합계	18.0	100.0

이 해역의 염분은 몇 psu인지 구하고, 풀이 과정을 서술하시오.

$$\text{염분(psu)} = \frac{\text{염류의 총량(g)}}{\text{해수의 질량(g)}} \times 1000$$

07 그림은 우리나라 주변의 해류와 조경 수역의 위치를 나타낸 것이다. 조경 수역이 좋은 어장이 되는 까닭을 서술하시오.

한류 · 난류성 어종, 영양 염류 풍부

08 우리나라의 조력 발전소가 대부분 서해안에 건설되어 있는 까닭을 서술하시오.

조력 발전, 조차

열과 우리 생활

A-ra?

Q. 열의 이동 방법의 종류에는 무엇이 있을까?

1 열

- 물체의 온도 차를 구성 입자의 운동 모형으로 이해하고, 열의 이동 방법과 냉난방 기구의 효율적 사용에 대해 설명할 수 있다.
- 두 물체가 열평형에 도달하는 과정을 온도-시간 그래프를 이용하여 설명할 수 있다.

❶ 온도와 입자의 운동

1 온도 : 물체의 차갑고 뜨거운 정도를 숫자로 나타낸 값으로, 온도의 단위는 ℃(섭씨도), K(켈빈)을 사용한다.
↳ 0 K을 절대 영도라고 해. 입자 운동이 0이 되는 온도이므로, 온도가 더 이상 낮아질 수 없어~

2 온도와 입자의 운동 : 물체의 온도가 낮으면 물체를 구성하는 입자의 운동이 둔하고, 물체의 온도가 높으면 물체를 구성하는 입자의 운동이 활발하다.
➡ 온도는 물체를 구성하는 입자의 운동이 활발한 정도를 나타낸다.

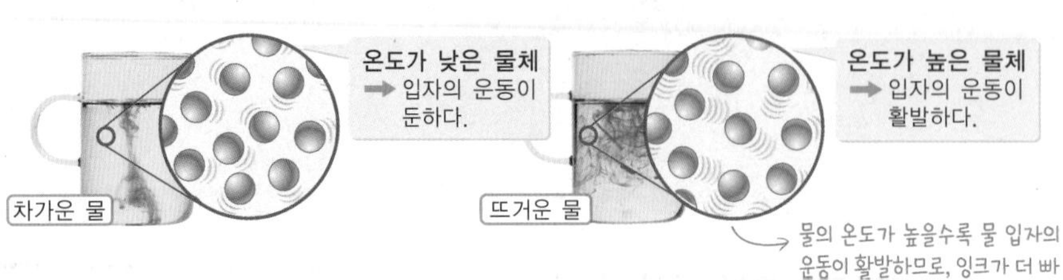

↳ 물의 온도가 높을수록 물 입자의 운동이 활발하므로, 잉크가 더 빠르게 퍼져~

❷ 열의 이동

1 열 : 온도가 서로 다른 두 물체를 접촉했을 때, 온도가 높은 물체에서 온도가 낮은 물체로 이동하는 에너지

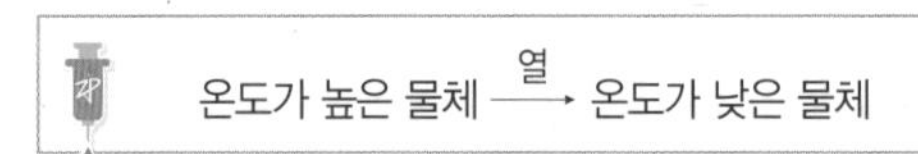

2 열량 : 이동한 열의 양으로, 열량의 단위는 cal(칼로리), kcal(킬로칼로리)를 사용한다.
↳ 1 cal는 물 1 g의 온도를 1 ℃ 높이는 데 필요한 열량이야~

3 열의 이동 방법

(1) **전도** : 주로 고체에서 물질을 이루고 있는 입자들이 충돌하면서 열이 이동하는 방법

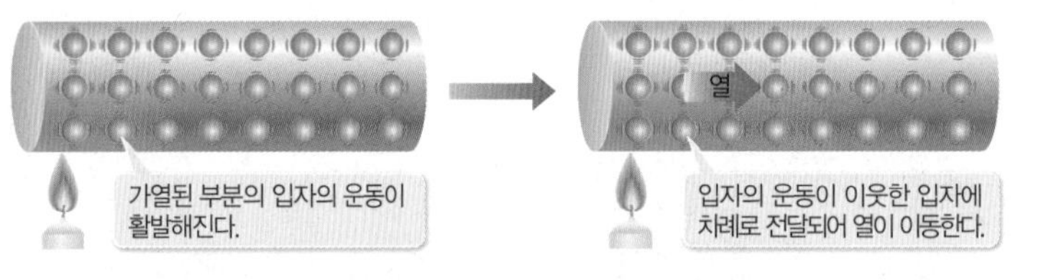

(2) **대류** : 주로 액체나 기체에서 물질을 이루는 입자가 직접 이동하면서 열이 이동하는 방법

(3) **복사** : 열이 다른 물질을 거치지 않고 직접 이동하는 방법
↳ 전도나 대류보다 열의 전달이 매우 빨라.

▲ 대류에 의한 열의 이동

▲ 복사에 의한 열의 이동

4 열의 이동의 예

전도	• 추운 날 나무 의자보다 금속 의자에 앉을 때 더 차갑게 느낀다. • 뜨거운 국에 담긴 금속 숟가락 전체가 뜨거워진다. • 전기장판 위에 있으면 열이 우리 몸으로 이동하여 따뜻해진다. 나무보다 금속에서 열이 잘 전도되어 우리 몸의 열이 빠르게 빠져나가기 때문이야!
대류	• 에어컨은 위쪽에, 난로는 아래쪽에 설치한다. • 주전자에 물을 넣고 아래쪽만 가열해도 물이 골고루 데워진다. • 지구에서는 해류와 대기의 순환 운동이 일어난다.
복사	• 태양의 열이 진공인 우주 공간을 지나 지구로 전달된다. • 그늘진 곳보다 햇빛이 드는 곳이 더 따뜻하다. • 난로 가까이에 있으면 따뜻함을 느낀다. • 적외선 카메라로 사진을 찍으면 물체의 온도 분포를 알 수 있다.

비타민

섭씨온도[단위 : ℃]
1기압에서 물의 어는점을 0 ℃, 끓는점을 100 ℃로 하고 그 사이를 100등분한 온도

섭씨온도와 절대 온도는 눈금 간격이 같아~

절대 온도[단위 : K]
물질을 이루는 입자의 운동이 활발한 정도를 수치로 나타낸 것으로, 과학에서는 −273 ℃를 0 K(켈빈)으로 정한 절대 온도를 사용한다.

여러 가지 온도계
온도를 측정하는 기구로, 알코올 온도계, 수은 온도계, 실내 온도계, 적외선 온도계 등이 있다.

열의 전도 정도
물질의 종류에 따라 열이 전도되는 정도가 다르다. 나무<플라스틱<유리<철<알루미늄<구리<은 순으로 전도가 잘 된다.

냄비에서 열의 전도 이용

냄비는 열이 잘 전도되는 금속으로 만들고, 손잡이는 열이 잘 전도되지 않는 플라스틱으로 만든다.

열의 이동 방법 비유

• 전도 : 이웃한 사람에게 공을 전달한다.

• 대류 : 공을 직접 들고 간다.

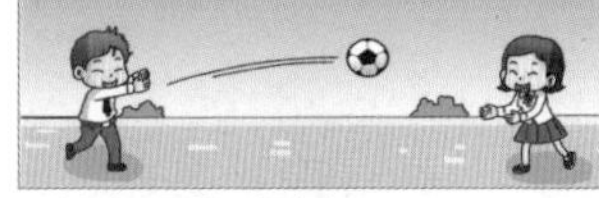
• 복사 : 공을 던진다.

필수 비타민

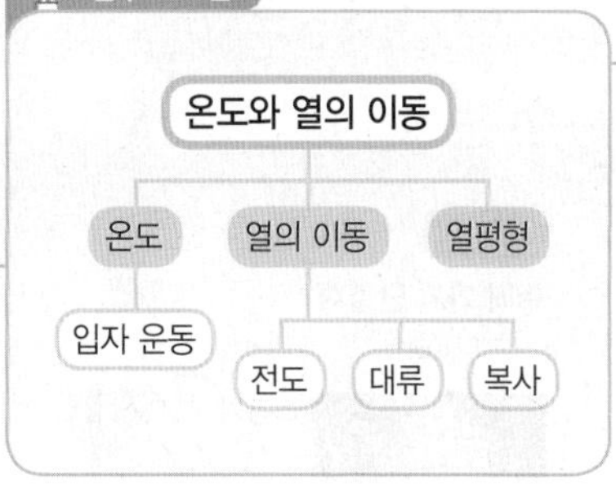

온도와 열의 이동
- 온도
  - 입자 운동
- 열의 이동
  - 전도
  - 대류
  - 복사
- 열평형

용어&개념 체크

❶ 온도와 입자의 운동

01 물체의 차갑고 뜨거운 정도를 숫자로 나타낸 값을 □□라고 한다.

02 온도가 □□수록 물체를 구성하는 입자의 운동이 활발하다.

❷ 열의 이동

03 온도가 다른 두 물체를 접촉했을 때, 열은 온도가 □은 물체에서 온도가 □은 물체로 이동한다.

04 고체에서 이웃한 입자들 사이의 충돌에 의해 열이 이동하는 방법은 □□이다.

05 □□는 액체나 기체에서 물질을 이루는 입자가 직접 이동하면서 열이 이동하는 방법이다.

06 다른 물질의 도움 없이 열이 직접 이동하는 방법은 □□이다.

01 그림은 물을 가열하는 동안 물 입자가 운동하는 모습을 나타낸 것이다.

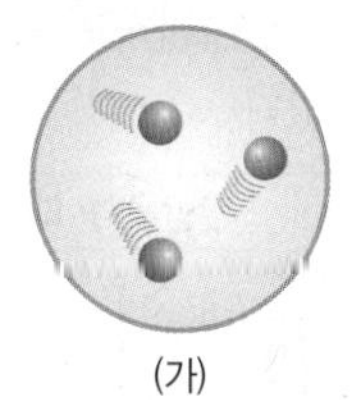
(가)

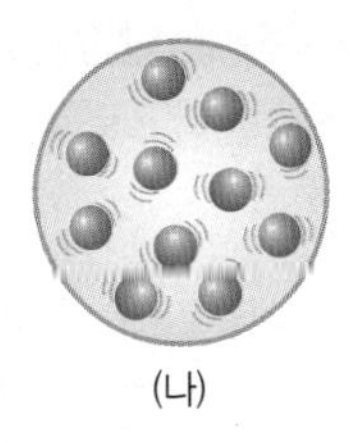
(나)

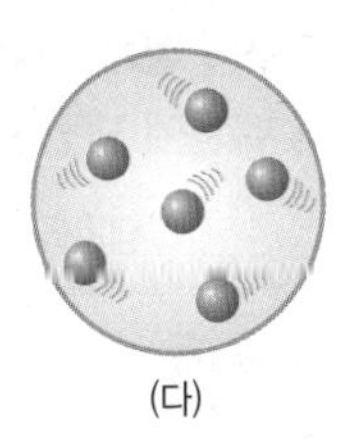
(다)

(1) (가)~(다) 중 입자의 운동이 가장 활발한 것을 쓰시오.

(2) (가)~(다) 중 물의 온도가 가장 낮은 것을 쓰시오.

(3) (가)~(다) 중 물의 온도가 가장 높은 것을 쓰시오.

02 온도와 열에 대한 설명으로 옳은 것을 보기에서 모두 고르시오.

보기
ㄱ. 온도가 낮을수록 물체를 구성하는 입자들의 운동이 활발하다.
ㄴ. 열은 온도가 높은 물체에서 낮은 물체로 이동하는 에너지이다.
ㄷ. 물체의 차갑고 뜨거운 정도는 손으로 만져보면 정확하게 알 수 있다.

03 열의 이동 방법에 대한 설명으로 옳은 것은 ○, 옳지 않은 것은 ×로 표시하시오.

(1) 전도는 접촉해 있는 물체 사이에서만 일어날 수 있다. ( )
(2) 고체에서 주로 일어나는 열의 이동 방법은 대류이다. ( )
(3) 복사는 입자가 직접 이동하면서 열을 전달하는 방법이다. ( )

04 다음은 냄비 속에 물을 넣고 가열할 때에 대한 설명을 나타낸 것이다. 빈칸에 알맞은 말을 쓰시오.

냄비의 아래쪽을 가열하면 (㉠)에 의해 냄비 표면에 열이 전달되며, 냄비 속 뜨거워진 물은 (㉡)로 올라가고 상대적으로 차가운 물은 (㉢)로 내려가면서 (㉣)에 의해 냄비 속의 물이 전체적으로 뜨거워지게 된다. 이때 냄비 가까이에 있는 숟가락은 (㉤)에 의해 온도가 높아진다.

05 다음 현상에서 주로 일어나는 열의 이동 방법을 쓰시오.

(1) 태양열이 지구로 전달된다. ( )
(2) 에어컨을 켜면 방 전체가 시원해진다. ( )
(3) 프라이팬을 가열하면 전체가 뜨거워진다. ( )
(4) 난로 앞에 있으면 난로를 향한 얼굴이 등보다 따뜻하다. ( )
(5) 추운 날 나무 의자보다 금속 의자에 앉을 때 더 차갑게 느껴진다. ( )

1 열

❸ 효율적인 냉난방

1 냉난방 기구의 설치 : 냉방기를 위쪽에, 난방기를 아래쪽에 설치하면 공기의 대류가 잘 일어나기 때문에 냉난방 기구를 효율적으로 사용할 수 있다.

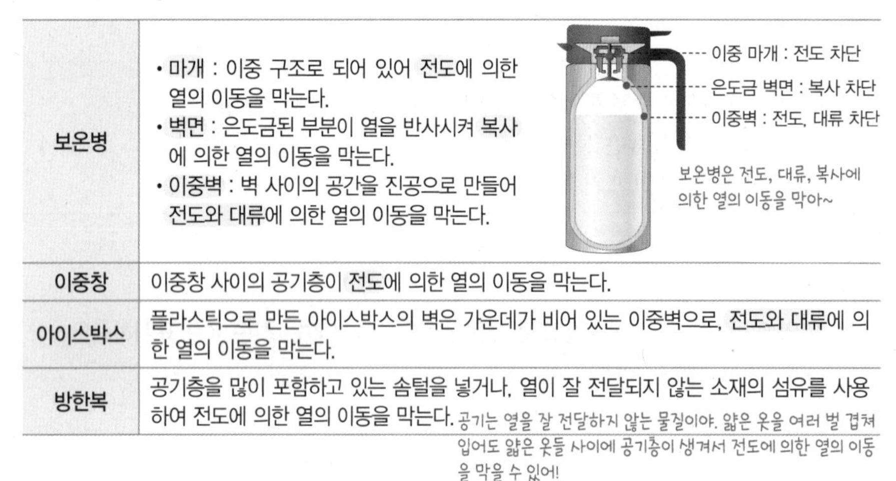

냉방을 할 때	난방을 할 때
냉방기에서 나오는 차가운 공기는 아래쪽으로 내려오고, 따뜻한 공기는 위쪽으로 올라가면서 방 전체가 시원해진다.	난방기에서 나오는 따뜻한 공기는 위쪽으로 올라가고, 차가운 공기는 아래쪽으로 내려오면서 방 전체가 따뜻해진다.

2 단열 : 물체와 물체 사이에 열의 이동을 막는 것 전도, 대류, 복사에 의한 열의 이동을 차단하여 물체의 온도 변화를 줄일 수 있어~

(1) **단열재** : 열의 이동을 차단할 목적으로 쓰는 재료 예 솜, 스타이로폼 등

(2) **단열의 이용**

구분	내용
보온병	• 마개 : 이중 구조로 되어 있어 전도에 의한 열의 이동을 막는다. • 벽면 : 은도금된 부분이 열을 반사시켜 복사에 의한 열의 이동을 막는다. • 이중벽 : 벽 사이의 공간을 진공으로 만들어 전도와 대류에 의한 열의 이동을 막는다. 이중 마개 : 전도 차단 / 은도금 벽면 : 복사 차단 / 이중벽 : 전도, 대류 차단 보온병은 전도, 대류, 복사에 의한 열의 이동을 막아~
이중창	이중창 사이의 공기층이 전도에 의한 열의 이동을 막는다.
아이스박스	플라스틱으로 만든 아이스박스의 벽은 가운데가 비어 있는 이중벽으로, 전도와 대류에 의한 열의 이동을 막는다.
방한복	공기층을 많이 포함하고 있는 솜털을 넣거나, 열이 잘 전달되지 않는 소재의 섬유를 사용하여 전도에 의한 열의 이동을 막는다.

공기는 열을 잘 전달하지 않는 물질이야. 얇은 옷을 여러 벌 겹쳐 입어도 얇은 옷들 사이에 공기층이 생겨서 전도에 의한 열의 이동을 막을 수 있어!

❹ 열평형

1 열평형 상태 : 온도가 서로 다른 두 물체를 접촉했을 때, 온도가 높은 물체에서 온도가 낮은 물체로 열이 이동하여 두 물체의 온도가 같아진 상태

(1) **온도가 다른 두 물체를 접촉한 경우**

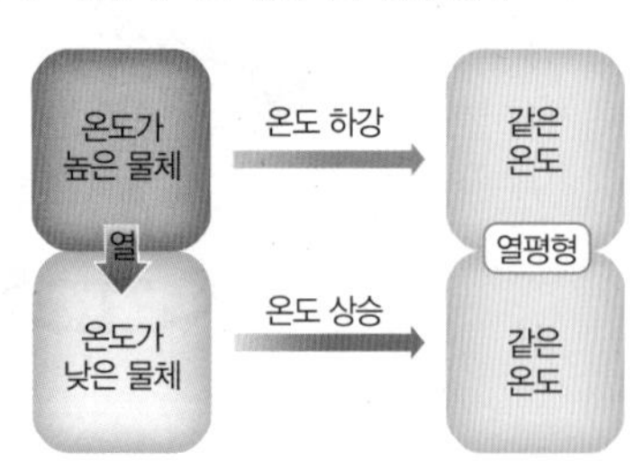

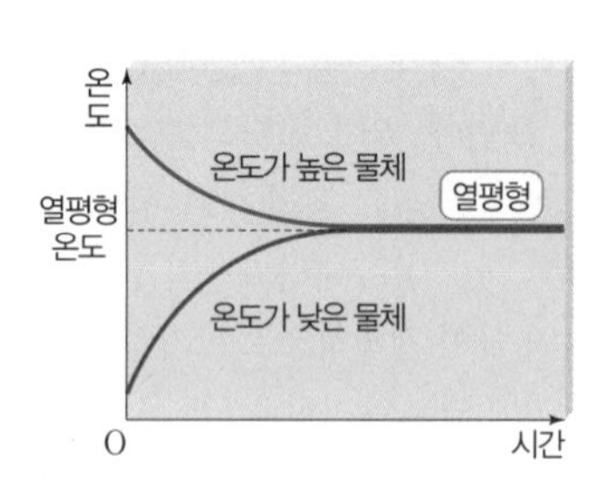

(2) 온도가 다른 두 물체 사이에서 열이 이동할 때 외부와의 열 출입을 무시하면, 온도가 높은 물체가 잃은 열량과 온도가 낮은 물체가 얻은 열량은 같다.

고온의 물체가 잃은 열의 양＝저온의 물체가 얻은 열의 양

열량 보존 법칙!

2 열평형 상태의 이용

(1) 음식을 냉장고에 넣어 차갑게 보관한다.

(2) 체온계를 사람의 몸에 접촉하여 체온을 측정한다.

(3) 생선을 차가운 얼음 위에 두어 신선한 상태를 유지한다.

비타민

여러 가지 단열재

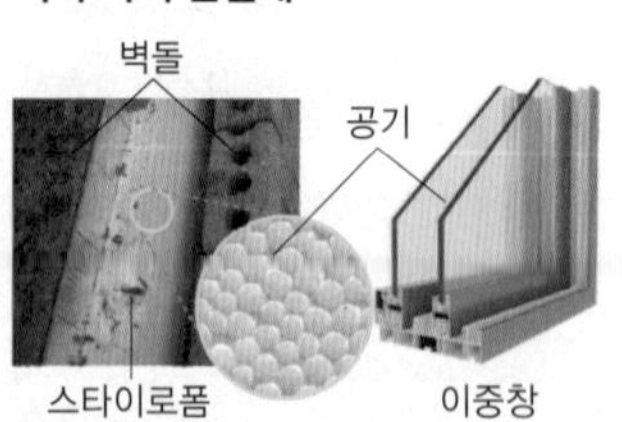

• 솜, 스타이로폼 : 내부에 공기를 많이 포함하고 있어 전도에 의한 열의 이동을 막는다.
• 진공 상태 : 전도와 대류에 의한 열의 이동을 막는다.
• 얇은 금속판 : 열을 반사시켜 복사에 의한 열의 이동을 막는다.

패시브 하우스

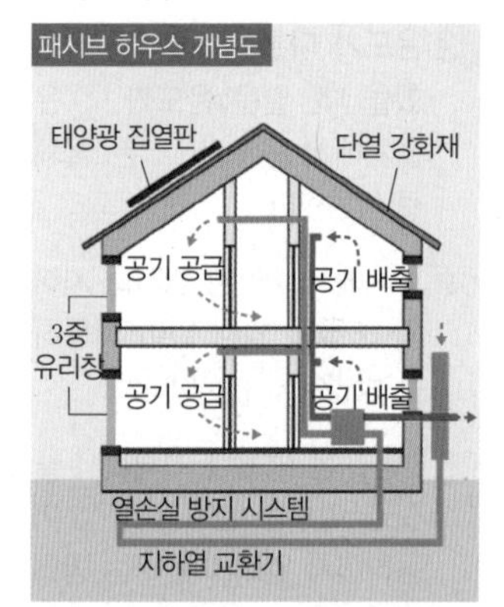

효율적인 단열로 에너지 낭비를 최소화한 주택을 패시브 하우스라고 하며, 여기에는 단열 효과가 높은 단열재와 3중 유리창을 사용하고 외부 차양으로 햇빛의 양을 조절하며 옥상 녹화를 하기도 한다.

열평형과 입자 운동

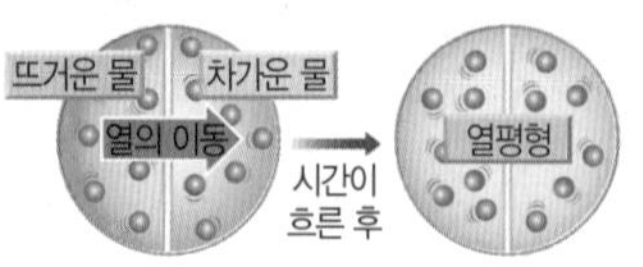

온도가 높은 물체는 열을 잃어 입자의 운동이 처음보다 둔해지고, 온도가 낮은 물체는 열을 얻어 입자의 운동이 처음보다 활발해진다. 시간이 흐른 후, 두 물체는 입자의 운동 정도가 같아진 열평형 상태에 도달한다.

구분	고온 물체	저온 물체
열	잃음	얻음
입자 운동	둔해짐	활발해짐
온도	낮아짐	높아짐

용어 & 개념 체크

❸ 효율적인 냉난방

07 냉방기에서 나오는 차가운 공기는 아래로 이동하므로 냉방기는 방의 □□에 설치해야 한다.

08 물체와 물체 사이에 열의 이동을 막는 것을 □□이라고 한다.

09 보온병의 벽면은 은도금이 되어 있어 □□에 의한 열의 이동을 막는다.

❹ 열평형

10 온도가 다른 두 물체가 접촉해 있을 때 두 물체의 온도가 같아져 더 이상 온도가 변하지 않는 상태를 □□□이라고 한다.

11 온도가 다른 두 물체를 접촉하면 온도가 □은 물체에서 온도가 □은 물체로 열이 이동한다.

12 온도가 다른 두 물체 사이에서 열이 이동할 때 온도가 높은 물체가 잃은 열량과 온도가 낮은 물체가 얻은 열량은 □다.

06 그림은 냉난방 기구를 설치하려고 하는 방 안의 모습을 나타낸 것이다.

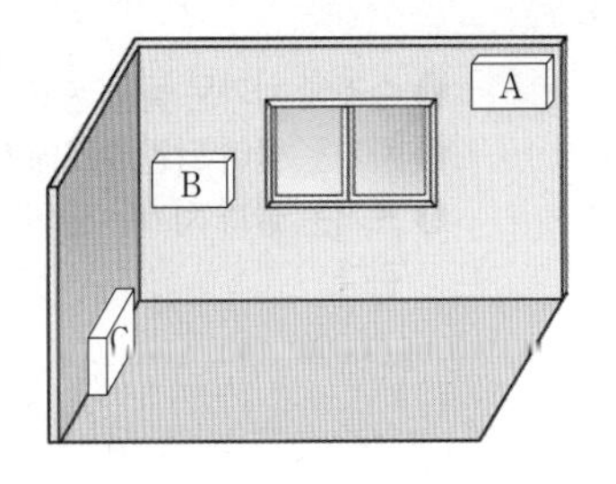

(1) A ~ C 중 냉방을 효율적으로 하기 위해 냉방기를 설치하기 적합한 곳을 쓰시오.

(2) 냉방기를 적합한 곳에 설치한 후 방 안에서 냉방을 할 때, 공기의 대류 과정을 설명하시오.

(3) A ~ C 중 난방을 효율적으로 하기 위해 난방기를 설치하기 적합한 곳을 쓰시오.

(4) 난방기를 적합한 곳에 설치한 후 방 안에서 난방을 할 때, 공기의 대류 과정을 설명하시오.

07 다음은 보온병의 구조에 대한 설명을 나타낸 것이다. 빈칸에 알맞은 말을 쓰시오.

> 보온병의 마개는 이중 구조로 되어 있어 (㉠   )에 의한 열의 이동을 막는다. 은도금된 벽면은 (㉡   )에 의한 열의 이동을 막으며, 이중벽 사이의 진공 공간은 전도와 (㉢   )에 의한 열의 이동을 막는다.

08 생활 속에서 단열을 이용한 예와 열평형을 이용한 예로 옳은 것을 보기 에서 <u>모두</u> 고르시오.

> **보기**
> ㄱ. 건물에 이중창을 설치한다.
> ㄴ. 체온계를 이용하여 체온을 측정한다.
> ㄷ. 냉장고에 음식을 넣어 두면 냉장고 속 음식의 온도가 차가워진다.
> ㄹ. 겨울에는 얇은 옷을 여러 겹 입는 것이 두꺼운 옷을 한 벌 입는 것보다 따뜻하다.

(1) 단열을 이용한 예 : (   )

(2) 열평형을 이용한 예 : (   )

09 그림은 온도가 서로 다른 두 물체 A와 B를 접촉했을 때 열평형에 도달하는 과정을 온도와 시간의 관계로 나타낸 것이다. 이에 대한 설명으로 옳은 것은 ○, <u>옳지 않은</u> 것은 ×로 표시하시오. (단, 외부와의 열 출입은 무시한다.)

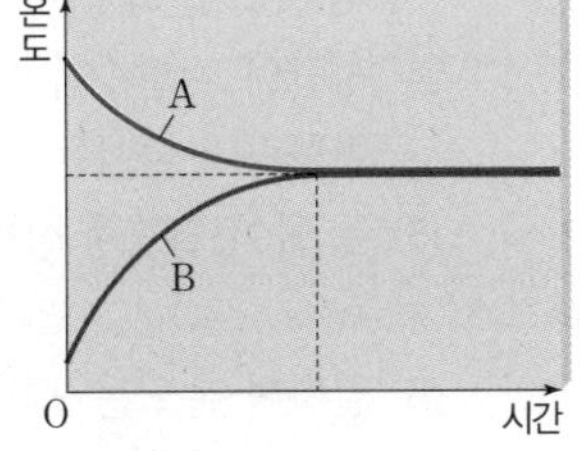

(1) 열은 A에서 B로 이동한다. ………………… (   )

(2) A의 온도는 점점 낮아지고, B의 온도는 점점 높아진다. ………………… (   )

(3) A 입자의 운동은 활발해지고, B 입자의 운동은 둔해진다. ………………… (   )

(4) A가 얻은 열량과 B가 잃은 열량은 같다. ………………… (   )

MUST 해부!

탐구 온도가 서로 다른 두 물을 접촉할 때의 온도 변화

과정 ❶ 수조에 차가운 물을 넣고 비커에 뜨거운 물을 넣은 후, 물의 온도를 각각 측정한다.
❷ 차가운 물이 담긴 수조에 뜨거운 물이 담긴 비커를 넣는다.
❸ 뜨거운 물과 차가운 물의 온도를 각각 2분마다 측정하여 표에 기록한 후, 시간에 따른 온도 그래프를 그린다.

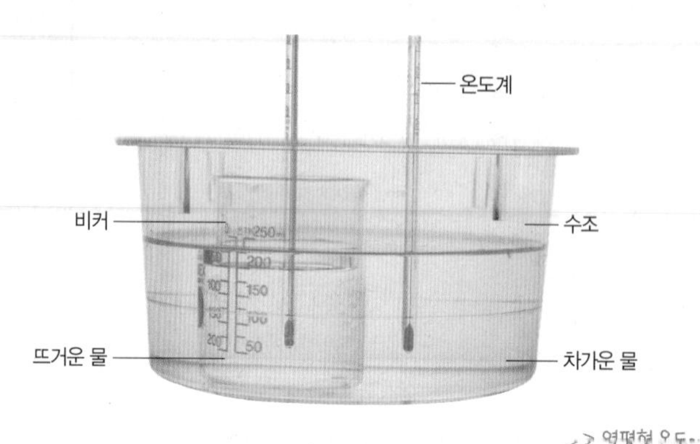

탐구 시 유의점
- 온도계가 비커나 수조 바닥에 닿지 않도록 설치한다.
- 뜨거운 물에 화상을 입지 않도록 조심한다.
- 뜨거운 물이 들어 있는 비커를 차가운 물이 들어 있는 수조 중간에 놓는다.

결과

시간(분)	0	2	4	6	8	10
뜨거운 물의 온도(℃)	70	46	34	30	30	30
차가운 물의 온도(℃)	10	22	28	30	30	30

(뜨거운 물: −24, −12, −4, 일정, 일정 / 차가운 물: +12, +6, +2, 일정, 일정 / 6분: 열평형 온도~)

열이 뜨거운 물에서 차가운 물로 이동!

- 뜨거운 물의 온도는 낮아지고, 차가운 물의 온도는 높아진다.
- 6분 이후에 온도가 변하지 않는 열평형 상태가 되었다.
- 시간이 흐를수록 온도 변화량이 줄어든다.

뜨거운 물의 양이 많으면 뜨거운 물의 온도와 가까운 온도에서 열평형이 일어나고, 차가운 물의 양이 많으면 차가운 물의 온도와 가까운 온도에서 열평형이 일어나~

차가운 물과 뜨거운 물의 온도 차가 작아졌으므로!

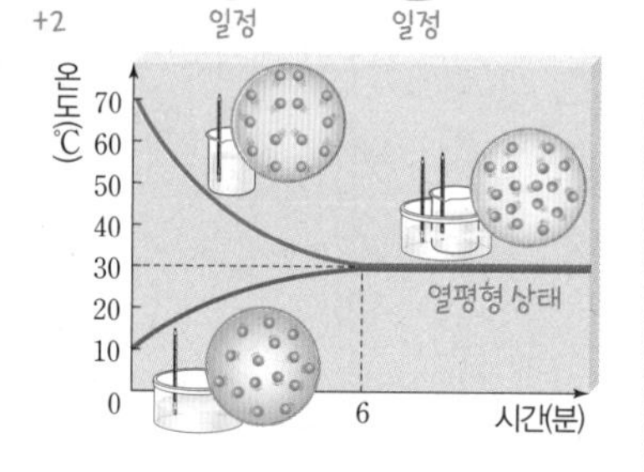

정리
- 열은 온도가 높은 물체에서 온도가 낮은 물체로 이동한다.
- 온도가 다른 두 물체를 접촉한 후 시간이 지나면 두 물체의 온도가 같은 열평형 상태에 도달한다.

탐구 알약

정답과 해설 48쪽

01 위 실험에 대한 설명으로 옳은 것은 ○, 옳지 않은 것은 ×로 표시하시오.

(1) 열은 뜨거운 물에서 차가운 물로 이동한다. ( )
(2) 뜨거운 물과 차가운 물의 입자 운동은 모두 둔해진다. ( )
(3) 열평형에 도달하는 동안 뜨거운 물과 차가운 물의 온도 변화량은 같다. ( )
(4) 시간이 지날수록 뜨거운 물과 차가운 물의 온도 변화량이 줄어든다. ( )
(5) 두 물이 열평형 상태에 도달한 시간은 6분이다. ( )
(6) 열평형 온도는 뜨거운 물과 차가운 물의 처음 온도의 평균이다. ( )

서술형

02 그림은 위 실험을 입자의 운동으로 나타낸 것이다.

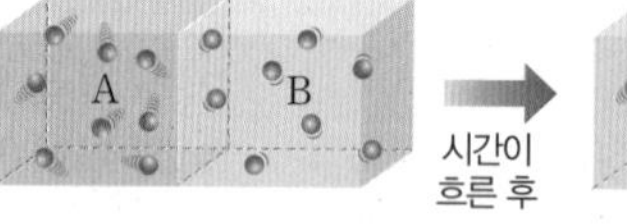

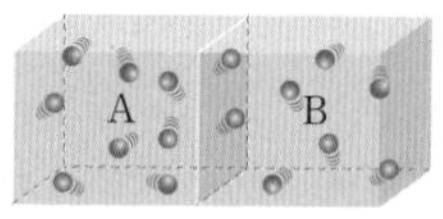

(1) A와 B를 접촉했을 때 A와 B 중 차가운 물의 입자 운동을 나타내는 것을 고르고, 그렇게 생각한 까닭을 서술하시오.

(2) A와 B 사이에서 열이 이동하는 방향을 온도와 관련지어 서술하시오.

열의 이동을 알아보는 여러 가지 실험

우리가 춥거나 덥다고 느끼는 것은 몸의 열을 빼앗기거나 주변에서 열을 얻었기 때문이야. 이렇게 열은 온도가 서로 다른 물체 사이에서 이동하지~ 열의 이동 방법에는 전도, 대류, 복사가 있었지? 그럼 여러 가지 실험 과정을 통해 물체에서 열이 어떻게 이동하는지 알아보자!

01 고체에서 열의 이동 – 전도

과정

그림과 같이 알루미늄 막대, 구리 막대, 유리 막대에 촛농으로 성냥개비를 각각 같은 간격으로 붙인 후, 세 막대의 한쪽 끝을 동시에 가열한다.

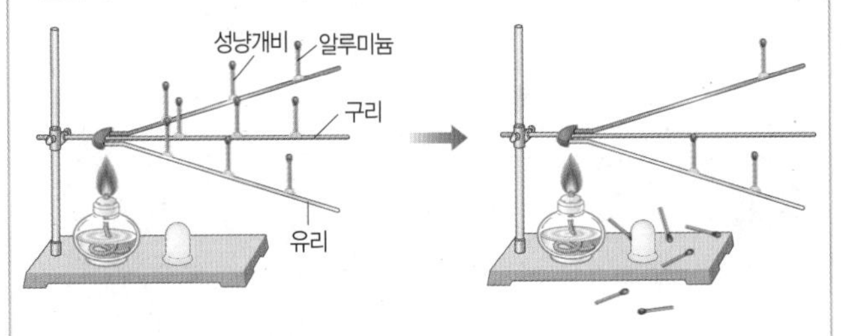

결과

- 가열된 막대의 끝과 가까운 성냥개비부터 순서대로 떨어진다.
- 구리 막대에 붙인 성냥개비가 가장 빠르게 떨어지고, 유리 막대에 붙인 성냥개비가 가장 느리게 떨어진다.

과정

그림과 같이 알루미늄 막대, 구리 막대, 유리 막대에 시온 스티커를 같은 크기로 얇게 잘라 알코올램프로부터 동일한 거리에 있도록 붙인 후, 세 막대의 한쪽 끝을 동시에 가열한다.

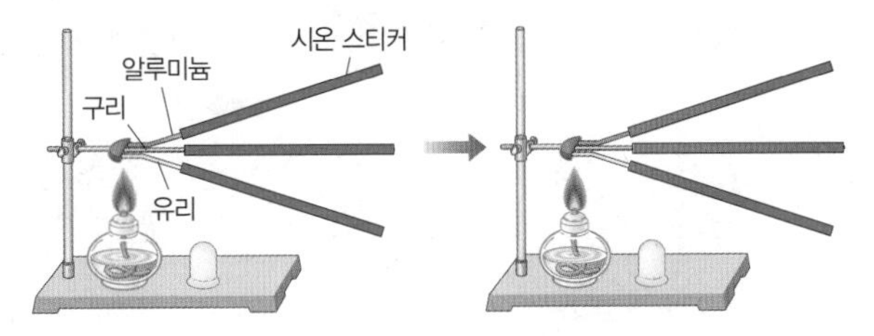

결과

- 가열한 부분과 가까운 쪽부터 시온 스티커의 색깔이 변한다.
- 구리 막대에 붙인 시온 스티커의 색깔이 가장 빠르게 변하고, 유리 막대에 붙인 시온 스티커의 색깔이 가장 느리게 변한다.

정리

- 열은 고체를 이루는 입자의 운동으로 전달되며 물체를 따라 이동한다.
- 물질마다 열이 전도되는 정도가 다르며, 구리 > 알루미늄 > 유리 순으로 열이 잘 전도된다.

02 액체에서 열의 이동 – 대류

과정

그림과 같이 물을 가득 채운 사각 유리관의 입구에 잉크를 떨어뜨린 후, 사각 유리관의 왼쪽 아래 부분을 가열한다.

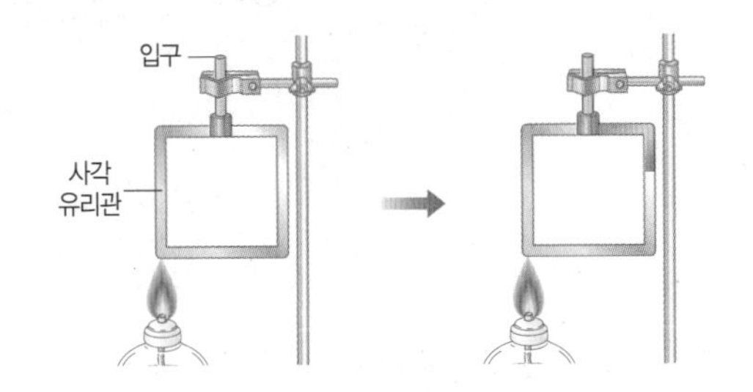

결과

- 사각 유리관의 입구에 떨어뜨린 잉크가 오른쪽 아래로 내려가면서 시계 방향으로 순환한다.

과정

그림과 같이 빨간색 물감을 탄 뜨거운 물이 가득 든 삼각 플라스크 위에 파란색 물감을 탄 차가운 물이 가득 든 삼각 플라스크를 투명 필름으로 막아 거꾸로 세워 올린 후, 투명 필름을 빼낸다.

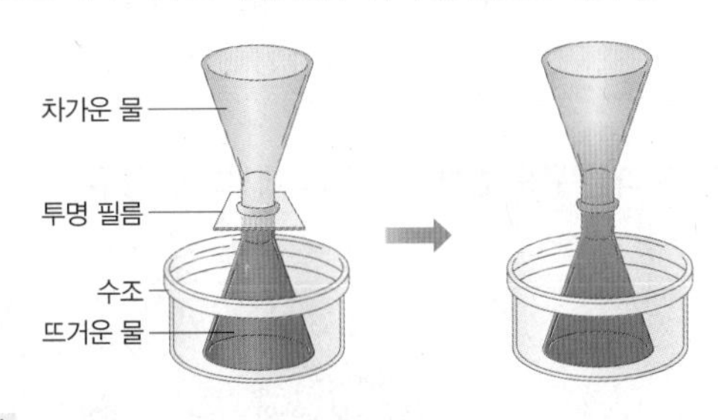

결과

- 투명 필름을 빼면 아래에 있던 빨간색 물감을 탄 뜨거운 물은 위로 올라가고, 위에 있던 파란색 물감을 탄 차가운 물은 아래로 내려간다.
- 시간이 지나면 물 전체가 보라색이 된다.

정리

- 뜨거운 물의 입자는 위로 올라가고, 차가운 물의 입자는 아래로 내려간다.
- 액체에서는 입자가 직접 이동하여 열을 전달하는 대류에 의해 열이 이동한다.

열의 이동과 열평형

온도가 서로 다른 두 물체를 접촉했을 때 온도가 높은 물체에서 온도가 낮은 물체로 이동하는 에너지를 열이라고 하지? 열은 두 물체의 온도가 같아질 때까지 이동하는데~ 온도가 같아진 상태, 다르게 표현하면 물체를 구성하는 입자의 운동이 같아진 상태를 열평형 상태라고 해~! 그럼 열의 이동에서 열평형 상태까지의 과정을 정복해 보자!

01 입자의 운동을 나타내는 그림이 나오는 경우

온도는 물체를 구성하는 입자의 운동이 활발한 정도를 나타내. 따라서 입자의 운동으로 두 물체의 온도를 비교하고 열의 이동 방향을 파악할 수 있어야 해!

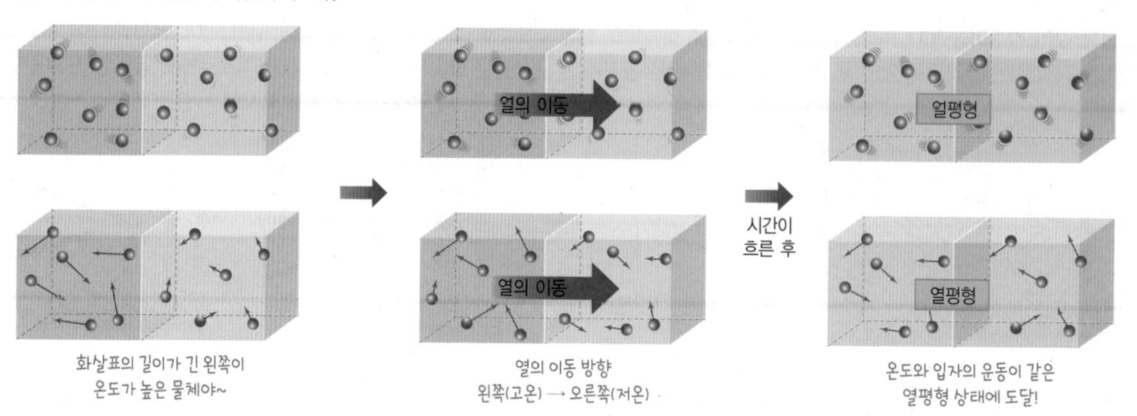

02 온도 변화를 기록한 표가 제시되는 경우

물의 온도 변화를 기록한 표가 제시되는 경우에는 열평형 상태에 도달하기까지 물의 온도 변화와 온도가 같아진 시간, 열평형 온도를 알 수 있어야 해~!

6분~8분 사이에 열평형 상태에 도달했어.

시간(분)	0	2	4	6	8	10
뜨거운 물의 온도(℃)	70	54	42	34	30	30
차가운 물의 온도(℃)	20	24	27	29	30	30

뜨거운 물의 온도 변화: −16, −12, −8, −4, 일정

차가운 물의 온도 변화: +4, +3, +2, +1, 일정

열평형 온도

시간이 지남에 따라 온도의 변화량이 작아지는 것으로 열의 이동량도 작아짐을 알 수 있어.

03 시간에 따른 온도 변화 그래프가 제시되는 경우

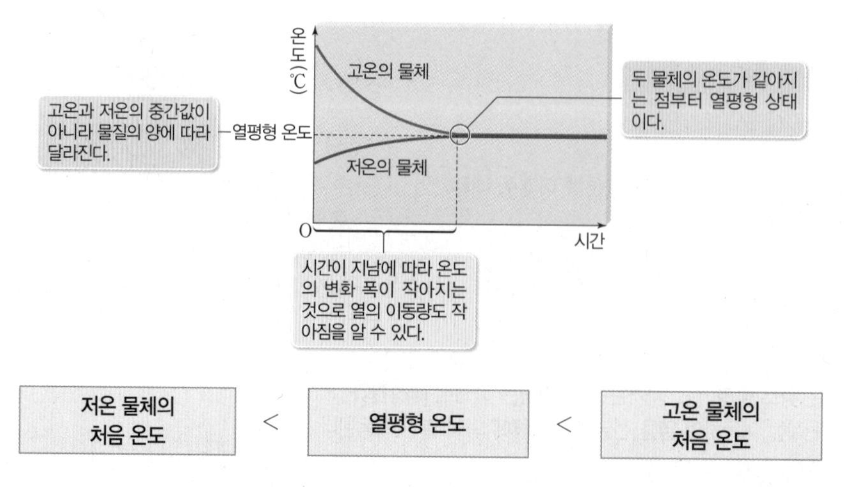

유형 클리닉

유형 1 전도에 의한 열의 이동

그림과 같이 구리 막대에 촛농으로 성냥개비를 붙이고 한쪽 끝을 알코올램프로 가열하였다.

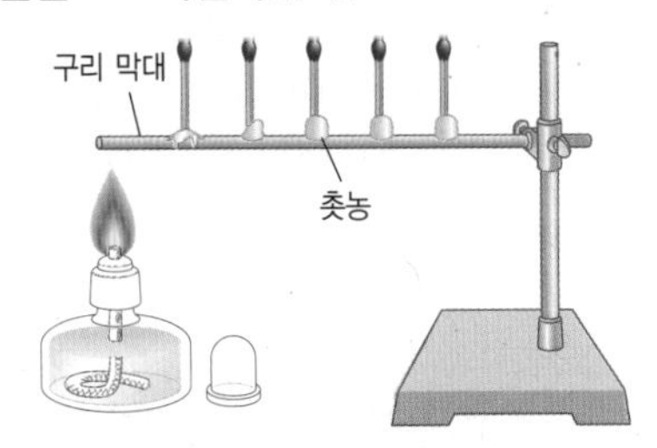

이 실험에 대한 설명으로 옳은 것은?

① 알코올램프의 불꽃과 가까운 성냥개비부터 떨어진다.
② 물질마다 열이 전도되는 정도가 다르다는 것을 알 수 있다.
③ 구리 막대를 이루는 입자가 직접 이동하여 열을 전달한다.
④ 구리 막대와 불꽃을 더 가깝게 하면 성냥개비가 동시에 떨어진다.
⑤ 알루미늄 막대로 같은 실험을 진행해도 성냥개비가 모두 떨어지는 데 걸리는 시간은 같다.

고체에서 열의 이동에 대한 문제가 출제돼 ~ 전도와 물질의 종류에 따라 열이 전도되는 정도가 다르다는 것을 꼭 알아두자!

① 알코올램프의 불꽃과 가까운 성냥개비부터 떨어진다.
→ 열은 온도가 높은 곳에서 낮은 곳으로 이동하므로 알코올램프의 불꽃과 가까운 성냥개비부터 먼저 떨어져~

~~②~~ 물질마다 열이 전도되는 정도가 다르다는 것을 알 수 있다.
→ 구리 막대만 사용했으니까 이 실험에서는 알 수 없는 내용이야!

~~③~~ 구리 막대를 이루는 입자가 직접 이동하여 열을 전달한다.
→ 구리 막대는 고체이므로 입자가 직접 이동하지 않고 이웃한 입자들 사이의 충돌에 의해 열을 전달해~

~~④~~ 구리 막대와 불꽃을 더 가깝게 하면 성냥개비가 동시에 떨어진다.
→ 불꽃이 금속 막대와 더 가까우면 열이 더 빨리 전달되기 때문에 성냥개비는 더 빨리 떨어지게 되지. 그러나 성냥개비가 동시에 떨어지지 않고 불꽃과 가까이에 있는 성냥개비부터 떨어져~

~~⑤~~ 알루미늄 막대로 같은 실험을 진행해도 성냥개비가 모두 떨어지는 데 걸리는 시간은 같다.
→ 알루미늄은 구리보다 열이 잘 전도되지 않으므로 성냥개비가 모두 떨어지는 데 걸리는 시간은 더 길어지게 돼!

답 : ①

이웃한 입자의 충돌! ⇨ 전도

유형 2 열평형

그림은 온도가 서로 다른 물체 A와 B를 접촉했을 때, A와 B의 시간에 따른 온도 변화를 나타낸 것이다.

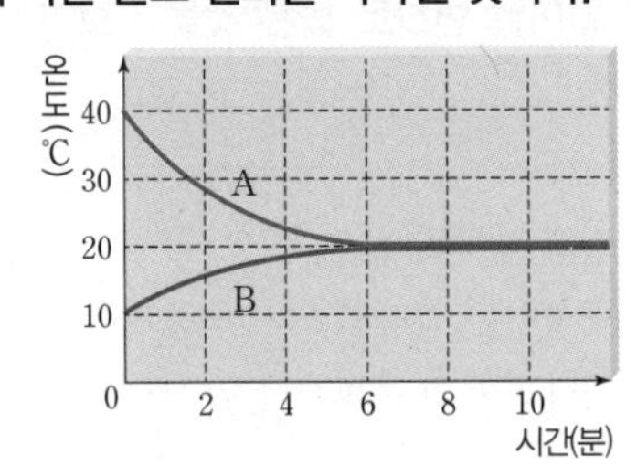

이에 대한 설명으로 옳지 않은 것은? (단, 외부와의 열 출입은 무시한다.)

① 열은 A에서 B로 이동한다.
② A가 잃은 열량과 B가 얻은 열량은 같다.
③ 열평형 상태에 도달하는 데 걸리는 시간은 6분이다.
④ A의 입자 운동은 둔해지고, B의 입자 운동은 활발해진다.
⑤ 열평형 온도는 A와 B를 접촉하기 전 A와 B의 온도의 중간값이다.

시간에 따른 온도 변화 그래프를 보고 열평형에 대해서 물어보는 문제가 자주 출제돼!

① 열은 A에서 B로 이동한다.
→ 열은 온도가 높은 물체에서 온도가 낮은 물체로 이동하므로 A에서 B로 이동해~

② A가 잃은 열량과 B가 얻은 열량은 같다.
→ 온도가 높은 물체가 잃은 열량과 온도가 낮은 물체가 얻은 열량이 같으므로 A가 잃은 열량과 B가 얻은 열량이 같겠지!

③ 열평형 상태에 도달하는 데 걸리는 시간은 6분이다.
→ 6분일 때 A와 B의 온도가 같아졌으니까 열평형 상태에 도달하는 데 걸리는 시간은 6분이야!

④ A의 입자 운동은 둔해지고, B의 입자 운동은 활발해진다.
→ A와 B를 접촉하면서 A의 온도는 낮아지고 B의 온도는 높아지기 때문에 A의 입자 운동은 둔해지고, B의 입자 운동은 활발해져!

~~⑤~~ 열평형 온도는 A와 B를 접촉하기 전 A와 B의 온도의 중간값이다.
→ 접촉하기 전 A의 온도는 40 ℃이고 B의 온도는 10 ℃이지? 따라서 평균, 즉 중간값은 25 ℃인데, 열평형 온도는 20 ℃이므로 옳지 않은 설명이야!

답 : ⑤

두 개의 선 합체! ⇨ 열평형 상태에 도달

❶ 온도와 입자의 운동

01 온도에 대한 설명으로 옳지 않은 것은?

① 뜨거운 물에서는 입자의 운동이 활발하다.
② 온도가 낮은 물체는 입자의 운동이 둔하다.
③ 온도의 단위는 ℃(섭씨도), K(켈빈)을 사용한다.
④ 온도는 사람의 감각으로 정확하게 측정할 수 있다.
⑤ 물체의 차갑고 뜨거운 정도를 숫자로 나타낸 것이다.

[02~03] 그림 (가)~(다)는 물을 가열하는 동안 물 입자의 운동 상태 변화를 순서에 관계없이 나타낸 것이다.

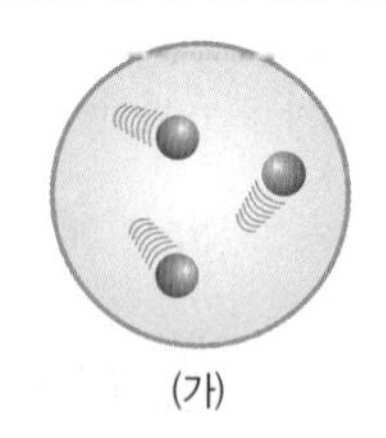
(가)
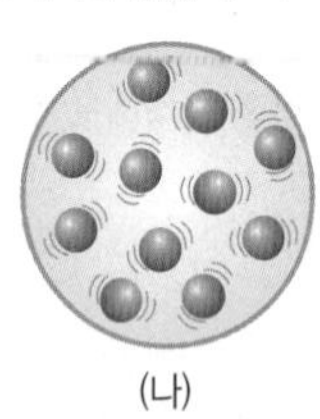
(나)
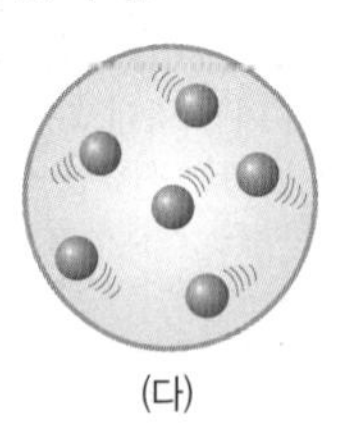
(다)

02 물의 온도를 비교한 것으로 옳은 것은?

① (가)>(나)>(다)
② (가)>(다)>(나)
③ (나)>(가)>(다)
④ (다)>(가)>(나)
⑤ (다)>(나)>(가)

03 중요 물의 온도를 비교한 근거로 옳은 것은?

① 온도와 입자의 운동은 관련이 없다.
② 온도가 높을수록 입자의 크기가 크다.
③ 온도가 낮을수록 입자의 크기가 크다.
④ 온도가 높을수록 입자의 운동이 활발하다.
⑤ 온도가 낮을수록 입자의 운동이 활발하다.

❷ 열의 이동

04 열에 대한 설명으로 옳은 것을 보기에서 모두 고른 것은?

보기
ㄱ. 열을 얻은 물체는 온도가 높아진다.
ㄴ. 열을 잃은 물체는 입자의 운동이 둔해진다.
ㄷ. 열은 두 물체 사이의 온도 차에 의해 이동하는 에너지이다.

① ㄱ ② ㄴ ③ ㄱ, ㄷ
④ ㄴ, ㄷ ⑤ ㄱ, ㄴ, ㄷ

05 그림은 고체 막대에서 열이 전달되는 모습을 나타낸 것이다. 이에 대한 설명으로 옳은 것을 보기에서 모두 고른 것은?

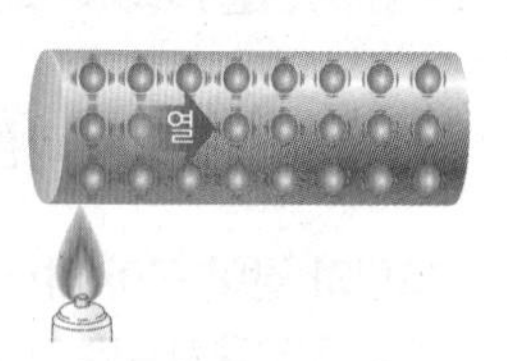

보기
ㄱ. 전도에 의해 열이 이동한다.
ㄴ. 입자가 직접 이동하면서 열이 이동한다.
ㄷ. 뜨거운 국에 담긴 금속 숟가락 전체가 뜨거워지는 것과 같은 열의 이동 방법이다.

① ㄱ ② ㄴ ③ ㄱ, ㄷ
④ ㄴ, ㄷ ⑤ ㄱ, ㄴ, ㄷ

[06~07] 그림과 같이 고온의 물체 A와 저온의 물체 B를 접촉했다.

06 중요 열의 이동 방향과 두 물체의 입자 운동의 변화를 옳게 짝지은 것은? (단, 외부와의 열 출입은 무시한다.)

	열의 이동	A의 입자 운동	B의 입자 운동
①	A → B	둔해진다.	둔해진다.
②	A → B	둔해진다.	활발해진다.
③	A → B	활발해진다.	둔해진다.
④	B → A	둔해진다.	활발해진다.
⑤	B → A	활발해진다.	둔해진다.

07 A에서 일어날 변화로 옳은 것을 보기에서 모두 고른 것은?

보기
ㄱ. 온도가 점점 낮아진다.
ㄴ. 물체를 구성하는 입자의 크기가 증가한다.
ㄷ. 시간이 지나면 B의 온도보다 더 낮아진다.

① ㄱ ② ㄴ ③ ㄷ
④ ㄱ, ㄷ ⑤ ㄴ, ㄷ

08 풍식이는 난로 앞에 서 있었을 때 따뜻함을 느꼈다. 이와 같은 방법으로 열이 전달되는 예를 모두 고르면?

① 적외선 카메라로 사진을 찍는다.
② 에어컨을 켜면 방 전체가 시원해진다.
③ 차가운 물에 손을 담그면 차갑게 느껴진다.
④ 물이 끓고 있는 주전자의 손잡이를 만지면 뜨겁다.
⑤ 양지에 있는 눈이 음지에 있는 눈보다 빨리 녹는다.

09 중요 그림에서 A~C는 열의 이동 방법을 나타낸 것이다. A~C와 관계가 있는 현상으로 옳지 않은 것은?

① A – 온돌방의 바닥을 반시면 따뜻하다.
② A – 겨울철 금속 손잡이를 잡으면 차갑게 느껴진다.
③ B – 태양열에 의해 지구 대기의 순환 운동이 일어난다.
④ C – 에어컨을 켜면 방 안 전체가 시원해진다.
⑤ C – 태양열이 우주 공간을 지나 지구에 도달한다.

❸ 효율적인 냉난방

10 다음은 효율적인 열의 이용에 대한 설명을 나타낸 것이다.

> (A)은 물체 사이에 열의 이동을 막는 것으로, 열의 이동을 차단할 목적으로 쓰는 재료를 (B)라고 한다. 특히 스타이로폼이나 솜 등은 물질 내부에 공기가 들어 있는데, 공기는 열의 (C)가 잘 일어나지 않는 물질이므로 (A)에 효과적이다.

A~C에 해당하는 것을 옳게 짝지은 것은?

	A	B	C
①	단열	단열재	대류
②	단열	단열재	전도
③	열평형	단열재	대류
④	열평형	입자	대류
⑤	열팽창	입자	복사

11 단열에 대한 설명으로 옳지 않은 것은?

① 단열은 열이 이동하지 못하게 막는 것이다.
② 물질 내부에 공기를 많이 포함할수록 효율적인 단열재이다.
③ 단열이 잘 되는 건물은 내부와 외부가 열평형 상태가 되기 쉽다.
④ 단열을 할 때는 전도, 대류, 복사에 의한 열을 모두 막아야 효율적이다.
⑤ 건물의 벽과 창문을 이중으로 만드는 것은 전도에 의한 열의 이동을 막는 것이다.

❹ 열평형

[12~13] 그림은 온도가 서로 다른 두 물체 ㉠과 ㉡을 접촉했을 때 시간에 따른 온도 변화를 나타낸 것이다. (단, 외부와의 열 출입은 무시한다.)

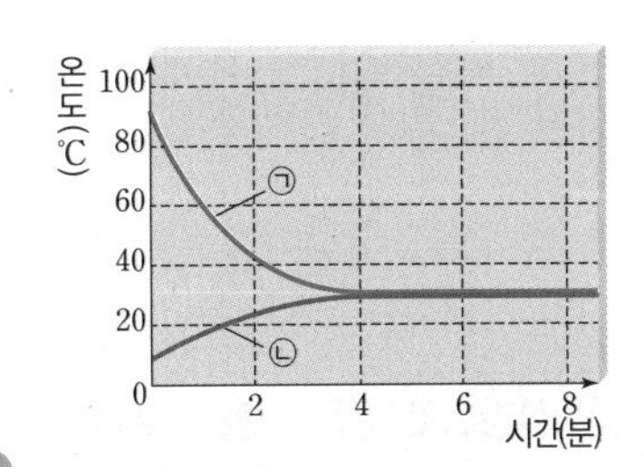

12 중요 이에 대한 설명으로 옳지 않은 것은?

① ㉠ 입자의 운동은 점점 느려진다.
② ㉠은 고온, ㉡은 저온의 물체이다.
③ 열은 ㉠에서 ㉡으로 이동한다.
④ 열평형 온도는 ㉠과 ㉡의 처음 온도의 평균이다.
⑤ 시간이 지날수록 ㉠과 ㉡ 사이에 이동하는 열의 양은 점점 감소한다.

13 ㉠과 ㉡이 열평형 상태에 도달한 시간은 몇 분인가?

① 약 1분 ② 약 2분 ③ 약 4분
④ 약 6분 ⑤ 약 8분

14 표는 뜨거운 물이 든 비커를 차가운 물이 든 수조에 넣은 후, 각각의 온도를 측정한 결과를 나타낸 것이다.

시간(분)	0	2	4	6	8	10
뜨거운 물의 온도(℃)	70	54	42	34	30	30
차가운 물의 온도(℃)	20	24	27	29	30	30

이에 대한 설명으로 옳은 것을 보기에서 모두 고른 것은? (단, 외부와의 열 출입은 무시한다.)

> **보기**
> ㄱ. 열평형 온도는 30 ℃이다.
> ㄴ. 열평형 상태에 도달하는 데 10분이 걸린다.
> ㄷ. 열은 뜨거운 물에서 차가운 물로 이동한다.
> ㄹ. 뜨거운 물이 얻은 열량과 차가운 물이 잃은 열량은 서로 같다.

① ㄱ, ㄷ ② ㄱ, ㄹ ③ ㄴ, ㄷ
④ ㄴ, ㄹ ⑤ ㄷ, ㄹ

[15~16] 그림과 같이 80 ℃ 물 100 g이 담긴 삼각 플라스크 A를 20 ℃ 물 500 g이 담긴 수조 B에 넣고 물의 온도 변화를 측정하였다. (단, 외부와의 열 출입은 무시한다.)

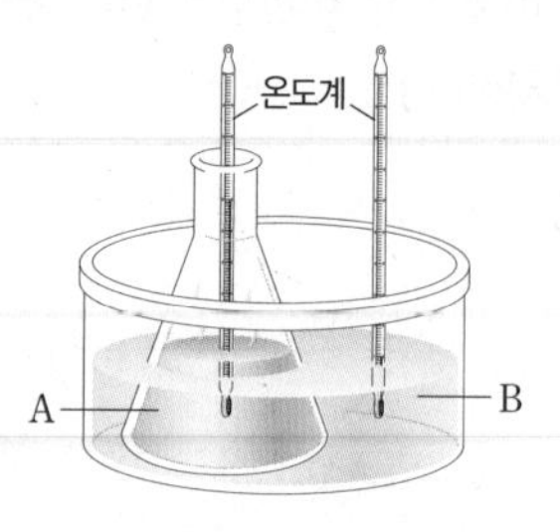

★중요

15 이에 대한 설명으로 옳은 것을 | 보기 |에서 모두 고른 것은?

| 보기 |

ㄱ. A가 잃은 열량은 B가 얻은 열량보다 많다.
ㄴ. 시간이 흐르면 A와 B는 열평형 상태에 도달한다.
ㄷ. 열평형 상태에서는 A보다 B의 입자의 운동이 더 활발하다.

① ㄴ ② ㄷ ③ ㄱ, ㄴ
④ ㄱ, ㄷ ⑤ ㄱ, ㄴ, ㄷ

16 시간에 따른 A와 B의 온도 변화를 나타낸 그래프로 옳은 것은?

①
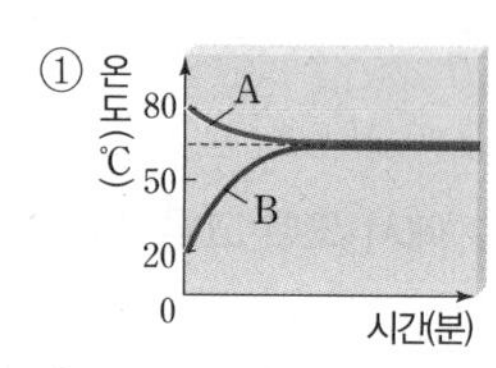

②
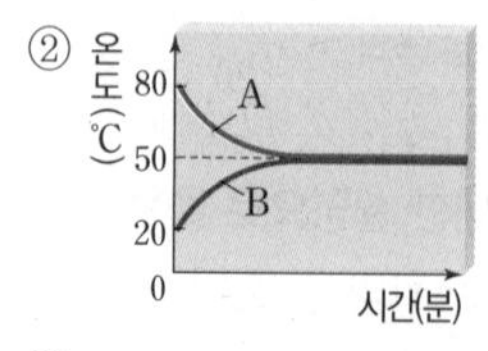

③
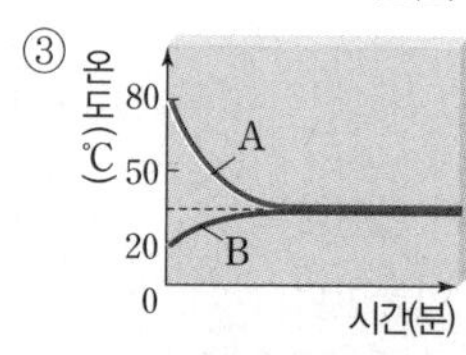

④
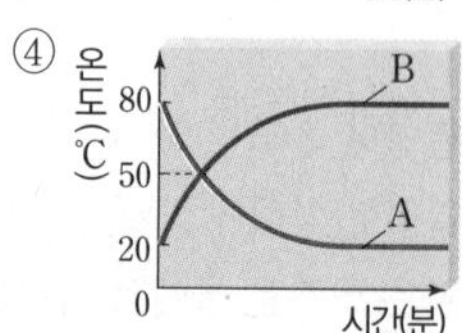

⑤
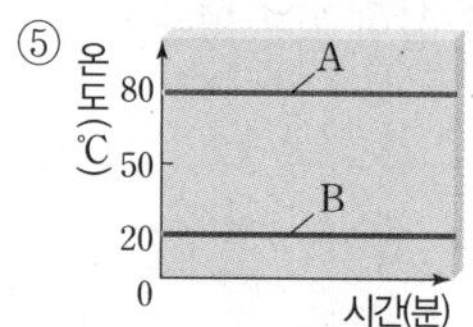
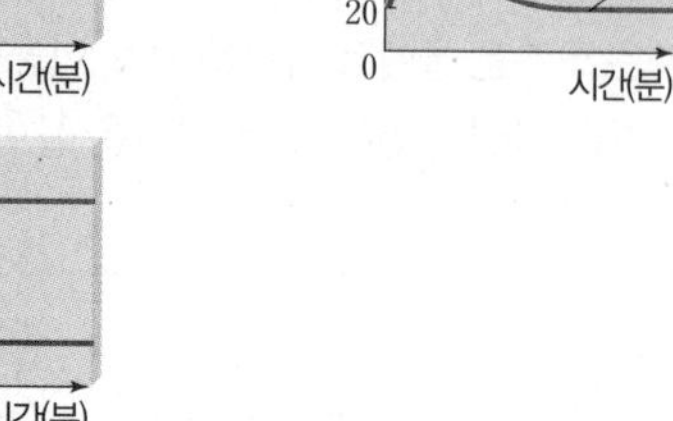

서술형 문제

17 그림과 같이 알루미늄 막대, 구리 막대, 유리 막대에 촛농으로 성냥개비를 각각 같은 간격으로 붙이고 한쪽 끝을 가열하였더니, 구리 막대에 붙인 성냥개비가 가장 빠르게 떨어졌고, 유리 막대에 붙인 성냥개비가 가장 느리게 떨어졌다.

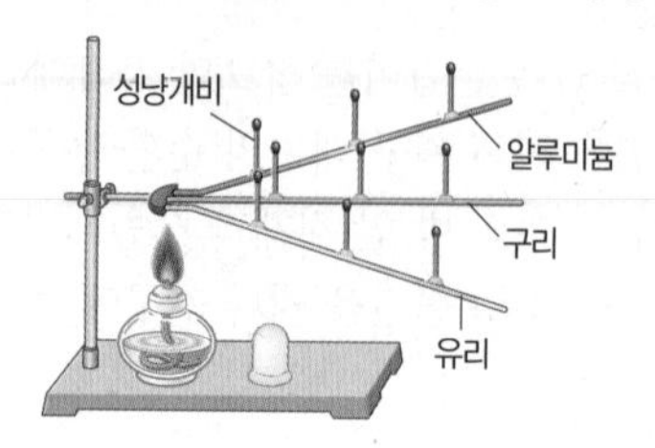

성냥개비가 떨어지는 속도가 다른 까닭을 고체에서의 열의 이동과 관련지어 서술하시오.

이웃한 입자, 전도

18 그림은 냄비 안의 물이 끓고 있는 모습을 나타낸 것이다.

냄비 안의 물에서 일어나는 열의 이동 방법을 쓰고, 물이 끓는 원리를 열의 이동과 관련지어 서술하시오.

따뜻한 물↑, 차가운 물↓, 대류

19 그림은 일상생활에서 열평형 상태를 이용한 예를 나타낸 것이다.

이와 같이 열평형 상태를 이용한 예를 두 가지 서술하시오.

음식 보관, 체온 측정

정답과 해설 50쪽

20 그림은 온도가 서로 다른 네 물체 A~D를 접촉했을 때 열의 이동 방향을 나타낸 것이다.

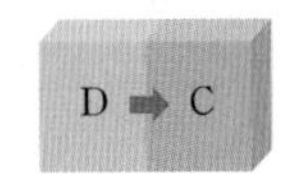

접촉하기 전 A~D의 온도를 옳게 비교한 것은?

① A>B>D>C　② A>C>B>D
③ A>D>C>B　④ B>C>D>A
⑤ B>D>A>C

21 그림과 같이 사각 유리관에 물을 가득 채운 다음 유리관의 왼쪽 아래에 알코올램프를 켜고 유리관 입구에 잉크를 떨어뜨린 후 변화를 관찰하였다.

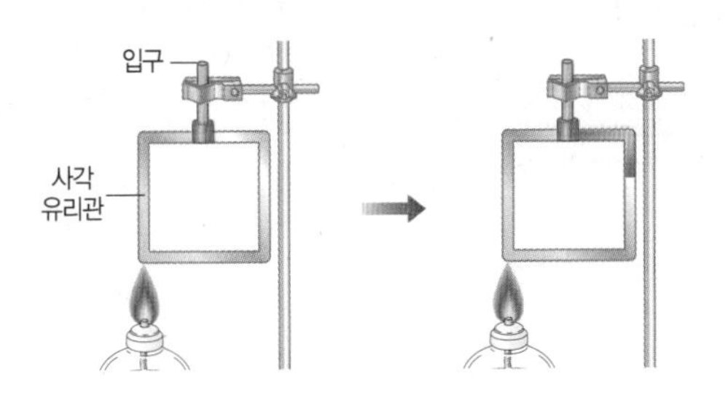

이에 대한 설명으로 옳은 것을 | 보기 |에서 모두 고른 것은?

| 보기 |
ㄱ. 물은 시계 방향으로 순환한다.
ㄴ. 물 입자들이 직접 이동하여 열을 전달한다.
ㄷ. 알코올램프의 위치를 유리관 오른쪽 아래로 바꿔서 실험해도 물의 순환 방향은 같다.

① ㄱ　② ㄴ　③ ㄷ
④ ㄱ, ㄴ　⑤ ㄴ, ㄷ

22 그림은 단열 효과를 높이기 위해서 사용하는 이중창의 구조를 나타낸 것이다. 이중창은 유리와 유리 사이에 공기층이 있으며, 아래쪽에 습기를 제거하는 흡습제가 들어 있다. 이에 대한 설명으로 옳은 것을 | 보기 |에서 모두 고른 것은?

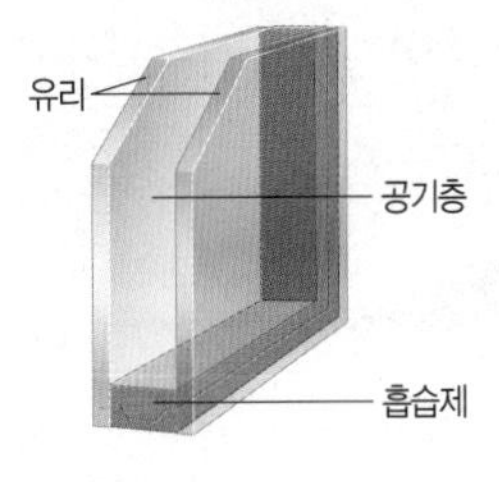

| 보기 |
ㄱ. 공기층은 대류에 의한 열의 이동을 막아 준다.
ㄴ. 흡습제는 기온이 낮아졌을 때 이슬이 맺히는 것을 막아 준다.
ㄷ. 공기 대신 유리와 유리 사이를 진공으로 만들면 단열 효과가 더 좋아진다.

① ㄱ　② ㄴ　③ ㄷ
④ ㄱ, ㄷ　⑤ ㄴ, ㄷ

23 그림과 같이 80 ℃의 물이 담긴 삼각 플라스크 A를 A보다 온도가 낮은 물이 담긴 수조 B에 넣었다.

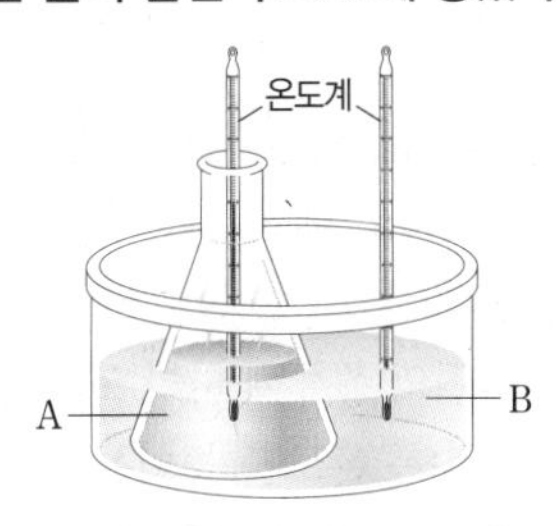

열평형 상태에 도달할 때까지 A가 잃는 열량을 줄이기 위한 방법으로 옳은 것을 | 보기 |에서 모두 고른 것은? (단, 열은 A와 B 사이에서만 이동한다.)

| 보기 |
ㄱ. A와 B의 온도 차를 줄인다.
ㄴ. 두께가 두꺼운 삼각 플라스크를 사용한다.
ㄷ. 삼각 플라스크 대신에 금속으로 만들어진 용기를 사용한다.

① ㄱ　② ㄴ　③ ㄷ
④ ㄱ, ㄷ　⑤ ㄴ, ㄷ

24 다음은 열평형을 이용한 실험 과정과 그 결과를 나타낸 것이다.

[실험 과정]
(가) 나무판, 유리판, 구리판을 상온에서 충분한 시간 동안 놓아 두고 같은 온도로 만든다.
(나) 손으로 만져서 나무판, 유리판, 구리판의 상대적인 온도를 비교한다.
(다) 그림과 같이 온도가 같은 나무판, 유리판, 구리판 위에 동일한 얼음을 올려놓고 녹는 속도를 비교한다.

[실험 결과]
• 얼음이 녹는 속도 : 구리판>유리판>나무판

이에 대한 설명으로 옳은 것을 | 보기 |에서 모두 고른 것은?

| 보기 |
ㄱ. (가)에서 나무판, 유리판, 구리판은 각각 공기와 열평형 상태에 도달한다.
ㄴ. (나)에서 유리판이 가장 차갑게 느껴진다.
ㄷ. (다)에서 전도의 방법으로 열이 이동한다.
ㄹ. 구리판에서 열의 이동이 가장 느리다.

① ㄱ, ㄴ　② ㄱ, ㄷ　③ ㄴ, ㄷ
④ ㄴ, ㄹ　⑤ ㄷ, ㄹ

02 비열과 열팽창

- 열량과 비열의 정의를 알고, 물질에 따라 비열이 다름을 설명할 수 있다.
- 열팽창의 정의를 알고, 물질에 따라 열팽창 정도가 다름을 설명할 수 있다.

① 비열

1 비열 : 어떤 물질 1 kg의 온도를 1 ℃만큼 높이는 데 필요한 열량

(1) **비열의 단위** : kcal/(kg · ℃) 1 kcal는 물 1 kg의 온도를 1 ℃ 높이는 데 필요한 열량으로, 물의 비열은 1 kcal/(kg·℃)야.

(2) **비열의 특징**

① 비열은 물질의 종류에 따라 고유한 값을 가지므로 물질을 구별하는 특성이 된다.

② 비열이 클수록 온도를 높이는 데 더 많은 열량이 필요하다.

➡ 비열이 크면 온도가 잘 변하지 않는다.

③ 같은 물질이라도 물질의 상태에 따라 값이 다르다. 물의 비열과 얼음의 비열은 달라~

2 비열과 열량, 질량, 온도 변화의 관계

암기 시멘트! or 씨암탉! $Q=cm\Delta t$

$$\text{열량}(Q)=\text{비열}(c)\times\text{질량}(m)\times\text{온도 변화}(\Delta t),\ \text{비열}(c)=\frac{\text{열량}(Q)}{\text{질량}(m)\times\text{온도 변화}(\Delta t)}$$

비열과 온도 변화의 관계	질량과 온도 변화의 관계

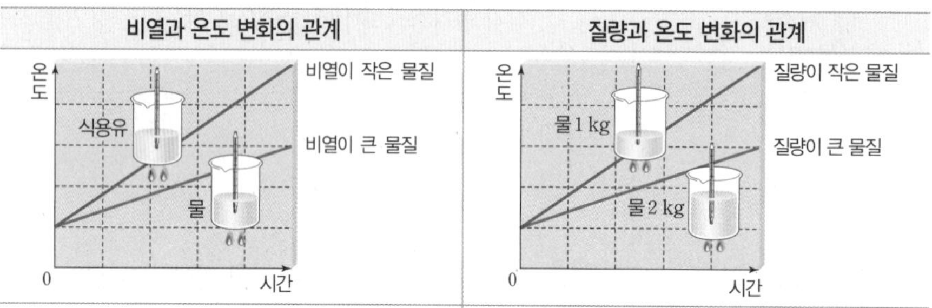

비열과 온도 변화의 관계	질량과 온도 변화의 관계
같은 질량에 같은 열량을 가하면, 비열이 작을수록 온도 변화가 크다. ➡ 온도 변화 $\propto \frac{1}{\text{비열}}$ 예 질량이 같은 물과 식용유에 같은 열량을 가하면 식용유의 온도가 더 빨리 올라간다.	같은 물질에 같은 열량을 가하면, 질량이 작을수록 온도 변화가 크다. ➡ 온도 변화 $\propto \frac{1}{\text{질량}}$ 예 물 1 kg과 물 2 kg에 같은 열량을 가하면 질량이 1 kg인 물의 온도가 더 빨리 올라간다.

3 비열에 의한 현상

(1) **해풍과 육풍** : 육지의 온도가 바다의 온도보다 더 빨리 변하기 때문에 해안 지역에서 낮에는 해풍이 불고, 밤에는 육풍이 분다.

구분	해풍(낮)	육풍(밤)
공기의 이동	상승 / 하강 / 더운 공기 / 육지 / 바다 비열이 작은 육지가 먼저 뜨거워지면 상대적으로 따뜻한 육지의 공기가 상승하고, 그 빈자리를 채우기 위해 바다에서 육지로 바람이 분다.	하강 / 상승 / 더운 공기 / 육지 / 바다 비열이 작은 육지가 먼저 식으면 상대적으로 따뜻한 바다의 공기가 상승하고, 그 빈자리를 채우기 위해 육지에서 바다로 바람이 분다.
바람의 방향	바다 → 육지	육지 → 바다

(2) 바다에 가까운 해안 지방이 바다에서 먼 내륙 지방보다 일교차가 작다.

(3) 우리 몸의 약 70 %는 물로 이루어져 있어서 급격한 온도 변화에도 체온이 유지된다.

(4) 가정에서는 보일러로 물을 데워 난방을 하고, 자동차의 냉각수로 물을 사용하여 엔진의 열을 식힌다.

(5) 뚝배기는 금속 냄비보다 비열이 커서 음식을 데우는 데 오래 걸리지만 쉽게 식지 않는다.

물은 다른 물질에 비해 비열이 커서 같은 열량을 가해도 온도 변화가 작아~ 물의 큰 비열로 인해 여러 가지 현상이 나타나지!

비타민

여러 가지 물질의 비열

[단위 : kcal/(kg · ℃)]

물질	비열	물질	비열
구리	0.09	식용유	0.47
철	0.11	나무	0.41
모래	0.19	얼음	0.49
유리	0.20	아세톤	0.51
알루미늄	0.21	에탄올	0.58
금	0.03	물	1.00

대부분의 금속은 비열이 작으며 물은 다른 물질에 비해 비열이 크다. 물의 비열은 1 kcal/(kg · ℃)이고, 얼음의 비열은 0.49 kcal/(kg · ℃)로 물의 비열이 얼음의 비열보다 크다.

열량과 온도 변화

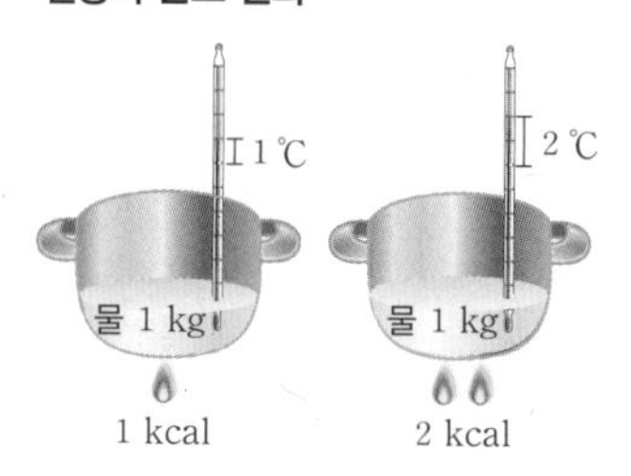

물체의 질량이 같을 때, 물체에 가한 열량이 클수록 온도 변화가 크다.

➡ 열량∝온도 변화

비열이 큰 물의 활용

- 온수 매트 : 비열이 큰 물을 데워 난방을 하므로 오랫동안 높은 온도를 유지한다.
- 냉각수 : 비열이 큰 물이 과열된 기계의 온도를 낮추어 준다.
- 찜질 팩 : 뜨거운 물이나 차가운 물의 온도가 오랫동안 유지되므로 찜질 팩 속에 물을 넣어서 사용한다.

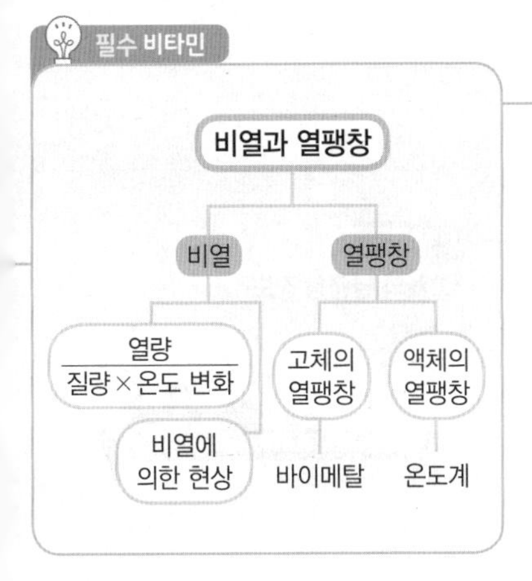

용어 & 개념 체크

❶ 비열

01 어떤 물질 1 kg의 온도를 1 ℃ 높이는 데 필요한 열량을 □□이라고 한다.

02 비열이 □면 온도가 잘 변하지 않는다.

03 같은 질량에 같은 열량을 가했을 때 비열이 □□ 물질의 온도가 비열이 □ 물질의 온도보다 잘 변한다.

04 같은 물질에 같은 열량을 가하면 질량이 □□수록 온도 변화가 크다.

05 해안 지역에서 □에는 해풍이 불고, □에는 육풍이 분다.

06 해안 지방은 내륙 지방보다 일교차가 □다.

01 비열에 대한 설명으로 옳은 것은 ○, 옳지 않은 것은 ×로 표시하시오.

(1) 비열의 단위는 kcal이다. ( )

(2) 비열이 큰 물질일수록 온도 변화가 크다. ( )

(3) 같은 물질이면 질량이 달라도 비열은 같다. ( )

(4) 물 1 kg의 온도를 1 ℃ 높이려면 1 kcal의 열량이 필요하다. ( )

(5) 같은 물질에 같은 열량을 가할 때, 질량이 작을수록 온도 변화가 크다. ( )

02 그림은 질량이 같은 두 액체 A와 B를 같은 세기의 불꽃으로 가열했을 때, A와 B의 시간에 따른 온도 변화를 나타낸 것이다.

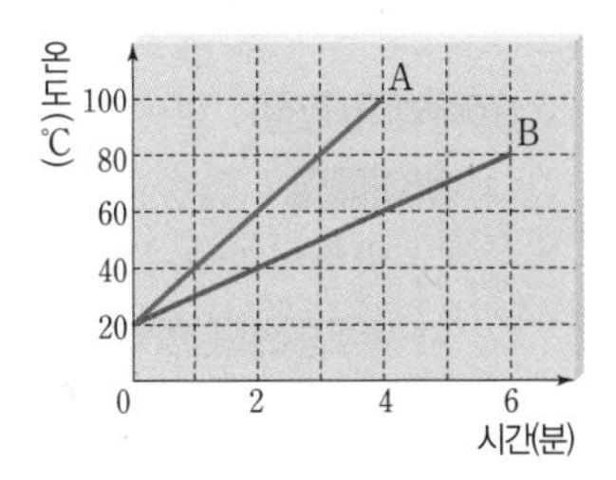

(1) A와 B 중 같은 시간 동안 온도 변화가 큰 것을 고르시오.

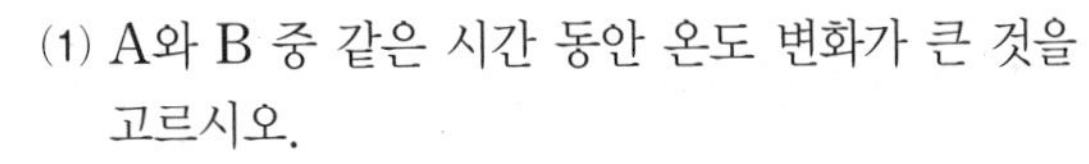

(2) A와 B 중 온도를 60 ℃까지 높이는 데 걸리는 시간이 더 짧은 것을 고르시오.

(3) A와 B 중 비열이 큰 것을 고르시오.

03 표는 여러 가지 금속들의 비열을 나타낸 것이다.

금속	철	납	알루미늄	구리
비열 (kcal/(kg · ℃))	0.11	0.03	0.21	0.09

질량이 같은 금속들을 같은 시간 동안 같은 세기의 불꽃으로 가열했을 때 온도 변화가 가장 클 것으로 예상되는 금속을 쓰시오.

04 물 10 kg의 온도를 30 ℃ 높이는 데 필요한 열량은 몇 kcal인지 구하시오. (단, 물의 비열은 1 kcal/(kg · ℃)이다.)

05 질량이 3 kg인 알루미늄에 6.3 kcal의 열량을 가했더니 온도가 10 ℃ 높아졌다. 알루미늄의 비열은 몇 kcal/(kg · ℃)인지 구하시오.

06 비열에 의한 현상과 이용에 대한 설명으로 옳은 것을 보기 에서 모두 고르시오.

> **보기**
> ㄱ. 해안 지역에서 낮에는 육풍, 밤에는 해풍이 분다.
> ㄴ. 바다와 먼 내륙 지방이 해안 지방보다 일교차가 크다.
> ㄷ. 물은 비열이 커서 과열된 기계의 온도를 낮추는 냉각수로 이용된다.
> ㄹ. 뚝배기는 금속 냄비보다 데우는 데 시간이 오래 걸리지만 쉽게 식지 않는다.

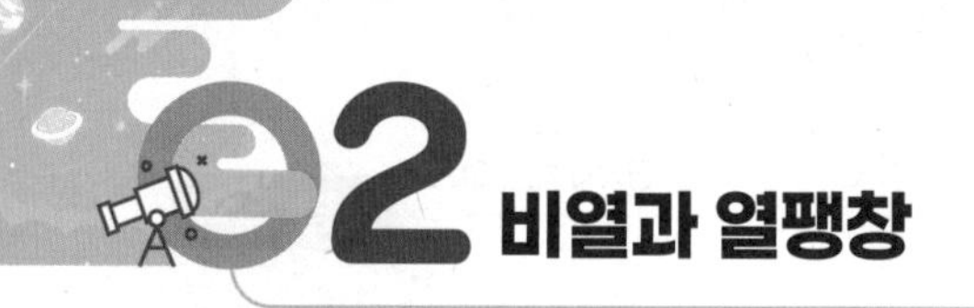

02 비열과 열팽창

❷ 열팽창

1 열팽창 : 물질에 열을 가할 때 물질의 길이가 길어지고 부피가 커지는 현상

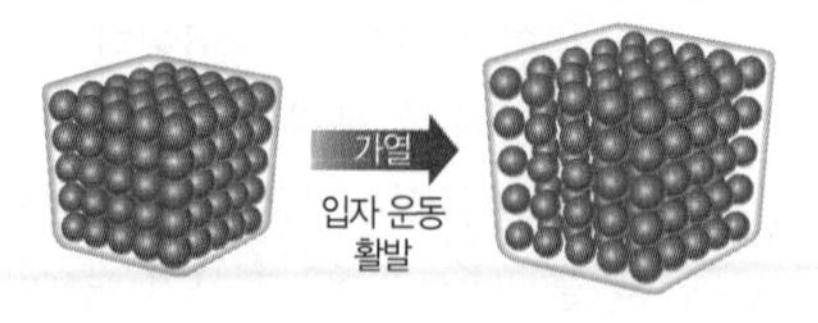

(1) **원인** : 물질이 열을 받으면 물질을 이루는 입자의 운동이 활발해져 입자와 입자 사이의 거리가 멀어진다.

(2) **열팽창 정도** 온도 변화가 클수록 열팽창 정도가 커~

① 물질의 종류마다 열팽창 정도가 다르다. 유리 < 철 < 구리 < 알루미늄 < 마그네슘 < 납

② 물질의 상태에 따라 열팽창 정도가 다르다. ➡ 고체 < 액체 < 기체 고체는 액체에 비해 열팽창 정도가 작아!

고체의 경우 길이가 길수록 늘어나는 정도가 커~

2 고체의 열팽창 : 열에 의해 고체의 길이가 길어지고 부피가 커지는 현상

(1) **바이메탈** : 열팽창 정도가 서로 다른 금속을 붙여 만든 장치로, 온도에 따라 휘어지는 방향이 달라지는 것을 이용하여 자동 온도 조절 장치에 사용한다.

➡ 두 금속의 열팽창 정도 차가 클수록 많이 휘어진다.

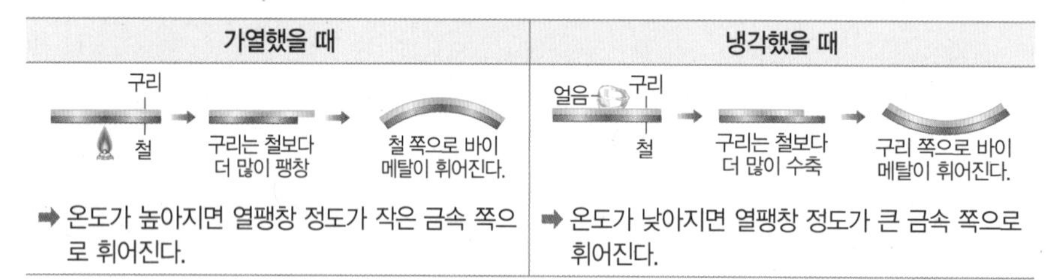

가열했을 때	냉각했을 때
➡ 온도가 높아지면 열팽창 정도가 작은 금속 쪽으로 휘어진다.	➡ 온도가 낮아지면 열팽창 정도가 큰 금속 쪽으로 휘어진다.

(2) **바이메탈의 이용** : 전기다리미, 화재경보기, 토스터, 전기밥솥 등

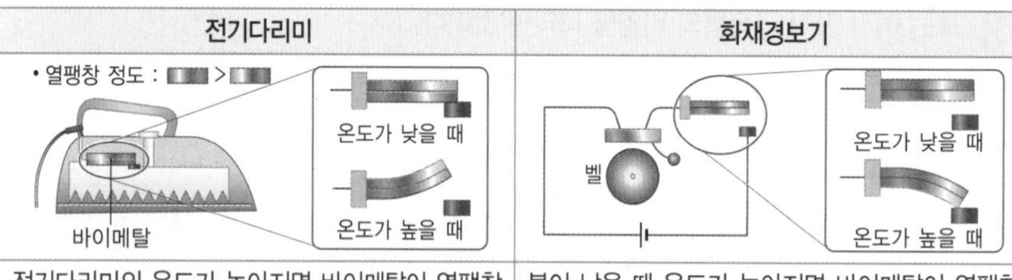

전기다리미	화재경보기
전기다리미의 온도가 높아지면 바이메탈이 열팽창 정도가 작은 위쪽으로 휘어지므로 전기 회로가 끊어져서 더 이상 전류가 흐르지 않는다.	불이 났을 때 온도가 높아지면 바이메탈이 열팽창 정도가 작은 아래쪽으로 휘어지므로 전기 회로가 연결되어 경보음이 울리게 된다.

3 액체의 열팽창 : 열에 의해 물이나 알코올과 같은 액체의 부피가 커지는 현상

(1) **액체 온도계** : 온도가 높아지면 온도계 속 액체의 부피가 커져 눈금이 올라가고, 온도가 낮아지면 온도계 속 액체의 부피가 작아져 눈금이 내려간다.

① 액체 온도계에 사용되는 액체는 열팽창 정도가 커야 한다. 열팽창 정도 : 알코올 > 수은

② 온도에 따라 일정한 비율로 부피가 변하는 알코올이나 수은을 사용한다.

(2) **음료수 병** : 액체의 열팽창으로 음료수 병이 깨지는 것을 방지하기 위해 음료수 병에 음료수를 가득 채우지 않는다.

4 열팽창과 우리 생활

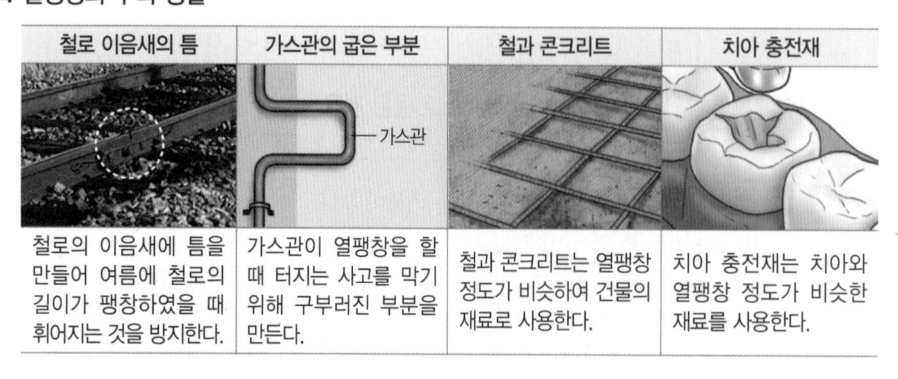

철로 이음새의 틈	가스관의 굽은 부분	철과 콘크리트	치아 충전재
철로의 이음새에 틈을 만들어 여름에 철로의 길이가 팽창하였을 때 휘어지는 것을 방지한다.	가스관이 열팽창을 할 때 터지는 사고를 막기 위해 구부러진 부분을 만든다.	철과 콘크리트는 열팽창 정도가 비슷하여 건물의 재료로 사용한다.	치아 충전재는 치아와 열팽창 정도가 비슷한 재료를 사용한다.

비타민

고체의 열팽창 정도

금속 구의 열팽창

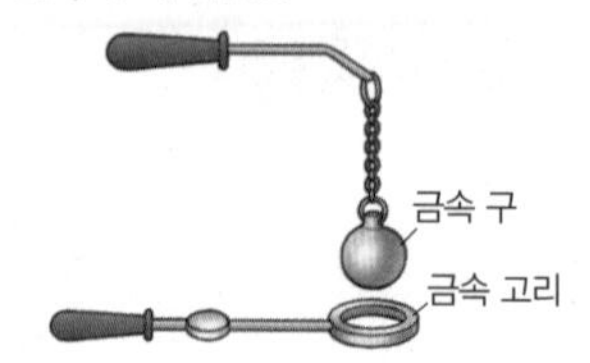

금속 구의 온도가 높아지면 금속 구의 부피가 커지므로 가열 전에는 금속 고리를 통과했던 금속 구가 가열 후에는 금속 고리를 통과하지 못한다.

액체의 열팽창 정도

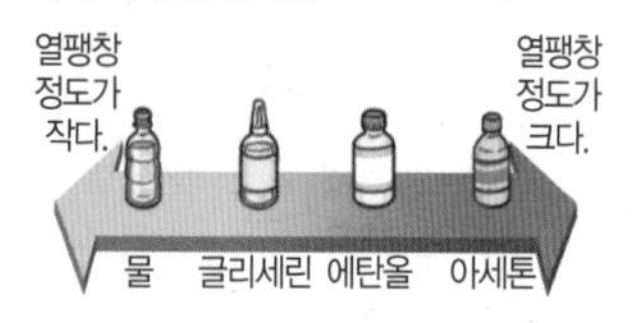

물의 열팽창

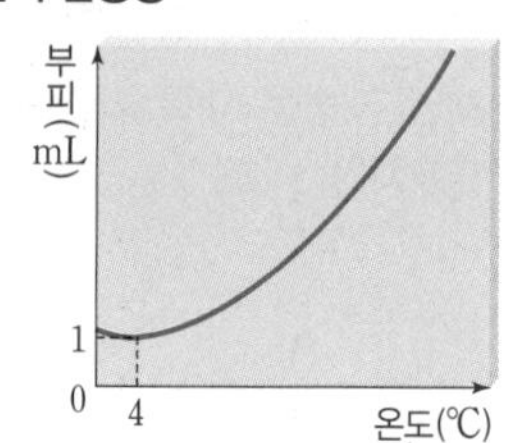

대부분의 물질들은 온도가 높아질 때 팽창하지만 물은 0 ℃~4 ℃ 사이에서 온도가 높아질 때 부피가 작아진다. 따라서 4 ℃에서 물의 부피는 가장 작고, 밀도는 가장 크다. 이 때문에 한겨울 기온이 영하로 내려가면 4 ℃의 물보다 가벼운 0 ℃의 물이 위로 올라와 표면부터 얼게 된다.

기체의 열팽창

기체는 고체나 액체보다 열팽창 정도가 매우 크며, 물질의 종류에 관계없이 열팽창 정도가 같다.

열팽창에 의한 현상과 이용

- 전깃줄은 겨울보다 여름에 더 늘어져 있다.
- 유리컵에 뜨거운 물을 부으면 유리가 갑자기 팽창하면서 컵이 깨질 수 있다.

용어 & 개념 체크

❷ 열팽창

07 물질에 열을 가할 때 물질의 길이가 길어지고 부피가 커지는 현상을 ☐☐☐이라고 한다.

08 물질의 온도가 ☐아지면 물질을 이루는 입자의 운동이 활발해져 길이가 길어지거나 부피가 ☐진다.

09 ☐☐보다 액체의 열팽창 정도가 더 크다.

10 ☐☐☐☐은 열팽창 정도가 서로 다른 두 금속을 붙여 만든 장치이다.

11 바이메탈은 온도가 높아지면 열팽창 정도가 ☐☐ 금속 쪽으로 휘어진다.

12 액체 온도계는 ☐☐의 열팽창을 이용하여 온도를 측정하는 기구이다.

07 **빈칸에 공통으로 들어갈 알맞은 말을 쓰시오.**

> 물질에 열을 가하면 물질의 길이가 길어지고 부피가 커지는 (　　　)이 일어난다. 물질의 종류나 상태에 따라 (　　　) 정도는 다르며, 온도 변화가 클수록 (　　　) 정도가 크다.

08 **그림은 열팽창 정도가 서로 다른 두 금속 A와 B로 만든 바이메탈을 가열했을 때의 모습을 나타낸 것이다.**

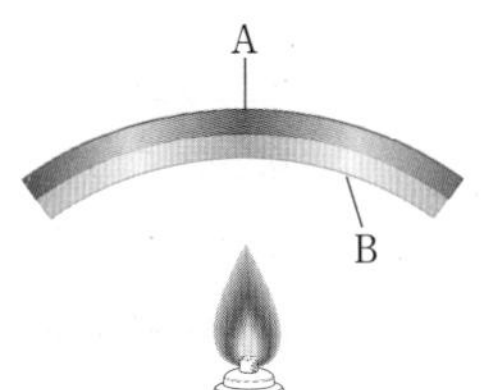

(1) A와 B 중 열팽창 정도가 큰 것을 쓰시오.

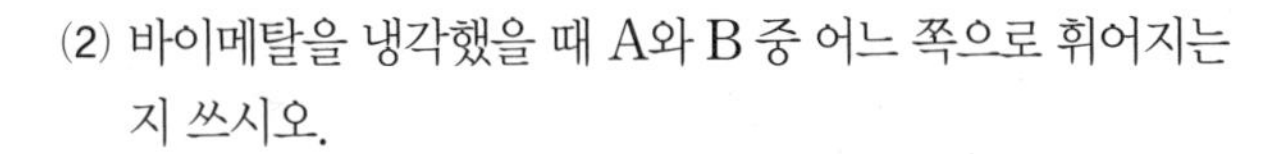

(2) 바이메탈을 냉각했을 때 A와 B 중 어느 쪽으로 휘어지는지 쓰시오.

09 **그림은 알코올 온도계와 수은 온도계를 나타낸 것이다. 이에 대한 설명으로 옳은 것은 ○, 옳지 않은 것은 ×로 표시하시오.**

(1) 알코올과 수은은 열팽창 정도가 작다. ………… (　　)

(2) 액체가 열팽창을 하는 현상을 이용하여 온도를 측정한다. ………… (　　)

(3) 온도가 높아지면 알코올이나 수은의 질량이 커진다. ………… (　　)

(4) 알코올과 수은은 온도에 따라 일정한 비율로 부피가 변한다. ………… (　　)

10 **열팽창에 의한 현상과 이용에 대한 설명으로 옳은 것을 보기 에서 모두 고르시오.**

> **보기**
> ㄱ. 다리나 철로의 이음새 부분에 틈을 만든다.
> ㄴ. 내륙 지방은 해안 지방보다 일교차가 크다.
> ㄷ. 유리병 속에 음료수를 가득 채우지 않는다.
> ㄹ. 유리컵에 뜨거운 물을 부으면 유리컵이 따뜻해진다.

MUST 해부!

탐구 질량이 같은 두 액체의 비열 비교

과정
❶ 2개의 비커에 물과 식용유를 200 g씩 넣는다.
❷ 그림과 같이 물과 식용유를 넣은 비커를 전열기 위에 올려놓고, 각각 온도계를 설치한다.
❸ 두 액체의 처음 온도를 측정한다.
❹ 두 비커를 동시에 가열하면서 1분 간격으로 물과 식용유의 온도를 각각 측정한다.
❺ 물과 식용유의 온도를 측정한 후, 표에 기록하고 그래프를 그린다.

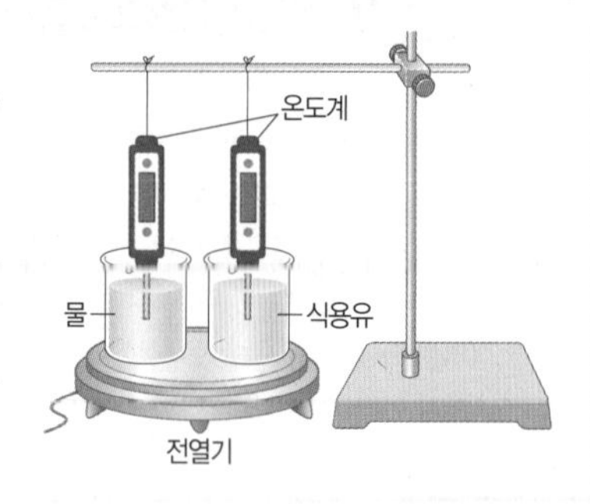

탐구 시 유의점
- 전열기를 사용할 때 화상을 입지 않도록 주의한다.
- 뜨거운 비커를 맨손으로 만지지 않는다.

결과

시간(분)	0	1	2	3	4	5
물의 온도(℃)	10	15	21	27	32	40
식용유의 온도(℃)	10	24	39	55	70	85

- 같은 시간 동안 가열했을 때 식용유의 온도 변화가 물의 온도 변화보다 크다.
- 같은 온도만큼 높이는 데 필요한 열량은 식용유보다 물이 더 많다.

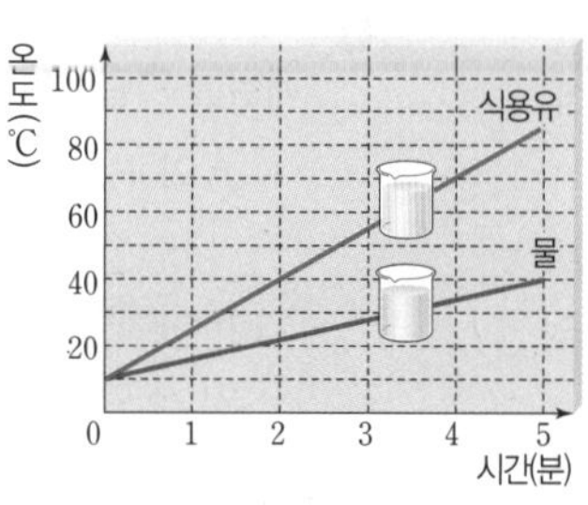
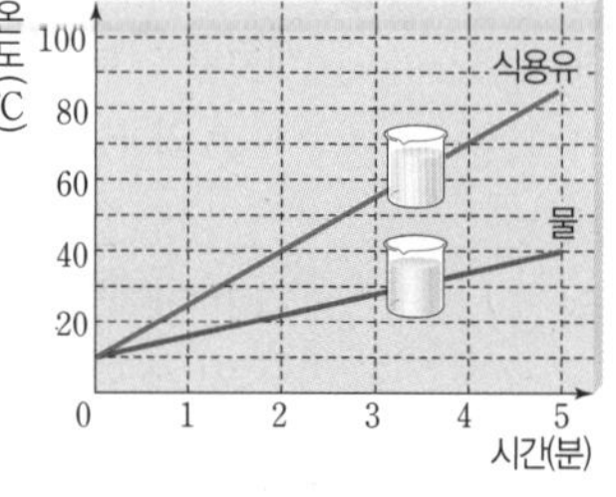

정리
- 같은 시간 동안 가열했을 때 물과 식용유가 받은 열량은 같지만, 식용유의 온도 변화가 물의 온도 변화보다 크다.
- 같은 질량의 물질에 같은 열량을 가했을 때 온도 변화가 작은 물의 비열이 온도 변화가 큰 식용유의 비열보다 크다.
- 같은 질량의 물질을 같은 온도만큼 높이려면 물질의 비열이 클수록 많은 열량이 필요하다.

탐구 알약

정답과 해설 51쪽

01 위 실험에 대한 설명으로 옳은 것은 ○, 옳지 않은 것은 ×로 표시하시오.

(1) 같은 시간 동안 가열했을 때 물의 온도 변화보다 식용유의 온도 변화가 더 크다. ( )
(2) 5분 후 식용유가 얻은 열량은 물이 얻은 열량보다 많다. ( )
(3) 온도를 1 ℃ 높이는 데 필요한 열량은 식용유가 물보다 많다. ( )
(4) 물의 비열은 식용유의 비열보다 작다. ( )
(5) 물과 식용유의 질량만 2배로 바꾸어서 같은 실험을 하면, 같은 시간 동안 물과 식용유의 온도 변화는 작아진다. ( )

서술형

02 그림은 질량이 같은 두 물질 A와 B를 같은 세기의 불꽃으로 가열했을 때 시간에 따른 온도 변화를 나타낸 것이다.

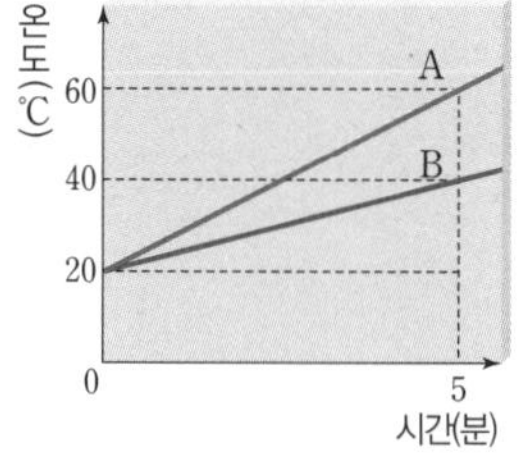

(1) A와 B가 5분 동안 얻은 열량의 비를 구하고, 그렇게 생각한 까닭을 서술하시오.

(2) A와 B의 비열의 비를 구하는 과정을 서술하시오.

MUST 해부!

탐구 고체와 액체의 열팽창

[탐구 1] 고체의 열팽창

과정

❶ 그림 (가)와 같이 철, 구리, 알루미늄 막대를 열팽창 측정 장치에 고정한 다음, 영점 조절 나사를 돌려 바늘이 0을 가리키게 한다.

❷ 그림 (나)와 같이 철, 구리, 알루미늄 막대를 알코올램프로 동시에 가열하면서 바늘의 움직임을 관찰한다.

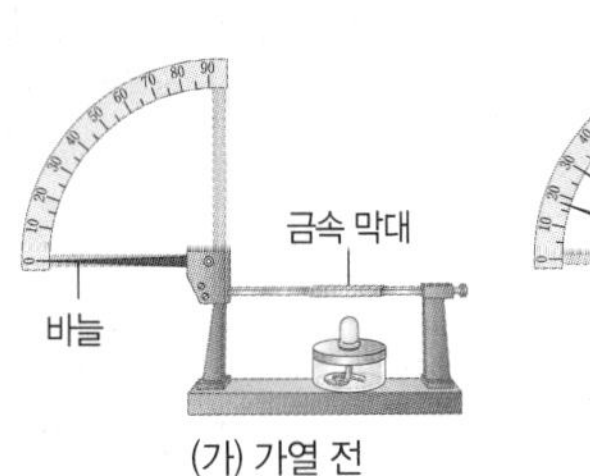

(가) 가열 전

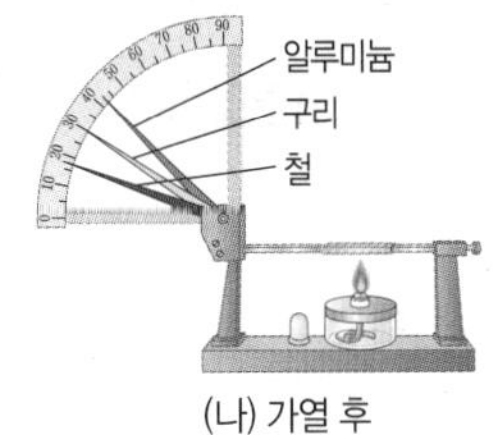

(나) 가열 후

결과

- 각 금속 막대의 열팽창에 의해 금속 막대 끝에 연결된 바늘이 움직인다.
- 바늘이 움직이는 정도는 알루미늄 > 구리 > 철 순이다.

[탐구 2] 액체의 열팽창

과정

❶ 그림 (가)와 같이 2개의 삼각 플라스크에 각각 물과 에탄올을 가득 채우고 물에는 빨간색 잉크를, 에탄올에는 파란색 잉크를 섞는다.

❷ 삼각 플라스크의 입구를 유리관을 꽂은 고무마개로 막고 두 유리관으로 올라온 액체의 처음 높이를 확인한다.

❸ 그림 (나)와 같이 삼각 플라스크를 수조에 넣고 수조에 뜨거운 물을 부은 후 유리관 속 액체의 높이 변화를 관찰한다.

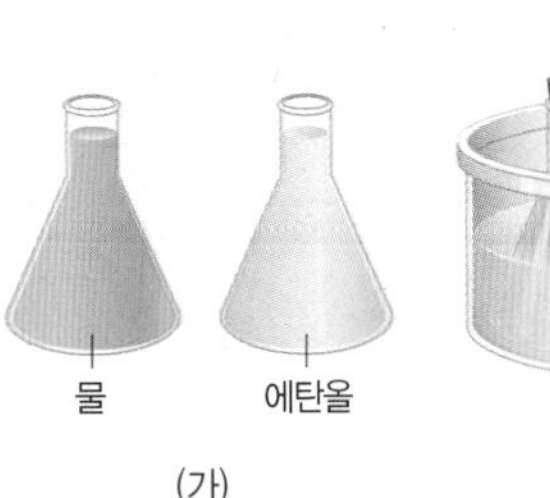

(가)

(나)

결과

- 물과 에탄올에 열을 가하면 부피가 커져서 유리관 속 액체의 높이가 처음 높이보다 높아진다.
- 유리관 속 액체의 높이 변화는 물보다 에탄올이 더 크다.

정리

- 고체와 액체는 열을 받았을 때 부피가 커진다.
- 고체와 액체의 종류에 따라 온도가 높아질 때 열팽창 정도가 다르다.

탐구 시 유의점

- [탐구 1]에서 가열 전 금속 막대의 온도와 길이가 모두 같아야 한다.
- [탐구 2]에서 수조에 뜨거운 물을 붓기 전 물과 에탄올의 온도와 부피가 같아야 한다.
- 화상을 입지 않도록 조심한다.

탐구 알약

정답과 해설 51쪽

03 위 실험에 대한 설명으로 옳은 것은 ○, 옳지 않은 것은 ×로 표시하시오.

(1) 온도가 높아질 때 열팽창 정도는 물질에 따라 다르다. ( )

(2) 고체가 열을 받으면 고체를 이루는 입자 사이의 거리가 가까워진다. ( )

(3) [탐구 1]에서 고체의 열팽창 정도는 철이 가장 크다. ( )

(4) [탐구 1]에서 금속 막대의 길이가 많이 늘어날수록 바늘이 많이 회전한다. ( )

(5) [탐구 2]에서 물의 열팽창 정도는 에탄올의 열팽창 정도보다 작다. ( )

(6) [탐구 2]에서 액체를 냉각하면 열팽창 정도가 큰 액체의 부피가 더 많이 작아진다. ( )

04 그림은 여러 액체를 시험관에 가득 넣고 유리관을 끼운 고무마개로 막은 후 뜨거운 물에 담갔을 때, 유리관 속 액체의 높이를 화살표로 나타낸 것이다.

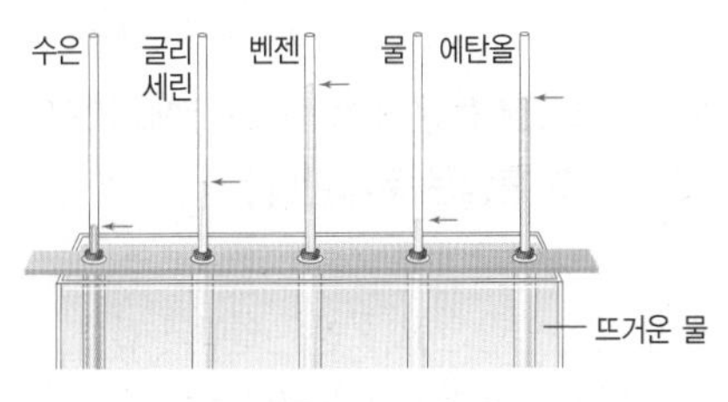

이와 같이 액체의 높이가 각각 다르게 나타나는 까닭으로 옳은 것은?

① 액체의 종류에 따라 비열이 다르기 때문
② 액체의 종류에 따라 끓는점이 다르기 때문
③ 액체의 종류에 따라 얻은 열량이 다르기 때문
④ 액체의 종류에 따라 입자의 크기가 다르기 때문
⑤ 액체의 종류에 따라 열팽창 정도가 다르기 때문

유형 클리닉

유형 1 비열

표는 여러 가지 물질의 비열을 나타낸 것이다.

물질	철	식용유	물
비열 (kcal/(kg · ℃))	0.11	0.47	1.00

이에 대한 설명으로 옳은 것을 | 보기 | 에서 모두 고른 것은?

보기
ㄱ. 비열은 물질의 질량이 클수록 커진다.
ㄴ. 물 1 kg은 10 kcal의 열량을 얻으면 온도가 10 ℃ 높아진다.
ㄷ. 질량이 같은 철과 식용유에 같은 열량을 가해 주었을 때 식용유의 온도 변화가 더 크다.

① ㄱ ② ㄴ ③ ㄱ, ㄷ
④ ㄴ, ㄷ ⑤ ㄱ, ㄴ, ㄷ

비열의 크기에 따라서 온도 변화가 어떻게 달라지는지 묻는 문제가 출제돼~ 질량과 열량이 같을 때 비열과 온도 변화는 반비례한다는 것을 꼭 기억해 두자!

ㄱ. 비열은 물질의 질량이 클수록 커진다. (×)
→ 비열은 물질에 따라 고유한 값을 가지므로 물질을 구분할 수 있는 특성이야~ 따라서 질량이 달라진다고 해서 비열이 바뀌지는 않아!

ㄴ. 물 1 kg은 10 kcal의 열량을 얻으면 온도가 10 ℃ 높아진다. (○)
→ 열량(Q) = 비열(c) × 질량(m) × 온도 변화(Δt)이므로

온도 변화(Δt) $= \frac{\text{열량}(Q)}{\text{비열}(c) \times \text{질량}(m)}$으로 계산할 수 있어!

따라서 온도 변화(Δt) $= \frac{10\ \text{kcal}}{1\ \text{kcal/(kg·℃)} \times 1\ \text{kg}} = 10\ ℃$이므로

옳은 설명이야~

ㄷ. 질량이 같은 철과 식용유에 같은 열량을 가해 주었을 때 식용유의 온도 변화가 더 크다. (×)
→ 철과 식용유의 비열은 각각 0.11 kcal/(kg·℃), 0.47 kcal/(kg·℃)야! 비열이 클수록 온도를 변화시키기 힘들지? 철의 비열보다 식용유의 비열이 더 크니까 질량이 같고, 가해 준 열량이 같을 때 온도 변화는 식용유가 더 작아~

답 : ②

비열↑ ⇨ 온도 변화↓

유형 2 열평형과 비열

그림은 질량이 같은 두 물질 A와 B를 접촉했을 때 두 물질의 시간에 따른 온도 변화를 나타낸 것이다.

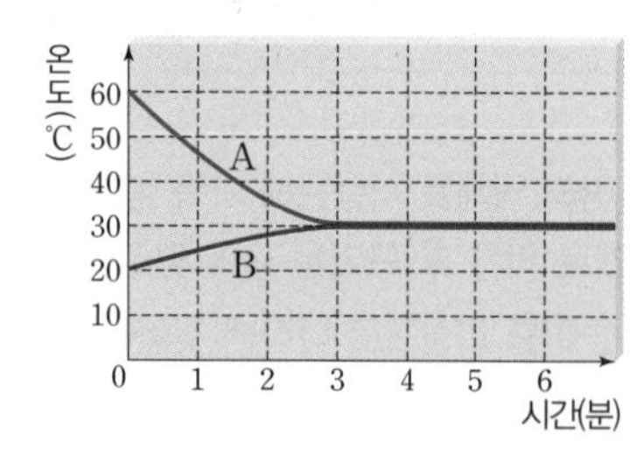

이에 대한 설명으로 옳은 것을 | 보기 | 에서 모두 고른 것은? (단, 외부와의 열 출입은 무시한다.)

보기
ㄱ. A가 잃은 열량은 B가 얻은 열량과 같다.
ㄴ. 온도 변화는 A가 B보다 크다.
ㄷ. 비열은 A가 B보다 크다.

① ㄱ ② ㄴ ③ ㄷ
④ ㄱ, ㄴ ⑤ ㄴ, ㄷ

앞에서 배운 열평형과 비열을 함께 물어보는 문제가 출제될 수 있어! 온도 - 시간 그래프를 보고 두 물질의 비열을 비교할 수 있어야 해~

ㄱ. A가 잃은 열량은 B가 얻은 열량과 같다. (○)
→ 온도가 60 ℃인 A와 온도가 20 ℃인 B를 접촉했더니 3분 후 열평형 상태에 도달하지? 열이 A에서 B로 이동했고, 외부와의 열 출입은 무시하므로 A가 잃은 열량과 B가 얻은 열량은 같아!

ㄴ. 온도 변화는 A가 B보다 크다. (○)
→ 3분 후 A와 B가 30 ℃에서 온도가 같아졌으므로 열평형 온도는 30 ℃야! 이때 A는 60 ℃에서 30 ℃가 되었으니까 30 ℃만큼 온도가 낮아졌고, B는 20 ℃에서 30 ℃가 되었으니까 10 ℃만큼 온도가 높아졌지~ 따라서 온도 변화는 A가 B보다 커!

ㄷ. 비열은 A가 B보다 크다. (×)
→ 두 물질의 질량이 같고, 두 물질에 가해진 열량이 같으므로 비열은 온도 변화에 반비례해~ 온도 변화는 A가 B보다 크니까 비열은 B가 A보다 크겠지!

답 : ④

온도 - 시간 그래프 : 온도 변화↑ ⇨ 비열 ↓

유형 3 바이메탈

그림 (가)~(다)는 크기가 같은 세 금속 A~C를 붙여서 만든 바이메탈을 가열하였을 때의 모습을 나타낸 것이다.

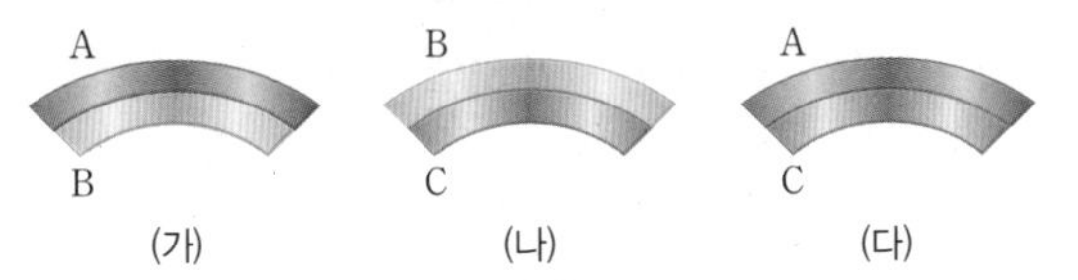

이에 대한 설명으로 옳은 것을 | 보기 | 에서 모두 고른 것은?

보기
ㄱ. A~C 중 열팽창 정도가 가장 큰 금속은 A이다.
ㄴ. (가)를 냉각하면 길이는 A가 B보다 많이 줄어든다.
ㄷ. (다)를 냉각하면 C 쪽으로 휘어진다.

① ㄱ ② ㄷ ③ ㄱ, ㄴ
④ ㄴ, ㄷ ⑤ ㄱ, ㄴ, ㄷ

바이메탈을 가열하면 열팽창 정도가 작은 금속 쪽으로 휘어지고, 바이메탈을 냉각하면 열팽창 정도가 큰 쪽으로 휘어진다는 것을 꼭 기억해 두자~

ㄱ. A~C 중 열팽창 정도가 가장 큰 금속은 A이다.
→ 바이메탈을 가열하면 열팽창 정도가 큰 금속은 많이 팽창하고, 열팽창 정도가 작은 금속은 적게 팽창하므로 열팽창 정도가 작은 금속 쪽으로 휘어지게 돼~ 가열했을 때 (가)는 B 쪽으로 휘어졌으니까 열팽창 정도는 A>B, (나)는 C 쪽으로 휘어졌으니까 열팽창 정도는 B>C, (다)는 C 쪽으로 휘어졌으니까 열팽창 정도는 A>C겠지?~ 따라서 열팽창 정도는 A>B>C이므로 열팽창 정도가 가장 큰 금속은 A야~

ㄴ. (가)를 냉각하면 길이는 A가 B보다 많이 줄어든다.
→ 바이메탈을 냉각하면 열팽창 정도가 큰 쪽이 많이 수축하게 돼! 따라서 (가)에서 열팽창 정도가 큰 금속은 A니까 냉각하면 길이는 A가 B보다 많이 줄어들어~

~~ㄷ~~. (다)를 냉각하면 C 쪽으로 휘어진다.
→ 바이메탈을 냉각하면 열팽창 정도가 큰 쪽이 많이 수축해서 더 짧아지므로 열팽창 정도가 큰 쪽으로 휘어지게 돼! (다)에서 열팽창 정도가 큰 쪽은 A니까 냉각하면 A 쪽으로 휘어지겠지!

답 : ③

바이메탈 가열 : 열팽창 정도가 작은 쪽으로 휘어짐!
바이메탈 냉각 : 열팽창 정도가 큰 쪽으로 휘어짐!

유형 4 액체의 열팽창

그림 (가)는 실온에서 부피가 같은 세 액체 A~C를 나타낸 것이고, (나)는 A~C를 뜨거운 물이 들어 있는 수조에 넣었을 때 부피 변화를 나타낸 것이다.

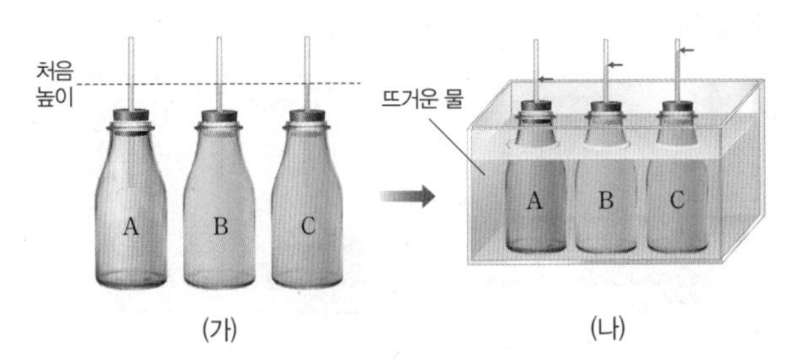

이에 대한 설명으로 옳은 것을 | 보기 | 에서 모두 고른 것은?

보기
ㄱ. 열팽창 정도는 C>B>A이다.
ㄴ. A~C의 입자 운동은 (가)보다 (나)에서 더 활발하다.
ㄷ. A~C의 입자 사이의 거리는 (가)보다 (나)에서 더 멀다.

① ㄱ ② ㄴ ③ ㄱ, ㄷ
④ ㄴ, ㄷ ⑤ ㄱ, ㄴ, ㄷ

액체의 열팽창 정도에 따른 부피 변화를 비교하는 문제가 출제될 수 있어! 열팽창이 일어날 때 입자의 운동과 입자 사이의 거리가 어떻게 변하는지도 꼭 기억해 두도록 하자~

ㄱ. 열팽창 정도는 C>B>A이다.
→ 부피가 많이 커질수록 열팽창 정도가 크겠지? 뜨거운 물이 들어 있는 수조에 넣었을 때 유리관 속 액체의 높이는 C>B>A이니까 열팽창 정도도 C>B>A야~

ㄴ. A~C의 입자 운동은 (가)보다 (나)에서 더 활발하다.
→ (나)에서 A~C를 뜨거운 물이 든 수조에 넣었지~? 이때 수조의 뜨거운 물에서 액체로 열이 전달되어 온도가 높아지므로 A~C의 입자 운동은 (가)보다 활발해지게 돼~

ㄷ. A~C의 입자 사이의 거리는 (가)보다 (나)에서 더 멀다.
→ 액체가 열을 받아서 입자의 운동이 활발해지면 입자 사이의 거리가 멀어지면서 부피가 커지게 되겠지~ 따라서 (가)보다는 (나)에서 A~C의 입자 사이의 거리가 멀어~

답 : ⑤

액체 가열 : 입자 운동 활발 ⇨ 입자 사이의 거리 ↑ ⇨ 부피 ↑

❶ 비열

01 비열에 대한 설명으로 옳은 것은?

① 물질의 종류에 따라 값이 다르다.
② 물질의 상태가 달라져도 값이 변하지 않는다.
③ 비열이 클수록 온도를 높이는 데 더 적은 열량이 필요하다.
④ 어떤 물질 100 g의 온도를 1 ℃ 높이는 데 필요한 열량이다.
⑤ 같은 질량에 같은 열량을 가하면 비열이 큰 물질일수록 온도 변화가 크다.

02 ★중요 표는 물질 A～D의 비열을 나타낸 것이다.

물질	A	B	C	D
비열(kcal/(kg · ℃))	0.1	0.4	0.2	1

같은 질량의 A～D에 같은 열량을 가했을 때, 온도 변화의 정도를 옳게 비교한 것은? (단, 물질의 상태 변화는 없다.)

① A>B>C>D
② A>B>D>C
③ A>C>B>D
④ D>B>C>A
⑤ D>C>B>A

03 그림은 질량이 같은 두 물질 A와 B를 같은 세기의 불꽃으로 가열했을 때 시간에 따른 온도 변화를 나타낸 것이다. A의 비열이 1 kcal/(kg · ℃)라면, B의 비열은 몇 kcal/(kg · ℃)인가?

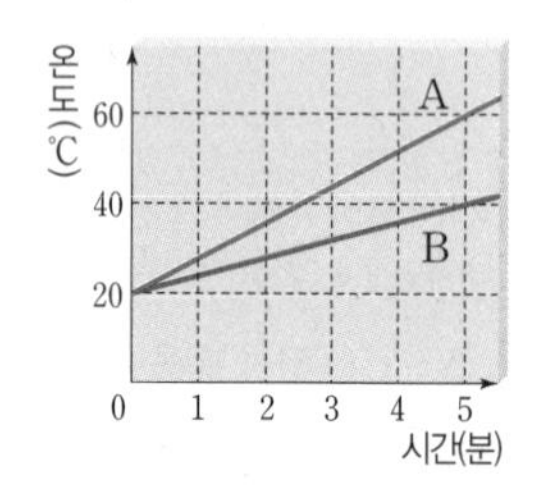

① 0.5 kcal/(kg · ℃)
② 1 kcal/(kg · ℃)
③ 2 kcal/(kg · ℃)
④ 10 kcal/(kg · ℃)
⑤ 20 kcal/(kg · ℃)

04 그림은 뜨거운 물 A와 차가운 물 B를 접촉했을 때의 온도 변화를 나타낸 것이다. A와 B의 질량의 비(A : B)로 옳은 것은? (단, 외부와의 열 출입은 무시한다.)

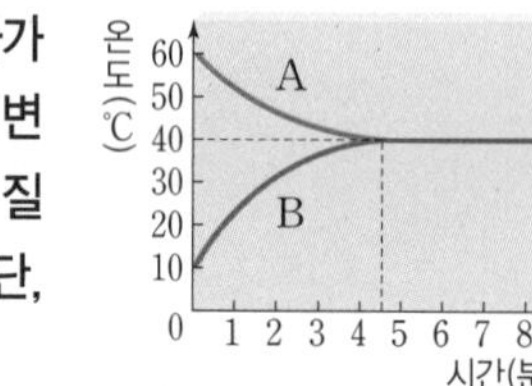

① 2 : 3
② 3 : 1
③ 3 : 2
④ 4 : 1
⑤ 6 : 1

05 그림은 질량이 같은 물질 A와 B를 가열할 때의 온도 변화를 시간에 따라 나타낸 것이다. 5분 동안 A와 B에 가해 준 열량의 비(A : B)로 옳은 것은? (단, A의 비열은 0.2 kcal/(kg · ℃)이고, B의 비열은 0.3 kcal/(kg · ℃)이다.)

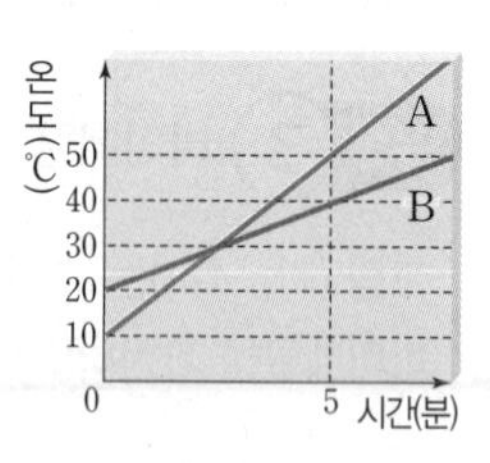

① 2 : 1
② 2 : 3
③ 3 : 2
④ 3 : 4
⑤ 4 : 3

06 ★중요 표는 여러 가지 금속의 비열을 나타낸 것이다.

금속	철	납	은	구리	알루미늄
비열(kcal/(kg · ℃))	0.11	0.03	0.05	0.09	0.21

이에 대한 설명으로 옳은 것을 보기 에서 모두 고른 것은?

보기
ㄱ. 1 kg의 온도를 1 ℃ 높이는 데 필요한 열량이 가장 작은 물질은 납이다.
ㄴ. 같은 질량을 같은 세기의 불꽃으로 가열했을 때 가장 천천히 뜨거워지는 금속은 철이다.
ㄷ. 납 1 kg과 구리 3 kg의 온도를 각각 1 ℃ 높이는 데 필요한 열량은 같다.

① ㄱ
② ㄴ
③ ㄷ
④ ㄱ, ㄷ
⑤ ㄴ, ㄷ

07 그림 (가)는 해안가에서 낮에 바람이 부는 과정을 나타낸 것이고, (나)는 해안가에서 밤에 바람이 부는 과정을 나타낸 것이다.

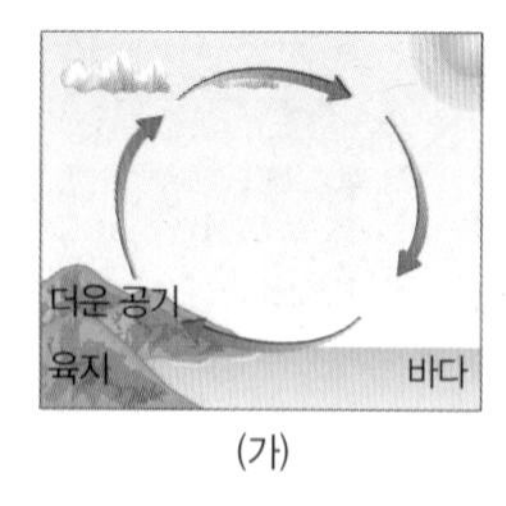

(가)

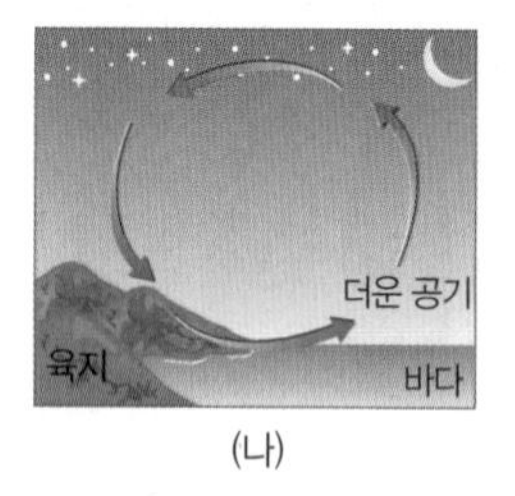

(나)

이에 대한 설명으로 옳은 것을 보기 에서 모두 고른 것은?

보기
ㄱ. 태양의 열에너지가 복사의 방법으로 바다와 육지에 전달된다.
ㄴ. (나)는 육지에서 바다로 바람이 분다.
ㄷ. (가)와 (나)는 육지와 바다의 비열이 다르기 때문에 나타나는 현상이다.

① ㄱ
② ㄴ
③ ㄱ, ㄷ
④ ㄴ, ㄷ
⑤ ㄱ, ㄴ, ㄷ

❷ 열팽창

중요

08 금속 막대에 열을 가했을 때 금속 막대의 길이가 길어지는 까닭으로 옳은 것은?

① 금속의 상태가 변하기 때문
② 열이 금속의 성질을 변화시키기 때문
③ 금속을 이루는 입자의 크기가 커지기 때문
④ 금속을 이루는 입자들의 운동이 활발해지기 때문
⑤ 금속 입자 사이의 거리가 가열 전보다 가까워지기 때문

09 그림과 같이 겨울에는 팽팽했던 전깃줄이 여름에는 느슨해진다.

겨울

여름

이에 대한 설명으로 옳은 것을 보기 에서 모두 고른 것은?

> **보기**
> ㄱ. 고체의 열팽창에 의한 현상이다.
> ㄴ. 겨울에는 여름보다 전깃줄을 이루는 입자 사이의 거리가 가깝다.
> ㄷ. 바닷가에서 낮과 밤에 부는 바람의 방향이 바뀌는 것과 같은 원인이다.

① ㄱ ② ㄷ ③ ㄱ, ㄴ
④ ㄴ, ㄷ ⑤ ㄱ, ㄴ, ㄷ

10 그림과 같은 철판에 열을 고르게 가했을 때, 철판의 변화로 옳은 것은?

① 가운데 구멍이 커지고, 철판 틈이 넓어진다.
② 가운데 구멍이 커지고, 철판 틈이 좁아진다.
③ 가운데 구멍이 작아지고, 철판 틈이 넓어진다.
④ 가운데 구멍이 작아지고, 철판 틈이 좁아진다.
⑤ 가운데 구멍과 철판 틈의 크기는 그대로이고, 철판의 전체적인 크기만 커진다.

11 고체의 열팽창을 이용하는 예로 옳지 않은 것은?

① 기차선로가 늘어나 휘어지는 것을 방지하기 위해서 틈을 두어 연결한다.
② 온풍기는 높은 곳에 설치하는 것보다 낮은 곳에 설치하는 것이 더 효율적이다.
③ 더운 여름날 다리가 휘어지는 것을 막기 위해 다리 이음새 사이에 공간을 둔다.
④ 송유관이 온도에 따라 늘어나거나 줄어들면서 손상되는 것을 막기 위해 송유관을 구부려 놓는다.
⑤ 유리병의 금속 뚜껑이 열리지 않을 때 뚜껑을 뜨거운 물에 담그면 뚜껑이 느슨해져서 쉽게 열 수 있다.

12 그림과 같이 철, 구리, 알루미늄 막대를 길이 팽창 실험 장치에 놓고 가열하였더니, 수평 상태였던 각각의 바늘이 오른쪽으로 돌아갔다. 이에 대한 설명으로 옳은 것을 보기 에서 모두 고른 것은?

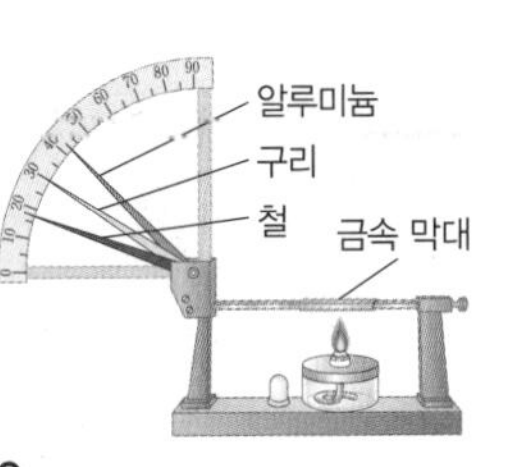

> **보기**
> ㄱ. 고체의 열팽창에 의한 현상이다.
> ㄴ. 금속의 열팽창 정도는 알루미늄>구리>철 순이다.
> ㄷ. 가열 시간에 따라 바늘이 돌아가는 정도가 달라진다.

① ㄱ ② ㄴ ③ ㄱ, ㄷ
④ ㄴ, ㄷ ⑤ ㄱ, ㄴ, ㄷ

중요

13 그림은 금속 구가 금속 고리에 꽉 끼어 통과하지 못하는 모습을 나타낸 것이다.

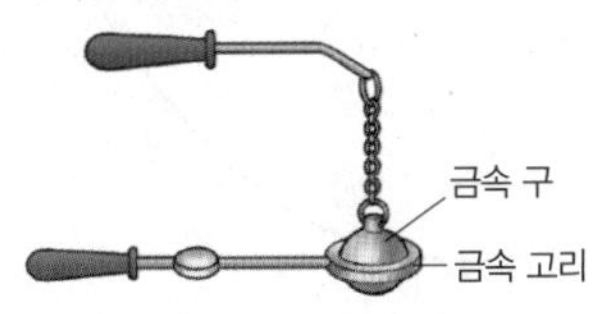

이에 대한 설명으로 옳은 것을 보기 에서 모두 고른 것은? (단, 금속 구와 금속 고리는 같은 금속이다.)

> **보기**
> ㄱ. 금속 구를 냉각하면 금속 구가 통과할 수 있다.
> ㄴ. 금속 고리를 냉각하면 금속 구가 통과할 수 있다.
> ㄷ. 금속 고리를 가열하면 금속 구가 통과할 수 있다.

① ㄱ ② ㄴ ③ ㄱ, ㄷ
④ ㄴ, ㄷ ⑤ ㄱ, ㄴ, ㄷ

★중요

14 그림은 바이메탈을 이용한 화재경보기의 회로를 나타낸 것이다. 화재가 발생하면 전체 회로가 연결되어 경보음이 울리게 된다.

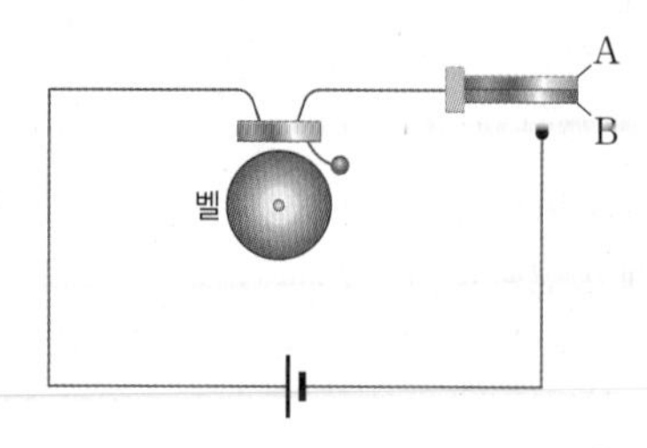

이에 대한 설명으로 옳은 것을 | 보기 | 에서 모두 고른 것은?

> **보기**
> ㄱ. 열팽창 정도는 A가 B보다 크다.
> ㄴ. 냉각하면 A의 길이가 B보다 많이 줄어든다.
> ㄷ. A 쪽을 가열하면 화재경보기의 경보음이 울리지 않는다.

① ㄱ ② ㄷ ③ ㄱ, ㄴ
④ ㄴ, ㄷ ⑤ ㄱ, ㄴ, ㄷ

15 알코올 온도계의 아래 부분을 손으로 감쌌을 때 온도계의 눈금이 올라가는 까닭으로 옳은 것은?

① 유리가 수축하기 때문
② 알코올의 밀도가 증가하기 때문
③ 손의 열팽창 정도가 알코올보다 크기 때문
④ 알코올 입자의 운동이 더 활발해졌기 때문
⑤ 알코올 입자 사이의 거리가 더 가까워졌기 때문

16 그림은 온도에 따른 물의 부피 변화를 나타낸 것이다.

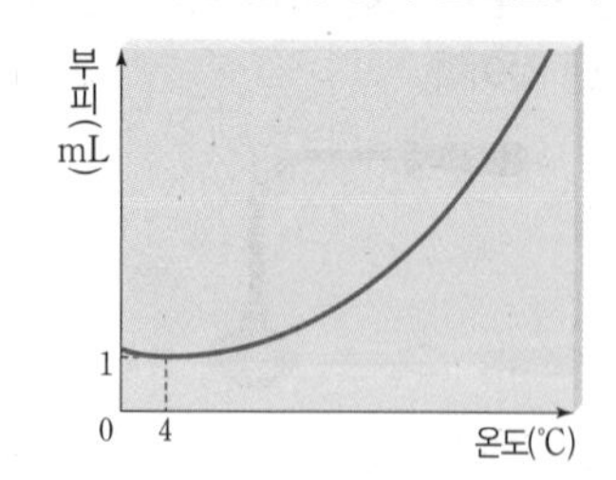

이에 대한 설명으로 옳은 것을 | 보기 | 에서 모두 고른 것은?

> **보기**
> ㄱ. 4 ℃일 때 밀도가 가장 크다.
> ㄴ. 0 ℃에서 4 ℃로 높아지면 밀도가 작아진다.
> ㄷ. 기온이 0 ℃ 이하로 내려가면 물의 표면부터 얼게 된다.

① ㄱ ② ㄴ ③ ㄱ, ㄷ
④ ㄴ, ㄷ ⑤ ㄱ, ㄴ, ㄷ

서술형 문제

17 어떤 물질 2 kg의 온도를 10 ℃ 높이려면 5 kcal의 열량이 필요하다. 이 물질의 비열은 몇 kcal/(kg · ℃)인지 쓰고, 풀이 과정을 서술하시오.

열량(Q)=비열(c)×질량(m)×온도 변화(Δt)

18 그림은 질량이 같은 두 물질 A와 B를 같은 세기의 불꽃으로 가열했을 때 시간에 따른 온도 변화를 나타낸 것이다. A와 B 중 비열이 작은 물질을 쓰고, 그렇게 생각한 까닭을 서술하시오.

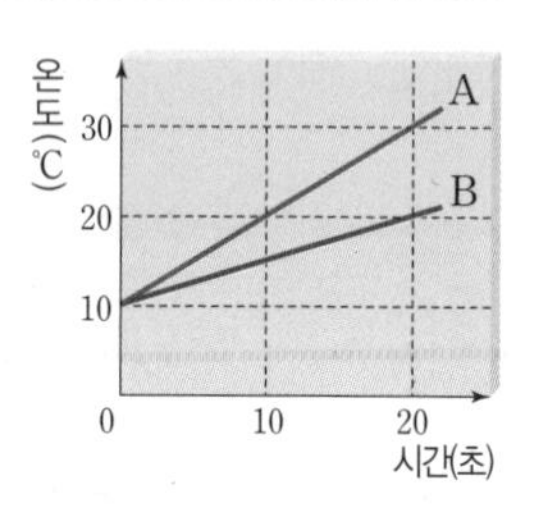

온도 변화 $\propto \frac{1}{\text{비열}}$

19 그림은 열팽창 정도가 서로 다른 두 금속 A와 B로 이루어진 바이메탈을 가열했을 때의 모습을 나타낸 것이다. 바이메탈이 A 쪽으로 휘어졌을 때 열팽창 정도가 더 큰 금속을 쓰고, 그렇게 생각한 까닭을 서술하시오.

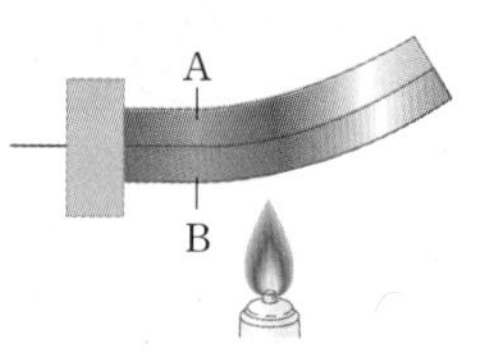

열팽창 정도↑ ⇨ 더 많이 휘어짐

20 그림은 2개의 삼각 플라스크에 각각 물과 에탄올을 가득 채우고 뜨거운 물이 담겨 있는 수조에 넣은 모습을 나타낸 것이다. 이때 각각의 유리관 위로 올라온 액체의 처음 높이는 같았다.

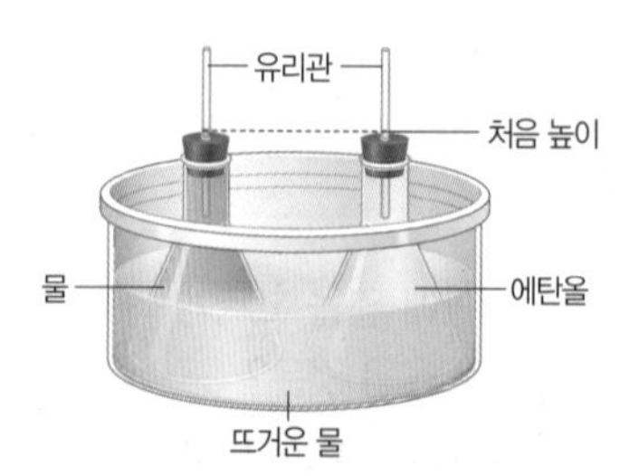

시간이 흐른 후, 각각의 유리관 속 액체의 높이 변화에 대해 서술하시오. (단, 열팽창 정도는 에탄올이 물보다 크다.)

액체 가열 ⇨ 액체 부피↑, 열팽창 정도↑ ⇨ 액체 부피↑

[21~22] 다음은 물의 온도 변화를 이용하여 금속 도막의 비열을 측정하는 실험 과정과 그 결과를 나타낸 것이다.

[실험 과정]
(1) 금속 도막의 질량을 측정한다.
(2) 물 200 g을 열량계에 넣은 후 물의 온도를 측정한다.
(3) 그림 (가)와 같이 금속 도막을 물이 담긴 비커에 넣고 가열하여 물이 충분히 끓을 때 금속 도막의 온도를 측정한다.
(4) 금속 도막을 꺼낸 후, 그림 (나)와 같이 빠르게 열량계 속의 물에 넣고 온도 변화를 관찰하면서 온도가 일정해졌을 때 온도를 측정한다.
(5) 금속 도막의 비열을 계산한다.

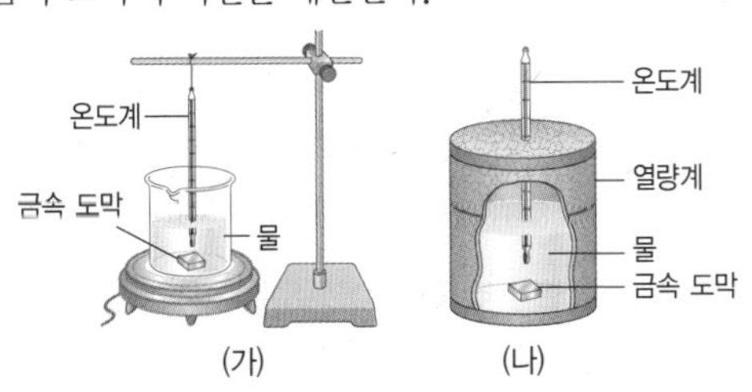

[실험 결과]

구분	질량(g)	처음 온도(℃)	나중 온도(℃)
금속 도막	100	100	14.8
열량계 속 물	200	10	14.8

21 위 실험에서 금속 도막의 비열을 측정하는 원리로 옳지 않은 것을 모두 고르면?

① 비커의 물과 금속 도막은 열평형을 이룬다.
② 금속 도막과 열량계 속의 물은 열평형을 이룬다.
③ 열량계 속의 물과 비커의 물은 열평형을 이룬다.
④ 비커의 물이 잃은 열량과 금속 도막이 얻은 열량은 서로 같다.
⑤ 금속 도막이 잃은 열량과 열량계 속 물이 얻은 열량은 서로 같다.

22 표는 여러 금속의 비열을 나타낸 것이다.

금속	철	납	은	구리	알루미늄
비열(kcal/(kg · ℃))	0.11	0.03	0.05	0.09	0.21

위 실험에서 사용한 금속 도막으로 옳은 것은? (단, 물의 비열은 1 kcal/(kg · ℃)이고, 소수점 셋째 자리에서 반올림하여 계산한다.)

① 철 ② 납 ③ 은
④ 구리 ⑤ 알루미늄

23 그림은 외부와의 열 출입을 차단한 후 질량이 서로 다른 뜨거운 물 A와 차가운 물 B를 접촉했을 때, 시간에 따른 A와 B의 온도 변화를 나타낸 것이다.

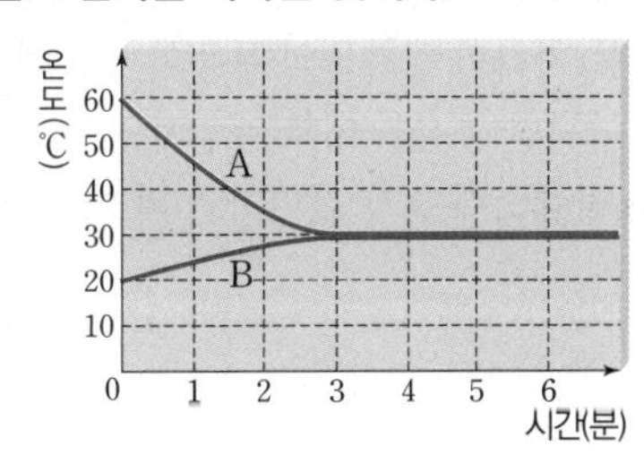

이에 대한 설명으로 옳은 것을 | 보기 | 에서 모두 고른 것은? (단, 물의 비열은 1 kcal/(kg · ℃)이다.)

| 보기 |
ㄱ. A의 질량은 B의 3배이다.
ㄴ. A와 B에 같은 열량을 가해 주었을 때 온도 변화는 서로 같다.
ㄷ. 열평형 상태가 될 때까지 A와 B 사이에 이동하는 열의 양은 점점 줄어든다.

① ㄱ ② ㄷ ③ ㄱ, ㄴ
④ ㄴ, ㄷ ⑤ ㄱ, ㄴ, ㄷ

24 그림과 같이 둥근바닥 플라스크에 물을 채운 후 가열하였더니 물의 높이가 화살표로 표시한 부분과 같았다.

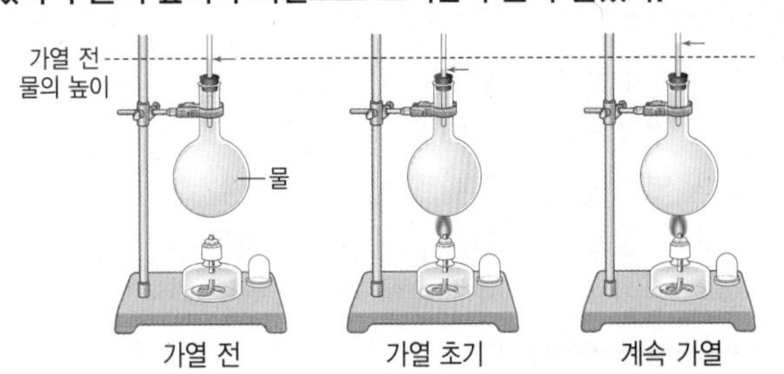

이에 대한 설명으로 옳은 것을 | 보기 | 에서 모두 고른 것은?

| 보기 |
ㄱ. 물이 팽창하여 물의 높이가 높아졌다.
ㄴ. 음료수 병에 음료수를 가득 채우지 않는 것과 관계가 있다.
ㄷ. 가열 초기에 물의 높이가 조금 낮아지는 것은 둥근바닥 플라스크의 크기가 커지기 때문이다.

① ㄱ ② ㄷ ③ ㄱ, ㄴ
④ ㄴ, ㄷ ⑤ ㄱ, ㄴ, ㄷ

단원 종합 문제

01 온도와 열에 대한 설명으로 옳지 않은 것은?

① 온도의 단위로 ℃(섭씨도), K(켈빈)이 있다.
② 열은 온도가 높은 곳에서 낮은 곳으로 이동한다.
③ 물체에 열을 가하면 입자들의 운동이 활발해진다.
④ 온도가 높아지면 물질을 이루는 입자의 수가 많아진다.
⑤ 접촉한 두 물체의 온도가 같아지면 더 이상 열이 이동하지 않는다.

02 그림은 금속 막대에 촛농으로 성냥개비를 붙인 후 한쪽 끝을 가열하였을 때 성냥개비가 떨어지는 모습을 나타낸 것이다. 이와 같이 열이 이동하는 예로 옳은 것은?

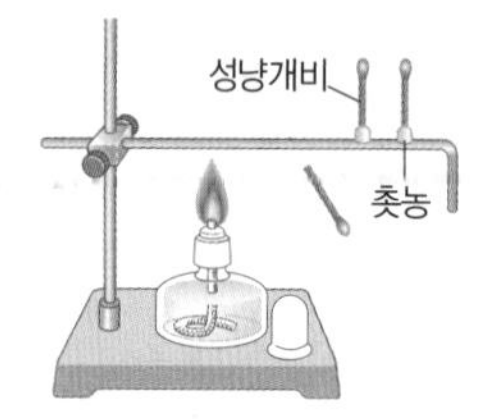

① 난로는 아래쪽에 설치한다.
② 모닥불 옆에서 따뜻함을 느낀다.
③ 양지에 있는 눈이 음지보다 빨리 녹는다.
④ 추운 겨울에는 나무 의자보다 금속 의자가 더 차갑게 느껴진다.
⑤ 겨울에는 두꺼운 옷 한 벌보다 얇은 옷을 여러 겹 입는 것이 따뜻하다.

03 겨울날 운동장에 있는 금속으로 된 철봉에 매달릴 때 철봉이 손에 닿으면 차갑게 느껴진다. 이에 대한 설명으로 옳지 않은 것은?

① 철봉에서 손으로 냉기가 이동한다.
② 손과 철봉의 온도 차에 의한 것이다.
③ 손의 열이 철봉으로 빠르게 빠져나간다.
④ 금속이 열을 잘 전달하는 물질이기 때문이다.
⑤ 열은 입자의 운동이 활발한 물체에서 입자의 운동이 둔한 물체로 이동한다.

04 금속으로 만든 주방 기구의 손잡이를 플라스틱으로 만드는 까닭으로 옳은 것은?

① 플라스틱의 비열이 크기 때문
② 복사에 의한 열의 이동을 막기 때문
③ 플라스틱이 금속보다 단단하기 때문
④ 플라스틱이 열팽창을 하지 않기 때문
⑤ 손으로 열이 전달되는 것을 막기 때문

[05~06] 그림은 열의 이동 방법을 비유적으로 나타낸 것이다.

05 A에 나타난 열의 이동 방법에 대한 설명으로 옳은 것을 | 보기 | 에서 모두 고른 것은?

> **보기**
> ㄱ. 복사에 의한 열의 이동을 비유한 것이다.
> ㄴ. 햇볕을 쬐면 몸이 따뜻해지는 현상과 관련이 있다.
> ㄷ. 다른 물질을 거치지 않고 열이 직접 이동하여 전달된다.

① ㄱ ② ㄷ ③ ㄱ, ㄴ
④ ㄴ, ㄷ ⑤ ㄱ, ㄴ, ㄷ

06 B와 같은 방법으로 열이 이동하는 현상으로 옳은 것은?

① 난로의 앞에서 따뜻함을 느낀다.
② 에어컨을 켜면 방 전체가 시원해진다.
③ 뜨거운 물에 넣은 숟가락이 따뜻해진다.
④ 음료수 병에 음료수를 가득 채우지 않는다.
⑤ 뚝배기는 데우는 데 오래 걸리지만 쉽게 식지 않는다.

07 그림은 단열 효과가 높은 이중창을 나타낸 것이다. 이중창이 차단하는 열의 이동 방법으로 옳은 것은?

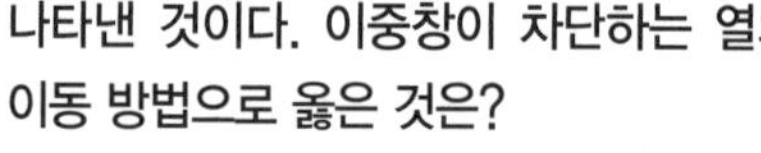

① 전도 ② 대류
③ 복사 ④ 전도, 복사
⑤ 전도, 대류, 복사

(그림: 유리, 공기)

08 그림은 온도가 서로 다른 두 물체 A와 B를 접촉하여 시간이 흐른 후 입자의 운동 변화를 나타낸 것이다.

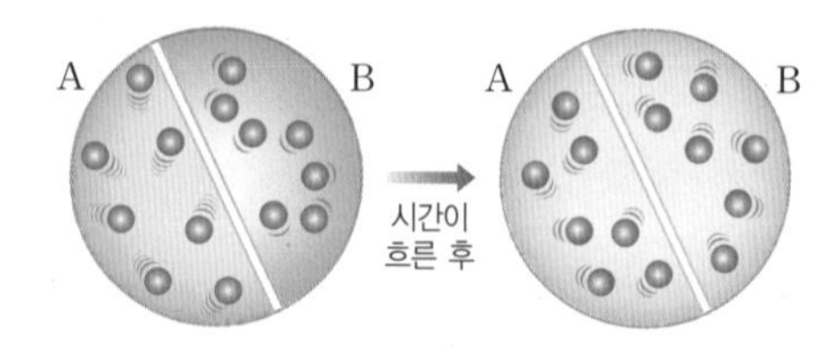

이에 대한 설명으로 옳은 것을 | 보기 | 에서 모두 고른 것은? (단, 외부와의 열 출입은 무시한다.)

> **보기**
> ㄱ. 처음 온도는 B가 더 높다.
> ㄴ. 열은 B에서 A로 이동한다.
> ㄷ. 시간이 흐른 후 A와 B의 온도는 같다.

① ㄱ ② ㄴ ③ ㄷ ④ ㄱ, ㄷ ⑤ ㄴ, ㄷ

09 그림은 온도가 서로 다른 두 물체 A와 B를 접촉했을 때 시간에 따른 온도 변화를 나타낸 것이다. 이에 대한 설명으로 옳지 않은 것은? (단, 외부와의 열 출입은 무시한다.)

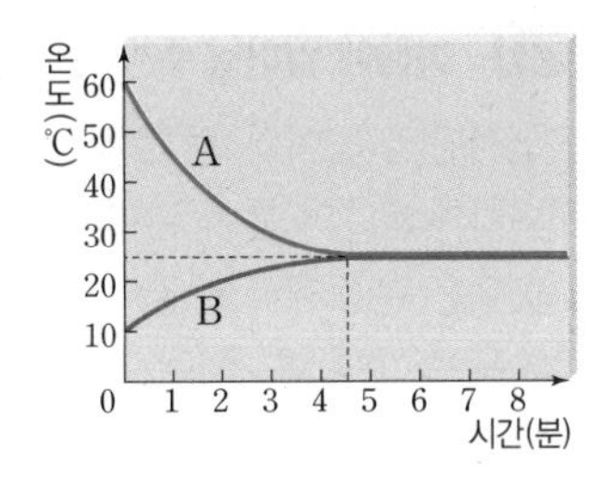

① 열은 A에서 B로 이동한다.
② A의 온도 변화가 B의 온도 변화보다 크다.
③ 4분~5분 사이에 두 물체는 열평형 상태에 도달한다.
④ 열평형 이후에는 A보다 B의 입자 운동이 더 활발하다.
⑤ 열평형 이후 A와 B는 더 이상 열의 이동이 없는 상태이다.

10 그림과 같이 뜨거운 물이 담긴 유리병을 차가운 물이 담긴 수조에 넣은 후, 물의 온도 변화를 측정하여 표에 기록하였다.

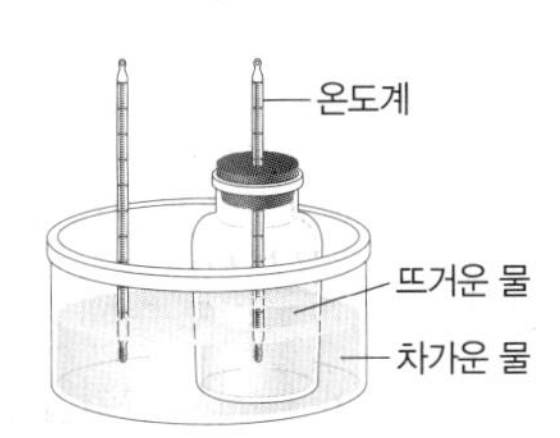

시간(분)	0	2	4	6	8	10
뜨거운 물의 온도(℃)	50	38	29	23	20	20
차가운 물의 온도(℃)	10	14	17	19	20	20

이에 대한 설명으로 옳지 않은 것은? (단, 외부와의 열 출입은 무시한다.)

① 열평형 온도는 20 ℃이다.
② 6분~8분 사이에 열평형에 도달했다.
③ 유리병의 물과 수조의 물의 질량은 같다.
④ 시간이 흐를수록 뜨거운 물의 입자 운동은 둔해진다.
⑤ 8분 이후에는 유리병의 물과 수조의 물의 입자 운동 정도가 같다.

11 70 ℃ 물 100 g이 담긴 삼각 플라스크를 10 ℃ 물 400 g이 담긴 수조에 넣었다. 시간이 흘러 삼각 플라스크의 물과 수조의 물이 열평형 상태를 이루었을 때, 열평형 온도가 될 수 있는 값으로 옳은 것은? (단, 외부와의 열 출입은 무시한다.)

① 10 ℃ ② 22 ℃ ③ 40 ℃
④ 55 ℃ ⑤ 70 ℃

12 그림은 60 ℃의 물이 든 삼각 플라스크를 20 ℃의 물이 든 수조에 넣은 후 1분 간격으로 물의 온도 변화를 기록한 것이다. 이 실험에 대해 옳게 설명한 학생을 | 보기 | 에서 모두 고른 것은? (단, 외부와의 열 출입은 무시한다.)

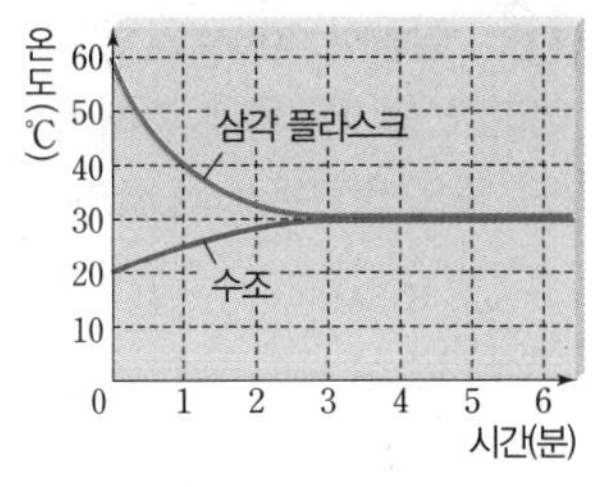

| 보기 |

풍돌 : 열은 삼각 플라스크의 물에서 수조의 물 쪽으로 이동했어.
풍순 : 삼각 플라스크의 물의 질량은 수조의 물의 질량의 3배야.
풍식 : 삼각 플라스크의 물이 잃은 열량은 수조의 물이 얻은 열량과 같아.

① 풍돌 ② 풍순 ③ 풍돌, 풍식
④ 풍순, 풍식 ⑤ 풍돌, 풍순, 풍식

[13~14] 그림은 온도가 서로 다른 두 물체 A와 B를 접촉했을 때의 온도 변화를 나타낸 것이다. (단, 외부와의 열 출입과 물체의 상태 변화는 없다.)

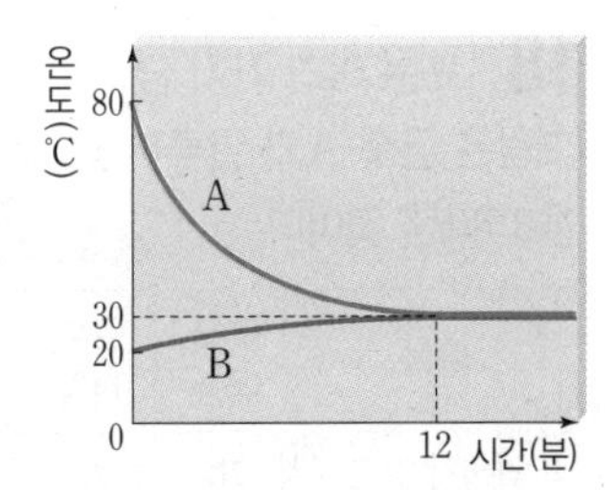

13 A의 질량이 100 g, B의 질량이 500 g일 때, 비열의 비(A : B)로 옳은 것은?

① 1 : 1 ② 1 : 2 ③ 1 : 5
④ 2 : 3 ⑤ 2 : 5

14 A의 처음 온도를 60 ℃로 하고 같은 실험을 하여 위의 실험과 비교했을 때 변하지 않는 값을 모두 고르면?

① 열평형 온도 ② A와 B의 비열
③ A가 잃은 열량 ④ B가 얻은 열량
⑤ A가 잃은 열량과 B가 얻은 열량의 차

15 서로 다른 두 물체 A와 B의 비열의 비(A : B)는 3 : 1이고, 질량의 비(A : B)는 1 : 2이다. 두 물체에 같은 열량을 가했을 때, 온도 변화의 비(A : B)로 옳은 것은?

① 1 : 3 ② 1 : 6 ③ 2 : 3
④ 3 : 2 ⑤ 3 : 4

16 질량이 300 g인 물을 가열하여 10 ℃에서 90 ℃로 높이려고 할 때, 물에 가해 주어야 하는 열량은 몇 kcal인가? (단, 물의 비열은 1 kcal/(kg · ℃)이다.)

① 1.2 kcal ② 2.4 kcal ③ 12 kcal
④ 24 kcal ⑤ 60 kcal

17 열팽창에 대한 설명으로 옳지 않은 것은?

① 기체는 물질에 따라 열팽창 정도가 다르다.
② 바이메탈은 고체의 열팽창을 이용한 것이다.
③ 일반적인 열팽창 정도는 고체 < 액체 < 기체 순이다.
④ 온도가 높아지면 물질을 이루는 입자 사이의 거리가 멀어져 물질의 부피가 커진다.
⑤ 비커에 물을 채운 후 가열하면 물의 열팽창뿐만 아니라 비커의 열팽창도 일어난다.

18 표는 여러 가지 금속들의 열팽창 정도를 나타낸 것이고, 그림은 금속 A와 알루미늄으로 만든 바이메탈을 가열한 모습을 나타낸 것이다.

물질	마그네슘	알루미늄	은	구리	금	강철
열팽창 정도	26	23	18	17	14	11

바이메탈이 그림과 같은 모양이 되었을 때 금속 A로 옳은 것은?

금속 A
알루미늄

① 금 ② 은
③ 구리 ④ 강철
⑤ 마그네슘

19 그림은 서로 다른 금속 A~D를 사용하여 세 가지 바이메탈을 만든 후, 가열 또는 냉각했을 때 바이메탈이 휘어진 모습을 나타낸 것이다.

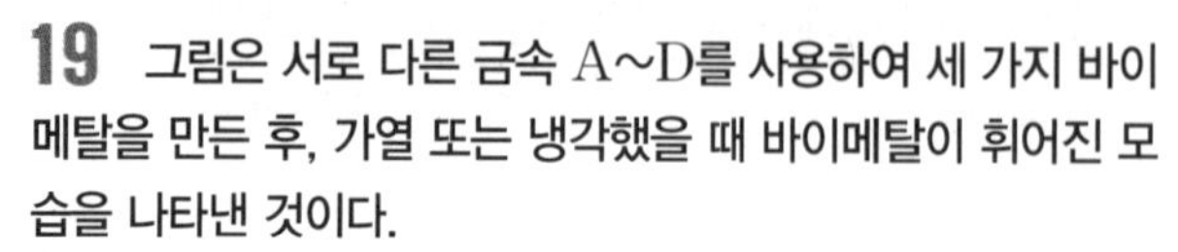

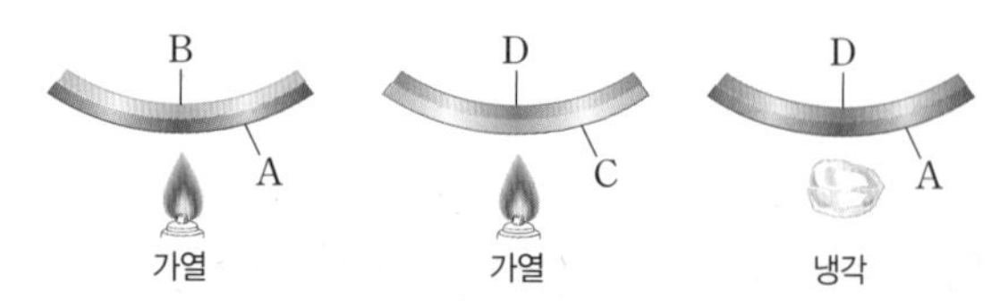

A~D의 열팽창 정도를 옳게 비교한 것은?

① A>B>C>D ② A>C>D>B
③ B>D>A>C ④ C>D>A>B
⑤ C>D>B>A

20 여름에 일어날 수 있는 열팽창 현상으로 옳지 않은 것은?

① 철탑의 높이가 높아진다.
② 기차선로의 틈이 넓어진다.
③ 수은 온도계의 눈금이 높아진다.
④ 음료수 병 속 음료수의 높이가 높아진다.
⑤ 전봇대에 연결된 전깃줄이 아래로 늘어진다.

21 치과에서 충치 치료를 할 때 치아 충전재로 금을 사용하는 까닭으로 옳은 것은?

① 치아의 비열이 금보다 크기 때문
② 금의 비열이 치아보다 크기 때문
③ 금의 열팽창 정도가 치아보다 작기 때문
④ 금의 열팽창 정도가 치아보다 크기 때문
⑤ 금과 치아의 열팽창 정도가 비슷하기 때문

[22~23] 그림은 열팽창 정도가 큰 금속 자를 나타낸 것이다. 이 자는 18 ℃에서 정확한 길이를 잴 수 있다.

22 이 자를 사용하여 영하 5 ℃일 때 어떤 물체의 길이를 재었더니 21.1 cm로 측정되었다. 영하 5 ℃일 때 이 물체의 실제 길이에 대한 설명으로 옳은 것은? (단, 물체의 열팽창 정도는 무시한다.)

① 실제 길이는 21.1 cm와 같다.
② 자의 눈금이 늘어나 실제 길이는 21.1 cm보다 짧다.
③ 자의 눈금이 늘어나 실제 길이는 21.1 cm보다 길다.
④ 자의 눈금이 줄어들어 실제 길이는 21.1 cm보다 짧다.
⑤ 자의 눈금이 줄어들어 실제 길이는 21.1 cm보다 길다.

23 이 자를 사용하여 30 ℃일 때 어떤 물체의 길이를 재었더니 13.2 cm로 측정되었다. 30 ℃에서 이 물체의 실제 길이에 대한 설명으로 옳은 것은? (단, 물체의 열팽창 정도는 무시한다.)

① 실제 길이는 13.2 cm와 같다.
② 자의 눈금이 늘어나 실제 길이는 13.2 cm보다 짧다.
③ 자의 눈금이 늘어나 실제 길이는 13.2 cm보다 길다.
④ 자의 눈금이 줄어들어 실제 길이는 13.2 cm보다 짧다.
⑤ 자의 눈금이 줄어들어 실제 길이는 13.2 cm보다 길다.

서술형·논술형 문제

01 그림과 같이 차가운 물과 뜨거운 물에 녹차 티백을 넣었더니 뜨거운 물에서 더 잘 우러났다. 그 까닭을 입자 운동과 관련지어 서술하시오.

온도↑ ⇨ 입자 운동↑

02 그림은 열의 이동 방법을 비유하여 나타낸 것이다.

A~C에 해당하는 열의 이동 방법을 각각 쓰고, 그 특징을 서술하시오.

전도 : 이웃한 입자로 입자의 운동 전달,
대류 : 입자 직접 이동, 복사 : 열 직접 이동

03 사람의 체온을 측정할 때 액체 온도계를 겨드랑이에 넣고 잠시 기다리는 까닭을 서술하시오.

사람의 체온과 온도계 액체의 열평형

04 그림과 같이 차가운 물이 들어 있는 수조에 뜨거운 물이 든 삼각 플라스크를 넣고 온도 변화를 관찰하였다. 차가운 물과 뜨거운 물의 시간에 따른 온도 변화를 열의 이동과 관련지어 서술하시오. (단, 외부와의 열 출입은 무시한다.)

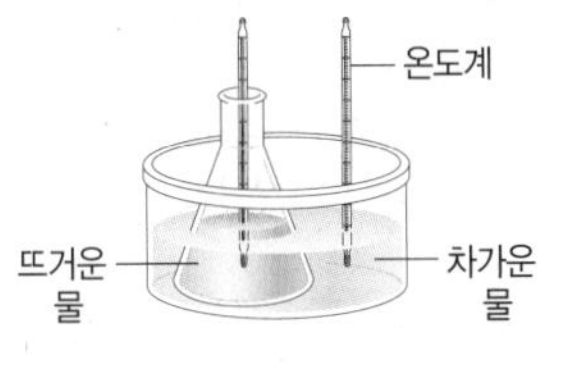

열 : 고온 → 저온, 열평형

05 실내에 냉방기와 난방기를 설치하려고 한다. 이를 효율적으로 사용하기 위해 각각 어떤 위치에 설치하는 것이 좋을지 열의 이동과 관련지어 서술하시오.

대류, 뜨거운 공기 상승, 차가운 공기 하강

06 그림과 같이 스타이로폼 상자로 아이스크림을 포장하면 아이스크림을 오랜 시간 녹지 않게 보관할 수 있는데, 그 까닭을 서술하시오.

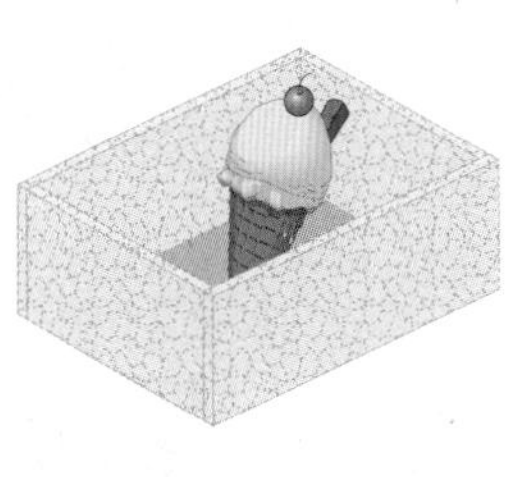

공기, 열의 이동 차단

07 찜질 팩의 속은 물과 같이 비열이 큰 물질로 채워져 있다. 찜질 팩 속에 비열이 큰 물질을 사용하는 까닭을 서술하시오.

비열↑ ⇨ 온도 변화↓

08 그림과 같이 나무로 만든 바퀴에 꼭 맞게 금속 테를 씌우면 바퀴를 튼튼하게 사용할 수 있다. 이때 바퀴에 꼭 맞게 금속 테를 씌울 수 있는 방법을 금속의 열팽창과 관련지어 서술하시오.

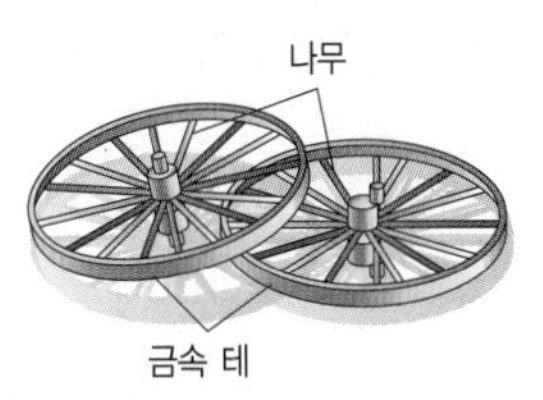

가열 : 부피↑, 냉각 : 부피↓

09 온도에 따라 일정한 비율로 부피가 변하는 액체를 사용한 온도계는 온도에 따라 눈금의 위치가 변한다. 그 까닭을 액체의 열팽창과 관련지어 서술하시오.

온도↑ ⇨ 부피↑, 온도↓ ⇨ 부피↓

재해·재난과 안전

A-ra?

Q. 태풍에 의한 피해 사례는 무엇이고, 대처 방안에는 무엇이 있을까?

1 재해·재난과 안전

- 재해·재난 사례와 관련된 자료를 조사하고, 그 원인과 피해에 대해 과학적으로 분석할 수 있다.
- 과학적 원리를 이용하여 재해·재난에 대한 대처 방안을 세울 수 있다.

❶ 재해·재난

1 재해·재난 : 자연 현상이나 인간의 부주의 등으로 인해 인명과 재산에 피해를 주거나 줄 수 있는 것

2 재해·재난의 종류

(1) **자연 재해·재난** : 자연 현상으로 인해 발생하는 재해·재난

예 지진, 화산 활동, 태풍, 폭설, 황사, 집중 호우, 미세 먼지, 가뭄, 한파, 폭염, 낙뢰, 장마, 홍수, 해일, 적조 등

(2) **사회 재해·재난** : 인간의 부주의나 기술상의 문제 등으로 발생하는 재해·재난

예 감염성 질병 확산, 화학 물질 유출, 운송 수단 사고, 화재, 폭발, 붕괴, 교통사고, 환경 오염 사고 등

❷ 재해·재난의 원인과 피해

1 자연 재해·재난의 원인과 피해

지진	원인	지구 내부의 에너지가 지표로 나오면서 발생한 충격에 의해 땅이 흔들리며 지반이 갈라진다. 규모가 큰 지진일수록 대체로 지진으로 인해 발생하는 피해가 커져!
	피해	• 산사태의 발생 • 건물의 붕괴 또는 화재 발생으로 인한 인명과 재산 피해 • 해저 지진 발생으로 인한 해안 지역의 지진 해일(쓰나미) 피해
화산 활동	원인	마그마가 압력에 의해 지각의 약한 틈을 뚫고 분출한다.
	피해	• 용암에 의한 산불 피해 • 화산 가스에 포함된 유독 물질에 의한 피해 • 화산 폭발 시 충격에 의한 영향으로 지진과 산사태 발생 • 화산재에 의한 농경지, 건물, 교통, 통신 시설의 피해
기상 재해	태풍	• 강한 바람으로 인한 농작물과 시설물의 피해 • 집중 호우로 인한 도로 붕괴 및 산사태 발생
	폭설	짧은 시간 동안 많은 눈이 내려 교통이 통제되고 마을이 고립된다.
	황사	대기 중의 모래 먼지인 황사가 호흡기 질환을 일으키며, 항공과 운수 산업에 피해
	집중 호우	짧은 시간 동안 많은 비가 내려 하천 범람, 산사태, 홍수 등이 발생

메르스(MERS, 중동 호흡기 증후군), 조류 독감, 유행성 눈병, 독감 등을 말해!

2 사회 재해·재난의 원인과 피해

감염성 질병 확산	원인	• 주로 세균, 바이러스 등의 병원체에 의해 발생 • 침, 혈액, 동물, 신체 접촉, 오염된 물이나 식품 등을 통해 사람이나 동물에게 쉽고 빠르게 전파된다. • 병원체의 진화, 모기나 진드기 등의 매개체 증가, 인구 이동, 교통 수단의 발달, 무역 증가 등으로 확산된다.
	피해	• 어느 한 지역에 그치지 않고, 지구적인 규모로 확산하여 많은 사람과 동물에 피해 • 무분별한 개발로 인해 새로운 감염성 질병이 나타난다.
화학 물질 유출	원인	작업자의 부주의, 시설물의 노후화, 관리 소홀, 운송 차량의 사고 등으로 발생
	피해	• 폭발, 화재, 각종 질병 유발, 환경 오염 등의 피해 화학 물질이 호흡기나 피부로 흡수되어 인체에 피해를 주거나 생태계를 파괴해! • 공기를 통해 짧은 시간 동안 넓은 지역까지 영향을 줄 수 있다.
운송 수단 사고		안전 관리 소홀, 안전 규정 무시, 자체 결함 등으로 발생

비타민

자연 재해·재난과 사회 재해·재난
자연 재해·재난은 비교적 넓은 지역에 걸쳐 발생하며 예측이 어려워 예방하기가 쉽지 않지만, 사회 재해·재난은 상대적으로 좁은 범위에서 발생하며 인간의 활동에 의해 발생하므로 예방할 수 있다.

우리나라 계절에 따른 기상 재해

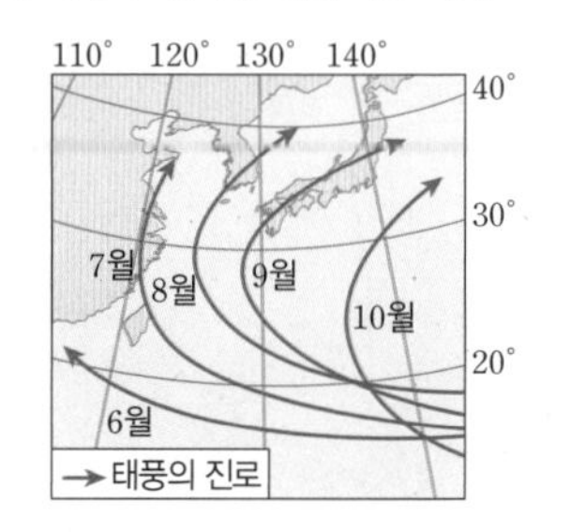

- 태풍 : 주로 7월~9월 사이에 태풍의 경로가 집중
- 황사 : 주로 3월~5월 사이의 봄철에 발생
- 집중 호우 : 주로 초여름에 발생
- 미세 먼지 : 주로 봄, 가을, 겨울에 발생

태풍의 피해
태풍은 진행 방향의 오른쪽 지역이 왼쪽 지역보다 바람이 강하고 강수량도 많아 피해가 크다.

여러 가지 기상 재해의 종류
- 가뭄 : 오랫동안 비가 내리지 않는 현상을 말하며, 생물의 생장을 방해하고 물 부족과 환경적 피해, 경제적 피해를 일으킨다.
- 한파 : 겨울철 기온이 갑자기 내려가는 현상으로, 농작물이 냉해를 입거나 수도 계량기가 얼어서 터지기도 한다.
- 미세 먼지 : 입자 크기가 작은 먼지로, 호흡기 질환이나 피부 질환을 일으킨다.
- 폭염 : 일정 기준 이상으로 기온이 상승하는 현상으로, 가축이 폐사하거나 응급 환자가 발생한다.
- 낙뢰 : 벼락이라고도 하며, 구름과 지표면 사이의 전압 차에 의한 방전 현상을 말한다. 정전, 화재, 전자 장비 고장 등으로 인명과 재산 피해가 발생한다.

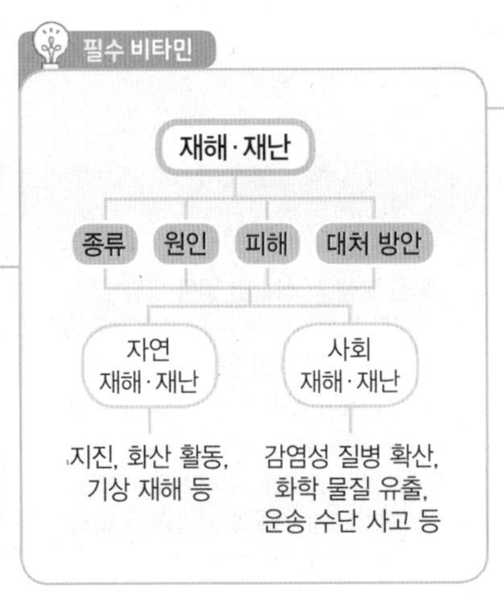

용어 & 개념 체크

❶ 재해·재난

01 재해·재난의 종류에는 자연 현상으로 인해 발생하는 ☐☐ 재해·재난과 인간의 부주의나 기술상의 문제 등으로 발생하는 ☐☐ 재해·재난이 있다.

❷ 재해·재난의 원인과 피해

02 지구 내부의 에너지가 지표로 나오면서 발생한 충격에 의해 산사태나 건물의 붕괴가 일어나는 것을 ☐☐이라고 한다.

03 태풍, 폭설, 황사, 집중 호우 등의 재해는 ☐☐ 재해에 해당한다.

04 감염성 질병은 ☐☐☐가 동물이나 인간에게 침입하여 발생한다.

01 재해·재난에 대한 설명으로 옳은 것은 ○, 옳지 않은 것은 ×로 표시하시오.

(1) 자연 재해·재난은 사회 재해·재난에 비해 상대적으로 좁은 범위에서 발생한다. ( )

(2) 자연 재해·재난은 사회 재해·재난에 비해 예측이 쉬워 예방이 가능하다. ( )

(3) 화재, 폭발, 붕괴, 교통사고 등은 사회 재해·재난에 해당한다. ( )

(4) 해저에서 지진이 발생하면 해수면에 갑작스러운 큰 파도가 발생할 수 있다. ( )

(5) 감염성 질병은 간접적으로는 전파되지 않고, 직접 접촉할 때 확산된다. ( )

02 (가)~(다)는 서로 다른 재해·재난에 의한 피해 사례를 나타낸 것이다.

> (가) 강한 비바람으로 인해 농작물과 시설물 등의 피해가 발생한다.
> (나) 용암이 흐르면서 산불이 발생하며, 인가나 농작물에 직접적인 피해를 입힌다.
> (다) 짧은 시간 동안 비가 내려 하천 범람, 산사태, 홍수 등의 발생으로 인해 인명과 재산 피해가 발생한다.

(가)~(다)의 사례와 관련 있는 재해·재난을 각각 쓰시오.

03 자연 재해·재난과 사회 재해·재난에 해당하는 것을 옳게 연결하시오.

(1) 자연 재해·재난 •

(2) 사회 재해·재난 •

• ㉠ 운송 수단 사고
• ㉡ 황사
• ㉢ 지진
• ㉣ 화학 물질 유출
• ㉤ 감염성 질병 확산

04 다음은 어떤 재해·재난이 일어났을 때 풍식이에게 온 문자의 일부를 나타낸 것이다. 이와 같은 종류의 재해·재난으로 옳은 것을 | 보기 |에서 모두 고르시오.

> [행정안전부] 09월 06일 00시 00분 태풍 경보, 해안지대 접근금지, 선박 대피, 농수산물 보호 행위 자제 등 피해가 없도록 주의 바랍니다.

| 보기 |
ㄱ. 한파　　ㄴ. 폭설　　ㄷ. 집중 호우
ㄹ. 감염성 질병 확산　　ㅁ. 화학 물질 유출

1 재해·재난과 안전

❸ 재해·재난에 대처하는 방안

1 자연 재해·재난에 대처하는 방안

(1) **지진에 대처하는 방안** - 평소에 지진 발생 시 상황별 행동 요령을 숙지하고 있어야 해~

① 큰 가구는 미리 고정하고, 물건을 낮은 곳으로 옮긴다.

② 건물 밖으로 이동할 때 엘리베이터는 전기가 차단되어 갇힐 수 있으므로 계단을 이용하여 대피한다.

③ 땅이 안정한 지역에 건물을 짓고, 지진의 진동에 견딜 수 있는 내진 설계를 한다. - 건물 벽에 대각선으로 지지대를 설치해~

④ 지진 해일 경보가 발령되면 신속하게 높은 곳으로 대피한다. - 지진 또는 지진 해일 발생 시 신속하게 통보할 수 있도록 시스템을 구축해야겠지?

(2) **화산 활동에 대처하는 방안**

① 외출을 자제하고 화산재에 노출되지 않도록 주의한다.

② 문이나 창문을 닫고, 물을 묻힌 수건으로 문의 빈틈이나 환기구를 막는다.

③ 화산 폭발 가능성이 있는 지역에서는 방진 마스크, 손전등, 예비 의약품 등 필요한 물품을 미리 준비한다.

(3) **기상 재해에 대처하는 방안** - 기후에 따라 매년 일정한 시기에 발생하기 때문에 기상 정보를 주의 깊게 듣고 급격하게 바뀌는 진행 상황에 대비해야 해!

구분	대처 방안
태풍·집중 호우	• 비상 용품을 준비한다. • 가스는 사전에 차단한다. • 배수구가 막히지 않았는지 확인한다. - 배수구를 미리 뚫어놔야 침수 피해를 예방할 수 있어! • 바람에 날릴 수 있는 물건은 없는지 확인한다. • 강풍을 대비해 유리창에 테이프를 붙인다. • 침수에 대비하여 가재도구는 높은 곳으로 올린다. - 집안 살림에 쓰이는 여러 물건을 말해~ • 해안가에서는 태풍의 피해를 줄이기 위해 바람막이숲을 조성하거나 모래 방벽을 쌓는다. • 기상 정보를 주의 깊게 듣고 기상 재해의 진행 상황에 따라 알맞게 대피한다. • 선박은 항구에 묶어 놓고, 운행 중인 경우에는 태풍의 이동 경로로부터 멀리 대피한다.
낙뢰	도시의 높은 건물에 피뢰침을 설치하여 낙뢰에 의한 충격 전류를 땅으로 안전하게 흘려보냄으로써 건물 내부로 전류가 흐르지 않도록 해 준다. - 끝이 뾰족한 금속 막대기로 되어 있어~

2 사회 재해·재난에 대처하는 방안

(1) **감염성 질병 확산에 대처하는 방안**

① 깨끗한 물에 손을 자주 씻고, 면역력을 기른다.

② 기침을 할 때는 휴지나 옷소매 등으로 입과 코를 가리며, 기침이 계속될 경우 마스크를 착용한다.

③ 식재료는 흐르는 깨끗한 물에 씻고, 음식은 충분히 익혀서 먹으며, 식수는 끓인 물이나 생수를 사용한다.

④ 해외 여행 후 호흡기 이상, 발열, 구토 등의 증상이 있으면 검역관에게 신고한다.

⑤ 미리 예방 접종을 하고, 호흡기 이상, 발열, 설사 등의 증상이 나타날 때에는 의사의 진료를 받는다.

(2) **화학 물질 유출에 대처하는 방안**

① 사고가 발생한 지역에서 최대한 먼 곳으로 대피한다.

② 유출된 유독 가스가 공기보다 밀도가 큰 경우에는 높은 곳, 작은 경우에는 낮은 곳으로 대피한다.

③ 대피할 때에는 화학 물질이 직접 피부에 닿지 않게 비옷이나 큰 비닐 등으로 몸을 감싸고, 흡입하지 않게 수건, 마스크, 방독면 등으로 코와 입을 가린다. 대피 후에는 옷을 갈아입고, 비눗물로 몸을 씻는다. - 일부 화학 물질은 피부에 접촉했을 때 수포가 생기거나 호흡하면 폐에 손상을 줄 수 있어!

④ 바람이 사고 발생 지역 쪽으로 불 때에는 바람이 불어오는 방향으로 대피하며, 바람이 사고 발생 지역에서 불어올 때에는 바람 방향의 수직인 방향으로 대피한다.

⑤ 외부로 대피할 때는 문과 창문을 닫고, 음식은 밀폐하여 보관한다.

⑥ 외부 공기와 통하는 에어컨, 환풍기 등의 작동을 멈춘다.

(3) **운송 수단 사고에 대처하는 방안** : 운송 수단을 이용할 때에는 안내 방송을 경청하고, 운송 수단의 종류에 따른 대피 방법을 미리 숙지한다. - 빠르고 정확하게 상황을 판단하여 대피해야 해!

비타민

지진 발생 시 상황별 행동 요령
- 지진 발생 시 : 튼튼한 식탁이나 책상 아래로 들어가 몸을 보호한다.
- 큰 진동이 멈춘 후 : 가스와 전기를 차단하여 화재 발생을 방지하고 문을 열어 출구를 확보한 후, 머리를 보호하면서 건물과 거리를 두고 넓은 공간으로 대피한다.
- 대피 장소 도착 후 : 재난 정보를 청취하며, 재난 안내에 따라 행동한다.

바람막이숲

해안가에서 태풍 발생 시 강풍을 막기 위해 조성된 숲

스노의 감염성 질병(콜레라) 대처법
- 콜레라 : 콜레라균에 오염된 음식이나 물을 먹어 발생하는 질병
- 스노는 콜레라가 전염되는 원인을 알아내기 위하여 사망자가 발생한 곳을 지도에 표시했다.
- 환자가 발생한 지역과 지하수 펌프의 위치를 조사하여 특정한 지하수를 먹은 사람들만 콜레라에 걸렸음을 밝혀냈다.
- 지하수의 사용을 통제하여 콜레라의 확산을 막았다.

역학 조사
감염성 질병을 연구하는 의학 분야로, 감염성 질병이 어떤 병원체에 의해 발생했는지, 병원체의 전염 경로가 무엇인지 등 감염성 질병의 인과 관계를 밝혀내는 조사를 말한다.

과학적 원리를 이용한 대처 방안
- 지진과 화산 활동이 자주 발생하는 지역을 연구하여 예보 체계를 갖추기 위해 노력한다.
- 다양한 관측 장비를 이용하여 기상 재해를 비교적 정확하게 예보하고 있다.
- 정부와 지방 자치 단체에서는 재난 및 안전 관리 체제를 확립하고, 이를 통합적으로 관리하여 국민의 안전을 위해 노력하고 있다.

용어 & 개념 체크

3 재해·재난에 대처하는 방안

05 지진 발생 시에는 튼튼한 탁자 □□로 들어가 몸을 피한다.

06 태풍 발생 시에는 가재도구를 □□ 곳으로 올린다.

07 화학 물질 유출 시에는 □□의 방향을 고려해 대피해야 한다.

08 □□□ □□ 확산을 방지하기 위해서는 깨끗한 물에 손을 자주 씻고 면역력을 길러야 하며, 예방 접종을 한다.

05 지진에 대처하는 방안으로 옳은 것은 ○, 옳지 않은 것은 ×로 표시하시오.

(1) 지진 발생 시 물건을 높은 곳으로 옮기고, 문을 열어 출구를 확보한다. ( )

(2) 큰 진동이 멈춘 후 건물 밖으로 이동할 때는 엘리베이터를 이용하여 빠르게 대피한다. ( )

(3) 건물 밖에서는 가방 등으로 머리를 보호하며, 건물 가까이에서 몸을 보호한다. ( )

(4) 대피 장소에 도착한 후에는 재난 정보를 청취하며, 재난 안내에 따라 행동한다. ( )

06 그림은 어떤 재해·재난에 대처하는 방안을 나타낸 것이다. 이와 관련된 재해·재난이 무엇인지 쓰고, 그림과 같이 건물 벽에 지지대를 설치하는 것을 무엇이라고 하는지 쓰시오.

07 다음은 여러 가지 재해·재난에 대처하는 방안에 대한 설명을 나타낸 것이다. 빈칸에 알맞은 말을 쓰시오.

- (㉠)의 피해를 줄이기 위해 해안가에서는 바람막이숲이나 모래 방벽을 조성한다.
- 도시의 높은 건물에 피뢰침을 설치하여 (㉡)에 의한 충격 전류를 땅으로 안전하게 흘려보낸다.

08 여러 가지 재해·재난의 대처 방안으로 옳은 것은 ○, 옳지 않은 것은 ×로 표시하시오.

(1) 화산 폭발 시에는 문이나 창문을 닫고, 물을 묻힌 수건으로 문의 빈틈이나 환기구를 막는다. ( )

(2) 감염성 질병 발생 시에는 기침을 할 때 맨손으로 입과 코를 가려야 한다. ( )

(3) 공기보다 밀도가 큰 유독 가스 유출 시 사고가 발생한 지역보다 낮은 곳으로 대피한다. ( )

(4) 화학 물질 유출 시 사고 발생 지역 쪽으로 바람이 불 때는 바람이 불어오는 방향으로 대피한다. ( )

(5) 운송 수단을 이용할 때는 안내 방송을 경청하고, 운송 수단의 종류에 따른 대피 방법을 미리 숙지한다. ( )

09 다음은 재해·재난에 대처하는 방안에 대한 설명을 나타낸 것이다. 빈칸에 알맞은 말을 쓰시오.

현장에서 올바른 대처 방안을 결정하려면 재해·재난의 원인을 이해하고 과학적인 조사와 연구가 필요하다. 따라서 자연 현상으로 발생하는 재해·재난과 인간 활동으로 발생하는 재해·재난의 조사와 연구로 ( ) 원리를 이용한 대처 방안을 마련하고 대비할 수 있다.

시험에 꼭 나오는 유형 확인!

유형 클리닉

유형 1 재해·재난의 원인과 피해

재해·재난에 대한 설명으로 옳은 것을 모두 고르면?

① 감염성 질병은 넓은 지역으로 퍼져 나가기 어렵다.
② 규모가 작은 지진일수록 지진으로 인해 발생하는 피해가 커진다.
③ 화학 물질 유출 시 매우 넓은 지역까지 짧은 시간 동안에 퍼질 수 있다.
④ 태풍 진행 방향의 왼쪽 지역은 오른쪽 지역보다 바람이 강하고 강수량이 많다.
⑤ 지진이 해저에서 발생하면 바닷물이 해안 지역을 덮치는 지진 해일이 발생할 수 있다.

재해·재난의 종류에는 어떤 것들이 있으며, 그 원인과 피해를 알아두어야 해!

~~①~~ 감염성 질병은 넓은 지역으로 퍼져 나가기 어렵다.
→ 감염성 질병은 쉽고 빠르게 넓은 지역으로 퍼져 나갈 수 있어~

~~②~~ 규모가 작은 지진일수록 지진으로 인해 발생하는 피해가 커진다.
→ 규모는 지진의 강도를 객관적인 수치로 표현한 거야! 규모가 큰 지진일수록 지진으로 발생하는 피해가 커져~

③ 화학 물질 유출 시 매우 넓은 지역까지 짧은 시간 동안에 퍼질 수 있다.
→ 화학 물질 유출로 인한 사고의 특징은 공기를 통해 매우 넓은 지역까지 짧은 시간에 퍼질 수 있다는 점이지!

~~④~~ 태풍 진행 방향의 왼쪽 지역은 오른쪽 지역보다 바람이 강하고 강수량이 많다.
→ 태풍이 진행하는 방향의 왼쪽 지역은 오른쪽 지역에 비해 바람이 약하고 강수량이 적어~

⑤ 지진이 해저에서 발생하면 바닷물이 해안 지역을 덮치는 지진 해일이 발생할 수 있다.
→ 해저 지진 발생으로 인해 해안 지역에 지진 해일(쓰나미)이 일어날 수 있어~ 지진 해일(쓰나미)은 해저 지진으로 인해 해수면에 갑작스럽게 발생하는 큰 파도를 말하지!

답 : ③, ⑤

태풍 진행 방향의 오른쪽은 풍속↑, 강수량↑

유형 2 재해·재난에 대처하는 방안

재해·재난에 대처하는 방안으로 가장 옳은 것은?

① 화산 폭발 시 문이나 창문을 열어 바깥 상황을 계속 확인한다.
② 태풍 발생 시 운행 중인 선박은 태풍의 이동 경로를 따라 대피해야 한다.
③ 건물의 벽이나 창문에 수직으로 지지대를 설치하여 지진 피해를 줄일 수 있다.
④ 지진에 의한 피해를 줄이기 위해서는 큰 가구를 미리 고정하고, 물건을 높은 곳으로 옮겨야 한다.
⑤ 피뢰침을 도시의 높은 건물에 설치하여 낙뢰에 의한 충격 전류를 땅으로 안전하게 흘려보낼 수 있다.

여러 가지 재해·재난에 대처하는 방안을 구분하여 숙지해야 해!

~~①~~ 화산 폭발 시 문이나 창문을 열어 바깥 상황을 계속 확인한다.
→ 화산 폭발 시에는 문이나 창문을 닫고, 물을 묻힌 수건으로 문의 빈틈이나 환기구를 막아야 해~

~~②~~ 태풍 발생 시 운행 중인 선박은 태풍의 이동 경로를 따라 대피해야 한다.
→ 태풍이 발생하면 운행 중인 선박은 태풍의 이동 경로로부터 멀리 대피해야 해!

~~③~~ 건물의 벽이나 창문에 수직으로 지지대를 설치하여 지진 피해를 줄일 수 있다.
→ 지진에 대한 피해를 줄이기 위해서는 건물의 벽이나 창문에 대각선으로 지지대를 설치하는 내진 설계가 필요해~

~~④~~ 지진에 의한 피해를 줄이기 위해서는 큰 가구를 미리 고정하고, 물건을 높은 곳으로 옮겨야 한다.
→ 지진에 의한 피해를 줄이기 위해서는 큰 가구를 미리 고정하고, 물건을 떨어지지 않게 낮은 곳으로 옮겨야 해~

⑤ 피뢰침을 도시의 높은 건물에 설치하여 낙뢰에 의한 충격 전류를 땅으로 안전하게 흘려보낼 수 있다.
→ 낙뢰에 대처하기 위해서는 도시의 높은 건물에 피뢰침을 설치하여 낙뢰에 의한 충격 전류를 땅으로 안전하게 흘려보냄으로써 건물 내부로 전류가 흐르지 않도록 해 주어야 해~

답 : ⑤

태풍은 바람막이숲! 낙뢰는 피뢰침!

1 재해·재난

01 재해·재난에 대한 설명으로 옳은 것을 | 보기 | 에서 모두 고른 것은?

보기
ㄱ. 발생 원인에 따라 자연 재해·재난과 사회 재해·재난으로 구분된다.
ㄴ. 자연 재해·재난은 비교적 넓은 지역에 걸쳐 발생한다.
ㄷ. 사회 재해·재난은 예측이 어려워 예방하기가 쉽지 않다.
ㄹ. 사회 재해·재난은 인간의 부주의로 인해 발생한다.

① ㄱ, ㄴ ② ㄴ, ㄷ ③ ㄷ, ㄹ
④ ㄱ, ㄴ, ㄹ ⑤ ㄴ, ㄷ, ㄹ

2 재해·재난의 원인과 피해

중요
02 재해·재난의 종류를 옳게 짝지은 것은?

① 황사 — 사회 재해·재난
② 화재 — 사회 재해·재난
③ 가뭄 — 사회 재해·재난
④ 붕괴 — 자연 재해·재난
⑤ 환경 오염 사고 — 자연 재해·재난

03 다음은 어떤 재해·재난에 대한 설명을 나타낸 것이다.

• 강한 바람으로 인해 농작물과 시설물이 피해를 입는다.
• 집중 호우를 동반하여 도로 붕괴 및 산사태를 일으킨다.

이에 해당하는 재해·재난으로 가장 알맞은 것은?

① 화산 ② 폭염 ③ 낙뢰
④ 지진 ⑤ 태풍

중요
04 사회 재해·재난에 대한 설명으로 옳은 것을 | 보기 | 에서 모두 고른 것은?

보기
ㄱ. 폭설로 인해 교통이 마비되어 마을이 고립된다.
ㄴ. 화학 물질 유출 시 폭발, 화재, 환경 오염 등의 피해가 발생한다.
ㄷ. 집중 호우로 인해 하천이 범람하고, 그로 인한 인명과 재산 피해가 발생한다.
ㄹ. 운송 수단의 안전 관리가 소홀하거나 안전 규정을 무시할 경우 사고가 발생할 수 있다.

① ㄱ, ㄴ ② ㄱ, ㄷ ③ ㄴ, ㄷ
④ ㄴ, ㄹ ⑤ ㄷ, ㄹ

05 지진의 원인과 피해에 대한 설명으로 옳은 것을 | 보기 | 에서 모두 고른 것은?

보기
ㄱ. 지진은 자연 재해·재난에 해당한다.
ㄴ. 지구 내부의 에너지가 지표로 나오면서 발생한 충격에 의해 발생한다.
ㄷ. 지진의 규모가 클수록 지진으로 인한 피해는 작다.
ㄹ. 해저 지진이 일어나면 해안 지역에 큰 파도가 덮친다.

① ㄱ, ㄴ ② ㄴ, ㄷ ③ ㄷ, ㄹ
④ ㄱ, ㄴ, ㄹ ⑤ ㄴ, ㄷ, ㄹ

3 재해·재난에 대처하는 방안

06 다음은 어떤 재해·재난에 대처하는 방안에 대한 설명을 나타낸 것이다.

• 해외 여행 후에 호흡기 이상, 발열, 구토 등의 증상이 있으면 검역관에게 신고한다.
• 식재료는 흐르는 깨끗한 물에 씻고, 식수는 끓인 물이나 생수를 사용한다.

이에 해당하는 재해·재난으로 옳은 것은?

① 가뭄 ② 미세 먼지
③ 집중 호우 ④ 화학 물질 유출
⑤ 감염성 질병 확산

★중요

07 자연 재해·재난과 그 대처 방안으로 옳지 않은 것을 모두 고르면?

① 태풍 발생 시 항구에 선박을 결박시켜 놓아야 한다.
② 지진에 대비하여 땅이 안정한 지역에 건물을 짓는다.
③ 화산 폭발 시 외출을 자제하고, 화산재에 노출되지 않도록 주의한다.
④ 유행성 눈병의 확산 시 깨끗한 물에 손을 자주 씻고 면역력을 기른다.
⑤ 화학 물질 유출 시 사고 발생 지역에서 최대한 먼 곳으로 대피해야 한다.

08 지진에 대한 대처 방안으로 옳은 것은?

① 가스 밸브를 열고 신속하게 대피한다.
② 산사태의 위험이 있으므로 경사면에서 멀리 떨어진다.
③ 지진이 일어나면 엘리베이터를 이용해 재빨리 건물을 빠져 나온다.
④ 운전 중 지진이 일어나면 차를 세우고 밖으로 나와 가까운 건물 안으로 들어간다.
⑤ 해안가에서 지진이 일어나면 전신주 등으로부터 멀리 떨어진 모래사장으로 대피한다.

09 그림은 어떤 재해·재난에 대한 대처 방안 중 하나를 나타낸 것이다. 이와 같은 방법으로 대피해야 하는 재해·재난으로 가장 옳은 것은?

① 가뭄
② 폭염
③ 황사
④ 감염성 질병 확산
⑤ 공기보다 밀도가 큰 유독 가스의 유출

서술형 문제

10 지진 해일이 발생했을 때 만조 시간과 겹치면 해안 지대의 침수 피해가 매우 크게 나타날 수 있는데, 그 까닭을 서술하시오.

만조 : 해수면 높이↑

11 다음은 어떤 재해·재난의 사례에 대한 설명을 나타낸 것이다.

19세기 말 영국 런던에서 콜레라가 발생하였을 때, 스노(Snow, J.)라는 의사는 콜레라의 근원을 밝혀내기 위해 다음과 같이 콜레라로 인한 사망자가 발생한 곳을 지도에 표시하였다.

콜레라 발생 통계 지도

그 결과, 스노는 특정한 급수 펌프 주변에 사망자가 몰려 있다는 것을 밝혀냈고, 해당되는 급수 펌프의 사용을 통제하여 콜레라의 확산을 막을 수 있었다.

이와 같은 재해·재난의 원인이 무엇인지 두 가지만 쓰시오.

병원체, 매개체, 인구 이동, 교통수단, 무역

12 그림은 태풍이 발생했을 때의 대처 방안에 대한 학생들의 대화를 나타낸 것이다.

제시한 내용이 옳지 않은 학생을 모두 고르고, 각 대처 방안을 옳게 고쳐 서술하시오.

태풍 : 강한 바람, 호우

13 그림은 우리나라를 지나가는 태풍의 월별 이동 경로를 나타낸 것이다. 이에 대한 설명으로 옳은 것을 | 보기 |에서 모두 고른 것은?

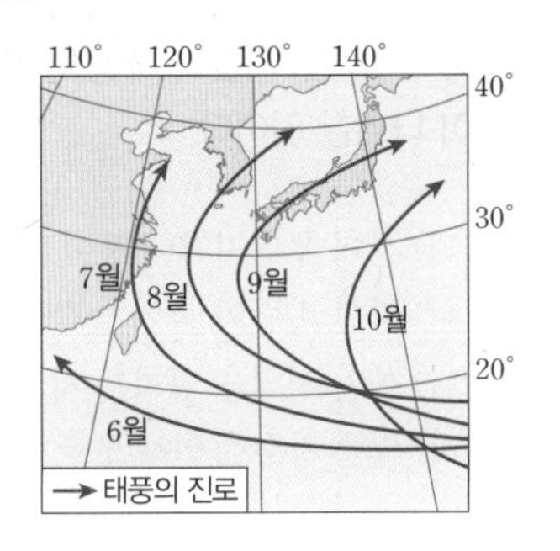

| 보기 |
ㄱ. 태풍은 주로 우리나라의 7월~9월 사이에 집중적으로 나타난다.
ㄴ. 이와 같은 재해는 매년 일정한 시기에 발생한다.
ㄷ. 태풍과 같은 종류의 재해·재난에는 화재, 폭발, 붕괴 등이 있다.

① ㄱ ② ㄷ ③ ㄱ, ㄴ
④ ㄴ, ㄷ ⑤ ㄱ, ㄴ, ㄷ

14 그림 (가)~(라)는 지진 발생 시 행동 요령을 나타낸 것이다.

(가)

(나)

(다)

(라)

(가)~(라)의 행동 요령을 지진 발생 전, 지진 발생 시, 큰 진동이 멈춘 후로 구분한 것으로 옳은 것은?

구분	지진 발생 전	지진 발생 시	큰 진동이 멈춘 후
①	(가)	(나)	(다), (라)
②	(가), (나)	(다)	(라)
③	(나)	(가), (다)	(라)
④	(라)	(가)	(나), (다)
⑤	(라)	(다)	(가), (나)

15 그림과 같이 풍식이가 살고 있는 지역에 화학 물질 유출 사고가 발생하였다.

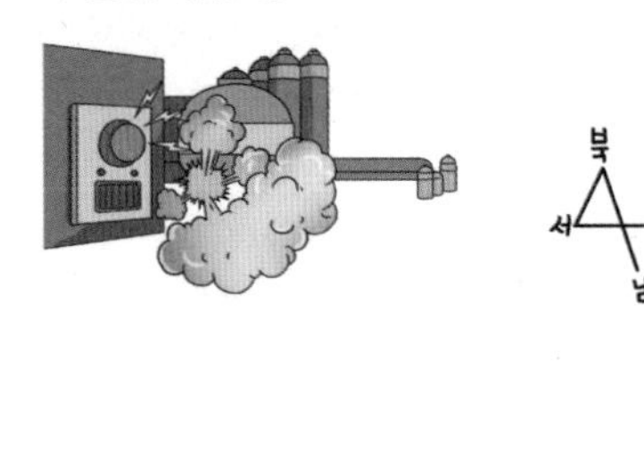

풍식이가 사고 발생 지역으로부터 남동쪽에 있다고 할 때, 풍식이가 대피해야 하는 방향은? (단, 사고 발생 지역에는 남동풍이 불고 있다.)

① 남쪽 ② 남동쪽 ③ 남서쪽
④ 북동쪽 ⑤ 북서쪽

16 다음은 어떤 재해·재난에 대한 설명을 나타낸 것이다.

> 이 질병은 코로나 바이러스 감염으로 인한 질환으로, 중동 지역의 아라비아 반도를 중심으로 감염 환자가 발생하였다. 명확한 감염원과 감염 경로는 확인되지 않았으나, 중동 지역의 낙타와의 접촉을 통해 감염될 가능성이 높고 사람 간 직접 접촉에 의한 전파가 가능하다고 보고되었다.

이와 같은 재해·재난에 대한 설명으로 옳은 것을 | 보기 |에서 모두 고른 것은?

| 보기 |
ㄱ. 예방 접종을 한다.
ㄴ. 병원체의 확산 경로를 차단한다.
ㄷ. 해외 여행객은 귀국 시 이상 증상이 나타날 경우 집에서 충분히 휴식을 취한다.

① ㄱ ② ㄷ ③ ㄱ, ㄴ
④ ㄴ, ㄷ ⑤ ㄱ, ㄴ, ㄷ

단원 종합 문제 CT

01 (가)~(라)는 자연 재해·재난과 사회 재해·재난에 대한 설명을 순서 없이 나타낸 것이다.

(가) 상대적으로 넓은 지역에 걸쳐 발생한다.
(나) 지진, 폭설, 화산 활동 등이 포함된다.
(다) 주로 인간의 활동에 의해 발생한다.
(라) 상대적으로 좁은 범위에서 발생하지만 넓은 지역으로 퍼져 나가 피해를 입히기도 한다.

(가)~(라)를 자연 재해·재난과 사회 재해·재난으로 옳게 짝지은 것은?

	자연 재해·재난	사회 재해·재난
①	(가)	(나), (다), (라)
②	(가), (나)	(다), (라)
③	(나), (다)	(가), (라)
④	(나), (라)	(가), (다)
⑤	(나), (다), (라)	(가)

02 그림은 어떤 재해·재난의 피해를 받고 있는 상황을 나타낸 것이다.

이에 대한 설명으로 옳은 것을 |보기|에서 모두 고른 것은?

보기
ㄱ. 태풍에 동반되어 나타나는 현상이다.
ㄴ. 하천이 범람하고, 산사태가 발생할 수 있다.
ㄷ. 주로 우리나라의 여름철에 발생하는 현상이다.

① ㄱ ② ㄴ ③ ㄱ, ㄷ
④ ㄴ, ㄷ ⑤ ㄱ, ㄴ, ㄷ

03 감염성 질병 확산에 대한 원인과 피해에 대한 설명으로 옳지 않은 것은?

① 악수나 기침 등 사람이 직접 접촉할 때 더 쉽게 전파된다.
② 교통수단의 발달이나 무역 증가 등으로도 확산될 수 있다.
③ 공기나 물, 음식물 등을 통해 간접적으로도 전파될 수 있다.
④ 상대적으로 넓은 지역으로 퍼지기 어려우므로 예방하기 쉽다.
⑤ 야생동물에게만 발생하던 질병이 인간에게 감염될 수도 있다.

04 다음은 지진과 태풍의 피해 사례에 대한 설명을 순서 없이 나열한 것이다.

(가) 산이 무너지거나 땅이 갈라졌다.
(나) 강한 바람이 불어 농작물이 피해를 입었다.
(다) 해안 지역을 덮치는 지진 해일이 발생하였다.
(라) 많은 강수로 인해 도로가 무너지고 산사태가 일어났다.

지진과 태풍의 피해 사례를 옳게 짝지은 것은?

	지진	태풍
①	(가), (나)	(다), (라)
②	(가), (다)	(나), (라)
③	(나), (다)	(가), (라)
④	(나), (라)	(가), (다)
⑤	(다), (라)	(가), (나)

05 다음은 우리나라에서 발생한 두 지진에 대한 설명을 나타낸 것이다.

(가) 2007년 1월 20일에 강원도 지역에서 발생한 규모 4.8의 지진에 의해 평창군과 강릉시에서는 노후 건물 벽면에 균열이 생기거나 건물 외벽 타일이 떨어지는 등의 피해가 발생했다.
(나) 2017년 11월 15일에 포항에서 발생한 규모 5.4의 지진에 의해 92명이 다쳤고 공공·사유 시설 약 2만 7000곳이 피해를 입었다. 주택 파손도 많이 발생해 1700여 명의 이재민이 대피소에서 생활했다.

이에 대한 설명으로 옳은 것을 |보기|에서 모두 고른 것은?

보기
ㄱ. (가)와 같이 지진으로 인한 건물의 붕괴에 미리 대처하기 위해서는 내진 설계를 해야 한다.
ㄴ. 지진은 지구 내부의 급격한 변동에 의해 생긴 에너지가 밖으로 나오면서 땅이 흔들리는 현상이다.
ㄷ. (나)보다 (가)로 인해 발생하는 피해가 크다.

① ㄱ ② ㄷ ③ ㄱ, ㄴ
④ ㄴ, ㄷ ⑤ ㄱ, ㄴ, ㄷ

06 화산 활동에 의한 재해·재난에 대한 설명으로 옳은 것을 | 보기 |에서 모두 고른 것은?

| 보기 |
ㄱ. 화산 폭발 시 화산재에 노출되지 않도록 주의한다.
ㄴ. 화산 가스에 포함된 유독 물질에 의해 피해를 입을 수 있다.
ㄷ. 화산 폭발의 충격에 의해 지진과 산사태가 발생할 수 있다.
ㄹ. 화산 폭발이 일어나면 문이나 창문을 모두 열어야 한다.

① ㄱ, ㄴ ② ㄴ, ㄷ ③ ㄷ, ㄹ
④ ㄱ, ㄴ, ㄷ ⑤ ㄱ, ㄴ, ㄹ

07 그림은 어떤 재해·재난에 대처하기 위한 방안으로 해안가에 조성된 바람막이숲을 나타낸 것이다. 이에 해당하는 재해·재난에 대한 설명으로 옳은 것을 | 보기 |에서 모두 고른 것은?

| 보기 |
ㄱ. 사회 재해·재난에 대한 대처 방안이다.
ㄴ. 이 재해·재난에 대처하는 또 다른 방안은 모래 방벽을 쌓는 것이다.
ㄷ. 이 재해·재난의 발생 시 실내에서는 강풍을 대비해 유리창에 테이프를 붙인다.

① ㄱ ② ㄴ ③ ㄷ
④ ㄱ, ㄷ ⑤ ㄴ, ㄷ

08 풍돌이는 재해·재난에 대처하는 방안을 실천하기 위해 물건을 옮기려고 한다. 물건을 (A)<u>높은 곳으로 옮겨야 하는 경우</u>와 (B)<u>낮은 곳으로 옮겨야 하는 경우</u>를 옳게 짝지은 것은?

	(A)	(B)
①	지진에 대비하는 경우	태풍에 대비하는 경우
②	황사에 대비하는 경우	폭설에 대비하는 경우
③	폭설에 대비하는 경우	화산 폭발에 대비하는 경우
④	태풍에 대비하는 경우	지진에 대비하는 경우
⑤	화산 폭발에 대비하는 경우	황사에 대비하는 경우

09 최근 들어 우리나라는 대기 중 모래 먼지인 황사의 피해를 많이 받고 있다. 이에 대한 설명으로 옳은 것을 | 보기 |에서 모두 고른 것은?

| 보기 |
ㄱ. 우리나라에는 주로 봄철에 발생한다.
ㄴ. 황사 경보 발령 즉시 밖으로 대피한다.
ㄷ. 외출 후 귀가 시 손발을 깨끗이 씻는다.
ㄹ. 기관지염, 천식 등 호흡기 질환을 일으킬 수 있다.

① ㄱ, ㄴ ② ㄴ, ㄹ ③ ㄷ, ㄹ
④ ㄱ, ㄷ, ㄹ ⑤ ㄴ, ㄷ, ㄹ

10 다음은 어떤 재해·재난에 대한 설명을 나타낸 것이다.

인플루엔자는 계절마다 수천에서 수만 명이 사망하는 유행성 독감을 전 세계에 걸쳐 일으킨다. 여러 해에 걸쳐 일어난 전 세계적 유행성 독감으로 인해 백만 여 명이 사망했다. 20세기에는 새로운 인플루엔자에 의한 독감의 세계적 유행이 세 번 있었으며, 이 때문에 수천 만 명에 이르는 사람들이 사망했다.

이러한 재해·재난이 발생하고 확산되는 원인으로 옳지 <u>않은</u> 것은?

① 무역 증가
② 병원체의 진화
③ 교통수단의 발달
④ 인구 이동의 감소
⑤ 모기나 진드기 등의 매개체 증가

11 다음은 서로 다른 재해·재난에 대한 설명을 순서 없이 나타낸 것이다.

(가) 비누를 사용하여 흐르는 깨끗한 물에 손을 자주 씻는다.
(나) 강풍을 대비해 유리창에 테이프나 안전 필름을 붙인다.
(다) 주로 3월에서 5월 사이의 봄철에 발생한다.

(가)~(다)에 해당하는 재해·재난을 가장 옳게 짝지은 것은?

	(가)	(나)	(다)
①	감염성 질병 확산	태풍	황사
②	감염성 질병 확산	황사	집중 호우
③	태풍	황사	미세 먼지
④	화학 물질 유출	집중 호우	감염성 질병 확산
⑤	화학 물질 유출	집중 호우	태풍

12 다음은 우리나라에서 일어난 재해·재난 사례에 대한 설명을 나타낸 것이다.

> 2013년 우리나라의 한 실리콘 공장에서 탱크 안에 보관 중이던 ㉠ 염산이 누출되는 사고가 발생하였다. 사고는 연일 계속되는 한파로 인해 염산 저장 탱크의 밸브가 파손되어 200톤 가량이 유출된 것으로 추정되고 있다.

㉠과 같은 재해·재난 발생 시 대처 방안으로 옳지 않은 것은?

① 대피할 때는 옷이나 손수건 등으로 코와 입을 감싼다.
② 대피 후에는 옷을 갈아입고, 비누로 몸을 깨끗하게 씻는다.
③ 실내로 대피한 경우 문과 창문을 열어 환기시켜야 한다.
④ 대피할 때는 가능한 비옷이나 큰 비닐 등으로 몸을 감싸서 직접 피부에 닿지 않도록 한다.
⑤ 짧은 시간 동안에 넓은 지역까지 영향을 줄 수 있으므로, 유출된 장소에서 최대한 멀리 벗어나야 한다.

13 그림과 같이 화학 물질 유출로 인해 대피할 경우에는 수건, 마스크, 방독면 등으로 코나 입을 가린다. 이와 같이 대처하는 까닭으로 옳은 것을 보기 에서 모두 고른 것은?

> **보기**
> ㄱ. 기침으로 인해 전염될 가능성을 방지하기 위해서이다.
> ㄴ. 화학 물질이 호흡기에만 영향을 미치기 때문이다.
> ㄷ. 화학 물질이 기체로 누출되는 경우에는 호흡을 통해 인체에 쉽게 들어가 피해를 끼치기 때문이다.

① ㄱ ② ㄷ ③ ㄱ, ㄴ
④ ㄴ, ㄷ ⑤ ㄱ, ㄴ, ㄷ

14 그림과 같이 화학 물질 유출 사고가 발생한 지역에서 북서풍이 불고 있다. A~D 중 안전한 곳으로 대피하기 위해 이동해야 하는 방향은?

① A ② C ③ A, B
④ B, D ⑤ C, D

15 그림은 어떤 재해·재난에 대한 대처 방안으로 창문을 닫는 모습을 나타낸 것이다. 이와 같은 대처가 필요한 재해·재난으로 옳은 것을 모두 고르면?

① 지진
② 화산 폭발
③ 감염성 질병
④ 화학 물질 유출
⑤ 운송 수단 사고

16 운송 수단 사고에 대한 설명으로 옳은 것을 보기 에서 모두 고른 것은?

> **보기**
> ㄱ. 운송 수단 사고는 대부분 피해의 규모가 작다.
> ㄴ. 운송 수단의 종류에 따른 대피 방법을 숙지하고 있어야 한다.
> ㄷ. 운송 수단 이용 시에는 안내 방송을 주의 깊게 들어야 한다.
> ㄹ. 안전 관리 소홀, 안전 규정 무시, 자체 결함 등으로 인해 발생한다.

① ㄱ, ㄴ ② ㄴ, ㄷ ③ ㄷ, ㄹ
④ ㄱ, ㄴ, ㄷ ⑤ ㄴ, ㄷ, ㄹ

17 재해·재난 발생 시 과학적 원리를 이용한 대처 방안에 대한 설명으로 옳은 것을 보기 에서 모두 고른 것은?

> **보기**
> ㄱ. 다양한 관측 장비를 이용하여 기상 재해를 비교적 정확하게 예보하고 있다.
> ㄴ. 지진과 화산 활동이 자주 발생하는 지역을 연구하여 예보 체계를 갖추기 위해 노력한다.
> ㄷ. 정부와 지방 자치 단체에서는 재난 및 안전 관리 체제를 확립하고, 이를 통합적으로 관리하여 국민의 안전을 위해 노력하고 있다.

① ㄱ ② ㄷ ③ ㄱ, ㄴ
④ ㄴ, ㄷ ⑤ ㄱ, ㄴ, ㄷ

서술형·논술형 문제

정답과 해설 60쪽

01 그림과 같이 해저에서 지진이 발생하여 큰 파도가 해안가를 덮치는 현상을 지진 해일(쓰나미)이라고 한다. 지진 해일 발생 시 대처하는 방안을 서술하시오.

높은 곳

02 그래프는 2011년~2016년 사이 우리나라의 지진 발생 횟수를 나타낸 것이다. 이와 같이 우리나라의 지진 발생 횟수는 계속해서 증가하고 있는 추세이다.

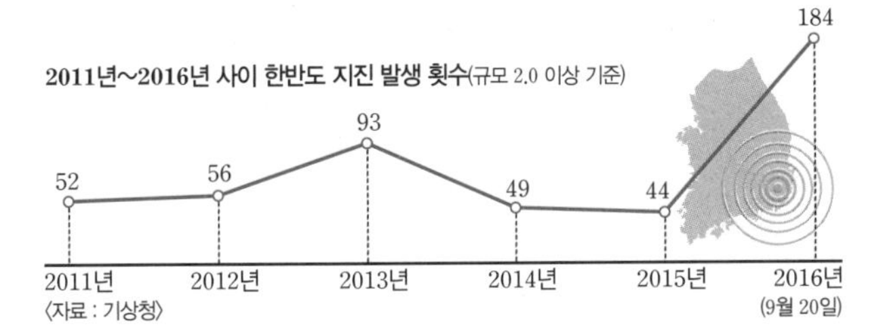

이에 대처하기 위해서 사전에 대비할 수 있는 방안으로는 어떤 것이 있는지 한 가지 이상 서술하시오.

고정, 낮은 곳, 내진 설계

03 그림은 미세 먼지 배출원별 기여도를 나타낸 것이다.

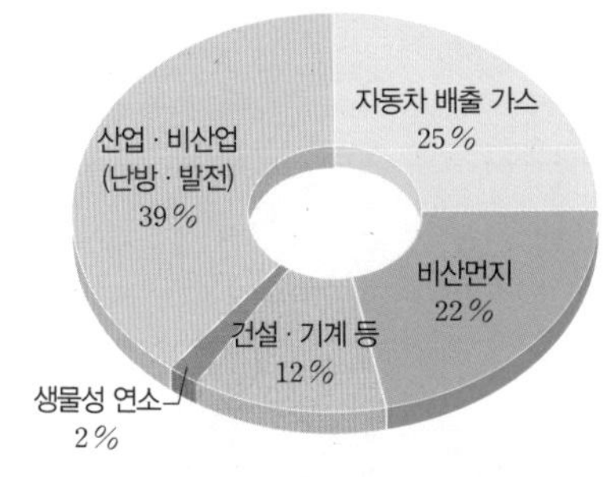

미세 먼지를 줄이기 위해 가정과 정부에서의 대처 방안을 서술하시오.

에너지 절약, 대중교통

04 그림과 같이 도시의 높은 건물에 뾰족한 금속 막대기를 세워 낙뢰의 피해를 막는다. 이를 무엇이라고 하는지 쓰고, 이 장치가 낙뢰의 피해를 막는 원리를 서술하시오.

전류

05 신라시대 때부터 우리나라에서는 오랫동안 비가 오지 않을 때에 비가 오기를 바라며 제사를 지내는 기우제라는 풍습이 있다.

오랫동안 비가 오지 않으면 어떤 재해·재난이 발생하는지 쓰고, 우리에게 어떤 피해를 주는지 서술하시오.

생물 생장, 환경적 피해

06 그림 (가)와 (나)는 재해·재난의 피해 모습을 나타낸 것이다.

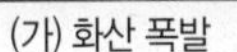
(가) 화산 폭발

(나) 태풍

(가)와 (나)를 자연 재해·재난과 사회 재해·재난으로 구분하고, 각각의 대처 방안을 한 가지씩 서술하시오.

화산재, 강풍, 침수

MEMO

백점 맞는
핵심노하우가
들어있는

백점의 신

백신과학

중등 2-2

부록

- 5분 테스트
- 수행 평가 대비
- 중간·기말고사 대비

부록

수행평가 대비

- 5분 테스트
- 서술형·논술형 평가
- 창의적 문제 해결 능력
- 탐구 보고서 작성

중간 기말고사 대비

- 중단원 개념 정리 & 학교 시험 문제 & 서술형 문제
- 시험 직전 최종 점검

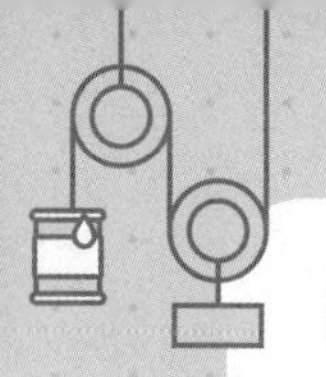

5분 테스트

01 소화

Ⅴ. 동물과 에너지

정답과 해설 62쪽

이름　　날짜　　점수

1 각 그림에 해당하는 동물의 구성 단계를 쓰시오.

❶ (　　　) ❷ (　　　) ❸ (　　　) ❹ (　　　) ❺ (　　　)

2 표는 우리 몸에 필요한 영양소를 정리한 것이다. 빈칸에 알맞은 말을 쓰시오.

주영양소	❶ (　　　), 단백질, ❷ (　　　)	에너지원으로 사용된다.
❸ (　　　)	무기염류, ❹ (　　　), ❺ (　　　)	에너지원으로 사용되지 않는다.

3 영양소와 그 영양소를 검출하는 데 사용하는 검출 용액을 옳게 연결하시오.

❶ 베네딕트 용액 •　　• ㉠ 포도당
❷ 수단 Ⅲ 용액 •　　• ㉡ 단백질
❸ 뷰렛 용액 •　　• ㉢ 녹말
❹ 아이오딘－아이오딘화 칼륨 용액 •　　• ㉣ 지방

4 (　　　)는 음식물로 섭취한 영양소를 체내에서 흡수할 수 있는 크기의 작은 물질로 분해하는 과정이다.

5 음식물 속의 큰 영양소는 (　　　)을 통과할 수 없기 때문에 소화를 통해 작게 분해되어야 한다.

6 입에서는 (　　　)에 들어 있는 (　　　)에 의해 (　　　)이 엿당으로 분해된다.

7 (　　　)은 위액에 들어 있는 강한 산성 물질로, (　　　)을 활성화시키고, 음식물 속의 세균을 죽이는 역할을 한다.

8 (　　　)은 십이지장으로 분비되는 소화액으로, 주영양소를 분해하는 소화 효소가 모두 들어 있다.

9 소화 과정에 대한 설명으로 옳은 것은 ○, 옳지 않은 것은 ×로 표시하시오.

❶ 식도에서는 소화 효소가 별도로 분비되지는 않고, 꿈틀 운동을 통해 음식물을 이동시킨다. ( )
❷ 장액에는 주영양소를 분해하는 소화 효소가 모두 들어 있다. ( )
❸ 쓸개즙에는 소화 효소는 없으나 지방을 작은 덩어리로 쪼개어 지방의 소화를 돕는다. ( )
❹ 주영양소 중 우리 몸에서 가장 먼저 소화가 시작되는 것은 단백질이다. ( )

10 그림은 소장에 있는 융털의 구조를 나타낸 것이다. 빈칸에 알맞은 기호와 이름을 쓰시오.

수용성 영양소는 융털의 ❶ (　　　)을 통해 흡수되고, 지용성 영양소는 융털의 ❷ (　　　)을 통해 흡수된다.

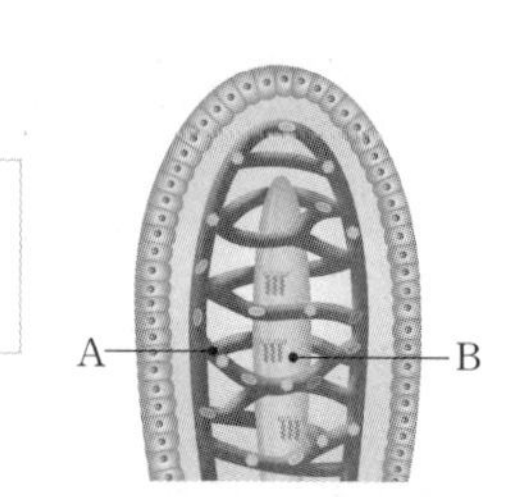

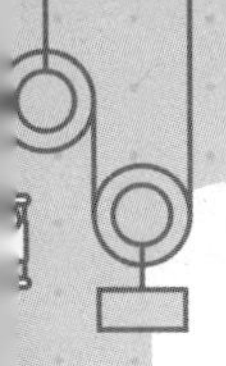

이름 날짜 점수

1 심장은 주먹 크기의 근육질 주머니로, 2개의 (　　)과 2개의 (　　)로 이루어져 있으며, 이 중 근육이 가장 두꺼운 것은 (　　)이다.

2 그림은 사람의 심장을 나타낸 것이다. A~D의 이름을 쓰시오.

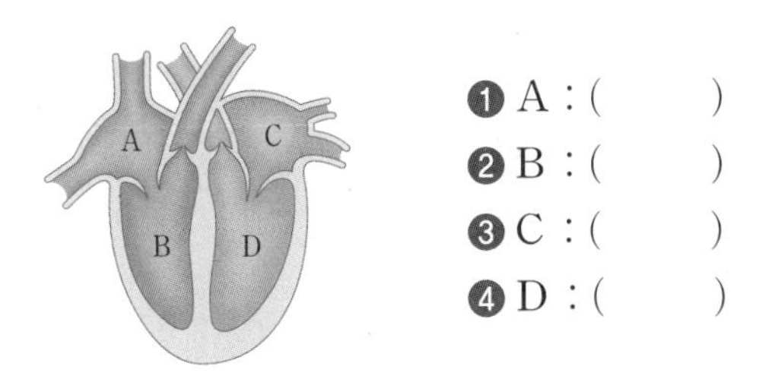

❶ A : (　　)
❷ B : (　　)
❸ C : (　　)
❹ D : (　　)

3 좌심실은 (　　)과 연결되어 혈액을 (온몸, 폐)(으)로 보내며, 우심실은 (　　)과 연결되어 혈액을 (온몸, 폐)(으)로 보낸다.

4 좌심방과 연결된 혈관은 (　　)으로, 우심방과 연결된 (　　)보다 산소의 농도가 (높, 낮)은 혈액이 흐른다.

5 (　　)은 혈액의 역류를 방지하기 위한 구조로, 혈액이 정상으로 흐르면 (열리고, 닫히고) 혈액이 거꾸로 흐르면 (열린다, 닫힌다).

6 (　　)은 심장에서 나가는 혈액이 흐르는 혈관이고, (　　)은 심장으로 들어오는 혈액이 흐르는 혈관이며, 이 둘을 (　　)이 연결한다.

7 혈관의 특징에 대해 동맥, 정맥, 모세 혈관을 비교하시오.
❶ 혈관 벽의 두께 : (　　)>(　　)>(　　)
❷ 혈류 속도 : (　　)>(　　)>(　　)
❸ 총 단면적 : (　　)>(　　)>(　　)

8 (　　)는 혈액의 세포 성분 중 유일하게 핵이 있는 혈구로, 병원체를 잡아먹는 (　　) 작용을 한다.

9 (　　)은 혈액의 세포 성분 중 크기가 가장 작으며, 출혈이 일어났을 때 멈추게 하는 (　　) 작용을 한다.

10 혈액은 (폐순환, 온몸 순환)을 통해 (산소, 이산화 탄소)를 얻고, 그것을 (온몸 순환, 폐순환)을 통해 온몸에 공급한다.

5분 테스트

03 호흡

V. 동물과 에너지

정답과 해설 62쪽

이름 날짜 점수

1 (　　　　)은 목구멍에서 폐까지 이어지는 긴 관으로, 벽에는 섬모와 점액이 있어 세균 등의 이물질을 걸러낸다.

2 폐는 가슴 속 좌우에 한 개씩 있으며, (　　　　)와 (　　　　)으로 둘러싸인 흉강 안에 존재하는 호흡 기관이다.

3 폐는 (　　　　)이 없어 스스로 운동하지 못하므로 (　　　　)와 (　　　　)의 상하 운동을 통해 (　　　　)의 부피를 조절함으로써 호흡 운동을 한다.

4 (　　　　)는 폐의 기능적 단위로, 겉을 (　　　　)이 둘러싸고 있으며, 폐포와 모세 혈관 사이에서 (　　　　)와 (　　　　)의 교환이 이루어진다.

5 폐의 부피가 늘어나면 폐 내부의 (　　　　)이 (높아, 낮아)져 몸 밖에서 폐로 공기가 들어온다.

6 표는 날숨 시 우리 몸의 변화를 정리한 것이다. 빈칸에 알맞은 말을 쓰시오.

갈비뼈	가로막	흉강의 부피	흉강의 압력	폐의 부피	폐 내부의 압력	공기의 이동
❶	❷	❸	❹	❺	❻	❼

7 그림은 호흡 운동 실험 장치를 나타낸 것이다. 각 부분이 우리 몸에서 의미하는 것을 쓰시오.

❶ Y자 유리관 : (　　　　)
❷ 유리병 속 : (　　　　)
❸ 고무풍선 : (　　　　)
❹ 고무 막 : (　　　　)

8 기체 교환은 기체의 (　　　) 차이에 의한 (　　　)을 통해 이루어진다.

9 기체 교환에 대한 설명으로 옳은 것은 ○, 옳지 않은 것은 ×로 표시하시오.

❶ 혈액의 구성 성분 중 산소를 운반하는 것은 적혈구이다. (　　)
❷ 정맥혈은 폐의 모세 혈관을 지나면서 동맥혈로 바뀐다. (　　)
❸ 조직과 기체 교환을 하는 모세 혈관은 대동맥과 대정맥을 연결해 주는 혈관이다. (　　)
❹ 기체는 농도가 낮은 곳에서 높은 곳으로 이동한다. (　　)

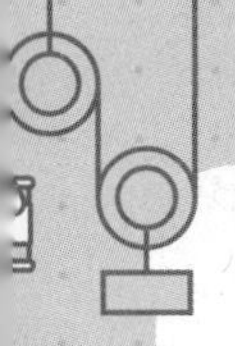

5분 테스트

04 배설

Ⅴ. 동물과 에너지

정답과 해설 62쪽

이름 날짜 점수

1 (　　)은 (　　　) 결과 생긴 노폐물을 오줌, 날숨 등의 형태로 몸 밖으로 내보내는 과정이다.

2 단백질이 분해될 때 생기는 (　　　)는 독성이 강하므로 (　　)으로 운반되어 독성이 약한 (　　)로 바뀐 다음 콩팥에서 오줌으로 나간다.

3 그림은 콩팥의 일부분을 나타낸 것이다. A~D의 이름을 쓰시오.

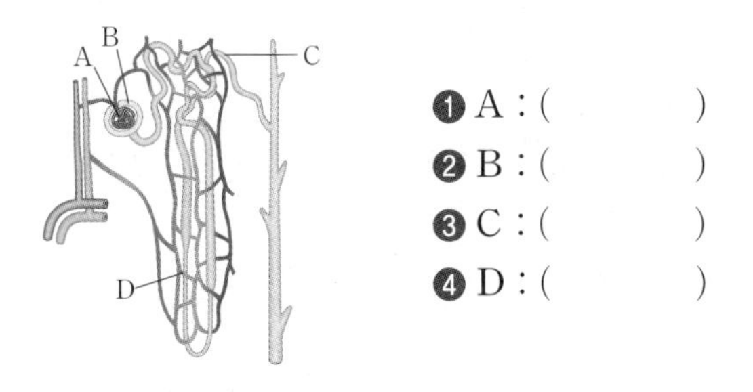

❶ A : (　　　)
❷ B : (　　　)
❸ C : (　　　)
❹ D : (　　　)

4 다음은 오줌의 배설 경로를 정리한 것이다. 빈칸에 알맞은 말을 쓰시오.

❶ (　　　) ⟶ 사구체 ⟶ 모세 혈관 ⟶ 콩팥 정맥
여과 ↓ ❷ (　　) ↑↓ ❸ (　　)
보먼주머니 ⟶ 세뇨관 ⟶ 콩팥 깔때기 ⟶ ❹ (　　　) ⟶ 방광 ⟶ 요도 ⟶ 몸 밖

5 혈액 속 포도당, 아미노산, 요소 등 크기가 작은 물질이 물과 함께 사구체에서 보먼주머니로 이동하는 현상을 (　　)라고 한다.

6 혈액 속의 (　　)이나 (　　), 지방과 같이 크기가 큰 물질은 여과되지 않는다.

7 (　　)란 여과액 중에 우리 몸에 필요한 영양소가 (　　)에서 (　　　)으로 이동하는 현상을 말한다. 이때 (　　)과 (　　　)은 모두 재흡수되며, (　　), (　　　) 등은 필요량만큼 재흡수된다.

8 (　　　)은 산소를 이용하여 영양소를 분해하고, 생활에 필요한 에너지를 얻는 과정이다.

9 각 기관계의 역할을 | 보기 |에서 모두 고르시오.

| 보기 |
ㄱ. 산소 흡수　　ㄴ. 물과 요소 배설　　ㄷ. 이산화 탄소 배출
ㄹ. 산소와 영양소 운반　　ㅁ. 이산화 탄소와 노폐물 운반　　ㅂ. 영양소의 소화 및 흡수

❶ 호흡계 : (　　　)　　❷ 소화계 : (　　　)
❸ 순환계 : (　　　)　　❹ 배설계 : (　　　)

5분 테스트

01 물질의 특성 (1)

정답과 해설 62쪽

이름 날짜 점수

1 물질은 몇 가지 종류로 이루어져 있는지를 기준으로 (   )과 혼합물로 나뉜다.

2 한 종류의 물질로만 이루어진 물질을 | 보기 |에서 모두 고르시오.

| 보기 |
ㄱ. 산소 ㄴ. 수소 ㄷ. 공기 ㄹ. 황산 구리
ㅁ. 합금 ㅂ. 구리 ㅅ. 증류수 ㅇ. 염화 나트륨 수용액

(   )

3 두 가지 이상의 원소로 이루어진 순물질은 성분 물질과 (같은, 다른) 성질을 갖는다.

4 혼합물은 성분 물질이 고르게 섞여 있는 (   )과 고르지 않게 섞여 있는 (   )로 나뉜다.

5 순물질은 (일정한, 다양한) 녹는점과 끓는점을 갖고, 혼합물은 (일정한, 다양한) 녹는점과 끓는점을 갖는다.

6 겨울철 도로에 쌓인 눈에 염화 칼슘을 뿌려주면 (   )이 (낮아, 높아)지면서 눈이 녹는다.

7 밀도는 단위 (부피, 질량)당 물질의 (부피, 질량)이다.

8 다음 그래프를 완성하시오.

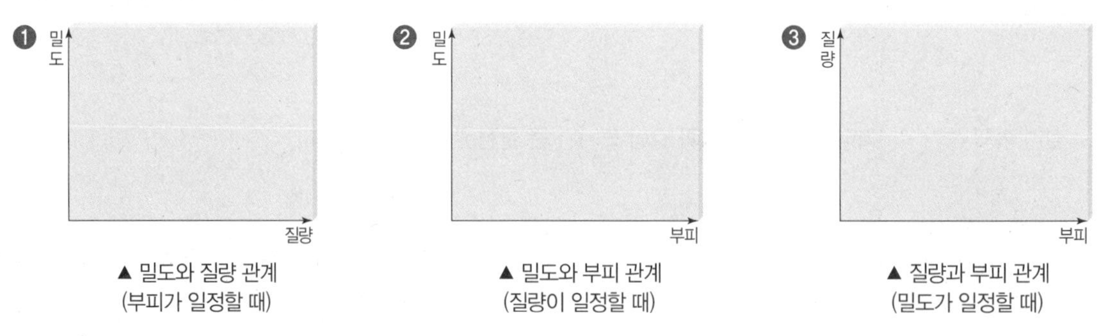

▲ 밀도와 질량 관계 (부피가 일정할 때)

▲ 밀도와 부피 관계 (질량이 일정할 때)

▲ 질량과 부피 관계 (밀도가 일정할 때)

9 다음은 물질의 상태에 따른 밀도의 대소 관계를 나타낸 것이다. 빈칸에 알맞은 말을 쓰시오.

❶ 대부분의 물질 : (   )≪(   )<(   )

❷ 물 : (   )≪(   )<(   )

10 오른쪽 그림을 참고하여 각 물질의 밀도를 부등호를 이용하여 비교하시오.

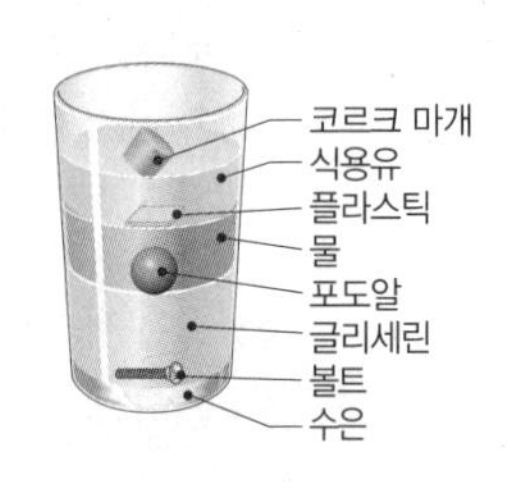

5분 테스트

02 물질의 특성 (2)

Ⅵ. 물질의 특성

정답과 해설 62쪽

이름 날짜 점수

1 다른 물질에 녹는 물질을 ( ), 다른 물질을 녹이는 물질을 ( )라고 한다.

2 용해도 곡선을 기준으로 곡선 상에 위치한 용액은 ( ), 곡선의 아래쪽에 위치한 용액은 ( )이다.

3 용해도란 일정한 온도에서 (용액, 용매) 100 g에 최대로 녹을 수 있는 ( )의 g 수를 말한다.

4 용해도는 용매의 종류가 변하면 (달라진다, 일정하다).

5 그림은 압력과 온도에 따른 기체의 용해도를 알아보기 위해 같은 양의 탄산음료가 담긴 시험관을 다른 조건으로 처리한 실험을 나타낸 것이고, 표는 이 실험의 결과를 나타낸 것이다. (단, 괄호 속의 ＋는 기체 발생량을 의미한다.)

얼음물

상온의 물

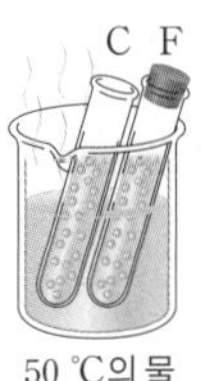

50 ℃의 물

구분	얼음물	상온의 물	50 ℃의 물
마개 (×)	A(++)	B(+++)	C(++++)
마개 (○)	D(+)	E(++)	F(+++)

❶ 기체의 용해도와 압력의 관계를 알아보기 위해서는 A와 ( ), 혹은 B와 ( ), 혹은 C와 ( )의 시험관을 비교해야 한다.

❷ 실험 결과를 통해 기체의 용해도는 ( )이 높아질수록, ( )가 낮아질수록 증가한다는 것을 알 수 있다.

6 녹는점은 ( )가 ( )로 변하기 시작하는 온도를 말하고, 어는점은 ( )가 ( )로 변하기 시작하는 온도를 말한다.

7 물질을 가열하는 불꽃의 세기가 달라지면 끓는점까지 도달하는 ( )이 달라진다.

8 녹는점을 이용하는 원리가 다른 것을 | 보기 |에서 고르시오.

| 보기 |

ㄱ. 필라멘트　　ㄴ. 퓨즈　　ㄷ. 우주선의 본체

ㄹ. 전자레인지용 그릇　　ㅁ. 방화복　　ㅂ. 거푸집

( )

9 외부 압력이 높아지면 끓는점은 (낮아지고, 일정하고, 높아지고), 외부 압력이 낮아지면 끓는점은 (낮아진다, 일정하다, 높아진다).

10 각 설명에 해당하는 물질의 상태를 옳게 연결하시오. (단, 물질은 상온에 있다.)

❶ 상온이 녹는점보다 낮을 때 • 　　• ㉠ 액체

❷ 상온이 녹는점과 끓는점 사이에 위치할 때 • 　　• ㉡ 기체

❸ 상온이 끓는점보다 높을 때 • 　　• ㉢ 고체

5분 테스트

03 혼합물의 분리 (1)

Ⅵ. 물질의 특성

정답과 해설 62쪽

이름 날짜 점수

1 (　　)는 액체 상태의 혼합물을 가열할 때 끓어 나오는 기체를 냉각하여 순수한 액체를 얻는 방법이다.

2 물과 에탄올 혼합물을 가열하면 (물, 에탄올)이 먼저 끓어 나온다.

3 원유를 증류할 때, 증류탑의 위로 갈수록 온도가 (높다, 낮다).

4 끓는점이 낮은 물질은 증류탑의 (위쪽, 아래쪽)에서 분리되고, 끓는점이 높은 물질은 증류탑의 (위쪽, 아래쪽)에서 분리된다.

5 밀도가 서로 다르고, 섞이지 않는 두 액체 혼합물을 가만히 놓아두면 밀도가 큰 물질이 (위, 아래)에, 밀도가 작은 물질이 (위, 아래)에 놓인다.

6 서로 섞이지 않고 밀도가 다른 액체 혼합물을 분리할 때, 액체 혼합물의 양이 많으면 (　　　　)를 이용하고, 액체 혼합물의 양이 적으면 (　　　　)를 이용한다.

7 혼합물을 이루는 성분 물질의 밀도를 부등호로 비교하시오.

❶ 간장 (　) 참기름　　❷ 수은 (　) 물　　❸ 물 (　) 식용유
❹ 에테르 (　) 물　　❺ 물 (　) 사염화 탄소

8 액체 혼합물이 들어 있는 분별 깔때기를 흔든 후에 마개를 열어 깔때기 내부의 (온도, 압력)을 낮춰주어야 한다.

9 분리하고자 하는 고체 혼합물의 밀도의 중간값을 가지는 액체를 이용하면 액체보다 밀도가 (큰, 작은) 고체는 액체 위로 떠오르고, 액체보다 밀도가 (큰, 작은) 고체는 액체 아래로 가라앉는다.

10 밀도 차를 이용한 혼합물의 분리 방법으로 옳은 것은 ○, 옳지 <u>않은</u> 것은 ×로 표시하시오.

❶ 혈액을 원심 분리하면 밀도가 큰 혈구는 떠오르고, 밀도가 작은 혈장은 가라앉는다. ( )
❷ 키질은 바람을 이용하여 밀도가 작은 쭉정이와 밀도가 큰 곡식을 분리할 수 있다. ( )

11 그림은 액체 A~C의 질량과 부피의 관계를 나타낸 것이다. 이에 대한 설명으로 옳은 것은 ○, 옳지 <u>않은</u> 것은 ×로 표시하시오.

부피(mL)　20　12　4
A　B　C
1　3　5　7　질량(g)

❶ A~C 중 밀도가 가장 큰 것은 A이다. ( )
❷ A와 B의 양이 많아지면 C보다 밀도가 커질 수 있다. ( )
❸ 그래프에서 직선의 기울기의 역수는 밀도를 의미한다. ( )

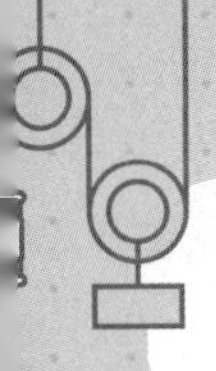

5분 테스트

04 혼합물의 분리 (2)

Ⅵ. 물질의 특성

정답과 해설 62쪽

이름 날짜 점수

1 재결정은 (온도, 압력)에 따른 용해도 차를 이용하여 혼합물을 분리하는 방법이다.

2 재결정을 이용하여 혼합물을 분리할 때, 온도에 따른 용해도 차가 (큰, 작은) 물질일수록 순수한 물질로 분리하기가 쉽다.

3 표는 염화 나트륨과 질산 나트륨의 온도에 따른 용해도를 나타낸 것이고, 그림은 여러 가지 고체의 용해도 곡선을 나타낸 것이다.

물질 \ 온도(℃)	0	20	40	60
염화 나트륨	35.7	36	36.6	37.3
질산 나트륨	73	88	104	124

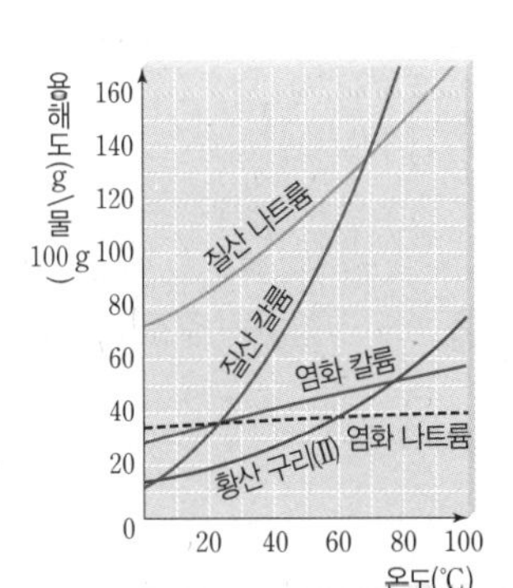

이에 대한 설명으로 옳은 것은 ○, 옳지 않은 것은 ×로 표시하시오.

❶ 염화 칼륨과 질산 칼륨의 혼합물을 재결정을 이용하여 분리하면 염화 칼륨이 석출된다. ( )

❷ 염화 칼륨과 염화 나트륨의 용해도 차가 아주 작으므로 재결정을 통해 분리하기에 가장 적절하다. ( )

❸ 60 ℃ 물 50 g에 염화 나트륨 10 g, 질산 나트륨 57 g을 녹인 후 20 ℃로 냉각하면 13 g의 질산 나트륨이 석출될 것이다. ( )

4 크로마토그래피는 혼합물을 이루고 있는 성분 물질이 용매를 따라 이동하는 (속도, 양) 차를 이용하여 혼합물을 분리하는 방법이다.

[5~6] 그림은 물질 A~E를 크로마토그래피를 이용하여 분리한 결과를 나타낸 것이다.

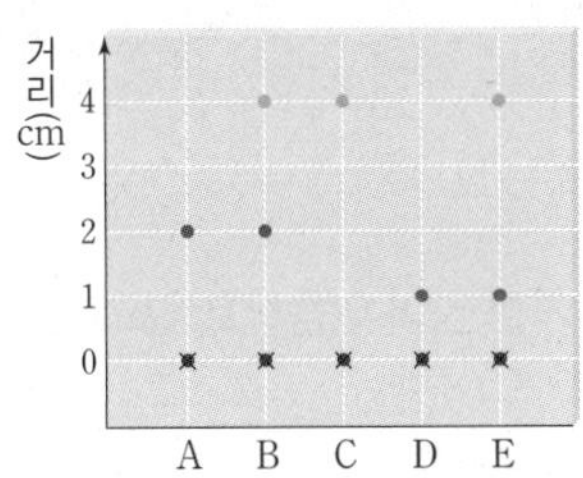

5 이에 대한 설명으로 옳은 것은 ○, 옳지 않은 것은 ×로 표시하시오.

❶ A, C, D는 성분 물질이 한 가지만 나타나므로 순물질로 추측할 수 있다. ( )

❷ B는 A와 C로 이루어진 혼합물이다. ( )

❸ E는 C와 D로 이루어진 혼합물이다. ( )

❹ 용매를 따라 이동하려는 성질이 클수록 성분 물질이 색소점에서 적게 이동한다. ( )

6 위와 같은 방법으로 혼합물을 분리하는 예로 알맞은 것을 | 보기 |에서 모두 고르시오.

| 보기 |

ㄱ. 꽃잎의 색소 분리
ㄴ. 천일염에서 순수한 소금 분리
ㄷ. 운동 선수의 도핑테스트
ㄹ. 합성 약품 정제

( )

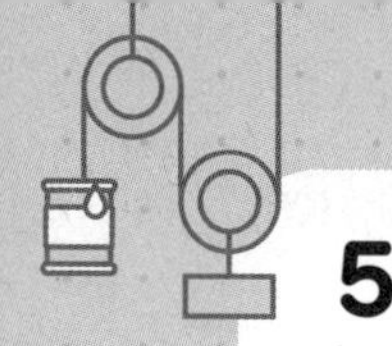

5분 테스트

01 수권의 분포와 활용

정답과 해설 62쪽

이름 날짜 점수

1 수권은 크게 ( )와 ( )로 구분되며, ( )는 바다에 분포하고 짠맛이 나는 반면, ( )는 주로 육지에 분포하며 짠맛이 나지 않는다.

2 ( )는 눈이 오랫동안 쌓이고 굳어진 고체 상태의 물로, 담수 중 가장 많은 부피를 차지한다.

3 빙하는 주로 ( )이나 고산 지대에 ( ) 상태로 존재한다.

4 담수 중 두 번째로 많은 부피를 차지하며, 간단한 정수 과정을 거치면 바로 사용할 수 있는 것은 ( )이다.

5 지구상의 물 중에서 자원으로 이용 가능한 물을 ( )이라고 한다.

6 수자원은 사용 용도에 따라 ( ), ( ), ( ), ( ) 등으로 나눌 수 있다.

7 우리나라에서는 수자원을 ( )용수로 가장 많이 이용하고 있으며, 삶의 질이 높아지면서 이용 비율이 빠르게 증가하고 있는 것은 ( )용수이다.

8 수자원의 부족을 해결하기 위해서는 수자원 이용량은 (줄이고, 늘리고) 이용 가능한 수자원은 (줄여야, 늘려야) 한다.

9 지구상의 물에 대한 설명으로 옳은 것은 ○, 옳지 않은 것은 ×로 표시하시오.

❶ 지구상의 물 중에는 바닷물이 가장 많다. ( )

❷ 육지의 물 중에서 가장 많은 것은 지하수이다. ( )

❸ 빙하는 고체 상태로 분포하는 물이다. ( )

❹ 식수나 농업용수로 가장 많이 이용하는 것은 하천수와 호수이다. ( )

02 해수의 특성

Ⅶ. 수권과 해수의 순환

정답과 해설 62쪽

이름 날짜 점수

1 표층 수온은 저위도에서 고위도로 갈수록 (   )의 흡수량이 적기 때문에 낮아진다.

2 그림은 우리나라 주변 바다의 표층 수온 분포를 나타낸 것이다. 빈칸에 알맞은 등호나 부등호를 쓰시오.

❶ 고위도 (   ) 저위도

❷ 겨울철 (   ) 여름철

❸ 황해의 연교차 (   ) 동해의 연교차

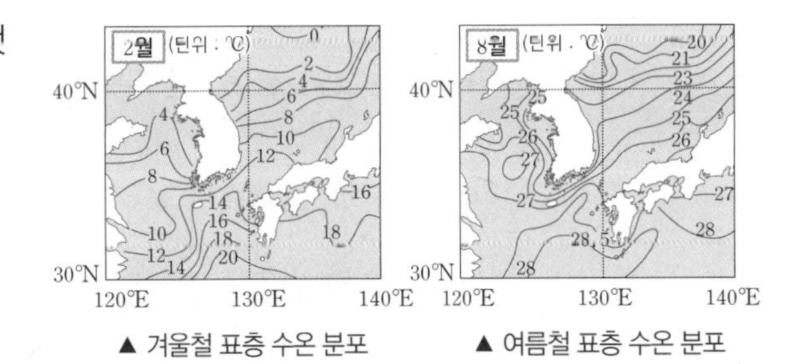

▲ 겨울철 표층 수온 분포 ▲ 여름철 표층 수온 분포

3 깊이별 해수의 수온 분포에 따른 해수의 층상 구조는 (   ), (   ), (   )으로 나눈다.

4 혼합층이 형성되려면 태양 에너지를 흡수하여 가열되고, (   )에 의한 혼합 작용이 일어나야 한다.

5 위도별 해수의 층상 구조를 통해 알 수 있는 사실에 대한 설명으로 옳은 것은 ○, 옳지 않은 것은 ×로 표시하시오.

❶ 수온 약층은 물질 교환을 돕는 역할을 한다. ( )

❷ 저위도 해역일수록 심해층과 혼합층의 수온 차이가 크다. ( )

❸ 혼합층의 두께는 중위도에서 가장 두껍다. ( )

❹ 수온 약층의 두께는 위도 60° 이상의 고위도에서 가장 두껍다. ( )

6 해수의 염분에 대한 설명으로 옳은 것은 ○, 옳지 않은 것은 ×로 표시하시오.

❶ 염류는 모두 짠맛을 낸다. ( )

❷ 염분을 나타내는 단위로 psu나 ‰를 사용한다. ( )

❸ 나트륨, 마그네슘 등은 지각을 구성하던 물질이 육지의 물에 녹아 바다로 흘러 들어온 것이다. ( )

7 해수의 염분은 증발량이 (많을수록, 적을수록), 강수량이 (많을수록, 적을수록) 높다.

8 해빙이 일어나는 지역은 해수의 염분이 (낮고, 높고), 결빙이 일어나는 지역은 해수의 염분이 (낮다, 높다).

9 전 세계 해수의 위도별 표층 염분 분포를 옳게 연결하시오.

❶ 적도 •　　　• ㉠ 빙하가 녹는 지역은 염분이 낮고, 해수가 어는 지역은 염분이 높다.

❷ 중위도 •　　　• ㉡ 증발량이 강수량보다 많아 염분이 높다.

❸ 고위도 •　　　• ㉢ 강수량이 증발량보다 많아 염분이 낮다.

10 지역이나 계절에 따라 해수의 염분은 달라도 염류 사이의 비율은 항상 일정하다는 법칙은 (   )이다.

5분 테스트

03 해수의 순환

Ⅶ. 수권과 해수의 순환

정답과 해설 62쪽

이름 날짜 점수

1 해류는 대부분 해수 표면에 지속적으로 부는 ( )에 의해 발생한다.

2 ( )는 저위도에서 고위도로 흐르는 따뜻한 해류이고, ( )는 고위도에서 저위도로 흐르는 차가운 해류이다.

3 ( )는 우리나라 난류의 근원이고, ( )는 우리나라 한류의 근원이다.

4 우리나라 동해에서 조경 수역을 형성하는 두 해류는 ( ) 난류와 ( ) 한류이다.

5 우리나라 동해에 형성되는 조경 수역의 위치는 계절에 따라 달라지는데, 그 까닭은 여름철에는 난류의 세력이 강해져 조경 수역의 위치가 ( )하고, 겨울철에는 한류의 세력이 강해져 조경 수역의 위치가 ( )하기 때문이다.

6 우리나라 주변의 해류에 대한 설명으로 옳은 것은 ○, 옳지 않은 것은 ×로 표시하시오.

❶ 동한 난류가 황해 난류보다 세력이 크기 때문에 같은 위도의 동해안이 서해안보다 따뜻하다. ( )

❷ 한류와 난류가 만나는 곳은 영양 염류와 용존 산소량이 적다. ( )

❸ 조경 수역의 위치는 겨울철에는 북상하며, 여름철에는 남하한다. ( )

7 만조에서 다음 만조 또는 간조에서 다음 간조까지 걸리는 시간을 ( )라고 한다.

8 ( )에 의해 해수면이 가장 높아졌을 때를 ( )라고 하고, ( )에 의해 해수면이 가장 낮아졌을 때를 ( )라고 한다.

9 조류는 조석 현상에 의해 생기는 (수직적인, 수평적인) 바닷물의 흐름을 말한다.

10 사리는 한 달 중 조차가 가장 ( ) 때이고, 조금은 한 달 중 조차가 가장 ( ) 때이다.

11 ( ) 때 갯벌이 넓게 펼쳐져 조개를 캘 수 있다.

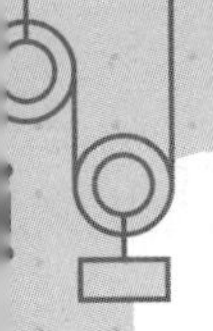

01 열

Ⅷ. 열과 우리 생활

정답과 해설 62쪽

이름 날짜 점수

1 물체의 차갑고 뜨거운 정도를 숫자로 나타낸 값을 (　　　)라고 한다.

2 그림은 서로 다른 두 물체를 접촉했을 때, 접촉한 물체 사이에 이동하는 열의 방향을 나타낸 것이다.

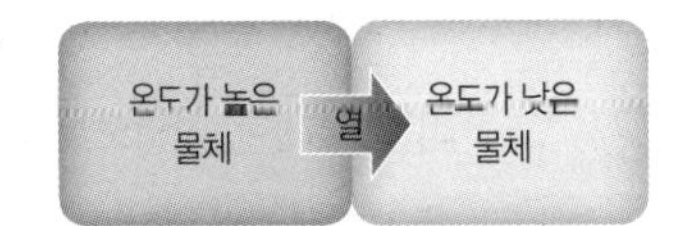

❶ 열을 얻은 물체는 온도가 (높아, 낮아)지고, 입자의 운동이 (활발해, 둔해)진다.

❷ 열을 잃은 물체는 온도가 (높아, 낮아)지고, 입자의 운동이 (활발해, 둔해)진다.

3 열의 이동 방법 중 (　　　)는 다른 물질을 거치지 않고 열이 직접 이동하는 방법이고, (　　　)는 물질을 이루는 입자가 직접 이동하여 열을 전달하는 방법이다. 또한 (　　　)는 물질을 이루는 입자의 운동이 이웃한 입자에 전달되어 열이 이동하는 방법이다.

4 그림 (가)~(다)는 열의 이동 방법을 화살표로 나타낸 것이다. (가)~(다)의 열의 이동 방법을 각각 쓰시오.

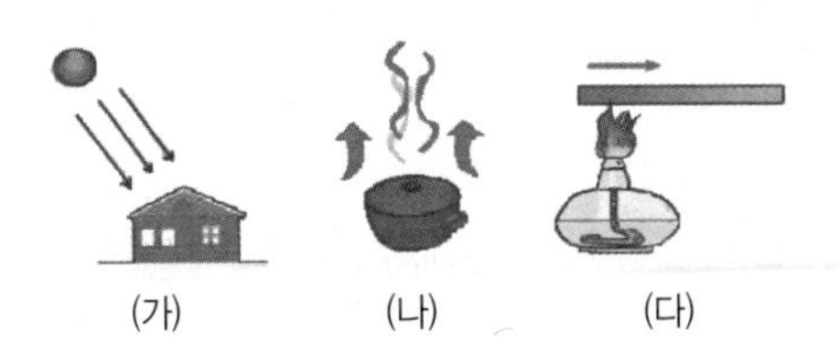

5 차가운 공기는 (위쪽, 아래쪽)으로 이동하고, 따뜻한 공기는 (위쪽, 아래쪽)으로 이동한다. 따라서 냉방기는 실내의 (위쪽, 아래쪽)에 설치하고, 난방기는 실내의 (위쪽, 아래쪽)에 설치하는 것이 효율적이다.

6 물체와 물체 사이에 열의 이동을 막는 것을 (　　　)이라고 한다.

7 그림은 단열을 이용한 보온병을 나타낸 것이다. 빈칸에 알맞은 말을 쓰시오.

이중벽
이중벽 사이의 공간을 진공으로 하여 ❶ (　　　)와 ❷ (　　　)에 의한 열의 이동을 막는다.

벽면
은도금을 하여 ❸ (　　　)에 의한 열의 이동을 막는다.

마개
이중 구조로 되어 있어 ❹ (　　　)에 의한 열의 이동을 막는다.

8 온도가 서로 다른 두 물체를 접촉한 후 시간이 지나면 두 물체의 온도가 같아져 더 이상 열이 이동하지 않는 상태를 (　　　) 상태라고 한다.

9 온도가 서로 다른 두 물체 사이에서 열이 이동할 때 외부와의 열 출입을 무시한다면, 고온의 물체가 잃은 열의 양은 저온의 물체가 얻은 열의 양과 (같다, 다르다).

10 열평형 상태를 우리 생활에 이용하는 예로 옳은 것을 | 보기 |에서 모두 고르시오.

| 보기 |
ㄱ. 라면을 끓일 때 금속 냄비를 사용한다.
ㄴ. 보온병에 물을 담아 온도를 일정하게 유지한다.
ㄷ. 더운 여름에는 계곡물에 수박을 넣어 시원하게 한다.
ㄹ. 알코올 온도계로 체온을 측정할 때 몇 분 기다린 후 온도를 확인한다.

(　　　　　)

5분 테스트

02 비열과 열팽창

Ⅷ. 열과 우리 생활

정답과 해설 62쪽

이름　　　날짜　　　점수

1 (　　)은 어떤 물질 1 kg의 온도를 1 ℃만큼 높이는 데 필요한 열량이다.

2 비열에 대한 설명으로 옳은 것은 ○, 옳지 않은 것은 ×로 표시하시오.

❶ 비열의 단위는 kcal이다. ( )

❷ 물은 다른 물질에 비해 비열이 크다. ( )

❸ 비열이 큰 물질일수록 온도 변화가 크다. ( )

❹ 비열은 물질의 특성으로, 물질마다 고유한 값을 가진다. ( )

3 질량이 같은 두 물질에 같은 열량을 가할 때 물질의 비열이 (작을수록, 클수록) 온도 변화가 크다.

4 비열에 의한 현상으로 옳은 것을 |보기|에서 모두 고르시오.

|보기|

ㄱ. 라면을 끓일 때 금속 냄비를 사용한다.

ㄴ. 해안 지역에서 낮에는 해풍, 밤에는 육풍이 분다.

ㄷ. 양지에 있는 눈이 음지에 있는 눈보다 빨리 녹는다.

ㄹ. 생선 가게에서는 생선을 차가운 얼음 위에 두어 신선한 상태로 유지한다.

(　　　)

5 물질에 열을 가할 때 물질의 길이가 길어지거나 부피가 커지는 현상을 (　　)이라고 한다.

6 열팽창 정도는 물질의 종류마다 (같다, 다르다).

7 고체는 열을 받아 온도가 높아지면 입자의 진동 운동이 (활발해, 느려)져서 입자 사이의 거리가 (가까워, 멀어)진다.

8 (　　)은 열팽창 정도가 서로 다른 금속을 붙여 만든 장치이다.

9 바이메탈을 가열하면 열팽창 정도가 (작은, 큰) 금속 쪽으로 휘어지고, 냉각하면 열팽창 정도가 (작은, 큰) 금속 쪽으로 휘어진다.

10 고체와 액체의 열팽창에 의한 현상으로 옳은 것은 ○, 옳지 않은 것은 ×로 표시하시오.

❶ 유리컵에 뜨거운 물을 부으면 유리컵이 깨진다. ( )

❷ 전깃줄의 전선이 겨울에는 늘어졌다가 여름이 되면 팽팽해진다. ( )

❸ 철로나 다리 이음새의 틈은 겨울에는 넓어졌다가 여름이 되면 좁아진다. ( )

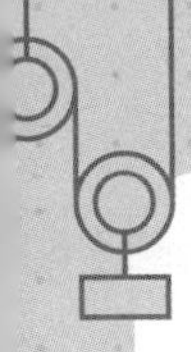

01 재해·재난과 안전

Ⅸ. 재해·재난과 안전

이름 날짜 점수

1 재해·재난은 발생 원인에 따라 (   ) 재해·재난과 (   ) 재해·재난으로 구분할 수 있다.

2 자연 재해·재난에 해당하는 것을 | 보기 |에서 모두 고르시오.

| 보기 |

ㄱ. 지진　　ㄴ. 독감　　ㄷ. 폭염　　ㄹ. 화학 물질 유출
ㅁ. 메르스　　ㅂ. 황사　　ㅅ. 폭설　　ㅇ. 운송 수단 사고

(   )

3 사회 재해·재난은 자연 재해·재난에 비해 상대적으로 (넓은, 좁은) 지역에서 발생한다.

4 대체로 규모가 (큰, 작은) 지진일수록 지진으로 인해 발생하는 피해가 크다.

5 태풍이 해안에 접근하는 시기가 만조 시각과 겹치면 (   )이 발생할 수 있다.

6 사회 재해·재난의 종류와 그 원인을 옳게 연결하시오.

❶ 감염성 질병 확산 •
❷ 화학 물질 유출 •

• ㉠ 시설물의 노후화
• ㉡ 모기나 진드기 등의 병원체 증가
• ㉢ 악수나 기침으로 인한 접촉
• ㉣ 작업자의 부주의

7 지진에 대비한 건물을 설계할 때는 지진의 진동에 견딜 수 있는 (   )를 해야 한다.

8 태풍의 대처 방안에 대한 설명으로 옳은 것을 | 보기 |에서 모두 고르시오.

| 보기 |

ㄱ. 대피 후 검역관에게 신고한다.
ㄴ. 해안가에 바람막이숲을 조성한다.
ㄷ. 침수에 대비하여 가재도구를 높은 곳에 올려 둔다.
ㄹ. 손을 깨끗이 씻고, 미리 예방 접종을 한다.

(   )

9 화학 물질이 유출되었을 때 유출된 유독 가스가 공기보다 밀도가 크면 (높, 낮)은 곳으로 대피해야 한다.

10 운송 수단 사고에 대처하기 위해서 (   )을 경청하고, 대피 방법을 미리 알아 두어야 한다.

1 그림은 사람의 소화 과정을 나타낸 것이다.

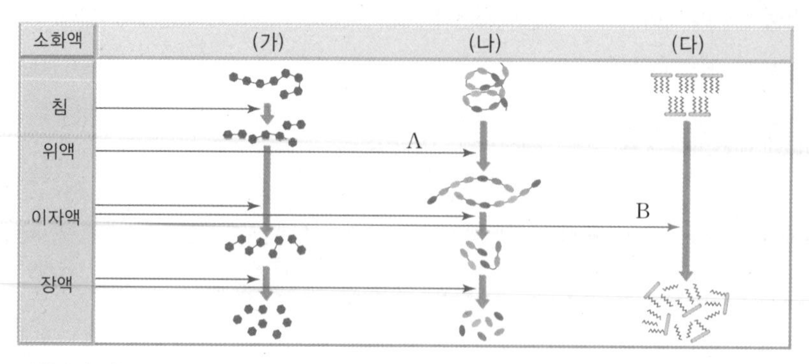

(1) 영양소 (가)~(다)가 무엇인지 써 보자.

(2) 소화 효소 A와 B가 무엇인지 써 보자.

(3) 소화 효소 A와 B가 잘 작용하기 위해서는 어떤 물질의 도움이 필요한지 각각 쓰고, 각 물질의 기능을 설명해 보자.

(4) 그림을 보고 녹말의 소화 과정에 대해 설명해 보자.

2 그림과 같이 접지 않은 거름종이와 일정한 간격으로 접어서 주름을 만든 거름종이를 지름과 높이가 같은 원통 모양으로 만든 후 파란색 잉크물이 든 눈금실린더에 넣고 3분 후 꺼내 보았다.

(1) A와 B 중 물이 더 많이 든 눈금실린더가 어느 것인지 쓰고, 그 까닭을 설명해 보자.

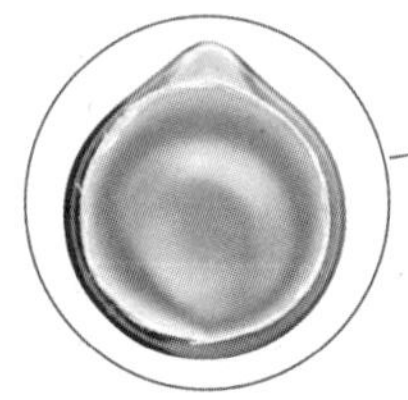
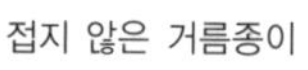
접지 않은 거름종이

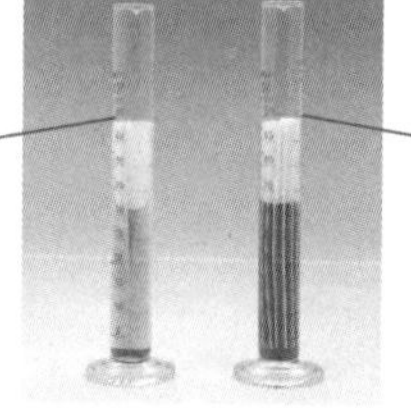

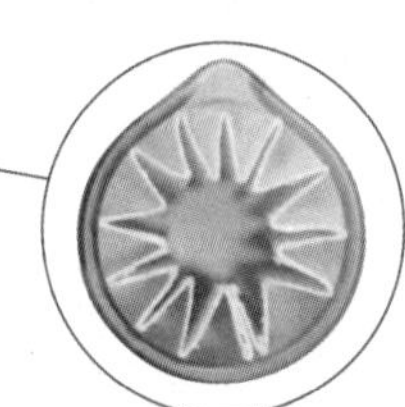
접어서 주름을 만든 거름종이

(2) 위 실험 결과를 통해 소장의 내벽 구조가 갖는 장점에 대해 설명해 보자.

3 몸이 아픈 풍순이는 병원에 입원하여 포도당 수액을 맞았다. 포도당 수액을 맞는 것은 쌀밥을 먹어서 영양소를 전달하는 것과 어떤 차이가 있을지 설명해 보자.

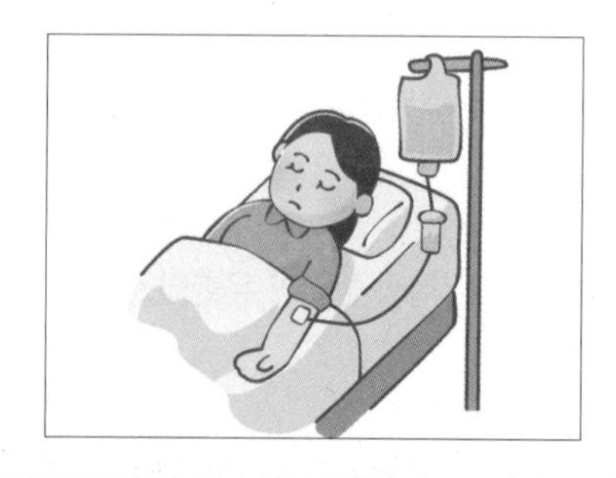

02 순환

1 심장은 2개의 심방과 2개의 심실로 구분되어 있다. 각 심방과 심실의 특징을 설명해 보자.

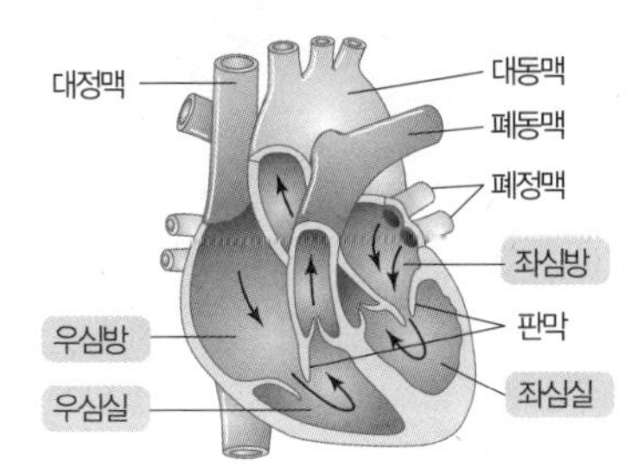

심방	우심방	
	좌심방	
심실	우심실	
	좌심실	

2 심장에서 혈액은 심방 → 심실 → 동맥 방향으로만 흐른다. 그 까닭을 설명해 보자.

3 그림은 혈관이 연결된 모습을 나타낸 것이다. 각 혈관의 특징을 설명해 보자.

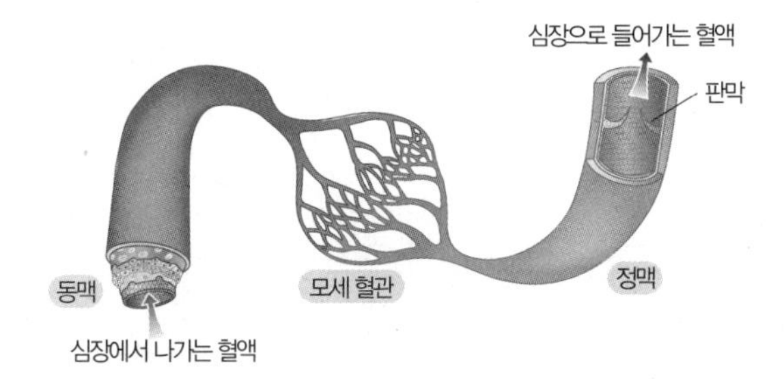

동맥	
모세 혈관	
정맥	

4 그림은 혈액의 구성 성분을 나타낸 것이다. 각 성분의 기능을 간단히 써 보자.

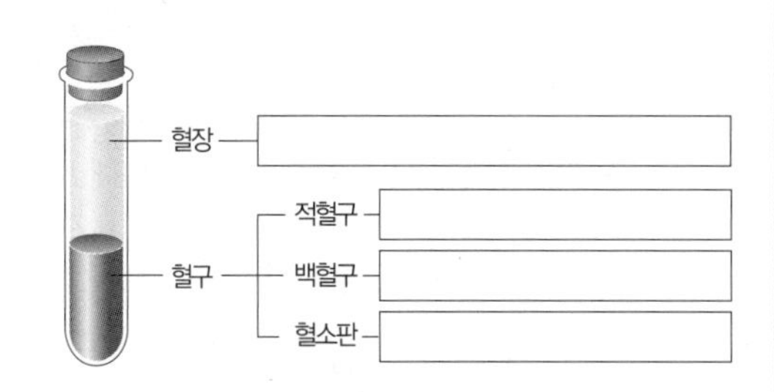

5 심장에서 나간 혈액이 동맥, 모세 혈관, 정맥을 거쳐 다시 심장으로 돌아오는 것을 혈액 순환이라고 한다. 혈액 순환은 온몸 순환과 폐순환으로 구분된다. 그림을 보고 온몸 순환과 폐순환을 설명해 보자.

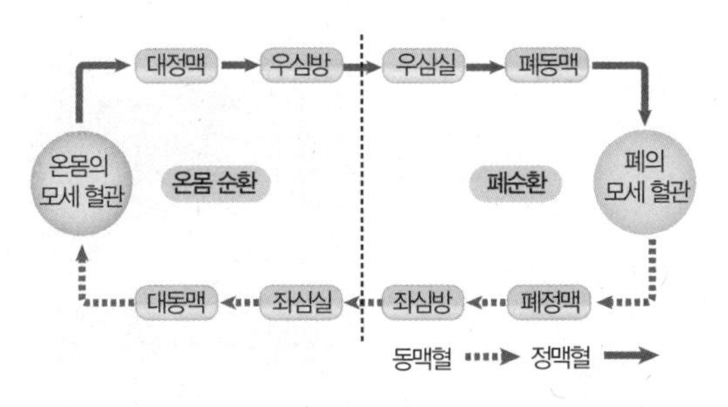

온몸 순환	
폐순환	

문제 해결력 서술형·논술형 평가 03 호흡

1 그림은 손가락을 모았을 때와 벌렸을 때 실로 그 주변을 둘러싼 모습을 각각 나타낸 것이다.

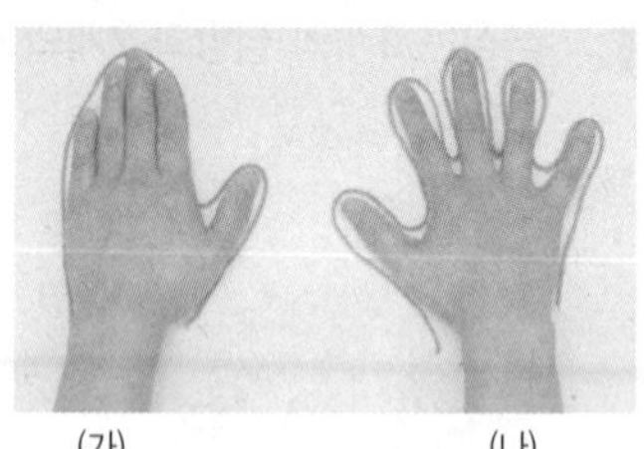

(가) (나)

(1) (가)와 (나) 중 둘러싼 실의 길이가 더 긴 것은 어느 것인지 써 보자.

(2) 이를 통해 알 수 있는 사실을 이용하여 폐의 구조가 갖는 장점에 대해 설명해 보자.

2 그림은 호흡 운동을 하는 동안 폐포와 흉강의 압력 변화를 나타낸 것이다. A와 B 중 들숨이 언제인지 쓰고, 들숨일 때 일어나는 변화와 공기의 이동을 설명해 보자.

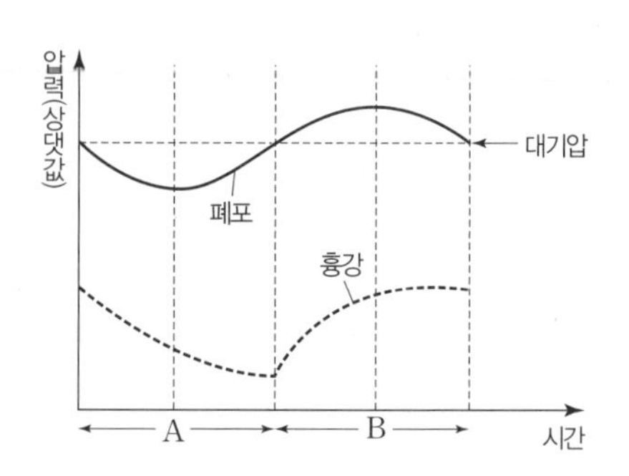

3 그림은 폐포와 폐포 주변의 모세 혈관을 나타낸 것이다.

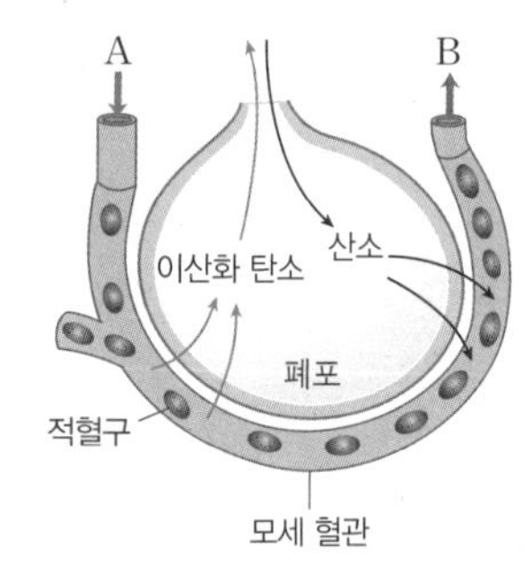

(1) A로 들어온 혈액이 B를 통해 나가는 동안 모세 혈관을 흐르는 혈액 내 두 가지 기체의 농도 변화를 설명해 보자.

(2) (1)과 같은 변화가 나타나는 까닭을 설명해 보자.

4 꽉 끼는 옷을 입으면 숨쉬기가 힘들어지는 까닭을 호흡 운동의 원리와 관련지어 설명해 보자.

04 배설

1 그림은 네프론에서 오줌이 생성되는 과정을 모식도로 나타낸 것이다.

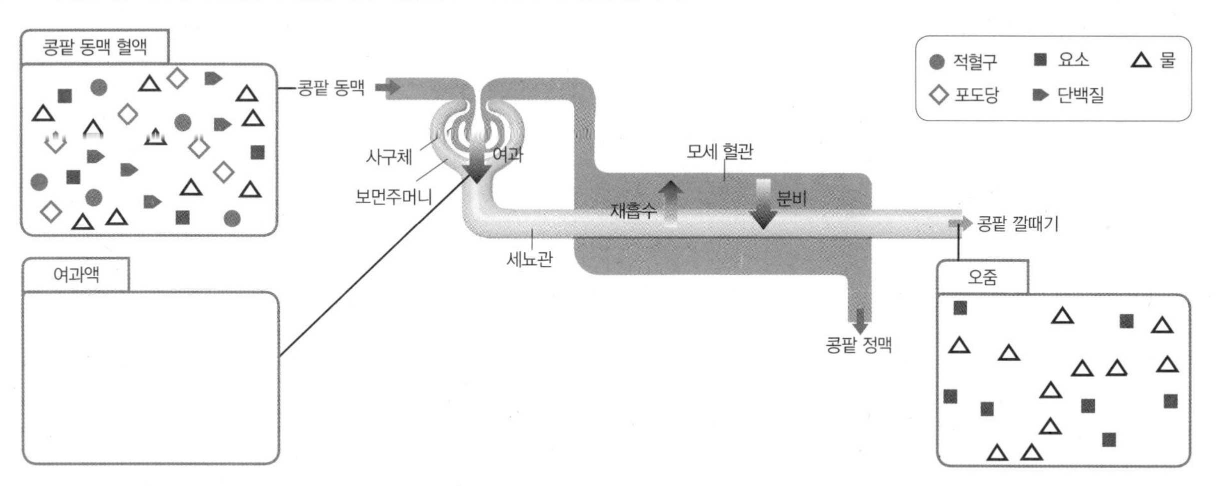

(1) 사구체에서 보먼주머니로 여과된 물질을 여과액의 빈칸에 그림으로 나타내 보자.

(2) 여과액과 오줌 속 물질을 비교했을 때 여과액에는 들어 있지만, 오줌에는 들어 있지 않은 물질은 무엇인지 쓰고, 그렇게 생각한 까닭을 설명해 보자.

2 그림은 우리 몸의 각 기관계의 유기적 작용을 나타낸 것이다.

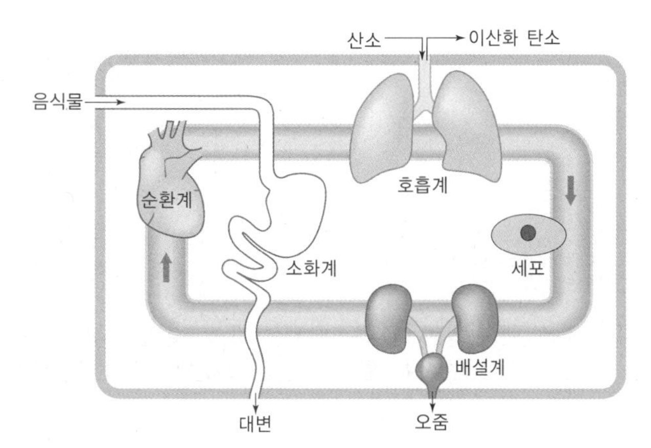

(1) 세포 호흡에 필요한 영양소는 어떻게 조직 세포에 전달되는지 설명해 보자.

(2) 세포 호흡에 필요한 산소는 어떻게 조직 세포에 전달되는지 설명해 보자.

(3) 세포 호흡으로 만들어진 노폐물은 어떻게 몸 밖으로 나가는지 설명해 보자.

1 그림은 풍식이네 가족의 캠핑 준비물이다. 캠핑 준비물을 순물질과 혼합물로 분류했을 때, (가)와 (나)의 물질의 종류가 무엇인지 쓰고, 그렇게 분류한 까닭을 설명해 보자.

(가)	(나)
물, 소금, 설탕, 알루미늄 포일	식초, 탄산음료, 주스

2 퓨즈는 납과 주석 등의 혼합물로, 전선에 과도한 전류가 흐르면 발생하는 열을 받아 녹아 끊어짐으로써 자동으로 전류를 차단하는 장치이다. 이러한 퓨즈는 주로 납과 주석 등을 혼합하며 만드는데, 그 까닭은 무엇인지 설명해 보자.

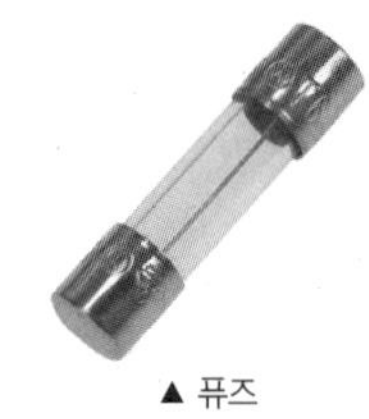
▲ 퓨즈

3 가정에서 사용하는 도시가스의 주성분인 메테인은 공기보다 밀도가 작다. 누출된 도시가스를 감지하기 위한 경보기는 집 안의 위쪽과 아래쪽 중 어느 위치에 설치해야 할지 쓰고, 그렇게 생각한 까닭을 설명해 보자.

▲ 경보기

4 아라비아 반도에 있는 호수인 사해에서는 사람이 물에 쉽게 뜰 수 있다. 일반 호수나 바닷물에서보다 사해에서 물체가 더 잘 뜰 수 있는 까닭은 무엇인지 밀도와 관련지어 설명해 보자.

1 더운 여름에 물고기가 수면 위로 올라와 뻐끔거리는 까닭을 기체의 용해도와 관련지어 설명해 보자.

2 탄산음료의 병뚜껑을 열 때 기포가 올라오는 까닭을 설명해 보자.

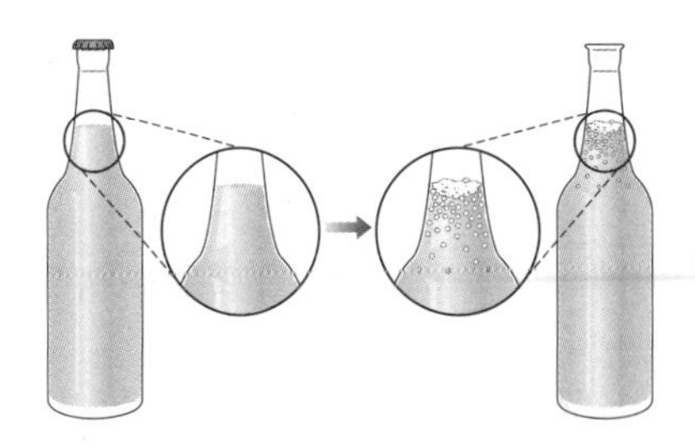

3 그림 (가)는 청동기 유물, (나)는 철기 유물의 모습을 나타낸 것이다.

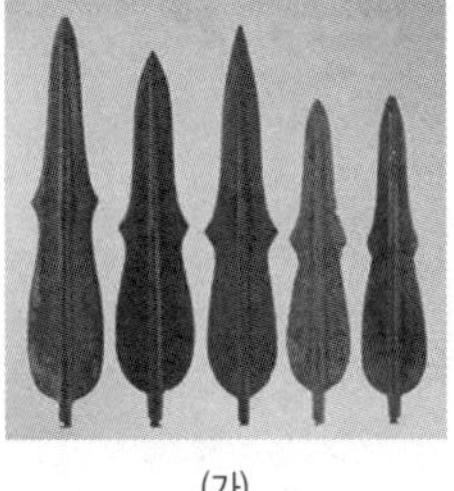

(가)

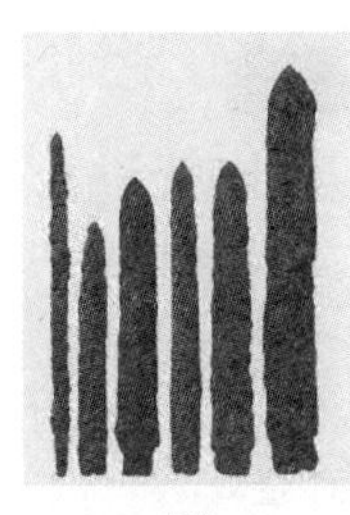

(나)

지각에는 철이 구리보다 많이 존재하지만, 구리를 이용한 청동기 시대가 철을 이용한 철기 시대보다 먼저 나타난 까닭을 구리와 철의 녹는점과 관련지어 설명해 보자. (단, 구리의 녹는점은 1084.6 ℃, 철의 녹는점은 1538 ℃이다.)

4 그림과 같이 갈륨으로 된 숟가락을 50 ℃의 물에 넣으면 숟가락이 녹는 까닭을 설명해 보자. (단, 갈륨의 녹는점은 29.7 ℃이다.)

서술형·논술형 평가 03 혼합물의 분리 (1)

1 냄비에 찌개를 넣고 끓이면 냄비 뚜껑의 안쪽에 액체 방울이 맺혀 있는 것을 볼 수 있다. 그 액체 방울이 무엇인지 쓰고, 그렇게 생각한 까닭을 설명해 보자.

2 그림은 우리 조상들이 전통 술을 만들 때 사용했던 소줏고리이다. 위쪽에 찬물을 넣고 탁한 술을 가열하면 맑은 술을 얻을 수 있다. 이러한 소줏고리의 원리를 끓는점을 이용하여 설명해 보자.

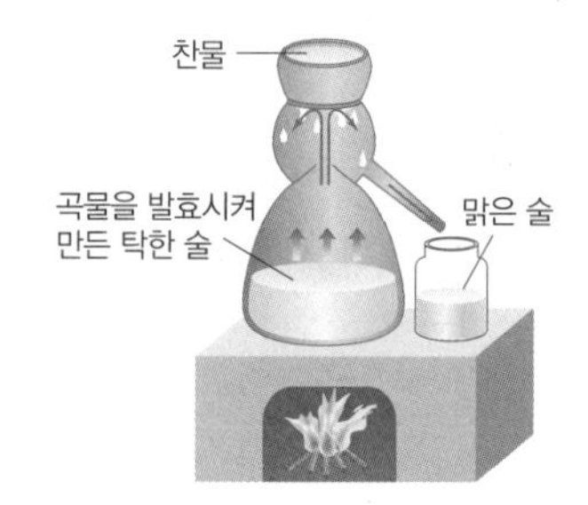

3 달걀은 오래될수록 수분이 빠져나가고 달걀 속 공기의 부피가 커진다. 신선한 달걀과 오래된 달걀을 구별하는 방법에 대해 설명해 보자.

4 바다에 기름이 유출되었을 경우 오일펜스를 설치한 후 흡착포를 이용하여 물 위에 뜬 기름을 제거한다. 이는 어떤 원리를 이용한 것인지 설명해 보자.

04 혼합물의 분리 (2)

1 땀에 젖은 옷이 마르면 하얀 얼룩이 생기는 까닭을 설명해 보자.

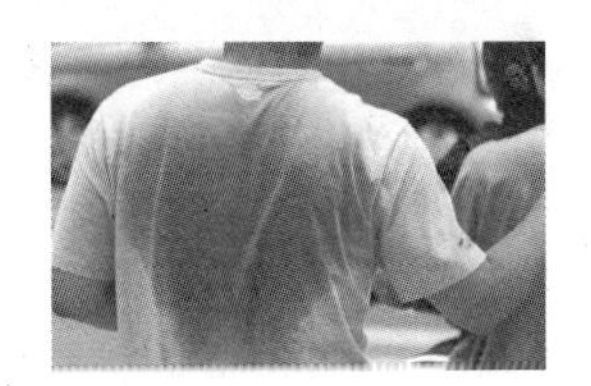

2 식품에 남아 있는 중금속을 분석하거나, 혈액 검사를 할 때 크로마토그래피가 유용한 까닭을 설명해 보자.

3 그림은 몇 가지 색소를 크로마토그래피로 분리한 것이다. (단, 물질 A~C는 순물질이다.)

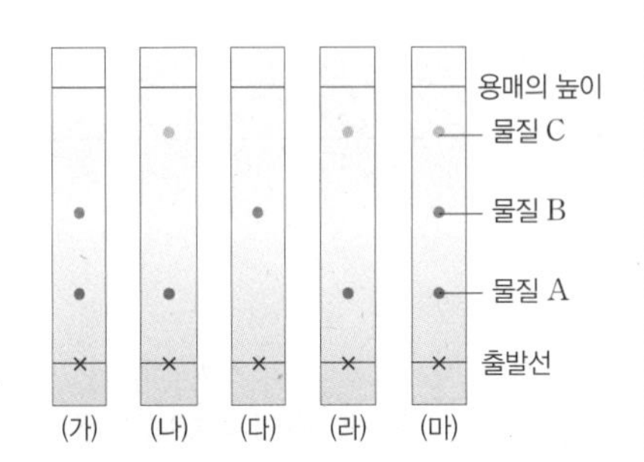

(1) (가)~(마) 중에서 순물질로 추측할 수 있는 것을 쓰고, 그렇게 생각한 까닭을 설명해 보자.

(2) (가)~(마) 중에서 같은 물질인 것을 쓰고, 그렇게 생각한 까닭을 설명해 보자.

4 그림은 크로마토그래피에서 용매로 물을 사용하여 수성 사인펜의 잉크를 분리한 것이다. 이때 유성 사인펜의 잉크가 분리되지 않는 까닭을 설명하고, 유성 사인펜 잉크를 분리할 수 있는 방법을 설명해 보자.

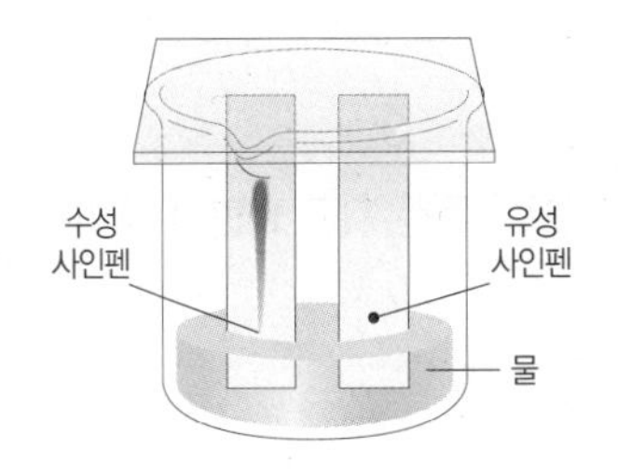

문제 해결력 서술형·논술형 평가 01 수권의 분포와 활용

1 그림은 지구상에 존재하는 물의 분포를 나타낸 것이다. A와 B가 무엇인지 쓰고, B를 구성하는 물을 양이 많은 것부터 순서대로 쓰고 각각 설명해 보자.

B 2.53 %
A 97.47 %

구분		구성(양이 많은 것부터)	설명
A	(1)		
B	(2)	(3)	(4)
		(5)	(6)
		(7)	(8)

2 그림은 땅속에 있는 지하수의 모습을 나타낸 것이다. 수자원 부족 문제를 해결하기 위해 수자원으로서 가치가 높은 지하수를 개발하기도 하는데, 지하수를 개발하는 것의 장점과 단점을 한 가지씩 설명해 보자.

구분	내용
장점	(1)
단점	(2)

3 다음은 우리나라의 수자원 이용 현황을 나타낸 것이다. A와 B에 들어갈 알맞은 수자원의 용도를 쓰고, 이용 방법을 각각 설명해 보자.

A (41 %) > 유지용수 (33 %) > B (20 %) > 공업용수 (6 %)

구분	수자원의 용도	이용 방법
A	(1)	(2)
B	(3)	(4)

4 물은 지구 표면의 약 70 %를 차지하고 있지만, 지구촌에 물 부족 국가가 많은 까닭을 설명해 보자.

1 그림 (가)와 (나)는 북반구의 저위도 해역과 중위도 해역에서 같은 시기에 측정한 깊이에 따른 수온 분포를 순서 없이 나타낸 것이다. (가)와 (나)의 위도를 구분하여 쓰고, 연직 층상 구조의 특징에 대해 설명해 보자. (단, 두 해역에서 표층 염분은 같고, 해류의 영향은 무시한다.)

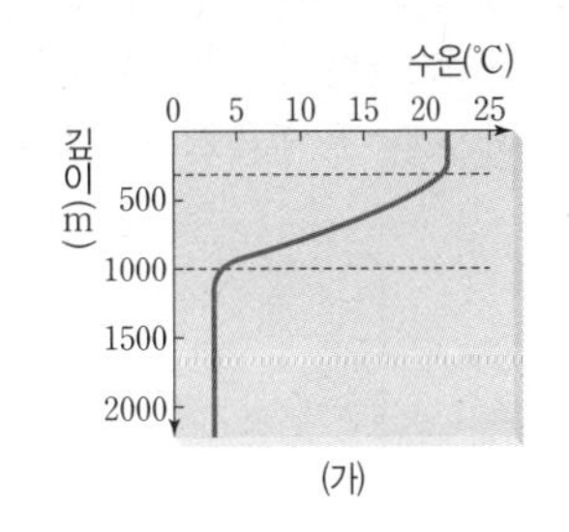

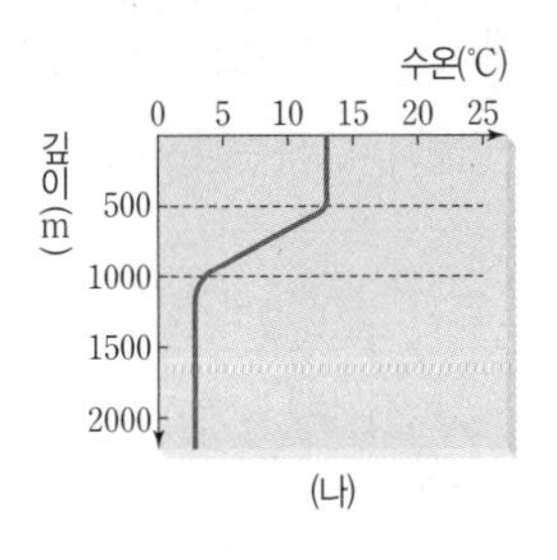

	위도	연직 층상 구조의 특징
(가)	(1)	(2)
(나)	(3)	(4)

2 그림은 위도에 따른 '증발량－강수량' 값과 평균 염분 분포를 나타낸 것이다. 중위도 지역이 저위도 지역보다 해수의 염분이 더 높은 까닭을 설명해 보자.

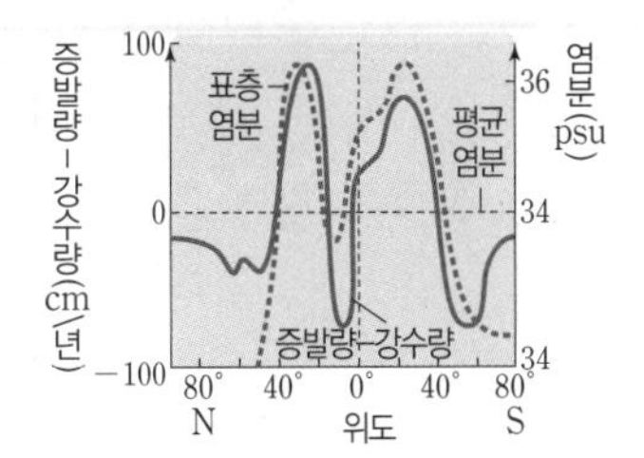

▶ **[3~4] 표는 (가)~(다) 해역의 염분을 나타낸 것이다.**

해역	(가)	(나)	(다)
염분(psu)	36	32	33

3 (가)~(다)의 해수 1 kg 속에 녹아 있는 염화 나트륨의 양을 등호나 부등호로 비교하여 쓰고, 그렇게 생각한 까닭을 설명해 보자.

4 (가)~(다)의 해수에 녹아 있는 전체 염류에 대한 염화 마그네슘의 구성 비율을 등호나 부등호로 비교하여 쓰고, 그렇게 생각한 까닭을 설명해 보자.

1 그림은 우리나라 주변을 흐르는 해류를 나타낸 것이다. 해류 A~E를 난류와 한류로 나누어 구분하고, 해류의 이름을 각각 써 보자. 또 난류와 한류의 특징 및 차이점을 설명해 보자.

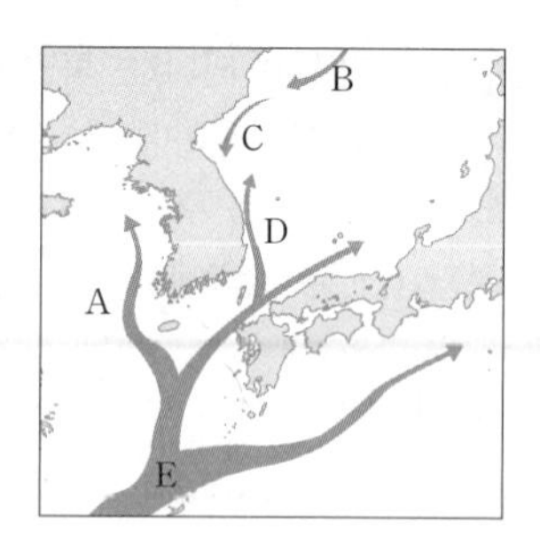

	구분 및 해류의 이름	특징 및 차이점
난류	(1)	(2)
한류	(3)	(4)

2 그림 (가)는 어느 해안 지역에서 하루 동안 측정한 해수면의 높이 변화를 나타낸 것이고, (나)와 (다)는 인천 앞바다 바닷물의 흐름을 나타낸 것이다. (가)의 A~D 중 (나)와 (다)에 해당하는 것이 무엇인지 각각 쓰고, 그렇게 생각한 까닭을 설명해 보자.

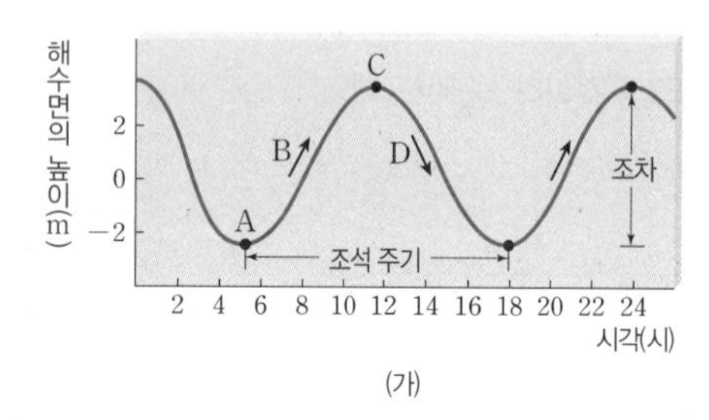

(가)

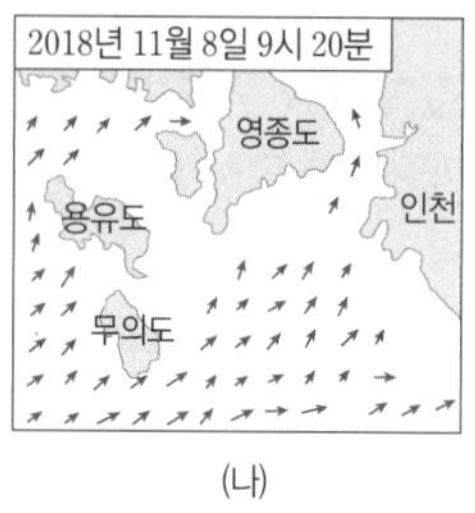

(나)

(다)

3 표는 어느 해 8월 1일부터 3일까지 인천 지역의 만조와 간조 시각 및 그때의 해수면의 높이를 나타낸 것이다. 8월 7일에 이 지역에서 갯벌 체험 활동을 하고자 한다면 적절한 시각은 언제인지 쓰고, 그렇게 생각한 까닭을 설명해 보자.

1일		2일		3일	
시각	높이(cm)	시각	높이(cm)	시각	높이(cm)
01 : 41	682	02 : 29	719	03 : 20	764
08 : 10	359	08 : 58	318	09 : 47	270
13 : 52	637	14 : 41	669	15 : 30	711
19 : 59	260	20 : 52	219	21 : 39	174

갯벌 체험하기에 적절한 시각	(1)
그렇게 생각한 까닭	(2)

1 그림과 같이 시스템 에어컨은 천장에 설치한 하나의 실내기가 냉방과 난방의 기능을 모두 하므로 공간을 효과적으로 사용할 수 있다는 장점이 있다. 그러나 겨울에 가스나 석유로 바닥을 데우는 난방을 할 때는 효율이 80 % 정도이지만 시스템 에어컨으로 난방을 할 때는 효율이 35 %로 떨어진다. 그 까닭을 열의 이동과 관련지어 설명해 보자.

2 그림은 단열의 효율을 높여 화석 연료를 사용하지 않고도 실내 온도를 적절하게 유지하는 주택인 패시브 하우스를 나타낸 것이다. 패시브 하우스는 단열 효과가 높은 단열재를 사용하고, 외부 차양을 통해 집 안으로 들어오는 햇빛의 양을 조절한다. 또한 옥상 녹화를 하거나 창문을 3중 유리창으로 만들기도 한다. 이와 같이 옥상 녹화를 하는 것과 창문을 3중으로 만드는 것이 어떻게 집의 단열 효과를 높이는지 설명해 보자.

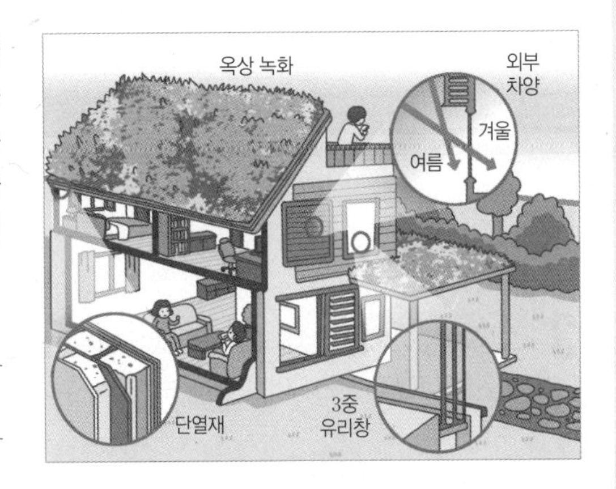

3 그림과 같이 금속 냄비 사이에 냉동된 고기를 넣어 두면 상온에 그냥 두었을 때보다 빠르게 해동된다. 그 까닭을 쓰고, 알루미늄과 스테인리스로 만든 금속 냄비 중 어떤 재질의 금속 냄비를 사용했을 때 더 빠르게 해동되는지 설명해 보자. (단, 열의 전도 정도는 알루미늄이 스테인리스보다 크다.)

4 그림과 같이 실내의 창문에 공기층이 있는 비닐을 붙이면 효율적으로 난방을 할 수 있는데, 그 까닭을 열의 이동과 관련지어 설명해 보자.

문제 해결력 서술형·논술형 평가 02 비열과 열팽창

1 사람의 몸은 약 70 %가 물로 이루어져 있어서 체온을 유지하는 데 도움이 된다. 그 까닭을 물의 비열과 관련지어 설명해 보자.

2 그림과 같이 뚝배기와 금속 냄비에 음식을 담아 둘 때, 금속 냄비보다 뚝배기에 담긴 음식이 더 오랜 시간 동안 따뜻한 상태를 유지한다. 그 까닭을 설명해 보자.

▲ 뚝배기

▲ 금속 냄비

3 그림과 같이 햇볕이 내리쬐는 한낮에 바위는 뜨겁지만 계곡의 물은 차갑다. 바위와 계곡 물의 온도가 다른 까닭을 비열과 관련지어 설명해 보자.

4 유리병의 금속 뚜껑이 잘 열리지 않을 때 뚜껑 부분을 뜨거운 물에 넣었다가 빼면 뚜껑을 쉽게 열 수 있는데, 그 까닭을 설명해 보자.

5 그림과 같이 음료수 병을 보면 위쪽이 가득 차 있지 않고 조금씩 비어 있다. 그 까닭을 설명해 보자.

수행 평가 대비

1 다음은 우리나라에서 발생했던 재해·재난에 대한 설명을 나타낸 것이다.

2016년 9월 경상북도 경주시에서 규모 5.8의 지진이 발생했다. 이는 한반도에서 발생한 지진 중 가장 강력한 규모로 지진의 진동이 경상도, 충청도, 제주도, 서울 등 전국 각지에서 감지되었다. 또한 이 지진으로 인해 23명이 부상을 입었고 110억 원 가량의 재산 피해가 발생했다.

이러한 재해·재난이 발생하는 원인과 이에 대처하는 방안을 각각 설명해 보자.

발생 원인	(1)
대처 방안	(2)

2 다음은 1854년 영국 런던에서 콜레라가 발생했을 때, 스노가 대처했던 방안에 대한 설명을 나타낸 것이다.

1854년 영국 런던에서 콜레라가 발생하였다. 당시 사람들은 독성 기체에 의해 콜레라가 전염된다고 생각했다. 그러나 스노는 콜레라가 전염되는 원인을 알아내기 위해 환자가 발생한 지역과 급수 펌프 주변을 조사하였다. 그 결과 콜레라의 원인이 지하수의 오염이라는 것을 밝혀내었고, 지하수의 사용을 통제하여 콜레라의 확산을 막을 수 있었다.

스노가 콜레라를 막기 위해 실시한 활동을 무엇이라 하는지 쓰고, 이러한 활동이 필요한 까닭에 대해서 설명해 보자.

스노가 실시한 활동	(1)
이러한 활동이 필요한 까닭	(2)

3 그림과 같이 풍식이가 살고 있는 지역에 화학 물질 유출 사고가 발생하였다. 사고가 발생한 지역에서 그림과 같이 바람이 불 때 A~C 중 풍식이가 대피해야 하는 방향을 쓰고, 그렇게 생각한 까닭을 설명해 보자.

대피해야 할 방향	(1)
까닭	(2)

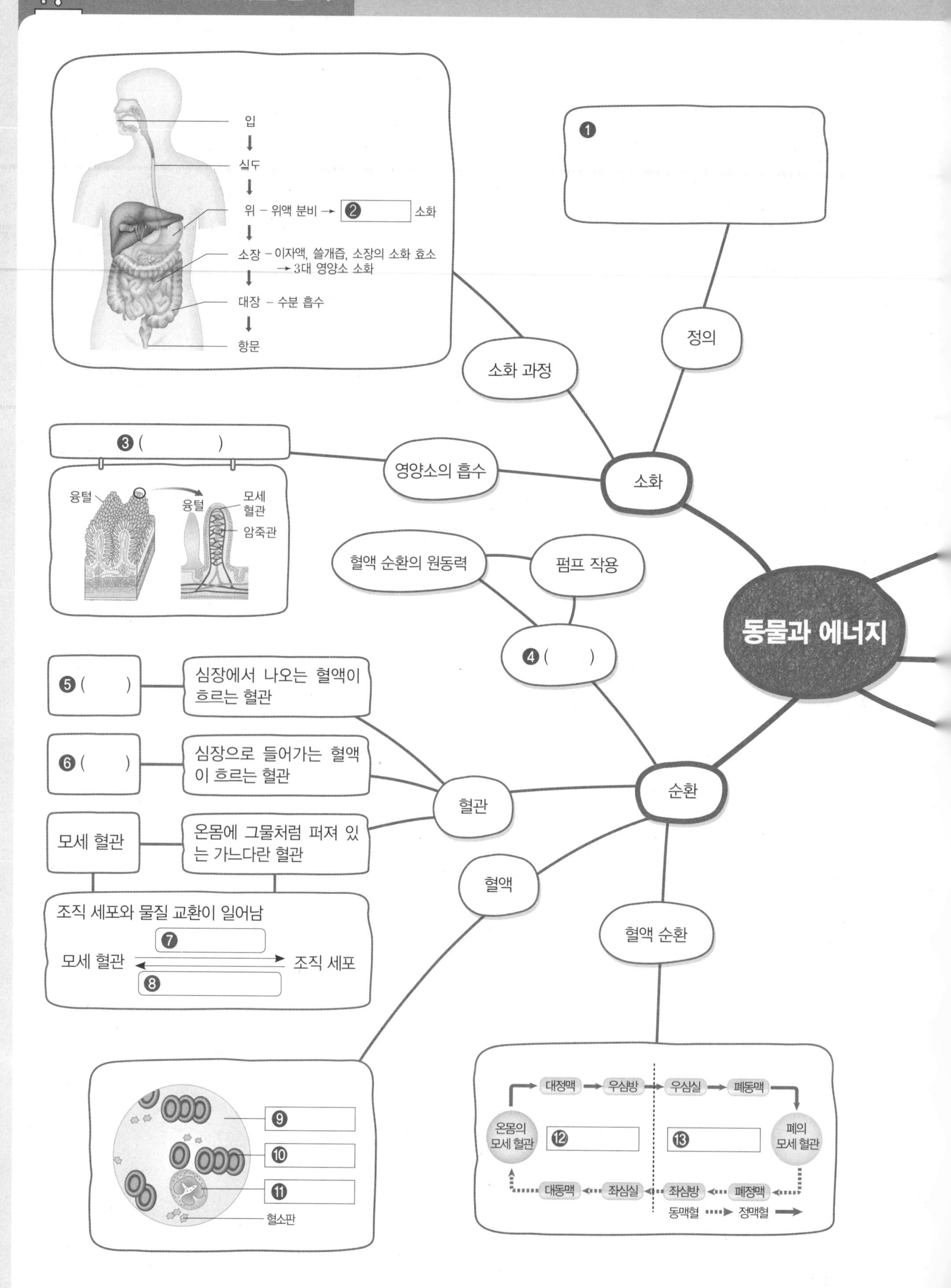
입
식도
위 – 위액 분비 → ❷ 소화
소장 – 이자액, 쓸개즙, 소장의 소화 효소 → 3대 영양소 소화
대장 – 수분 흡수
항문
❶
정의
소화 과정
❸ ( )
융털
융털
모세 혈관
암죽관
영양소의 흡수
소화
혈액 순환의 원동력
펌프 작용
❹ ( )
동물과 에너지
❺ ( )
심장에서 나오는 혈액이 흐르는 혈관
❻ ( )
심장으로 들어가는 혈액이 흐르는 혈관
모세 혈관
온몸에 그물처럼 퍼져 있는 가느다란 혈관
혈관
순환
조직 세포와 물질 교환이 일어남
❼
모세 혈관
조직 세포
❽
혈액
혈액 순환
❾
❿
⓫
혈소판
대정맥
우심방
우심실
폐동맥
온몸의 모세 혈관
⓬
⓭
폐의 모세 혈관
대동맥
좌심실
좌심방
폐정맥
동맥혈
정맥혈

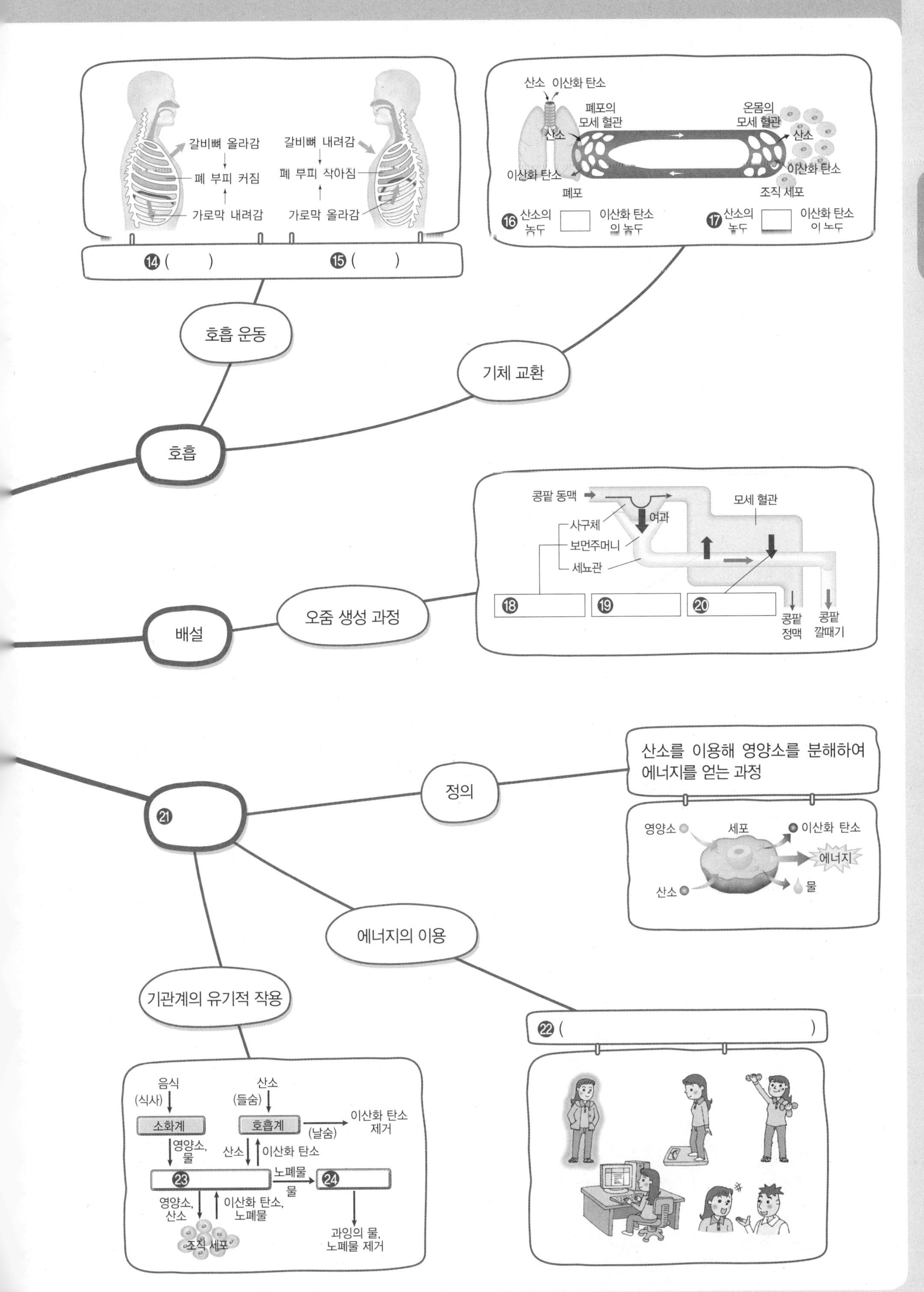
갈비뼈 올라감
폐 부피 커짐
가로막 내려감
갈비뼈 내려감
폐 부피 작아짐
가로막 올라감
⑭ (　　)
⑮ (　　)
호흡 운동
산소 이산화 탄소
폐포의 모세 혈관
온몸의 모세 혈관
산소
이산화 탄소
폐포
조직 세포
⑯ 산소의 농도 □ 이산화 탄소의 농도
⑰ 산소의 농도 □ 이산화 탄소의 농도
기체 교환
호흡
콩팥 동맥
사구체
보먼주머니
세뇨관
여과
모세 혈관
⑱
⑲
⑳
콩팥 정맥
콩팥 깔때기
오줌 생성 과정
배설
산소를 이용해 영양소를 분해하여 에너지를 얻는 과정
영양소
세포
이산화 탄소
에너지
산소
물
정의
㉑
에너지의 이용
㉒ (　　)
기관계의 유기적 작용
음식 (식사)
산소 (들숨)
소화계
호흡계
(날숨)
이산화 탄소 제거
영양소, 물
산소
이산화 탄소
㉓
노폐물 물
㉔
영양소, 산소
이산화 탄소, 노폐물
조직 세포
과잉의 물, 노폐물 제거

창의적 사고력

창의적 문제 해결 능력 마인드맵 그리기

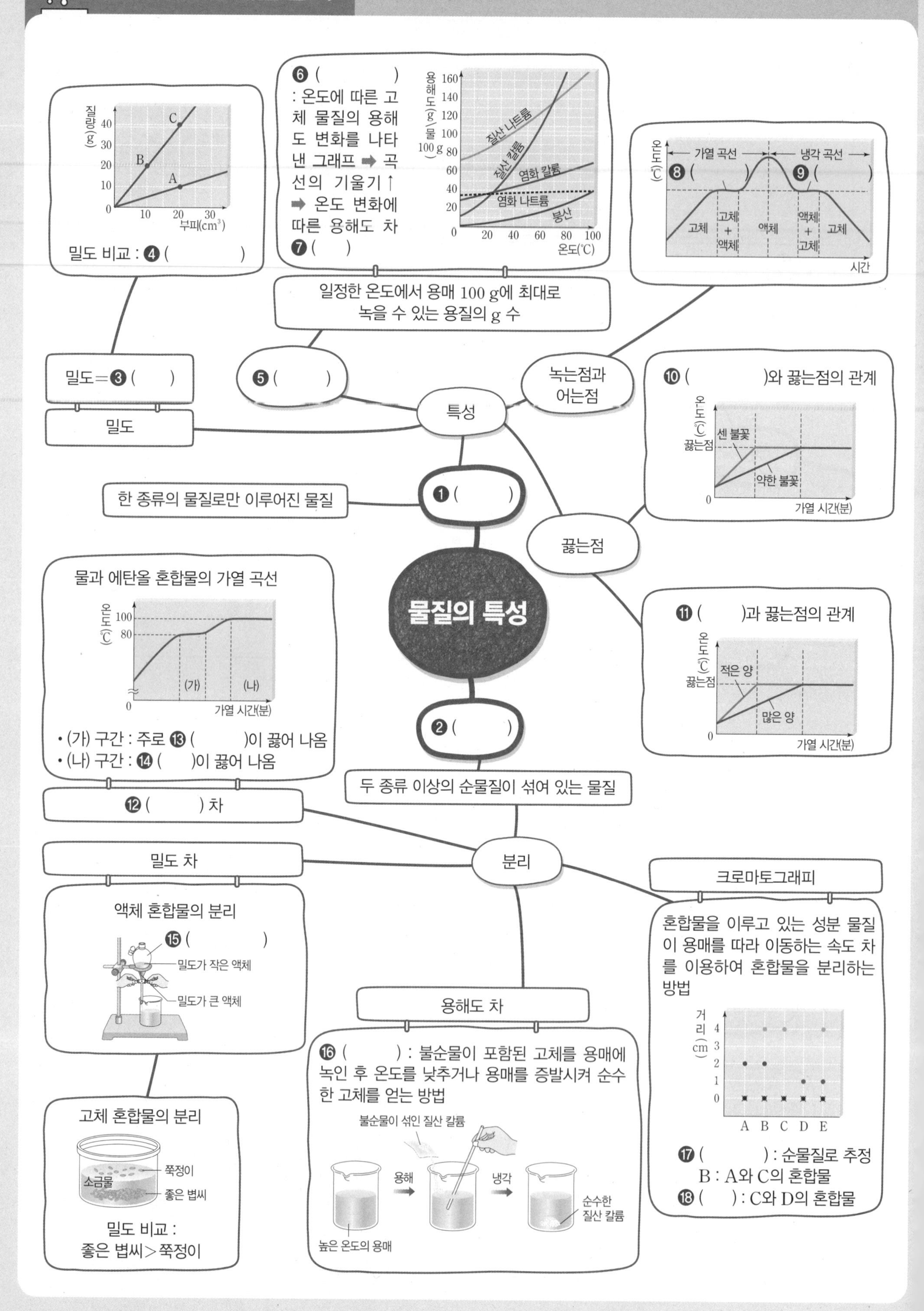

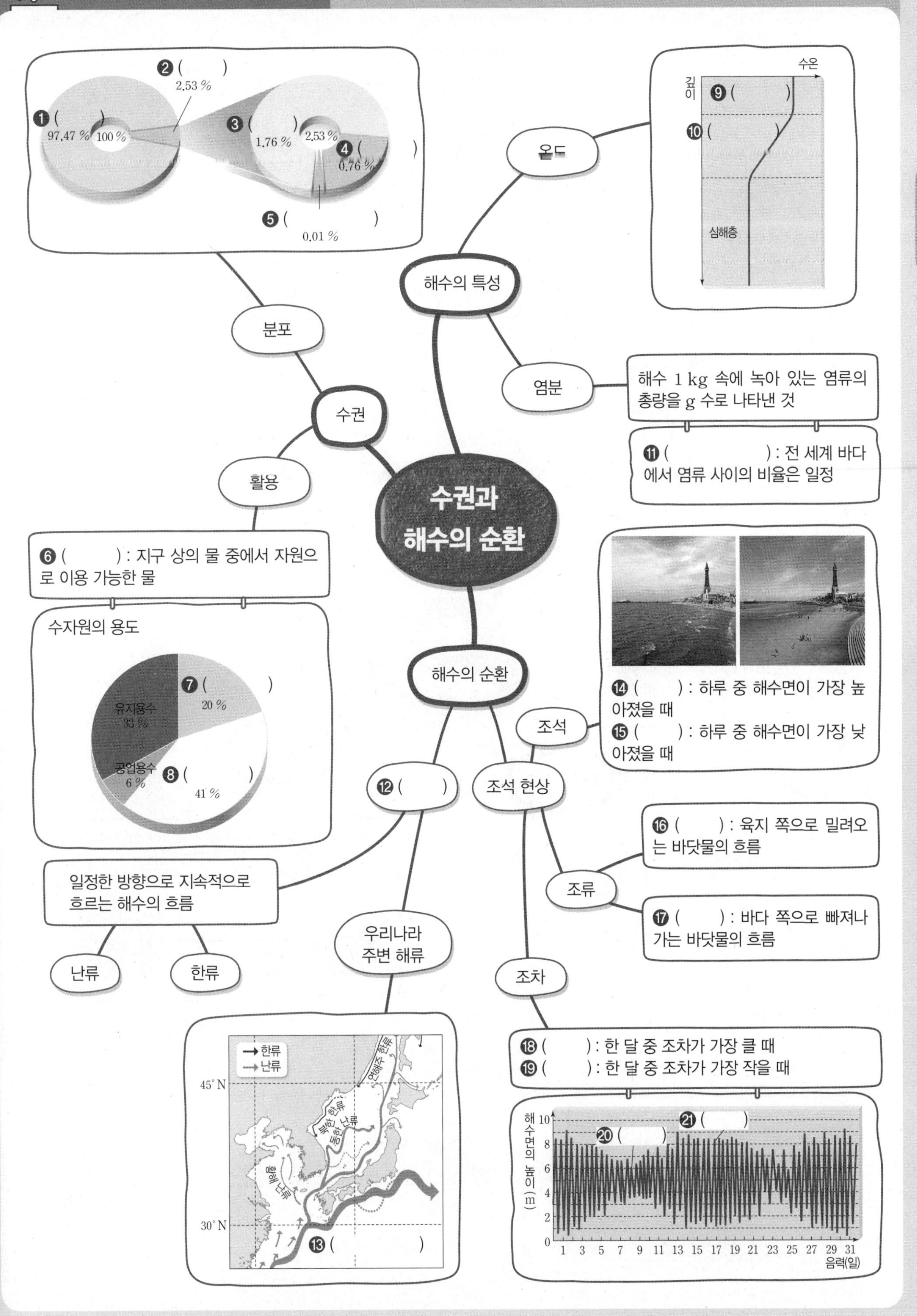
수권과 해수의 순환
수권
분포
❶ (　　)
97.47 %
100 %
❷ (　　)
2.53 %
❸ (　　)
1.76 %
2.53 %
❹ (　　)
0.76 %
❺ (　　)
0.01 %
활용
❻ (　　) : 지구 상의 물 중에서 자원으로 이용 가능한 물
수자원의 용도
유지용수 33 %
❼ (　　) 20 %
공업용수 6 %
❽ (　　) 41 %
해수의 특성
온도
수온
깊이
❾ (　　)
❿ (　　)
심해층
염분
해수 1 kg 속에 녹아 있는 염류의 총량을 g 수로 나타낸 것
⓫ (　　) : 전 세계 바다에서 염류 사이의 비율은 일정
해수의 순환
⓬ (　　)
일정한 방향으로 지속적으로 흐르는 해수의 흐름
난류
한류
우리나라 주변 해류
한류
난류
45° N
30° N
연해주 한류
북한 한류
동한 난류
황해 난류
⓭ (　　)
조석 현상
조석
⓮ (　　) : 하루 중 해수면이 가장 높아졌을 때
⓯ (　　) : 하루 중 해수면이 가장 낮아졌을 때
조류
⓰ (　　) : 육지 쪽으로 밀려오는 바닷물의 흐름
⓱ (　　) : 바다 쪽으로 빠져나가는 바닷물의 흐름
조차
⓲ (　　) : 한 달 중 조차가 가장 클 때
⓳ (　　) : 한 달 중 조차가 가장 작을 때
해수면의 높이 (m)
⓴ (　　)
㉑ (　　)
0 2 4 6 8 10
1 3 5 7 9 11 13 15 17 19 21 23 25 27 29 31
음력(일)

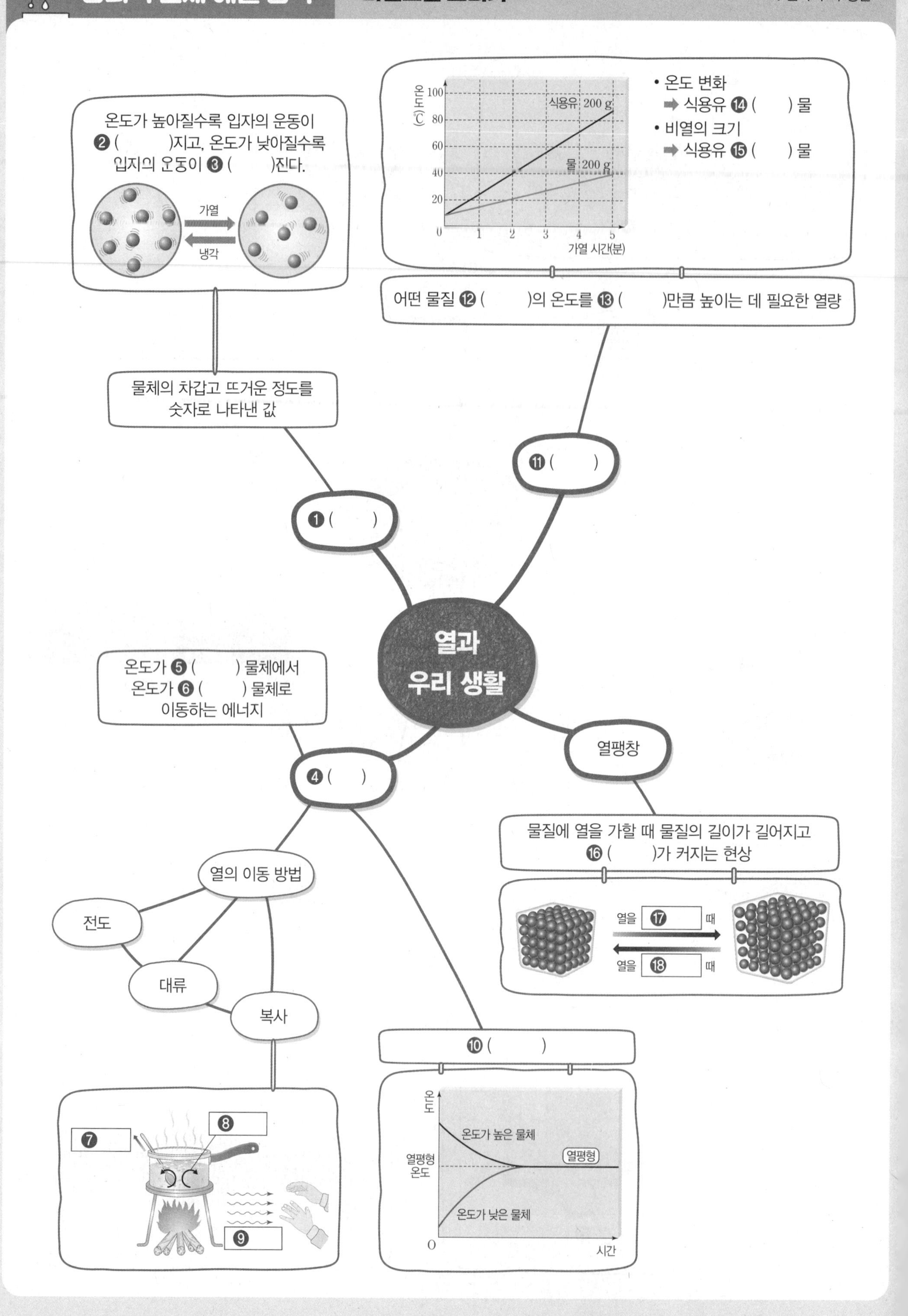
열과 우리 생활
❶ (   )
물체의 차갑고 뜨거운 정도를 숫자로 나타낸 값
온도가 높아질수록 입자의 운동이 ❷ (   )지고, 온도가 낮아질수록 입자의 운동이 ❸ (   )진다.
가열
냉각
❹ (   )
온도가 ❺ (   ) 물체에서 온도가 ❻ (   ) 물체로 이동하는 에너지
열의 이동 방법
전도
대류
복사
❼
❽
❾
❿ (   )
온도
열평형 온도
온도가 높은 물체
온도가 낮은 물체
열평형
시간
⓫ (   )
어떤 물질 ⓬ (   )의 온도를 ⓭ (   )만큼 높이는 데 필요한 열량
온도(℃)
식용유 200 g
물 200 g
가열 시간(분)
• 온도 변화
➡ 식용유 ⓮ (   ) 물
• 비열의 크기
➡ 식용유 ⓯ (   ) 물
열팽창
물질에 열을 가할 때 물질의 길이가 길어지고 ⓰ (   )가 커지는 현상
열을 ⓱ 때
열을 ⓲ 때

01 소화

목표	침의 소화 작용을 확인하고, 소화시키는 영양소가 무엇인지 설명할 수 있다.
준비물	5 % 녹말 용액, 묽은 달걀흰자 용액, 아이오딘－아이오딘화 칼륨 용액, 뷰렛 용액, 35 ℃~40 ℃ 물, 증류수, 거즈, 핀셋, 비커, 시험관, 시험관대, 시험관 고정판, 스포이트, 온도계, 보안경, 면장갑, 실험용 고무장갑
과정	❶ 혀 밑에 거즈를 넣어 충분히 적신 후, 이 거즈를 10 mL의 증류수에 헹구어 침 용액을 만든다. ❷ 시험관 A~D 중 A와 B에는 5 % 녹말 용액을, C와 D에는 묽은 달걀흰자 용액을 5 mL씩 넣는다. ❸ 시험관 A와 B에는 아이오딘－아이오딘화 칼륨 용액을 1~2방울 넣고, 시험관 C와 D에는 뷰렛 용액을 1~2방울 넣는다. ❹ 과정 ❸의 시험관 A와 C에는 증류수를 3 mL, B와 D에는 침 용액을 3 mL 넣은 후, 35 ℃~40 ℃의 물에 담가두고 시험관의 색 변화를 관찰한다.
결과	시험관 A~D의 색 변화를 표에 기록한다.
정리	1. 영양소의 소화가 일어난 시험관을 쓰고, 그렇게 생각한 까닭을 설명해 보자. 2. 침이 소화시키는 영양소가 무엇인지 쓰고, 그렇게 생각한 까닭을 설명해 보자.

시험관	A	B	C	D
색깔 변화				

02 순환

목표	현미경을 통해 혈액을 관찰하고, 각 혈구를 구별할 수 있다.
준비물	현미경, 채혈기, 에탄올, 소독용 알코올, 덮개유리, 받침유리, 핀셋, 스포이트, 솜, 김사액, 증류수
과정	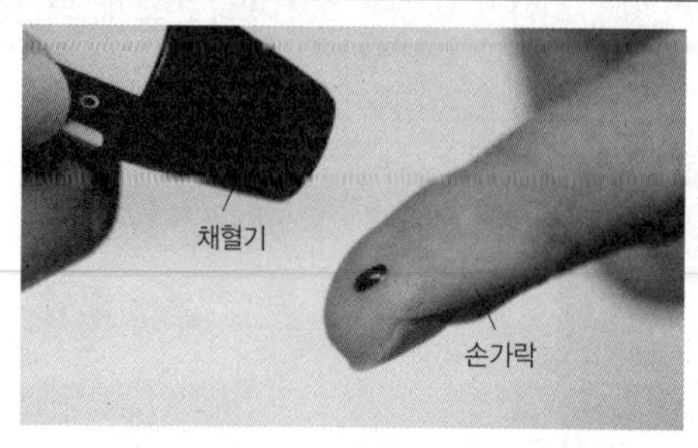 ❶ 소독용 알코올을 이용하여 손가락 끝을 소독한 다음 채혈기를 사용해 손가락을 찔러 받침유리에 혈액을 한 방울 떨어뜨린다. 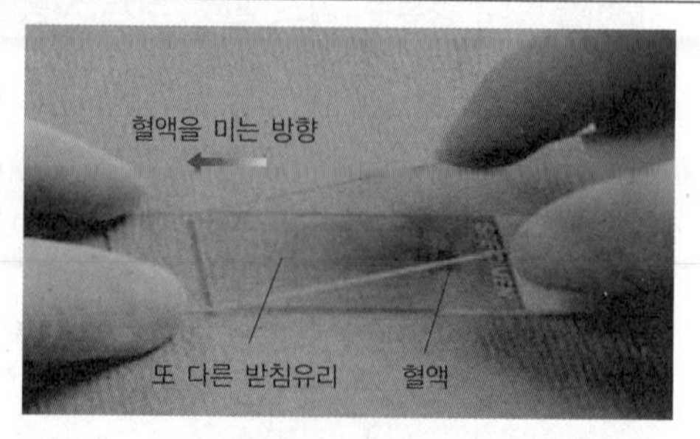 ❷ 또 다른 받침유리를 이용하여 혈액을 얇게 편다. 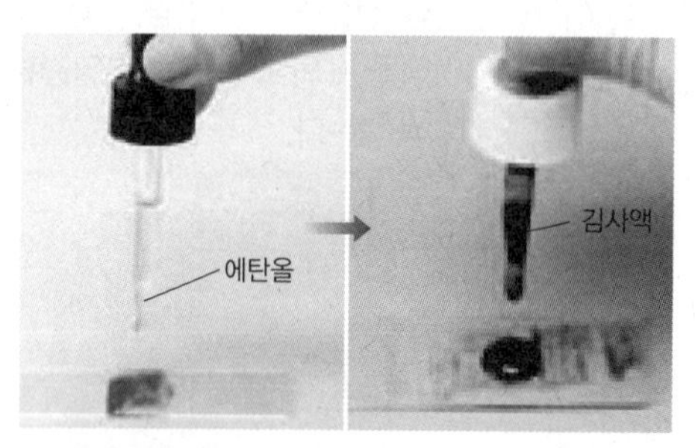 ❸ 혈액에 에탄올을 떨어뜨리고 3분 정도 말린 후 김사액을 떨어뜨려 염색한다. 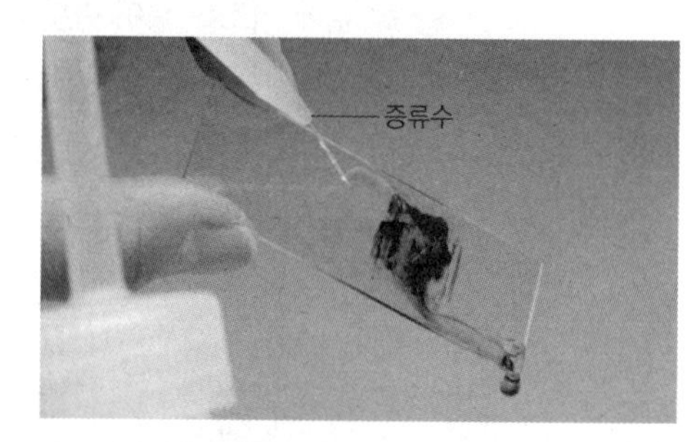 ❹ 김사액을 증류수로 씻어 내고 말린 후 덮개유리를 덮어 현미경으로 관찰한다.
결과	빈칸에 혈구를 관찰한 결과를 그려 본다. 
정리	1. 김사액에 염색된 혈구가 무엇인지 쓰고, 그렇게 생각한 까닭을 써 보자. _____ 2. 실험 결과 가장 많이 관찰된 혈구가 무엇인지 쓰고, 그 혈구의 특징을 써 보자. _____

02 혼합물의 분리

목표	크로마토그래피를 이용하여 사인펜의 색소를 분리할 수 있다.
준비물	검은색 수성 사인펜, 500 mL 비커, 유리판, 거름종이, 물, 가위, 셀로판테이프
과정	❶ 사각형 거름종이의 한쪽 끝에서 1 cm 정도 되는 곳에 연필로 연하게 선을 긋고, 선 위에 검은색 수성 사인펜으로 점 1개를 찍는다. 사인펜의 잉크가 마르면 같은 위치에 2~3회 반복하여 점을 찍는다. ❷ 점이 찍힌 쪽이 바닥을 향하도록 거름종이를 셀로판테이프로 유리판에 고정한 다음, 물이 조금 담긴 비커에 유리판을 덮어 거름종이 끝이 물에 약간 닿도록 한다. ❸ 물이 거름종이의 위쪽 끝 가까이 올라오면 거름종이를 꺼내어 말린 다음 색을 관찰한다.
결과	검은색 수성 사인펜의 색소가 보라색, 주황색, 파란색 등으로 (　　　)되고, 검은색 수성 사인펜의 색소는 여러 가지 색으로 분리되므로 (　　　)에 해당한다.
정리	1. 이 실험으로 사인펜의 색소를 분리할 수 있는 까닭을 설명해 보자. __________ __________ 2. 우리 주변에서 이와 같은 원리를 이용하여 혼합물을 분리하는 예를 찾아 써 보자. __________ __________

02 해수의 특성

목표 깊이에 따른 수온을 측정하여 해수의 연직 수온 분포에 영향을 주는 요인이 무엇인지 설명할 수 있다.

준비물 수조, 스탠드, 온도계, 적외선등, 물, 휴대용 선풍기

과정

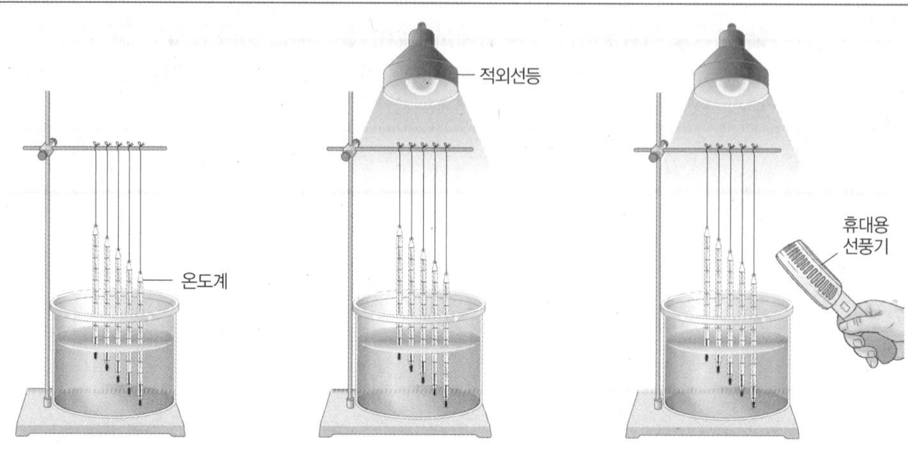

❶ 수조에 물을 채우고, 온도계 사이의 간격을 높이 차가 2 cm가 되도록 설치한 후, 각 온도계의 처음 수온을 측정하여 기록한다.

❷ (   ) 설치하여 10분 동안 가열한 후, 수온을 측정한다.

❸ 적외선등을 켠 상태에서 수면 가까이에 휴대용 선풍기로 2분 동안 (   ), 수온을 측정한다.

결과

깊이 (cm)	수온(℃)		
	가열 전	가열 후	선풍기를 켠 후
1	20	25	24
3	20	24	24
5	20	22	22
7	20	20	20
9	20	20	20

수온(℃)
0 20 22 24 26
깊이 (cm) 1 3 5 7 9
가열 전
가열 후
선풍기를 켠 후

(1) 가열 전에는 깊이에 관계없이 수온이 일정하다.

(2) 적외선등으로 가열한 후에는 표면의 수온이 (   ), 깊이가 깊어짐에 따라 수온이 (   ).

(3) 휴대용 선풍기를 켠 후에는 수면 부근에 수온이 일정한 층이 생긴다. ➡ (   ) 생성

정리

1. 적외선등은 (   ), 휴대용 선풍기는 (   )에 해당한다.

2. 적외선등을 켠 후에 깊이에 따라 수온이 달라지는 까닭을 설명해 보자.

3. 휴대용 선풍기를 켠 후에 수면 부근에 수온이 일정한 층이 생기는 까닭을 설명해 보자.

02 비열과 열팽창

목표	질량이 같은 서로 다른 두 물질의 온도 변화를 측정하여 두 물질의 비열을 비교할 수 있다.
준비물	물, 식용유, 비커 2개, 디지털 온도계 2개, 전열기, 전자저울, 초시계, 스탠드, 면장갑, 실험복, 보안경
과정	❶ 전자저울로 물과 식용유의 질량을 200 g씩 측정하여 2개의 비커에 각각 넣는다. ❷ 물과 식용유를 넣은 비커를 전열기 위에 올려놓고 각각 온도계를 설치한다. ❸ 두 비커를 동시에 가열하면서 1분 간격으로 물과 식용유의 온도를 측정하여 표에 기록한다. ❹ 시간에 따른 물과 식용유의 온도 변화를 그래프에 그려 본다.

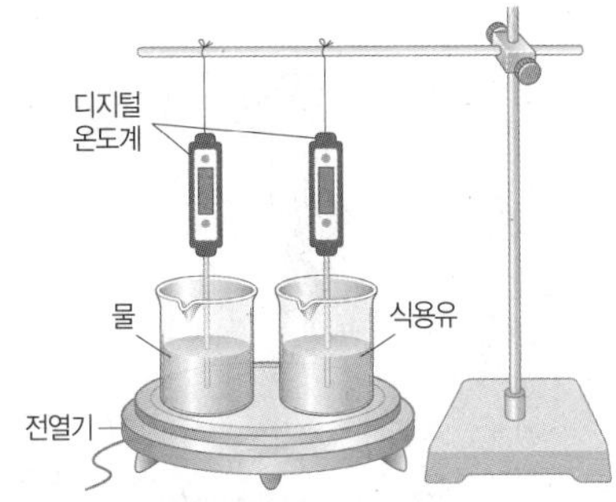

결과

(1) 1분 간격으로 측정한 물과 식용유의 온도를 표에 기록한다.

시간(분)	0	1	2	3	4	5
물의 온도(℃)	10	16	21	28	34	40
식용유의 온도(℃)	10	26	41	55	71	86

(2) 물과 식용유의 온도 변화를 그래프에 그려 본다.

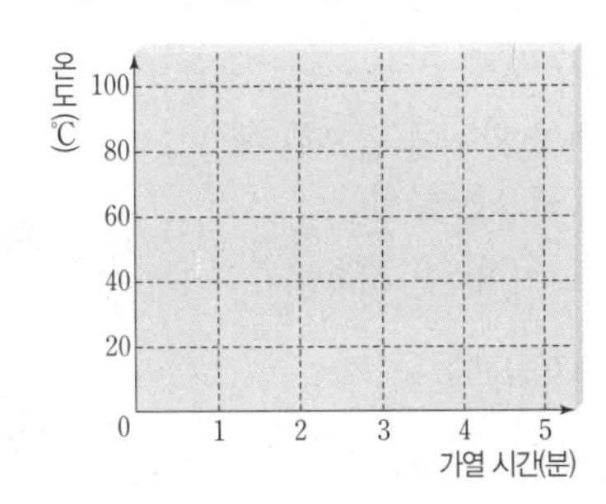

정리

1. 같은 시간 동안 가열했을 때 물과 식용유 중 비열이 더 큰 것을 쓰고, 그렇게 생각한 까닭을 설명해 보자.

2. 같은 온도만큼 높일 때 물과 식용유 중 열량이 더 많이 필요한 것을 쓰고, 그렇게 생각한 까닭을 설명해 보자.

01 소화

❶ 생물의 몸

(1) **생물체의 구성 단계** : 세포 → 조직 → 기관 → 개체

세포	생물체를 구성하는 기본 단위
조직	모양과 기능이 유사한 세포들의 모임
기관	여러 조직이나 조직계가 모여 고유한 형태와 기능을 나타낸다.
개체	생명 활동이 가능한 독립적인 하나의 생물체

(2) **동물의 구성 단계**

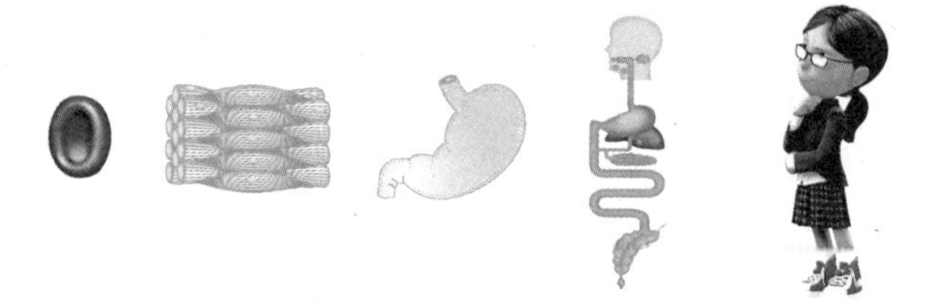

세포 ⟶ 조직 ⟶ 기관 ⟶ 기관계 ⟶ 개체

(3) **기관계** : 서로 관련된 기능을 담당하는 기관들이 모여 유기적 기능을 수행하는 단계로, 동물에만 있다.

소화계	음식물 속의 영양소를 소화하여 흡수한다.
순환계	영양소, 산소, 이산화 탄소 등을 온몸으로 운반한다.
호흡계	산소와 이산화 탄소의 교환을 담당한다.
배설계	노폐물을 걸러 몸 밖으로 내보낸다.

❷ 영양소

(1) **영양소** : 우리 몸을 구성하거나 생명 활동에 필요한 에너지원이 되는 등 생물이 살아가는 데 필요한 물질

(2) **주영양소** : 몸의 구성 성분이며, 에너지원으로 이용된다.

탄수화물	• 주로 에너지원(4 kcal/g)으로 이용된다. • 몸 구성 비율이 낮다. • 남은 것은 지방으로 바뀌어 몸속에 저장된다. • 밥, 국수, 빵, 감자 등에 들어 있다.
단백질	• 몸의 구성 성분이고, 에너지원(4 kcal/g)으로 이용된다. • 효소와 호르몬의 주성분으로 몸의 기능을 조절한다. • 살코기, 생선, 두부, 콩 등에 들어 있다.
지방	• 몸의 구성 성분이고 에너지원(9 kcal/g)으로 이용된다. • 남은 것은 피부 아래나 내장에 저장된다. • 참깨, 땅콩, 버터 등에 들어 있다.

(3) **부영양소** : 에너지원으로 이용되지 않는다.

무기염류	• 뼈, 이, 혈액 등을 구성한다. • 몸의 기능을 조절한다. • 종류 : 나트륨(Na), 칼륨(K), 철(Fe), 칼슘(Ca) 등
바이타민	• 적은 양으로 몸의 기능을 조절한다. • 결핍증과 과다증이 나타난다. • 종류 : 바이타민 A, B, C, D 등
물	• 몸의 구성 성분 중 가장 많은 양을 차지한다(60 %~70 %). • 영양소나 노폐물과 같은 여러 가지 물질을 운반한다. • 체온을 일정하게 유지하는 데 도움을 준다.

(4) **영양소의 검출 방법**

구분	검출 용액	색깔 변화
녹말 검출	아이오딘-아이오딘화 칼륨 용액	청람색
포도당 검출	베네딕트 용액(가열)	황적색
지방 검출	수단 Ⅲ 용액	선홍색
단백질 검출	뷰렛 용액(5 % 수산화 나트륨 수용액 +1 % 황산 구리 수용액)	보라색

❸ 소화

(1) **소화** : 음식물로 섭취한 영양소를 체내에서 흡수할 수 있는 크기의 작은 물질로 분해하는 과정

• 소화가 필요한 까닭 : 영양소가 흡수되기 위해서는 세포막을 통과할 수 있을 정도로 크기가 매우 작아야 하기 때문이다.

(2) **소화계** : 음식물이 직접 지나가는 소화관(입 → 식도 → 위 → 소장 → 대장 → 항문)과 간, 쓸개, 이자 등의 소화샘으로 이루어져 있다.

(3) **소화 과정** : 녹말은 포도당으로, 단백질은 아미노산으로, 지방은 지방산과 모노글리세리드로 최종 분해된다.

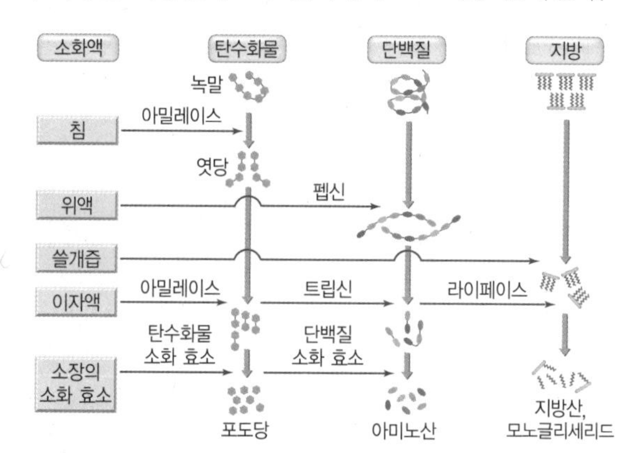

(4) **영양소의 흡수**

① 소장 안쪽 벽의 구조 : 주름이 많고 주름 표면에 융털이라는 돌기가 많이 있어 영양소를 흡수할 수 있는 표면적이 넓다. ➡ 영양소를 효율적으로 흡수할 수 있다.

② 영양소의 흡수와 이동 : 최종 소화 산물은 소장 융털의 모세 혈관(포도당, 아미노산, 무기염류)과 암죽관(지방산, 모노글리세리드)으로 흡수되어 심장으로 이동된 후 온몸의 조직 세포로 운반된다.

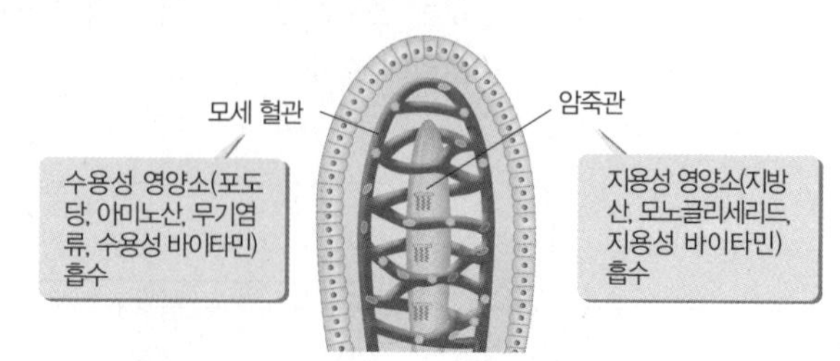

[01~02] 그림 (가)~(라)는 동물의 구성 단계를 순서 없이 나타낸 것이다.

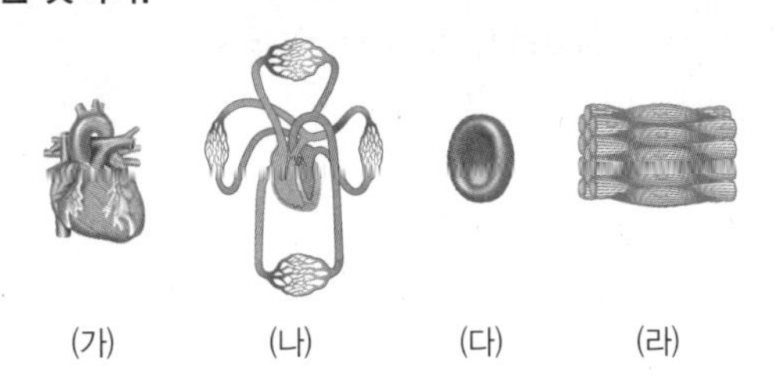

01 다음은 동물의 구성 단계를 나타낸 것이다.

세포 → (㉠) → (㉡) → 기관계 → 개체

㉠과 ㉡에 알맞은 구성 단계의 기호와 이름을 옳게 짝지은 것은?

	㉠	㉡
①	(나) − 조직계	(라) − 기관
②	(나) − 기관	(다) − 조직계
③	(다) − 조직	(라) − 기관
④	(라) − 조직	(가) − 기관
⑤	(라) − 조직	(가) − 조직계

02 이에 대한 설명으로 옳지 않은 것은?

① (가)는 기관으로, 여러 조직이 모여 고유한 형태를 가지고 독립적으로 생명 활동을 하는 단계이다.
② (나)는 순환계로, 영양소나 산소를 적절한 곳으로 운반한다.
③ (다)는 세포로, 생물체를 구성하는 기본 단위이다.
④ (라)는 조직으로, 동물과 식물 모두에 존재하는 구성 단계이다.
⑤ 동물의 구성 단계는 (다) → (라) → (가) → (나) 순이다.

03 기관계에 대한 설명으로 옳은 것을 모두 고르면?

① 사람의 기관계는 총 네 가지가 있다.
② 기관계는 한 종류의 기관으로 구성된다.
③ 혈관과 심장은 순환계에 속하는 기관이다.
④ 기관계를 이루는 세포는 조직을 이루는 세포보다 크기가 크다.
⑤ 신경계에 이상이 생기면 자극에 대한 적절한 반응이 일어나지 않을 수 있다.

04 다음에서 설명하고 있는 영양소로 옳은 것은?

• 우리 몸의 구성 성분 중 가장 많은 양을 차지한다. • 에너지원으로 이용되지 않지만 몸의 기능을 조절한다.

① 물 ② 지방 ③ 단백질
④ 탄수화물 ⑤ 무기염류

05 양파즙과 버터를 섞은 용액을 시험관 A~D에 각각 나누어 넣고 그림과 같이 영양소 검출 실험을 하였다.

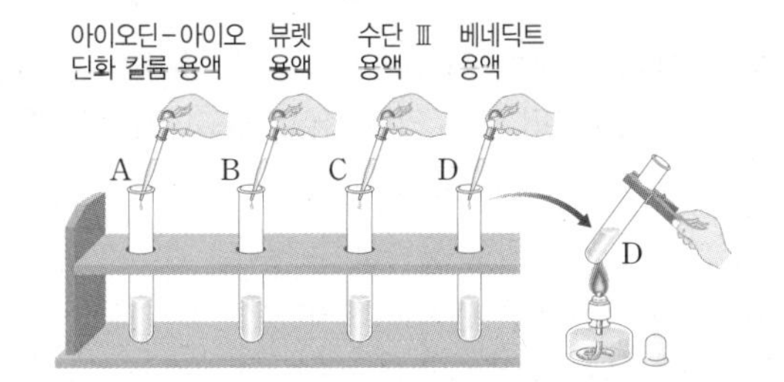

실험 결과 색깔 변화 반응이 나타나는 시험관을 모두 고르면?

① A ② B ③ C
④ D ⑤ 모두 나타나지 않는다.

06 소화에 대한 설명으로 옳은 것은?

① 양분을 온몸으로 운반하는 과정
② 자신과 닮은 개체를 만드는 과정
③ 음식물 속의 에너지를 얻는 과정
④ 몸속의 노폐물을 몸 바깥으로 내보내는 과정
⑤ 음식물 속의 영양소를 흡수 가능한 크기로 분해하는 과정

07 다음 중 소화 과정을 거치지 않는 영양소를 모두 고르면?

① 지방 ② 단백질 ③ 바이타민
④ 탄수화물 ⑤ 무기염류

08 다음은 녹말 용액과 포도당 용액을 이용한 실험을 나타낸 것이다.

[실험 과정]

(가) 녹말 용액과 포도당 용액이 든 셀로판 튜브를 물이 든 두 개의 비커 A와 B에 각각 담근다.

(나) 비커 A의 용액에는 아이오딘 반응을, 비커 B의 용액에는 베네딕트 반응을 실시한다.

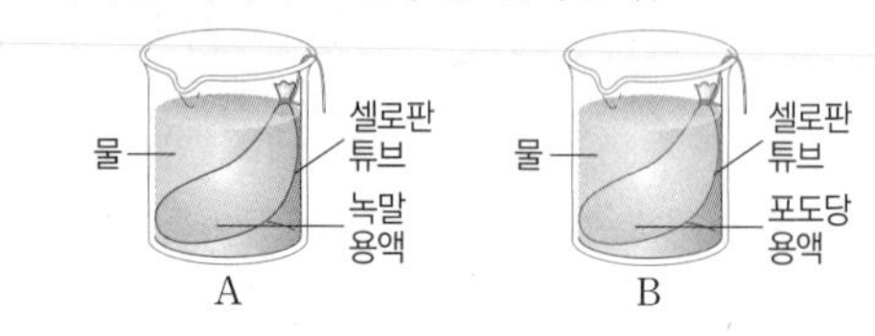

[실험 결과]

비커	A	B
색깔 변화	변화 없음	황적색

이 실험의 결과로부터 알 수 있는 사실로 옳지 않은 것은?

① 영양소의 크기는 대부분 비슷하다.
② 녹말 입자는 세포막을 통과할 수 없다.
③ 소화가 되어야 하는 까닭을 알 수 있다.
④ 포도당은 소화 과정 없이 바로 체내에 흡수될 수 있다.
⑤ 영양소가 체내로 흡수되기 위해서는 작게 분해되어야 한다.

09 그림은 사람의 소화 기관을 나타낸 것이다.

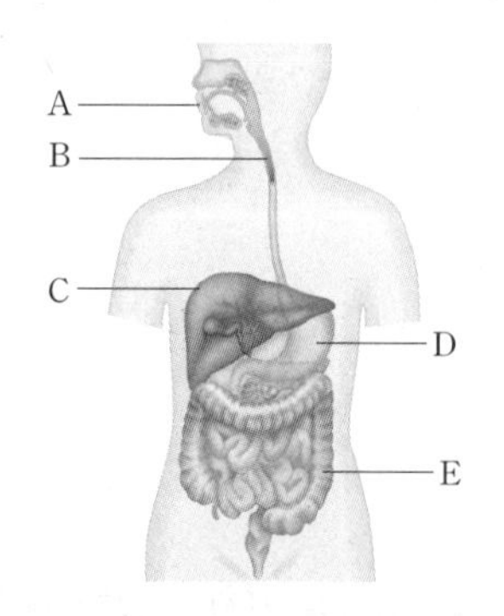

A~E 중 소화액이 만들어지는 곳을 모두 고른 것은?

① A, E ② C, D ③ A, B, E
④ A, C, D ⑤ B, C, D

10 그림은 양고기의 소화를 실험하기 위해 준비한 시험관을 나타낸 것이다. 양고기의 소화 작용이 가장 활발하게 일어나기 위해 사용해야 할 용액 A로 옳은 것은?

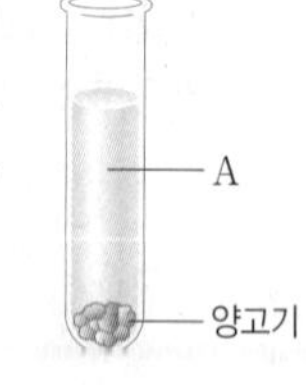

① 10 % 염산 ② 펩신+증류수
③ 펩신+10 % 염산 ④ 10 % 수산화 나트륨 수용액
⑤ 트립신+10 % 수산화 나트륨 수용액

11 그림은 3대 영양소의 소화 과정을 나타낸 것이다.

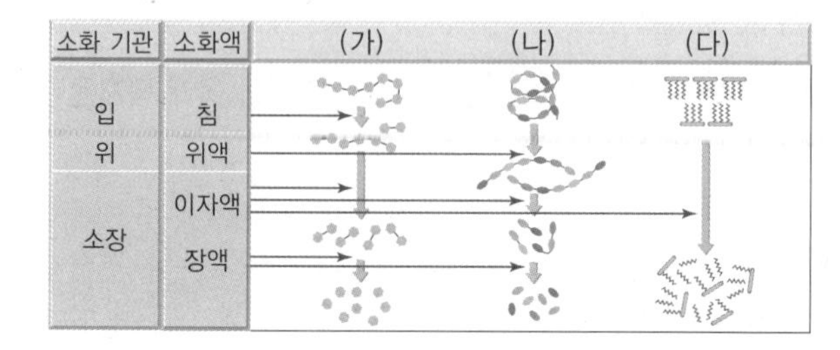

(가)~(다)에 해당하는 영양소를 옳게 짝지은 것은?

	(가)	(나)	(다)
①	탄수화물(녹말)	지방	단백질
②	탄수화물(녹말)	단백질	지방
③	단백질	탄수화물(녹말)	지방
④	단백질	지방	탄수화물(녹말)
⑤	지방	단백질	탄수화물(녹말)

[12~13] 그림은 소장의 융털에서 영양소가 흡수, 이동하는 경로를 나타낸 것이다.

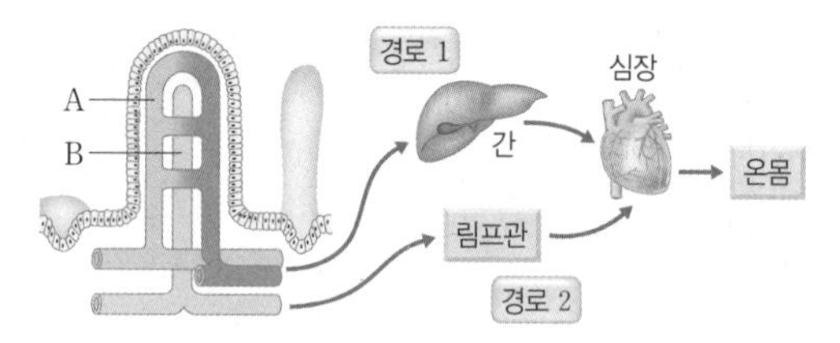

12 소장의 융털 구조 중 A와 B의 이름을 옳게 짝지은 것은?

	A	B		A	B
①	암죽관	모세 혈관	②	암죽관	정맥
③	모세 혈관	암죽관	④	모세 혈관	동맥
⑤	동맥	암죽관			

13 경로 1을 통해 이동하는 영양소를 모두 고르면?

① 포도당 ② 지방산 ③ 모노글리세리드
④ 무기염류 ⑤ 지용성 바이타민

02 순환

❶ 심장과 혈관

(1) 순환계 : 영양소와 산소 및 노폐물을 우리 몸의 적절한 곳으로 운반하는 기능을 담당하는 기관들의 모임

(2) 심장

① 기능 : 심장 박동을 통해 혈액을 순환시킨다.

② 구조 : 2개의 심방과 2개의 심실로 구분, 혈액의 역류를 방지하기 위한 판막이 있다.

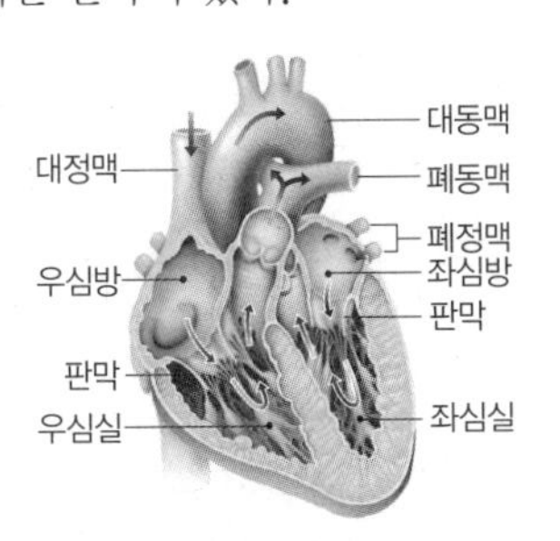

심방	• 심장으로 들어오는 혈액을 받아들이는 곳 • 정맥과 연결 : 좌심방－폐정맥, 우심방－대정맥
심실	• 심장에서 혈액을 내보내는 곳 • 심방보다 두껍고 탄력성이 강한 근육으로 되어 있다. • 동맥과 연결 : 좌심실－대동맥, 우심실－폐동맥
판막	• 심방과 심실, 심실과 동맥 사이에 있다. • 혈액이 거꾸로 흐르는 것을 방지

(3) 혈관

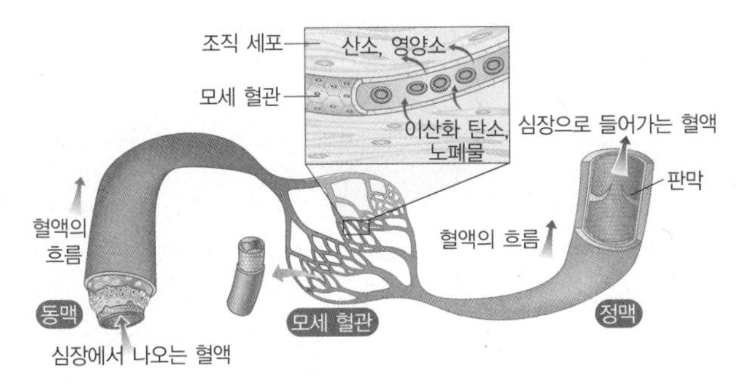

동맥	• 심장에서 나가는 혈액이 흐르는 혈관 • 혈관 벽이 두껍고 탄력성이 크다. ➡ 심실에서 나온 혈액의 높은 압력(혈압)을 견딜 수 있다.
정맥	• 심장으로 들어가는 혈액이 흐르는 혈관 • 혈관 벽이 얇고 탄력성이 작다. • 판막이 군데군데 분포한다.
모세 혈관	• 혈관 벽이 매우 얇다. • 온몸에 그물처럼 퍼져 있다. • 각 조직 세포와 물질 교환이 일어난다.

(4) 혈관의 특징 비교

혈압	동맥＞모세 혈관＞정맥
혈관 벽의 두께	동맥＞정맥＞모세 혈관
혈류 속도	동맥＞정맥＞모세 혈관
총 단면적	모세 혈관＞정맥＞동맥

❷ 혈액

(1) 혈액의 구성

혈액＝55 %의 혈장(액체 성분)＋45 %의 혈구(세포 성분)

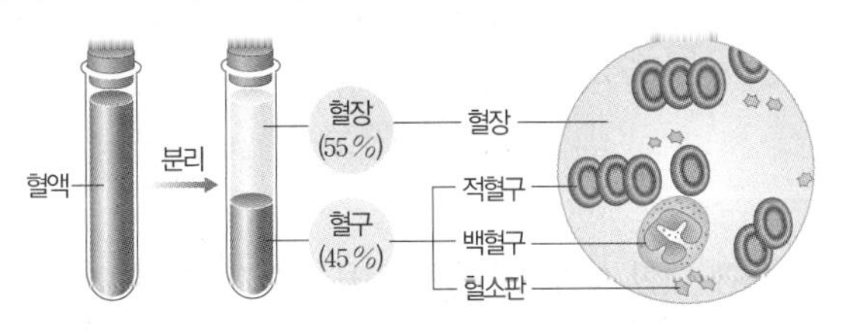

(2) 혈장의 특징

① 혈구를 제외한 성분, 물이 90 % 이상을 차지한다.

② 영양소, 호르몬, 이산화 탄소, 노폐물 등을 운반한다.

③ 온몸으로 열을 운반하여 체온을 일정하게 유지한다.

(3) 혈구의 특징

적혈구	• 원반 모양이며, 핵이 없다. • 헤모글로빈을 포함하고 있어 붉은색을 띠며, 산소를 운반한다.
백혈구	• 모양이 일정하지 않고 핵이 있다. • 식균 작용을 한다.
혈소판	• 모양이 일정하지 않고 핵이 없다. • 출혈 시 혈액을 응고시킨다.

❸ 혈액 순환

(1) 온몸 순환 : 좌심실에서 나온 혈액이 온몸의 모세 혈관을 지나는 동안 조직 세포에 산소와 영양소를 공급해 주고, 조직 세포에서 이산화 탄소와 노폐물을 받아 우심방으로 돌아오는 순환 ➡ 동맥혈 → 정맥혈

(2) 폐순환 : 우심실에서 나온 혈액이 폐의 모세 혈관을 지나는 동안 이산화 탄소를 내보내고 산소를 받아 좌심방으로 돌아오는 순환 ➡ 정맥혈 → 동맥혈

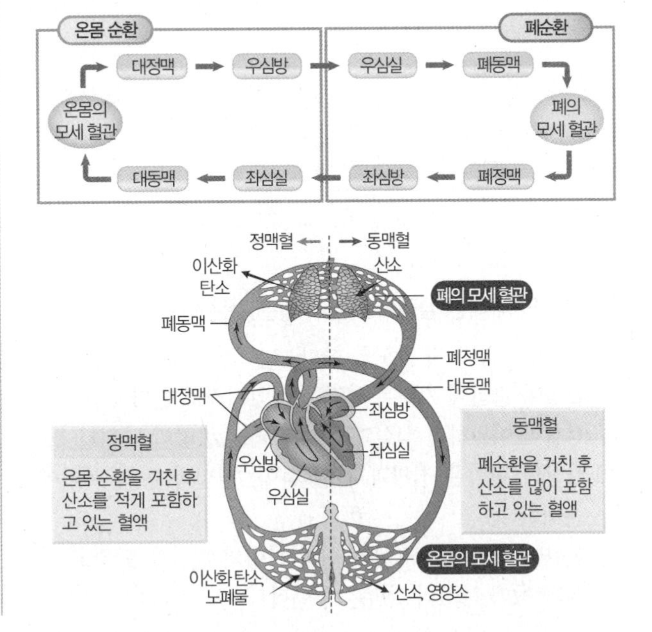

기출 문제로 미리보는

학교 시험 문제

[01~02] 그림은 사람의 심장 구조를 나타낸 것이다.

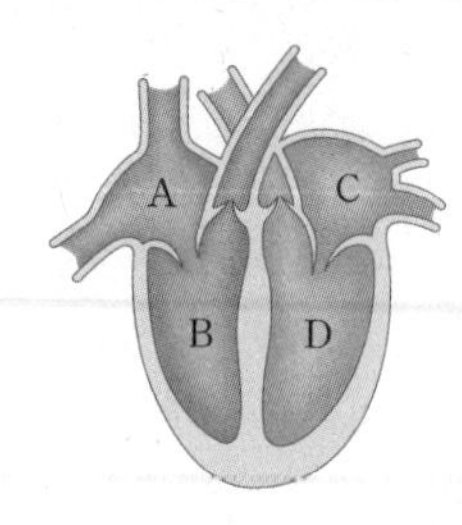

01 이에 대한 설명으로 옳은 것을 | 보기 | 에서 모두 고른 것은?

| 보기 |
ㄱ. A에 연결된 혈관은 폐정맥이다.
ㄴ. 혈액은 B → A, D → C로 흐른다.
ㄷ. A와 B, C와 D 사이에는 판막이 없다.
ㄹ. C는 혈액이 심장으로 들어가는 곳이다.
ㅁ. D에 연결된 혈관을 통해 온몸으로 혈액이 나간다.

① ㄱ, ㄴ　② ㄱ, ㄷ　③ ㄴ, ㄹ
④ ㄷ, ㅁ　⑤ ㄹ, ㅁ

02 A~D 중 근육이 가장 두꺼운 곳은?

① A　② B　③ C
④ D　⑤ 모두 같다.

03 판막에 대한 설명으로 옳지 않은 것은?

① 혈액이 역류하지 않도록 한다.
② 혈액이 판막에 가하는 압력을 혈압이라고 한다.
③ 심실이 이완하면 심실과 동맥 사이의 판막이 닫힌다.
④ 심장의 판막은 심방과 심실 사이, 심실과 동맥 사이에 존재한다.
⑤ 심실이 수축하면 심실과 심방 사이의 판막은 닫히고 심실과 동맥 사이의 판막은 열린다.

[04~05] 그림은 혈관의 구조를 나타낸 것이다.

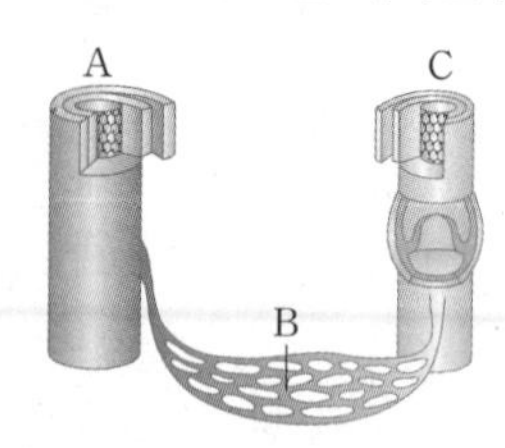

04 혈관의 기호와 이름을 옳게 짝지은 것은?

① A, 정맥　② A, 모세 혈관
③ B, 정맥　④ B, 모세 혈관
⑤ C, 동맥

05 B에 대한 설명으로 옳지 않은 것을 모두 고르면?

① 혈압이 가장 낮다.
② 물질 교환이 일어난다.
③ 탄력성이 가장 뛰어나다.
④ 혈류 속도가 가장 느리다.
⑤ 벽이 한 층의 세포로 되어 있다.

06 그림은 혈액을 채취하여 시험관에 넣고 혈장과 혈구로 분리한 것을 나타낸 것이다.

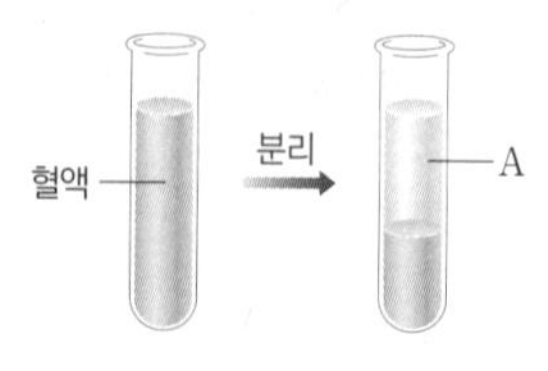

A에 대한 설명으로 옳은 것은?

① 세포 성분이다.
② 식균 작용을 한다.
③ 적혈구가 포함되어 있다.
④ 체온 유지와는 관련이 없다.
⑤ 90 % 이상이 물로 구성되어 있다.

[07~08] 그림은 혈액의 구성 성분을 나타낸 것이다.

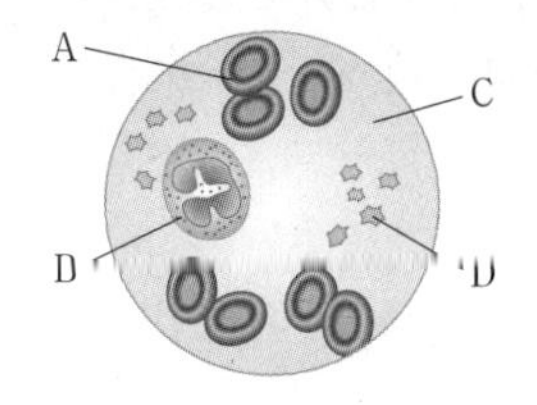

07 A~D에 대한 설명으로 옳은 것은?

① A는 하나의 핵을 가지고 있다.
② B는 체온 유지에 중요한 역할을 한다.
③ C는 혈액의 세포 성분이다.
④ D는 모양이 일정하지 않고 핵이 없다.
⑤ A~D는 모두 대부분 물로 구성되어 있다.

08 다음은 A~D 중 한 성분에 대한 설명을 나타낸 것이다.

- 핵이 없다.
- 헤모글로빈을 가지고 있다.

이에 해당하는 성분의 기호와 이름을 옳게 짝지은 것은?

① A − 적혈구 ② A − 혈소판 ③ B − 백혈구
④ C − 백혈구 ⑤ D − 혈소판

09 다음은 혈구를 관찰하기 위한 실험을 나타낸 것이다.

(가) 손가락 끝을 알코올로 소독한 후 채혈침을 이용하여 받침유리에 혈액을 한 방울 떨어뜨린다.
(나) 또 다른 받침유리를 이용하여 혈액을 얇게 편다.
(다) 에탄올을 1~2방울 떨어뜨린다.
(라) 김사액을 1~2방울 떨어뜨리고 10분 동안 놓아 둔 후 증류수로 씻어낸다.
(마) 거름종이로 물기를 닦아 내고 덮개유리를 덮은 후 현미경으로 관찰한다.

이에 대한 설명으로 옳은 것은?

① (나)에서 받침유리로 혈액을 미는 것은 혈구를 한데 모아 관찰하기 쉽게 하기 위해서이다.
② (나)에서 받침유리는 혈액이 있는 쪽으로 민다.
③ (다)에서 에탄올을 떨어뜨리는 것은 혈구를 고정하기 위해서이다.
④ (라)에서 김사액을 떨어뜨리면 적혈구의 핵이 염색된다.
⑤ (마)에서 현미경으로 관찰할 때는 고배율에서 저배율 순으로 관찰한다.

[10~11] 그림은 혈액의 순환을 나타낸 것이다.

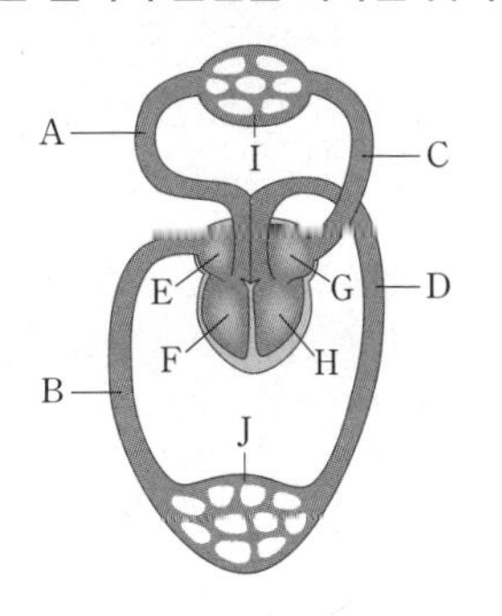

10 다음은 폐순환 경로를 나타낸 것이다.

(가) → 폐동맥 → 폐의 모세 혈관 → (나) → 좌심방

빈칸에 들어갈 기호와 이름을 옳게 짝지은 것은?

	(가)	(나)
①	E − 우심실	D − 폐정맥
②	F − 우심실	A − 폐정맥
③	F − 우심실	C − 폐정맥
④	G − 좌심실	B − 대정맥
⑤	H − 좌심실	C − 대정맥

11 이에 대한 설명으로 옳은 것을 보기 에서 모두 고른 것은?

보기
ㄱ. I와 J에서는 물질 교환이 일어난다.
ㄴ. C에는 동맥혈, D에는 정맥혈이 흐른다.
ㄷ. 이산화 탄소의 농도는 C가 A보다 높다.
ㄹ. 온몸 순환 경로는 H → D → J → B → E이다.

① ㄱ, ㄴ ② ㄱ, ㄹ ③ ㄴ, ㄷ
④ ㄷ, ㄹ ⑤ ㄱ, ㄷ, ㄹ

03 호흡

❶ 호흡계

(1) 호흡계 : 숨을 들이쉬고 내쉬면서 산소를 흡수하고, 이산화 탄소를 배출하는 기능을 담당하는 기관들의 모임

(2) 들숨과 날숨의 성분 : 산소는 날숨보다 들숨에 많이 들어 있고, 이산화 탄소는 들숨보다 날숨에 많이 들어 있다.
➡ 폐로 공기를 들이마시고 내쉬는 과정에서 기체 교환이 일어나기 때문(산소를 받아들이고 이산화 탄소를 내보낸다.)

(3) 호흡 기관

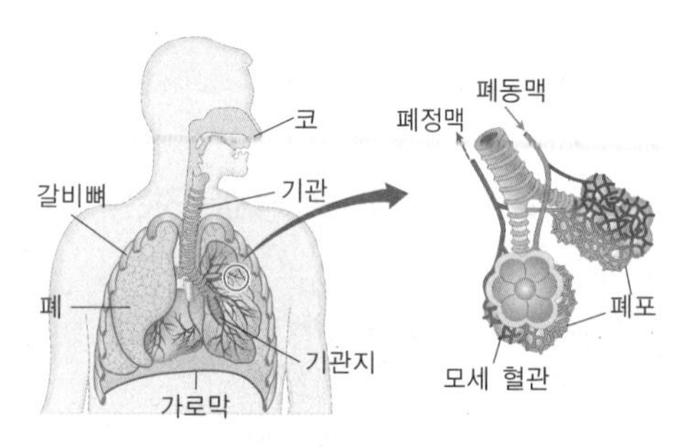

코	콧속에는 점액과 털이 있어 먼지나 세균을 걸러내고, 차고 건조한 공기를 따뜻하고 습한 상태로 만든다.
기관	기관 안쪽 벽에 있는 섬모와 점액이 콧속에서 걸러지지 않은 세균 등의 이물질을 걸러낸다.
기관지	• 폐에서 여러 갈래로 갈라져 폐포와 연결된다. • 안쪽 벽은 섬모와 점액으로 덮여 있어서 이물질을 걸러낸다.
폐	• 가슴 속 좌우에 한 개씩 있으며, 갈비뼈와 가로막으로 둘러싸여 있다. • 근육이 없어 스스로 운동할 수 없으며, 수많은 폐포로 구성되어 있다.
폐포	• 폐를 구성하는 작은 공기 주머니로, 세포의 겉을 모세 혈관이 둘러싸고 있다. • 공기와 접촉하는 표면적을 넓혀 기체 교환이 효율적으로 일어날 수 있다.

❷ 사람의 호흡 운동

(1) 호흡 운동의 원리 : 갈비뼈와 가로막의 상하 운동에 의해 흉강의 부피를 조절하여 호흡 운동이 일어난다.

(2) 호흡 운동의 과정

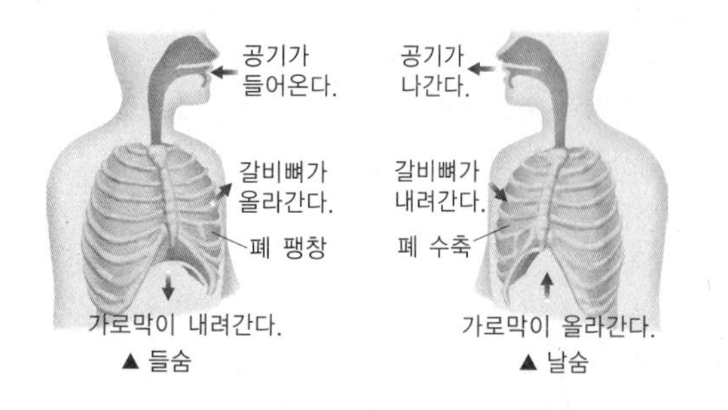

▲ 들숨　　▲ 날숨

① 들숨 : 갈비뼈↑, 가로막↓ ➡ 흉강 부피↑ ➡ 흉강 압력↓ ➡ 폐 부피↑ ➡ 폐 내부 압력↓ ➡ 공기가 몸 안으로 들어옴

② 날숨 : 갈비뼈↓, 가로막↑ ➡ 흉강 부피↓ ➡ 흉강 압력↑ ➡ 폐 부피↓ ➡ 폐 내부 압력↑ ➡ 공기가 몸 밖으로 나감

(3) 대기압과 폐 내부의 압력 그리고 호흡 운동

① 폐 내부의 압력 < 대기압 ➡ 외부에서 폐로 공기 유입

② 폐 내부의 압력 > 대기압 ➡ 폐에서 외부로 공기 유출

(4) 들숨과 날숨의 비교

구분	들숨	날숨
갈비뼈	위로	아래로
가로막	아래로	위로
흉강의 부피	커짐	작아짐
흉강의 압력	낮아짐	높아짐
폐의 부피	커짐	작아짐
폐 내부의 압력	낮아짐	높아짐
공기의 이동	밖 → 폐	폐 → 밖

(5) 호흡 기관과 호흡 운동 실험 장치의 비교

호흡 기관	가로막	폐	기관, 기관지	흉강(가슴 속)
실험 장치	고무 막	고무풍선	Y자 유리관	유리병 속

❸ 기체 교환

(1) 기체 교환의 원리 : 기체의 농도 차이에 따른 확산
➡ 기체는 농도가 높은 곳에서 낮은 곳으로 이동한다.

(2) 폐에서의 기체 교환

산소의 농도	폐포 > 모세 혈관
이산화 탄소의 농도	폐포 < 모세 혈관
기체 교환	폐포 ⇄ 모세 혈관 (산소: 폐포 → 모세 혈관, 이산화 탄소: 모세 혈관 → 폐포)

(3) 조직 세포에서의 기체 교환

산소의 농도	모세 혈관 > 조직 세포
이산화 탄소의 농도	모세 혈관 < 조직 세포
기체 교환	모세 혈관 ⇄ 조직 세포 (산소: 모세 혈관 → 조직 세포, 이산화 탄소: 조직 세포 → 모세 혈관)

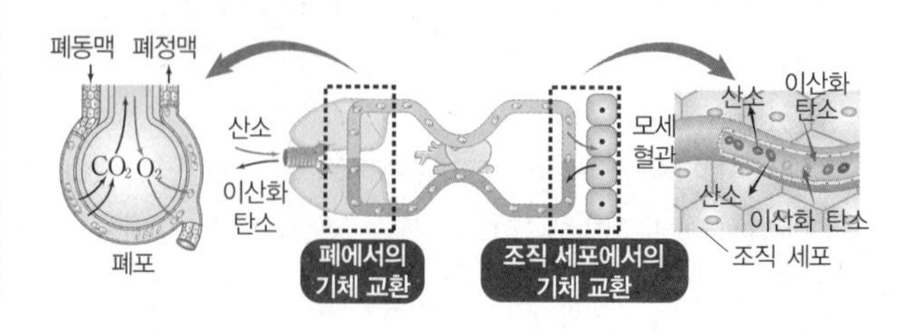

01 호흡계에 대한 설명으로 옳지 <u>않은</u> 것은?

① 산소를 흡수하고, 이산화 탄소를 배출한다.
② 코, 기관, 기관지, 폐 등의 기관으로 이루어져 있다.
③ 폐를 둘러싼 근육의 운동에 의해 호흡 운동이 일어난다.
④ 차고 건조한 공기는 콧속을 지나면서 따뜻하고 축축해 진다.
⑤ 폐는 가슴 속 좌우에 한 개씩 있으며, 수많은 폐포로 이루어져 있다.

02 그림은 사람의 호흡 기관을 나타낸 것이다. 이에 대한 설명으로 옳지 <u>않은</u> 것은?

A
B
C
D
E

① A를 통해 공기가 들어온다.
② B에는 안쪽 벽에 끈끈한 점액이 있어 세균 등의 이물질이 걸러진다.
③ C는 폐에서 나누어져 폐포와 연결된다.
④ D는 기체 교환이 일어나는 장소이다.
⑤ E는 근육이 없는 얇은 막이다.

03 표는 들숨과 날숨에서 산소와 이산화 탄소의 농도를 나타낸 것이다.

구분	들숨	날숨
산소 농도	A	B
이산화 탄소 농도	C	D

A~D의 크기와 폐에서의 기체 교환의 원리를 옳게 짝지은 것은?

	산소 농도	이산화 탄소 농도	기체 교환 원리
①	A>B	C<D	확산
②	A>B	C>D	확산
③	A>B	C<D	삼투
④	A<B	C<D	삼투
⑤	A<B	C>D	확산

04 그림은 사람의 가슴 구조 모형을 나타낸 것이다. A와 B의 운동 방향에 따른 공기의 출입을 옳게 설명한 것은?

A
척추
B

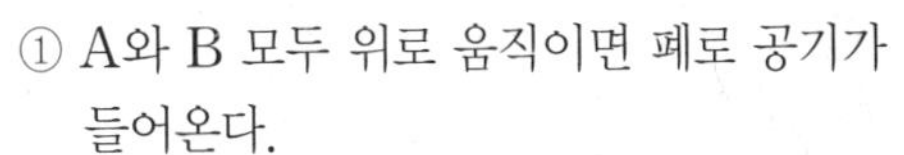

① A와 B 모두 위로 움직이면 폐로 공기가 들어온다.
② A와 B 모두 아래로 움직이면 폐로 공기가 들어온다.
③ A가 위로, B가 아래로 움직이면 폐에서 공기가 나간다.
④ A가 위로, B가 아래로 움직이면 폐로 공기가 들어온다.
⑤ A가 아래로, B가 위로 움직이면 폐로 공기가 들어온다.

[05~06] 그림은 호흡 운동의 원리를 알아보기 위한 실험 장치를 나타낸 것이다.

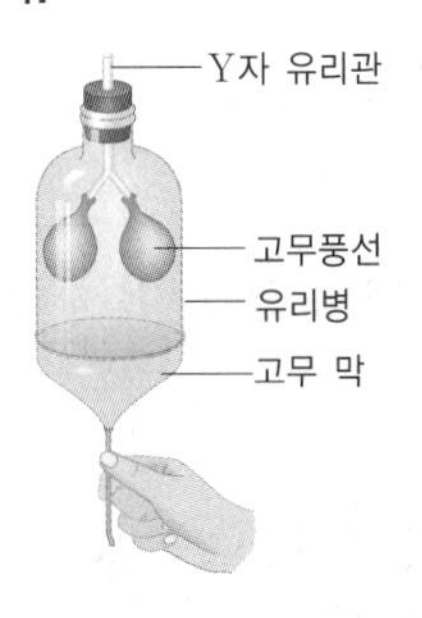

05 고무 막을 아래로 당겼을 때 나타나는 현상에 대한 설명으로 옳은 것은?

① 날숨에 해당한다.
② 고무풍선의 부피가 작아진다.
③ 유리관을 통해 공기가 들어온다.
④ 유리병 내부의 압력이 높아진다.
⑤ 유리병 내부의 온도가 높아진다.

06 호흡 운동 실험 장치와 실제 호흡 기관을 옳게 짝지은 것은?

① 유리관－기관　② 고무 막－기관지
③ 고무풍선－가로막　④ 유리병 속－폐
⑤ 유리병 속－갈비뼈

[07~08] 그림은 모세 혈관과 조직 세포에서 일어나는 기체 교환을 나타낸 것이다.

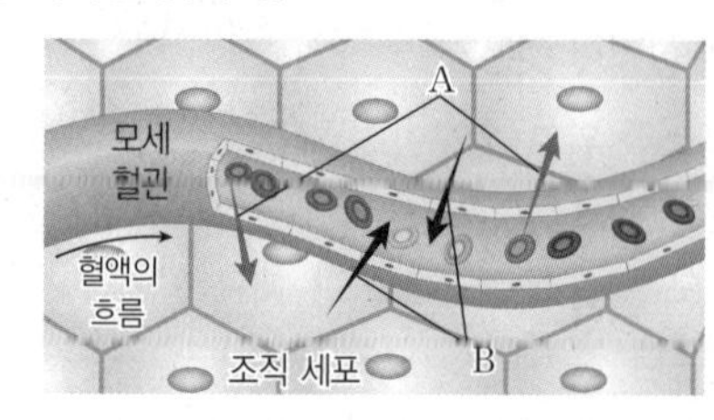

07 A와 B 방향으로 이동하는 기체를 옳게 짝지은 것은?

	A	B
①	산소	산소
②	산소	이산화 탄소
③	수소	이산화 탄소
④	이산화 탄소	산소
⑤	이산화 탄소	이산화 탄소

08 이에 대한 설명으로 옳은 것을 | 보기 | 에서 모두 고른 것은?

| 보기 |
ㄱ. 모세 혈관 속의 적혈구는 산소와 분리된다.
ㄴ. A와 B의 이동은 모두 확산에 의해 일어난다.
ㄷ. 조직 세포에서는 세포 호흡으로 노폐물이 생성된다.

① ㄱ　② ㄴ　③ ㄱ, ㄷ　④ ㄴ, ㄷ　⑤ ㄱ, ㄴ, ㄷ

09 폐와 조직 세포에서 기체 교환이 일어나는 원리와 같은 원리에 의해 일어나는 현상을 모두 고르면?

① 날씨가 더우면 땀을 많이 흘린다.
② 향수병을 열어 놓으면 향기가 퍼져 나간다.
③ 찌그러진 탁구공을 더운 물에 담그면 원상태로 펴진다.
④ 여름날 바닥에 물을 뿌리면 주변이 시원하게 느껴진다.
⑤ 물이 든 비커에 잉크를 떨어뜨렸더니 잉크가 물속에서 퍼졌다.

10 그림은 우리 몸에서 일어나는 기체 교환 과정을 나타낸 것이다.

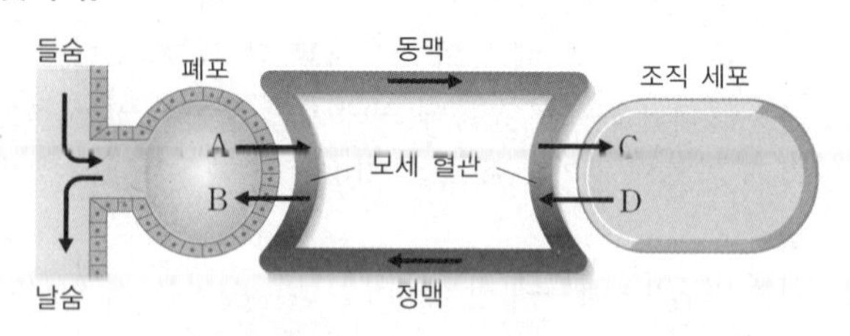

이에 대한 설명으로 옳은 것은? (단, A~D는 각각 산소와 이산화 탄소 중 하나이다.)

① A와 D는 산소이다.
② B는 날숨보다 들숨에 더 많이 들어 있다.
③ B의 농도는 폐포보다 주변 모세 혈관이 더 높다.
④ 조직 세포에는 모세 혈관보다 C가 더 많다.
⑤ 기체는 농도가 낮은 쪽에서 높은 쪽으로 이동한다.

11 그림은 적혈구의 기능을 나타낸 것이다. 이에 대한 설명으로 옳지 않은 것은?

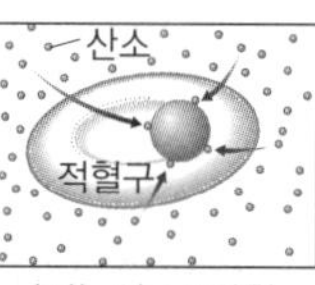

(가) 산소 결합

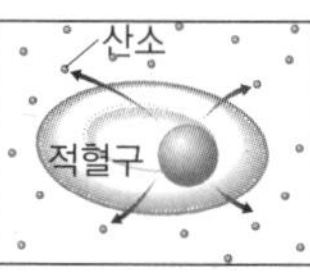

(나) 산소 방출

① (가)는 폐에서 적혈구의 모습이다.
② (나)는 조직 세포에서 적혈구의 모습이다.
③ 적혈구는 산소 운반의 기능을 한다.
④ 적혈구는 산소와 결합하거나 분리될 수 있다.
⑤ 산소가 적혈구와 결합하고 분리되는 원리는 기체의 농도 차에 의한 확산이다.

12 그림은 산소와 이산화 탄소의 농도를 다르게 한 조건에서 풍식이의 분당 호흡 수를 비교하여 나타낸 것이다.

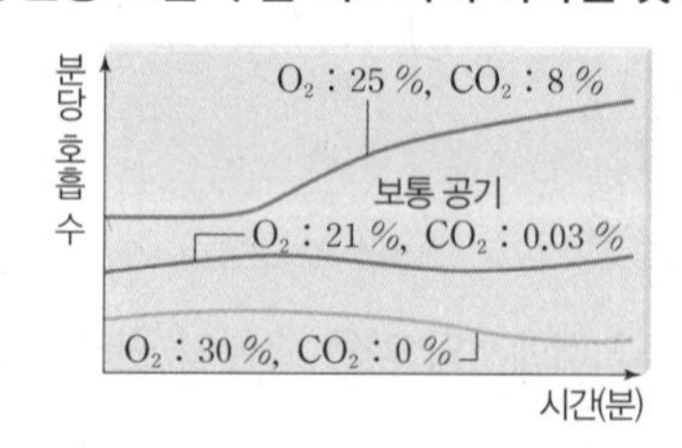

이를 통해 알 수 있는 사실로 가장 적절한 것은?

① 호흡 수는 산소의 영향을 가장 많이 받는다.
② 산소의 농도가 높을수록 호흡 수가 증가한다.
③ 산소의 농도가 높을수록 호흡 수가 감소한다.
④ 이산화 탄소의 농도가 낮을수록 호흡 수가 증가한다.
⑤ 이산화 탄소의 농도가 높을수록 호흡 수가 증가한다.

04 배설

❶ 배설계

(1) **배설계** : 세포의 생명 활동으로 생성된 노폐물을 몸 밖으로 내보내는 기능을 담당하는 기관들의 모임

(2) **노폐물의 생성**

탄수화물	이산화 탄소, 물 생성
지방	
단백질	이산화 탄소, 물, 암모니아 생성

(3) **노폐물의 배설 경로**

① 물 : 오줌(콩팥)과 날숨(폐)의 형태로 배설

② 이산화 탄소 : 날숨(폐)의 형태로 배설

③ 암모니아 : 간에서 독성이 약한 요소로 바뀐 후 오줌의 형태로 배설

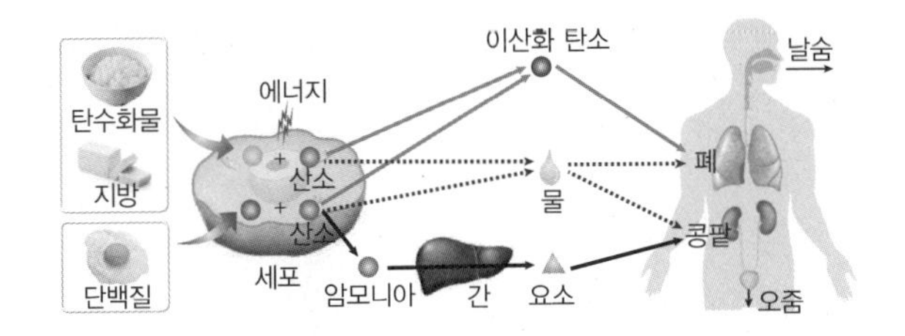

❷ 사람의 배설 기관

(1) 배설 기관

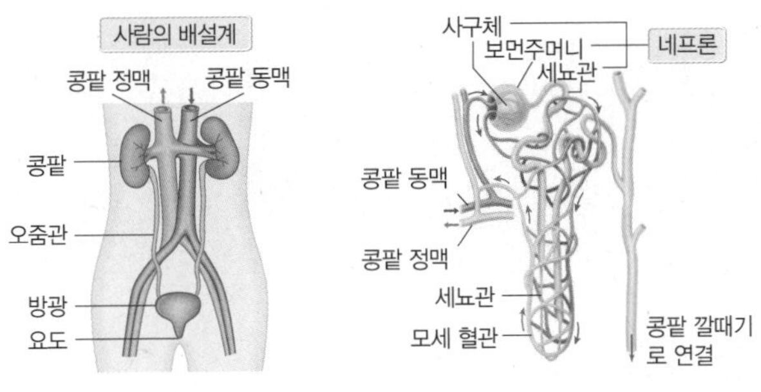

콩팥	• 혈액 속의 노폐물을 걸러내서 오줌을 만드는 기관 • 겉질, 속질, 콩팥 깔때기로 구분 • 네프론 : 오줌을 만드는 기본 단위, 콩팥의 겉질과 속질에 분포한다. – 사구체 : 모세 혈관이 실타래처럼 뭉쳐 있는 것 – 보먼주머니 : 사구체를 둘러싸고 있는 주머니 모양의 구조 – 세뇨관 : 보먼주머니에 연결된 가는 관
오줌관	콩팥에서 만들어진 오줌이 방광으로 이동하는 관
방광	오줌관의 끝에 연결되어 있으며, 오줌을 저장하는 장소
요도	오줌이 몸 밖으로 나가는 통로

(2) **오줌의 생성과 배설 경로** : 콩팥 동맥 → 사구체 → 보먼주머니 → 세뇨관 → 콩팥 깔때기 → 오줌관 → 방광 → 요도 → 몸 밖

❸ 오줌의 생성 과정

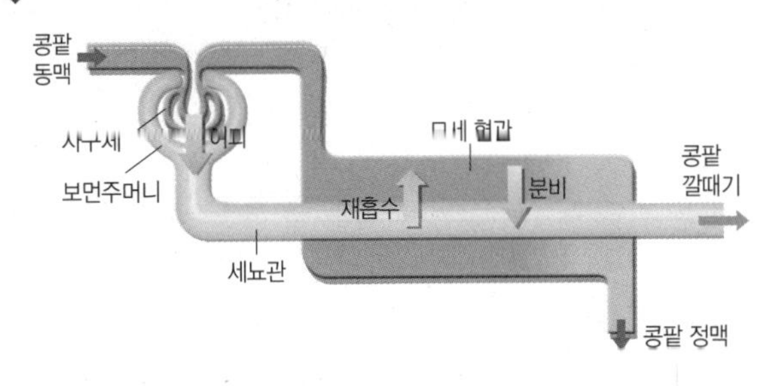

여과	• 사구체 → 보먼주머니 • 여과되는 물질 : 물, 요소, 포도당, 아미노산, 무기염류 등 크기가 작은 물질 • 여과되지 않는 물질 : 혈구, 단백질과 같이 크기가 큰 물질
재흡수	• 세뇨관 → 모세 혈관 • 100 % 재흡수되는 물질 : 포도당, 아미노산 • 대부분 재흡수 : 물, 무기염류
분비	• 모세 혈관 → 세뇨관 • 사구체에서 미처 여과되지 못하고, 혈액에 남아 있던 노폐물의 일부가 이동하는 현상 • 분비량은 여과량이나 재흡수량에 비해 매우 적다.

❹ 세포 호흡

(1) **세포 호흡** : 세포에서 산소를 이용하여 영양소를 분해하고, 생활에 필요한 에너지를 얻는 과정 ➡ 세포 호흡에 의해 방출된 에너지는 여러 가지 생명 활동에 사용되거나 열로 방출

영양소 + 산소 ⟶ 이산화 탄소 + 물 + 에너지

(2) **기관계의 유기적 작용** : 소화계, 순환계, 호흡계, 배설계가 서로 밀접하게 연관되어 상호 작용이 잘 일어나야 생명 활동에 필요한 에너지를 원활하게 얻을 수 있다.

소화계	음식물을 소화하고 소장의 융털을 통해 우리 몸에 필요한 영양소를 흡수
순환계	조직 세포에 산소와 영양소를 전달하고, 노폐물과 이산화 탄소를 배설계나 호흡계로 전달
호흡계	세포 호흡에 필요한 산소를 얻고, 세포 호흡 결과 생성된 이산화 탄소를 내보낸다.
배설계	세포 호흡 결과 생성된 노폐물을 몸 밖으로 내보낸다.

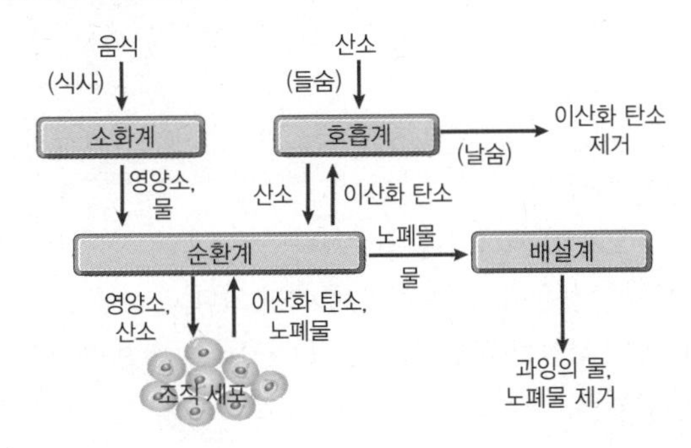

학교 시험 문제

01 노폐물의 생성과 배설에 관한 설명으로 옳은 것은?

① 모든 노폐물은 콩팥을 통해 배설된다.
② 노폐물에는 이산화 탄소, 포도당, 요소 등이 있다.
③ 체내에 노폐물이 많이 생성될수록 혈액의 흐름이 빨라진다.
④ 밥을 먹을 때보다 고기를 먹을 때 더 많은 요소가 생성된다.
⑤ 물은 세포 호흡 과정에서 생성되지만 몸에 꼭 필요한 물질이므로 노폐물이라고 할 수 없다.

02 그림은 노폐물의 생성 과정을 나타낸 것이다.

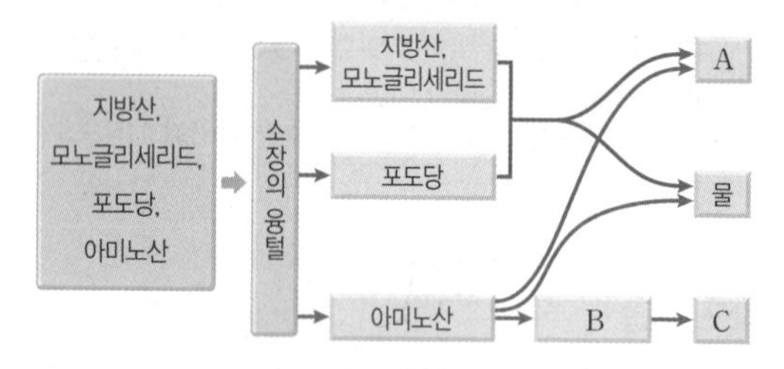

이에 대한 설명으로 옳지 <u>않은</u> 것은?

① A는 혈장에 녹아 오줌으로 배설된다.
② B는 독성이 강하다.
③ C는 콩팥에서 걸러져 오줌으로 배설된다.
④ B가 C로 전환되는 과정은 간에서 일어난다.
⑤ 탄수화물과 지방이 분해되어 생성되는 노폐물의 종류는 동일하다.

03 그림은 사람의 배설 기관을 나타낸 것이다. 이에 대한 설명으로 옳지 <u>않은</u> 것은?

① A는 콩팥과 연결된 혈관으로 사구체로 이어져 있다.
② B는 체내 수분량을 조절하는 역할을 한다.
③ C는 오줌이 지나가는 통로이다.
④ D는 수많은 네프론으로 이루어져 있다.
⑤ B에서 생성된 오줌은 C → D → E를 거쳐 몸 밖으로 배설된다.

[04~05] 그림은 콩팥의 일부분을 나타낸 것이다.

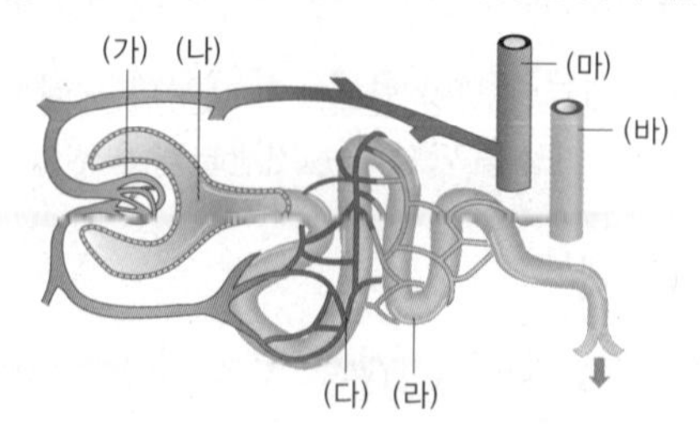

04 이에 대한 설명으로 옳은 것은?

① (라)에서는 단백질과 혈구가 검출된다.
② 아미노산은 (가), (마), (바)에서만 검출된다.
③ (나)와 (바) 속 액체의 성분은 동일하다.
④ 혈관 벽의 두께는 (마)가 (바)보다 얇다.
⑤ 단위 부피당 혈구의 개수는 (바)가 (마)보다 많다.

05 요소의 농도가 (A) <u>가장 높은 곳</u>과 (B) <u>가장 낮은 곳</u>을 옳게 짝지은 것은?

	A	B		A	B
①	(나)	(바)	②	(라)	(다)
③	(라)	(바)	④	(마)	(다)
⑤	(마)	(바)			

06 그림은 네프론의 일부를 나타낸 것이다. 이에 대한 설명으로 옳지 <u>않은</u> 것은?

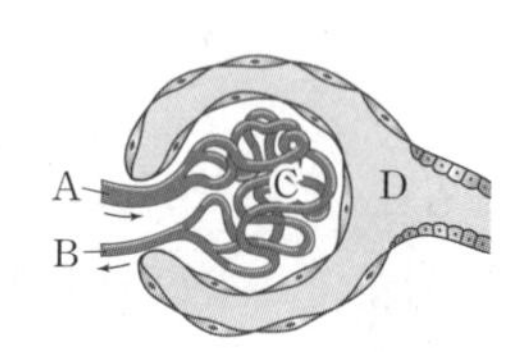

① A와 B 속 혈구의 양은 같다.
② C의 압력에 의해 여과가 일어난다.
③ C는 벽이 한 층의 세포층으로 이루어져 있다.
④ 요소는 D → C 방향으로 이동한다.
⑤ A~D에서 모두 아미노산이 검출된다.

07 그림은 네프론에서 일어나는 물질 이동을 모식적으로 나타낸 것이다.

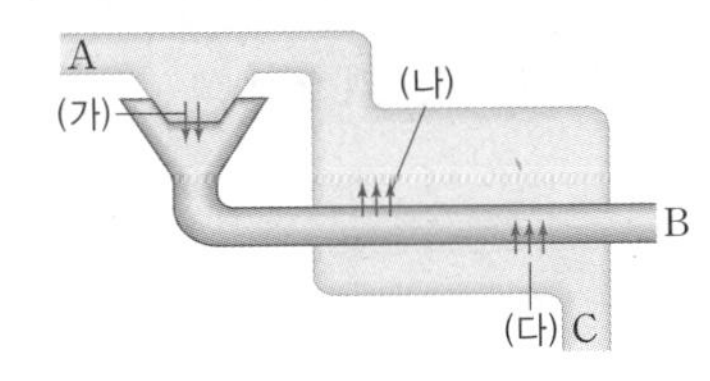

이에 대한 설명으로 옳은 것은?

① (가)에서는 농도 차에 의한 확산으로 물질이 이동한다.
② (나)는 분비, (다)는 재흡수 작용이다.
③ A는 콩팥 정맥이고, C는 콩팥 동맥이다.
④ 요소의 농도가 가장 높은 곳은 B이다.
⑤ B는 오줌관으로 콩팥 깔때기와 이어져 있다.

08 세뇨관에서 100 % 재흡수되는 물질과 선택적으로 재흡수되는 물질을 옳게 짝지은 것은?

	100 % 재흡수	선택적 재흡수
①	혈구, 무기염류	단백질, 지방
②	요소, 물	혈구, 단백질
③	단백질, 아미노산	물, 포도당
④	물, 무기염류	아미노산
⑤	포도당, 아미노산	물, 무기염류

09 표는 혈장과 여과액, 오줌 속의 여러 가지 성분 농도를 나타낸 것이다.

성분	혈장(%)	여과액(%)	오줌(%)
㉠	0.9	0.9	1.3
㉡	0.1	0.1	—
㉢	8.0	—	—
물	90.0	90.0	95.0

이에 대한 설명으로 옳은 것을 보기 에서 모두 고른 것은? (단, ㉠~㉢은 각각 포도당, 단백질, 무기염류 중 하나이다.)

보기

ㄱ. ㉠은 여과와 재흡수를 거친다.
ㄴ. ㉡은 세뇨관을 지나는 동안 모세 혈관으로 100 % 이동한다.
ㄷ. ㉢은 여과되지 않는다.

① ㄱ ② ㄷ ③ ㄱ, ㄴ
④ ㄴ, ㄷ ⑤ ㄱ, ㄴ, ㄷ

10 땀을 많이 흘릴 때 몸에서 나타나는 변화를 옳게 짝지은 것은?

	체내 수분량	체액의 농도	오줌량
①	감소	증가	감소
②	감소	증가	증가
③	감소	감소	증가
④	증가	감소	감소
⑤	증가	증가	증가

11 다음은 세포 호흡 과정을 나타낸 것이다.

영양소+A ⟶ 물+B+에너지

이에 대한 설명으로 옳지 않은 것은?

① 조직 세포 속 A의 농도가 폐포 속 A의 농도보다 높다.
② B의 비율은 들숨보다 날숨에서 더 높다.
③ 공기 중 B의 농도가 높아지면 호흡 속도가 빨라진다.
④ 세포 호흡 결과 생성된 물의 일부는 날숨을 통해 몸을 빠져나간다.
⑤ 세포 호흡을 통해 만들어진 에너지는 체온 유지에 가장 많이 쓰인다.

12 그림은 우리 몸의 각 기관계의 유기적 작용을 나타낸 것이다.

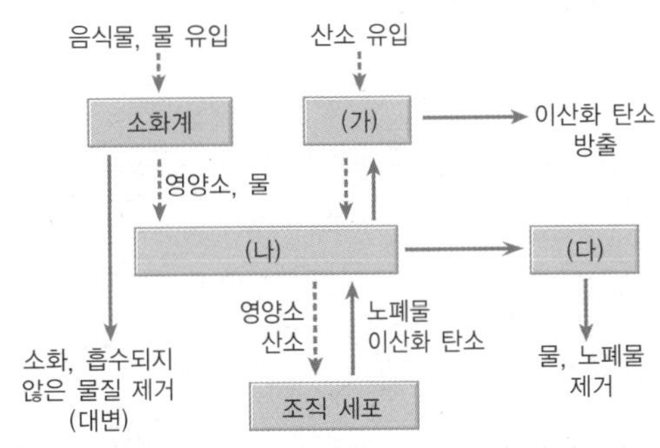

(가)~(다)를 옳게 짝지은 것은?

	(가)	(나)	(다)
①	호흡계	순환계	배설계
②	호흡계	배설계	순환계
③	순환계	배설계	호흡계
④	순환계	호흡계	배설계
⑤	배설계	순환계	호흡계

서술형 문제

01 동물의 유기적 구성 단계 중 조직과 기관에 대해 서술하시오.

세포, 조직, 조직계

02 우리 몸의 기관계 중 순환계와 호흡계를 구성하는 기관의 예를 각각 하나씩 쓰고, 두 기관계의 기능에 대해 서술하시오.

운반, 산소, 이산화 탄소

03 그림은 큰 지방 덩어리가 소화액 A에 의해 작은 지방 알갱이로 나누어져 물에 섞이는 과정을 나타낸 것이다. 소화액 A의 이름을 쓰고, A가 생성되어 분비되기까지의 과정에 대해 서술하시오.

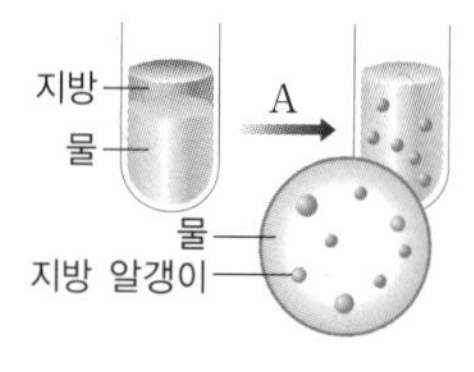

간, 쓸개, 소장

04 사람의 소화 기관 중 이자에 이상이 생기면 어떤 영양소의 소화에 가장 큰 문제가 발생하는지 쓰고, 그렇게 생각한 까닭을 서술하시오.

라이페이스

05 혈액의 관찰 실험에서 김사액으로 염색되는 혈액의 성분을 쓰고, 그렇게 생각한 까닭을 서술하시오.

김사액, 염색, 핵

06 그림은 혈관 속을 흐르는 혈액에 들어 있는 산소의 양을 나타낸 것이다. 혈관 (나)의 이름을 쓰고, 그렇게 생각한 까닭을 서술하시오.

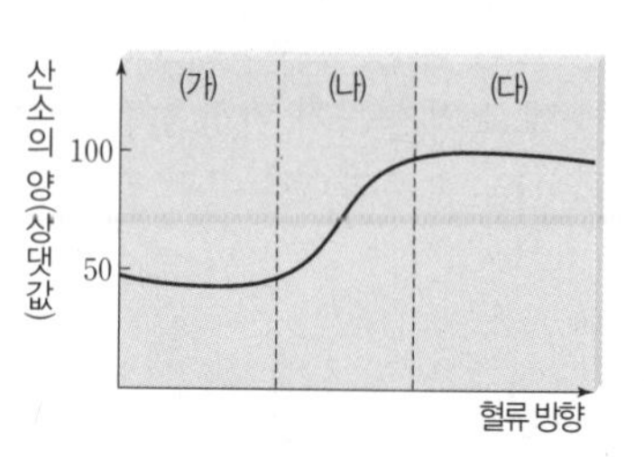

폐, 모세 혈관, 산소 공급

07 정맥은 심실에서 가장 멀리 떨어져 있어 혈압이 매우 낮다. 그럼에도 불구하고 혈액이 거꾸로 흐르지 않고 한 방향으로 흐를 수 있는 까닭을 두 가지 서술하시오.

주변의 근육 운동, 판막

08 같은 양의 잉크물이 들어 있는 3개의 비커에 같은 부피의 우무 조각을 각각 다른 크기로 일정하게 잘라 넣었더니 우무 조각을 가장 작은 크기로 잘라 넣은 비커의 잉크물이 가장 많이 흡수되었다. 이 실험을 통해 알 수 있는 이 원리가 적용된 호흡계의 기관을 쓰고, 그렇게 생각한 까닭을 서술하시오.

표면적, 효율적인 기체 교환

09 장풍이는 어느 날 맛있기로 소문난 식당에서 평소보다 과식을 하였더니 숨을 쉬는 데 어려움을 느꼈다. 그 까닭에 대해 서술하시오.

KEY 호흡 운동, 가로막, 흉강

[10~11] 그림은 혈액 순환과 기체 교환 과정을 나타낸 것이다.

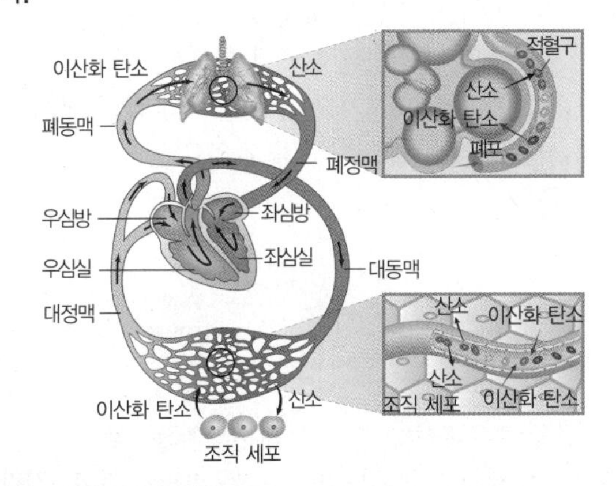

10 폐순환과 온몸 순환의 경로를 각각 서술하시오.

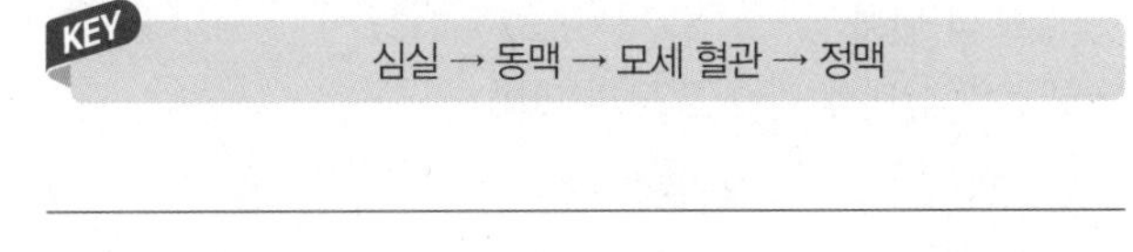

KEY 심실 → 동맥 → 모세 혈관 → 정맥

11 혈액 순환 과정에서 동맥혈과 정맥혈이 흐르는 곳을 기체 교환과 관련지어 구분하여 서술하시오.

KEY 폐순환, 온몸 순환, 산소, 이산화 탄소

[12~13] 그림은 사람의 몸에서 일어나는 물질의 변화 과정을 나타낸 것이다.

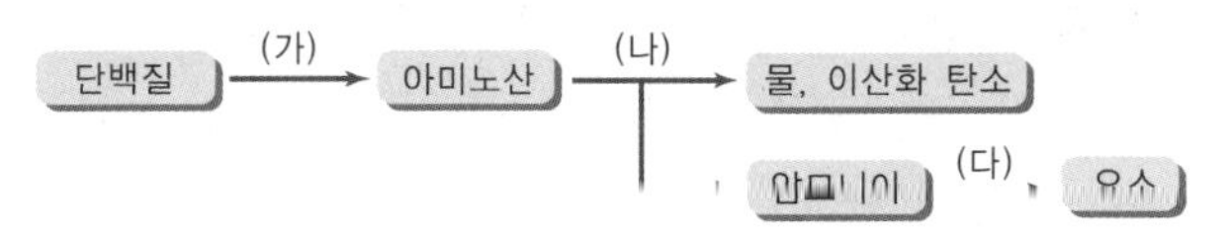

12 (가)와 (나) 과정은 어떤 과정인지 각각 서술하시오.

KEY 단백질, 아미노산, 소화, 호흡

13 아미노산이 분해된 후 요소가 만들어져 배설되기까지의 과정을 서술하시오. (단, (다) 과정이 일어나는 기관과 배설되는 과정에 관계하는 기관계를 모두 포함하여 서술하시오.)

KEY 간, 순환계, 배설계, 오줌

14 표는 콩팥과 연결되어 있는 콩팥 동맥과 콩팥 정맥의 성분을 나타낸 것이다. 콩팥 동맥과 콩팥 정맥의 성분 차이를 서술하시오.

성분	콩팥 동맥	콩팥 정맥
혈구	있음	있음
단백질	8.0	8.0
포도당	0.1	0.1
요소	0.03	소량

(단위 : %)

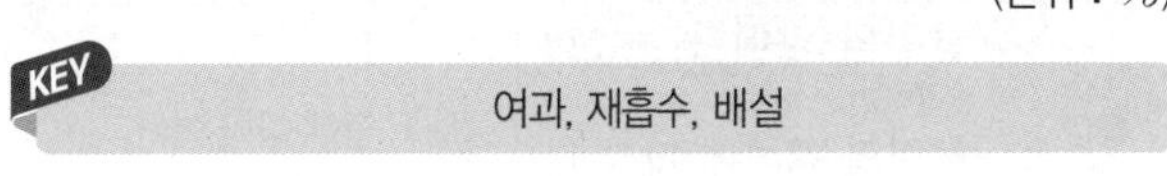

KEY 여과, 재흡수, 배설

01 물질의 특성 (1)

❶ 순물질과 혼합물

(1) 물질의 종류

① 순물질 : 한 종류의 물질로만 이루어져, 일정한 조성을 가지고 고유한 성질을 나타내는 물질

구분	한 종류의 원소로 이루어진 순물질	두 종류 이상의 원소로 이루어진 순물질
예	산소, 수소, 금, 구리, 철, 다이아몬드 등	물, 에탄올, 염화 나트륨, 이산화 탄소 등
특징	끓는점, 어는점, 밀도 등 물질의 특성이 일정하다.	

② 혼합물 : 두 종류 이상의 순물질이 섞여 있는 물질

구분	균일 혼합물	불균일 혼합물
정의	성분 물질이 고르게 섞여 있는 혼합물	성분 물질이 고르지 않게 섞여 있는 혼합물
예	공기, 합금, 식초, 설탕물, 소금물, 탄산음료 등	과일주스, 흙탕물, 우유, 암석 등
특징	• 끓는점, 어는점, 밀도 등 물질의 특성이 일정하지 않다. • 성분 물질의 종류와 혼합 비율에 따라 끓는점, 어는점 등이 다양하게 나타난다.	

(2) 순물질과 혼합물의 구분 : 순물질은 끓는점과 어는점이 일정하지만 혼합물은 일정하지 않으므로 이러한 성질을 이용하여 순물질과 혼합물을 구분한다.

구분	물과 소금물의 가열 곡선	물과 소금물의 냉각 곡선
그림	온도(℃) 104, 100, 96, 92, 0 / 소금물, 물 / 가열 시간(분)	온도(℃) 0 / 물, 소금물 / 냉각 시간(분)
특징	• 소금물(혼합물)은 물(순물질)보다 끓기 시작하는 온도가 높다. • 소금물(혼합물)은 끓는 동안 온도가 계속 높아진다.	• 소금물(혼합물)은 물(순물질)보다 얼기 시작하는 온도가 낮다. • 소금물(혼합물)은 어는 동안 온도가 계속 낮아진다.
이용	라면을 끓일 때 라면 스프를 먼저 넣으면 면이 더 빨리 익는다.	도로가 어는 것을 방지하기 위해 눈이 내린 길에 염화 칼슘을 뿌린다.

(3) 물질의 특성 : 물질의 여러 가지 성질 중 그 물질만이 갖는 고유한 성질

구분	물질의 특성인 것	물질의 특성이 아닌 것
특성	• 물질의 양에 관계없이 일정하다. • 물질의 종류에 따라 다르다.	물질의 양에 따라 변한다.
예	색깔, 냄새, 맛, 녹는점, 어는점, 끓는점, 밀도, 용해도 등	부피, 질량, 무게, 온도, 길이, 넓이, 농도, 상태 등

❷ 밀도

(1) 부피와 질량

구분	부피	질량
정의	물질이 차지하고 있는 공간의 크기	물질이 가지는 고유한 양
단위	cm^3, m^3, mL, L 등	mg, g, kg 등
측정 방법	눈금 실린더, 피펫, 부피 플라스크 등	윗접시저울, 양팔 저울 등

(2) 밀도 : 단위 부피당 물질의 질량

$$밀도=\frac{질량}{부피}\ [g/mL,\ g/cm^3,\ kg/m^3]$$

① 밀도의 특징

- 물질에 따라 고유한 값을 가지므로, 같은 물질인 경우 물질의 밀도는 물질의 양에 관계없이 일정하다.
- 밀도가 큰 물질은 밀도가 작은 물질 아래로 가라앉고, 밀도가 작은 물질은 밀도가 큰 물질 위로 뜬다.

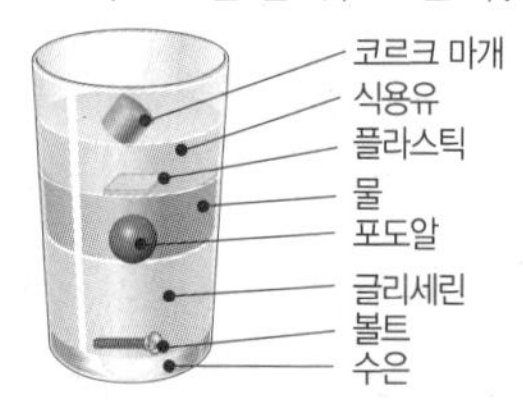

밀도 비교
: 수은>볼트>글리세린>포도알>물>플라스틱>식용유>코르크 마개

- 부피가 일정할 때는 질량이 클수록 밀도가 크고, 질량이 일정할 때는 부피가 작을수록 밀도가 크다.

② 밀도의 변화

- 물질의 상태에 따른 밀도의 변화

구분	대부분의 물질	물
밀도 변화	기체≪액체<고체	기체≪고체<액체

- 기체의 밀도 변화 : 기체는 온도와 압력에 따라 부피 변화가 크므로 밀도가 크게 달라진다. ➡ 기체의 밀도는 온도와 압력을 함께 표시한다.

온도	온도 증가 → 부피 크게 증가 → 밀도 크게 감소
압력	압력 증가 → 부피 크게 감소 → 밀도 크게 증가

- 혼합물의 밀도 변화 : 섞여 있는 성분 물질의 비율(농도)에 따라 달라진다.

(3) 밀도의 이용

① 밀도를 작게 하여 이용 : 구명조끼, 애드벌룬

② 밀도를 크게 하여 이용 : 잠수부의 납 벨트, 이산화 탄소 소화기, 사해, LPG 누출 경보기

01 그림은 여러 가지 물질 (가)~(사)의 입자 모형을 나타낸 것이다.

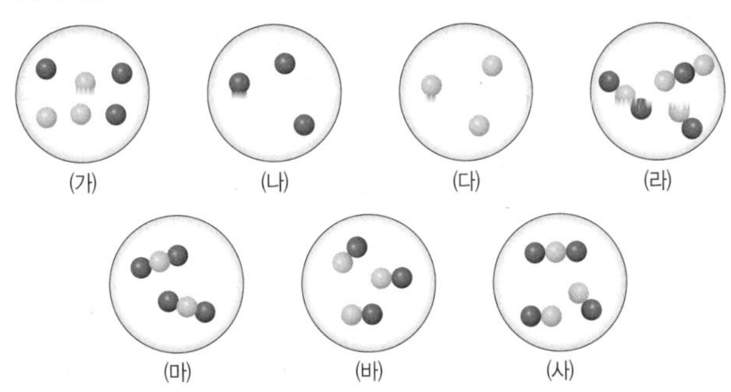

혼합물끼리 옳게 짝지은 것은?

① (가), (라)
② (가), (사)
③ (가), (라), (사)
④ (라), (마), (바), (사)
⑤ (가), (라), (마), (바), (사)

02 순물질과 혼합물에 대한 설명으로 옳은 것은?

① 우유와 산소는 한 종류의 물질로 이루어진 물질에 속한다.
② 합금은 두 종류 이상의 원소로 이루어진 순물질에 속한다.
③ 혼합물은 성분 물질이 각각의 성질을 모두 잃어버리고 새로운 성질을 갖는다.
④ 균일 혼합물은 취하는 부분에 따라 성분 물질의 비율이 다르게 나타난다.
⑤ 두 종류 이상의 순물질이 섞여 있는 물질은 물리적인 방법을 이용하여 성분 물질을 분리할 수 있다.

[03~06] 그림은 물질의 분류 단계를 나타낸 것이다.

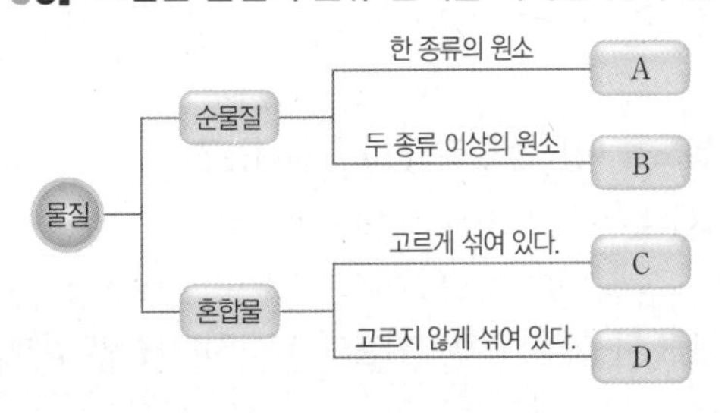

03 A에 속하는 물질로만 옳게 짝지은 것은?

① 물, 흙탕물　② 수소, 공기　③ 구리, 산소
④ 암석, 우유　⑤ 염화 나트륨, 황화 철

04 B에 대한 설명으로 옳지 않은 것은?

① 끓는점이 일정하다.
② 물이나 메탄올 등이 해당한다.
③ 성분 물질의 질량비가 일정하다.
④ 성분 물질과는 다른 성질을 갖는다.
⑤ 물리적인 방법으로 분리할 수 있다.

05 C에 대한 설명으로 옳은 것을 모두 고르면?

① 균일 혼합물이다.
② 녹는점, 끓는점이 일정하다.
③ 대표적인 예로 합금이 있다.
④ 성분 물질과는 다른 성질을 갖는다.
⑤ 가열 곡선에서 온도가 일정한 수평 구간이 나타난다.

06 D에 해당하는 물질은 몇 가지인가?

수소, 염화 나트륨, 공기, 식초, 물, 산화 철, 흙탕물, 황화 철, 암석, 구리, 우유, 이산화 탄소

① 1가지　② 2가지　③ 3가지
④ 4가지　⑤ 5가지

07 그림은 물과 소금물을 가열할 때 온도 변화를 나타낸 것이다.

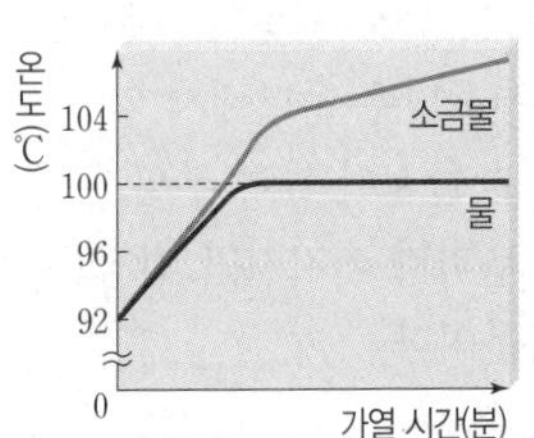

이러한 현상을 이용한 예로 가장 적절한 것은?

① 금속을 용접할 때 땜납을 사용한다.
② 높은 산에서 밥을 지으면 밥이 설익는다.
③ 달걀을 삶을 때 물에 소금을 넣으면 더 빨리 익는다.
④ 달걀이 담긴 물 컵에 소금을 넣으면 달걀이 물에 뜬다.
⑤ 눈이 쌓인 도로에 염화 칼슘을 뿌려 도로가 어는 것을 방지한다.

08 다음은 생활 속에서 볼 수 있는 현상을 나타낸 것이다.

- 라면을 끓일 때 라면 스프를 먼저 넣으면 면이 더 빨리 익는다.
- 달걀을 삶을 때 물에 소금을 조금 넣어 주면 달걀이 더 빨리 익는다.

이와 같은 현상을 통해 알 수 있는 사실로 옳은 것은?

① 순물질의 끓는점은 일정하다.
② 혼합물은 순물질보다 부드럽다.
③ 혼합물의 녹는점은 일정하지 않다.
④ 혼합물은 순물질보다 끓는점이 높다.
⑤ 혼합물은 순물질보다 어는점이 낮다.

09 그림은 물질 A~C의 가열 곡선과 물질 D, E의 냉각 곡선을 나타낸 것이다.

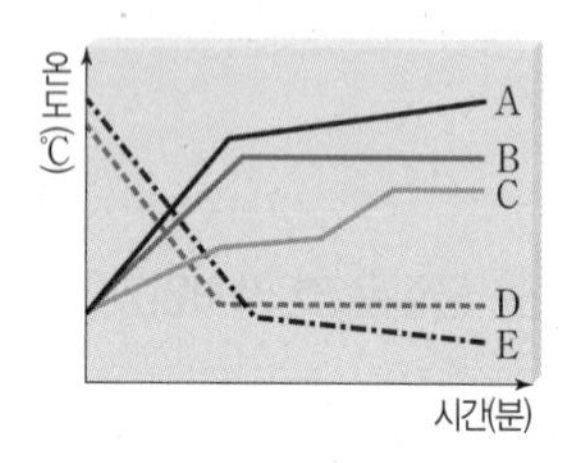

A~E 중 혼합물로 예상되는 물질로만 옳게 짝지은 것은?

① A, D ② B, D ③ C, D
④ A, B, E ⑤ A, C, E

10 추운 겨울에 물이 들어 있는 항아리는 깨지지만 간장이 들어 있는 항아리는 깨지지 않는 까닭에 대한 설명으로 옳은 것은?

① 간장은 균일 혼합물이기 때문이다.
② 간장의 어는점이 물보다 높기 때문이다.
③ 간장은 0 ℃보다 낮은 온도에서 얼기 때문이다.
④ 간장 속의 성분 물질이 얼어 부피가 줄어들기 때문이다.
⑤ 물은 얼면서 부피가 커지지만 간장은 얼어도 부피가 변하지 않기 때문이다.

11 물질의 특성에 대한 설명으로 옳지 않은 것을 모두 고르면?

① 각 물질마다 고유한 성질을 나타낸다.
② 색깔과 냄새는 물질의 특성이 아니다.
③ 질량과 부피의 비는 물질의 특성이다.
④ 같은 물질이라도 양에 따라 값이 달라진다.
⑤ 물질의 종류를 구분하는 데 이용할 수 있다.

12 아르키메데스는 밀도를 이용하여 왕관이 순금으로 만들어지지 않았다는 것을 알 수 있었다. 왕관과 같은 질량의 순금과 은을 각각 물이 가득찬 수조에 넣었을 때, 넘치는 물의 양이 더 많을 것으로 예측되는 것은? (단, 순금의 밀도는 19.3 g/cm^3이고, 은의 밀도는 10.49 g/cm^3이다.)

① 은 ② 순금
③ 같은 양이 넘친다. ④ 모두 넘치지 않는다.
⑤ 예측할 수 없다.

13 그림은 여러 가지 물질을 컵에 담아 놓은 모습을 나타낸 것이다.

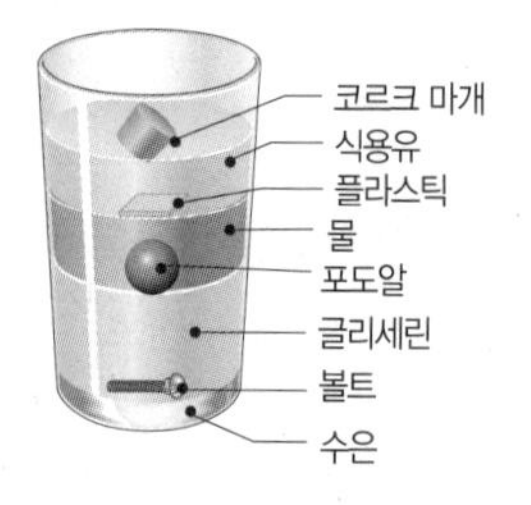

이에 대한 설명으로 옳은 것은?

① 볼트보다 포도알의 밀도가 크다.
② 밀도가 클수록 컵의 위쪽에 위치한다.
③ 부피가 같을 때 식용유보다 물이 가볍다.
④ 그림에서 수은보다 밀도가 큰 액체는 없다.
⑤ 식용유의 질량이 2배가 되면 밀도도 2배가 될 것이다.

14 밀도를 이용한 원리가 다른 하나는?

① LNG 누출 경보기는 천장에 설치한다.
② 구명 조끼는 몸 전체의 밀도를 줄여 물에 뜨게 한다.
③ 사해는 다른 지역보다 염분이 높아서 사람이 쉽게 뜰 수 있다.
④ 풍선 속에 공기보다 밀도가 작은 헬륨 기체를 채워 위로 띄운다.
⑤ 열기구는 열기구 안의 공기를 가열하면 부피가 커져 하늘로 뜬다.

02 물질의 특성 (2)

❶ 용해도

(1) 용해와 용액

① 용해 : 한 물질이 다른 물질에 녹아 골고루 섞이는 현상

용질		용매		용액
다른 물질에 녹는 물질	+	다른 물질을 녹이는 물질	➡	용질과 용매가 고르게 섞여 있는 물질

② 용액의 종류

포화 용액	어떤 온도에서 일정량의 용매에 용질이 최대로 녹아 있는 용액
불포화 용액	포화 용액보다 적은 양의 용질이 녹아 있는 용액

(2) 용해도

① 용해도 : 일정한 온도에서 용매 100 g에 최대로 녹을 수 있는 용질의 g 수

② 고체의 용해도 : 대부분 온도가 높을수록 증가하고, 압력의 영향은 거의 받지 않는다.

• 용해도 곡선 : 온도에 따른 고체 물질의 용해도 변화를 나타낸 그래프이며 곡선의 기울기가 클수록 온도 변화에 따른 용해도 차가 크다.

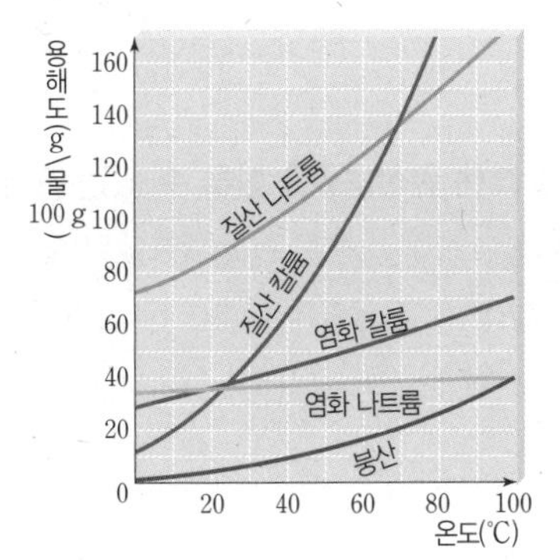

• 용질의 석출 : 용액을 냉각하면 용해도가 감소하므로 냉각한 온도에서의 용해도보다 많이 녹아 있던 용질이 석출된다.

> 석출되는 용질의 질량=처음 온도에서 녹아 있던 용질의 질량−냉각한 온도에서 최대로 녹을 수 있는 용질의 질량

③ 기체의 용해도 : 온도와 압력의 영향을 크게 받는다.

구분	온도의 영향	압력의 영향
용해도	온도↑ ➡ 용해도↓	압력↓ ➡ 용해도↓
예	여름철 수온이 높아지면 물 속 산소 용해도가 감소하므로 물고기가 수면 위로 입을 내밀고 뻐끔거린다.	깊은 바닷속에 있던 잠수부가 갑자기 수면으로 올라오면 잠수부의 혈액 속에 녹아 있던 기체의 용해도가 낮아지면서 기포가 생긴다.

❷ 녹는점과 어는점

(1) 녹는점 : 고체가 액체로 변할 때 일정하게 유지되는 온도

(2) 어는점 : 액체가 고체로 변할 때 일정하게 유지되는 온도

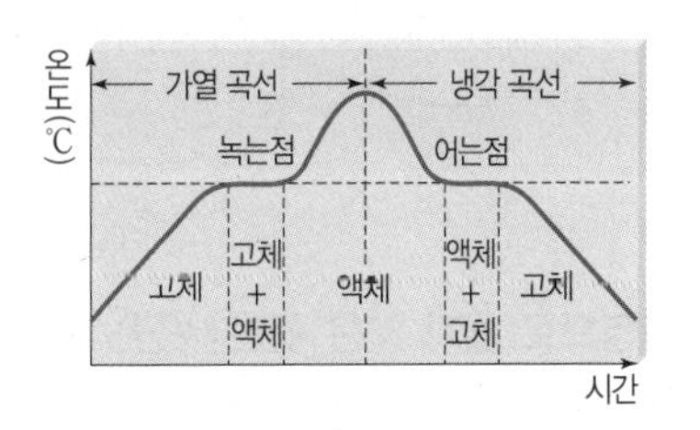

(3) 녹는점과 어는점의 특징

① 물질의 녹는점과 어는점은 같다.

② 물질의 종류에 따라 녹는점과 어는점이 다르다.

③ 같은 물질의 녹는점과 어는점은 불꽃의 세기나 양에 관계없이 일정하다.

❸ 끓는점

(1) 끓는점 : 액체가 기체로 변할 때 일정하게 유지되는 온도

(2) 끓는점의 특징

① 압력이 일정할 때 끓는점은 물질의 종류에 따라 다르다.

② 같은 물질의 끓는점은 불꽃의 세기나 양에 관계없이 일정하다.

불꽃의 세기와 끓는점의 관계 (질량 일정)	질량과 끓는점의 관계 (불꽃의 세기 일정)
온도(℃), 끓는점, 센 불꽃, 약한 불꽃, 0, 가열 시간(분)	온도(℃), 끓는점, 적은 양, 많은 양, 0, 가열 시간(분)
불꽃의 세기가 세지면 끓는점까지 도달하는 데 걸리는 시간이 짧아진다.	질량이 많아지면 끓는점까지 도달하는 데 걸리는 시간이 길어진다.

(3) 외부 압력과 끓는점의 관계 : 외부 압력이 높아지면 끓는점이 높아지고, 외부 압력이 낮아지면 끓는점이 낮아진다.

(4) 녹는점, 끓는점과 물질의 상태 : 어떤 온도에서 물질의 상태는 녹는점과 끓는점에 따라 결정된다.

저온 ← 녹는점 · 끓는점 → 고온

고체	액체	기체
녹는점보다 낮은 온도에서는 고체 상태	녹는점과 끓는점 사이의 온도에서는 액체 상태	끓는점보다 높은 온도에서는 기체 상태

01 그림은 어떤 고체의 용해도 곡선을 나타낸 것이다.

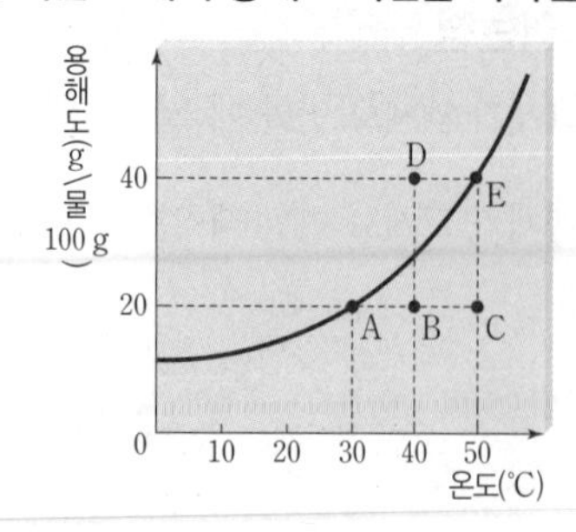

이에 대한 설명으로 옳지 않은 것은? (단, A~E에서 물은 100 g이다.)

① A는 용질이 최대로 녹아 있다.
② B를 30 ℃로 냉각하면 포화 상태가 된다.
③ C에 용질 20 g을 더 녹이면 포화 상태가 된다.
④ D를 50 ℃로 가열하면 포화 상태가 된다.
⑤ A~E 중 불포화 용액은 1가지이다.

02 그림은 여러 가지 고체의 용해도 곡선을 나타낸 것이다.

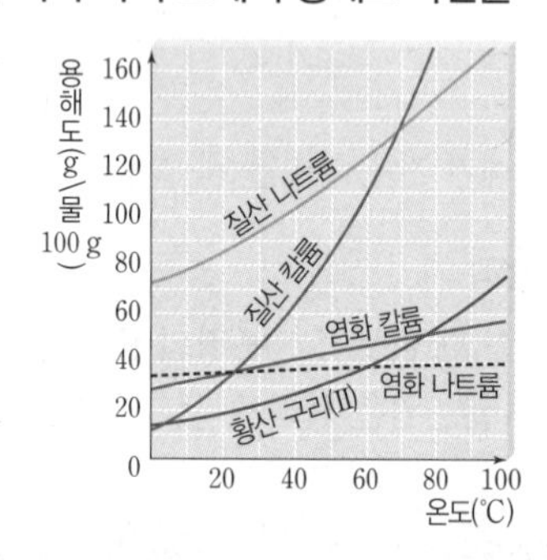

60 ℃ 물 150 g에 각 고체를 녹여 포화 용액을 만든 후 40 ℃로 냉각할 때 (A)석출되는 고체의 양이 가장 많은 것과 (B)석출되는 고체의 양이 가장 적은 것을 옳게 짝지은 것은?

	(A)	(B)
①	질산 나트륨	염화 나트륨
②	질산 나트륨	질산 칼륨
③	질산 칼륨	염화 나트륨
④	질산 칼륨	황산 구리(Ⅱ)
⑤	염화 나트륨	질산 나트륨

03 표는 온도에 따라 질산 칼륨의 용해도를 나타낸 것이다.

온도(℃)	0	20	40	60	80	100
용해도 (g/물 100 g)	13.3	31.6	63.9	110	169	247

60 ℃ 질산 칼륨 포화 수용액 105 g을 20 ℃까지 냉각할 때 석출되는 질산 칼륨은 몇 g인가?

① 19.1 g ② 36.7 g ③ 39.2 g
④ 68.4 g ⑤ 78.4 g

04 그림과 같이 탄산음료를 넣은 시험관을 각각 온도가 다른 비커에 넣고 고무마개의 유무를 달리하여 기포의 발생을 관찰하였다.

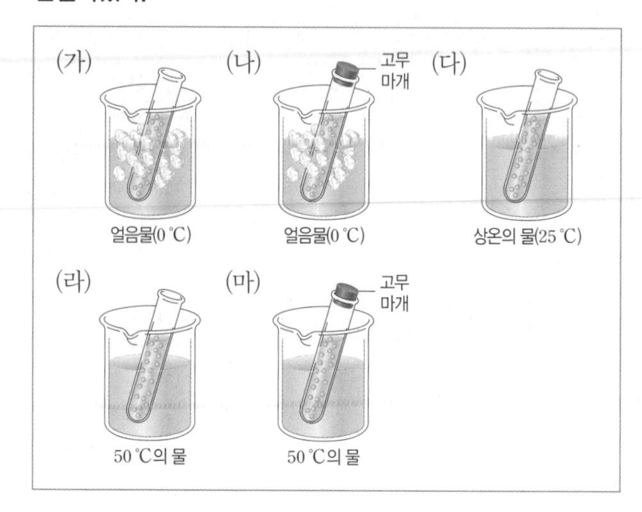

(A)기체의 용해도가 가장 큰 시험관과 (B)기체의 용해도가 가장 작은 시험관을 옳게 짝지은 것은?

	A	B		A	B
①	(가)	(나)	②	(가)	(마)
③	(나)	(다)	④	(나)	(라)
⑤	(라)	(마)			

05 가장 톡 쏘는 탄산음료를 만들 수 있는 조건은?

① 0 ℃, 1기압 ② 0 ℃, 2기압
③ 50 ℃, 1기압 ④ 50 ℃, 2기압
⑤ 100 ℃, 2기압

06 그림과 같이 탄산음료 10 mL를 넣은 시험관 A~D를 온도가 다른 물에 넣었다.

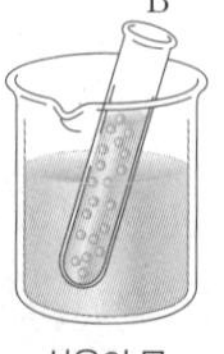

기체의 용해도와 압력의 관계를 알아보려고 할 때 비교해야 할 시험관을 옳게 짝지은 것은?

① A와 B ② A와 D ③ B와 C
④ B와 D ⑤ C와 D

07 다음 현상과 관련 있는 물질의 특성은?

> 튀김 요리를 하기 위해 기름을 넣고 가열하는 냄비에 물방울이 떨어지면 갑자기 튀어 오른다.

① 밀도　　② 용해도　　③ 녹는점
④ 어는점　　⑤ 끓는점

08 그림은 에탄올의 끓는점을 측정하는 실험 장치와 시간에 따른 가열 곡선을 나타낸 것이다.

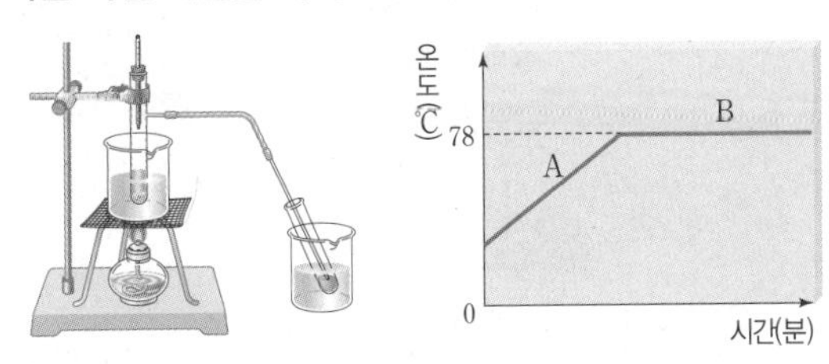

이 실험에 대한 설명으로 옳지 않은 것은?

① 에탄올의 끓는점은 78 ℃이다.
② 기화와 액화의 원리를 이용한 실험이다.
③ 에탄올이 끓을 때는 온도가 미세하게 올라간다.
④ 물중탕은 에탄올을 서서히 가열하기 위한 장치이다.
⑤ 끓임쪽은 에탄올이 갑자기 끓어오르는 것을 방지한다.

09 그림은 고체 A~E를 같은 세기의 불꽃으로 가열했을 때의 온도 변화를 나타낸 것이다.

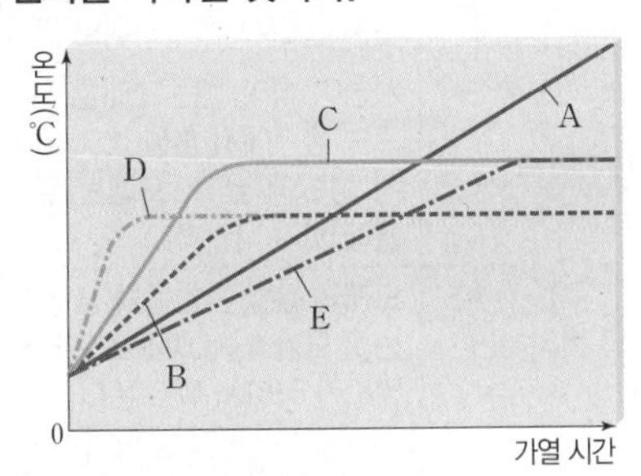

이에 대한 설명으로 옳지 않은 것은?

① 녹는점이 가장 높은 물질은 A이다.
② A와 C는 다른 물질이다.
③ B와 D는 같은 물질이다.
④ 질량은 C가 E보다 작다.
⑤ 가장 먼저 녹기 시작하는 물질은 E이다.

10 그림은 어떤 액체 A와 B의 가열 곡선을 나타낸 것이다. 이에 대한 설명으로 옳지 않은 것은?

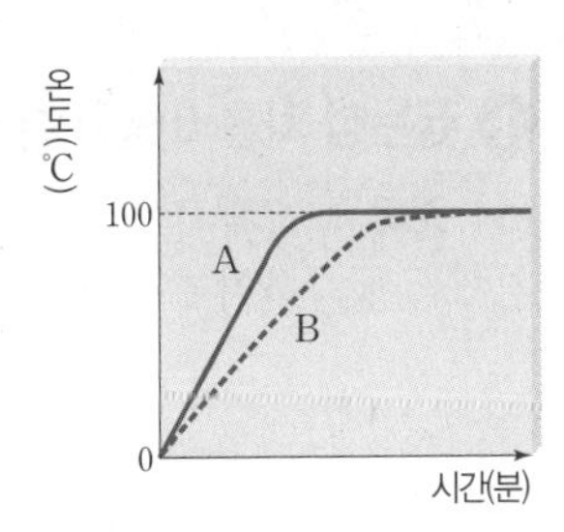

① A와 B의 밀도는 같다.
② A와 B의 어는점은 같다.
③ A와 B는 같은 물질이다.
④ 질량이 같을 때 불꽃의 세기는 A가 B보다 세다.
⑤ 불꽃의 세기가 같을 때 질량은 A가 B보다 크다.

11 그림과 같이 물이 든 둥근바닥 플라스크를 물이 끓기 직전까지 가열한 후, 불을 끄고 고무마개로 플라스크 입구를 막아 거꾸로 뒤집은 뒤 찬물을 부으면 물이 끓는다.

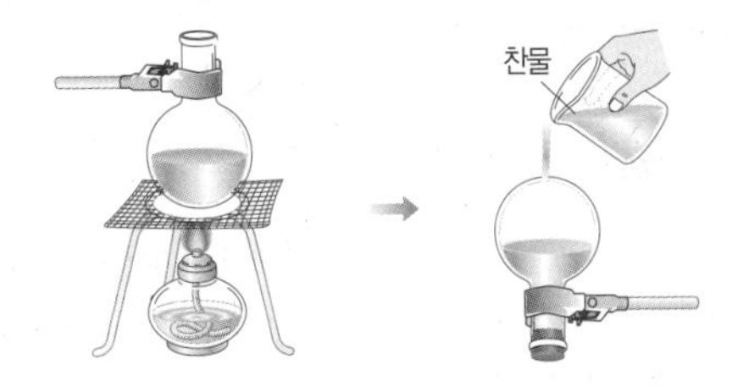

이에 대한 설명으로 옳은 것을 보기 에서 모두 고른 것은?

보기
ㄱ. 압력과 끓는점의 관계를 알아보기 위한 실험이다.
ㄴ. 찬물을 부으면 플라스크 내부의 수증기가 액화된다.
ㄷ. 수증기가 액화되면 플라스크 내부의 압력이 낮아진다.
ㄹ. 플라스크 내부의 압력이 낮아져도 물의 끓는점은 변하지 않는다.

① ㄱ, ㄴ　　② ㄴ, ㄷ　　③ ㄷ, ㄹ
④ ㄱ, ㄴ, ㄷ　　⑤ ㄴ, ㄷ, ㄹ

12 표는 물질 (가)~(마)의 녹는점과 끓는점을 나타낸 것이다.

구분	(가)	(나)	(다)	(라)	(마)
녹는점(℃)	−95	1064	0	−78	180
끓는점(℃)	56	2700	100	−57	1342

50 ℃에서 (A)고체 상태로만 존재하는 물질과 (B)액체 상태로만 존재하는 물질을 옳게 짝지은 것은?

	A	B		A	B
①	(가), (나)	(다)	②	(나)	(가), (다)
③	(나), (마)	(가), (다)	④	(다)	(나), (마)
⑤	(다), (마)	(가), (라)			

03 혼합물의 분리 (1)

❶ 끓는점 차를 이용한 분리

(1) 증류 : 액체 상태의 혼합물을 가열할 때 끓어 나오는 기체를 냉각하여 순수한 액체를 얻는 방법

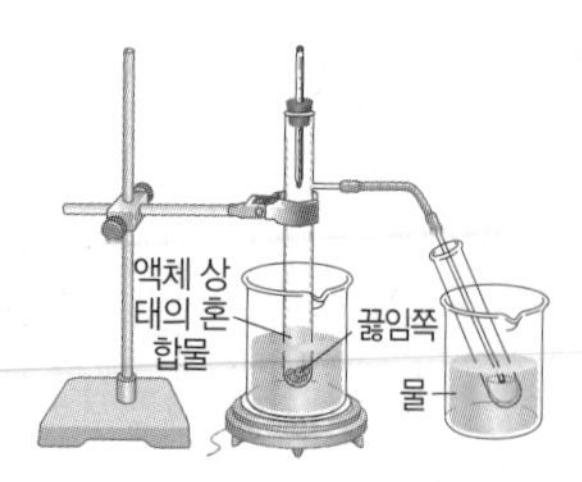

① 원리 : 액체 상태의 혼합물에 열을 가하면 끓는점이 낮은 물질이 먼저 끓어 나오고, 끓어 나온 기체 물질을 냉각하면 액화되어 순수한 액체를 얻을 수 있다.

② 특징 : 성분 물질이 끓는점 차가 클수록 분리가 잘 된다.

(2) 끓는점 차를 이용한 분리의 예

① 바닷물에서 식수 얻기 : 바닷물이 태양열에 의해 가열되면 증발된 수증기가 지붕에 닿아 물로 액화되고, 지붕을 타고 내려온 물을 식수로 사용할 수 있다.

② 탁주에서 소주 얻기 : 탁주를 소줏고리에 넣고 가열하면 끓는점이 낮은 에탄올이 기화하여 먼저 끓어 나오고, 끓어 나온 에탄올은 찬물이 담긴 그릇에 닿아 액화되어 소줏고리의 입구로 흘러나와 맑은 소주를 얻을 수 있다.

③ 물과 에탄올 혼합물의 분리 : 물과 에탄올 혼합물을 가열하면 끓는점이 낮은 에탄올이 먼저 끓어 나오고, 끓는점이 높은 물은 나중에 끓어 나온다.

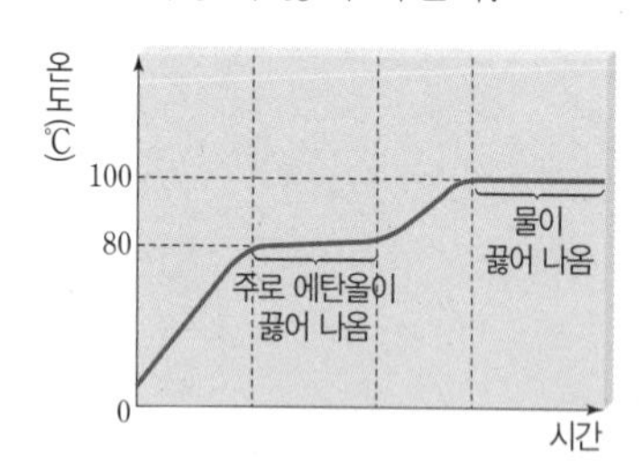

④ 원유의 분리 : 원유를 높은 온도로 가열하여 증류탑으로 보내면 끓는점이 낮은 물질일수록 증류탑의 위쪽에서 분리되어 나온다.

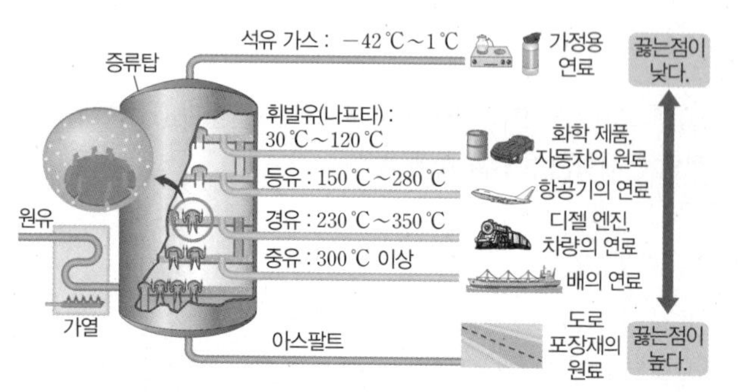

❷ 밀도 차를 이용한 분리

(1) 고체 혼합물의 분리 : 밀도가 다른 고체 혼합물은 두 물질을 녹이지 않고 밀도가 두 물질의 중간 정도인 액체 속에 넣어 분리한다.

① 원리 : 액체보다 밀도가 작은 물질은 위로 떠오르고 액체보다 밀도가 큰 물질은 아래로 가라앉기 때문에 물질을 분리할 수 있다.

(2) 액체 혼합물의 분리 : 서로 섞이지 않고 밀도가 다른 액체의 혼합물은 분별 깔때기나 스포이트를 이용하여 분리한다.

① 원리 : 밀도가 작은 액체는 위로 뜨고, 밀도가 큰 액체는 아래로 가라앉아 층을 이루기 때문에 분리할 수 있다.

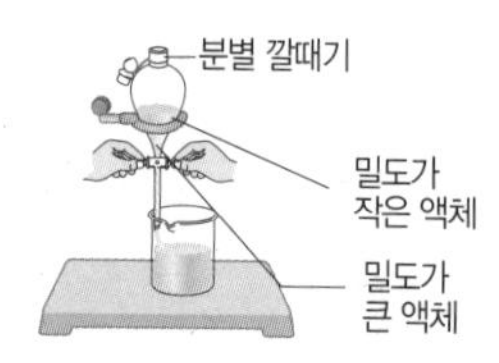

② 밀도 차를 이용한 액체 혼합물 분리의 예

액체 혼합물	간장과 참기름	물과 에테르	물과 사염화 탄소	물과 수은
위층(밀도가 작은 액체)	참기름	에테르	물	물
아래층(밀도가 큰 액체)	간장	물	사염화 탄소	수은

(3) 밀도 차를 이용한 분리의 예

구분	원리
좋은 볍씨 고르기	소금물에 볍씨를 넣으면, 속이 찬 좋은 볍씨는 밀도가 커서 아래로 가라앉고, 속이 차지 않은 쭉정이는 밀도가 작아서 위로 뜬다.
신선한 달걀 고르기	소금물에 달걀을 넣으면, 신선한 달걀은 밀도가 커서 아래로 가라앉고, 오래된 달걀은 밀도가 작아서 위로 뜬다.
사금 채취하기	사금이 섞여 있는 모래를 쟁반에 담아 흐르는 물속에서 흔들면, 사금은 밀도가 커서 쟁반에 남고, 모래는 밀도가 작아서 물에 씻겨 나간다.
모래와 톱밥 분리하기	모래와 톱밥 혼합물을 물에 넣으면, 모래는 밀도가 커서 아래로 가라앉고, 톱밥은 밀도가 작아서 위로 뜬다.
바다에 유출된 기름 분리	바다에 유출된 기름은 바닷물과 섞이지 않고 바닷물보다 밀도가 작아 바닷물 위에 뜨므로, 기름이 퍼지지 않게 기름막이(오일펜스)를 설치하고 흡착포나 뜰채로 기름을 제거한다.
혈액의 원심 분리	혈액을 원심 분리기에 넣고 회전시키면 혈구는 밀도가 커서 시험관 아래로 가라앉고, 혈장은 밀도가 작아서 시험관 위로 뜬다.

기출 문제로 미리보는

학교 시험 문제

정답과 해설 76쪽

01 그림은 증류 장치를 나타낸 것이다.

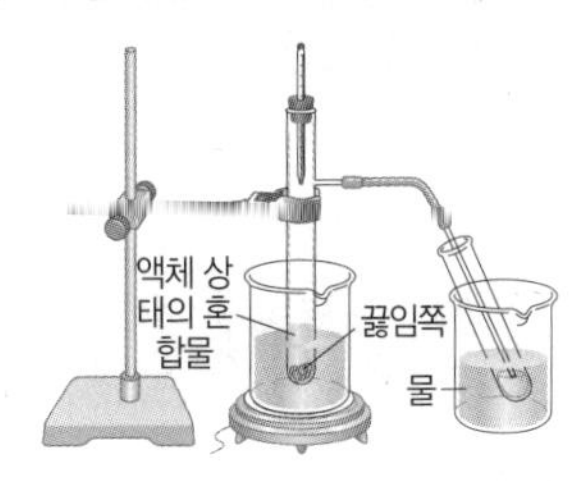

이에 대한 설명으로 옳은 것을 | 보기 | 에서 모두 고른 것은?

| 보기 |

ㄱ. 끓는점 차를 이용하여 혼합물을 분리하는 장치이다.
ㄴ. 시험관의 연결 부위에는 바셀린을 발라 기체가 빠져나가는 것을 방지한다.
ㄷ. 끓임쪽은 혼합물의 성분 물질이 각각의 끓는점에서 정확히 끓을 수 있게 만들어 준다.
ㄹ. 온도계는 성분 물질이 기화되는 부분에 설치하여 정확한 온도를 측정할 수 있게 한다.

① ㄱ, ㄴ ② ㄴ, ㄷ ③ ㄷ, ㄹ
④ ㄱ, ㄴ, ㄹ ⑤ ㄴ, ㄷ, ㄹ

02 그림은 바닷물에서 식수를 얻는 모습을 나타낸 것이다. 이에 대한 설명으로 옳지 않은 것은?

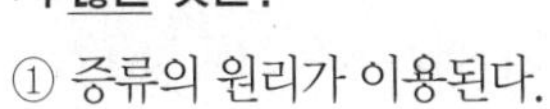
① 증류의 원리가 이용된다.
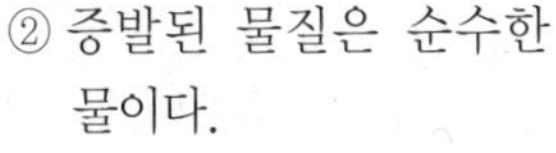
② 증발된 물질은 순수한 물이다.
③ 탁주에서 청주를 얻는 방법과 원리가 같다.
④ 끓는점 차를 이용한 혼합물의 분리가 이루어진다.
⑤ 유리 지붕에서 일어나는 물의 상태 변화는 기화이다.

03 그림은 탁주에서 맑은 청주를 얻는 모습을 나타낸 것이다. 이와 같은 분리 방법을 사용한 예로 옳은 것은?

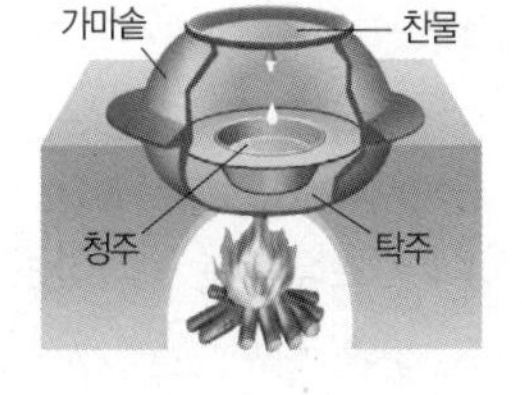

① 원유의 분리
② 사인펜 색소의 분리
③ 사금이 섞인 모래 분리
④ 천일염에서 깨끗한 소금 얻기
⑤ 오일펜스를 이용하여 바다에 유출된 기름 분리

04 그림은 에탄올 수용액을 가열할 때, 시간에 따른 온도 변화를 나타낸 것이다.

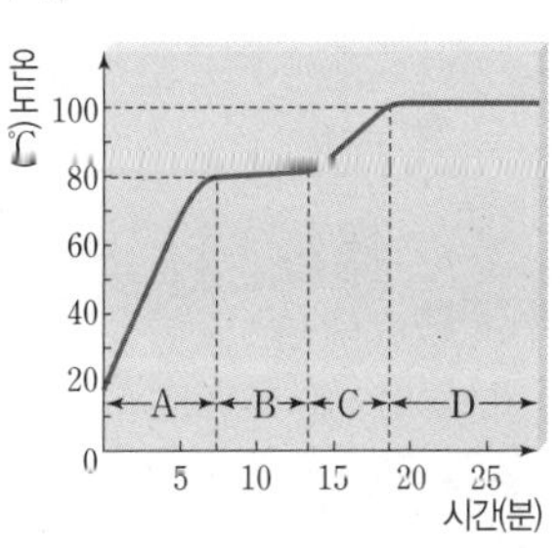

이에 대한 설명으로 옳은 것을 | 보기 | 에서 모두 고른 것은?

| 보기 |

ㄱ. A, C 구간에서 물질의 분리가 주로 일어난다.
ㄴ. B 구간에서 에탄올은 끓는점보다 약간 낮은 온도에서 끓는다.
ㄷ. D 구간에서는 물이 끓어 나오며, 온도가 일정하게 유지된다.

① ㄱ ② ㄷ ③ ㄱ, ㄴ
④ ㄴ, ㄷ ⑤ ㄱ, ㄴ, ㄷ

05 그림은 원유를 증류하는 장치를 나타낸 것이다.

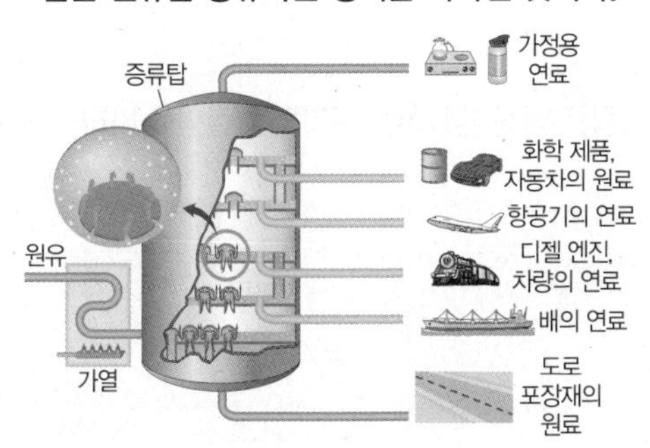

이에 대한 설명으로 옳지 않은 것은?

① 각 층에서 나온 물질은 순물질이다.
② 끓는점이 낮은 물질은 위쪽에서 분리된다.
③ 끓는점이 높은 물질은 아래쪽에서 분리된다.
④ 증류탑의 온도는 위쪽으로 올라갈수록 낮다.
⑤ 원유를 높은 온도로 가열하여 기체 상태로 만든 후 증류탑으로 보낸다.

06 그림 (가)와 (나)는 각각 기체 혼합물을 분리하는 모습을 나타낸 것이다.

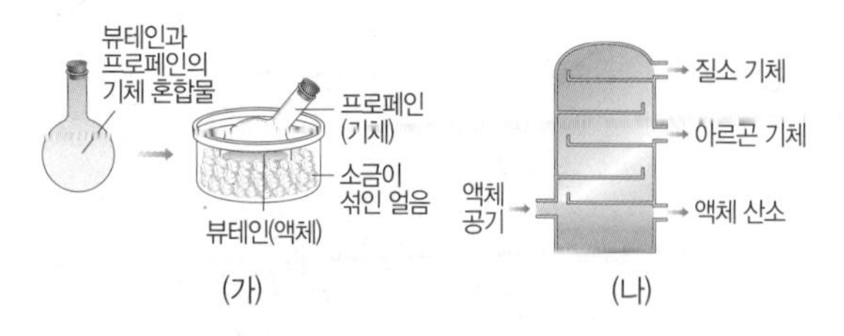

이에 대한 설명으로 옳은 것은?

① (가)는 건조한 공기를 분리하는 방법이다.
② (나)는 혼합물인 LPG를 분리하는 방법이다.
③ (가)와 (나) 모두 성분 물질의 끓는점 차를 이용한 분리 방법이다.
④ (가)에서는 끓는점이 낮은 물질이 먼저 액화되면서 성분 물질을 분리할 수 있게 된다.
⑤ (나)에서는 끓는점이 높은 물질이 위쪽에서 분리되고 끓는점이 낮은 물질이 아래쪽에서 분리된다.

07 다음 혼합물의 분리 방법에서 공통으로 사용된 원리는?

- 식용유와 물의 혼합물을 가만히 두면 두 층으로 나뉜다.
- 신선한 달걀과 오래된 달걀은 소금물을 이용하여 분리한다.

① 밀도 차 ② 녹는점 차 ③ 끓는점 차
④ 어는점 차 ⑤ 용해도 차

08 그림은 액체 혼합물을 분리하는 실험을 나타낸 것이다.

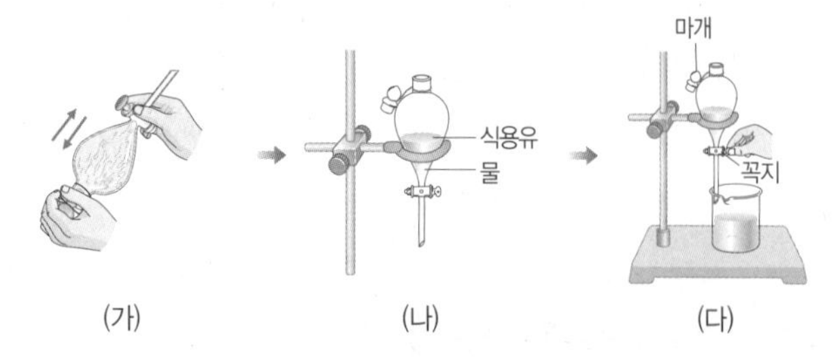

위 실험 과정에 대한 설명으로 옳은 것은?

① (가)에서 액체 혼합물은 잘 섞인다.
② (나)에서 밀도가 큰 물질은 식용유에 해당된다.
③ (다)에서 마개를 열지 않아도 물질이 잘 내려온다.
④ (다)에서 먼저 분리되어 나오는 것은 식용유이다.
⑤ 간장과 참기름 혼합물을 같은 방법으로 분리할 수 있다.

09 그림은 소금물에 쭉정이와 좋은 볍씨를 넣고 충분한 시간이 흐른 뒤의 모습을 나타낸 것이다.

이에 대한 설명으로 옳지 않은 것은?

① 밀도가 가장 작은 것은 쭉정이이다.
② 쭉정이와 좋은 볍씨는 소금물에 녹지 않는다.
③ 소금물은 쭉정이보다 밀도가 크고, 좋은 볍씨보다 밀도가 작다.
④ 소금물의 농도가 커지면 물 위에 뜨는 쭉정이의 개수가 감소한다.
⑤ 모래와 톱밥을 분리할 때 이용하는 방법과 같은 원리이다.

10 표는 물과 물질 A, B의 성질을 나타낸 것이다.

구분	녹는점(℃)	끓는점(℃)	밀도(g/mL)	용해성
물	0	100	1	—
A	−116	34.6	0.7	물과 잘 섞이지 않는 액체
B	801	1400	2.16	물에 잘 녹는 고체

이에 대한 설명으로 옳은 것을 |보기|에서 모두 고른 것은?

|보기|
ㄱ. 물과 A의 혼합물은 분별 깔때기를 이용하여 분리할 수 있다.
ㄴ. 물과 B의 혼합물은 증류를 이용하여 분리할 수 있다.
ㄷ. A에 B를 넣으면 B는 A 아래로 가라앉는다.

① ㄱ ② ㄴ ③ ㄱ, ㄷ
④ ㄴ, ㄷ ⑤ ㄱ, ㄴ, ㄷ

11 혼합물을 분리하는 방법의 원리가 다른 것은?

① 좋은 볍씨 고르기
② 신선한 달걀 고르기
③ 바닷물에서 식수 얻기
④ 모래 속에서 사금 채취하기
⑤ 혈액 속에서 혈구 분리하기

04 혼합물의 분리 (2)

❶ 용해도 차를 이용한 분리

(1) 재결정 : 불순물이 포함된 고체를 용매에 녹인 후 온도를 낮추거나 용매를 증발시켜 순수한 고체를 얻는 방법
➡ 혼합물을 이루는 성분 물질의 용해도 차로 인해 석출되는 순수한 결정을 분리할 수 있다.

(2) 용해도 차를 이용한 분리의 예

① 순수한 질산 칼륨 분리 : 소량의 불순물이 섞여 있는 질산 칼륨을 높은 온도의 물에 모두 녹인 후 용액을 서서히 냉각하면, 온도에 따른 용해도 차가 큰 질산 칼륨은 석출되지만 소량의 불순물은 석출되지 않고 그대로 물에 녹아 있다.

- 80 ℃에서 질산 칼륨과 염화 나트륨의 용해도는 각각 169, 38.4이고, 20 ℃에서 질산 칼륨과 염화 나트륨의 용해도는 각각 31.6과 36이다.
- 질산 칼륨 100 g과 염화 나트륨 20 g이 섞인 혼합물을 80 ℃의 물 100 g에 모두 녹인 후 20 ℃로 냉각하면 질산 칼륨은 석출되지만, 염화 나트륨은 석출되지 않는다.

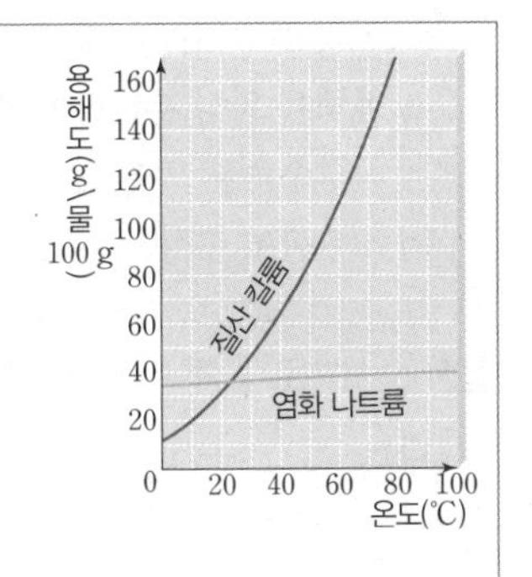

➡ 질산 칼륨 석출량 : 100 g−31.6 g=68.4 g

② 천일염에서 깨끗한 소금 얻기 : 염전에서 얻은 천일염에는 불순물이 섞여 있으므로 천일염을 물에 녹이고 물에 녹지 않는 불순물을 거름 장치로 제거한 후, 거른 용액을 증발시키면 깨끗한 소금을 얻을 수 있다.

▲ 천일염

③ 합성한 의약품 정제하기 : 아스피린은 버드나무 껍질에서 얻은 물질을 가공한 후, 재결정을 이용해 순수한 물질을 얻어 의약품으로 만든 것이다.

❷ 크로마토그래피를 이용한 분리

(1) 크로마토그래피 : 혼합물을 이루고 있는 성분 물질이 용매를 따라 이동하는 속도 차를 이용하여 혼합물을 분리하는 방법

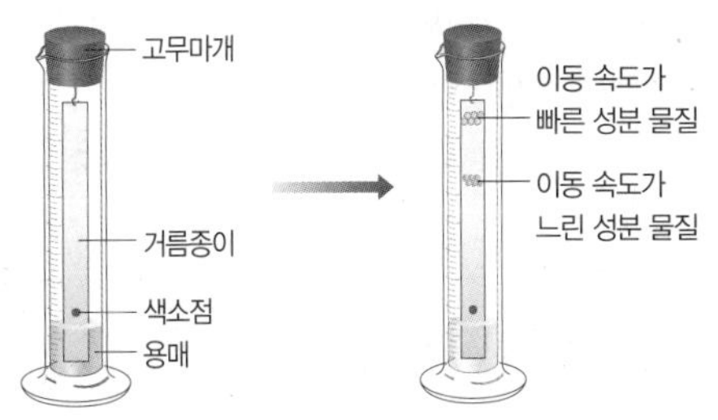

① 원리 : 혼합물의 성분 물질이 용매를 따라 이동한 거리의 비율로 물질의 성분을 알아낸다. ➡ 혼합된 성분 물질의 수는 크로마토그래피에서 분리되어 나타나는 물질의 수와 같거나 그 이상이다.

(2) 크로마토그래피의 결과 분석

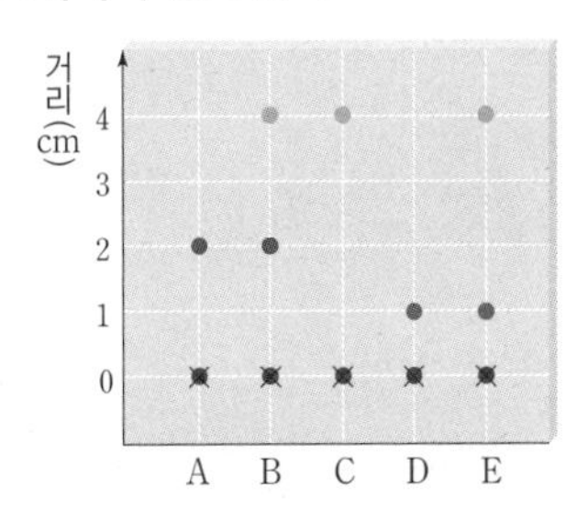

① A, C, D : 순물질로 추측할 수 있다.
② B : A와 C의 혼합물
③ E : C와 D의 혼합물
④ B는 A와 C를 포함하고, E는 C와 D를 포함한다.
⑤ 용매를 따라 이동한 속도 : D<A<C

(3) 크로마토그래피의 장점

① 실험 방법이 간단하고, 짧은 시간에 분리할 수 있다.
② 성분 물질의 성질이 비슷하거나 양이 매우 적은 혼합물도 분리할 수 있다.
③ 혼합물을 이루는 성분 물질이 많아도 한번에 분리할 수 있다.

(4) 이용 : 사인펜의 색소 분리, 꽃잎의 색소 분리, 운동 선수의 도핑 테스트, 식품의 농약 검사, 혈액이나 소변의 성분 분리, 단백질의 성분 분석 등

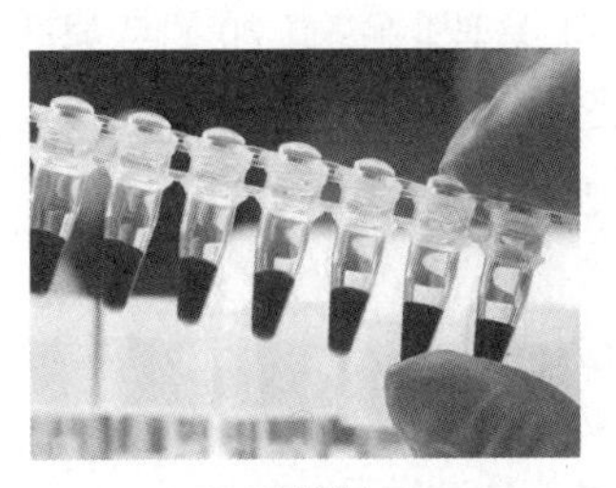
▲ 도핑 테스트

01 다음은 천일염에서 소금을 얻는 방법에 대한 설명을 나타낸 것이다.

> 바닷물을 증발시켜 얻은 천일염을 물에 녹인 후 냉각하여 결정을 얻는 과정을 여러 번 되풀이하면 순도가 높은 소금을 얻을 수 있다. 이와 같이 불순물이 섞여 있는 고체 물질을 용매에 녹인 다음 용액의 온도를 낮추거나 용매를 (㉠)시켜 순수한 고체 물질을 얻는 방법을 (㉡)(이)라고 한다.

빈칸에 들어갈 단어를 옳게 짝지은 것은?

	㉠	㉡
①	가열	증류
②	증발	증류
③	증발	재결정
④	용해	재결정
⑤	용해	크로마토그래피

02 그림은 염화 나트륨과 붕산의 용해도 곡선을 나타낸 것이다.

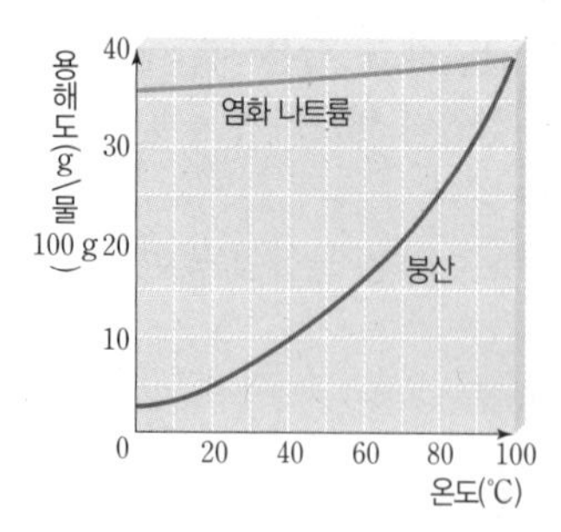

100 ℃ 물 300 g에 염화 나트륨 40 g과 붕산 40 g이 섞인 혼합물을 녹였다. 용액의 온도를 20 ℃로 냉각할 때 석출되는 물질과 그 양은 몇 g인가?

① 붕산, 약 15 g
② 붕산, 약 25 g
③ 붕산, 약 35 g
④ 염화 나트륨, 약 3 g
⑤ 붕산, 약 35 g+염화 나트륨, 약 3 g

03 표는 염화 나트륨과 질산 칼륨의 온도에 따른 물에 대한 용해도(g/물 100 g)를 나타낸 것이다. 염화 나트륨 20 g과 질산 칼륨 100 g이 섞인 혼합물을 80 ℃ 물 100 g에 모두 녹였다.

물질 \ 온도(℃)	20	40	60	80
염화 나트륨	36	36.6	37.3	38.4
질산 칼륨	31.6	63.9	110	169

이에 대한 설명으로 옳은 것을 | 보기 | 에서 모두 고른 것은?

> | 보기 |
> ㄱ. 용해도 차를 이용하여 질산 칼륨을 분리할 수 있다.
> ㄴ. 온도를 60 ℃로 냉각하면 질산 칼륨이 석출된다.
> ㄷ. 온도를 40 ℃로 냉각하면 질산 칼륨 46.1 g이 석출된다.

① ㄱ ② ㄴ ③ ㄱ, ㄷ
④ ㄴ, ㄷ ⑤ ㄱ, ㄴ, ㄷ

04 다음은 재결정을 이용하여 사탕수수로부터 설탕을 얻는 과정을 순서 없이 나열한 것이다.

> (가) 결정을 건조기로 잘 말려준다.
> (나) 용액을 원심 분리하여 액체 성분을 분리한다.
> (다) 사탕수수를 으깬 뒤 가열하여 농축한다.
> (라) 냉각하여 결정을 얻는다.

실험 순서대로 옳게 나열한 것은?

① (다) – (가) – (나) – (라)
② (다) – (라) – (가) – (나)
③ (다) – (라) – (나) – (가)
④ (라) – (가) – (나) – (다)
⑤ (라) – (나) – (가) – (다)

05 분필을 사용하여 초록색, 빨강색, 파랑색, 검정색 수성 사인펜의 색소를 분리하고자 한다. 이에 대한 설명으로 옳지 않은 것은?

① 색소점은 작고 진하게 여러 번 찍어야 한다.
② 한 가지 색에 섞인 여러 가지 색을 분리할 수 있다.
③ 색소점은 용매에 충분히 잠길 수 있게 찍어야 한다.
④ 분필에 찍힌 색소의 양이 적더라도 분리할 수 있다.
⑤ 수성 사인펜 색소를 모두 녹일 수 있는 용매를 사용해야 한다.

06 크로마토그래피에 대한 설명으로 옳은 것을 모두 고르면?

① 분리하고자 하는 성분을 녹일 수 있는 용매를 사용해야 한다.
② 복잡한 혼합물은 여러 번에 걸쳐야 각 성분 물질로 분리할 수 있다.
③ 실험 중에는 크로마토그래피 장치의 뚜껑을 열어 두어야 한다.
④ 색소점이 용매에 충분히 잠길 수 있도록 용매를 넉넉하게 넣어야 한다.
⑤ 혼합물의 각 성분 물질이 용매를 따라 이동하는 속도 차를 이용하여 분리하는 방법이다.

07 그림은 종이 크로마토그래피로 시금치 잎의 색소를 분리한 모습을 나타낸 것이다.

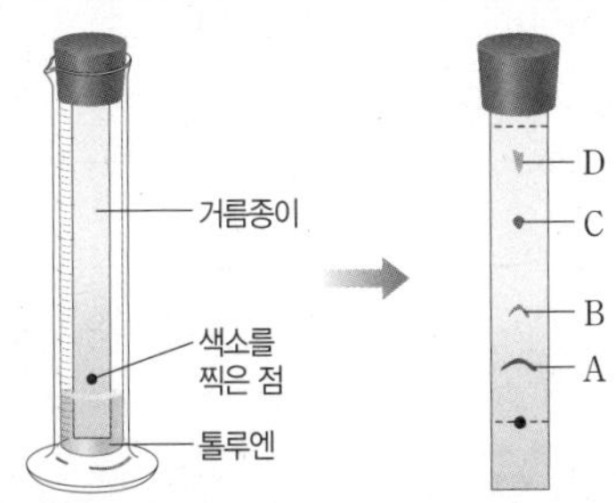

이에 대한 설명으로 옳은 것을 | 보기 | 에서 모두 고른 것은?

| 보기 |
ㄱ. 각 성분 물질의 용매를 따라 이동하는 속도는 D>C>B>A이다.
ㄴ. A~D 중 톨루엔을 따라 이동하려는 성질보다 거름종이에 붙어 있으려는 성질이 가장 큰 것은 A이다.
ㄷ. 용매가 달라져도 분리되는 성분 물질의 수나 이동 거리는 일정하다.

① ㄱ ② ㄴ ③ ㄱ, ㄴ
④ ㄴ, ㄷ ⑤ ㄱ, ㄴ, ㄷ

08 그림은 순물질 A~D와 혼합물의 크로마토그래피 결과를 나타낸 것이다.

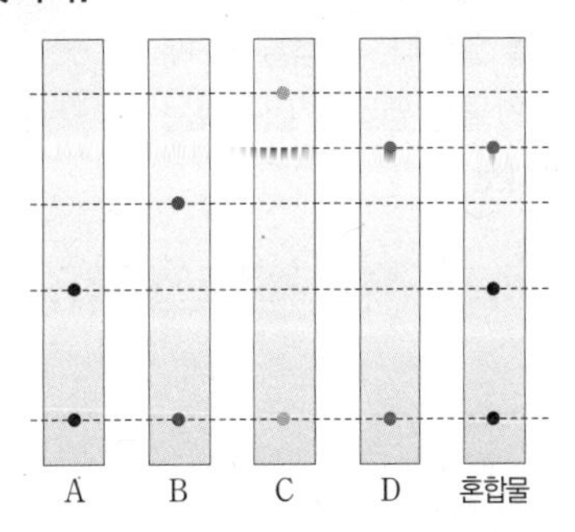

혼합물에 포함된 순물질의 종류를 옳게 짝지은 것은?

① A, B ② A, D ③ C, D
④ A, B, C ⑤ B, C, D

09 그림은 아세톤을 용매로 사용하여 물질 (가)~(마)를 크로마토그래피로 분리한 결과이다.

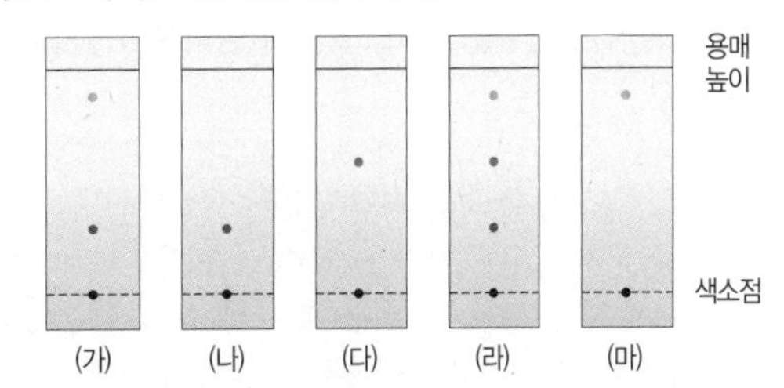

이에 대한 설명으로 옳지 않은 것은?

① (가)에는 최소 2가지의 순물질이 섞여 있다.
② (나), (다), (마)는 혼합물이라고 추측할 수 있다.
③ (가)에는 (나)와 (마)가 들어 있다.
④ 아세톤 대신 물을 사용하면 다른 결과가 나온다.
⑤ 운동 선수의 도핑 테스트에서 이와 같은 원리가 이용된다.

10 그림은 혼합물을 분리하는 실험 장치 중 하나를 나타낸 것이다. 이와 같은 원리를 이용한 예가 아닌 것은?

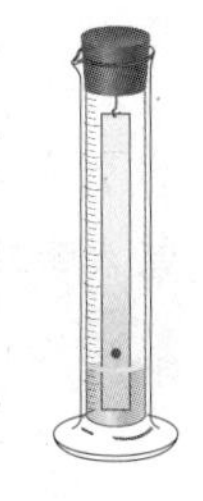

① 바닷물에서 식수 얻기
② 식품 속 농약 성분 검출
③ 운동 선수의 도핑 테스트
④ 수성 사인펜의 색소 분리
⑤ 화장품 속 방부제 성분 확인

중간·기말고사 대비

01 용접은 금속에 열이나 압력을 가하여 고체가 직접 결합할 수 있도록 접합시키는 방법을 말한다. 용접을 할 때 납과 주석의 혼합물인 땜납을 이용하는 까닭을 서술하시오.

녹는점 : 순물질 > 혼합물

02 그림은 각각 물과 소금물의 가열 곡선을 A와 B로 순서 없이 나타낸 것이다.

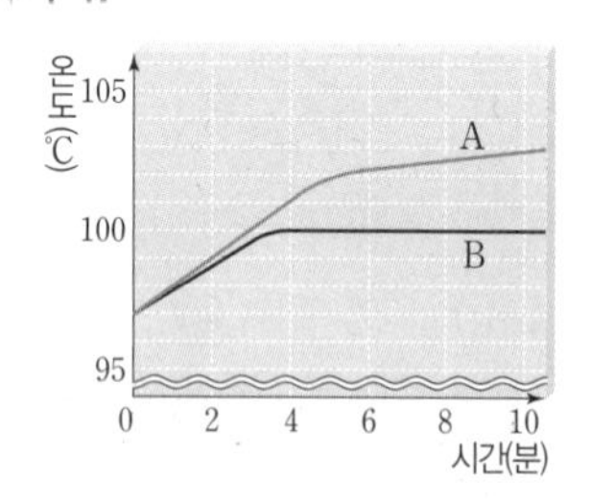

A와 B에 해당하는 물질을 쓰고, 그렇게 생각한 까닭을 두 가지 서술하시오.

혼합물의 끓는점 → 일정 ×

03 눈금실린더에 에탄올 10 mL를 넣은 후 식용유 90 mL를 넣었더니 그림 (가)와 같이 식용유가 아래로 가라앉고 에탄올이 위로 떠올랐다.

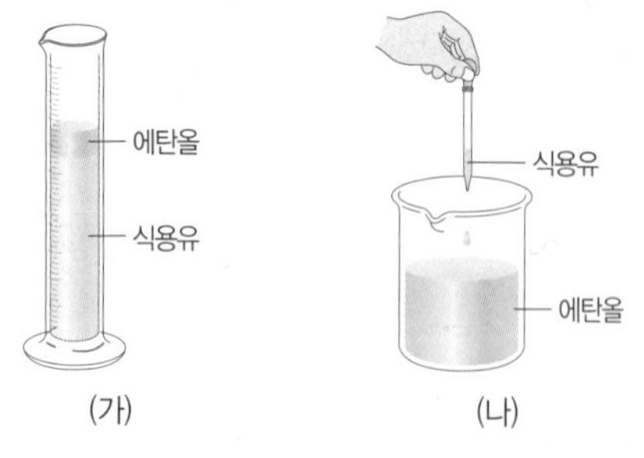

그림 (나)와 같이 에탄올이 많이 들어 있는 비커에 식용유를 한 방울 떨어뜨렸을 때 어떻게 될지 쓰고, 그렇게 생각한 까닭을 서술하시오.

밀도

04 물과 달걀이 든 컵에 소금을 계속 넣으면 바닥에 가라앉아 있던 달걀이 점점 떠오른다.

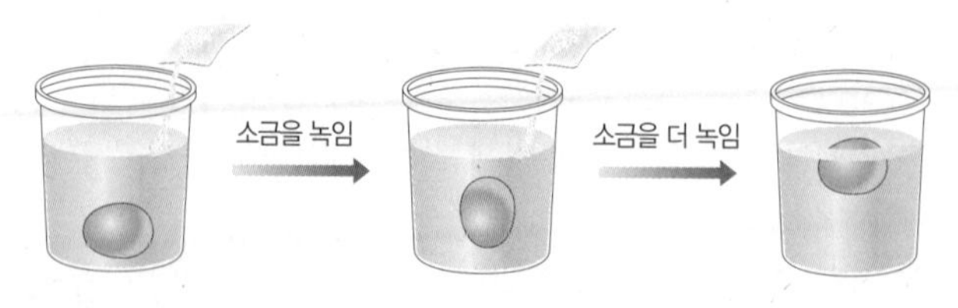

달걀이 떠오르는 까닭을 서술하시오.

밀도

05 그림은 물질 A~D의 질량과 부피를 측정하여 얻은 결과를 나타낸 것이다.

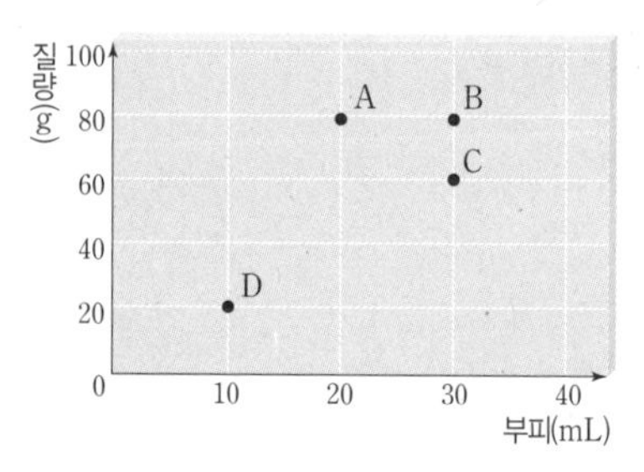

A~D 중 같은 물질끼리 짝을 짓고, 그렇게 생각한 까닭을 서술하시오.

$밀도 = \frac{질량}{부피}$

06 80 ℃에서 물 50 g에 질산 칼륨 80 g이 녹아 있다. 이 용액을 60 ℃로 냉각할 때 석출되는 질산 칼륨의 질량은 몇 g인지 계산 과정과 함께 서술하시오.

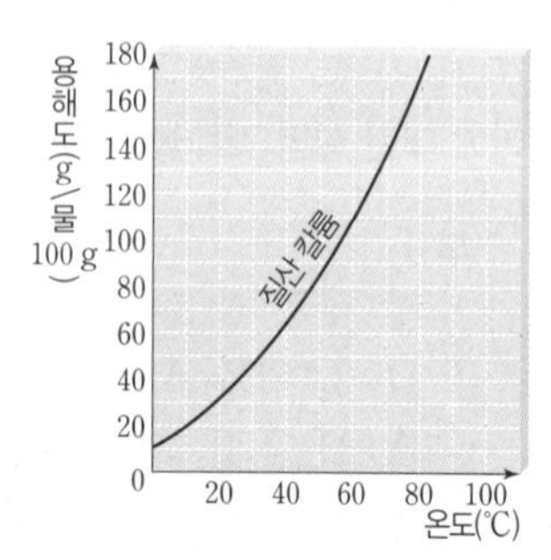

60 ℃ 물 50 g에 최대로 녹을 수 있는 질산 칼륨의 질량

07 탄산음료에는 이산화 탄소 기체가 녹아 있어 톡 쏘는 맛이 난다. 톡 쏘는 맛을 오래 유지하기 위한 조건을 압력과 온도에 따른 기체의 용해도와 관련지어 서술하시오.

KEY 압력↑, 온도↓ ⇨ 기체의 용해도↑

08 깊은 바닷속의 잠수부가 너무 빨리 수면으로 올라오면 압력이 급격하게 낮아져 혈액 속에 녹아 있던 기체가 기포를 형성하여 통증을 유발하는 잠수병이 나타난다. 이러한 잠수병을 예방할 수 있는 방법을 기체의 용해도와 관련지어 서술하시오.

KEY 용해도 작은 기체

09 그림은 같은 세기의 불꽃으로 가열한 고체 A~E의 가열 시간에 따른 온도 변화를 나타낸 것이다.

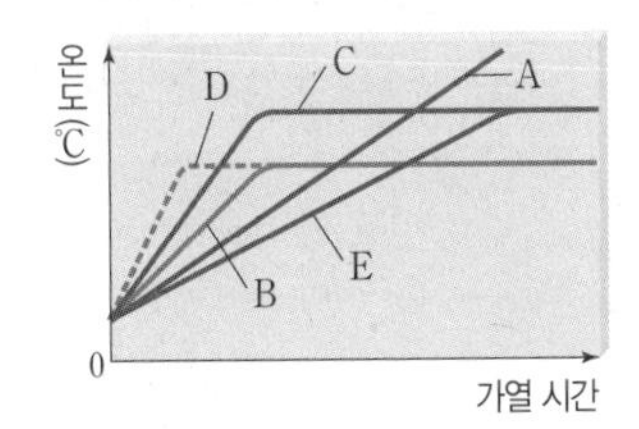

A~E 중에서 같은 물질끼리 짝을 짓고, 그렇게 생각한 까닭을 서술하시오.

KEY 녹는점

10 그림은 금을 포함한 암석이 풍화하여 생성된 모래 속에 섞인 사금을 채취하는 모습이다. 모래와 사금을 분리하는 원리를 밀도와 관련지어 서술하시오.

KEY 사금의 밀도 > 모래의 밀도

11 그림은 염화 나트륨과 붕산의 용해도 곡선을 나타낸 것이다. 염화 나트륨 30 g, 붕산 30 g을 100 ℃ 물 100 g에 모두 녹인 후 0 ℃로 냉각할 때 석출되는 물질의 종류와 질량을 계산 과정과 함께 서술하시오.

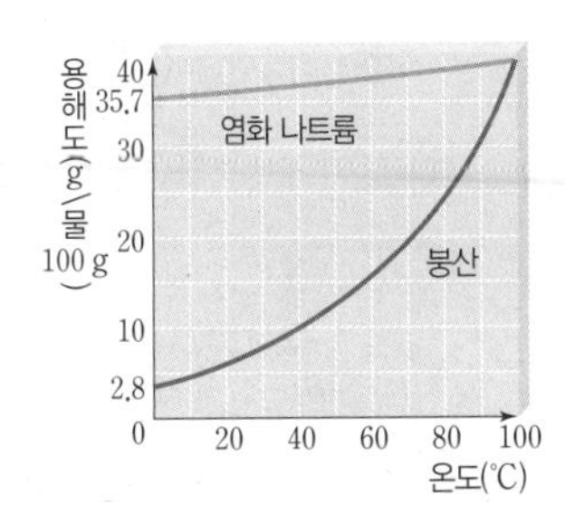

KEY 녹아 있는 용질의 질량 − 0 ℃일 때의 용해도 = 석출량

12 그림은 물질 A~E를 크로마토그래피로 분리한 결과를 나타낸 것이다.

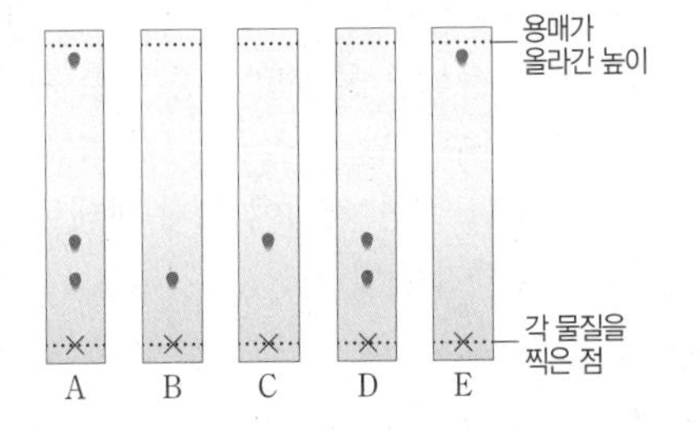

A~E에 들어 있는 성분 물질의 최소 가짓 수를 각각 쓰고, 그렇게 생각한 까닭을 서술하시오.

KEY 성분 물질, 분리

중단원 개념 정리

01 수권의 분포와 활용

❶ 지구에 분포하는 물

(1) 수권의 분포

① 수권 : 지구에 분포하는 모든 물

② 수권의 분포 : 해수와 담수로 구분

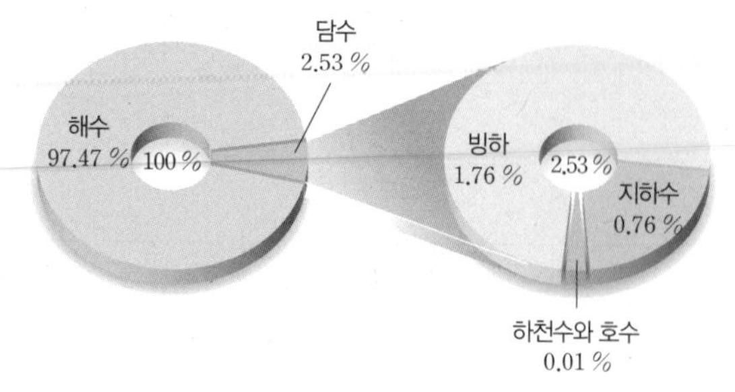

▲ 수권의 분포

구분		부피비 (%)	특징
해수		97.47	• 지구상의 물 중 가장 많음 • 짠맛이 나는 염수
담수	빙하	1.76	• 눈이 오랫동안 쌓이고 굳어진 고체 상태 • 극지방이나 고산 지대에 분포 • 중력에 의해 아래쪽으로 이동하면서 지표면을 침식
	지하수	0.76	• 비나 눈이 지하로 스며들어 형성된 물 • 땅속을 천천히 흐르는 물 • 흐름이 느리고 산소가 부족하여 자정 작용이 어려움
	하천수와 호수	0.01	• 지표를 흐르거나 고여 있는 물 • 주된 수자원으로 활용 • 수권 전체 중 차지하는 비율 낮음

❷ 자원으로 활용하는 물

(1) 수자원 : 사람이 살아가는 데 자원으로 이용 가능한 물

① 수자원에 주로 이용되는 물 : 담수 중 주로 하천수와 호수, 부족하면 지하수 개발

② 빙하는 극지방이나 고산 지대에 고체 상태로 존재하여 수자원으로 이용하기 어렵다.

(2) 수자원의 이용

① 수자원의 이용에 따른 분류

농업용수	농업활동에 이용하는 물 ㉵ 농사 지을 때, 가축 키울 때 사용
생활용수	일상생활에 이용하는 물 ㉵ 마시는 물, 요리 · 세탁할 때 사용
유지용수	하천이 정상적인 기능을 유지하는 데 이용하는 물
공업용수	산업활동에 이용하는 물 ㉵ 냉각수, 제품을 만들거나 세척할 때 사용

② 우리나라의 수자원 이용 현황 : 농업용수 > 유지용수 > 생활용수 > 공업용수

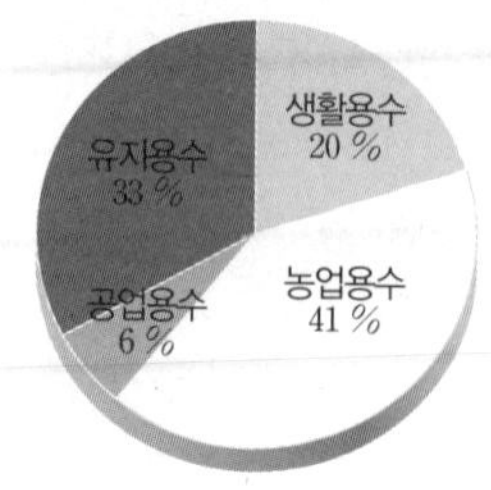

③ 우리나라의 연간 수자원 이용량 : 물의 총 사용량이 점차 증가하며, 생활용수는 산업화와 생활수준의 향상으로 최근 급격히 증가하고 있다.

(3) 수자원의 가치

① 인구의 증가, 산업 활동 발달, 생활수준 향상으로 인해 수자원 사용량은 증가하고 있지만, 활용할 수 있는 수자원의 양은 매우 적고 한정되어 있다.

② 가뭄이나 숲의 파손 등에 의한 사막화로 이용 가능한 물의 양이 감소하고 있다.

③ 물의 오염으로 이용 가능한 물의 양이 감소하고 있다.

④ 지하수는 하천수와 호수에 비해 양이 많고, 빗물이 스며들어 채워지기 때문에 지속적으로 활용할 수 있어 수자원으로서 가치가 높다. ➡ 지하수를 무분별하게 개발할 경우 지반이 무너지거나 지하수 고갈 또는 오염이 발생할 수 있다.

(4) 수자원 관리 방안

① 수자원 이용량 줄이기

② 생활 속에서 물 절약하기

③ 수자원 오염 방지하기

④ 이용 가능한 수자원 늘리기

01 다음 중 수권의 정의로 가장 적절한 것은?

① 지구 표면을 덮고 있는 모든 물
② 바다에 있는 모든 생물, 광물 자원
③ 빙하를 제외한 지구에 존재하는 모든 물
④ 우리 몸속의 수분을 제외한 이용 가능한 수자원
⑤ 대기 중의 수증기를 제외한 지구에 존재하는 모든 물

02 그림은 수권의 분포를 나타낸 것이다.

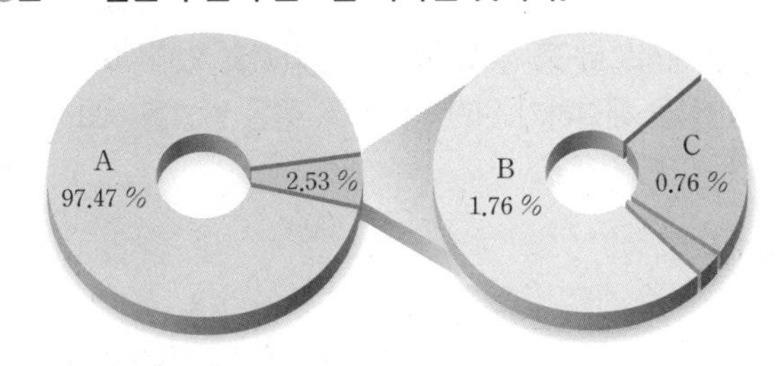

A~C에 해당하는 것을 옳게 짝지은 것은?

	A	B	C
①	해수	빙하	지하수
②	해수	지하수	하천수와 호수
③	담수	빙하	하천수와 호수
④	담수	지하수	빙하
⑤	담수	빙하	지하수

03 수권에 대한 설명으로 옳지 않은 것은?

① 해수는 짠맛이 나는 염수이다.
② 해수는 수권 전체에서 가장 많은 양을 차지한다.
③ 빙하는 서서히 움직이면서 지표면을 침식하여 영향을 주기도 한다.
④ 빙하는 녹여서 수자원으로 이용하기 쉽다.
⑤ 지하수는 오염되면 복구되기가 어렵다.

04 다음은 담수에 대한 학생들의 대화를 나타낸 것이다.

> 풍식 : 담수는 짠맛이 나지 않는 물이야.
> 풍순 : 수자원으로 이용 가능하기도 하지.
> 장풍 : 그리고 담수는 육지에 주로 분포해.
> 풍마니 : 내가 알기로는 하천수와 호수는 담수에서 차지하는 비율이 매우 낮아.
> 풍희 : 그렇지만 담수는 지구상의 물 중 가장 많아!

수권에 대한 이해가 부족한 학생은?

① 풍식 ② 풍순 ③ 장풍
④ 풍마니 ⑤ 풍희

05 지하수에 대한 설명으로 옳지 않은 것은?

① 담수 중 두 번째로 양이 많다.
② 빗물에 의해 지속적으로 채워진다.
③ 하천수와 호수에 비해 양이 풍부하다.
④ 비나 눈이 지하로 스며들어 형성된다.
⑤ 지하의 지층이나 암석 사이에 빈틈을 채우고 있는 흐르지 않는 물이다.

06 수자원에 대한 설명으로 옳은 것은?

① 생활용수에는 지하수만 이용한다.
② 해수는 주된 수자원으로 이용한다.
③ 우리가 먹을 수 있는 물을 의미한다.
④ 우리나라에서 농업용수는 약 40 %로 가장 많이 쓰인다.
⑤ 수자원으로 이용 가능한 물은 지구 전체 물의 약 10 % 정도이다.

07 수자원의 이용에 대한 설명으로 옳은 것을 | 보기 | 에서 모두 고른 것은?

| 보기 |
ㄱ. 생활용수는 주로 담수를 이용한다.
ㄴ. 산업이 발달하면서 공업용수의 이용이 늘고 있다.
ㄷ. 목욕, 청소, 빨래 등에 이용하는 것은 유지용수이다.
ㄹ. 농촌에서 마시는 물로 이용하는 것은 농업용수이다.

① ㄱ, ㄴ　② ㄱ, ㄷ　③ ㄴ, ㄷ
④ ㄴ, ㄹ　⑤ ㄷ, ㄹ

08 수자원이 감소하는 원인으로 볼 수 없는 것은?

① 인구가 증가하고 있기 때문에
② 빙하를 주로 이용하기 때문에
③ 이용할 수 있는 물이 오염되기 때문에
④ 산업 활동이 활발해지면서 물의 이용량이 늘어나기 때문에
⑤ 생활수준이 향상되면서 물의 이용이 증가하고 있기 때문에

09 물을 오염시키는 가장 주된 원인으로 옳은 것은?

① 공장에서 배출되는 폐수
② 농약 대신 사용하는 퇴비
③ 농사에 사용되는 화학 비료
④ 가정에서 배출되는 생활하수
⑤ 축산 농가에서 나오는 동물의 배설물

10 세계적으로 물 부족 국가가 많아지고 있다. 이러한 물 부족 현상을 해결하기 위한 대책으로 옳은 방법을 | 보기 | 에서 모두 고른 것은?

| 보기 |
ㄱ. 지하수 개발　ㄴ. 수질 관리
ㄷ. 샤워 자주하기　ㄹ. 농사 금지시키기

① ㄱ, ㄴ　② ㄴ, ㄷ　③ ㄷ, ㄹ
④ ㄱ, ㄴ, ㄹ　⑤ ㄴ, ㄷ, ㄹ

11 수자원 관리 방안에 대한 설명으로 옳지 않은 것은?

① 농약이나 화학 비료의 사용을 줄인다.
② 공장이나 농가의 폐수는 처리하기 힘들기 때문에 하천에 바로 버린다.
③ 수자원의 이용량을 줄이기 위해 세수나 양치질을 할 때 물을 받아서 한다.
④ 지하수를 개발할 때는 지반이 무너지거나 지하수가 오염되지 않도록 주의해야 한다.
⑤ 새로운 수자원 확보를 위해 중수도를 이용하는 기술이나 해수를 담수화하는 기술을 개발한다.

중단원 개념 정리

02 해수의 특성

❶ 해수의 온도

(1) 해수의 표층 수온 분포

① 위도에 따른 해수의 표층 수온 분포 : 저위도 > 고위도
➡ 단위 면적당 받는 태양 에너지의 양이 고위도보다 저위도에서 많기 때문

② 계절에 따른 해수의 표층 수온 분포 : 여름철 > 겨울철
➡ 단위 면적당 받는 태양 에너지의 양이 겨울철보다 여름철에 많기 때문

(2) 해수의 층상 구조

혼합층	• 태양 에너지를 흡수하여 수온이 비교적 높음 • 바람의 혼합 작용으로 수온이 일정한 층 • 혼합층의 두께는 바람이 강할수록 두꺼움	수온 / 깊이 / 혼합층 / 수온 약층 / 심해층
수온 약층	• 아래로 갈수록 수온이 낮아 매우 안정 ➡ 대류 일어나지 않음 • 혼합층과 심해층 간의 물질이나 에너지 교환을 차단	
심해층	• 수온이 매우 낮고 일정한 층 • 위도나 계절에 따른 수온 변화가 거의 없음	

(3) 위도별 해수의 연직 수온 분포

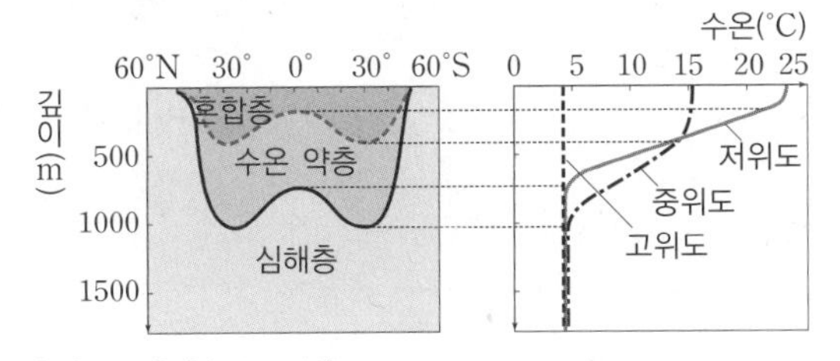

① 저위도 해역(0°~30°)
• 해수 표면에 도달하는 태양 에너지의 양이 많아 표층 수온이 높다. ➡ 심해층과의 수온 차이가 커서 수온 약층이 뚜렷하게 발달
• 바람이 약하다. ➡ 혼합층이 없거나 있어도 얇게 발달

② 중위도 해역(30°~60°) : 바람이 강하다. ➡ 다른 지역에 비해 혼합층이 두껍게 발달

③ 고위도 해역(60°~90°) : 해수 표면에 도달하는 태양 에너지의 양이 적어 표층 수온이 낮다. ➡ 혼합층과 수온 약층이 거의 발달하지 않는다.

(4) 우리나라 주변 바다의 표층 수온 분포

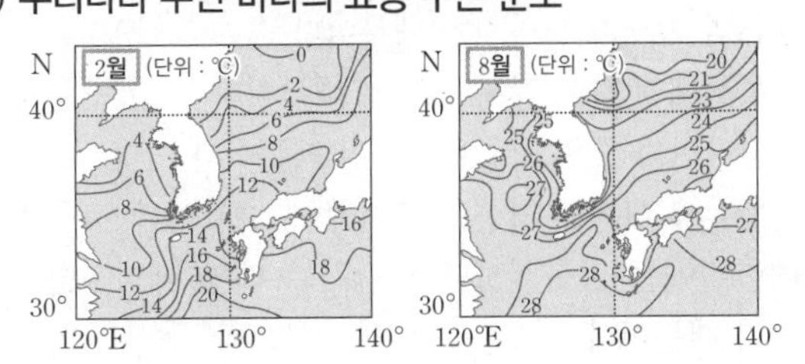

• 고위도 < 저위도
• 겨울철 < 여름철
• 수온의 연교차 ➡ 동해 < 황해

❷ 해수의 염분

(1) 염류 : 해수에 녹아 있는 여러 가지 물질

① 염류의 종류 : 염화 나트륨, 염화 마그네슘, 황산 마그네슘 등
• 염화 나트륨 : 전체 염류 중 가장 많다. 짠맛
• 염화 마그네슘 : 전체 염류 중 두 번째로 많다. 쓴맛

② 염류를 구성하는 원소의 비율 : 염소 > 나트륨 > 황 > 마그네슘 > 칼슘 > 칼륨 > 기타

(2) 염분 : 해수 1000 g(=1 kg)에 녹아 있는 염류의 총량을 g 수로 나타낸 것

① 단위 : psu(실용 염분 단위), ‰(퍼밀)

$$염분(psu)=\frac{염류의\ 총량(g)}{해수의\ 질량(g)}\times 1000$$

② 전 세계 바다의 평균 염분 : 약 35 psu(=35 ‰)
➡ 전 세계 해수의 표층 염분은 해역에 따라 다르다.

③ 염분 변화

염분이 낮은 해역	염분이 높은 해역
• 증발량 < 강수량 • 담수의 유입량 많다. • 해빙	• 증발량 > 강수량 • 담수의 유입량 적다. • 결빙

(3) 전 세계 해수의 표층 염분 분포

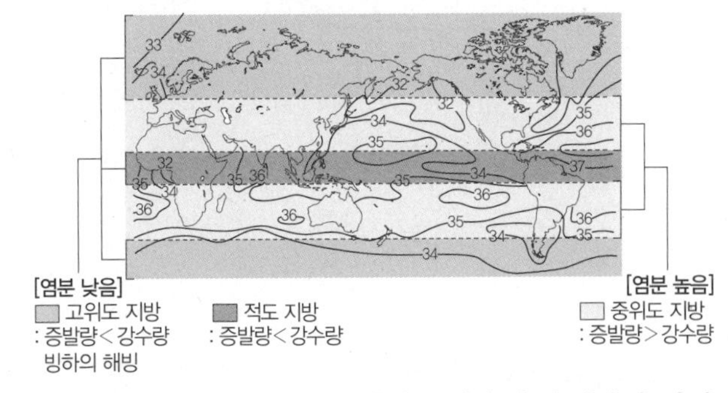

① 대양의 중앙부 > 연안 : 연안은 담수의 유입량이 많기 때문

② 대서양 > 태평양 : 대서양에 해저 화산이 많이 분포하기 때문

(4) 우리나라 주변 바다의 표층 염분 분포

① 여름철 < 겨울철 : 여름철에 강수량이 더 많기 때문

② 황해 < 동해 : 황해로 흘러드는 담수의 양이 많기 때문

(5) 염분비 일정 법칙 : 각 염류 간 질량비는 어느 바다에서나 일정하게 나타난다. ➡ 해수는 끊임없이 움직이며 서로 섞이기 때문

기출 문제로 미리보는

학교 시험 문제

01 해수의 표층 수온에 가장 큰 영향을 미치는 것은?

① 해류 ② 경도 ③ 바람
④ 태양 에너지 ⑤ 해수의 밀도

02 그림은 전 세계 해수의 표층 수온 분포를 나타낸 것이다.

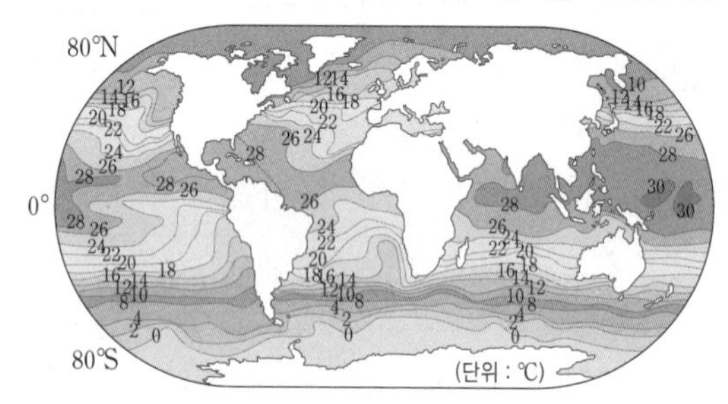

이에 대한 설명으로 옳은 것을 모두 고르면?

① 표층 수온은 경도에 나란하게 분포한다.
② 계절에 따라 표층 수온은 달라질 수 있다.
③ 등수온선은 대개 위도에 나란하게 분포한다.
④ 표층 수온의 분포는 염분의 분포와 일치한다.
⑤ 북반구에서 남쪽으로 갈수록 해수의 온도가 낮아진다.

03 그림은 해수의 연직 수온 분포를 나타낸 것이다. A는 수온 약층과 혼합층을 구분하는 경계선, B는 '표층의 수온－심해층의 수온'을 나타낸다. 이에 대한 설명으로 옳은 것은?

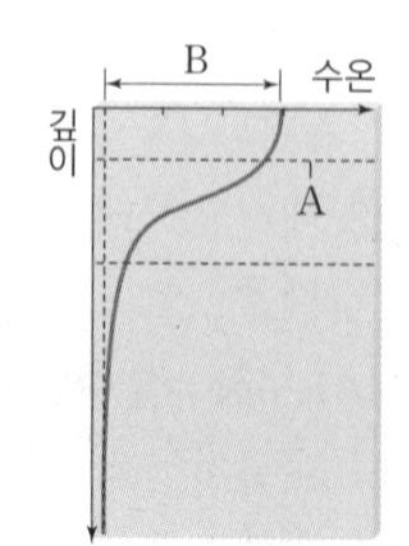

① 바람이 세게 불면 A가 올라간다.
② 염분의 양이 증가하면 A는 내려간다.
③ 태양 에너지를 많이 받으면 A가 내려간다.
④ 저위도에서 B의 길이는 0이다.
⑤ 태양 에너지를 많이 받으면 B의 길이가 길어진다.

[04~05] 그림은 해수의 연직 수온 분포의 원리를 알아보는 실험 장치를 나타낸 것이다.

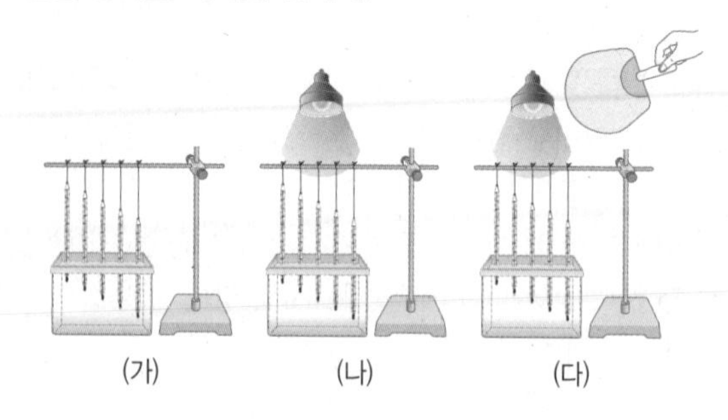

04 이 실험에 대한 설명으로 옳지 않은 것은?

① 전등을 비춘 후에 수온 약층이 형성된다.
② 부채질을 세게 할수록 심해층이 두껍게 형성된다.
③ 전등은 실제 해수에서 태양 에너지를 의미한다.
④ 부채질을 하면 표층에 수온이 일정한 층이 생성된다.
⑤ 전등을 비추기 전의 물은 고위도의 연직 수온 분포와 유사하다.

05 그림은 (가)~(다)의 실험 결과를 나타낸 것이다. 각 실험 과정의 그래프를 옳게 짝지은 것은?

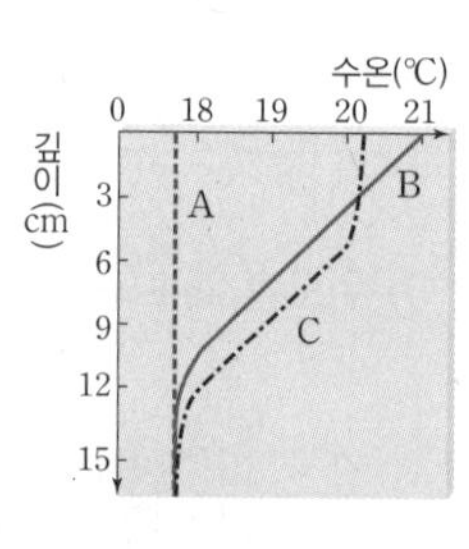

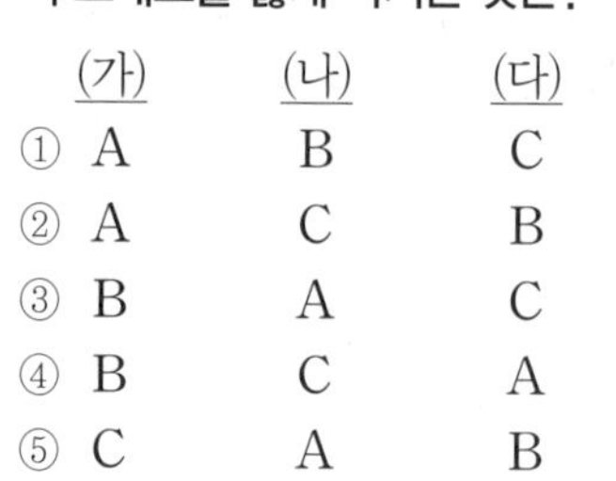

	(가)	(나)	(다)
①	A	B	C
②	A	C	B
③	B	A	C
④	B	C	A
⑤	C	A	B

06 그림은 2월과 8월 우리나라 주변 바다의 표층 수온 분포를 각각 나타낸 것이다.

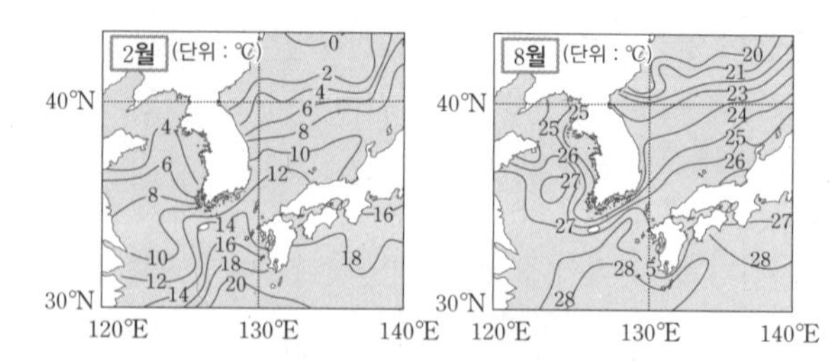

겨울철보다 여름철에 수온이 높은 까닭으로 옳은 것은?

① 해류의 속도가 빨라지기 때문이다.
② 겨울철에 바람이 강하게 불기 때문이다.
③ 우리나라가 중위도에 위치하기 때문이다.
④ 여름철에 대륙의 영향을 크게 받기 때문이다.
⑤ 여름철에는 겨울철보다 도달하는 태양 에너지양이 더 많기 때문이다.

07 그림은 해수를 이루고 있는 염류의 구성을 나타낸 것이다. 이에 대한 설명으로 옳은 것은?

A 27.2 g
염류 35 g
B 3.8 g
1.7 g
1.3 g
0.9 g
0.1 g

① A는 물이다.
② A는 쓴맛을 내는 성분이다.
③ B는 두부를 만들 때 간수로 사용된다.
④ A와 B는 해수의 85 % 이상을 차지한다.
⑤ A와 B는 지하수에도 같은 비율로 포함되어 있다.

08 염분에 대한 설명으로 옳지 않은 것을 모두 고르면?

① 단위는 %(퍼센트)를 이용한다.
② 염분은 계절에 따라 바뀔 수 있다.
③ 전 세계 바다의 염분은 모두 동일하다.
④ 염분은 해수에 들어 있는 염류의 농도이다.
⑤ 해수 1 kg에 녹아 있는 염류의 양을 나타낸다.

09 그림은 인공으로 해수를 만드는 과정을 나타낸 것이다.

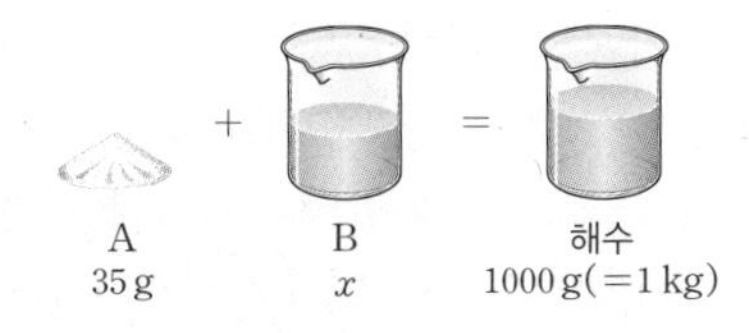

이에 대한 설명으로 옳은 것은?

① A는 염화 나트륨이다.
② 해수에서 A를 추출할 수 있다.
③ B를 염류라고 한다.
④ x에 들어갈 B의 질량은 65 g이다.
⑤ 이렇게 만들어진 해수의 농도는 3.5 psu이다.

10 해수의 염분을 높이는 요인을 | 보기 | 에서 모두 고른 것은?

| 보기 |
ㄱ. 폭우　　ㄴ. 결빙
ㄷ. 증발　　ㄹ. 강물의 유입

① ㄱ, ㄴ　② ㄱ, ㄹ　③ ㄴ, ㄷ
④ ㄴ, ㄹ　⑤ ㄷ, ㄹ

11 그림은 위도별 '증발량 – 강수량'값과 표층 염분을 나타낸 것이다.

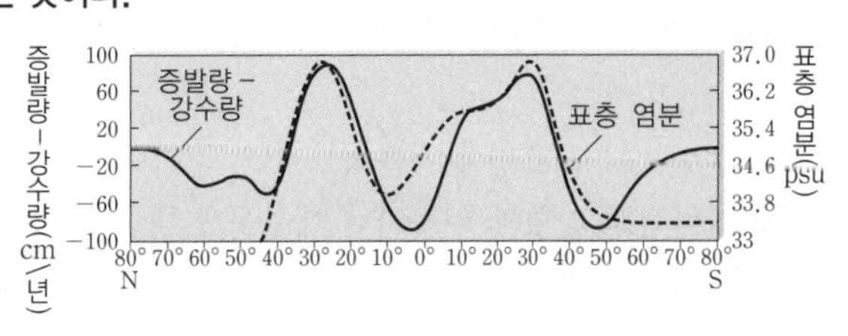

이에 대한 설명으로 옳은 것은?

| 보기 |
ㄱ. 적도에서는 강수량이 증발량보다 많다.
ㄴ. 고위도에서는 결빙의 영향으로 염분이 높다.
ㄷ. 염분이 낮아지는 까닭은 염류가 증발하기 때문이다.

① ㄱ　② ㄷ　③ ㄱ, ㄴ
④ ㄴ, ㄷ　⑤ ㄱ, ㄴ, ㄷ

12 그림은 여름철 우리나라 주변 바다의 염분 분포를 나타낸 것이다. 이에 대한 설명으로 옳은 것은?

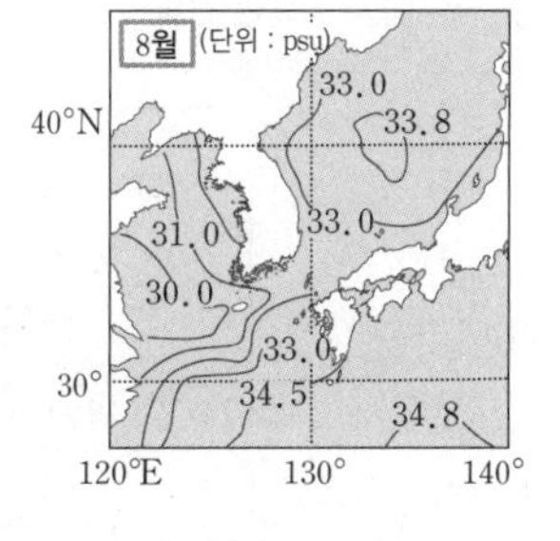

① 동해는 수심이 깊어 염분이 낮다.
② 해안가에 가까워질수록 염분이 높다.
③ 겨울에는 동해보다 황해의 염분이 높다.
④ 같은 위도에서는 황해와 동해의 염분이 같다.
⑤ 황해는 담수가 대량으로 유입되어 염분이 낮다.

13 염분이 35 psu인 해수 속에 어떤 두 염류가 1 : 2의 비율로 녹아 있다. 염분이 3배 증가할 때 이 염류들의 비로 옳은 것은?

① 1 : 2　② 1 : 3　③ 1 : 6
④ 2 : 1　⑤ 3 : 1

03 해수의 순환

❶ 해류

(1) 해류 : 오랜 기간 동안 일정한 방향으로 흐르는 해수의 흐름

① 발생 원인 : 해수 표면에 지속적으로 부는 바람
② 방향 : 바람의 방향과 비슷하나 대륙을 만나면 남북 방향으로 흐름이 바뀐다.
③ 난류와 한류

구분	난류	한류
이동 방향	저위도 → 고위도	고위도 → 저위도
수온	높다	낮다
염분	높다	낮다
용존 산소량	적다	많다
영양 염류	적다	많다
플랑크톤의 밀도	낮다	높다

(2) 우리나라 주변의 해류

난류	쿠로시오 해류	우리나라 난류의 근원
	황해 난류	쿠로시오 해류의 일부가 황해로 흐르는 해류
	동한 난류	쿠로시오 해류의 일부가 동해안을 따라 북쪽으로 흐르는 해류
한류	연해주 한류	우리나라 한류의 근원
	북한 한류	연해주 한류의 일부가 동해안을 따라 남쪽으로 흐르는 해류

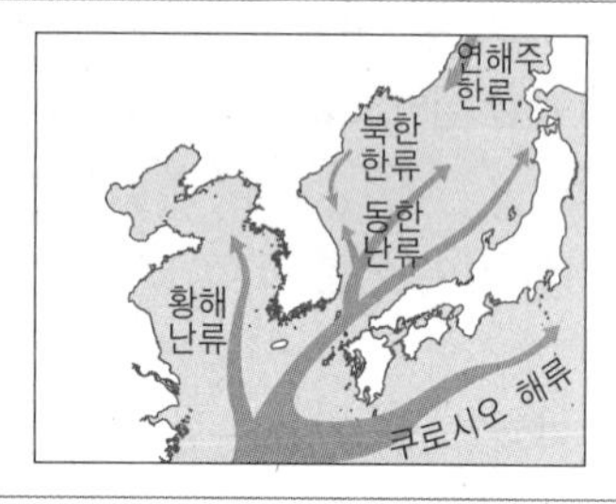

(3) 우리나라 주변 해류의 영향

① 기후
- 겨울철 해안 지방의 기온 > 내륙 지방의 기온 : 난류의 영향 때문
- 같은 위도의 동해안 기온 > 서해안 기온 : 동한 난류가 황해 난류보다 세력이 크고 육지에 가깝게 흐르기 때문

② 어종 : 수온과 플랑크톤의 종류 등에 따라 한류성 어종과 난류성 어종이 다르다.
③ 조경 수역 : 동해에서는 동한 난류와 북한 한류가 만나 조경 수역을 이룬다.
- 영양 염류와 용존 산소량이 많아서 플랑크톤이 풍부하고, 좋은 어장을 형성한다.
- 여름에는 동한 난류의 세력이 강해 조경 수역의 위치가 북상하고, 겨울에는 북한 한류의 세력이 강해 조경 수역의 위치가 남하한다.

❷ 조석 현상

(1) 조석 : 밀물과 썰물에 의해 해수면이 하루에 두 번씩 주기적으로 높아졌다 낮아졌다 하는 현상

① 만조 : 바닷물이 밀려 들어와(밀물) 해수면이 가장 높아졌을 때
② 간조 : 바닷물이 빠져나가(썰물) 해수면이 가장 낮아졌을 때
③ 조석 주기 : 만조에서 다음 만조 또는 간조에서 다음 간조까지 걸리는 시간으로, 약 12시간 25분이다. 우리나라에서 만조와 간조는 하루에 약 두 번씩 발생한다.

(2) 조류 : 조석 현상에 의해 생기는 수평적인 바닷물의 흐름

① 밀물 : 육지 쪽으로 밀려오는 바닷물의 흐름
② 썰물 : 바다 쪽으로 빠져나가는 바닷물의 흐름

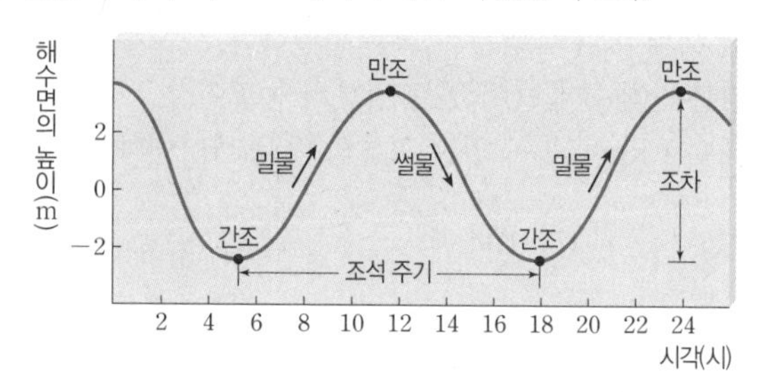

(3) 조차 : 만조와 간조 때 해수면의 높이 차이

① 사리 : 한 달 중 조차가 가장 크게 나타나는 시기
② 조금 : 한 달 중 조차가 가장 작게 나타나는 시기
③ 한 달 동안 해수면의 높이 변화 : 사리와 조금은 한 달에 약 두 번씩 발생한다.

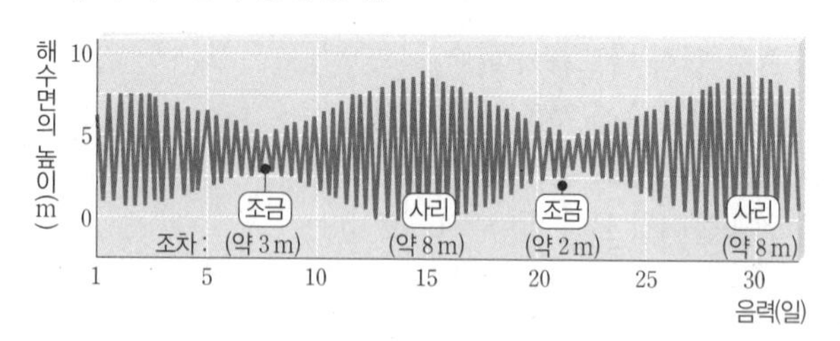

(4) 조석 현상의 이용

우리나라 서해안과 같이 조차가 크게 나타나는 지역에서는 조석을 다양하게 이용한다.

① 어업 : 해수면이 낮은 간조 때 갯벌 체험을 할 수 있고, 갯벌에서 조개를 캐거나, 조류를 이용하여 물고기를 잡는다.
② 관광업 : 간조가 되면 특정 지역에서 바닷길이 열려 관광지로 활용한다.
③ 조력 발전 · 조류 발전 : 조차나 조류를 이용하여 조력 발전 또는 조류 발전을 통해 전기를 생산한다.

01 표층 해류를 일으키는 주된 원인으로 옳은 것은?

① 염분 ② 밀도 ③ 수압
④ 바람 ⑤ 온도

02 그림과 같이 수조에 종잇조각을 넣고 헤어드라이어로 바람을 불어 주었다.

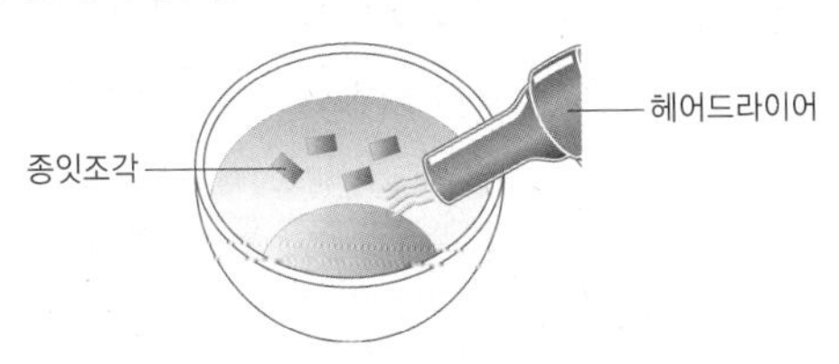

이 실험에 대한 설명으로 옳은 것을 | 보기 | 에서 모두 고른 것은?

| 보기 |
ㄱ. 헤어드라이어의 방향을 다르게 하면 물의 흐름도 변한다.
ㄴ. 헤어드라이어의 온도를 조절하면 종잇조각의 속도가 달라진다.
ㄷ. 실험에서 물은 해수, 헤어드라이어의 바람은 태양 에너지를 의미한다.

① ㄱ ② ㄴ ③ ㄱ, ㄷ
④ ㄴ, ㄷ ⑤ ㄱ, ㄴ, ㄷ

03 그림은 해류의 수온과 염분을 나타낸 것이다. A~E 중 난류와 한류에 해당하는 것을 옳게 짝지은 것은?

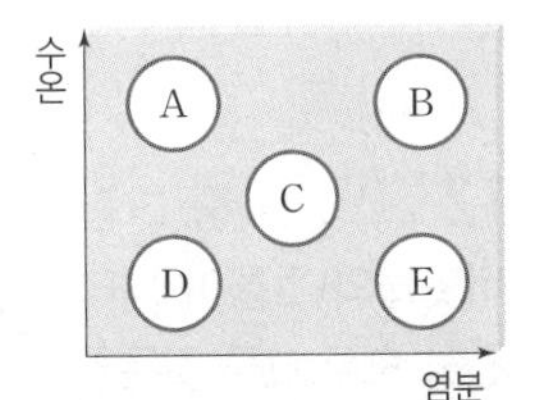

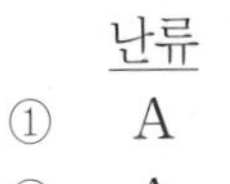

	난류	한류
①	A	C
②	A	E
③	B	D
④	D	B
⑤	E	A

04 다음 중 (A) 고위도에서 저위도로 흐르는 해류와 (B) 저위도에서 고위도로 흐르는 해류에 대한 설명으로 옳은 것을 모두 고르면?

① A와 B에 사는 어종은 같다.
② A는 B보다 수온이 높은 해류이다.
③ 산소는 B보다 A에 더 많이 녹아 있다.
④ A는 여름에 강하고, B는 겨울에 강하다.
⑤ A, B 모두 지구의 기온 유지에 관여한다.

[05~06] 그림은 우리나라 주변에 흐르는 해류를 나타낸 것이다.

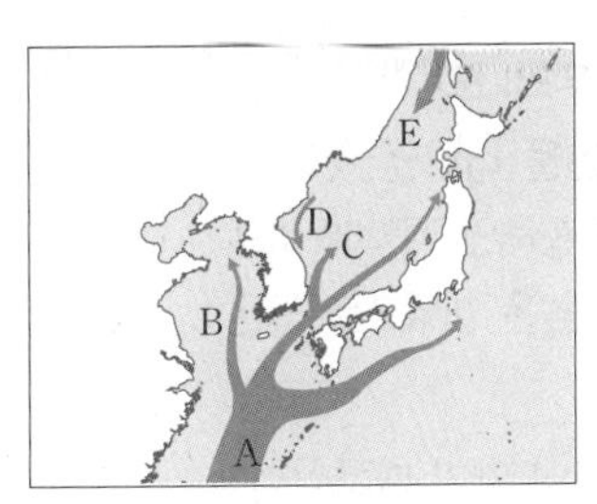

05 해류 A~E를 난류와 한류로 구분하여 옳게 짝지은 것은?

	난류	한류
①	A	B, C, D, E
②	A, B	C, D, E
③	D, E	A, B, C
④	A, B, C	D, E
⑤	B, C, D	A, E

06 이에 대한 설명으로 옳은 것을 | 보기 | 에서 모두 고른 것은?

| 보기 |
ㄱ. C와 D가 만나는 곳에 조경 수역이 형성된다.
ㄴ. E는 우리나라 한류의 근원이다.
ㄷ. 이 해류들은 우리나라 해안 지역의 기온과 밀접한 관계가 있다.

① ㄱ ② ㄴ ③ ㄱ, ㄷ
④ ㄴ, ㄷ ⑤ ㄱ, ㄴ, ㄷ

07 장풍이가 탄 돛단배가 한국과 일본의 정중앙에 표류하였다. 장풍이가 물리적인 노력을 가하지 않을 경우 배가 이동할 것으로 예상되는 방향은?

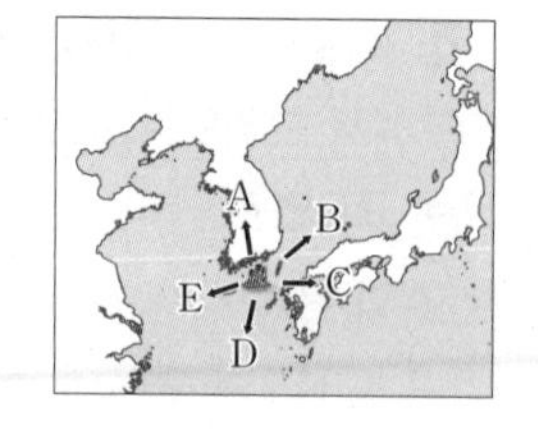

① A ② B ③ C ④ D ⑤ E

08 그림은 우리나라 해안 지방의 연평균 기온을 나타낸 것이다. 동해안 지방이 황해안 지방에 비해 연평균 기온이 높은 까닭으로 옳은 것은?

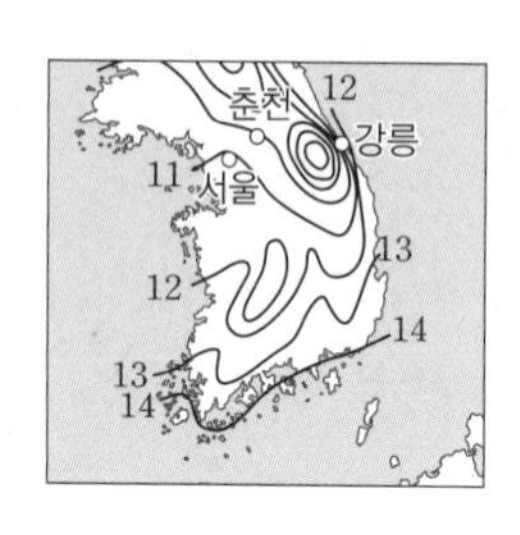

① 황해의 수심이 얕기 때문이다.
② 북한 한류가 동해로 흐르기 때문이다.
③ 동해에서는 강한 해풍이 불기 때문이다.
④ 동해안 지방의 육지가 더 잘 뜨거워지기 때문이다.
⑤ 황해보다 동해에 세력이 큰 난류가 흐르기 때문이다.

09 그림은 어느 바닷가의 단면을 나타낸 것으로, A는 하루 중 해수면의 높이가 가장 높을 때이고, B는 하루 중 해수면의 높이가 가장 낮을 때이다. A와 B를 각각 무엇이라고 하는지 옳게 짝지은 것은?

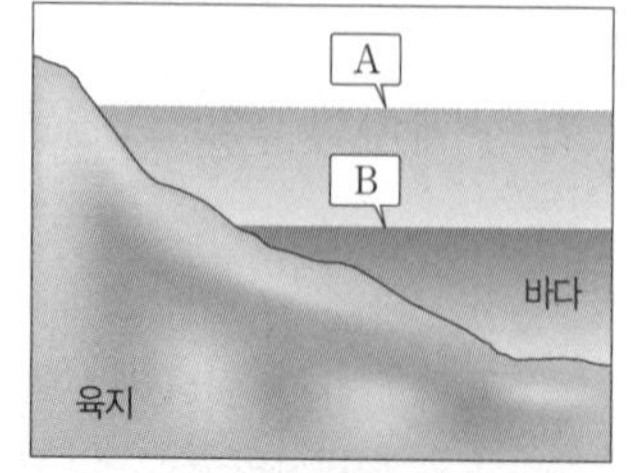

	A	B		A	B
①	밀물	썰물	②	썰물	밀물
③	만조	간조	④	간조	만조
⑤	사리	조금			

10 그림은 어느 한 달 동안 인천만의 해수면의 높이 변화를 나타낸 것이다.

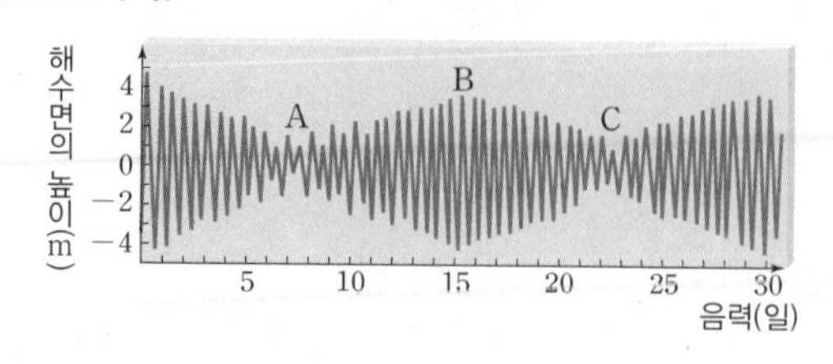

이에 대한 설명으로 옳은 것은?

① A와 C는 사리에 해당한다.
② B 시기에는 조차가 크다.
③ 사리에서 조금까지 약 15일이 걸린다.
④ 조금 날 간조 때 해수면의 높이가 가장 낮다.
⑤ 사리 날 산소 때 해수면의 높이가 가장 높다.

[11~12] 그림은 인천 앞바다에서 하루 동안 해수면의 높이 변화를 측정하여 나타낸 것이다.

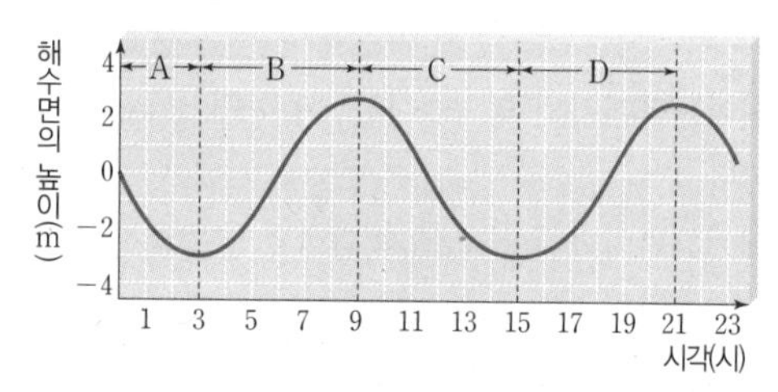

11 위와 같이 ㉠해수면이 높아졌다 낮아졌다 하는 현상과, 그 ㉡현상을 일으키는 주된 원인을 옳게 짝지은 것은?

	㉠	㉡
①	조석	밀물과 썰물
②	조석	지속적인 바람
③	조석	해수의 온도 차이
④	해류	밀물과 썰물
⑤	해류	지속적인 바람

12 A~D 중 그림과 같은 바닷물의 흐름이 나타나는 구간을 모두 고른 것은?

① A, B
② A, C
③ A, D
④ B, D
⑤ C, D

01 강수량은 변화가 없지만 인구가 1.5배 정도 더 늘어난다면 1인당 사용 가능한 수자원량은 어떻게 변하는지 서술하시오.

KEY 수자원량은 정해져 있음

02 빙하는 담수 중 가장 많지만 수자원으로 바로 이용하기 어렵다. 그 까닭을 서술하시오.

KEY 극지방, 고체 상태

03 표는 A~C 해역에서 깊이에 따른 수온 분포를 나타낸 것이다.

깊이(m)	A 해역의 수온(℃)	B 해역의 수온(℃)	C 해역의 수온(℃)
0	17.2	25.3	5.6
10	17.2	23.3	5.6
30	17.2	17.7	5.4
50	17.0	12.8	5.1
70	16.8	8.9	4.7
100	16.2	7.0	4.5
120	8.4	5.1	4.0
150	4.2	4.5	4.0
200	4.1	4.0	4.0
500	4.0	3.9	4.0

수온 약층에서 깊이에 따른 수온 변화가 가장 뚜렷하게 나타나는 해역을 쓰고, 그렇게 생각한 까닭을 서술하시오.

KEY 표층의 수온, 심해층의 수온

04 그림은 깊이에 따른 해수의 연직 수온 분포를 나타낸 것이다. 바람의 세기에 따라 그 두께가 달라지는 층의 기호와 명칭을 쓰고, 바람의 세기에 따라 어떻게 달라지는지 서술하시오.

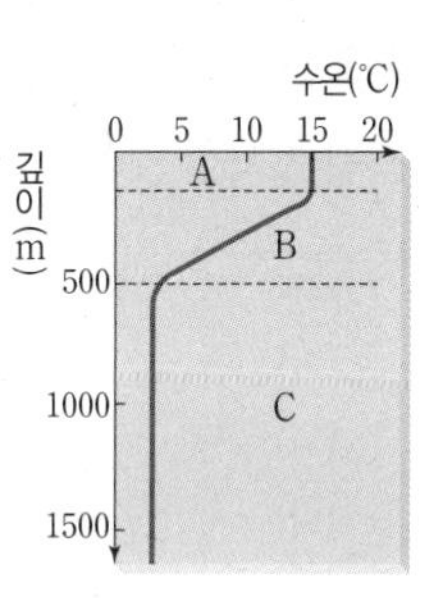

KEY 혼합층의 두께, 바람의 세기

05 바다에서 물놀이 후 젖었던 옷이 마르면 옷에 흰 얼룩이 생긴다. 이 흰 얼룩이 무엇인지 서술하시오.

KEY 증발, 염류

06 표는 서로 다른 바다 (가)와 (나)의 해수 1 kg에 녹아 있는 염류의 양을 각각 나타낸 것이다.

구분	염화 나트륨	황산염	기타
(가)	30.0	2.5	2.5
(나)	A	1.7	1.7

(단위 : g)

(나)의 해수 1 kg에 녹아 있는 염화 나트륨의 양(A)을 구하고, (나)의 해수 100 g을 증발시켰을 때 나오는 염류의 양을 풀이 과정과 함께 서술하시오.

KEY 염분비 일정 법칙, 염류 추출

07 표는 네 해역 (가)~(라)의 연간 강수량과 연간 증발량을 각각 조사한 것이다.

해역	연간 강수량(cm/년)	연간 증발량(cm/년)
(가)	1700	1450
(나)	1600	1500
(다)	1400	1750
(라)	1600	1800

(가)~(라) 중 염분이 가장 높을 것으로 예상되는 해역을 쓰고, 그렇게 생각한 까닭을 서술하시오.

KEY 염분과 '증발량－강수량'의 관계

08 우리나라 동해에는 조경 수역이 형성되지만 황해에는 형성되지 않는다. 조경 수역이 무엇인지 쓰고, 황해에 조경 수역이 형성되지 않는 까닭을 서술하시오.

KEY 한류와 난류, 조경 수역

09 만조는 밀물에 의해 하루 중 해수면이 가장 높아진 때이고, 간조는 썰물에 의해 하루 중 해수면이 가장 낮아진 때이다. 만조와 간조의 해수면 높이 차이를 조차라고 하는데, 우리나라는 황해가 동해보다 조차가 더 크다. 그 까닭을 서술하시오.

KEY 좁고 얕은 바다, 해안선 복잡

10 그림은 2018년 1월의 어느 날 새만금 방조제 근처 바다에서 측정한 해수면의 높이 변화를 나타낸 것이다.

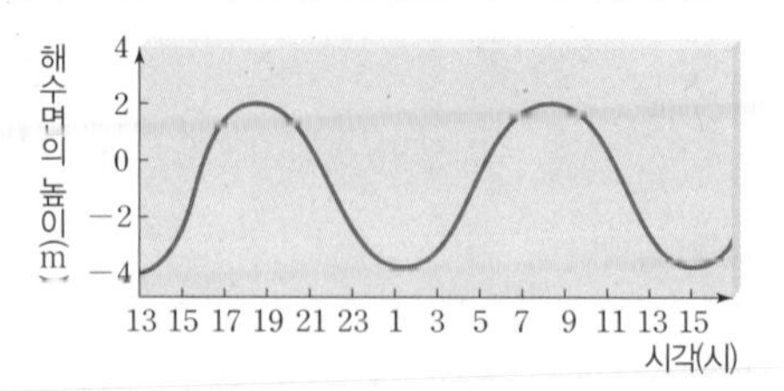

오른쪽 그림에 표시된 위치에서 관측했을 때 오전 11시경 바닷물은 A, B 중 어느 방향으로 흐르는지 쓰고, 그렇게 생각한 까닭을 서술하시오.

KEY 만조에서 간조 사이, 썰물

11 그림은 한 달 동안 어느 지역에서 측정한 해수면의 높이 변화를 나타낸 것이다.

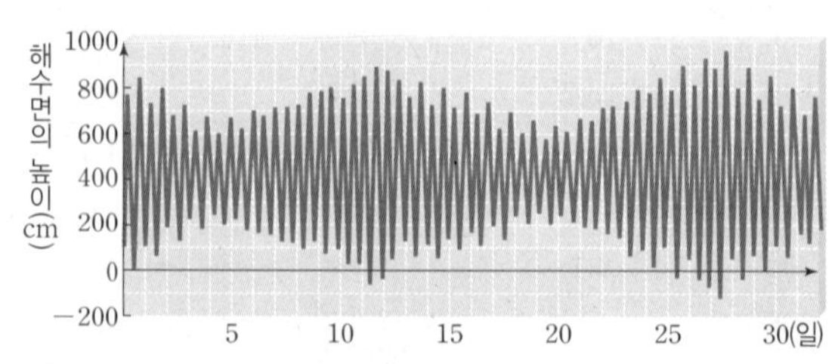

조금에서 다음 조금까지 걸리는 시간은 약 몇 일인지 쓰고, 그렇게 생각한 까닭을 서술하시오.

KEY 조차, 5일, 20일

01 열

❶ 온도와 입자의 운동

(1) 온도 : 물체의 차갑고 뜨거운 정도를 숫자로 나타낸 값

① 십씨온도 : 1기압에서 물이 어는점을 0 ℃, 끓는점을 100 ℃로 하고 그 사이를 100등분한 온도[단위 : ℃]

② 절대 온도 : 입자의 운동이 활발한 정도를 수치로 나타낸 것으로, 과학에서는 −273 ℃를 0 K으로 정한 절대 온도를 사용[단위 : K(켈빈)]

③ 온도의 측정 : 알코올 온도계, 수은 온도계, 실내 온도계, 적외선 온도계 등 다양한 온도계로 정확하게 측정

(2) 온도와 입자의 운동 : 온도가 높을수록 입자의 운동이 활발하다.

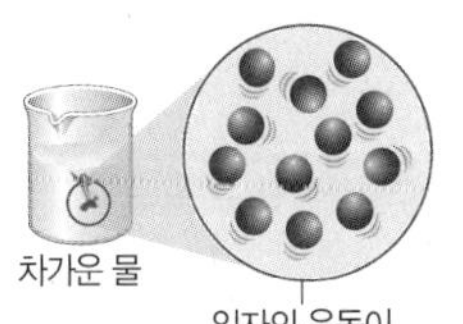

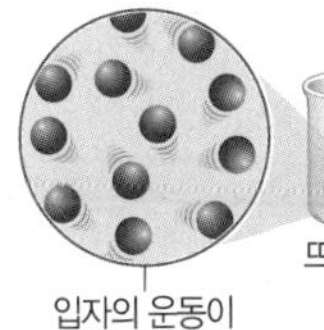

❷ 열의 이동

(1) 열 : 온도가 서로 다른 두 물체를 접촉했을 때, 온도가 높은 물체에서 온도가 낮은 물체로 이동하는 에너지

온도가 높은 물체 —열→ 온도가 낮은 물체

(2) 열량 : 이동한 열의 양으로, 열량의 단위는 cal(칼로리), kcal(킬로칼로리)를 사용

(3) 열의 이동 방법

전도	주로 고체에서 물질을 이루고 있는 입자의 운동이 이웃한 입자에 전달되어 열이 이동하는 방법
대류	주로 액체나 기체에서 물질을 이루는 입자가 직접 이동하면서 열이 이동하는 방법
복사	열이 다른 물질을 거치지 않고 직접 이동하는 방법

(4) 열의 이동의 예

전도	• 추운 날 나무 의자보다 금속 의자에 앉을 때 더 차갑게 느낀다. • 뜨거운 국에 담긴 금속 숟가락 전체가 뜨거워진다. • 전기장판 위에 있으면 열이 우리 몸으로 이동하여 따뜻해진다.
대류	• 에어컨은 위쪽에, 난로는 아래쪽에 설치한다. • 주전자에 물을 넣고 아래쪽만 가열해도 물이 골고루 데워진다. • 지구에서는 해류와 대기의 순환 운동이 일어난다.
복사	• 태양의 열이 진공인 우주 공간을 지나 지구로 전달된다. • 그늘진 곳보다 햇빛이 드는 곳이 더 따뜻하다. • 난로 가까이에 있으면 따뜻함을 느낀다. • 적외선 카메라로 사진을 찍으면 물체의 온도 분포를 알 수 있다.

❸ 효율적인 냉난방

(1) 냉난방 기구의 설치 : 냉방기를 위쪽에, 난방기를 아래쪽에 설치하면 공기의 대류가 잘 일어나 효율적이다.

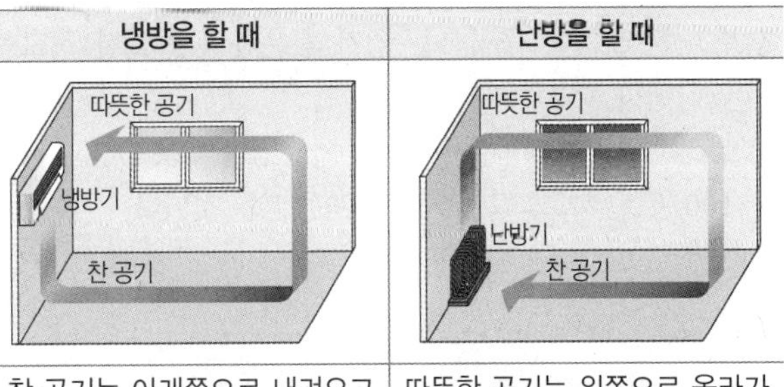

냉방을 할 때	난방을 할 때
찬 공기는 아래쪽으로 내려오고 따뜻한 공기는 위쪽으로 올라가면서 방 전체가 시원해진다.	따뜻한 공기는 위쪽으로 올라가고 찬 공기는 아래쪽으로 내려오면서 방 전체가 따뜻해진다.

(2) 단열 : 물체와 물체 사이에 열의 이동을 막는 것

(3) 단열의 이용

보온병	• 마개 : 이중 구조로 되어 있으므로 전도에 의한 열의 이동을 막는다. • 벽면 : 은도금된 부분이 열을 반사시켜 복사에 의한 열의 이동을 막는다. • 이중벽 : 벽 사이의 공간을 진공으로 만들어 전도와 대류에 의한 열의 이동을 막는다. 이중 마개 : 전도 차단 은도금 벽면 : 복사 차단 이중벽 : 전도, 대류 차단
이중창	이중창 사이의 공기층이 전도에 의한 열의 이동을 막는다.
아이스박스	플라스틱으로 만든 아이스박스의 벽은 가운데가 비어 있는 이중벽으로 되어 있어 전도와 대류에 의한 열의 이동을 막는다.
방한복	공기층을 많이 포함하고 있는 솜털을 넣거나, 열이 잘 전달되지 않는 소재의 섬유를 사용하며 전도에 의한 열의 이동을 막는다.

❹ 열평형

(1) 열평형 상태 : 온도가 다른 두 물체를 접촉했을 때, 온도가 높은 물체에서 낮은 물체로 열이 이동하여 두 물체의 온도가 같아진 상태

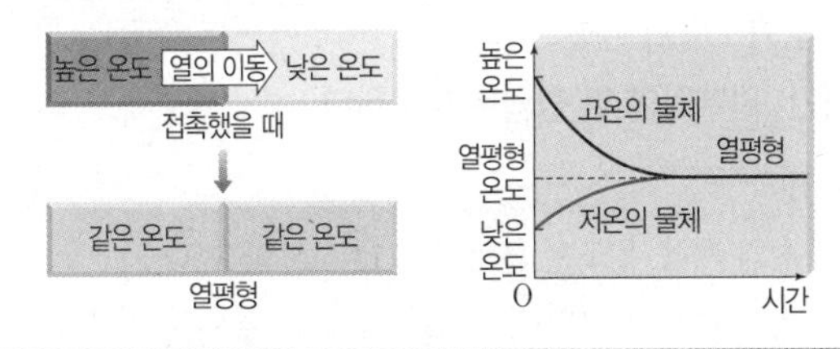

고온의 물체가 잃은 열량＝저온의 물체가 얻은 열량

(2) 열평형 상태의 이용

① 음식을 냉장고에 넣어 차갑게 보관한다.

② 체온계를 사람의 몸에 접촉하여 체온을 측정한다.

③ 생선을 차가운 얼음 위에 두어 신선한 상태를 유지한다.

학교 시험 문제

01 **온도에 대한 설명으로 옳지 않은 것을 모두 고르면?**

① 온도의 단위는 cal, kcal를 사용한다.
② 물체가 열을 얻으면 온도가 높아진다.
③ 사람의 감각으로 정확한 온도를 측정할 수 있다.
④ 온도는 물체를 구성하는 입자의 운동이 활발한 정도를 나타낸다.
⑤ 섭씨온도는 1기압에서 물의 어는점을 0 ℃, 끓는점을 100 ℃로 하고, 그 사이를 100등분한 것이다.

02 **그림은 온도가 서로 다른 물 A와 B의 입자의 운동을 나타낸 것이다.**

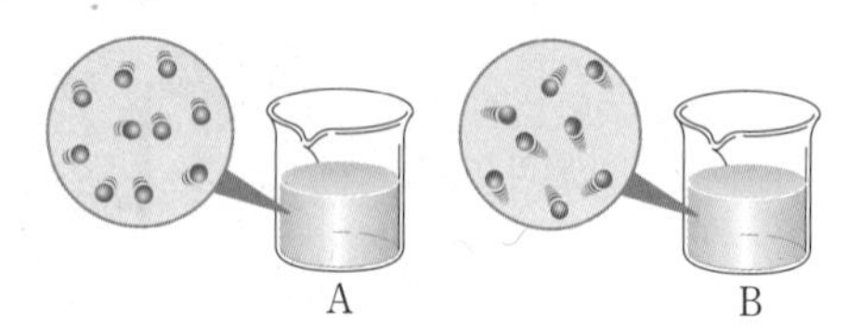

이에 대한 설명으로 옳은 것은?

① 섭씨온도는 A가 B보다 높다.
② 절대 온도는 A가 B보다 높다.
③ A의 입자 운동은 B보다 활발하다.
④ A의 입자 사이의 거리는 B보다 멀다.
⑤ A의 온도를 높이면 B와 같은 상태가 된다.

03 **그림과 같이 온도가 서로 다른 두 물체 A와 B를 접촉했다. 이에 대한 설명으로 옳은 것을 | 보기 | 에서 모두 고른 것은? (단, 외부와의 열 출입은 무시한다.)**

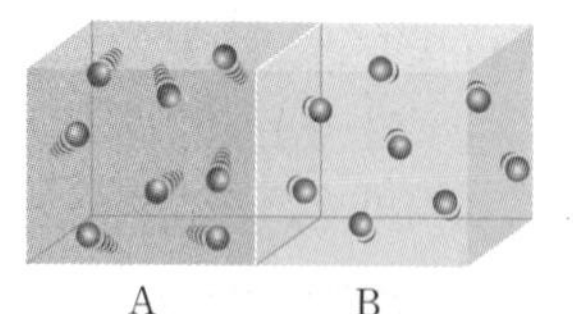

| 보기 |
ㄱ. A의 처음 온도는 B의 처음 온도보다 높다.
ㄴ. A는 온도가 낮아지고, B는 온도가 높아져 열평형 상태에 도달한다.
ㄷ. 열평형 상태에 도달하는 동안 A와 B 모두 입자의 운동이 활발해진다.

① ㄱ ② ㄴ ③ ㄷ
④ ㄱ, ㄴ ⑤ ㄴ, ㄷ

04 **그림과 같이 고온의 물체 A와 저온의 물체 B를 접촉했다. 이에 대해 옳은 설명을 한 학생은? (단, 외부와의 열 출입은 무시한다.)**

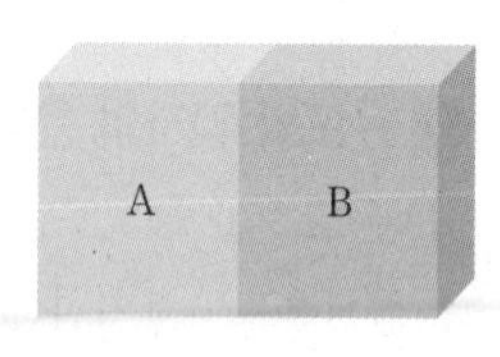

① 풍식 : 열은 A에서 B로 이동해.
② 풍순 : 온도가 같아도 열은 이동해.
③ 장돌 : 물체 사이에서 이동하는 것은 온도야.
④ 장순 : 열은 입자의 수가 많은 물체에서 입자의 수가 적은 물체로 이동해.
⑤ 장풍 : 열은 물체를 구성하는 입자들의 운동이 활발한 정도를 나타낸 값이야.

05 **감기에 걸려 체온이 높아진 사람의 이마를 만져 보면 따뜻한 느낌을 받는다. 그 까닭으로 가장 적절한 것은?**

① 손에서 열이 발생하기 때문
② 사람의 체온은 모두 같기 때문
③ 이마와 손이 열평형을 이루기 때문
④ 열이 이마에서 손으로 이동하기 때문
⑤ 이마의 입자가 손의 입자보다 크기 때문

06 **그림과 같이 알루미늄 막대, 유리 막대, 구리 막대에 시온 스티커를 붙이고 한쪽 끝을 가열하였더니 구리 막대, 알루미늄 막대, 유리 막대의 순으로 시온 스티커의 색이 변하였다.**

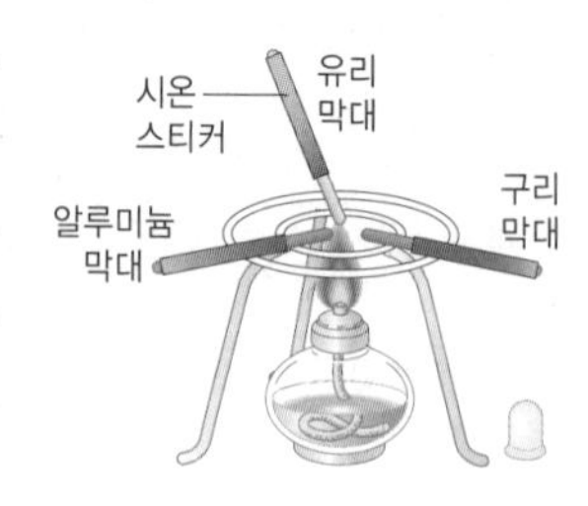

이에 대한 설명으로 옳지 않은 것은?

① 고체에서 열의 전도를 알아보는 실험이다.
② 고체를 이루는 입자가 직접 이동하여 열을 전달한다.
③ 구리 막대의 시온 스티커가 가장 먼저 변했으므로 구리가 열을 가장 잘 전달한다.
④ 가열한 쪽부터 시온 스티커의 색이 변하므로 물체를 따라 열이 전도됨을 알 수 있다.
⑤ 막대마다 시온 스티커의 색이 변하는 데 걸리는 시간이 다르므로 물체마다 열이 전도되는 정도가 다름을 알 수 있다.

07 다음에서 설명하는 열의 이동 방법으로 옳은 것은?

> 주로 액체와 기체에서 열이 이동하는 방법으로, 물질을 이루는 입자가 직접 이동하여 열을 전달한다.

① 전도 ② 대류 ③ 복사
④ 단열 ⑤ 열평형

08 그림과 같이 파란색 잉크를 탄 차가운 물과 빨간색 잉크를 탄 뜨거운 물이 담긴 삼각 플라스크를 맞붙인 다음, 가운데에 있는 투명 필름을 제거했다. 이에 대한 설명으로 옳지 않은 것은?

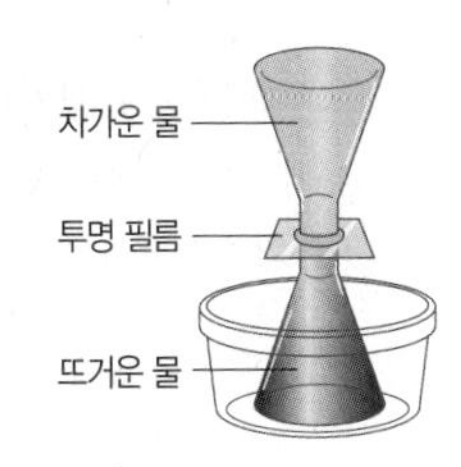

① 대류에 의한 열의 이동을 알아보는 실험이다.
② 시간이 지나면 차가운 물의 입자의 운동이 둔해진다.
③ 차가운 물은 아래로 내려오고 뜨거운 물은 위로 올라간다.
④ 물에 잉크를 타는 까닭은 물의 움직임을 더 잘 보기 위해서이다.
⑤ 시간이 지나면 차가운 물과 뜨거운 물이 섞여 물의 온도가 같아지는 열평형 상태에 도달한다.

09 다음은 양지에 있는 눈이 음지에 있는 눈보다 빨리 녹는 것을 관찰한 후, 풍식이가 작성한 내용이다. 풍식이의 작성 내용 중 옳지 않은 것은?

> 양지에 있는 눈이 음지에 있는 눈보다 빨리 녹는 까닭은 태양열이 ① 복사의 방법으로 전달되기 때문이다. 복사는 ② 다른 물질의 도움 없이 열이 직접 이동하는 방법으로, 열의 이동 방법 중에서 ③ 가장 느리다. ④ 적외선 카메라로 체온의 분포를 알 수 있는 것과 ⑤ 난로 앞에서 따뜻함을 느끼는 것은 복사와 관련이 있다.

10 우리 주변에서 단열을 이용한 예가 아닌 것은?

① 건물 유리창의 크기를 최대한 크게 한다.
② 건물을 지을 때 창문에 이중창을 설치한다.
③ 아이스크림을 스타이로폼 상자에 포장한다.
④ 건물의 벽과 벽 사이에 스타이로폼을 넣는다.
⑤ 소방관이 입는 방화복은 열에 강한 섬유로 만든다.

11 그림은 온도가 서로 다른 두 물체 A와 B를 접촉했을 때 시간에 따른 온도 변화를 나타낸 것이다. 이에 대한 설명으로 옳은 것을 | 보기 | 에서 모두 고른 것은? (단, 외부와의 열 출입은 무시한다.)

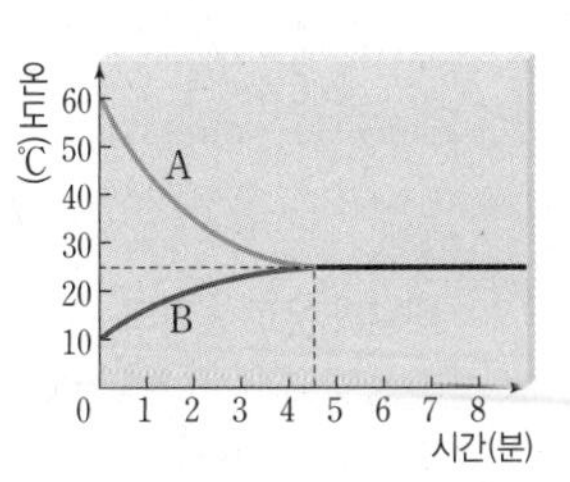

| 보기 |
ㄱ. 열의 이동 방향은 A → B이다.
ㄴ. A가 잃은 열량과 B가 얻은 열량은 같다.
ㄷ. 열평형 온도는 두 물체의 처음 온도의 평균이다.

① ㄱ ② ㄷ ③ ㄱ, ㄴ
④ ㄴ, ㄷ ⑤ ㄱ, ㄴ, ㄷ

12 그림과 같이 물과 온도가 다른 금속을 물속에 넣고, 물의 온도를 1분 간격으로 측정하여 표와 같은 결과를 얻었다.

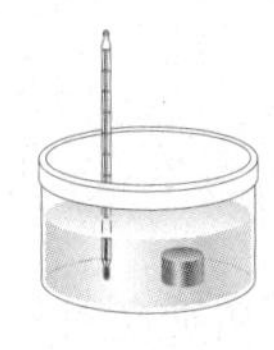

시간(분)	0	1	2	3	4
물의 온도(℃)	30	27	26	25	25

이에 대한 설명으로 옳은 것을 | 보기 | 에서 모두 고른 것은? (단, 외부와의 열 출입은 무시한다.)

| 보기 |
ㄱ. 금속의 온도는 약 3분 동안 높아졌다.
ㄴ. 열은 물에서 금속으로 약 3분 동안 이동했다.
ㄷ. 약 3분 이후 물의 온도와 금속의 온도는 같다.

① ㄱ ② ㄴ ③ ㄱ, ㄷ
④ ㄴ, ㄷ ⑤ ㄱ, ㄴ, ㄷ

02 비열과 열팽창

❶ 비열

(1) 비열 : 어떤 물질 1 kg의 온도를 1 ℃만큼 높이는 데 필요한 열량으로, 단위는 kcal/(kg · ℃)를 사용한다.

(2) 비열의 특징

① 물질의 종류에 따라 고유한 값을 가지므로, 물질을 구별하는 특성이 된다.

② 비열이 크면 온도가 잘 변하지 않는다.

(3) 비열과 열량, 질량, 온도 변화의 관계

$$\text{열량}(Q)=\text{비열}(c)\times\text{질량}(m)\times\text{온도 변화}(\Delta t)$$

$$\text{비열}(c)=\frac{\text{열량}(Q)}{\text{질량}(m)\times\text{온도 변화}(\Delta t)}$$

비열과 온도 변화의 관계	질량과 온도 변화의 관계
온도(℃) / 시간(분) 그래프: 비열이 작은 물질, 비열이 큰 물질	온도(℃) / 시간(분) 그래프: 질량이 작은 물질, 질량이 큰 물질
같은 질량에 같은 열량을 가하면, 비열이 클수록 온도 변화가 작다. ➡ 온도 변화 $\propto \frac{1}{\text{비열}}$	같은 물질에 같은 열량을 가하면, 질량이 클수록 온도 변화가 작다. ➡ 온도 변화 $\propto \frac{1}{\text{질량}}$

(4) 비열에 의한 현상

① 해풍과 육풍

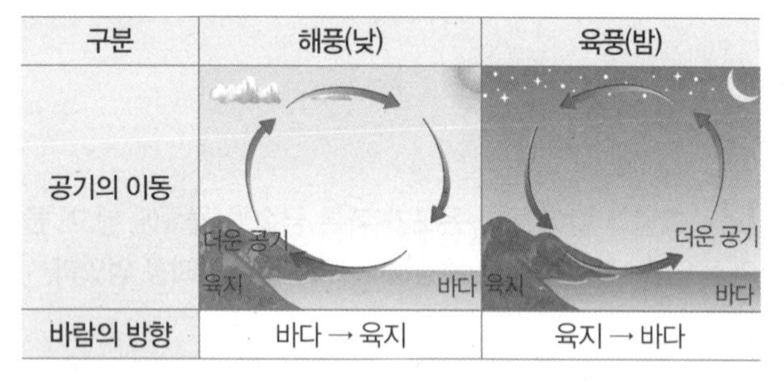

구분	해풍(낮)	육풍(밤)
공기의 이동		
바람의 방향	바다 → 육지	육지 → 바다

② 바다에 가까운 해안 지방이 바다에서 먼 내륙 지방보다 일교차가 작다.

③ 우리 몸의 약 70 %는 비열이 큰 물로 이루어져 있어서 급격한 온도 변화에도 체온이 유지된다.

④ 뚝배기는 금속 냄비보다 비열이 커서 데우는 데 오래 걸리지만 쉽게 식지 않는다.

▲ 뚝배기

▲ 금속 냄비

❷ 열팽창

(1) 열팽창 : 물질에 열을 가할 때 물질의 길이가 길어지고 부피가 커지는 현상

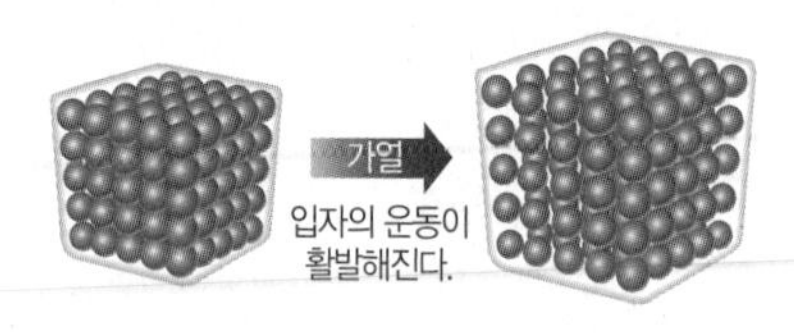

(2) 열팽창 정도

① 온도 변화가 클수록 열팽창 정도가 크다.

② 물질의 종류마다 열팽창 정도가 다르다.

③ 물질의 상태에 따라 열팽창 정도가 다르다.

➡ 고체 < 액체 ≪ 기체

(3) 고체의 열팽창

① 바이메탈 : 열팽창 정도가 서로 다른 금속을 붙여 만든 장치로, 온도에 따라 휘어지는 방향이 다르며 두 금속의 열팽창 정도의 차가 클수록 많이 휘어진다.

가열했을 때 : 열팽창 정도가 작은 금속 쪽으로 휘어진다.

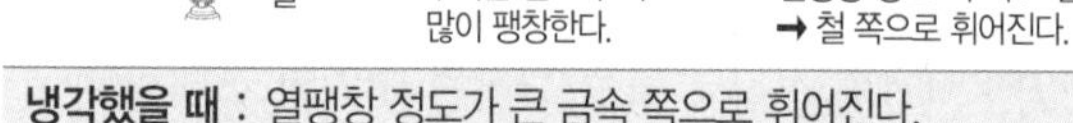
냉각했을 때 : 열팽창 정도가 큰 금속 쪽으로 휘어진다.

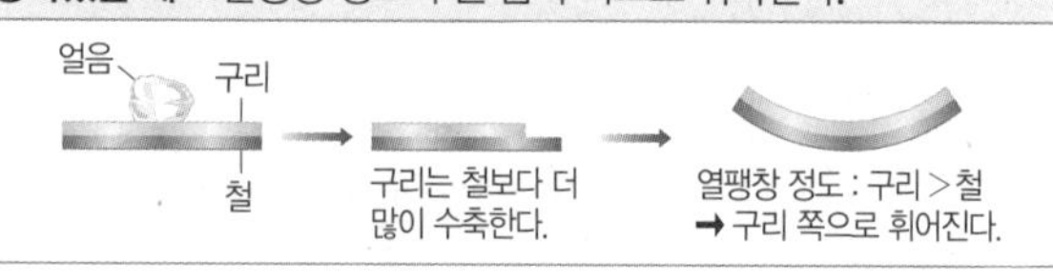

② 바이메탈의 이용 : 전기다리미, 화재경보기, 전기밥솥 등

(4) 액체의 열팽창

① 액체 온도계 : 온도가 높아지면 온도계 속 액체의 부피가 커져 눈금이 올라가고, 온도가 낮아지면 부피가 작아져 눈금이 내려간다.

② 온도계에 사용되는 액체는 열팽창 정도가 커야 한다.

③ 온도에 따라 일정한 비율로 부피가 변하는 알코올이나 수은을 사용한다.

(5) 열팽창과 우리 생활

철로 이음새의 틈	가스관의 굽은 부분	철과 콘크리트	치아 충전재
	가스관		
여름에 철로의 길이가 늘어나도 휘어지지 않도록 이음새에 틈을 만든다.	가스관이 열팽창을 할 때 터지는 사고를 막기 위해 구부러진 부분을 만든다.	철과 콘크리트는 열팽창 정도가 비슷하여 건물의 재료로 사용한다.	치아 충전재는 치아와 열팽창 정도가 비슷한 재료를 사용한다.

기출 문제로 미리보는

학교 시험 문제

01 10 ℃ 물 2 kg을 가열하였더니 물의 온도가 70 ℃가 되었다. 이때 물이 얻은 열량은 몇 kcal인가? (단, 물의 비열은 1 kcal/(kg·℃)이다.)

① 35 kcal ② 60 kcal ③ 120 kcal
④ 1200 kcal ⑤ 1400 kcal

02 10 ℃ 물 200 g과 40 ℃ 물 400 g을 접촉했더니 시간이 지난 후 열평형 상태가 되었다. 이때 열평형 상태의 온도는 몇 ℃인가? (단, 외부와의 열 출입은 무시한다.)

① 15 ℃ ② 20 ℃ ③ 25 ℃
④ 30 ℃ ⑤ 35 ℃

03 그림은 구리 800 g으로 만든 주전자의 모습을 나타낸 것이다. 이 주전자의 온도를 20 ℃에서 90 ℃로 높이는 데 10.08 kcal의 열량이 필요하다면, 이 구리 주전자의 비열은 몇 kcal/(kg·℃)인가?

① 0.08 kcal/(kg·℃) ② 0.18 kcal/(kg·℃)
③ 0.32 kcal/(kg·℃) ④ 0.50 kcal/(kg·℃)
⑤ 1.20 kcal/(kg·℃)

04 물체 A와 B의 질량의 비는 2 : 1이고, 비열의 비는 2 : 3이다. A와 B에 같은 열량을 가해 줄 때, 온도 변화의 비(A : B)는?

① 1 : 2 ② 1 : 3 ③ 2 : 3
④ 3 : 2 ⑤ 3 : 4

05 그림은 질량이 같은 물질 A와 B에 같은 열량을 가해 주었을 때, A와 B의 시간에 따른 온도 변화를 나타낸 것이다.

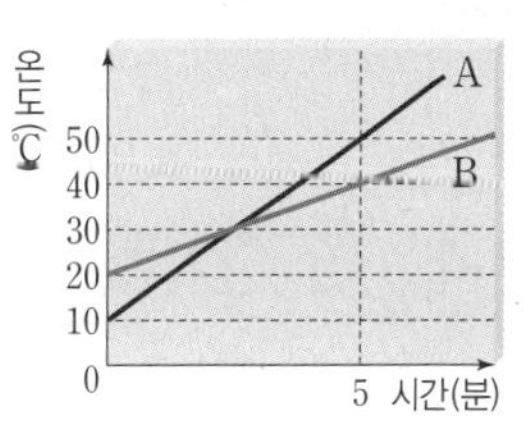

두 물질의 비열의 비(A : B)는?

① 1 : 2 ② 1 : 3 ③ 2 : 3
④ 3 : 2 ⑤ 3 : 4

06 비열에 의한 현상이 <u>아닌</u> 것은?

① 물이 얼면 부피가 커져서 밀도가 작아진다.
② 자동차나 발전소의 냉각수로 물을 사용한다.
③ 물을 빨리 끓이기 위해 금속으로 된 냄비를 사용한다.
④ 밤에는 모래가 바닷물보다 차가워서 육지에서 바다로 육풍이 분다.
⑤ 음식을 오랫동안 따뜻하게 유지하기 위해 뚝배기나 돌솥을 사용한다.

07 그림은 구리, 철, 알루미늄 막대의 열팽창을 알아보기 위한 실험 장치를 나타낸 것이다.

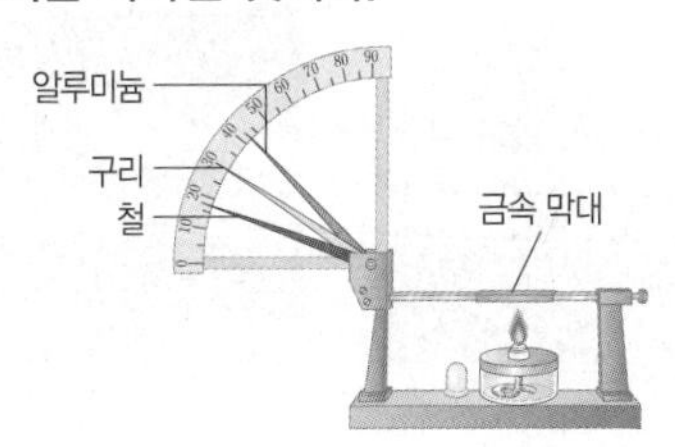

이 실험에 대한 설명으로 옳지 <u>않은</u> 것은? (단, 열팽창 정도는 알루미늄 > 구리 > 철 순이다.)

① 가열하면 금속 막대의 입자가 커진다.
② 막대의 길이가 늘어나 바늘이 움직인다.
③ 알루미늄 막대에 연결된 바늘이 가장 많이 움직인다.
④ 세 막대 모두 가열 시간이 길어질수록 더 많이 늘어난다.
⑤ 금속의 종류에 따라 열팽창 정도가 다르다는 사실을 알 수 있다.

08 | 보기 | 의 물체들을 가열하였을 때 열팽창 정도가 큰 물체부터 순서대로 나열한 것은?

| 보기 |
ㄱ. 5 m의 철근　　　ㄴ. 1 L의 수증기
ㄷ. 1 kg의 식용유　　ㄹ. 1 m의 철근

① ㄱ-ㄴ-ㄷ-ㄹ　　② ㄴ-ㄷ-ㄱ-ㄹ
③ ㄴ-ㄷ-ㄹ-ㄱ　　④ ㄷ-ㄴ-ㄱ-ㄹ
⑤ ㄹ-ㄱ-ㄴ-ㄷ

09 고체의 열팽창과 관련된 현상으로 옳지 않은 것은?

① 한겨울에는 전깃줄이 팽팽해진다.
② 여름에는 에펠탑의 높이가 더 높아진다.
③ 밤에는 육지에서 바다 쪽으로 바람이 분다.
④ 여름에는 ㄷ자 모양의 가스 수송관이 더 구부러진다.
⑤ 오븐에 사용하는 유리는 일반 유리보다 열에 강한 내열 유리를 사용해야 한다.

10 그림 (가)와 (나)는 여름과 겨울의 전깃줄의 모습을 나타낸 것이다.

(가)

(나)

이에 대한 설명으로 옳은 것을 | 보기 | 에서 모두 고른 것은?

| 보기 |
ㄱ. 전깃줄 입자의 운동은 (나)가 (가)보다 활발하다.
ㄴ. 전깃줄 입자 사이의 거리는 (나)가 (가)보다 가깝다.
ㄷ. 전깃줄은 온도가 높아질수록 더 늘어진다.

① ㄱ　　② ㄴ　　③ ㄱ, ㄷ
④ ㄴ, ㄷ　　⑤ ㄱ, ㄴ, ㄷ

11 둥근 금속판의 가운데 부분에 동그란 구멍을 뚫고 열을 골고루 가하였다. 열을 받은 금속판의 모양으로 옳은 것은? (단, 점선 모양은 가열 전의 모습이다.)

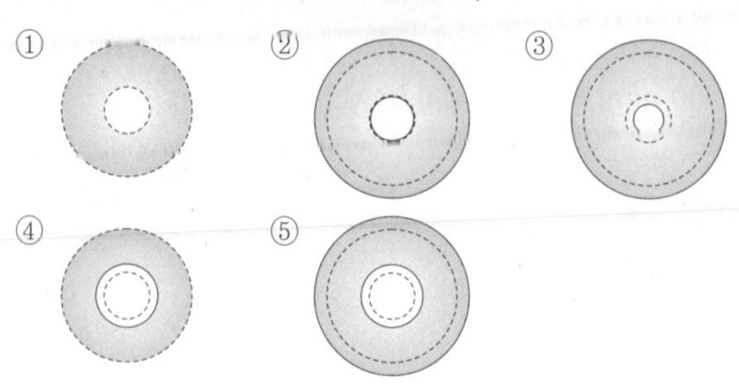

12 그림은 구리와 납을 사용해 만든 바이메탈을 나타낸 것이다. 이 바이메탈을 가열 또는 냉각할 때, 바이메탈이 휘어지는 방향을 옳게 짝지은 것은? (단, 납이 구리보다 열팽창 정도가 크다.)

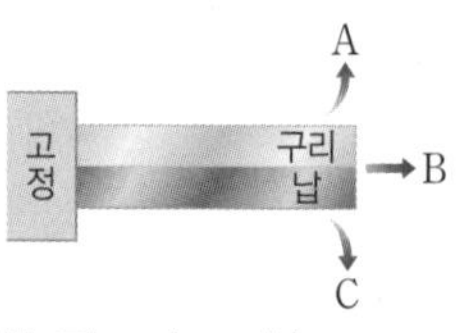

	가열	냉각		가열	냉각
①	A	B	②	A	C
③	B	B	④	C	A
⑤	C	B			

13 액체 온도계에 사용하는 액체인 알코올과 수은의 특징에 대한 설명으로 옳은 것을 | 보기 | 에서 모두 고른 것은?

| 보기 |
ㄱ. 비열이 클수록 좋다.
ㄴ. 온도 변화에 따른 열팽창 정도가 일정해야 한다.
ㄷ. 온도를 측정하는 구간에서 물질의 상태가 변하지 않아야 한다.

① ㄱ　　② ㄴ　　③ ㄷ
④ ㄱ, ㄴ　　⑤ ㄴ, ㄷ

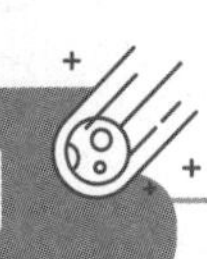

서술형 문제

01 표는 온도가 서로 다른 네 물체 A~D를 접촉했을 때 열의 이동 방향을 나타낸 것이다.

접촉한 물체	A와 B	A와 C	B와 D
열의 이동 방향	B → A	A → C	D → B

A~D의 처음 온도를 비교하고, 그렇게 생각한 까닭을 서술하시오.

열의 이동 방향 : 고온 → 저온

02 그림과 같이 온도가 서로 다른 두 물체 A와 B를 접촉하였다.

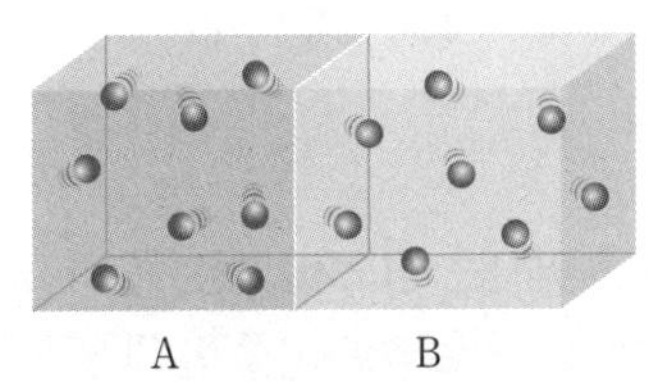

이때 열의 이동과 물체를 구성하는 입자 운동의 변화에 대해 서술하시오.

열의 이동 방향 : 고온 → 저온
열을 잃으면 입자 운동 둔해짐, 열을 얻으면 입자 운동 활발해짐

03 그림과 같이 금속 막대에 촛농으로 성냥개비를 붙인 후 한쪽 끝을 가열하였더니, 가열한 부분과 가까운 쪽의 성냥개비부터 떨어졌다. 이 실험을 통해 알 수 있는 전도에 의한 열의 이동의 특징에 대해 서술하시오.

입자의 운동이 이웃한 입자에 전달

04 그림은 물을 가득 채운 사각 유리관의 입구에 잉크를 떨어뜨린 후, 사각 유리관의 왼쪽 아래 부분을 가열한 모습을 나타낸 것이다.

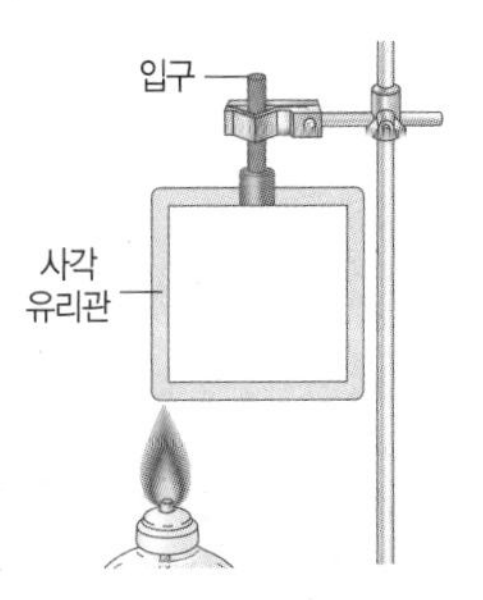

시간이 지난 후, 사각 유리관 안에서 일어나는 물의 순환과 잉크의 이동 방향에 대해 서술하시오.

뜨거운 물 : 위로 이동, 차가운 물 : 아래로 이동

05 그림은 풍만이의 집 거실을 나타낸 것이다.

거실에 냉방기와 난방기를 설치할 때 A와 B 중 효율적인 위치를 각각 쓰고, 그렇게 생각한 까닭을 서술하시오.

따뜻한 공기 : 위로 이동, 차가운 공기 : 아래로 이동

06 그림은 겨울에 유리창을 통해 실내에서 실외로 이동하는 열의 모습을 나타낸 것이다. 유리창을 통해 빠져나가는 열의 양을 감소시키기 위한 방법을 두 가지 서술하시오.

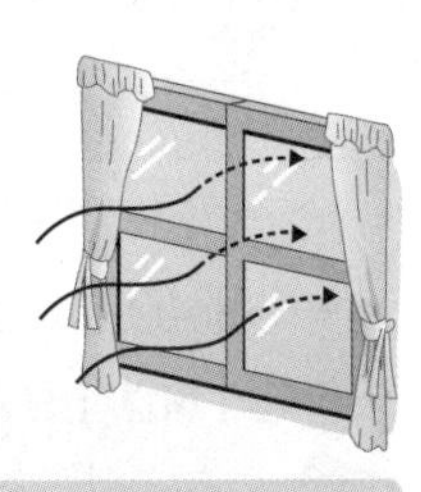

실내와 실외의 온도 차↓, 두꺼운 유리, 이중창

07 그림과 같이 20 ℃ 물 200 g에 70 ℃ 금속 100 g을 넣었더니, 열평형을 이룬 물의 온도가 30 ℃가 되었다.

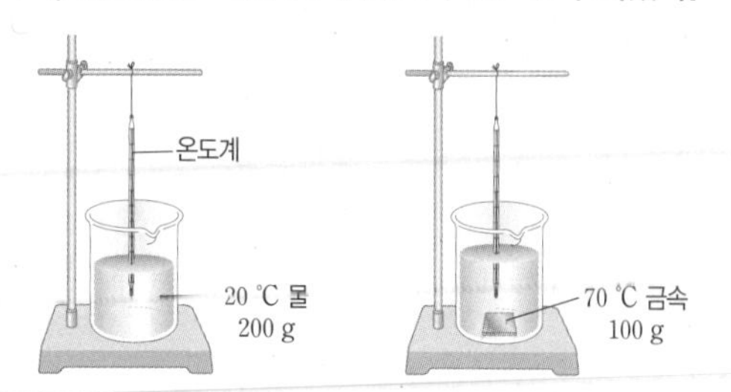

이때 금속의 비열을 풀이 과정과 함께 구하시오. (단, 물의 비열은 1 kcal/(kg · ℃)이다.)

KEY 물이 얻은 열량=금속이 잃은 열량, 열량(Q)=비열(c)×질량(m)×온도 변화(Δt)

08 표는 서로 다른 세 물질 A, B, C를 같은 세기의 불꽃으로 10분 동안 가열한 결과를 나타낸 것이다.

물질	처음 온도(℃)	나중 온도(℃)	질량(g)
A	20	50	50
B	20	50	100
C	20	30	50

실험 결과를 바탕으로 세 물질의 비열을 비교하고, 그 까닭을 서술하시오.

KEY 열량(Q)=비열(c)×질량(m)×온도 변화(Δt)

09 그림과 같이 해안 지역에서 낮에는 바다에서 육지로 해풍이 부는 반면 밤에는 육지에서 바다로 육풍이 분다.

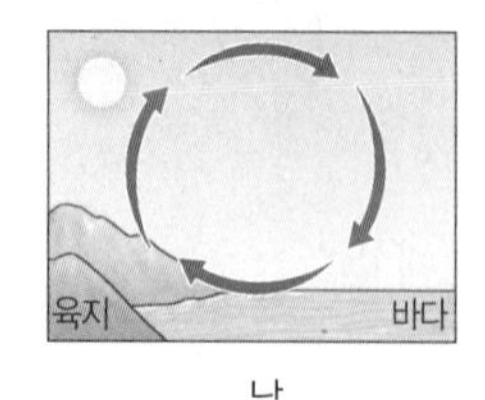

낮

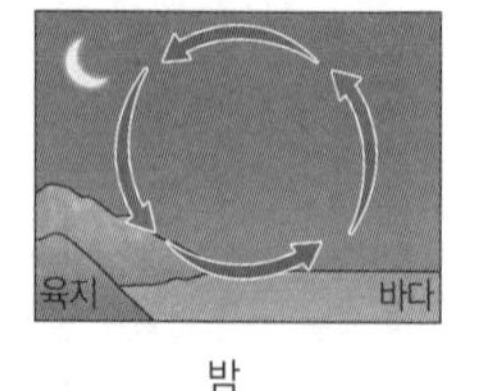

밤

해안 지역에서 하루 동안 바람의 방향이 변하는 까닭을 육지와 바다의 비열과 관련지어 서술하시오.

KEY 비열↓ ⇨ 온도 변화↑

10 그림과 같이 쇠고리를 가열하였더니, 쇠고리 구멍의 지름보다 지름이 약간 큰 쇠구슬을 쇠고리에 통과시킬 수 있었다.

쇠구슬을 쇠고리에 통과시킬 수 있었던 까닭을 서술하시오.

KEY 열팽창

11 그림은 서로 다른 네 금속 A~D를 서로 붙여 만든 바이메탈을 가열하였을 때의 모습을 나타낸 것이다.

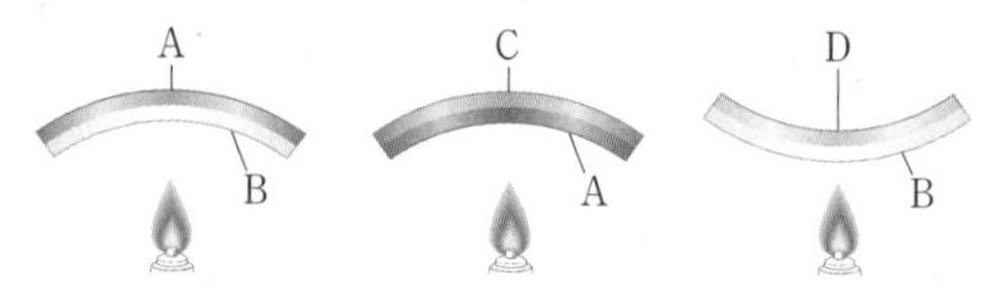

A~D 중에서 휘어지는 정도가 가장 큰 바이메탈을 만들기 위해서 사용해야 할 두 금속을 고르고, 그렇게 생각한 까닭을 서술하시오.

KEY 바이메탈 : 열팽창 정도의 차가 클수록 많이 휘어짐

12 그림과 같이 실온에서 부피가 같은 콩기름, 물, 알코올을 뜨거운 물속에 담갔더니 각각의 액체가 유리관을 따라 위로 올라왔다.

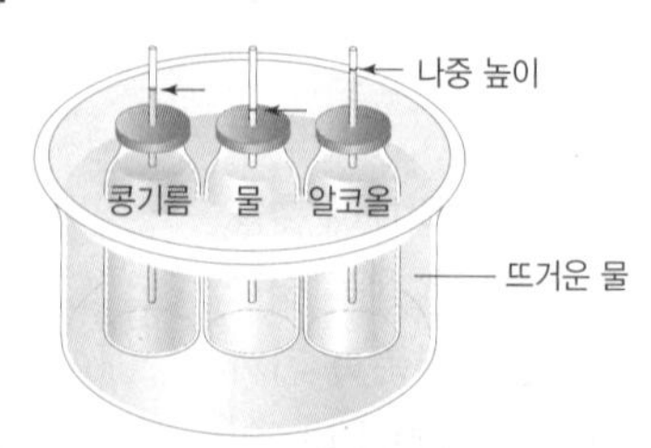

액체마다 유리관을 따라 올라온 높이가 다른 까닭을 각각의 액체를 이루는 입자의 상태와 관련지어 서술하시오.

KEY 액체마다 열팽창 정도가 다름

01 재해·재난과 안전

❶ 재해·재난

(1) 자연 재해·재난 : 자연 현상으로 인해 발생하는 재해·재난

예 지진, 화산 활동, 태풍, 폭설, 황사, 집중 호우, 미세 먼지, 가뭄, 한파, 폭염, 낙뢰, 장마, 홍수, 해일, 적조 등

(2) 사회 재해·재난 : 인간의 부주의나 기술상의 문제 등으로 발생하는 재해·재난

예 감염성 질병 확산, 화학 물질 유출, 운송 수단 사고, 화재, 폭발, 붕괴, 교통사고, 환경 오염 사고 등

❷ 재해·재난의 원인과 피해

(1) 자연 재해·재난의 원인과 피해

지진	원인	지구 내부의 에너지가 지표로 나오면서 발생한 충격에 의해 땅이 흔들리며 지반이 갈라진다.
	피해	• 산사태의 발생 • 건물의 붕괴 또는 화재 발생으로 인한 인명과 재산 피해 • 해안 지역의 지진 해일(쓰나미) 피해
화산 활동	원인	마그마가 압력에 의해 지각의 약한 틈을 뚫고 분출
	피해	• 용암에 의한 산불 피해 • 화산 가스에 포함된 유독 물질에 의한 피해 • 지진과 산사태 발생 • 화산재에 의한 농경지, 건물, 교통, 통신 시설의 피해
기상 재해	태풍	• 강한 바람으로 인한 농작물과 시설물 피해 • 집중 호우로 인한 도로 붕괴 및 산사태 발생
	폭설	교통이 통제되고 마을이 고립
	황사	호흡기 질환, 항공과 운수 산업에 피해
	집중 호우	하천 범람, 산사태, 홍수 등 발생

(2) 사회 재해·재난의 원인과 피해

감염성 질병 확산	원인	• 주로 세균, 바이러스 등의 병원체에 의해 발생 • 침, 혈액, 동물, 신체 접촉, 오염된 물이나 식품 등을 통해 사람이나 동물에게 쉽고 빠르게 전파 • 모기나 진드기 등의 매개체 증가, 인구 이동, 무역 증가 등으로 확산
	피해	• 지구적인 규모로 확산하여 많은 사람과 동물에 피해 • 무분별한 개발로 인해 새로운 감염성 질병 발생
화학 물질 유출	원인	작업자의 부주의, 시설물 노후화, 관리 소홀 등
	피해	폭발, 화재, 각종 질병 유발, 환경 오염 등
운송 수단 사고		안전 관리 소홀, 안전 규정 무시, 자체 결함 등

❸ 재해·재난에 대처하는 방안

(1) 자연 재해·재난에 대처하는 방안

지진	• 큰 가구는 미리 고정하고, 물건을 낮은 곳으로 옮긴다. • 계단을 이용하여 대피한다. • 땅이 안정한 지역에 건물을 짓고, 지진의 진동에 견딜 수 있는 내진 설계를 한다. • 지진 해일 경보가 발령되면 신속하게 높은 곳으로 대피한다.
화산 활동	• 외출을 자제하고 화산재에 노출되지 않도록 주의한다. • 문이나 창문을 닫고, 물을 묻힌 수건으로 문의 빈틈이나 환기구를 막는다. • 방진 마스크, 손전등, 예비 의약품 등 필요한 물품을 미리 준비한다.
기상 재해	• 비상 용품을 준비한다. • 가스는 사전에 차단한다. • 배수구가 막히지 않았는지 확인한다. • 바람에 날릴 수 있는 물건은 없는지 확인한다. • 강풍을 대비해 유리창에 테이프를 붙인다. • 침수에 대비하여 가재도구는 높은 곳으로 올린다. • 해안가에서는 강풍을 막기 위해 바람막이숲을 조성하거나 모래 방벽을 쌓는다. • 기상 정보를 주의 깊게 듣고 기상 재해의 진행 상황에 따라 알맞게 대피한다. • 선박은 항구에 묶어 놓고, 운행 중인 경우에는 태풍의 이동 경로로부터 멀리 대피한다.

(2) 사회 재해·재난에 대처하는 방안

감염성 질병 확산	• 깨끗한 물에 손을 자주 씻고, 면역력을 기른다. • 기침을 할 때는 휴지나 옷소매 등으로 입과 코를 가리며, 기침이 계속될 경우 마스크를 착용한다. • 식재료는 흐르는 깨끗한 물에 씻고, 음식은 충분히 익혀서 먹으며, 식수는 끓인 물이나 생수를 사용한다. • 해외 여행 후 호흡기 이상, 발열, 구토 등의 증상이 있으면 검역관에게 신고한다. • 미리 예방 접종을 받고, 호흡기 이상, 발열, 설사 등의 증상이 나타날 때는 의사의 진료를 받는다.
화학 물질 유출	• 사고가 발생한 지역에서 최대한 먼 곳으로 대피한다. • 유출된 유독 가스가 공기보다 밀도가 클 경우 높은 곳, 작을 경우 낮은 곳으로 대피한다. • 직접 피부에 닿지 않게 비옷이나 큰 비닐 등으로 몸을 감싸고, 흡입하지 않게 수건, 마스크, 방독면 등으로 코와 입을 가리며, 대피 후에는 옷을 갈아입고 비눗물로 몸을 씻는다. • 사고 발생 지역으로 바람이 불 때는 바람이 불어오는 방향, 사고 발생 지역에서 바람이 불어올 때는 바람에 수직인 방향으로 대피한다. • 문과 창문을 닫고, 음식은 밀폐하여 보관한다.
운송 수단 사고	• 안내 방송을 경청한다. • 운송 수단의 종류에 따른 대피 방법을 미리 숙지한다.

학교 시험 문제

01 재해·재난에 대한 설명으로 옳지 않은 것은?

① 자연 재해·재난은 자연 현상으로 인해 발생한다.
② 사회 재해·재난은 인간의 활동으로 발생한다.
③ 자연 재해·재난은 상대적으로 넓은 지역에 걸쳐서 발생한다.
④ 사회 재해·재난은 예측하기 어려우므로 미리 대비해야 한다.
⑤ 황사, 가뭄, 폭염 등은 자연 현상으로 인해 발생하는 재해·재난이다.

02 사회 재해·재난으로 옳은 것을 | 보기 | 에서 모두 고른 것은?

| 보기 |
ㄱ. 낙뢰　　ㄴ. 집중 호우　　ㄷ. 교통사고
ㄹ. 황사　　ㅁ. 조류 독감　　ㅂ. 환경 오염 사고

① ㄱ, ㄹ　② ㄴ, ㄷ　③ ㄷ, ㅁ
④ ㄱ, ㄴ, ㄹ　⑤ ㄷ, ㅁ, ㅂ

03 다음 설명에 해당하는 재해·재난으로 옳은 것은?

작업자의 부주의나 시설물의 노후화로 발생하며, 운송 차량의 사고 등으로 발생하기도 한다. 각종 질병을 유발할 수 있으며 공기를 통해 짧은 시간 동안에 넓은 지역까지 영향을 줄 수 있다.

① 지진　② 집중 호우
③ 운송 수단 사고　④ 화학 물질 유출
⑤ 감염성 질병 확산

04 그림은 지진으로 인한 피해 모습을 나타낸 것이다.

이에 대한 설명으로 옳은 것을 | 보기 | 에서 모두 고른 것은?

| 보기 |
ㄱ. 지진은 지구 내부 에너지에 의해 발생한다.
ㄴ. 규모가 클수록 대체로 지진에 의한 피해가 커진다.
ㄷ. 지진 발생 시 엘리베이터를 이용하여 침착하게 대피한다.

① ㄱ　② ㄴ　③ ㄱ, ㄴ
④ ㄴ, ㄷ　⑤ ㄱ, ㄴ, ㄷ

05 그림 (가)와 (나)는 지진 발생 시와 큰 진동이 멈춘 후의 행동 요령을 순서 없이 나타낸 것이다.

(가)　(나)

이에 대한 설명으로 옳은 것을 | 보기 | 에서 모두 고른 것은?

| 보기 |
ㄱ. (가)는 지진 발생 시의 행동 요령이다.
ㄴ. (가)는 건물이 붕괴될 때 피해를 최소화하기 위한 행동 요령이다.
ㄷ. (나)는 낙하물이 떨어질 때 머리가 다치는 것을 보호해 준다.

① ㄴ　② ㄷ　③ ㄱ, ㄴ
④ ㄴ, ㄷ　⑤ ㄱ, ㄴ, ㄷ

06 다음은 태풍이 발생했을 때의 대처 방안을 나타낸 것이다.

> 해안가에 키가 크고 성장이 빠르며 바람을 이기는 힘이 큰 나무를 심어 바람막이숲을 조성하면 태풍에 의한 피해를 줄일 수 있다.
>
> 

이와 같이 대처하는 까닭으로 가장 옳은 것은?

① 토양의 유실을 막아 주기 때문이다.
② 바람에 날리는 물건을 막아 주기 때문이다.
③ 바람의 속노를 줄이고 세력을 약하게 할 수 있기 때문이다.
④ 태풍이 발생했을 때 대피할 수 있는 곳을 만들기 위해서이다.
⑤ 바람막이숲 안쪽에는 바람이 불지 않으므로 안전하기 때문이다.

07 (가)~(다)는 각각 다른 재해·재난에 대처하는 방안을 나타낸 것이다.

> (가) 큰 가구는 미리 고정하고 물건을 낮은 곳으로 옮긴다.
> (나) 해안가에 바람막이숲을 조성하거나 모래 방벽을 쌓는다.
> (다) 창문을 닫고, 물을 묻힌 수건으로 문의 빈틈이나 환기구를 막는다.

(가), (나), (다)에 해당하는 재난의 종류를 옳게 짝지은 것은?

	(가)	(나)	(다)
①	태풍	지진	감염성 질병
②	태풍	집중 호우	화학 물질 유출
③	지진	화산 활동	태풍
④	지진	태풍	화산 활동
⑤	집중 호우	지진	화학 물질 유출

08 감염성 질병의 확산에 대처하는 방안으로 옳지 <u>않은</u> 것은?

① 미리 예방 접종을 받는다.
② 식수는 수돗물을 사용한다.
③ 음식을 충분히 익혀서 먹는다.
④ 깨끗한 물에 손을 자주 씻는다.
⑤ 해외 여행 후 발열, 구토 등의 증상이 있을 시 검역관에게 신고한다.

09 다음은 우리나라에서 2015년에 발생한 재해·재난에 대한 내용을 나타낸 것이다.

> 메르스(MERS)는 바이러스의 감염에 의한 질병으로 우리나라에서는 2015년 5월에 첫 감염자가 발생해 38명이 사망하였다. 메르스는 사람에게 발견되지 않았던 새로운 바이러스로, 낙타나 박쥐 등의 동물에 있던 바이러스가 사람에게 감염되었을 가능성이 크다. 또한 메르스의 전염은 환자가 기침을 할 때 침에 바이러스가 묻어 나와 공기 중으로 전파되는 것으로 알려져 있다.

이러한 재해·재난에 대한 설명으로 옳은 것을 | 보기 | 에서 모두 고른 것은?

> | 보기 |
> ㄱ. 자연 재해·재난에 해당한다.
> ㄴ. 발생 시 역학 조사를 통해 전염 경로를 확인해야 한다.
> ㄷ. 기침을 할 때 손으로 직접 입을 가려야 한다.

① ㄱ　② ㄴ　③ ㄱ, ㄷ
④ ㄴ, ㄷ　⑤ ㄱ, ㄴ, ㄷ

10 화학 물질이 유출되었을 때의 대처 방안으로 옳은 것을 | 보기 | 에서 모두 고른 것은?

> | 보기 |
> ㄱ. 항상 바람이 불어오는 방향으로 대피한다.
> ㄴ. 사고가 발생한 지역에서 최대한 먼 곳으로 대피한다.
> ㄷ. 화학 물질에 노출되었을 때에는 즉시 집에서 안정을 취한다.

① ㄱ　② ㄴ　③ ㄱ, ㄴ
④ ㄴ, ㄷ　⑤ ㄱ, ㄴ, ㄷ

01 그림은 지진이 발생했을 때 대처하는 모습을 나타낸 것이다.

지진이 발생했을 때 엘리베이터가 아닌 계단을 이용하여 대피해야 하는 까닭을 서술하시오.

KEY 전기

02 그림과 같이 화산 폭발 시 유독 가스가 분출되면 밑으로 퍼지게 된다.

이와 관련지어 화산 피해에 대처할 수 있는 방안에는 무엇이 있는지 서술하시오.

KEY 높은 곳

03 태풍에 대처하는 방법 중에서 배수구가 막히지 않았는지 확인해야 하는 까닭을 서술하시오.

KEY 침수

04 다음은 화학 물질의 유출에 대처하는 방안을 설명한 것이다. 잘못된 부분을 찾아 밑줄을 치고, 옳게 고쳐 서술하시오.

(1) 사고 발생 지역에서 바람이 불어올 때는 바람이 불어오는 방향으로 대피해야 한다.

KEY 밀도

(2) 화학 물질이 유출되면 기온이 급격하게 낮아지므로 비옷이나 큰 비닐 등으로 몸을 감싸고 대피해야 한다.

KEY 피부

05 다음은 운송 수단별 사고 시 대피 방법을 나타낸 것이다.

- 열차 : 승무원이 승강문을 개방하면 질서있게 대피하고, 승강문이 열리지 않으면 비상용 망치를 이용하여 비상 창문을 깨고 탈출해야 한다. 반대편 선로에는 절대로 대피하지 않도록 하고, 선로변 내에 머무르지 않는다.
- 비행기 : 난기류 등에 의한 기체 요동에 대비하여 비행 중 좌석에서는 항상 안전벨트를 착용하며, 사고로 인한 충돌 전에는 좌석 등받이를 앞으로 세우고 안전벨트를 착용한 후 부상을 최소화할 수 있는 자세를 취한다.
- 선박 : 사고가 발생하면 큰소리로 외치거나 비상벨을 눌러 사고 발생 사실을 알린 후, 의자 밑 또는 선실 내에 보관된 구명조끼를 입고 물속에서 행동이 쉽도록 신발을 벗는다. 물속에 뛰어든 사람은 신속하게 육지 쪽으로 이동하고 안전한 장소에서 체온이 떨어지지 않도록 보온을 유지한다.

이와 관련지어 우리가 운송 수단 사고에 미리 대처할 수 있는 방안을 한 가지 이상 서술하시오.

KEY 안내 방송

V. 동물과 에너지

정답과 해설 88쪽

1 생물의 몸

• 동물의 구성 단계

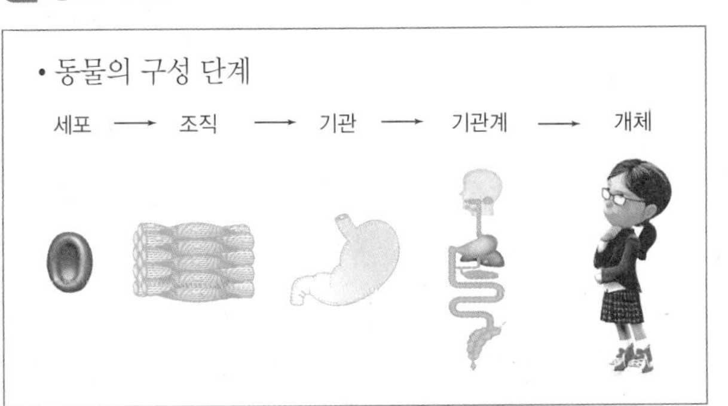

다음 설명 중 옳은 것은 ○, 옳지 않은 것은 ×표 하시오.

❶ 세포는 생물체를 구성하는 기본 단위이다. ········ (○, ×)

❷ 위, 폐, 간, 소장은 조직의 예이다. ······························ (○, ×)

❸ 동물의 구성 단계는 세포 → 조직 → 기관 → 기관계 → 개체이다. ·· (○, ×)

❹ 순환계는 심장, 혈관, 혈액으로 이루어져 있다. (○, ×)

2 동물의 기관계

• 동물은 체계적으로 이루어진 기관계의 작용으로 소화, 순환, 호흡, 배설 등의 생명 활동을 수행한다.
• 생명 활동에 필요한 에너지를 생산하는 데 작용하는 주요 기관계로는 소화계, 순환계, 호흡계, 배설계가 있다.

빈칸에 알맞은 말을 쓰시오.

❶ (　　　)	❸ (　　　)
입, 식도, 간, 위, 쓸개, 이자, 소장, 대장, 항문	심장, 혈관
음식물 속의 ❷ (　　　)를 소화하여 흡수한다.	영양소, 산소, 노폐물 등을 온몸으로 운반한다.
❹ (　　　)	❼ (　　　)
코, 기관, 폐	콩팥, 방광
❺ (　　)를 받아들이고, ❻ (　　　　)를 내보낸다.	체내에서 발생한 노폐물을 걸러 몸 밖으로 내보낸다.

3 영양소

• 탄수화물, 단백질, 지방 : 에너지원으로 이용된다.
• 물, 무기염류, 바이타민 : 에너지원으로 이용되지 않는다.
• 영양소 검출 반응

구분	검출 용액	반응 색
녹말	아이오딘-아이오딘화 칼륨 용액	청람색
포도당	베네딕트 용액(가열)	황적색
지방	수단 Ⅲ 용액	선홍색
단백질	뷰렛 용액(5 % 수산화 나트륨 수용액 +1 % 황산 구리 수용액)	보라색

빈칸에 알맞은 말을 쓰시오.

❶ (　　　　)은 우리 몸의 주된 에너지원으로, 1 g당 (　　) kcal의 에너지를 낸다.

❷ (　　　　)은 세포막, 호르몬, 효소 등의 주요 구성 성분이다.

❸ 참깨, 땅콩, 버터에 많이 함유된 영양소는 (　　　)이다.

❹ (　　　　)은 우리 몸의 구성 성분은 아니지만, 적은 양으로 몸의 기능을 조절한다.

❺ (　　)은 우리 몸의 구성 성분 중 가장 많은 양을 차지하며 영양소와 노폐물을 (　　)하고, 체온 조절에 도움을 준다.

❻ (　　　　　　　　) 용액은 녹말을 검출하는 용액으로 녹말 검출 시 (　　　)으로 변한다.

❼ 뷰렛 용액은 (　　　)을 검출하는 용액으로 (　　　) 검출 시 (　　　)으로 변한다.

다음 설명 중 옳은 것은 ○표, 옳지 않은 것은 ×표 하시오.

❽ 무기염류는 물질대사와 몸의 기능을 조절하지만 몸의 구성 성분은 아니다. ·························· (○, ×)

❾ 바이타민은 우리 몸에서 에너지원으로 이용된다. (○, ×)

❿ 녹말 용액에 베네딕트 용액을 떨어뜨리면 황적색으로 변한다. ·· (○, ×)

⓫ 식용유에 수단 Ⅲ 용액을 떨어뜨리면 선홍색으로 변한다. ·· (○, ×)

4 소화

• 영양소의 소화 과정

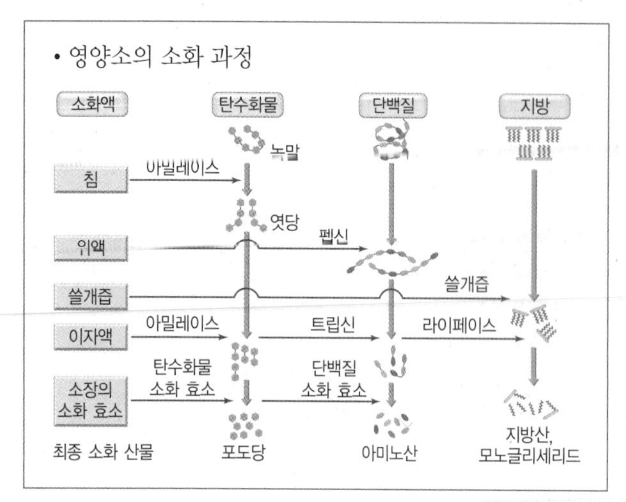

빈칸에 알맞은 말을 쓰시오.

❶ (　　)는 음식물로 섭취한 영양소를 세포막을 통과할 수 있을 정도의 매우 작은 크기로 분해하는 과정이다.

❷ (　　　　)는 탄수화물(녹말)을 분해하는 소화 효소이다.

❸ (　　　)은 지방 덩어리를 쪼개주어 지방의 소화를 돕는 소화액으로 (　　)에서 생성되어 (　　)에 저장된다.

❹ 위액의 (　　)은 음식물을 살균하고 펩신의 작용을 돕는다.

❺ 단백질은 (　　)에서 처음 소화된다.

❻ 이자액에는 (　　　　), (　　　), (　　　　)가 있어 주영양소가 모두 소화된다.

다음 설명 중 옳은 것은 ○, 옳지 않은 것은 ×표 하시오.

❼ 탄수화물은 입에서 가장 처음 소화된다. ············ (○, ×)

❽ 위에서는 지방 분해 효소가 분비된다. ················ (○, ×)

❾ 이자액에 의해 모든 영양소가 최종 분해된다. ··· (○, ×)

❿ 지방은 소장에서만 분해된다. ································ (○, ×)

5 영양소의 흡수와 이동

• 영양소의 흡수 장소 : 소장의 안쪽 주름 표면에 있는 융털 ➡ 영양소를 흡수할 수 있는 표면적을 넓혀준다.

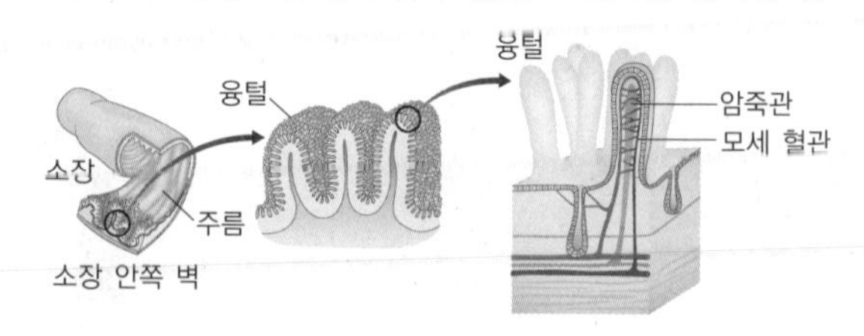

• 융털의 모세 혈관 : 수용성 영양소(포도당, 아미노산, 무기염류, 수용성 바이타민)가 흡수된다.

• 융털의 암죽관 : 지용성 영양소(지방산, 모노글리세리드, 지용성 바이타민)가 흡수된다.

빈칸에 알맞은 말을 쓰시오.

❶ 소장의 내벽은 주름이 많고 (　　)이 있어 영양소와 닿는 (　　　)을 넓혀 준다.

❷ 포도당과 아미노산은 융털의 (　　　　)으로 흡수된다.

❸ 지방산과 모노글리세리드는 융털의 (　　　)으로 흡수된다.

❹ 소화계에서 흡수된 영양소는 (　　)으로 이동한 다음, 온몸의 (　　　)로 전달된다.

6 심장과 혈관

• 심장의 구조

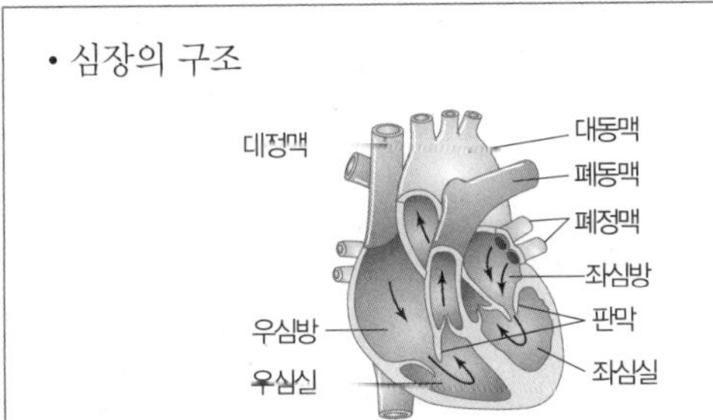

• 혈관의 특징

혈압	동맥 > 모세 혈관 > 정맥
혈관 벽의 두께	동맥 > 정맥 > 모세 혈관
혈류 속도	동맥 > 정맥 > 모세 혈관
총 단면적	모세 혈관 > 정맥 > 동맥

빈칸에 알맞은 말을 쓰시오.

❶ 심장은 2개의 (　　　)과 2개의 (　　　)로 구분된다.

❷ 심장에는 (　　　)이 있어 혈액이 거꾸로 흐르는 것을 막아 준다.

❸ 우심실은 (　　　)과 연결되어 있고, 우심방은 (　　　)과 연결되어 있다.

❹ 혈압이 가장 낮은 혈관은 (　　　)이고, 혈류 속도가 가장 느린 혈관은 (　　　)이다.

❺ 모세 혈관은 혈관 벽이 (　) 겹의 세포층으로 이루어져 있어 물질 교환에 유리하다.

다음 설명 중 옳은 것은 ○, 옳지 않은 것은 ×표 하시오.

❻ 심장 수축 시 좌심실에서 좌심방으로 혈액이 이동한다. ········ (○, ×)

❼ 심방은 정맥과, 심실은 동맥과 연결된다. ········ (○, ×)

❽ 모든 심실에는 산소가 풍부한 혈액이 흐른다. ··· (○, ×)

❾ 동맥과 정맥에는 판막이 있어 혈액이 거꾸로 흐르는 것을 막아 준다. ········ (○, ×)

❿ 좌심실과 대동맥 사이에는 판막이 존재한다. ···· (○, ×)

⓫ 혈관 벽의 두께는 동맥이 가장 두껍고 모세 혈관이 가장 얇다. ········ (○, ×)

7 혈액

• 혈액 = 혈장 + 혈구
- 혈구 : 적혈구 – 산소 운반, 백혈구 – 식균 작용, 혈소판 – 혈액 응고 작용
- 혈장 : 영양소, 호르몬, 노폐물 등을 운반

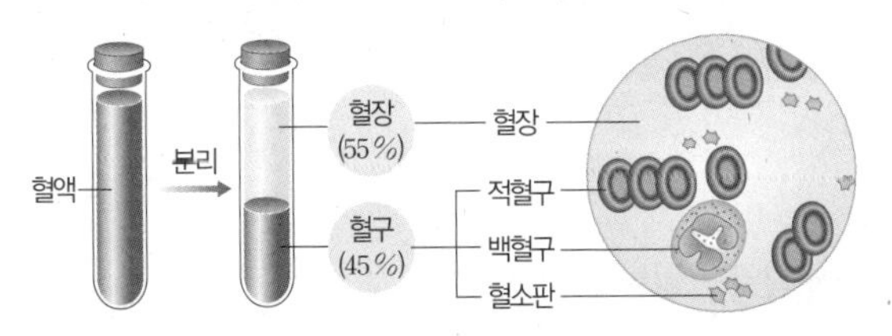

• 혈액 순환

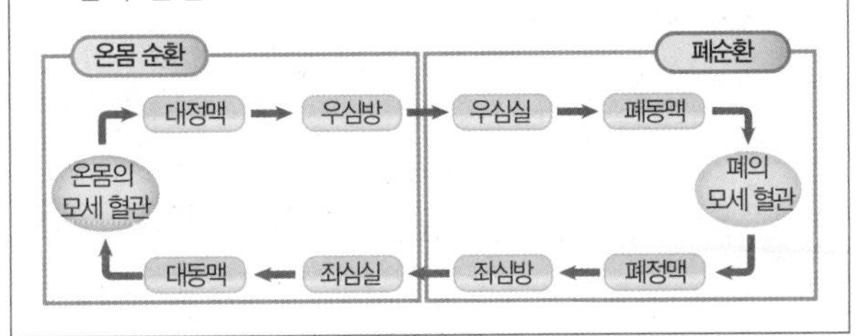

빈칸에 알맞은 말을 쓰시오.

❶ 혈액을 관찰할 때 가장 많이 보이며, 핵이 없는 혈구는 (　　　)이다.

❷ 김사액에 의해 염색되는 혈구는 핵이 있는 (　　　)이다.

❸ 모양이 일정하지 않고, 핵이 없는 혈구는 (　　　)이다.

❹ 폐동맥에는 (　　　)이 흐르고, 폐정맥에는 (　　　)이 흐른다.

❺ 온몸 순환은 모세 혈관에서 조직 세포로 (　　　　)를 주고, (　　　　　)을 받아오는 순환이다.

다음 설명 중 옳은 것은 ○, 옳지 않은 것은 ×표 하시오.

❻ 혈구 중 수가 가장 많은 것은 백혈구이다. ········ (○, ×)

❼ 산소는 주로 혈장에 녹아 운반된다. ········ (○, ×)

❽ 혈구의 크기는 적혈구가 가장 크다. ········ (○, ×)

❾ 혈소판은 혈액 응고 작용을 한다. ········ (○, ×)

❿ 폐순환을 통해 정맥혈이 동맥혈로 바뀐다. ········ (○, ×)

⓫ 온몸 순환의 경로는 좌심실 → 대동맥 → 온몸의 모세 혈관 → 대정맥 → 우심방이다. ········ (○, ×)

8 호흡계

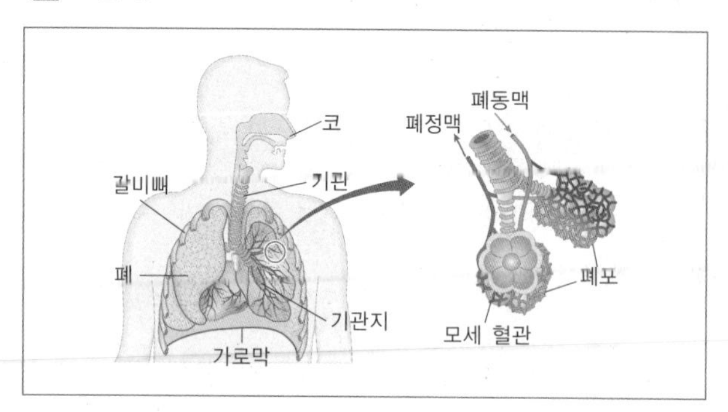

빈칸에 알맞은 말을 쓰시오.

❶ (　　)는 차고 건조한 공기를 따뜻하고 습한 공기로 바꿔준다.

❷ 기관의 안쪽 벽에는 (　　　)와 섬액이 있어 세균 등의 이물질을 거른다.

❸ 폐는 (　　　)이 없어 스스로 운동하지 못한다.

❹ 폐는 (　　　)와 (　　　)에 둘러싸인 흉강 안에 존재한다.

❺ (　　　)는 폐를 구성하는 포도알 모양의 작은 공기 주머니이다.

❻ 수많은 폐포는 폐와 공기가 접촉하는 (　　　)을 넓혀 주어 효율적으로 (　　　)이 이루어지게 한다.

❼ (　　　　　)는 날숨보다 들숨에 많이 들어 있고, (　　　　　)는 들숨보다 날숨에 많이 들어 있다.

9 사람의 호흡 운동

• 호흡 운동의 원리

구분	들숨	날숨
갈비뼈	위로	아래로
가로막	아래로	위로
흉강(가슴 속) 부피	커짐	작아짐
흉강(가슴 속) 압력	낮아짐	높아짐
폐의 부피	커짐	작아짐
폐 내부의 압력	낮아짐	높아짐
공기의 이동	외부 → 폐	폐 → 외부

빈칸에 알맞은 말을 쓰시오.

❶ 들숨일 때 갈비뼈는 (　　　　), 가로막은 (　　　　).

❷ 폐의 부피가 (　　　　) 폐 내부의 압력이 대기압보다 (　　　　) 밖에서 몸 안으로 공기가 들어온다.

❸ 날숨일 때 폐 내부의 압력은 대기압보다 (　　　).

❹ 날숨일 때 갈비뼈는 (　　　　), 가로막은 (　　　　).

다음 설명 중 옳은 것은 ○, 옳지 않은 것은 ×로 표시하시오.

❺ 폐 내부의 압력이 대기압보다 낮아지면 공기가 밖에서 몸 안으로 들어온다. .... (○, ×)

❻ 폐 내부의 압력이 대기압보다 높아지면 폐에서 외부로 공기가 나간다. .... (○, ×)

❼ 흉강의 압력이 낮아지면 폐의 부피는 작아진다. (○, ×)

10 기체 교환

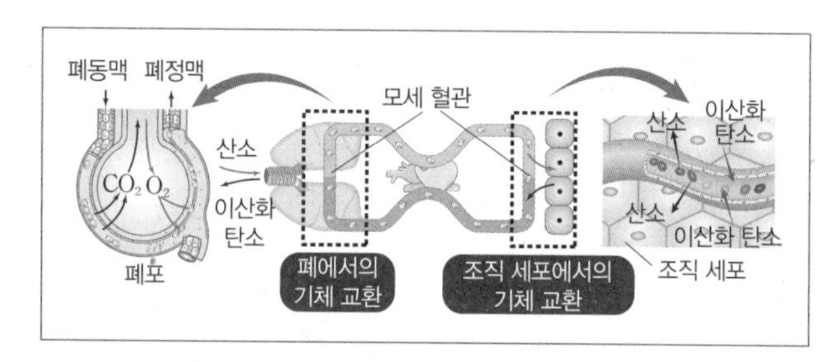

빈칸에 알맞은 말을 쓰시오.

❶ 기체 교환은 기체의 농도 차이에 의한 (　　　)을 통해 이루어진다.

❷ 폐에서 산소는 (　　　)에서 (　　　　)으로 이동한다.

❸ 폐에서 이산화 탄소의 농도는 (　　　)보다 (　　　　)이 더 높다.

❹ 모세 혈관은 조직 세포보다 (　　　)의 농도가 높고, (　　　　　)의 농도가 낮아 (　　　)는 모세 혈관에서 조직 세포로 이동하고, (　　　　　)는 조직 세포에서 모세 혈관으로 이동한다.

❺ 폐포, 모세 혈관, 조직 세포 중 산소 농도가 가장 높은 곳은 (　　　)이고, 이산화 탄소 농도가 가장 높은 곳은 (　　　　)이다.

11 노폐물의 생성 및 배설

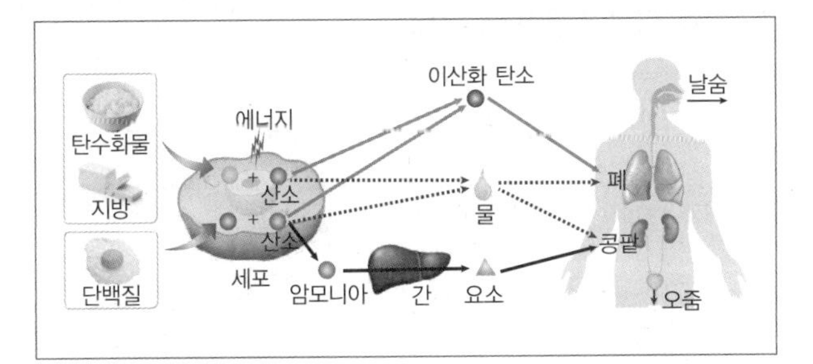

다음 설명 중 옳은 것은 ○표, 옳지 않은 것은 ×표 하시오.

❶ 이산화 탄소는 폐를 통해 날숨으로 나간다. ……… (○, ×)

❷ 물은 폐를 통해 나가거나, 콩팥을 통해 나간다. (○, ×)

❸ 지방이 분해될 때 암모니아가 생성된다. ………… (○, ×)

❹ 암모니아는 콩팥을 통해 오줌으로 바로 나간다. ……………………………………………………………………… (○, ×)

❺ 소화되지 않은 음식물을 내보내는 것을 배설이라 한다. ……………………………………………………………… (○, ×)

12 배설 기관

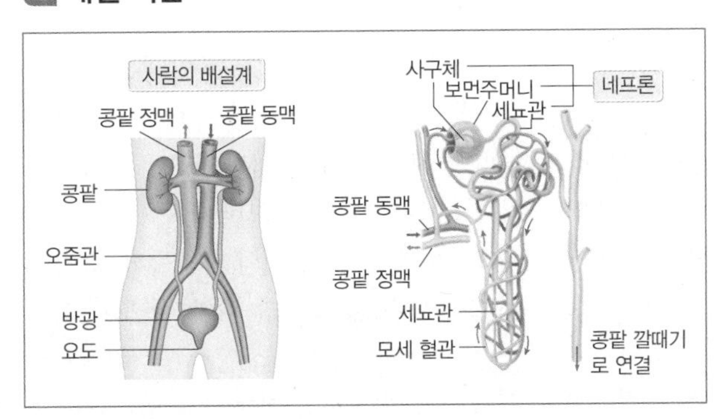

빈칸에 알맞은 말을 쓰시오.

❶ ( )은 혈액 속의 노폐물을 걸러 오줌을 만드는 기관이다.

❷ 콩팥 동맥의 혈액이 콩팥 정맥의 혈액보다 노폐물을 더 ( ) 포함하고 있다.

❸ 콩팥에서 만들어진 오줌은 오줌관을 통해 ( )으로 이동하여 저장된다.

❹ 네프론은 ( ), ( ), ( )으로 구성되어 있다.

❺ 모세 혈관이 실뭉치처럼 뭉쳐져 있는 부분을 ( )라고 한다.

❻ 사구체와 보먼주머니는 콩팥의 ( )에 존재한다.

❼ 네프론에서 만들어진 오줌은 ( )에 모인 다음 오줌관을 통해 이동한다.

❽ 오줌은 콩팥 동맥 → ( ) → ( ) → ( ) → 콩팥 깔때기 → ( ) → 방광 → 요도 → 몸 밖의 경로를 거쳐 배설된다.

13 오줌의 생성 과정

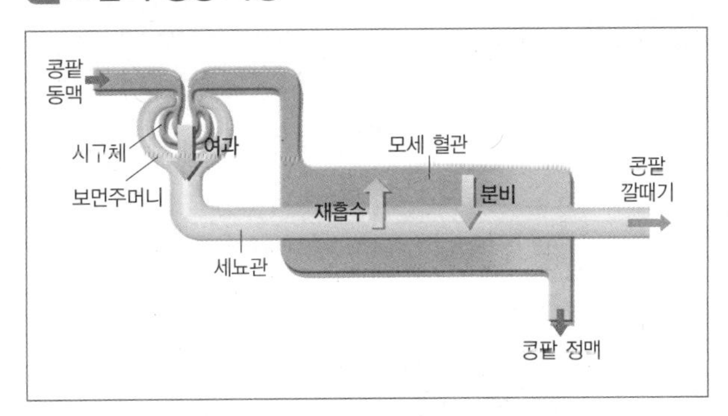

다음 설명 중 옳은 것은 ○표, 옳지 않은 것은 ×표 하시오.

❶ 사구체에서 보먼주머니로 여과되는 영양소는 포도당, 단백질, 무기염류이다. …………………………… (○, ×)

❷ 건강한 사람의 경우 포도당과 아미노산은 여과액에는 있지만 오줌에는 존재하지 않는다. …………… (○, ×)

❸ 요소의 농도는 오줌보다 여과액에서 더 높다. … (○, ×)

❹ 여과는 사구체에서 보먼주머니로 일어난다. …… (○, ×)

❺ 재흡수는 모세 혈관에서 세뇨관으로 일어난다. ……………………………………………………………… (○, ×)

14 세포 호흡

- 세포 호흡 : 조직 세포에서 산소를 이용하여 영양소를 분해하는 것으로, 이때 에너지가 생성된다.

영양소＋산소 ⟶ 이산화 탄소＋물＋에너지

- 기관계의 유기적 작용

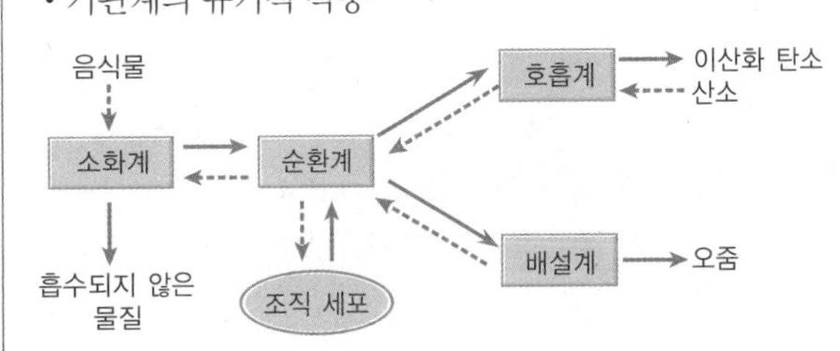

빈칸에 알맞은 말을 쓰시오.

❶ 세포 호흡은 ( )를 이용하여 영양소를 분해하고, 생활에 필요한 ( )를 얻는 과정이다.

❷ 산소는 ( )를 통해 흡수되어 ( )를 통해 조직 세포로 전달된다.

❸ 영양소는 ( )를 통해 흡수되어 ( )를 통해 조직 세포로 전달된다.

❹ 노폐물을 배설계로 운반하는 것은 ( )이다.

Ⅵ. 물질의 특성

1 물질의 종류

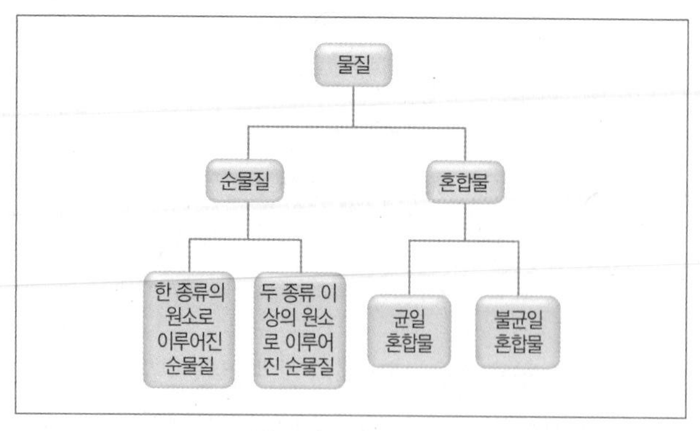

다음 설명 중 옳은 것은 ○, 옳지 않은 것은 ×로 표시하시오.

❶ 순물질은 물리적인 방법을 이용하여 성분 물질로 분리할 수 있다. (○, ×)

❷ 순물질은 녹는점과 끓는점 등이 일정하다. (○, ×)

❸ 순물질은 가열 · 냉각 곡선에서 수평한 구간이 나타난다. (○, ×)

❹ 혼합물은 물리적인 방법을 이용하여 성분 물질로 분리할 수 없다. (○, ×)

❺ 혼합물은 녹는점과 끓는점 등이 일정하지 않다. (○, ×)

❻ 균일 혼합물은 오랜 시간 두면 물질이 가라앉고, 불균일 혼합물은 오랜 시간 두어도 물질이 가라앉지 않는다. (○, ×)

빈칸에 알맞은 말을 쓰시오.

❼ 한 종류의 물질로만 이루어진 물질을 (　　　)이라고 한다.

❽ 두 종류 이상의 순물질이 섞여 있는 물질을 (　　　)이라고 한다.

❾ 공기, 합금, 식초, 소금물 등은 (　　　) 혼합물에 해당한다.

❿ 우유에는 단백질이나 지방, 무기염류 등이 각각의 성질을 지닌 채로 불균일하게 섞여 있으므로 (　　　) 혼합물에 해당한다.

2 순물질과 혼합물의 구별

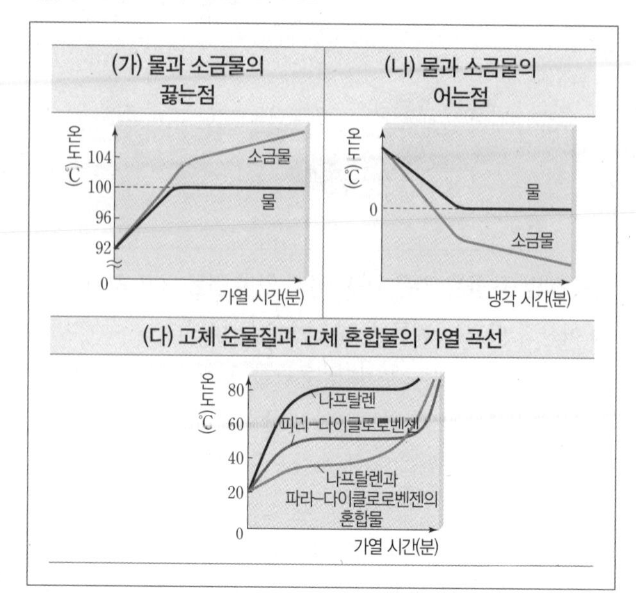

다음 설명 중 옳은 것은 ○, 옳지 않은 것은 ×로 표시하시오.

❶ 소금물은 물보다 높은 온도에서 끓기 시작하고, 낮은 온도에서 얼기 시작한다. (○, ×)

❷ 소금물의 가열 · 냉각 곡선에서는 끓는 동안 온도가 계속 높아지고, 어는 동안 온도가 계속 낮아진다. (○, ×)

❸ 나트탈렌과 파라-다이클로로벤젠의 혼합물이 녹기 시작하는 온도는 각 성분 물질의 녹는점보다 높다. (○, ×)

❹ 나트탈렌과 파라-다이클로로벤젠의 혼합물이 녹기 시작하는 온도는 일정하지 않고, 녹는 동안 온도가 계속 높아진다. (○, ×)

❺ 눈길에 염화 칼슘을 뿌려 도로가 어는 것을 방지하는 것은 (가)의 성질을 이용한 것이다. (○, ×)

❻ 달걀이나 국수를 삶을 때 물에 소금을 넣어 더 빨리 익게 하는 것은 (다)의 성질을 이용한 것이다. (○, ×)

3 밀도의 비교

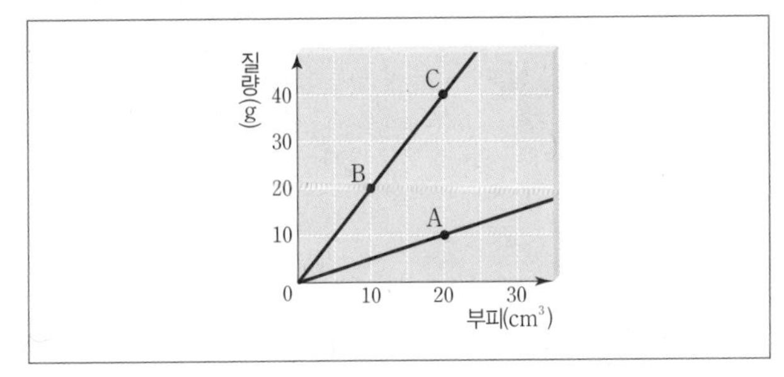

다음 설명 중 옳은 것은 ○, 옳지 않은 것은 ×로 표시하시오.

❶ 물질의 밀도는 물질의 양에 따라 달라진다. ······ (○, ×)

❷ 밀도가 큰 물질은 아래로 가라앉고, 밀도가 작은 물질은 위로 뜬다. ······ (○, ×)

❸ A~C 중 밀도가 가장 큰 것은 A이다. ······ (○, ×)

❹ B와 C는 같은 종류의 물질이다. ······ (○, ×)

4 용해도 곡선

• 용해도 : 일정한 온도에서 용매 100 g에 최대로 녹을 수 있는 용질의 g 수

• 용해도 곡선 : 온도에 따른 고체 물질의 용해도 변화를 나타낸 그래프

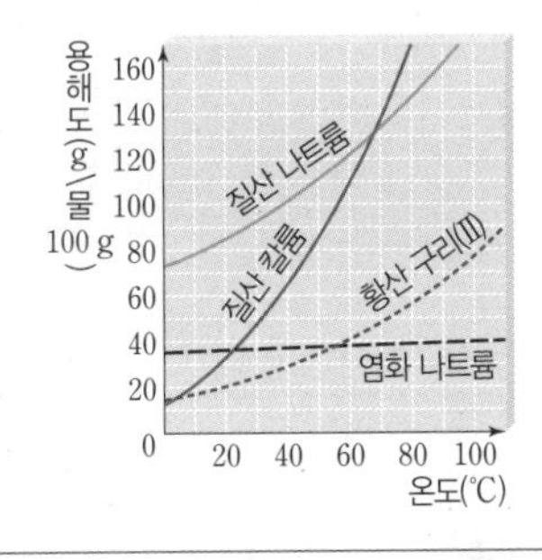

빈칸에 알맞은 말을 쓰시오.

❶ 온도가 일정할 때 같은 용매에 대한 용해도는 용질의 종류에 따라 다르므로 (　　　　)이다.

❷ 용해도 곡선의 기울기가 급할수록 온도 변화에 따른 용해도 차가 (　　　).

❸ 온도에 따른 용해도 차가 가장 큰 물질은 (　　　　) 이다.

❹ 석출되는 용질의 질량은 처음 온도에서 녹아 있던 용질의 질량에서 냉각한 온도에서 최대로 녹을 수 있는 용질의 질량을 (　　)주면 된다.

❺ 추운 겨울에 꿀을 밖에 두거나 냉장고에 보관하면 꿀 속에 들어 있는 포도당의 용해도가 (　　)아져 흰색 포도당 결정이 생성된다.

5 기체의 용해도

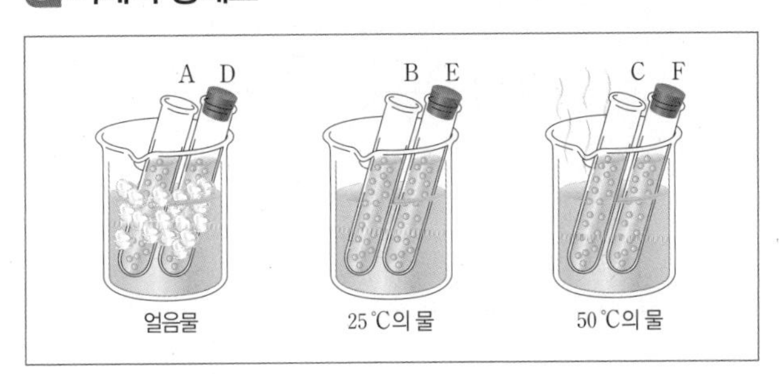

빈칸에 알맞은 말을 쓰시오.

❶ 마개를 이용하는 까닭은 (　　　)에 따른 기체의 용해도를 알아보기 위함이다.

❷ 기체의 용해도는 온도가 (　　　)수록, 압력이 (　　　)수록 크다.

❸ A~F 중 기포가 가장 많이 발생하는 시험관은 (　　) 이다.

❹ D, E, F 시험관을 비교하여 기체의 용해도와 (　　　) 의 관계를 알 수 있다.

❺ 탄산음료의 (　　　)가 높을수록 이산화 탄소의 용해도가 감소하기 때문에 따뜻한 곳에서 보관한 탄산음료에서 더 많은 기포가 발생한다.

❻ 탄산음료의 뚜껑을 열면 용기 안의 (　　　)이 낮아지면서 용해도가 감소하기 때문에 기포가 발생한다.

6 녹는점과 어는점

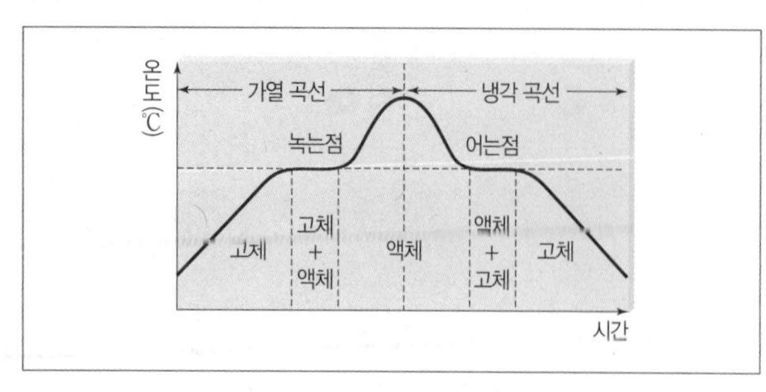

다음 설명 중 옳은 것은 ○, 옳지 않은 것은 ×로 표시하시오.

❶ 순물질은 녹는점과 어는점이 같다. ························ (○, ×)

❷ 녹는점과 어는점은 물질마다 고유한 값을 갖는다. ························ (○, ×)

❸ 녹는점과 어는점은 물질의 특성이다. ························ (○, ×)

❹ 어는점은 고체가 액체로 변할 때 일정하게 유지되는 온도이다. ························ (○, ×)

❺ 녹는점이 낮은 물질은 입자 사이의 인력이 강한 물질이다. ························ (○, ×)

7 여러 가지 액체의 가열 곡선

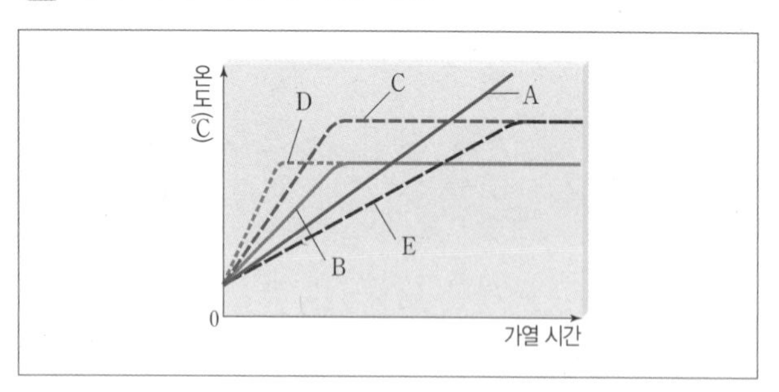

A~E에 대한 설명 중 옳은 것은 ○, 옳지 않은 것은 ×로 표시하시오. (단, 불꽃의 세기는 같다.)

❶ 끓는점은 A가 가장 높다. ························ (○, ×)

❷ B와 D는 끓는점이 같다. ························ (○, ×)

❸ B는 D보다 질량이 작다. ························ (○, ×)

❹ E가 가장 먼저 끓는다. ························ (○, ×)

❺ C와 E는 같은 물질이다. ························ (○, ×)

❻ 입자 사이의 인력이 가장 강한 물질은 D이다. ·· (○, ×)

8 물과 에탄올의 혼합물 분리

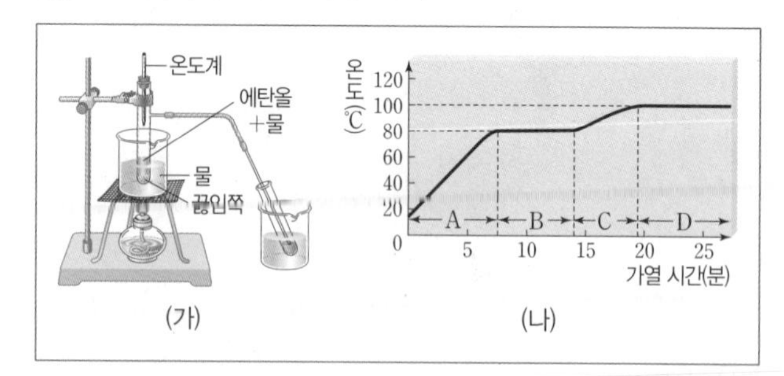

다음 설명 중 옳은 것은 ○, 옳지 않은 것은 ×로 표시하시오.

❶ (가)와 같은 장치를 이용하여 혼합물을 분리하는 방법을 증류라고 한다. ························ (○, ×)

❷ B 구간에서는 주로 물이 끓어 나온다. ························ (○, ×)

❸ D 구간에서는 주로 에탄올이 끓어 나온다. ········ (○, ×)

❹ 이 실험은 여러 번 반복해야 순도가 높은 물질을 얻어낼 수 있다. ························ (○, ×)

❺ 원유는 이와 같이 끓는점 차를 이용하여 분리한다. ························ (○, ×)

빈칸에 알맞은 말을 쓰시오.

❻ 끓는점이 (　　) 물질부터 끓어 나오며, 끓는점이 (　　) 물질은 나중에 끓어 나온다.

❼ B 구간의 온도는 에탄올의 끓는점보다 조금 (　　).

❽ D 구간에서는 온도가 (　　) ℃로 일정하다.

9 원유의 증류

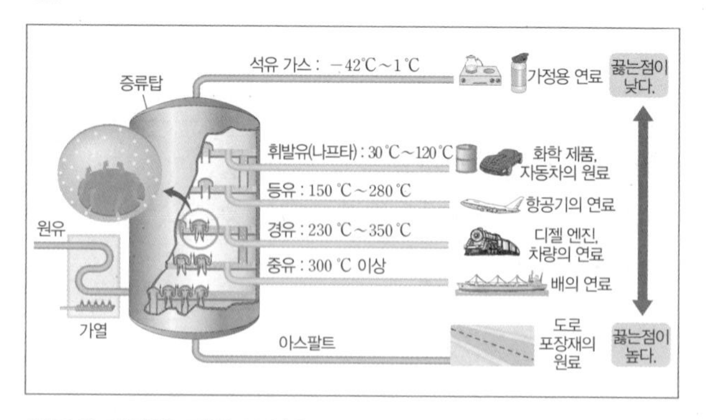

빈칸에 알맞은 말을 쓰시오.

❶ 증류탑의 위쪽으로 올라갈수록 온도가 (　　)진다.

❷ 끓는점이 (　　) 물질일수록 증류탑의 위쪽에서 분리되어 나온다.

❸ 원유를 분류하면 끓는점 차에 따라 (　　　) → (　　　) → (　　) → (　　) → (　　) 순으로 분리된다.

10 밀도 차를 이용한 분리

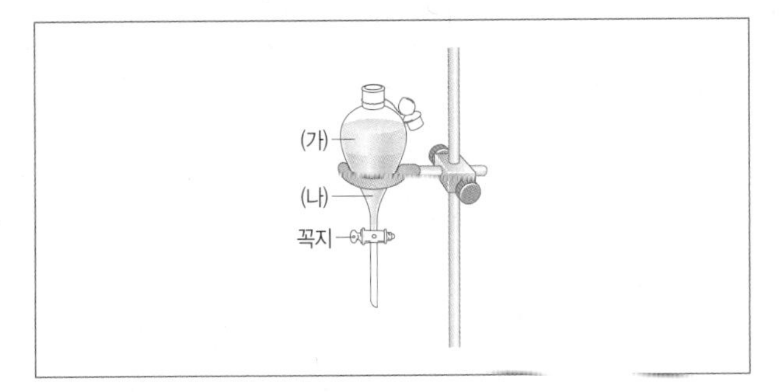

다음 설명 중 옳은 것은 ○, 옳지 않은 것은 ×로 표시하시오.

❶ 밀도는 (가)가 (나)보다 크다. .... (○, ×)

❷ (가)와 (나)는 서로 섞이지 않으며, 밀도가 다르다. .... (○, ×)

❸ 위와 같은 실험 장치를 분별 깔때기라고 한다. .... (○, ×)

❹ 위와 같은 실험 장치로 물과 식용유를 분리할 수 있다. .... (○, ×)

❺ 용액이 새지 않게 하기 위해 꼭지에 바셀린을 바른다. .... (○, ×)

❻ (가), (나), (가)와 (나) 사이의 액체는 모두 한 비커에 받아낸다. .... (○, ×)

❼ 꼭지를 열어 분리할 때 마개를 닫아야 한다. .... (○, ×)

11 용해도 차를 이용한 분리

• 재결정 : 불순물이 포함된 고체를 용매에 녹인 후 온도를 낮추거나 용매를 증발시켜 순수한 고체를 얻는 방법

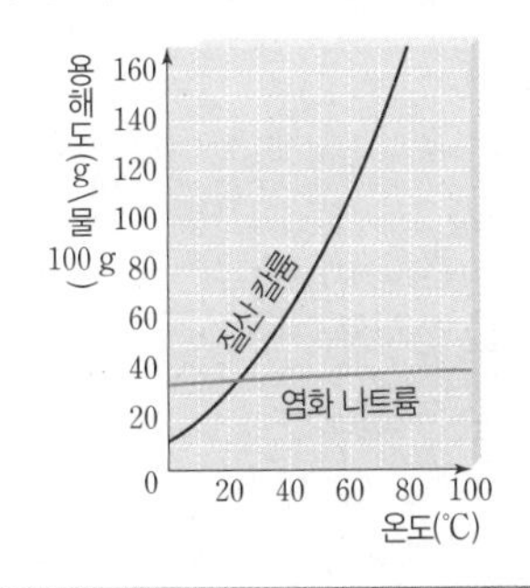

다음 설명 중 옳은 것은 ○, 옳지 않은 것은 ×로 표시하시오.

❶ 온도에 따른 용해도 차가 작은 고체만 결정으로 석출된다. .... (○, ×)

❷ 질산 칼륨은 염화 나트륨보다 온도에 따른 용해도 차가 더 크다. .... (○, ×)

❸ 염화 나트륨과 붕산의 혼합물도 이와 같은 방법으로 분리할 수 있다. .... (○, ×)

12 크로마토그래피

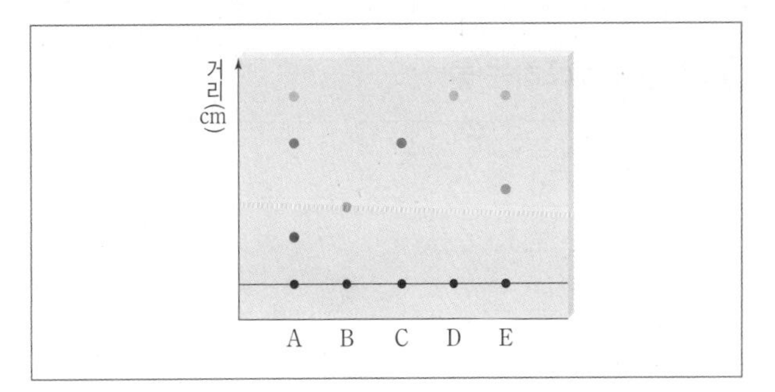

다음 설명 중 옳은 것은 ○, 옳지 않은 것은 ×로 표시하시오.

❶ 혼합된 성분 물질의 수는 크로마토그래피에서 분리되어 나타나는 물질의 수보다 적다. .... (○, ×)

❷ B, C, D는 순물질로 추측할 수 있다. .... (○, ×)

❸ A에는 C와 D가 포함되어 있다. .... (○, ×)

❹ E는 C와 D의 혼합물이다. .... (○, ×)

❺ 용매를 따라 이동한 속도는 D보다 B가 빠르다. .... (○, ×)

❻ 이와 같은 방법으로 꽃잎의 색소를 분리할 수 있다. .... (○, ×)

❼ 성질이 비슷한 혼합물도 분리할 수 있다. .... (○, ×)

❽ 분리하는 과정이 간단하며, 걸리는 시간이 짧다. .... (○, ×)

❾ 매우 적은 양의 혼합물은 분리하기 어렵다. .... (○, ×)

❿ 혼합물을 이루는 성분이 많으면 한번에 분리하기 어렵다. .... (○, ×)

빈칸에 알맞은 말을 쓰시오.

⓫ A는 여러 가지 성분으로 분리되므로 (　　　)에 해당한다.

⓬ 각 성분 물질이 용매를 따라 이동하는 (　　　) 차에 의해 각 성분으로 분리된다.

⓭ 용매를 따라 이동하는 속도가 빠를수록 (　　　)쪽에 나타나게 된다.

Ⅶ. 수권과 해수의 생활

1 지구에 분포하는 물

• 수권의 분포

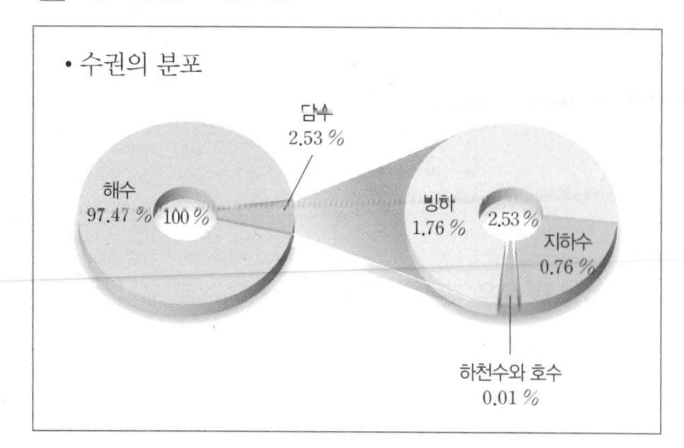

빈칸에 알맞은 말을 쓰시오.

❶ 지구에 존재하는 모든 물을 (　　　)이라고 한다.

❷ 지구상의 물 중 가장 많은 양을 차지하는 물은 (　　　) 이다.

❸ (　　　)는 담수 중 가장 많은 양을 차지하며, (　　　) 이나 고산 지대에 분포한다.

❹ (　　　)는 비나 눈이 지하로 스며들어 형성된 물이다.

❺ (　　　　　)는 담수 중에서 주된 수자원으로 이용된다.

2 자원으로 활용하는 물

• 우리나라 수자원 이용 현황

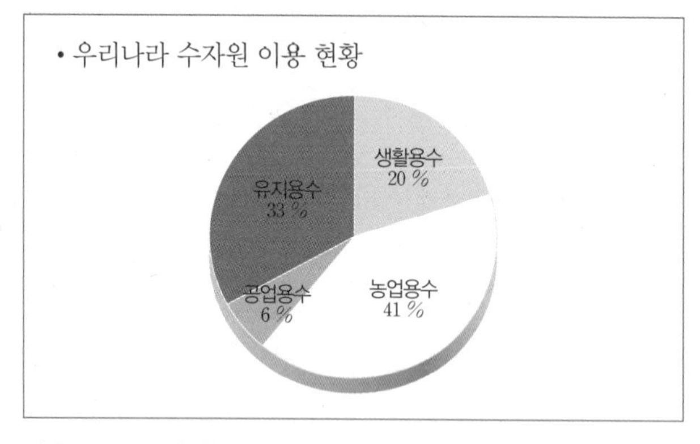

다음 설명 중 옳은 것은 ○, 옳지 않은 것은 ×로 표시하시오.

❶ 수권의 물 중 수자원으로 이용 가능한 물은 빙하이다. ………… (○, ×)

❷ 생활용수는 생활수준이 향상될수록 감소한다. … (○, ×)

❸ 우리나라에서 수자원 이용 비율은 농업용수가 가장 높다. ………… (○, ×)

❹ 농약이나 화학 비료의 사용을 줄이면 수자원 부족을 해결하는 데 도움이 된다. ………… (○, ×)

❺ 물의 총 사용량이 점차 증가하면서 농업용수는 최근 급격히 증가하였다. ………… (○, ×)

3 해수의 온도

• 해수의 연직 수온 분포 : 깊이에 따른 수온 분포를 기준으로 3개의 층으로 구분한다.

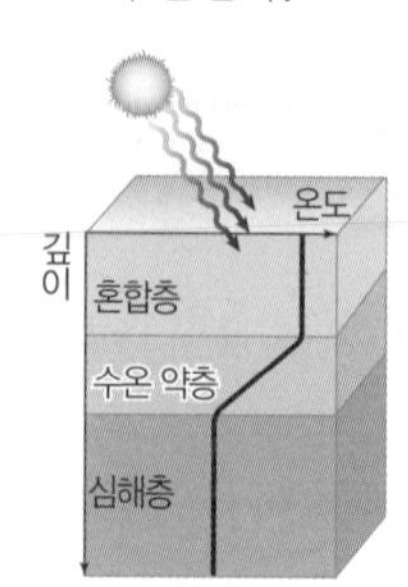

• 위도별 해수의 층상 구조

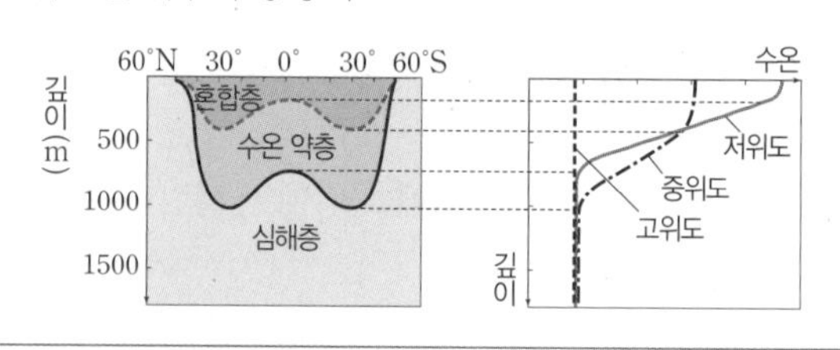

다음 설명 중 옳은 것은 ○, 옳지 않은 것은 ×로 표시하시오.

❶ 저위도에서 고위도로 갈수록 표층 수온이 낮아진다. ………… (○, ×)

❷ 여름철에는 겨울철보다 해수 표면에 들어오는 태양 에너지의 양이 많아 표층 수온이 더 높다. ………… (○, ×)

❸ 해수의 층상 구조 중 태양 에너지를 흡수하여 수온이 비교적 높게 나타나는 층은 수온 약층이다. ………… (○, ×)

❹ 중위도 해역에서는 해수의 층상 구조가 뚜렷하게 나타난다. ………… (○, ×)

❺ 고위도 해역에서는 해수 표면에 도달하는 태양 에너지의 양이 많아 표층 수온이 높다. ………… (○, ×)

빈칸에 알맞은 말을 쓰시오.

❻ 해수의 표층 수온 분포는 (　　　　　)의 영향을 가장 크게 받는다.

❼ 혼합층의 두께는 바람이 (　　)할수록 두껍게 나타난다.

❽ 수온이 매우 낮고 일정한 층은 (　　　)이다.

❾ (　　　　)은 혼합층과 심해층 간의 물질이나 에너지 교환을 차단하는 역할을 한다.

❿ 저위도 해역은 해수 표면에 도달하는 태양 에너지양이 (　　)기 때문에 표층 수온이 (　　)다.

⓫ 우리나라 주변 바다의 표층 수온은 겨울철에는 (　　)고, 여름철에는 (　　)다.

4 해수의 염분

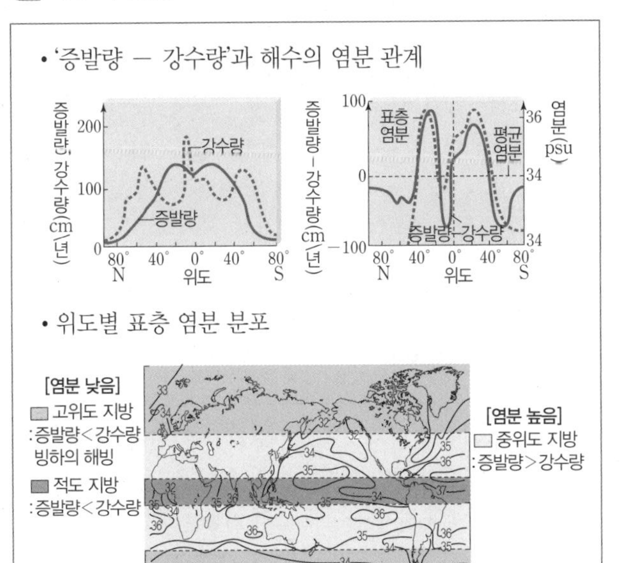

다음 설명 중 옳은 것은 ○, 옳지 않은 것은 ×로 표시하시오.

❶ 증발량이 많을수록, 강수량이 적을수록 해수의 염분이 낮다. ········ (○, ×)

❷ 대서양은 해저 화산이 많이 분포하기 때문에 태평양보다 염분이 높다. ········ (○, ×)

❸ 황해는 동해보다 흘러드는 담수의 양이 더 많아 염분이 높다. ········ (○, ×)

❹ 적도 지역은 비가 많이 내려 강수량이 증발량보다 많으므로 염분이 낮다. ········ (○, ×)

❺ 빙하가 녹는 지역은 염분이 높고, 해수가 어는 지역은 염분이 낮다. ········ (○, ×)

❻ 우리나라 주변 바다의 표층 염분은 겨울철이 여름철보다 높다. ········ (○, ×)

빈칸에 알맞은 말을 쓰시오.

❼ 해수에 녹아 있는 여러 가지 물질을 (　　　)라고 한다.

❽ (　　　　)은 전체 염류 중 가장 많으며, 짠맛을 낸다.

❾ 염분은 해수 (　　) kg 속에 녹아 있는 염류의 총량을 g 수로 나타낸 것이며, 단위는 ‰, (　　　)를 사용한다.

❿ 염분이 낮은 해역은 강수량이 증발량보다 (　　)고, 염분이 높은 해역은 강수량이 증발량보다 (　　)다.

⓫ 대양의 연안이 중앙부보다 염분이 낮은 까닭은 (　　　)의 유입량 때문이다.

⓬ 각 염류 간 질량비는 어느 바다에서나 일정하게 나타난다는 법칙을 (　　　　　　)이라고 한다.

5 우리나라 주변의 해류

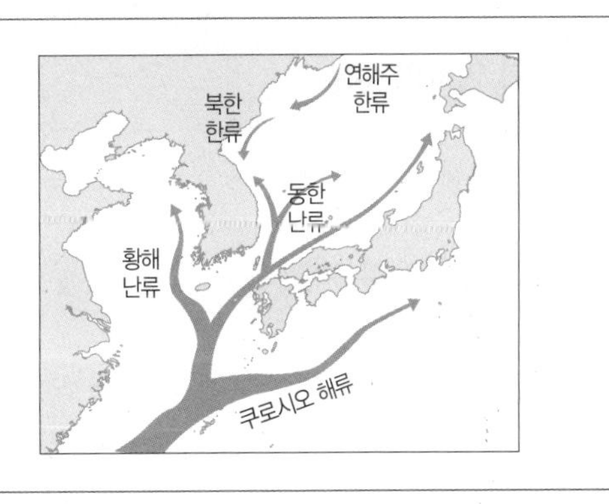

빈칸에 알맞은 말을 쓰시오.

❶ 난류는 (　　)위도에서 (　　)위도로 흐르는 따뜻한 해류이며, 한류는 (　　)위도에서 (　　)위도로 흐르는 차가운 해류이다.

❷ 쿠로시오 해류는 우리나라 (　　)류의 근원이다.

❸ 우리나라 동해에는 북한 한류와 (　　　　)가 만나 조경 수역이 형성된다.

❹ 우리나라 동해에 형성되는 조경 수역의 위치는 여름철에 (　　)하고, 겨울철에는 (　　)한다.

6 조석 현상

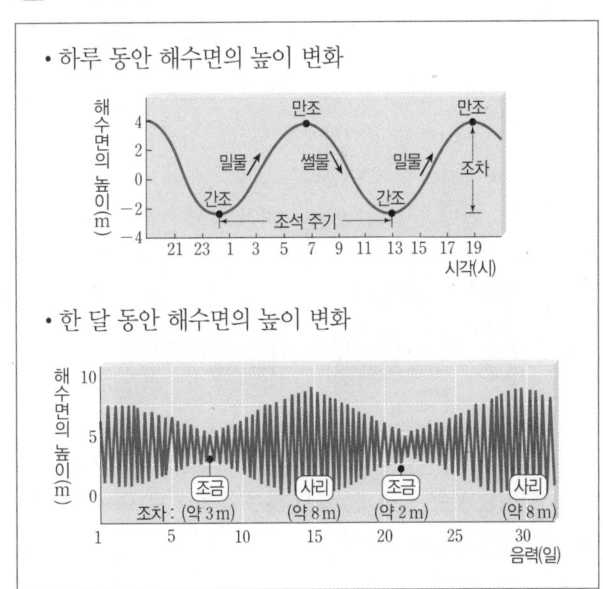

다음 설명 중 옳은 것은 ○, 옳지 않은 것은 ×로 표시하시오.

❶ 밀물과 썰물에 의해 해수면이 주기적으로 높아졌다 낮아졌다 하는 현상은 조석이다. ········ (○, ×)

❷ 바닷물이 밀려 들어와 해수면이 가장 높아졌을 때는 간조이다. ········ (○, ×)

❸ 썰물은 바다 쪽으로 빠져나가는 바닷물의 흐름이다. ········ (○, ×)

❹ 만조와 간조 때 해수면의 높이 차이는 조류이다. (○, ×)

❺ 한 달 중 조차가 가장 클 때는 사리이다. ········ (○, ×)

Ⅷ. 열과 우리 생활

1 온도와 입자의 운동

• 온도 : 물체의 차갑고 뜨거운 정도를 숫자로 나타낸 값

빈칸에 알맞은 말을 쓰시오.

❶ 온도의 단위는 (　　), K 등이 있다.

❷ 디지털 체온계, 알코올 온도계, 적외선 온도계 등 다양한 (　　　)로 물체의 온도를 측정한다.

❸ 온도는 물체를 구성하는 (　　　)의 운동이 활발한 정도를 나타낸다.

❹ 물체의 온도가 낮으면 물체를 구성하는 입자의 운동이 (　　)하고, 온도가 높으면 물체를 구성하는 입자의 운동이 (　　)하다.

2 열의 이동

• 전도 : 주로 고체에서 물질을 이루고 있는 입자들이 충돌하면서 열이 이동하는 방법

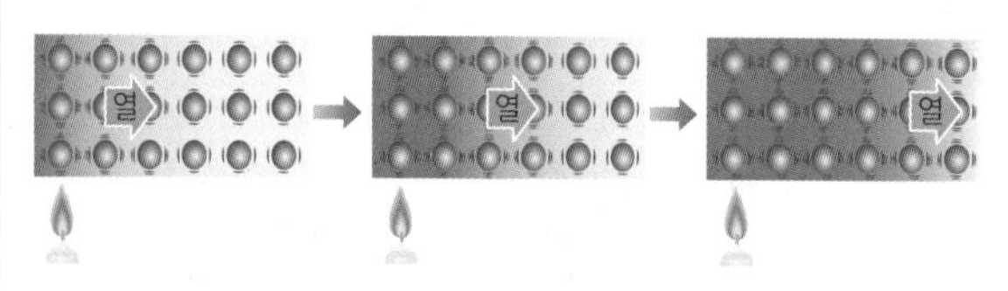

• 대류 : 주로 액체나 기체에서 물질을 이루는 입자가 직접 이동하면서 열이 이동하는 방법

• 복사 : 열이 다른 물질을 거치지 않고 직접 이동하는 방법

▲ 대류

▲ 복사

다음 설명 중 옳은 것은 ○, 옳지 않은 것은 ×로 표시하시오.

❶ 열은 온도가 낮은 물체에서 온도가 높은 물체로 이동한다. ………… (○, ×)

❷ 온도가 같은 서로 다른 두 물체를 접촉했을 때에도 열이 이동한다. ………… (○, ×)

❸ 열량은 물체 사이에서 이동한 열의 양이다. …… (○, ×)

❹ 1 cal는 물 1 kg의 온도를 1 ℃만큼 높이는 데 필요한 열량이다. ………… (○, ×)

빈칸에 알맞은 말을 쓰시오.

❺ (　　　) : 물질을 이루는 입자들이 이웃한 입자들과 서로 충돌하면서 열이 이동하는 방법

❻ (　　　) : 물질을 이루는 입자가 직접 이동하면서 열이 이동하는 방법

❼ (　　　) : 열이 다른 물질을 거치지 않고 직접 이동하는 방법

3 효율적인 냉난방

• 냉난방 기구의 설치 : 냉방기를 위쪽에, 난방기를 아래쪽에 설치하면 공기의 대류가 잘 일어난다.

• 단열 : 물체와 물체 사이에 열의 이동을 막는 것

다음 설명 중 옳은 것은 ○, 옳지 않은 것은 ×로 표시하시오.

❶ 냉방기에서 나오는 찬 공기는 위쪽으로 올라가고, 더운 공기는 아래쪽으로 내려간다. ………… (○, ×)

❷ 보온병의 이중 마개는 전도에 의한 열의 이동을 막는다. ………… (○, ×)

❸ 보온병의 은도금된 벽면은 대류에 의한 열의 이동을 막는다. ………… (○, ×)

❹ 이중창 사이의 공기는 전도에 의한 열의 이동을 막는다. ………… (○, ×)

4 열평형

• 열평형 : 온도가 서로 다른 두 물체를 접촉했을 때 온도가 높은 물체에서 온도가 낮은 물체로 열이 이동하여 두 물체의 온도가 같아진 상태

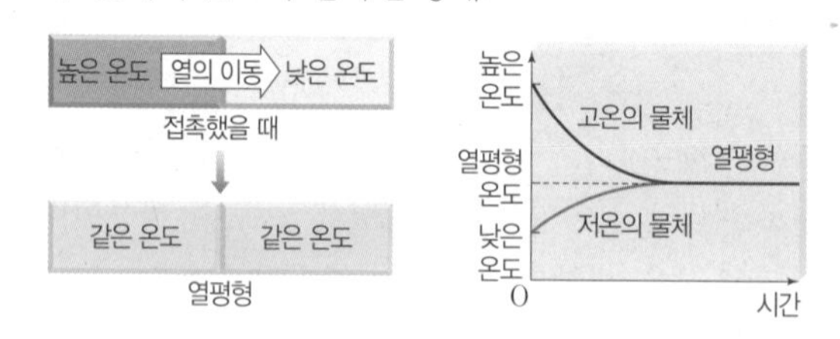

다음 설명 중 옳은 것은 ○, 옳지 않은 것은 ×로 표시하시오.

❶ 온도가 서로 다른 두 물체를 접촉했을 때 고온의 물체는 열을 잃는다. ………… (○, ×)

❷ 열평형 상태는 두 물체의 온도가 같아져 더 이상 열이 이동하지 않는 상태이다. ………… (○, ×)

❸ 온도가 서로 다른 두 물체 사이에서 열이 이동할 때 온도가 높은 물체가 얻은 열량과 온도가 낮은 물체가 잃은 열량은 같다. ………… (○, ×)

5 비열

- 비열 : 어떤 물질 1 kg의 온도를 1 ℃만큼 높이는 데 필요한 열량
- 비열과 열량, 질량, 온도 변화의 관계

$$\text{비열}(c)=\frac{\text{열량}(Q)}{\text{질량}(m)\times\text{온도 변화}(\Delta t)}$$

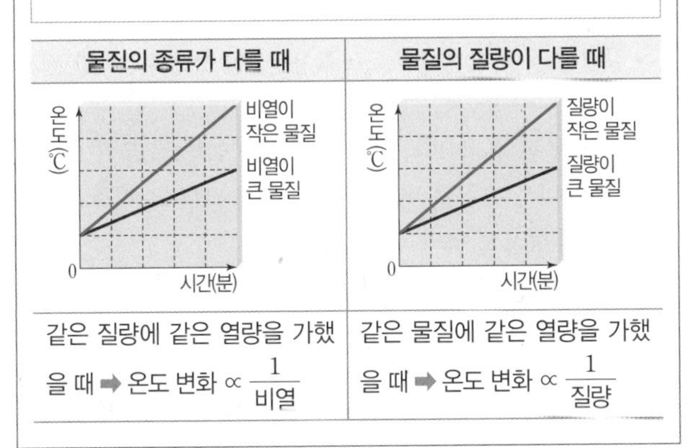

물질의 종류가 다를 때	물질의 질량이 다를 때
같은 질량에 같은 열량을 가했을 때 ➡ 온도 변화 $\propto \frac{1}{\text{비열}}$	같은 물질에 같은 열량을 가했을 때 ➡ 온도 변화 $\propto \frac{1}{\text{질량}}$

빈칸에 알맞은 말을 쓰시오.

❶ 비열은 물질의 (　　)에 따라 고유한 값을 가진다.

❷ 비열이 (　　)면 온도가 잘 변하지 않는다.

❸ 같은 질량의 물질에 같은 열량을 가하면, 비열이 큰 물질일수록 온도 변화가 (　　)다.

❹ 같은 물질에 같은 열량을 가하면, 질량이 (　　) 물질일수록 온도 변화가 크다.

6 비열에 의한 현상

- 해풍과 육풍 : 비열이 작은 육지의 온도가 비열이 큰 바다보다 더 빨리 변하기 때문에 해안 지역에서 낮에는 해풍이 불고, 밤에는 육풍이 분다.

구분	해풍(낮)	육풍(밤)
공기의 이동	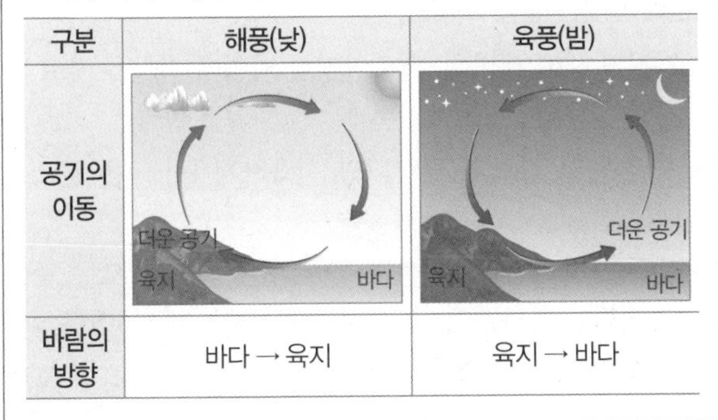	
바람의 방향	바다 → 육지	육지 → 바다

다음 설명 중 옳은 것은 ○, 옳지 않은 것은 ×로 표시하시오.

❶ 해안 지역에서 낮에는 해풍이 불고, 밤에는 육풍이 분다. .... (○, ×)

❷ 바다와 가까운 해안 지방이 바다에서 먼 내륙 지방보다 일교차가 크다. .... (○, ×)

❸ 뚝배기는 금속 냄비보다 비열이 커서 온도 변화가 크다. .... (○, ×)

7 열팽창

- 열팽창 : 물질에 열을 가할 때 물질의 길이가 길어지고 부피가 커지는 현상

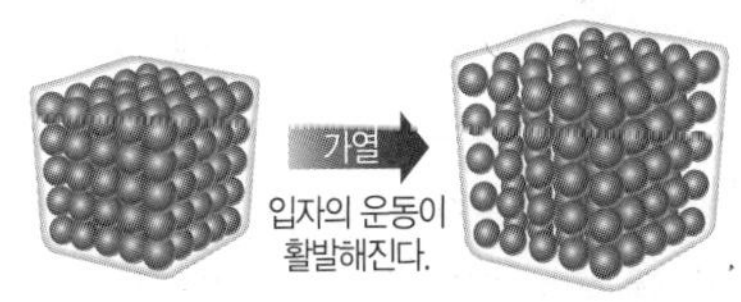

- 바이메탈 : 열팽창 정도가 서로 다른 금속을 붙여 만든 장치

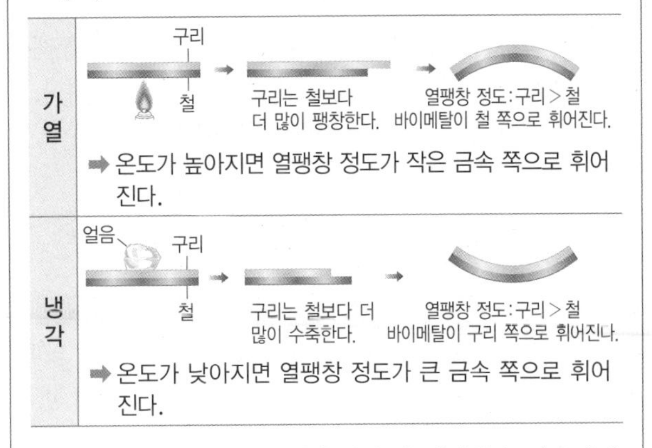

가열 ➡ 온도가 높아지면 열팽창 정도가 작은 금속 쪽으로 휘어진다.

냉각 ➡ 온도가 낮아지면 열팽창 정도가 큰 금속 쪽으로 휘어진다.

- 액체 온도계 : 알코올이나 수은의 열팽창을 이용하여 온도를 측정하는 장치

빈칸에 알맞은 말을 쓰시오.

❶ 물질에 열을 가하면 입자의 운동이 (　　)해져 입자와 입자 사이의 거리가 (　　)진다.

❷ 온도 변화가 (　　)수록 열팽창 정도가 크다.

❸ 고체와 액체는 물질의 종류에 따라 열팽창 정도가 (　　)다.

❹ 물질의 (　　)에 따라 열팽창 정도가 다르다.

❺ 기체는 고체나 액체보다 열팽창 정도가 매우 (　　)며, 물질의 종류에 관계없이 열팽창 정도가 (　　)다.

다음 설명 중 옳은 것은 ○, 옳지 않은 것은 ×로 표시하시오.

❻ 바이메탈은 자동 온도 조절 장치에 이용된다. ... (○, ×)

❼ 바이메탈은 온도에 따라 휘어지는 방향이 다르다. .... (○, ×)

❽ 바이메탈은 두 금속의 열팽창 정도의 차가 작을수록 많이 휘어진다. .... (○, ×)

❾ 온도계 속 액체는 온도에 따라 일정한 비율로 부피가 변한다. .... (○, ×)

❿ 액체 온도계에 사용되는 액체는 열팽창 정도가 작아야 한다. .... (○, ×)

시험 직전 최종 점검 IX. 재해·재난과 안전

정답과 해설 88쪽

1 재해·재난의 원인과 피해

- 재해·재난 : 자연 현상이나 인간의 부주의 등으로 인해 인명과 재산에 피해를 주거나 줄 수 있는 것
  - 자연 재해·재난 : 자연 현상으로 인해 발생하는 재해·재난 예 지진, 화산 활동, 태풍, 폭설, 황사, 집중 호우, 미세 먼지, 가뭄, 한파, 폭염, 낙뢰, 장마, 홍수, 해일, 적조 등
  - 사회 재해·재난 : 인간의 부주의나 기술 상의 문제 등으로 발생하는 재해·재난 예 감염성 질병 확산, 화학 물질 유출, 운송 수단 사고, 화재, 폭발, 붕괴, 교통사고, 환경 오염 등

빈칸에 알맞은 말을 쓰시오.

❶ 자연 재해·재난은 비교적 (　　) 지역에 걸쳐 발생한다.

❷ 자연 재해·재난은 예측이 어려워 (　　)이 쉽지 않다.

❸ 사회 재해·재난은 상대적으로 (　　) 범위에서 발생한다.

❹ 사회 재해·재난은 인간의 활동에 의해 발생하므로 예방할 수 (　　)다.

❺ 감염성 질병 확산, 화재, 교통사고 등은 (　　) 재해·재난에 해당된다.

❻ 지구 내부 에너지가 지표로 나오면서 발생한 충격에 의해 땅이 흔들리는 재해·재난을 (　　)이라고 한다.

❼ 마그마가 압력에 의해 지각의 약한 틈을 뚫고 분출하는 재해·재난을 (　　)이라고 한다.

❽ 태풍은 (　　)를 동반하여 도로 붕괴 및 산사태를 일으킨다.

❾ 세균과 바이러스 등이 인간에게 침입하여 발생하는 질병을 (　　)이라고 한다.

다음 설명 중 옳은 것은 ○, 옳지 않은 것은 ×로 표시하시오.

❿ 감염성 질병은 병원체가 동물이나 인간에게 침입하여 발생한다. ……… (○, ×)

⓫ 감염성 질병은 간접적으로는 전파되지 않는다. … (○, ×)

⓬ 안전 관리 소홀, 자체 결함 등으로 운송 수단 사고가 발생한다. ……… (○, ×)

⓭ 화학 물질 유출은 넓은 지역까지 영향을 주진 않는다. ……… (○, ×)

2 재해·재난에 대처하는 방안

- 지진 : 계단을 이용하여 대피, 내진 설계 등
- 화산 활동 : 외출 자제, 방진 마스크, 예비 의약품 구비 등
- 기상 재해 : 비상 용품, 바람막이숲 조성, 가스 차단, 피뢰침 설치 등
- 감염성 질병 확산 : 마스크 착용, 끓인 물 사용, 예방 접종 등
- 화학 물질 유출 : 사고 발생 지역으로부터 먼 곳으로 대피, 비옷이나 큰 비닐 등으로 몸을 감싸고, 마스크와 방독면 등으로 코와 입을 가림
- 운송 수단 사고 : 안내 방송 경청, 운송 수단 종류에 따른 대피 방법 숙지

다음 설명 중 옳은 것은 ○, 옳지 않은 것은 ×로 표시하시오.

❶ 지진 발생 시, 엘리베이터를 이용하여 건물 밖으로 이동한다. ……… (○, ×)

❷ 지진에 의한 피해를 줄이기 위해 물건을 높은 곳으로 옮긴다. ……… (○, ×)

❸ 화산 활동 발생 시, 물을 묻힌 수건으로 문의 빈틈이나 환기구를 막는다. ……… (○, ×)

❹ 화학 물질 유출 시, 사고 발생 지역으로 바람이 불 때에는 바람이 불어오는 방향으로 대피한다. ……… (○, ×)

❺ 화학 물질 유출 시, 문이나 창문을 열어 환기를 시켜야 한다. ……… (○, ×)

빈칸에 알맞은 말을 쓰시오.

❻ 지진 발생에 대비해 땅이 안정한 지역에 건물을 짓고 지진의 진동에 견딜 수 있는 (　　)를 한다.

❼ 지진 해일 경보가 발령되면 신속하게 (　　)은 곳으로 대피한다.

❽ 강풍을 막기 위해 조성된 숲으로, 바람의 속도를 줄이고 세력을 약하게 할 수 있는 것은 (　　)이다.

❾ 낙뢰 발생 시, 충격 전류를 땅으로 안전하게 흘려 보냄으로써 건물 내부로 전류가 흐르지 않도록 하기 위해 설치하는 것을 (　　)이라고 한다.

❿ 감염성 질병 확산 시, 휴지나 옷소매 등으로 입과 (　　)를 가리며, 기침이 계속될 경우 마스크를 착용한다.

⓫ 화학 물질 유출 시, 사고가 발생한 지역에서 최대한 (　　) 곳으로 대피해야 한다.

백점의 신
백신과학

백점의 신
백신과학

정답과 해설

메가스터디BOOKS

백점의 신
백신과학

백점 맞는

핵심노하우가

들어 있는

백점의 신

백신과학

중등 2-2

정답과 해설

Ⅴ. 동물과 에너지

01 소화

용어 & 개념 체크 11, 13, 15쪽

01 세포 02 조직, 개체 03 기관 04 기관, 기관계
05 영양소 06 지방 07 무기염류, 에너지원
08 녹말, 녹말, 청람 09 단백질, 지방 10 소화
11 소화 효소 12 소화관, 소화샘
13 아밀레이스, 녹말 14 단백질, 펩신
15 아밀레이스, 트립신, 라이페이스 16 간, 쓸개
17 포도당, 아미노산, 모노글리세리드 18 융털, 표면적
19 모세 혈관, 암죽관 20 수분 흡수

개념 알약 11, 13, 15쪽

01 (1) × (2) × (3) × (4) ○ 02 (1) (가) 조직 (나) 기관 (다) 세포 (라) 개체 (마) 기관계 (2) (라)-(마)-(나)-(가)-(다)
03 (1) (다) 소화계 (2) (가) 순환계 (3) (나) 호흡계 (4) (라) 배설계
04 (1) × (2) ○ (3) × (4) ○
05 (1) ㄱ, ㄴ, ㄷ, ㄹ, ㅁ (2) ㄱ, ㅁ, ㅂ (3) ㄱ (4) ㅂ
06 ㉠ 아이오딘-아이오딘화 칼륨 용액 ㉡ 포도당 ㉢ 황적색 ㉣ 수단 Ⅲ 용액 ㉤ 보라색
07 (1) ○ (2) × (3) ○ (4) ○
08 ㉠ 위 ㉡ 대장 ㉢ 항문
09 (1) A : 간 B : 쓸개 C : 이자 (2) A, 간 (3) C, 이자
10 (1) × (2) × (3) × (4) ○ (5) ○
11 ㉠ 아밀레이스 ㉡ 포도당 ㉢ 펩신 ㉣ 아미노산 ㉤ 라이페이스 ㉥ 모노글리세리드
12 (1) (가) A, 입 (나) E, 위 (다) F, 소장 (2) B, 간 (3) D, 이자
13 (1) A : 모세 혈관 B : 암죽관 (2) ㄴ, ㅁ

01

바로 알기 | (1) 기관계는 동물에만 있는 구성 단계이며, 식물에만 있는 구성 단계는 조직계이다.
(2) 생물체를 구성하는 기본 단위는 세포이다.
(3) 동물의 구성 단계는 세포 → 조직 → 기관 → 기관계 → 개체이다.

02

(2) 사람 몸의 구성 단계를 가장 큰 단계부터 순서대로 나열하면, 개체(라)-기관계(마)-기관(나)-조직(가)-세포(다) 순이다.

03

사람의 몸을 구성하는 기관계는 소화계(다), 순환계(가), 호흡계(나), 배설계(라) 외에도 신경계, 골격계 등이 있다.

04

(4) 단백질은 세포막, 근육, 머리카락 등 몸의 주요 구성 성분이며, 효소와 호르몬의 주성분으로 몸의 기능을 조절한다.
바로 알기 | (1) 주영양소인 탄수화물, 단백질, 지방은 우리 몸의 에너지원으로 사용되며, 몸의 구성 성분이기도 하다.
(3) 콩은 단백질, 참깨, 땅콩, 버터는 지방이 많이 함유된 식품이다.

05

(1) 우리 몸의 구성 성분은 물, 지방, 단백질, 탄수화물, 무기염류이다. 바이타민은 몸을 구성하지 않고 몸의 기능을 조절한다.
(2) 부영양소인 물, 무기염류, 바이타민은 우리 몸에서 에너지원으로 이용되지 않는다.
(3) 영양소와 노폐물, 이산화 탄소를 운반하는 영양소는 물이다.
(4) 바이타민은 몸을 구성하지는 않지만 적은 양으로 몸의 기능을 조절하며, 부족하면 결핍증이 나타난다.

06

녹말 검출 반응에 이용되는 검출 용액은 아이오딘-아이오딘화 칼륨 용액(㉠)이다. 베네딕트 용액은 포도당(㉡) 검출 반응에 이용된다. 베네딕트 용액의 반응 색은 황적색(㉢)이다. 지방 검출 반응에 이용되는 검출 용액은 수단 Ⅲ 용액(㉣)이다. 단백질이 들어 있는 데에 뷰렛 용액을 넣으면 보라색(㉤)으로 변한다.

07

(1) 소화 효소는 주로 체온 범위(35 ℃~40 ℃)에서 가장 활발하게 작용한다.
바로 알기 | (2) 한 가지 소화 효소는 한 가지 영양소만 분해한다.

08

우리 몸에서 음식물이 소화될 때 이동 경로는 입 → 식도 → 위 → 소장 → 대장 → 항문이다.

09

(1) 소화 기관 중 음식물이 직접 지나가지 않는 기관은 간(A), 쓸개(B), 이자(C)와 같은 소화샘이다.
(2) 쓸개즙을 생성하는 기관은 간(A)이다.
(3) 이자(C)는 녹말의 소화 효소인 아밀레이스, 단백질의 소화 효소인 트립신, 지방의 소화 효소인 라이페이스가 들어 있는 이자액을 만들어 소장(E)으로 분비한다.

10

바로 알기 | (1) 장액에는 탄수화물 소화 효소와 단백질 소화 효소가 들어 있다. 주영양소를 분해하는 소화 효소가 모두 들어 있는 소화액은 이자액이다.
(2) 쓸개즙은 지방을 분해하는 소화 효소는 없고, 지방 덩어리를 작은 덩어리로 만들어 지방이 잘 소화되도록 돕는다.
(3) 간은 쓸개즙을 생성하는 소화샘으로, 소화 기관이다.

11

㉠, ㉡ 탄수화물 중 녹말은 침 속의 아밀레이스에 의해 엿당으로 분해되며, 이자액 속의 아밀레이스와 소장의 탄수화물 소화 효소에 의해 포도당으로 최종 분해된다.
㉢, ㉣ 단백질은 위에서 펩신에 의해 처음으로 소화되며, 이자액의 트립신과 소장의 단백질 소화 효소에 의해 아미노산으로 최종 분해된다.
㉤, ㉥ 지방은 쓸개즙의 도움을 받아 작은 덩어리로 쪼개진 다음 소장에서 이자액 속의 라이페이스에 의해 지방산과 모노글리세리드로 최종 분해된다.

12

(1) 밥에 주로 포함된 영양소는 탄수화물(녹말), 살코기에 주로 포함된 영양소는 단백질, 땅콩에 주로 포함된 영양소는 지방이다. 탄수화물(녹말)은 입(A)에서, 단백질은 위(E)에서, 지방은 소장(F)에서 처음으로 소화된다.
(2) 쓸개즙은 간(B)에서 만들어진다.
(3) 3대 영양소의 소화 효소가 모두 만들어지는 곳은 이자(D)이다.

13

(1) A는 모세 혈관, B는 암죽관이다.
(2) 암죽관(B)으로는 지용성 영양소인 지방산과 모노글리세리드 등이 흡수된다.

탐구 알약 16쪽

01 (1) × (2) ○ (3) ○ 02 해설 참조 03 해설 참조

01

(2) 소화 효소는 열에 약한 단백질로 이루어져 있어 침을 끓이면 침 속의 소화 효소가 변성되면서 기능을 잃어 녹말을 분해하지 못한다. 따라서 침 대신 끓인 침을 넣으면 아이오딘 반응이 일어나 청람색으로 변한다.
(3) 침 속의 아밀레이스에 의해 녹말이 엿당으로 분해되어 베네딕트 반응 결과 황적색으로 변한다.
바로 알기 | (1) 시험관 A에서 아이오딘 반응 결과 청람색으로 변하는 것은 녹말이 분해되지 않고 시험관 안에 남아 있기 때문이다.

02 서술형

모범 답안 | 시험관 B, 시험관 A와는 달리 아이오딘 반응에는 변화가 없고 베네딕트 반응 결과 황적색으로 변하였으므로 녹말이 엿당으로 소화가 일어났음을 알 수 있다.

채점 기준	배점
녹말의 소화가 일어난 시험관이 무엇인지 쓰고, 그렇게 생각한 까닭을 모두 옳게 서술한 경우	100%
녹말의 소화가 일어난 시험관만 옳게 쓴 경우	50%

03 서술형

모범 답안 | 뷰렛 반응 결과 보라색으로 변한다. 소화 효소는 한 가지 영양소만 분해하는데, 침 속의 아밀레이스는 녹말만 분해하는 효소이므로 묽은 달걀흰자의 단백질을 분해하지 못해 뷰렛 반응이 일어나 보라색으로 변한다.

채점 기준	배점
뷰렛 반응이 일어난다는 결과를 쓰고, 그 까닭을 소화 효소의 특징과 관련지어 모두 옳게 서술한 경우	100%
뷰렛 반응이 일어난다는 점만 옳게 서술한 경우	50%

실전 백신 20~22쪽

01 ③	02 ②	03 ⑤	04 ③	05 ④
06 ⑤	07 ④	08 ②	09 ⑤	10 ②, ③
11 ①	12 ④	13 ②	14 ④	15 ①
16 ④	17~20 해설 참조			

01

적혈구인 (가)는 세포에, 사람인 (나)는 개체에, 소화계인 (다)는 기관계에, 위인 (라)는 기관에 해당한다.

02

A는 조직, B는 기관, C는 기관계이다.
바로 알기 | ② 기관(B)은 여러 기능을 하는 조직이 모여 일정한 형태와 기능을 나타내는 단계이다. 기관은 조직이 모여 형성되므로 세포의 종류가 다양하다.

03

① 식물체의 구성 단계에는 기관계가 없으며 비슷한 기능을 하는 여러 조직들의 모임인 조직계가 있다.
바로 알기 | ⑤ 영양소와 산소 및 노폐물을 우리 몸의 적절한 곳으로 운반해 주는 기관계는 순환계이다. 소화계는 음식물을 소화하여 우리 몸에 필요한 영양소를 흡수한다.

04

ㄴ. 무기염류와 바이타민은 체내에서 합성되지 않고, 부족하면 결핍증이 나타나기 때문에 반드시 식품으로 섭취해야 한다.
ㄷ. 탄수화물은 우리 몸의 주된 에너지원으로 이용되어 섭취량에 비해 우리 몸의 구성 비율이 매우 낮다.
바로 알기 | ㄱ. 무기염류는 우리 몸의 구성 성분이다. 우리 몸을 구성하지 않으면서 몸의 기능을 조절하는 것은 바이타민이다.
ㄹ. 뷰렛 용액으로 검출할 수 있는 영양소는 단백질이다. 단백질은 육류, 달걀, 생선류에 많이 함유되어 있다. 벼, 보리, 밀 등에 많이 함유되어 있는 영양소는 탄수화물이다.

05

설명하고 있는 영양소는 단백질이다. 단백질은 콩, 살코기, 생선, 달걀, 두부 등에 많이 들어 있다. 빵과 감자에는 탄수화물이, 야채와 과일에는 바이타민이, 땅콩, 참깨에는 지방이, 우유, 멸치, 버섯에는 무기염류가 많이 들어 있다.

06

① 탄수화물의 기본 단위는 포도당이다.
② 탄수화물은 우리 몸에서 주된 에너지원으로 이용되어 섭취량에 비해 몸을 구성하는 비율이 낮다.
③ 탄수화물은 우리 몸의 주영양소로, 에너지원으로 이용되며 몸을 구성하지만 생리 작용을 조절하는 영양소는 아니다.
④ 쌀밥, 빵, 감자, 고구마, 국수 등에 많이 함유되어 있다.
바로 알기 | ⑤ 에너지원으로 이용하고 남은 탄수화물은 체내에 글리코젠이나 지방으로 전환되어 저장된다.

07

④ 물, 무기염류, 바이타민은 부영양소로, 에너지원으로 이용되지 않고, 몸의 기능을 조절하는 데 관여한다.

바로 알기 | ① 바이타민은 소량으로 충분히 생리 작용을 조절하지만 물은 우리 몸의 구성 성분 중 가장 많은 양을 차지하는 영양소로 일정량 이상 손실되면 목숨을 잃을 수 있다.
② 물, 무기염류, 바이타민은 에너지원으로 이용되지 않는다.
③ 물과 무기염류는 우리 몸을 구성하는 구성 성분이지만, 바이타민은 우리 몸을 구성하지 않는다.
⑤ 물, 무기염류, 바이타민도 생명 활동에 중요한 영향을 미치는 성분으로, 부족 시 우리 몸에 이상이 나타난다.

08

아이오딘 반응은 녹말, 베네딕트 반응은 포도당(당분), 뷰렛 반응은 단백질, 수단 Ⅲ 반응은 지방의 검출 반응이다. A를 공통으로 포함하고 있는 용액에서 뷰렛 반응이 일어났으므로 A에 들어 있는 영양소는 단백질이고, B를 공통으로 포함하고 있는 용액에서는 베네딕트 반응이 일어났으므로 B에 들어 있는 영양소는 포도당(당분)이며, C를 공통으로 포함하는 용액에서는 아이오딘 반응이 일어났으므로 C에 들어 있는 영양소는 녹말이다.

09

A는 입, B는 쓸개, C는 위, D는 이자, E는 소장이다. 소장(E)에서는 이자액, 쓸개즙, 소장의 소화 효소에 의해 녹말이 포도당으로, 단백질이 아미노산으로, 지방이 지방산과 모노글리세리드로 최종 분해된다.

10

① 단백질은 위에서 펩신에 의해 처음으로 분해된다.
④, ⑤ 위에서 분비된 염산은 세균을 죽여 음식물의 부패를 방지하고, 펩신이 소화 효소로 작용할 수 있도록 돕는다.

바로 알기 | ② 지방은 소장에서 쓸개즙에 의해 작은 덩어리로 쪼개진 후 이자액에 의해 처음으로 분해된다.
③ 단백질은 소장에서의 단백질 분해 효소에 의해 최종적으로 분해되어 아미노산이 된다. 위에서는 단백질이 중간 단계 단백질로 분해된다.

11

A는 간, B는 쓸개, C는 소장, D는 이자, E는 위이다.
② 쓸개(B)에 이상이 생기면 쓸개즙이 분비되지 못하고 이로 인해 지방 덩어리가 잘게 쪼개지지 못해 지방의 소화가 잘 일어나지 못한다.
③ 단백질은 소장(C)의 단백질 분해 효소에 의해 아미노산으로 최종 분해된다.
④ 3대 영양소를 모두 소화시킬 수 있는 소화액은 이자액으로, 이자액은 이자(D)에서 생성되어 소장으로 분비된다.
⑤ 위(E)에서는 단백질을 분해하는 소화 효소인 펩신만 분비되므로 단백질만 분해된다.

바로 알기 | ① 간(A)에서 생성되는 소화액은 쓸개즙으로, 지방을 작은 덩어리로 쪼개어 지방의 소화가 잘 일어나도록 해준다. 단백질은 위(E)에서 펩신에 의해 처음으로 분해된다.

12

① (가)는 입에서 최초로 소화가 일어나는 녹말, (나)는 위에서 최초로 소화가 일어나는 단백질, (다)는 소장에서 최초로 소화가 일어나는 지방이다.
② 위에서 펩신이 단백질(나)을 소화할 때 염산이 관여한다.
③ 쓸개즙은 소화 효소는 없으나 지방(다)의 소화를 돕는다.
⑤ 녹말(가)은 포도당으로, 단백질(나)은 아미노산으로, 지방(다)은 지방산과 모노글리세리드로 최종 분해된다.

바로 알기 | ④ 이자액에는 아밀레이스(A), 트립신(B), 라이페이스(C)가 포함되어 있다.

13

자료 해석 | 소화가 일어나야 하는 까닭

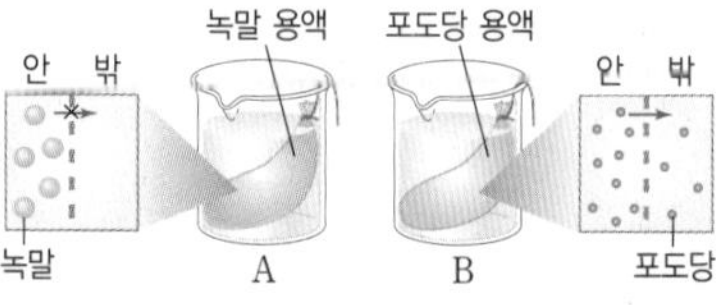

크기가 큰 녹말 분자는 셀로판 튜브(융털 상피 세포의 세포막)를 통과하지 못하고, 크기가 작은 포도당 분자는 셀로판 튜브(융털 상피 세포의 세포막)를 통과한다.

ㄷ. 실험 결과 녹말은 셀로판 튜브를 통과하지 못했고, 포도당만 통과한 것을 알 수 있다. 이를 통해 녹말과 단백질, 지방과 같은 영양소가 체내로 흡수되기 위해서는 세포막을 통과할 만큼 작게 분해되어야 한다는 것을 알 수 있다.

바로 알기 | ㄱ. 비커 A는 아이오딘 반응이 일어나지 않았으므로, 비커 A의 물에는 녹말이 존재하지 않는다는 것을 알 수 있다.
ㄴ. 비커 B는 베네딕트 반응이 일어났으므로, 포도당이 셀로판 튜브를 통과하여 비커의 물에 포함되어 있음을 알 수 있다.

14

①, ②, ⑤ A는 녹말이 분해되지 않아 아이오딘 반응 결과 청람색으로 변하고, B는 침 속의 소화 효소(아밀레이스)에 의해 녹말이 분해되어 아이오딘 반응이 일어나지 않으며, 녹말이 분해되어 엿당이 생성되었으므로 베네딕트 용액을 떨어뜨리고 가열하면 황적색으로 변한다.
③ 침 속의 아밀레이스는 단백질을 분해하지 못하므로 단백질이 있는 C와 D는 모두 뷰렛 반응이 일어나 보라색으로 변한다.

바로 알기 | ④ 침에는 녹말을 분해하는 소화 효소인 아밀레이스가 들어 있다. 아밀레이스는 녹말을 엿당으로 분해한다.

15

자료 해석 | 침의 작용

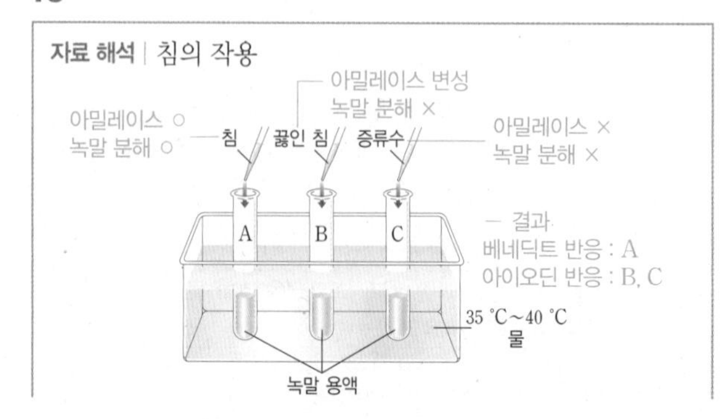

시험관 A에서는 침의 효소에 의해 녹말이 엿당으로 분해되어 베네딕트 반응이 일어나고, 시험관 B와 C에서는 녹말이 분해되지 않아 베네딕트 반응이 일어나지 않는다.

베네딕트 반응의 결과 용액의 색이 황적색으로 변하려면 녹말이 침의 아밀레이스에 의해 분해되어야 한다. 시험관 B에 넣은 아밀레이스는 열에 의해 변형되어 효소로서 기능을 잃어 베네딕트 반응이 일어나지 않는다.

16

A는 모세 혈관이다. 모세 혈관(A)으로는 수용성 영양소인 포도당, 아미노산, 무기염류, 수용성 바이타민(B, C)이 흡수된다.

서술형 문제

17

모범 답안 | 610 kcal / 이 음식 100 g은 탄수화물 240(60×4) kcal, 단백질 20(5×4) kcal, 지방 45(5×9) kcal로 총 305 kcal를 낸다. 따라서 이 음식을 200 g 먹었을 때 얻을 수 있는 에너지양은 610 kcal이다.

채점 기준	배점
얻을 수 있는 에너지양을 옳게 쓰고, 풀이 과정을 옳게 서술한 경우	100 %
얻을 수 있는 에너지양만 옳게 쓴 경우	40 %

18

모범 답안 | 음식물 속에 들어 있는 단백질, 탄수화물, 지방과 같은 영양소는 크기가 커서 세포막을 통과할 수 없다. 따라서 크기가 큰 영양소가 세포에 흡수되기 위해서는 세포막을 통과할 수 있을 정도로 크기가 매우 작아야 하기 때문이다.

채점 기준	배점
세포의 크기에 따라 세포막의 통과 여부를 옳게 서술한 경우	100 %
세포막을 통과하기 위해서라고만 옳게 서술한 경우	30 %

19

모범 답안 | 침샘에서 분비된 침에는 녹말을 분해하는 소화 효소인 아밀레이스가 있으며, 아밀레이스는 단맛이 없는 녹말을 단맛이 있는 엿당으로 분해하기 때문에 쌀밥을 오래 씹으면 단맛이 난다.

채점 기준	배점
녹말의 소화 산물인 엿당이 단맛이 나기 때문이라는 것을 포함하여 옳게 서술한 경우	100 %
아밀레이스와 엿당을 이용하여 옳게 서술한 경우	70 %
침에 의해 녹말이 소화되었다고만 서술한 경우	30 %

20

모범 답안 | 소장의 내벽에는 많은 주름이 있고, 그 주름의 표면은 많은 융털로 덮여 있다. 이는 소장의 표면적을 넓혀 주어 영양소가 효율적으로 흡수될 수 있도록 한다.

채점 기준	배점
소장 내벽의 주름과 융털 구조가 소장 내벽의 표면적을 넓혀 영양소가 효율적으로 흡수될 수 있도록 한다는 내용을 모두 포함하여 옳게 서술한 경우	100 %
융털이 있어 영양소를 효율적으로 흡수할 수 있도록 한다고만 옳게 서술한 경우	60 %

1등급 백신

23쪽

21 ① 22 ② 23 ④ 24 ③, ④
25 ③

21

동물의 구성 단계는 세포 → 조직 → 기관 → 기관계 → 개체의 순서로 이루어진다. 백혈구, 적혈구, 뉴런은 세포에 해당하고, 혈액, 연골은 조직에 해당하며, 폐, 눈, 척추, 혈관, 위, 방광은 기관, 근육이나 뼈는 구성에 따라 조직이나 기관으로 분류된다. 기관계로는 소화계, 호흡계, 배설계, 신경계 등이 있다.

22

A는 에너지원으로 쓰이고 몸의 구성 성분으로 이용되는 탄수화물, B는 에너지원이며 몸을 구성하기도 하면서 몸의 기능을 조절하는 단백질, C는 에너지원으로 이용되지는 않지만 몸을 구성하며 몸의 기능을 조절하는 무기염류, D는 몸의 구성 성분에는 해당되지 않지만 몸의 기능을 조절하는 바이타민이다.

23

자료 해석 | 영양소의 소화 과정

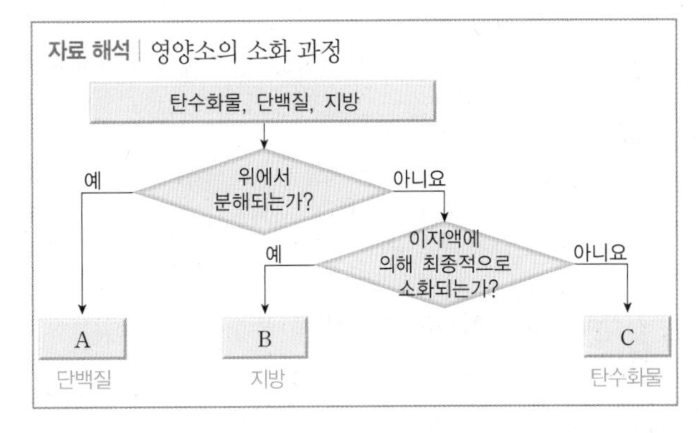

위에서는 단백질이 분해된다. 이자액에 의해 최종적으로 소화되는 것은 지방이다. 탄수화물은 장액에 의해 최종적으로 소화된다.

24

A는 입에서 처음 분해되었으므로 탄수화물, B는 위에서 처음 분해되었으므로 단백질, C는 소장에서 처음 분해되었으므로 지방이다.

③ 단백질(B)은 뷰렛 용액을 통해 검출할 수 있다.

④ 지방(C)은 입, 위에서는 소화되지 않고, 소장에서 라이페이스에 의해서 최종 물질로 분해된다.

바로 알기 | ① 탄수화물(A)은 입, 소장에서 분해되며, 위에서는 펩신에 의해 단백질만 분해된다.

② 단백질(B)은 위에서 펩신에 의해, 소장에서 이자액의 트립신에 의해 중간 단계 단백질로 분해된다.
⑤ 지방(C)은 라이페이스에 의해 지방산과 모노글리세리드로 최종 분해된다.

25
A는 간, B는 쓸개, C는 위, D는 이자, E는 모세 혈관, F는 암죽관이다.
ㄴ. 쓸개(B)에서 분비되는 쓸개즙과 이자(D)에서 분비되는 이자액은 모두 소장으로 분비된다.
ㄷ. 위(C)에서 소화되는 영양소는 단백질로, 단백질의 최종 산물인 아미노산은 모세 혈관(E)으로 흡수된다.
바로 알기 | ㄱ. 간(A)에 이상이 생기면 쓸개즙이 생성되지 못하므로 지방이 잘 분해되지 못한다.
ㄹ. 이자(D)의 이자액에 의해 분해된 영양소 중 지방산과 모노글리세리드는 암죽관(F)으로 흡수된다.

02 순환

용어 & 개념 체크 25, 27쪽

01 심장 02 심방, 정맥 03 판막 04 좌심실
05 모세 혈관 06 정맥, 판막 07 혈장, 혈구 08 혈장
09 적혈구, 백혈구, 혈소판 10 좌심실, 우심방 11 폐동맥

개념 알약 25, 27쪽

01 (1) A : 우심방 C : 좌심방 (2) B : 우심실 D : 좌심실 (3) E, 판막 (4) D, 좌심실 (5) B, 우심실
02 (1) ○ (2) ○ (3) × (4) ×
03 (1) A : 동맥 B : 정맥 C : 모세 혈관 (2) A－C－B (3) A－C－B (4) A－B－C (5) C
04 (1) ○ (2) × (3) × (4) ○ (5) ×
05 (1) C, 혈소판 (2) D, 혈장 (3) A, 적혈구 (4) B, 백혈구
06 (1) × (2) ○ (3) ○ (4) × (5) × (6) ×
07 ㉠ 헤모글로빈 ㉡ 결합 ㉢ 분리
08 (1) ㉠ 좌심실 ㉡ 우심방 ㉢ 폐동맥 ㉣ 폐정맥 (2) ㉠ 이산화 탄소 ㉡ 산소 ㉢ 좌심방 (3) ㉠ 정맥혈 ㉡ 동맥혈
09 (1) × (2) ○ (3) × (4) ○

01
(1) 혈액이 심장으로 들어오는 곳은 심방(A, C)이다.
(2) 혈액을 심장에서 내보내는 곳은 심실(B, D)이다.
(3) 혈액이 거꾸로 흐르는 것을 막아 주는 역할을 하는 것은 판막(E)이다.
(4) 대동맥과 연결된 부분은 좌심실(D)이다.
(5) 혈액을 폐로 보내는 혈관은 폐동맥으로, 우심실(B)과 연결되어 있다.

02
바로 알기 | (3) 폐에서 산소를 공급받은 혈액이 들어오는 곳은 좌심방이다.
(4) 판막은 혈액이 거꾸로 흐르는 것을 막아 심방 → 심실 → 동맥의 한쪽 방향으로만 흐를 수 있게 한다.

03
(2) 혈액은 동맥(A) → 모세 혈관(C) → 정맥(B) 순으로 흐른다.
(3) 혈압은 심실이 수축할 때 혈액이 혈관 벽에 미치는 압력을 말한다. 동맥(A)은 심실 수축의 영향을 가장 크게 받아 압력이 가장 크다. 정맥(B)은 심실 수축의 영향을 가장 적게 받으므로 혈관 중 압력이 가장 작다.
(4) 혈류 속도는 혈관 총 단면적에 반비례한다. 따라서 혈관 총 단면적이 큰 모세 혈관(C)에서 혈류 속도가 가장 느리다.
(5) 모세 혈관(C)은 몸속에 그물처럼 퍼져 있으며, 혈관 벽이 매우 얇아 모세 혈관(C)을 지나는 혈액과 조직 세포 사이에서 물질 교환이 일어난다.

04
바로 알기 | (2) 동맥은 혈관 벽이 가장 두꺼운 혈관으로 탄력성이 크다.
(3) 동맥은 심장에서 나가는 혈액이 흐르는 혈관이다.
(5) 모세 혈관은 벽이 한 겹의 세포층으로 되어 있어 주변 조직 세포와 물질 교환이 쉽다.

05
A는 적혈구로 가운데가 오목한 원반 모양이며 핵이 없고, 산소 운반을 한다. B는 백혈구로 핵을 가지고 있으며 식균 작용을 한다. C는 혈소판으로 일정한 모양이 없고, 핵이 없으며 혈액 응고 작용을 한다. D는 혈장으로 노폐물, 이산화 탄소 등을 운반한다.

06
바로 알기 | (1) 혈구는 혈액의 45 % 정도를 차지하며, 혈장은 55 % 정도를 차지한다.
(4) 혈구 중 가장 많은 수를 차지하는 것은 적혈구이다.
(5) 백혈구는 모양이 일정하지 않고, 핵을 가지고 있다.
(6) 혈액을 분리하면 윗부분은 옅은 황색의 혈장, 아랫부분은 붉은색의 혈구로 나뉜다.

07
적혈구에는 헤모글로빈이라는 붉은색을 띠는 단백질이 있다. 그 결과 혈액은 붉은색을 띠게 된다. 헤모글로빈은 산소가 많은 곳(폐)에서는 산소와 쉽게 결합하고, 산소가 적은 곳(조직 세포)에서는 산소와 쉽게 분리된다.

08
(1) 온몸 순환은 '좌심실 → 대동맥 → 온몸의 모세 혈관 → 대정맥 → 우심방'의 경로로 일어나는 순환이고, 폐순환은 '우심실 → 폐동맥 → 폐의 모세 혈관 → 폐정맥 → 좌심방'의 경로로 일어나는 순환이다.
(2) 혈액이 폐를 지날 때 혈액 속의 이산화 탄소를 내보내고, 산소를 받아들여 동맥혈로 바뀐다. 이 혈액은 폐정맥을 거쳐 좌심방으로 들어간다.
(3) 폐동맥에는 온몸을 돌고 온 정맥혈이 흐르고, 폐정맥에는 폐에서 받아온 산소가 풍부한 동맥혈이 흐른다.

09

바로 알기 | (1) 정맥혈이 동맥혈로 바뀌는 순환은 폐순환이다. 폐동맥 속의 정맥혈은 폐에서 이산화 탄소를 버리고 산소를 얻어 동맥혈로 바뀐다.
(3) 폐동맥에는 정맥혈이 흐른다.

탐구 알약 28쪽

01 (1) × (2) ○ (3) ○ (4) × (5) ×　02 해설 참조　03 해설 참조

01

바로 알기 | (1) 혈액을 얇게 펼 때는 혈액이 있는 반대 방향으로 밀어야 혈구가 깨지지 않는다.
(4) 혈액이 얇게 펴지지 않고 한 곳에 뭉치면 혈구를 관찰하기 어렵다.
(5) 적혈구는 핵이 없어 김사액에 염색되지 않는다.

02 서술형

모범 답안 | 적혈구, 적혈구는 핵이 없어 김사액에 의해 염색되지 않는다.

채점 기준	배점
염색되지 않은 혈구를 옳게 쓰고, 핵이 없어 염색되지 않는다는 사실을 옳게 서술한 경우	100 %
염색되지 않은 혈구만 옳게 쓴 경우	30 %

03 서술형

모범 답안 | 풍식이는 세균에 감염되었다. 백혈구는 우리 몸에 감염된 세균을 잡아먹는 역할을 하는 혈구로, 세균에 감염되면 일시적으로 수가 증가한다. 따라서 풍식이가 세균에 감염되었다고 추측할 수 있다.

채점 기준	배점
백혈구의 기능, 세균 감염과 수와의 관계를 들어 풍식이의 상태를 옳게 서술한 경우	100 %
풍식이가 세균에 감염되었다는 것만 옳게 서술한 경우	50 %

실전 백신 32~34쪽

01 ①	02 ①	03 ⑤	04 ①	05 ①, ②
06 ④	07 ②	08 ⑤	09 ⑤	10 ⑤
11 ④	12 ⑤	13 ④	14 ④	15 ⑤
16 ②	17 ⑤	18 ⑤	19~21 해설 참조	

01

① 심장은 혈액 순환의 중심이 되는 기관이다.
바로 알기 | ② 심방과 심실은 교대로 수축과 이완을 주기적으로 반복한다.
③ 심방은 심실에만 혈액을 보내면 되지만, 심실은 온몸으로 혈액을 보내야 하므로 심실의 근육이 더 두껍다.
④ 심방은 정맥과 연결되고, 심실은 동맥과 연결된다.
⑤ 심방은 정맥으로부터 혈액을 받아들이고, 심실은 동맥으로 혈액을 내보낸다.

02

A는 우심방, B는 우심실, C는 좌심방, D는 좌심실이다.
① (가)는 대동맥, (나)는 대정맥이다.
바로 알기 | ② 우심방(A)은 온몸을 돌고 온 혈액을 받아들이는 곳이다.
③ 우심실(B)은 폐로 혈액을 내보낸다.
④ 좌심방(C)은 폐에서 나온 산소가 많은 혈액이 흐른다.
⑤ 좌심실(D)은 온몸으로 혈액을 내보내는 곳이며 심장에서 근육이 가장 두껍다.

03

(다)는 판막이다. 판막은 혈액의 역류를 방지하며, 혈액이 일정한 방향으로 흐르게 한다. 심방과 심실 사이에 있는 판막은 심방에서 심실로, 좌심실과 대동맥, 우심실과 폐동맥 사이에 있는 판막은 혈액이 심실에서 각 혈관으로 흐르게 한다.

04

② 좌심방은 폐정맥과 연결되어 있다.
③ 대정맥은 우심방과 연결되어 있다.
④ 심실과 심방 사이에는 판막이 있어 혈액의 역류를 방지하며, 혈액이 일정한 방향(심방→심실)으로만 흐르게 한다.
⑤ 혈액은 폐정맥에서 좌심방으로 흐르고, 좌심방의 수축으로 좌심실로 이동한 후, 좌심실의 수축으로 대동맥으로 혈액이 흐른다.
바로 알기 | ① 우심방과 좌심방은 연결되어 있지 않고, 각 심방과 심실이 연결되어 있다.

05

A는 동맥, B는 모세 혈관, C는 정맥이다.
① 동맥(A)은 심실의 수축에 의한 압력을 가장 많이 받는 곳으로, 맥박이 나타난다.
② 모세 혈관(B)은 총 단면적이 가장 크고, 혈류 속도가 느려 물질 교환에 유리하다.
바로 알기 | ③ 대정맥에는 정맥혈이 흐르지만, 폐정맥에는 동맥혈이 흐른다.
④ 혈관 벽이 가장 두껍고, 탄력성이 높은 혈관은 동맥(A)이다.
⑤ 혈액은 동맥(A) → 모세 혈관(B) → 정맥(C) 방향으로 흐른다.

06

바로 알기 | ④ 혈류 속도는 동맥 > 정맥 > 모세 혈관 순이다.

07

조직 세포의 기체 교환으로 이산화 탄소를 받은 혈액은 대정맥을 통해 우심방으로 들어가고, 우심방에서 우심실을 거쳐 폐동맥을 통해 심장에서 나간 후 폐로 들어간다.

08

A는 액체 성분인 혈장, B는 세포 성분인 혈구이다.
바로 알기 | ⑤ 외부 기온에 대해 체온을 조절하는 것은 혈장(A)이다.

09

A는 적혈구, B는 백혈구, C는 혈소판이다.
혈소판(C)은 일정한 형태가 없고, 핵을 가지고 있지 않으며 상처가 났을 때 상처 부위에 딱지를 만들어 주는 혈액 응고 작용을 한다.

10

백혈구(B)는 몸에 침입한 세균을 잡아먹는다. ①, ②는 혈장, ③은 혈소판(C), ④는 적혈구(A)에 대한 설명이다.

11

적혈구의 수가 적으면 조직 세포로 산소 운반이 제대로 이루어지지 않아 빈혈이 일어날 수 있다.
바로 알기 | ⑤ 김사액으로 염색 시 핵이 염색되어 관찰하기 용이한 것은 백혈구이다. 적혈구는 핵이 없어 김사액으로 염색되지 않는다.

12

(가)는 헤모글로빈이 산소와 결합하고 있으므로 산소가 많은 폐, (나)는 산소가 헤모글로빈에서 떨어져 나오므로 산소가 적은 조직 세포이다. 적혈구의 헤모글로빈은 산소가 많은 곳(폐)에서는 산소와 쉽게 결합하고, 산소가 적은 곳(조직 세포)에서는 산소와 쉽게 분리된다. 이를 통해 산소를 운반한다.

13

김사액은 핵을 염색하는 염색약이다. 혈액의 구성 성분 중 핵을 가진 혈구는 백혈구뿐이므로 (라) 과정은 백혈구를 잘 관찰하기 위한 것이다.

14

ㄴ. 혈액을 얇게 펼 때는 혈액이 있는 반대 방향으로 밀어야 혈구가 터지지 않는다.
ㄷ. 에탄올을 떨어뜨리는 것은 혈구를 고정하기 위한 과정이다.
바로 알기 | ㄱ. 혈액에는 1 mm^3 당 450만~500만 개의 적혈구가 존재하기 때문에 적혈구가 가장 많이 관찰된다.

15

ㄱ. 염증은 병원균이 몸 안에 침입했을 때 일어나는 증상으로, 병원균이 침입할 경우 백혈구의 수는 증가한다.
ㄴ. 산소가 희박한 고산 지대에서 사는 사람은 낮은 지대에서 사는 사람보다 적혈구 수가 많다.
ㄷ. 혈소판은 혈액 응고에 관여하는 혈구로, 혈소판이 적으면 혈액이 잘 응고되지 않아 출혈이 잘 멈추지 않는다.

16

폐순환은 우심실 → 폐동맥 → 폐의 모세 혈관 → 폐정맥 → 좌심방의 경로로 일어난다.

17

(가)는 폐동맥, (나)는 폐정맥, (다)는 대정맥, (라)는 대동맥이고, A는 우심방, B는 좌심방, C는 우심실, D는 좌심실이다. 온몸 순환의 경로는 좌심실(D) → 대동맥(라) → 온몸의 모세 혈관 → 대정맥(다) → 우심방(A)이다.

18

동맥혈은 산소가 풍부한 혈액으로 선홍색을 띠고, 정맥혈은 조직 세포에 산소를 공급하여 산소를 적게 포함한 혈액으로 암적색을 띤다. 동맥혈은 폐정맥과 대동맥에 흐르고, 정맥혈은 폐동맥과 대정맥에 흐른다. 좌심방과 좌심실에는 동맥혈이 흐른다.

서술형 문제

19

모범 답안 | 판막, 정맥에서는 판막에 의해 혈액이 심장 쪽으로만 흐른다.

채점 기준	배점
A의 이름을 옳게 쓰고, 그 역할에 대해 모두 옳게 서술한 경우	100 %
A의 이름만 옳게 쓴 경우	30 %

20

모범 답안 | D, 심방은 심실까지만 혈액을 보내면 되고, 우심실은 폐까지만 혈액을 보내면 되지만, 좌심실은 온몸으로 혈액을 보내야 하므로 강하게 수축하여 더 높은 압력으로 밀어내야 한다. 따라서 좌심실의 근육이 가장 두껍다.

채점 기준	배점
기호와 까닭을 모두 옳게 서술한 경우	100 %
기호만 옳게 쓴 경우	40 %

21

(1) **답** | A 동맥, B 정맥
(2) **모범 답안** | 모세 혈관, 모세 혈관(C)은 혈관 벽이 다른 혈관에 비해 얇고, 몸속에 그물처럼 넓게 퍼져 있으며, 혈액이 흐르는 속도가 느리기 때문에 물질 교환에 유리하다.

채점 기준	배점
C의 이름을 옳게 쓰고, 혈관 벽의 두께, 혈관의 분포, 혈류 속도 세 가지를 모두 옳게 서술한 경우	100 %
C의 이름을 옳게 쓰고, 혈관 벽의 두께, 혈관의 분포, 혈류 속도 중 두 가지를 옳게 서술한 경우	60 %
C의 이름만 옳게 쓴 경우	30 %

1등급 백신

35쪽

22 ③ 23 ④ 24 ⑤ 25 ② 26 ②

[22~23]

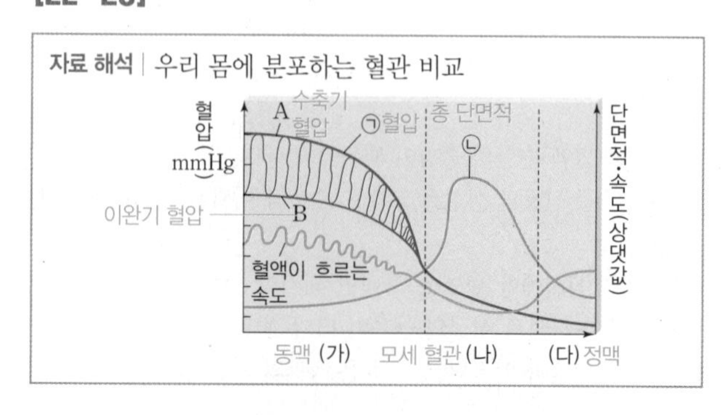

22

(가)는 혈압이 가장 높고, 혈액이 흐르는 속도가 심장 박동에 따라 변하는 것으로 보아 동맥이다. (나)는 혈액이 흐르는 속도가 가장 낮으므로 모세 혈관이고, (다)는 정맥이다.

23

바로 알기 | ④ A는 최고 혈압으로 심실이 수축할 때의 혈압이고, B는 최저 혈압으로 심실이 이완할 때의 혈압이다.

24

ㄴ. 판막에 이상이 생긴 경우(B) 역류한 혈액에 의해 이상 판막 아래쪽 부위가 팽창해 하지 정맥류가 나타날 수 있다.
ㄷ. 판막에 이상이 생긴 경우(B) 혈액이 한 방향으로 흐르지 못해 혈류가 원활하지 못하다.
바로 알기 | ㄱ. 맥박은 정맥이 아닌 동맥에서 느낄 수 있다.

25

ㄱ. 좌심실은 혈액을 온몸으로 보내야 하기 때문에 폐로 혈액을 보내는 우심실보다 더 강한 압력으로 수축하여 혈액을 밀어낸다.
ㄷ. 폐를 제외한 몸의 다른 부분을 흐르는 순환은 온몸 순환으로, 산소와 영양소를 공급한다.
바로 알기 | ㄴ. 소장에서 흡수된 영양소 중 수용성 영양소만 모세 혈관(A)으로 흡수되어 간을 지나 심장으로 이동한다. 지용성 영양소는 암죽관으로 흡수되어 림프관을 지나 간을 거치지 않고 심장으로 바로 이동한다.
ㄹ. 정맥은 심실의 수축으로 인한 압력의 영향을 가장 적게 받아 혈압이 가장 낮지만, 혈류의 속도는 총 단면적에 영향을 받으므로 총 단면적이 가장 넓은 모세 혈관의 혈류 속도가 가장 느리다.

26

자료 해석 | 혈액 순환에 따른 혈관 내 혈액 속 산소의 양

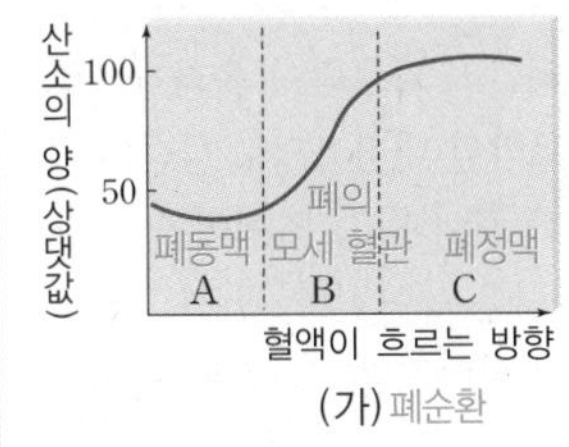

(가) 폐순환

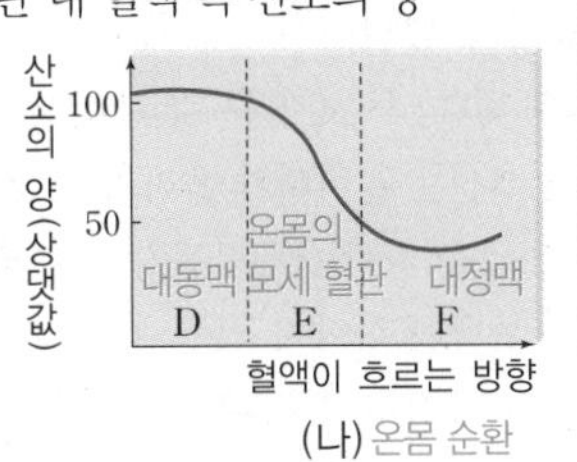

(나) 온몸 순환

A는 폐동맥, B는 폐의 모세 혈관, C는 폐정맥으로 (가)는 폐순환이다. D는 대동맥, E는 온몸의 모세 혈관, F는 대정맥으로 (나)는 온몸 순환이다.

ㄱ. (가)는 혈관 속의 산소의 양이 늘어나는 것으로 보아 폐순환이고, (나)는 산소의 양이 점점 줄어드는 것으로 모아 온몸 순환이라는 것을 알 수 있다.
ㄹ. C는 산소의 양이 많아진 폐정맥으로 좌심방에 연결되어 있다.
바로 알기 | ㄴ. 정맥은 심장으로 들어오는 혈액이 흐르는 혈관으로, 폐에서 심장으로 혈액이 들어오는 C와 온몸을 돌고 심장으로 혈액이 들어오는 F가 정맥이다. 반대로 동맥은 심장에서 나가는 혈액이 흐르는 혈관으로 A와 D이다.
ㄷ. B와 E는 물질을 교환하는 모세 혈관이다. 모세 혈관은 총 단면적이 가장 넓어 혈액이 흐르는 속도가 가장 느리고, 정맥보다 심실 수축에 의한 압력을 더 받으므로 혈압은 정맥보다 높다.

03 호흡

용어 & 개념 체크 37, 39쪽

01 산소, 이산화 탄소 02 폐포, 표면적 03 들숨, 날숨
04 근육 05 가로막, 흉강 06 커, 낮아
07 농도, 확산 08 폐, 모세 혈관, 폐포
09 모세 혈관, 조직 세포, 조직 세포, 모세 혈관

개념 알약 37, 39쪽

01 (1) A : 코 B : 기관 C : 기관지 D : 폐포 E : 가로막 (2) D, 폐포
02 (1) ○ (2) ○ (3) × (4) ○ (5) ○ (6) ×
03 ㉠ 날숨 ㉡ 날숨 ㉢ 들숨 04 B, 노란색
05 (1) (가) 들숨 (나) 날숨 (2) ㉠ 올라가고 ㉡ 내려간다 ㉢ 커진다 ㉣ 낮아진다
06 (1) × (2) × (3) ○ (4) ○
07 (1) ㉠ 높고 ㉡ 낮 ㉢ 산소 ㉣ 이산화 탄소 (2) ㉠ 낮고 ㉡ 높 ㉢ 산소 ㉣ 이산화 탄소
08 (1) A : 산소 B : 이산화 탄소 C : 산소 D : 이산화 탄소 (2) (나)

01

(2) 예시들은 표면적을 넓혀 효율을 높인 것으로, 폐도 수많은 폐포(D)로 이루어져 있어 공기와 닿는 표면적이 넓어 기체 교환이 효율적으로 일어난다. 기관(B)과 기관지(C)에 나 있는 섬모는 이물질을 거르는 역할을 한다.

02

바로 알기 | (3) 코는 차고 건조한 공기를 따뜻하고 촉촉하게 만들어 준다.
(6) 폐포는 한 겹의 세포층으로 되어 있어 기체 교환에 유리하다.

03

조직 세포에서 생성된 이산화 탄소가 날숨을 통해 배출되기 때문에 이산화 탄소는 날숨에 많이 포함되어 있다. 반면에 산소는 폐에서 받아들여 조직 세포로 공급하기 때문에 날숨보다 들숨에 많이 들어 있다.

04

공기를 넣은 A의 BTB 용액은 색깔이 변하지 않고, 날숨을 불어넣은 B의 BTB 용액은 날숨의 이산화 탄소에 의해 노란색으로 변한다. 이 실험으로 들숨(공기)보다 날숨에 이산화 탄소가 더 많다는 것을 알 수 있다.

05

(2) 들숨(가)일 때 갈비뼈는 올라가고, 가로막은 내려가 흉강의 부피가 커지고, 압력은 낮아진다. 이로 인해 폐의 부피가 커지고, 폐 내부 압력은 대기압보다 낮아져 공기가 안으로 들어온다. 날숨(나)일 때는 들숨(가)일 때의 반대 과정이 일어나 공기가 밖으로 나가게 된다.

06

바로 알기 | (1) 갈비뼈가 내려가고, 가로막이 올라가면 흉강의 부피가 작아져, 흉강의 압력이 높아진다. 그 결과 폐의 부피가 작아지고, 내부 압력은 높아져 공기가 밖으로 나가는 날숨이 일어난다.

(2) 갈비뼈가 위로 올라가면 흉강 내부의 부피가 커져 흉강의 압력은 낮아진다.

07

(1) 폐포는 모세 혈관보다 산소의 농도가 높고, 이산화 탄소의 농도가 낮아 확산에 의해 산소는 모세 혈관으로, 이산화 탄소는 폐포로 기체 교환이 일어난다.
(2) 조직 세포는 모세 혈관보다 산소의 농도가 낮고, 이산화 탄소의 농도는 높아 확산에 의해 산소는 조직 세포로, 이산화 탄소는 모세 혈관으로 기체 교환이 일어난다.

08

(2) 조직 세포에서 일어나는 기체 교환은 혈액이 산소를 내어주고 이산화 탄소를 받는다.

탐구 알약 40쪽

01 (1) × (2) × (3) ○ (4) × (5) × (6) ○ 02 ④

01

바로 알기 | (1), (5) 고무 막을 잡아당기면 유리병 속의 부피가 커지고, 유리병 속의 압력은 낮아진다. 그 결과 고무풍선 내부의 압력이 낮아져 공기가 모형 안으로 들어오고, 고무풍선은 부풀어 오른다.
(2), (4) 고무 막을 위로 밀어 올리면 유리병 속의 부피가 작아지고, 압력이 높아진다. 그 결과 공기가 밖으로 나가게 되고, 고무풍선은 수축한다.

02

Y자 유리관은 기관(지), 유리병 속은 흉강(가슴 속), 고무풍선은 폐, 고무 막은 가로막에 해당한다.

실전 백신 44~46쪽

01 ③	02 ③, ⑤	03 ②	04 ④	05 ②
06 ③	07 ⑤	08 ⑤	09 ③	10 ④
11 ⑤	12 ①	13 ③	14 ③	15 ④

16~18 해설 참조

01

① 기관은 목구멍에서 폐까지 이어지는 긴 관이다.
② 호흡계는 숨을 들이쉬고 내쉬면서 산소를 흡수하고, 이산화 탄소를 배출하는 기능을 담당하는 기관들의 모임이다.
④ 기관지는 기관에서 갈라져 양쪽 폐로 들어가고, 이는 다시 여러 갈래의 가지를 형성하여 폐포와 연결된다.
⑤ 폐는 가슴 속 좌우에 한 개씩 있으며, 갈비뼈와 가로막으로 둘러싸인 흉강 안에 존재한다.
바로 알기 | ③ 식도는 소화계에 속하는 기관이다.

02

A는 코, B는 기관, C는 폐, D는 가로막이다.
① 코(A)는 몸속으로 들어오는 공기에 적당한 습도를 주고 온도를 조절한다.
② 기관(B)과 기관지에는 섬모가 있어서 코에서 걸러내지 못한 먼지나 세균 등을 거를 수 있다.
④ 갈비뼈와 가로막(D)의 움직임에 따라 흉강의 부피가 변하면 폐(C)의 크기가 변한다.
바로 알기 | ③ 폐(C)는 근육이 없어 스스로 운동할 수 없으며, 수많은 폐포로 이루어져 있어 기체 교환에 유리하다.
⑤ 가로막(D)으로는 공기가 이동하지 않는다.

03

①, ③, ④ 폐의 기본 구성 단위인 폐포는 한 겹의 세포층으로 이루어져 있으며, 공기와 접하는 표면적을 넓히는 포도 모양의 구조를 하고 있다.
⑤ 모세 혈관과 폐포 사이에는 기체 교환이 일어난다.
바로 알기 | ② 혈류 속도가 느린 것은 모세 혈관의 특성이며, 폐포의 구조는 혈액의 이동 속도와 관계없다.

04

갈비뼈가 올라가고 가로막이 내려가 흉강의 부피가 커지면, 흉강 속의 압력은 낮아진다. 그 결과 폐 내부 압력이 대기압보다 낮아져 외부 공기가 폐로 유입된다.
바로 알기 | ④ 흉강의 압력이 낮아지면 들숨이 일어나고, 흉강의 압력이 높아지면 폐의 공기가 외부로 나가는 날숨이 일어난다.

05

ㄴ. (가)에서 이동하는 공기는 날숨으로 조직 세포로부터 받은 이산화 탄소를 배출하는 것이므로, (나)의 들숨보다 이산화 탄소의 양이 더 많다.
바로 알기 | ㄱ. (가)는 갈비뼈가 내려가고 가로막이 올라가므로 날숨, (나)는 갈비뼈가 올라가고, 가로막이 내려가므로 들숨이다.
ㄷ. 날숨(가)일 때는 흉강의 부피가 작아지고, 압력이 높아져 폐의 부피는 작아지므로 폐 속의 압력은 높아진다. 반면, 들숨(나)일 때는 흉강의 부피가 커져 압력이 낮아진다. 그 결과 폐의 부피가 커져 폐 속의 압력이 낮아진다.

06

숨을 내쉴 때 갈비뼈(A)는 아래로 내려가고, 가로막(B)은 위로 올라간다. 이로 인해 흉강의 부피가 작아지고, 압력은 높아져 공기가 밖으로 빠져나가게 된다.

07

Y자 유리관은 기관(지), 고무풍선은 폐, 고무 막은 가로막에 해당한다.

08

고무 막을 잡아당기면 병 속의 부피가 커지면서 병 내부의 압력이 낮아진다. 그 결과 외부에서 유리관 안으로 공기가 들어와서 고무풍선이 부풀어 오른다.

09

고무 막은 가로막과 같은 역할을 하며 위로 밀어 올리면 폐에 해당하는 고무풍선이 작아진다. 이는 날숨의 과정을 나타내는 것으로, 갈비뼈가 내려가고 가로막은 올라가 흉강이 작아지면서 압력이 높아져 공기가 폐에서 몸 밖으로 이동한다.

10

자료 해석 | 폐포에서의 기체 교환

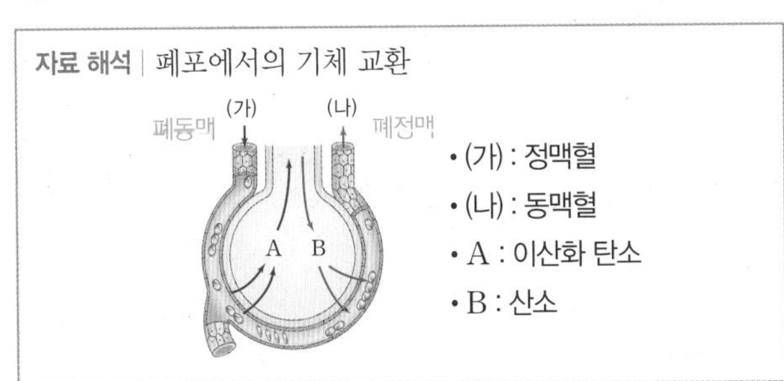

(가)에는 산소가 적고 이산화 탄소가 많은 정맥혈이 흐르고, (나)에는 산소가 많고 이산화 탄소가 적은 동맥혈이 흐른다. 모세 혈관에서 나오는 A는 이산화 탄소이고, 모세 혈관으로 들어가는 B는 산소이다.

11

바로 알기 | ⑤ 이산화 탄소(A)와 산소(B) 모두 폐정맥이나 대정맥을 통해 심장으로 운반되며, 대동맥이나 폐동맥을 통해 조직 세포나 폐로 운반된다.

12

ㄱ. (나) 폐기종 환자는 폐포의 개수가 줄어들어 폐포를 둘러싸고 있는 모세 혈관과 접촉하는 전체 표면적이 줄어든다.

바로 알기 | ㄴ, ㄷ. (나)의 경우 모세 혈관과 접촉하는 면적이 감소하여 기체 교환의 효율성이 떨어지게 된다. 이에 따라 같은 양의 공기를 마셔도 혈액으로 전달되는 산소의 양이 줄어들고, 호흡 곤란을 느낄 수 있다.

13

자료 해석 | 기체 교환

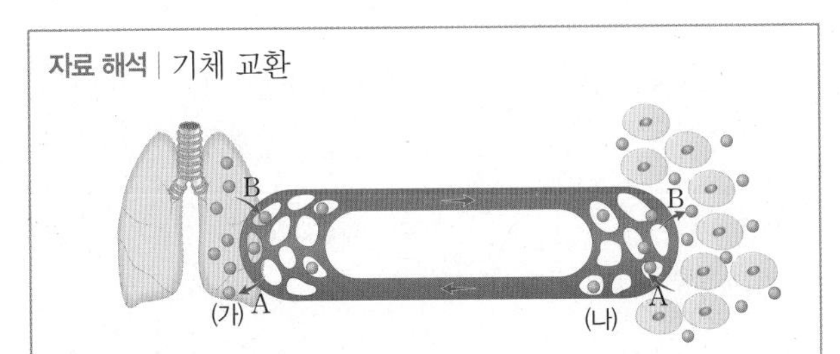

(가)는 폐에서의 기체 교환, (나)는 조직 세포에서의 기체 교환이다. 기체 교환은 기체의 농도가 높은 곳에서 낮은 곳으로 이동하는 확산에 의해 일어난다. 따라서 조직 세포에서 모세 혈관을 거쳐 폐포로 이동하는 기체 A는 이산화 탄소이며, 폐포에서 모세 혈관을 거쳐 조직 세포로 이동하는 기체 B는 산소이다.

① 이산화 탄소(A)는 날숨을 통해 몸 밖으로 배출된다.
② 산소(B)는 적혈구에 의해 운반된다.
④ (가)는 폐순환, (나)는 온몸 순환 경로에 속한다.
⑤ (가)와 (나)에서의 기체 교환은 농도 차에 따른 확산에 의해 일어난다.

바로 알기 | ③ (가)는 폐에서의 기체 교환으로, 기체의 농도 차에 따른 확산에 의해 일어난다.

14

이산화 탄소(A)의 농도는 폐포 < 모세 혈관 < 조직 세포 순이고, 산소(B)의 농도는 폐포 > 모세 혈관 > 조직 세포 순이다.

15

ㄴ. (가)에서 혈액은 ㉠에서 ㉡ 방향으로 흐르면서 조직 세포에 산소를 주고, 이산화 탄소를 받아 정맥혈이 된다.
ㄷ. 기체 교환은 기체의 농도 차이에 따른 확산에 의해 일어난다. 조직 세포는 모세 혈관보다 이산화 탄소의 농도가 높아 조직 세포에서 모세 혈관으로 이산화 탄소가 이동한다.

바로 알기 | ㄱ. A는 산소의 양이 이산화 탄소의 양에 비해 많으므로 조직 세포와 기체 교환이 일어나기 전인 ㉠임을 알 수 있고, B는 이산화 탄소의 양이 많고, 산소가 적은 것으로 보아 조직 세포와의 기체 교환이 일어난 후인 ㉡임을 알 수 있다.

서술형 문제

16

모범 답안 | A : 거의 변화 없다, B : 노란색으로 변한다. / BTB 용액은 산성에서 노란색을 띠므로, 들숨보다 날숨에 이산화 탄소의 양이 더 많다는 것을 알 수 있다.

채점 기준	배점
BTB 용액의 색과 들숨과 날숨에 들어 있는 기체 성분의 차이를 옳게 서술한 경우	100%
BTB 용액의 색 변화만 옳게 쓴 경우	50%

17

모범 답안 | A에 흐르는 혈액은 정맥혈로, 산소의 농도는 낮고 이산화 탄소의 농도는 높으며 암적색을 띤다. 이 혈액은 폐포와의 기체 교환을 통해 산소를 공급받고 이산화 탄소는 내보낸 후 B로 흐른다. 따라서 B에 흐르는 혈액은 동맥혈이며, 산소의 농도는 높고 이산화 탄소의 농도는 낮으며 선홍색을 띤다.

채점 기준	배점
혈액 중 '산소의 농도'와 '이산화 탄소의 농도', '혈액의 색'을 모두 옳게 서술한 경우	100%
세 가지 중 두 가지만 옳게 서술한 경우	60%
세 가지 중 한 가지만 옳게 서술한 경우	30%

18

모범 답안 | 정상인의 경우 흉강 압력의 변화에 따라 폐의 부피가 커지거나 작아지면서 공기가 들어오거나 나갈 수 있다. 그러나 기흉 환자처럼 폐에 구멍이 생긴 경우 폐의 일부 공기가 흉강으로 새어나가 가로막의 상하 운동으로 흉강의 부피와 압력이 변하더라도 폐의 부피가 조절되지 않는다. 따라서 대기 중의 공기가 폐 속으로 원활히 들어오지 못하므로 호흡 곤란이 일어난다.

채점 기준	배점
기흉이 생기면 나타나는 영향을 호흡 운동의 원리와 관련지어 옳게 서술한 경우	100%
기흉이 생기면 나타나는 영향과 호흡 운동의 원리 중 한 가지만 옳게 서술한 경우	50%

1등급 백신 47쪽

19 ⑤ 20 ③ 21 ③ 22 ②

19

ㄱ. A일 때는 폐포 내부의 압력이 대기압보다 낮은 상태이므로 외부의 공기가 폐포 속으로 들어오는 들숨의 상태이다. 들숨일 때 가로막은 아래로 내려가고, 갈비뼈는 위로 올라간다.

ㄴ. B일 때는 폐포 내부의 압력이 대기압보다 높으므로 날숨의 상태이다. 날숨일 때 흉강의 부피는 작아지고, 압력은 높아져 공기가 밖으로 나간다.

ㄷ. 날숨(B)에는 들숨(A)보다 이산화 탄소가 더 많이 들어 있다.

20

ㄷ. 0~2초일 때 폐의 부피가 커지는 것으로 보아 들숨임을 알 수 있다. 들숨일 때 폐 내부의 압력은 대기압보다 낮아 공기가 안으로 들어와 폐의 부피가 커지게 된다.

바로 알기 | ㄱ. 2초일 때 폐의 부피가 최대인 것으로 보아 가로막은 최대로 내려가 있고, 갈비뼈는 최대로 올라가 있는 들숨 상태임을 알 수 있다.

ㄴ. 숨을 내쉴 때 폐는 완전히 비워지는 것이 아니라 공기가 일부 남아 있는 상태에서 신선한 공기가 들어와 폐포에 있던 공기와 섞이게 된다.

21

ㄱ. (가)는 폐포에서의 압력이 조직 세포에서보다 더 높은 것으로 보아 산소이고, (나)는 조직 세포에서의 압력이 폐포에서보다 더 높은 것으로 보아 이산화 탄소이다.

ㄷ. 기체 교환은 확산에 의해 일어나며, 물에 떨어뜨린 물감이 퍼지는 것 또한 확산에 의한 현상이다.

바로 알기 | ㄴ. 이산화 탄소(나)는 확산에 의해 조직 세포에서 모세 혈관으로 이동하므로 모세 혈관 속 이산화 탄소(나)의 압력은 조직 세포의 46 mmHg보다 낮다.

22

ㄱ. 산소의 압력이 높아지고, 이산화 탄소의 압력이 낮아지는 A는 폐의 모세 혈관이다.

ㄹ. 산소의 압력이 낮아지고, 이산화 탄소의 압력이 높아지는 C는 조직 세포의 모세 혈관이다.

바로 알기 | ㄴ. A는 폐의 모세 혈관이므로 A를 거치는 과정은 폐순환에 해당한다. 폐에서 나온 혈액은 좌심방으로 들어가 좌심실을 통해 온몸으로 이동한다.

ㄷ. B에는 산소의 양이 많고, 이산화 탄소의 양이 적은 동맥혈이 흐른다.

04 배설

용어 & 개념 체크 49, 51쪽

01 노폐물 02 암모니아, 간, 요소 03 콩팥
04 사구체, 세뇨관 05 콩팥 깔때기, 방광
06 재흡수, 분비 07 여과, 보먼주머니 08 세포 호흡
09 산소, 에너지 10 체온 유지

개념 알약 49, 51쪽

01 ㉠ 이산화 탄소 ㉡ 이산화 탄소 ㉢ 암모니아
02 A : 간 B : 폐 C : 콩팥
03 A : 콩팥 B : 오줌관 C : 방광 D : 요도 E : 사구체 F : 보먼주머니 G : 세뇨관
04 (1) × (2) ○ (3) × (4) ○ (5) × (6) ○
05 (가) 사구체 (나) 보먼주머니 (다) 세뇨관 (라) 콩팥 깔때기
06 A : 여과 B : 재흡수 C : 분비
07 (1) × (2) × (3) ○ (4) ○
08 A : 포도당 B : 단백질 C : 요소
09 (1) ○ (2) ○ (3) ○ (4) ×
10 (가) 배설계 (나) 호흡계 (다) 소화계 (라) 순환계

01

탄수화물, 단백질, 지방이 분해되면 공통적으로 이산화 탄소와 물이 노폐물로 생성된다. 탄소, 수소, 산소로만 이루어진 탄수화물, 지방과 달리 구성 원소로 질소도 가지는 단백질이 분해되면 이산화 탄소와 물 이외에 암모니아도 노폐물로 생성된다.

02

암모니아는 독성이 강한 물질이기 때문에 간(A)에서 독성이 약한 요소로 바뀐 다음 배설된다. 이산화 탄소는 폐(B)를 통해 날숨으로 배출되며, 요소와 물은 콩팥(C)을 통해 오줌으로 배설된다.

03

A는 콩팥으로, 강낭콩 모양이며 오줌을 만들어 내는 기관이다. B는 오줌관으로, 콩팥(A)에서 만들어진 오줌을 방광(C)으로 보낸다. 방광(C)에 오줌이 저장되었다가 요도(D)를 통해 몸 밖으로 나간다. 사구체(E), 보먼주머니(F), 세뇨관(G)은 오줌을 생성하는 기본 단위인 네프론을 구성한다.

04

바로 알기 | (1) 콩팥(A)은 혈액 속의 노폐물을 걸러 오줌을 만드는 기관이다.

(3) 방광(C)은 오줌을 저장하는 기관이다.

(5) 사구체(E)와 보먼주머니(F)는 콩팥 겉질에 위치한다.

05

오줌은 콩팥 동맥 → 사구체 → 보먼주머니 → 세뇨관 → 콩팥 깔때기 → 오줌관 → 방광 → 요도의 경로를 거쳐 몸 밖으로 배설된다.

06

A는 사구체에서 보먼주머니로 물질이 이동하는 여과, B는 세뇨관에서 모세 혈관으로 물질이 이동하는 재흡수, C는 모세 혈관에서 세뇨관으로 노폐물이 이동하는 분비 과정이다.

07

바로 알기 | (1) 입자의 크기가 작은 포도당은 여과되어 보먼주머니로 이동하지만, 입자의 크기가 큰 단백질은 여과되지 못한다.
(2) 물과 무기염류는 100 % 재흡수되지 않고, 필요량에 따라 재흡수된다.

08

A는 여과된 후 모두 재흡수되었으므로 포도당이고, B는 여과되지 않았으므로 단백질, C는 여과된 후 농축되었으므로 요소이다.

09

바로 알기 | (4) 세포 호흡에 필요한 영양소는 탄수화물, 단백질, 지방으로 소화계에서 소화 과정을 거쳐 소장의 융털에서 우리 몸으로 흡수된다.

10

우리 몸을 구성하는 기관계는 서로 밀접하게 연관되어 상호 작용을 하며, 이를 바탕으로 조직 세포는 세포 호흡을 통해 생명 활동에 필요한 에너지를 얻는다.

실전 백신

55~56쪽

01 ④	02 ⑤	03 ⑤	04 ⑤	05 ④
06 ③	07 ①	08 ③	09 ④	10 ⑤
11 ①	12~13 해설 참조			

01

④ 배설의 가장 중요한 역할은 노폐물을 제거하는 것이다.
바로 알기 | ①, ② 산소와 이산화 탄소를 교환하는 과정은 호흡의 일부 과정이다. 우리 몸은 호흡을 통해 우리 몸에 필요한 에너지를 만든다.
③ 배설은 콩팥을 비롯하여 폐를 통해서도 이루어진다.
⑤ 소화가 일어난 후 남은 찌꺼기를 대변으로 내보내는 것은 배출이다.

02

A는 이산화 탄소, B는 물, C는 요소이다.
① 세포 호흡을 통해 영양소를 분해하면 이산화 탄소(A), 물(B), 암모니아와 같은 노폐물이 생성된다.
② 암모니아의 성분인 질소는 지방이나 탄수화물에는 포함되지 않는 원소이다.
③ 이산화 탄소(A)는 확산에 의해 혈액으로 이동한 후 다시 확산에 의해 폐로 이동하여 나간다.
④ 물(B)은 폐에서는 수증기 형태로, 콩팥에서는 물의 형태로 배설된다.

바로 알기 | ⑤ 독성이 강한 암모니아는 간에서 독성이 약한 요소(C)로 전환되어 배설된다.

03

자료 해석 | 사람의 배설 기관

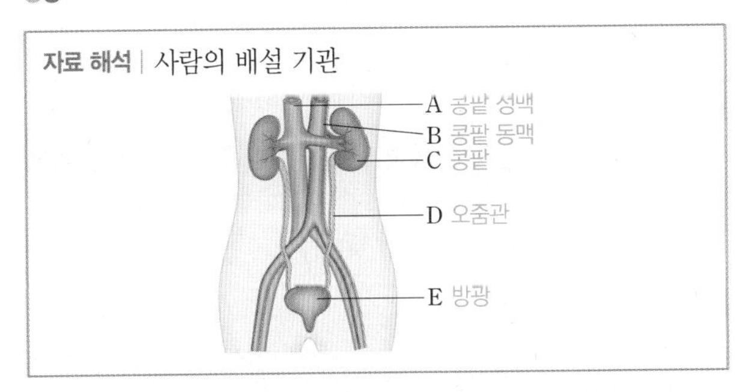

⑤ 콩팥 동맥(B)을 통해 들어온 혈액은 콩팥(C)에서 여과, 재흡수, 분비 과정을 거쳐 오줌이 되고 오줌관(D)을 통해 방광(E)으로 이동한다. 방광(E)에 저장되어 있던 오줌은 요도를 통해 몸 밖으로 배설된다.
바로 알기 | ① 콩팥 동맥(B)에는 요소가 많은 혈액이, 콩팥 정맥(A)에는 요소가 상대적으로 적은 혈액이 흐른다.
② 포도당은 콩팥(C)에서 여과되지만 100 % 재흡수되기 때문에 정상인의 오줌관(D)에서는 발견되지 않는다.
③ 콩팥(C)에서 나온 오줌은 오줌관(D)을 통해 이동한다.
④ 콩팥 깔때기는 콩팥(C) 가장 안쪽에 오줌이 임시로 모이는 곳으로, 오줌관(D)을 통해 방광으로 오줌을 보낸다.

04

자료 해석 | 콩팥의 구조

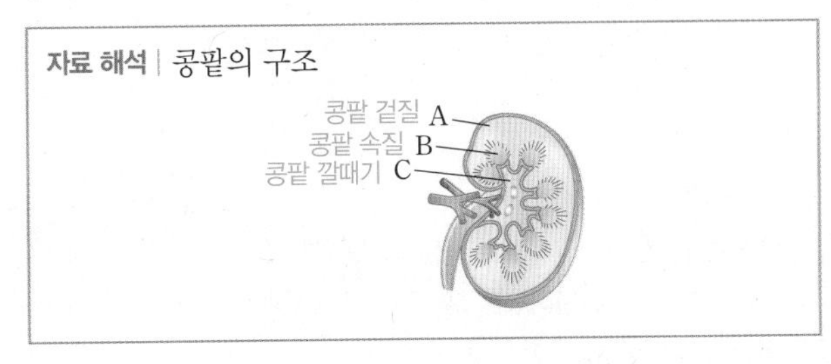

ㄱ. 오줌을 만드는 단위인 네프론은 콩팥 겉질(A)과 콩팥 속질(B)에 분포해 있다.
ㄴ. 세뇨관은 주로 콩팥 속질(B)에 분포한다.
ㄷ. 콩팥 깔때기(C)는 네프론에서 만들어진 오줌을 임시 저장하는 곳으로, 콩팥 깔때기(C)에 모인 오줌은 오줌관을 통해 방광으로 이동한다.

05

자료 해석 | 네프론의 구조

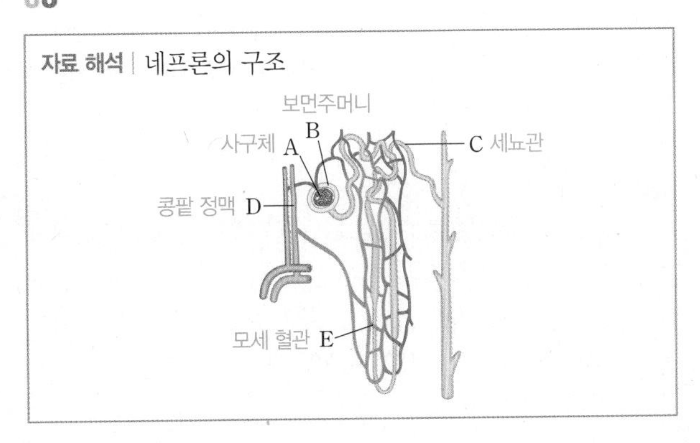

① 혈압 차에 의해 사구체(A)에서 보먼주머니(B)로 여과가 일어난다.
② A+B+C는 네프론으로 콩팥의 구조적, 기능적 단위이다.
③ 오줌의 생성 순서는 사구체(A) → 보먼주머니(B) → 세뇨관(C)이다.
⑤ 세뇨관(C)과 모세 혈관(E) 사이에서는 재흡수, 분비 등이 일어난다.
바로 알기 | ④ 사구체(A)를 통해 들어간 혈액은 콩팥에서 노폐물이 걸러지고 콩팥 정맥(D)으로 나온다. 따라서 사구체(A)보다 콩팥 정맥(D)에서 요소의 농도가 낮다.

06

자료 해석 | 콩팥의 구조

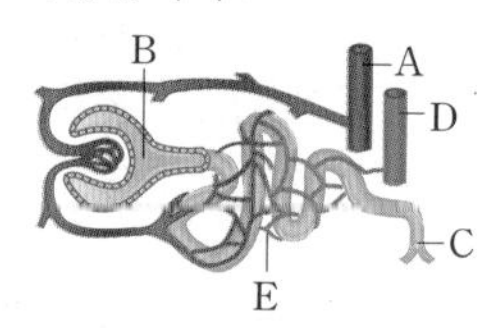

- A : 콩팥 동맥
- B : 보먼주머니
- C : 세뇨관
- D : 콩팥 정맥
- E : 모세 혈관

뷰렛 반응은 단백질 검출 반응으로, 단백질과 만난 뷰렛 용액은 보라색으로 변한다. 단백질은 크기가 커서 사구체에서 여과되지 않으므로 콩팥 동맥(A), 콩팥 정맥(D), 모세 혈관(E)에만 단백질이 존재한다.

07

자료 해석 | 네프론에서의 물질 이동

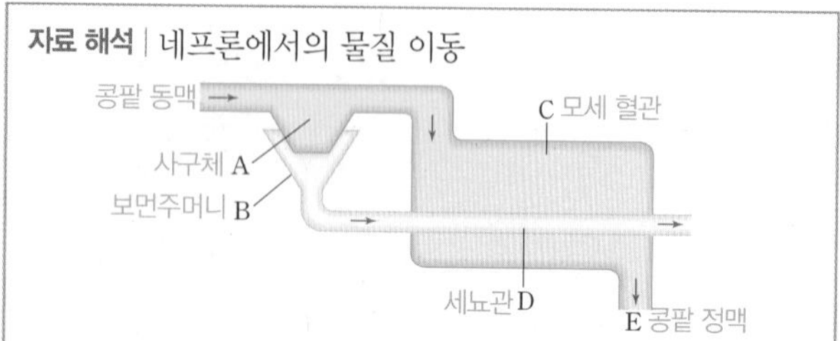

- A의 높은 압력에 의해 B로 물질이 이동한다.
- A → B : 포도당, 아미노산, 물, 요소, 무기염류 등
- C → D : 노폐물
- D → C : 포도당, 아미노산, 무기염류, 물 등

① 사구체(A)는 콩팥 동맥에서 갈라져 나온 모세 혈관이 실타래처럼 뭉쳐져 있는 것이다.
바로 알기 | ② 사구체(A)와 보먼주머니(B)의 혈압 차에 의한 압력으로 여과가 일어난다.
③ 물질은 사구체(A)에서 보먼주머니(B)로 이동한다.
④ 모세 혈관(C)과 세뇨관(D) 사이에서 물질은 양방향으로 이동한다.
⑤ 포도당은 100 % 재흡수되므로 사구체(A)와 콩팥 정맥(E)에서 포도당의 양은 같다.

08

사구체(A)에서 보먼주머니(B)로 여과가 일어나서 혈구와 단백질 등을 제외한 포도당, 아미노산, 요소, 무기염류, 물 등이 이동한다. 세뇨관(D)에서 모세 혈관(C)으로 포도당, 아미노산, 무기염류, 물 등이 재흡수되고, 모세 혈관(C)에서 세뇨관(D)으로 노폐물이 분비된다.

09

정상인의 오줌에서는 세뇨관에서 모세 혈관으로 100 % 재흡수되는 포도당과 아미노산이 검출되지 않으며, 크기가 커서 여과되지 않는 단백질, 혈구 등이 검출되지 않는다.

10

자료 해석 | 세포 호흡

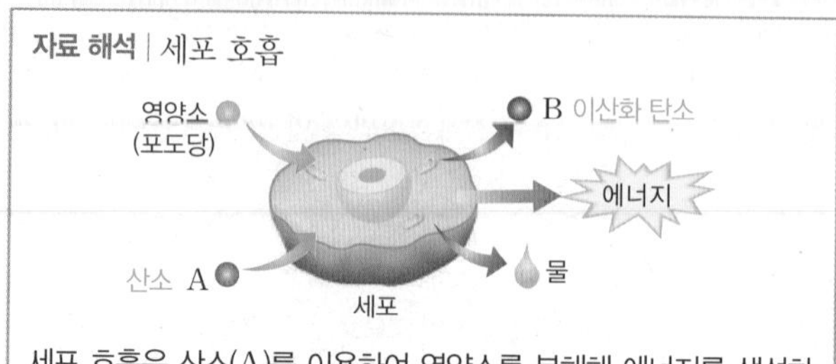

세포 호흡은 산소(A)를 이용하여 영양소를 분해해 에너지를 생성하는 과정으로 이산화 탄소(B)와 물이 생성된다.

바로 알기 | ⑤ 세포 호흡을 통해 생성된 에너지는 생장, 근육 운동, 두뇌 활동, 소리 내기, 체온 유지 등 여러 가지 생명 활동에 쓰이거나 열로 방출된다.

11

A는 호흡계와 순환계를 통해 세포에 공급되는 산소, B는 세포 호흡 결과 발생해 호흡계를 통해 배출되는 이산화 탄소, C는 소화계와 순환계를 통해 세포에 공급되는 영양소이다.

서술형 문제

12

모범 답안 | A : 사구체, B : 보먼주머니 / 사구체(A)는 들어오는 혈관의 굵기보다 나가는 혈관의 굵기가 더 얇아 사구체(A)에 높은 압력이 형성되고, 이 혈압에 의해 사구체(A)에서 보먼주머니(B)로 여과가 이루어진다.

채점 기준	배점
'사구체, 보먼주머니의 이름'과 '물질의 이동 방향', '이동 원리'를 모두 옳게 서술한 경우	100 %
'사구체, 보먼주머니의 이름'과 '물질의 이동 방향', '이동 원리' 중 두 가지만 옳게 서술한 경우	70 %
'사구체, 보먼주머니의 이름'과 '물질의 이동 방향', '이동 원리' 중 한 가지만 옳게 서술한 경우	30 %

13

모범 답안 | (가) : 단백질, (나) : 포도당 / 단백질(가)은 크기가 크기 때문에 보먼주머니로 여과되지 못하고 모세 혈관을 통해 콩팥 정맥으로 이동한다. 반면에 포도당(나)은 크기가 작아 사구체에서 보먼주머니로 여과되어 세뇨관으로 이동하였다가 모세 혈관으로 100 % 재흡수된다.

채점 기준	배점
(가)와 (나)의 물질의 예와 그 물질의 이동 방식을 모두 옳게 서술한 경우	100 %
(가)와 (나) 중 한 가지에 대해 물질의 예와 그 물질의 이동 방식을 옳게 서술한 경우	50 %
(가)와 (나)의 예만 옳게 서술한 경우	30 %

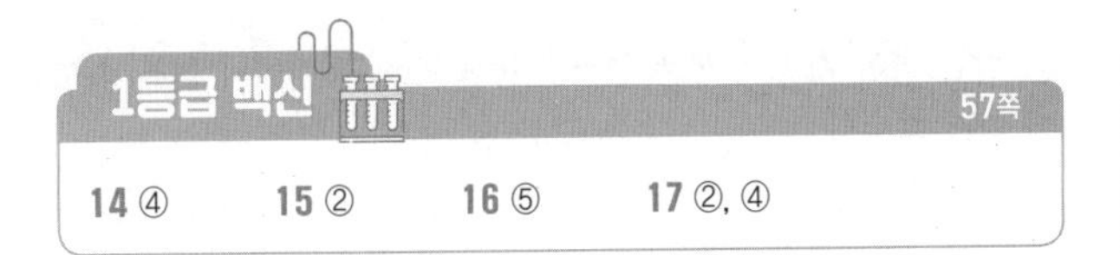

14

A는 단백질, B는 폐, C는 간, D는 콩팥이다.

ㄴ. A의 분해 결과 이산화 탄소와 물 이외에도 암모니아가 생성되므로 A는 단백질임을 알 수 있다.

ㄹ. 간(C)은 소화계, 콩팥(D)은 배설계에 속하는 기관이다.

바로 알기 | ㄱ. (가)는 단백질(A)이 아미노산으로 소화되는 과정이다. 단백질(A)의 소화는 위와 소장에서 일어난다.

ㄷ. 이산화 탄소와 물은 호흡 기관인 폐(B)를 통해 날숨으로 내보내진다.

15

(가)는 혈장, (나)는 여과액, (다)는 오줌, A는 사구체, B는 보면주머니, C는 모세 혈관, D는 세뇨관, E는 콩팥 깔때기이다.

ㄱ. 혈장(가)은 사구체(A)에서 채취한 것이다.

ㄹ. 혈액 속 영양소는 소화가 일어난 최종 산물이므로 포도당, 아미노산 등이 해당한다. 아이오딘 반응은 녹말 검출 반응이므로 세뇨관(D)에서 채취한 용액은 아이오딘 반응이 일어나지 않는다.

바로 알기 | ㄴ. 여과액(나)은 보면주머니(B), 오줌(다)은 콩팥 깔때기(E)에서 채취한 것이다.

ㄷ. B의 용액은 여과만 일어난 후이므로 포도당이 존재하기 때문에 베네딕트 반응에 의해 황적색으로 변한다. 하지만 E의 용액은 포도당의 재흡수가 일어난 후이므로 베네딕트 반응이 일어나지 않는다.

16

A는 사구체, B는 보먼주머니, C는 세뇨관이다.

ㄴ. 사구체(A)는 여과가 일어나기 전이므로 혈장 속에 들어 있는 물질과 동일한 물질이 발견된다.

ㄷ. 보먼주머니(B)에는 여과되지 않는 단백질과 지방이 검출되지 않는 것이 정상이다. 세뇨관(C)은 물이 재흡수되어 요소의 농도가 높아지는 것은 정상이지만, 여과되지 않는 단백질은 검출되어서는 안 된다.

바로 알기 | ㄱ. 오줌의 생성 과정에서 혈액 속의 요소가 100 % 제거되는 것은 아니다.

17

A는 영양소, B는 산소, C는 이산화 탄소이다.

② 영양소(A)가 조직 세포에서 세포 호흡에 의해 분해되면 공통적으로 물과 이산화 탄소(C)가 생성된다.

④ 이산화 탄소(C)는 BTB 용액의 색을 노란색으로 변화시킨다.

바로 알기 | ① (가)는 순환계로 영양소를 전달하는 소화계, (나)는 순환계를 통해 조직 세포에 산소를 주고, 이산화 탄소를 받아 내보내는 호흡계, (다)는 세포 호흡 결과 생성된 노폐물을 오줌으로 내보내는 배설계이다.

③ 산소(B)는 적혈구에 의해 운반된다.

⑤ 요소는 간에서 생성되어 콩팥에서 걸러져 오줌으로 배출된다.

단원 종합 문제 CT 58~61쪽

01 ③	02 ②	03 ②	04 ⑤	05 ③	06 ③
07 ②	08 ①	09 ④	10 ①	11 ③	12 ①
13 ①	14 ⑤	15 ④	16 ③	17 ⑤	18 ②
19 ①	20 ②	21 ④	22 ⑤	23 ③	24 ③
25 ①	26 ④	27 ④	28 ①		

01

동물의 구성 단계는 세포 → 조직 → 기관 → 기관계 → 개체 순이다. 호흡계는 우리 몸에 필요한 산소를 흡수하고 이산화 탄소를 내보내는 기관계이다.

바로 알기 | ③ 기관은 여러 가지 조직이 모여 고유한 형태와 기능을 가지는 단계이다.

02

기관계란 서로 관련된 기능을 담당하는 기관들의 모임으로, 식물에는 존재하지 않는 구성 단계이다. 순환계는 혈관과 심장으로 구성된 기관계로 영양소, 산소, 노폐물을 적절한 곳에 운반하는 역할을 한다.

바로 알기 | ㄴ. 간은 소화계에 해당한다.

ㄹ. 우리 몸의 기관계는 서로 상호 작용하므로 한 기관계에 이상이 생기면 다른 기관계에도 영향을 준다.

03

② 수단 Ⅲ 반응은 지방 검출 반응으로 반응 시 선홍색으로 변한다. 이 과자에는 지방이 들어 있으므로 수단 Ⅲ 용액에 반응한다.

바로 알기 | ① 이 과자에는 단백질이 없으므로 뷰렛 반응이 일어나지 않아 보라색으로 변하지 않는다.

③ 녹말이 들어 있으므로 아이오딘 반응에서 청람색으로 변한다.

④ 열량을 계산하기 위해서는 탄수화물, 단백질, 지방의 열량을 각각 계산해야 한다. 탄수화물과 단백질은 1 g당 4 kcal, 지방은 1 g당 9 kcal이다. 그러므로 $(40 \times 4\ \text{kcal}) + (30 \times 9\ \text{kcal}) =$ 430 kcal이다.

⑤ 1회분에 들어 있는 지방 30 g에서 얻을 수 있는 열량은 270 kcal이다.

04

바로 알기 | ⑤ 우리 몸의 구성 성분 중 가장 높은 비율을 차지하는 것은 물이다.

05

A는 녹말을 분해할 수 있는 효소가 없어서 아이오딘 반응이 일어난다. B는 침의 아밀레이스가 녹말을 분해하였기 때문에 엿당이 검출되는 베네딕트 반응이 일어나고, C는 침의 아밀레이스가 변성되었기 때문에 녹말이 분해되지 않아 아이오딘 반응이 일어난다.

06

탄수화물(녹말)은 침과 이자액, 장액에 의해 포도당(A)으로 분해되며, 단백질은 위액과 이자액, 장액에 의해 아미노산(B)으로 분해된다.

지방은 쓸개즙의 도움을 받아 이자액에 의해 지방산과 모노글리세리드(C)로 분해된다.

07

자료 해석 | 사람의 소화 기관

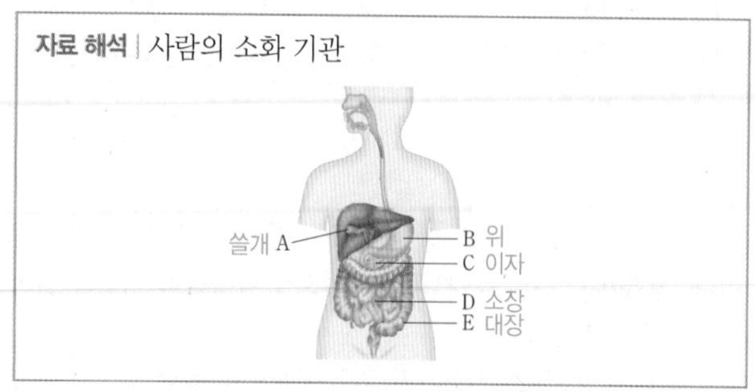

② 위액에는 펩신이 있어 단백질을 분해하며, 강한 산성의 염산이 있어 음식물 속 세균을 제거한다.

바로 알기 | ① 쓸개즙은 간에서 생성되어 쓸개(A)에 저장되었다가 소장으로 분비된다.
③ 탄수화물이 분해되는 곳은 입과 소장(D)이다.
④ 융털은 표면적을 크게 하여 효율적으로 흡수할 수 있게 한다.
⑤ 대장(E)에서는 소화가 일어나지 않는다.

08

(가)는 모세 혈관으로 수용성 영양소가 흡수되고, (나)는 암죽관으로 지용성 영양소가 흡수된다. 수용성 영양소는 포도당, 아미노산, 바이타민 B군과 C, 무기염류이며, 지용성 영양소는 지방산, 모노글리세리드, 바이타민 A, D, E, K이다.

09

모세 혈관(가)을 통해 흡수된 물질의 이동 경로는 모세 혈관 → 간 → 심장 → 온몸이고, 암죽관(나)을 통해 흡수된 물질의 이동 경로는 암죽관 → 림프관 → 심장 → 온몸이다. 모세 혈관과 암죽관을 통해 흡수된 물질 모두 심장을 통해 온몸(조직 세포)으로 전달된다.

10

자료 해석 | 심장의 구조

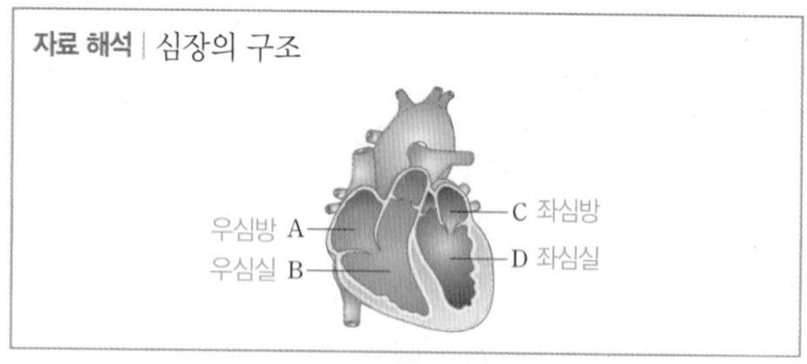

바로 알기 | ① 우심실(B)이 수축할 때 혈액이 심실에서 심방으로 거꾸로 흐르는 것을 막기 위해, 우심방(A)과 우심실(B) 사이의 판막이 닫힌다.

11

① 심실이 수축할 때 혈압이 올라가며 그 압력에 의해 혈액이 이동한다.
② 가장 가는 혈관은 모세 혈관으로 모세 혈관의 총 단면적이 가장 넓다.
④ 혈관 벽이 가장 두꺼운 혈관은 동맥으로, 동맥에서 혈류 속도가 가장 빠르다.
⑤ 심장의 수축과 이완에 의해 동맥의 혈류 속도는 일정하지 않다.

바로 알기 | ③ 혈류 속도는 혈관의 굵기와 상관없이 총 단면적에 반비례한다.

12

자료 해석 | 혈관의 구조

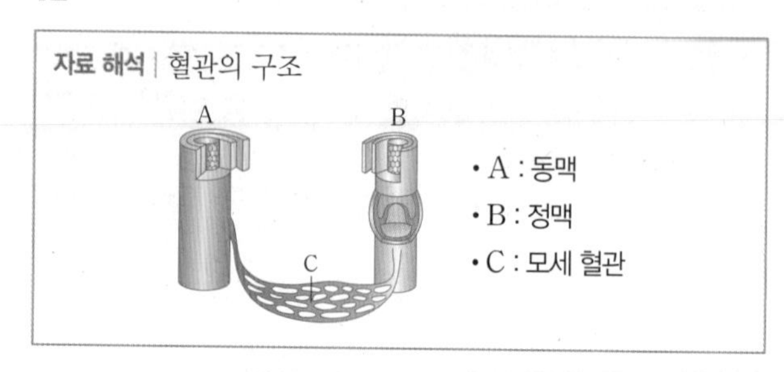

② 정맥(B)은 몸의 표면 쪽에 분포하며, 동맥(A)이 몸의 가장 안쪽에 분포한다.
③ 정맥(B)은 혈압이 매우 낮기 때문에 정맥에서 혈액은 주변 근육 운동에 의해 이동하며, 역류를 막기 위해 판막이 존재한다.
④ 혈류 속도는 모세 혈관(C)에서 가장 느려 조직 세포와 충분한 시간을 가지고 물질 교환을 할 수 있다.
⑤ 혈액은 동맥(A) → 모세 혈관(C) → 정맥(B) 순으로 흐른다.

바로 알기 | ① 혈관 내부가 가장 좁은 것은 모세 혈관(C)으로, 적혈구가 간신히 지날 수 있을 정도이다.

13

㉠은 혈장, ㉡은 혈구, A는 백혈구, B는 적혈구, C는 혈소판, D는 혈장이다.
① 김사액은 핵을 염색하는 염색약으로, 혈구(㉡) 중 핵을 가진 백혈구(A)만 보라색으로 염색된다.

바로 알기 | ② 적혈구(B)는 혈액에서 가장 많이 관찰되지만 핵은 없다.
③ 혈소판(C)에는 핵이 없다.
④ 백혈구(A), 적혈구(B), 혈소판(C)은 혈구(㉡)에 속한다.
⑤ (가)의 ㉠은 혈장으로 (나)의 D이고, (나)의 혈소판(C)은 혈구(㉡)에 속한다.

14

자료 해석 | 사람의 혈액 순환 과정

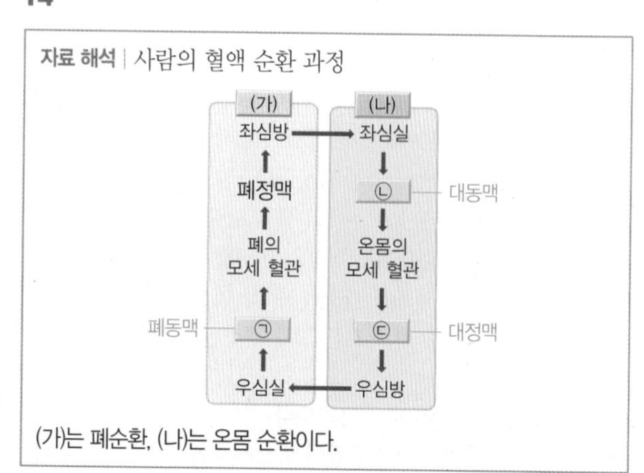

(가)는 폐순환, (나)는 온몸 순환이다.

폐순환의 목적은 이산화 탄소를 폐를 통해 몸 밖으로 내보내고 산소를 얻는 것이다.

15

폐순환(가)은 우심실 → 폐동맥(㉠) → 폐의 모세 혈관 → 폐정맥 → 좌심방 순이고, 온몸 순환(나)은 좌심실 → 대동맥(㉡) → 온몸의 모세 혈관 → 대정맥(㉢) → 우심방 순이다.

16

③ 숨을 들이마실 때는 가로막이 내려가고 갈비뼈가 올라가서 흉강이 확장된다. 따라서 흉강과 폐의 압력이 낮아지므로 외부에서 폐로 공기가 들어온다.

바로 알기 | ① 흉강은 확장된다.

② 호흡 운동이 일어날 때 기관지는 확장 또는 수축하지 않는다.

④ 노폐물은 세포 호흡 과정에서 생기기 때문에 숨을 들이마신다고 해서 노폐물이 더 많이 생성되는 건 아니다.

⑤ 들숨일 때 가로막이 내려가면 갈비뼈는 올라간다.

17

자료 해석 | 폐포에서의 기체 교환

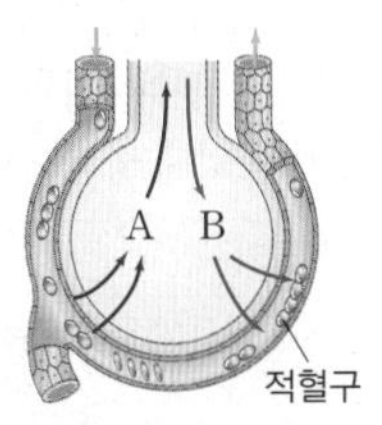

A는 모세 혈관에서 밖으로 나가는 이산화 탄소이고, B는 우리 몸의 조직 세포가 호흡하는 데 필요한 산소이다.

① 이산화 탄소(A)는 BTB 용액을 노랗게 변화시키는 성질이 있다.

② 산소(B)는 폐정맥을 통해 심장으로 들어간다.

③ 폐포는 폐에서 공기와 닿는 표면적을 넓혀 주어 기체 교환이 효율적으로 일어나도록 해준다.

④ 폐포를 둘러싼 혈관은 모세 혈관으로, 총 단면적이 동맥이나 정맥에 비해 월등히 넓다.

바로 알기 | ⑤ 폐포를 둘러싸고 있는 모세 혈관의 벽은 한 겹의 세포층으로 되어 있어 물질 교환에 유리하다.

18

② 숨을 최대로 내쉬어도 폐에는 공기가 어느 정도 남아 있다.

바로 알기 | ①, ③, ④, ⑤ 가로막이 내려가고 갈비뼈가 올라가면 흉강의 부피가 커지고 이에 따라 폐 내부 압력이 대기압보다 낮아져 공기가 폐로 들어온다. 반대로 가로막이 올라가고 갈비뼈가 내려가면 흉강의 부피가 작아지고 폐 내부 압력이 대기압보다 높아져 공기가 밖으로 나간다.

19

산소의 농도는 폐포>모세 혈관>조직 세포 순이므로, 산소는 폐포 → 모세 혈관 → 조직 세포로 확산되어 이동한다. 따라서 A와 B는 산소의 이동을 나타낸 것이다.

이산화 탄소의 농도는 폐포<모세 혈관<조직 세포 순이므로, 이산화 탄소는 조직 세포 → 모세 혈관 → 폐포로 확산되어 이동한다. 따라서 C와 D는 이산화 탄소의 이동을 나타낸 것이다.

20

① (가)와 (나)에서 기체가 교환되는 원리는 기체의 농도가 높은 곳에서 낮은 곳으로 이동하는 확산이다.

③ 조직 세포는 모세 혈관으로부터 산소(B)와 영양소를 받고, 이산화 탄소(D)와 노폐물을 내보낸다.

④ 이산화 탄소(C, D)는 대부분 혈액의 혈장이 운반하고, 산소(A, B)는 적혈구가 운반한다.

⑤ 이산화 탄소(C, D)의 농도는 조직 세포가 모세 혈관보다 높아 조직 세포에서 모세 혈관으로 이동한다.

바로 알기 | ② 산소(A)를 받은 혈액은 폐정맥을 거쳐 심장으로 들어간다.

21

물은 오줌과 날숨에서의 수증기로 배출되며, 이산화 탄소는 폐(B)에서 날숨으로 나간다. 또한 암모니아는 간(C)에서 요소로 바뀐 뒤 콩팥(A)에서 걸러져 오줌으로 배출된다.

22

A는 콩팥 겉질, B는 콩팥 속질, C는 콩팥 깔때기, D는 콩팥 동맥, E는 콩팥 정맥이다.

② 네프론은 오줌을 만드는 단위로, 사구체, 보먼주머니, 세뇨관으로 이루어지며 콩팥 겉질(A)과 속질(B)에 있다.

③ 콩팥 깔때기(C)로 네프론에서 만들어진 오줌이 모인다.

④ D는 콩팥으로 들어오는 혈액이 흐르는 혈관인 콩팥 동맥, E는 콩팥에서 나가는 혈액이 흐르는 콩팥 정맥이다.

바로 알기 | ⑤ 콩팥 동맥(D)에 있던 요소가 콩팥에서 걸러지므로 콩팥 정맥(E)보다 콩팥 동맥(D)에 요소가 더 많이 들어 있다.

23

자료 해석 | 네프론

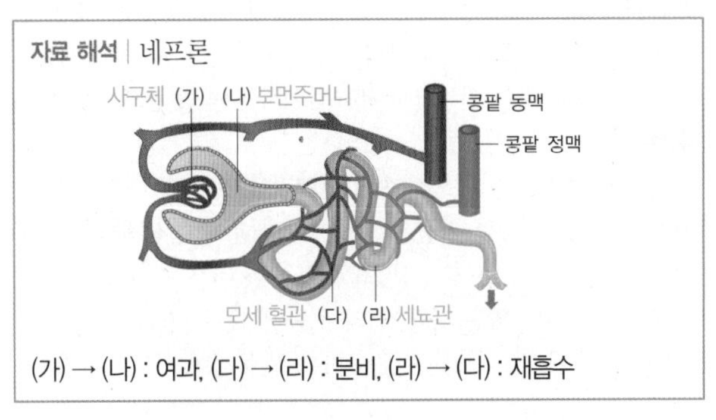

(가) → (나) : 여과, (다) → (라) : 분비, (라) → (다) : 재흡수

ㄷ. 포도당은 여과된 후 세뇨관(라)에서 모세 혈관(다)으로 100 % 재흡수된다.

바로 알기 | ㄱ. 사구체(가)에서 보먼주머니(나)로 물질이 이동(여과)하는 원리는 사구체(가)의 높은 혈압이다.

ㄴ. 모세 혈관(다)에는 여과가 일어나지 않은 단백질, 혈구 등이 들어 있으므로 보먼주머니(나) 속에 있는 여과액과 성분이 같지 않다.

24

자료 해석 | 네프론에서 물질이 이동하는 경로

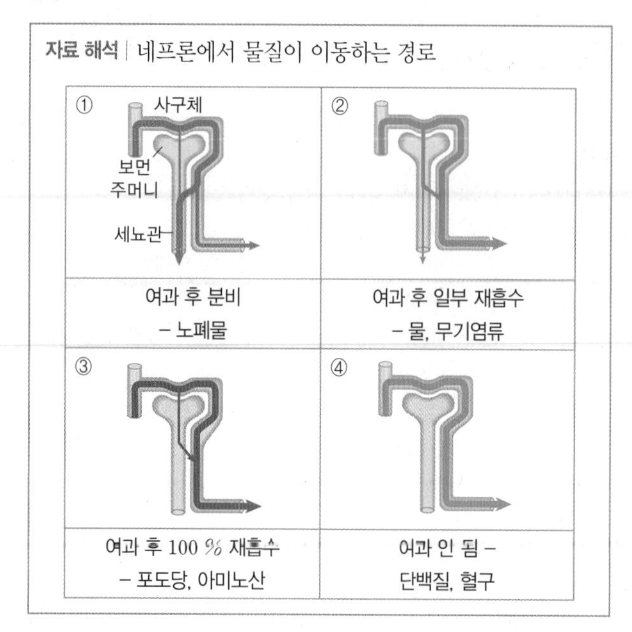

정상인의 콩팥에서는 포도당과 아미노산이 100 % 재흡수된다.

25

① 포도당과 같이 우리 몸에 필요한 영양소는 세뇨관에서 모세혈관으로 100 % 재흡수되기 때문에 오줌에서는 검출되지 않는다.

바로 알기 | ② 아미노산은 여과가 이루어지지만 100 % 재흡수되기 때문에 오줌에서는 검출되지 않는다.
③ 단백질과 같은 고분자 물질은 여과되지 않기 때문에 분비도 일어나지 않는다.
④ 지방은 혈액에 존재하지만 크기가 커서 여과되지 않는다.
⑤ 요소는 세뇨관을 지날수록 농도가 높아진다.

26

(가)는 건강한 사람의 사구체 벽이고, (나)는 콩팥에 이상이 있는 사람의 사구체 벽이다.
④ 콩팥에 이상이 있는 사람(나)의 사구체 벽으로는 단백질, 적혈구와 같은 크기가 큰 물질이 이동 가능하다.

바로 알기 | ①, ③ 건강한 사람(가)과 콩팥에 이상이 있는 사람(나) 모두 오줌에서는 포도당과 아미노산이 발견되지 않는다. 재흡수 능력이 저하된 것은 아니므로 세뇨관에서 모세 혈관으로 100 % 재흡수가 이루어진다.
② 거품이 많은 오줌은 오줌 속에 단백질이 있을 때 나타난다. 건강한 사람(가)의 콩팥 기능은 정상이기 때문에 정상적인 오줌이 나온다.
⑤ 콩팥에 이상이 있는 사람(나)의 오줌에서는 건강한 사람(가)의 오줌과 달리 단백질, 적혈구 등 크기가 큰 물질이 검출될 것이다.

27

④ 세포 호흡은 산소를 이용하여 영양소를 분해하고 물, 이산화 탄소, 에너지를 얻는 과정이다.

바로 알기 | ① 약 400 ℃에서 일어나는 연소와 달리 세포 호흡은 약 37 ℃의 낮은 온도에서 일어난다.
② 세포 호흡으로 생성된 이산화 탄소는 날숨으로 배설된다.
③ 호흡은 산소를 이용하여 영양소를 분해하는 과정이다.
⑤ 세포 호흡을 통해 얻은 에너지는 체온 유지뿐만 아니라 두뇌 활동, 생장 등 여러 생명 활동에 사용된다.

28

자료 해석 | 세포 호흡

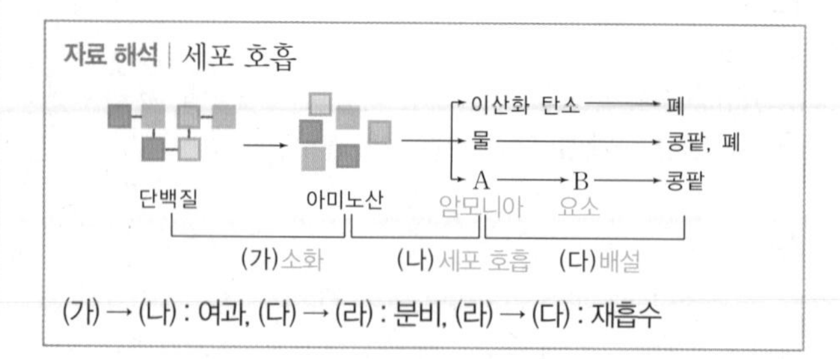

(가) → (나) : 여과, (다) → (라) : 분비, (라) → (다) : 재흡수

바로 알기 | ① 암모니아(A)는 단백질이 분해될 때만 생성되는 물질이다. 탄수화물과 지방이 분해될 때 생성되는 노폐물은 물과 이산화 탄소이다.

서술형·논술형 문제

62~63쪽

01

모범 답안 | C, D / 식용유에 들어 있는 영양소는 지방으로, C에서 수단 Ⅲ 용액이 선홍색으로 바뀐다. 사과 주스에는 당분이 들어 있어 D에서 베네딕트 용액에 의해 황적색으로 변한다.

채점 기준	배점
색깔 변화 반응이 나타나는 시험관과 까닭을 모두 옳게 서술한 경우	100 %
색깔 변화 반응이 나타나는 시험관만 옳게 쓴 경우	40 %

02

모범 답안 | A는 우심방, B는 좌심방, C는 우심실, D는 좌심실, E는 폐동맥, F는 폐정맥, G는 대정맥, H는 대동맥이다. 폐순환은 우심실(C)에서 폐동맥(E)으로 나간 혈액이 폐에서 기체 교환을 한 후 폐정맥(F)을 지나 좌심방(B)으로 들어간다. 온몸 순환은 좌심실(D)에서 대동맥(H)으로 나간 혈액이 모세 혈관에서 조직 세포와 기체 교환을 한 후 대정맥(G)을 지나 우심방(A)으로 들어간다.

채점 기준	배점
A~H의 이름을 모두 쓰고, 폐순환과 온몸 순환의 과정을 옳게 서술한 경우	100 %
A~H의 이름이나 폐순환과 온몸 순환의 과정을 한 가지만 옳게 서술한 경우	50 %

03

모범 답안 | 포도당, 아미노산

해설 | 건강한 사람의 경우 포도당과 아미노산은 사구체에서 걸러진 여과액에는 있으나 세뇨관을 지나면서 모세 혈관으로 100 % 재흡수되므로 (나)를 지나는 오줌 성분에는 포함되지 않는다.

여과되는 물질	재흡수되는 물질
물, 요소, 포도당, 아미노산, 무기염류 등 ⇨ 단백질, 혈구는 여과되지 않는다.	포도당, 아미노산, 물, 무기염류 등

04

모범 답안 | 호흡계, 호흡계(가)는 산소를 흡수하고 순환계를 통해 조직 세포로 전달하며, 조직 세포로부터 받은 이산화 탄소를 몸 밖으로 배출한다.

채점 기준	배점
기관계의 이름을 옳게 쓰고, 그 역할에 대해 옳게 서술한 경우	100%
기관계의 이름만 옳게 쓴 경우	30%

05

모범 답안 | A는 쓸개즙의 이동 통로로, A가 막혔다면 쓸개즙이 분비되지 못하여 지방의 소화를 돕지 못한다.

채점 기준	배점
쓸개즙이 분비되지 못하여 지방의 소화를 돕지 못한다고 옳게 서술한 경우	100%

06

모범 답안 | (1) B, 포도당은 녹말보다 영양소의 크기가 작아서 셀로판 튜브를 통과할 수 있기 때문이다.

(2) 소장에서 영양소를 흡수하기 위해서는 세포막을 통과할 수 있을 정도로 영양소를 매우 작은 단위로 분해하는 소화 과정이 필요하다.

채점 기준	배점
(1), (2)를 모두 옳게 서술한 경우	100%
(1)과 (2) 중 한 가지만 옳게 서술한 경우	50%

07

모범 답안 | 고산 지대에 사는 사람들은 낮은 지대에 사는 사람들보다 적혈구의 수가 많다. 적혈구가 많아지면 그만큼 헤모글로빈의 양이 늘어나고, 헤모글로빈과 결합할 수 있는 산소의 양이 늘어나므로 산소 공급을 원활히 할 수 있다.

채점 기준	배점
적혈구의 수가 많아 헤모글로빈과 결합하는 산소의 양이 많다는 것을 옳게 서술한 경우	100%
적혈구를 언급하지 않은 경우	30%

08

모범 답안 | 풍돌, 심장의 근육은 혈액을 온몸으로 보내는 좌심실이 우심실보다 더 두껍다. 좌심실은 온몸 순환을 위해 매우 강하게 수축해 혈액을 대동맥으로 보내야 하기 때문이다.

채점 기준	배점
설명이 틀린 학생의 답을 옳게 고치고, 그 까닭을 옳게 서술한 경우	100%
설명이 틀린 학생만 옳게 고른 경우	50%

09

모범 답안 | 모세 혈관은 총 단면적이 크기 때문에 몸 전체에서 물질 교환이 일어날 수 있고, 혈류 속도가 느리기 때문에 충분한 시간을 거쳐 물질 교환이 일어날 수 있다.

채점 기준	배점
총 단면적과 혈류 속도를 모두 언급하여 옳게 서술한 경우	100%
총 단면적과 혈류 속도 중 하나만 언급하여 옳게 서술한 경우	50%

10

모범 답안 | (가)는 아래로 내려가고, (나)는 위로 올라간다. 이때 흉강의 부피가 작아지고, 압력이 높아진다. 그 결과 폐의 부피가 작아지고, 내부 압력이 대기압보다 높아져 공기가 밖으로 나간다.

채점 기준	배점
(가)와 (나)의 움직임과 그에 따른 폐의 부피 변화에 대해 모두 옳게 서술한 경우	100%
(가)와 (나)의 움직임만 옳게 쓴 경우	50%

11

모범 답안 | A : 폐의 모세 혈관, B : 조직 세포의 모세 혈관 / 기체 교환은 기체의 농도가 높은 곳에서 낮은 곳으로 이동하는 확산에 의해 일어난다. 폐에서의 기체 교환에서 산소는 폐포에서 모세 혈관으로 이동하고, 이산화 탄소는 모세 혈관에서 폐포로 이동한다. 조직 세포의 기체 교환에서 산소는 모세 혈관에서 조직 세포로 이동하고, 이산화 탄소는 조직 세포에서 모세 혈관으로 이동한다.

채점 기준	배점
A와 B가 어디인지 쓰고, 기체 교환의 원리와 기체의 이동 방향을 모두 옳게 서술한 경우	100%
A와 B가 어디에서 일어나는 기체 교환인지만 옳게 쓴 경우	40%

12

모범 답안 | (나), 세뇨관을 지나면서 물의 재흡수가 일어나 요소의 농도가 진해진다.

채점 기준	배점
요소의 농도가 높은 곳과 그렇게 생각한 까닭을 모두 옳게 서술한 경우	100%
요소의 농도가 높은 곳만 옳게 쓴 경우	40%

13

모범 답안 | 여과, 정상인의 경우 단백질은 물질의 크기가 크기 때문에 사구체에서 보먼주머니로 여과되지 않는다. 그러므로 오줌 검사에서 단백질이 발견된 것은 여과 과정에 문제가 생긴 것이다.

채점 기준	배점
문제가 생긴 과정과 그렇게 생각한 까닭을 모두 옳게 서술한 경우	100%
오줌의 생성 과정 중 어떤 과정에 문제가 생겼는지만 옳게 쓴 경우	40%

Ⅵ. 물질의 특성

01 물질의 특성 (1)

용어 & 개념 체크 67, 69쪽

01 순물질, 혼합물	02 균일, 불균일
03 순물질, 혼합물	04 물질의 특성
05 부피, 질량	06 일정, 물질의 특성
07 큰, 작은, 작은, 큰	08 크기

개념 알약 67, 69쪽

01 (1) (가), (나) (2) (다), (라)
02 (1) 합금, 소금물, 공기, 식초, 탄산음료 (2) 우유, 과일주스, 흙탕물
03 A : 물의 냉각 곡선 B : 소금물의 냉각 곡선
04 ㉠ 어는점 ㉡ 낮아져 ㉢ 끓는점 ㉣ 높아져　　05 ㄴ, ㄷ
06 (1) 질량 (2) 부피 (3) 질량 (4) 부피
07 (1) × (2) ○ (3) × (4) ○
08 (1) A의 밀도 : 0.5 g/cm³, B의 밀도 : 2 g/cm³, C의 밀도 : 2 g/cm³ (2) B, C
09 나무 도막<물<플라스틱<글리세린　　10 ㄴ, ㄷ

01

(1) (가)는 한 종류의 원소로 이루어진 순물질, (나)는 두 종류 이상의 원소로 이루어진 순물질에 해당하며, 순물질은 물리적인 방법을 이용하여 성분 물질로 분리할 수 없다.
(2) (다)는 균일 혼합물, (라)는 불균일 혼합물에 해당하며, 혼합물은 성분 물질의 혼합 비율에 따라 끓는점과 어는점이 일정하지 않다.

02

(1) 균일 혼합물은 성분 물질이 고르게 섞여 있는 혼합물로, 합금, 소금물, 공기, 식초, 탄산음료 등이 이에 속한다.
(2) 불균일 혼합물은 성분 물질이 고르지 않게 섞여 있는 혼합물로, 우유, 과일주스, 흙탕물 등이 이에 속한다.

03

혼합물은 어는 동안 온도가 계속 낮아져 온도가 일정한 구간이 나타나지 않는다. 따라서 순물질인 물의 냉각 곡선은 A에 해당하고, 혼합물인 소금물의 냉각 곡선은 B에 해당한다.

04

눈이 내린 길에 염화 칼슘을 뿌리면 어는점이 낮아져 도로가 어는 것을 방지해 주며, 달걀을 삶을 때 소금을 넣어 주면 물의 끓는점이 높아져 달걀이 더 빨리 익는다.

05

• 물질의 특성인 것 : 색깔, 냄새, 맛, 녹는점, 어는점, 끓는점, 밀도, 용해도 등
• 물질의 특성이 아닌 것 : 부피, 질량, 무게, 온도, 길이, 넓이, 농도, 상태 등

06

(3) 부피의 단위는 cm^3, m^3, mL, L 등이 사용된다.
(4) 질량은 윗접시저울, 양팔 저울 등을 이용하여 측정한다.

07

바로 알기 | (1) 기체는 분자 사이의 거리가 멀기 때문에 압력의 영향을 많이 받는다.
(3) 밀도의 단위로는 g/mL, g/cm^3 등을 사용한다.

08

(1) 밀도$=\frac{질량}{부피}$이므로, 각각의 밀도를 구하면

물질 A의 밀도는 $\frac{10\,g}{20\,cm^3}=0.5\,g/cm^3$

물질 B의 밀도는 $\frac{20\,g}{10\,cm^3}=2\,g/cm^3$

물질 C의 밀도는 $\frac{40\,g}{20\,cm^3}=2\,g/cm^3$임을 알 수 있다.

(2) 밀도는 물질의 특성이므로 같은 물질은 밀도가 같다. 따라서 밀도가 같은 물질 B와 C는 같은 물질이다.

09

밀도가 작을수록 위로 뜨고 밀도가 클수록 아래로 가라앉는다. 따라서 글리세린, 물, 플라스틱, 나무 도막의 밀도를 비교하면 나무 도막<물<플라스틱<글리세린 순이다.

10

바로 알기 | ㄱ. 헬륨은 공기보다 밀도가 작기 때문에 헬륨으로 채워진 애드벌룬은 공중으로 떠오른다.

탐구 알약 70쪽

01 (1) ○ (2) ○ (3) ○ (4) ×　　02 10 mL　　03 5 g/mL

01

바로 알기 | (4) 물이 담긴 비커의 질량에서 빈 비커의 질량을 빼면 물의 질량을 구할 수 있다.

02

자료 해석 | 고체의 부피 구하기

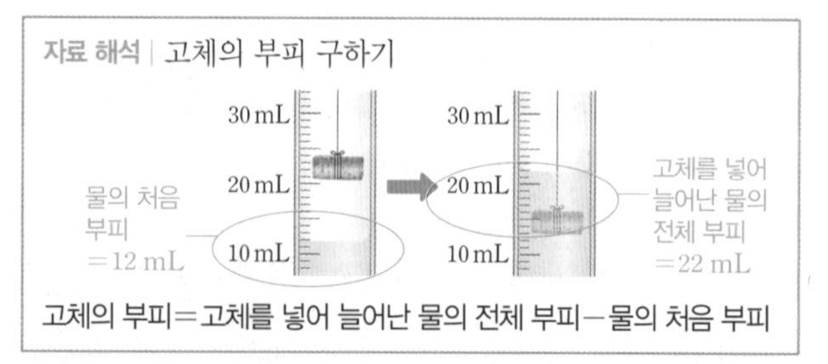

고체의 부피=고체를 넣어 늘어난 물의 전체 부피−물의 처음 부피

12 mL의 물에 고체를 넣어 22 mL가 되었으므로 고체의 부피는 22 mL−12 mL=10 mL이다.

03

밀도$=\frac{질량}{부피}$이므로 $\frac{50\,g}{10\,mL}=5\,g/mL$이다.

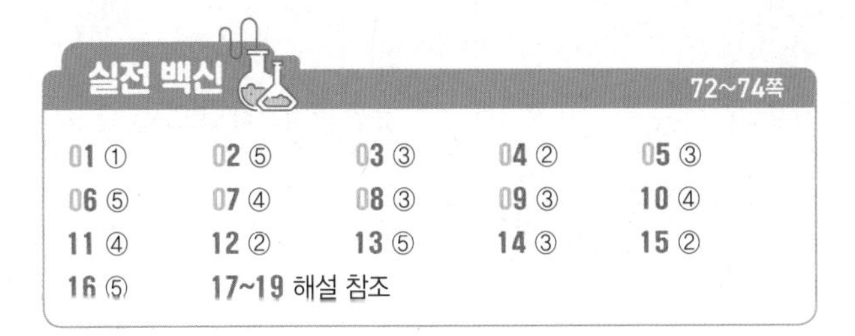
실전 백신 72~74쪽

01 ①	02 ⑤	03 ③	04 ②	05 ③
06 ⑤	07 ④	08 ③	09 ③	10 ④
11 ④	12 ②	13 ⑤	14 ③	15 ②
16 ⑤	17~19 해설 참조			

01

① 우유 속에는 지방이나 칼슘과 같은 영양 성분들이 불균일하게 섞여 있다.

바로 알기 | ② 혼합물은 두 종류 이상의 순물질이 단순히 섞여 있는 물질이다.

③ 혼합물은 성분 물질 각각의 성질이 그대로 나타난다.

④ 균일 혼합물은 물리적인 방법을 거쳐서 각각의 성분 물질로 분리할 수 있다.

⑤ 순물질에는 한 종류의 원소로 이루어진 물질도 있지만 두 종류 이상의 원소로 이루어진 물질도 있다.

02

순물질과 혼합물은 몇 가지 종류의 물질로 이루어져 있는지를 기준으로 나눈다.

03

바로 알기 | ③ 과일주스와 흙탕물은 성분 물질들이 불균일하게 섞여 있는 불균일 혼합물에 속한다.

04

바로 알기 | ② 산소(ㄱ)와 철(ㅁ)은 한 종류의 원소로 이루어진 순물질, 물(ㄹ)과 에탄올(ㅇ)은 두 종류 이상의 원소로 이루어진 순물질이다.

05

혼합물인 설탕물은 물보다 약간 높은 온도에서 끓기 시작하며 가열하는 동안 온도가 계속 높아진다.

06

자료 해석 | 물과 소금물의 냉각 곡선

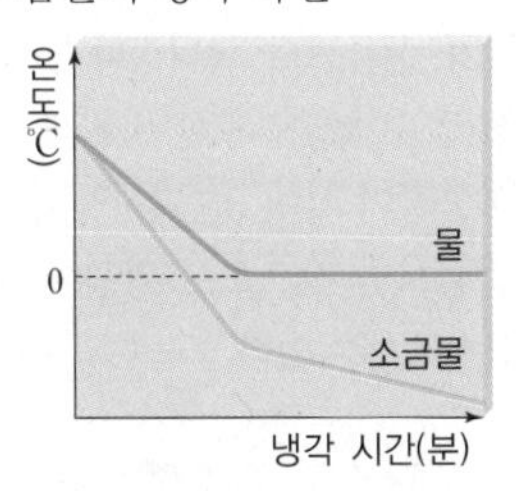

소금과 물이 혼합된 소금물에서는 소금이 물의 응고를 방해하기 때문에 물보다 좀 더 낮은 온도에서 얼기 시작한다. 또한 온도가 낮아질수록 물이 응고하여 소금물의 농도가 진해지므로 온도가 계속 낮아지게 된다.

① 물은 녹는점이 일정한 순물질이다.

②, ④ 소금물이 물보다 낮은 온도에서 얼기 시작하는 것은 녹아 있는 소금이 물의 응고를 방해하기 때문이다.

③ 소금물은 어는 동안에도 계속 온도가 낮아진다.

바로 알기 | ⑤ 소금물이 어는 동안 온도가 계속 낮아지는 것은 물만 응고되면서 남아 있는 소금물의 농도가 계속 진해지기 때문이다.

07

① 자동차의 냉각수에 부동액을 넣으면 냉각수가 얼어서 생기는 자동차의 고장을 방지할 수 있다.

② 무른 금에 비교적 단단한 구리를 섞으면 강도 높은 금을 만들 수 있다.

바로 알기 | ④ 염화 칼슘이 물과 혼합되어 어는점이 낮아지면 눈을 쉽게 녹이고 물이 다시 어는 것을 막는다.

08

①, ② 비교적 염류가 적은 강은 얼어도 염류가 많이 녹아 있는 바닷물은 쉽게 얼지 않기 때문에 물고기가 겨울에도 살 수 있다.

바로 알기 | ③ 달걀을 삶을 때 소금을 넣는 것은 끓는점을 높여 달걀을 빨리 익히기 위함이다.

09

겨울철에 눈이 내리면 도로가 얼어 사고가 날 수 있으므로 염화 칼슘을 뿌린다. 이것은 눈이 녹은 물에 염화 칼슘이 녹아 들어가면 어는점이 낮아져 도로가 잘 얼지 않기 때문이다.

10

① 밀도는 세기 성질이며 물질의 양에 따라 변하지 않는다.

② 밀도는 질량을 부피로 나눈 값이다. 부피가 일정하면 밀도와 질량은 비례하며, 질량이 일정하면 밀도와 부피는 반비례한다.

③ 밀도의 단위로는 g/mL, g/cm^3 등을 사용한다.

⑤ 밀도가 큰 물질은 밀도가 작은 물질 아래로 가라앉고 밀도가 작은 물질은 밀도가 큰 물질 위로 뜬다.

바로 알기 | ④ 밀도는 단위 부피당 물질의 질량을 말한다.

11

A의 밀도는 $\frac{질량}{부피}=\frac{490\ g}{(7\times5\times7)\ cm^3}=2\ g/cm^3$이고, 밀도는 물질을 쪼개도 변하지 않으므로 B와 C의 밀도도 $2\ g/cm^3$이다. B의 질량은 300 g이므로, $2\ g/cm^3=\frac{300\ g}{B의\ 부피}$에서 B의 부피 $=150\ cm^3$이다. C의 질량은 $490\ g-300\ g=190\ g$이므로 $2\ g/cm^3=\frac{190\ g}{C의\ 부피}$에서 C의 부피$=95\ cm^3$이다.

12

① A의 밀도는 $\frac{8\ g}{2\ cm^3}=4\ g/cm^3$이다.

③ 질량−부피 그래프에서 직선의 기울기는 $\frac{질량}{부피}$을 나타내며, 밀도$=\frac{질량}{부피}$이므로 직선의 기울기는 밀도를 나타낸다.

④ 같은 직선 상에 있는 물질은 기울기가 같으므로 밀도도 같다.

바로 알기 | ② B의 밀도는 $\frac{8\ g}{6\ cm^3}\fallingdotseq1.33\ g/cm^3$이고, C의 밀도는 $\frac{4\ g}{6\ cm^3}\fallingdotseq0.67\ g/cm^3$이다. B의 밀도는 물의 밀도인 $1\ g/cm^3$보다 크므로 B만 물 아래로 가라앉는다.

13

A의 밀도$=\dfrac{10\ \text{g}}{10\ \text{cm}^3}=1\ \text{g/cm}^3$,

B의 밀도$=\dfrac{15\ \text{g}}{5\ \text{cm}^3}=3\ \text{g/cm}^3$,

C의 밀도$=\dfrac{20\ \text{g}}{10\ \text{cm}^3}=2\ \text{g/cm}^3$,

D의 밀도$=\dfrac{20\ \text{g}}{40\ \text{cm}^3}=0.5\ \text{g/cm}^3$,

E의 밀도$=\dfrac{30\ \text{g}}{15\ \text{cm}^3}=2\ \text{g/cm}^3$

밀도는 물질의 특성이므로 같은 물질은 밀도가 같다. 따라서 밀도가 같은 물질 C와 E는 같은 물질이다.

14

고체의 부피=고체를 넣어 늘어난 물의 전체 부피−물의 처음 부피$=75\ \text{mL}-60\ \text{mL}=15\ \text{mL}$

고체의 밀도$=\dfrac{\text{질량}}{\text{부피}}=\dfrac{75\ \text{g}}{15\ \text{mL}}=5\ \text{g/mL}$

15

바로 알기 | ㄱ. 밀도가 작을수록 단위 부피당 질량이 작아 가벼우므로 컵의 위쪽에 위치한다.

ㄷ. 밀도는 물질의 양에 상관없이 일정한 값을 갖는 물질의 특성이다. 따라서 물의 질량이 2배가 되더라도 밀도는 변하지 않는다.

16

①, ②, ③, ④ 밀도를 작게 하여 이용하는 예이다.

바로 알기 | ⑤ 사해는 다른 지역보다 염분이 높아 물의 농도가 진하므로 밀도를 크게 하여 이용하는 예이다.

서술형 문제

17

모범 답안 | 순물질 : (나), 혼합물 : (가) / 순물질은 물질을 이루는 종류의 개수가 1개, 혼합물은 물질을 이루는 종류의 개수가 2개 이상이다. 따라서 두 종류의 물질로 이루어진 (가)는 혼합물, 두 종류의 원소가 결합한 한 종류의 물질로 이루어진 (나)는 순물질이다.

채점 기준	배점
순물질과 혼합물의 입자 모형을 옳게 고르고, 그렇게 생각한 까닭을 옳게 서술한 경우	100%
순물질과 혼합물의 입자 모형만 옳게 고른 경우	50%

18

모범 답안 | B, 물에 소금을 넣으면 소금물의 밀도가 달걀보다 커지기 때문에 밀도가 작은 달걀이 위로 떠오른다.

채점 기준	배점
달걀을 소금물에 넣었을 때의 모습을 옳게 고르고, 그렇게 생각한 까닭을 옳게 서술한 경우	100%
달걀을 소금물에 넣었을 때의 모습만 옳게 고른 경우	50%

19

모범 답안 | 끓는점을 측정한다. 어는점을 측정한다. 밀도를 측정한다. 등

채점 기준	배점
구별 방법을 두 가지 이상 옳게 서술한 경우	100%
구별 방법을 한 가지만 옳게 서술한 경우	50%

20

ㄱ. 나프탈렌, 파라−다이클로로벤젠의 가열 곡선에 온도가 일정한 구간이 나타나므로 두 물질은 순물질이다.

ㄷ. 땜납은 납과 주석의 혼합물로, 납과 주석보다 녹는점이 낮아 금속을 연결하는 용접에 사용된다.

21

ㄱ. 소금도 설탕과 마찬가지로 물에 녹인 양에 따라 밀도가 달라지므로 비슷한 결과가 나타난다.

바로 알기 | ㄴ, ㄷ. 물에 녹인 설탕의 양이 많아질수록 설탕물의 밀도가 커지므로 방울토마토가 점점 떠오른다.

22

② 넘친 물의 양이 순금보다 왕관이 더 많으므로 왕관의 부피가 순금보다 크다.

⑤ 넘친 물의 부피는 아르키메데스 몸의 부피와 같다. 따라서 아르키메데스는 질량이 같더라도 밀도가 다르면 부피가 다르다는 것을 통해 왕관이 순금으로 만들어져 있지 않다는 것을 밝혀냈다.

바로 알기 | ①, ③ 질량이 같을 때 넘친 물의 양이 많을수록, 즉 부피가 클수록 밀도가 작다. 넘친 물의 양이 순금보다 왕관이 더 많으므로 왕관의 부피가 순금보다 크다. 따라서 왕관의 밀도는 순금보다 작다는 것을 알 수 있다. 또한 왕관과 순금의 밀도가 다르므로 왕관에는 다른 물질이 섞여 있음을 알 수 있다.

④ 왕관의 밀도가 순금보다 작으므로 왕관에 순금보다 밀도가 작은 물질이 섞여 있음을 알 수 있다.

23

LPG의 밀도는 공기보다 크기 때문에 가스가 유출되면 아래쪽으로 가라앉는다. 따라서 가스 누출 경보기를 아래쪽인 B에 설치해야 한다. LNG의 밀도는 공기보다 작기 때문에 가스가 유출되면 위쪽으로 퍼진다. 따라서 가스 누출 경보기를 위쪽인 A에 설치해야 한다.

02 물질의 특성 (2)

용어&개념 체크 77, 79쪽

01 용매, 용질 02 포화 03 100, g 수 04 온도
05 감소, 증가 06 녹는점, 어는점 07 물질의 특성
08 끓는점 09 높아지면 10 액체

개념 알약 77, 79쪽

01 A : 용질 B : 용매 C : 용해 D : 용액
02 (1) × (2) × (3) ○
03 (1) B, C (2) 60 ℃
04 (1) 질산 칼륨 (2) 40 g
05 (1) ○ (2) ○ (3) × (4) ○
06 (1) ○ (2) ○ (3) × (4) ○ (5) ×
07 (1) 녹는점 (2) (다), (라)
08 (1) ㄴ, ㄹ (2) A
09 ㉠ 높여서 ㉡ 높이므로
10 A : 고체 B : 액체 C : 기체

01

설탕처럼 다른 물질에 녹는 물질은 용질(A), 물처럼 다른 물질을 녹이는 물질은 용매(B)이다. 용질이 용매에 녹아 고르게 섞이는 현상은 용해(C), 용해에 의해 생긴 균일한 혼합물은 용액(D)이다.

02

바로 알기 | (1) 용해도는 일정한 온도에서 용매 100 g에 최대로 녹을 수 있는 용질의 g 수이다.
(2) 고체의 용해도는 대부분 온도가 높을수록 증가하며, 압력의 영향은 거의 받지 않는다.

03

(1) 용해도 곡선 상의 점이 그 온도에서의 포화 용액이다.
(2) 불포화 용액의 온도를 낮추거나 용질을 더 녹여서 용해도 곡선과 만나게 하면 포화 용액이 된다.

04

(1) 온도에 따른 용해도 변화가 클수록 냉각할 때 석출되는 용질의 질량이 많다. 온도 변화에 따른 용해도 차는 용해도 곡선의 기울기가 급할수록 크므로 석출량은 질산 칼륨이 가장 많다.
(2) 질산 나트륨의 용해도는 70 ℃일 때 130이고 30 ℃일 때 90이므로 130 g−90 g=40 g이 석출된다.

05

바로 알기 | (3) 꿀을 추운 겨울에 실외에 두거나 냉장고에 보관하면 꿀 속에 들어 있는 포도당의 용해도가 낮아져 흰색 포도당 결정이 생긴다. 이는 온도에 따른 고체의 용해도와 관련된 현상이다.

06

바로 알기 | (3) 같은 물질의 경우 질량이 증가하더라도 물질의 특성인 녹는점은 변하지 않는다.
(5) 녹는점이 높은 물질은 입자 사이의 인력이 강한 물질이다.

07

고체를 가열할 때 온도가 일정하게 나타나는 (나) 구간의 온도를 녹는점, 액체를 냉각할 때 온도가 일정하게 나타나는 (마) 구간의 온도를 어는점이라고 한다. 따라서 (가)는 고체, (나)는 고체와 액체, (다)와 (라)는 액체, (마)는 액체와 고체, (바)는 고체 상태로 존재한다.

08

(1) 녹는점이 일치하는 B와 D, C와 E가 서로 같은 물질이다.
(2) 녹는점은 B=D<C=E<A 순이다. 녹는점이 높을수록 물질을 이루고 있는 입자 사이의 인력이 강하기 때문에 A가 물질을 이루고 있는 입자 사이의 인력이 가장 강하다.

09

압력솥은 솥 내부 압력을 높여서 물의 끓는점인 100 ℃보다 높은 온도에서 감자가 가열되므로 감자가 빨리 익는다.

10

A는 상온이 녹는점보다 낮은 온도이므로 고체 상태, B는 상온이 녹는점과 끓는점 사이이므로 액체 상태, C는 상온이 끓는점보다 높은 온도이므로 기체 상태로 존재한다.

탐구 알약 80~81쪽

01 (1) × (2) ○ (3) ○ (4) ○
02 해설 참조
03 (1) ○ (2) × (3) × (4) ○ (5) ×
04 ㄷ

01

바로 알기 | (1) 온도가 일정할 때 물질의 특성인 용해도는 용질의 종류에 따라 다르다.

02 서술형

모범 답안 | 온도를 60 ℃까지 높인다.

해설 | A 용액은 용질이 포화 용액보다 더 많이 녹아 있는 과포화 용액이므로 온도를 60 ℃까지 높이면 포화 용액이 된다.

채점 기준	배점
포화 용액을 만드는 방법을 온도와 관련지어 옳게 서술한 경우	100%

03

바로 알기 | (2) 끓는점은 물질의 종류에 따라 다르다.
(3) 같은 물질은 물질의 양이 달라져도 끓는점이 일정하다.
(5) 끓임쪽을 넣는 것은 액체가 갑자기 끓어 넘치는 현상을 방지하기 위함이다.

04

바로 알기 | ㄱ. 그래프의 수평한 부분에는 액체와 기체가 함께 존재한다.
ㄴ. 에탄올의 부피를 2배로 늘려도 끓는점은 일정하다.

실전 백신 84~86쪽

01 ① 02 ② 03 ⑤ 04 ③ 05 ②
06 ③ 07 ② 08 ④ 09 ① 10 ①
11 ③ 12 ③ 13 ① 14 ①
15~17 해설 참조

01

② 공기는 기체 용액, 탄산음료는 액체 용액, 합금은 고체 용액에 해당한다.
③ 용해는 용질이 용매에 녹아 용액을 형성하는 현상이다.
④ 용액은 물질의 상태에 관계없이 한 물질에 다른 물질이 녹아 균일하게 섞여 있는 혼합물이므로 오랫동안 놓아두어도 가라앉는 것이 없다.
⑤ 불포화 용액은 포화 용액보다 적은 양의 용질이 녹아 있는 용액이므로 용질을 더 첨가하면 포화 용액을 만들 수 있다.
바로 알기 | ① 용액은 물질의 상태에 관계없이 한 물질에 다른 물질이 녹아 균일하게 섞여 있는 혼합물이다. 따라서 어느 부분을 취하더라도 용액의 성질은 같다.

02

① 용해도는 용질에 따라 다르므로 물질을 구별하는 특성이다.
③ 기체의 용해도는 온도가 높아질수록 감소하고 압력이 높아질수록 증가한다.
④ 용해도는 어떤 온도에서 용매 100 g에 최대로 녹을 수 있는 용질의 g 수이다.
⑤ 대부분의 고체는 온도가 높아질수록 용해도가 증가하며 압력의 영향은 거의 받지 않는다.
바로 알기 | ② 용해도는 용매 100 g이 기준이므로 용매의 질량이 변하더라도 용해도는 변하지 않는다.

03

자료 해석 | 용해 과정

용질이 용매에 들어가면 크기가 큰 입자 사이로 크기가 작은 입자가 들어가서 균일 혼합물이 되는 용해가 일어난다.

ㄱ, ㄷ. 용질인 설탕이 용매인 물에 용해되어 용액인 설탕물이 된다.
ㄴ. 설탕물은 오랫동안 놓아두어도 설탕이 가라앉지 않는 균일 혼합물이다.

[04~05]

자료 해석 | 여러 가지 고체의 용해도 곡선

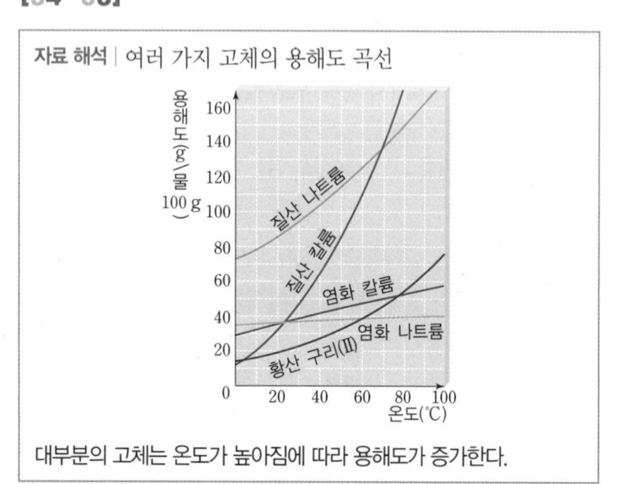

대부분의 고체는 온도가 높아짐에 따라 용해도가 증가한다.

04

ㄷ. 60 ℃일 때 질산 칼륨의 용해도는 약 110이다. 따라서 60 ℃의 물 100 g에 질산 칼륨이 90 g 녹아 있는 용액은 불포화 용액이다.
바로 알기 | ㄴ. 온도에 따른 용해도 차가 가장 작은 것은 용해도 곡선의 기울기가 가장 작은 염화 나트륨이다.

05

온도가 변하는 구간에서 용해도 곡선의 기울기가 클수록 고체의 석출량이 많다.

06

자료 해석 | 고체의 용해도 곡선

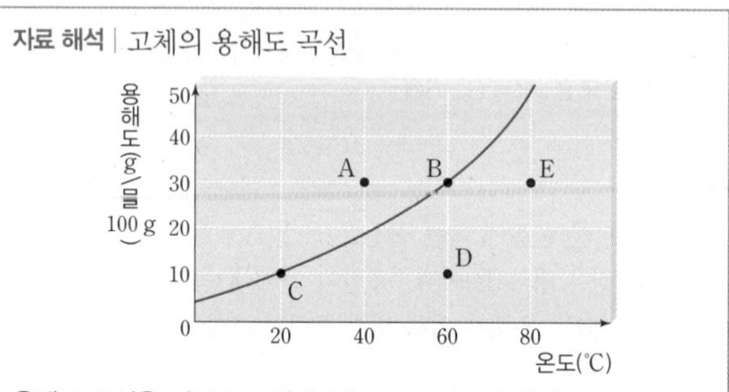

용해도 곡선을 기준으로 위에 있는 A는 과포화 용액, 곡선 상에 있는 B와 C는 포화 용액, 아래에 있는 D와 E는 불포화 용액이다.

ㄱ. A 용액은 용해도 곡선보다 위에 있으므로 온도를 60 ℃까지 높이면 B 상태인 포화 용액이 된다.
ㄷ. E 용액은 용해도 곡선 아래에 있으므로 불포화 용액이다. E 용액에는 물 100 g당 30 g의 고체 물질이 녹아 있는데, 온도가 80 ℃일 때 포화 용액의 용해도는 50이므로 고체 20 g이 더 녹을 수 있다.
바로 알기 | ㄴ. D 용액은 물 100 g당 고체 물질이 10 g 녹아 있는 상태이다. 따라서 온도를 20 ℃로 낮춰야 포화 용액이 된다.

07

② 온도가 다른 물은 기체의 용해도와 온도의 관계를, 마개의 여부는 기체의 용해도와 압력의 관계를 알아볼 수 있다.
바로 알기 | ① 기포가 발생하는 것은 기체가 용매에 녹아 있지 못하고 밖으로 빠져나오기 때문이다. 따라서 기포의 발생량이 많을수록 용해도가 작다는 것을 알 수 있다.
③ 기체의 용해도와 압력의 관계를 알아보기 위해서는 압력을 제외한 나머지 실험 조건이 같아야 한다. 시험관 B, E는 마개의 여부와 온도 조건이 모두 다르기 때문에 기체의 용해도와 압력의 관계를 정확히 알 수 없다.
④ 기체의 용해도와 온도의 관계를 알아보기 위해서는 온도를 제외한 나머지 조건이 같아야 한다. 시험관 B, C, E는 모두 온도가 다르지만 압력도 다르므로 정확하게 비교할 수 없다.
⑤ 기체의 용해도는 온도가 낮을수록, 압력이 높을수록 커진다. 따라서 기포가 적게 발생할수록 기체가 더 많이 녹아 있는 것이므로 용해도가 크다. 기체의 용해도가 가장 큰 것은 시험관 B이므로 시험관 B에서 기체가 가장 적게 발생하고 기체의 용해도가 가장 작은 것은 시험관 E이므로 기체가 가장 많이 발생한다.

08

콜라병의 마개를 땄을 때 콜라에서 기포가 많이 발생하는 것(가)

은 콜라병 내부의 압력이 낮아져 기체의 용해도가 감소하기 때문이다. 더운 여름에 물고기가 수면으로 올라와 입을 뻐끔거리는 것(나)은 수온이 높아져 산소의 용해도가 감소하기 때문이다.

09

① 녹는점과 어는점은 물질의 특성으로 물질의 종류에 따라 다르다.

바로 알기 | ② 같은 물질이라면 녹는점은 물질의 질량과 관계없이 일정하다.

③ 같은 물질이라면 녹는점과 어는점이 같다.

④ 어는점은 액체 물질이 어는 동안 일정하게 유지되는 온도이므로 액체에서 고체로 변할 때의 온도이다.

⑤ 녹는점은 고체 물질이 녹는 동안 일정하게 유지되는 온도이므로 고체에서 액체로 변할 때의 온도이다.

10

자료 해석 | 불꽃의 세기와 녹는점의 관계

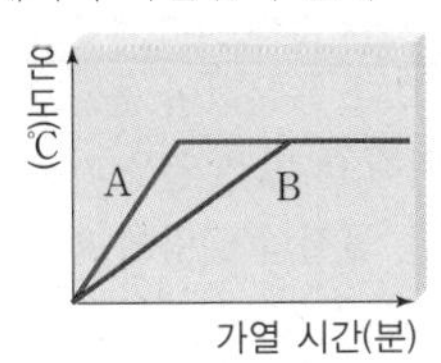

고체 A와 B의 질량과 종류가 같으면 각각의 물질을 가열한 불꽃의 세기는 A가 B보다 세다.

녹는점은 물질의 특성이므로 물질의 종류가 같다면 녹는점이 같고, 불꽃의 세기가 셀수록 녹는점에 도달하는 시간이 짧아진다.

11

③ 순물질은 상태 변화 구간에서 수평한 구간이 나타난다. C는 수평한 구간이 나타났으므로 순물질이다.

바로 알기 | ① A와 B는 녹는점이 다르므로 다른 물질이다.

② C와 D는 녹는점이 같으므로 같은 물질이다.

④ C가 D보다 녹는점에 먼저 도달하였으므로 C의 질량이 D보다 작다.

⑤ A는 온도가 일정한 구간이 나타나지 않았으므로 녹는점에 아직 도달하지 않았다.

12

자료 해석 | 액체의 가열 곡선

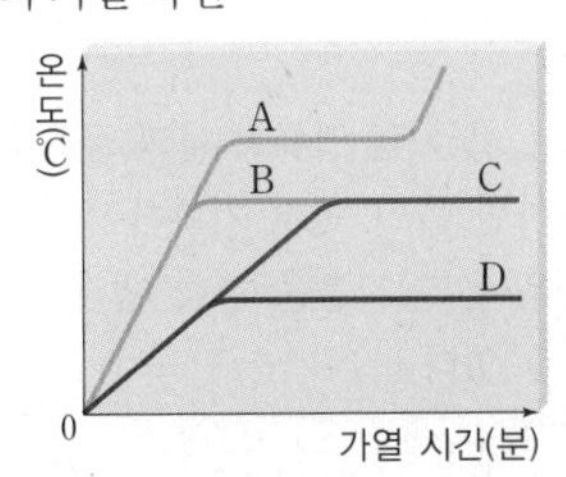

끓는점은 A>B=C>D이므로 B와 C는 같은 물질이다. B가 C보다 먼저 끓는점에 도달하므로 불꽃의 세기가 같을 때는 C가 B보다 양이 많으며, 물질의 양이 같을 때는 B가 C보다 불꽃의 세기가 세다.

물질의 특성인 끓는점이 같은 B와 C는 같은 물질이다.

13

자료 해석 | 액체의 끓는점과 압력의 관계

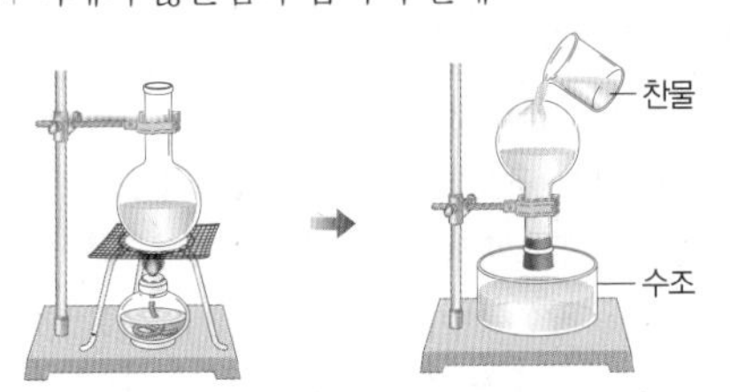

물을 끓기 직전까지 가열한 후 고무 마개로 막고, 거꾸로 세워 찬물을 부으면 물이 끓기 시작한다. 플라스크 내부의 기화된 수증기가 찬물에 열을 빼기어 액화되면서 플라스크 내부의 압력이 낮아지기 때문에 물의 끓는점이 낮아져 낮은 온도에서 끓는다.

② 찬물에 열에너지를 잃은 수증기가 물로 액화된다.

③ 내부 압력이 낮아져서 물이 끓게 되는 원리이므로 압력과 끓는점의 관계를 알 수 있다.

④ 높은 산 위에서는 기압이 낮아지므로 쌀이 설익는다.

⑤ 플라스크 내부 압력이 낮아지므로 물의 끓는점이 낮아져 100 ℃보다 낮은 온도에서 다시 끓게 된다.

바로 알기 | ① 찬물을 부으면 플라스크 안의 수증기의 온도가 낮아져서 물로 액화되므로 내부 압력이 낮아진다.

14

자료 해석 | 끓는점과 압력의 관계

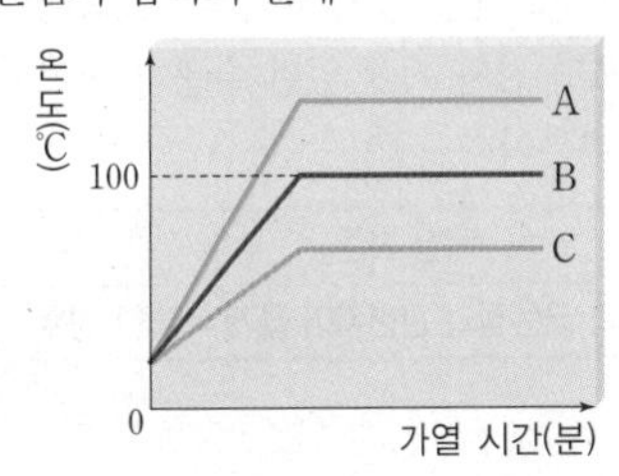

끓는점은 압력을 제외한 조건이 동일할 때, 압력이 높아질수록 높아진다.

① 압력이 높아지면 끓는점이 높아지고 압력이 낮아지면 끓는점이 낮아진다.

바로 알기 | ② 산 위에서는 기압이 낮아 끓는점이 낮아지므로 산 아래에서의 가열 곡선이 B라면 산 위에서의 가열 곡선은 C에 해당한다.

③ 압력솥은 압력을 높여 물의 끓는점을 높이는 원리이므로 A에 해당한다.

④ 물질의 질량이 다르더라도 끓는점은 달라지지 않지만 끓는점 도달 시간은 변한다.

⑤ 불꽃의 세기가 다르더라도 물질의 끓는점은 달라지지 않는다.

서술형 문제

15

(1) **모범 답안** | 50 g, 60 ℃에서 질산 나트륨의 용해도는 124이므로, 물 100 g에 질산 나트륨 124 g을 녹이면 포화 수용액을 만들

수 있다. 따라서 60 ℃에서 질산 나트륨 62 g을 모두 사용하여 질산 나트륨 포화 수용액을 만들 때 필요한 물은 50 g이다.

채점 기준	배점
필요한 물의 질량과 이를 구하는 과정을 옳게 서술한 경우	100 %
필요한 물의 질량만 옳게 쓴 경우	30 %

(2) 모범 답안 | 74 g, 80 ℃에서 황산 구리(Ⅱ)의 용해도는 57이므로 물 100 g에 황산 구리(Ⅱ) 57 g을 녹이면 포화 수용액 157 g을 만들 수 있다. 따라서 80 ℃ 황산 구리(Ⅱ) 포화 수용액 314 g에는 물 200 g에 황산 구리(Ⅱ) 114 g이 녹아 있다. 20 ℃에서 황산 구리(Ⅱ)의 용해도는 20이므로 80 ℃ 황산 구리(Ⅱ) 포화 수용액 314 g을 20 ℃로 냉각할 때 석출되는 황산 구리(Ⅱ)의 양은 114 g−40 g=74 g이다.

채점 기준	배점
석출되는 황산 구리(Ⅱ)의 질량과 이를 구하는 과정을 옳게 서술한 경우	100 %
석출되는 황산 구리(Ⅱ)의 질량만 옳게 쓴 경우	30 %

16

모범 답안 | 기체의 용해도는 온도가 높을수록 감소하므로 수돗물을 상온에 두거나 가열하면 남아 있는 염소 기체를 제거할 수 있다.

채점 기준	배점
수돗물에 남아 있는 염소 기체를 제거하는 방법을 기체의 용해도와 온도 사이의 관계와 관련지어 옳게 서술한 경우	100 %

17

모범 답안 | 기름의 끓는점은 물의 끓는점보다 훨씬 높기 때문에 기름에 감자를 넣으면 감자 속에 있던 수증기가 기화하면서 수증기가 되어 나오기 때문이다.

채점 기준	배점
현상을 기름과 물의 끓는점과 관련지어 옳게 서술한 경우	100 %

1등급 백신 87쪽

18 ① 19 ④ 20 ② 21 ③

18

ㄱ. 기체는 온도가 높아질수록 용해도가 감소한다. 따라서 B가 기체 물질, A가 고체 물질이라는 것을 알 수 있다.

바로 알기 | ㄴ. t_1 ℃에서 A 포화 용액의 질량이 100 g이므로 녹아 있는 용질의 질량은 a g보다 작다.

ㄷ. t_1 ℃에서는 용매 100 g에 용질 a g이 최대로 녹을 수 있으므로 t_2 ℃에서 용질이 b g 녹아 있는 A 포화 용액을 t_1 ℃으로 냉각할 때 석출되는 용질의 질량은 $(b-a)$ g이다.

19

③ 용해도는 용매 100 g에 최대로 녹을 수 있는 용질의 g 수이다. 50 ℃에서 용해도가 가장 큰 고체는 질산 나트륨이다.

바로 알기 | ④ 80 ℃ 물 100 g에 가장 많이 녹을 수 있는 고체는 질산 칼륨으로 약 169 g이다.

20

② AB 구간과 FG 구간에서 팔미트산은 모두 고체 상태이다.

바로 알기 |

① 고체 팔미트산을 가열했을 때 63 ℃인 BC 구간에서 온도가 일정하므로 팔미트산의 녹는점은 63 ℃이다.

③ BC 구간은 고체 팔미트산이 액체로 융해되는 구간이므로 융해열을 흡수한다.

④ 불꽃의 세기를 세게하면 AB 구간의 길이가 짧아진다.

⑤ 같은 물질은 질량이 달라져도 어는점은 변하지 않으므로 어는점인 EF 구간의 온도는 변하지 않는다.

21

① 산소의 끓는점은 −183 ℃이므로 −183 ℃보다 높은 상온(25 ℃)에서 산소는 기체 상태로 존재한다.

② 질소의 끓는점은 −196 ℃이므로 끓는점보다 낮고, 녹는점보다 높은 온도인 −198 ℃에서 액체 상태로 존재한다.

④ 에탄올과 메탄올은 상온인 25 ℃가 녹는점과 끓는점 사이에 존재하므로 상온에서 액체 상태로 존재한다.

⑤ 금은 염화 나트륨보다 녹는점이 높으므로 상온에 있는 금을 액체 상태로 만들기 위해 더 많은 열을 가해 주어야 한다.

바로 알기 | ③ 녹는점은 물질의 질량에 따라 변하는 것이 아니라 물질마다 항상 고유한 값을 갖는다.

03 혼합물의 분리 (1)

용어 & 개념 체크 89, 91쪽

01 증류 02 낮은, 높은 03 증류 04 낮은
05 밀도 06 작은, 큰 07 작기

개념 알약 89, 91쪽

01 증류 02 (1) ○ (2) ○ (3) ○ (4) × 03 ㄴ, ㄷ
04 (1) 에탄올 (2) 물 05 A<B<C<D
06 (1) A : 쭉정이 B : 좋은 볍씨 (2) A : 사금 B : 모래
07 신선한 달걀>소금물>오래된 달걀 08 밀도
09 ㉠ 섞이지 않고 ㉡ 다른
10 (1) 물 (2) 에테르 (3) 물 (4) 식용유

01

바닷물에 녹아 있는 소금 및 염류는 물과 끓는점 차가 크므로 태양 에너지를 흡수하면 물이 먼저 기화하여 수증기가 생성된다. 이 수증기가 차가운 유리 지붕을 만나 냉각되면 다시 액화되어 순수한 물을 얻을 수 있다.

02

바로 알기 | (4) 끓는점이 낮은 성분 물질부터 차례대로 분리된다.

03

바로 알기 | ㄱ. A와 C 구간에서도 물과 에탄올이 조금씩 분리된다.

04

물과 에탄올의 혼합물을 가열하면 B 구간에서는 끓는점이 낮은 에탄올이 끓어 나오고, D 구간에서는 끓는점이 높은 물이 끓어 나온다.

05

원유의 증류탑에서는 끓는점이 낮은 물질부터 차례대로 분리된다.

06

(1) 소금물에 볍씨를 넣으면 속이 찬 좋은 볍씨는 밀도가 커서 아래로 가라앉고 속이 빈 쭉정이는 밀도가 작아서 위로 뜬다.
(2) 사금이 섞여 있는 모래를 쟁반에 담아 흐르는 물속에서 흔들면 사금은 밀도가 커서 쟁반에 남고 모래는 밀도가 작아서 물에 씻겨 나간다.

07

바로 알기 | 오래된 달걀은 달걀 속에 공기가 많기 때문에 신선한 달걀보다 밀도가 작아서 소금물에 넣으면 위로 뜬다.

08

유리의 밀도가 크고 플라스틱의 밀도가 작기 때문에 재활용 쓰레기가 컨베이어벨트 위를 지나갈 때 밀도가 큰 유리는 밑으로, 밀도가 작은 플라스틱은 판자 위로 떨어진다.

09

서로 섞이지 않고 밀도가 다른 액체 혼합물을 분별 깔때기에 넣은 후 일정 시간이 지나면 층을 이룬다.

10

서로 섞이지 않고 밀도가 다른 액체 혼합물을 분별 깔때기에 넣은 후 일정 시간이 지나면 밀도 차에 의해 밀도가 작은 액체는 위로 뜨고 밀도가 큰 액체는 아래로 가라앉아 층을 이룬다.

탐구 알약 92~93쪽

01 (1) ○ (2) × (3) × (4) ○ (5) ○ (6) ○
02 에탄올 : B, 물 : D　03 해설 참조
04 (1) ○ (2) ○ (3) × (4) × (5) ○
05 ㄴ, ㄹ　06 (가) 물 (나) 수은, 사염화 탄소

01

바로 알기 | (2) 물중탕은 물의 끓는점인 100 ℃보다 끓는점이 낮은 물질에서만 가능하다.
(3) 이 실험에서 에탄올은 액체 → 기체 → 액체의 순으로 상태가 변한다.

02

물과 에탄올의 혼합물을 가열하면 끓는점이 낮은 에탄올이 먼저 끓어 나오고 끓는점이 높은 물이 나중에 끓어 나온다. 따라서 B 구간에서는 끓는점이 낮은 에탄올이 주로 끓어 나오고 D 구간에서는 끓는점이 높은 물이 끓어 나온다.

03 서술형

모범 답안 | 물과 에탄올의 혼합물을 가열하면 끓는점이 낮은 에탄올이 먼저 분리되어 나오고 끓는점이 높은 물이 나중에 분리되어 나온다.

채점 기준	배점
물과 에탄올의 끓는점과 관련지어 옳게 서술한 경우	100 %

04

바로 알기 | (3) 마개를 열어야 대기압에 의해 액체가 빠져 나올 수 있다.
(4) 밀도가 큰 액체는 아래로 받아내고 밀도가 작은 액체는 위로 따라낸다.

05

물과 에탄올, 소금물과 설탕물은 밀도가 달라도 서로 섞이기 때문에 분별 깔때기로 분리할 수 없다.

06

수은과 사염화 탄소는 물보다 밀도가 커서 아래층인 (나)에 위치한다.

실전 백신 95~96쪽

01 ⑤　02 ①　03 ②　04 ④　05 ②
06 ④　07 ④　08 ⑤　09 ④
10~12 해설 참조

01

ㄱ. 바닷물에서 기화된 수증기는 차가운 유리 지붕에 닿아 물로 냉각된다.
ㄴ, ㄷ. 바닷물에서 식수를 얻기 위한 장치와 소줏고리를 이용하여 소주를 얻는 것은 모두 끓는점 차가 큰 물질이 섞여 있는 혼합물을 분리하는 방법이다.

02

① 온도계를 가지 부근에 맞춰 설치하는 까닭은 기화되어 냉각 장치로 들어가는 기체의 정확한 온도를 측정하기 위해서이다.
바로 알기 | ② 비커 속의 찬물은 끓어 나온 물질을 냉각하기 위한 것이다.
③ 끓임쪽은 액체 혼합물이 갑자기 끓어오르는 것을 방지하기 위해서 넣는다.
④ 끓는점이 낮은 에탄올이 먼저 끓어 나온다.
⑤ 끓는점 차를 이용한 증류 장치이다.

03

ㄱ. 소금보다 끓는점이 낮은 물이 먼저 기화된다.
ㄷ. 혼합물의 양이 많아지면 물질이 기화하는 데 걸리는 시간이 더 길어지므로 순수한 물을 분리하는 데 걸리는 시간도 더 길어진다.
바로 알기 | ㄴ. 이 실험에서는 소금과 물로만 이루어진 소금물을 가열했으므로 물이 모두 기화하면 소금을 분리할 수 있다.

ㄹ. 용질인 소금의 양이 늘어나면 소금물의 농도가 진해지고, 소금물의 농도가 진해질수록 끓는점은 높아진다.

04

증류는 끓는점 차를 이용한 분리 방법으로 액체 상태의 혼합물을 가열해서 끓어 나오는 기체를 냉각하여 순수한 액체를 분리한다.

05

② 서로 섞이지 않으면서 밀도가 다른 두 액체를 가만히 놓아두면 밀도가 큰 액체는 아래쪽으로 밀도가 작은 액체는 위쪽으로 나누어지며 층을 이룬다. 혼합물의 양에 따라 스포이트나 분별 깔때기를 사용하여 혼합물을 분리할 수 있다.

바로 알기 | ① 고체 혼합물의 경우 바람을 이용하여 분리하기도 한다. 키로 볍씨를 골라내는 것이 대표적인 예이다.
③ 스포이트를 사용할 경우 위쪽에서부터 분리하기 때문에 밀도가 작은 액체부터 분리한다.
④ 분별 깔때기를 사용할 경우 아래쪽에서부터 분리하기 때문에 밀도가 큰 액체부터 분리한다.
⑤ 밀도 차가 있는 고체 혼합물을 액체를 이용하여 분리하려면 혼합물을 이루는 두 고체를 녹이지 않아야 한다.

06

소금을 더 넣어서 소금물의 밀도를 크게 하면 가라앉은 쭉정이 일부도 위로 뜨게 되어 분리할 수 있다.

07

물의 밀도는 석유보다 크고 수은보다는 작다. 간장의 밀도는 참기름보다 크다.

08

①~④ 혼합물들의 밀도 사잇값을 갖는 액체를 이용하여 고체 혼합물을 분리하는 방법이다.

바로 알기 | ⑤ 키를 이용한 곡식 분리는 기체인 바람을 이용한 고체 혼합물의 분리 방법이다.

09

밀도가 다른 두 고체 혼합물을 분리할 수 있는 액체는 두 성분 물질을 녹이지 않고 밀도가 두 성분 물질의 중간 정도이어야 한다. 분리하고자 하는 고체 물질의 밀도는 $0.91\ g/cm^3$, $2.65\ g/cm^3$이므로 밀도가 $0.91\ g/cm^3$와 $2.65\ g/cm^3$의 사잇값인 C와 D 액체를 이용하여 고체 물질을 분리할 수 있다.

서술형 문제

10

모범 답안 | 모래와 물은 끓는점 차가 큰 물질이므로 증류를 이용하여 분리한다. 태양 에너지를 이용하면 물이 먼저 기화하여 수증기 상태로 변하며, 이 수증기가 웅덩이 위를 덮고 있는 차가운 비닐에 닿으면 냉각되어 다시 물로 액화되므로 깨끗한 물을 얻을 수 있다.

채점 기준	배점
끓는점 차와 증류를 모두 포함하여 옳게 서술한 경우	100%
끓는점 차와 증류 중 한 가지만 포함하여 옳게 서술한 경우	50%

11

모범 답안 | 석유 가스, 끓는점이 낮은 물질일수록 기체 상태로 증류탑의 위쪽까지 이동하여 분리되기 때문이다.

채점 기준	배점
증류탑의 가장 위쪽에서 분리되어 나오는 물질을 옳게 쓰고 그 까닭을 끓는점과 관련지어 옳게 서술한 경우	100%
증류탑의 가장 위쪽에서 분리되어 나오는 물질만 옳게 쓴 경우	30%

12

모범 답안 | 기름과 물은 서로 섞이지 않기 때문이다. 물보다 기름의 밀도가 작기 때문이다.

채점 기준	배점
분별 깔때기 속의 물과 기름이 층을 이룬 까닭을 두 가지 모두 옳게 서술한 경우	100%
분별 깔때기 속의 물과 기름이 층을 이룬 까닭을 한 가지만 옳게 서술한 경우	50%

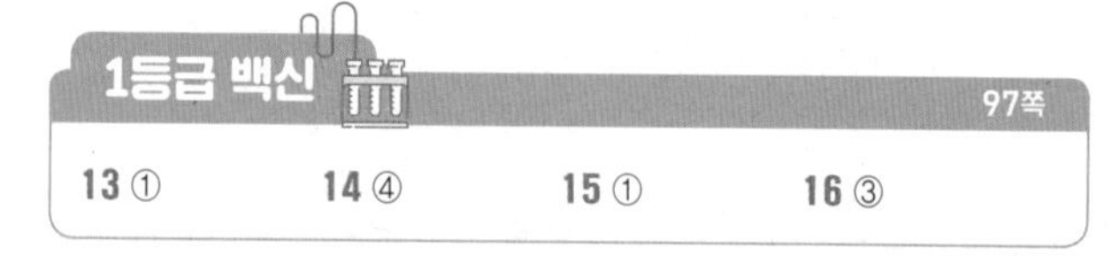

1등급 백신

97쪽

13 ① 14 ④ 15 ① 16 ③

13

A에서는 물과 이산화 탄소가 각각 고체인 얼음과 드라이아이스로 분리된다. 증류관에서는 위쪽으로 갈수록 끓는점이 낮은 물질이 분리된다.

14

ㄴ. 증류탑 안에서는 증류가 반복적으로 계속 일어난다.
ㄷ. 증류탑 안의 온도는 아래쪽으로 갈수록 높아지고 위쪽으로 갈수록 낮아진다.

바로 알기 | ㄱ. A~D 중 끓는점이 낮은 물질일수록 증류탑의 위쪽에서 분리되므로 가장 먼저 분리되는 물질은 A이다.

15

(가)는 스포이트, (나)는 분별 깔때기, (다)는 증류 장치이다.
ㄱ. (가)는 밀도가 작은 위층 물질을 먼저 분리하고, (나)는 밀도가 큰 아래층 물질을 먼저 분리한다.

바로 알기 | ㄴ. 물과 사염화 탄소는 밀도가 다르고 잘 섞이지 않으므로 주로 밀도 차를 이용하여 (가) 또는 (나)의 방법으로 분리한다.
ㄷ. (가)와 (나)는 서로 섞이지 않는 액체 혼합물을 밀도 차로 분리하는 장치이고, (다)는 끓는점이 다른 물질이 섞여 있는 액체 상태의 혼합물을 끓는점 차로 분리하는 장치이다.

16

자료 해석 | 물질의 특성과 여러 가지 분리 방법

물질	에탄올	A (물)	B (사염화 탄소)	C (수은)
질량(g)	7.9	10	8	68
부피(cm^3)	10	10	5	5
밀도(g/cm^3)	0.79	1	1.6	13.6
물과의 용해성	잘 섞임	잘 섞임	섞이지 않음	섞이지 않음

ㄱ. A는 밀도가 1 g/cm^3이므로 물이라는 것을 알 수 있다. 물과 에탄올은 잘 섞이고 끓는점이 다르므로 증류를 통해 분리할 수 있다.
ㄴ. A와 B의 혼합물은 서로 섞이지 않고 밀도 차가 크기 때문에 분별 깔때기를 이용하여 분리할 수 있다.
바로 알기 | ㄷ. 밀도가 다른 두 고체 혼합물을 분리할 수 있는 액체는 두 성분 물질을 녹이지 않고 밀도가 두 성분 물질의 중간 정도여야 하므로 밀도가 1.6 g/cm^3인 B가 가장 적합하다.

04 혼합물의 분리 (2)

용어 & 개념 체크 99쪽

01 재결정 02 큰 03 용매, 속도 04 위쪽

개념 알약 99쪽

01 재결정
02 ㄴ, ㅁ
03 (1) × (2) × (3) × (4) ○ (5) ×
04 B, C, D
05 E
06 해설 참조

01
소량의 불순물이 포함된 고체 혼합물을 높은 온도의 용매에 녹인 후 냉각하여 순수한 고체 결정을 얻는 방법은 재결정이다.

02
재결정은 불순물이 포함된 고체를 높은 온도의 용매에 녹인 후 서서히 냉각하여 순수한 고체를 얻는 방법이다. 이 원리를 이용하여 합성 약품을 정제하거나, 불순물이 섞인 질산 칼륨에서 순수한 질산 칼륨을 얻을 수 있다.

03
바로 알기 | (1) 크로마토그래피를 이용하면 복잡한 혼합물도 분리할 수 있다.
(2) 크로마토그래피는 매우 적은 양의 혼합물도 분리할 수 있다.
(3) 분리 방법이 간단하고 복잡한 혼합물을 한번에 효과적으로 분리할 수 있다.
(5) 혼합물을 이루고 있는 성분 물질의 수는 분리되어 나타나는 물질의 수와 같거나 그 이상이다.

04
B, C, D는 성분 물질이 한 가지만 나타나므로 순물질로 추측할 수 있다.

05
용매를 따라 이동하는 속도가 빠를수록 위쪽에 나타나게 된다. 가장 위쪽에 나타나는 성분을 포함하는 혼합물은 E이다.

06
사인펜의 색소 분리, 꽃잎의 색소 분리, 운동 선수의 도핑 테스트, 식품의 농약 검사, 혈액이나 소변의 성분 분리, 단백질의 성분 분석 등

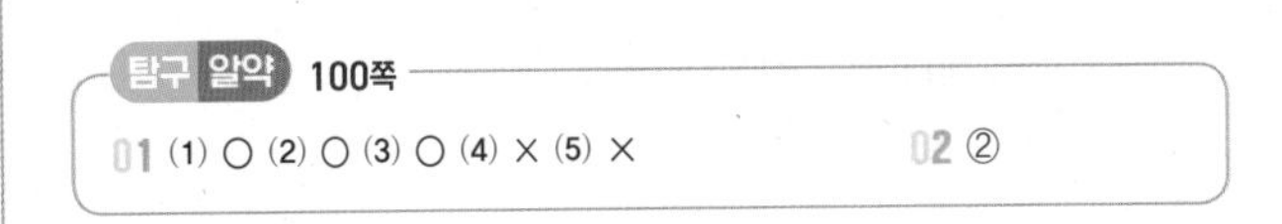

탐구 알약 100쪽

01 (1) ○ (2) ○ (3) ○ (4) × (5) × 02 ②

01
바로 알기 | (4) 질산 칼륨은 황산 구리(Ⅱ)보다 온도에 따른 용해도 차가 크므로 온도를 낮추면 결정이 쉽게 석출된다. 따라서 과정 ❸에서 거름종이에 걸러지는 물질은 질산 칼륨이다.
(5) 운동 선수의 도핑 테스트에 이용되는 방법은 크로마토그래피이다.

02
재결정을 이용하여 효과적으로 분리할 수 있는 혼합물은 용해도 차가 큰 고체와 용해도 차가 작은 고체의 혼합물이다. 따라서 가장 용해도 차가 큰 고체 A와 가장 용해도 차가 작은 고체 D의 혼합물이 가장 효과적으로 분리될 수 있다.

실전 백신 103~104쪽

01 ③ 02 ⑤ 03 ② 04 ② 05 ③
06 ③ 07 ⑤ 08 ④ 09 ⑤
10~12 해설 참조

01
불순물이 포함된 고체를 높은 온도의 용매에 녹인 후 서서히 냉각하여 순수한 고체를 얻는 방법은 재결정이다.

02

자료 해석 | 붕산과 염화 나트륨의 용해도 곡선

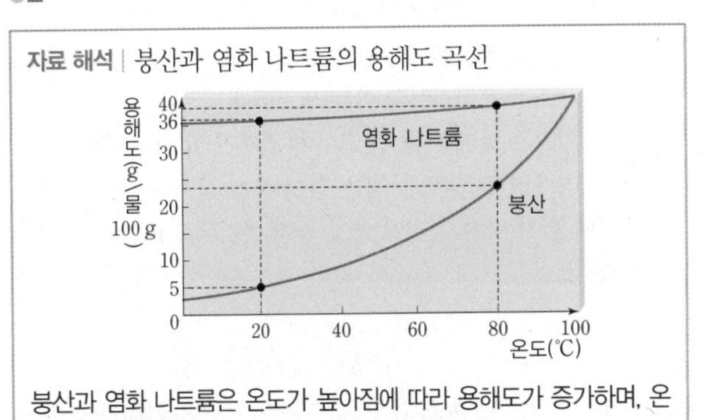

붕산과 염화 나트륨은 온도가 높아짐에 따라 용해도가 증가하며, 온도에 따른 용해도 차는 염화 나트륨보다 붕산이 크다.

ㄱ, ㄴ. 붕산은 온도에 따른 용해도 차가 크고 염화 나트륨은 붕산에 비해 온도에 따른 용해도 차가 작다. 따라서 온도에 따른 용해도 차를 이용하여 붕산과 염화 나트륨의 혼합물을 분리할 수 있다.
ㄷ. 20 ℃에서 붕산의 용해도는 5, 염화 나트륨의 용해도는 36이다. 80 ℃의 물에 녹아 있는 붕산의 질량은 15 g, 염화 나트륨의 질량은 30 g이므로 염화 나트륨은 계속 녹아 있고 붕산은 15 g−10 g=5 g이 석출된다.

03

20 ℃일 때 붕산의 용해도는 5, 염화 나트륨의 용해도는 36이다. 용해도는 물 100 g에 최대로 녹을 수 있는 용질의 질량이므로 20 ℃ 물 200 g에는 붕산 10 g, 염화 나트륨 72 g이 녹을 수 있다. 따라서 염화 나트륨 40 g은 계속 녹아 있고 붕산은 40 g−10 g=30 g이 석출된다.

04

② 합성 아스피린은 불순물이 많으므로 용해도 차를 이용하여 순수한 아스피린을 얻어 낼 수 있다.

바로 알기 | ① 식물의 엽록소는 크로마토그래피를 이용하여 분리할 수 있다.
③ 원유에서 휘발유는 증류를 이용하여 분리할 수 있다.
④ 바다에서 유출된 기름은 밀도 차를 이용하여 분리할 수 있다.
⑤ 에탄올 수용액에서 순수한 에탄올은 증류를 이용하여 분리할 수 있다.

05

① 크로마토그래피는 혼합물을 이루고 있는 성분 물질의 수가 많거나 혼합물의 양이 적더라도 혼합물을 효과적으로 분리할 수 있는 방법이다.
② 크로마토그래피는 비슷한 성분이 섞여 있는 혼합물이나 여러 종류의 물질이 섞인 혼합물도 한번에 분리할 수 있다.
④ 운동 선수의 약물 복용 여부를 검사하는 도핑 테스트에 크로마토그래피가 이용된다.
⑤ 크로마토그래피는 용매에 따라 성분 물질의 이동 속도가 달라지므로 결과가 다르게 나타난다.

바로 알기 | ③ 크로마토그래피는 혼합물의 성분 물질이 용매를 따라 이동하는 속도 차를 이용하여 혼합물을 분리하는 방법이다.

06

① 사인펜이 물에 녹으므로 그림과 같이 색소가 분리된다.
② 고무마개는 용매인 물이 증발하는 것을 막아 준다.
④ 사인펜 색소가 올라가는 높이는 색소마다 다르다.
⑤ 사인펜 잉크는 작게 여러 번 찍어야 결과가 잘 나온다.

바로 알기 | ③ 사인펜 잉크를 찍은 점이 물에 잠기면 성분 물질이 거름종이에 번져 나가기 전에 물에 녹아 분리되므로 물에 잠기지 않아야 한다.

07

바로 알기 | ⑤ 소주에 포함되어 있는 물과 에탄올은 끓는점 차를 이용하여 분리할 수 있다.

08

자료 해석 | 크로마토그래피의 결과

용매가 올라간 높이
거름종이
각 물질을 찍은 점
A B C D E

색소가 한 가지로 나타난 A, B, E는 순물질로 추측할 수 있고 여러 개로 분리된 C, D는 혼합물이다. 혼합물 C는 색소 A와 색소 B를 포함하고 혼합물 D는 색소 A, B, E를 포함하고 있다. 색소 A의 이동 속도가 가장 느리고 색소 B가 가장 빠르므로 색소의 흡착력은 A>E>B이다.

성분 물질이 한 가지로 나타난 A, B, E를 순물질로 추측할 수 있다.

09

ㄴ. C는 A, B와 올라간 높이가 같은 위치에 성분 물질이 나타나므로 C는 A와 B를 포함한다.
ㄷ. D는 분리된 물질의 수가 3개이므로 최소 3가지 성분으로 이루어져 있다는 것을 알 수 있다.

바로 알기 | ㄱ. 각 물질을 찍은 점에서부터 높이 올라갈수록 용매를 따라 이동하는 속도가 빠르므로 B가 A보다 용매를 따라 이동하는 속도가 빠르다.

서술형 문제

10

모범 답안 | 재결정, 천일염을 물에 녹이고 거르면 물에 녹지 않는 불순물이 제거되고, 걸러진 용액을 증발시키면 순수한 소금을 얻을 수 있다.

채점 기준	배점
혼합물의 분리 방법과 그 과정을 옳게 서술한 경우	100 %
혼합물의 분리 방법만 옳게 쓴 경우	30 %

11

모범 답안 | A, B, D / 같은 용매를 이용했을 때 각 물질을 찍은 점으로부터 용매를 따라 이동한 높이가 같은 물질은 같은 물질이다. 따라서 혼합물에 포함되어 있는 물질과 같은 높이까지 올라간 A, B, D가 혼합물에 포함되어 있다.

채점 기준	배점
혼합물에 포함되어 있는 물질을 옳게 쓰고 그렇게 생각한 까닭을 옳게 서술한 경우	100 %
혼합물에 포함되어 있는 물질만 옳게 쓴 경우	30 %

12

모범 답안 | A>B>C>D, 혼합물을 이루고 있는 성분 물질이 용매를 따라 이동하는 속도 차를 이용하여 분리한다.

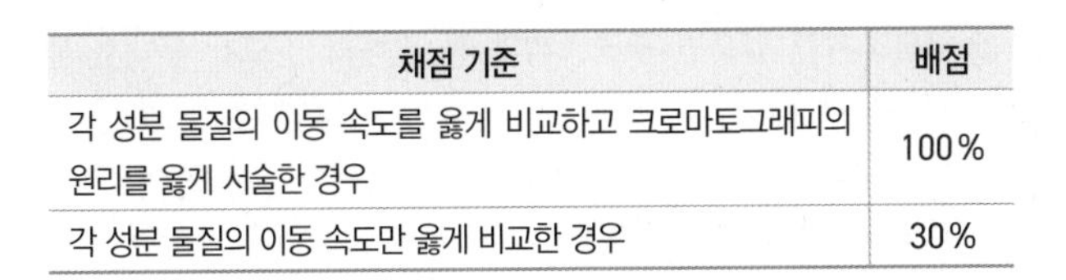

채점 기준	배점
각 성분 물질의 이동 속도를 옳게 비교하고 크로마토그래피의 원리를 옳게 서술한 경우	100 %
각 성분 물질의 이동 속도만 옳게 비교한 경우	30 %

1등급 백신 105쪽

13 ③ 14 ④ 15 ② 16 ⑤ 17 ③

13

60 ℃ 물 200 g에는 질산 칼륨이 220 g이 녹을 수 있고 그 이하의 온도로 냉각될 때 질산 칼륨의 결정이 생기기 시작한다.

14

물 200 g에 염화 나트륨 50 g과 질산 칼륨 220 g을 모두 녹인 혼합물을 20 ℃로 냉각하면 염화 나트륨은 72 g, 질산 칼륨은 63.2 g이 녹을 수 있다. 따라서 질산 칼륨 220 g−63.2 g=156.8 g이 석출된다.

15

ㄴ. 40 ℃에서 질산 칼륨과 염화 나트륨의 용해도는 38로 같다.

바로 알기 | ㄱ. 40 ℃ 이하에서 염화 나트륨의 용해도가 질산 칼륨의 용해도보다 크다.

ㄷ. A 수용액에는 물 100 g에 질산 칼륨 a g이 들어 있고 B 수용액에는 물 100 g에 질산 칼륨 b g이 들어 있다. 따라서 A와 B 수용액의 질량비는 $a+100 : b+100$이다.

16

자료 해석 | 관 크로마토그래피를 이용한 사인펜 색소의 분리

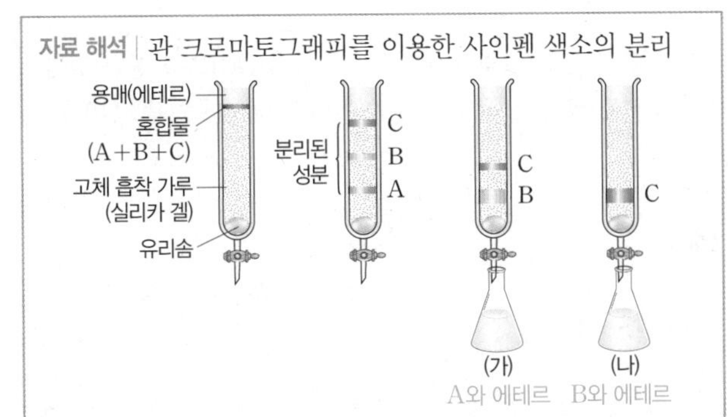

에테르가 천천히 흘러내리면서 A, B, C 혼합물의 각 성분 물질이 에테르에 녹아 아래로 이동하여 각각 분리된다. 에테르와의 용해도가 가장 크고 실리카 겔에 가장 약하게 달라붙는 A가 가장 빨리 이동한다. 에테르에 대한 용해도가 가장 작고 실리카 겔에 가장 강하게 달라붙는 C는 가장 느리게 이동한다.

ㄴ. 에테르에 대한 용해도가 클수록 빨리 이동하여 먼저 분리된다. A~C 중 A가 가장 먼저 분리되고 C가 가장 나중에 분리되므로 에테르에 대한 용해도는 A>B>C이다.

ㄷ. A~C 중 용매를 따라 이동하려는 성질보다 실리카 겔에 붙어 있으려는 성질이 가장 큰 물질은 C이므로 C가 가장 느리게 이동한다. 따라서 실리카 겔에 붙어 있으려는 성질이 큰 것은 C>B>A이다.

바로 알기 | ㄱ. 삼각 플라스크 (가)에는 에테르와 A의 혼합물이 들어 있다.

17

ㄱ. (가)에서는 밀도 차를 이용하여 물과 섞이지 않고 물 위에 떠 있는 식용유를 분리하고 (나)에서는 용해도 차를 이용하여 온도에 따른 용해도 차가 큰 질산 칼륨을 분리한다.

ㄴ. (다)에서는 끓는점이 가장 낮은 물을 끓는점 차를 이용하여 분리한다.

바로 알기 | ㄷ. (나)에서 질산 칼륨을 일부 분리해내더라도 용해도 차를 통해 두 물질을 완전히 분리할 수 없으므로 A는 질산 칼륨과 소금의 혼합물이다.

단원 종합 문제 CT 106~109쪽

01 ③	02 ③	03 ①	04 ⑤	05 ②	06 ②
07 ②	08 ④	09 ⑤	10 ②	11 ③	12 ⑤
13 ③	14 ⑤	15 ②	16 ④	17 ①	18 ③
19 ②	20 ②	21 ⑤	22 ④	23 ③	24 ⑤

01

⑤ 혼합물은 성분 물질의 혼합 비율에 따라 끓는점, 밀도가 다르게 나타난다.

바로 알기 | ③ 혼합물은 성분 물질들이 각각의 성질을 유지한 상태로 섞여 있으므로 각각의 성질이 나타난다.

02

ㄱ. 구리와 물은 순물질이고 우유, 주스, 식초, 공기는 혼합물이다.

ㄴ. 구리는 한 종류의 원소로 이루어진 물질이고 물은 두 종류 이상의 원소로 이루어진 물질이다.

바로 알기 | ㄷ. 우유, 주스, 식초, 공기 중 균일하게 섞여 있는 균일 혼합물은 식초와 공기이고 균일하게 섞여 있지 않은 불균일 혼합물은 우유와 주스이다.

03

① 물질의 특성은 다른 물질과 구별되는 그 물질만이 나타내는 고유한 성질이므로 물질의 특성으로 물질을 구별할 수 있다.

바로 알기 | ② 색깔과 냄새는 물질의 특성이지만 질량은 물질의 특성이 아니다.

③ 같은 물질은 물질의 양에 관계없이 물질의 특성이 일정하다.

④ 혼합물은 성분 물질의 종류가 같아도 성분 물질의 비율에 따라 물질의 특성이 달라진다.

⑤ 부피, 길이, 온도는 물질의 특성에 해당하지 않지만 끓는점은 물질의 특성에 해당한다.

04

⑤ 소금물은 소금이 물의 응고를 방해하기 때문에 물보다 더 낮은 온도에서 얼기 시작한다.

바로 알기 | ① 상태 변화가 모두 일어난 후에는 온도가 내려갈 것이다.

② 소금물의 어는점이 더 낮으므로 더 얼기 어렵다.
③ 순물질의 수평 구간에서는 상태 변화가 일어나기 때문에 온도 변화가 없다.
④ 소금물의 가열 곡선에서 온도가 점점 높아지는 것은 소금물의 농도가 진해지기 때문이다.

05

ㄴ. 고체와 고체 혼합물은 녹기 시작하는 온도가 순물질의 녹는점보다 낮으므로 (가)에서 혼합물은 두 순물질의 녹는점보다 낮은 C이다.

바로 알기 | ㄱ. 고체와 고체 혼합물은 녹기 시작하는 온도가 순물질의 녹는점보다 낮고, 녹는 동안 온도가 계속 높아진다. 액체와 액체 혼합물은 끓는점이 낮은 액체보다 약간 높은 온도에서 끓기 시작하여 온도가 계속 높아지므로 혼합물은 C와 E이다.
ㄷ. 달걀을 삶을 때 물에 소금을 넣는 것은 고체와 액체 혼합물이 순수한 액체보다 높은 온도에서 끓는 원리를 이용한 것이다.

06

온도, 밀도는 양에 따라 변하지 않고 질량, 부피는 양에 따라 변한다. 밀도가 같은 두 액체를 섞었으므로 밀도는 2 g/mL이다.

07

자료 해석 | 밀도 구하기

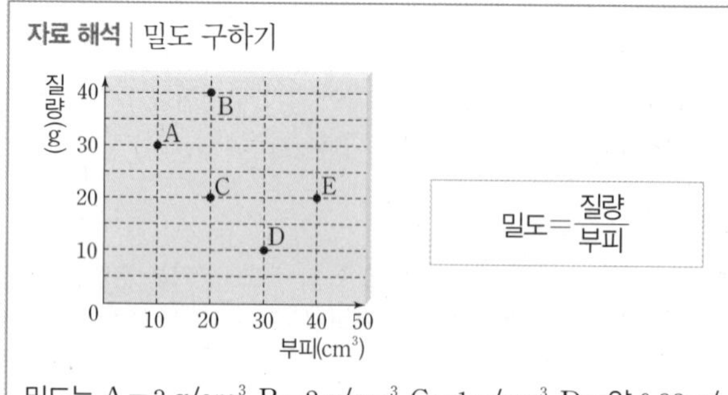

밀도는 A=3 g/cm^3, B=2 g/cm^3, C=1 g/cm^3, D=약 0.33 g/cm^3, E=0.5 g/cm^3이다.

밀도는 질량을 부피로 나누면 구할 수 있으므로 밀도는 A>B>C>E>D이다.

08

④ 압력이 일정할 때 기체는 온도가 높아지면 분자 운동이 활발해지면서 부피가 크게 증가하기 때문에 밀도가 크게 감소한다.

바로 알기 | ① 기체에 가해지는 압력이 커지면 기체 분자 사이의 빈 공간이 줄어들기 때문에 밀도가 증가한다.
② 고체와 액체는 분자 사이의 빈 공간이 거의 없기 때문에 압력의 영향을 많이 받지 않는다.
③ 물의 경우 고체 상태인 얼음은 빈 공간이 늘어나기 때문에 고체의 밀도가 액체보다 작다.
⑤ 고체와 액체는 온도가 높아지면 부피가 약간 커지므로 밀도 역시 약간 감소하지만 기체만큼 크게 감소하지 않는다.

09

① 열기구를 가열하면 공기가 가열되어 밀도가 작아진다.
② 구명조끼를 입으면 구명조끼와 몸 전체의 밀도가 작아져 물 위에 뜨게 된다.
③ 공기보다 가벼운 LNG 누출 경보기는 위쪽에 설치해야 한다.
④ 헬륨은 공기보다 가벼우면서 수소보다 안전하기 때문에 은박 풍선의 충전재로 많이 사용된다.

바로 알기 | ⑤ 잠수부가 납 벨트를 이용하는 것은 잠수부의 밀도를 크게 만들어 물속으로 가라앉기 위함이다.

10

① 끓는점은 액체가 끓어 기체로 변하는 동안 일정하게 유지되는 온도를 말한다.
③ 우리가 생활하는 1기압에서의 끓는점을 기준 끓는점으로 정하고 대체로 이 끓는점을 사용한다.
④, ⑤ 압력이 일정할 때 불꽃의 세기가 양에 관계없이 물질마다 고유한 끓는점을 갖기 때문에 물질의 특성이다.

바로 알기 | ② 끓는점은 녹는점, 어는점과 달리 압력의 영향을 많이 받는다.

11

자료 해석 | 끓는점과 압력의 관계

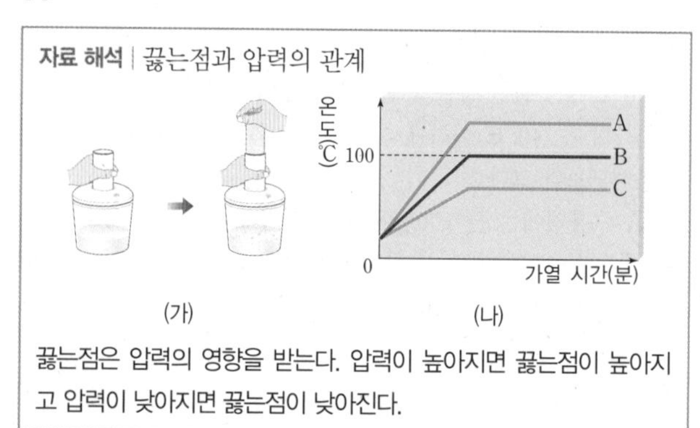

끓는점은 압력의 영향을 받는다. 압력이 높아지면 끓는점이 높아지고 압력이 낮아지면 끓는점이 낮아진다.

(가)와 같이 압력이 낮아지면 끓는점이 낮아지므로 실험 결과는 100 ℃보다 낮은 온도에서 물이 상태 변화를 하는 C로 설명할 수 있다.

12

자료 해석 | 용액의 생성 과정

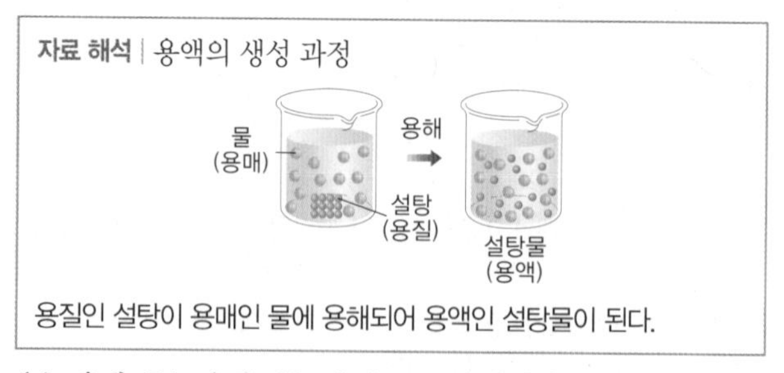

용질인 설탕이 용매인 물에 용해되어 용액인 설탕물이 된다.

A는 용매, B는 용질, C는 용해, D는 용액이다.

13

② 용해도 곡선보다 위쪽에 있는 용액은 용해도보다 많은 양의 용질이 녹아 있는 과포화 용액이다.
⑤ 용해도는 온도와 용매에 따라 달라지므로 용해도를 표시할 때에는 온도와 용매의 종류를 항상 함께 표시해야 한다.

바로 알기 | ③ 용해도는 용매와 용질의 종류에 따라 달라진다.

14

자료 해석 | 용해도 곡선의 해석

대부분의 고체는 온도가 높아짐에 따라 용해도가 증가한다. 용해도 곡선은 온도에 따른 용해도의 변화를 나타낸 그래프이다.

⑤ 60 ℃에서 고체의 용해도는 110이므로 D에 고체 46.1 g을 더 넣으면 포화 용액이 된다.

바로 알기 | ① 포화 용액인 A의 온도를 높이면 불포화 용액으로 만들 수 있다.

② A~D 중에서 고체가 가장 많이 녹아 있는 것은 C이다.

③ 과포화 용액인 B를 포화 용액으로 만들기 위해서는 온도를 높이거나 용매를 더 첨가해야 한다.

④ C는 용해도 곡선보다 아래쪽에 있으므로 불포화 용액이다.

15

ㄴ. 압력이 낮을수록 기포가 많이 발생한다. 따라서 압력이 낮은 C가 D보다 기포 발생량이 많다.

바로 알기 | ㄱ. 온도가 높을수록 기체의 용해도는 감소한다. A보다 B의 온도가 높으므로 기체의 용해도는 B가 A보다 작다.

ㄷ. 깊은 바다에서 갑자기 물 위로 올라오면 잠수병에 걸리는 것은 압력이 낮아져 기체의 용해도가 감소하기 때문이다. 따라서 압력과 기체의 용해도의 관계를 설명할 수 있는 현상이다. B와 C는 압력이 같고 온도 조건만 다르기 때문에 온도와 기체의 용해도의 관계를 확인할 수 있다.

16

ㄱ, ㄴ. 여러 가지 물질로 이루어진 원유는 증류탑에서 각각의 끓는점 차에 의해 분리되며 끓는점이 낮은 물질이 먼저 분리된다.

ㄷ. 다량의 원유를 여러 번 증류시켜 끓는점에 따라 분리할 수 있다.

바로 알기 | ㄹ. 끓는점의 일정 범위 내에 있는 물질을 하나로 분리하기 때문에 각 층에서 분리되는 물질은 순물질이 아닐 수 있다.

17

ㄱ. A에서는 물과 에탄올이 기화되고 B에서는 물과 에탄올이 액화된다.

바로 알기 | ㄴ. ㉡ 구간에서는 주로 에탄올이 끓어 나오는데 이때 물이 에탄올의 기화를 방해하여 끓는점보다 약간 높은 온도에서 끓어 나오게 된다. 따라서 순수한 에탄올의 끓는점은 ㉡ 구간의 온도보다 약간 낮다.

ㄷ. 끓는점이 낮은 에탄올은 주로 ㉡ 구간에서 먼저 분리되어 나오고 ㉣ 구간에서는 끓는점이 높은 물이 분리되어 나온다.

18

자료 해석 | 밀도 차를 이용한 혼합물의 분리

분별 깔때기는 밀도 차가 있으면서 서로 섞이지 않는 액체 혼합물을 분리할 때 사용하는 실험 기구이다.

③ 물과 에테르는 서로 섞이지 않으면서 밀도 차가 있는 물질이기 때문에 분별 깔때기를 이용하여 분리할 수 있다.

바로 알기 | ① 모래와 소금은 용해도 차를 이용하여 분리할 수 있다.

② 물과 에탄올은 끓는점 차를 이용하여 분리할 수 있다.

④ 수성펜의 색소는 크로마토그래피를 이용하여 분리할 수 있다.

⑤ 질산 칼륨과 염화 나트륨은 용해도 차를 이용하여 분리할 수 있다.

19

20 ℃에서 석출량은 처음 온도에 녹아 있는 용질의 질량에서 20 ℃에서 최대로 녹을 수 있는 용질의 질량을 빼주면 알 수 있다. 용매가 100 g이 아닌 200 g으로 제시되었으므로 20 ℃에서 최대로 녹을 수 있는 염화 칼륨의 질량은 68.4 g이다. 처음에 녹아 있던 용질의 질량이 80 g이었으므로 석출량은 80 g−68.4 g =11.6 g이다.

20

60 ℃에서 질산 나트륨 포화 수용액 224 g에는 물 100 g에 질산 나트륨이 124 g 녹아 있다. 40 ℃에서의 용해도는 104 g이므로 124 g− 104 g=20 g이 석출된다.

21

자료 해석 | 염화 나트륨과 붕산의 용해도 곡선

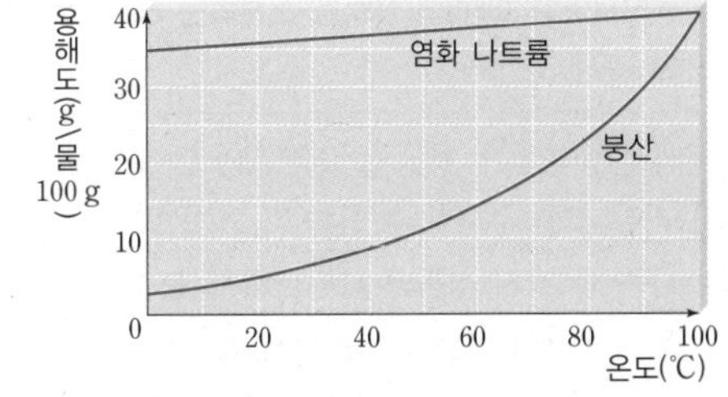

염화 나트륨은 온도에 따른 용해도 차가 작지만 붕산은 온도에 따른 용해도 차가 크다.

① 80 ℃에서는 넣어 준 용질이 모두 용해도보다 적은 양이므로 쉽게 녹는다.

② 20 ℃에서의 용해도보다 적은 양의 염화 나트륨이 녹아 있으므로 모두 녹아 있다.

③ 온도에 따른 용해도의 차가 큰 붕산이 석출되며 20 ℃에서의 용해도가 5이므로 20 g−5 g=15 g이 석출된다.

④ 온도에 따른 용해도 차를 이용하여 혼합물을 분리하는 방법을 재결정이라고 한다.

바로 알기 | ⑤ 재결정에서 석출되는 물질은 온도에 따른 용해도의 차가 큰 물질이다.

22

자료 해석 | 여러 가지 고체의 용해도 곡선

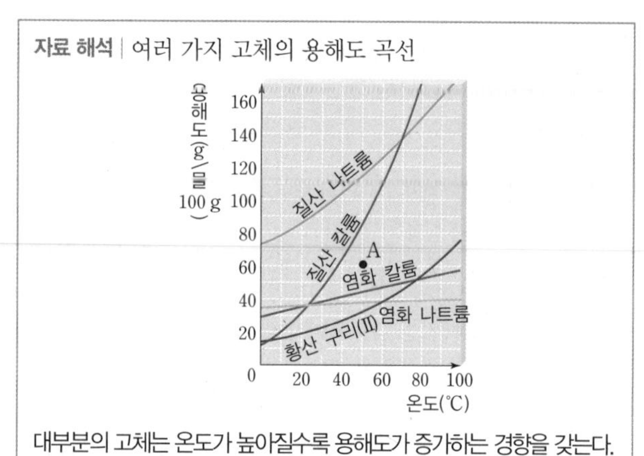

대부분의 고체는 온도가 높아질수록 용해도가 증가하는 경향을 갖는다.

ㄴ. A점의 염화 나트륨 수용액은 염화 나트륨 용해도 곡선보다 위쪽에 위치하므로 과포화 용액이다.

ㄷ. 20 ℃와 80 ℃ 구간에서 용해도 곡선의 기울기가 가장 큰 질산 칼륨의 석출량이 가장 많다.

바로 알기 | ㄱ. 용해도 곡선보다 위쪽에 있는 점은 과포화 용액, 용해도 곡선 상에 있는 점은 포화 용액, 용해도 곡선보다 아래쪽에 있는 점은 불포화 용액이다. A점의 염화 칼륨 수용액은 염화 칼륨 용해도 곡선보다 위쪽에 위치하므로 과포화 용액이다.

23

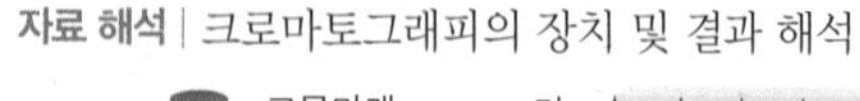

자료 해석 | 크로마토그래피의 장치 및 결과 해석

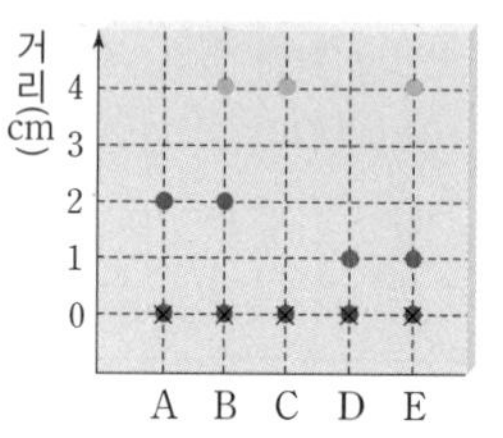

왼쪽 그림은 크로마토그래피의 장치를, 오른쪽은 크로마토그래피의 분리 결과를 나타낸 것이다.

ㄷ. 실험 결과를 통해 B의 성분 물질은 A와 C이고, E의 성분 물질은 C와 D라는 것을 추측할 수 있다.

ㄹ. A, C, D는 한 가지 성분만 나타나므로 순물질로 추측할 수 있고, B와 E는 두 가지 성분으로 분리되었으므로 혼합물이다.

바로 알기 | ㄱ. 색소점이 용매에 잠기면 성분 물질이 거름종이에 번져 나가기 전에 용매에 녹아 분리되므로 잠기지 않게 유의해야 한다.

ㄴ. 실내에서라도 용매의 증발이 일어날 수 있으므로 항상 마개를 닫고 실험을 진행해야 한다.

24

자성이 있는 철가루는 자석에 의해 분리되며 거름종이를 통과할 수 있는 소금물을 증발시키면 소금을 분리할 수 있다. 물에 녹지 않는 모래와 톱밥은 밀도 차를 이용하여 분리하면 밀도가 작은 톱밥은 위쪽에 뜨고 밀도가 큰 모래는 아래쪽에 가라앉는다.

서술형·논술형 문제

110~111쪽

01

모범 답안 | 끓는점을 측정한다. 어는점을 측정한다. 밀도를 측정한다. 등

채점 기준	배점
구별 방법을 두 가지 이상 옳게 서술한 경우	100%
구별 방법을 한 가지만 옳게 서술한 경우	50%

02

모범 답안 | 바닷물에는 강물보다 더 많은 물질이 녹아 있으므로 강물보다 어는점이 낮다. 따라서 강물이 어는 온도보다 더 낮은 온도에서 언다.

채점 기준	배점
혼합물의 성질과 관련지어 그 까닭을 옳게 서술한 경우	100%

03

모범 답안 | LNG의 밀도는 공기보다 작고 LPG의 밀도는 공기보다 크므로 LNG 누출 경보기는 천장(위쪽)에, LPG 누출 경보기는 바닥(아래쪽)에 설치해야 한다.

채점 기준	배점
밀도 비교를 이용하여 설치 위치를 옳게 서술한 경우	100%
설치 위치만 옳게 서술한 경우	50%

04

모범 답안 | 기체의 용해도는 온도가 낮을수록 증가한다. 이를 확인하기 위해서는 온도를 제외한 나머지 조건은 모두 일정하게 유지해야 하므로 시험관 A, C, E 또는 시험관 B, D, F를 비교해야 한다.

채점 기준	배점
기체의 용해도와 온도의 관계와 이를 알아보기 위해서 비교해야 할 시험관을 모두 옳게 서술한 경우	100%
기체의 용해도와 온도의 관계만 옳게 서술한 경우	50%

05

모범 답안 | 기체의 용해도는 압력이 높을수록 증가한다. 이를 확인하기 위해서는 압력을 제외한 나머지 조건은 모두 일정하게 유지해야 하므로 시험관 A와 B, 시험관 C와 D, 시험관 E와 F를 비교해야 한다.

채점 기준	배점
기체의 용해도와 압력의 관계와 이를 알아보기 위해서 비교해야 할 시험관을 모두 옳게 서술한 경우	100%
기체의 용해도와 압력의 관계만 옳게 서술한 경우	50%

06

모범 답안 | 둥근바닥 플라스크에 찬물을 부으면 플라스크 내부의 수증기가 액화되어 압력이 낮아진다. 압력이 낮아지면서 물의 끓는점이 낮아지기 때문에 물이 끓게 되는 것이다.

채점 기준	배점
압력과 끓는점 사이의 관계와 관련지어 물이 끓는 까닭을 옳게 서술한 경우	100%

07

모범 답안 | 높은 산에서 밥을 지으면 외부 압력(대기압)이 낮아져 물의 끓는점이 낮아지기 때문에 밥이 잘되지 않는다. 반대로 압력솥에서 밥을 지으면 압력솥 내부의 압력이 높아져 물의 끓는점이 높아지기 때문에 밥이 잘되는 것이다.

채점 기준	배점
(가)와 (나)의 까닭을 모두 옳게 서술한 경우	100 %
(가)와 (나) 중 하나만 옳게 서술한 경우	50 %

08

모범 답안 | 마개를 열어 내부의 압력과 대기압이 같아져야 액체가 잘 흘러내릴 수 있기 때문이다.

채점 기준	배점
마개를 열어주는 까닭을 압력과 관련지어 옳게 서술한 경우	100 %

09

모범 답안 | 재결정, ㉠은 온도에 따른 용해도 차가 크고 ㉡은 온도에 따른 용해도 차가 작으므로 재결정으로 두 물질을 분리할 수 있다.

채점 기준	배점
분리 방법과 까닭을 모두 옳게 서술한 경우	100 %
분리 방법만 옳게 쓴 경우	50 %

10

모범 답안 | A, B, C, D / 크로마토그래피에 의해 분리된 성분 물질이 한 가지이므로 A, B, C, D를 순물질로 추측할 수 있다.

채점 기준	배점
순물질의 기호와 까닭을 옳게 서술한 경우	100 %
순물질의 기호만 옳게 쓴 경우	50 %

11

모범 답안 | (라), 크로마토그래피에서 순물질은 성분 물질이 한 가지로 나타난다. 순물질 C, D, E의 성분 물질이 한 가지로 나타나는 (라)와 (마) 중에서 제시한 조건을 충족시키는 것은 (라)이다.

채점 기준	배점
가장 적절한 실험 결과를 옳게 고르고 까닭을 옳게 서술한 경우	100 %
적절한 실험 결과만 옳게 고른 경우	50 %

12

모범 답안 | (가)에서는 밀도 차를 이용하여 다른 물질과 잘 섞이지 않고 가장 위층에 떠 있는 A를 분리한다. (나)에서는 용해도 차를 이용하여 물에 녹지 않는 B를 분리한다. (다)에서는 끓는점 차를 이용하여 끓는점이 높은 C와 끓는점이 낮은 물을 분리한다.

채점 기준	배점
각 물질을 분리하는 방법을 밀도, 용해도, 끓는점과 관련지어 옳게 서술한 경우	100 %
각 물질을 분리하는 방법 중 두 가지만 옳게 서술한 경우	60 %
각 물질을 분리하는 방법 중 한 가지만 옳게 서술한 경우	30 %

Ⅶ. 수권과 해수의 순환

01 수권의 분포와 활용

용어 & 개념 체크 115쪽

01 해수, 담수 02 해수 03 빙하 04 수자원
05 하천수, 호수 06 농업용수, 생활용수, 유지용수, 공업용수
07 지하수 08 감소, 증가

개념 알약 115쪽

01 (가) 해수 (나) 빙하 (다) 지하수
02 (1) ○ (2) × (3) ○
03 (1) ㄴ－ㄱ－ㄷ－ㄹ (2) ㄷ, ㄹ 04 ㄷ
05 (1) 생활용수 (2) 유지용수 (3) 농업용수 (4) 공업용수
06 (1) ○ (2) × (3) ○

01

수권은 해수와 담수로 구분되며, 그 중 많은 부분을 차지하는 (가)는 해수이다. 담수는 빙하, 지하수, 하천수와 호수 등으로 구분되며, 담수 중 가장 많은 부분을 차지하는 (나)는 빙하, 그 다음을 차지하는 (다)는 지하수이다.

02

(1) 담수 중 대부분은 대륙 빙하이며, 대륙 빙하는 극지방이나 고산 지대에 존재한다.
(3) 수자원으로 이용하기 쉬운 하천수와 호수는 지구 전체 물의 0.01 %뿐이고, 지하수는 하천수와 호수보다 많다.
바로 알기 | (2) 해수는 지구상의 물 중 가장 많은 양을 차지하지만, 염분이 포함된 염수이기 때문에 수자원으로 바로 이용하기 어렵다.

03

(1) 지구에 분포하는 물은 해수(97.47 %)>빙하(1.76 %)>지하수(0.76 %)>하천수와 호수(0.01 %) 순으로 많다.
(2) 수자원으로 이용 가능한 물은 담수 중 하천수와 호수, 지하수이며, 빙하와 해수는 쉽게 이용하기 어렵다.

04

ㄷ. 하천수와 호수를 주로 수자원으로 이용하고, 부족하면 지하수를 개발하여 이용한다.
바로 알기 | ㄱ. 수자원으로 이용 가능한 물은 짠맛이 나지 않는 담수로, 전체 물의 2.53 %이다. 지구상의 물 중 대부분을 차지하는 것은 짠맛이 나는 해수이다.
ㄴ. 우리나라의 수자원 이용 비율은 농업용수>유지용수>생활용수>공업용수로, 농업용수의 비율이 가장 높다.

05

식수를 포함하여 빨래, 목욕 등의 일상생활에 이용하는 물은 생활용수, 하천의 수질 개선이나 가뭄에 하천을 유지하기 위해 이용하는 물은 유지용수, 가축을 기를 때 이용하는 물은 농업용수, 제품의 생산이나 생산 시설 관리 등에 이용하는 물은 공업용수이다.

06

(1) 농사를 지을 때 농약이나 화학 비료의 사용을 줄여 수자원 오염을 방지한다.
(3) 빗물 저장 시설을 이용하여 새로운 수자원을 확보한다.
바로 알기 | (2) 빨래를 모아서 적당한 양이 되었을 때 세탁하여 생활 속에서 물을 절약한다.

실전 백신 118~120쪽

01 ①	02 ②, ⑤	03 ④	04 ④, ⑤	05 ③
06 ②	07 ③	08 ③	09 ⑤	10 ①
11 ③	12 ②	13 ④	14 ②	15 ③
16 ④	17~21 해설 참조			

01

A는 해수, B는 담수, C는 빙하이다. 수권은 짠맛이 나는 해수(A)와 짠맛이 나지 않는 담수(B)로 구분되며, 담수(B)는 빙하(C)와 지하수, 하천수와 호수로 구분된다.

02

① 해수(A)는 바닷물로, 짠맛을 내기 때문에 '염수'라고도 한다.
③ 담수(B)는 짠맛이 나지 않는다.
④ 담수(B)의 대부분을 차지하는 것은 빙하로, 빙하는 대부분 고체 상태로 존재한다.
바로 알기 | ② 담수(B)의 대부분은 빙하로 존재한다.
⑤ 빙하(C)는 극지방이나 높은 산에 고체 상태로 존재하기 때문에 수자원으로 이용이 어렵다.

03

ㄱ. 수권은 해수와 담수로 구분되는데, 해수는 지구 표면의 약 70 % 이상을 차지한다.
ㄷ. 우리가 쉽게 이용할 수 있는 지하수, 하천수와 호수는 수권 전체의 약 0.77%로 매우 적은 양이다.
바로 알기 | ㄴ. 담수는 빙하≫지하수>하천수와 호수 순이므로, 담수에서 차지하는 비율은 빙하가 지하수보다 높다.

04

(가)는 해수, (나)는 담수, (다)는 빙하, (라)는 지하수, (마)는 하천수와 호수이다. 지구에 분포하는 물 중 수자원으로 이용할 수 있는 것은 하천수와 호수(마)이며, 부족하면 지하수(라)를 개발하여 이용하기도 한다.

05

빙하(다)는 담수(나)의 대부분을 차지하며, 주로 극지방이나 고산 지대에 고체 상태로 존재한다.

06

② 담수는 짠맛이 나지 않는 물로, 육지의 물은 대부분 담수이다.
바로 알기 | ① 바닷물은 수권의 약 97 %를 차지한다.
③ 지구에 분포하는 물은 대부분 해수로, 인간이 그대로 마실 수 없는 염수이다.
④ 수권은 해수와 담수로 구분되며, 그 중 담수는 빙하와 지하수, 하천수와 호수로 구분된다. 빙하와 지하수를 합해도 전체 물의 2.52 %로 해수(97.47 %)의 양보다 훨씬 적다.
⑤ 식수나 생활용수로 가장 많이 사용하는 것은 하천수와 호수이다.

07

ㄱ. 지하수는 생활용수나 농업용수로 많이 활용되며, 일상생활에 바로 이용할 수 있다.
ㄷ. 지하수는 하천수에 비해 양이 많고, 간단한 정수 과정을 거치면 바로 사용할 수 있다.
바로 알기 | ㄴ. 지하수는 해수나 빙하에 비해 쉽게 활용할 수 있고, 하천수와 호수보다 양이 많아 수자원으로서 가치가 높다.

08

① 수자원으로 이용되는 하천수와 호수는 강수량의 직접적인 영향을 많이 받는다.
② 수자원으로 주로 이용되는 것은 하천수와 호수이며, 부족하면 지하수를 개발하기도 한다.
④ 짠맛이 나는 해수는 수자원으로 이용하기 어렵기 때문에 짠맛이 나지 않는 담수를 주로 이용한다.
⑤ 우리나라의 강수량은 여름철에 집중되어 있어서 수자원 관리가 어렵다.
바로 알기 | ③ 수자원은 오염되면 복구가 어렵기 때문에 오염을 방지해야 한다.

09

① 하천수나 호수는 시간이 경과함에 따라 자연적으로 정화되는 자정 작용이 일어나므로 바로 이용할 수 있다.
② 짠맛이 나는 해수는 염분을 제거하면 이용할 수 있다.
③ 지하수는 주로 생활용수나 농업용수로 이용되며, 온천 등 관광 자원으로 이용할 수도 있다.
④ 큰 강이나 바다는 배가 지나는 통로로 이용할 수 있다.
바로 알기 | ⑤ 빙하가 녹은 물은 염류가 포함되어 있지 않은 담수이지만, 빙하는 극지방이나 높은 산 위에 고체 상태로 존재하여 수자원으로 바로 이용하기 어렵다.

10

우리나라에서는 수자원을 농업용수로 가장 많이 이용하고 있다.

11

A는 농업용수, B는 생활용수, C는 유지용수, D는 공업용수이다.
ㄱ. 농업용수(A)는 농작물 등을 재배하는 데 이용하며, 가장 많이 이용된다.
ㄹ. 공업용수(D)는 공장에서 제품을 생산하거나 생산 시설을 관리하는 데 이용한다.
바로 알기 | ㄴ. 생활용수(B)는 산업화와 생활 수준의 향상으로 이용량이 점점 증가하고 있다.
ㄷ. 유지용수(C)는 하천의 수질 개선이나 가뭄에 하천을 유지하는 데 이용한다. 먹거나 씻는 데 이용하는 것은 생활용수(B)이다.

12

ㄱ. 인구 증가와 산업의 발달로 인해 수자원의 총 이용량은 점점 증가하고 있다.

ㄷ. 이용할 수 있는 수자원의 양은 한정되어 있기 때문에 수자원의 이용량이 증가하면 수자원은 부족해질 것이다.

바로 알기 | ㄴ. 2003년에 공업용수의 이용량은 감소하였다.

ㄹ. 우리나라의 수자원 이용 비율은 농업용수의 비율이 가장 높다.

13

(가)는 생활용수, (나)는 유지용수, (다)는 공업용수이다.

ㄴ. 유지용수(나)는 하천의 수질 개선이나 가뭄에 하천을 유지하는 데 이용하는 물이다.

ㄷ. (다)와 같이 제품의 생산이나 생산 시설 관리 등 산업 활동에 이용하는 물을 공업용수라고 한다.

바로 알기 | ㄱ. 생활 수준의 향상으로 생활용수(가)의 이용량은 점점 증가하고 있다.

14

ㄴ. 우리가 이용할 수 있는 물은 수권 전체의 약 0.77 %(지하수 0.76 %, 하천수와 호수 0.01 %) 밖에 되지 않아 매우 적고 한정적이다.

바로 알기 | ㄱ. 삶의 질이 높아지면서 물의 이용량이 증가하고 있다.

ㄷ. 가뭄이나 홍수 등 기후 변화가 자주 발생하면서 물을 효율적으로 관리하는 것이 어려워지고 있다.

15

바로 알기 | ③ 농촌에서는 농사를 지을 때 화학 비료나 농약의 사용을 줄여 수자원을 관리한다.

16

바로 알기 | ④ 물을 절약하기 위해서는 세수나 양치질할 때 물을 받아서 사용한다.

서술형 문제

17

모범 답안 | 극지방, 담수 중 가장 많은 양을 차지하는 빙하는 극지방과 고산 지대에 분포하기 때문이다.

채점 기준	배점
극지방을 쓰고, 그 까닭을 옳게 서술한 경우	100%
극지방만 옳게 쓴 경우	30%

18

모범 답안 | 지반이 무너진다. 지하수가 고갈된다. 지하수가 오염된다. 등

채점 기준	배점
한 가지 이상 옳게 서술한 경우	100%

19

모범 답안 | 농사를 짓는다. 가축을 기른다. 등

채점 기준	배점
한 가지 이상 옳게 서술한 경우	100%

20

모범 답안 | 인구가 증가하였다. 산업과 문명이 발달하였다. 생활 수준이 향상되었다. 등

채점 기준	배점
두 가지 이상 옳게 서술한 경우	100%
한 가지만 옳게 서술한 경우	50%

21

모범 답안 | 생활하수를 줄인다. 공장에 폐수 정화 시설을 설치한다. 농약이나 화학 비료 사용을 줄인다. 등

채점 기준	배점
두 가지 이상 옳게 서술한 경우	100%
한 가지만 옳게 서술한 경우	50%

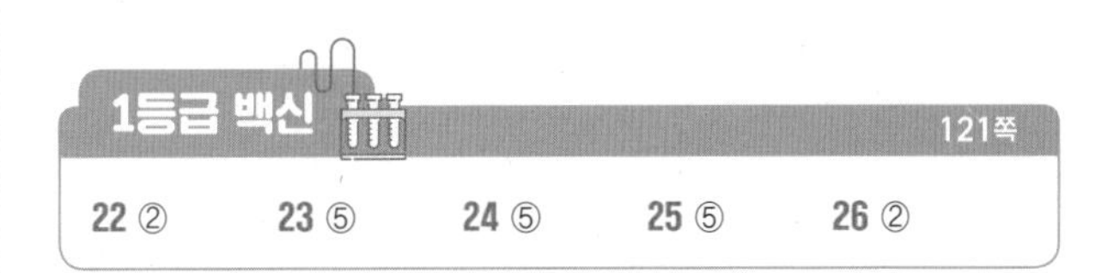

1등급 백신

121쪽

22 ② 23 ⑤ 24 ⑤ 25 ⑤ 26 ②

22

A는 해수, B는 담수, C는 빙하, D는 지하수, E는 하천수와 호수이다.

② 담수(B)는 빙하(C), 지하수(D), 하천수와 호수(E)로 이루어지며, 지하수(D), 하천수와 호수(E)는 주로 수자원으로 이용된다.

바로 알기 | ① 지구 온난화가 진행되면 빙하(C)가 녹아 바다로 흘러들어가기 때문에 해수(A)의 양은 증가할 것이다.

③ 빙하(C)는 담수(B) 중 가장 많지만 극지방이나 고산 지대에 고체 상태로 존재하여 수자원으로 이용이 어렵다.

④ 지하수(D)는 땅속의 지층이나 암석 사이의 빈틈을 채우고 있거나 그 사이를 흐르는 물이다.

⑤ 하천수와 호수(E)의 대부분은 지표 위에 있는 물이다.

23

A는 지하수, B는 빙하이다.

ㄱ. 지하수(A)는 담수의 약 30 %를 차지하며, 땅속이나 암석 사이에 존재한다.

ㄷ. 우리나라 강수량은 여름철에 집중되어 있어 계절별 편차가 크기 때문에 수자원 관리가 어렵다.

바로 알기 | ㄴ. 바다로 유실되는 양(420)은 수자원으로 이용할 수 있는 양(188+108+37=333)보다 많다.

24

ㄴ. 문명이 발달하고 생활 수준이 향상되어 생활용수의 이용량이 증가하였다.

ㄷ. 산업화가 진행되면서 산업 활동에 쓰이는 물인 공업용수의 이용량이 증가하였다.

바로 알기 | ㄱ. 기후 변화로 강수량이 변하면 이용 가능한 수자원 양이 증가하거나 감소할 수 있다.

25

ㄱ. 지하수는 식수를 포함하여 요리, 빨래, 목욕, 청소 등의 일상생활에 이용하는 물인 생활용수와 농작물을 기르거나 가축을 기를 때 이용하는 물인 농업용수 등에 많이 이용한다.

ㄴ. 섬이나 가뭄이 자주 드는 지역에서는 지하수 댐을 설치하여 지하수의 흐름을 막아 활용하기도 한다.

ㄷ. 지하수는 간단한 정수 과정을 거치면 바로 사용할 수 있고, 빗물이 지층의 빈틈으로 스며들어 채워지기 때문에 지속적으로 활용할 수 있다.

26

ㄱ. 저수지나 댐을 건설하여 수자원을 확보한다.

ㄷ. 해수의 담수화는 해수에서 염류를 제거하여 담수를 만드는 방법이다. 이 장치를 설치하여 바닷물을 담수로 만든다.

바로 알기 | ㄴ. 산림 면적을 확대하여 물의 저장 능력을 높인다.

02 해수의 특성

용어 &개념 체크 123, 125쪽

01 저위도, 고위도 02 바람의 세기 03 수온 약층
04 고위도 05 염분, psu, ‰ 06 담수, 해빙
07 높, 낮 08 낮 09 염분비 일정 법칙

개념 알약 123, 125쪽

01 (1) ○ (2) × (3) ○ (4) ○
02 (1) A : 혼합층 B : 수온 약층 C : 심해층 (2) A (3) B
03 ㄱ, ㄹ 04 (1) ㉡ (2) ㉠ (3) ㉢
05 (1) × (2) × (3) × (4) ○
06 (가) 염화 나트륨 (나) 염화 마그네슘
07 ㉠ 염류 ㉡ 27 psu 08 ㄱ, ㄹ
09 (1) 낮 (2) ㉠ 담수 ㉡ 많 ㉢ 낮 (3) ㉠ 많 ㉡ 낮 10 7 g

01

(1) 해수의 표층 수온 분포는 태양 에너지의 영향을 가장 크게 받는다.

(3) 표층 해수에 들어오는 태양 에너지의 양이 겨울철보다 여름철에 많기 때문에 표층 수온은 겨울철보다 여름철에 높다.

(4) 위도가 같은 지역은 대체로 표층 수온이 비슷하게 나타난다.

바로 알기 | (2) 고위도로 갈수록 같은 면적에 도달하는 태양 에너지의 양이 적기 때문에 해수의 표층 수온은 저위도에서 고위도로 갈수록 낮아진다.

02

(1) A는 혼합층, B는 수온 약층, C는 심해층이다.

(2) 혼합층(A)은 바람의 혼합 작용으로 인해 수온이 일정하게 나타나는 층이다.

(3) 수온 약층(B)은 아래로 갈수록 수온이 낮아지기 때문에 매우 안정하여 대류가 일어나지 않는다.

03

혼합층은 태양 에너지에 의해 가열된 표층 해수가 바람에 의해 혼합되어 깊이에 관계없이 수온이 일정하다. 따라서 혼합층의 형성에는 태양 에너지, 바람의 세기 등이 영향을 미친다.

04

(1) 저위도 해역은 도달하는 태양 에너지양이 많기 때문에 표층 수온이 높아 수온 약층이 뚜렷하게 나타나며, 바람이 약해 혼합층의 두께가 얇다.

(2) 중위도 해역은 바람이 강해 혼합층의 두께가 두껍고, 해수의 층상 구조가 뚜렷하다.

(3) 고위도 해역은 도달하는 태양 에너지양이 적기 때문에 표층 수온이 낮아 심층까지의 수온 변화가 거의 없어 층상 구조가 발달하지 않는다.

05

(4) 고위도 해역은 해수 표면에 도달하는 태양 에너지양이 적기 때문에 표층 수온이 낮아 심층까지의 수온 변화가 거의 없어 해수의 층상 구조가 발달하지 않는다.

바로 알기 | (1) 혼합층의 두께가 가장 두꺼운 중위도 해역에서 바람이 가장 강하게 분다.

(2) 저위도 해역은 도달하는 태양 에너지양이 많기 때문에 표층 수온이 높아 수온 약층이 뚜렷하게 나타난다.

(3) 중위도 해역은 저위도 해역보다 도달하는 태양 에너지양이 적으므로 혼합층의 수온은 낮지만, 바람이 강하므로 혼합층의 두께는 더 두껍다.

06

(가)는 전체 염류 중 가장 많은 양을 차지하며, 짠맛을 내는 염화 나트륨이다. (나)는 두 번째로 많은 양을 차지하며, 쓴맛을 내는 염화 마그네슘이다.

07

증발 접시에 남은 찌꺼기는 염류이며, 염분은 $\frac{2.7}{100} \times 1000 =$ 27 psu이다.

08

ㄱ. 빙하가 녹은 물이 바다로 유입되면 해수의 염분이 낮아진다.

ㄹ. 강물이 유입되는 지역은 해수의 염분이 낮다.

바로 알기 | ㄴ. 해수의 온도는 염분과 직접적인 관련이 없다.

ㄷ. 증발량이 강수량보다 많으면 해수의 염분이 높다.

09

(1) 여름철은 겨울철에 비해 강수량이 많아 염분이 낮다.
(2) 황해는 담수의 유입량이 많기 때문에 동해보다 염분이 낮다.
(3) 육지에서 가까운 바다일수록 담수의 유입량이 많기 때문에 염분이 낮다.

10

염분비 일정 법칙에 의해 비례식을 세우면,

$1000\ \mathrm{g} : 35\ \mathrm{g} = 200\ \mathrm{g} : x\ \mathrm{g}$

$1000x = 7000$

$\therefore x = 7$

해수 200 g에 들어 있는 염류의 총량은 7 g이다.

탐구 알약 126쪽

01 (1) ○ (2) ○ (3) × (4) × 02 해설 참조 03 해설 참조

01

(1) 바람을 일으킨 후, 표층에 수온이 일정한 혼합층이 형성되었다.
(2) 적외선등을 비추면 깊이가 깊어짐에 따라 수온이 낮아지는 수온 약층이 형성되지만, 적외선등을 비추지 않았을 때는 깊이에 따른 수온 변화가 없다.

바로 알기 | (3) 태양 에너지는 혼합층의 온도와 관련이 있으므로 태양 에너지를 많이 받으면 혼합층의 온도가 높다. 혼합층의 두께는 바람의 세기와 관련이 있다.
(4) 가열 후에는 수조의 물 표면에서 수온이 가장 높고, 깊이 내려갈수록 수온이 낮아진다.

02 서술형

모범 답안 | 태양 에너지, 바람 / 태양 에너지에 의한 표층 해수의 가열로 깊이가 깊어짐에 따라 수온이 낮아지는 수온 약층이 형성되고, 바람에 의한 혼합 작용으로 표층에 수온이 일정한 혼합층이 형성된다.

채점 기준	배점
해수의 연직 수온 분포에 영향을 미치는 요인을 두 가지 모두 서술한 경우	100 %
해수의 연직 수온 분포에 영향을 미치는 요인을 한 가지만 서술한 경우	50 %

03 서술형

모범 답안 | 바람을 강하고 오래 일으킬수록 물의 혼합이 더 활발해지므로 혼합층의 두께는 더욱 두꺼워진다.

해설 | 바람에 의한 혼합 작용으로 표층에 수온이 일정한 혼합층이 형성되고, 혼합층은 바람이 강할수록 두꺼워지므로 강한 바람을 5분 이상 일으킬 경우 혼합층의 두께는 두꺼워진다.

채점 기준	배점
바람이 강할수록 혼합층의 두께가 두꺼워진다는 내용을 포함한 경우	100 %
혼합층의 두께에 대한 내용을 포함하지 않은 경우	0 %

실전 백신 130~132쪽

01 ③	02 ③	03 ⑤	04 ④	05 ④
06 ③	07 ⑤	08 ③	09 ①, ⑤	10 ③
11 ⑤	12 ④	13 ④	14 ②	15 ①
16 ④	17~19 해설 참조			

01

ㄱ. 여름철에는 겨울철보다 들어오는 태양 에너지양이 많기 때문에 표층 수온 분포는 계절에 따라 달라질 수 있다.
ㄴ. 표층 수온은 태양 에너지의 영향을 가장 크게 받는다.

바로 알기 | ㄷ. 저위도에서 고위도로 갈수록 같은 면적에 도달하는 태양 에너지양이 줄어들기 때문에 표층 수온이 낮아진다.

02

A는 혼합층, B는 수온 약층, C는 심해층이다.
③ 수온 약층(B)은 태양 에너지를 많이 받아 표층 수온이 높은 저위도 해역에서 가장 뚜렷하게 나타난다.

바로 알기 | ① 혼합층(A)의 두께는 바람의 세기에 따라 달라진다.
② 수온 약층(B)은 따뜻한 물이 위에 있고 차가운 물이 아래에 있기 때문에 대류가 일어나지 않는 안정한 층이다.
④ 심해층(C)은 태양 에너지가 도달하지 않기 때문에 태양 에너지양의 변화에 관계없이 연중 일정한 온도가 유지된다.
⑤ 태양 에너지는 대부분 깊이 100 m 내에서 모두 흡수되기 때문에 심해층(C)까지는 도달하지 않는다. 따라서 심해층(C)은 낮은 온도로 유지된다.

03

심해층(C)은 태양 에너지가 거의 도달하지 않아 수온이 매우 낮고 일정한 층으로, 위도나 계절에 따른 수온 변화가 거의 없다.

04

혼합층의 두께는 바람의 세기에 따라 달라지기 때문에 바람의 세기가 강할수록 혼합층의 두께가 두껍다.

05

자료 해석 | 위도가 서로 다른 해역의 연직 수온 분포

A 해역 : 표층 수온이 높으므로 표층에서 태양 에너지를 많이 받았음을 알 수 있다.

수온(℃) 0 5 10 15 20 25
깊이(m) 100 200
A
B

B 해역 : 혼합층의 두께가 두꺼우므로 바람의 세기가 강하다.

바로 알기 | ㄱ. B 해역은 혼합층의 두께가 두꺼우므로 A 해역보다 바람의 세기가 강하다.

06

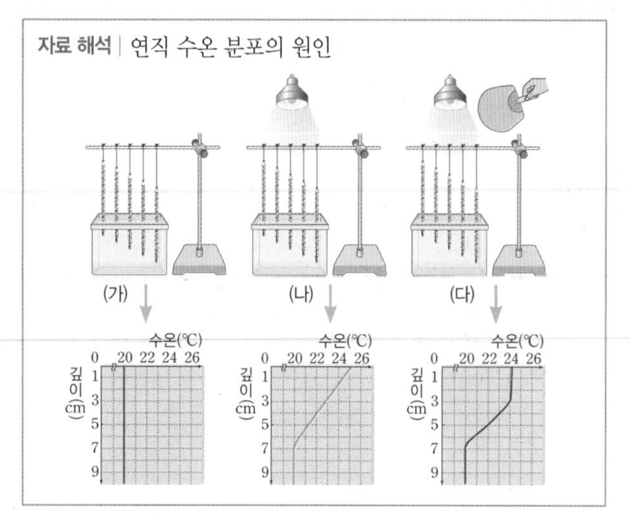

바로 알기 | ③ (나)에서 표층에 열을 가해 주기 때문에 표층 수온이 가장 높고, 깊이 내려갈수록 수온이 낮아진다.

07

ㄱ. 고위도는 표층 수온이 낮고, 저위도는 표층 수온이 높다.
ㄴ. 겨울철에는 표층 수온이 낮고, 여름철에는 표층 수온이 높다.
ㄷ. 황해는 동해보다 수심이 얕고 좁아서 표층 수온이 동해보다 쉽게 변하기 때문에 겨울철 동해가 황해보다 표층 수온이 높다.

08

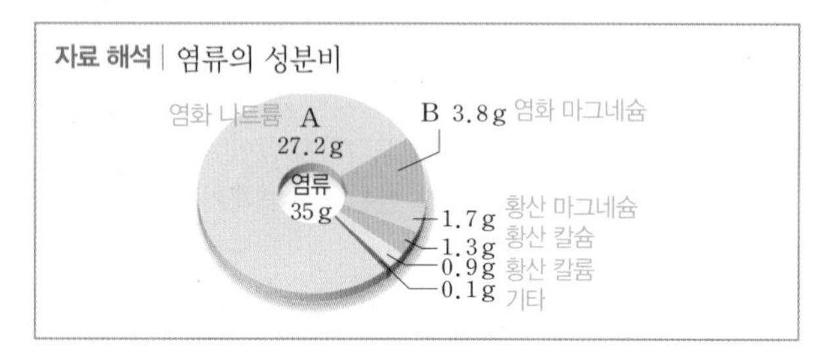

①, ② A는 염화 나트륨으로 짠맛을 내는 성질이 있으며, 소금의 주성분이다.
④, ⑤ B는 염화 마그네슘으로 쓴맛을 내며, 두부를 만들 때 간수로 사용한다.
바로 알기 | ③ 해수에 두 번째로 많이 들어 있는 염류(B)는 염화 마그네슘이다.

09

바로 알기 | ② 해수의 염분은 지역이나 계절에 따라 다르지만 해수에 녹아 있는 염류들 사이의 질량비는 어느 바다에서나 일정하다.
③ 해수의 염분은 지역이나 계절에 따라 서로 다르다.
④ 염류 중 가장 많은 양을 차지하는 것은 염화 나트륨이며, 염화 마그네슘은 두 번째로 많은 양을 차지한다.

10

해수 200 g에 염류 7 g이 들어 있으므로 해수 1000 g에는 염류 35 g이 들어 있다. 따라서 이 해수의 염분은 35 psu이다.

11

염분은 해수 1 kg에 녹아 있는 염류의 총량을 g 수로 나타낸 것이므로, 염분이 40 psu인 해수 2 kg에는 40 g×2=80 g의 염류가 들어 있다.

12

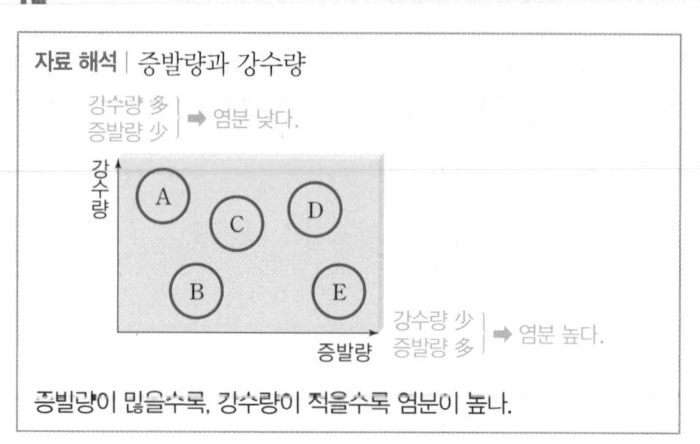

증발량이 많고 강수량이 적은 E 해역의 염분이 가장 높으며, 증발량이 적고 강수량이 많은 A 해역의 염분이 가장 낮다.

13

강수량이 증발량보다 많거나 강물이 흘러드는 바다, 빙하가 녹는 곳은 해수의 평균 염분이 낮다.

14

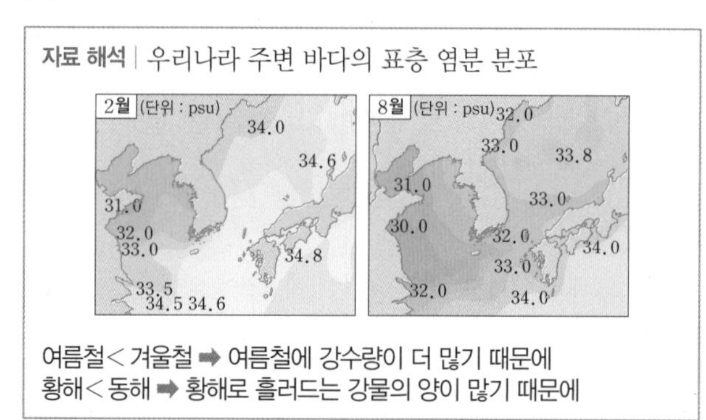

우리나라는 여름철에 강수량이 집중되기 때문에 여름철보다 겨울철에 표층 염분이 더 높게 나타난다.

15

자료 해석 | 염분비 일정 법칙 (해수 1 kg 속에 녹아 있는 염류의 양)

해역	염분(psu)	염화 나트륨의 양(g)
A 해역	35	27
B 해역	40	31

ㄱ. 염분비 일정 법칙을 이용하면 35 psu : 27 g=40 psu : x g이므로, x는 약 31 g이다.
바로 알기 | ㄴ. 해수 1 kg을 증발시키고 남은 염류의 양은 염분과 같으므로 A 해역이 B 해역보다 염류의 양이 적다.
ㄷ. 염분비 일정 법칙은 염류들 사이의 질량비는 일정하다는 것을 의미한다.

16

염분비 일정 법칙에 따라 염분이 달라도 각 염류가 차지하는 비율은 어느 바다에서나 항상 일정하므로, 염분이 35 psu인 해수에 녹아 있는 두 염류 A와 B의 질량비는 3 : 1로 일정하다.

서술형 문제

17

(1) 모범 답안 | B 해역, 혼합층의 두께는 바람의 세기가 강할수록 두껍게 나타나므로 혼합층의 두께가 가장 두꺼운 B 해역의 바람의 세기가 가장 강하다.

(2) 모범 답안 | A 해역, 도달하는 태양 에너지양이 적기 때문에 표층 수온이 낮아 심층까지의 수온 변화가 거의 없어 층상 구조가 발달하지 않기 때문이다.

채점 기준	배점
(1), (2) 모두 옳게 서술한 경우	100%
(1), (2) 중 하나만 옳게 서술한 경우	50%

18

모범 답안 | 해수는 끊임없이 움직이며 서로 섞이기 때문이다.

채점 기준	배점
해수가 끊임없이 움직인다는 내용을 포함하여 옳게 서술한 경우	100%

19

모범 답안 | 50 kg, 염분비 일정 법칙을 이용하면 10 kg : 0.34 kg $= x$ kg : 1.7 kg이므로, x는 50 kg이다.

채점 기준	배점
비례식을 옳게 세우고, 바닷물의 양을 옳게 구한 경우	100%
바닷물의 양만 옳게 구한 경우	50%

1등급 백신 133쪽

20 ④ 21 ③ 22 ④, ⑤ 23 ③ 24 ④

20

ㄱ. 표층 수온이 더 낮은 B 해역의 위도가 더 높다.
ㄴ. 혼합층의 두께가 더 두꺼운 B 해역에서 바람의 세기가 더 강하다.

바로 알기 | ㄷ. 수온 약층은 혼합층 아래에서 깊이가 깊어질수록 수온이 급격하게 낮아지는 층으로, A 해역에서 더 두껍다.

21

ㄱ. 혼합층의 두께는 7월과 8월에 얇고, 1월과 11월에 두껍다. 이는 이 지역에서 여름철보다 겨울철에 바람이 더 강하게 불어 바람에 의한 혼합 작용이 여름철보다 겨울철에 깊이가 더욱 깊은 곳까지 일어나기 때문이다.
ㄴ. 혼합층의 두께는 7월에 약 20 m, 9월에 약 30 m이므로 혼합층의 두께는 7월이 9월보다 얇다.

바로 알기 | ㄷ. 수온 약층은 혼합층 아래에서 수온이 급격하게 변하는 층이다. 11월에는 수심 약 70 m 부근에서 약 3 ℃ 변하면서 수온 약층이 약하게 나타나는 반면, 8월에는 수심 약 20 m~70 m 사이에서 약 9 ℃ 변하면서 수온 약층이 뚜렷하게 나타난다.

22

④ 염분은 증발량이 많을수록, 강수량이 적을수록 높으므로, (증발량−강수량) 값이 클수록 염분이 높다.
⑤ 중위도 해역은 증발량이 강수량보다 많아 기후가 건조하여 염분이 높다.

바로 알기 | ① 적도 부근은 강수량이 증발량보다 많으므로 염분이 낮다.
② 대양에서는 중앙부가 염분이 높으며, 육지에 가까울수록 염분이 낮아진다.
③ 기온이 높다고 해서 증발량이나 강수량이 반드시 많다고 할 수 없기 때문에 염분은 기온과 직접적인 관련이 없다.

23

바로 알기 | ㄷ. 해수의 염분은 지역이나 계절에 따라 다르지만, 해수에 녹아 있는 염류들 사이의 비율은 어느 바다에서나 항상 일정하다.

24

④ 동해의 염분은 33.2 psu, 황해의 염분은 24.9 psu이므로, 동해가 황해보다 염분이 높다.

바로 알기 | ① A는 염분비 일정 법칙에 따라 비례식을 세워 계산하면 19.2 g이다.

25.6 g : 3.2 g = A : 2.4 g

$3.2 \times A = 61.44 \quad \therefore A = 19.2$ g

② B는 A(19.2)+2.4+1.5+1.8=24.9 g이다.
③ 동해의 염분은 33.2 psu이다.
⑤ 동해와 황해에서 염분비는 일정하므로 염화 나트륨이 전체 염류에서 차지하는 비율은 같다.

03 해수의 순환

용어&개념 체크 135, 137쪽

01 난류, 한류 02 쿠로시오 해류 03 연해주 한류 04 조경 수역 05 조석 06 밀물, 썰물 07 만조, 간조 08 조차 09 사리, 조금

개념 알약 135, 137쪽

01 (1) ○ (2) ○ (3) × (4) × (5) × 02 (1) ㉠ 높 ㉡ 적 (2) ㉠ 낮 ㉡ 많
03 (1) E (2) C, D (3) B (4) A 04 ㄴ, ㄷ
05 ㉠ 많 ㉡ 많 ㉢ 동한 난류 ㉣ 북상 ㉤ 북한 한류 ㉥ 남하
06 오후 9시 25분경 07 (1) × (2) ○ (3) × (4) ×
08 (1) C, F (2) A, E (3) B (4) D 09 3시경, 15시 25분경
10 (1) 조석 (2) 썰물 (3) 만조 (4) 조류 (5) 조금

01

바로 알기 | (3) 한류와 난류가 만나는 조경 수역은 영양 염류와 용존 산소량이 많아 플랑크톤이 많다.
(4) 우리나라 동해에서는 북한 한류와 동한 난류가 만나 조경 수역이 형성된다.
(5) 우리나라 동해에 형성된 조경 수역의 위치는 여름에는 북상하며, 겨울에는 남하한다.

02

난류는 수온과 염분이 높으며, 용존 산소량과 영양 염류가 적은 반면, 한류는 수온과 염분이 낮고, 용존 산소량과 영양 염류가 많다.

03

A는 황해 난류, B는 연해주 한류, C는 북한 한류, D는 동한 난류, E는 쿠로시오 해류이다.
(1) 우리나라 주변을 흐르는 난류의 근원이 되는 해류는 쿠로시오 해류(E)이다.
(2) 북한 한류(C)와 동한 난류(D)가 만나 조경 수역을 형성한다.
(3) 오호츠크해에서 아시아 대륙의 동쪽 연안을 따라 남하하는 해류로 우리나라 주변을 흐르는 한류의 근원이 되는 해류는 연해주 한류(B)이다.
(4) 쿠로시오 해류의 일부가 황해로 흐르는 난류는 황해 난류(A)이다.

04

ㄴ. 연해주 한류(B)는 오호츠크해에서 해안을 따라 남하하는 해류로, 우리나라 주변을 흐르는 한류의 근원이 되는 해류이다.
ㄷ. 쿠로시오 해류(E)는 난류로, 북한 한류(C)보다 수온이 높다.
바로 알기 | ㄱ. 황해 난류(A)는 수온과 염분이 높은 해류이다.

05

조경 수역은 영양 염류와 용존 산소량이 많아서 플랑크톤이 많고, 한류성 어종과 난류성 어종이 모두 모여들어 좋은 어장을 형성한다. 여름에는 동한 난류의 세력이 강해 조경 수역의 위치가 북상하고, 겨울에는 북한 한류의 세력이 강해 조경 수역의 위치가 남하한다.

06

우리나라에서 조석 주기는 약 12시간 25분이기 때문에 오전 9시에 만조가 일어났다면, 약 12시간 25분 후인 오후 9시 25분경에 다음 만조가 일어날 것이다.

07

(2) 밀물은 육지 쪽으로 밀려오는 바닷물의 흐름으로, 밀물일 때 해수면의 높이가 높아진다.
바로 알기 | (1), (4) 조류는 조석 현상에 의해 생기는 수평적인 바닷물의 흐름으로, 주기적으로 흐름의 방향이 바뀐다.
(3) 썰물은 만조에서 간조 사이에 발생한다.

08

바닷물이 밀려 들어와 해수면이 가장 높아졌을 때를 만조, 가장 낮아졌을 때를 간조라고 하며, 밀물은 간조에서 만조 사이에 발생하고, 썰물은 만조에서 간조 사이에 발생한다.

09

간조인 A와 E 시기에 갯벌이 가장 넓게 나타나므로, 3시경, 15시 25분경에 갯벌이 넓게 나타난다.

10

(1) 밀물과 썰물에 의해 해수면이 하루에 두 번씩 주기적으로 높아졌다 낮아졌다 하는 현상을 조석이라고 한다.
(2) 썰물은 바다 쪽으로 빠져나가는 바닷물의 흐름으로, 만조에서 간조 사이에 발생한다.
(3) 바닷물이 밀려 들어와 해수면이 높아졌을 때를 만조라고 한다.
(4) 조류는 조석 현상에 의해 생기는 수평적인 바닷물의 흐름이다.
(5) 만조와 간조 때 해수면의 높이 차이를 조차라고 하며, 한 달 중 조차가 가장 작을 때를 조금이라고 한다.

탐구 알약 138쪽

01 (1) ○ (2) × (3) × (4) ×　　02 ②　　03 해설 참조

01

(1) 6시 50분경은 해수면이 낮아졌을 때인 간조 때이다.
바로 알기 | (2) 3시경은 만조에서 간조 사이에 발생하는 썰물 때이다.
(3) 13시경은 만조 때로 해수면이 가장 높아졌을 때이다.
(4) 조석 주기는 만조에서 다음 만조 또는 간조에서 다음 간조까지 걸리는 시간으로, 약 12시간 25분이다.

02

바다 갈라짐 현상은 간조 때 해수면이 낮아져 해저 지형이 바다 위로 노출되어 바다가 갈라진 것처럼 보이는 현상으로, 간조 때인 6시 49분경, 19시 27분경에 나타난다.

03 서술형

모범 답안 | 12시경, 갯벌 체험은 해수면이 가장 낮아졌을 때인 간조 때 적합하기 때문이다.
해설 | 갯벌 체험은 바닷물이 빠져나가 해수면이 가장 낮아졌을 때인 간조 때 하는 것이 적합하므로, 12시경에 하는 것이 적합하다.

채점 기준	배점
갯벌 체험을 할 수 있는 적합한 시간과 까닭을 모두 옳게 서술한 경우	100 %
갯벌 체험을 할 수 있는 시간만 옳게 쓴 경우	30 %

실전 백신 140~142쪽

01 ④	02 ①, ⑤	03 ③	04 ②	05 ①
06 ③	07 ①	08 ②	09 ③	10 ③
11 ②	12 ③	13 ④	14 ③	15 ⑤
16 ⑤	17 ②	18~19 해설 참조		

01

해류는 지속적으로 부는 바람에 의해 발생한다.

02

② 해류는 상대적인 수온에 따라 난류와 한류로 구분한다.
③ 난류는 상대적으로 수온이 높고, 저위도에서 고위도로 흐른다.
④ 한류는 주변 해수에 비해 상대적으로 수온이 낮다.
바로 알기 | ① 해류는 일정한 방향으로 흐르는 해수의 흐름으로, 계절에 따라 해류의 세력은 약간씩 달라질 수 있지만, 방향은 일정하다.
⑤ 난류는 상대적으로 수온이 높고, 한류는 상대적으로 수온이 낮지만, 여름에는 난류, 겨울에는 한류가 흐르는 것은 아니다.

03

ㄱ. 해류의 발생 원인을 알아보기 위한 실험으로 해류는 물의 표면에 부는 바람에 의해 발생한다는 것을 알 수 있다.
ㄴ. 헤어드라이어로 바람을 일으키면 종잇조각은 바람의 방향으로 일정한 흐름이 생긴다.
바로 알기 | ㄷ. 바람이 계속 불면 종잇조각은 바람의 방향과 같은 수평 방향으로 일정하게 움직인다.

04

A는 쿠로시오 해류, B는 황해 난류, C는 동한 난류, D는 북한 한류, E는 연해주 한류이다.
② 황해 난류(B)보다 동한 난류(C)의 세력이 커서 겨울철 황해보다 동해의 수온이 더 높다.
바로 알기 | ① A는 저위도에서 시작된 쿠로시오 해류로, 난류이다.
③ 황해 난류(B)와 동한 난류(C)는 쿠로시오 해류(A)로부터 갈라져 흘러가는 해류이다.
④ 동한 난류(C)와 북한 한류(D)가 만나는 조경 수역의 위치는 여름에는 동한 난류(C)의 세력이 강해져서 북상하고, 겨울에는 북한 한류(D)의 세력이 강해져서 남하한다.

05

쿠로시오 해류(A)는 우리나라 난류의 근원이다.

06

조경 수역은 한류와 난류가 만나는 곳으로, 우리나라의 동해에서 동한 난류와 북한 한류가 만나 조경 수역을 형성한다.

07

②, ③, ④ 조경 수역은 한류와 난류가 만나는 곳으로, 영양 염류가 표층에 공급되어 물고기의 먹이가 되는 플랑크톤이 많아지며, 식물성 플랑크톤의 광합성으로 용존 산소량이 많아져 많은 어종이 모여 좋은 어장을 형성한다.
⑤ 여름에는 동한 난류의 세력이 강해 조경 수역의 위치가 북상하고, 겨울에는 북한 한류의 세력이 강해 조경 수역의 위치가 남하한다.
바로 알기 | ① 조경 수역에는 한류성 어종과 난류성 어종이 함께 분포하여 좋은 어장이 만들어진다.

08

여름철에는 난류의 세력이 강해지므로 동한 난류와 조경 수역이 북상하고, 겨울철에는 한류의 세력이 강해지므로 북한 한류, 연해주 한류 및 조경 수역이 남하한다.

09

ㄴ. 우리나라 해안 지방에서 만조와 간조는 각각 하루에 약 2번씩 일어난다.
ㄷ. 조류는 조석 현상에 의해 생기는 바닷물의 수평적인 흐름이다.
바로 알기 | ㄱ. 바다 쪽으로 빠져나가는 바닷물의 흐름을 썰물, 육지 쪽으로 밀려오는 바닷물의 흐름을 밀물이라고 한다.
ㄹ. 사리와 조금은 한 달에 약 두 번씩 나타난다.

10

ㄱ. A는 만조와 간조 때의 해수면의 높이 차인 조차로, 조차(A)의 크기는 매일 조금씩 달라진다.
ㄷ. C는 썰물에 의해 해수면 높이가 낮아진 간조 때의 해수면 높이이다.
바로 알기 | ㄴ. B는 밀물에 의해 해수면 높이가 높아진 만조 때의 해수면 높이이다.

11

만조와 간조 때의 해수면의 높이 차를 조차(A)라고 하며, 조차가 가장 작게 나타나는 때를 조금(B), 가장 크게 나타나는 때를 사리(C)라고 한다.

12

③ 조류는 조석 현상에 의해 생기는 수평적인 바닷물의 흐름으로, 조류에 의한 해수면의 높이 차이를 조차라고 한다.
바로 알기 | ① 하루에 네 번씩 방향이 바뀌는 것은 조류에 대한 설명이다.
②, ④ 해류는 지속적으로 부는 바람에 의해 형성된다.
⑤ 해류는 지속적인 바람에 의해 방향이 바뀌지 않고 일정하게 흐른다.

13

ㄴ. (가)는 간조일 때의 모습으로 바닷길이 열리는 현상을 관측할 수 있다.
ㄷ. 간조(가)와 만조(나) 사이의 시간 간격은 약 6시간이다.
바로 알기 | ㄱ. (가)는 바닷물이 빠져나가 해수면의 높이가 가장 낮아졌을 때인 간조, (나)는 바닷물이 밀려 들어와 해수면의 높이가 가장 높아졌을 때인 만조 때의 모습이다.

14

A는 만조, B는 썰물, C는 간조, D는 밀물, E는 만조이다. 간조(C)일 때 해수면의 높이가 가장 낮으므로 넓게 펼쳐진 갯벌에서 조개를 줍기에 적합하다.

15

해수면이 가장 높을 때 해수면의 높이는 3 m이고, 해수면이 가장 낮을 때 해수면의 높이는 −3 m이므로 조차는 6 m이다.

16

화살표는 밀물과 썰물을 나타내는 것으로, 조류이다.

17

(가)는 밀물, (나)는 썰물이다.

ㄴ. 밀물(가)과 썰물(나)은 하루에 두 번씩 주기적으로 반복되어 나타난다.

바로 알기 | ㄱ. 썰물(나) 때 해수면이 낮아지면 갯벌이 넓게 드러난다.

ㄷ. 밀물(가)과 썰물(나)은 하루에 각각 약 2회씩 일어나므로, 밀물(가)이 시작된 후 약 6시간 후에 썰물(나)이 나타난다.

서술형 문제

18

모범 답안 | 여름에는 동한 난류의 세력이 강하기 때문에 동한 난류가 위쪽으로 밀고 올라가 조경 수역의 위치가 북상하고, 겨울에는 북한 한류의 세력이 강하기 때문에 북한 한류가 아래까지 밀고 내려와 조경 수역의 위치가 남하한다.

해설 | 우리나라의 동해에 북한 한류와 동한 난류가 만나 조경 수역이 형성되는데, 여름철에는 동한 난류의 영향이 강하여 난류가 더 위쪽으로 밀고 올라가므로 조경 수역의 위치가 북상하고, 겨울철에는 북한 한류의 영향이 강하여 한류가 더 아래까지 밀고 내려오므로 조경 수역의 위치가 남하한다.

채점 기준	배점
여름철, 겨울철 모두 조경 수역의 이동 원인과 이동 방향을 옳게 서술한 경우	100%
이동 방향만 옳게 쓴 경우	30%

19

(1) 모범 답안 | B－㉡, D－㉡ / 사리(B, D)일 때 간조(㉡)가 되면 해수면의 높이가 낮아져 바닷길이 열리기도 하기 때문이다.

채점 기준	배점
B-㉡, D-㉡를 옳게 쓰고, 그 까닭을 옳게 서술한 경우	100%
B-㉡, D-㉡만 옳게 쓴 경우	50%

(2) 모범 답안 | ㉠ 만조, ㉡ 간조 / 고기잡이배가 바다로 나가거나 들어올 때, 갯벌에서 조개 등을 캘 때, 바다 갈라짐이 나타나는 지역으로 여행갈 때 등

채점 기준	배점
만조와 간조를 옳게 쓰고, 하루 동안 해수면 높이 변화를 실생활에 활용하는 예를 한 가지 옳게 서술한 경우	100%
만조와 간조만 옳게 쓴 경우	50%

1등급 백신 143쪽

20 ③ 21 ⑤ 22 ④ 23 ④

20

A는 저온 · 저염분이므로 한류, B는 고온 · 고염분이므로 난류이다. 우리나라 주변을 흐르는 해류 중 한류(A)는 연해주 한류, 북한 한류이고, 난류(B)는 쿠로시오 해류, 동한 난류, 황해 난류이다.

21

난류가 지나가는 바다에서는 수온이 비교적 높게 나타난다.

바로 알기 | ⑤ 동한 난류가 황해 난류보다 세력이 크기 때문에 같은 위도에서 동해가 황해보다 수온이 높다.

22

낚시를 시작할 수 있는 가장 알맞은 시각은 물이 밀려 들어오는 만조 때이므로 간조 때인 오전 11시에서 약 6시간 후인 오후 5시경이 적합하나.

23

자료 해석 | 만조와 간조, 사리와 조금

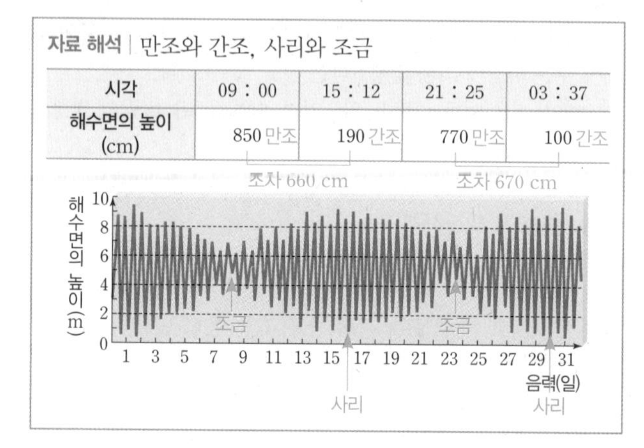

시각	09 : 00	15 : 12	21 : 25	03 : 37
해수면의 높이 (cm)	850 만조	190 간조	770 만조	100 간조

④ 15일경은 조차가 최대인 사리이고, 23일경은 조차가 최소인 조금이다. 따라서 23일경의 조차는 15일의 조차인 670 cm보다 작을 것이다.

바로 알기 | ① 15일 오전 9시경은 만조이다.

② 15일 오전 9시부터 오후 3시경까지는 해수면의 높이가 낮아졌으므로 썰물이다.

③ 15일에 갯벌에 조개를 잡으러 나가기에 적합한 시각은 해수면의 높이가 낮은 15시 12분경이다.

단원 종합 문제 144~146쪽

01 ④	02 ②	03 ③	04 ③	05 ①	06 ②
07 ④	08 ③	09 ②, ⑤	10 ②	11 ④	12 ②, ④
13 ③	14 ②	15 ③	16 ⑤	17 ④	18 ②

01

A는 해수, B는 빙하, C는 지하수이다.

④ 빙하(B)는 중력에 의해 낮은 곳으로 이동한다.

바로 알기 | ① 해수(A)는 짠맛이 나는 염수이므로 수자원으로 바로 이용하기 어렵다.

② 해수(A)는 염류가 포함된 염수이다.

③ 빙하(B)는 기온이 낮은 높은 산 위나 고위도 극지방에 분포한다.

⑤ 지하수(C)는 지표면 아래에 존재한다.

02

② 육지에 분포하는 물은 대부분 짠맛이 나지 않는 담수이다.

바로 알기 | ① 극지방이나 높은 산에는 물이 고체 상태로 존재하기도 한다.
③ 하천수와 호수는 육지 물의 0.01 % 밖에 되지 않으며, 대부분은 빙하와 지하수로 구성된다.
④ 지구 표면의 약 70 %를 차지하는 것은 해수이다.
⑤ 지하수의 대부분은 이동 속도가 매우 느리긴 하지만 고여 있진 않다.

03

지하수는 비가 지하에 스며들어 자연적으로 정화된 깨끗한 물이다. 육지의 물 중 약 30 %를 차지하는 중요한 수자원으로 수온이 일정하게 유지된다는 특징이 있다.
바로 알기 | ③ 지하수는 흐름이 느리고 산소가 부족하여 자정 작용을 하는 미생물의 활동이 활발하지 못하기 때문에 한 번 오염되면 정화하기가 매우 어려워 오염되지 않도록 주의해야 한다.

04

수자원은 식수로도 이용되고, 음식을 만들고 씻을 때도 이용되며, 농작물을 재배하고, 공업 제품을 생산하는 산업 활동에도 필요하다.
바로 알기 | ㄴ. 해수는 짠맛을 제거하여 우리 생활에 이용할 수 있다.

05

A는 농업용수, B는 생활용수, C는 유지용수, D는 공업용수이다. 농작물을 기르거나 가축을 기를 때 이용하는 물은 농업용수(A)이고, 최근 생활의 현대화와 인구 증가로 사용량이 크게 증가하고 있는 물은 생활용수(B)이다.

06

ㄷ. 유지용수(C)는 하천의 수질 개선이나 가뭄에 하천을 유지하는 데 이용하는 물이다.
바로 알기 | ㄱ. 산업 활동에 이용하는 물은 공업용수(D)이다.
ㄴ. 요리, 빨래 등 일상생활에 이용하는 물은 생활용수(B)이다.

07

바로 알기 | ④ 수자원의 총량은 거의 변하지 않는데, 이용량은 늘고 있으므로 수자원 총량에 대한 이용량의 비율은 계속 증가하고 있다.

08

①, ② 위도와 계절에 따라 해수면이 받는 태양 에너지양이 달라지므로 해수의 표층 수온은 달라지며 표층 해수의 등수온선은 대체로 위도선과 나란하다.
④, ⑤ 깊이에 따른 수온 변화에 따라 3개의 층으로 구분할 수 있는데, 고위도 해역은 표층 수온이 낮으므로 해수의 연직 수온 분포에 따른 층상 구조가 잘 나타나지 않는다.
바로 알기 | ③ 해수의 표층 수온에 가장 큰 영향을 미치는 것은 태양 에너지이다.

09

A는 혼합층, B는 수온 약층, C는 심해층이다.
② 위도 60° 이상의 바다에서는 표층이 가열되지 않으므로 혼합층(A)과 수온 약층(B)이 나타나지 않는다.
⑤ 각 층의 깊이는 계절에 따라 달라진다.
바로 알기 | ① 수온은 표층에서 깊이 내려갈수록 낮아지므로, A > B > C이다.
③ 바람의 혼합 작용에 의해 만들어지는 층은 혼합층(A)이다.
④ 심해층(C)에는 태양 에너지는 도달하지 않지만 용존 산소량과 영양 염류가 많기 때문에 다양한 생명체가 살고 있다.

10

전등을 켜고 수조의 물 표면을 충분히 가열했으므로 ②와 같이 깊이 내려갈수록 수온이 낮아지는 온도 분포가 나타난다. ①과 같이 표층에 수온이 일정한 구간이 나타나기 위해서는 바람을 일으키는 과정이 필요하다.

11

ㄴ. 바다보다 육지의 비열이 작기 때문에 겨울철 같은 위도의 내륙 지방이 해안 지방보다 더 춥다.
ㄷ. 2월(가)에 동해가 황해보다 수온이 높은 까닭은 동한 난류의 영향 때문이다.
바로 알기 | ㄱ. (가)는 2월, (나)는 8월의 표층 수온 분포이다.

12

②, ④ 대서양은 태평양보다 염분이 높기 때문에 같은 양의 해수에 들어 있는 염류의 양은 대서양에서 더 많다. 하지만 전체 염류 중 염화 마그네슘이 차지하는 비율은 어느 바다에서나 항상 일정하다.
바로 알기 | ① 태평양의 염분은 34.2 psu이고, 대서양의 염분은 35.5 psu로 염분은 (가)보다 (나)에서 더 높다.
③ (가)의 농도는 (나)보다 낮고, (가)에 물을 넣으면 농도가 더 낮아지므로 (나)의 농도가 될 수 없다.
⑤ 물을 증발시키고 남는 염류의 양은 염분이 높은 (나)에서 더 많다.

13

자료 해석 | 전 세계 해수의 표층 염분 분포

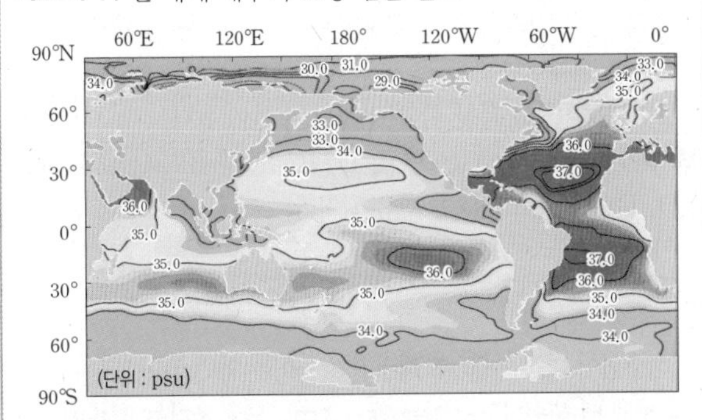

- 염분은 중위도에서 높고 적도와 고위도에서 낮다. ➡ 중위도 해역에서 증발량이 가장 많다.
- 대양의 중앙부는 연안보다 염분이 높다. ➡ 연안에는 담수의 유입량이 많다.
- 대서양이 태평양보다 염분이 높다.

바로 알기 | ③ 기온과 염분은 직접적인 관련이 없다. 고위도 해역은 '증발량－강수량'의 값이 작고, 해빙이 일어나 염분이 낮다.

14

② 모든 바다에서 염류들 사이의 질량비는 일정하며, 이를 염분비 일정 법칙이라고 한다.

바로 알기 | ①, ③ 강수량과 증발량의 차이, 해수에 유입되는 강물의 양은 지역에 따라 다르다.

④ 해수 1 kg에 녹아 있는 염류의 총량은 염분으로, 다양한 요인에 의해 변한다.

⑤ 염분비 일정 법칙은 염류의 양이 같다는 것이 아니라 염류들 간의 질량비가 일정하다는 것이다.

15

자료 해석 | 여름철과 겨울철 우리나라 주변 해류의 분포

(가) 겨울철

(나) 여름철

ㄱ. (가)는 북한 한류의 세력이 강한 겨울철, (나)는 동한 난류의 세력이 강한 여름철 해류의 분포이다.

ㄴ. 겨울철(가)에는 북한 한류의 세력이 강해 동한 난류의 세력이 더 강한 여름철(나)보다 조경 수역이 남쪽에 형성된다.

바로 알기 | ㄷ. 여름철(나)에는 동한 난류의 세력이 북한 한류의 세력보다 더 강해 조경 수역의 위치가 북상한다.

16

A는 쿠로시오 해류, B는 황해 난류, C는 동한 난류, D는 북한 한류, E는 연해주 한류이다.

① 동해에는 북한 한류와 동한 난류가 모두 존재한다.

② 황해 난류(B)와 동한 난류(C)는 쿠로시오 해류(A)로부터 갈라져 나온 해류이다.

④ 동한 난류(C)는 북한 한류(D)보다 수온이 높다.

바로 알기 | ⑤ A, B, C는 난류, D, E는 한류이므로 A, B, C에는 D, E보다 산소와 영양 염류가 적다.

17

ㄱ. 해수면이 가장 높을 때 해수면의 높이는 약 3 m이고, 해수면이 가장 낮을 때 해수면의 높이는 약 －3 m이므로 조차는 약 6 m이다.

ㄴ. 오전 9시경에는 해수면이 가장 높을 때인 만조가 된다.

ㄹ. 해수면이 가장 낮을 때인 간조 때 조개를 캘 수 있으므로 B 시기가 적합하다.

바로 알기 | ㄷ. B에서 C 사이에는 해수면이 점점 높아지고 있으므로 밀물이 나타난다.

18

자료 해석 | 서해안에서의 만조와 간조 때의 해수면 높이

1일		2일	
시간	높이(cm)	시간	높이(cm)
03 : 15	간조 160	04 : 04	간조 205
09 : 27	만조 760	10 : 16	만조 716
15 : 40	간조 182	16 : 30	간조 227
21 : 53	만조 730	22 : 41	만조 692

조차: 600, 578, 548 / 525, 511, 489, 465

① 1일 21시경부터 2일 4시경까지는 해수면이 낮아지므로 1일 23시경에 썰물이 나타난다.

③ 해수면의 높이 차이인 조차가 600 → 578 → ⋯ → 489 → 465로 점점 작아지고 있으므로 사리에서 조금으로 가는 중이다.

④ 만조는 해수면의 높이가 가장 높아졌을 때이고, 간조는 가장 낮아졌을 때로 만조와 간조는 각각 하루에 약 두 번씩 일어난다.

⑤ 표를 보면 간조(03:15)에서 다음 간조(15:40)까지 걸리는 시간이 약 12시간 25분인 것을 알 수 있다.

바로 알기 | ② 2일 10시경에는 해수면의 높이가 점점 높아져 만조가 되는 중이므로 갯벌 체험을 할 수 없다. 갯벌은 해수면의 높이가 가장 낮아졌을 때인 간조일 때 넓게 펼쳐진다.

서술형·논술형 문제

147쪽

01

모범 답안 | A : 빙하, B : 지하수 / 빙하(A)는 극지방이나 높은 산 위에 고체 상태로 존재하기 때문에 이용에 어려움이 있으며, 지하수(B)는 땅속에 있기 때문에 개발 비용이 많이 들고, 개발 후 지반 침하 등의 위험이 따른다.

채점 기준	배점
A와 B에 알맞은 단어를 쓰고, 수자원으로 이용이 어려운 까닭을 두 가지 모두 옳게 서술한 경우	100 %
A와 B에 알맞은 단어는 썼지만 수자원으로 이용이 어려운 까닭에 대한 설명이 부족한 경우	60 %
A와 B에 들어갈 단어만 옳게 쓴 경우	30 %

02

모범 답안 | 지하수를 개발한다. 해수 담수화 시설을 이용한다. 저수지나 댐을 건설한다. 빗물을 받아 저장하는 시설을 개발한다. 한 번 쓴 수돗물을 재사용하는 중수도를 이용한다. 등

채점 기준	배점
수자원 확보 방안을 두 가지 이상 옳게 서술한 경우	100 %
수자원 확보 방안을 한 가지만 서술한 경우	50 %

03

모범 답안 | 표층 수온은 저위도에서 고위도로 갈수록 낮아진다. / 고위도로 갈수록 태양 빛이 들어오는 고도가 작아져서 같은 면적에 도달하는 태양 에너지의 양이 적어지기 때문이다.

채점 기준	배점
태양 에너지의 양이 다른 까닭을 옳게 서술한 경우	100%
태양 에너지의 양이 적기 때문이라고만 서술한 경우	70%

04

모범 답안 | 혼합층, 이 해역은 바람이 서의 불지 않는다는 것을 알 수 있다.

채점 기준	배점
혼합층과 혼합층이 발달하지 않는 까닭을 옳게 서술한 경우	100%
혼합층만 옳게 쓴 경우	50%

05

모범 답안 | 중위도 해역, 표층 염분은 강수량과 증발량의 영향을 가장 크게 받으므로 강수량이 적고 증발량이 많은 중위도 해역에서 표층 염분이 가장 높게 나타난다.

채점 기준	배점
표층 염분이 가장 높은 해역과 그 까닭을 옳게 서술한 경우	100%
표층 염분이 가장 높은 해역만 옳게 쓴 경우	30%

06

모범 답안 | 36 psu, 염분(psu)$=\frac{\text{염류의 총량(g)}}{\text{해수의 질량(g)}}\times 1000$이므로,

이 해역의 염분은 $\frac{18\text{ g}}{500\text{ g}}\times 1000=36$ psu이다.

채점 기준	배점
염분을 쓰고, 풀이 과정을 모두 옳게 서술한 경우	100%
염분만 옳게 쓴 경우	30%

07

모범 답안 | 한류와 난류가 만나는 곳에는 연직 순환이 활발하여 영양 염류가 풍부하고, 물고기들의 먹이가 많기 때문에 물고기들이 많이 모여든다. 또한, 이 해역은 한류성 어종과 난류성 어종이 모두 존재하여 다양한 어종이 나타난다.

채점 기준	배점
조경 수역이 좋은 어장이 되는 까닭을 옳게 서술한 경우	100%
한류성 어종과 난류성 어종이 함께 존재한다는 것만 서술한 경우	60%
영양 염류가 풍부하다는 것만 서술한 경우	40%

08

모범 답안 | 조력 발전은 조차를 이용하는데, 우리나라에서는 서해안의 조차가 가장 크게 나타나기 때문이다.

채점 기준	배점
서해안의 조차가 크다는 내용을 포함하여 옳게 서술한 경우	100%

Ⅷ. 열과 우리 생활

01 열

용어 & 개념 체크 151, 153쪽

01 온도 02 높을 03 높, 낮 04 선노
05 대류 06 복사 07 위쪽 08 단열
09 복사 10 열평형 11 높, 낮 12 같

개념 알약 151, 153쪽

01 (1) (가) (2) (나) (3) (가) 02 ㄴ 03 (1) ○ (2) × (3) ×
04 ㉠ 전도 ㉡ 위 ㉢ 아래 ㉣ 대류 ㉤ 복사
05 (1) 복사 (2) 대류 (3) 전도 (4) 복사 (5) 전도
06 (1) A (2) 냉방기에 의해 차가워진 공기는 아래쪽으로 이동한다.
(3) C (4) 난방기에 의해 따뜻해진 공기는 위쪽으로 이동한다.
07 ㉠ 전도 ㉡ 복사 ㉢ 대류 08 (1) ㄱ, ㄹ (2) ㄴ, ㄷ
09 (1) ○ (2) ○ (3) × (4) ×

01

(1) 입자의 움직임이 가장 큰 것은 (가)이므로 입자의 운동이 가장 활발한 것은 (가)이다.
(2) 온도가 낮을수록 입자의 운동이 둔하므로 입자의 운동이 가장 둔한 (나)의 온도가 가장 낮다.
(3) 온도가 높을수록 입자의 운동이 활발하므로 입자의 운동이 가장 활발한 (가)의 온도가 가장 높다.

02

ㄴ. 온도가 서로 다른 두 물체가 접촉했을 때 열은 온도가 높은 물체에서 온도가 낮은 물체로 이동하는 에너지이다.
바로 알기 | ㄱ. 온도가 높을수록 물체를 구성하는 입자들의 운동이 활발하다.
ㄷ. 물체의 차갑고 뜨거운 정도는 온도계로 측정해야 정확하게 알 수 있다.

03

(1) 전도는 입자 사이의 충돌에 의해 열이 이동하는 방법이므로 떨어져 있는 물체 사이에서는 전도로 열이 이동할 수 없다.
바로 알기 | (2) 고체에서 주로 일어나는 열의 이동 방법은 전도이다. 대류는 액체나 기체에서 일어난다.
(3) 복사는 다른 물질을 거치지 않고 열이 직접 이동하면서 열을 전달하는 방법이다.

04

냄비를 가열하면 열을 받은 부분의 냄비 입자가 충돌하면서 전도에 의해 열이 이동하여 냄비 표면에 열이 전달된다. 냄비 표면과 가까운 부분의 물이 가열되면 따뜻한 물이 위로 올라가고 위쪽에 있어 상대적으로 차가운 물은 아래로 내려가면서 대류에 의해 물이 전체적으로 뜨거워지게 된다. 이때 냄비 옆에 있는 숟가락은 열이 직접 이동하는 복사에 의해 온도가 높아지게 된다.

05

(1) 태양열이 지구로 전달되는 것은 복사에 의한 열의 이동이다.

(2) 에어컨을 켜면 차가운 공기는 아래로 내려가고 따뜻한 공기는 위로 올라가면서 대류에 의해 방 전체가 시원해진다.
(3) 프라이팬을 가열하면 전도에 의해 열이 이동하여 프라이팬 전체가 뜨거워진다.
(4) 복사에 의해 난로를 향한 얼굴이 직접 열을 받아 등보다 온도가 높아진다.
(5) 나무보다 금속에서 열이 잘 전도되므로 추운 날 금속 의자에 앉았을 때 열이 빠르게 빠져나가 더 차갑게 느껴진다.

06

(1), (2) 냉방기에 의해 상대적으로 차가워진 공기는 아래쪽으로 이동하므로 냉방기는 방 안에서 위쪽에 설치하는 것이 좋다.
(3), (4) 난방기에 의해 상대적으로 따뜻해진 공기는 위쪽으로 이동하므로 난방기는 방 안에서 아래쪽에 설치하는 것이 좋다.

07

보온병의 마개는 이중 구조로 되어 있어 전도에 의한 열의 이동을 막고, 보온병의 벽면은 은도금이 되어 있어 열을 반사시켜 복사에 의한 열의 이동을 막는다. 또한 이중벽은 벽 사이의 공간이 진공이므로 전도와 대류에 의한 열의 이동을 막는다.

08

(1) 단열은 물체 사이에서 열의 이동을 막는 것으로, 건물에 이중창을 설치하거나 겨울에 얇은 옷을 여러 겹 입는 것은 단열을 이용한 예이다.
(2) 열평형은 온도가 다른 두 물체가 접촉해 있을 때 두 물체의 온도가 같아져 더 이상 온도가 변하지 않는 상태로, 체온계로 체온을 측정하거나 냉장고에 음식을 넣어 차갑게 보관하는 것은 열평형을 이용한 예이다.

09

(1) 온도가 다른 두 물체 A와 B를 접촉했을 때 열은 온도가 높은 A에서 온도가 낮은 B로 이동한다.
(2) A는 온도가 높은 물체이고 B는 온도가 낮은 물체이므로, 두 물체를 접촉했을 때 온도가 같아질 때까지 A는 온도가 낮아지고, B는 온도가 높아진다.
바로 알기 | (3) A는 온도가 낮아지므로 입자의 운동이 둔해지고, B는 온도가 높아지므로 입자의 운동이 활발해진다.
(4) 온도가 높은 물체가 잃은 열량과 온도가 낮은 물체가 얻은 열량이 같으므로 A가 잃은 열량과 B가 얻은 열량은 같다.

탐구 알약 154쪽

01 (1) ○ (2) × (3) × (4) ○ (5) ○ (6) ×
02 (1) 해설 참조 (2) 해설 참조

01

바로 알기 | (2) 뜨거운 물의 입자 운동은 둔해지고, 차가운 물의 입자 운동은 활발해진다.
(3) 차가운 물보다 뜨거운 물의 온도 변화가 더 크다.
(6) 외부와의 열 출입이 없고, 질량이 같을 때에만 열평형 온도가 접촉 전 두 물의 온도의 평균이 된다.

02 서술형

(1) **모범 답안** | B, 시간이 흐른 후 입자의 운동이 둔해지는 A는 온도가 높은 물이고, 입자의 운동이 활발해지는 B는 온도가 낮은 물이다. 따라서 접촉했을 때 차가운 물의 입자 운동을 나타내는 것은 B이다.

채점 기준	배점
차가운 물의 입자 운동을 나타내는 것을 고르고, 그 까닭을 옳게 서술한 경우	100%
차가운 물의 입자 운동을 나타내는 것만 옳게 고른 경우	30%

(2) **모범 답안** | 열은 온도가 높은 A에서 온도가 낮은 B로 이동한다.

채점 기준	배점
A와 B의 온도를 옳게 비교하고, 열이 이동 방향을 옳게 서술한 경우	100%
열의 이동 방향만 옳게 서술한 경우	50%

실전 백신 158~160쪽

01 ④	02 ②	03 ④	04 ⑤	05 ③
06 ②	07 ①	08 ①, ⑤	09 ④	10 ②
11 ③	12 ④	13 ③	14 ①	15 ①
16 ③	17~19 해설 참조			

01

바로 알기 | ④ 온도는 사람의 감각으로 상대적인 비교는 할 수 있지만 정확하게 측정할 수 없기 때문에 온도계를 사용해서 정확하게 온도를 측정한다.

02

자료 해석 | 물 입자의 운동 상태 변화

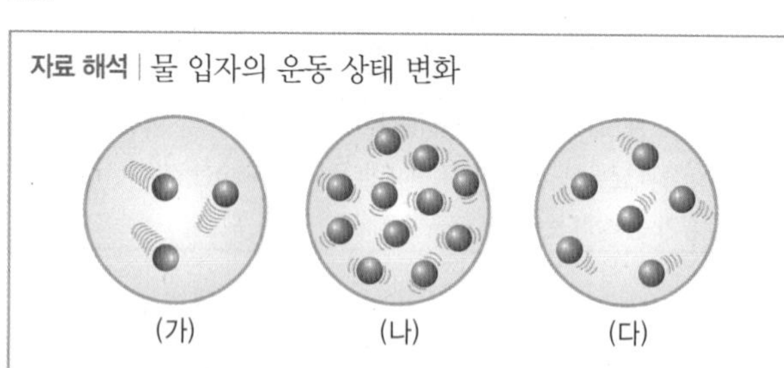

물의 온도가 높을수록 물 입자의 운동 상태가 활발하다.
➡ 물 입자의 운동 상태 : (가)가 가장 활발하고, (나)가 가장 둔하다.
➡ 물의 온도 : (가)>(다)>(나)

온도가 높을수록 입자의 운동이 활발하다. 따라서 입자의 운동이 가장 활발한 (가)의 온도가 가장 높고, 입자의 운동이 가장 둔한 (나)의 온도가 가장 낮다.

03

온도는 물체를 구성하는 입자 운동의 활발한 정도를 나타내므로, 온도가 높을수록 입자의 운동이 활발하다.

04

ㄱ, ㄴ. 열을 얻은 물체는 온도가 높아져 입자의 운동이 활발해지고, 열을 잃은 물체는 온도가 낮아져 입자의 운동이 둔해진다.
ㄷ. 열은 두 물체 사이의 온도 차에 의해 이동하는 에너지이다.

05

바로 알기 | ㄴ. 전도는 주로 고체에서 물질을 이루고 있는 입자들이 이웃한 입자에 차례로 충돌하면서 열이 이동하는 방법이다.

06

열은 고온의 물체(A)에서 저온의 물체(B)로 이동한다. 이때 고온의 물체(A)는 열을 잃어 입자의 운동이 둔해지고, 저온의 물체(B)는 열을 얻어 입자의 운동이 활발해진다.

07

ㄱ. 열은 고온의 물체(A)에서 저온의 물체(B)로 이동하므로 고온의 물체(A)의 온도는 점점 낮아진다.
바로 알기 | ㄴ. 물체를 구성하는 입자의 크기는 변하지 않으며 온도에 따라 입자의 운동 상태가 달라진다.
ㄷ. 시간이 지나면 열평형 상태에 도달하여 고온의 물체(A)와 저온의 물체(B)의 온도가 같아진다.

08

난로 앞에 서 있었을 때 따뜻함을 느끼는 것은 복사에 의한 열의 이동 때문이다.
① 적외선 카메라로 사진을 찍을 수 있는 것은 사람의 몸에서 복사의 방법으로 열을 내보내기 때문이다.
⑤ 양지에 있는 눈이 음지에 있는 눈보다 빨리 녹는 것은 태양에서 복사의 방법으로 열이 이동하기 때문이다.
바로 알기 | ② 에어컨을 켰을 때 방 전체가 시원해지는 것은 대류에 의해 열이 이동하기 때문이다.
③ 차가운 물에 손을 담갔을 때 차갑게 느껴지는 것은 전도의 방법으로 손에서 차가운 물로 열이 빠르게 빠져나가기 때문이다.
④ 물이 끓고 있는 주전자의 손잡이를 만지면 뜨겁게 느껴지는 것은 전도의 방법으로 손잡이에서 우리 몸으로 열이 빠르게 이동하기 때문이다.

09

자료 해석 | 열의 이동 방법

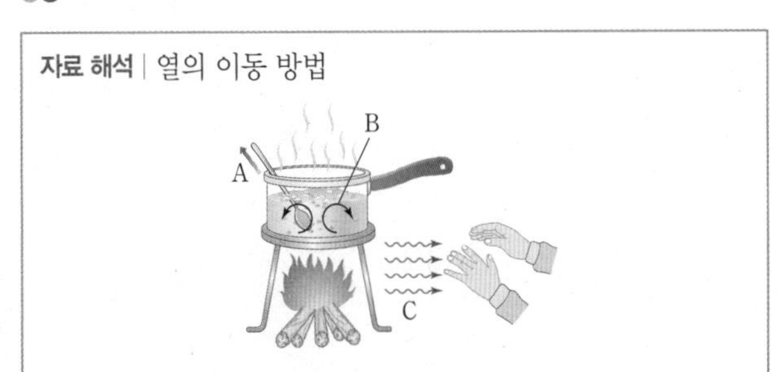

A는 전도, B는 대류, C는 복사에 의한 열의 이동을 나타낸다.

바로 알기 | ④ 에어컨을 켜면 방 안 전체가 시원해지는 것은 대류(B)에 의한 현상이다.

10

단열(A)은 물체 사이에 열의 이동을 차단하여 온도를 일정하게 유지하는 것으로, 단열(A)을 목적으로 쓰는 재료를 단열재(B)라고 한다. 공기는 열의 전도(C)가 매우 느린 물질로, 공기를 많이 포함하는 스타이로폼, 솜 등이 대표적인 단열재(B)이다.

11

① 단열은 열의 이동을 막는 것이다.
② 공기는 전도에 의한 열의 이동을 차단하는 단열재 역할을 한다. 따라서 물질 내부에 공기를 많이 포함하는 스타이로폼, 솜 등은 효율적인 단열재이다.
④ 전도, 대류, 복사에 의한 열을 모두 막아야 효율적으로 단열을 할 수 있다.
⑤ 건물의 벽과 창문을 이중으로 만들면 내부의 공기가 전도에 의한 열의 이동을 막는다.
바로 알기 | ③ 단열이 잘 되는 건물은 내부와 외부 사이에 열의 이동이 잘 일어나지 않기 때문에 열평형 상태가 잘 이루어지지 않는다.

12

바로 알기 | ④ 열평형 온도가 ㉡의 처음 온도에 더 가까우므로 접촉 전 ㉠과 ㉡의 평균 온도가 아니다.

13

열평형 상태에서 두 물체의 온도는 같으므로, 두 물체 ㉠과 ㉡이 열평형 상태에 도달한 시간은 약 4분이다.

14

ㄱ. 열평형 상태에 도달했을 때의 온도는 30 ℃이다.
ㄷ. 뜨거운 물이 든 비커를 차가운 물이 든 수조에 넣으면, 열은 비커의 뜨거운 물에서 수조의 차가운 물로 이동한다.
바로 알기 | ㄴ. 6분~8분 사이에 뜨거운 물과 차가운 물의 온도가 30 ℃로 같아지므로, 6분~8분 사이에 열평형 상태에 도달하는 것을 알 수 있다.
ㄹ. 열은 뜨거운 물에서 차가운 물로 이동하며, 뜨거운 물이 잃은 열량과 차가운 물이 얻은 열량은 같다.

15

ㄴ. 열을 잃은 A의 온도가 낮아지고 열을 얻은 B의 온도가 높아지면서 시간이 흐르면 열평형 상태에 도달한다.
바로 알기 | ㄱ. 고온의 물체가 잃은 열량은 저온의 물체가 얻은 열량과 같으므로 A가 잃은 열량과 B가 얻은 열량은 같다.
ㄷ. 온도가 높은 물체는 열을 잃어 입자의 운동이 처음보다 둔해지고, 온도가 낮은 물체는 열을 얻어 입자의 운동이 처음보다 활발해진다. 그리고 시간이 흐른 후 두 물체는 입자 운동의 정도가 같아진 열평형 상태에 도달한다.

16

수조의 물(B)은 열을 얻어 온도가 높아지고 삼각 플라스크의 물(A)은 열을 잃어 온도가 낮아진다. 이때 수조의 물(B)의 양이 더 많기 때문에 수조의 물(B)의 처음 온도와 가까운 온도에서 열평형이 일어난다.

서술형 문제

17

모범 답안 | 고체에서는 입자의 운동이 이웃한 입자로 전달되어 열이 이동하며, 물질의 종류에 따라 열이 전도되는 정도가 다르기 때문이다.

채점 기준	배점
성냥개비가 떨어지는 속도가 다른 까닭을 고체에서의 열의 이동과 관련지어 옳게 서술한 경우	100%
물질의 종류에 따라 열이 전도되는 정도가 다르다고만 쓴 경우	30%

18

모범 답안 | 대류, 냄비의 아래쪽에 열을 가하면 냄비 표면에 열이 전달되어 냄비 표면과 가까운 물이 가열되고, 따뜻한 물은 위로 올라가고 상대적으로 차가운 물은 아래로 내려가면서 대류가 발생해 물의 온도가 전체적으로 높아져 끓게 된다.

채점 기준	배점
냄비 안의 물에서 일어나는 열의 이동 방법을 옳게 쓰고, 물이 끓는 원리를 열의 이동과 관련지어 옳게 서술한 경우	100%
냄비 안의 물에서 일어나는 열이 이동 방법만 옳게 쓴 경우	30%

19

모범 답안 | 음식을 냉장고에 넣어 차갑게 보관한다. 체온계를 사람의 몸에 접촉하여 체온을 측정한다. 등

채점 기준	배점
열평형 상태를 이용한 예를 두 가지 모두 옳게 서술한 경우	100%
열평형 상태를 이용한 예를 한 가지만 옳게 서술한 경우	50%

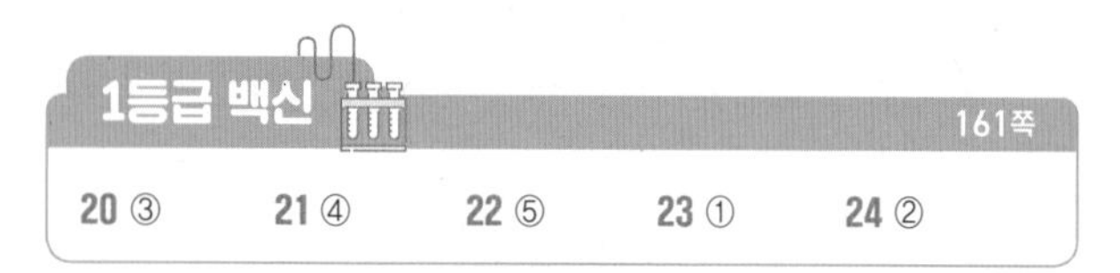

1등급 백신 161쪽

20 ③　21 ④　22 ⑤　23 ①　24 ②

20

자료 해석 | 열의 이동 방향

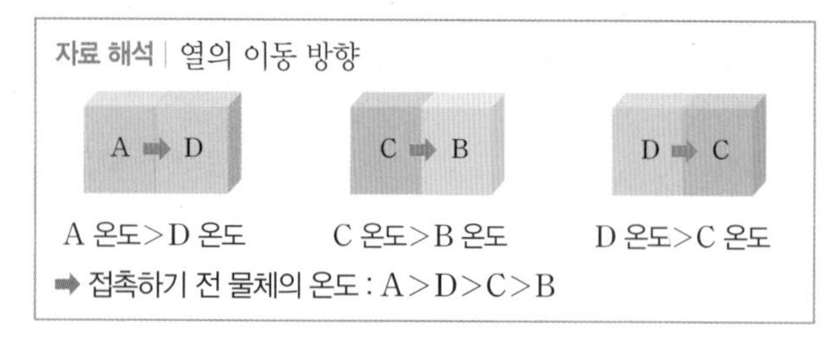

A 온도>D 온도　C 온도>B 온도　D 온도>C 온도

➡ 접촉하기 전 물체의 온도 : A>D>C>B

열은 온도가 높은 물체에서 온도가 낮은 물체로 이동한다.

21

ㄱ. 유리관의 왼쪽 아래 부분을 가열하면 가열된 부분의 물 입자의 운동이 활발해지고 부피가 커져서 밀도가 작아지게 된다. 상대적으로 가벼워진 물 입자가 위로 상승하고 위에 있던 물은 상대적으로 무거워 아래로 내려오기 때문에 물은 시계 방향으로 순환한다.

ㄴ. 유리관 속에서 물의 대류가 일어난다. 대류는 입자가 직접 이동하면서 열을 전달하는 것이다.

바로 알기 | ㄷ. 알코올램프의 위치를 유리관 오른쪽 아래로 바꿔서 실험하면 오른쪽 아래 부분의 물이 가열되어 위로 올라가므로 물의 순환 방향은 시계 반대 방향으로 바뀐다.

22

ㄴ. 흡습제는 공기 중의 수분을 흡수한다. 이중창 사이에 수분이 존재하면 온도가 낮아졌을 때 수증기가 물로 변하여 유리에 이슬이 맺히게 된다. 따라서 흡습제는 기온이 낮아졌을 때 이슬이 맺히는 것을 막아 준다.

ㄷ. 공기 대신 유리와 유리 사이를 진공으로 만들면 전도와 대류에 의한 열의 이동을 막아 주므로 단열 효과가 더 좋아진다.

바로 알기 | ㄱ. 공기층에서는 대류가 일어나므로 대류에 의한 열의 이동은 막지 못하고, 전도에 의한 열의 이동을 막는다.

23

ㄱ. 열평형은 온도가 낮은 물체와 온도가 높은 물체 사이에서 일어난다. 따라서 A와 B의 온도 차가 클 때보다 작을 때 A가 잃는 열량이 더 작다.

바로 알기 | ㄴ. 두께가 두꺼운 삼각 플라스크를 사용하면 전도에 의한 열의 이동이 더 어려워져서 열평형에 도달하는 데 걸리는 시간이 길어진다. 그러나 B의 온도가 달라지지 않는다면 열평형에 도달했을 때 A가 잃는 열량은 변하지 않는다.

ㄷ. 금속은 유리보다 열의 전도가 빠르기 때문에 금속으로 만들어진 용기를 사용하면 열평형에 도달하는 데 걸리는 시간이 줄어든다. 그러나 B의 온도가 달라지지 않는다면 열평형에 도달했을 때 A가 잃는 열량은 변하지 않는다.

24

ㄱ. 상온에 오랜 시간 동안 놓아 둔 나무판, 유리판, 구리판은 각각 공기와 열평형을 이루게 되므로 온도가 같다.

ㄷ. 고체인 판에서 얼음으로 열이 이동하는 것은 전도이다.

바로 알기 | ㄴ. 실험 결과 구리판에서 얼음이 가장 빨리 녹았으므로 나무, 유리, 구리 중 구리가 열이 가장 잘 전도된다는 것을 알 수 있다. 열이 잘 전도될수록 판에 손을 접촉했을 때 우리 몸의 열이 판으로 빠르게 빠져나가므로 온도가 같은 나무판, 유리판, 구리판을 만졌을 때 구리판이 가장 차갑게 느껴진다.

ㄹ. 구리판에서 얼음이 가장 빠르게 녹으므로 열의 이동이 가장 빠르다는 것을 알 수 있다.

02 비열과 열팽창

용어 & 개념 체크 163, 165쪽

01 비열 02 크 03 작은, 큰 04 작을
05 낮, 밤 06 작 07 열팽창 08 높, 커
09 고체 10 바이메탈 11 작은 12 액체

개념 알약 163, 165쪽

01 (1) × (2) × (3) ○ (4) ○ (5) ○
02 (1) A (2) A (3) B
03 납 04 300 kcal 05 0.21 kcal/(kg · ℃)
06 ㄴ, ㄷ, ㄹ 07 열팽창 08 (1) A (2) A
09 (1) × (2) ○ (3) × (4) ○ 10 ㄱ, ㄷ

01

(3) 비열은 물질의 종류에 따라 고유한 값을 가지므로, 질량이 달라도 같은 물질이면 비열이 같다.
(4) 1 kcal는 물 1 kg의 온도를 1 ℃ 높이는 데 필요한 열량이다.
(5) 열량=비열×질량×온도 변화로, 같은 물질에 같은 열량을 가하면 질량이 작을수록 온도 변화가 크다.
바로 알기 | (1) 비열의 단위는 kcal/(kg · ℃)이다.
(2) 비열이 작은 물질일수록 온도 변화가 크다.

02

(1) 2분일 때 A의 온도는 60 ℃, B의 온도는 40 ℃이므로 같은 시간 동안 온도 변화는 A가 더 크다.
(2) A는 2분일 때 60 ℃에 도달하고, B는 4분일 때 60 ℃에 도달한다.
(3) 같은 열량을 가해 주었을 때 B의 온도 변화가 A보다 작으므로 B의 비열이 더 크다.

03

같은 시간 동안 같은 세기의 불꽃으로 가열했을 때 비열이 작을수록 온도 변화가 크다. 따라서 비열이 가장 작은 납의 온도 변화가 가장 클 것이다.

04

열량(Q)=비열(c)×질량(m)×온도 변화(Δt)이다. 물의 비열은 1 kcal/(kg · ℃), 물의 질량은 10 kg, 온도 변화는 30 ℃이므로 이 값들을 공식에 대입하여 열량을 구하면 1 kcal/(kg · ℃)×10 kg×30 ℃=300 kcal이다.

05

비열(c)$=\dfrac{\text{열량}(Q)}{\text{질량}(m)\times\text{온도 변화}(\Delta t)}$이므로 $\dfrac{6.3\text{ kcal}}{3\text{ kg}\times 10\text{ ℃}}=$ 0.21 kcal/(kg · ℃)이다.

06

ㄴ, ㄷ. 물은 비열이 다른 물질보다 커서 온도가 쉽게 변하지 않기 때문에 바다와 가까운 해안 지방의 일교차가 내륙 지방보다 작으며, 냉각수, 찜질 팩 등에 사용된다.
ㄹ. 뚝배기의 비열은 금속 냄비의 비열보다 크기 때문에 데우는 데 시간이 오래 걸리지만 쉽게 식지 않는다.
바로 알기 | ㄱ. 낮에는 비열이 작은 육지가 바다보다 먼저 뜨거워지기 때문에 해풍이 불고, 밤에는 비열이 작은 육지가 먼저 식기 때문에 육풍이 분다.

07

열팽창은 물질에 열을 가했을 때 물질의 길이가 길어지고 부피가 커지는 현상이다. 열팽창 정도는 온도 변화가 클수록 크며, 물질의 종류마다 다르고 물질의 상태에 따라 다르다.

08

(1) 바이메탈을 가열했을 때 열팽창 정도가 큰 금속이 많이 팽창하여 열팽창 정도가 작은 금속 쪽으로 휘어진다. 따라서 열팽창 정도는 A가 B보다 크다.
(2) 바이메탈을 냉각하면 열팽창 정도가 큰 금속이 많이 수축하여 열팽창 정도가 큰 금속 쪽으로 휘어지므로 A 쪽으로 휘어지게 된다.

09

(2) 액체 온도계는 액체의 열팽창을 이용한 것이다.
(4) 알코올과 수은은 온도에 따라 일정한 비율로 부피가 변하기 때문에 온도계 속 액체로 사용할 수 있다.
바로 알기 | (1) 액체 온도계에 사용되는 액체는 열팽창 정도가 커야 한다.
(3) 온도가 높아지면 알코올과 수은의 부피가 커지지만 질량은 변하지 않는다.

10

ㄱ. 여름에 다리나 철로가 열팽창을 하여 휘어지는 것을 막기 위해 다리나 철로의 이음새 부분에 틈을 만든다.
ㄷ. 액체의 열팽창으로 음료수 병이 깨지는 것을 방지하기 위해 유리병 속에 음료수를 가득 채우지 않는다.
바로 알기 | ㄴ. 내륙 지방이 해안 지방보다 일교차가 큰 것은 육지와 바다의 비열 차 때문이다.
ㄹ. 유리컵에 뜨거운 물을 부으면 뜨거운 물에서 유리컵으로 열이 이동하여 유리컵이 따뜻해진다.

탐구 알약 166~167쪽

01 (1) ○ (2) × (3) × (4) × (5) ○ 02 (1) 해설 참조 (2) 해설 참조
03 (1) ○ (2) × (3) × (4) ○ (5) ○ (6) ○ 04 ⑤

01

바로 알기 | (2) 같은 시간 동안 가열했으므로 식용유와 물이 얻은 열량은 같다.
(3) 온도를 1 ℃ 높이는 데 필요한 열량은 물이 식용유보다 많으므로 물의 온도가 식용유의 온도보다 잘 변하지 않는다.
(4) 같은 시간 동안 가열했을 때 물의 온도 변화가 식용유의 온도 변화보다 작으므로 물의 비열이 식용유의 비열보다 크다.

02 서술형

(1) 모범 답안 | 1 : 1, A와 B를 같은 세기의 불꽃으로 가열했으므로 5분 동안 A와 B가 얻은 열량이 같기 때문이다.

채점 기준	배점
A와 B가 얻은 열량의 비를 구하고, 그렇게 생각한 까닭을 옳게 서술한 경우	100%
A와 B가 얻은 열량의 비만 옳게 쓴 경우	50%

(2) 모범 답안 | A와 B의 질량이 같고 가한 열량이 같으므로 비열과 온도 변화는 반비례한다. A의 온도 변화는 (60－20) ℃＝40 ℃이고 B의 온도 변화는 (40－20) ℃＝20 ℃이므로, A와 B의 온도 변화의 비는 2 : 1이고, 비열의 비는 1 : 2이다.

채점 기준	배점
A와 B의 비열의 비를 구하는 과정을 비열과 온도 변화의 관계로 옳게 서술한 경우	100%
A와 B의 비열의 비만 옳게 쓴 경우	40%

03

바로 알기 | (2) 고체가 열을 받으면 고체를 이루는 입자의 운동이 활발해지므로 입자 사이의 거리가 멀어져 부피가 커진다.
(3) [탐구 1]에서 바늘이 움직이는 정도는 알루미늄이 가장 크므로 열팽창 정도는 알루미늄이 가장 크다.

04

자료 해석 | 액체의 열팽창

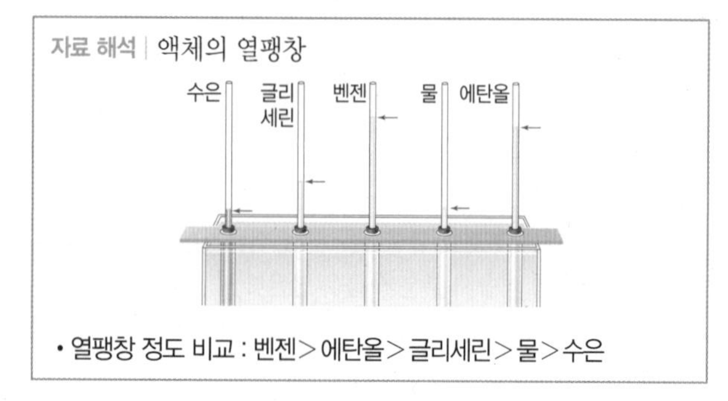

• 열팽창 정도 비교 : 벤젠 > 에탄올 > 글리세린 > 물 > 수은

액체의 종류에 따라 열팽창 정도가 다르기 때문에 유리관 속 액체의 높이가 각각 다르게 나타난다.

실전 백신 170~172쪽

01 ①	02 ③	03 ③	04 ③	05 ⑤
06 ①	07 ⑤	08 ④	09 ③	10 ①
11 ②	12 ⑤	13 ③	14 ③	15 ④
16 ③	17~20 해설 참조			

01

① 비열은 물질마다 값이 다르므로 물질을 구별하는 특성이다.
바로 알기 | ② 같은 물질이라도 물질의 상태에 따라 비열이 다르다.
③ 비열이 클수록 온도를 높이는 데 더 많은 열량이 필요하다.
④ 비열은 어떤 물질 1 kg의 온도를 1 ℃ 높이는 데 필요한 열량이다.
⑤ 같은 질량에 같은 열량을 가하면 비열이 큰 물질일수록 온도 변화가 작다.

02

질량과 가해 준 열량이 같을 때, 비열과 온도 변화는 서로 반비례하므로 비열이 작을수록 온도 변화가 크다. 따라서 A~D의 비열의 크기는 D > B > C > A이므로, 온도 변화의 정도는 A > C > B > D이다.

03

자료 해석 | 질량이 같은 두 물질의 온도 변화

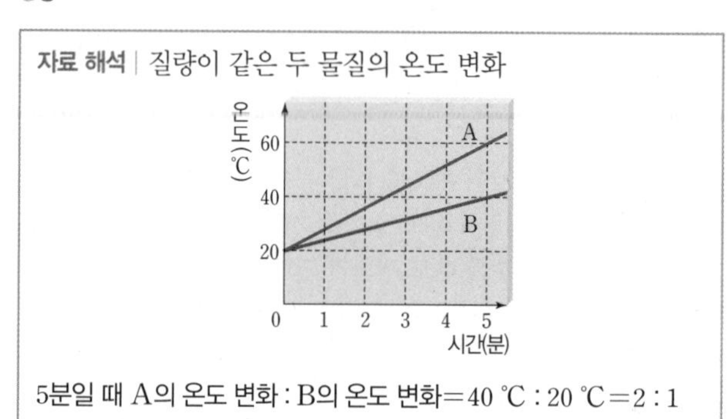

5분일 때 A의 온도 변화 : B의 온도 변화＝40 ℃ : 20 ℃＝2 : 1
➡ A의 비열 : B의 비열＝1 : 2

질량과 가해 준 열량이 같을 때, 비열과 온도 변화는 서로 반비례한다. 두 물질의 온도 변화의 비가 2 : 1이므로 비열의 비는 1 : 2이다. 따라서 A의 비열이 1 kcal/(kg · ℃)이므로, B의 비열은 2 kcal/(kg · ℃)이다.

04

자료 해석 | 뜨거운 물 A와 차가운 물 B의 온도 변화

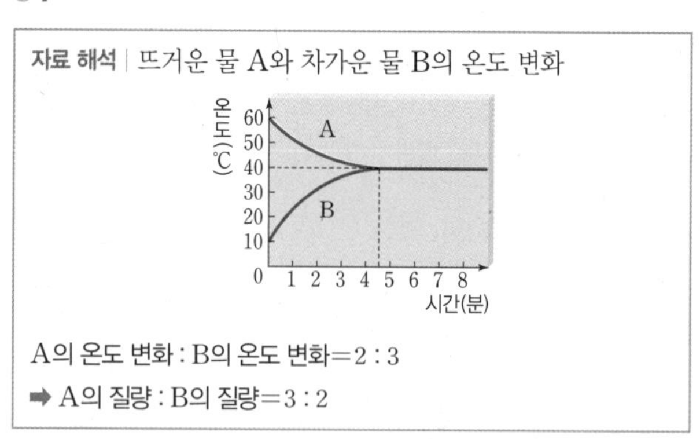

A의 온도 변화 : B의 온도 변화＝2 : 3
➡ A의 질량 : B의 질량＝3 : 2

질량(m)＝$\frac{\text{열량}(Q)}{\text{비열}(c)\times\text{온도 변화}(\Delta t)}$에서 같은 물질이므로 비열이 같고, 뜨거운 물 A가 잃은 열량과 차가운 물 B가 얻은 열량이 같으므로 질량과 온도 변화는 반비례한다. A와 B의 온도 변화의 비는 (60－40) ℃ : (40－10) ℃＝2 : 3이므로 질량의 비는 3 : 2이다.

05

열량(Q)＝비열(c) × 질량(m) × 온도 변화(Δt)이므로, A가 얻은 열량 : B가 얻은 열량＝A의 비열 × A의 질량 × A의 온도 변화 : B의 비열 × B의 질량 × B의 온도 변화이다. A와 B의 질량

이 같으므로 A가 얻은 열량 : B가 얻은 열량=A의 비열×A의 온도 변화 : B의 비열×B의 온도 변화이다. 따라서 5분 동안 가해 준 열량의 비(A : B)는 0.2 kcal/(kg · ℃)×(50−10) ℃ : 0.3 kcal/(kg · ℃)×(40−20) ℃=8 : 6=4 : 3이다.

06

ㄱ. 1 kg의 온도를 1 ℃ 높이는 데 필요한 열량은 비열이다. 표에 나와 있는 금속 중 비열이 가장 작은 것은 납이다.

바로 알기 | ㄴ. 비열이 가장 큰 것은 알루미늄이므로 같은 질량을 같은 세기의 불꽃으로 가열했을 때 가장 천천히 뜨거워지는 금속은 알루미늄이다.

ㄷ. 납의 비열은 0.03 kcal/(kg · ℃)이고, 구리의 비열은 0.09 kcal/(kg · ℃)이므로 구리의 비열이 납의 비열보다 3배 더 크다. 따라서 납 3 kg과 구리 1 kg의 온도를 1 ℃ 높이는 데 필요한 열량은 같다.

07

(가)는 해풍, (나)는 육풍이다.

ㄱ. 태양의 열에너지는 복사에 의해 바다와 육지로 직접 전달된다.

ㄴ. 밤에는 비열이 작은 육지가 빨리 식어서 바닷물보다 온도가 낮아지므로 바다의 공기가 상승하고 육지로부터 바람이 불어오는 육풍(나)이 분다.

ㄷ. 해풍(가)과 육풍(나)은 육지와 바다의 비열 차에 의해 나타나는 현상이다.

08

열을 받은 금속 막대의 입자 운동이 활발해지면 입자 사이의 거리가 멀어져서 금속 막대의 길이가 길어진다.

09

ㄱ. 여름에는 온도가 높아 고체의 열팽창으로 인해 전깃줄의 길이가 길어져 느슨해진다.

ㄴ. 겨울에는 온도가 낮아 전깃줄을 이루는 입자 사이의 거리가 가까워지고, 여름에는 온도가 높아 전깃줄을 이루는 입자 사이의 거리가 멀어지므로 전깃줄의 길이가 길어져 느슨해진다.

바로 알기 | ㄷ. 바닷가에서 낮과 밤에 부는 바람의 방향이 바뀌는 것은 육지와 바다의 비열 차 때문이다.

10

자료 해석 | 고체의 열팽창

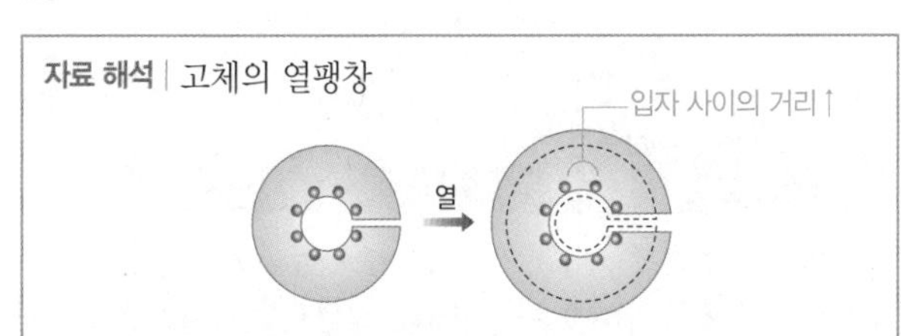

철판이 열을 받는다. ➡ 철판 입자들의 운동이 활발해진다. ➡ 철판이 열팽창을 한다.

철판에 열을 가하면 철판 입자들의 진동 운동이 활발해지면서 열팽창을 하게 된다. 따라서 가운데 구멍이 커지고 철판 틈이 넓어지며, 철판의 전체적인 크기도 커지게 된다.

11

바로 알기 | ② 온풍기를 낮은 곳에 설치하는 것은 대류에 의한 열의 이동을 이용한 것이다.

12

ㄱ. 고체인 금속 막대를 가열하면 금속 막대가 열팽창을 하므로 바늘이 움직인다.

ㄴ. 바늘이 많이 돌아갈수록 열팽창 정도가 크다. 따라서 열팽창 정도는 알루미늄>구리>철 순이다.

ㄷ. 가열 시간이 길어지면 금속 막대의 온도가 더 높아지므로 금속 막대가 팽창하는 길이도 더 길어진다. 따라서 가열 시간에 따라 바늘이 돌아가는 정도가 달라진다.

13

ㄱ, ㄷ. 금속 구가 금속 고리를 통과하지 못하고 있으므로 금속 고리를 가열하거나 금속 구를 냉각하여야 금속 구가 금속 고리를 통과할 수 있다.

바로 알기 | ㄴ. 금속 고리를 냉각하면 금속 고리를 이루는 입자의 운동이 둔해지고, 입자와 입자 사이의 거리가 가까워져 금속 고리의 구멍 크기가 줄어들게 되므로 금속 구가 통과하지 못한다.

14

ㄱ. 불이 나서 온도가 높아지면 화재경보기의 바이메탈은 열팽창 정도가 작은 아래쪽으로 휘어져 회로가 연결된다. 따라서 열팽창 정도는 A가 B보다 크다.

ㄴ. 바이메탈을 냉각하면 열팽창 정도가 큰 쪽이 많이 수축하여 더 짧아진다. 따라서 냉각하면 A의 길이가 B보다 더 많이 줄어든다.

바로 알기 | ㄷ. 가열 부분과 관계없이 바이메탈은 열팽창 정도가 작은 쪽으로 휘어진다. 따라서 A 쪽을 가열해도 바이메탈은 B 쪽으로 휘어져 화재경보기의 경보음이 울린다.

15

④ 상대적으로 높은 온도의 손에서 낮은 온도의 온도계로 열이 이동하여 알코올 입자의 운동이 활발해진다. 따라서 알코올이 열팽창을 하여 온도계의 눈금이 올라간 것이다.

바로 알기 | ① 유리도 팽창한다. 다만 고체는 액체보다 열팽창 정도가 작아 눈에 띄지 않는 것이다.

② 알코올의 부피가 커지므로 밀도는 감소한다.

③ 손의 온도는 온도계와 열평형을 이루기 위해 내려간다. 따라서 열팽창을 하지 않는다.

⑤ 알코올이 열팽창을 하면 알코올 입자 사이의 거리는 더 멀어진다.

16

ㄱ. 물은 4 ℃일 때 부피가 가장 작다. 따라서 물의 밀도는 4 ℃일 때 가장 크다.

ㄷ. 기온이 0 ℃ 이하로 내려가면 4 ℃의 물보다 밀도가 작은 0 ℃의 물이 위로 올라오게 되어 물의 표면부터 얼게 된다.

바로 알기 | ㄴ. 물의 온도가 0 ℃에서 4 ℃로 높아지면 부피가 작아지므로 밀도는 커진다.

서술형 문제

17

모범 답안 | 0.25 kcal/(kg · ℃), 열량(Q)=비열(c)×질량(m)×온도 변화(Δt)에서 비열(c)은 $\frac{\text{열량}(Q)}{\text{질량}(m)\times\text{온도 변화}(\Delta t)}$이므로 $\frac{5\text{ kcal}}{2\text{ kg}\times 10\text{ ℃}}=0.25\text{ kcal/(kg}\cdot\text{℃)}$이다.

채점 기준	배점
물질의 비열을 옳게 쓰고, 계산 과정을 옳게 서술한 경우	100%
물질의 비열만 옳게 쓴 경우	60%

18

모범 답안 | A, 질량이 같은 두 물질 A와 B를 같은 세기의 불꽃으로 가열했을 때, 비열이 작은 물질일수록 온도 변화가 크기 때문이다.

채점 기준	배점
비열이 작은 물질을 옳게 쓰고, 그 까닭을 옳게 서술한 경우	100%
비열이 작은 물질만 옳게 쓴 경우	50%

19

자료 해석 | 바이메탈

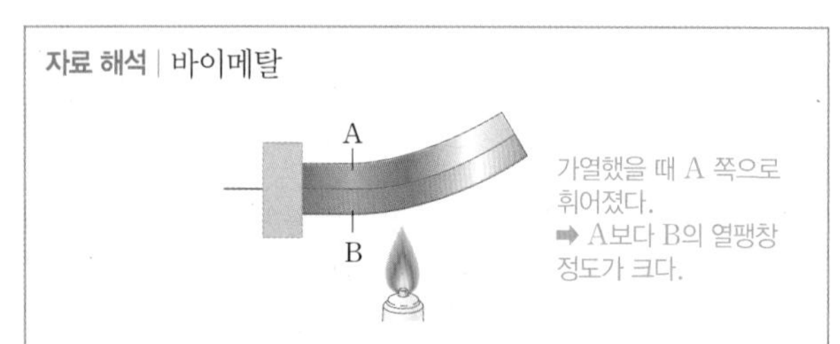

- 가열했을 때 : 열팽창 정도가 작은 금속 쪽으로 휘어진다.
- 냉각했을 때 : 열팽창 정도가 큰 금속 쪽으로 휘어진다.

모범 답안 | B, 바이메탈을 가열하면 열팽창 정도가 작은 쪽으로 휘어진다. 따라서 열팽창 정도는 B가 A보다 크다.

채점 기준	배점
열팽창 정도가 더 큰 금속을 옳게 쓰고, 그 까닭을 옳게 서술한 경우	100%
열팽창 정도가 더 큰 금속만 옳게 쓴 경우	50%

20

모범 답안 | 물과 에탄올에 열을 가하면 액체의 부피가 커져 각각의 유리관 속 액체의 높이가 높아지며, 유리관 속 액체의 높이 변화는 물보다 열팽창 정도가 큰 에탄올이 더 크다.

채점 기준	배점
키워드를 모두 사용하여 옳게 서술한 경우	100%

1등급 백신 173쪽

21 ③, ④ 22 ① 23 ② 24 ⑤

21

① 과정 (3)에서 금속 도막을 비커에 넣고 가열하므로 비커의 물과 금속 도막은 100 ℃로 온도가 같은 열평형을 이룬다.
② 뜨거운 금속 도막과 차가운 열량계 속의 물은 열평형을 이룬다.
⑤ 금속 도막이 잃은 열량과 열량계 속의 물이 얻은 열량은 열량 보존 법칙으로 같다.
바로 알기 | ③ 열량계 속의 물과 비커의 물은 서로 접촉하지 않으므로 열평형을 이룰 수 없다.
④ 비커의 물과 금속 도막은 동시에 가열되므로 비커의 물이 잃은 열량은 없다.

22

금속 도막이 잃은 열량은 열량계 속의 물이 얻은 열량과 같으므로 다음과 같다.

금속 도막의 비열은 $\frac{\text{금속 도막이 잃은 열량}}{\text{금속 도막의 질량}\times\text{금속 도막의 온도 변화}}$이므로 $\frac{1\text{ kcal/(kg}\cdot\text{℃)}\times 0.2\text{ kg}\times(14.8-10)\text{ ℃}}{0.1\text{ kg}\times(100-14.8)\text{ ℃}}$ ≒0.11 kcal/(kg · ℃)이다.

23

ㄷ. 두 물의 온도 차가 클수록 두 물 사이에 이동하는 열의 양이 많아서 각 물의 온도가 빨리 변한다. 하지만 시간이 지나면 두 물 사이의 온도 차가 작아지므로 두 물 사이에 이동하는 열의 양도 점점 줄어든다.
바로 알기 | ㄱ. A와 B가 접촉하여 3분 후 열평형 상태에 도달하였다. 이때 A가 잃은 열량과 B가 얻은 열량은 같고, A의 온도 변화는 (60−30) ℃=30 ℃, B의 온도 변화는 (30−20) ℃=10 ℃이다. A와 B의 온도 변화의 비가 3 : 1이므로 A와 B의 질량의 비는 1 : 3이라는 것을 알 수 있다.
ㄴ. A와 B의 비열은 같지만 질량이 다르므로 같은 열량을 가해 주었을 때 질량이 작은 A의 온도 변화가 B보다 크다.

24

ㄱ, ㄷ. 물을 채운 후 가열하면 처음에는 둥근바닥 플라스크가 먼저 팽창하여 물의 높이가 조금 낮아지고, 계속 가열하면 물의 부피가 커져 물의 높이가 높아진다.
ㄴ. 액체의 열팽창으로 음료수 병이 깨지는 것을 방지하기 위해 음료수 병에 음료수를 가득 채우지 않는다.

단원 종합 문제 174~176쪽

01 ④	02 ④	03 ①	04 ⑤	05 ⑤	06 ②
07 ①	08 ③	09 ④	10 ③	11 ②	12 ③
13 ①	14 ②, ⑤	15 ③	16 ④	17 ①	18 ⑤
19 ④	20 ②	21 ⑤	22 ④	23 ③	

01

⑤ 열은 온도 차에 의해 이동하는 에너지이므로, 접촉한 두 물체의 온도가 같아지면 더 이상 열이 이동하지 않는다.

바로 알기 | ④ 온도와 입자의 수는 관련이 없다.

02

④ 금속 막대에 촛농으로 성냥개비를 붙인 후 한쪽 끝을 가열하는 실험은 전도에 의한 열의 이동을 알아보는 실험이다. 추운 겨울에 나무 의자보다 금속 의자에서 열이 잘 전달되어 더 자갑게 느껴지는 것은 전도에 의한 열의 이동을 나타낸 예이다.

바로 알기 | ① 난로를 아래쪽에 설치하는 것은 대류에 의한 열의 이동을 이용하는 예이다.

②, ③ 모닥불 옆에서 따뜻함을 느끼는 것과 양지에 있는 눈이 음지보다 빨리 녹는 것은 복사에 의한 열의 이동의 예이다.

⑤ 겨울에 얇은 옷을 여러 겹 입어 따뜻하게 하는 것은 단열의 예이다.

03

③ 고온인 우리 몸에서 저온인 금속으로 된 철봉으로 열이 이동한다.

⑤ 열은 온도가 높아 입자의 운동이 활발한 물체에서 온도가 낮아 입자의 운동이 둔한 물체로 이동한다.

바로 알기 | ① 철봉이 차갑게 느껴지는 것은 철봉을 잡은 손에서 철봉으로 몸의 열이 빠져나가기 때문이다.

04

손으로 열이 전달되어 화상을 입는 것을 막기 위해 금속으로 만든 주방 기구의 손잡이는 플라스틱과 같이 열을 잘 전달하지 않는 물질을 사용하여 만든다.

05

ㄱ. 멀리 떨어진 사람에게 공을 던지는 것을 나타낸 A는 복사에 의한 열의 이동을 비유하여 나타낸 것이다.

ㄴ. 햇볕을 쬐면 몸이 따뜻해지는 것은 복사(A)의 예이다.

ㄷ. 복사(A)는 다른 물질의 도움 없이 열이 직접 이동하며 전달된다.

06

② B는 사람이 직접 이동하여 공을 전달하므로, 입자가 직접 이동하여 열을 전달하는 대류를 비유하여 나타낸 것이다. 에어컨을 켜면 차가운 공기는 하강하고 뜨거운 공기는 상승하는 대류(B) 현상이 나타나 열이 이동하므로 방 전체가 시원해진다.

바로 알기 | ① 난로의 앞에서 따뜻함을 느끼는 것은 복사(A)의 예이다.

③ 뜨거운 물에 넣은 숟가락이 따뜻해지는 것은 전도의 예이다.

④ 음료수 병에 음료수를 가득 채우지 않는 것은 열팽창을 이용한 예이다.

⑤ 뚝배기는 비열이 커서 데우는 데 오래 걸리지만 쉽게 식지 않는다.

07

이중창 유리 사이의 공기는 전도에 의한 열의 이동을 차단한다.

08

자료 해석 | 온도가 서로 다른 두 물체의 열의 이동과 입자의 운동

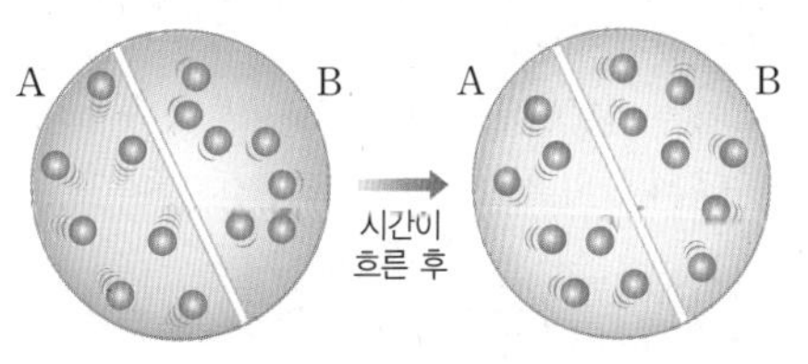

- 두 물체의 처음 온도 : A>B
- 열의 이동 방향 : A → B
- 물체 A : 열을 잃음 ➡ 온도 낮아짐 ➡ 입자의 운동 둔해짐
- 물체 B : 열을 얻음 ➡ 온도 높아짐 ➡ 입자의 운동 활발해짐
- 시간이 흐른 후 : 입자의 운동이 같아진 열평형 상태에 도달함

ㄷ. 시간이 흐른 후 A와 B는 입자의 운동과 온도가 같은 열평형 상태에 도달한다.

바로 알기 | ㄱ. A의 입자 운동이 B보다 활발하므로 처음 온도는 A가 더 높다.

ㄴ. 시간이 흐른 후 A는 입자의 운동이 둔해졌고, B는 입자의 운동이 활발해졌으므로 열은 A에서 B로 이동한다.

09

자료 해석 | 열평형에 도달하기까지의 온도 변화

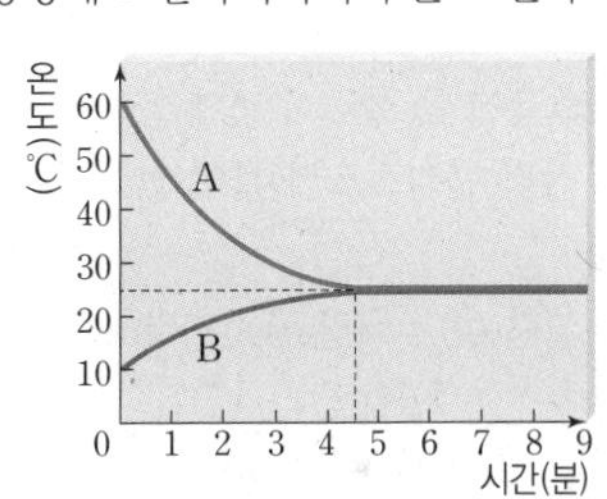

- 열의 이동 방향 : A → B
- 시간이 흐른 후 : 입자의 운동이 같아진 열평형 상태에 도달

① A와 B를 접촉했을 때 열은 고온의 물체인 A에서 저온의 물체인 B로 이동한다.

② A는 약 35 ℃ 낮아지고, B는 약 15 ℃ 높아졌다. 따라서 A의 온도 변화가 B의 온도 변화보다 크다.

③ 4분~5분 사이에 약 25 ℃에서 열평형 상태에 도달한다.

⑤ 열평형 이후 A와 B는 온도가 같으므로 더 이상 열의 이동이 없는 상태이다.

바로 알기 | ④ 열평형 이후 A와 B는 온도가 같으므로 입자 운동 정도가 같다.

10

자료 해석 | 열평형에 도달하기까지의 온도 변화

6분~8분 사이에 열평형 상태에 도달한다.

시간(분)	0	2	4	6	8	10
뜨거운 물의 온도(℃)	50	38	29	23	20	20
차가운 물의 온도(℃)	10	14	17	19	20	20

−12 −9 −6 −3

+4 +3 +2 +1

열평형 온도

①, ② 8분 이후부터 각각의 물의 온도가 20 ℃를 유지하므로 6분~8분 사이에 열평형에 도달하며 열평형 온도는 20 ℃이다.
④ 시간이 흐를수록 뜨거운 물의 온도가 낮아지므로 뜨거운 물의 입자의 운동은 둔해진다.
⑤ 8분 이후에는 열평형에 도달한 상태이므로 온도가 같아 유리병의 물과 수조의 물의 입자 운동 정도가 같다.

바로 알기 | ③ 비열$(c)=\dfrac{열량(Q)}{질량(m)\times 온도\ 변화(\Delta t)}$에서 질량$(m)=\dfrac{열량(Q)}{비열(c)\times 온도\ 변화(\Delta t)}$이므로, 열량과 비열이 같을 때 질량과 온도 변화는 반비례한다. 따라서 뜨거운 물의 온도 변화 : 차가운 물의 온도 변화=(50−20) ℃ : (20−10) ℃=3 : 1이므로 뜨거운 물의 질량 : 차가운 물의 질량=1 : 3이다.

11

열평형 온도는 10 ℃와 70 ℃ 사이의 값인데, 뜨거운 물보다 차가운 물의 질량이 더 크므로 두 온도의 중간값인 40 ℃보다 낮은 온도에서 열평형 상태가 이루어질 것이다.

12

풍돌 : 열은 온도가 높은 삼각 플라스크의 물에서 온도가 낮은 수조의 물로 이동한다.
풍식 : 삼각 플라스크에 든 물과 수조에 들어 있는 물이 열평형을 이루고 있으므로 삼각 플라스크의 물이 잃은 열량과 수조의 물이 얻은 열량은 같다.

바로 알기 | 풍순 : 열량(Q)=비열$(c)\times$질량$(m)\times$온도 변화(Δt)에서 온도 변화$(\Delta t)=\dfrac{열량(Q)}{비열(c)\times 질량(m)}$이므로, 열량과 비열이 같을 때 온도 변화는 질량에 반비례한다. 삼각 플라스크에 든 60 ℃ 물의 온도 변화는 30 ℃, 수조에 든 20 ℃ 물의 온도 변화는 10 ℃일 때 온도 변화의 비는 3 : 1이므로 질량의 비는 1 : 3이다. 따라서 수조에 든 물의 양이 삼각 플라스크에 든 물의 양의 3배이다.

13

비열$(c)=\dfrac{열량(Q)}{질량(m)\times 온도\ 변화(\Delta t)}$이므로, 열량이 같을 때 비열은 질량과 온도 변화의 곱에 반비례한다. A의 질량은 100 g, A의 온도 변화는 50 ℃이고, B의 질량은 500 g, B의 온도 변화는 10 ℃이므로 A와 B의 (질량×온도 변화)의 비가 1 : 1이다. 따라서 비열의 비(A : B)도 1 : 1이다.

14

② 물체의 상태 변화가 없으므로 A와 B의 비열은 변하지 않는다.
⑤ 열량 보존 법칙에 의해 60 ℃인 A가 잃은 열량과 20 ℃인 B가 얻은 열량이 같으므로 둘의 차는 항상 0이다.

바로 알기 | ① A의 처음 온도를 60 ℃로 하면 열평형 온도는 더 낮아진다.
③, ④ A가 잃은 열량과 B가 얻은 열량은 같으며, 그 값은 원래의 실험에서보다 작아진다.

15

온도 변화$(\Delta t)=\dfrac{열량(Q)}{비열(c)\times 질량(m)}$이므로, 열량이 같을 때 온도 변화는 비열과 질량의 곱에 반비례한다. A와 B의 (비열×질량)의 비는 3 : 2이므로 온도 변화의 비는 2 : 3이다.

16

열량(Q)=비열$(c)\times$질량$(m)\times$온도 변화(Δt)이므로 물에 가해 주어야 하는 열량은 1 kcal/(kg · ℃)×0.3 kg×(90−10) ℃ =24 kcal이다.

17

② 바이메탈은 열팽창 정도가 다른 두 금속을 붙여 놓은 장치로, 고체의 열팽창을 이용한 것이다.
③ 물질의 종류와 상태에 따라 열팽창 정도가 다르며, 일반적인 열팽창 정도는 고체 < 액체 < 기체 순이다.
④ 온도가 높아지면 물질을 이루는 입자의 운동이 활발해지므로 입자 사이의 거리가 멀어져 물질의 부피가 커진다.
⑤ 비커에 물을 채운 후 가열하면 비커와 물이 모두 열팽창을 하므로 고체와 액체의 열팽창이 모두 일어난다.

바로 알기 | ① 기체는 물질의 종류에 관계없이 열팽창 정도가 같다.

18

바이메탈을 가열하면 열팽창 정도가 작은 쪽으로 휘어진다. 따라서 금속 A는 알루미늄보다 열팽창 정도가 큰 마그네슘이다.

19

자료 해석 | 바이메탈의 열팽창 정도 비교

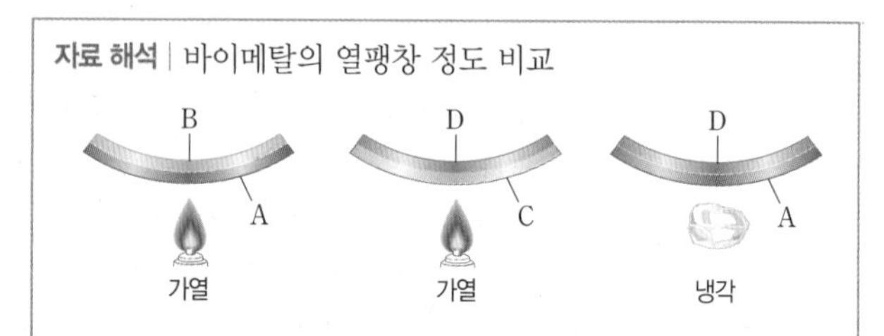

- 바이메탈을 가열할 때 : 열팽창 정도가 작은 쪽으로 휘어진다.
- 바이메탈을 냉각할 때 : 열팽창 정도가 큰 쪽으로 휘어진다.
- 열팽창 정도 비교 : A>B, C>D, D>A
  ➡ C>D>A>B

바이메탈은 가열할 때는 열팽창 정도가 작은 쪽으로, 냉각할 때는 열팽창 정도가 큰 쪽으로 휘어진다. 따라서 열팽창 정도를 비교하면 A>B, C>D, D>A이므로, 열팽창 정도는 C>D>A>B이다.

20

바로 알기 | ② 여름에는 기차선로가 팽창하여 틈이 좁아지고, 겨울에는 기차선로가 수축하여 틈이 넓어진다.

21

금은 치아와 열팽창 정도가 비슷하여 치아 충전재로 많이 사용된다.

22

영하 5 ℃에서 자가 줄어들었으므로 실제 길이보다 길게 측정된다. 따라서 물체의 실제 길이는 21.1 cm보다 짧다.

23

30 ℃에서 자가 늘어났으므로 실제 길이보다 짧게 측정된다. 따라서 물체의 실제 길이는 13.2 cm보다 길다.

서술형·논술형 문제 177쪽

01

모범 답안 | 온도가 높을수록 입자의 운동이 활발하다. 따라서 입자의 운동이 활발한 뜨거운 물에서 녹차가 더 잘 우러난다.

채점 기준	배점
녹차가 뜨거운 물에서 잘 우러나는 까닭을 온도와 입자의 운동 관계와 관련지어 옳게 서술한 경우	100%
뜨거운 물의 입자의 운동이 차가운 물보다 활발하다고만 서술한 경우	60%

02

모범 답안 | A와 같이 공을 던지는 것은 복사에 의한 열의 이동을 비유한 것이다. 복사는 다른 물질의 도움 없이 열이 직접 이동한다. B와 같이 이웃한 사람에게 공을 주는 것은 전도에 의한 열의 이동을 비유한 것이다. 전도는 이웃한 입자로 입자의 운동을 전달하여 열이 이동한다. C와 같이 공을 직접 가져다주는 것은 대류에 의한 열의 이동을 비유한 것이다. 대류는 물질을 이루는 입자가 직접 이동하여 열을 전달한다.

채점 기준	배점
A~C에 해당하는 열의 이동 방법과 특징을 모두 옳게 서술한 경우	100%
열의 이동 방법 중 두 가지만 옳게 서술한 경우	50%
열의 이동 방법 중 한 가지만 옳게 서술한 경우	20%

03

모범 답안 | 사람의 체온과 온도계의 액체가 열평형을 이루어야 정확한 체온을 측정할 수 있기 때문이다.

채점 기준	배점
사람의 체온과 온도계의 액체가 열평형을 이루는 것을 옳게 서술한 경우	100%

04

모범 답안 | 열은 뜨거운 물에서 차가운 물로 이동하기 때문에 뜨거운 물은 열을 잃어 온도가 낮아지고, 차가운 물은 열을 얻어 온도가 높아진다. 시간이 지나면 두 물의 온도가 같아진 열평형 상태가 된다.

채점 기준	배점
온도 차에 의해 열이 이동하고, 시간이 지나면 열평형 상태가 된다고 옳게 서술한 경우	100%
온도 차에 의해 열이 이동한다고만 서술한 경우	40%

05

모범 답안 | 냉방기를 위쪽에 설치하면 차가운 공기는 아래로 내려오고 따뜻한 공기는 위로 올라가면서 방 전체가 고르게 냉방이 된다. 난방기를 아래쪽에 설치하면 따뜻한 공기는 위로 올라가고 차가운 공기는 아래로 내려오면서 방 전체가 고르게 난방이 된다.

채점 기준	배점
냉방기와 난방기의 설치 위치를 열의 이동과 관련지어 옳게 서술한 경우	100%
냉방기와 난방기의 설치 위치만 옳게 쓴 경우	40%

06

모범 답안 | 스타이로폼 내부의 공기층이 전도에 의한 열의 이동을 차단하기 때문이다.

채점 기준	배점
스타이로폼 내부의 공기층이 전도에 의한 열의 이동을 차단한다고 옳게 서술한 경우	100%
열의 이동을 차단한다고만 서술한 경우	50%

07

모범 답안 | 물과 같이 비열이 큰 물질은 질량이 같고 비열이 작은 다른 물질보다 더 많은 양의 열을 가질 수 있으며, 온도 변화가 크지 않으므로 오랜 시간 동안 일정한 온도를 유지할 수 있기 때문이다.

채점 기준	배점
비열이 클수록 온도 변화가 작아 오랜 시간 동안 일정한 온도를 유지할 수 있다고 옳게 서술한 경우	100%

08

모범 답안 | 금속 테를 가열하면 금속 테를 이루는 입자의 운동이 활발해져 열팽창을 하므로 부피가 커진다. 이때 금속 테를 바퀴에 씌운 후 냉각하면 금속 테의 부피가 작아져 바퀴에 꼭 맞게 된다.

채점 기준	배점
금속 테를 씌울 수 있는 방법을 금속의 열팽창과 관련지어 옳게 서술한 경우	100%

09

모범 답안 | 온도계 안에 들어 있는 액체는 열팽창을 하므로 온도가 높아지면 부피가 커져 눈금이 올라가고, 온도가 낮아지면 부피가 작아져 눈금이 내려가기 때문이다.

채점 기준	배점
눈금의 위치 변화를 액체의 열팽창과 관련지어 옳게 서술한 경우	100%

Ⅸ. 재해·재난과 안전

01 재해·재난과 안전

용어 & 개념 체크 181, 183쪽

01 자연, 사회 02 지진 03 기상 04 병원체
05 아래 06 높은 07 바람 08 감염성 질병

개념 알약 181, 183쪽

01 (1) × (2) × (3) ○ (4) ○ (5) ×
02 (가) : 태풍 (나) : 화산 활동 (다) : 집중 호우
03 (1) ㉡, ㉢ (2) ㉠, ㉣, ㉤
04 ㄱ, ㄴ, ㄷ
05 (1) × (2) × (3) × (4) ○
06 지진, 내진 설계
07 ㉠ 태풍 ㉡ 낙뢰
08 (1) ○ (2) × (3) × (4) ○ (5) ○
09 과학적

01
바로 알기 | (1), (2) 자연 재해·재난은 사회 재해·재난에 비해 상대적으로 넓은 범위에서 발생하기 때문에 예측이 어렵고 예방하기가 쉽지 않다.
(5) 감염성 질병은 공기나 물, 환자가 만졌던 물건, 모기 등의 동물, 음식물 등을 통해 간접적으로도 전파된다.

02
(가) 태풍은 많은 양의 비와 강한 바람을 동반하여 농작물과 시설물 등에 피해를 입힌다.
(나) 화산이 폭발하면 용암이 흐르면서 산불이 발생하고, 인가나 농작물에 직접적인 피해를 입힌다.
(다) 집중 호우가 발생하면 하천 범람, 산사태, 홍수 등이 발생하여 인명과 재산 피해가 일어난다.

03
(1) 자연 재해·재난에는 지진, 화산 활동, 태풍, 폭설, 황사, 집중 호우 등이 있다.
(2) 사회 재해·재난에는 감염성 질병 확산, 화학 물질 유출, 운송 수단 사고 등이 있다.

04
태풍은 자연 재해·재난에 속하며 이와 같은 종류의 재해·재난에는 한파, 폭설, 집중 호우 등이 있다.

05
바로 알기 | (1) 지진 발생 시 높은 곳에 있는 물건이 떨어지지 않도록 낮은 곳으로 옮겨야 한다.
(2) 건물 밖으로 이동할 때는 계단을 이용하여 침착하게 대피한다.
(3) 건물 밖에서는 가방 등으로 머리를 보호하며, 건물과 거리를 두고 주위를 살피며 대피한다.

06
지진에 대비한 건물을 설계할 때는 지진의 진동에 견딜 수 있는 내진 설계를 한다.

07
해안가에서는 태풍(강풍)의 피해를 줄이기 위해 바람막이숲을 조성하거나 모래 방벽을 쌓는다. 또한, 도시의 높은 건물에 피뢰침을 설치하여 낙뢰에 의한 충격 전류를 땅으로 안전하게 흘려보냄으로써 건물 내부로 전류가 흐르지 않도록 해 준다.

08
바로 알기 | (2) 감염성 질병 발생 시에는 기침을 할 때 휴지나 우소매 등으로 입과 코를 가려야 한다.
(3) 공기보다 밀도가 큰 유독 가스 유출 시 사고가 발생한 지역보다 높은 곳으로 대피해야 한다.

09
현재 정부와 지방 자치 단체에서는 과학적 원리를 이용하여 재난 및 안전 관리 체제를 확립하고, 이를 통합적으로 관리하여 국민의 인진을 위해 노력하고 있다.

실전 백신 185~186쪽

01 ④ 02 ② 03 ⑤ 04 ④ 05 ④
06 ⑤ 07 ④, ⑤ 08 ② 09 ⑤
10~12 해설 참조

01
ㄱ, ㄹ. 재해·재난은 자연 현상으로 인해 발생하는 자연 재해·재난과 인간의 부주의로 발생하는 사회 재해·재난으로 구분된다.
ㄴ. 자연 재해·재난은 비교적 넓은 지역에 걸쳐 발생하며, 예측이 어려워 예방하기 쉽지 않다.
바로 알기 | ㄷ. 사회 재해·재난은 상대적으로 좁은 범위에서 발생하기 때문에 예측이 가능해 예방할 수 있다.

02
자연 재해·재난에는 지진, 화산 활동, 태풍, 폭설, 황사, 가뭄, 폭염 등이 있으며, 사회 재해·재난에는 감염성 질병 확산, 화학 물질 유출, 운송 수단 사고 등이 있다.

03
태풍은 저위도 지역에서 발생하는 열대성 저기압으로, 강풍과 집중 호우를 동반한다.

04
바로 알기 | ㄱ, ㄷ. 폭설과 집중 호우는 자연 현상으로 인해 발생하는 자연 재해·재난에 해당한다.

05

바로 알기 | ㄷ. 지진의 규모가 클수록 대체로 지진으로 인한 피해가 커진다.

06

감염성 질병 확산에 대처하기 위해서는 깨끗한 물에 손을 자주 씻고 면역력을 기른다. 또한 식재료는 흐르는 깨끗한 물에 씻고, 음식은 충분히 익혀서 먹으며, 식수는 끓인 물이나 생수를 사용해야 한다.

07

④, ⑤ 유행성 눈병(감염성 질병)과 화학 물질 유출의 확산은 사회 재해·재난에 해당한다.

08

② 지진으로 인해 발생한 충격에 의해 땅이 흔들려 산사태가 일어날 수 있으므로 경사면에서 멀리 떨어진 곳으로 대피해야 한다.

바로 알기 | ① 지진이 일어나면, 가스나 전기를 차단시켜야 한다.
③ 지진이 일어나면, 전기가 차단되어 갇힐 수 있으므로 엘리베이터를 사용하지 않고 계단을 이용하여 건물을 빠져 나와야 한다.
④ 운전 중 지진이 일어나면, 차를 세우고 밖으로 나와 라디오 안내 방송 등에 따라 대피해야 한다.
⑤ 해안가에서 지진이 일어나면, 지진 해일의 위험이 있으므로 높은 곳으로 대피해야 한다.

09

공기보다 밀도가 큰 유독 가스 유출 시에는 사고가 발생한 지역에서 최대한 멀고 높은 곳으로 대피해야 한다.

서술형 문제

10

모범 답안 | 만조는 해수면의 높이가 가장 높은 시기이기 때문에, 지진 해일이 발생했을 때 만조 시간과 겹치면 만조가 아닐 때보다 더 많은 양의 물이 범람하여 피해가 매우 크게 나타난다.

채점 기준	배점
만조의 특징과 지진 해일의 피해를 관련지어 옳게 서술한 경우	100%

11

모범 답안 | 세균이나 바이러스 등 병원체의 진화, 모기나 진드기 등의 매개체 증가, 인구 이동 증가, 교통수단의 발달, 무역 증가 등

채점 기준	배점
두 가지 모두 옳게 쓴 경우	100%
한 가지만 옳게 쓴 경우	50%

12

모범 답안 | 풍순, 풍철 / 태풍이 발생하면 침수에 대비해 물건들은 높은 곳으로 옮겨야 한다. 도시의 높은 건물에 피뢰침을 설치하면 낙뢰에 대비할 수 있다.

채점 기준	배점
학생을 모두 고르고, 각 대처 방안을 모두 옳게 고친 경우	100%
학생을 모두 골랐으나, 대처 방안을 하나만 옳게 고친 경우	60%
학생을 모두 골랐으나, 대처 방안을 옳게 고치지 못한 경우	20%

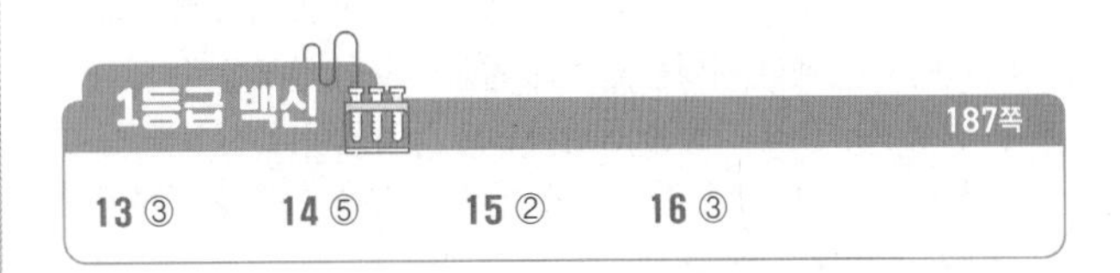

1등급 백신 187쪽

13 ③　14 ⑤　15 ②　16 ③

13

바로 알기 | ㄱ. 태풍은 자연 재해·재난에 해당하고, 화재, 폭발, 붕괴 등은 사회 재해·재난에 해당한다.

14

지진 발생 전에는 큰 가구를 미리 고정하고, 지진 발생 시에는 튼튼한 식탁 아래로 들어가 몸을 보호하며, 큰 진동이 멈춘 후에는 가스를 차단하고 건물과 거리를 두고 운동장과 같은 넓은 공간으로 대피해야 한다.

15

화학 물질 유출 사고 발생 시 바람이 사고 발생 장소 쪽으로 불면 바람이 불어오는 방향으로 대피해야 하고, 바람이 사고 발생 장소에서 불어오면 바람 방향의 수직 방향으로 대피해야 한다. 바람이 남동쪽에서 불어오므로 사고 발생 장소 쪽으로 바람이 분다. 따라서 바람이 불어오는 방향인 남동쪽으로 대피해야 한다.

16

바로 알기 | ㄷ. 해외 여행객은 귀국 시 이상 증상이 나타날 경우 바로 검역관에게 신고한다.

단원 종합 문제 188~190쪽

01 ②　02 ⑤　03 ④　04 ②　05 ③　06 ④
07 ⑤　08 ④　09 ④　10 ④　11 ①　12 ③
13 ②　14 ④　15 ②, ④　16 ⑤　17 ⑤

01

자연 재해·재난은 지진, 폭설, 화산 활동 등이 포함되며, 비교적 넓은 지역에 걸쳐 발생한다. 사회 재해·재난은 인간의 부주의나 기술상의 문제 등으로 발생하며, 상대적으로 좁은 범위에서 발생하지만 넓은 지역으로 퍼져 나가 피해를 입히기도 한다.

02

ㄱ. 집중 호우는 태풍에 동반되어 나타나기도 한다.
ㄴ. 많은 강수량으로 인해 하천이 범람하고, 산사태가 발생할 수 있다.
ㄷ. 주로 우리나라의 여름철에 발생한다.

03

감염성 질병 확산은 사회 재해·재난에 속하며, 상대적으로 좁은 범위에서 발생하지만 넓은 지역으로 퍼져 나가 피해를 입히기도 한다.

04

지진 발생 시, (가) 땅이 흔들리기 때문에 산이 무너지거나 땅이 갈라지며, (다) 해안 지역을 덮치는 지진 해일이 발생할 수 있다. 태풍 발생 시, (나) 강풍을 동반하므로 농작물이나 시설물 등이 피해를 입을 수 있으며, (라) 많은 강수로 인해 도로가 무너지고 산사태가 일어날 수 있다.

05

바로 알기 | ㄷ. 대체로 규모가 큰 지진일수록 지진으로 인해 발생하는 피해가 크기 때문에 규모 4.8인 (가)보다 규모 5.4인 (나)로 인해 발생하는 피해가 크다.

06

바로 알기 | ㄹ. 화산 폭발이 일어나면 문이나 창문을 닫고, 물을 묻힌 수건으로 문의 빈틈이나 환기구를 막아야 한다.

07

ㄴ. 태풍에 의한 강풍에 대처하기 위한 방안으로는 바람막이숲과 모래 방벽을 쌓는 것이 있다.
ㄷ. 태풍 발생 시 강풍을 동반하므로, 유리창에 테이프 등을 붙여 대처해야 한다.
바로 알기 | ㄱ. 바람막이숲은 태풍(강풍)에 대처하기 위한 방안이다. 태풍은 자연 재해·재난에 해당한다.

08

태풍에 대비하는 경우, 침수 피해에 대비해 물건을 높은 곳(A)으로 올려야 한다. 지진에 대비하는 경우, 높은 곳에서 물건이 떨어져 다칠 위험이 있으므로 큰 물건들은 낮은 곳(B)으로 내려놓아야 한다.

09

바로 알기 | ㄴ. 황사는 호흡기 질환이나 각종 질병을 유발할 수 있으므로 황사 경보 발령 시에는 외출을 자제해야 한다.

10

바로 알기 | ④ 감염성 질병은 세균이나 바이러스 등 병원체의 진화, 모기나 진드기 등의 매개체 증가, 인구 이동의 증가, 교통수단의 발달, 무역 증가 등으로 인해 발생하고 확산된다.

11

(가) 감염성 질병 확산에 대비하기 위해서는 비누를 사용하여 흐르는 깨끗한 물에 손을 자주 씻어야 한다.
(나) 태풍 발생 시 강풍을 동반하므로 유리창에 테이프나 안전 필름 등을 붙인다.
(다) 황사는 주로 우리나라에서 3월~5월 사이에 발생한다.

12

바로 알기 | ③ 화학 물질 유출 시 실내로 대피한 경우 유해한 가스가 실내에 들어오지 못하도록 문과 창문을 닫아야 한다.

13

바로 알기 | ㄱ. 기침으로 인해 전염되는 것은 감염성 질병이다.
ㄴ. 화학 물질은 호흡기뿐만 아니라 피부에 닿으면 수포가 생기는 등 피해를 입을 수 있다.

14

화학 물질 유출 사고 발생 시, 사고 발생 지역으로 바람이 불 때는 바람이 불어오는 방향으로 대피해야 하고, 사고 발생 지역에서 바람이 불어올 때는 바람에 수직인 방향으로 대피해야 한다.

15

화산 폭발 시 또는 화학 물질의 유출 시 유독 가스를 흡입할 위험이 있으므로 문과 창문을 모두 닫아야 한다.

16

바로 알기 | ㄱ. 운송 수단은 한 번에 많은 사람이나 화물을 빠르게 이동할 수 있지만 그만큼 사고 발생 시 피해의 규모가 크다.

17

재해·재난에 따른 사고 현장에서 올바른 대처 방안을 결정하려면 재해·재난의 원인을 이해하고 과학적인 조사와 연구가 필요하다. 따라서 자연 현상으로 발생하는 재해·재난과 인간 활동으로 발생하는 재해·재난의 조사와 연구 등으로 과학적 원리를 이용한 대처 방안을 마련하고 대비할 수 있다.

서술형·논술형 문제

191쪽

01

모범 답안 | 신속하게 해안가를 벗어나 높은 곳으로 대피한다.

채점 기준	배점
높은 곳으로 대피한다는 내용을 포함하여 옳게 서술한 경우	100 %

02

모범 답안 | 큰 가구는 미리 고정한다. 떨어질 위험이 있는 물건은 낮은 곳으로 옮긴다. 땅이 안전한 지역에 건물을 짓고, 내진 설계를 한다. 등

채점 기준	배점
지진에 대처하기 위한 사전 대비 방안을 한 가지 이상 옳게 서술한 경우	100 %

03

모범 답안 | 가정에서는 에너지를 절약하고, 정부에서는 대중교통 이용 장려 정책을 시행하며 공장에서 배출되는 오염 물질의 양을 줄이기 위한 기술을 도입하는 정책을 시행해야 한다.

채점 기준	배점
가정과 정부에서 배출되는 오염 물질로 인한 미세 먼지에 대한 대처 방안을 모두 옳게 서술한 경우	100%
가정과 정부에서 배출되는 오염 물질로 인한 미세 먼지에 대한 대처 방안 중 한 가지만 옳게 서술한 경우	50%

04

모범 답안 | 피뢰침, 낙뢰에 의한 충격 전류를 땅으로 안전하게 흘려보냄으로써 건물 내부로 전류가 흐르지 않도록 해 준다.

채점 기준	배점
장치의 이름을 옳게 쓰고, 피뢰침이 낙뢰의 피해를 막는 원리를 옳게 서술한 경우	100%
장치의 이름만 옳게 쓴 경우	30%

05

모범 답안 | 가뭄, 생물의 생장을 방해하고, 물 부족과 강이나 저수지가 마르는 환경적 피해 등을 일으킨다.

채점 기준	배점
재해·재난의 명칭을 옳게 쓰고, 그 피해를 모두 옳게 서술한 경우	100%
재해·재난의 명칭만 옳게 쓴 경우	30%

06

모범 답안 | (가) : 자연 재해·재난, 화산재에 노출되지 않도록 문이나 창문을 닫고, 물을 묻힌 수건으로 문의 빈틈이나 환기구를 막는다.

(나) : 자연 재해·재난, 강풍을 대비해 유리창에 테이프를 붙이고 침수에 대비해 가재도구는 높은 곳으로 올린다.

채점 기준	배점
(가)와 (나)의 재해·재난 종류를 옳게 구분하고, 각각의 대처 방안을 모두 옳게 서술한 경우	100%
(가)와 (나)의 재해·재난 종류를 옳게 구분만 한 경우	30%

5분 테스트

V. 동물과 에너지

01 소화 2쪽

1 ❶ 조직 ❷ 세포 ❸ 개체 ❹ 기관 ❺ 기관계 2 ❶ 탄수화물 ❷ 지방 ❸ 부영양소 ❹ 바이타민 ❺ 물 3 ❶ ㉠ ❷ ㉣ ❸ ㉡ ❹ ㉢ 4 소화 5 세포막 6 침, 아밀레이스, 녹말 7 염산, 펩신 8 이자액 9 ❶ ○ ❷ × ❸ ○ ❹ × 10 ❶ A 모세 혈관 ❷ B 암죽관

02 순환 3쪽

1 심방, 심실, 좌심실 2 ❶ 우심방 ❷ 우심실 ❸ 좌심방 ❹ 좌심실 3 대동맥, 온몸, 폐동맥, 폐 4 폐정맥, 대정맥, 높 5 판막, 열리고, 닫힌다 6 동맥, 정맥, 모세 혈관 7 ❶ 동맥, 정맥, 모세 혈관 ❷ 동맥, 정맥, 모세 혈관 ❸ 모세 혈관, 정맥, 동맥 8 백혈구, 식균 9 혈소판, 혈액 응고 10 폐순환, 산소, 온몸 순환

03 호흡 4쪽

1 기관 2 갈비뼈, 가로막 3 근육, 갈비뼈, 가로막, 흉강(폐) 4 폐포, 모세 혈관, 산소, 이산화 탄소 5 압력, 낮아 6 ❶ 아래로 ❷ 위로 ❸ 작아짐 ❹ 높아짐 ❺ 작아짐 ❻ 높아짐 ❼ 폐 → 밖 7 ❶ 기관 및 기관지 ❷ 흉강 ❸ 폐 ❹ 가로막 8 농도, 확산 9 ❶ ○ ❷ ○ ❸ ○ ❹ ×

04 배설 5쪽

1 배설, 세포 호흡 2 암모니아, 간, 요소 3 ❶ 사구체 ❷ 보먼주머니 ❸ 세뇨관 ❹ 모세 혈관 4 ❶ 콩팥 동맥 ❷ 재흡수 ❸ 분비 ❹ 오줌관 5 여과 6 단백질, 혈구 7 재흡수, 세뇨관, 모세 혈관, 포도당, 아미노산, 물, 무기염류 8 세포 호흡 9 ❶ ㄱ, ㄷ ❷ ㅂ ❸ ㄹ, ㅁ ❹ ㄴ

VI. 물질의 특성

01 물질의 특성 (1) 6쪽

1 순물질 2 ㄱ,ㄴ,ㄹ,ㅂ,ㅅ 3 다른 4 균일 혼합물, 불균일 혼합물 5 일정한, 다양한 6 어는점, 낮아 7 부피, 질량

8 ❶

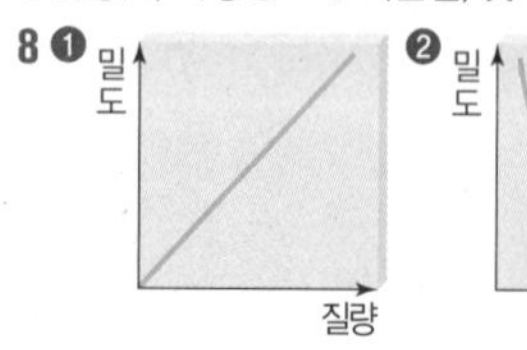

❷

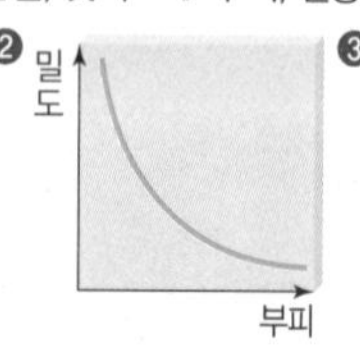

❸

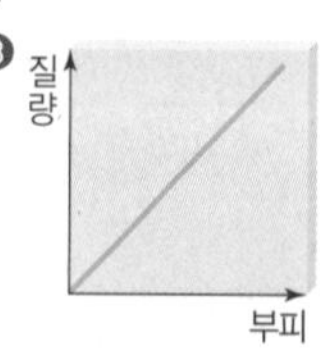

9 ❶ 기체, 액체, 고체 ❷ 기체, 고체, 액체 10 코르크 마개 < 식용유 < 플라스틱 < 물 < 포도알 < 글리세린 < 볼트 < 수은

02 물질의 특성 (2) 7쪽

1 용질, 용매 2 포화 용액, 불포화 용액 3 용매, 용질 4 달라진다 5 ❶ D, E, F ❷ 압력, 온도 6 고체, 액체, 액체, 고체 7 시간 8 ㄴ 9 높아지고, 낮아진다 10 ❶ ㉢ ❷ ㉠ ❸ ㉡

03 혼합물의 분리 (1) 8쪽

1 증류 2 에탄올 3 낮다 4 위쪽, 아래쪽 5 아래, 위 6 분별 깔때기, 스포이트 7 ❶ > ❷ > ❸ > ❹ < ❺ < 8 압력 9 작은, 큰 10 ❶ × ❷ ○ 11 ❶ × ❷ × ❸ ○

04 혼합물의 분리 (2) 9쪽

1 온도 2 큰 3 ❶ × ❷ × ❸ ○ 4 속도 5 ❶ ○ ❷ ○ ❸ ○ ❹ × 6 ㄱ, ㄷ

VII. 수권과 해수의 순환

01 수권의 분포와 활용 10쪽

1 해수, 담수, 해수, 담수 2 빙하 3 극지방, 고체 4 지하수 5 수자원 6 농업용수, 생활용수, 유지용수, 공업용수 7 농업, 생활 8 줄이고, 늘려야 9 ❶ ○ ❷ × ❸ ○ ❹ ○

02 해수의 특성 11쪽

1 태양 에너지 2 ❶ < ❷ < ❸ > 3 혼합층, 수온 약층, 심해층 4 바람 5 ❶ × ❷ ○ ❸ ○ ❹ × 6 ❶ × ❷ × ❸ ○ 7 많을수록, 적을수록 8 낮고, 높다 9 ❶ ㉢ ❷ ㉡ ❸ ㉠ 10 염분비 일정 법칙

03 해수의 순환 12쪽

1 바람 2 난류, 한류 3 쿠로시오 해류, 연해주 한류 4 동한, 북한 5 북상, 남하 6 ❶ ○ ❷ × ❸ × 7 조석 주기 8 밀물, 만조, 썰물, 간조 9 수평적인 10 클, 작을 11 간조

VIII. 열과 우리 생활

01 열 13쪽

1 온도 2 ❶ 높아, 활발해 ❷ 낮아, 둔해 3 복사, 대류, 전도 4 (가) 복사, (나) 대류, (다) 전도 5 아래쪽, 위쪽, 위쪽, 아래쪽 6 단열 7 ❶ 전도 ❷ 대류 ❸ 복사 ❹ 전도 8 열평형 9 같다 10 ㄷ, ㄹ

02 비열과 열팽창 14쪽

1 비열 2 ❶ × ❷ ○ ❸ × ❹ ○ 3 작을수록 4 ㄱ, ㄴ 5 열팽창 6 다르다 7 활발해, 멀어 8 바이메탈 9 작은, 큰 10 ❶ ○ ❷ × ❸ ○

IX. 재해·재난과 안전

01 재해·재난과 안전 15쪽

1 자연, 사회 2 ㄱ, ㄷ, ㅂ, ㅅ 3 좁은 4 큰 5 해일 6 ❶ ㉡, ㉢ ❷ ㉠, ㉣ 7 내진 설계 8 ㄴ, ㄷ 9 높 10 안내 방송

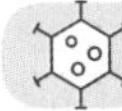

서술형·논술형 평가

V. 동물과 에너지

01 소화 16쪽

1

모범 답안 | (1) (가) 탄수화물(녹말), (나) 단백질, (다) 지방

(2) A : 펩신, B : 라이페이스

(3) 펩신(A)이 잘 작용하기 위해서는 염산이 필요하다. 염산은 펩신(A)을 활성화시켜 단백질을 잘 소화시키도록 돕는다. 라이페이스(B)가 지방을 잘 소화시키기 위해서는 쓸개즙이 필요하다. 쓸개즙은 지방의 크기를 작게 만들어 소화 효소가 잘 작용하도록 돕는다.

(4) 탄수화물의 한 종류인 녹말은 침샘과 이자에서 분비하는 소화 효소인 아밀레이스와 소장에서 분비되는 탄수화물 소화 효소의 작용으로 포도당으로 최종 분해된다.

2

모범 답안 | (1) B, 눈금실린더에 넣은 거름종이는 B가 A보다 물과 닿는 면적이 더 넓어 물을 더 많이 흡수했기 때문이다.

(2) 소장의 내벽은 수많은 주름과 융털로 이루어져 있어 소화된 영양소와 닿는 면적이 넓기 때문에 영양소를 보다 더 효율적으로 흡수할 수 있다.

3

모범 답안 | 쌀밥의 녹말은 우리 몸의 소화 기관에서 포도당으로 최종 소화된 후 소장의 융털로 흡수되어 혈액을 통해 온몸의 조직 세포로 전달된다. 하지만 포도당 수액은 포도당을 혈관으로 바로 넣어 순환계를 통해 조직 세포로 바로 전달할 수 있게 하므로 쌀밥을 먹어서 영양소를 전달하는 것보다 훨씬 빠르게 조직 세포에 포도당을 전달할 수 있다.

V. 동물과 에너지

02 순환 17쪽

1

모범 답안 |

심방	우심방	대정맥을 통해 온몸을 지나온 혈액을 받아들인다.
	좌심방	폐정맥을 통해 폐를 지나온 혈액을 받아들인다.
심실	우심실	폐동맥을 통해 폐로 혈액을 내보낸다.
	좌심실	대동맥을 통해 온몸으로 혈액을 내보낸다. 가장 두껍고 탄력성이 강한 근육으로 이루어져 있다.

2

모범 답안 | 심방과 심실, 심실과 동맥 사이에 혈액이 거꾸로 흐르는 것을 막아 주는 판막이 있어 혈액이 심방에서 심실, 심실에서 동맥 방향으로만 흐른다.

3

모범 답안 |

동맥	심장에서 나오는 혈액이 흐르는 혈관으로, 혈관 벽이 두껍다.
모세 혈관	온몸에 그물처럼 퍼져 있는 가느다란 혈관으로, 혈관 벽이 매우 얇아 모세 혈관 속 혈액과 조직 세포 사이에 물질 교환이 일어난다.
정맥	심장으로 들어가는 혈액이 흐르는 혈관으로, 혈관 벽이 동맥보다 얇고 탄력성이 약하며, 판막이 있다.

4

모범 답안 |

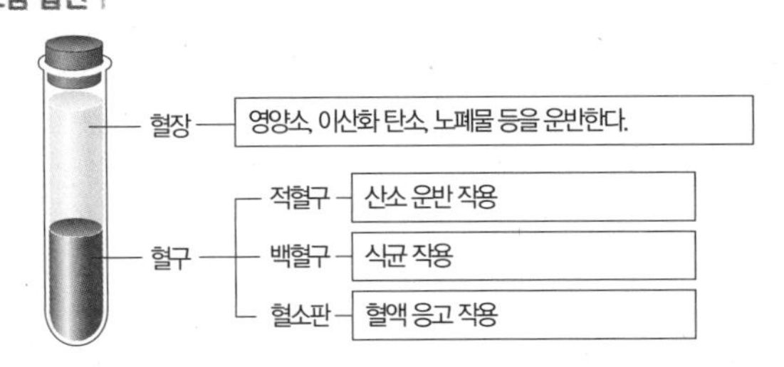

5

모범 답안 |

온몸 순환	좌심실에서 나온 혈액이 대동맥을 거쳐 온몸의 모세 혈관을 지난 후 대정맥을 통해 우심방으로 돌아오는 과정으로, 온몸의 모세 혈관을 지나는 동안 조직 세포에 산소와 영양소를 공급하고 이산화 탄소와 노폐물을 받아 심장으로 돌아온다.
폐순환	우심실에서 나온 혈액이 폐동맥을 거쳐 폐의 모세 혈관을 지난 후 폐정맥을 통해 좌심방으로 돌아오는 과정으로, 이산화 탄소를 내보내고 산소를 받아 심장으로 돌아온다.

V. 동물과 에너지

03 호흡 18쪽

1

모범 답안 | (1) (나)

(2) 폐는 수많은 폐포로 이루어져 있어 공기와 접촉하는 표면적이 넓으므로 기체 교환에 매우 유리하다.

2

모범 답안 | A, 들숨일 때 갈비뼈가 올라가고 가로막은 내려간다. 그 결과 흉강의 압력이 낮아지고 폐의 부피가 커진다. 이로 인해 폐 내부의 압력이 대기압보다 낮아져 밖에서 몸 안으로 공기가 들어온다.

3

모범 답안 | (1) A에서 B로 갈수록 혈액 속 산소의 농도는 높아지고, 이산화 탄소의 농도는 낮아진다.

(2) A의 혈액은 폐포에 비해 이산화 탄소의 농도가 높고, 산소의 농도가 낮다. 그 결과 농도 차에 의한 확산으로 폐포에서 모세 혈관으로 산소가 이동하고, 모세 혈관에서 폐포로 이산화 탄소가 이동하여 B의 혈액 속 산소의 농도는 높아지고, 이산화 탄소의 농도는 낮아지게 된다.

4

모범 답안 | 꽉 끼는 옷을 입으면 갈비뼈가 위로 잘 올라가지 않아 평상시에 비해 흉강(폐)의 부피 변화가 잘 일어나지 못하므로, 숨을 쉬기 어렵다.

Ⅴ. 동물과 에너지

04 배설 19쪽

1

모범 답안 | (1)

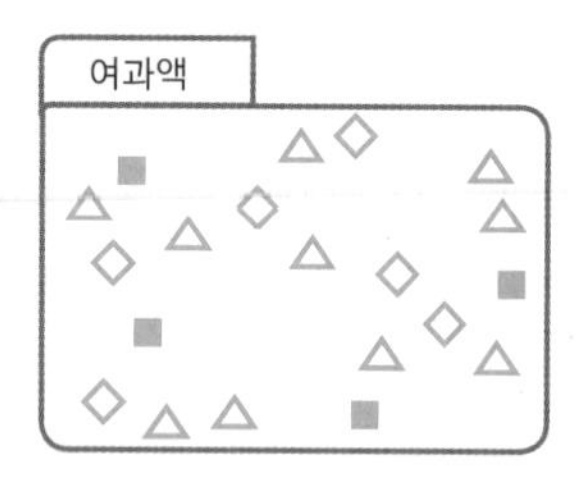

(2) 포도당, 포도당은 세뇨관을 지나는 동안 모세 혈관으로 100 % 재흡수되기 때문이다.

2

모범 답안 | (1) 세포 호흡에 필요한 영양소는 소화계를 통해 몸속으로 흡수되어 순환계를 통해 온몸의 세포로 운반된다.
(2) 세포 호흡에 필요한 산소는 호흡계를 통해 몸속으로 흡수되어 순환계를 통해 온몸의 세포로 운반된다.
(3) 세포 호흡으로 만들어진 이산화 탄소와 물, 요소 등은 순환계를 통해 각각 호흡계와 배설계로 운반된다. 물의 일부와 이산화 탄소는 호흡계를 통해 날숨으로 몸 밖으로 나가고, 요소와 물은 배설계를 통해 오줌의 형태로 몸 밖으로 나간다.

Ⅵ. 물질의 특성

01 물질의 특성 (1) 20쪽

1

모범 답안 | (가) 순물질, (나) 혼합물 / 물, 소금, 설탕, 알루미늄 포일은 한 종류의 물질로 이루어져 있는 순물질이고 탄산음료, 주스, 식초는 두 종류 이상의 물질이 섞여 있는 혼합물이다.

2

모범 답안 | 퓨즈를 순물질로 만들었을 때보다 혼합물로 만들었을 때 녹는점이 낮아지는 원리를 이용한 것이다.

3

모범 답안 | 위쪽, 메테인이 주성분인 도시가스는 공기보다 밀도가 작기 때문에 위로 뜰 것이다. 따라서 도시가스를 감지하기 위해서 경보기를 위쪽에 설치해야 한다.

4

모범 답안 | 사해에는 호수나 다른 바다에 비해 염분이 높아 밀도가 크기 때문에 물체가 더 쉽게 뜰 수 있다.

Ⅵ. 물질의 특성

02 물질의 특성 (2) 21쪽

1

모범 답안 | 기온이 높아질수록 산소의 용해도가 감소하여 물속의 공기가 부족해지기 때문이다.

2

모범 답안 | 병뚜껑을 열면 병 내부의 압력이 낮아져 이산화 탄소 기체의 용해도가 감소하므로 탄산음료에 녹아 있던 이산화 탄소가 기포로 빠져나온다.

3

모범 답안 | 철의 녹는점이 구리의 녹는점보다 높아서 구리를 녹이는 것이 더 쉬웠기 때문이다.

4

모범 답안 | 갈륨의 녹는점이 물의 온도보다 낮아서 갈륨이 녹아 액체가 되기 때문이다.

Ⅵ. 물질의 특성

03 혼합물의 분리 (1) 22쪽

1

모범 답안 | 물, 찌개 양념보다 끓는점이 낮은 물이 먼저 끓어올라 차가운 냄비 뚜껑에 닿으면 액화되어 맺히기 때문이다.

2

모범 답안 | 에탄올의 비율이 낮은 탁한 술을 가열하면 끓는점이 낮은 에탄올이 먼저 기화한다. 이 기체가 찬물이 담긴 그릇에 닿아 액화된 것을 모으면 에탄올의 비율의 높은 맑은 술을 얻을 수 있다.

3

모범 답안 | 오래된 달걀은 수분이 빠져나가 전체 부피는 일정하지만 질량이 감소하므로 신선한 달걀보다 밀도가 작아진다. 신선한 달걀과 오래된 달걀을 소금물에 넣어 보면 밀도 차에 의해 오래된 달걀은 신선한 달걀보다 위로 뜬다.

4

모범 답안 | 기름은 바닷물보다 밀도가 작아 물 위에 뜨므로, 밀도 차를 이용하여 표면에 뜬 기름만을 흡착포로 제거할 수 있다.

VI. 물질의 특성

04 혼합물의 분리 (2) 23쪽

1

모범 답안 | 땀은 물과 염분으로 이루어져 있다. 땀이 났다가 식으면 땀 속의 물만이 증발하여 염분이 하얗게 남는다.

2

모범 답안 | 크로마토그래피는 적은 양의 시료로도 분석이 가능하기 때문이다.

3

모범 답안 | (1) (다), A, B, C 중 한 가지 물질만을 포함하고 있기 때문이다.
(2) (나)와 (라), 같은 물질이 같은 높이만큼 이동하기 때문이다.

4

모범 답안 | 유성 사인펜의 잉크는 물에 녹지 않기 때문에 잉크 성분이 용매인 물을 따라 이동할 수 없다. 유성 사인펜의 잉크를 분리하기 위해서는 유성 사인펜의 잉크가 녹는 용매를 사용해야 한다.

VII. 수권과 해수의 순환

01 수권의 분포와 활용 24쪽

1

모범 답안 | (1) 해수 (2) 담수 (3) 빙하 (4) 눈이 쌓여 굳어진 고체 상태로, 극지방과 고산 지대에 분포한다. (5) 지하수 (6) 땅속을 흐르는 물로, 주로 빗물이 지하로 스며들어 생긴다. (7) 하천수와 호수 (8) 지표를 흐르거나 고여 있는 물로, 매우 적은 양을 차지한다.

2

모범 답안 | (1) 지하수는 하천수와 호수에 비해 양이 풍부하고, 간단한 정수 과정을 거치면 바로 사용할 수 있다. (2) 땅속에 있기 때문에 개발에 많은 비용이 든다. 개발 후 지반 침하의 위험이 있다. 한번 오염되면 다시 정화하기가 매우 어렵다. 등

3

모범 답안 | (1) 농업용수 (2) 농작물을 기르거나 가축을 기를 때 이용하는 물이다. (3) 생활용수 (4) 식수를 포함하여 요리, 빨래, 목욕, 청소 등의 일상생활에 이용하는 물이다.

4

모범 답안 | 수권을 이루는 물 중 대부분을 차지하는 해수는 짠맛이 나는 염수이고, 짠맛이 나지 않는 담수 중 가장 많은 빙하는 고체 상태로 존재하기 때문에 수자원으로 이용하기 어렵다. 따라서 물이 지구 표면의 약 70 %를 차지하고 있음에도 불구하고 물 부족 국가가 많다.

VII. 수권과 해수의 순환

02 해수의 특성 25쪽

1

모범 답안 | (1) 저위도 (2) (나) 해역보다 수온 약층의 두께가 두껍고 수온 차이가 크다. (3) 중위도 (4) (가) 해역보다 혼합층의 두께가 두껍게 나타나므로 바람이 더 강하게 분다.

2

모범 답안 | 중위도 지역은 증발량이 강수량보다 많기 때문에 해수의 염분이 높고, 서위도 지역은 강수량이 증발량보다 많기 때문에 해수의 염분이 낮다.

3

모범 답안 | (가)>(다)>(나), 염분비 일정 법칙에 의해 염분이 높을수록 각 염류의 양도 증가하기 때문이다.

4

모범 답안 | (가)=(나)=(다), 염분비 일정 법칙에 의해 지역이나 계절에 따라 염분이 달라도 전체 염류에서 각 염류가 차지하는 비율은 항상 일정하기 때문이다.

VII. 수권과 해수의 순환

03 해수의 순환 26쪽

1

모범 답안 | (1) A(황해 난류), D(동한 난류), E(쿠로시오 해류) (2) 난류는 저위도에서 고위도로 흐르고, 수온과 염분이 높으며, 용존 산소량과 영양 염류가 적다. (3) B(연해주 한류), C(북한 한류) (4) 한류는 고위도에서 저위도로 흐르며, 수온과 염분이 낮고, 용존 산소량과 영양 염류가 많다.

2

모범 답안 | (나) : B, (다) : D / (나)는 육지 쪽으로 밀려오는 바닷물의 흐름인 밀물, (다)는 바다 쪽으로 빠져나가는 바닷물의 흐름인 썰물이다. (가)의 A는 바닷물이 빠져나가 해수면이 낮아졌을 때인 간조, C는 바닷물이 밀려 들어와 해수면이 높아졌을 때인 만조이다. 따라서 (나)는 간조에서 만조 사이(B)에 발생하고, (다)는 만조에서 간조 사이(D)에 발생한다.

3

모범 답안 | (1) 13시 무렵 (2) 갯벌 체험은 해수면이 가장 낮을 때인 간조 때에 할 수 있다. 조석 주기는 약 12시간 25분이므로 간조 시각은 매일 약 50분씩 늦어진다. 3일 간조 시각은 09시 47분이므로 7일에는 약 200분(3시간 20분) 늦게 나타난다. 따라서 8월 7일 낮의 간조 시각은 13시 무렵으로 예상된다.

Ⅷ. 열과 우리 생활

01 열 27쪽

1

모범 답안 | 겨울에 천장의 시스템 에어컨에서 나오는 따뜻한 바람은 아래쪽으로 잘 내려오지 못하므로 아래쪽까지 따뜻해지는 데 시간이 오래 걸린다. 즉, 실내 공기의 대류가 잘 일어나지 않기 때문에 시스템 에어컨은 가스나 석유로 바닥을 데우는 난방보다 효율이 떨어진다.

2

모범 답안 | 지붕에 풀이 자라게 하면 풀과 흙에 있던 물이 천천히 증발하면서 열을 흡수하여 실내 온도를 낮추어 주고, 햇빛을 막아 주기 때문에 실내의 온도를 유지시켜 준다. 또한 3중 유리창에서는 유리 사이에 있는 공기가 전도로 빠져나가는 열을 막아서 단열 효과를 높여 준다

3

모범 답안 | 냉동된 고기를 금속 냄비 사이에 넣어 두면 상대적으로 온도가 높은 금속 냄비에서 상대적으로 온도가 낮은 냉동된 고기로 열이 전도되기 때문에 상온에 그냥 두었을 때보다 빠르게 해동된다. 또한 열의 전도 정도는 알루미늄이 더 크기 때문에 알루미늄 냄비를 사용하면 냉동된 고기가 더 빠르게 해동된다.

4

모범 답안 | 실내의 창문에 공기층이 있는 비닐을 붙이면 실외의 차가운 공기와 실내의 따뜻한 공기의 전도에 의한 열의 이동을 막아 주어 효율적으로 난방을 할 수 있다.

Ⅷ. 열과 우리 생활

02 비열과 열팽창 28쪽

1

모범 답안 | 물은 비열이 큰 물질이므로 온도가 잘 변하지 않는다. 따라서 비열이 큰 물이 몸의 약 70 %를 구성하고 있으면 온도가 잘 변하지 않아서 체온을 일정하게 유지할 수 있다.

2

모범 답안 | 뚝배기의 비열이 금속 냄비의 비열보다 크기 때문에 온도 변화가 작다. 따라서 뚝배기에 담긴 음식이 금속 냄비에 담긴 음식보다 천천히 식어 더 오랜 시간 동안 따뜻한 상태를 유지한다.

3

모범 답안 | 같은 양의 열이 공급되면 비열이 작은 물체는 비열이 큰 물체보다 온도 변화가 크다. 따라서 한낮에 같은 양의 태양열을 받았지만 비열이 작은 바위가 계곡의 물보다 빨리 따뜻해지기 때문이다.

4

모범 답안 | 유리보다 금속의 열팽창 정도가 더 크기 때문이다. 즉, 금속 뚜껑을 뜨거운 물에 넣었다가 빼면 유리병보다 금속 뚜껑이 많이 팽창되므로 뚜껑을 쉽게 열 수 있다.

5

모범 답안 | 같은 양의 열을 받았을 때 고체인 병보다 액체인 음료수의 열팽창 정도가 더 크기 때문이다. 따라서 음료수의 온도가 높아지면 부피가 커져서 병이 깨질 수 있으므로 음료수 병의 윗부분을 비워 두는 것이다.

Ⅸ. 재해·재난과 안전

01 재해·재난과 안전 29쪽

1

모범 답안 | (1) 지진은 지구의 내부 에너지가 지표로 나오면서 발생한 충격에 의해 발생한다. (2) 큰 가구는 미리 고정하고, 물건을 낮은 곳으로 옮긴다. 건물 밖으로 이동할 때 전기가 차단되어 엘리베이터의 운행이 정지될 수 있으므로 계단을 이용하여 대피한다. 땅이 불안정한 지역을 피해서 건물을 짓고, 건물을 지을 때 내진 설계를 한다. 등

2

모범 답안 | (1) 역학 조사 (2) 감염성 질병이 발생하면 감염자를 격리하여 질병이 확산되는 것을 막아야 하므로 감염자가 사는 장소와 활동 범위 등을 조사해서 접촉했던 사람을 빠르게 추적하는 역학 조사가 필요하다.

3

모범 답안 | (1) B (2) 사고 발생 장소에서 바람이 불어오면 바람 방향의 수직 방향으로 대피해야 하므로, B 방향으로 대피해야 한다.

창의적 문제 해결 능력

Ⅴ. 동물과 에너지

마인드맵 그리기 30~31쪽

❶ 음식물 속의 크기가 큰 영양소를 크기가 작은 영양소로 분해하는 과정 ❷ 단백질 ❸ 소장의 융털 ❹ 심장 ❺ 동맥 ❻ 정맥 ❼ 산소, 영양소 ❽ 이산화 탄소, 노폐물 ❾ 혈장 ❿ 적혈구 ⓫ 백혈구 ⓬ 온몸 순환 ⓭ 폐순환 ⓮ 들숨 ⓯ 날숨 ⓰ > ⓱ < ⓲ 네프론 ⓳ 재흡수 ⓴ 분비 ㉑ 세포 호흡 ㉒ 체온 유지, 생장, 근육 활동, 두뇌 활동, 소리 내기 등 ㉓ 순환계 ㉔ 배설계

Ⅵ. 물질의 특성

마인드맵 그리기 32쪽

❶ 순물질 ❷ 혼합물 ❸ $\frac{\text{질량}}{\text{부피}}$ ❹ $A<B=C$ ❺ 용해도 ❻ 용해도 곡선 ❼ ↑ ❽ 녹는점 ❾ 어는점 ❿ 불꽃의 세기 ⓫ 질량 ⓬ 끓는점 ⓭ 에탄올 ⓮ 물 ⓯ 분별 깔때기 ⓰ 재결정 ⓱ A, C, D ⓲ E

Ⅶ. 수권과 해수의 순환

마인드맵 그리기 33쪽

❶ 해수 ❷ 담수 ❸ 빙하 ❹ 지하수 ❺ 하천수와 호수 ❻ 수자원 ❼ 생활용수 ❽ 농업용수 ❾ 혼합층 ❿ 수온 약층 ⓫ 염분비 일정 법칙 ⓬ 해류 ⓭ 쿠로시오 해류 ⓮ 만조 ⓯ 간조 ⓰ 밀물 ⓱ 썰물 ⓲ 사리 ⓳ 조금 ⓴ 조금 ㉑ 사리

Ⅷ. 열과 우리 생활

마인드맵 그리기 34쪽

❶ 온도 ❷ 활발해 ❸ 둔해 ❹ 열 ❺ 높은 ❻ 낮은 ❼ 전도 ❽ 대류 ❾ 복사 ❿ 열평형 ⓫ 비열 ⓬ 1 kg ⓭ 1 ℃ ⓮ > ⓯ < ⓰ 부피 ⓱ 얻을 ⓲ 잃을

탐구 보고서 작성

Ⅴ. 동물과 에너지

01 소화 35쪽

결과 | 모범 답안

시험관	A	B	C	D
색깔 변화	청람색	변화 없음	보라색	보라색

정리 | 모범 답안

1. B, 아이오딘－아이오딘화 칼륨 용액은 녹말을 만나면 청람색으로 변하는데, 시험관 B는 아이오딘 반응에 변화가 없는 것으로 보아 녹말이 소화되었음을 알 수 있다.

2. 녹말, 시험관 B와 D를 비교하면 B에서는 녹말의 소화가 일어나지만 D에서는 단백질의 소화가 일어나지 않은 것으로 보아 침은 녹말은 소화시키지만 단백질은 소화시키지 않는다는 것을 알 수 있다.

Ⅴ. 동물과 에너지

02 순환 36쪽

결과 | 모범 답안

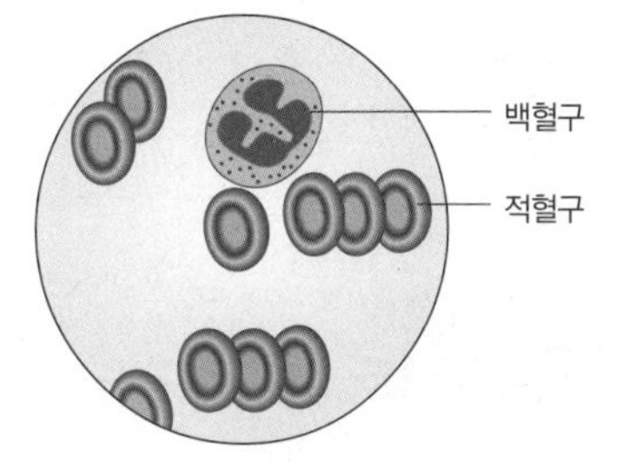

정리 | 모범 답안

1. 백혈구, 김사액은 핵을 염색하는 용액으로 백혈구는 혈구 중 유일하게 핵이 있으므로 김사액에 의해 염색된 것은 백혈구임을 알 수 있다.

2. 적혈구, 적혈구는 핵이 없어 김사액에 의해 염색되지 않고, 헤모글로빈이 있어 산소와 결합하여 산소를 운반하는 역할을 한다.

Ⅵ. 물질의 특성

02 혼합물의 분리 37쪽

결과 | 모범 답안

분리, 혼합물

정리 | 모범 답안

1. 거름종이에 물이 흡수될 때 검은색 수성 사인펜 속에 들어 있는 여러 가지 색소의 이동 속도가 각각 다르기 때문이다.

2. 운동 선수의 도핑 테스트, 꽃잎의 색소 분리, 단백질의 성분 분석 등에 이용할 수 있다.

Ⅶ. 수권과 해수의 순환

02 해수의 특성 38쪽

과정 | 모범 답안

❷ 적외선등이 수면 위를 비추도록

❸ 바람을 일으킨 후

결과 | 모범 답안

(2) 높아지고, 낮아진다

(3) 혼합층

정리 | 모범 답안

1. 태양, 바람

2. 깊이가 깊어질수록 도달하는 적외선등의 에너지가 적어지기 때문에 수온이 낮아진다.

3. 휴대용 선풍기의 바람으로 인해 수면 부근의 물이 섞였기 때문에 표층 수온이 일정한 혼합층이 생성된다.

Ⅷ. 열과 우리 생활

02 비열과 열팽창 39쪽

결과 | 모범 답안

(2)

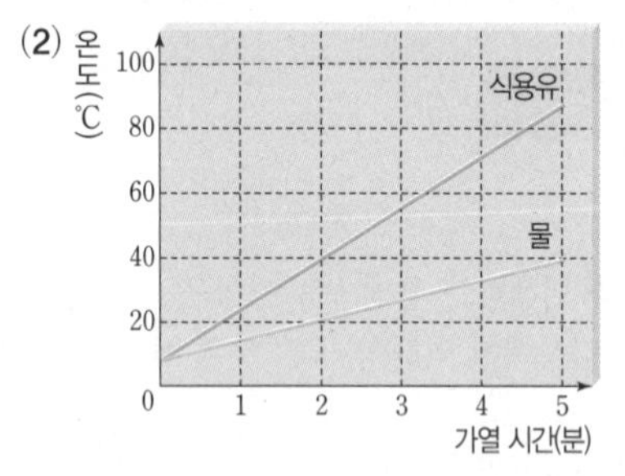

정리 | 모범 답안

1. 물, 같은 시간 동안 가열했을 때 같은 질량의 물과 식용유가 받은 열량이 같고, 물의 온도 변화가 식용유의 온도 변화보다 작기 때문이다.

2. 물, 같은 질량의 물질을 같은 온도만큼 높일 때 물질의 비열이 클수록 더 많은 열량을 가해야 하기 때문이다.

중간·기말고사 대비

Ⅴ. 동물과 에너지

01 소화

학교 시험 문제 41~42쪽

01 ④	02 ①	03 ③, ⑤	04 ①
05 ③, ④	06 ⑤	07 ③, ⑤	08 ①
09 ④	10 ③	11 ②	12 ③
13 ①, ④			

01

동물의 구성 단계는 세포 → 조직 → 기관 → 기관계 → 개체 순이다. 심장(가)은 기관, 순환계(나)는 기관계, 적혈구(다)는 세포, 근육 조직(라)은 조직에 속한다.

02

심장(가)은 기관으로, 여러 조직이 모여 고유한 형태와 기능을 나타내는 단계이다. 생명 활동이 가능한 독립적인 생물체는 개체라고 한다.

03

바로 알기 | ①, ② 기관계는 서로 관련된 기능을 하는 기관들의 모임이므로, 한 기관계를 구성하는 기관의 종류는 다양할 수 있다. ④ 동물의 유기적 구성에서 조직이 모여 기관이나 기관계를 형성할 때 구성하는 세포의 수가 많아질 뿐 세포의 크기가 커지는 것은 아니다.

04

물은 우리 몸의 구성 성분 중 가장 많은 양을 차지하며, 몸의 기능을 조절하는 역할을 한다.

05

양파즙은 포도당을 포함하고 있고, 버터는 지방을 포함하고 있다. 포도당을 검출하는 용액은 베네딕트 용액이고, 지방을 검출하는 용액은 수단 Ⅲ 용액이다.

구분	검출 용액	색깔 변화
녹말	아이오딘-아이오딘화 칼륨 용액	청람색
포도당	베네딕트 용액(가열)	황적색
지방	수단 Ⅲ 용액	선홍색
단백질	뷰렛 용액(5 % 수산화 나트륨 수용액 + 1 % 황산 구리 수용액)	보라색

06

소화는 세포막을 통과하기 어려운 크기가 큰 음식물 속의 영양소를 체내로 흡수할 수 있도록 잘게 분해하는 과정이다.

바로 알기 | ① 순환, ② 생식, ③ 호흡, ④ 배설에 대한 설명이다.

07

바이타민과 무기염류는 영양소의 크기가 작기 때문에 소화 과정을 거치지 않고 바로 체내로 흡수된다.

08

녹말 입자의 크기가 크기 때문에 반투과성 막인 셀로판 튜브를 통과하지 못했다.

09

A는 입, B는 식도, C는 간, D는 위, E는 대장이다. 소화액을 만드는 곳은 입(A), 간(C), 위(D), 소장, 이자이다. 입(A)에서는 침, 간(C)에서는 쓸개즙, 위(D)에서는 위액, 소장에서는 장액, 이자에서는 이자액이 만들어진다.

10

주성분이 단백질인 양고기는 단백질 소화 효소인 펩신과 트립신에 의해 소화된다. 펩신은 염산의 도움을 받아 작용한다. 따라서 소화 작용은 펩신+10 % 염산에서 가장 활발하게 일어난다.

11

(가)는 입에서 최초로 소화가 시작되므로 탄수화물이다. (나)는 위에서 최초로 소화가 시작되므로 단백질이고, (다)는 소장에서 최초로 소화되므로 지방이다.

12

A에서 흡수된 영양소는 간을 거쳐 심장으로 이동하고 B에서 흡수된 영양소는 간을 거치지 않고 심장으로 이동하므로 A는 모세혈관, B는 암죽관이다.

13

경로 1은 수용성 영양소의 이동 경로이다. 지용성 바이타민과 지방산, 모노글리세리드는 지용성 영양소의 이동 경로인 경로 2로 이동한다.

02 순환

학교 시험 문제 44~45쪽

01 ⑤	02 ④	03 ②	04 ④
05 ①, ③	06 ⑤	07 ④	08 ①
09 ③	10 ③	11 ②	

01

A는 우심방, B는 우심실, C는 좌심방, D는 좌심실이다. 좌심방(C)은 심장으로 혈액이 들어가는 곳이고, 좌심실(D)에 연결된 혈관인 대동맥을 통해 온몸으로 혈액이 나간다.

바로 알기 | ㄱ. 우심방(A)에 연결된 혈관은 대정맥이다.

ㄴ. 혈액은 우심방(A) → 우심실(B), 좌심방(C) → 좌심실(D)로 흐른다.

ㄷ. 우심방(A)과 우심실(B) 사이, 좌심방(C)과 좌심실(D) 사이에는 판막이 있다.

02

근육이 가장 두꺼운 곳은 좌심실(D)이다. 좌심실(D)은 온몸으로 혈액을 내보내기 위해 강하게 수축해야 하기 때문에 큰 압력을 견뎌야 하므로 근육이 가장 두껍다.

03

혈압은 혈액이 혈관 벽에 가하는 압력을 말하며, 심실이 수축할 때의 혈압을 최고 혈압, 심실이 이완할 때의 혈압을 최저 혈압이라고 한다.

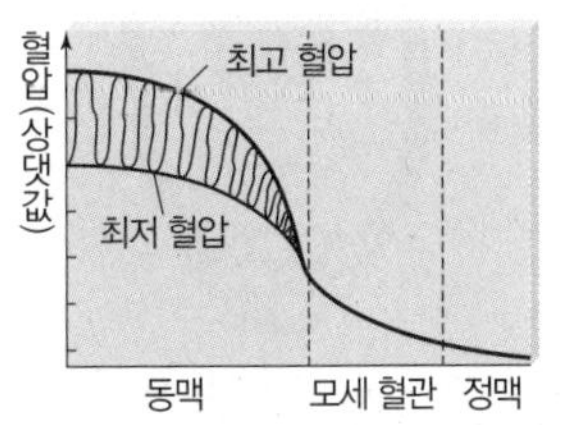

04

A는 혈관 벽이 가장 두꺼우므로 동맥이고, B는 총 단면적이 가장 넓으므로 모세 혈관이다. C는 판막이 있으므로 정맥이다.

05

B는 모세 혈관으로, 물질 교환이 일어나며 혈관 벽이 한 층의 세포로 이루어져 얇다. 또한 총 단면적이 가장 크며, 혈류 속도는 가장 느리다.

바로 알기 | ① 혈압이 가장 낮은 것은 정맥(C)이다.

③ 탄력성이 가장 뛰어난 것은 동맥(A)이다.

06

⑤ A는 혈장으로, 90 % 이상이 물로 구성되어 있다.

바로 알기 | ① 혈장(A)은 액체 성분, 혈구는 세포 성분이다.

② 식균 작용을 하는 것은 백혈구로, 백혈구는 세포 성분이다.

③ 적혈구는 세포 성분이다.

④ 혈장(A)의 90 % 이상은 물이며, 물은 비열이 커서 체온 유지에 큰 영향을 미친다.

07

A는 적혈구, B는 백혈구, C는 혈장, D는 혈소판이다. 혈소판(D)은 모양이 일정하지 않고 핵이 없다.

바로 알기 | ① 적혈구(A)는 핵이 없으며, 핵을 가지고 있는 것은 백혈구(B)이다.

② 체온 유지에 중요한 역할을 하는 것은 혈장(C)이다.

③ 혈장(C)은 혈액의 액체 성분이다.

⑤ 대부분 물로 구성되어 있는 것은 혈장(C)이다.

08

핵이 없으며, 헤모글로빈을 가지고 있는 것은 적혈구(A)이다. 세포 성분 중에서 적혈구(A)와 혈소판(D)은 핵이 없고, 백혈구(B)만 핵이 있다.

09

바로 알기 | ① 혈액을 미는 것은 혈액을 얇게 펴기 위해서이다.

② 받침유리는 혈액이 있는 반대 쪽으로 밀어야 한다.

④ 김사액으로 백혈구의 핵이 염색된다.
⑤ 저배율로 먼저 관찰한 후 고배율로 관찰한다.

[10~11]

자료 해석 | 온몸 순환과 폐순환 경로

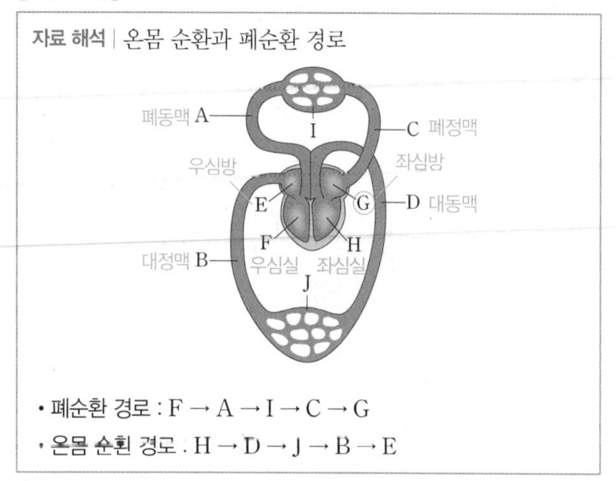

- 폐순환 경로 : F → A → I → C → G
- 온몸 순환 경로 : H → D → J → B → E

10

폐순환 경로는 우심실(F) → 폐동맥(A) → 폐의 모세 혈관(I) → 폐정맥(C) → 좌심방(G)이다.

11

폐동맥(A)을 흐르던 정맥혈은 폐의 모세 혈관(I)을 지날 때 이산화 탄소를 내보내고 산소를 받아들이면서 동맥혈로 전환된다. 이것은 폐정맥(C)을 통해 심장으로 들어온 후 조직 세포에 산소를 전달하기 위해 대동맥(D)을 통해 온몸으로 이동한다.
바로 알기 | ㄴ. 폐정맥(C)과 대동맥(D)에는 모두 동맥혈이 흐른다.
ㄷ. 이산화 탄소의 농도는 폐정맥(C)이 폐동맥(A)보다 낮다.

03 호흡

학교 시험 문제 47~48쪽

01 ③	02 ⑤	03 ①	04 ④
05 ③	06 ①	07 ②	08 ⑤
09 ②, ⑤	10 ③	11 ⑤	12 ⑤

01

폐는 근육이 없어 스스로 호흡 운동을 할 수 없으므로, 폐를 둘러싸고 있는 갈비뼈와 가로막의 움직임에 의해 호흡 운동이 일어난다.

02

A는 입과 코, B는 기관, C는 기관지, D는 폐, E는 가로막이다.
① 입과 코(A)는 공기가 출입하는 통로이다. 특히 코에는 점액과 털이 있어서 세균이나 이물질이 몸속으로 들어오는 것을 막는다.
② 기관(B)은 목구멍에서 폐까지 이어지는 긴 관으로, 기관(B) 안쪽 벽에는 섬모와 점액이 있어 콧속에서 걸러지지 않은 세균 등의 이물질을 거른다.
③ 기관지(C)는 폐에서 나누어져 좌우 폐로 들어가 폐포와 연결된다.
④ 폐(D)의 폐포에서 모세 혈관과 기체 교환이 일어난다.

바로 알기 | ⑤ 가로막(E)은 근육으로 이루어진 막으로, 갈비뼈와 함께 흉강의 부피를 조절한다.

03

들숨에는 날숨보다 산소가 더 많이 들어 있고, 이산화 탄소는 더 적게 들어 있다. 기체 교환은 농도 차에 의한 확산에 의해 일어난다.

04

자료 해석 | 호흡 운동의 원리

폐는 근육이 없는 얇은 막으로 되어 있어 갈비뼈와 가로막의 도움으로 운동한다.
- 갈비뼈(A)가 올라가고 가로막(B)이 내려가면 흉강의 부피가 커지고, 압력이 낮아져 공기가 폐로 들어온다.
- 갈비뼈(A)가 내려가고 가로막(B)이 올라가면 흉강의 부피가 작아지고, 압력이 높아져 공기가 몸 밖으로 빠져나간다.

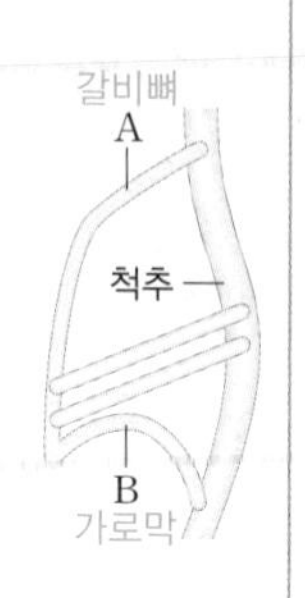

갈비뼈(A)가 위로 올라가고, 가로막(B)이 아래로 내려가면 흉강의 부피가 커진다. 따라서 폐 내부의 압력이 대기압보다 낮아지게 되고 공기가 폐 속으로 들어온다.

05

고무 막은 가로막에 해당하므로 고무 막을 아래로 당기는 것은 유리관 내부로 공기가 들어오는 들숨에 해당한다. 이때 유리병 내부의 압력은 낮아지며, 고무풍선의 부피는 커진다.

06

호흡 운동 실험 장치의 유리관은 기관(지), 유리병 속은 흉강, 고무 막은 가로막, 고무풍선은 폐에 해당한다.

07

자료 해석 | 조직 세포에서의 기체 교환

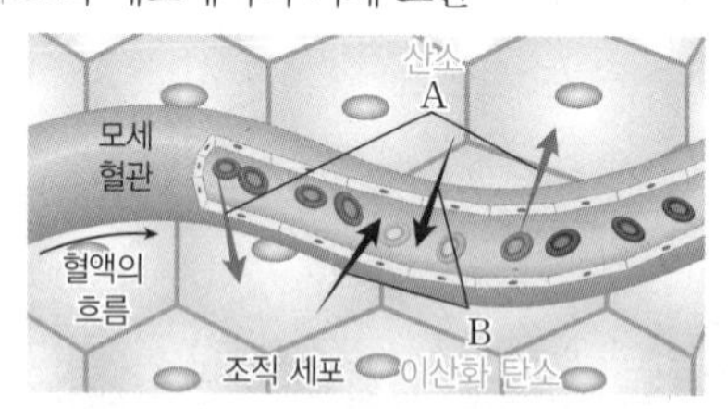

- 조직 세포의 산소 농도는 모세 혈관보다 낮고, 이산화 탄소 농도는 모세 혈관보다 높다.
- 산소는 모세 혈관에서 조직 세포로, 이산화 탄소는 조직 세포에서 모세 혈관으로 이동한다.

조직 세포로 들어가는 기체는 산소(A), 조직 세포에서 나오는 기체는 이산화 탄소(B)이다.

08

ㄱ. 조직 세포 사이를 지날 때 모세 혈관 속의 적혈구는 산소를 내어준다.
ㄴ. 폐와 조직 세포에서의 기체 교환은 모두 확산에 의해 일어난다.
ㄷ. 세포 호흡으로 에너지를 얻는 과정에서 물, 이산화 탄소, 암모니아 등의 노폐물이 생성된다.

09

기체 교환의 원리는 농도 차에 의한 확산이다.

바로 알기 | ① 날씨가 더우면 땀을 많이 흘리는 것은 체내의 온도를 조절하기 위한 항상성 작용이다.

③ 온도가 높아지면 기체의 분자 운동이 활발해져 탁구공 속 기체의 부피가 커지고 이에 따라 찌그러진 탁구공이 펴지는 것은 샤를 법칙에 의한 것이다.

④ 더운 날 물이 기화하면서 주변의 열을 흡수하기 때문이다.

10

자료 해석 | 기체 교환

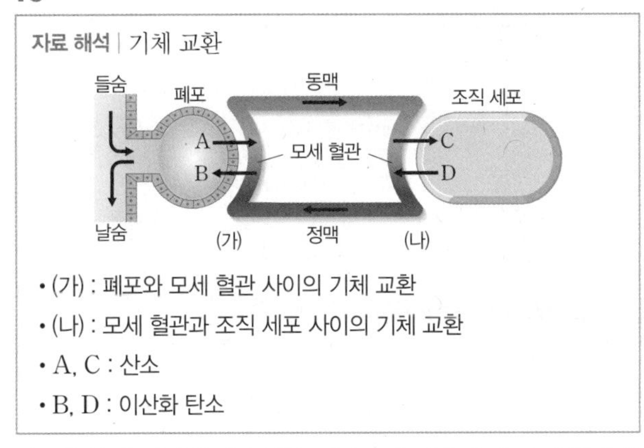

- (가) : 폐포와 모세 혈관 사이의 기체 교환
- (나) : 모세 혈관과 조직 세포 사이의 기체 교환
- A, C : 산소
- B, D : 이산화 탄소

바로 알기 | ② 이산화 탄소(B)는 들숨보다 날숨에 더 많이 들어 있다.

④ 조직 세포에는 모세 혈관보다 산소(C)가 더 적다.

⑤ 기체는 농도가 높은 쪽에서 낮은 쪽으로 이동한다.

11

① 폐에서는 다량의 산소가 모세 혈관으로 들어오게 되므로, (가)와 같이 적혈구에 산소가 많이 결합하게 된다.

② 조직 세포에는 산소의 농도가 낮으므로 적혈구에서 산소가 분리되어 조직 세포로 들어간다. 이처럼 기체 교환은 농도 차에 의한 확산으로 일어난다.

④ 적혈구 내부의 헤모글로빈에 산소가 결합하고 분리될 수 있다.

바로 알기 | ⑤ 기체는 농도 차에 의해서 이동하고, 산소는 적혈구 내부의 헤모글로빈에 결합하여 운반된다.

12

자료 해석 | 호흡 운동의 조절

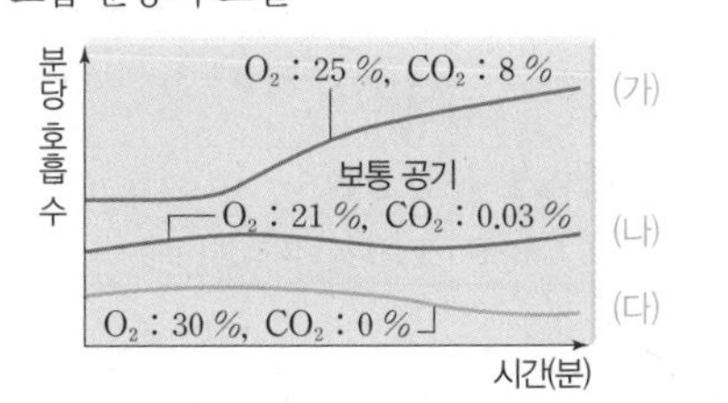

- (나) → (가) : 산소와 이산화 탄소의 농도가 모두 높아졌을 때 호흡 수가 증가하였다.
- (나) : 일반적인 호흡 수를 보인다.
- (나) → (다) : 산소의 농도가 30 %로 높아지고, 이산화 탄소의 농도가 0 %로 낮아졌을 때 호흡 수가 감소하였다.
- 결론 : 호흡 수는 산소의 농도가 아니라 이산화 탄소의 농도에 따라 결정된다.

산소의 농도가 높아질 때는 호흡 수가 적거나 많아졌지만, 이산화 탄소의 농도가 높아질 때는 호흡 수가 증가하고, 이산화 탄소 농도가 낮아질 때는 호흡 수가 감소하였다. 즉, 이산화 탄소의 농도에 따라 호흡 수가 조절됨을 알 수 있다.

04 배설

학교 시험 문제 50~51쪽

01 ④	02 ①	03 ④	04 ⑤
05 ③	06 ④	07 ④	08 ⑤
09 ⑤	10 ①	11 ①	12 ①

01

④ 단백질을 많이 포함하고 있는 고기나 콩, 두부, 우유 등의 음식을 많이 섭취하면 오줌에서 요소의 양이 증가한다.

바로 알기 | ① 노폐물은 콩팥뿐만 아니라 폐로도 배설된다.

② 포도당은 우리 몸에 필요한 영양소로 노폐물이 아니며, 포도당을 분해하여 나오는 물과 이산화 탄소가 노폐물이다.

③ 체내에 노폐물이 쌓이게 되면 혈액 순환이 잘 이루어지지 못한다.

⑤ 세포 호흡에서 생성된 물은 우리 몸에서 쓰일 수도 있지만 여분의 물은 오줌으로 배설되는 노폐물이다.

02

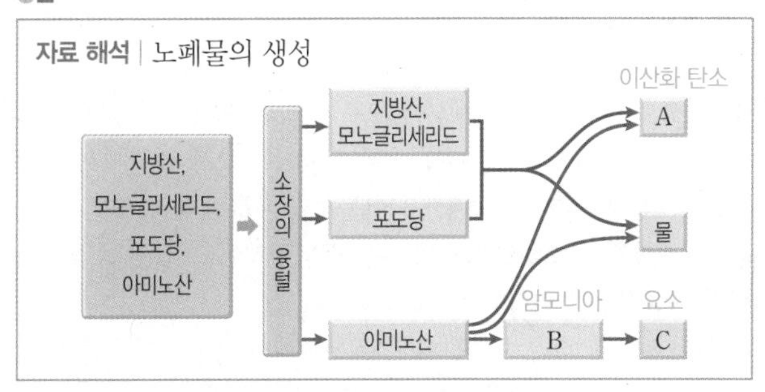

A는 이산화 탄소, B는 암모니아, C는 요소이다.

바로 알기 | ① 이산화 탄소(A)는 폐에서 호흡을 통해 날숨으로 배설된다.

03

A는 콩팥 동맥, B는 콩팥, C는 오줌관, D는 방광, E는 요도이다. 네프론은 콩팥(B)의 구조적, 기능적 단위이다.

[04~05]

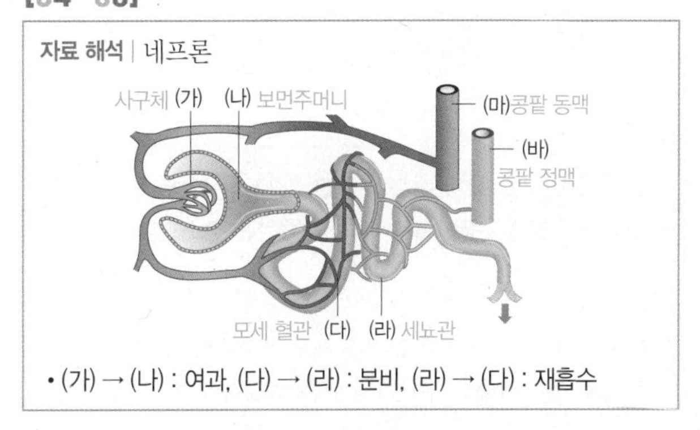

- (가) → (나) : 여과, (다) → (라) : 분비, (라) → (다) : 재흡수

04

⑤ 콩팥에서 물이 배출되고 혈구는 크기가 커서 여과되지 않으므로 단위 부피당 혈구의 개수는 콩팥 동맥(마)보다 콩팥 정맥(바)에서 많다.

바로 알기 | ① 단백질과 혈구는 크기가 커서 여과되지 않으므로 세뇨관(라)에서 검출되지 않는다

② 아미노산은 여과 후 100 % 재흡수된다.

③ 보먼주머니(나)에는 콩팥 정맥(바)에서와 달리 단백질과 혈구가 없다.

④ 동맥(마)의 혈관 벽은 정맥(바)의 혈관 벽보다 두껍다.

05

물의 재흡수가 일어난 후 세뇨관(라)에는 여과액보다 요소 농도가 60배 정도 증가하고, 콩팥 정맥(바)에는 요소가 걸러진 혈액이 흐르므로 요소 농도가 가장 낮다.

06

사구체(C)로 들어가는 혈관보다 사구체(C)에서 나가는 혈관이 가늘기 때문에 사구체에는 높은 혈압이 형성되어 있다. 따라서 이 압력에 의해 포도당, 아미노산, 무기염류, 바이타민, 요소 등 크기가 작은 물질들이 사구체(C)에서 보먼주머니(D)로 여과된다.

07

④ 요소는 세뇨관을 지나는 동안 농축되기 때문에 B에서 농도가 가장 높다.

바로 알기 | ① (가)는 여과 과정으로, 사구체의 높은 혈압으로 인해 일어난다.

② (나)는 세뇨관에서 모세 혈관으로 우리 몸에 필요한 영양소나 물, 무기염류가 이동하는 재흡수이고, (다)는 모세 혈관에서 세뇨관으로 여과되지 않은 노폐물을 이동시키는 분비 작용이다.

③ A는 혈액이 콩팥으로 들어오는 콩팥 동맥이고, C는 콩팥에서 나가는 콩팥 정맥이다.

⑤ B는 세뇨관 혹은 집합관이다. 네프론에서 생성된 오줌은 콩팥 깔때기를 거쳐 오줌관을 통해 방광으로 들어간다.

08

포도당, 아미노산과 같이 우리 몸에 반드시 필요한 물질은 100 % 재흡수되며, 물, 무기염류 등은 우리 몸의 상태를 고려하여 선택적으로 재흡수된다.

09

㉠은 무기염류, ㉡은 포도당, ㉢은 단백질이다. 무기염류(㉠)는 여과와 재흡수를 거치며, 포도당(㉡)은 여과된 후 100 % 재흡수된다. 단백질(㉢)은 분자의 크기가 커서 여과되지 않는다.

10

땀을 많이 흘리면 체내 수분량이 감소하고, 체액의 농도가 증가하므로 물의 재흡수량이 많아지고, 오줌량은 감소한다.

11

A는 산소, B는 이산화 탄소이다. 세포 호흡은 산소(A)를 이용하여 영양소를 분해하고 에너지를 얻는 과정이다. 이 과정에서 에너지와 함께 물, 이산화 탄소(B)와 같은 노폐물이 생성된다. 이산화 탄소(B)는 날숨을 통해 배설되며, 물은 오줌, 땀, 날숨 속 수증기의 형태로 배설된다.

바로 알기 | ① 폐포, 모세 혈관, 조직 세포 중 산소(A) 농도가 가장 높은 곳은 폐포이다.

12

자료 해석 | 기관계의 유기적 작용

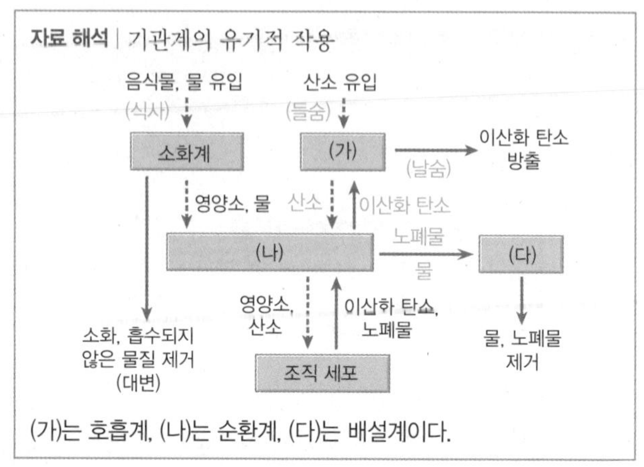

(가)는 호흡계, (나)는 순환계, (다)는 배설계이다.

호흡계(가)를 통해 산소는 유입되고 이산화 탄소는 배출되며, 순환계(나)는 기관과 기관을 이어주고 물질을 전달한다. 배설계(다)는 노폐물을 제거하며, 항상성을 유지한다. 순환계(나)를 통해 호흡계(가)에서 흡수된 산소, 소화계에서 흡수된 영양소를 조직 세포에 공급해 주면 세포 호흡을 통해 노폐물이 생성되고, 노폐물은 다시 순환계(나)를 거쳐 배설계(다)를 통해 배설된다.

서술형 문제 V. 동물과 에너지 52~53쪽

01

모범 답안 | 조직은 모양과 기능이 유사한 세포들의 모임이고, 기관은 여러 조직이나 조직계가 모여 고유한 기능과 형태를 나타내는 모임이다.

채점 기준	배점
조직과 기관에 대해 옳게 서술한 경우	100 %
조직과 기관에 대해 서술했지만 설명이 미흡한 경우	50 %

02

모범 답안 | 순환계－심장(혈관), 호흡계－폐(코, 기관) / 순환계는 영양소, 산소 및 노폐물을 적절한 곳으로 운반하는 역할을 하고, 호흡계는 산소를 몸 안으로 받아들이고, 이산화 탄소를 몸 밖으로 내보낸다.

채점 기준	배점
순환계와 호흡계의 예와 기능에 대해 모두 옳게 서술한 경우	100 %
순환계와 호흡계 중 하나에 대해서만 옳게 서술한 경우	50 %

03

모범 답안 | 쓸개즙, 쓸개즙은 간에서 생성되어 쓸개에 저장된 후 소장으로 분비된다.

채점 기준	배점
쓸개즙을 쓰고, 쓸개즙이 생성되어 분비되기까지의 과정을 옳게 서술한 경우	100 %
쓸개즙만 옳게 쓴 경우	40 %

04

모범 답안 | 지방, 3대 영양소 중 지방의 소화 효소인 라이페이스는 이자에서만 분비되므로 이자에 이상이 생기면 지방의 소화에 가장 큰 문제가 발생한다.

채점 기준	배점
지방을 쓰고, 그 까닭을 모두 옳게 서술한 경우	100 %
지방만 옳게 쓴 경우	40 %

05

모범 답안 | 백혈구, 김사액은 핵을 염색하는데, 혈액 성분 중 핵이 있는 것은 백혈구뿐이기 때문이다.

채점 기준	배점
백혈구를 쓰고, 그 까닭을 옳게 서술한 경우	100 %
백혈구만 옳게 쓴 경우	40 %

06

모범 답안 | 폐의 모세 혈관, (가)에서 (나)를 통해 (다)로 혈액이 이동하며, (나)에서 산소의 양이 증가하므로 (나)는 폐의 모세 혈관이다.

채점 기준	배점
폐의 모세 혈관을 쓰고, 그 까닭을 옳게 서술한 경우	100 %
폐의 모세 혈관만 옳게 쓴 경우	40 %

07

모범 답안 | 정맥 주변의 근육 운동의 힘에 의해 혈액이 이동하고, 판막이 정맥의 군데군데에 위치해 있어 혈액이 거꾸로 흐르지 않고 한 방향으로 흐를 수 있다.

채점 기준	배점
주변의 근육 운동과 판막에 대해 모두 옳게 서술한 경우	100 %
주변의 근육 운동과 판막 중 하나에 대해서만 옳게 서술한 경우	50 %

08

모범 답안 | 폐, 이 실험을 통해 같은 부피라도 표면적이 넓어질수록 흡수가 더 효율적으로 일어난다는 것을 알 수 있다. 이 원리가 적용된 호흡계의 기관은 폐로, 폐의 폐포는 공기와 접촉하는 면적을 넓히는 구조로 이루어져 있어서 모세 혈관과의 기체 교환에 효율적이다.

채점 기준	배점
폐를 쓰고, 표면적이 넓을수록 흡수가 효율적이라는 원리와 폐의 폐포가 넓은 표면적으로 기체 교환의 효율을 높이는 구조라고 모두 옳게 서술한 경우	100 %
폐를 쓰고, 표면적이 넓을수록 흡수가 더 효율적이라는 원리와 폐의 폐포가 넓은 단면적으로 기체 교환의 효율을 높이는 구조 중 한 가지만 옳게 서술한 경우	70 %
폐만 쓴 경우	30 %

09

모범 답안 | 호흡 운동은 가로막의 상하 운동에 의해 일어나는데 음식을 많이 먹으면 가로막이 아래로 내려가기 어려워 흉강의 부피가 커지기 어렵기 때문이다.

채점 기준	배점
가로막의 운동과 흉강의 부피가 커지기 어렵다는 내용을 포함하여 옳게 서술한 경우	100 %
가로막의 운동에 대해서만 옳게 서술한 경우	50 %

10

모범 답안 | 폐순환은 우심실 → 폐동맥 → 폐의 모세 혈관 → 폐정맥 → 좌심방의 경로로 일어난다. 온몸 순환은 좌심실 → 대동맥 → 온몸의 모세 혈관 → 대정맥 → 우심방의 경로로 일어난다.

채점 기준	배점
폐순환과 온몸 순환의 경로를 순서에 맞춰서 모두 옳게 서술한 경우	100 %
폐순환과 온몸 순환의 경로 중 한 가지만 옳게 서술한 경우	50 %

11

모범 답안 | 산소의 함량에 따라 동맥혈과 정맥혈을 구분하는데, 폐순환을 통해 폐에서 산소를 받고, 이산화 탄소를 내보내므로 폐정맥, 좌심방, 좌심실, 대동맥에 동맥혈이 흐른다. 또한 온몸 순환을 통해 조직 세포에 산소를 공급하고, 이산화 탄소를 받으므로 대정맥, 우심방, 우심실, 폐동맥에 정맥혈이 흐른다.

채점 기준	배점
동맥혈과 정맥혈이 흐르는 곳을 기체 교환과 관련지어 옳게 서술한 경우	100 %
동맥혈과 정맥혈이 흐르는 곳을 옳게 구분했으나, 까닭을 정확히 서술하지 못한 경우	50 %

12

모범 답안 | (가)는 단백질이 기본 단위인 아미노산으로 소화되는 과정이고, (나)는 아미노산을 이용하여 세포 호흡이 일어나는 과정이다.

채점 기준	배점
(가)와 (나) 과정을 모두 옳게 서술한 경우	100 %
(가)와 (나) 과정 중 한 가지만 옳게 서술한 경우	50 %

13

모범 답안 | 아미노산이 분해될 때 만들어진 암모니아는 독성이 강해 간에서 요소로 바뀌는 (다) 과정을 거친 후 순환계를 통해 배설계로 운반되어 오줌으로 배설된다.

채점 기준	배점
암모니아의 생성과 배설 과정을 기관, 기관계를 포함하여 모두 옳게 서술한 경우	100 %
암모니아의 생성과 배설 과정을 기관, 기관계에 대한 언급 없이 서술한 경우	50 %

14

모범 답안 | 콩팥 동맥에 있던 혈구와 단백질은 크기가 커서 여과되지 못하기 때문에 콩팥 정맥에도 같은 양의 혈구와 단백질이 존재한다. 포도당은 여과되지만 100 % 재흡수되므로 콩팥 동맥과 콩팥 정맥에는 같은 양의 포도당이 존재한다. 요소는 여과되어 배설되기 때문에 콩팥 동맥에 비해 콩팥 정맥에 적은 양이 존재한다.

채점 기준	배점
네 가지 성분의 양 변화를 여과, 재흡수, 배설의 용어를 모두 포함하여 옳게 서술한 경우	100 %
네 가지 성분의 양 변화 중 세 가지만 여과, 재흡수, 배설의 용어를 모두 포함하여 서술한 경우	70 %
네 가지 성분의 양 변화 중 두 가지만 여과, 재흡수, 배설의 용어를 모두 포함하여 서술한 경우	50 %
네 가지 성분의 양 변화 중 한 가지만 여과, 재흡수, 배설의 용어를 모두 포함하여 서술한 경우	30 %

Ⅵ. 물질의 특성

01 물질의 특성 (1)

학교 시험 문제

55~56쪽

01 ③	02 ⑤	03 ③	04 ⑤
05 ①, ③	06 ③	07 ③	08 ④
09 ⑤	10 ③	11 ②, ④	12 ①
13 ④	14 ③		

01

순물질에 해당하는 물질은 (나), (다), (마), (바)이고 혼합물에 해당하는 물질은 (가), (라), (사)이다.

02

⑤ 두 종류 이상의 순물질이 섞여 있는 물질은 혼합물이므로 물리적인 방법으로 성분 물질로 분리할 수 있다.

바로 알기 | ① 우유는 불균일 혼합물, 산소는 한 종류의 원소로 이루어진 순물질에 속한다.
② 합금은 균일 혼합물에 속한다.
③ 혼합물은 성분 물질이 각각의 성질을 그대로 지닌 채 단순히 섞여 있는 상태를 말한다. 성분 물질 각각이 성질을 모두 잃어버리고 새로운 성질을 갖는 것은 두 종류 이상의 원소로 이루어진 순물질이다.
④ 균일 혼합물은 혼합물을 이루는 성분 물질이 균일하게 섞여 있기 때문에 혼합물의 어느 부분을 취하더라도 성분 물질의 비율이 일정하게 나타난다.

03

한 종류의 원소로 이루어진 순물질(A)에는 수소, 구리와 산소, 두 종류 이상의 원소로 이루어진 순물질(B)에는 물, 염화 나트륨, 황화 철, 균일 혼합물(C)에는 공기, 불균일 혼합물(D)에는 흙탕물, 암석, 우유가 해당한다.

04

바로 알기 | ⑤ 두 종류 이상의 원소로 이루어진 순물질(B)은 물리적인 방법으로 분리할 수 없고, 화학적인 방법으로만 분리할 수 있다.

05

바로 알기 | ② 혼합물은 녹는점, 끓는점이 일정하지 않다.
④ 혼합물은 성분 물질 고유의 성질을 갖는다.
⑤ 혼합물은 가열 곡선에서 수평 구간이 나타나지 않으며 계속 증가한다.

06

한 종류의 원소로 이루어진 순물질(A)은 수소, 구리이고, 두 종류 이상의 원소로 이루어진 순물질(B)은 염화 나트륨, 물, 산화 철, 황화 철, 이산화 탄소이다. 균일 혼합물(C)은 공기, 식초이고 불균일 혼합물(D)은 흙탕물, 암석, 우유 3가지가 속한다.

07

③ 물에 소금을 넣어 달걀을 삶으면 끓는점이 높아져 더 높은 온도에서 달걀이 익을 수 있다.

바로 알기 | ①, ⑤ 혼합물의 녹는점, 어는점이 낮아지는 것을 이용한 사례이다.

② 압력 감소로 인해 끓는점이 낮아지는 사례이다.

④ 밀도 차를 이용한 사례이다.

08

순물질보다 혼합물의 끓는점이 높기 때문에 라면을 끓일 때 라면 스프를 먼저 넣거나 달걀을 삶을 때 물에 소금을 조금 넣어 주면 빨리 익는다.

09

혼합물의 가열 곡선이나 냉각 곡선에서는 수평한 구간이 나타나지 않는다. 이에 해당하는 물질은 A, C, E이다.

10

혼합물인 간장은 순물질인 물보다 어는점이 낮기 때문에 추운 겨울에 물이 얼어서 항아리가 깨지더라도 간장이 들어 있는 항아리는 깨지지 않는다.

11

바로 알기 | ② 색깔과 냄새는 물질의 특성이다.

④ 같은 물질은 양에 관계없이 물질의 특성이 일정하다.

12

질량이 같을 때 밀도는 부피에 반비례하므로 밀도가 더 작은 은을 넣었을 때 넘치는 물의 양이 더 많을 것이다.

13

④ 컵의 가장 아래쪽에 위치한 수은이 밀도가 가장 큰 액체이다.

바로 알기 | ①, ②, ③ 밀도가 작을수록 단위 부피당 질량이 작아 가벼우므로 컵의 위쪽에 위치한다. 따라서 부피가 같을 때 컵의 위쪽에 위치한 식용유가 물보다 가볍고, 아래쪽에 위치한 볼트가 포도알보다 밀도가 크다.

⑤ 밀도는 양에 상관없이 일정한 값을 갖는 물질의 특성이다. 따라서 질량이 2배가 되더라도 밀도는 변하지 않는다.

14

① LNG의 밀도가 공기보다 작은 것을 이용한 예이다.

②, ④, ⑤ 밀도가 작아지는 원리를 이용한 예이다.

바로 알기 | ③ 사해는 다른 지역보다 염분이 높아서 밀도가 큰 것을 이용한 예이다.

02 물질의 특성 (2)

학교 시험 문제 58~59쪽

01 ⑤	02 ③	03 ③	04 ④
05 ②	06 ⑤	07 ⑤	08 ③
09 ⑤	10 ⑥	11 ④	12 ③

01

바로 알기 | ⑤ A~E 중 불포화 용액은 B와 C 2가지이다.

02

40 ℃~60 ℃ 구간에서 용해도 곡선의 기울기가 클수록 많은 양의 고체가 석출되고, 작을수록 적은 양의 고체가 석출된다. 따라서 석출되는 고체의 양이 가장 많은 것은 기울기가 가장 큰 질산 칼륨이고, 석출되는 고체의 양이 가장 적은 것은 기울기가 가장 작은 염화 나트륨이다.

03

60 ℃에서 질산 칼륨의 용해도는 110이므로, 60 ℃ 질산 칼륨 포화 수용액 105 g은 물 50 g에 질산 칼륨 55 g이 녹아 있다. 따라서 이를 20 ℃까지 냉각할 때 석출되는 질산 칼륨은 55 g−15.8 g=39.2 g이다.

04

기체의 용해도는 온도와 압력의 영향을 크게 받는다. 온도가 높을수록, 압력이 낮을수록 용해도가 감소한다. 따라서 기체의 용해도가 가장 큰 시험관은 온도가 낮고 압력이 높은 (나), 기체의 용해도가 가장 작은 시험관은 온도가 높고 압력이 낮은 (라)이다.

05

기체의 용해도는 온도가 낮을수록, 압력이 높을수록 증가한다.

06

기체의 용해도와 압력의 관계를 알아보기 위해서는 같은 온도 조건에서 압력을 다르게 해 준 C와 D를 비교하여야 한다.

07

식용유보다 끓는점이 낮은 물이 높은 온도에서 먼저 끓어 나타나는 현상이다.

08

바로 알기 | ③ 에탄올은 순물질이므로 끓을 때 온도가 일정하게 유지된다.

09

① 고체의 가열 곡선에서 수평한 구간이 나타나지 않는 A의 녹는점이 가장 높다.

② A와 C는 녹는점이 다르므로 다른 물질이다.

③ B와 D는 녹는점이 같으므로 같은 물질이다.

④ 질량은 녹는점까지 도달하는 데 걸리는 시간이 짧은 C가 E보다 작다.

바로 알기 | ⑤ 가장 먼저 녹기 시작하는 물질은 수평 구간이 가장 먼저 나타나는 D이다.

10

①, ②, ③ 끓는점이 같은 A와 B는 같은 물질이므로, 물질의 특성인 밀도와 어는점이 같다.

바로 알기 | ⑤ 불꽃의 세기가 같을 때 질량은 끓는점까지 도달하는 데 걸리는 시간이 짧은 A가 B보다 작다.

11

바로 알기 | ㄹ. 압력이 낮아지면 끓는점도 낮아진다.

12

50 ℃에서 고체 상태로만 존재하는 물질(A)은 녹는점이 50 ℃보다 높은 (나)와 (마)이고, 50 ℃에서 액체 상태로만 존재하는 물질(B)은 녹는점이 50 ℃보다 낮고, 끓는점이 50 ℃보다 높은 (가)와 (다)이다.

03 혼합물의 분리 (1)

학교 시험 문제 61~62쪽

01 ④	02 ⑤	03 ①	04 ②
05 ①	06 ③	07 ①	08 ⑤
09 ④	10 ⑤	11 ③	

01

바로 알기 | ④ 끓임쪽은 액체가 갑자기 끓어오르는 것을 방지하기 위해서 넣는다.

02

④ 바닷물에서 식수를 얻는 것은 끓는점 차를 이용하여 혼합물을 분리하는 것이다.

바로 알기 | ⑤ 유리 지붕에 수증기가 닿아 열을 빼앗겨 액체로 변하는 액화가 일어난다.

03

① 탁주는 끓는점 차를 이용한 방법인 증류를 통해 맑은 청주를 얻는다. 원유의 분리 역시 끓는점 차를 이용하여 분리하는 방법이다.

바로 알기 | ② 크로마토그래피를 이용한 분리 방법이다.

③, ⑤ 밀도 차를 이용한 분리 방법이다.

④ 용해도 차를 이용한 분리 방법이다.

04

바로 알기 | ㄱ. 물질의 분리는 에탄올이 주로 끓어 나오는 B 구간과 물이 주로 끓어 나오는 D 구간에서 일어난다.

ㄴ. B 구간에서 에탄올은 끓는점보다 약간 높은 온도에서 끓는다.

05

바로 알기 | ① 각 층에서 나온 물질은 온도가 일정 범위에 해당하는 물질들의 혼합물이다.

06

바로 알기 | ① (가)는 LPG를 분리하는 방법이다.

② (나)는 수분을 제외한 건조한 공기를 분리하는 방법이다.

④ (가)에서는 끓는점이 높은 물질이 먼저 액화되면서 성분 물질을 분리할 수 있다.

⑤ (나)에서는 끓는점이 낮은 물질이 위쪽에서 분리되고 끓는점이 높은 물질이 아래쪽에서 분리된다.

07

서로 잘 섞이지 않는 액체 혼합물과 고체 혼합물을 밀도 차를 이용해 분리하는 방법이다.

08

⑤ 서로 섞이지 않고 밀도 차가 있는 액체 혼합물을 분리할 수 있는 방법이다.

바로 알기 | ① 액체 혼합물이 서로 섞이지 않아 밀도 차를 이용하여 분리할 수 있다.

② 식용유가 물 위에 떠 있으므로 밀도는 식용유가 물보다 작다.

③ 마개를 열어야 대기압에 의해 액체가 내려갈 수 있다.

④ (다)에서 먼저 분리되어 나오는 것은 밀도가 큰 물이다.

09

① 밀도가 가장 작은 것은 소금물 위에 뜨는 쭉정이이다.

② 쭉정이와 좋은 볍씨는 소금물에 녹지 않으므로 두 물질을 분리할 수 있다.

⑤ 쭉정이와 좋은 볍씨, 모래와 톱밥은 모두 밀도 차를 이용하여 분리할 수 있다.

바로 알기 | ④ 소금물의 농도가 커지면 쭉정이와의 밀도 차가 커지므로 물 위에 뜨는 쭉정이의 개수가 증가한다.

10

ㄱ. 물과 A는 서로 잘 섞이지 않는 액체이므로, 밀도 차를 이용하여 분별 깔때기로 분리할 수 있다.

ㄴ. B는 물에 잘 녹고 끓는점이 물보다 크므로, 물과 B의 혼합물은 증류를 이용하여 분리할 수 있다.

ㄷ. A보다 B의 밀도가 크므로 A에 B를 넣으면 B는 A 아래로 가라앉는다.

11

①, ②, ④, ⑤ 밀도 차를 이용하여 분리하는 방법이다.

바로 알기 | ③ 바닷물에서 식수를 얻는 것은 끓는점 차를 이용하며 분리하는 방법이다.

04 혼합물의 분리 (2)

학교 시험 문제 64~65쪽

01 ③	02 ②	03 ①	04 ③
05 ③	06 ①, ⑤	07 ③	08 ②
09 ②	10 ①		

01

재결정은 불순물이 섞여 있는 고체 물질을 용매에 녹인 다음 용액의 온도를 낮추거나 용매를 증발시켜 순수한 고체 물질을 얻는 방법이며, 천일염을 얻는 과정은 재결정의 예에 해당한다.

02

100 ℃ 물 300 g에 염화 나트륨과 붕산은 약 120 g까지 녹을 수 있다. 이를 20 ℃로 냉각하면, 염화 나트륨의 용해도는 거의 변하지 않지만 붕산은 약 15 g만이 녹을 수 있다. 따라서 붕산 약 25 g이 석출된다.

03

ㄱ. 용해도 차를 이용하여 온도에 따른 용해도 차가 큰 질산 칼륨을 분리할 수 있다.

바로 알기 | ㄴ. 60 ℃에서 질산 칼륨의 용해도는 110이므로, 온도를 60 ℃로 냉각하더라도 질산 칼륨은 석출되지 않는다.

ㄷ. 40 ℃에서 질산 칼륨의 용해도는 63.9이므로, 온도를 40 ℃로 냉각할 때 석출되는 질산 칼륨의 양은 100 g−63.9 g=36.1 g이다.

04

사탕수수를 으깨어 가열한 뒤 냉각시키면 결정이 생긴다. 그것을 원심 분리하여 액체 성분을 분리해낸 뒤 남은 결정을 녹이고 냉각하기를 반복하여 건조기로 잘 말려주면 순수한 설탕을 얻어낼 수 있다. 이러한 분리 방법을 재결정이라 한다.

05

바로 알기 | ③ 색소점이 용매에 잠길 경우 용매에 모두 녹기 때문에 색소를 분리할 수 없다.

06

크로마토그래피는 각 성분 물질이 용매를 따라 이동하는 속도 차를 이용하여 혼합물을 분리하는 방법이다.

바로 알기 | ② 복잡한 혼합물도 한번에 분리할 수 있다.

③ 용매가 증발되지 않도록 장치의 뚜껑을 닫아야 한다.

④ 색소점은 용매에 잠기면 안 된다.

07

ㄱ, ㄴ. 물질의 이동 속도가 빠를수록 색소점으로부터 거리가 멀고 거름종이에 붙어 있으려는 성질이 용매를 따라 이동하려는 성질보다 작은 것이다.

바로 알기 | ㄷ. 용매가 달라지면 분리되는 성분 물질의 수나 이동 거리는 달라질 수 있다.

08

혼합물의 크로마토그래피에서 이동한 물질은 A, D와 거리가 같다. 따라서 혼합물에 포함된 순물질은 A와 D이다.

09

바로 알기 | ② (나), (다), (마)는 한 가지 물질만이 분리되었으므로 순물질이라 예상할 수 있다.

10

그림은 크로마토그래피 실험 장치이다. 크로마토그래피의 원리를 이용한 예로는 식품 속 농약 성분 검출, 운동 선수의 도핑 테스트, 수성 사인펜의 색소 분리, 화장품 속 방부제 성분 확인 등이 있다.

바로 알기 | ④ 바닷물에서 식수를 얻는 것은 끓는점 차를 이용한 분리에 해당한다.

서술형 문제 Ⅵ. 물질의 특성 66~67쪽

01

모범 답안 | 혼합물인 땜납은 순물질보다 녹는점이 낮아 쉽게 다룰 수 있기 때문이다.

채점 기준	배점
땜납을 이용하는 까닭을 녹는점과 관련하여 서술한 경우	100 %

02

모범 답안 | A: 소금물, B: 물 / 혼합물은 순물질보다 높은 온도에서 끓는다. 혼합물의 끓는점은 일정하지 않고 가열하는 동안 계속 온도가 높아진다.

채점 기준	배점
A와 B에 해당하는 물질을 옳게 쓰고, 그렇게 생각한 이유 두 가지를 옳게 서술한 경우	100 %
A와 B에 해당하는 물질을 옳게 쓰고, 그렇게 생각한 이유 한 가지만을 서술한 경우	60 %
A와 B에 해당하는 물질만 쓴 경우	30 %

03

모범 답안 | 식용유의 밀도가 에탄올보다 크므로 식용유나 에탄올의 양에 관계없이 식용유가 아래로 가라앉는다.

채점 기준	배점
식용유를 떨어뜨렸을 때 어떻게 될지 옳게 예측하고 그 까닭을 옳게 서술한 경우	100 %
식용유를 떨어뜨렸을 때 어떻게 될지만 옳게 예측한 경우	20 %

04

모범 답안 | 물에 녹인 소금의 양이 많아질수록 소금물이 달걀보다 밀도가 커지기 때문이다.

채점 기준	배점
달걀이 떠오르는 까닭을 밀도와 관련하여 옳게 서술한 경우	100 %

05

모범 답안 | C와 D, 밀도는 $\frac{질량}{부피}$으로, 물질의 특성인데 C의 밀도는 $\frac{60\ \text{g}}{30\ \text{mL}}=2\ \text{g/mL}$, D의 밀도는 $\frac{20\ \text{g}}{10\ \text{mL}}=2\ \text{g/mL}$로 서로 같기 때문에 같은 물질이다.

채점 기준	배점
같은 물질끼리 옳게 짝짓고, 그렇게 생각한 까닭을 옳게 서술한 경우	100 %
같은 물질끼리 짝짓기만 한 경우	30 %

06

모범 답안 | 60 ℃에서 질산 칼륨의 용해도가 약 110이므로 50 g의 물에서는 약 55 g의 질산 칼륨이 녹을 수 있다. 따라서 60 ℃로 냉각하면 질산 칼륨이 80 g−55 g=25 g 석출된다.

채점 기준	배점
석출되는 질산 칼륨의 질량과 계산 과정을 옳게 서술한 경우	100 %
석출되는 질산 칼륨의 질량만 쓴 경우	40 %

07

모범 답안 | 압력이 높고 온도가 낮을수록 기체의 용해도가 커지므로 탄산음료의 뚜껑을 닫아 압력을 높이고, 시원한 곳에 보관하여 온도를 낮추면 음료에 더 많은 이산화 탄소 기체가 녹아 있게 되어 톡 쏘는 맛을 오래 유지할 수 있다.

채점 기준	배점
톡 쏘는 맛을 오래 유지하기 위한 조건을 압력과 온도에 따른 기체의 용해도와 관련지어 서술한 경우	100 %
톡 쏘는 맛을 오래 유지하기 위한 조건을 압력 또는 온도에 따른 기체의 용해도 중 한 가지만 관련지어 서술한 경우	50 %

08

모범 답안 | 높은 압력에서도 혈액 속에 잘 녹지 않도록 용해도가 작은 기체를 사용함으로써 예방할 수 있다.

채점 기준	배점
잠수병의 예방법을 용해도와 관련지어 옳게 서술한 경우	100 %

09

모범 답안 | B와 D, C와 E / 물질의 특성인 녹는점이 같으므로 같은 물질이라고 할 수 있다.

채점 기준	배점
같은 물질끼리 옳게 짝짓고, 그렇게 생각한 까닭을 녹는점과 관련지어 옳게 서술한 경우	100 %
같은 물질끼리 짝짓기만 한 경우	30 %

10

모범 답안 | 사금이 섞인 모래를 쟁반에 담아 흐르는 물에 씻으면 사금은 밀도가 커서 가라앉아 쟁반에 남고, 모래는 밀도가 작아서 물에 떠내려간다.

채점 기준	배점
모래와 사금을 분리하는 원리를 밀도와 관련지어 옳게 서술한 경우	100 %

11

모범 답안 | 0 ℃에서의 염화 나트륨과 붕산의 용해도는 각각 35.7과 2.8이므로, 0 ℃에서 염화 나트륨 30 g은 모두 녹을 수 있고, 붕산은 2.8 g만 녹을 수 있다. 따라서 붕산이 30 g−2.8 g=27.2 g 석출된다.

채점 기준	배점
석출되는 물질의 종류와 질량을 계산 과정과 함께 옳게 서술한 경우	100 %
석출되는 물질의 종류와 질량만 쓴 경우	40 %

12

모범 답안 | A : 3가지, B : 1가지, C : 1가지, D : 2가지, E : 1가지 / 혼합된 성분 물질의 수는 크로마토그래피에서 분리되어 나타나는 물질의 수와 같거나 그 이상이기 때문이다.

채점 기준	배점
성분 물질의 최소 가짓 수와 그렇게 생각한 까닭을 옳게 서술한 경우	100 %
성분 물질의 최소 가짓 수만 옳게 쓴 경우	50 %

Ⅶ. 수권의 해수의 순환

01 수권의 분포와 활용

학교 시험 문제 (69~70쪽)

01 ⑤	02 ①	03 ④	04 ⑤
05 ⑤	06 ④	07 ①	08 ②
09 ④	10 ①	11 ②	

01

수권은 대기 중의 수증기를 제외한 지구에 존재하는 모든 물을 말한다.

02

자료 해석 | 수권의 분포

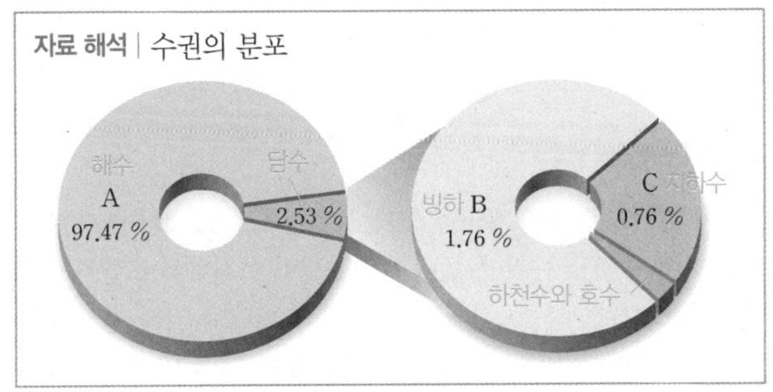

수권에서 가장 큰 비율을 차지하는 A는 해수이고, 담수 중에서 가장 큰 비율을 차지하는 B는 빙하, 두 번째로 많은 C는 지하수이다.

03

바로 알기 | ④ 빙하는 주로 극지방이나 고산 지대에 고체 상태로 존재하므로 수자원으로 이용하기 어렵다.

04

담수는 짠맛이 나지 않는 물로, 주로 육지에 분포하며 수자원으로는 주로 하천수와 호수를 이용하고, 부족하면 지하수를 개발하여 이용한다.

바로 알기 | ⑤ 지구상의 물 중 가장 많은 것은 해수이다.

05

바로 알기 | ⑤ 지하수는 지하의 지층이나 암석 사이의 빈틈을 채우고 있거나 흐르는 물이다.

06

④ 우리나라에서 농업용수는 약 40 %로 가장 많이 쓰인다.

바로 알기 | ① 생활용수는 대부분 하천수나 호수를 이용하고 지하수는 적게 이용한다.

② 해수는 짠맛이 나는 염수로, 수자원으로 바로 이용하지 못하고, 담수화하여 이용한다.

③ 수자원이란 우리가 자원으로 이용할 수 있는 물로, 먹을 수 있는 물을 포함한다.

⑤ 지구 전체 물 중 해수는 약 97.47 %를 차지하며, 주된 수자원으로 이용하는 하천수와 호수는 전체의 0.01 %에 불과하다.

07

ㄱ. 생활용수는 주로 하천수와 호수, 지하수와 같은 담수를 이용한다.

ㄴ. 최근에 산업이 크게 발달하면서 공업용수의 이용이 많이 증가하고 있다.

바로 알기 | ㄷ. 가. 목욕, 청소, 빨래 등 일상생활에서 이용하는 것과 농촌에서 식수로 이용하는 물은 생활용수이다.

08

물 부족 현상이 생기는 원인은 인구가 증가하고 있고, 생활수준이 향상되면서 물의 사용이 증가하고 있기 때문이다. 또한, 물이 오염되면서 사용할 수 있는 물의 양이 부족해지고 있기 때문이다.

09

물을 오염시키는 가장 주된 원인은 가정에서 설거지를 할 때, 청소를 할 때, 씻을 때 등 일상생활을 통해 배출되는 생활하수이다.

10

지하수나 해수와 같은 수권을 수자원으로 활용할 수 있도록 개발하여야 하며, 현재 가지고 있는 수자원이 오염되지 않도록 지속적으로 수질 관리를 해 주어야 한다.

11

바로 알기 | ② 폐수 정화 시설을 강화하여 수자원이 오염되지 않도록 노력해야 한다.

02 해수의 특성

학교 시험 문제 (72~73쪽)

01 ④	02 ②, ③	03 ⑤	04 ②
05 ①	06 ⑤	07 ③	08 ①, ③
09 ②	10 ③	11 ①	12 ⑤
13 ①			

01

해수의 표층 수온은 태양 에너지의 영향을 가장 많이 받는다. 태양 에너지를 가장 많이 흡수하는 적도 지역에서는 표층 수온이 높고, 태양 에너지를 적게 흡수하는 고위도 지역에서는 표층 수온이 낮다.

02

② 계절에 따라 해수 표면에 도달하는 태양 에너지양이 달라지기 때문에 표층 수온이 달라질 수 있다.

③ 태양 에너지가 수온을 결정하는 주요 요인이므로 등수온선은 위도에 나란하게 분포하는 경향을 보인다.

바로 알기 | ① 경도는 수온과 크게 관계가 없으며, 수온은 주로 위도에 따라 결정된다.

④ 수온과 염분은 크게 관련이 없다.
⑤ 해수의 수온은 저위도에서 고위도로 갈수록 낮아진다.

03

자료 해석 | 해수의 연직 수온 분포

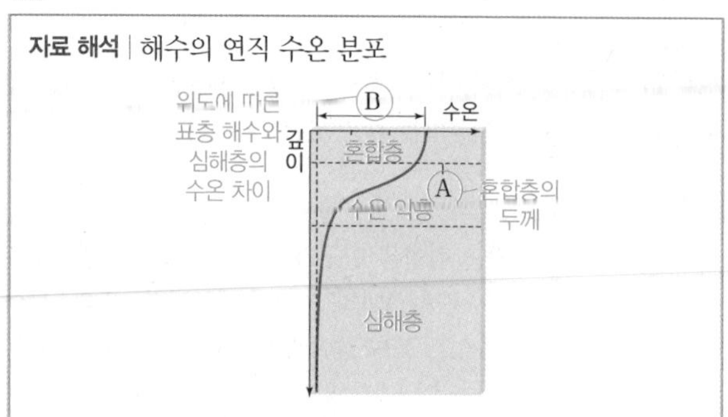

• 심해층의 수온은 거의 일정하므로 태양 에너지를 많이 받는 곳에서는 표층 수온이 높아져 B의 값이 증가한다. 반대로 태양 에너지를 적게 받는 곳에서는 표층 수온이 낮아져 B의 값이 감소한다.
• 바람의 세기가 강한 곳에서는 혼합층이 두껍게 형성되어 A가 아래로 내려가고, 바람의 세기가 약한 곳에서는 혼합층이 얇게 형성되어 A가 위로 올라간다.

⑤ 태양 에너지를 많이 받으면 표층의 수온이 더 높아져 수온 약층이 뚜렷하게 형성되므로 B의 길이가 길어진다.
바로 알기 | ① 바람이 세게 불면 혼합층이 두껍게 생기므로 A가 아래로 내려간다.
② 염분과 혼합층의 형성 및 두께와는 관계가 없다.
③ 해수 표면에 도달하는 태양 에너지양이 많아지면 표층 수온이 높아져 수온 약층이 뚜렷하게 생성되지만 혼합층의 두께에는 영향이 없다.
④ 고위도에서는 해수 표면에 도달하는 태양 에너지양이 매우 적어 표층과 심해층의 온도가 비슷해지기 때문에 B의 길이가 0에 가까워지고, 저위도에서는 표층과 심해층의 온도 차가 크므로 B의 길이가 길어진다.

[04~05]

자료 해석 | 해수의 연직 수온 분포의 원리를 알아보는 실험

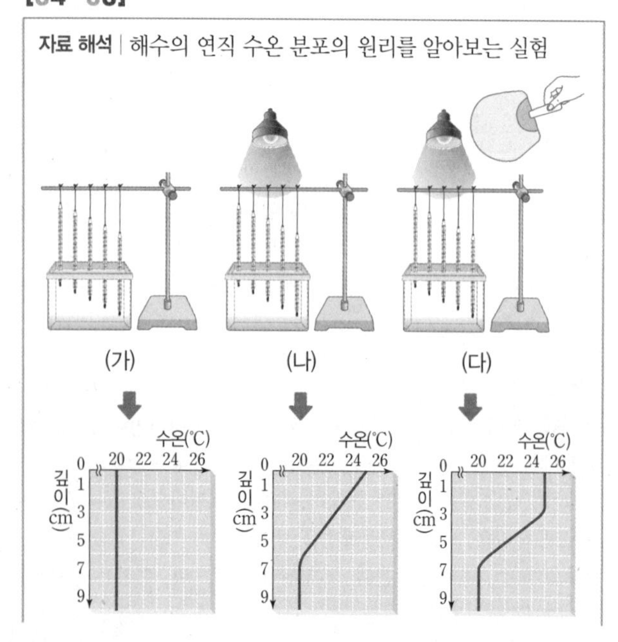

(가) : 온도계의 눈금이 모두 동일하다.
(나) : 전등을 비추면 물의 표층은 따뜻하게 데워지고 아래로 갈수록 차가워진다.
(다) : 부채질을 해 주면 표면의 물이 섞여 수온이 일정한 층(혼합층)이 생성된다.

04

전등을 비추기 전을 심해층이라고 하면, 전등을 비추어 주면 표면이 데워져 아래로 갈수록 수온이 내려가는 수온 약층이 형성된다. 이 상태에서 표면에 부채질을 해 주면 표층의 물이 섞여 수온이 일정한 혼합층이 형성된다. 이 실험에서 물은 해수, 전등은 태양 에너지, 부채질은 바람을 의미한다.
바로 알기 | ② 부채질을 세게 할수록 바람의 혼합 작용이 더 강해져 혼합층이 두껍게 형성된다.

05

(가)에서는 모든 온도계의 온도가 동일하므로 A, (나)에서는 전등을 비추면 표면 수온은 높아지지만 빛이 아래까지 도달하지 못하므로 B, (다)에서는 부채질을 해 주면 바람에 의해 물 표면이 혼합되어 수온이 일정한 혼합층이 만들어지므로 C이다.

06

자료 해석 | 우리나라 주변 바다의 표층 수온 분포

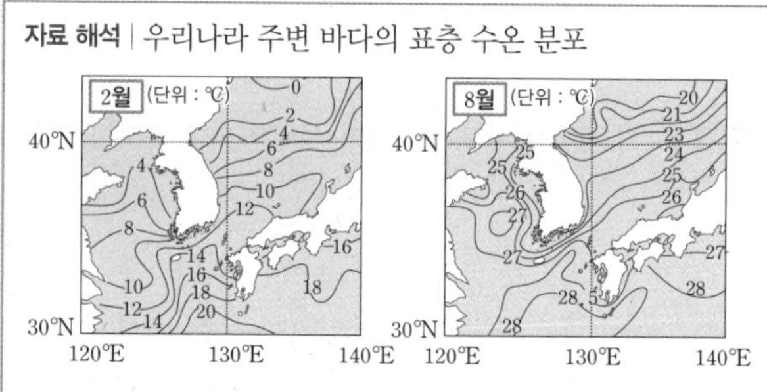

• 위도별 수온 분포 : 고위도로 갈수록 낮고, 저위도로 갈수록 높다.
• 계절별 수온 분포 : 겨울철에 낮고, 여름철에 높다.

여름철에는 겨울철보다 해가 길고, 남중 고도가 높아 더 많은 양의 태양 에너지가 해수 표면에 도달한다. 따라서 겨울철보다 여름철에 표층 수온이 더 높다.

07

③ B는 염류 중 두 번째로 많은 염화 마그네슘으로, 두부를 만들 때 간수로 사용된다.
바로 알기 | ① A는 염류 중 가장 높은 비율을 차지하는 염화 나트륨이다.
② 염화 나트륨(A)은 짠맛을 내고, 염화 마그네슘(B)은 쓴맛을 낸다.
④ 해수의 약 97 %가 물이고 나머지가 염류이다. A와 B는 염류 중의 85 % 이상을 차지한다.
⑤ 지하수는 담수이므로 염류를 포함하지 않는다.

08

② 계절에 따라 강수량, 증발량, 해류 등이 달라지므로 해수의 염분도 함께 달라진다.
④ 염분은 해수에 포함된 염류의 농도를 나타내는 것이다.
⑤ 염분은 해수 1 kg 속에 들어 있는 염류의 총량이다.
바로 알기 | ① 염분의 단위는 psu(실용 염분 단위)나 ‰(퍼밀)을 이용한다.
③ 전 세계 바다의 염분은 각기 다르며, 평균 염분은 약 35 psu이다.

09

자료 해석 | 해수 만들기

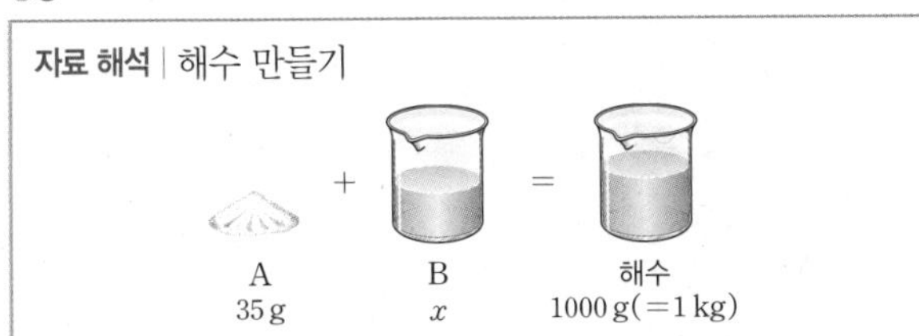

염류(A) 35 g, 물(B) 965 g으로 해수를 만들면 35 psu의 해수 1000 g이 만들어진다.

② 해수를 가열하면 물은 증발하고, 염분만 남는다. 따라서 해수에서 A를 다시 추출할 수 있다.
바로 알기 | ① A는 염화 나트륨을 포함한 염류이다.
③ B는 물이다.
④ 해수 1 kg을 만드는 것이므로, 965 g의 물을 넣어야 한다.
⑤ 이렇게 만들어진 해수의 농도는 35 psu(‰)이다.

10

해수의 염분이 높아지기 위해서는 해수에서 물의 양이 줄거나 염류의 양이 늘어야 한다. 결빙, 증발 등은 물의 양을 줄여 해수의 염분을 높인다.

11

자료 해석 | '증발량 — 강수량'값과 표층 염분 그래프

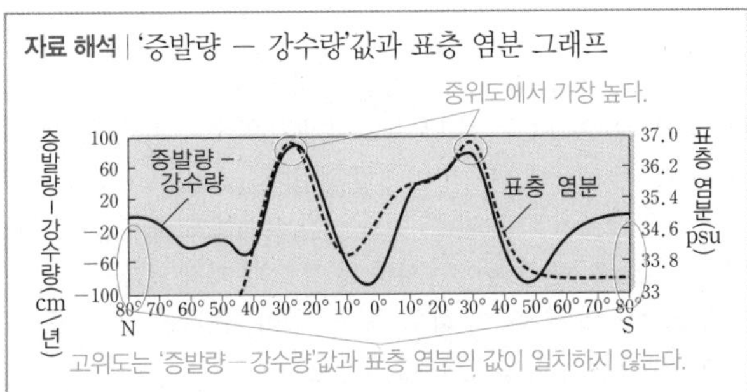

• '증발량 − 강수량'값과 표층 염분은 비례한다.

고위도	해빙의 영향으로 염분이 낮음
중위도	'증발량−강수량'값이 커서 염분이 높음
저위도(적도)	강수량이 많아 '증발량−강수량'값이 작아 염분이 낮음

ㄱ. 적도는 증발량보다 강수량이 매우 많기 때문에 염분이 낮다.
바로 알기 | ㄴ. 고위도에서는 해빙의 영향으로 염분이 낮다.
ㄷ. 물이 증발하면 염분이 높아진다.

12

자료 해석 | 우리나라 주변 해수의 염분 분포

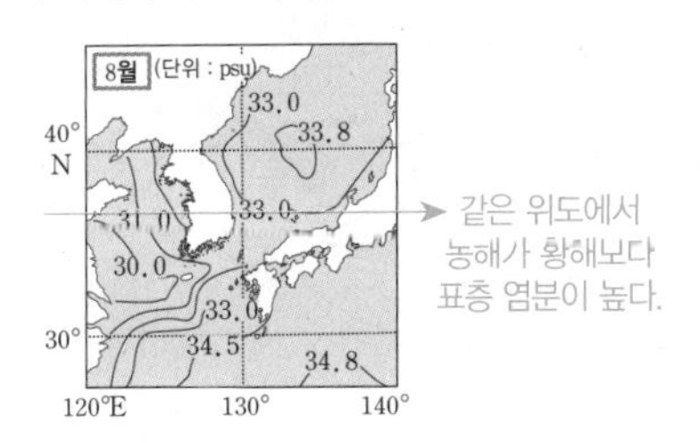

• 표층 염분 : 황해 < 동해
➡ 황해로 담수가 유입되기 때문
• 표층 염분 : 겨울철 > 여름철
➡ 우리나라는 여름철에 강수량이 많기 때문

⑤ 우리나라는 동고서저 지형이므로 대부분의 담수가 황해로 유입되기 때문에 황해의 염분이 동해보다 낮다.
바로 알기 | ① 동해의 수심이 황해에 비해 깊지만 수심과 염분은 직접적으로 관련이 없다. 또한, 동해는 황해보다 담수의 유입량이 적기 때문에 염분이 더 높다.
② 담수의 유입에 의해 해안가에 가까워질수록 염분이 낮다.
③ 겨울과 여름 모두 황해보다 동해의 염분이 더 높다.
④ 같은 위도의 동해가 황해보다 염분이 더 높다.

13

해수는 끊임없이 움직이며 서로 섞이기 때문에 해수의 염분이 달라져도 염류들 사이의 질량비는 일정하다. 이를 염분비 일정 법칙이라고 한다.

03 해수의 순환

학교 시험 문제 75~76쪽

01 ④	02 ①	03 ③	04 ③, ⑤
05 ④	06 ⑤	07 ②	08 ⑤
09 ③	10 ②	11 ①	12 ②

01

표층 해류를 일으키는 주요인은 바람이다. 따라서 표층 해류의 방향은 대체로 해수 표면에 지속적으로 부는 바람의 방향과 일치한다.

02

자료 해석 | 표층 해류의 발생 실험

- 물 : 해수
- 헤어드라이어 : 바람(해수 표면에 지속적으로 부는 바람)
- 종잇조각 : 해수의 흐름을 보기 위해 넣어준다.
- 결론 : 해수 표면에 지속적으로 부는 바람은 표층 순환의 원동력이다.

ㄱ. 헤어드라이어의 방향을 다르게 하면 물의 흐름도 변하므로, 바람이 표층 순환의 주요 원인임을 알 수 있다.

바로 알기 | ㄴ. 해류의 속도는 바람의 세기와 관련이 있고, 바람의 온도와는 관련이 없다.

ㄷ. 헤어드라이어의 바람은 해수 표면에 지속적으로 부는 바람에 해당한다.

03

난류는 저위도에서 고위도로 흐르는 고온 · 고염분인 해류이므로 B, 한류는 고위도에서 저위도로 흐르는 저온 · 저염분인 해류이므로 D에 해당한다.

04

A는 한류, B는 난류이다.

③ 기체는 차가운 용매에 더 잘 녹으므로 한류(A)에 용존 산소량이 더 많다.

⑤ 한류(A)와 난류(B)는 지구를 순환하며 저위도의 남는 에너지를 고위도로 이동시켜 지구의 기온을 유지시킨다.

바로 알기 | ① 한류(A)와 난류(B)에 사는 어종은 서로 다르다. 한류에는 대구, 명태, 청어 등이 주로 살고, 난류에는 오징어, 고등어 등이 주로 산다.

② 수온은 난류(B)가 한류(A)보다 높다.

④ 겨울에는 한류(A)만, 여름에는 난류(B)만 흐르는 것은 아니지만, 한류(A)는 겨울에 강해지고, 난류(B)는 여름에 강해지는 경향이 있다.

05

자료 해석 | 우리나라 주변에 흐르는 해류

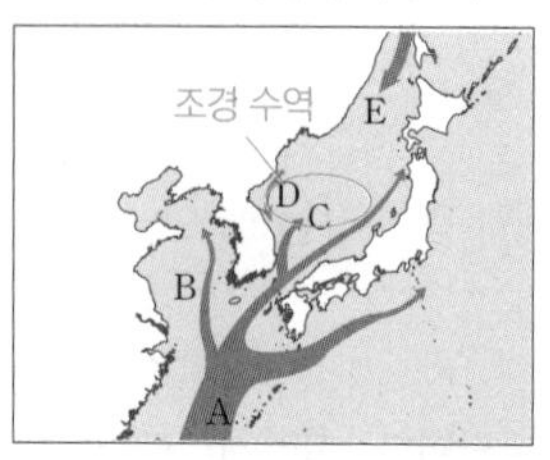

- A : 쿠로시오 해류
- B : 황해 난류
- C : 동한 난류
- D : 북한 한류
- E : 연해주 한류
- 조경 수역 : 동한 난류(C) + 북한 한류(D)

쿠로시오 해류(A)에서 갈라진 황해 난류(B)와 동한 난류(C)는 모두 난류이고, 북한 한류(D)와 연해주 한류(E)는 한류이다.

06

ㄱ. 우리나라 동해에는 동한 난류(C)와 북한 한류(D)가 만나서 조경 수역이 만들어진다.

ㄴ. 연해주 한류(E)는 우리나라 한류의 근원이다.

ㄷ. 난류가 흐르는 해안 지역은 따뜻하고, 한류가 흐르는 해안 지역은 시원한 것처럼 해류는 주변 해안 지역의 날씨에 영향을 준다.

07

자료 해석 | 우리나라 주변 해류의 방향

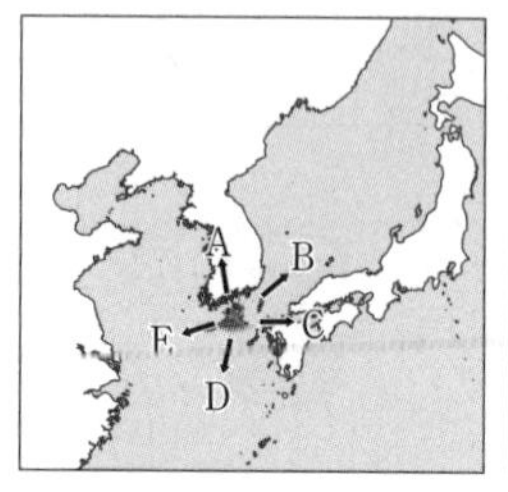

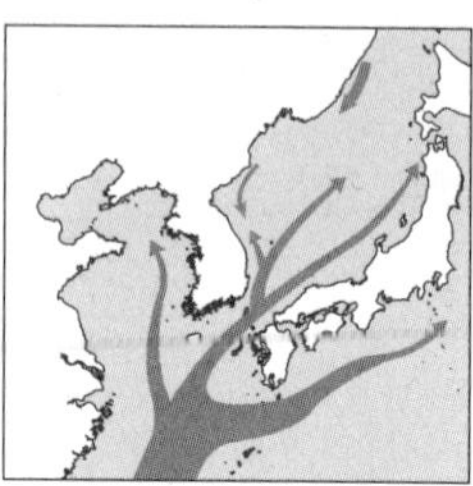

우리나라와 일본 사이에서 흐르는 해류는 쿠로시오 해류로 적도 쪽에서 생성되어 고위도로 올라간다.

우리나라 주변에는 적도 쪽에서 우리나라의 동쪽으로 이동하는 쿠로시오 해류가 있기 때문에 해류의 흐름은 B 쪽으로 이동할 것이다.

08

황해와 동해에는 모두 난류가 흐르지만 동해 쪽으로 흐르는 동한 난류가 황해 쪽으로 흐르는 황해 난류에 비해 세력이 크기 때문에 동해안 지방의 연평균 기온이 더 높은 경향을 보인다.

09

하루 중에 해수면이 가장 높을 때를 만조(A), 가장 낮을 때를 간조(B)라고 한다.

10

② B 시기는 한 달 중 조차가 가장 클 때인 사리에 해당한다.

바로 알기 | ① A와 C는 한 달 중 조차가 작은 조금에 해당한다.

③ 사리에서 조금까지는 약 7~8일 걸린다.

④ 조금은 조차가 작은 날로, 이날은 간조 때에도 물이 많이 빠지지 않는다. 해수면의 높이는 사리 날 간조 때 가장 낮다.

⑤ 간조는 물이 빠져나가 하루 중 해수면이 가장 낮을 때이다. 해수면의 높이는 사리 날 만조 때 가장 높다.

11

밀물과 썰물에 의해 해수면이 하루에 두 번씩 주기적으로 오르내리는 현상을 조석이라고 한다.

12

만조와 간조 사이에 바닷물이 먼 바다로 빠져나가는 썰물을 나타낸 것이므로, A와 C에 해당한다.

Ⅶ. 수권과 해수의 순환 77~78쪽

01

모범 답안 | 강수량의 변화가 없으므로 수자원량은 그대로이지만 인구가 증가하므로 1인당 사용 가능한 수자원량은 현재보다 줄어들 것이다.

채점 기준	배점
전체 수자원량과 1인당 사용 가능 수자원량의 변화를 모두 옳게 서술한 경우	100 %
두 가지 내용 중에서 한 가지만 옳게 서술한 경우	50 %

02

모범 답안 | 빙하는 극지방이나 높은 산 위에 고체 상태로 존재하기 때문이다.

채점 기준	배점
빙하가 수자원으로 바로 활용되기 어려운 까닭을 옳게 서술한 경우	100 %

03

모범 답안 | B 해역, B 해역은 표층 수온이 높고 표층과 심해층의 수온 차이가 크기 때문이다.

채점 기준	배점
수온 변화가 가장 뚜렷하게 나타나는 해역과 그렇게 생각한 까닭을 모두 옳게 서술한 경우	100 %
수온 변화가 가장 뚜렷하게 나타나는 해역만 옳게 쓴 경우	30 %

04

모범 답안 | A, 혼합층 / 바람의 세기가 세질수록 혼합층(A)의 두께가 두꺼워진다.

채점 기준	배점
기호와 명칭을 옳게 쓰고, 바람의 세기에 따라 층의 두께를 옳게 서술한 경우	100 %
기호와 명칭만 옳게 쓴 경우	50 %

05

모범 답안 | 젖은 옷에 있던 해수에서 물이 증발되면서 해수에 녹아 있던 염류가 남은 것이다.

채점 기준	배점
흰 얼룩이 무엇인지 옳게 서술한 경우	100 %

06

모범 답안 | A는 20.4 g이고, (나)의 해수 100 g을 증발시켰을 때 나오는 염류의 양은 2.38 g이다. 염분비 일정 법칙을 이용하여 30 : 2.5=A : 1.7의 비례식을 세우면 A는 20.4 g이다. (나)의 해수 1 kg에 녹아 있는 염화 나트륨이 20.4 g이므로, (나)의 해수 1 kg에 녹아 있는 총 염류의 양은 23.8 g이다. 이 해수 100 g을 증발시키면 2.38 g의 염류를 얻을 수 있다.

채점 기준	배점
20.4 g, 2.38 g을 쓰고, 풀이 과정을 모두 옳게 서술한 경우	100 %
20.4 g, 2.38 g을 썼으나 풀이 과정을 서술하지 못한 경우	50 %
20.4 g만 옳게 쓴 경우	20 %

07

모범 답안 | (다), 염분은 '증발량−강수량'에 비례하므로 '증발량−강수량'의 값이 가장 큰 (다) 해역의 염분이 가장 높을 것으로 예상된다.

채점 기준	배점
염분이 가장 높을 것으로 예상되는 해역과 그렇게 생각한 까닭을 모두 옳게 서술한 경우	100 %
염분이 가장 높을 것으로 예상되는 해역만 옳게 쓴 경우	50 %

08

모범 답안 | 조경 수역은 한류와 난류가 만나는 곳으로 영양 염류와 용존 산소량이 많고, 한류성 어종과 난류성 어종이 함께 분포하기 때문에 좋은 어장을 이룬다. 황해에는 황해 난류가 있지만 고위도에서 내려오는 한류가 없기 때문에 조경 수역이 형성되지 않는다.

채점 기준	배점
'조경 수역의 정의'와 '황해에서 조경 수역이 형성되지 않는 까닭'을 모두 옳게 서술한 경우	100 %
'조경 수역의 정의'나 '황해에서 조경 수역이 형성되지 않는 까닭' 중 한 가지만 옳게 서술한 경우	50 %

09

모범 답안 | 황해는 수심이 낮고, 해안선이 복잡하며, 삼면이 육지로 막혀 있기 때문에 동해에 비해 조차가 크다.

채점 기준	배점
황해가 동해보다 조차가 더 큰 까닭을 옳게 서술한 경우	100 %

10

모범 답안 | A, 이날 오전 11시경은 만조에서 간조 사이로 썰물이 나타난다. 썰물 때 바닷물은 육지에서 멀어지는 방향으로 이동한다.

채점 기준	배점
바닷물이 흐르는 방향과 그렇게 생각한 까닭을 모두 옳게 서술한 경우	100 %
바닷물이 흐르는 방향만 옳게 쓴 경우	30 %

11

모범 답안 | 약 15일, 조금은 한 달 중 조차가 가장 작게 나타나는 시기이므로, 5일과 20일이다. 따라서 조금에서 다음 조금까지 걸리는 시간은 약 15일이다.

채점 기준	배점
조금에서 다음 조금까지 걸리는 시간과 그렇게 생각한 까닭을 모두 옳게 서술한 경우	100 %
조금에서 다음 조금까지 걸리는 시간만 옳게 쓴 경우	50 %

Ⅷ. 열과 우리 생활

01 열

학교 시험 문제

80~81쪽

01 ①, ③	02 ⑤	03 ④	04 ①
05 ④	06 ②	07 ②	08 ②
09 ③	10 ①	11 ③	12 ⑤

01

② 물체가 열을 얻으면 온도가 높아지고(입자 운동이 활발해지고), 물체가 열을 잃으면 온도가 낮아진다(입자 운동이 둔해진다.).

바로 알기 | ① 온도의 단위는 ℃, K 등을 사용한다. cal, kcal는 열량의 단위이다.

③ 사람의 감각은 주관적이므로 정확한 온도를 측정할 수 없다.

02

⑤ 입자의 운동이 활발하지 않은 A의 온도를 높이면 B와 같이 입자의 운동이 활발한 상태가 된다.

바로 알기 | ①, ②, ③ A보다 B의 입자 운동이 활발하므로 A보다 B의 온도가 더 높다.

④ B의 온도가 A보다 높으므로 B의 입자 사이의 거리는 A보다 멀다.

03

ㄱ. 입자의 운동이 더 활발한 A의 처음 온도는 B의 처음 온도보다 높다.

ㄴ. A와 B의 접촉 후 시간이 흐르면 A는 온도가 낮아지고, B는 온도가 높아져 A와 B는 열평형 상태에 도달한다.

바로 알기 | ㄷ. 열평형 상태에 도달하는 동안 온도가 낮아진 A는 입자의 운동이 둔해지고, 온도가 높아진 B는 입자의 운동이 활발해진다.

04

① 열은 온도가 높은 물체에서 낮은 물체로 이동한다.

바로 알기 | ② 온도가 같아지면 열평형 상태가 되어 열의 이동이 없어진다.

③ 물체 사이에서 이동하는 것은 열이다.

④ 열은 물체의 온도가 높은 곳에서 낮은 곳으로 이동한다.

⑤ 물체를 구성하는 입자들의 운동이 활발한 정도를 나타낸 값은 온도이다.

05

체온이 높아진 사람의 이마에서 손으로 열이 이동하기 때문에 따뜻함을 느끼는 것이다.

06

자료 해석 | 고체에서 열의 이동

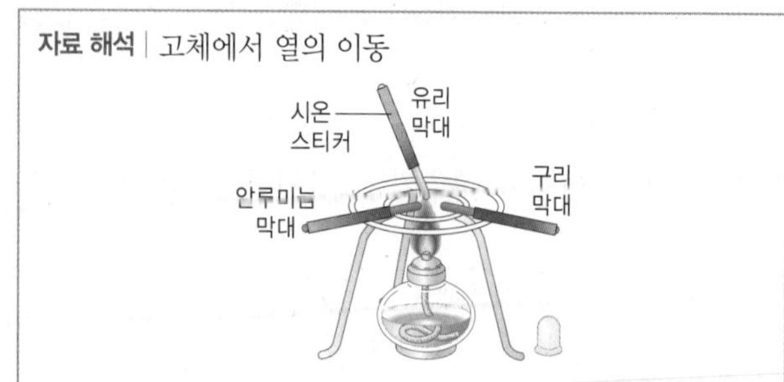

• 시온 스티커의 색이 변한 순서 : 구리 > 알루미늄 > 유리
• 열의 전달 순서 : 구리 > 알루미늄 > 유리

바로 알기 | ② 전도는 고체를 이루는 입자의 운동이 이웃한 입자에 차례로 전달되며 열이 이동하는 방법이다. 입자가 직접 이동하여 열을 전달하는 것은 대류이다.

07

대류는 주로 액체와 기체에서 열이 이동하는 방법으로, 물질을 이루는 입자가 직접 이동하여 열을 전달한다.

08

이 실험은 대류에 의한 열의 이동을 알아보는 것으로, 투명 필름을 제거하면 뜨거운 물은 위로 올라가고, 차가운 물은 아래로 내려오면서 두 물이 섞이게 된다. 물이 모두 섞이고 나면 열평형 상태가 된다.

바로 알기 | ② 시간이 지나면 차가운 물은 열을 얻어 온도가 높아지므로 입자의 운동이 활발해진다.

09

바로 알기 | ③ 복사는 다른 물질을 거치지 않으므로 열이 가장 빠르게 이동한다.

10

바로 알기 | ① 건물 유리창의 크기를 크게 하면 열 손실이 커진다.

11

자료 해석 | 열평형에 도달하기까지 A와 B의 온도 변화

온도(℃) 10 20 30 40 50 60 / A / B / 0 1 2 3 4 5 6 7 8 시간(분)

• 열의 이동 방향 : A → B
• 시간이 흐른 후 : 입자의 운동 정도가 같아진 열평형 상태에 도달

ㄱ. 열은 고온의 물체인 A에서 저온의 물체인 B로 이동한다.

ㄴ. 온도가 서로 다른 두 물체 A와 B가 열평형 상태에 도달하였으므로, A가 잃은 열량과 B가 얻은 열량은 같다.

바로 알기 | ㄷ. 열평형 온도는 약 25 ℃이므로 두 물체의 처음 온도의 평균이 아니다.

12

ㄱ, ㄴ. 물의 온도가 시간이 지남에 따라 낮아진 것으로 보아 물의 처음 온도가 금속의 처음 온도보다 높다. 따라서 금속의 온도는 약 3분 동안 높아졌고, 열은 물에서 금속으로 약 3분 동안 이동했다.

ㄷ. 약 3분 이후 물과 금속이 열평형 상태에 도달했으므로 물의 온도와 금속의 온도는 같다.

02 비열과 열팽창

학교 시험 문제 83~84쪽

01 ③	02 ④	03 ②	04 ⑤
05 ①	06 ①	07 ①	08 ②
09 ③	10 ④	11 ⑤	12 ②
13 ⑤			

01

열량(Q)=비열(c)×질량(m)×온도 변화$(\varDelta t)$이므로, 물이 얻은 열량은 $1\ \mathrm{kcal/(kg\cdot ^\circ C)} \times 2\ \mathrm{kg} \times (70-10)\ ^\circ\mathrm{C} = 120\ \mathrm{kcal}$이다.

02

10 ℃의 물이 얻은 열량은 40 ℃의 물이 잃은 열량과 같다. 비열은 서로 같으므로 질량과 온도 변화를 열량 공식에 넣고 열평형 온도를 T라고 하면, $200 \times (T-10) = 400 \times (40-T)$에서 $T = 30\ ^\circ\mathrm{C}$이다.

03

열량(Q)=비열(c)×질량(m)×온도 변화$(\varDelta t)$에서

비열$(c) = \dfrac{\text{열량}(Q)}{\text{질량}(m) \times \text{온도 변화}(\varDelta t)}$이므로,

$\dfrac{10.08\ \mathrm{kcal}}{0.8\ \mathrm{kg} \times (90-20)\ ^\circ\mathrm{C}} = 0.18\ \mathrm{kcal/(kg\cdot ^\circ C)}$이다.

04

열량(Q)=비열(c)×질량(m)×온도 변화$(\varDelta t)$이므로, 열량이 같을 때 (비열(c)×질량(m))은 온도 변화$(\varDelta t)$에 반비례한다. A와 B의 (비열×질량)의 비는 A : B=4 : 3이므로 온도 변화의 비는 A : B=3 : 4이다.

05

열량(Q)=비열(c)×질량(m)×온도 변화$(\varDelta t)$이고, A, B에 가해 준 열량은 같으므로 A의 비열×A의 질량×(50−10) ℃=B의 비열×B의 질량×(40−20) ℃가 성립한다. 질량이 같은 물질이므로 온도 변화의 비가 A : B=2 : 1이고, 비열의 비는 A : B=1 : 2이다.

06

바로 알기 | ① 물과 얼음의 부피 변화에 의한 밀도 차는 비열과 관련이 없다.

07

금속의 열팽창 정도를 비교하는 실험에서 열팽창 정도가 큰 금속일수록 바늘이 많이 움직인다.

바로 알기 | ① 금속을 가열하면 입자 사이의 거리가 멀어지지만, 입자의 크기가 커지는 것은 아니다.

08

일반적으로 고체<액체<기체 순으로 열팽창 정도가 크고, 고체의 경우 길이가 길수록, 부피가 클수록 열팽창 정도가 크다.

09

바로 알기 | ③ 밤에 육지에서 바다 쪽으로 부는 바람(육풍)은 비열차에 의한 현상이다.

10

ㄴ, ㄷ. (가)는 여름, (나)는 겨울의 전깃줄의 모습이다. 온도가 높은 여름에는 전깃줄 입자의 운동이 활발하여 입자 사이의 거리가 멀어지기 때문에 열팽창을 하여 (가)와 같이 늘어진다.

바로 알기 | ㄱ. 전깃줄 입사의 운동은 (가)가 (나)보다 활발하다.

11

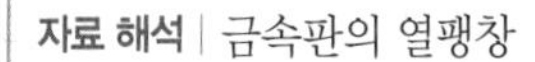
자료 해석 | 금속판의 열팽창

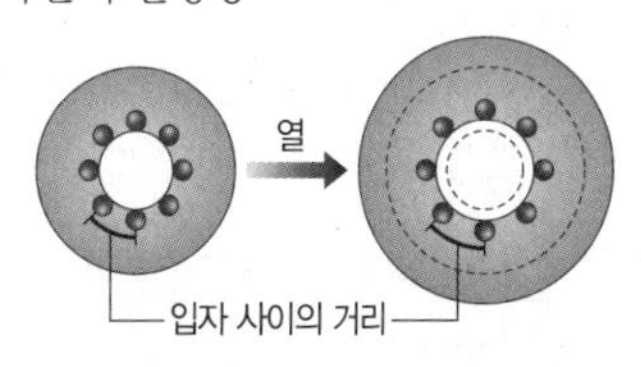

금속판 가열 → 금속판을 이루는 입자의 운동 활발 → 입자 사이의 거리 증가

동그란 구멍이 뚫린 원형 금속판을 가열하면 금속판을 이루는 입자와 입자 사이의 거리가 멀어져 금속판과 구멍 둘 다 커진다.

12

납의 열팽창 정도가 구리보다 크므로 열을 가하여 온도가 높아지면 구리 쪽(A)으로 휘어지고, 냉각하여 온도가 낮아지면 납 쪽(C)으로 휘어진다.

13

바로 알기 | ㄱ. 비열이 큰 물체는 주변의 온도가 변해도 민감하게 반응하지 못하기 때문에 액체 온도계의 재료로 적당하지 않다.

서술형 문제 Ⅷ. 열과 우리 생활 85~86쪽

01

모범 답안 | D>B>A>C, 열은 온도가 높은 물체에서 낮은 물체로 이동하므로 열의 이동 방향을 근거로 A~D의 처음 온도를 비교하면 B>A, A>C, D>B이다.

채점 기준	배점
열의 이동 방향을 근거로 A~D의 처음 온도를 옳게 비교한 경우	100 %
A~D의 처음 온도만 옳게 비교한 경우	50 %

02

모범 답안 | 온도가 서로 다른 두 물체를 접촉하면 온도가 높은 A에서 온도가 낮은 B로 열이 이동한다. 이때 온도가 높은 A는 열을 잃어 입자의 운동이 둔해지고, 온도가 낮은 B는 열을 얻어 입자의 운동이 활발해진다.

채점 기준	배점
열의 이동 방향과 물체의 입자의 운동 변화를 모두 옳게 서술한 경우	100 %
둘 중 하나만 옳게 서술한 경우	50 %

03

모범 답안 | 가열한 부분과 가까운 쪽의 성냥개비부터 떨어지므로 고체에서 전도에 의해 열이 이동할 때는 고체 물질을 이루고 있는 입자의 운동이 이웃한 입자에 차례로 전달되어 이동한다.

채점 기준	배점
실험의 결과를 근거로 전도에 의한 열의 이동의 특징을 옳게 서술한 경우	100 %

04

모범 답안 | 뜨거운 물 입자는 위로 올라가고, 차가운 물 입자는 아래로 내려온다. 사각 유리관의 왼쪽 아래 부분을 가열하면 가열한 부분의 물이 뜨거워져 위로 올라가고 입구에 떨어뜨린 잉크가 오른쪽 아래로 내려오면서 시계 방향으로 순환한다.

채점 기준	배점
가열된 물의 순환과 잉크의 이동 방향을 옳게 서술한 경우	100 %

05

모범 답안 | 냉방기 : B, 난방기 : A, 차가운 공기는 아래로 이동하고 따뜻한 공기는 위로 이동하므로, 공기의 온도를 낮추는 냉방기는 위쪽에 설치하고, 공기의 온도를 높이는 난방기는 아래쪽에 설치하는 것이 효율적이다.

채점 기준	배점
냉방기와 난방기의 효율적인 위치를 옳게 쓰고, 그 까닭을 온도에 따른 공기의 흐름을 근거로 옳게 서술한 경우	100 %
냉방기와 난방기의 효율적인 위치만 옳게 쓴 경우	40 %

06

모범 답안 | 유리창을 통해 전도되는 열량은 실내와 실외의 온도 차가 작을수록, 유리창의 두께가 두꺼울수록 작다. 따라서 실내와 실외의 온도 차를 줄이고 유리창을 이중창으로 교체한다.

채점 기준	배점
빠져나가는 열의 양을 감소시키기 위한 방법을 두 가지 모두 옳게 서술한 경우	100 %
빠져나가는 열의 양을 감소시키기 위한 방법을 한 가지만 옳게 서술한 경우	50 %

07

모범 답안 | 물이 얻은 열량과 금속이 잃은 열량은 같으므로 1 kcal/(kg·℃) × 0.2 kg × (30 − 20) ℃ = (금속의 비열) × 0.1 kg × (70 − 30) ℃에서 금속의 비열 = 0.5 kcal/(kg·℃)이다.

채점 기준	배점
열량 보존 법칙을 이용하여 풀이 과정과 함께 금속의 비열을 옳게 구한 경우	100 %
금속의 비열만 쓴 경우	40 %

08

모범 답안 | C > A > B, 같은 세기의 불꽃을 사용하였으므로 가한 열량은 같다. 열량이 같을 때 온도 변화량이 같으면 질량과 비열은 반비례하므로 온도 변화량이 같은 A와 B 중 질량이 작은 A의 비열이 더 크다. 또한 가한 열량이 같을 때 질량이 같으면 비열과 온도 변화량은 반비례하므로 질량이 같은 A와 C 중 온도 변화량이 작은 C의 비열이 더 크다.

채점 기준	배점
A~C의 비열을 비교하고, 그 까닭을 옳게 서술한 경우	100 %
A~C의 비열만 옳게 비교한 경우	40 %

09

모범 답안 | 낮에는 태양의 열에너지에 의해 육지와 바다가 데워질 때 비열이 작은 육지가 비열이 큰 바다보다 먼저 데워지고, 밤에는 육지가 바다보다 먼저 식는다. 온도가 높아진 공기가 상승하고, 그 빈자리를 채우기 위해 낮에는 바다에서 육지로 해풍이 불고, 밤에는 육지에서 바다로 육풍이 분다.

채점 기준	배점
육지와 바다의 비열 차에 의한 온도 변화 차이로 바람의 방향이 변하는 것을 옳게 서술한 경우	100 %
단지 비열 차 때문이라고만 서술한 경우	30 %

10

모범 답안 | 쇠고리를 가열하면 쇠고리가 열팽창을 하여 쇠고리 구멍의 지름이 커지기 때문이다.

채점 기준	배점
쇠고리가 열팽창을 하여 쇠고리 구멍의 지름이 커졌기 때문이라고 옳게 서술한 경우	100 %

11

모범 답안 | C와 D, A~D의 열팽창 정도를 비교하면 C > A > B > D이므로, 열팽창 정도의 차가 가장 큰 C와 D를 사용해야 한다.

채점 기준	배점
금속의 열팽창 정도를 비교하여 휘어지는 정도가 가장 큰 바이메탈을 만들기 위한 금속의 조건을 옳게 서술한 경우	100 %
C와 D라고만 쓴 경우	30 %

12

모범 답안 | 액체마다 입자의 크기와 결합 상태가 각각 달라서 열팽창 정도가 다르기 때문이다.

채점 기준	배점
액체마다 입자의 크기와 결합 상태가 각각 달라서 열팽창 정도가 다르다고 옳게 서술한 경우	100 %

Ⅸ. 재해·재난과 안전

01 재해·재난과 안전

학교 시험 문제 88~89쪽

01 ④	02 ⑤	03 ④	04 ③
05 ④	06 ③	07 ④	08 ②
09 ②	10 ②		

01

바로 알기 | ④ 사회 재해·재난은 인간의 활동으로 인해 발생하므로 예측이 가능하며, 예방할 수 있다.

02

낙뢰, 집중 호우, 황사는 자연 재해·재난이고 교통사고, 조류 독감, 환경 오염 사고는 사회 재해·재난이다.

03

화학 물질 유출은 화학 산업 시설을 교체할 때 작업자의 부주의로 인해 발생하거나 시설물의 노후화, 운송 차량의 사고 등으로 발생한다. 화학 물질이 유출되었을 때 폭발이나 화재, 각종 질병 유발 등의 피해를 주며 화학 물질이 공기를 통해 짧은 시간 동안 매우 넓은 지역까지 퍼질 수 있으므로 주의해야 한다.

04

바로 알기 | ㄷ. 지진 발생 시 건물 밖으로 이동할 때 전기가 차단되어 갇힐 수 있으므로 엘리베이터를 이용하는 것은 위험하다. 따라서 계단을 이용하여 신속하게 대피해야 한다.

05

(가)는 큰 진동이 멈춘 후의 행동 요령이고, (나)는 지진 발생 시의 행동 요령이다.
바로 알기 | ㄱ. 큰 진동이 멈춘 후에 건물과 거리를 두고 운동장과 같은 넓은 공간으로 대피해야 한다.

06

바람막이숲은 태풍 발생 시 강풍을 막아 주며, 바람의 일부가 나무 사이를 통과하더라도 대부분 숲 위로 바람이 넘어가므로 바람의 속도를 줄이고 세력을 약하게 할 수 있다.

07

큰 가구를 미리 고정하고 물건을 낮은 곳으로 옮기는 것(가)은 지진에 대처하는 방안이다. 해안가에 바람막이숲을 조성하거나 모래 방벽을 쌓는 것(나)은 태풍에 대처하는 방안이다. 창문을 닫고 물을 묻힌 수건으로 문의 빈틈이나 환기구를 막는 것(다)은 화산 활동에 대처하는 방안이다.

08

바로 알기 | ② 감염성 질병의 원인이 수돗물일 수도 있으므로 감염성 질병의 확산에 대처하기 위해 식수는 끓인 물이나 생수를 사용해야 한다.

09

바로 알기 | ㄱ. 메르스는 감염성 질병이므로 사회 재해·재난에 해당한다.
ㄷ. 기침을 할 때 손으로 입을 가리면 손에 바이러스가 묻을 수 있으므로 휴지나 옷소매 등으로 입과 코를 가려야 한다.

10

바로 알기 | ㄱ. 사고 발생 장소 쪽으로 바람이 불면 바람이 불어오는 방향으로 대피해야 하고, 사고 발생 장소에서 바람이 불어오면 바람 방향의 수직 방향으로 대피해야 한다.
ㄷ. 화학 물질에 노출되었을 때에는 즉시 병원에 가서 진찰을 받아야 한다.

서술형 문제 Ⅸ. 재해·재난과 안전 90쪽

01

모범 답안 | 전기가 차단되어 엘리베이터에 갇힐 수 있으므로 계단을 이용하여 대피해야 한다.

채점 기준	배점
전기가 차단되어 갇힐 수 있다는 것을 옳게 서술한 경우	100 %

02

모범 답안 | 마스크나 손수건 등으로 코와 입을 막고 높은 곳으로 대피한다.

채점 기준	배점
코와 입을 막고 높은 곳으로 대피해야 한다는 내용을 포함하여 서술한 경우	100 %
높은 곳으로 대피해야 한다는 내용을 포함하여 서술하지 못한 경우	30 %

03

모범 답안 | 배수구가 막혀 있는 경우 물의 급격한 유입량을 감당하지 못해 침수의 위험이 생길 수 있다.

채점 기준	배점
침수의 위험이 있다는 것을 옳게 서술한 경우	100 %

04

(1) **모범 답안** | 사고 발생 지역에서 바람이 불어올 때는 바람 방향의 수직인 방향으로 대피해야 한다.

채점 기준	배점
잘못된 부분을 찾아 밑줄을 치고 옳게 고쳐 서술한 경우	100 %
잘못된 부분을 찾아 밑줄만 친 경우	30 %

(2) **모범 답안** | 화학 물질이 유출되어 피부에 닿으면 수포가 생길 수 있으므로 비옷이나 큰 비닐 등으로 몸을 감싸고 대피해야 한다.

채점 기준	배점
잘못된 부분을 찾아 밑줄을 치고 옳게 고쳐 서술한 경우	100 %
잘못된 부분을 찾아 밑줄만 친 경우	30 %

05

모범 답안 | 운송 수단을 이용할 때는 안내 방송을 경청해야 한다. 운송 수단의 종류에 따른 대피 방법을 미리 숙지해야 한다. 등

채점 기준	배점
운송 수단 사고에 미리 대처할 수 있는 방안을 한 가지 이상 옳게 서술한 경우	100 %

시험 직전 최종 점검

Ⅴ. 동물과 에너지 91~95쪽

1 ❶ ○ ❷ × ❸ ○ ❹ ○
2 ❶ 소화계 ❷ 영양소 ❸ 순환계 ❹ 호흡계 ❺ 산소 ❻ 이산화 탄소 ❼ 배설계
3 ❶ 탄수화물, 4 ❷ 단백질 ❸ 지방 ❹ 바이타민 ❺ 물, 운반 ❻ 아이오딘－아이오딘화 칼륨, 청람색 ❼ 단백질, 단백질, 보라색 ❽ × ❾ × ❿ × ⓫ ○
4 ❶ 소화 ❷ 아밀레이스 ❸ 쓸개즙, 간, 쓸개 ❹ 염산 ❺ 위 ❻ 아밀레이스, 트립신, 라이페이스 ❼ ○ ❽ × ❾ × ❿ ○
5 ❶ 융털, 표면적 ❷ 모세 혈관 ❸ 암죽관 ❹ 심장, 조직 세포
6 ❶ 심방, 심실 ❸ 판막 ❹ 폐동맥, 대정맥 ❺ 정맥, 모세 혈관 ❻ 한 ❻ × ❼ ○ ❽ × ❾ × ❿ ○ ⓫ ○
7 ❶ 적혈구 ❷ 백혈구 ❸ 혈소판 ❹ 정맥혈, 동맥혈 ❺ 산소와 영양소, 이산화 탄소와 노폐물 ❻ × ❼ × ❽ × ❾ ○ ❿ ○ ⓫ ○
8 ❶ 코 ❷ 섬모 ❸ 근육 ❹ 갈비뼈, 가로막 ❺ 폐포 ❻ 표면적, 기체 교환 ❼ 산소, 이산화 탄소
9 ❶ 올라가고, 내려간다 ❷ 커지면, 낮아지므로 ❸ 높다 ❹ 내려가고, 올라간다 ❺ ○ ❻ ○ ❼ ×
10 ❶ 확산 ❷ 폐포, 모세 혈관 ❸ 폐포, 모세 혈관 ❹ 산소, 이산화 탄소, 산소, 이산화 탄소 ❺ 폐포, 조직 세포
11 ❶ ○ ❷ ○ ❸ × ❹ × ❺ ×
12 ❶ 콩팥 ❷ 많이 ❸ 방광 ❹ 사구체, 보먼주머니, 세뇨관 ❺ 사구체 ❻ 겉질 ❼ 콩팥 깔때기 ❽ 사구체, 보먼주머니, 세뇨관, 오줌관
13 ❶ × ❷ ○ ❸ × ❹ ○ ❺ ×
14 ❶ 산소, 에너지 ❷ 호흡계, 순환계 ❸ 소화계, 순환계 ❹ 순환계

Ⅵ. 물질의 특성 96~99쪽

1 ❶ × ❷ ○ ❸ ○ ❹ × ❺ ○ ❻ × ❼ 순물질 ❽ 혼합물 ❾ 균일 ❿ 불균일
2 ❶ ○ ❷ ○ ❸ × ❹ ○ ❺ × ❻ ×
3 ❶ × ❷ ○ ❸ × ❹ ○
4 ❶ 물질의 특성 ❷ 크다 ❸ 질산 칼륨 ❹ 빼 ❺ 낮
5 ❶ 압력 ❷ 낮을, 높을 ❸ C ❹ 온도 ❺ 온도 ❻ 압력
6 ❶ ○ ❷ ○ ❸ ○ ❹ × ❺ ×
7 ❶ ○ ❷ ○ ❸ × ❹ × ❺ ○ ❻ ×
8 ❶ ○ ❷ × ❸ × ❹ ○ ❺ ○ ❻ 낮은, 높은 ❼ 높다 ❽ 100
9 ❶ 낮아 ❷ 낮은 ❸ 석유 가스, 휘발유(나프타), 등유, 경유, 중유
10 ❶ × ❷ ○ ❸ ○ ❹ ○ ❺ ○ ❻ × ❼ ×
11 ❶ × ❷ ○ ❸ ○
12 ❶ × ❷ ○ ❸ ○ ❹ × ❺ × ❻ ○ ❼ ○ ❽ ○ ❾ × ❿ × ⓫ 혼합물 ⓬ 속도 ⓭ 위

Ⅶ. 수권과 해수의 순환 100~101쪽

1 ❶ 수권 ❷ 해수 ❸ 빙하, 극지방 ❹ 지하수 ❺ 하천수와 호수
2 ❶ × ❷ × ❸ ○ ❹ ○ ❺ ×
3 ❶ ○ ❷ ○ ❸ × ❹ ○ ❺ × ❻ 태양 에너지 ❼ 강 ❽ 심해층 ❾ 수온 약층 ❿ 많, 높 ⓫ 낮, 높
4 ❶ × ❷ ○ ❸ × ❹ ○ ❺ × ❻ ○ ❼ 염류 ❽ 염화 나트륨 ❾ 1, psu ❿ 많, 적 ⓫ 담수 ⓬ 염분비 일정 법칙
5 ❶ 저, 고, 고, 저 ❷ 난 ❸ 동한 난류 ❹ 북상, 남하
6 ❶ ○ ❷ × ❸ ○ ❹ × ❺ ○

Ⅷ. 열과 우리 생활 102~103쪽

1 ❶ ℃ ❷ 온도계 ❸ 입자 ❹ 둔, 활발
2 ❶ × ❷ × ❸ ○ ❹ × ❺ 전도 ❻ 대류 ❼ 복사
3 ❶ × ❷ ○ ❸ × ❹ ○
4 ❶ ○ ❷ ○ ❸ ×
5 ❶ 종류 ❷ 크 ❸ 작 ❹ 작은
6 ❶ ○ ❷ × ❸ ×
7 ❶ 활발, 멀어 ❷ 클 ❸ 다르 ❹ 상태 ❺ 크, 같 ❻ ○ ❼ ○ ❽ × ❾ ○ ❿ ×

Ⅸ. 재해·재난과 안전 104쪽

1 ❶ 넓은 ❷ 예방 ❸ 좁은 ❹ 있 ❺ 사회 ❻ 지진 ❼ 화산 활동 ❽ 집중 호우 ❾ 감염성 질병 ❿ ○ ⓫ × ⓬ ○ ⓭ ×
2 ❶ × ❷ × ❸ ○ ❹ ○ ❺ × ❻ 내진 설계 ❼ 높 ❽ 바람막이숲 ❾ 피뢰침 ❿ 코 ⓫ 먼

백점의 신
백신과학

메가스터디BOOKS

www.megastudybooks.com

내용 문의 | 02-6984-6915 구입 문의 | 02-6984-6868,9